# Quantentheorie

Max Schubert/Gerhard Weber

# Quantentheorie

## Grundlagen und Anwendungen

Mit 68 Abbildungen

Spektrum Akademischer Verlag Heidelberg · Berlin · Oxford

Das **Titelbild** zeigt eine abstrakte Grafik von Kenneth Scallon
(© THE IMAGE BANK/Kenneth Scallon)

Die Deutsche Bibliothek – CIP-Einheitsaufnahme

**Schubert, Max:**
Quantentheorie: Grundlagen und Anwendungen/Max
Schubert; Gerhard Weber. – Heidelberg; Berlin; Oxford:
Spektrum, Akad. Verl., 1993
ISBN 3-86025-015-9 brosch.
ISBN 3-86025-330-1 Gb.
NE: Weber; Gerhard:



Lektorat: Peter Ackermann, Caputh
Produktion: Erdmute Wendland, Birgit Burkhardt
Umschlaggestaltung: Claus Rieger, Heidelberg
Satz: Hagedornsatz, Berlin
Druck und Verarbeitung: Franz Spiegel Buch GmbH, Ulm

Spektrum Akademischer Verlag Heidelberg · Berlin · Oxford

*EIN VERLAG DER SPEKTRUM FACHVERLAGE GMBH*

# Vorwort

In die meisten Zweige der Physik ist ein tieferes Eindringen nur möglich, wenn sowohl hinreichendes Verständnis der *Grundlagen der Quantentheorie* als auch *anwendungsbereites Wissen über die Methoden* zur Lösung wichtiger Probleme der Quantenphysik vorhanden sind. Beide Aspekte sollen durch das vorliegende Lehrbuch den Studierenden der Physik und benachbarter Disziplinen sowie naturwissenschaftlich-technischen Mitarbeitern in Forschungsinstituten und in der Industrie vermittelt werden.

Im Laufe des Studienganges bedeutet die Beschäftigung mit der Quantentheorie eine Fundierung und qualitative Erweiterung der klassischen Theorien der Mechanik, der Elektrodynamik und der statistischen Thermodynamik. Dieser Aspekt des „Übergangs" zwischen klassischer Theorie und Quantentheorie wird im Buch durch die Zusammenstellung von Gesetzmäßigkeiten der klassischen Physik (im Komplex A) vorbereitet und hauptsächlich in der Beschreibung des *induktiven Zugangs* zur Quantentheorie (im Komplex B) behandelt, der insbesondere auf einer konsequenten Interpretation empirischer Befunde basiert und die Grundbeziehungen der Heisenbergschen Matrizenmechanik und der Schrödingerschen Wellenmechanik liefert. Der *deduktive Aufbau* wird in der Standarddarstellung der *Dirac-Formulierung der Quantentheorie* (im Komplex C) vollzogen. Diese enthält die quantenphysikalischen Wurzeln, Grundbegriffe und Basisbeziehungen in einer abstrakten, kompakten Form, aber doch so, daß damit die Verknüpfung der theoretischen Größen mit den der Messung zugänglichen klar herausgestellt wird und daß man damit ohne Umschweife in die konkrete Behandlung spezifischer Probleme eintreten kann. Dazu gehört vor allem auch die Anwendung auf wichtige physikalische *Systeme des atomaren und subatomaren Bereiches* (im Komplex D). *Vertiefte Einsichten in die im Komplex* C *dargestellten Grundlagen* und eine *Erweiterung* derselben in Richtung auf Symmetriebetrachtungen, Quantenstatistik, Besetzungszahldarstellungen, Quantenfeldtheorie erfolgen im Komplex E.

Eine vollständige Lösung quantentheoretischer Probleme verlangt die Verwendung spezifischer Methoden (wie beispielsweise zur Bestimmung von Eigenwerten) und spezifischer Konzeptionen (wie beispielsweise den Formalismus der Streutheorie). Dabei sind häufig Näherungsverfahren wichtig, weil – wie in der klassischen Physik auch – bei vielen bedeutsamen Prozessen und Problemen mathematisch geschlossene Lösungen nicht oder nicht ohne weiteres gewonnen werden können. Diese Methoden und Konzeptionen sind an den dafür didaktisch geeigneten Stellen des Buches untergebracht und werden an repräsentativen Problemen exemplifiziert. Insgesamt sind die Anwendungsbeispiele so ausgewählt, daß durch sie wichtige Resultate von *problemorientierten Hauptrichtungen der Physik* (Atom-,

Molekül-, Festkörper-, Kern-, Elementarteilchenphysik, Quantenoptik, Statistische Physik) erarbeitet werden. Dabei werden neben quantenmechanischen Problemen auch aktuelle Fragen der Quantenoptik – in einem weiteren Umfang als sonst in quantentheoretischen Lehrbüchern üblich – behandelt. Das gilt auch von Meßverfahren und Geräten, die nur auf der Basis der Quantentheorie adäquat erklärt werden können. Eine Zusammenstellung der jeweils in geschlossener Darstellung behandelten Anwendungen befindet sich – geordnet nach Hauptrichtungen – auf Seite 15 im Anschluß an das Inhaltsverzeichnis.

Das vorliegende Buch ist aus unserer langjährigen Lehrtätigkeit über die Quantentheorie sowie die problemorientierten Hauptrichtungen der Physik hervorgegangen. Wir haben uns bemüht, die Argumentation über die *physikalischen* Sachverhalte möglichst vollständig zu bringen und hervortreten zu lassen. Die ausführlichen mathematischen Beweise zu den angegebenen Sätzen sind (optisch abgegrenzt) im Kleindruck gebracht. Wichtige Beziehungen sind durch eine Rasterunterlegung der entsprechenden Gleichung gekennzeichnet. Im Buch werden durchgängig SI-Einheiten verwendet. Zur Erleichterung für den Leser ist dem Buch eine Aufstellung mathematischer Zeichen sowie häufig verwendeter Buchstabensymbole für physikalische Größen vorangestellt. Die fünf Anhänge sollen dazu dienen, daß sich der Leser sofort in wichtigen mathematischen Grundlagen zurechtfinden kann, auf die auch im Text hingewiesen wird. Das Literaturverzeichnis enthält sowohl allgemeine Lehrbücher zur Quantentheorie als auch die im Text zitierten Forschungsarbeiten.

Hinweise aus dem Leserkreis zur Vervollkommnung unseres Buches wären uns willkommen. Wir möchten unseren Dank ausdrücken an Herrn Dr. P. Ackermann (Caputh) und Frau K. Bratz (Berlin) dafür, daß sie mit stetem Engagement die Herausgabe gefördert haben, an Frau K. Triebel (Jena) für tatkräftige Unterstützung bei der technischen Ausfertigung des Manuskriptes sowie an Dr. rer. nat. habil. L. Knöll (Jena) für förderliche Hinweise. Weiterhin danken wir den Mitarbeitern von Spektrum Akademischer Verlag für die zügige Drucklegung und Herausgabe des Buches.

Max Schubert
Gerhard Weber

# Inhalt


Verzeichnis der nach Hauptrichtungen der Physik geordneten Anwendungen ........ 15

Mathematische Zeichen und Symbole für physikalische Größen .................. 17

**A Zusammenstellung von Gesetzmäßigkeiten der klassischen Physik** .. 21

**1 Theoretische Grundlagen der klassischen Physik** ..................... 23

1.1 Mechanik .......... 23
1.1.1 Kanonische Mechanik .......... 23
1.1.2 Einige repräsentative Beispiele der Mechanik .......... 28
1.1.2.1 Eindimensionaler harmonischer Oszillator .......... 28
1.1.2.2 Kepler-Problem .......... 29
1.1.2.3 Relativistische Bewegung eines Teilchens .......... 30
1.2 Elektrodynamik .......... 30
1.3 Allgemein-feldtheoretische Grundbegriffe und Probleme .......... 36
1.3.1 Kanonischer Feldformalismus .......... 36
1.3.2 Aufbau von Feldtheorien und Folgerungen aus Invarianzen .......... 38
1.3.3 Wellenstreuung an einer Raumgitterstruktur .......... 49
1.3.4 Wellengruppen .......... 51
1.3.5 Unschärferelation zwischen Ortskoordinate und Wellenzahl .......... 52
1.4 Phänomenologische und statistische Thermodynamik .......... 54
1.4.1 Phänomenologische Thermodynamik .......... 54
1.4.2 Statistische Thermodynamik .......... 57

**2 Grundsätzliche Aspekte der klassisch-physikalischen Theorien** ............ 63

**B Induktiver Zugang zur Quantentheorie** .......... 65

3 Empirische Befunde. Vorstufe zur Quantentheorie .......... 67

3.1 Grundlegendes zur Atomistik .......... 67
3.1.1 Atom als Ganzes .......... 67
3.1.1.1 Atommassen .......... 67
3.1.1.2 Atom- bzw. Molekülanzahl .......... 68
3.1.1.3 Atom- bzw. Molekülvolumen .......... 71
3.1.2 Diskrete Struktur der elektrischen Ladung .......... 72
3.1.2.1 Nachweis der diskreten Struktur der Ladung .......... 72
3.1.2.2 Elektronen als spezielle elementare Ladungsträger .......... 75
3.1.2.3 Einige Bemerkungen zu anderen elementaren Ladungsträgern .......... 78
3.1.3 Klassische Vorstellungen über die Struktur der Atome .......... 79
3.1.3.1 Streuung schneller Elektronen .......... 79
3.1.3.2 Streuung von $\alpha$-Teilchen .......... 80
3.1.3.3 Rutherfordsches Atommodell .......... 83
3.1.4 Kontinuierliche und diskrete Struktur der elektromagnetischen Strahlung .......... 85

| | | |
|---|---|---|
| 3.1.4.1 | Elektromagnetische Wellen | 85 |
| 3.1.4.2 | Diskrete Struktur der elektromagnetischen Strahlung | 89 |
| 3.2 | Theorie der Wärmestrahlung und die Entdeckung des universellen Wirkungsquantums | 96 |
| 3.2.1 | Wärmestrahlungsgesetze von Stefan, Boltzmann und Wien | 96 |
| 3.2.2 | Plancksches Strahlungsgesetz | 97 |
| 3.3 | Verfeinerte Vorstellungen über die Struktur der Atome | 106 |
| 3.3.1 | Serienspektren der Atome | 107 |
| 3.3.2 | Bohrsches Atommodell | 109 |
| 3.3.3 | Direkter Nachweis der diskreten Energieniveaus von Atomen (Franck-Hertz-Versuch) | 110 |
| 3.4 | Quantentheorie auf der Basis des Korrespondenzprinzips | 111 |
| 3.4.1 | Grundlagen des Korrespondenzprinzips | 112 |
| 3.4.2 | Beispiele zur Handhabung des Korrespondenzprinzips | 116 |
| 3.4.2.1 | Eindimensionaler harmonischer Oszillator | 116 |
| 3.4.2.2 | Starrer Rotator | 118 |
| 3.4.2.3 | Elektron im Coulomb-Potential | 118 |
| 3.4.3 | Unzulänglichkeiten der korrespondenzmäßigen (älteren) Quantentheorie | 120 |
| 3.5 | Wellenaspekt der stofflichen Materie | 121 |
| 3.5.1 | Nachweis der Materiewellen durch Beugungsexperimente | 121 |
| 3.5.2 | Klassische Wellentheorie der stofflichen Materie | 125 |
| **4** | **Heisenbergsche Matrizenmechanik** | 130 |
| 4.1 | Einführung in die Matrizenmechanik | 130 |
| 4.2 | Matrizenmechanische Dynamik | 134 |
| 4.3 | Matrizenmechanische Berechnung der Energieniveaus des harmonischen Oszillators | 137 |
| **5** | **Schrödingersche Wellenmechanik** | 139 |
| 5.1 | Schrödinger-Gleichung und statistische Interpretation der Wellenfunktion | 140 |
| 5.2 | Wellenmechanik im Operator-Formalismus | 143 |
| 5.2.1 | Eigenwertproblem | 145 |
| 5.2.2 | Mittelwerte hermitescher Operatoren | 146 |
| 5.2.3 | Nichtvertauschbarkeit wellenmechanischer Operatoren | 146 |
| 5.2.4 | Unschärferelation für Ort und Impuls | 147 |
| 5.3 | Stationäre Zustände und Energie-Eigenwertproblem | 148 |
| 5.3.1 | Übersicht über das Energie-Eigenwertproblem | 149 |
| 5.4 | Lösung des Energie-Eigenwertproblems ausgewählter physikalischer Systeme | 156 |
| 5.4.1 | Eindimensionales Kastenpotential | 156 |
| 5.4.2 | Eindimensionaler rechteckiger Potentialwall und Potentialtopf | 158 |
| 5.4.3 | Kräftefreie Rotation um eine feste Achse (starrer eindimensionaler Rotator) | 164 |
| 5.4.4 | Eindimensionaler harmonischer Oszillator | 165 |
| 5.4.5 | Kugelsymmetrisches Ein-Teilchen-Problem und Wasserstoff-Atom | 169 |
| 5.4.5.1 | Kugelsymmetrisches Potential | 169 |
| 5.4.5.2 | Coulomb-Potential | 175 |
| **6** | **Zusammenhang zwischen Matrizen- und Wellenmechanik und Näherungsbeziehungen zur klassischen Mechanik** | 185 |
| 6.1 | Zusammenhang zwischen Wellen- und Matrizenmechanik | 185 |
| 6.1.1 | Energie-Darstellung von Orts-, Impuls- und Energie-Matrix beim harmonischen Oszillator | 187 |
| 6.2 | Wentzel-Brillouin-Kramers-Näherung und Phasenintegralmethode | 188 |

**C Deduktiver Aufbau der Quantentheorie. Dirac-Formulierung ....... 193**

7 Grundlegende Begriffe ........ 195

7.1 Zustand ........ 195
7.2 Dynamische Variable ........ 197
7.3 Observable ........ 199

**8 Vertauschungsrelationen ........ 202**

8.1 Vertauschungsrelationen der Grundobservablen des Ortes und des Impulses ........ 202
8.2 Vertauschungsrelationen von abgeleiteten Variablen ........ 203
8.3 Observable ohne klassisches Analogon ........ 204
8.4 Folgerungen für die Grundobservablen des Ortes und des Impulses ....... 205
8.4.1 Eigenwertproblem der Grundobservablen ........ 205
8.4.2 Darstellungen mit Hilfe von Eigenlösungen ........ 207

**9 Quantentheoretische Beschreibung des Meßprozesses ........ 211**

9.1 Messung einer Observablen am Einzelsystem ........ 211
9.1.1 Diskretes Spektrum ........ 211
9.1.2 Kontinuierliches Spektrum ........ 212
9.1.3 Allgemeines Spektralverhalten ........ 214
9.2 Messung einer Observablen an einer Gesamtheit von Einzelsystemen ..... 216
9.3 Messung verschiedener Observabler ........ 218
9.3.1 Verträgliche Observable ........ 219
9.3.2 Nichtverträgliche Observable ........ 221
9.4 Zusammenfassung ........ 224

**10 Vektorraum $\mathscr{H}$ eines gegebenen physikalischen Systems ........ 227**

10.1 *N* punktförmige Teilchen ohne innere Freiheitsgrade ........ 227
10.2 Allgemeines physikalisches System ........ 229
10.3 Unabhängige Teilräume ........ 230

**11 Zeitliches Verhalten ........ 232**

11.1 Bewegungsgleichung des Zustandsvektors ........ 232
11.2 Bestimmung der physikalisch-relevanten Größen ........ 236
11.2.1 Schrödinger-Bild ........ 236
11.2.2 Heisenberg-Bild ........ 237
11.3 Allgemeines zu den Bildern der Quantentheorie ........ 239

**D Quantentheoretische Behandlung konkreter physikalischer Systeme . 243**

12 Der harmonische Oszillator und seine Anwendungsmöglichkeiten ........ 245

12.1 Behandlung des Nummernoperator-Eigenwertproblems auf der Basis von Operatorbeziehungen ........ 246
12.2 Interpretationen. Besetzungszahldarstellung ........ 249

**13 Äußerer und innerer Drehimpuls eines Teilchens ........ 252**

13.1 Behandlung des Drehimpuls-Eigenwertproblems auf der Basis von Operatorbeziehungen ........ 252
13.2 Bahndrehimpuls ........ 256
13.3 Innerer Drehimpuls ........ 258

**14 Ein-Elektronen-Systeme** .... 262

14.1 Elektron im vorgegebenen Potential .... 262
14.1.1 Zentralkraftfeld .... 263
14.1.2 Zwei-Zentren-Problem .... 266
14.1.3 Kastenpotential .... 270
14.1.4 Periodisches Potential .... 271
14.2 Gesamtdrehimpuls eines Elektrons .... 271
14.3 Berücksichtigung von äußeren elektromagnetischen Feldern sowie relativistischen Korrekturen .... 273

**15 Atomare Systeme** .... 280

15.1 Mehr-Teilchen-Systeme. Coulomb-Wechselwirkung zwischen Ladungsträgern in atomaren Systemen .... 280
15.1.1 Abspaltung der Translationsbewegung bei Atomen und Molekülen .... 282
15.1.2 Elektronenzustand bei fester Kernlage in Atomen, Molekülen und Festkörpern .... 284
15.1.3 Trennung von Elektronen- und Kernschwingungsbewegung bei Molekülen und Festkörpern .... 286
15.1.4 Rotationsbewegung eines Moleküls .... 289
15.1.5 Gesamtstruktur der Energiezustände eines Moleküls .... 290
15.2 Mehr-Teilchen-Spin .... 291
15.3 Über die Coulomb-Wechselwirkung hinausgehende Wechselwirkungen bei einem Atom .... 293
15.4 Relativistische Wechselwirkungen bei Atomverbänden .... 295
15.5 Zusammenfassende Betrachtungen im gesamten Hilbert-Raum atomarer Systeme .... 297

**16 Das quantisierte elektromagnetische Strahlungsfeld und seine Wechselwirkung mit Ladungsträgern** .... 300

16.1 Quantisierung des isolierten Strahlungsfeldes und resultierende Grundeigenschaften .... 301
16.2 Eigenschaften von Zuständen fester Photonenzahl .... 308
16.3 Eigenschaften von Glauber-Zuständen .... 310
16.4 Kohärenzeigenschaften. Quantentheoretische Korrelationsfunktionen .... 313
16.5 Wechselwirkung des quantisierten Strahlungsfeldes mit Ladungsträgern .... 322
16.6 Gequetschtes Licht. Yuen-Zustand .... 326

**17 Systeme mit Positronen, Müonen und Nukleonen** .... 330

17.1 Müonen-Atome .... 331
17.2 Schalenmodell der Atomkerne .... 333

**E Quantentheoretische Methoden und ihre Anwendungen. Erweiterung der Grundlagen** .... 339

**18 Systeme im gemischten Zustand. Dichteoperator** .... 341

18.1 Einführung und Grundeigenschaften des Dichteoperators .... 342
18.2 Beschreibung physikalisch-relevanter Größen mit dem Dichteoperator .... 344
18.3 Zeitliches Verhalten des Dichteoperators .... 346
18.4 Beziehungen zwischen Dichteoperator und Entropie .... 347
18.4.1 Darstellung der mittleren Entropie mittels Dichteoperator .... 347
18.4.2 Systeme mit maximaler Entropie. Kanonisches Ensemble .... 350
18.5 Anwendung auf Spin-Systeme .... 351
18.6 Anwendung auf Photonen-Systeme .... 352
18.6.1 Energieverteilung der Wärmestrahlung. Chaotische Strahlung .... 352

18.6.2 Die Glauber-Sudarshan-Darstellung des Dichteoperators ... 355
18.6.3 Das Nichtklassische Licht ... 357
18.6.4 Lichtausbreitung durch lineare optische Anordnungen ... 359

**19 Symmetrieeigenschaften physikalischer Systeme. Anwendung gruppentheoretischer Methoden in der Quantentheorie** ... 364

19.1 Symmetrieeigenschaften, Gruppen von unitären Transformationen und Erhaltungsgrößen ... 365
19.1.1 Gruppe der räumlichen Translationen ... 366
19.1.2 Gruppe der zeitlichen Translationen ... 368
19.1.3 Gruppe der dreidimensionalen Drehungen im Orts- und Spinraum ... 369
19.1.4 Inversionsgruppe ... 370
19.1.5 Poincaré- und Lorentz-Gruppe ... 370
19.1.6 Permutationsgruppen ... 370
19.2 Anwendung gruppentheoretischer Methoden zur Gewinnung quantentheoretischer Resultate ... 371
19.2.1 Klassifizierung und Konstruktion von Eigenzuständen auf Grund der Symmetriegruppe des Hamilton-Operators ... 371
19.2.2 Folgerungen für Ein-Elektronen-Zustände bei Translationssymmetrie in Kristallen ... 374
19.2.3 Symmetrieeigenschaften von Molekülzuständen ... 384
19.2.4 Energieniveau-Aufspaltung durch eine Störung mit Symmetrieverminderung ... 385
19.2.5 Gruppentheorie als Hilfsmittel bei der Berechnung von Matrixelementen von Operatoren ... 386
19.2.6 Gruppentheoretische Überlegungen bei zusammengesetzten physikalischen Systemen ... 388

**20 Näherungsverfahren für die Lösung des Energie-Eigenwertproblems** ... 390

20.1 Variationsverfahren ... 390
20.2 Schrödingersche Störungstheorie ... 393
20.2.1 Störungstheorie für einen nichtentarteten ungestörten Eigenwert ... 394
20.2.2 Störungstheorie für einen entarteten ungestörten Eigenwert ... 396
20.2.3 Übergang zwischen Nichtentartung und Entartung. Quasientartung ... 397
20.3 Anwendungen der Variationsmethode und der Schrödingerschen Störungstheorie ... 399
20.3.1 Wasserstoff-Molekülion ... 399
20.3.2 Gewinnung optimaler Ein-Teilchen-Zustände. Hartree-Gleichungen ... 401
20.3.3 Anharmonischer Oszillator ... 403
20.3.4 Spin-Bahn-Kopplung eines Elektrons in einem kugelsymmetrischen Kraftfeld ... 405
20.3.5 Zeeman-Effekt des Ein-Elektronen-Problems ... 408
20.3.6 Born-Oppenheimer-Näherung der Elektronen- und Kernbewegung in Molekülen ... 411
20.3.7 Brillouin-Näherung für Elektronen im Kristall ... 414

**21 Systeme identischer Teilchen** ... 418

21.1 Ununterscheidbarkeit identischer Teilchen ... 418
21.2 Fermionen- und Bosonen-Systeme ... 421
21.3 Hartree-Fock-Gleichungen ... 423
21.4 Zwei-Elektronen-Systeme ... 427
21.4.1 Helium-Atom ... 427
21.4.2 Wasserstoff-Molekül ... 430
21.5 Besetzungszahldarstellung eines Bosonen- und eines Fermionen-Systems ... 432
21.6 Bose-Einstein- und Fermi-Dirac-Statistik. Anwendungen ... 436

**22 Dirac-Bild. Zeitabhängige Störungsrechnung** ... 443

22.1 Grundlagen des Dirac-Bildes ... 443
22.2 Zeitabhängige Störungsrechnung ... 446
22.3 Übergangswahrscheinlichkeit und Übergangsrate ... 447
22.4 Anwendungen ... 449
22.4.1 Emission und Absorption von Photonen. Natürliche Linienbreite ... 450
22.4.2 Zusammenhang zwischen elektrischer Polarisation und Feldstärke ... 454

**23 Streuprozesse** ... 460

23.1 Grundbegriffe der Streutheorie ... 460
23.2 Methode der zeitabhängigen Störungstheorie ... 462
23.3 Methode der Greenschen Funktion ... 465
23.3.1 Aufstellung der Lippmann-Schwinger-Gleichung für den Streuzustand ... 465
23.3.2 Greenscher Operator und Greensche Funktion ... 466
23.3.3 Streuamplitude und differentieller Streuquerschnitt ... 468
23.3.4 Streuung schneller Elektronen an schweren Atomen ... 471
23.4 Streumatrix-Theorie ... 472
23.5 Methode der Wegintegral-Quantisierung und ihre Anwendung in der Streutheorie ... 476
23.5.1 Darstellung eines Propagators als Wegintegral ... 477
23.5.2 Anwendung der Wegintegral-Methode in der Streutheorie ... 480

**24 Besetzungszahldarstellung von atomaren Systemen** ... 483

24.1 Ein-Elektronen-Atom ... 483
24.2 Allgemeine atomare Systeme ... 486
24.3 Anwendungen ... 487
24.3.1 Grundsätzliches zum Zwei-Niveau-System ... 487
24.3.2 Wechselwirkung des Zwei-Niveau-Systems mit dem elektromagnetischen Feld ... 487
24.3.3 Photonendetektor auf der Basis des äußeren Photoeffektes ... 488

**25 Dissipation und Fluktuation. Wechselwirkung zwischen dynamischen und dissipativen Systemen** ... 493

25.1 Charakterisierung des dissipativen Systems ... 494
25.2 Kopplung eines harmonischen Oszillators an ein dissipatives System ... 495
25.3 Kopplung eines Zwei-Niveau-Systems an ein dissipatives System ... 499
25.4 Physikalische Interpretation und Anwendung ... 501
25.4.1 Dynamische und dissipative Systeme. Wechselwirkungsmechanismen ... 501
25.4.2 Bewegungsgleichungen. Dämpfungsglieder. Relaxationszeiten ... 502
25.4.3 Simultane Wirkung stochastischer und zeitlich determinierter Kräfte beim Laser ... 506

**26 Quantenfeldtheorie** ... 512

26.1 Grundlagen des quantenfeldtheoretischen Formalismus ... 513
26.1.1 Operatoren der kanonischen Quantenfeldtheorie ... 513
26.1.2 Analyse von Feldern mittels vollständiger Orthonormalsysteme von Eigenfunktionen ... 517
26.1.3 Quantenfeldtheorie in Besetzungszahldarstellung (Teilchenzahldarstellung) ... 519
26.1.4 Hilbert-Raum für feste Gesamtteilchenzahl und Fock-Raum ... 520
26.2 Physikalische Aussagen ... 521
26.2.1 Observable ... 521
26.2.2 Übergang vom quantisierten Schrödinger-Feld mit innerer Wechselwirkung zur Mehr-Teilchen-Quantenmechanik mit Wechselwirkung zwischen den Teilchen ... 526

26.3 Anwendung auf Quasiteilchen (Phononen) ... 527
26.3.1 Massenpunktmodell der Phononen ... 528
26.3.2 Kontinuumsmodell der Phononen ... 530
26.4 Anwendung auf ausgewählte Elementarteilchen. Aspekte der Wechselwirkung ... 532
26.4.1 Quantisierte Felder für ausgewählte Elementarteilchen ... 532
26.4.1.1 Mesonfeld (Klein-Gordon-Feld) ... 532
26.4.1.2 Elektron-Positron-Feld (Dirac-Feld) ... 535
26.4.1.3 Nukleonenfeld ... 540
26.4.1.4 Neutrinofeld (Weyl-Feld) ... 540
26.4.2 Nichtrelativistische Näherung des Dirac-Feldes bei Wechselwirkung mit äußeren statischen elektrischen und magnetischen Feldern ... 541
26.4.3 Wechselwirkung von Feldern ... 546
26.4.3.1 Quantenelektrodynamik und Feynman-Diagrammtechnik ... 547
26.4.3.2 Nukleonen-Mesonen-Wechselwirkung ... 556
26.4.3.3 Vier-Fermionen-Kopplung ($\beta$-Zerfall) ... 557
26.4.4 Kopplungskonstanten bei starker, elektromagnetischer und schwacher Wechselwirkung ... 557

**Anhang** ... 563

**A 1 Erweiterter Hilbert-Raum als mathematische Grundlage der Dirac-Formulierung** ... 563

A 1.1 Zu verwendende Vektor-Räume ... 563
A 1.1.1 Hilbert-Raum ... 563
A 1.1.1.1 Linearität und Komplexität ... 563
A 1.1.1.2 Hermitesche Metrik ... 564
A 1.1.1.3 Abzählbar-unendliche Dimension. Separabilität ... 566
A 1.1.1.4 Vollständigkeit ... 566
A 1.1.2 Duale Vektor-Räume ... 567
A 1.1.3 Erweiterung des Hilbert-Raumes ... 567
A 1.1.4 Rechenregeln für den verwendeten Vektor-Raum (erweiterten Hilbert-Raum) ... 570
A 1.2 Operatoren ... 572
A 1.2.1 Grundlegende Eigenschaften von linearen Operatoren ... 572
A 1.2.2 Rechenregeln und spezielle Eigenschaften von linearen Operatoren ... 574
A 1.3 Eigenwertproblem linearer Operatoren ... 579
A 1.3.1 Allgemeine Definitionen und Aussagen ... 579
A 1.3.2 Eigenwertproblem hermitescher Operatoren ... 580
A 1.4 Produkt-Räume ... 583
A 1.4.1 Produkt-Raum mit 2 Teilräumen ... 583
A 1.4.2 Produkt-Räume mit mehr als 2 Teilräumen ... 584

**A 2 Diracsche Delta-Funktion** ... 585

A 2.1 Definition der $\delta$-Funktion ... 585
A 2.1.1 Darstellung der $\delta$-Funktion als Grenzfunktion von Funktionenfolgen ... 586
A 2.1.2 Fourier-Darstellung, Vollständigkeitsrelationen für Orthonormalsysteme und weitere $\delta$-Funktionsdarstellungen ... 587
A 2.2 $\delta$-Funktions-Relationen ... 588
A 2.3 Ableitungen der $\delta$-Funktion und der Sprungfunktion. Transversale $\delta$-Funktion ... 589

**A 3 Grundbegriffe und Sätze der Gruppentheorie** ..... 591

A 3.1 Allgemeine Definitionen ..... 591
A 3.1.1 Definition einer Gruppe ..... 591
A 3.1.2 Klasseneinteilung der Elemente einer Gruppe ..... 592
A 3.1.3 Untergruppen einer Gruppe ..... 592
A 3.2 Darstellungen einer Gruppe ..... 592
A 3.2.1 Definition der Darstellung ..... 592
A 3.2.2 Reduzibilität und Irreduzibilität von Darstellungen ..... 594
A 3.2.2.1 Sätze über irreduzible Darstellungen ..... 594
A 3.3 Charaktere von Darstellungen ..... 595
A 3.3.1 Definition des Charakters ..... 595
A 3.3.2 Charaktere von Darstellungen ..... 595
A 3.3.3 Relationen zwischen Charaktersystemen ..... 596
A 3.4 Direktes Produkt von Darstellungen einer Gruppe ..... 596
A 3.5 Projektionsoperatoren ..... 597

**A 4 Transformation auf Normalkoordinaten** ..... 598

**A 5 Lorentz-Transformationen und relativistische Invarianz** ..... 601

A 5.1 Lorentz-Transformationen ..... 601
A 5.2 Infinitesimale Lorentz-Transformationen von Feldgrößen ..... 603

**Literaturverzeichnis** ..... 607

**Sachverzeichnis** ..... 613

# Verzeichnis der nach Hauptrichtungen der Physik geordneten Anwendungen

(Bezifferung betrifft Abschnitt im Buch)

*Atomphysik*

Kugelsymmetrie: 19.1.1; Wasserstoff-Atom: 5.4.5, 14.1.1; Leuchtelektron im Alkaliatom: 5.4.5; Abspaltung der Translationsbewegung: 15.1.1; Feinstrukturaufspaltung: 20.3.4; Zeeman-Aufspaltung: 20.3.5; Hyperfeinstrukturaufspaltung: 15.5; Aufbauprinzip der Atome: 5.4.5, 21.2; Elektronenkonfiguration: 21.2; Russell-Saunders-Kopplung: 15.5; *j*-*j*-Kopplung: 15.5, 19.2.6; Helium-Atom: 21.4.1; Hartree-Gleichungen: 20.3.2; Hartree-Fock-Gleichungen: 21.3; Austauschentartung und -wechselwirkung: 21.3, 21.4.1; Unschärfe von Energieniveaus: 22.4; Streuung schneller Elektronen (Formfaktor): 23.3.4; Rutherford-Streuung: 23.2, 23.5.2.

*Molekülphysik*

Molekülsymmetrie: 19.2.3; Born-Oppenheimer-Näherung: 20.3.6; Trennung von Elektronen- und Kernschwingungsbewegung: 15.1.3, 20.3.6; Rotationsbewegung: 5.4.3, 15.1.4, 20.3.6; Harmonische Kernschwingung eines zweiatomigen Moleküls: 15.1.3; Harmonisches und anharmonisches Molekülpotential: 20.3.3; $H_2^+$-Molekülion: 14.1.2, 19.2.3, 20.3.1; Hartree-Fock-Gleichungen: 21.3; Austauschentartung und -wechselwirkung: 21.3, 21.4.2; $H_2$-Molekül: 21.4.2.

*Festkörperphysik*

Kristallsymmetrie: 19.2.2; Trennung von Elektronen- und Kernschwingungsbewegung: 15.1.3; Elektronen im periodischen Potential: 14.1.4, 19.2.2; Bänderstruktur: 20.3.7; Brillouin-Näherung: 20.3.7; Elektronenbeugung im Kristall: 20.3.7; Hartree-Fock-Gleichungen: 21.3; Austauschentartung und -wechselwirkung: 21.2, 21.3; Besetzung von Bändern (Löcher): 21.6; Fermi-Kugel (Elektronenverteilung im Kristall): 21.6; Fermi-Grenzenergie: 21.6; Einfluß einer äußeren Kraft auf Kristallelektronen: 19.2.2; Quasiteilchen: 26.3 (Phononen).

*Quantenoptik*

Feldstärkeschwankungen: 16.2, 16.3; Intensitätskorrelation: 16.4; Interferenzexperimente: 16.4; Glaubersche Kohärenzkonzeption: 16.4; Gequetschtes Licht: 16.6; Thermische und chaotische Strahlung: 18.6.1, 18.6.2; Nichtklassisches Licht: 18.6.3; Lichtausbreitung durch optische Anordnungen: 18.6.4; Spontane und stimulierte Emission sowie Absorption von Photonen: 22.4.1; Linienbreiten: 22.4.1;

Grundlagen der Mehrphotonenprozesse und der nichtlinearen Optik: 22.4.1, 22.4.2; Photonendetektor auf der Basis des äußeren Photoeffektes: 24.3.2; Polarisation und Suszeptibilität: 22.4.2; Laser-Strahlung und -Mechanismen: 18.6.2, 25.4.3.

*Kern- und Elementarteilchenphysik*

Müonen-Atome: 17.1; Positronium: 17; Deuteron: 17.2; Schalenmodell der Atomkerne: 17.2; Elektronenspin: 13.3, 26.4.1.2; Kerndrehimpulse (magnetisches Moment): 15.4; Kernquadrupolmoment: 15.4; Photonen: 16.1; Elektronen, Positronen: 26.4.1.2; Quantenelektrodynamik: 26.4.3.1; Mesonen (Yukawa-Potential): 26.4.1.1; Schwache, elektromagnetische, starke Wechselwirkung: 26.4.4.

*Statistische Physik*

Bose-Einstein-Statistik: 21.6; Einstein-Kondensation: 21.6; Fermi-Dirac-Statistik: 21.6; Boltzmann-Statistik: 21.6; Entropie: 18.4.1; Statistik und Glauber-Sudarshan-Darstellung des Strahlungsfeldes: 18.6; Wechselwirkung von dynamischen und dissipativen Systemen: 25.2, 25.3, 25.4.1; Relaxationsprozesse: 25.4.2.

# Mathematische Zeichen und Symbole für physikalische Größen

Die in diesem Buch benutzten Bezeichnungen und Symbole sind in den Abschnitten, in denen sie verwendet werden, ausführlich erklärt. Für eine bessere Übersicht wird im folgenden eine Zusammenstellung allgemeiner Bezeichnungen sowie derjenigen wichtigen Symbole gegeben, die weitgehend durchgängig benutzt werden.

*Mathematische Zeichen*

| | |
|---|---|
| $X, X(\boldsymbol{r})$ | Skalar bzw. skalare Ortsfunktion |
| $\boldsymbol{X}, \boldsymbol{X}(\boldsymbol{r})$ | Vektor bzw. vektorielle Ortsfunktion |
| $\boldsymbol{X}\boldsymbol{Y}$ | Skalarprodukt zweier Vektoren |
| $\boldsymbol{X} \times \boldsymbol{Y}$ | Kreuzprodukt zweier Vektoren |
| $\nabla_{\boldsymbol{r}}$ | Nabla-Operator bez. des Ortsvektors $\boldsymbol{r}$ |
| $\nabla_{\boldsymbol{r}} X(\boldsymbol{r})$ | Gradient einer skalaren Ortsfunktion |
| $\nabla_{\boldsymbol{r}} \boldsymbol{X}(\boldsymbol{r})$ | Divergenz einer vektoriellen Ortsfunktion |
| $\nabla_{\boldsymbol{r}} \times \boldsymbol{X}(\boldsymbol{r})$ | Rotation einer vektoriellen Ortsfunktion |
| $\triangle$ | Laplace-Operator |
| $\Delta X$ | $X$-Intervall |
| $\frac{\mathrm{d}}{\mathrm{d}t}$ | totale zeitliche Ableitung |
| $\frac{\partial}{\partial t}$ | partielle zeitliche Ableitung |
| $\frac{\partial}{\partial x}$ | partielle räumliche Ableitung |
| $\int \mathrm{d}x \ldots$ | $\int\limits_{-\infty}^{+\infty} \mathrm{d}x \ldots$ für reelles $x$ |
| $\int \mathrm{d}^3\boldsymbol{r} \ldots$ | $\int\limits_{-\infty}^{+\infty} \mathrm{d}x \int\limits_{-\infty}^{+\infty} \mathrm{d}y \int\limits_{-\infty}^{+\infty} \mathrm{d}z \ldots$ für reelle $x, y, z$ |
| $\int \mathrm{d}^4 x \ldots$ | $\int\limits_{-\infty}^{+\infty} \mathrm{d}x \int\limits_{-\infty}^{+\infty} \mathrm{d}y \int\limits_{-\infty}^{+\infty} \mathrm{d}z \int\limits_{-\infty}^{+\infty} \mathrm{d}(ct) \ldots$ für reelle $x, y, z, t$ |
| $X = \mathrm{Re}\{X\} + \mathrm{i} \cdot \mathrm{Im}\{X\}$ | Zerlegung einer komplexen Größe in Real- und Imaginärteil |
| $\int \mathrm{d}^2\alpha \ldots$ | $\int \mathrm{d}(\mathrm{Re}\,\alpha) \int \mathrm{d}(\mathrm{Im}\,\alpha) \ldots$ für komplexes $\alpha$ |
| $\sum\!\!\!\!\!\int_j \ldots$ | $\sum_j \ldots + \int \mathrm{d}j \ldots$ (Summation über eine diskrete und Integration über eine kontinuierliche Abhängigkeit) |
| $\delta_{ll'}$ | Kronecker-Symbol |
| $\delta(l - l')$ | Diracsche $\delta$-Funktion |
| $\delta^3(\boldsymbol{r} - \boldsymbol{r}')$ | $\delta(x - x')\,\delta(y - y')\,\delta(z - z')$ für reelle $x, y, z$ |
| $\delta^2(\alpha)$ | $\delta(\mathrm{Re}\,\alpha)\,\delta(\mathrm{Im}\,\alpha)$ für komplexes $\alpha$ |
| $\delta(l, l')$ | $\begin{cases} \delta_{ll'} & \text{bei diskreter Abhängigkeit} \\ \delta(l - l') & \text{bei kontinuierlicher Abhängigkeit} \end{cases}$ |
| $\{\mathrm{KK}\}$ | konjugiert komplexer Ausdruck der davor angegebenen Größe (oder Summe von Größen); beispielsweise: $X + \{\mathrm{KK}\} = X + X^*$ |

| | |
|---|---|
| $\|\psi\rangle$, $\langle\psi\|$ | Vektor im Hilbert-Raum $\mathscr{H}$ (ket-Vektor, bra-Vektor) |
| $\hat{X}$ | Operator der Variablen $X$ im Hilbert-Raum $\mathscr{H}$ (bezüglich der Zeitabhängigkeit sind Operatoren $\hat{X}$ im Schrödinger-Bild zu verstehen; wenn eine besondere Hervorhebung erforderlich ist, wird $\hat{X}_S$ geschrieben) |
| $\hat{X}_H$ | Operator der Variablen $X$ in $\mathscr{H}$ im Heisenberg-Bild |
| $X_D$ | Operator der Variablen $X$ in $\mathscr{H}$ im Dirac-Bild |
| $\hat{X}^+$ | zu $\hat{X}$ hermitesch-adjungierter Operator |
| $\{HA\}$ | hermitesch-adjungierter Operator des davor angegebenen Operators (oder Summe von Operatoren); beispielsweise: $\hat{X} + \{HA\} = \hat{X} + \hat{X}^+$ |
| $\{X(q_k, p_k), Y(q_k, p_k)\}_{PK} = \sum_k \left( \frac{\partial X}{\partial q_k} \frac{\partial Y}{\partial p_k} - \frac{\partial X}{\partial p_k} \frac{\partial Y}{\partial q_k} \right)$ | (Poisson-Klammer der Funktionen $X$ und $Y$ der Variablen $q_k$, $p_k$ mit $k = 1, 2, \ldots, f$) |
| $[\hat{X}, \hat{Y}] \equiv \hat{X}\hat{Y} - \hat{Y}\hat{X}$ | Kommutator der Operatoren $\hat{X}$, $\hat{Y}$ |
| $[\hat{X}, \hat{Y}]_+ \equiv \hat{X}\hat{Y} + \hat{Y}\hat{X}$ | Antikommutator der Operatoren $\hat{X}$, $\hat{Y}$ |
| $\mathrm{Sp}\{\hat{X}\}$ | Spur des Operators $\hat{X}$ |
| $\langle\varphi\|\psi\rangle$ | Skalarprodukt der Vektoren $\|\varphi\rangle$ und $\|\psi\rangle$ in $\mathscr{H}$ |
| $\hat{P} \equiv \|\beta\rangle\langle\beta\|$ | Projektionsoperator für die Projektion auf den Vektor $\|\beta\rangle$ in $\mathscr{H}$ |
| $\\|\,\|\psi\rangle\\| \equiv \sqrt{\langle\psi\|\psi\rangle}$ | Norm des Vektors $\|\psi\rangle$ |
| $\bar{a} \equiv \langle\hat{A}\rangle$ | $\begin{cases} \dfrac{\langle\psi\| \hat{A} \|\psi\rangle}{\langle\psi\|\psi\rangle} \\ \mathrm{Sp}\,\{\varrho \hat{A}\} \end{cases}$ Mittelwert (Erwartungswert) der Größe $A$ |
| $\mathsf{X}$ | der Größe $X$ zugeordnete Matrix |
| $X\left(\boldsymbol{r}, \frac{\hbar}{\mathrm{i}} \nabla_{\boldsymbol{r}}\right)$ | der Größe $X(\boldsymbol{r}, \boldsymbol{p})$ zugeordneter wellenmechanischer Operator |
| $\approx$ | angenähert gleich |
| $\simeq$ | von gleicher Größenordnung |
| $\equiv$ | Definition |
| $\sim$ | proportional |
| Indizes H, D | durchgehende Kennzeichnung von Größen im Heisenberg- bzw. Dirac-Bild |
| Index S | Kennzeichnung von Größen im Schrödinger-Bild, wenn dieses hervorgehoben werden soll |

*Symbole für physikalische Größen*

| | |
|---|---|
| $a_0$ | Bohrscher Radius |
| $\boldsymbol{A}$ | Vektorpotential des elektromagnetischen Feldes |
| $\boldsymbol{B}$ | magnetische Induktion |
| $c$ | Vakuumlichtgeschwindigkeit |
| $\boldsymbol{d}$ | elektrisches Dipolmoment |
| $\boldsymbol{D}$ | elektrische Verschiebung |
| $e$ | elektrische Elementarladung ($e > 0$) |
| $E$ | Energie |
| $\boldsymbol{E}$ | elektrische Feldstärke |
| $\boldsymbol{E}_{ex}$ | Feldstärke eines äußeren, vorgegebenen elektrischen Feldes |
| $\boldsymbol{e}_\mu$ | Polarisationseinheitsvektor einer Mode $\mu$ des elektromagnetischen Feldes |
| $\boldsymbol{G}$ | Feldimpuls |
| $h$; $\hbar$ | Wirkungsquantum; $\hbar = h/2\pi$ |
| $H$ | Hamilton-Funktion |
| $\tilde{H}$ | Hamilton-Dichte (Energiedichte) |
| $\hat{H}$ | Hamilton-Operator |
| $\boldsymbol{H}$ | magnetische Feldstärke |
| $\boldsymbol{H}_{ex}$ | Feldstärke eines äußeren, vorgegebenen magnetischen Feldes |

| | |
|---|---|
| $\mathscr{H}$ | Hilbert-Raum |
| i | imaginäre Einheit |
| $\hat{I}$ | Einheits- oder Identitätsoperator |
| $\boldsymbol{j}(\boldsymbol{r}, t)$ | Wahrscheinlichkeitsstromdichte |
| $\boldsymbol{J}=\boldsymbol{M}+\boldsymbol{S}$ | Gesamtdrehimpuls |
| $k_B$ | Boltzmann-Konstante |
| $L$ | Lagrange-Funktion |
| $\tilde{L}$ | Lagrange-Dichte |
| $m$ | Masse eines Teilchens |
| $m_0$ | Ruhmasse |
| $\boldsymbol{M}$ | Bahndrehimpuls |
| $n(\boldsymbol{r})$ | Teilchendichte |
| $\hat{N}$ | Nummern- oder Teilchenzahloperator |
| $N_A$ | Avogadro-Konstante |
| $\boldsymbol{p}$ | Impulsvektor |
| $p_k$ | generalisierter Impuls $(k=1, 2, \ldots, f)$ |
| $\boldsymbol{P}$ | elektrische Polarisation |
| $q_k$ | generalisierte Koordinate $(k=1, 2, \ldots, f)$ |
| $\boldsymbol{q}$ | Wellenzahlvektor $(\lvert\boldsymbol{q}\rvert=2\pi/\lambda)$ |
| $\hat{Q}_J$, $\hat{Q}_M$, $\hat{Q}_S$ | Drehimpulsquadrat-Operatoren |
| $\boldsymbol{r}$ | Ortsvektor |
| $\boldsymbol{S}$ | Spindrehimpuls |
| $\mathscr{S}$ | Unterraum in $\mathscr{H}$ |
| $t$ | Zeitkoordinate |
| $T$ | absolute Temperatur |
| $U(\boldsymbol{r})$ | potentielle Energie |
| $v_{ph}$ | Phasengeschwindigkeit |
| $v_{gr}$ | Gruppengeschwindigkeit |
| $V$ | Volumen, Normierungsvolumen, Periodizitätsvolumen |
| $w(\nu, T)$ | spektrale Energiedichte |
| $x$ | Ortskoordinate |
| $\varepsilon_0$ | elektrische Feldkonstante |
| $\lambda$ | Wellenlänge |
| $\mu_0$ | magnetische Feldkonstante |
| $\mu_B$ | Bohrsches Magneton |
| $\nu$ | Frequenz $(\nu=\omega/2\pi)$ |
| $\psi(\boldsymbol{r}, t)$ | Feldfunktion |
| $\pi(\boldsymbol{r}, t)$ | kanonische Impulsfunktion |
| $\varrho(\boldsymbol{r}, t)$ | Wahrscheinlichkeitsdichte |
| $\hat{\varrho}$ | Dichteoperator |
| $\tau$ | Zeitdauer |
| $\omega$ | (Kreis-)Frequenz |

# A Zusammenstellung von Gesetzmäßigkeiten der klassischen Physik

Die Notwendigkeit zur Schaffung der Quantentheorie und deren Ansiedelung im Gebäude der Physik läßt sich leichter verstehen, wenn man einen gewissen Überblick über die klassische Physik vor Augen hat. Deshalb wollen wir unser Buch mit einer Zusammenstellung klassisch-physikalischer Gesetzmäßigkeiten beginnen. Die Auswahl und Akzentuierung ist durch das Anliegen geprägt, später besser verdeutlichen zu können, in welchem Sinne die Quantentheorie eine Weiter-, d.h. Höherentwicklung, der theoretischen Physik darstellt und wie sie auf den Begriffsbildungen der klassischen Physik fußt. Es soll ausdrücklich angemerkt werden, daß Komplex A nicht zum Erlernen der klassischen Theorie, sondern zum raschen Rekapitulieren gedacht ist und beim Studium der Quantentheorie zunächst sogar überschlagen werden kann. Durch Hinweise wird der Leser später auf entsprechende Abschnitte und Formeln in Komplex A zurückgelenkt.

Im Kapitel 1 betrachten wir die theoretischen Grundlagen der klassischen Physik, und im Kapitel 2 gehen wir auf Fragen des Anwendungsbereichs der klassischen Theorie ein.

# 1 Theoretische Grundlagen der klassischen Physik

Als Eckpfeiler der klassischen theoretischen Physik können die Begriffssysteme von Mechanik und Elektrodynamik angesehen werden, wobei wir im ersten Fall vorwiegend an das Begriffssystem der Punktmechanik, im zweiten an die Maxwellsche Feldtheorie denken. Diese Begriffssysteme und die dazugehörigen Gesetzmäßigkeiten werden in 1.1 und 1.2 behandelt. Hinzu kommen in 1.3 einige Probleme allgemein feldtheoretischer Art. Weiterhin werden in 1.4 die Grundsätze der phänomenologischen und statistischen Thermodynamik zusammengestellt. Einige Gesichtspunkte der Optik in Form der elektromagnetischen Wellentheorie schließen wir gleich an die Elektrodynamik in 1.2 an. Die Begriffe und Gesetzmäßigkeiten werden nur zusammengestellt; bezüglich der Beweise und weitergehender Interpretationen sei auf Lehrbücher verwiesen, beispielsweise auf die unter [A-1] bis [A-11] aufgeführten Werke.

## 1.1 Mechanik

### 1.1.1 Kanonische Mechanik

Ausgangspunkt der klassischen (Punkt-)Mechanik ist das *Newtonsche Axiomensystem*. Eine engere Beziehung zur Quantentheorie hat aber der *Hamilton-Formalismus*, den wir deshalb bevorzugen wollen.

Ein mechanisches System mit $f$ Freiheitsgraden kann durch eine *Lagrange-Funktion*

$$L = L(q_k, \dot{q}_k, t) \tag{1.1}$$

charakterisiert werden, die von den generalisierten Koordinaten $q_k$ ($k = 1, 2, \ldots, f$), den generalisierten Geschwindigkeiten $\dot{q}_k$ und im allgemeinen Falle auch explizit von der Zeit $t$ abhängen kann.

Die Bewegungsgleichungen folgen aus dem *Hamiltonschen Variationsprinzip*

$$\int_{t_1}^{t_2} L(q_k, \dot{q}_k, t)\,\mathrm{d}t = \mathrm{Extr} \tag{1.2}$$

als die Euler-Lagrange-Gleichungen (*Lagrange-Gleichungen II. Art*)

$$\frac{\mathrm{d}}{\mathrm{d}t}\frac{\partial L}{\partial \dot{q}_k} - \frac{\partial L}{\partial q_k} = 0. \tag{1.3}$$

Nach Einführung der konjugierten *generalisierten Impulse*

$$p_k = \frac{\partial L}{\partial \dot{q}_k} \tag{1.4}$$

anstelle der $\dot{q}_k$ kann man zur *Hamilton-Funktion* $H$

$$H\,(q_k, p_k, t) = \sum_j \dot{q}_j(q_k, p_k, t)\, p_j - L(q_k, p_k, t) \tag{1.5}$$

übergehen. Die $f$ Lagrange-Gleichungen II. Art werden dann durch ein System von $2f$ Differentialgleichungen, die sogenannten *kanonischen Gleichungen*

$$\dot{q}_k = \frac{\partial H}{\partial p_k}, \qquad \dot{p}_k = -\frac{\partial H}{\partial q_k}, \tag{1.6}$$

ersetzt, wobei sich als weitere Relation

$$\frac{\mathrm{d}}{\mathrm{d}t} H = \frac{\partial}{\partial t} H = -\frac{\partial}{\partial t} L \tag{1.7}$$

ergibt. Wenn $H$ nicht explizit zeitabhängig ist, gilt der Energieerhaltungssatz, und $H$ ist die Gesamtenergie.

Die kanonischen Gleichungen beschreiben die Bewegung des Systems im $2f$-dimensionalen Raum der $q_k$ und $p_k$, der *Phasenraum* genannt wird. Von einem gegebenen Anfangspunkt zur Zeit $t_0$, festgelegt durch die $q_k(t_0)$, $p_k(t_0)$, bewegt sich das System (klassisch-mechanisch) determiniert entlang einer Kurve im Phasenraum, die nach (1.6) eindeutig berechnet werden kann.

Für eine Analogiebetrachtung zwischen klassischer Mechanik und Quantenmechanik ist die Darstellung ersterer im *Poisson-Klammer-Formalismus* von Nutzen. Für zwei Funktionen $A$ und $B$ der kanonischen Variablen $q_k$, $p_k$ mit $k = 1, 2, \ldots, f$ ist die *Poisson-Klammer* durch

$$\{A, B\}_{\mathrm{PK}} \equiv \sum_k \left( \frac{\partial A}{\partial q_k} \frac{\partial B}{\partial p_k} - \frac{\partial A}{\partial p_k} \frac{\partial B}{\partial q_k} \right) \tag{1.8}$$

definiert. Ein fundamentaler Spezialfall davon ist

$$\{q_k, p_j\}_{\mathrm{PK}} = \delta_{kj} = \begin{cases} 1 & (k = j) \\ 0 & (k \neq j). \end{cases} \tag{1.9}$$

Mit Hilfe der Poisson-Klammern ergeben sich die kanonischen Gleichungen (1.6) in der Form

$$\dot{q}_k = \{q_k, H\}_{\mathrm{PK}}, \qquad \dot{p}_k = \{p_k, H\}_{\mathrm{PK}}. \tag{1.10}$$

Allgemein lautet für eine Variable $G(q_k, p_k, t)$ die Bewegungsgleichung

$$\dot{G} = \frac{\mathrm{d}}{\mathrm{d}t} G = \{G, H\}_{\mathrm{PK}} + \frac{\partial G}{\partial t}; \tag{1.11}$$

dabei bedeutet $\{G, H\}_{\mathrm{PK}}$ die dynamische (durch die Hamilton-Funktion bestimmte) und $\frac{\partial G}{\partial t}$ die explizite zeitliche Änderung von $G$.

Man kann von einem System kanonischer Variablen $q_k$, $p_k$ mittels kanonischer Transformation derart zu einem neuen System kanonischer Variablen $Q_k$, $P_k$ übergehen,

$$Q_j = Q_j(q_k, p_k, t), \qquad P_j = P_j(q_k, p_k, t), \tag{1.12}$$

daß die kanonischen Gleichungen (1.6) invariant bleiben,

$$\dot{Q}_j = \frac{\partial H'}{\partial P_j}, \qquad \dot{P}_j = -\frac{\partial H'}{\partial Q_j}, \tag{1.13}$$

wobei $H'$ die Hamilton-Funktion in den neuen kanonischen Variablen ist.

Die Poisson-Klammern sind Invarianten gegenüber kanonischen Transformationen.

Den Zugang zu möglichen kanonischen Transformationen erhält man über die Äquivalenz des Hamilton-Prinzips (1.2) für $L(q_k, \dot{q}_k, t)$ und $L'(Q_k, \dot{Q}_k, t)$, woraus sich der Zusammenhang

$$H' = H + \frac{\partial R_1}{\partial t}, \qquad p_k = \frac{\partial R_1}{\partial q_k}, \qquad P_k = -\frac{\partial R_1}{\partial Q_k} \tag{1.14}$$

ableiten läßt, in dem mit $R_1(q_k, Q_k, t)$ die vorgebbare *erzeugende Funktion* der kanonischen Transformation erscheint. Ausgehend von einem gewählten $R_1$ kann man durch Legendre-Transformationen zu anderen erzeugenden Funktionen gelangen, z.B. zu $R_2(q_k, P_k, t) = R_1(q_k, Q_k, t) + \sum_k P_k Q_k$.

Interessante Aussagen liefert die Untersuchung *infinitesimaler Transformationen* bezüglich *Erhaltungsgrößen*, wenn die physikalischen Systeme bestimmte Symmetrieeigenschaften besitzen. Bei Verwendung der an $R_2$ anschließenden speziellen Erzeugenden

$$\tilde{R}_2 = \sum_k q_k P_k + \varepsilon F(q_k, P_k) \tag{1.15}$$

mit $\varepsilon$ als infinitesimalem Parameter der Transformation erhalten wir über die zu (1.14) analogen Relationen

$$p_k = \frac{\partial \tilde{R}_2}{\partial q_k} = P_k + \varepsilon \frac{\partial F}{\partial q_k} \quad \text{und} \quad Q_k = \frac{\partial \tilde{R}_2}{\partial P_k} = q_k + \varepsilon \frac{\partial F}{\partial P_k},$$

wenn wir nur lineare Glieder in $\varepsilon$ mitnehmen, d.h. $P_k$ durch $p_k$ in $F$ ersetzen, die folgenden infinitesimalen Unterschiede zwischen alten und neuen Koordinaten bzw. Impulsen:

$$Q_k - q_k = \delta q_k = \varepsilon \frac{\partial F}{\partial p_k}, \qquad P_k - p_k = \delta p_k = -\varepsilon \frac{\partial F}{\partial q_k}. \tag{1.16}$$

Bei infinitesimalen kanonischen Transformationen wird auch $F(q_k, p_k)$ erzeugende Funktion genannt. Für $\varepsilon \to 0$ ergibt sich die identische Transformation.

In Verallgemeinerung von (1.16) auf die Änderung einer Funktion $A(q_k, p_k)$ bei einer infinitesimalen kanonischen Transformation erhält man

$$\delta A = \varepsilon \{A, F\}_{\mathrm{PK}}. \tag{1.17}$$

Wendet man (1.17) speziell auf die Hamilton-Funktion ($A \equiv H$) an, so kann man aus

$$\delta H = \varepsilon \{H, F\}_{\mathrm{PK}} \tag{1.18}$$

und (1.11) den Schluß ziehen, daß eine erzeugende Funktion $F(q_k, p_k)$, die die Hamilton-Funktion invariant läßt ($\delta H = 0$) und für die $\dfrac{\partial F}{\partial t} = 0$ gilt, eine *Erhaltungsgröße – Konstante der Bewegung* – ist $\left(\dfrac{\mathrm{d}F}{\mathrm{d}t} = 0\right)$.

Durch die Symmetrieeigenschaften des Systems wird festgelegt, gegenüber welchen kanonischen Transformationen $H$ invariant ist. Durch Aufklärung der Symmetrietransformationen von $H$ kann man die Erhaltungsgrößen ermitteln. Da die Symmetrietransformationen im mathematischen Sinne eine Gruppe bilden, ist es möglich, Methoden der Gruppentheorie zur Lösung dieser Aufgabe auszunützen. Damit befassen wir uns auf der quantentheoretischen Stufe im Kapitel 19 etwas ausführlicher, und in A 3 stellen wir dazu die wichtigsten Sätze der Gruppentheorie zusammen. Auf den Zusammenhang zwischen Symmetrietransformationen und Erhaltungsgrößen bzw. Erhaltungssätzen im Rahmen der Feldtheorie gehen wir in 1.3.2 ausführlicher ein. Hier wollen wir uns mit ein paar Andeutungen zu speziellen Fällen begnügen.

Ist $H$ von einem bestimmten $q_j$ unabhängig (zyklische Variable), dann folgt aus (1.18) sofort, daß $F = p_j$ – der zu $q_j$ kanonisch-konjugierte Impuls – Erhaltungsgröße ist.

Aus der Invarianz von $H$ gegenüber Drehung mit dem Winkel $\mathrm{d}\varphi$ um eine feste Achse ($z$-Achse) ergibt sich auf Grund von $\delta x = -y\,\mathrm{d}\varphi = \mathrm{d}\varphi \dfrac{\partial F}{\partial p_x}$, $\delta y = x\,\mathrm{d}\varphi = \mathrm{d}\varphi \dfrac{\partial F}{\partial p_y}$ und $\delta z = 0$, daß die erzeugende Funktion

$$F = (x p_y - y p_x) = M_z, \tag{1.19}$$

der Drehimpuls um die $z$-Achse, eine Erhaltungsgröße ist.

Bei Kugelsymmetrie sind die Drehimpulskomponente bezüglich jeder beliebigen Polarachse und das Quadrat bzw. der Betrag des Gesamtdrehimpulses Konstanten der Bewegung.

Die Bewegung eines Systems kann man als Aufeinanderfolge infinitesimaler kanonischer Transformationen auffassen; denn mit $F = H(q_k, p_k)$ und $\varepsilon$ als Zeitintervall $\mathrm{d}t$ ergibt sich nach (1.16) $\delta q_k = \dot{q}_k\,\mathrm{d}t = \mathrm{d}q_k$ und $\delta p_k = \dot{p}_k\,\mathrm{d}t = \mathrm{d}p_k$, also die Koordinaten- und Impulsänderung im Zeitintervall von $t$ bis $t + \delta t$. Die zeitliche Entwicklung über ein endlich großes Intervall läßt sich als fortgesetzte Anwendung solcher infinitesimaler Transformationen beschreiben.

Besonders ausgezeichnet ist diejenige kanonische Transformation, die auf $H' = 0$ und damit $Q_k = \mathrm{const}$ und $P_k = \mathrm{const}$ führt. Ihre erzeugende Funktion $R_2 = W(q_k, P_k, t)$ muß der *Hamilton-Jacobi-Gleichung*

$$\frac{\partial W}{\partial t} + H\left(q_k, \frac{\partial W}{\partial q_k}, t\right) = 0 \tag{1.20}$$

genügen. Um ein mechanisches Problem zu lösen, hat man auf dieser Stufe der Theorie die partielle Differentialgleichung 1. Ordnung (1.20) anstelle der $2f$ gewöhnlichen Differentialgleichungen (1.6) zu lösen.

Man kommt zu den Bahnkurven des Systems – ausgedrückt durch die $q_k(t)$ –, indem man sich ein vollständiges Integral von (1.20) verschafft, d.h. eine Lösung $W(q_k, P_k, t)$, die außer von $q_k$ noch von $f$ unabhängigen Konstanten $P_k$ abhängt. Da $\partial W/\partial P_k = Q_k = \text{const}$ gilt, erhält man durch Auflösen dieser Relationen $q_k(Q_j, P_j, t)$ in Abhängigkeit von $t$ und den $2f$ Konstanten $Q_j$, $P_j$ $(j = 1, 2, \ldots, f)$, die durch die Anfangsbedingungen festgelegt sind.

Für nicht explizit zeitabhängiges $H$ kann man mit dem Ansatz

$$W(q_k, P_k, t) = S(q_k, P_k) - \alpha t \tag{1.21}$$

die Zeitvariable separieren und gelangt zur zeitfreien Gleichung

$$H\left(q_k, \frac{\partial S}{\partial q_k}\right) = \alpha \tag{1.22}$$

mit $\alpha = E$ als der konstanten Energie.

In der Epoche der korrespondenzmäßigen Vorstufe zur Quantentheorie (vgl. Kapitel 3) hat die Anwendung der Hamilton-Jacobi-Methode auf physikalische Systeme mit *periodischen* Bewegungen eine herausragende Rolle gespielt. In diesem Falle werden die konstanten Impulse $P_k$ durch die ebenfalls konstanten, sogenannten *Wirkungsvariablen* $\Phi_k$ $(k = 1, 2, \ldots, f)$ ersetzt, die als

$$\Phi_k = \oint p_k \, \mathrm{d} q_k = \oint \frac{\partial S_k}{\partial q_k} \, \mathrm{d} q_k \tag{1.23}$$

definiert sind, wobei für $S$ die Separationsstruktur $S = \sum\limits_{j=1}^{f} S_j(q_j, \Phi_j)$ vorausgesetzt wird. Diese Wirkungsvariablen werden auch *Phasenintegrale* genannt ($\oint$ bedeutet Integration über eine volle Periode).

Die zu den $\Phi_j$ konjugierten *Winkelvariablen*

$$w_j = \frac{\partial S}{\partial \Phi_j} \tag{1.24}$$

sind wegen $\dot{w}_j = \dfrac{\partial H}{\partial \Phi_j} = \text{const}$ lineare Funktionen der Zeit,

$$w_j = v_j t + \beta_j, \tag{1.25}$$

wobei die $v_j$ einen Satz von Konstanten (Frequenzen) darstellen, die durch die Wirkungsvariablen bestimmt werden.

### 1.1.2 Einige repräsentative Beispiele der Mechanik

#### 1.1.2.1 *Eindimensionaler harmonischer Oszillator*

Zur Bewegungsgleichung $m\ddot{x} = -Kx$ gehört die Lagrange-Funktion

$$L = \frac{m}{2}\dot{x}^2 - \frac{K}{2}x^2, \tag{1.26}$$

aus der sich mit $p = m\dot{x}$ die Hamilton-Funktion

$$H = \frac{1}{2m}p^2 + \frac{K}{2}x^2 \tag{1.27}$$

ergibt. Die kanonischen Gleichungen lauten $\dot{p} = -Kx$ und $\dot{x} = p/m$, und die Lösung des Problems ist $x(t) = A\cos(\omega t + \alpha)$ mit $\omega^2 = K/m$ und $A$, $\alpha$ als Konstanten, die durch die Anfangsbedingungen festgelegt sind. Für die Wirkungsvariable folgt nach (1.23)

$$\Phi = \oint p\,\mathrm{d}x = \oint \sqrt{2m\left(E - \frac{K}{2}x^2\right)}\,\mathrm{d}x = \frac{2\pi}{\omega}E, \tag{1.28}$$

was den Flächeninhalt innerhalb einer Ellipse in der $(x,p)$-Ebene bedeutet. Wegen $H = E$ ergibt sich

$$H = \frac{\omega}{2\pi}\Phi = \nu\Phi \tag{1.29}$$

sowie wegen $\dot{w} = \nu$ für die Winkelvariable

$$w = \nu t + \beta. \tag{1.30}$$

Zwei weitere gebräuchliche Darstellungen der Hamilton-Funktion (1.27) erhält man zum einen beim Übergang zur generalisierten Koordinate $Q = x\sqrt{m}$ und zum generalisierten Impuls $P = p/\sqrt{m}$, wodurch sich die Form

$$H = \frac{1}{2}(P^2 + \omega^2 Q^2) \tag{1.31}$$

ergibt, und zum anderen durch Ersetzung der reellen $P$ und $Q$ mittels der Transformation

$$a = \sqrt{\frac{\omega}{2\hbar}}\left(Q + \mathrm{i}\frac{P}{\omega}\right) \tag{1.32}$$

durch die komplexe Normalamplitude $a$, so daß

$$H = \hbar\omega\, a^* a \tag{1.33}$$

folgt. Der Radikand in (1.32) ist zum Zwecke einer normierten Schreibweise eingeführt. Da *a dimensionslos* sein soll, muß unter der Wurzel im Nenner eine frei wählbare Größe von der Dimension einer *Wirkung* stehen; wegen des einfacheren Vergleiches mit den später zu interpretierenden quantentheoretischen Beziehungen wird dafür die Plancksche Konstante $\hbar = h/2\pi$ gewählt – vgl. (3.71).

### 1.1.2.2 *Kepler-Problem*

Der Bewegungsleichung $m\ddot{\boldsymbol{r}} = -\gamma \frac{Mm}{r^2} \frac{\boldsymbol{r}}{r}$ ist, ausgedrückt in räumlichen Polarkoordinaten,

$$L = \frac{m}{2}(\dot{r}^2 + r^2\dot{\vartheta}^2 + r^2\dot{\varphi}^2 \sin^2\vartheta) + \gamma \frac{Mm}{r} \tag{1.34}$$

zuzuordnen. Damit erhält man die kanonischen Impulse

$$p_r = m\dot{r}, \qquad p_\vartheta = mr^2\dot{\vartheta}, \qquad p_\varphi = mr^2\dot{\varphi}\sin^2\vartheta$$

und die Hamilton-Funktion

$$H = \frac{1}{2m}\left(p_r^2 + \frac{1}{r^2}p_\vartheta^2 + \frac{1}{r^2\sin^2\vartheta}p_\varphi^2\right) - \gamma\frac{Mm}{r}. \tag{1.35}$$

$\varphi$ ist zyklische Variable ($H$ ist davon unabhängig). Die zeitfreie Hamilton-Jacobi-Gleichung (vgl. (1.22))

$$\frac{1}{2m}\left[\left(\frac{\partial S}{\partial r}\right)^2 + \frac{1}{r^2}\left(\frac{\partial S}{\partial \vartheta}\right)^2 + \frac{1}{r^2\sin^2\vartheta}\left(\frac{\partial S}{\partial \varphi}\right)^2\right] - \gamma\frac{Mm}{r} = E \tag{1.36}$$

ist mit dem Ansatz

$$S = S_r(r) + S_\vartheta(\vartheta) + S_\varphi(\varphi) \tag{1.37}$$

separierbar. Die Separationskonstanten $\alpha_\varphi = \frac{\partial S_\varphi}{\partial \varphi}$ und $\alpha_\vartheta^2 = \left(\frac{\partial S_\vartheta}{\partial \vartheta}\right)^2 + \alpha_\varphi^2/\sin^2\vartheta$ bringen die Konstanz der Drehimpulskomponente, bezogen auf die gewählte Polarachse, und des Gesamtdrehimpulses bzw. seines Quadrates zum Ausdruck. Die Hamilton-Funktion (1.35) kann durch Einführung der Wirkungsvariablen (Phasenintegrale)

$$\Phi_\varphi = \oint p_\varphi \, \mathrm{d}\varphi = \oint \frac{\partial S_\varphi}{\partial \varphi} \mathrm{d}\varphi = \oint \alpha_\varphi \, \mathrm{d}\varphi = 2\pi p_\varphi, \tag{1.38}$$

$$\Phi_\vartheta = \oint p_\vartheta \, \mathrm{d}\vartheta = \oint \frac{\partial S_\vartheta}{\partial \vartheta} \mathrm{d}\vartheta = \oint \sqrt{\alpha_\vartheta^2 - \alpha_\varphi^2/\sin^2\vartheta} \, \mathrm{d}\vartheta, \tag{1.39}$$

$$\Phi_r = \oint p_r \, \mathrm{d}r = \oint \frac{\partial S_r}{\partial r} \mathrm{d}r = \oint \sqrt{2m\left(E + \gamma\frac{Mm}{r}\right) - \frac{\alpha_\vartheta^2}{r^2}} \, \mathrm{d}r, \tag{1.40}$$

nach Ausführung der Integration in (1.40) und Auflösung nach $E$ auf die Form

$$H = -\frac{2\pi^2\gamma^2 m^3 M^2}{(\Phi_r + \Phi_\vartheta + \Phi_\varphi)^2} \tag{1.41}$$

gebracht werden. Man erkennt, daß alle drei Grundfrequenzen $\nu = \frac{\partial H}{\partial \Phi_r} = \frac{\partial H}{\partial \Phi_\vartheta} = \frac{\partial H}{\partial \Phi_\varphi}$ bei der Kepler-Bewegung einander gleich sind. Die Bewegung ist vollständig entartet (die Bahnkurven sind geschlossene Ellipsen).

#### 1.1.2.3 *Relativistische Bewegung eines Teilchens*

Aus der Lagrange-Funktion

$$L = -mc^2 \sqrt{1 - \frac{v^2}{c^2}} + U, \tag{1.42}$$

in der $m$ die Masse und $v$ die Geschwindigkeit des Teilchens, $c$ die Vakuumlichtgeschwindigkeit und $U$ eine potentielle Energie (äußeres Feld) sind, ergibt sich der kanonische Impuls

$$p' = \frac{mv}{\sqrt{1 - v^2/c^2}} \tag{1.43}$$

und damit die Hamilton-Funktion

$$H = p'v - L = \sqrt{c^2 p'^2 + m^2 c^4} + U, \tag{1.44}$$

die in der Näherung $v/c \ll 1$ die Form

$$H = mc^2 + \frac{1}{2m} p^2 - \frac{1}{8m^3 c^2} (p^2)^2 + U \tag{1.45}$$

erhält. In (1.45) bedeuten $mc^2$ die Ruhenergie des Teilchens, $\frac{1}{2m} p^2$ die nichtrelativistische kinetische Energie und der dritte Summand die erste relativistische Korrektur zur kinetischen Energie.

## 1.2 Elektrodynamik

Elektrodynamik und Optik gehören zur Kategorie der Feldtheorien. Ihre Grundgleichungen sind die *Maxwell-Gleichungen*, auf deren differentielle Form die folgende Übersicht begründet werden soll:

$$\nabla_r \times \boldsymbol{E} = -\frac{\partial \boldsymbol{B}}{\partial t}, \qquad \nabla_r \boldsymbol{B} = 0, \tag{1.46a}$$

$$\nabla_r \times \boldsymbol{H} = \boldsymbol{j} + \frac{\partial \boldsymbol{D}}{\partial t}, \qquad \nabla_r \boldsymbol{D} = \sigma, \tag{1.46b}$$

wobei $\boldsymbol{E}$ die elektrische Feldstärke, $\boldsymbol{H}$ die magnetische Feldstärke, $\boldsymbol{D}$ die elektrische Verschiebung, $\boldsymbol{B}$ die magnetische Induktion, $\boldsymbol{j}$ die elektrische Stromdichte und $\sigma$ die Ladungsdichte sind. Daneben sind *Materialgleichungen* zu berücksichtigen. Für die elektromagnetischen Vorgänge im Vakuum gilt

$$\boldsymbol{D} = \varepsilon_0 \boldsymbol{E}, \qquad \boldsymbol{B} = \mu_0 \boldsymbol{H} \tag{1.47}$$

mit $\varepsilon_0 = 8{,}85416 \cdot 10^{-12}$ As/Vm als elektrischer und $\mu_0 = 1{,}256637 \cdot 10^{-6}$ Vs/Am als magnetischer Feldkonstante. Aus (1.46) und (1.47) lassen sich zwei Bilanzgleichungen,

$$\frac{\partial \sigma}{\partial t} + \nabla_{\boldsymbol{r}} \boldsymbol{j} = 0 \qquad (\textit{Ladungsbilanz}) \tag{1.48}$$

und

$$\frac{\partial \tilde{H}}{\partial t} + \nabla_{\boldsymbol{r}} \boldsymbol{S} = -\boldsymbol{j}\boldsymbol{E} \qquad (\textit{Energiebilanz}), \tag{1.49}$$

gewinnen; dabei sind in (1.49)

$$\tilde{H} = \frac{1}{2} \boldsymbol{E}\boldsymbol{D} + \frac{1}{2} \boldsymbol{H}\boldsymbol{B} \tag{1.50}$$

die *Energiedichte*,

$$\tilde{\boldsymbol{S}} = (\boldsymbol{E} \times \boldsymbol{H}) = c^2 \tilde{\boldsymbol{G}} \tag{1.51}$$

die *Energiestromdichte* und $-\boldsymbol{j}\boldsymbol{E}$ die *Joulesche Wärme*; $\tilde{\boldsymbol{G}}$ ist als *Impulsdichte* des Feldes anzusprechen, während

$$\tilde{\boldsymbol{J}} = \boldsymbol{r} \times \tilde{\boldsymbol{G}} \tag{1.51 a}$$

die Drehimpuls-Dichte des Feldes ist – zum Beweis vergleiche mit (1.112 b). Durch Integration über den gesamten vom Feld erfüllten Raum kann man aus den Dichten die globalen Größen $H = \int \mathrm{d}^3\boldsymbol{r}\, \tilde{H}$ (gesamte Feldenergie), $\boldsymbol{G} = \int \mathrm{d}^3\boldsymbol{r}\, \tilde{\boldsymbol{G}}$ (gesamter Feldimpuls) und $\boldsymbol{J} = \int \mathrm{d}^3\boldsymbol{r}\, \tilde{\boldsymbol{J}}$ (gesamter Felddrehimpuls) – siehe auch (1.112 b) – bestimmen.

Da wir später vorwiegend nur Rückbezüge auf die klassische Theorie des isolierten elektromagnetischen Feldes benötigen, wollen wir jetzt $\boldsymbol{j} = 0$ und $\sigma = 0$ annehmen. Unter dieser Voraussetzung lassen sich $\boldsymbol{E}$ und $\boldsymbol{B}$ in einfacher Weise mit dem sogenannten Vektorpotential $\boldsymbol{A}$ durch

$$\boldsymbol{B} = \nabla_{\boldsymbol{r}} \times \boldsymbol{A}, \tag{1.52 a}$$

$$\boldsymbol{E} = -\frac{\partial \boldsymbol{A}}{\partial t} \tag{1.52 b}$$

in Verbindung bringen, wenn die *Coulomb-Eichung* (Strahlungsfeld-Eichung)

$$\nabla_{\boldsymbol{r}} \boldsymbol{A} = 0 \tag{1.53}$$

angenommen wird. Mit Hilfe von $\boldsymbol{A}$ wird die Darstellung der Theorie des elektromagnetischen Feldes sehr erleichtert.

Die aus (1.46) und (1.47) folgenden *Wellengleichungen* (für $\boldsymbol{j} = 0$, $\sigma = 0$)

$$\left( \triangle - \varepsilon_0 \mu_0 \frac{\partial^2}{\partial t^2} \right) \boldsymbol{E} = 0, \tag{1.54 a}$$

$$\left( \triangle - \varepsilon_0 \mu_0 \frac{\partial^2}{\partial t^2} \right) \boldsymbol{H} = 0 \tag{1.54 b}$$

für die Feldstärken können dann durch eine Wellengleichung für $\boldsymbol{A}$ ersetzt werden:

$$\left(\triangle - \varepsilon_0 \mu_0 \frac{\partial^2}{\partial t^2}\right) \boldsymbol{A} = 0. \tag{1.55}$$

Wesentliche Grundlösungen der Wellengleichungen (1.55) bzw. (1.54) des elektromagnetischen Strahlungsfeldes sind *ebene Wellen*

$$\boldsymbol{A} = \boldsymbol{A}(\boldsymbol{q}\boldsymbol{r} - \omega t), \tag{1.56}$$

wobei zwischen dem *Wellenzahlvektor* $\boldsymbol{q}$ und der *Kreisfrequenz* $\omega$ die *Dispersionsbeziehung*

$$\omega^2 = c^2 \boldsymbol{q}^2 \tag{1.57}$$

mit $c^2 = (\varepsilon_0 \mu_0)^{-1}$ gelten muß. Wegen $\nabla_{\boldsymbol{r}} \boldsymbol{A} = 0$ (bzw. $\nabla_{\boldsymbol{r}} \boldsymbol{E} = 0$ und $\nabla_{\boldsymbol{r}} \boldsymbol{H} = 0$) handelt es sich bei (1.56) um Transversalwellen; die Vektoren $\boldsymbol{q}$, $\boldsymbol{E}$, $\boldsymbol{H}$ bilden ein rechtshändiges Dreibein $\left(\boldsymbol{q}\boldsymbol{E} = 0,\ \boldsymbol{q}\boldsymbol{H} = 0 \text{ und } \boldsymbol{H} = \sqrt{\varepsilon_0/\mu_0}\left(\frac{\boldsymbol{q}}{q} \times \boldsymbol{E}\right)\right)$.

Eine allgemeine Lösung von (1.55) wird zweckmäßig als Fourier-Entwicklung nach ebenen, harmonischen, linear polarisierten, fortschreitenden Wellen dargestellt. Dazu denkt man sich den gesamten Raum unter der Voraussetzung der Homogenität in genügend große Periodizitätsvolumina $V = L^3$ (Würfel mit der Kantenlänge $L$) eingeteilt, wodurch es möglich wird, Randbedingungen durch die bequemere Periodizitätsbedingung

$$\boldsymbol{A}(\boldsymbol{r}, t) = \boldsymbol{A}(\boldsymbol{r} - \boldsymbol{R}, t) \tag{1.58}$$

zu ersetzen, in der die Vektoren $\boldsymbol{R}$, deren Komponenten ganzzahlige Vielfache von $L$ sind, die Lage der verschiedenen Periodizitätsvolumen bestimmen ((1.58) bedeutet, daß das Strahlungsfeld in jedem der Volumina gleich beschaffen ist). Unter diesen Voraussetzungen ergibt sich die folgende Fourier-Darstellung:

$$\boldsymbol{A}(\boldsymbol{r}, t) = \sum_{\mu} \left(\frac{\hbar}{2 V \varepsilon_0 \omega_\mu}\right)^{1/2} \boldsymbol{e}_\mu \{a_\mu \mathrm{e}^{\mathrm{i}(\boldsymbol{q}_\mu \boldsymbol{r} - \omega_\mu t)} + (\mathrm{KK})\}. \tag{1.59}$$

Jede Teilwelle in (1.59) mit dem Wellenzahlvektor $\boldsymbol{q}_\mu$ und fester linearer Polarisation (ausgedrückt durch den Polarisationseinheitsvektor $\boldsymbol{e}_\mu$) nennt man eine Mode des Feldes, so daß (1.59) auch *Modenzerlegung* des Feldes heißt. Zwischen $\boldsymbol{q}_\mu$ und $\boldsymbol{e}_\mu$ besteht die Transversalitätsrelation $\boldsymbol{q}_\mu \boldsymbol{e}_\mu = 0$. Zu jeder Wellenzahl $\boldsymbol{q}_\mu$ existieren zwei Moden ($\mu_1$ und $\mu_2$) mit Polarisationseinheitsvektoren, die senkrecht aufeinander stehen ($\boldsymbol{e}_{\mu 1} \boldsymbol{e}_{\mu 2} = 0$). Der Modenindex $\mu$ charakterisiert also sowohl die verschiedenen Ausbreitungsrichtungen ($\boldsymbol{q}_\mu$) als auch einen der beiden unabhängigen Polarisationszustände ($\boldsymbol{e}_\mu$). Die Frequenzen $\omega_\mu$ und die Wellenzahlvektoren $\boldsymbol{q}_\mu$ sind durch die Dispersionsbeziehungen $\omega_\mu^2 = c^2 \boldsymbol{q}_\mu^2$ miteinander verknüpft (vgl. (1.57)). Wegen der Periodizitätsbedingung (1.58) können nur Wellenzahlvektoren mit den Komponenten

$$\boldsymbol{q}_\mu = \left(\frac{2\pi}{L} l_x, \frac{2\pi}{L} l_y, \frac{2\pi}{L} l_z\right) \tag{1.60}$$

auftreten, wobei $l_x$, $l_y$, $l_z$ beliebige ganze Zahlen sind. Die Normierungsfaktoren $(\hbar/2V\varepsilon_0\omega_\mu)^{1/2}$ wurden in (1.59) in der Weise eingeführt, daß die Gesamtenergie

$$H = \frac{\varepsilon_0}{2}\int_V d^3\boldsymbol{r}\left(\frac{\partial \boldsymbol{A}}{\partial t}\right)^2 + \frac{1}{2\mu_0}\int_V d^3\boldsymbol{r}(\nabla_{\boldsymbol{r}} \times \boldsymbol{A})^2 \tag{1.61}$$

im Volumen $V = L^3$, ausgedrückt durch dimensionslose Amplituden $a_\mu$, die als Integrationskonstanten der Lösung von (1.55) frei wählbar sind, ein möglichst einfacher Ausdruck wird, nämlich

$$H = \sum_\mu \hbar\omega_\mu a_\mu{}^* a_\mu. \tag{1.62}$$

(Zur Einführung des Faktors $\hbar$ vgl. die Anmerkung in 1.1.2.1 beim Beispiel des harmonischen Oszillators.)

Von besonderem Interesse ist bei der Modenzerlegung noch die *Modendichte*, d.h. die Modenanzahl $\Delta M$ im Frequenzintervall zwischen $\omega$ und $\omega + \Delta\omega$. Wenn die Kantenlänge $L$ des Periodizitätskubus groß genug ist, so daß man die Verteilung der Zahlentripel $(l_x, l_y, l_z)$ (vgl. (1.60)) als quasistetig ansehen kann, dann ist die Modenzahl unterhalb eines bestimmten $\omega$-Wertes bei Voraussetzung von Isotropie der Strahlung gleich $2 \cdot (4\pi/3)\,(L\omega/2\pi c)^3$, woraus sich die gesuchte Zahl $\Delta M$ zu

$$\Delta M = \frac{V}{\pi^2 c^3}\,\omega^2\,\Delta\omega \tag{1.63}$$

ergibt. Die zu (1.63) führenden Überlegungen verdeutlichen, daß durch die Modenzerlegung (1.59) eine *Abzählbarkeit* der Freiheitsgrade des Strahlungsfeldes impliziert wird, die erhebliche Vorteile bietet.

Aus der Modendarstellung (1.59) von $\boldsymbol{A}(\boldsymbol{r}, t)$ kann man sich über (1.52) und (1.47) leicht $\boldsymbol{E}$, $\boldsymbol{B}$, $\boldsymbol{D}$ und $\boldsymbol{H}$ verschaffen.

Durch Umkehrung der beim harmonischen Oszillator mit (1.32) eingeführten Transformation, die man hier für jede Mode $\mu$ anwenden kann, gelingt es, anstelle der komplexen Amplituden $a_\mu$, $a_\mu^*$ reelle generalisierte Koordinaten $Q_\mu$ und Impulse $P_\mu$ in $\boldsymbol{A}$ sowie $\boldsymbol{E}$, $\boldsymbol{B}$, $\boldsymbol{D}$, $\boldsymbol{H}$ einzuführen. Dann kann man der Definition (1.8) entsprechend Poisson-Klammer-Relationen zwischen diesen Größen berechnen. Wir wollen davon hier nur die für spätere Erörterungen in diesem Buch benötigte Relation zwischen den Komponenten $E_j$ und $A_k$

$$\{E_j(\boldsymbol{r},t), A_k(\boldsymbol{r}',t)\}_{\mathrm{PK}} = \sum_\mu \left(\frac{\partial E_j}{\partial Q_\mu}\frac{\partial A_k}{\partial P_\mu} - \frac{\partial E_j}{\partial P_\mu}\frac{\partial A_k}{\partial Q_\mu}\right)$$
$$= \frac{1}{2\varepsilon_0 V}\sum_\mu \left[e^{i\boldsymbol{q}_\mu(\boldsymbol{r}-\boldsymbol{r}')} + e^{-i\boldsymbol{q}_\mu(\boldsymbol{r}-\boldsymbol{r}')}\right] e_{\mu j} e_{\mu k} \tag{1.64}$$

ausrechnen. Trennen wir in (1.64) die Summation über die Moden ($\mu$) in eine Summation über die Wellenzahlvektoren ($\boldsymbol{q}_\mu$) und die jeweiligen beiden unabhängigen Polarisationsrichtungen ($\lambda = 1, 2$) auf und wenden die aus der Transversalität ($\boldsymbol{q}_\mu \boldsymbol{e}_\mu = \boldsymbol{q}_\mu \boldsymbol{e}_{\boldsymbol{q}_\mu}^{(\lambda)} = 0$ für $\lambda = 1, 2$) und der Orthogonalität ($\boldsymbol{e}_{\mu_1} \cdot \boldsymbol{e}_{\mu_2} = \boldsymbol{e}_{\boldsymbol{q}_\mu}^{(\lambda=1)} \cdot \boldsymbol{e}_{\boldsymbol{q}_\mu}^{(\lambda=2)} = 0$)

folgende Beziehung für die Komponenten der Polarisationseinheitsvektoren

$$\sum_{\lambda=1}^{2} e^{(\lambda)}_{\boldsymbol{q}_\mu j} e^{(\lambda)}_{\boldsymbol{q}_\mu k} = \delta_{jk} - \frac{q_{\mu j} q_{\mu k}}{|\boldsymbol{q}_\mu|^2} \tag{1.65}$$

an, so bekommt (1.64) die Gestalt

$$\{E_j(\boldsymbol{r},t),\, A_k(\boldsymbol{r}',t)\}_{\mathrm{PK}} = \frac{1}{\varepsilon_0 V} \sum_\mu \mathrm{e}^{\mathrm{i}\boldsymbol{q}_\mu(\boldsymbol{r}-\boldsymbol{r}')} \left(\delta_{jk} - \frac{q_{\mu j} q_{\mu k}}{|\boldsymbol{q}_\mu|^2}\right). \tag{1.66}$$

Vollzieht man den Grenzübergang zu einem unendlich großen Periodizitätsvolumen ($V \to \infty$), dann wird $\boldsymbol{q}_\mu$ eine stetige Variable $\boldsymbol{q}$, und $\frac{1}{V}\sum_{\boldsymbol{q}_\mu}$ geht in $(2\pi)^{-3} \int_{-\infty}^{+\infty} \mathrm{d}^3\boldsymbol{q}$ über. Damit erhält man auf der rechten Seite von (1.66) die Fourier-Darstellung

$$\delta^{(\mathrm{tr})3}_{jk}(\boldsymbol{r}-\boldsymbol{r}') = \frac{1}{(2\pi)^3} \int_{-\infty}^{+\infty} \mathrm{d}^3\boldsymbol{q}\; \mathrm{e}^{\mathrm{i}\boldsymbol{q}(\boldsymbol{r}-\boldsymbol{r}')} \left(\delta_{jk} - \frac{q_j q_k}{|\boldsymbol{q}|^2}\right) \tag{1.67}$$

der sogenannten *transversalen Diracschen δ-Funktion* und die Poisson-Klammer-Relation

$$\{E_j(\boldsymbol{r},t),\, A_k(\boldsymbol{r}',t)\}_{\mathrm{PK}} = \frac{1}{\varepsilon_0}\, \delta^{(\mathrm{tr})3}_{jk}(\boldsymbol{r}-\boldsymbol{r}'). \tag{1.68}$$

Als Beispiel für die Verknüpfung von Mechanik und Elektromagnetik wollen wir die Hamilton-Funktion für ein Teilchen (Masse $m$, Ladung $+e$) unter der Einwirkung äußerer, fest vorgegebener, statischer, homogener elektrischer Felder $\boldsymbol{E}_{\mathrm{ex}}$ (skalares Potential $\tilde{V}(\boldsymbol{r}) = -\boldsymbol{r}\boldsymbol{E}_{\mathrm{ex}}$) und magnetischer Felder $\boldsymbol{H}_{\mathrm{ex}}$ $\left(\text{Vektorpotential } \boldsymbol{A}(\boldsymbol{r}) = -\frac{\mu_0}{2}(\boldsymbol{r}\times\boldsymbol{H}_{\mathrm{ex}})\right)$ sowie eines Strahlungsfeldes (Vektorpotential $\boldsymbol{A}(\boldsymbol{r},\mathrm{t})$) aufstellen. Wir können von der Lagrange-Funktion

$$L = \frac{m}{2}\dot{\boldsymbol{r}}^2 - e\tilde{V} + e\tilde{\boldsymbol{A}}\dot{\boldsymbol{r}} \tag{1.69}$$

ausgehen, in der die beiden Wechselwirkungsglieder so angesetzt sind, daß in den Lagrange-Gleichungen die Lorentz-Kraft herauskommt, und in der mit $\tilde{\boldsymbol{A}} = \boldsymbol{A}(\boldsymbol{r}) + \boldsymbol{A}(\boldsymbol{r},t)$ die Vektorpotentiale zusammengefaßt wurden. Als kanonischer Impuls ergibt sich $\boldsymbol{p} = m\dot{\boldsymbol{r}} + e\tilde{\boldsymbol{A}}$, und damit gelangt man zur Hamilton-Funktion

$$H = \frac{1}{2m}(\boldsymbol{p} - e\tilde{\boldsymbol{A}})^2 + e\tilde{V}. \tag{1.70}$$

Durch explizite Einführung der homogenen Felder $\boldsymbol{E}_{\mathrm{ex}}$ und $\boldsymbol{H}_{\mathrm{ex}}$ bekommt (1.70) die Form

$$H = \frac{1}{2m}\,\boldsymbol{p}^2 - e\boldsymbol{r}\boldsymbol{E}_{\mathrm{ex}} - \frac{e\mu_0}{2m}\,\boldsymbol{M}\boldsymbol{H}_{\mathrm{ex}} - \frac{e^2\mu_0^2}{2m}\left\{\frac{1}{4}\,[\boldsymbol{r}\times(\boldsymbol{r}\times\boldsymbol{H}_{\mathrm{ex}})]\right\}\boldsymbol{H}_{\mathrm{ex}}$$

$$-\frac{e}{m}\,\boldsymbol{A}(\boldsymbol{r},t)\,\boldsymbol{p} + \frac{e^2}{2m}\,\boldsymbol{A}(\boldsymbol{r},t)^2 - \frac{e^2\mu_0}{2m}\,(\boldsymbol{r}\times\boldsymbol{H}_{\mathrm{ex}})\,\boldsymbol{A}(\boldsymbol{r},t). \qquad (1.71)$$

Darin bedeuten in den ersten drei Wechselwirkungsgliedern mit den statischen Feldern $(+e\boldsymbol{r})$ ein elektrisches Dipolmoment, $\left(+\frac{e\mu_0}{2m}\,\boldsymbol{M}\right)$ ein mit dem Bahndrehimpuls $\boldsymbol{M}$ verknüpftes und $(e^2\mu_0^2/4m)\,[\boldsymbol{r}\times(\boldsymbol{r}\times\boldsymbol{H}_{\mathrm{ex}})]$ ein induziertes magnetisches Dipolmoment. Die letzten drei Glieder erfassen die Wechselwirkung mit dem Strahlungsfeld. Bei sehr schneller Bewegung hat man (1.71) noch durch das in (1.45) eingeführte Korrekturglied zur kinetischen Energie zu ergänzen.

Die in (1.71) gegebene Hamilton-Funktion ist hinreichend, wenn das durch $\boldsymbol{A}(\boldsymbol{r},t)$ repräsentierte Strahlungsfeld als von außen fest vorgegeben vorauszusetzen ist. Genau genommen erzeugt eine beschleunigt bewegte Ladung selbst ein Strahlungsfeld, das durch die inhomogene Wellengleichung

$$\left(\triangle - \frac{1}{c^2}\,\frac{\partial^2}{\partial t^2}\right)\boldsymbol{A}(\boldsymbol{r},t) = -\mu_0\boldsymbol{j} \qquad (1.72)$$

beschrieben wird, in der $\boldsymbol{j}$ die Stromdichte der bewegten Ladung ist ((1.72) ist die aus dem vollen Maxwell-Gleichungssystem (1.46) folgende Verallgemeinerung von (1.55)). Wenn man diese Rückwirkung der beschleunigt bewegten Ladung auf das Strahlungsfeld berücksichtigen muß, hat man somit ein gekoppeltes Problem zu lösen.

Bei Experimenten mit Elektronenstrahlen werden üblicherweise Feldstärken $\boldsymbol{E}_{\mathrm{ex}}$ bis zur Größenordnung von $10^7\,\mathrm{V\cdot m^{-1}}$ angewendet. Dann sind die auftretenden Beschleunigungen ($10^{18}\,\mathrm{m\cdot s^{-2}}$) noch nicht so hoch, daß die Abstrahlung beachtet werden muß. Wenn aber Elektronen auf Bahnen in atomarer Dimension (Abstand $10^{-10}\,\mathrm{m}$) um einen Atomkern (Ladung $e$) kreisen, wird die Abstrahlung ein entscheidender Effekt (vgl. 3.1.3.3). Die Beschleunigung ist dann nämlich $10^4$mal höher, und die Abstrahlung nimmt um den Faktor $10^8$ zu, wie man an Hand der Formel für die von einem schwingenden Dipol pro Zeiteinheit abgestrahlte Energie $E_{\mathrm{a}}$,

$$E_{\mathrm{a}} = \frac{1}{4\pi\varepsilon_0}\,\frac{2}{3c^3}\,(\ddot{\boldsymbol{d}})^2, \qquad (1.73)$$

abschätzen kann, in der die zweite zeitliche Ableitung $\ddot{\boldsymbol{d}}$ des Dipolmoments die Abhängigkeit von der Beschleunigung widerspiegelt.

## 1.3 Allgemein-feldtheoretische Grundbegriffe und Probleme

Für das weitere Eindringen in die Quantentheorie sind Kenntnisse über einige Grundbegriffe und Probleme eines allgemeinen feldtheoretischen Formalismus erforderlich, die entweder modellunabhängig oder an Hand eines einfacheren Falles, wie es das Maxwell-Feld darstellt, erörtert werden sollen. Unter diesem Blickwinkel wollen wir einen Abriß des kanonischen Formalismus der Feldtheorie geben, die Streuung skalarer Wellen an Raumgitterstrukturen untersuchen und die Begriffe Wellenpaket und Unschärferelation einführen.

### 1.3.1 Kanonischer Feldformalismus

Der Begriff *„kanonischer Feldformalismus"* soll die Möglichkeit einer Analogie zwischen Punktmechanik und Feldtheorie zum Ausdruck bringen. Der kanonische Formalismus der Punktmechanik (vgl. 1.1) ist auf die Feldtheorie übertragbar, wobei ein Feld als mechanisches System mit nicht-abzählbar unendlich vielen Freiheitsgraden erscheint. Dieser Zusammenhang wird einsichtig, wenn man sich das kontinuierliche System (Feld) zunächst mit Hilfe einer Zelleneinteilung des Raumes und durch Verwendung von auf die einzelnen Zellen bezogenen Mittelwertgrößen als diskretes System vorstellt und dann den Grenzübergang zum Kontinuum vollzieht. Wir wollen dies für den einfachsten Fall eines reellen, einkomponentigen Feldes $\psi(x, t)$ mit eindimensionaler Ortsabhängigkeit erläutern. Einer punktmechanischen Koordinate $q_j(t)$ entspricht ein über die Zelle $\Delta x_j$ gemittelter Wert des Feldes

$$\psi_j(t) = \frac{1}{\Delta x_j} \int\limits_{(\Delta x_j)} \mathrm{d}x\, \psi(x, t), \tag{1.74}$$

und Analoges gilt für $\dot{q}_j(t)$ und

$$\dot{\psi}_j(t) = \frac{1}{\Delta x_j} \int\limits_{(\Delta x_j)} \mathrm{d}x \frac{\partial \psi(x, t)}{\partial t}. \tag{1.75}$$

Die Lagrange-Funktion $L$ ist in Summenform ebenfalls aus über die Zellen gemittelten Größen $\tilde{L}_j$ aufzubauen:

$$L = \sum_j \Delta x_j \tilde{L}_j, \tag{1.76}$$

wobei die $\tilde{L}_j$ Funktionen von $\psi_j$, $\dot{\psi}_j$ und Differenzen zwischen $\psi_j$ und $\psi_{j+1}$ sowie $\psi_{j-1}$ der benachbarten Zellen sind. Durch die Abhängigkeiten von diesen Differenzen wird eine Kopplung von Zelle zu Zelle erreicht; beim Grenzübergang $\Delta x_j \to 0$ gehen aus ihnen über Differenzenquotienten dann räumliche partielle Ableitungen $\frac{\partial \psi(x, t)}{\partial x}$ hervor. Dem kanonischen Impuls $p_j(t)$ entspricht

$$\frac{\partial L}{\partial \dot{\psi}_j} = \Delta x_j \frac{\partial \tilde{L}_j}{\partial \dot{\psi}_j} \equiv \Delta x_j \cdot \pi_j(t), \tag{1.77}$$

womit man für die Hamilton-Funktion

$$H = \sum_j \Delta x_j [\pi_j \dot{\psi}_j - \tilde{L}_j] = \sum_j \Delta x_j \, \tilde{H}_j(\pi_j, \psi_j) \tag{1.78}$$

erhält. Für die Poisson-Klammer-Relation

$$\{q_j, p_k\}_{\text{PK}} = \delta_{jk}$$

(vgl. (1.9)) ergibt sich

$$\{\psi_j(t), \pi_k(t)\}_{\text{PK}} = \frac{\delta_{jk}}{\Delta x_k}. \tag{1.79}$$

Beim Übergang zum Kontinuum ($\Delta x_j \to 0$) folgt aus diesen Summenrelationen

$$L = \int \mathrm{d}x \, \tilde{L} \tag{1.80}$$

mit

$$\tilde{L} = \tilde{L}\left(\psi(x,t), \frac{\partial \psi(x,t)}{\partial t}, \frac{\partial \psi(x,t)}{\partial x}\right),$$

$$\pi(x,t) = \frac{\partial \tilde{L}}{\partial \left(\dfrac{\partial \psi}{\partial t}\right)}, \tag{1.81}$$

$$H = \int \mathrm{d}x \, \tilde{H}(\psi(x,t), \pi(x,t)) \tag{1.82}$$

mit

$$\tilde{H} = \pi(x,t) \frac{\partial \psi(x,t)}{\partial t} - \tilde{L}$$

und

$$\{\psi(x,t), \pi(x',t)\}_{\text{PK}} = \delta(x - x'); \tag{1.83}$$

die $\delta$-Funktion auf der rechten Seite von (1.83) resultiert dabei, wie in A 2 dargestellt ist, als Grenzwert einer Folge von Funktionen. Auch die kanonischen Gleichungen (1.10) der Punktmechanik finden sich in der kanonischen Feldtheorie als

$$\frac{\partial \psi(x,t)}{\partial t} = \{\psi(x,t), H\}_{\text{PK}}, \qquad \frac{\partial \pi(x,t)}{\partial t} = \{\pi(x,t), H\}_{\text{PK}} \tag{1.84}$$

wieder; ebenso lassen sich die Überlegungen bezüglich kanonischer Transformationen, Symmetrieeigenschaften und Erhaltungsgrößen aus der Punktmechanik in die Feldtheorie übertragen.

Die Formulierung der Theorie für ein einkomponentiges, reelles Feld $\psi(\boldsymbol{r}, t)$ im dreidimensionalen Raum wird hier nicht explizit vorgeführt, da diese Verallgemeinerung auf der Hand liegt. Man hat von einer Lagrange-Dichtefunktion $\tilde{L}\left(\psi(\boldsymbol{r},t), \frac{\partial \psi(\boldsymbol{r},t)}{\partial t}, \nabla_{\boldsymbol{r}} \psi(\boldsymbol{r},t)\right)$ auszugehen; die Integration in (1.80) und (1.82) sind über den dreidimensionalen Raum zu erstrecken, und auf der rechten Seite von (1.83) steht dann $\delta^3(\boldsymbol{r}-\boldsymbol{r}')=\delta(x-x')\,\delta(y-y')\,\delta(z-z')$.

Von großer Bedeutung sind Feldtheorien mit *komplexer* Feldfunktion $\psi(\boldsymbol{r}, t)$; dann verdoppelt sich die Zahl der Freiheitsgrade, da Real- und Imaginärteil als unabhängig anzusehen sind. Die Auftrennung in Real- und Imaginärteil ist jedoch nicht erforderlich, wenn man $\psi$ und $\psi^*$ als unabhängige Größen betrachtet. $\tilde{L}$ muß in diesem Falle eine aus $\psi$ und $\psi^*$ sowie deren zeitlichen und räumlichen Ableitungen aufgebaute *reelle* Funktion sein. Das wichtigste Beispiel eines einkomponentigen, komplexen Feldes ist das Schrödinger-Feld der Wellenmechanik (im Kapitel 26 wird klar, in welchem Zusammenhang dieses aus der quantentheoretischen Wellenmechanik stammende Feld (vgl. 5.1) als klassisches Feld interpretiert werden kann).

Eine weitere Verallgemeinerung stellt ein mehrkomponentiges ($N$-komponentiges) komplexes Feld $\psi_A$ $(A=1, 2, \ldots, N)$ dar; dafür ist das in 26.4.1.2 betrachtete Dirac-Feld (mit $N=4$) ein wichtiges Beispiel.

Das elektromagnetische Strahlungsfeld, beschrieben durch das Vektorpotential $A_j(\boldsymbol{r}, t)$, repräsentiert ein dreikomponentiges $(j=1,2,3)$, reelles Feld. Seine Hamilton-Funktion ist (1.61); sie ergibt sich aus der Lagrange-Dichte

$$\tilde{L}=\frac{\varepsilon_0}{2}\left(\frac{\partial \boldsymbol{A}}{\partial t}\right)^2-\frac{1}{2\mu_0}(\nabla_{\boldsymbol{r}}\times\boldsymbol{A})^2 \tag{1.85}$$

und den kanonischen Impulsen

$$\Pi_k(\boldsymbol{r}, t)=\varepsilon_0\,\frac{\partial A_k}{\partial t}=-\varepsilon_0\,E_k(\boldsymbol{r}, t) \tag{1.86}$$

über die auf den dreikomponentigen Fall (Ersetzung von $\psi(x, t)$ durch $A_j(\boldsymbol{r}, t)$ und $\pi(x, t)$ durch $\Pi_k(\boldsymbol{r}, t)$) verallgemeinerte Formel (1.82). Das bedeutet, daß der dynamische Zustand des freien Strahlungsfeldes durch das Feld $\boldsymbol{A}$ und dessen kanonisch konjugiertes Feld $-\boldsymbol{D}$ in jedem Zeitpunkt bestimmt ist.

### 1.3.2 Aufbau von Feldtheorien und Folgerungen aus Invarianzen

Für den Aufbau von Feldtheorien im kanonischen Formalismus gibt es zwei wesentliche Zugänge. Wenn die Feldgleichungen (Wellengleichungen) bekannt und vorgegeben sind, dann ist die Lagrange-Dichte $\tilde{L}$ so zu formulieren, daß sich aus der feldtheoretischen Form des Hamilton-Prinzips $\delta\int \mathrm{d}t\,\mathrm{d}^3\boldsymbol{r}\,\tilde{L}=0$ bei Variation der Feldfunktionen diese Feldgleichungen gerade wieder ergeben. Ein zweiter Zugang besteht darin, $\tilde{L}$ im Einklang mit vorgegebenen allgemeinen Symmetrieeigenschaften (Invarianzen) zu konstruieren, wobei sich dann ebenfalls nach dem Hamilton-Prinzip Feldgleichungen ableiten lassen.

Auf beiden Wegen können auch Feldtheorien mit Wechselwirkungen zwischen mehreren Feldern unterschiedlicher Art entwickelt werden. $\tilde{L}$ besteht dann aus Anteilen für die einzelnen (isolierten) Felder und aus Wechselwirkungsgliedern, in denen die Feldgrößen verschiedener Felder in bestimmten Kombinationen, die durch Symmetrieeigenschaften bestimmt sind, vorkommen.

Mit dem zweiten Zugang zu Feldtheorien wollen wir uns im folgenden im Falle von speziell-relativistischer Invarianz etwas näher befassen. Wir werden dabei sehen, daß sich neben Feldgleichungen auch durch die Symmetrieeigenschaften von $\tilde{L}$ bedingte Erhaltungsgrößen ergeben. Wenn Invarianzen gegenüber kontinuierlichen Transformationen in der Raum-Zeit (*Poincaré-Transformationen*) und gegenüber *Funktionaltransformationen* (*Eich-* und *Phasentransformationen*) vorliegen, genügt es, sich auf infinitesimale Symmetrietransformationen zu beschränken. Der Zusammenhang zwischen den Symmetrietransformationen und Erhaltungsgrößen wird in diesem Falle von einem von E. Noether 1918 bewiesenen Theorem (*Noether-Theorem* [A-8, 9], [E-21, 22, 23]) bestimmt: Zu jeder von einem infinitesimalen Parameter $\varepsilon$ abhängigen kontinuierlichen Symmetrietransformation (Koordinaten- oder Funktionaltransformation), die die Lagrange-Dichte $\tilde{L}$ (bis auf einen divergenzartigen Ausdruck, womit wir uns aber im folgenden nicht weiter befassen müssen) und die Bewegungsgleichungen invariant läßt, gehört eine dynamische Erhaltungsgröße und ein Erhaltungssatz.

Bei infinitesimalen Poincaré-Transformationen der Raum-Zeit-Koordinaten $x^\mu$ ($\mu = 1, 2, 3, 4$)

$$x^\mu \longrightarrow x'^\mu = x^\mu + \delta x^\mu = x^\mu + \varepsilon^\mu{}_\nu\, x^\nu + \varepsilon^\mu \tag{1.87a}$$

mit den infinitesimalen Parametern $\varepsilon^\mu$ (raum-zeitliche Translationen) und $\varepsilon^{\mu\nu} = -\varepsilon^{\nu\mu}$ (Drehungen in der Raum-Zeit) transformieren sich die Komponenten der Feldfunktionen $\psi_A(x)$ nach

$$\psi_A(x) \longrightarrow \psi'_A(x') = \left[\delta_{AB} + \frac{\mathrm{i}}{2}\,\varepsilon^{\varrho\lambda}(I_{\varrho\lambda})_{AB}\right]\psi_B(x' - \delta x), \tag{1.87b}$$

wie im Anhang A 5 näher erläutert wird (das Argument $x$ der Feldfunktionen soll dabei alle vier Raum-Zeit-Koordinaten charakterisieren). Die zu beachtende Summation über $\nu$ bzw. $\varrho$, $\lambda$ ist ebenfalls in A 5 angegeben. Wenn eine Lagrange-Dichte erster Ordnung vorausgesetzt wird, d. h., wenn $\tilde{L}$ als reeller Skalar aus den Feldfunktionen und ihren ersten Ableitungen nach den Raum-Zeit-Koordinaten aufgebaut ist, dann ergibt sich aus der Forderung, daß (1.87) eine Symmetrietransformation sei und damit die *totale Variation* von $\tilde{L}$ gleich null ist,

$$\delta_{\text{tot}}\tilde{L} = \tilde{L}\left(\psi'_A(x'), \frac{\partial \psi'_A(x')}{\partial x'}\right) - \tilde{L}\left(\psi_A(x), \frac{\partial \psi_A(x)}{\partial x}\right) = 0, \tag{1.88}$$

das wichtige Ergebnis

$$\left[\frac{\partial \tilde{L}}{\partial \psi_A} - \frac{\partial}{\partial x^\mu}\frac{\partial \tilde{L}}{\partial\left(\dfrac{\partial \psi_A}{\partial x^\mu}\right)}\right]\delta_{\text{lok}}\,\psi_A + \frac{\partial}{\partial x^\mu}\left[\tilde{L}\,\delta x^\mu + \frac{\partial \tilde{L}}{\partial\left(\dfrac{\partial \psi_A}{\partial x^\mu}\right)}\,\delta_{\text{lok}}\,\psi_A\right] = 0, \tag{1.89}$$

wobei die *lokale Variation* der Feldkomponenten $\psi_A(x)$ durch

$$\delta_{\text{lok}}\,\psi_A(x) = \psi'_A(x) - \psi_A(x) = \psi'_A(x') - \psi_A(x) - \frac{\partial \psi_A(x)}{\partial x^\mu}\,\delta x^\mu \tag{1.90}$$

definiert ist und durch Koordinatentransformationen mit determiniert wird, aber auch reine Funktionaländerungen umfaßt.

Aus (1.89) können mehrere wichtige Schlußfolgerungen gezogen werden. Wenn über die Raum-Zeit von $-\infty$ bis $+\infty$ integriert und vorausgesetzt wird, daß die Feldfunktionen an den Grenzen des Integrationsgebietes null sind, dann findet man – unter Anwendung des Gaußschen Satzes bei dem divergenzartigen zweiten Summanden von (1.88) –

$$\int \mathrm{d}^4 x \left[\frac{\partial \tilde{L}}{\partial \psi_A} - \frac{\partial}{\partial x^\mu}\left(\frac{\partial \tilde{L}}{\partial\left(\frac{\partial \psi_A}{\partial x^\mu}\right)}\right)\right] \delta_{\mathrm{lok}}\, \psi_A = 0 . \tag{1.91}$$

(1.91) ist mit dem feldtheoretischen Hamilton-Prinzip

$$\delta_{\mathrm{lok}} \frac{1}{c} \int \mathrm{d}^4 x\, \tilde{L}\left(\psi_A, \frac{\partial \psi_A}{\partial x}\right) = 0 \tag{1.91 a}$$

identisch, und es folgen daraus die Feldgleichungen

$$\frac{\partial \tilde{L}}{\partial \psi_A} - \frac{\partial}{\partial x^\mu} \frac{\partial \tilde{L}}{\partial\left(\frac{\partial \psi_A}{\partial x^\mu}\right)} = 0 \quad (A = 1, 2, \ldots, N). \tag{1.92}$$

Wird die Gültigkeit der zum gegebenen $\tilde{L}$ gehörigen Feldgleichungen vorausgesetzt, ergibt sich aus (1.89) weiterhin

$$\frac{\partial}{\partial x^\mu}\left[\tilde{L}\, \delta x^\mu + \frac{\partial \tilde{L}}{\partial\left(\frac{\partial \psi_A}{\partial x^\mu}\right)} \delta_{\mathrm{lok}}\, \psi_A\right] = 0 , \tag{1.93}$$

also eine Gleichung von der Struktur einer Bilanzgleichung (wie z.B. die speziellen Fälle (1.48) und (1.49)).

In (1.93) steht die zeitliche Ableitung einer Dichtegröße

$$\tilde{D} = \frac{1}{c}\left[\tilde{L}\, \delta x^4 + \frac{\partial \tilde{L}}{\partial\left(\frac{\partial \psi_A}{\partial x^4}\right)} \delta_{\mathrm{lok}}\, \psi_A\right], \tag{1.94}$$

die jeweils den physikalischen Inhalt einer Bilanzgleichung und – wie gleich erkennbar werden wird – auch die physikalische Bedeutung einer Erhaltungsgröße bestimmt.

Zu einer integralen Erhaltungsgröße wird man von (1.93) aus geführt, wenn man die Vierersummation in den Dreieranteil und den vierten Anteil auftrennt und dann über den gesamten dreidimensionalen Ortsraum integriert. Das Integral über den Dreieranteil verschwindet bei Verwendung des Gaußschen Satzes wegen der vorausgesetzten Randbedingungen für die Feldfunktionen. Es ergibt sich dann – nach dem Herausziehen der zeitlichen Ableitung aus dem räumlichen Integral –

der wichtige *Erhaltungssatz*

$$\frac{d}{dt}\frac{1}{c}\int d^3\boldsymbol{r}\left[\tilde{L}\,\delta x^4+\frac{\partial\tilde{L}}{\partial\left(\dfrac{\partial\psi_A}{\partial x^4}\right)}\,\delta_{\text{lok}}\psi_A\right]=\frac{d}{dt}\int d^3\boldsymbol{r}\,\tilde{D}=0. \tag{1.95}$$

Dies bedeutet, daß $\int d^3\boldsymbol{r}\,\tilde{D}$ eine *Erhaltungsgröße* definiert.

Es sei noch eine Bemerkung angefügt, wie die Summation über $A$ zum Beispiel in (1.93) bzw. (1.95) auszuführen ist, wenn das mehrkomponentige Feld $\psi_A$ komplex ist. Man hat dann auch noch über die konjugiert-komplexen Feldkomponenten bzw. ihre Variationen zu summieren; explizit geschrieben ergibt sich dann für (1.93) bzw. (1.95)

$$\frac{\partial}{\partial x^\mu}\left[\tilde{L}\,\delta x^\mu+\frac{\partial\tilde{L}}{\partial\left(\dfrac{\partial\psi_A}{\partial x^\mu}\right)}\,\delta_{\text{lok}}\psi_A+\frac{\partial\tilde{L}}{\partial\left(\dfrac{\partial\psi_A^*}{\partial x^\mu}\right)}\,\delta_{\text{lok}}\psi_A^*\right]=0 \tag{1.93a}$$

$$\frac{d}{dt}\frac{1}{c}\int d^3\boldsymbol{r}\left[\tilde{L}\,\delta x^4+\frac{\partial\tilde{L}}{\partial\left(\dfrac{\partial\psi_A}{\partial x^4}\right)}\,\delta_{\text{lok}}\psi_A+\frac{\partial\tilde{L}}{\partial\left(\dfrac{\partial\psi_A^*}{\partial x^4}\right)}\,\delta_{\text{lok}}\psi_A^*\right]=0. \tag{1.95a}$$

Zum gleichen Resultat wäre man gekommen, wenn man von vornherein die Größe $\tilde{L}$ als reelle Funktion aus $\psi_A$ und $\psi_A^*$ und deren räumlichen und zeitlichen Ableitungen angesetzt und die Variationen von $\psi_A$ und $\psi_A^*$ als unabhängig betrachtet hätte.

Die in der Formulierung des Noether-Theorems auftretenden infinitesimalen Parameter $\varepsilon$ der Symmetrietransformationen sind im Falle von (1.87a, b) mit den $\varepsilon^\mu$ und den $\varepsilon^{\mu\nu}$ zu identifizieren, die in (1.93) bzw. (1.95) im expliziten Ausdruck für $\delta x^\mu$ und $\delta_{\text{lok}}\psi_A$ bzw. $\delta_{\text{lok}}\psi_A^*$ erscheinen. Bei Funktionaltransformationen, auf die weiter unten eingegangen wird, werden die $\delta_{\text{lok}}\psi_A$ bzw. $\delta_{\text{lok}}\psi_A^*$ allein durch infinitesimale Parameter bestimmt, die die jeweiligen Transformationen fixieren.

Um den physikalischen Gehalt des Noether-Theorems zu verdeutlichen, sollen ein paar wichtige konkrete Symmetrietransformationen betrachtet werden.

Bei zeitlicher und räumlicher Translationsinvarianz, durch die die Voraussetzung der Unbeobachtbarkeit einer absoluten Zeit und eines absoluten Raumes zum Ausdruck kommt, gilt

$$\delta x^\mu=\varepsilon^\mu \tag{1.96a}$$

und nach (1.90)

$$\delta_{\text{lok}}\psi_A(x)=-\frac{\partial\psi_A}{\partial x^\mu}\,\varepsilon^\mu, \tag{1.96b}$$

und damit ergibt sich aus (1.95) mit $\varepsilon^4 = c\,\delta t \neq 0$ und $\varepsilon^k = 0$ für $k = 1, 2, 3$ nach Weglassen von $\delta t$ als die Erhaltungsgröße die *Hamilton-Funktion*

$$H = -\int \mathrm{d}^3\boldsymbol{r}\left[\tilde{L} - \frac{\partial \psi_A}{\partial t}\,\frac{\partial \tilde{L}}{\partial\left(\dfrac{\partial \psi_A}{\partial t}\right)}\right] = \int \mathrm{d}^3\boldsymbol{r}\,\tilde{H} \tag{1.97}$$

im Einklang mit (1.82), (1.81) bei Verallgemeinerung auf ein mehrkomponentiges Feld $\psi_A$. Für $\varepsilon^4 = 0$ und Weglassen der willkürlichen Faktoren $\varepsilon^k \neq 0$ ergibt sich als Erhaltungsgröße der gesamte *lineare Impuls* des Feldes

$$G_k = -\int \mathrm{d}^3\boldsymbol{r}\,\frac{\partial \tilde{L}}{\partial\left(\dfrac{\partial \psi_A}{\partial t}\right)}\,\frac{\partial \psi_A}{\partial x^k} = \int \mathrm{d}^3\boldsymbol{r}\,\tilde{G}_k \quad (k = 1, 2, 3). \tag{1.98}$$

Zur Formulierung der aus (1.93) für Translationssymmetrie (1.96a), (1.96b) folgenden Bilanzgleichungen ist es zweckmäßig, die Komponenten des sogenannten *kanonischen Energie-Impuls-Tensors*

$$\Theta_\nu{}^\mu(x) \equiv \frac{\partial \psi_A}{\partial x^\nu}\,\frac{\partial \tilde{L}}{\partial\left(\dfrac{\partial \psi_A}{\partial x^\mu}\right)} - \delta_\nu{}^\mu \tilde{L} \tag{1.99}$$

einzuführen, und aus (1.93) erhält man somit die vier Bilanzgleichungen

$$\frac{\partial}{\partial x^\mu}\,\Theta_\nu{}^\mu = 0 \quad \text{mit} \quad \nu = 1, 2, 3, 4. \tag{1.100}$$

Für $\nu = 4$ ergibt sich $\Theta_4{}^4 = \tilde{H}$ und damit die *Energie-Bilanzgleichung* als Beziehung zwischen *Hamilton-Dichte* (Energie-Dichte) $\tilde{H}$ und der *Energiestrom-Dichte* $\Theta_4{}^l$. Im Falle von $\nu = k = 1, 2, 3$ erhält man $\Theta_k{}^4 = -c\,\tilde{G}_k$ und damit die *Impuls-Bilanzgleichung* als Beziehung zwischen der *Impuls-Dichte* $\tilde{G}_k$ (siehe (1.98)) und der *Impulsstrom-Dichte* $\Theta_k{}^l$.

Eine weitere bedeutsame physikalische Aussage ergibt sich als Schlußfolgerung aus dem Noether-Theorem, wenn *Isotropie des dreidimensionalen (Orts-)Raumes* vorausgesetzt werden kann. Für die zugehörige Symmetrietransformation gilt

$$\delta x^m = \varepsilon^{mn} x_n \quad (m = 1, 2, 3) \quad \text{und} \quad \delta x^4 = 0 \tag{1.101a}$$

und

$$\delta_{\text{lok}}\,\psi_A(x) = \frac{1}{2}\,\varepsilon^{mn}\left[\left(x_m \frac{\partial \psi_A}{\partial x_n} - x_n \frac{\partial \psi_A}{\partial x_m}\right) + (\mathrm{i}\,I_{mn})_{AB}\,\psi_B\right]. \tag{1.101b}$$

Geht man mit diesen Ausdrücken in (1.95) ein, dann findet man – nach Weglassen der willkürlich wählbaren infinitesimalen Parameter $\left(-\frac{1}{2}\,\varepsilon^{mn}\right)$ und Einführung der Impuls-Dichte $\tilde{G}_k$ – den Erhaltungssatz

$$\frac{\mathrm{d}}{\mathrm{d}t}\int \mathrm{d}^3\boldsymbol{r}\left\{(x_m\tilde{G}_n - x_n\tilde{G}_m) - \frac{\partial\tilde{L}}{\partial\left(\dfrac{\partial\psi_A}{\partial t}\right)}(\mathrm{i}\,I_{mn})_{AB}\psi_B\right\} = 0 \tag{1.102a}$$

bzw. – bei Einführung der entsprechenden Komponenten des Energie-Impuls-Tensors nach (1.99) –

$$\frac{\mathrm{d}}{\mathrm{d}t}\int \mathrm{d}^3\boldsymbol{r}\left\{-\frac{1}{c}(x_m\Theta_n{}^4 - x_n\Theta_m{}^4) - \frac{\partial\tilde{L}}{\partial\left(\dfrac{\partial\psi_A}{\partial t}\right)}(\mathrm{i}\,I_{mn})_{AB}\psi_B\right\} = 0. \tag{1.102b}$$

Dieser aus der Isotropie des Raumes folgende Erhaltungssatz ist als *Drehimpuls-Erhaltungssatz* zu bezeichnen. Mit (1.101) erhält man nach (1.93) die *Drehimpuls-Bilanzgleichungen*

$$\frac{1}{c}\frac{\partial}{\partial t}\left\{-(x_m\Theta_n{}^4 - x_n\Theta_m{}^4) - \frac{\partial\tilde{L}}{\partial\left(\dfrac{1}{c}\dfrac{\partial\psi_A}{\partial t}\right)}(\mathrm{i}\,I_{mn})_{AB}\psi_B\right\}$$

$$+\frac{\partial}{\partial x^k}\left\{-(x_m\Theta_n{}^k - x_n\Theta_m{}^k) - \frac{\partial\tilde{L}}{\partial\left(\dfrac{\partial\psi_A}{\partial x^k}\right)}(\mathrm{i}\,I_{mn})_{AB}\psi_B\right\} = 0. \tag{1.103}$$

Beide Ausdrücke – (1.102b) und (1.103) – lassen sich bei Einführung des *Gesamt-drehimpuls-Tensors*

$$J_{mn}{}^{\mu} \equiv -(x_m\Theta_n{}^{\mu} - x_n\Theta_m{}^{\mu}) - \frac{\partial\tilde{L}}{\partial\left(\dfrac{\partial\psi_A}{\partial x^{\mu}}\right)}(\mathrm{i}\,I_{mn})_{AB}\psi_B \tag{1.104}$$

mit $m, n = 1, 2, 3$ und $\mu = 1, 2, 3, 4$ kompakter und übersichtlicher als

$$\frac{\mathrm{d}}{\mathrm{d}t}\frac{1}{c}\int \mathrm{d}^3\boldsymbol{r}\, J_{mn}{}^4 = 0 \tag{1.102c}$$

bzw.

$$\frac{\partial}{\partial x^{\mu}} J_{mn}{}^{\mu} = 0 \tag{1.103a}$$

darstellen. Durch (1.102c) wird als Erhaltungsgröße der *Gesamtdrehimpuls* des Feldes

$$J_{mn} \equiv \frac{1}{c}\int \mathrm{d}^3\boldsymbol{r}\, J_{mn}{}^4 \tag{1.105}$$

definiert. Die additive Zusammensetzung des Gesamtdrehimpuls-Tensors (1.104) $J_{mn}{}^{\mu} = L_{mn}{}^{\mu} + S_{mn}{}^{\mu}$ macht deutlich, daß im Gesamtdrehimpuls zwei Beiträge enthalten sind.

$$L_{mn}{}^{\mu} \equiv -(x_m \Theta_n{}^{\mu} - x_n \Theta_m{}^{\mu}) \tag{1.106}$$

enthält explizit die räumlichen Koordinaten und ist hinsichtlich der Indizes $m, n$ von der Struktur eines Vektorproduktes wie der Bahndrehimpuls $(\boldsymbol{r} \times \boldsymbol{p})$ eines Teilchens; $L_{mn}{}^{\mu}$ wird deshalb als *Bahndrehimpuls-Tensor* bezeichnet. Der zweite Beitrag

$$S_{mn}{}^{\mu} \equiv -\frac{\partial \tilde{L}}{\partial\left(\dfrac{\partial \psi_A}{\partial x^{\mu}}\right)} (\mathrm{i}\, I_{mn})_{AB}\, \psi_B \tag{1.107}$$

wird *Spindrehimpuls-Tensor* genannt. Er wird wesentlich von den die innere Struktur eines Feldes charakterisierenden Größen $(I_{mn})_{AB}$ bestimmt (siehe Erläuterungen dazu im Anhang 5). Seine physikalische Bedeutung wird bei der Betrachtung des elektromagnetischen Strahlungsfeldes und des Elektron-Positron-Feldes deutlicher erkennbar werden.

Fassen wir die bisher aus dem Noether-Theorem gewonnenen Resultate hinsichtlich der Erhaltungssätze noch einmal kurz zusammen. Wenn Poincaré-Transformationen (1.87) Symmetrietransformationen eines Feldes darstellen, dann gibt es Erhaltungssätze, zum Beispiel: aus zeitlicher Translationsinvarianz $\longrightarrow$ Energieerhaltung (1.97), aus räumlicher Translationsinvarianz $\longrightarrow$ Impulserhaltung (1.98), aus räumlicher Rotationsinvarianz $\longrightarrow$ Drehimpulserhaltung (1.102 a, b, c). Auf die mit der Invarianz gegenüber Lorentz-Transformationen (Parameter $\varepsilon^4{}_m$ in (1.87 a)) verknüpften Erhaltungssätze sind wir nicht eingegangen, da wir auf sie später keinen Bezug nehmen werden.

An Hand von zwei konkreten Feldtheorien – dem isolierten *elektromagnetischen Strahlungsfeld* und dem *Schrödinger-Feld* – wollen wir die gewonnenen Erkenntnisse über Erhaltungssätze bzw. über die daraus ablesbaren Erhaltungsgrößen und über Bilanzgleichungen noch weiter untermauern. Die Auswahl ist so getroffen worden, wie sie in der Quantenfeldtheorie bei der Konstruktion von Observablen in 26.2.1 hauptsächlich benötigt wird.

Beim *elektromagnetischen Strahlungsfeld* gehen wir von der Lagrange-Dichte (1.85) aus, die in Komponentenschreibweise beim Vektorpotential

$$\tilde{L} = \frac{\varepsilon_0}{2} \frac{\partial A_j}{\partial t} \frac{\partial A_j}{\partial t} - \frac{1}{2\mu_0} \left(e_{jkl} \frac{\partial A_l}{\partial x_k}\right) \left(e_{jmn} \frac{\partial A_n}{\partial x_m}\right) \tag{1.108}$$

lautet. (Wegen der expliziten Auftrennung in zeitliche und räumliche Ableitungen und, da $A_j$ als reelles, vektorielles Feld nur die Komponenten $j = 1, 2, 3$ besitzt, kann durchweg mit kovarianten Komponenten gerechnet werden.) Bei Ersetzung von $\psi_A$ durch $A_j$ in (1.97) ergibt sich als Hamilton-Funktion

$$H = \int \mathrm{d}^3\boldsymbol{r} \left[ \frac{\varepsilon_0}{2} \frac{\partial A_j}{\partial t} \frac{\partial A_j}{\partial t} + \frac{1}{2\mu_0} \left( e_{jkl} \frac{\partial A_l}{\partial x_k} \right) \left( e_{jmn} \frac{\partial A_n}{\partial x_m} \right) \right]$$

$$= \int \mathrm{d}^3\boldsymbol{r} \left[ \frac{\varepsilon_0}{2} \boldsymbol{E}^2 + \frac{1}{2\mu_0} \boldsymbol{B}^2 \right] = \int \mathrm{d}^3\boldsymbol{r} \left[ \frac{1}{2} \boldsymbol{E}\boldsymbol{D} + \frac{1}{2} \boldsymbol{H}\boldsymbol{B} \right] \tag{1.109}$$

mit der Hamilton-Dichte wie in (1.50). Als linearen Impuls $G_k$ erhält man nach (1.98)

$$G_k = -\varepsilon_0 \int \mathrm{d}^3\boldsymbol{r} \frac{\partial A_j}{\partial t} \left( \frac{\partial A_j}{\partial x_k} - \frac{\partial A_k}{\partial x_j} \right)$$

$$= \varepsilon_0 \mu_0 \int \mathrm{d}^3\boldsymbol{r}\, e_{kjl} E_j H_l = \varepsilon_0 \mu_0 \int \mathrm{d}^3\boldsymbol{r}\, (\boldsymbol{E} \times \boldsymbol{H})_k \tag{1.110}$$

mit der Impuls-Dichte $\tilde{G}_k = \varepsilon_0 \mu_0 (\boldsymbol{E} \times \boldsymbol{H})_k = \frac{1}{c^2} \tilde{S}_k$ in Übereinstimmung mit (1.51).

Die Anwendung von (1.100) mit (1.99) führt für $v=4$ auf die Energie-Bilanzgleichung

$$\frac{\partial \tilde{H}}{\partial t} + \frac{\partial \tilde{S}_k}{\partial x_k} = 0 \tag{1.111}$$

in Übereinstimmung mit (1.49) für das isolierte Strahlungsfeld ($\tilde{j}=0$). Berechnet man (1.105) entsprechend den Gesamtdrehimpuls $J_{mn} = \int \mathrm{d}^3\boldsymbol{r}\,[L_{mn}{}^4 + S_{mn}{}^4] = L_{mn} + S_{mn}$ des isolierten elektromagnetischen Strahlungsfeldes, so findet man

$$J_{mn} = -\varepsilon_0 \int \mathrm{d}^3\boldsymbol{r} \left[ \frac{\partial A_j}{\partial t} \left( x_m \frac{\partial}{\partial x^n} - x_n \frac{\partial}{\partial x^m} \right) A_j + \left( \frac{\partial A_m}{\partial t} A_n - \frac{\partial A_n}{\partial t} A_m \right) \right]. \tag{1.112a}$$

Nach Einsetzen der leicht verifizierbaren Relation

$$\frac{1}{\mu_0} \left( -\frac{\partial A_j}{\partial t} \right) \frac{\partial A_j}{\partial x^n} = (\boldsymbol{E} \times \boldsymbol{H})_n + \frac{1}{\mu_0} \frac{\partial A_j}{\partial t} \frac{\partial A_n}{\partial x^j}$$

und Ausführen einer partiellen Integration sowie Ausnützen des Gaußschen Satzes bei Voraussetzung entsprechender Randbedingungen kann man den ersten Summanden $L_{mn}$ in (1.112a) so umformen, daß eine andere Gesamtdrehimpuls-Dichte

$$\tilde{J}_{mn} = \varepsilon_0 \mu_0 [x_m (\boldsymbol{E} \times \boldsymbol{H})_n - x_n (\boldsymbol{E} \times \boldsymbol{H})_m] \tag{1.113}$$

als Integrand auftritt und der restliche Teilsummand den Spindrehimpulsanteil $S_{mn}$ von (1.112a) kompensiert. Es ergibt sich also für $J_{mn}$ anstelle von (1.110b) die andere übersichtlichere Form

$$J_{mn} = \int d^3 r \, \tilde{J}_{mn} = \int d^3 r \, (x_m \tilde{G}_n - x_n \tilde{G}_m). \tag{1.112b}$$

Betrachten wir nun das sogenannte *klassische Schrödinger-Feld* $\psi(\boldsymbol{r}, t)$. Diese Bezeichnung leitet sich daraus ab, daß seine Feldgleichung formal mit der Schrödinger-Gleichung (5.1) der Ein-Teilchen-Quantenmechanik übereinstimmt. Die Feldgleichung des Schrödinger-Feldes läßt sich nach (1.92) mit der Lagrange-Dichte

$$\tilde{L} = \mathrm{i}\hbar \psi^* \frac{\partial \psi}{\partial t} - \frac{\hbar^2}{2m} \frac{\partial \psi^*}{\partial x_k} \frac{\partial \psi}{\partial x_k} - U \psi^* \psi \tag{1.114}$$

ableiten. Zur Einordnung in die allgemeine Feldtheorie sei angemerkt, daß es sich beim Schrödinger-Feld um ein einkomponentiges komplexes Feld handelt. Da es ausreichend ist, haben wir hier abweichend vom allgemeinen Formalismus bei dem Glied mit der zeitlichen Ableitung in (1.114) eine nicht-reelle Form gewählt (siehe auch (5.2)). Wegen der vorgenommenen expliziten Aufteilung in zeitliche und räumliche Ableitungen kommen wir wiederum mit der Verwendung von kovarianten Koordinaten aus. Obwohl wir das Noether-Theorem allgemein für speziell-relativistische Theorien formuliert haben, lassen sich die gewonnenen Formeln für Erhaltungssätze und Bilanzgleichungen auch im Falle des nicht-relativistischen Schrödinger-Feldes anwenden. Da $\psi(\boldsymbol{r}, t)$ einkomponentig ist, gilt $(I_{\varrho\lambda})_{AB} = 0$. Durch Anwendung von (1.97) erhält man als Hamilton-Funktion

$$H = \int d^3 r \, \psi^* \left[ -\frac{\hbar^2}{2m} \Delta + U \right] \psi, \tag{1.115}$$

wobei beim ersten Summanden eine partielle Integration als Zwischenschritt ausgeführt und $\Delta = \frac{\partial}{\partial x_k} \frac{\partial}{\partial x_k}$ gesetzt wurde. In analoger Weise findet man nach (1.98) als linearen Feldimpuls

$$G_k = \int d^3 r \, \psi^* \left( \frac{\hbar}{\mathrm{i}} \frac{\partial}{\partial x_k} \right) \psi. \tag{1.116}$$

Wegen $(I_{\varrho\lambda})_{AB} = 0$ ist der Spindrehimpuls $S_{mn} = 0$, da nach (1.107) $S_{mn}{}^{\mu} = 0$ gilt. Man erhält somit als Gesamtdrehimpuls des Schrödinger-Feldes den Bahndrehimpuls

$$\tilde{J}_{mn} = L_{mn} = \int d^3 r \, \psi^* \left( x_m \frac{\hbar}{\mathrm{i}} \frac{\partial}{\partial x_n} - x_n \frac{\hbar}{\mathrm{i}} \frac{\partial}{\partial x_m} \right) \psi. \tag{1.117}$$

Bisher haben wir nur Symmetrietransformationen auf der Basis von Poincaré-Transformationen untersucht. Nunmehr wollen wir noch auf Erhaltungssätze und Bilanzgleichungen eingehen, die aus Invarianzen gegenüber den eingangs dieses Abschnitts schon erwähnten reinen Funktionaltransformationen folgen. Für ein mehrkomponentiges komplexes Feld $\psi_A$ haben wir von (1.95a) bzw. (1.93a) auszugehen, in diesen Formeln $\delta x^\mu = 0$ für alle $\mu$ zu setzen und die den vorgegebenen Funktionaltransformationen entsprechenden $\delta_{\text{lok}}\psi_A$ einzusetzen.

Ein wichtiger Fall für Funktionalsymmetrietransformationen ergibt sich für ein komplexes Feld $\psi_A$ aus der Reellitätsforderung für die Lagrange-Dichte $\tilde{L}$. Diese muß dann bilinear aus $\psi_A$ und $\psi_A^*$ aufgebaut sein, was zur Folge hat, daß $\tilde{L}$ gegenüber *Phasentransformationen* der Form

$$\psi'_A = \psi_A\, e^{\frac{ie}{\hbar}\chi} = \psi_A + \frac{ie}{\hbar}\chi\psi_A \tag{1.118a}$$

$$\psi'^*_A = \psi^*_A\, e^{-\frac{ie}{\hbar}\chi} = \psi^*_A - \frac{ie}{\hbar}\chi\psi^*_A \tag{1.118b}$$

invariant ist, wobei $\chi$ ein willkürlicher, infinitesimaler, reeller, von Raum und Zeit unabhängiger Parameter ist. (Die Abspaltung von $e/\hbar$ erfolgte aus Zweckmäßigkeitsgründen, um bei den Anwendungsbeispielen einen direkten Zugang zur physikalischen Interpretation zu haben: $e$ – Elementarladung, $h = \hbar \cdot 2\pi$ – Plancksches Wirkungsquantum.) Für die lokalen Variationen ergeben sich aus (1.118a, b) die Ausdrücke

$$\delta_{\text{lok}}\psi_A = +\frac{ie}{\hbar}\chi\psi_A \quad \text{und} \quad \delta_{\text{lok}}\psi^*_A = -\frac{ie}{\hbar}\chi\psi^*_A, \tag{1.119}$$

womit aus (1.95a) und (1.93a) nach Weglassen des willkürlichen Parameters $(-\chi)$

$$\frac{d}{dt}\frac{ie}{\hbar c}\int d^3\boldsymbol{r}\left[-\frac{\partial\tilde{L}}{\partial\left(\frac{\partial\psi_A}{\partial x^4}\right)}\psi_A + \frac{\partial\tilde{L}}{\partial\left(\frac{\partial\psi^*_A}{\partial x^4}\right)}\psi^*_A\right] \equiv \frac{d}{dt}Q = 0 \tag{1.120}$$

bzw.

$$\frac{\partial}{\partial t}\frac{ie}{\hbar c}\left[-\frac{\partial\tilde{L}}{\partial\left(\frac{\partial\psi_A}{\partial x^4}\right)}\psi_A + \frac{\partial\tilde{L}}{\partial\left(\frac{\partial\psi^*_A}{\partial x^4}\right)}\psi^*_A\right] + \frac{\partial}{\partial x^k}\frac{ie}{\hbar}\left[-\frac{\partial\tilde{L}}{\partial\left(\frac{\partial\psi_A}{\partial x^k}\right)}\psi_A + \frac{\partial\tilde{L}}{\partial\left(\frac{\partial\psi^*_A}{\partial x^k}\right)}\psi^*_A\right] = 0 \tag{1.121}$$

folgt. Die Auswertung von (1.120) für die Lagrange-Dichte (1.114) des *Schrödinger-Feldes* führt auf die Erhaltungsgröße

$$Q = e\int d^3\boldsymbol{r}\,\psi^*\psi, \tag{1.122}$$

die als Gesamtladung des Feldes anzusprechen ist, wenn $e$ die Elementarladung bedeutet. Aus (1.121) folgt für das Schrödinger-Feld die Ladungsbilanzgleichung

$$\frac{\partial}{\partial t}(e\psi^*\psi) + \frac{\partial}{\partial x_k}\frac{e\hbar}{2mi}\left(\psi^*\frac{\partial\psi}{\partial x_k} - \frac{\partial\psi^*}{\partial x_k}\psi\right) = 0, \tag{1.123}$$

was bei der Interpretation von $\tilde{\sigma} = e\psi^*\psi$ als Ladungsdichte und

$$\tilde{j}_k = \frac{e\hbar}{2mi}\left(\psi^* \frac{\partial\psi}{\partial x_k} - \frac{\partial\psi^*}{\partial x_k}\psi\right)$$

als Ladungsstromdichte mit (1.46) übereinstimmt.

Wir wollen hier schon eine vergleichende Bemerkung mit der in Kapitel 5 dargestellten *quantenmechanischen* Schrödinger-Theorie vornehmen. Abgesehen vom Faktor $e$ stimmen $\tilde{\sigma}$ und $\tilde{j}_k$ mit den Größen (5.5) und (5.7) der wellenmechanischen Ein-Teilchen-Theorie überein; es muß aber ihre völlig unterschiedliche physikalische Bedeutung betont werden. Die Formeln (1.115), (1.116), (1.117) und – abgesehen vom Faktor $e$ – auch (1.122) des Schrödinger-Feldes besitzen ebenfalls formal dieselbe Form wie die Erwartungswerte der entsprechenden physikalischen Größen in der wellenmechanischen Ein-Teilchen-Theorie [siehe (5.20)]; auch hier ist aber die physikalische Bedeutung jeweils grundverschieden.

Die Phasentransformation (1.118 a, b) mit dem von Raum und Zeit unabhängigen Parameter $\chi$ ist eine sogenannte *globale Eichtransformation erster Art*. Würde man verallgemeinernd annehmen, daß $\chi(x)$ eine Raum-Zeit-Funktion ist, dann würde man nur Invarianz erhalten, wenn $\tilde{L}$ nicht nur bilinear von $\psi_A$ und $\psi_A^*$, sondern auch von einem weiteren angekoppelten reellen Feld, einem sogenannten *Eichfeld*, abhängt, das vermittelt durch das gleiche $\chi(x)$ einer *Eichtransformation zweiter Art* zu unterwerfen ist. Diesen Zusammenhang wollen wir an Hand des Schrödinger-Feldes erläutern, und in 26.4.2 und 26.4.3 werden wir auf die Invarianz gegenüber lokalen Eichtransformationen zurückkommen.

Zur Erläuterung der mit der *lokalen Eichtransformation* zusammenhängenden Problematik wollen wir beim Schrödinger-Feld die Phasentransformation (*lokale Eichtransformation erster Art*)

$$\psi' = \mathrm{e}^{\frac{ie}{\hbar}\chi(\boldsymbol{r})}\psi, \qquad \psi'^* = \mathrm{e}^{-\frac{ie}{\hbar}\chi(\boldsymbol{r})}\psi^* \tag{1.124}$$

mit einer rein ortsabhängigen Funktion $\chi(\boldsymbol{r})$ bei der Lagrange-Dichte (1.114), die wir jetzt mit $\tilde{L}_0$ bezeichnen werden, zur Anwendung bringen. Dabei stellen wir fest, daß keine Invarianz vorliegt, sondern Summanden übrig bleiben, die von den räumlichen Ableitungen der Funktion $\chi(\boldsymbol{r})$ abhängen. Invarianz kann aber bei einer Lagrage-Dichte $\tilde{L}$ gefunden werden, bei der zu $\tilde{L}_0$ die Kopplungsglieder

$$\tilde{L}_1 = \tilde{j}_k A_k = \frac{e\hbar}{2mi}\left(\psi^* \frac{\partial\psi}{\partial x_k} - \frac{\partial\psi^*}{\partial x_k}\psi\right) A_k \tag{1.125}$$

und

$$\tilde{L}_2 = -\frac{e^2}{2m} A_k A_k \psi^* \psi \tag{1.126}$$

zwischen dem Schrödinger-Feld und einem vektoriellen (dreikomponentigen) reellen Feld $A_k(\boldsymbol{r})$ mit $k = 1, 2, 3$ hinzugefügt worden sind, so daß

$$\begin{aligned}\tilde{L} &= \tilde{L}_0 + \tilde{L}_1 + \tilde{L}_2\\ &= \mathrm{i}\hbar\psi^* \frac{\partial\psi}{\partial t} - \frac{\hbar^2}{2m}\left[\left(\frac{\partial}{\partial x_k} - \frac{\mathrm{i}e}{\hbar}A_k\right)\psi\right]^*\left[\left(\frac{\partial}{\partial x_k} - \frac{\mathrm{i}e}{\hbar}A_k\right)\psi\right] - U\psi^*\psi \end{aligned}\tag{1.127}$$

entsteht. An $A_k(\boldsymbol{r})$ ist dabei die Transformationsforderung

$$A'_k = A_k(\boldsymbol{r}) + \frac{\partial \chi(\boldsymbol{r})}{\partial x_k}, \tag{1.128}$$

die *Eichtransformation zweiter Art*, zu stellen. Der Vergleich von $\tilde{L}_0$ [siehe (1.114)] mit (1.127) zeigt, daß das eichinvariante $\tilde{L}$ von (1.127) aus dem nicht-eichinvarianten $\tilde{L}_0$ von (1.114) durch Ersetzen der räumlichen Ableitungen in $\tilde{L}_0$ durch die *eichinvarianten Ableitungen*

$$\frac{\partial}{\partial x_k}\psi \rightarrow \left(\frac{\partial}{\partial x_k} - \frac{\mathrm{i}e}{\hbar} A_k\right)\psi \tag{1.129}$$

hervorgeht. Das mit $\tilde{L}_1$ und $\tilde{L}_2$ in $\tilde{L}$ von (1.127) eingeführte reelle Vektorfeld $A_k$ $(k = 1, 2, 3)$ ist der einfachste Fall für ein sogenanntes *Eichfeld.* Dieses Eichfeld steht in der eichinvarianten Ableitung zur Ableitung $\dfrac{\partial}{\partial x_k}$ in der gleichen Beziehung wie das Vektorpotential $A_k(\boldsymbol{r})$ für ein Magnetfeld in der Formel (1.70) zum Impuls $p_k$. Wir können deshalb die eichinvariante Lagrange-Dichte (1.127) als die Lagrange-Dichte für ein komplexes Schrödinger-Feld, das an ein statisches Magnetfeld $\boldsymbol{B} = \nabla \times \boldsymbol{A}$ gekoppelt ist, ansehen.

Wenn man die Eichtransformation erster Art (1.124) durch die Voraussetzung einer von Raum und Zeit abhängigen Funktion $\chi(\boldsymbol{r}, t)$ verallgemeinert, dann ist zur Gewährleistung der Invarianz von $\tilde{L}$ auch die zeitliche Ableitung $\dfrac{\partial \psi}{\partial t}$ durch die eichinvariante Ableitung $\left(\dfrac{\partial}{\partial t} + \dfrac{\mathrm{i}e}{\hbar} V\right)\psi$ zu ersetzen; dabei muß für $V$ die Eichtransformation zweiter Art $V' = V - \dfrac{\partial \chi}{\partial t}$ angenommen werden. Schreibt man für die potentielle Energie $U$ in (1.127) $eV$, dann bedeutet die Einführung der eichinvarianten Ableitung $\left(\dfrac{\partial}{\partial t} + \dfrac{\mathrm{i}e}{\hbar} V\right)\psi$ die Zusammenfassung von $\mathrm{i}\hbar\psi^* \dfrac{\partial \psi}{\partial t}$ und $-eV\psi^*\psi$. Bei lokaler Phasentransformation wird also zur Eichinvarianz das elektromagnetische Viererpotential $A_\mu = \left(A_k, -\dfrac{V}{c}\right)$ bestehend aus Vektorpotential $A_k(\boldsymbol{r}, t)$ und skalarem Potential $V(\boldsymbol{r}, t)$ benötigt. Der in (1.124) im Exponenten abgespaltene Faktor $e$ fungiert in der Lagrange-Dichte als die Kopplungskonstante zwischen dem $\psi$-Feld und dem Eichfeld.

### 1.3.3 Wellenstreuung an einer Raumgitterstruktur

Ausgehend von den Maxwell-Gleichungen (1.46) kann man im Falle eines quasineutralen $(\boldsymbol{j} = 0, \sigma = 0)$, polarisierbaren Mediums mit den Materialgleichungen $\boldsymbol{D} = \varepsilon_0 \boldsymbol{E} + \boldsymbol{P}$ und $\boldsymbol{B} = \mu_0 \boldsymbol{H}$ die zeitfreie (stationäre) Wellengleichung

$$\triangle \boldsymbol{E} + q^2 \boldsymbol{E} = \mu_0 \omega^2 \boldsymbol{P} \tag{1.130}$$

ableiten. Wenn die Polarisation $\boldsymbol{P}$ des Mediums durch Verschiebung von Elektronen (Masse $m$, Ladung $-e$) gegenüber Atomrümpfen zustande kommt, dann ergibt sich $\boldsymbol{P} = -\frac{e^2}{m\omega^2}\, n(\boldsymbol{r})\boldsymbol{E}$, wo $n(\boldsymbol{r})$ die Ladungsdichte im Medium ist. Der Einfachheit halber wollen wir im folgenden Effekte, die mit der Polarisation der elektromagnetischen Wellen zu tun haben, vernachlässigen und anstelle von $\boldsymbol{E}(\boldsymbol{r})$ die skalare (einkomponentige) Wellenfunktion $\varphi(\boldsymbol{r})$ einführen. Dann lautet die Ausgangsgleichung für das Streuproblem

$$(\triangle + q^2)\,\varphi(\boldsymbol{r}) = -\mu_0 \frac{e^2}{m}\, n(\boldsymbol{r})\,\varphi(\boldsymbol{r}). \tag{1.131}$$

(1.131) können wir mit Hilfe der Greenschen Funktion

$$G(\boldsymbol{r}, \boldsymbol{r}') = -\frac{\mathrm{e}^{\mathrm{i}q|\boldsymbol{r}-\boldsymbol{r}'|}}{4\pi\,|\boldsymbol{r}-\boldsymbol{r}'|}$$

in die Integralgleichung

$$\varphi(\boldsymbol{r}) = \varphi_0(\boldsymbol{r}) + \frac{\mu_0 e^2}{4\pi m} \int \frac{\mathrm{e}^{\mathrm{i}q|\boldsymbol{r}-\boldsymbol{r}'|}}{|\boldsymbol{r}-\boldsymbol{r}'|}\, n(\boldsymbol{r}')\,\varphi(\boldsymbol{r}')\,\mathrm{d}^3\boldsymbol{r}' \tag{1.132}$$

überführen, worin $\varphi_0(\boldsymbol{r})$ die einfallende, ungestörte Welle ist. Wir wollen nun für die Ladungsverteilung $n(\boldsymbol{r}')$ in einem Kristallgitter den Näherungsansatz

$$n(\boldsymbol{r}') = \sum_{\boldsymbol{n}} C_{\boldsymbol{n}}\,\delta^3(\boldsymbol{r}' - \boldsymbol{R}_{\boldsymbol{n}}) \tag{1.133}$$

machen, was mit konstanten $C_{\boldsymbol{n}}$ und $\boldsymbol{R}_{\boldsymbol{n}}$ als Gittervektoren eine gitterperiodische Punktladungsverteilung bedeutet (mit $\boldsymbol{n}$ werden die ganzen Zahlen $n_1$, $n_2$, $n_3$ zusammengefaßt; bei einem rhombischen Gitter hat $\boldsymbol{R}_{\boldsymbol{n}}$ die Komponenten $(n_1 d_1, n_2 d_2, n_3 d_3)$, wobei $d_1$, $d_2$, $d_3$ die Gitterkonstanten sind).

Mit (1.133) erhält man aus (1.132) nach Integration über $\boldsymbol{r}'$

$$\varphi(\boldsymbol{r}) = \varphi_0(\boldsymbol{r}) + \frac{\mu_0 e^2}{4\pi m} \sum_{\boldsymbol{n}} C_{\boldsymbol{n}} \frac{\mathrm{e}^{\mathrm{i}q|\boldsymbol{r}-\boldsymbol{R}_{\boldsymbol{n}}|}}{|\boldsymbol{r}-\boldsymbol{R}_{\boldsymbol{n}}|}\,\varphi(\boldsymbol{R}_{\boldsymbol{n}}). \tag{1.134}$$

Durch Lösung von (1.134) in niedrigster Näherung (*Bornscher Näherung*) erhält man nach Einsetzen von $\varphi(\boldsymbol{R}_{\boldsymbol{n}}) = \varphi_0(\boldsymbol{R}_{\boldsymbol{n}}) = (2\pi)^{-3/2} \exp[\mathrm{i}\boldsymbol{q}\boldsymbol{R}_{\boldsymbol{n}}]$ (einfallende ebene Welle) und mit gleichem $C_{\boldsymbol{n}}$ für alle $\boldsymbol{R}_{\boldsymbol{n}}$ als Streuwelle des Kristalls

$$\varphi_{\mathrm{S}}(\boldsymbol{r}) = C \sum_{\boldsymbol{n}} \mathrm{e}^{\mathrm{i}\boldsymbol{q}\boldsymbol{R}_{\boldsymbol{n}}} \frac{\mathrm{e}^{\mathrm{i}q|\boldsymbol{r}-\boldsymbol{R}_{\boldsymbol{n}}|}}{|\boldsymbol{r}-\boldsymbol{R}_{\boldsymbol{n}}|}. \tag{1.135}$$

In asymptotischer Näherung $|\boldsymbol{r}| \gg |\boldsymbol{R}_{\boldsymbol{n}}|$ (*Fraunhofer-Näherung* der Streuung) geht (1.135) in

$$\varphi_{\mathrm{S}}(r) \rightarrow C \frac{\mathrm{e}^{\mathrm{i}qr}}{r} \sum_{\boldsymbol{n}} \mathrm{e}^{\mathrm{i}\boldsymbol{q}\boldsymbol{R}_{\boldsymbol{n}} - \mathrm{i}q\left(\frac{\boldsymbol{r}}{r}\boldsymbol{R}_{\boldsymbol{n}}\right)} \tag{1.136}$$

über. Dies ist eine auslaufende Kugelwelle mit der richtungsabhängigen Streuamplitude

$$f = C \sum_{\boldsymbol{n}=(n_1, n_2, n_3)} \mathrm{e}^{-\mathrm{i}q[(\alpha-\alpha_0)n_1 d_1 + (\beta-\beta_0)n_2 d_2 + (\gamma-\gamma_0)n_3 d_3]}; \tag{1.137}$$

dabei wurden der Fall des rhombischen Gitters angenommen und die Richtungskosinus $\boldsymbol{r}/r = (\alpha, \beta, \gamma)$ für die Streurichtung und $\boldsymbol{q} = q \cdot (\alpha_0, \beta_0, \gamma_0)$ für die Einfallsrichtung eingeführt. Für einen Kristall mit $N_j$ Streuzentren in den 3 rhombischen Achsenrichtungen ergibt sich eine Streuintensität proportional zu

$$|f|^2 = |C|^2 \frac{\sin^2\left[\frac{qd_1}{2}(\alpha-\alpha_0)N_1\right]}{\sin^2\left[\frac{qd_1}{2}(\alpha-\alpha_0)\right]} \cdot \frac{\sin^2\left[\frac{qd_2}{2}(\beta-\beta_0)N_2\right]}{\sin^2\left[\frac{qd_2}{2}(\beta-\beta_0)\right]} \cdot \frac{\sin^2\left[\frac{qd_3}{2}(\gamma-\gamma_0)N_3\right]}{\sin^2\left[\frac{qd_3}{2}(\gamma-\gamma_0)\right]}. \tag{1.138}$$

Daraus folgt, daß Hauptintensitätsmaxima in den Richtungen liegen, die den *Laueschen Fundamentalgleichungen*

$$d_1(\alpha-\alpha_0) = m_1\lambda, \quad d_2(\beta-\beta_0) = m_2\lambda, \quad d_3(\gamma-\gamma_0) = m_3\lambda \tag{1.139}$$

$$(m_i = 0, \ \pm 1, \ \pm 2, \ \ldots)$$

genügen $\left(\lambda = \frac{2\pi}{q} \text{ ist die Wellenlänge}\right)$. Die Gleichungen (1.139) sind die Grundlage zur Beschreibung der Röntgenstrahlen-Beugung an rhombischen Kristallgittern.

### 1.3.4 Wellengruppen

Lösungen von Wellengleichungen, die zur Klasse der linearen Differentialgleichungen gehören, so daß die Superponierbarkeit von Grundlösungen möglich ist, lassen sich als Fourier-Integral der Form

$$\psi(x, t) = \frac{1}{2\pi} \int_{-\infty}^{+\infty} \chi(q)\, \mathrm{e}^{\mathrm{i}[qx - \omega(q)t]}\, \mathrm{d}q \tag{1.140}$$

darstellen; solche Lösungen (1.140), die in einem endlichen $x$-Bereich lokalisiert sind, werden *Wellengruppe* oder *Wellenpaket* genannt. (Der Einfachheit halber betrachten wir den eindimensionalen skalaren Fall.) Die Spezifik der vorliegenden Wellengleichung kommt in der Abhängigkeit des $\omega$ von $q$ zum Ausdruck (*Dispersionsbeziehung*; vgl. auch (1.57)).

Wenn nur ein kleiner Wellenzahlbereich um $q_0$ herum wesentlich ist, wie z. B. im Spezialfall des *Gaußschen Wellenpakets*, dessen Amplitudenfunktion

$$\chi(q) = A \exp\left\{-\frac{(q-q_0)^2}{4(\Delta q)^2}\right\} \tag{1.141}$$

lautet, so ist eine Taylor-Entwicklung von $\omega(q)$ angebracht. Von besonderem praktischem Interesse ist die Entwicklung bis zum quadratischen Glied

$$\omega(q)=\omega_0+\left(\frac{\mathrm{d}\omega}{\mathrm{d}q}\right)_0(q-q_0)+\frac{1}{2}\left(\frac{\mathrm{d}^2\omega}{\mathrm{d}q^2}\right)_0(q-q_0)^2. \tag{1.142}$$

Für ein Gaußsches Wellenpaket ergibt sich mit der Dispersionsrelation (1.142)

$$\psi(x,t)=\frac{A/\sqrt{\pi}}{\left[\frac{1}{(\Delta q)^2}+2\mathrm{i}\left(\frac{\mathrm{d}^2\omega}{\mathrm{d}q^2}\right)_0 t\right]^{1/2}}\,\mathrm{e}^{\mathrm{i}(q_0x-\omega_0t)}\cdot\exp\left\{-\frac{\left[x-\left(\frac{\mathrm{d}\omega}{\mathrm{d}q}\right)_0 t\right]^2}{\left[\frac{1}{(\Delta q)^2}+2\mathrm{i}\left(\frac{\mathrm{d}^2\omega}{\mathrm{d}q^2}\right)_0 t\right]}\right\}. \tag{1.143}$$

Das räumliche und zeitliche Verhalten des Wellenpakets (1.143) verdeutlicht am klarsten der mit der Wellenintensität zusammenhängende Ausdruck

$$\psi^*\psi=\frac{\frac{1}{\pi}A^*A(\Delta q)^2}{\left\{1+4\left[\left(\frac{\mathrm{d}^2\omega}{\mathrm{d}q^2}\right)_0\right]^2t^2(\Delta q)^4\right\}^{1/2}}\cdot\exp\left\{-\frac{\left[x-\left(\frac{\mathrm{d}\omega}{\mathrm{d}q}\right)_0 t\right]^2}{\frac{1}{2(\Delta q)^2}\left\{1+4\left[\left(\frac{\mathrm{d}^2\omega}{\mathrm{d}q^2}\right)_0\right]^2t^2(\Delta q)^4\right\}}\right\}. \tag{1.144}$$

Dies ist eine Gauß-Funktion, deren Maximum bei $x=\left(\frac{\mathrm{d}\omega}{\mathrm{d}q}\right)_0 t$ liegt. Das Maximum bewegt sich mit der Gruppengeschwindigkeit $v_{\mathrm{gr}}=\left(\frac{\mathrm{d}\omega}{\mathrm{d}q}\right)_0$ in $x$-Richtung. Die Breite der Gauß-Verteilung wird im Laufe der Zeit größer, wofür $\left(\frac{\mathrm{d}^2\omega}{\mathrm{d}q^2}\right)_0$ maßgeblich ist. Angepaßt an die Verbreiterung verringert sich die Höhe, so daß zu jedem Zeitpunkt die Fläche unter der Gauß-Kurve denselben Wert hat. Man kann diese Bewegung des Wellenpakets Triften mit Zerfließen nennen. Von den hier gegebenen Darlegungen über Wellenpakete gehen wir in 3.5 beim Aufbau der Wellentheorie der stofflichen Materie aus.

### 1.3.5 Unschärferelation zwischen Ortskoordinate und Wellenzahl

Die in der Fourier-Darstellung

$$\psi(x)=\frac{1}{2\pi}\int_{-\infty}^{+\infty}\chi(q)\,\mathrm{e}^{\mathrm{i}qx}\,\mathrm{d}q \tag{1.145}$$

miteinander verknüpften Funktionen $\psi(x)$ und $\chi(q)$ genügen der Parsevalschen

Gleichung

$$\int_{-\infty}^{+\infty} |\psi(x)|^2 \, \mathrm{d}x = \frac{1}{2\pi} \int_{-\infty}^{+\infty} |\chi(q)|^2 \, \mathrm{d}q = 1. \tag{1.146}$$

Also können bei Wellenpaketen $|\psi(x)|^2$ als *Orts-Wahrscheinlichkeitsdichte* und $\frac{1}{2\pi}|\chi(q)|^2$ als *Wellenzahl-Wahrscheinlichkeitsdichte* aufgefaßt werden. Mittelwerte über Ortsfunktionen werden zweckmäßig mit ersterer, Mittelwerte von Wellenzahlfunktionen mit letzterer formuliert. Mittelwertformeln für Wellenzahlfunktionen kann man mit Hilfe von (1.145) aber auch auf $|\psi(x)|^2$ umrechnen und umgekehrt. So ergibt sich z. B. der Zusammenhang

$$\bar{q} = \frac{1}{2\pi} \int_{-\infty}^{+\infty} q\,|\chi(q)|^2 \, \mathrm{d}q = \int_{-\infty}^{+\infty} \psi^*(x) \left(\frac{1}{\mathrm{i}} \frac{\mathrm{d}}{\mathrm{d}x}\right) \psi(x) \, \mathrm{d}x. \tag{1.147}$$

Davon wollen wir nun zur Berechnung des Produktes der mittleren Schwankungsquadrate von Ortskoordinate und Wellenzahl

$$\begin{aligned} \overline{(\Delta x)^2} \cdot \overline{(\Delta q)^2} &= \overline{(x-\bar{x})^2} \cdot \overline{(q-\bar{q})^2} \\ &= \int \psi^*(x)(x-\bar{x})^2 \, \psi(x) \, \mathrm{d}x \cdot \int \psi^*(x) \left(\frac{1}{\mathrm{i}} \frac{\mathrm{d}}{\mathrm{d}x} - \bar{q}\right)^2 \psi(x) \, \mathrm{d}x \end{aligned} \tag{1.148}$$

Gebrauch machen $\left(\text{man beachte, daß } \left(\frac{1}{\mathrm{i}} \frac{\mathrm{d}}{\mathrm{d}x}\right)^2 = -\frac{\mathrm{d}^2}{\mathrm{d}x^2} \text{ ist}\right)$.

Es ist vorteilhaft, schon hier einen Operatorformalismus (für multiplikative und Differential-Operatoren) anzuwenden, wie er im Kapitel 5 bei der Wellenmechanik ausführlicher dargestellt wird. In der Operatorensprechweise ist (1.148) eine Mittelwertrelation zwischen den Operatoren $\Delta O_1 \equiv x - \bar{x}$ und $\Delta O_2 \equiv \frac{1}{\mathrm{i}} \frac{\mathrm{d}}{\mathrm{d}x} - \bar{q}$. Bildet man damit Operatorenkombinationen $Q \equiv \Delta O_1 + \mathrm{i}\alpha \Delta O_2$ und $Q^+ \equiv \Delta O_1 - \mathrm{i}\alpha \Delta O_2$ mit reellem $\alpha$, so kann man die Gültigkeit der Ungleichung

$$\int_{-\infty}^{+\infty} (Q\,\psi(x))^* \, (Q\,\psi(x)) \, \mathrm{d}x \geqq 0, \tag{1.149}$$

d.h.

$$\overline{(\Delta O_1)^2} + \alpha^2 \overline{(\Delta O_2)^2} + \mathrm{i}\alpha \overline{(O_1 O_2 - O_2 O_1)} \geqq 0 \tag{1.150}$$

feststellen, wobei $O_1 \equiv x$, $O_2 \equiv \frac{1}{\mathrm{i}} \frac{\mathrm{d}}{\mathrm{d}x}$ sind. (1.150) muß für jedes reelle $\alpha$ erfüllt sein, woraus $\overline{(\Delta O_2)^2} \neq 0$ folgt, da sonst $\alpha$ imaginär wäre. Somit dürfen wir auch

$$g(\alpha) \equiv \alpha^2 + \mathrm{i}\alpha \frac{\overline{(O_1 O_2 - O_2 O_1)}}{\overline{(\Delta O_2)^2}} + \frac{\overline{(\Delta O_1)^2}}{\overline{(\Delta O_2)^2}} \geqq 0 \tag{1.151}$$

schreiben. Wegen $g(\alpha) \geqq 0$ und $\alpha$ reell hat $g(\alpha)$ im Reellen höchstens *eine* Nullstelle; dies ergibt eine Bedingung für die Diskriminante von $g(\alpha)$, aus der sich der Zusammenhang

$$4\,\frac{\overline{(\Delta O_1)^2}}{\overline{(\Delta O_2)^2}} \geqq \frac{(\overline{\mathrm{i}[O_1, O_2]})^2}{(\overline{(\Delta O_2)^2})^2} \tag{1.152a}$$

bzw.

$$\overline{(\Delta O_1)^2} \cdot \overline{(\Delta O_2)^2} \geqq \left(\frac{\mathrm{i}}{2}\,\overline{[O_1, O_2]}\right)^2 \tag{1.152b}$$

ableitet. (Zur Abkürzung wurde als $[O_1, O_2] \equiv O_1 O_2 - O_2 O_1$ der Kommutator aus $O_1$ und $O_2$ eingeführt.) Ein anderer Weg zur Ableitung von (1.152b) beruht auf der Anwendung der Schwarzschen Ungleichung für Hilbert-Raum-Vektoren (A 1.12a).

Die Anwendung von (1.152b) auf $O_1 \equiv \mathrm{x}$ und $O_2 \equiv \frac{1}{\mathrm{i}}\frac{\mathrm{d}}{\mathrm{d}x}$ ergibt die Abschätzung des Schwankungsquadratproduktes (1.148) als *Unschärferelation*

$$\overline{(\Delta x)^2} \cdot \overline{(\Delta q)^2} \geqq \frac{1}{4}. \tag{1.153}$$

(Analogen Überlegungen werden wir im Kapitel 5 bei der Betrachtung der Heisenbergschen Unschärferelation im Rahmen der Wellenmechanik begegnen. Dort werden dann Größen miteinander in Beziehung gesetzt, deren Produkt die Dimension *Wirkung* besitzt, und es tritt als Faktor das Plancksche Wirkungsquantum hinzu; allgemeineres zu Schwankungsquadratprodukten in Kapitel 9.)

## 1.4 Phänomenologische und statistische Thermodynamik

Die phänomenologische Thermodynamik ist eine ausgesprochen axiomatisch-deduktive Theorie. Als ihre Axiome fungieren die Hauptsätze, die Erfahrungssätze darstellen. Ihre modellunabhängig entwickelten, sehr allgemeinen Begriffe haben einen überaus weiten Anwendungsbereich. Die statistische Thermodynamik hat die Aufgabe, die Gesetzmäßigkeiten der phänomenologischen Theorie atomistisch zu erklären. Wir werden uns im folgenden ausschließlich mit der Gleichgewichtsthermodynamik befassen.

### 1.4.1 Phänomenologische Thermodynamik

Durch den *1. Hauptsatz* wird jedem System eine Zustandsgröße *Innere Energie* ($E$) zugeordnet, deren Wert durch Vergleich mit einem Ausgangszustand als Summe der geleisteten Arbeit ($A$) und der zugeführten Wärme ($Q$) gemessen wird. In differentieller Form hat der 1. Hauptsatz die formelmäßige Gestalt

$$\mathrm{d}E = \text{đ}A + \text{đ}Q, \tag{1.154}$$

wobei $\mathrm{d}E$ das totale Differential der Zustandsgröße $E$ darstellt und $đQ$ bzw. $đA$ infinitesimale Wärmemengen bzw. Arbeitsbeträge sind.

Im *2. Hauptsatz* wird festgestellt, daß ein thermodynamisches System auch eine Zustandsgröße *Entropie* ($S$) besitzt, deren differentielle Änderung als

$$\mathrm{d}S = \frac{đQ}{T} \tag{1.155}$$

durch die *reversible* Wärmezufuhr $đQ$ bei der absoluten Temperatur $T$ bestimmt wird. Bei allgemeiner (reversibler und/oder irreversibler) Prozeßführung gilt $\mathrm{d}S \geqq đQ/T$.

Im *3. Hauptsatz* wird die Erfahrung festgehalten, daß für reine Stoffe bei Annäherung an den Nullpunkt der absoluten Temperatur ($T \to 0$) die Umwandlungswärmen chemischer Reaktionen verschwinden, woraus der Schluß gezogen wurde, daß dann alle Entropiedifferenzen gegen Null streben (*Nernstscher Satz*). In der Planckschen Fassung trifft der 3. Hauptsatz die Feststellung, daß sich die Entropie eines homogenen Systems für $T \to 0$ dem Wert Null nähert.

Zur Beschreibung von speziellen thermodynamischen Prozessen ist unter Zugrundelegung der Zustandsvariablen Druck ($p$), Volumen ($V$), Temperatur ($T$) und Entropie ($S$) die Verwendung besonderer Zustandsgrößen, *thermodynamische Potentiale* genannt, vorteilhaft, die jeweils von einem charakteristischen Variablenpaar abhängen,

*Innere Energie:*
$$E(S, V) \qquad \mathrm{d}E = T\,\mathrm{d}S - p\,\mathrm{d}V, \tag{1.156}$$

*Enthalpie:*
$$H(S, p) = E + pV \qquad \mathrm{d}H = T\,\mathrm{d}S + V\mathrm{d}p, \tag{1.157}$$

*Freie Energie:*
$$F(T, V) = E - TS \qquad \mathrm{d}F = -S\,\mathrm{d}T - p\,\mathrm{d}V, \tag{1.158}$$

*Freie Enthalpie:*
$$G(T, p) = H - TS \qquad \mathrm{d}G = -S\,\mathrm{d}T + V\mathrm{d}p; \tag{1.159}$$

die absolute Temperatur kann durch

$$T = \left(\frac{\partial E(S, V)}{\partial S}\right)_V \tag{1.160}$$

definiert werden.

Man kann Abhängigkeiten von anderen Zustandsvariablen verwenden; z. B. $E(T, V)$ und $H(T, p)$, womit man die Wärmekapazitäten bei konstantem Volumen bzw. konstantem Druck nach

$$c_V = \left(\frac{\partial E}{\partial T}\right)_V \quad \text{bzw.} \quad c_p = \left(\frac{\partial H}{\partial T}\right)_p \tag{1.161}$$

definiert.

Das Verhalten spezieller Stoffe bei Änderung von Zustandsvariablen wird durch *Zustandsgleichungen* beschrieben.

Häufig verwendete *thermische Zustandsgleichungen* sind die des *idealen Gases*

$$pV = nRT, \tag{1.162}$$

wobei $n$ die Mol-Anzahl und $R = 8{,}3145\,\mathrm{J\,K^{-1}\,mol^{-1}}$ die auf ein Mol bezogene Gaskonstante sind, und die des *Van-der-Waals-Gases*

$$\left(p + \frac{an^2}{V^2}\right)(V - bn) = nRT, \tag{1.163}$$

in der $a$ und $b$ substanzspezifische Parameter sind ($a$ hängt mit den Anziehungskräften zwischen den Molekeln und $b$ mit der räumlichen Ausdehnung der Molekeln zusammen). $R$ kann als Produkt

$$R = k_B N_A \tag{1.164}$$

von *Boltzmann-Konstante* $k_B = 1{,}380658 \cdot 10^{-23}\,\mathrm{J\,K^{-1}}$

und *Avogadro-Konstante* $N_A = 6{,}0221367 \cdot 10^{23}\,\mathrm{mol^{-1}}$

dargestellt werden.

Die *kalorische Zustandsgleichung* des *idealen Gases* ist

$$\frac{\partial E}{\partial V} = 0, \qquad \frac{\partial E}{\partial T} = N\tilde{c}_V, \tag{1.165}$$

wobei $N$ die Molekülzahl und $\tilde{c}_V$ den Anteil einer Molekel an der Wärmekapazität bedeuten.

In der Zeit der Herausbildung der Quantentheorie hat der Vergleich der Konstanten in phänomenologisch und statistisch abgeleiteten Entropieformeln des idealen Gases in Zusammenhang mit einer Konstanten in der Dampfdruckformel eine gewisse Rolle gespielt, da man aus Dampfdruckmessungen zu der Erkenntnis geführt wurde, daß bei der statistischen Abzählung in die Entropiekonstante das Plancksche Wirkungsquantum eingeht. Diese Aussage (vgl. (1.184)) beruht auf folgenden Überlegungen: Betrachtet man in einem Ein-Stoff-System im Gleichgewicht den Dampf über dem Kondensat als ideales Gas und berechnet nach den Gesetzen der Thermodynamik $\ln p$ des Dampfdrucks, so erscheint in dieser Formel eine charakteristische additive Konstante $B$, die *Dampfdruckkonstante*, die gemessen werden kann. Stellt man andererseits die Formel $S_D(T, p, N)$ für die Entropie des Dampfes auf (die Entropie des Kondensats wird Null gesetzt, was wegen des 3. Hauptsatzes für genügend tiefe Temperatur erlaubt ist), so tritt darin die *Entropiekonstante* $K_S$ auf. Zwischen beiden Konstanten erkennt man dann den Zusammenhang

$$B = \frac{K_S}{k_B} + \ln k_B - \frac{5}{2}, \tag{1.166}$$

so daß sich $K_S$ aus den Meßwerten für $B$ ergibt. $K_S$ selbst wird schließlich mit der aus Grundparametern der Statistik aufgebauten statistisch-thermodynamisch berechenbaren Entropiekonstanten, auf die wir unten noch zurückkommen werden, verglichen.

### 1.4.2 Statistische Thermodynamik

Die atomaren Vorstellungen über die Struktur der Materie zeigen, daß es sich vom Standpunkt der Mechanik aus bei den thermodynamisch beschriebenen Systemen um solche mit sehr vielen Freiheitsgraden ($f$ in der Größenordnung $10^{23}$) handelt. Im Rahmen der Mechanik hätte man die Aufgabe, mit Hilfe der kanonischen Gleichungen (1.6) das Anfangswertproblem zu lösen, bei Vorgabe der $\{q_k, p_k\}$ zu einem Anfangszeitpunkt die $\{q_k(t), p_k(t)\}$ zu einem späteren Zeitpunkt $t$ zu berechnen. Die Berechnung sämtlicher $\{q_k(t), p_k(t)\}$ ist praktisch unmöglich. Wenn es auch vom theoretischen Prinzip der klassischen Mechanik her nicht ausgeschlossen ist, die $\{q_k, p_k\}$ zu einem festen Zeitpunkt durch Messung zu bestimmen, so ist eine solche Messung in der Praxis jedoch nicht zu bewältigen. Wie die phänomenologische Thermodynamik lehrt, reicht es aber auch aus, solche komplizierten Systeme nur durch wenige Bestimmungsgrößen zu charakterisieren, d.h., die Beschreibung der praktisch fragmentarischen Kenntnis anzupassen. Es liegt daher die Aufgabe vor, die phänomenologischen thermodynamischen Gesetzmäßigkeiten auf der Basis einer *statistischen Mechanik* als Relationen zwischen Mittelwertgrößen zu verstehen.

Das wesentliche Bindeglied zwischen phänomenologischer Thermodynamik und statistischer Mechanik bildet die *Entropie*. Daher wollen wir uns mit der Formulierung des *statistischen Analogons für die Entropie* eines physikalischen Systems befassen, das aus $N$ gleichartigen Einzelsystemen (Teilchen) besteht, deren gegenseitige Wechselwirkung vernachlässigbar gering sein soll (ein solches Gesamtsystem wird oft ein *ideales N-Teilchen-System* genannt). Zur Durchführung der *Statistik* ist es notwendig, die möglichen Zustände des Einzelsystems eindeutig zu charakterisieren (wie z.B. bei punktförmigen Teilchen durch Angabe der 3 Lage- und der 3 Impuls-Koordinaten; bei Teilchen mit $f$ Freiheitsgraden, die durch generalisierte Koordinaten $q_k$ ($k = 1, 2, \ldots, f$) beschrieben werden, durch Festlegung aller $\{q_k, p_k\}$). Zu dieser Charakterisierung der Zustände eines Einzelsystems führen wird daher in geeigneter Weise einen Raum ein (z.B. im Falle von Teilchen mit $f$ Freiheitsgraden und der Koordinaten- und Impuls-Mannigfaltigkeit $\{q_k, p_k\}$ den *2f-dimensionalen Phasenraum* (*μ-Raum* genannt)) und haben dann für jeden Zustand des Teilchens als Abbild einen Punkt in diesem Raum. Dann nehmen wir eine Zelleneinteilung in diesem Raum der Zustände vor und verlangen, daß jede Zelle *einen* Zustand des Einzelsystems charakterisiert. Diese Zelleneinteilung erscheint in der klassischen Theorie willkürlich, da die Abbilder der Zustände kontinuierlich verteilt sind. Wie wir noch sehen werden, spielt die Zellengröße aber bei bestimmten Problemen eine Rolle. In der Quantentheorie wird gezeigt, daß die Zellengröße naturgegeben ist und durch das Plancksche Wirkungsquantum $h$ bestimmt wird (für Einzelsysteme mit $f$ Freiheitsgraden ist dann die Zellengröße $h^f$).

Beim Aufbau der Statistik wird nun von der Beziehung zwischen den beiden wichtigen Begriffen „Mikrozustand" und „Makrozustand" Gebrauch gemacht. Als *Mikrozustand* des Gesamtsystems versteht man diejenige Angabe, die für jedes der unterscheidbar vorausgesetzten Einzelsysteme festlegt, in welcher Zelle es sich befindet. Die Festlegung des *Makrozustands* des Gesamtsystems dagegen besagt nur, wieviel Teilchen sich in jeder Zelle bei einer Verteilung befinden, d.h., wie groß die relative Besetzungshäufigkeit $\varrho_j = N_j/N$ der Zellen ($j$) ist. Es ist klar, daß mehrere

Mikrozustände zum gleichen Makrozustand gehören können; die Anzahl der Realisierungsmöglichkeiten eines Makrozustandes durch Mikrozustände ist durch

$$W = \frac{N!}{\prod_j N_j!} \tag{1.167}$$

gegeben. Die (im allgemeinen sehr große) Zahl $W$ wird die *thermodynamische Wahrscheinlichkeit* des Makrozustandes genannt.

BOLTZMANN zufolge liegt im *thermodynamischen Gleichgewicht* derjenige Makrozustand des Gesamtsystems vor, für den $W$ unter Einhaltung bestimmter Nebenbedingungen maximal ist, und die *mittlere Entropie pro Einzelsystem* wird durch

$$\frac{S}{N} = s = k_{\mathrm{B}} \ln \sqrt[N]{W_{\max}} \tag{1.168}$$

definiert. Die *Entropie* kann in analoger Weise auch für *Nicht-Gleichgewichtszustände* als

$$s = k_{\mathrm{B}} \ln \sqrt[N]{W} \tag{1.169}$$

mit $W$ nach (1.167) eingeführt werden.

Unter Anwendung der *Stirling-Formel* $N! \approx \left(\frac{N}{\mathrm{e}}\right)^N$ bzw. $N_j! \approx \left(\frac{N_j}{\mathrm{e}}\right)^{N_j}$ gewinnt man aus (1.169) die für sehr große $N$ ($N \to \infty$) gültige Beziehung

$$s = -k_{\mathrm{B}} \sum_j \varrho_j \ln \varrho_j, \tag{1.170}$$

wobei $\varrho_j$ der Grenzwert ($N \to \infty$) der relativen Besetzungshäufigkeit $N_j/N$ ist.

Für ein Gesamtsystem mit fester Zahl $N = \sum_j N_j$ von Einzelsystemen und fester Energie $E = \sum_j N_j E_j$, wobei $E_j$ diejenige Energie des Einzelsystems ist, die ihm in der Zelle $j$ zukommt, erhält man durch Lösung der Extremalaufgabe

$$\delta \ln W = 0 \quad \text{mit} \quad \sum_j \delta N_j = 0 \quad \text{und} \quad \sum_j E_j \delta N_j = 0$$

nach dem Verfahren von LAGRANGE

$$N_j = \mathrm{e}^{\alpha - \beta E_j}, \tag{1.171}$$

wobei $\alpha$, $\beta$ noch zu bestimmende Lagrange-Multiplikatoren bedeuten. $\mathrm{e}^{\alpha}$ ergibt sich sofort aus $\sum_j N_j = N$ zu

$$\mathrm{e}^{\alpha} = N/Z \tag{1.172}$$

mit

$$Z = \sum_j \mathrm{e}^{-\beta E_j} \tag{1.173}$$

als der sogenannten *Zustandssumme*.

Mit

$$\varrho_j = \frac{N_j}{N} = \frac{e^{-\beta E_j}}{Z} \tag{1.174}$$

im Gleichgewichtsfall bekommt (1.170) die Struktur

$$s = k_B \left\{ -\beta \frac{d}{d\beta} \ln Z + \ln Z \right\}, \tag{1.175}$$

und im Zusammenhang mit der mittleren Energie $\bar{\varepsilon}$ eines Einzelsystems,

$$\frac{E}{N} = \bar{\varepsilon} = \sum_j E_j \frac{N_j}{N} = -\frac{d}{d\beta} \ln Z, \tag{1.176}$$

ergibt sich

$$s = \beta k_B \bar{\varepsilon} + k_B \ln Z. \tag{1.177}$$

Vergleicht man (1.177) mit (1.158), so erhält man als weitere Beziehungen zwischen Statistik und phänomenologischer Thermodynamik

$$\beta = \frac{1}{k_B T} \tag{1.178}$$

und

$$\frac{F}{N} = -k_B T \ln Z. \tag{1.179}$$

Die Wahrscheinlichkeitsverteilung (1.174) heißt *kanonische Verteilung*. Durch sie werden die statistischen Eigenschaften eines Systems erfaßt, dessen Temperatur $T$ fest vorgegeben ist.

Die Energie eines Einzelsystems unterliegt in diesem Falle Schwankungen, deren Ausmaß durch das *mittlere Schwankungsquadrat*

$$\begin{aligned} \overline{(\Delta \varepsilon)^2} &= \overline{(\varepsilon - \bar{\varepsilon})^2} = \overline{\varepsilon^2} - (\bar{\varepsilon})^2 \\ &= \sum_j E_j^2 \varrho_j - (\sum_j E_j \varrho_j)^2 \end{aligned} \tag{1.180}$$

zum Ausdruck kommt. Mit $\varrho_j$ nach (1.174) erhält man für das mittlere *relative* Schwankungsquadrat

$$\frac{\overline{(\Delta \varepsilon)^2}}{(\bar{\varepsilon})^2} = -\frac{1}{(\bar{\varepsilon})^2} \frac{d\bar{\varepsilon}}{d\beta} = \frac{1}{(\bar{\varepsilon})^2} \frac{d^2}{d\beta^2} \ln Z, \tag{1.181}$$

von dem man zeigen kann, daß es für Einzelsysteme mit vielen Freiheitsgraden sehr klein wird, d. h., daß die Energie dann überwiegend sehr nahe bei der mittleren Energie liegt.

Wenn ein Einzelsystem mit $f$ Freiheitsgraden durch die Hamilton-Funktion $H(q_k, p_k)$ beschrieben wird ($k = 1, 2, \ldots, f$), dann ist die Zustandssumme (1.173) durch das Zustandsintegral im $\mu$-Raum

$$Z = \frac{\mathrm{e}}{N} \int \mathrm{e}^{-\beta H(q_k, p_k)} \frac{\prod_{j=1}^{f} \mathrm{d}q_j \, \mathrm{d}p_j}{\Delta\Omega} \tag{1.182}$$

zu ersetzen, wobei ein Faktor $\Delta\Omega$ aus Dimensionsgründen eingeführt wurde, der mit der Zelleneinteilung zu tun hat, und e die Basis des natürlichen Logarithmus ist.

Wenn die Hamilton-Funktion $H$ die spezielle Struktur hat, daß einige der $q_j$ und $p_j$ nur in quadratischer Form vorkommen, dann tragen die mit diesen Koordinaten oder Impulsen verknüpften Freiheitsgrade zur mittleren Energie $\bar{\varepsilon}$ den Betrag $\frac{1}{2} k_{\mathrm{B}} T$ bei; das ist der *Gleichverteilungssatz.*

Beispielsweise ergibt sich für $H = a p^2 + b q^2$ (eindimensionaler harmonischer Oszillator) $\bar{\varepsilon} = k_{\mathrm{B}} T$ und für $H = \frac{1}{2m} \sum_{j=1}^{3} p_j$ (kräftefreie Bewegung von punktförmigen Teilchen der Masse $m$) $\bar{\varepsilon} = \frac{3}{2} k_{\mathrm{B}} T$.

Um zu verdeutlichen, was $\Delta\Omega$ in (1.182) für Konsequenzen hat, berechnen wir die *Entropie* $S/N$ für ein *ideales einatomiges Gas* im Volumen $V$. Dazu bestimmen wir mit $H = (1/2m) \sum_{j=1}^{3} p_j^2$ das Zustandsintegral und ermitteln $S/N$ nach (1.175). Für $Z$ ergibt sich

$$Z = \frac{\mathrm{e}}{N} \frac{V}{\Delta\Omega} \left[ \int_{-\infty}^{+\infty} \mathrm{d}p \exp(-\beta p^2/2m) \right]^3 = \frac{\mathrm{e}\,V}{N\,\Delta\Omega} \left( \frac{2\pi m}{\beta} \right)^{3/2},$$

und für die Entropie folgt

$$S = N \left\{ \tilde{c}_V \ln T + k_{\mathrm{B}} \ln V - k_{\mathrm{B}} \ln N + \frac{2}{3} \tilde{c}_V \ln \left[ (2\pi m k_{\mathrm{B}})^{3/2} / \Delta\Omega \right] + \frac{5}{3} \tilde{c}_V \right\}, \tag{1.183}$$

wobei $\tilde{c}_V = \frac{3}{2} k_{\mathrm{B}}$ der Anteil einer Molekel an der Wärmekapazität des idealen einatomigen Gases ist. Durch den Zusammenhang (1.166) zwischen *Dampfdruckkonstante B* und *Entropiekonstante* $K_S$, die sich nach der statistischen Theorie bei Vergleich mit der phänomenologischen Theorie zu

$$K_S = \tilde{c}_V \left\{ \ln \left[ (2\pi m k_{\mathrm{B}}) / (\Delta\Omega)^{2/3} \right] + \frac{5}{3} \right\} \tag{1.184}$$

ergibt, wird man in die Lage versetzt, aus Dampfdruckmessungen ($B$) Hinweise auf die *klassische* Größe $\Delta\Omega$ zu erhalten. Experimente legen für einatomige Gase den Wert $\Delta\Omega = h^3$ nahe, wobei $h$ das *Plancksche Wirkungsquantum* $6{,}6 \ldots \cdot 10^{-34}$ Js, die fundamentale Konstante der Quantentheorie, ist.

Wir haben den Zugang zur statistischen Thermodynamik so vollzogen, daß wir ein *physikalisches System als Ensemble* (Gesamtheit) schwach wechselwirkender Einzelsysteme voraussetzten (ideales System). Analoge statistische Überlegungen können aber auch durchgeführt werden, wenn das physikalische System so beschaffen ist, daß auf Grund starker innerer Wechselwirkungen von einem Aufbau aus Einzelsystemen nicht gesprochen werden kann. Dann legt man den statistischen Betrachtungen ein *virtuelles Ensemble* („*virtuelle Gesamtheit*") physikalisch gleichartiger Systeme zugrunde. Physikalisch gleichartig soll heißen, daß alle Systeme des virtuellen Ensembles durch dieselbe Hamilton-Funktion $H(q_k, p_k, t)$ wie das eigentlich vorliegende System beschrieben werden. Zu jedem Zeitpunkt $t$ kann man einem jeden System des Ensembles im Raum sämtlicher $\{q_k, p_k\}$, *im sogenannten* $\Gamma$-*Raum*, einen Bildpunkt zuordnen, der im Laufe der Zeit im $\Gamma$-Raum eine Kurve beschreibt. Wenn speziell $H$ nicht explizit zeitabhängig ist, dann liegen die Kurven aller Bildpunkte auf der Hyperfläche $H = E = \text{const}$, wobei $E$ die zeitlich konstante Energie der Systeme bedeutet.

Die Bildpunkte des Ensembles können als ein im $\Gamma$-Raum inkompressibel strömendes, hypothetisches Medium betrachtet werden, für das wir eine *Dichtefunktion* $\varrho(q_k, p_k, t)$ einführen können. Aus den kanonischen Gleichungen (1.6) folgt die Beziehung

$$\frac{\mathrm{d}}{\mathrm{d}t}\varrho = 0, \tag{1.185}$$

d.h., ein „mitbewegter Beobachter" stellt immer die gleiche Dichte fest (*Liouvillescher Satz*). Praktisch sehr wichtig sind die *stationären Ensemble*, für die

$$\frac{\partial \varrho}{\partial t} = 0 \tag{1.186}$$

gilt. Solche liegen vor, wenn $\varrho$ eine Funktion von Bewegungskonstanten $F_j$ des physikalischen Systems ist, für die nach (1.18) $\{H, F_j\}_{\mathrm{PK}} = 0$ gilt. Die größte Bedeutung haben die stationären Ensemble, deren Dichte nur von der Hamilton-Funktion $H$ des Systems abhängt. Hierzu sind zu zählen:

das *mikrokanonische Ensemble* mit

$$\varrho = \begin{cases} \varrho_0 = \text{const} & \text{für} \quad E \leqq H \leqq E + \Delta E \\ 0 & \text{sonst} \end{cases} \tag{1.187}$$

im Grenzfall $\Delta E \to 0$, das für die Beschreibung von Systemen mit vorgegebenen $E$, $V$, $N$ geeignet ist,

das *kanonische Ensemble* mit

$$\varrho = \frac{\mathrm{e}^{-\beta H}}{(\Delta\Omega_\Gamma)^{-1} \int \mathrm{e}^{-\beta H} \prod_{j=1}^{f} \mathrm{d}q_j \, \mathrm{d}p_j} \tag{1.188}$$

für Systeme mit gegebenen $T$, $V$, $N$

sowie das *großkanonische Ensemble* mit

$$\varrho = \frac{e^{-\beta(H-\mu N)}}{(\Delta\Omega_\Gamma)^{-1} \sum\limits_N \int e^{-\beta(H-\mu N)} \prod\limits_{j=1}^{f} d q_j \, d p_j} \tag{1.189}$$

für Systeme mit gegebenen $T$, $V$ und chemischem Potential $\mu$. $\Delta\Omega_\Gamma$ ist wieder ein erst durch die Quantentheorie fixierbarer Dimensionsfaktor.

Die Berechtigung dafür, daß man eigentlich gefragte zeitliche Mittelwertgrößen

$$\bar{f}^t \equiv \frac{1}{\tau} \int\limits_0^\tau f(q_k, p_k) \, d t \tag{1.190}$$

durch Mittelwerte ersetzen darf, die mit Dichtefunktionen für virtuelle Ensemble in der Form

$$\bar{f} = \int f(q_k, p_k) \, \varrho(q_k, p_k) \prod_{k=1}^{f} d q_k \, d p_k \tag{1.191}$$

gebildet werden, leitet man aus der *Ergoden-* bzw. *Quasi-Ergodenhypothese* [B-10] ab.

Auch in der statistisch-mechanischen Ensemble-Theorie wird der Übergang zur statistischen Thermodynamik wiederum so vollzogen, daß man Relationen zwischen Mittelwertgrößen, die nach (1.191) berechnet werden, mit Formeln der phänomenologischen Thermodynamik vergleicht, also statistische Analoga thermodynamischer Größen aufsucht. Beispielsweise gilt für die Entropie

$$S = -k_B \int \varrho \ln \varrho \, \frac{\prod\limits_{j=1}^{f} d q_j \, d p_j}{\Delta\Omega_\Gamma}, \tag{1.192}$$

woraus mit dem *Zustandsintegral im* $\Gamma$-*Raum*

$$Z_\Gamma = \frac{1}{\Delta\Omega_\Gamma} \int e^{-\beta H} \prod_{j=1}^{f} d q_j \, d p_j \tag{1.193}$$

im Falle der kanonischen Verteilung (1.188)

$$S = k_B \left[ -\beta \frac{d}{d\beta} \ln Z_\Gamma + \ln Z_\Gamma \right] \tag{1.194}$$

folgt (vgl. die analoge Form von (1.175) in der $\mu$-Raum-Statistik).

# 2 Grundsätzliche Aspekte der klassisch-physikalischen Theorien

Die Begriffe und Grundgesetze der klassischen Physik sind im wesentlichen aus Beobachtungen und Messungen im makrophysikalischen Erfahrungsbereich erschlossen worden.

Bezüglich der *Mechanik* hat das zu den Modellen des Massenpunktes und des ausgedehnten, starren oder deformierbaren Körpers geführt, deren Bewegungen durch generalisierte Koordinaten und Impulse beschrieben werden. Die aus dem Erfahrungsbereich der nicht zu großen Geschwindigkeiten erschlossenen Grundgesetze sind von nichtrelativistischer Art (invariant gegenüber Galilei-Transformationen) und nur für relativ langsam (verglichen mit der Lichtgeschwindigkeit) bewegte Körper gültig.

Die Feldtheorie des *Elektromagnetismus* ist bereits eine speziell-relativistische Theorie (invariant gegenüber Lorentz-Transformationen); die wellenartige Ausbreitung elektromagnetischer Felder erfolgt im Vakuum mit Lichtgeschwindigkeit.

Alle klassischen physikalischen Theorien beruhen auf den ausdrücklichen Voraussetzungen des von der Mechanik geprägten *Determinismus* sowie der *direkten Meßbarkeit* aller in die Grund- und abgeleiteten Gesetze eingehenden bzw. aus ihnen bestimmbaren Größen.

Der mechanische (zu enge) Determinismus besagt, daß aus der Kenntnis der physikalischen Größen zu einem bestimmten Zeitpunkt durch Lösung des Anfangswertproblems der Grundgleichungen das gesamte zukünftige Geschehen vorausbestimmbar ist, d.h., die physikalischen Größen zu späteren Zeiten eindeutig und mit vollständiger Bestimmtheit berechenbar sind.

Alle Grundgleichungen klassischer Theorien beziehen sich auf echte, meßbare physikalische Größen, also auf Größen, die durch eine Meßvorschrift definiert sind (gegebenenfalls lassen sich generalisierte Koordinaten und Impulse auf solche Meßgrößen zurückführen). Dies gilt auch für die Feldgrößen ($\boldsymbol{E}$, $\boldsymbol{B}$, $\boldsymbol{D}$, $\boldsymbol{H}$) der Elektrodynamik und die Mittelwertgrößen ($E$, $F$, $H$, $G$, $S$ usw.) der Thermodynamik. Es gibt keine prinzipiellen Beeinträchtigungen der Meßbarkeit. Man nimmt an, daß es prinzipiell möglich ist, zu einem bestimmten Zeitpunkt die Werte aller das physikalische System charakterisierenden Größen durch Messungen zu fixieren. Die prinzipiell genaue Meßbarkeit aller physikalischen Größen umfaßt insbesondere auch die Annahme, daß die Messung einer Größe grundsätzlich von keiner anderen zu messenden Größe behindert wird und daß der Einfluß der Meßapparatur auf das Meßresultat beliebig klein gehalten werden kann, obwohl natürlich bei der Messung eine Wechselwirkung zwischen dem System, an dem gemessen werden soll, und der Meßapparatur erforderlich ist. Wir wollen aber hier bereits darauf hinweisen, daß diese Grundannahme der klassischen Physik bei ihrer Anwendung auf Objekte und Prozesse der Mikrophysik zu ernsten Erkenntnisproblemen führte. Wir werden auf diese Sachverhalte an den geeigneten Stellen bei der Behandlung der Quantentheorie eingehen und dort auch zeigen, welche Änderungen bzw. Verallgemeinerungen vorgenommen werden mußten, um die in der klassischen Theorie (implizit) vorhandenen Idealisierungen zu überwinden. Damit werden zugleich die Grenzen der klassischen Physik deutlich, deren Versagen sich insbesondere bei folgenden Fragestellungen auswies: Es gelang nicht, die phänomenologischen Stoffparameter, die empirisch bestimmt in die klassischen Theorien eingefügt werden müssen, aus Vorstellungen über die atomare und subatomare Struktur der Materie zu berechnen. Es traten dabei nicht nur Unstimmigkeiten zwischen den berechneten und den gemessenen Werten auf, sondern die Durchführung einer solchen Theorie ergab, wie z.B. bei der Dampfdruck- oder Entropie-Formel (vgl. den Hinweis im Anschluß an (1.184)), im Rahmen der klassischen Theorie nicht fixierbare Größen oder führte, wie beispielsweise bei der Theorie der Wärmestrahlung (Divergenz des Integrals bei Berechnung des Stefan-Boltzmann-Gesetzes auf der Basis der klassischen Rayleigh-Jeans-Formel für die spektrale Energiedichte; vgl. 3.2.2), zu einem prinzipiellen Versagen, so wie auch für die klassische theoretische Physik die Stabilität der Atome unverständlich blieb (vgl. 3.1.3.3). Insbesondere wird in den Komplexen C, D und E gezeigt werden, daß die Quantentheorie das Geschehen im atomaren und subatomaren Bereich für sehr verschiedenartige Systeme eindeutig zu beschreiben und auch charakteristische Eigenschaften von komplexen Systemen, zu deren Beschreibung statistische Methoden herangezogen werden müssen, zu bestimmen gestattet.

# B Induktiver Zugang zur Quantentheorie

Die im 19. Jahrhundert geschaffenen experimentellen und technischen Hilfsmittel boten die Möglichkeit zu systematischer Erforschung der Struktur der Materie. Es gelang, die qualitativen *atomistischen* Vorstellungen vom Aufbau der Materie quantitativ zu untermauern und damit zu unumstößlicher Erkenntnis werden zu lassen und in den subatomaren Bereich der elementaren Partikeln (Elementarteilchen) vorzudringen. Mehr und mehr traten dabei Diskrepanzen zwischen Meßergebnissen und klassischen theoretisch-physikalischen Beschreibungen auf. Zur Beseitigung dieser Unstimmigkeiten beschritt man zunächst einmal den naheliegenden Weg, die Grundannahmen und Gesetze der klassischen Physik, die wir im Komplex A zusammenstellten, in passender Weise zu modifizieren und zu erweitern.

Das führte 1900 in der Entwicklung der Physik zu einer bedeutsamen Epoche: Von M. PLANCK wurde aufgezeigt, daß zur Deutung grundlegender empirischer Befunde, nämlich der Frequenz- und Temperaturabhängigkeit der *Wärmestrahlung*, eine einschneidende Abänderung der bis dahin unwidersprochen als gültig angesehenen, *klassischen* theoretischen Vorstellungen notwendig ist. Die *Plancksche Quantenhypothese* über die diskreten Energieniveaus des harmonischen Oszillators widersprach einerseits radikal den Resultaten der traditionellen Mechanik, andererseits führte ihre Verwendung im Formalismus der herkömmlichen Thermodynamik zu den richtigen *empirischen* Befunden über die Strahlungsformel. Ein analoges Vorgehen ist auch im Zusammenhang mit anderen grundlegenden Effekten zu konstatieren: Die Erscheinung des *äußeren lichtelektrischen Effektes* zwang zu entscheidenden Erweiterungen der Vorstellungen über die elektromagnetische Strahlung; es mußten *Lichtquanten* eingeführt werden (A. EINSTEIN, 1905). Deren Teilcheneigenschaften zusammen mit den bewährten Sätzen der traditionellen Mechanik über die Energie- und Impulserhaltung bei der Wechselwirkung von Teilchen gestatteten eine befriedigende Erklärung der empirischen Befunde. Bei grundlegenden Erscheinungen der *Atomspektroskopie* war es notwendig, die *Bohrschen Postulate* (N. BOHR, 1913) in die klassischen theoretischen Vorstellungen einzubauen, um einen richtigen Deutungsansatz für das spektroskopische Material zu erhalten; das *Bohrsche Korrespondenzprinzip* wies dabei aus, in welcher Weise und in welchem Bereich Abänderungen von der klassischen Theorie vorzunehmen sind.

Obwohl mit den genannten Abänderungen oder Ergänzungen zur klassischen Theorie bedeutsame Erfolge bei der Deutung gewisser grundlegender Erscheinungen erzielt werden konnten, wurde die Situation doch als unbefriedigend empfunden. Einmal konnten andere, auch im atomaren Bereich angesiedelte Erscheinungen (zum Beispiel die Spektren der Vielelektronenatome und die chemische

Bindung) mit den vorliegenden Ansätzen *nicht* gedeutet werden. Zum anderen stellte die vorliegende Theorie ein Konglomerat aus klassischen theoretischen Vorstellungen und zusätzlichen, die Quantisierung betreffenden Hypothesen oder Postulaten dar, die im Grunde der klassischen Theorie fremd waren, ja ihr widersprachen. Es wurde nach einer einheitlichen, konsequenten Theorie gesucht. Als Resultat ergab sich zunächst die *Quantenmechanik* in der Form der *Heisenbergschen Matrizenmechanik* (W. HEISENBERG, M. BORN, P. JORDAN, 1925) und in der Form der *Schrödingerschen Wellenmechanik* (E. SCHRÖDINGER, 1926).

Mit Betrachtungen zur Atomistik, die als Vorstufe der Quantentheorie anzusehen ist, werden wir uns im Kapitel 3 befassen, wobei wir an experimentelle Fakten anknüpfen, die die Entwicklung wesentlich stimuliert haben. Aus dieser Vorstufe sind zwei spezielle (*mathematische*) Formen der konsequenten Quantentheorie hervorgegangen, die Heisenbergsche Matrizenmechanik und die Schrödingersche Wellenmechanik, deren Grundlagen wir in Kapitel 4 bzw. 5 besprechen werden. Den gemeinsamen Kern beider Spezialfälle zeigen wir im Kapitel 6 auf, womit wir gleichzeitig die deduktive Formulierung der Quantentheorie im Komplex C vorbereiten möchten. Außerdem werden wir auf der Basis eines Näherungsverfahrens die Verbindung zwischen Wellenmechanik und Phasenintegralquantisierung herstellen.

# 3 Empirische Befunde. Vorstufe zur Quantentheorie

Von besonderer Bedeutung für ein allmähliches Überwinden klassisch-physikalischer Vorstellungen waren die um 1900 herum verfügbaren reichhaltigen spektroskopischen Meßergebnisse und deren systematische Ordnung, die Experimente mit Katodenstrahlen sowie mit $\alpha$-Strahlen radioaktiver Elemente. Mit ihrer Hilfe gelang einerseits der Vorstoß von der allgemeinen Atomistik zu Vorstellungen über den Grobaufbau der Atome (Rutherfordsches Atommodell: Kern und Elektronenhülle), über die feinere Struktur der Elektronenhülle (Bohrsches Atommodell) und andererseits von einem Verständnis der Gesetze der Wärmestrahlung her die Einführung des Photon-Begriffs und tiefere Einsichten in das Wesen des Elektromagnetismus. Beide Entwicklungslinien münden in die (ältere) korrespondenzmäßige Quantentheorie ein. Die spekulative, erst später kurz vor der Schaffung der konsequenten Quantentheorie beginnende Entwicklungsrichtung der Wellentheorie der stofflichen Materie steht in direkter Beziehung zur Wellenmechanik.

## 3.1 Grundlegendes zur Atomistik

Der Begriff *Atom* enthält in seiner ursprünglichen, wörtlichen Bedeutung eigentlich einen Widerspruch; denn Unteilbarkeit und klassisch-physikalische Eigenschaften – wie Masse und Volumen – schließen sich gegenseitig verständnismäßig aus (I. KANT). Dieser Widerspruch ist aber ohne Bedeutung bei allen Vorgängen, an denen das Atom als Ganzes oder elementare Partikeln unabhängig voneinander beteiligt sind und die weitgehend mit den Grundkonzeptionen der klassischen Physik beschreibbar sind. Bei der Betrachtung des Aufbaus – der Struktur – des Atoms erfährt dieser Begriff jedoch einen Bedeutungswandel, zu dessen Verständnis die Quantentheorie erforderlich ist, wie später deutlich gemacht werden soll.

### 3.1.1 Atom als Ganzes

#### 3.1.1.1 *Atommassen*

In der Wissenschaft der Neuzeit bediente sich zuerst die Chemie der atomistischen Vorstellungen. Die *Gesetze von der Konstanz und von den multiplen Proportionen der Verbindungsgewichte* der Substanzen (J. DALTON, 1808) wurden durch die

Annahmen leicht verständlich, daß sich Atome mit bestimmter *Masse* zu Molekeln verbinden. Man rechnete zuerst mit *relativen Atommassen*, die sich auf das Wasserstoffatom als Einheit bezogen. Später verwendete man das Sauerstoff-Isotop $^{16}O$ als Bezugsmasse. Heute werden relative Atommassen in der *vereinheitlichten atomaren Masseneinheit* (Masse des Kohlenstoff-Isotops $^{12}C$ gleich 12 gesetzt) gemessen.

Auf Grund der Massenverhältnisse wurde eine Ordnung der Atome erreicht, aus der zusammen mit Erkenntnissen über ein analoges chemisches Verhalten bestimmter Elementegruppen das *Periodensystem der Elemente* (D. I. MENDELEEV und L. MEYER, 1869) resultierte.

Die eigentlichen *Atommassen* $m$ können als mittlere Massen eines Atomensembles ermittelt werden, z. B. für einen einheitlichen Stoff bei einer Menge von einem Mol als Verhältnis von *Molmasse* $M$ zu Teilchenzahl $N_A$ (siehe unten), oder individuell durch Messung der spezifischen Ladung $q/m$ eines Ions bei gesonderter Messung der Ladung $q$ (vgl. 3.1.2).

### 3.1.1.2 *Atom- bzw. Molekülanzahl*

Die ersten Abschätzungen über die Anzahl von Atomen in der Volumeneinheit eines Gases bei vorgegebenem Druck und Temperatur wurden mit Hilfe der Gesetze für ideale Gase (siehe (1.162)) vorgenommen (A. AVOGADRO, 1811). Ideale Gase enthalten bei gleichem Druck und gleicher Temperatur gleich viele Molekeln in der Volumeneinheit

$$N_A = \frac{pv}{k_B T} \tag{3.1}$$

($p$ = Druck, $v$ = molares Volumen). Es gibt verschiedenartige Methoden zur Bestimmung von $N_A$, die unterschiedliche Genauigkeiten aufweisen. Nach gegenwärtig genauesten Messungen beträgt die *Avogadro-Konstante* $N_A$

$$N_A = 6{,}0221367 \cdot 10^{23}\ \text{mol}^{-1}; \tag{3.2}$$

sie wird häufig auch *Loschmidtsche Zahl* genannt.

Nicht sehr genau sind die Methoden, die von den gaskinetischen Formeln für den *Koeffizienten der inneren Reibung* der Gase

$$\eta \sim \frac{M\bar{u}}{r_0{}^2 N_A} \tag{3.3}$$

oder für den *Wärmeleitungskoeffizienten*

$$\varkappa \sim \frac{C_V \bar{u}}{r_0{}^2 N_A} \tag{3.4}$$

ausgehen (vgl. [B-1a]), wobei $M$ die molare Masse, $r_0$ der gaskinetische Molekülradius, $\bar{u}$ die mittlere thermische Molekülgeschwindigkeit und $C_V$ die molare Wärmekapazität bedeuten. $r_0$ kann nach der kinetischen Gastheorie mit der Konstanten $b$ in der Van-der-Waals-Zustandsgleichung (siehe (1.163)) in Verbindung gebracht werden (vgl. 3.1.1.3).

Eine andere Gruppe von Methoden zur Messung von $N_A$ beruht auf der Bestimmung der *Boltzmann-Konstanten* $k_B$ und dem Zusammenhang (1.164) mit der *molaren Gas-Konstanten R*.

Nach J. Perrin (1909) ist die Abnahme der *Anzahldichte von Schwebeteilchen* in einer Flüssigkeitssäule mit der Höhe $(z-z_0)$ auf Grund der Schwerkraft durch

$$n(z)=n(z_0)\exp\left[-\frac{\mu g(z-z_0)}{k_B T}\right] \tag{3.5}$$

gegeben (bei Vernachlässigung des Auftriebs der Schwebeteilchen); dabei bedeuten $\mu$ die Masse der Schwebeteilchen und $g$ die Erdbeschleunigung. Zur Begründung von (3.5) kann man von (1.174) ausgehen. In dieser Formel muß $E_j$ durch $\frac{1}{2\mu}\boldsymbol{p}^2+\mu g z$ ersetzt werden, und dann hat man über $d^3\boldsymbol{p}$ und $dx\,dy$ zu integrieren. Diese Integrale kürzen sich heraus, da sie im Nenner in $Z$ auch enthalten sind. $n(z)$ ist dann proportional zu $\exp[-\mu g z/k_B T]$, dem im Zähler verbleibenden Faktor, und (3.5) ergibt sich als Verhältnis $n(z)/n(z_0)$.

Man kann auch die wegen der *Brownschen Molekularbewegung* erfolgende seitliche Verschiebung der Schwebeteilchen zur Bestimmung von $k_B$ beobachten und messend verfolgen. Nach A. Einstein (1905) ist die mittlere quadratische Verschiebung $\overline{\Delta x_j^2(t)}$ durch

$$\overline{\Delta x_j^2(t)}=\frac{k_B T}{3\pi\eta r}\,t \tag{3.6}$$

gegeben mit $t$ als Beobachtungsdauer, $r$ als Radius eines kugelförmig angenommenen Schwebeteilchens und $\eta$ als Koeffizient der inneren Reibung. Der Querstrich bedeutet eine Ensemble-Mittelung derart, daß man die gesamte Versuchszeit in genügend große Zeitintervalle $(\vartheta_j, \vartheta_j+t)$ unterteilt und dann den Mittelwert über die Meßresultate aus den einzelnen Zeitintervallen bildet, wobei $\Delta x_j(t)=x(\vartheta_j+t)-x(\vartheta_j)$ mit $\overline{\Delta x_j(t)}=0$ eingeführt wurde.

Wir deduzieren (3.6) aus der Gleichung

$$\mu\ddot{x}=-\mu\beta\dot{x}+\mu A(t) \tag{3.7}$$

für die eindimensionale Bewegung in $x$-Richtung eines Schwebeteilchens der Masse $\mu$, das einer Reibungskraft $(-\mu\beta\dot{x})$ und einer stochastischen Kraft $(\mu A(t))$, die den Einfluß der statistisch stoßenden Flüssigkeitsmolekeln erfaßt, ausgesetzt ist (*Langevin-Kraft*). Unter Voraussetzung eines stationären Zustands gilt $\overline{A(t)}=0$.

Als Lösung von (3.7) erhält man im Beobachtungsintervall $j$ für die Geschwindigkeit in $x$-Richtung

$$v_j(t)=v_j(0)\,e^{-\beta t}+e^{-\beta t}\int_0^t d\xi\,e^{\beta\xi}A_j(\xi) \tag{3.8}$$

und für $\Delta x_j(t)$

$$\Delta x_j(t)=\int_0^t d\alpha\,v_j(\alpha)=\frac{v_j(0)}{\beta}(1-e^{-\beta t})+\int_0^t d\alpha\,e^{-\beta\alpha}\int_0^\alpha d\xi\,e^{\beta\xi}A_j(\xi). \tag{3.9}$$

In $\overline{\Delta x_j^2(t)}$, berechnet mit (3.9), tritt die *Autokorrelationsfunktion*

$$\Phi(\tau) = \overline{A_j(\xi)\, A_j(\xi+\tau)} \tag{3.10}$$

der stochastischen Einwirkung auf. Deren Korrelationszeit $\tau_c$ kann unter typischen Bedingungen der Brownschen Molekularbewegung als klein gegen die Zeit $\beta^{-1}$ und $\beta^{-1}$ wiederum als klein gegen die Beobachtungszeit $t$ angenommen werden. Für $\Phi(\tau)$ kann man durch Bildung von $\overline{v_j^2(t)}$ nach (3.8) und Anwendung des Gleichverteilungssatzes $\frac{\mu}{2}\overline{v_j^2} = \frac{1}{2} k_B T$ (vgl. 1.4.2) die Integralgleichung

$$k_B T(e^{2\beta t} - 1) = \mu\left[\frac{1}{2}\int\limits_0^t d\zeta\, e^{\beta\zeta}\int\limits_{-\zeta}^{+\zeta} d\tau\, \Phi(\tau) + \frac{1}{2}\int\limits_t^{2t} d\zeta\, e^{\beta\zeta}\int\limits_{\zeta-2t}^{2t-\zeta} d\tau\, \Phi(\tau)\right] + R[\tau_c; \Phi(\tau)] \tag{3.10a}$$

ableiten. Der Term $R$ geht für kleine $\tau_c$ gegen Null, während der Term mit den beiden Doppelintegralen nicht verschwindet. Somit ergibt sich aus (3.10a) als problemangepaßte $(\tau_c \ll \beta^{-1} \ll t)$ Näherungslösung

$$\Phi(\varepsilon) = \frac{2k_B T}{\mu}\, \beta\, \varphi(\tau, \tau_c) \tag{3.11}$$

[$\varphi(\tau, \tau_c)$ ist eine normierte asymptotische Näherungsfunktion der Deltafunktion $\delta(\tau)$, siehe A 2]. Damit erhält man

$$\overline{\Delta x_j^2(t)} = \frac{2k_B T}{\mu\beta}\left(t - \frac{1}{\beta} + \frac{1}{\beta}\, e^{-\beta t}\right), \tag{3.12}$$

woraus sich für $t \gg \beta^{-1}$ und mit $\mu\beta = 6\pi\eta r$ (*Stokessches Reibungsgesetz*) die *Einstein-Formel* (3.6) ergibt.

Weitere Möglichkeiten zur Bestimmung von $k_B$ ergeben sich aus Messungen der elektromagnetischen Strahlung eines „schwarzen Körpers“ (Hohlraumstrahlung) z.B. durch Kombination des *Stefan-Boltzmann-Gesetzes* und des *Wienschen Verschiebungsgesetzes*, wie M. PLANCK (1900) bewies (vgl. 3.2.2), und durch Messung der Intensitätsabnahme beim Durchgang von Licht durch ein aus kleinen Partikeln bestehendes, streuendes Medium (*Rayleigh-Streuung*).

Zwei der genauesten Methoden zur Ermittlung von $N_A$ beruhen auf Wägungen. Bei einem elektrolytischen Prozeß wird in einer bestimmten Zeit $\Delta t$ eine Substanzmenge $G$ an den Elektroden abgeschieden, die gewogen werden kann:

$$G = \frac{1}{F}\frac{M}{w} I\, \Delta t, \tag{3.13}$$

wobei $M$ die molare Masse, $w$ die *chemische Wertigkeit* der abgeschiedenen Substanz, $I$ die Stromstärke und $F$ ($F = 9{,}6485309 \cdot 10^4\ \mathrm{As \cdot mol^{-1}}$) die *Faradaysche Konstante der Elektrolyse* sind. Bei Kenntnis der Elementarladung $e$ (vgl. 3.1.2) ergibt sich für eine einwertige Substanz ($w = 1$) im Spezialfall der Abscheidung eines Mols an Substanz ($G = M = m N_A$) mit $I = e N_A / \Delta t$ die Relation (vgl. [B-1b])

$$F = e N_A. \tag{3.14}$$

Seit man mit Hilfe der *Röntgenwellen-Beugung* an Kristallgittern die geometrischen Abmessungen (Gitterkonstante) der Kristallgitter präzis bestimmen kann (vgl. 3.1.4), ist es möglich, das von einer Molekel im Gitter beanspruchte Volumen

$a$ zu berechnen. Mit Hilfe der durch Wägung meßbaren Größen der molaren Masse $M$ und der Dichte $\varrho$ erhält man

$$N_A = \frac{M}{\varrho a} = \frac{v}{a}. \qquad (3.15)$$

Bezogen auf das Mol in der $^{12}$C-Massenskale wurde $N_A = 6{,}022 \ldots \cdot 10^{23}\ \mathrm{mol}^{-1}$ erhalten.

### 3.1.1.3 *Atom- bzw. Molekülvolumen*

Das Atomvolumen oder, bei Annahme einer Kugelgestalt, der Atomradius sind nicht präzis zu definierende Größen, da sie durch die Reichweite von Kraftwirkungen bestimmt sind.

In der elementaren kinetischen Gastheorie spielen *Stoßradien* $s = 2r_0$ bzw. *Stoßquerschnitte* $\pi s^2 = 4\pi r_0^2$ eine Rolle (vgl. [B-1a]), die z.B. in den Ausdrücken für den Koeffizienten der inneren Reibung (3.3) und den Wärmeleitungskoeffizienten (3.4) auftreten. Die Stoßquerschnitte sind von der Größenordnung $10^{-20}\ \mathrm{m}^2$.

Eine Abschätzung der Atom- bzw. Molekülvolumina kann auch durch Bestimmung der Konstanten $b$ in der *Van-der-Waals-Zustandsgleichung* (1.163) geschehen. Einfache Überlegungen auf der Basis der kinetischen Gastheorie und bei Zugrundelegung eines Modells starrer Kugeln mit dem Radius $r_0$ für die Molekeln sowie paarweiser Stoßwechselwirkungen führen zu

$$b = 4nN_A \cdot \frac{4\pi}{3} r_0^3, \qquad (3.16)$$

d.h., $b$ ist das vierfache Eigenvolumen aller Molekeln.

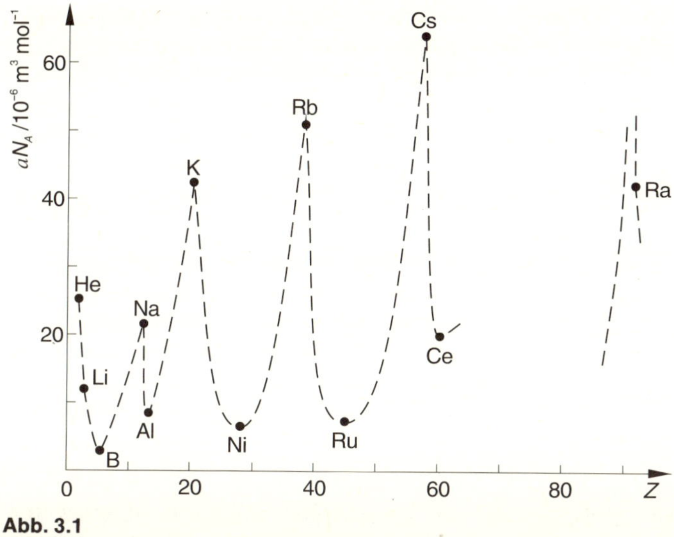


**Abb. 3.1**
„Periodisches" Verhalten der Atomvolumina (nach FINKELNBURG, W.: Einführung in die Atomphysik. – Berlin/Heidelberg/New York: Springer-Verlag 1967).

Bei kondensierten Substanzen läßt sich der Raumbedarf einer Molekel auch als mittleres effektives Volumen $a$ in einer dichten Packung ermitteln ($n$ = Molzahl),

$$a = \alpha \frac{V}{n N_A}. \tag{3.17}$$

Hier bedeutet $\alpha$ einen Faktor, der den Grad der Packungsdichte erfaßt (er beträgt bei einer dichtesten Kugelpackung z. B. 74%). Für flüssiges $H_2O$ folgt mit $V/n = 18 \cdot 10^{-6}\,\mathrm{m^3\,mol^{-1}}$ und $\alpha = 1$ ein $\sqrt[3]{a}$-Wert von $3 \cdot 10^{-10}\,\mathrm{m}$.

Bereits 1870 wurde von L. Meyer ein „periodisches" Verhalten der Atomvolumina bei Betrachtung des *Periodensystems der Elemente* festgestellt. Maxima der Atomvolumina treten jeweils bei den Alkali-Elementen (Li, Na, K, Rb, Cs) auf (Abb. 3.1).

Wenn aus *Röntgenwellen-Interferenzen* an Kristallgittern die Abstände von Atom- bzw. Ionenmittelpunkten bestimmt sind, kann auch auf die Atom- bzw. Ionenradien geschlossen werden. Über das Periodensystem hinweg folgt natürlich auch ein analoges „periodisches" Verhalten der Atomradien (Abb. 3.2) wie bei den Atomvolumina.

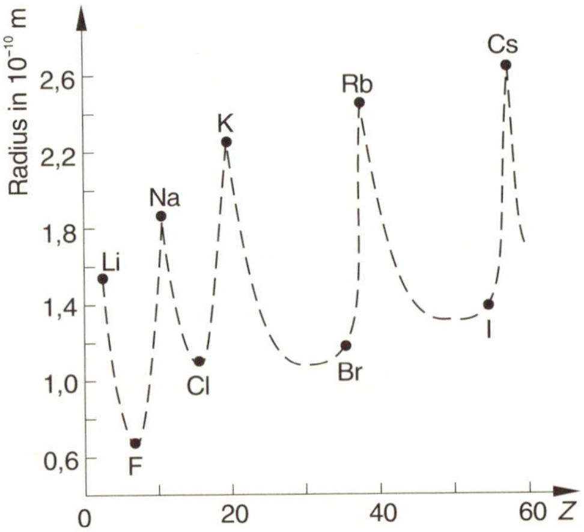


**Abb. 3.2**
„Periodisches" Verhalten der Atomradien (nach Finkelnburg, W.: Einführung in die Atomphysik. – Berlin/Heidelberg/New York: Springer-Verlag 1967).

### 3.1.2 Diskrete Struktur der elektrischen Ladung

#### 3.1.2.1 *Nachweis der diskreten Struktur der Ladung*

Die ersten Hinweise auf die Diskretheit der elektrischen Ladung wurden aus den *Faraday-Gesetzen der Elektrolyse* abgeleitet, wobei eine Umkehrung der in 3.1.1.2 zur Bestimmung von $N_A$ durchgeführten Schlußweise vorzunehmen ist. Durch ein

Ion mit der Wertigkeit $w$ wird die Ladung

$$we = w \frac{F}{N_A} \tag{3.18}$$

übertragen. Experimente beweisen, daß immer nur ganzzahlige Werte von $w$ gefunden werden. Die übertragene Ladung erscheint also in Quanten der Größe $e$ zerlegt. Durch (3.18) ist $e$ als Ensemble-Mittelwert über sehr viele Ionen gegeben.

Eine direkte Messung von $e$ gelang R. A. MILLIKAN (1911) durch Beobachtung schwebender geladener Öltröpfchen zwischen den Platten (Abstand $d$) eines Kondensators mittels eines Mikroskops (Abb. 3.3). Auf das Öltröpfchen vom Radius $a$ und der Dichte $\varrho$ wirkt in Luft der Dichte $\varrho_0$ die Schwerkraft $\mu g$, dabei ist $\mu = (4\pi/3)\, a^3(\varrho - \varrho_0)$. Im Schwebezustand muß die Spannung $U$ am Plattenkondensator $U = \mu g d/q$ mit $q$ als Tröpfchenladung betragen. $q$ könnte berechnet werden, wenn man $\mu$ bzw. $a$ kennen würde. Diese Kenntnis erhält man durch Messung des konstanten Grenzwertes $v_\infty$ der Sinkgeschwindigkeit des Öltröpfchens, wenn die Spannung $U$ abgeschaltet wird. Legt man das Stokessche Reibungsgesetz zwischen dem Tröpfchen und der Luft zugrunde, dann gilt $\mu = v_\infty \cdot 6\pi\eta a/g$, und die Tröpfchenladung $q$ läßt sich durch $d$, $U$, $\eta$, $v_\infty$, $g$, $\varrho$ und $\varrho_0$ ausdrücken:

$$q = \frac{4\pi}{3} \frac{\left(\frac{9}{2}\eta v_\infty\right)^{3/2}}{\sqrt{g(\varrho - \varrho_0)}} \frac{d}{U}. \tag{3.19}$$

Durch elektromagnetische Einstrahlung kann $q$ geändert werden, und man findet, daß diese Ladungsänderungen als ganzzahlige Vielfache einer *Elementarladung* $e = 1{,}602189 \cdot 10^{-19}$ As erfolgen.

**Abb. 3.3**
Schema der Millikan-Versuchsanordnung

Die diskrete Struktur der elektrischen Ladung kann auch aus den *Schwankungserscheinungen des elektrischen Stromes* (*Schroteffekt*) gefolgert werden. Beim Stromdurchgang durch eine Photo-Diode oder eine Glühkatodenröhre erfolgt der Ladungstransport nicht gleichmäßig, da der Ladungsträgeraustritt aus der Katode statistischen Gesetzen genügt. Der Strom kann mit einem „Hagel" von Ladungsträgern verglichen werden, der zu einer zeitlich schwankenden Stromstärke $I(t)$ führt. Der Schroteffekt begrenzt die Anwendungsmöglichkeiten von Verstärkerröhren und Photo-Dioden zu Meßzwecken. Das *mittlere Strom-Schwankungsquadrat* ist bei nicht zu hohen Frequenzen (ohne Berücksichtigung von Raumladungseinflüssen) durch

$$\overline{(\Delta I)^2} = 2e\bar{I}\,\Delta\nu \tag{3.20}$$

gegeben, wobei $\bar{I}$ die mittlere Stromstärke und $\Delta \nu$ die Frequenzdurchlaßbreite der experimentellen Anordnung bedeuten.

An (3.20) läßt sich ein Meßverfahren für die Elementarladung $e$ anschließen. Man benutzt eine Trioden-Röhre zunächst unter Kurzschluß am Gitter und mißt über einen an den Anodenkreis angekoppelten Verstärker die mit $\sqrt{\overline{(\Delta I)^2}}$ verknüpfte Spannung (Rauschspannung des Schroteffekts). Den zur Berechnung von $\sqrt{\overline{(\Delta I)^2}}$ benötigten Ersatzwiderstand gewinnt man dann durch vergleichende Messung mit einem zugeschalteten Gitterwiderstand, der denselben Spannungseffekt bewirkt.

Wegen ihrer großen Bedeutung für die physikalische Meßtechnik sei eine Ableitung von (3.20) angegeben. Jedes an der Katode austretende Elektron gibt zum Strom einen Impulsbeitrag $i(t-t_j)$ von einer effektiven zeitlichen Länge $\Delta t$, wobei $t_j$ den Auslösezeitpunkt angeben soll. Die Impulse sind so beschaffen, daß die Integrale $\int_{-\infty}^{+\infty} i(t)\,\mathrm{d}t$ und $\int_{-\infty}^{+\infty} i^2(t)\,\mathrm{d}t$ existieren. Da von jedem Impuls der Ladungsbetrag $e$ transportiert wird, gilt

$$\int_{-\infty}^{+\infty} i(t')\,\mathrm{d}t' = \lim_{\tau\to\infty} \int_{-\tau/2}^{+\tau/2} i(t')\,\mathrm{d}t' = e.$$

Von dem statistisch schwankenden Strom $I(t)$ nehmen wir an, daß er als lineare Überlagerung $I(t)=\sum_j i(t-t_j)$ von unabhängig voneinander mit gleicher Wahrscheinlichkeit zu den verschiedenen Zeitpunkten $t_j$ ausgelösten, sonst aber gleichartigen Impulsen gegeben ist.

Wenn in einem Zeitintervall $-\tau/2 \leqq t \leqq \tau/2$ die mittlere Impulszahl $N$ ist, so daß sich eine mittlere zeitliche Elektronendichte $n$ als $n=\lim_{\tau\to\infty}(N/\tau)$ ergibt, dann ist der Gleichstrom-Mittelwert durch

$$\begin{aligned}\bar{I} &= \lim_{\tau\to\infty} \bar{I}(t) = \lim_{\tau\to\infty} \sum_j \overline{i(t-t_j)} \\ &= \lim_{\tau\to\infty} N\frac{1}{\tau}\int_{t-\tau/2}^{t+\tau/2} i(t')\,\mathrm{d}t' = n\int_{-\infty}^{+\infty} i(t')\,\mathrm{d}t' = ne \end{aligned} \tag{3.21}$$

bestimmt.

$\overline{(\Delta I)^2}$ ergibt sich als $\lim_{\tau\to\infty}\overline{(\Delta I(t))^2}$ mit

$$\overline{(\Delta I(t))^2} = \frac{N}{\tau}\int_{t-\tau/2}^{t+\tau/2} \mathrm{d}t'\, i^2(t') - \frac{N}{\tau}\frac{1}{\tau}\left(\int_{t-\tau/2}^{t+\tau/2} \mathrm{d}t'\, i(t')\right)^2$$

zu

$$\overline{(\Delta I)^2} = n\int_{-\infty}^{+\infty} \mathrm{d}t'\, i^2(t') = ne^2 \int_{-\infty}^{+\infty} \frac{|i(\nu)|^2}{i^2(\nu=0)}\,\mathrm{d}\nu, \tag{3.22}$$

wobei mit $i(\nu)$ die Fourier-Transformierte von $i(t)$ eingeführt wurde und $i(\nu=0)=e$ ist. $|i(\nu)|^2/i^2(\nu=0)$ ist eine gerade Funktion von $\nu$ (weil $\nu(t)$ reell ist). Für nicht zu große $\nu$, d.h. für $\nu<\nu_g$, wobei $\nu_g$ durch die effektive Impulslänge $\Delta t$ bestimmt wird, die in der Größenordnung der Übergangszeit ($\approx 10^{-10}$ s) der Elektronen zwischen den Elektroden ist, darf man eine Potenzreihenentwicklung $|i(\nu)|^2/i^2(\nu=0)=1+a\nu^2$ ansetzen. Zur Formel (3.20) gelangt man nun sofort, wenn man die $\nu$-Abhängigkeit ganz vernachlässigt (d.h. $|i(\nu)|^2/i^2(\nu=0)\approx 1$

verwendet) und $\bar{I} = ne$ einsetzt,

$$\overline{(\Delta I)^2} \approx \bar{I} e \int_{-\infty}^{+\infty} \mathrm{d}\nu = 2 I e \int_{0}^{+\infty} \mathrm{d}\nu,$$

und sich schließlich auf das Frequenzintervall $\Delta\nu$ beschränkt.

Der Zusammenhang zwischen $\Delta t$ und $\nu_g$ ist aus der Beziehung zwischen den mittleren Schwankungsquadraten von $t$ und $\nu$ ableitbar. Identifiziert man in (1.152b) $O_1 \equiv t$, $O_2 \equiv \frac{1}{i} \frac{\mathrm{d}}{\mathrm{d}t}$ sowie $\overline{(\Delta O_1)^2} \equiv (\Delta t)^2$, $\overline{(\Delta O_2)^2} \equiv (2\pi)^2 (\Delta \nu_{\mathrm{eff}})^2$, wobei $\Delta \nu_{\mathrm{eff}}$ die „Breite" der Fourier-Transformierten $i(\nu)$ ist, dann ergibt sich $\Delta t \geqq \frac{1}{8\pi \nu_g}$, wenn $\nu_g = (1/2)\, \Delta \nu_{\mathrm{eff}}$ gesetzt wird.

### 3.1.2.2 *Elektronen als spezielle elementare Ladungsträger*

Als einzelne Ladungsträger wurden zuerst die Elektronen nachgewiesen (2. Hälfte des 19. Jahrhunderts) und experimentell auf ihre spezifischen Eigenschaften hin erforscht. Man erhält freie Elektronen durch Stoßionisation von Atomen und Molekeln, durch äußeren lichtelektrischen Effekt (vgl. 3.1.4.2) unter genügend kurzwelliger Lichteinstrahlung auf Metalloberflächen, durch Glühemission erhitzter Metalldrähte sowie von geeigneten radioaktiven Substanzen als β-Strahlung.

Bei ihrer Bewegung in elektrischen und magnetischen Feldern verhalten sich Elektronen wie ausdehnungslose Partikeln, die im Sinne der klassischen Mechanik und Elektrodynamik durch Masse $m$ und Ladung $q = -e$ zu charakterisieren sind. Sie genügen dabei den Bewegungsgleichungen, die aus der Lagrange-Funktion (1.69) abgeleitet werden können. Man erkennt, daß durch Messung von Ablenkungen in elektrischen und magnetischen Feldern nur das Verhältnis $e/m$ feststellbar ist.

Es gibt mehrere $(e/m)$-Meßmethoden, die sich nur in der Art der Kombination von elektrischen und magnetischen Feldern unterscheiden:

**Methode der gekreuzten Felder ($E \perp B$) nach W. Kaufmann (1901–1906).** Elektronen, die sich mit der Geschwindigkeit $\boldsymbol{v} = (0, 0, v)$ in $z$-Richtung bewegen, werden im elektrischen Feld $\boldsymbol{E} = (0, E, 0)$ in $y$-Richtung abgelenkt, es gilt: $y = (1/2)\,(e/m)\, E (l/v)^2$, wenn in $z$-Richtung die Strecke $l$ zurückgelegt ist (beobachtet wird auf einem Leuchtschirm die Ablenkung $y'$ – (Abb. 3.4)). Schaltet man ein

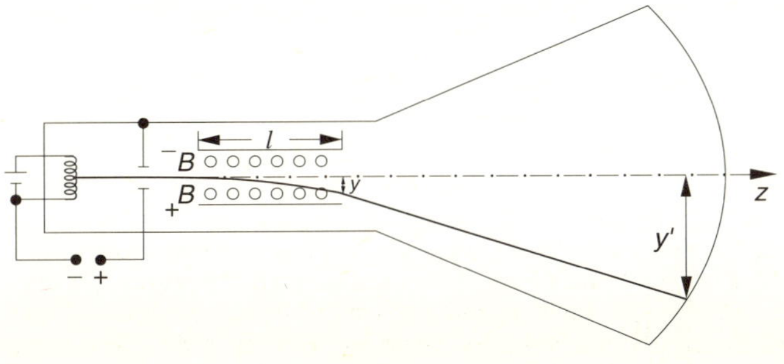


**Abb. 3.4** Schema zur $(e/m)$-Meßmethode mit gekreuzten Feldern ($\boldsymbol{E} \perp \boldsymbol{B}$)

Feld $\boldsymbol{B}=(-B,0,0)$ so hinzu, daß keine Ablenkung $y'$ mehr zu beobachten ist, dann muß $eE=eBv$ gelten. Aus der Gleichung

$$y=\frac{1}{2}\frac{e}{m}\frac{B^2}{E}l^2 \tag{3.23}$$

ist $e/m$ berechenbar.

**Methode der parallelen Felder ($\boldsymbol{E}\parallel\boldsymbol{B}$) nach J. J. Thomson (1911).** Die Methode von Kaufmann wird so abgewandelt, daß $\boldsymbol{E}$- und $\boldsymbol{B}$-Feld in $y$-Richtung zeigen. Dann ist in der $(x,y)$-Ebene eine Auslenkung zu beobachten, und man hat zur Auswertung der Meßresultate die Geradengleichung

$$\frac{x}{y}=-\frac{B}{E}v \tag{3.24}$$

und die Parabelgleichung

$$\frac{x^2}{y}=\frac{1}{2}\frac{e}{m}\frac{B^2}{E}l^2 \tag{3.25}$$

zur Verfügung. Die Gerade wird bei Experimenten mit festem $v$ und unterschiedlichen $(e/m)$-Werten erhalten. Bei festem $e/m$ und variablem $v$ liegen die Meßpunkte auf der Parabel (Parabel-Methode).

**Methode der magnetischen Längsfokussierung nach H. Busch (1926).** Wenn nur ein homogenes $\boldsymbol{B}$-Feld in $z$-Richtung wirkt und der Einschuß der Elektronen bei $z=0$ auf der Achse $(x=y=0)$ mit den Geschwindigkeitskomponenten $v_z=v\cos\alpha$, $v_y=v\sin\alpha$, $v_x=0$ erfolgt, dann ergibt sich für die Projektion der Bahnkurve (Wendel) in die $(x,y)$-Ebene ein Kreis mit dem Radius $R=(mv/eB)$ (Abb. 3.5). Während einer Umlaufdauer $\tau=2\pi(eB/m)^{-1}$ auf diesem Kreis wird in $z$-Richtung die Strecke

$$L=\tau v_z=2\pi\left(\frac{e}{m}B\right)^{-1}v\cos\alpha\approx 2\pi\left(\frac{e}{m}B\right)^{-1}v\left(1-\frac{\alpha^2}{2}\right)$$

zurückgelegt. In erster Näherung erhält man $L\approx 2\pi(eB/m)^{-1}v$, so daß sich $e/m$ durch die Meßgrößen $L$, $B$ und $v$ ausgedrückt ergibt.

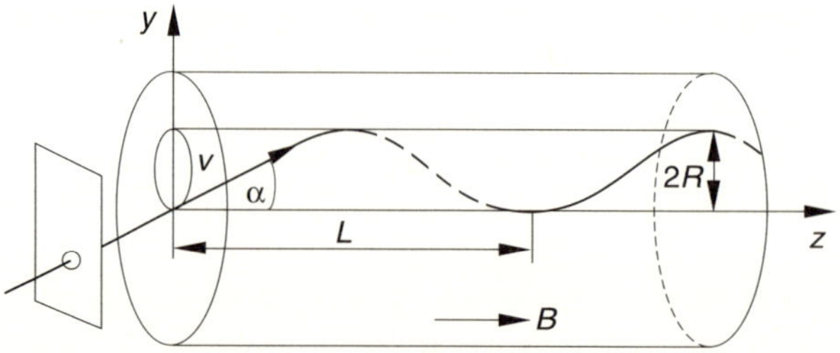


**Abb. 3.5** Schema zur $(e/m)$-Meßmethode mit magnetischer Längsfokussierung

**Präzisionsmethode mit 2 elektrischen Feldern nach F. Kirchner (1929).** Wie in Abb. 3.6 angegeben ist, wird ein Elektronenstrahl im Hochvakuum zwischen den Platten zweier Kondensatoren, die um die Strecke $l$ voneinander entfernt sind, hindurchgeführt. An die Kondensatorplatten wird synchron ein hochfrequentes Wechselfeld (Frequenz $f$) angelegt. Ein ungehinderter Durchgang der Elektronen durch das Blendensystem ($B_1, B_2$) und die beiden Kondensatoren ist nur möglich, wenn die Laufzeit $\tau$ zwischen den beiden Kondensatoren ein ganzzahliges Vielfaches einer Halbperiode des Wechselfeldes beträgt ($\tau = n(2f)^{-1}$). Mit $v = l/\tau = l2f/n$ und $(m/2)\,v^2 = eU$ erhält man

$$\frac{e}{m} = \frac{2f^2 l^2}{n^2 U}. \tag{3.26}$$

$f$, $l$, $U$ sind direkt meßbar, und $n$ kann durch Variation von $v$ bzw. $U$ ermittelt werden.

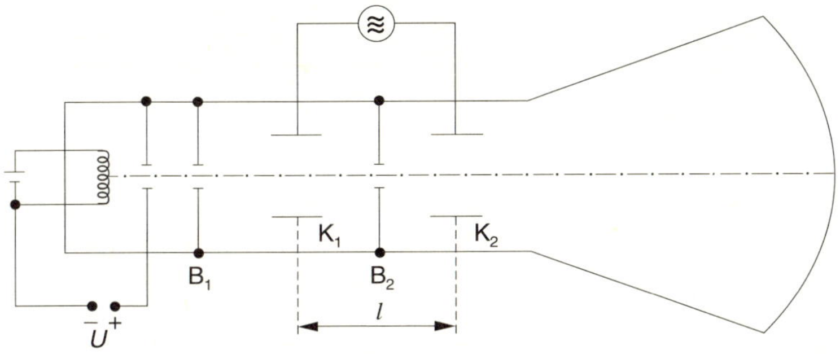


**Abb. 3.6** Schema zur $(e/m)$-Meßmethode mit hochfrequentem elektrischen Wechselfeld

Für Elektronen wurde $(e/m) = 1{,}7588 \cdot 10^{11}\,\mathrm{As \cdot kg^{-1}}$ gemessen, woraus sich mit $e = 1{,}602189 \cdot 10^{-19}\,\mathrm{As}$ für die Elektronenmasse $m = 9{,}1094 \cdot 10^{-31}\,\mathrm{kg}$ ergibt. Die Elektronenmasse beträgt also ungefähr 1/1836 der Wasserstoff-Atommasse.

Bei sehr hohen Elektronengeschwindigkeiten (wenn $v$ schon mit der Lichtgeschwindigkeit $c$ vergleichbar wird) stellte Kaufmann (1901) Abweichungen von den Ergebnissen der Parabelmethode fest. Es zeigte sich, daß $e/m$ nicht konstant, sondern eine Funktion von $v$ war. So konnte also vier Jahre vor der Veröffentlichung der *Speziellen Relativitätstheorie* auf die *Geschwindigkeitsabhängigkeit der Masse* einer bewegten Partikel, für die später präzis gefunden wurde

$$m = \frac{m_0}{\sqrt{1 - v^2/c^2}}, \tag{3.27}$$

hingewiesen werden. $m_0$ wird als *Ruhmasse* bezeichnet; sie entspricht im Grenzfall der Masse, die nach den angegebenen Methoden zur $(e/m)$-Bestimmung gemessen wird.

**Spin des Elektrons.** Der „Punktpartikel" Elektron ist neben Masse $m_0$ und Ladung $(-e)$ noch ein weiterer charakteristischer Parameter, der *Spin* oder *Eigendrehimpuls des Teilchens*, zuzuordnen. Der Elektronenspin äußert sich in der Atomspektroskopie durch die Feinstruktur (Multipletts; vgl. 20.3.4) und im anomalen Zeeman-Effekt (vgl. 20.3.5). Bei der Aufklärung dieser Erscheinung wurde er von G. E. UHLENBECK und S. GOUDSMIT (1925) entdeckt. Damit fand auch die beim *Stern-Gerlach-Experiment* (1921/22) nachgewiesene Ausrichtung von Atomen eines Atomstrahls im Magnetfeld ein gültiges Verständnis: Ein Strahl von Alkali-, Ag- oder Cu-Atomen wird beim Durchgang durch ein starkes inhomogenes Magnetfeld $\boldsymbol{H}_{\text{inh}}$ in zwei divergente Teilstrahlen zerlegt (Abb. 3.7). Da bei $Li^+$-, $Ag^+$- oder $Cu^+$-Ionenstrahlen eine solche Aufspaltung nicht zu beobachten ist, darf man schließen, daß die Ursache für die Möglichkeit der Strahlaufteilung in dem bei den neutralen Atomen mehr vorhandenen Elektron (Valenzelektron) zu suchen ist. Man nimmt deshalb an, daß das Valenzelektron der betreffenden Atome ein permanentes magnetisches Moment $\mu$ besitzt, das nicht von der Bahnbewegung stammen kann, weil sonst andere sehr gewichtige, spektroskopische Aussagen unverständlich wären. In $\boldsymbol{H}_{\text{inh}}$ erfahren die Atome somit die Kraft $\boldsymbol{K}=(\boldsymbol{\mu}\nabla_{\boldsymbol{r}})\,\boldsymbol{H}_{\text{inh}}$, und aus dem Auftreten von *zwei* getrennten Strahlen muß man folgern, daß in Richtung des Gradienten von $\boldsymbol{H}_{\text{inh}}$ die Atome (bzw. das Elektron) nur die magnetischen Momente $\pm\mu$ besitzen können, wobei sich aus der Größe $\Delta$ der Strahlaufspaltung auf der Photoplatte P das magnetische Moment $\mu=(1/2)\,g\mu_{\text{B}}$ mit $\mu_{\text{B}}=1{,}165\cdot 10^{-29}\,\text{J m A}^{-1}$ als *Bohrschem Magneton* und $g=2{,}0023$ als gyromagnetischen *Landé-Faktor* ergibt (vgl. auch 13.3). Fußend auf den Erfahrungen des Zeeman-Effektes, daß magnetische Momente mit Drehimpulsen zusammenhängen, wird man veranlaßt, dem Elektron einen Spindrehimpuls zuzuordnen, der in einer räumlichen Vorzugsrichtung (Magnetfeldrichtung) nur *zwei* Komponenten $\pm\hbar/2$ besitzt (mit $h=2\pi\hbar$ als Planckschem Wirkungsquantum; vgl. (3.71)); zur Quantentheorie des Elektronenspins siehe 13.3.

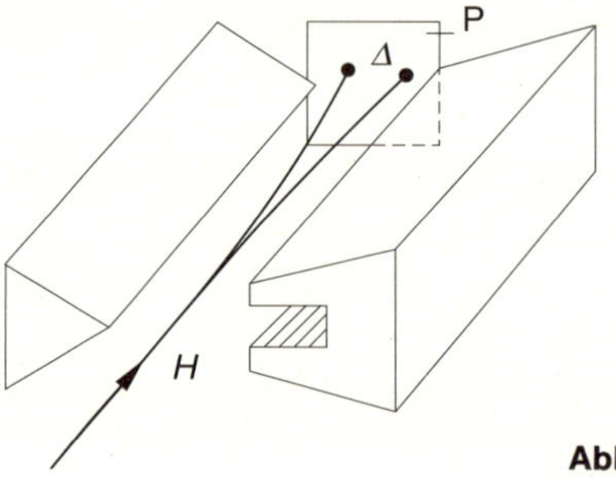


**Abb. 3.7** Schema zur Stern-Gerlach-Versuchsanordnung

### 3.1.2.3 *Einige Bemerkungen zu anderen elementaren Ladungsträgern*

Neben den negativ geladenen Elektronen wurden zuerst als Träger positiver Ladung $(+e)$ die Protonen (1919) und die Positronen (1933) entdeckt. Später wurden zahlreiche weitere geladene Elementarteilchen (wie z. B. $\mu^\pm$ (Müonen), $\pi^\pm$

(Pionen), $K^{\pm}$ (Kaonen)), [aber auch elektrisch neutrale (ungeladene) Elementarteilchen wie n (Neutronen), ν (Neutrinos), $\pi^0$, $K^0$, Photonen] gefunden, wobei hier nur einige der bekanntesten aus der Vielzahl der nachgewiesenen Elementarteilchen aufgezählt wurden. – Alle geladenen Elementarteilchen besitzen auch eine Ruhmasse, so daß sie $(e/m)$ Messungen zugänglich sind. Ob es nur solche mit dem Ladungsbetrag von *einer* Elementarladung ($e = 1{,}602189 \cdot 10^{-19}$ As) gibt, ist beim gegenwärtigen Stand der Elementarteilchenphysik ungewiß. In neuen Theorien spielen Fundamentalteilchen (*Quarks* genannt) eine Rolle, denen man die Ladungsbeträge $(2/3)e$ bzw. $(1/3)e$ zuordnen muß. Mit ihrer Hilfe ist es gelungen, eine Systematik der Elementarteilchen zu schaffen.

### 3.1.3 Klassische Vorstellungen über die Struktur der Atome

Die ersten Hinweise auf die „Teilbarkeit der Atome" wurden bei der Gasentladungsphysik und der Elektrolyse gefunden. Neutrale Atome oder Molekeln erwiesen sich als zerlegbar in elektrisch geladene Anteile (Elektronen und Ionen).

In der zweiten Hälfte des 19. Jahrhunderts hatten die Erfahrungen der Chemie zu wichtigen Begriffsbildungen der chemischen Bindung, wie Wertigkeit der Elemente und Valenz, geführt sowie Hinweise auf bestimmte räumliche Anordnungen der Atome in Molekeln vermittelt. Damit waren Vorstellungen über lokalisierte Kraftzentren an den Oberflächen der Atome verbunden, von denen die Bindungsmöglichkeiten bestimmt werden.

#### 3.1.3.1 *Streuung schneller Elektronen*

Die eigentliche physikalische Untersuchung der Atome beginnt mit den Versuchen von Ph. Lenard um die Jahrhundertwende über den Durchgang von Katodenstrahlen, d.h. schnellen Elektronen, durch dünne Substanzschichten, z.B. Metallfolien.

Die Teilchenzahl-Stromdichte $n$ wird durch Streuung nach Durchgang durch eine Schichtdicke $x$ nach dem Gesetz

$$n = n_0 \, \mathrm{e}^{-\gamma x} \tag{3.28}$$

vermindert. Durch Variation der streuenden Substanz wurde Proportionalität des Schwächungskoeffizienten $\gamma$ zur Massendichte $\varrho$ festgestellt. $\gamma/\varrho$ erwies sich als stark abhängig von der Elektronengeschwindigkeit, abnehmend mit wachsender Geschwindigkeit. Bei gegebener Streusubstanz, wo die Proportionalität von $\gamma$ zu $\varrho$ die Proportionalität zur Atomzahldichte $N$ bedeutet, kann man mit $\gamma/N = \sigma$ einen Faktor der Dimension Fläche einführen und über $\sigma = \pi r^2$ einen Radius $r$ der atomaren Ausdehnung definieren. Die Geschwindigkeitsabhängigkeit von $\gamma$ drückt sich dann in einer Geschwindigkeitsabhängigkeit von $r$ aus; für langsame Elektronen ($v \lesssim 0{,}04c$) läßt sich $r \approx 10^{-10}$ m und für schnelle ($v \approx 0{,}9c$) $r \approx 10^{-14}$ m feststellen. Lenard zog aus seinen Untersuchungen den Schluß, daß das Atom nur einen äußerst kleinen massiven *Kern* ($r \approx 10^{-14}$ m) besitzt (Zentrum der Masse), während der Raum bis zum Radius $10^{-10}$ im wesentlichen von Kraftfeldern erfüllt ist, die zwar den Durchgang langsamer Elektronen durch Streuung beeinflussen, für sehr schnelle Elektronen aber kein merkliches Hindernis darstellen. Die Kraftfelder sollten nach den Vorstellungen von LENARD (1903) von positiven und negativen Ladungen herrühren, die in gleicher Zahl im Atom vorhanden sein sollten, so daß es nach außen neutral erscheint.

#### 3.1.3.2 *Streuung von α-Teilchen*

Die vor der Jahrhundertwende entdeckte natürliche Radioaktivität bestimmter Stoffe bot für Streuversuche neue energiereiche Partikel-Quellen. E. RUTHERFORD benutzte (1906–1913) für seine Streuversuche an dünnen Substanzschichten α-Teilchen, die rund 7000mal schwerer als Elektronen sind und eine Ladung ($+2e$) besitzen. Die abgelenkten α-Teilchen wurden durch Beobachtung der Lichtblitze, mit denen sie sich auf einem um das streuende Präparat herumgelegten bzw. herum bewegbaren Szintillationsschirm markierten, nachgewiesen. Nach Entdeckung der *Wilsonschen Nebelkammer* (1911) war es möglich, die Bahnen der α-Teilchen direkt sichtbar zu machen und auszumessen.

Das Ergebnis dieser Beobachtungen war, daß im allgemeinen nur eine geringe Ablenkung (Streuwinkel $\lesssim 3°$) auftrat. Nur ganz selten (in 1 : 8000 der Fälle) gab es Ablenkwinkel um 90° bis 180°.

Wie LENARD führte auch RUTHERFORD die geringen Ablenkungen auf die Einwirkung elektrischer Kraftfelder zurück und erklärte die seltenen starken Ablenkungen durch Wechselwirkung der α-Teilchen bei großer Annäherung an sehr kleine geladene Teilchen innerhalb des Atoms.

Diese Überlegungen stützte RUTHERFORD durch folgende Theorie: An einem wegen seiner großen Masse als ruhend angenommenen Atomkern mit der Ladung ($+Ze$) wird ein α-Teilchen (Ladung ($z_\alpha \cdot e$) mit $z_\alpha = 2$, Masse $m_\alpha$) unter Coulombscher Wechselwirkung von seiner ursprünglichen Flugrichtung, die im Abstand $a$ am Kern vorbeizielt, um den Winkel $\vartheta$ abgelenkt (Abb. 3.8). Aus der Bewegungsgleichung

$$m_\alpha \ddot{\boldsymbol{r}} = \frac{Z z_\alpha e^2}{4\pi\varepsilon_0 r^2} \frac{\boldsymbol{r}}{r} \tag{3.29}$$

der klassischen Mechanik mit der Coulomb-Kraft

$$\boldsymbol{K} = \frac{Z z_\alpha e^2}{4\pi\varepsilon_0 r^2} \frac{\boldsymbol{r}}{r} \tag{3.30}$$

kann man den Energie- und den Drehimpuls-Erhaltungssatz ableiten:

$$E = \frac{m_\alpha}{2} v_0{}^2 = \frac{m_\alpha}{2} v^2 + \frac{Z z_\alpha e^2}{4\pi\varepsilon_0 r} \tag{3.31}$$

und

$$m_\alpha a v_0 = \text{const.} \tag{3.32}$$

Kombination beider Erhaltungssätze im Falle des kürzesten Abstands des $\alpha$-Teilchens vom Kern ($r=b$) ergibt die Relation

$$a^2 = b^2 - 2\left(\frac{Z z_\alpha e^2}{4\pi\varepsilon_0 m_\alpha v_0^{\,2}}\right) b\,.$$

Vergleich dieser Relation mit einer analogen, die man aus der Kenntnis erhält, daß die Bahnkurve des $\alpha$-Teilchens im Coulomb-Kraftfeld eine Hyperbel ist,

$$a^2 = b^2 - 2db\,,$$

ergibt

$$d = \frac{Z z_\alpha}{m_\alpha v_0^{\,2}}\,\frac{e^2}{4\pi\varepsilon_0}\,.$$

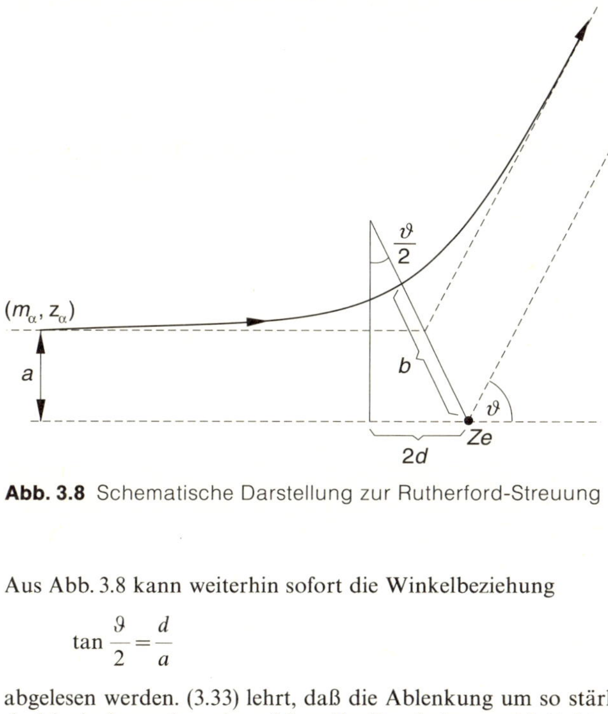


**Abb. 3.8** Schematische Darstellung zur Rutherford-Streuung

Aus Abb. 3.8 kann weiterhin sofort die Winkelbeziehung

$$\tan\frac{\vartheta}{2} = \frac{d}{a} \tag{3.33}$$

abgelesen werden. (3.33) lehrt, daß die Ablenkung um so stärker ist, je größer der Parameter $d$, d.h. insbesondere, je größer die Kernladungszahl $Z$ ist, und je kleiner $a$ wird, d.h. je dichter die Bahn an den Kern heranführt.

Die Zahl $\mathrm{d}n$ der $\alpha$-Teilchen, die in der Zeiteinheit in das Raumwinkelelement $\mathrm{d}\Omega$ unter dem Streuwinkel $\vartheta$ innerhalb einer Schicht der Dicke $\Delta x$ gestreut wird, ergibt sich aus

$$\mathrm{d}n = N\,\Delta x\; n 2\pi a\,|\mathrm{d}a|\,, \tag{3.34}$$

wobei $n$ die Zahl der pro Zeit- und Flächeneinheit auf die Schicht einfallenden $\alpha$-Teilchen und $N\,\Delta x$ die Zahl der Streuteilchen in einem Quader (Flächeneinheit mal $\Delta x$) der Schicht bedeuten; $\sigma = (\mathrm{d}n/\mathrm{d}\Omega)/N\,\Delta x\, n$ wird als *differentieller*, auf das Raumwinkelelement $\mathrm{d}\Omega = 2\pi \sin\vartheta\,\mathrm{d}\vartheta$ bezogener *Streuquerschnitt* bezeichnet. Mit Hilfe von (3.33) erhält man für

$\sigma$ den Ausdruck

$$\sigma = \frac{1}{4}\left(\frac{Z z_\alpha e^2}{m_\alpha v_0{}^2 4\pi\varepsilon_0}\right)^2 \frac{1}{\sin^4 \frac{\vartheta}{2}}, \tag{3.35}$$

der als *Rutherfordsche Streuformel* bezeichnet wird.

Die Untersuchungen RUTHERFORDS konnten 1920 von J. CHADWICK in präziserer Form fortgeführt werden. Aus Messungen von $\mathrm{d}n/\mathrm{d}\Omega$ schloß er bei bekannten Werten von $N, z_\alpha, m_\alpha, v_0, e$ auf $Z$ mit einer Genauigkeit von etwa 1%. Für schwere Metalle (schwere Kerne) und nicht zu schnelle $\alpha$-Teilchen wurde $(\mathrm{d}n/\mathrm{d}\Omega)\sin^4(\vartheta/2) = \text{const}$ in einem weiten $\vartheta$-Bereich empirisch gut bestätigt gefunden, sofern die hier vorauszusetzende Bedingung der Streuung an *einem* Zentrum realisiert war, was bei hinreichend kleinem $\Delta x$ und nicht zu kleinen $\vartheta$ der Fall ist.

Nachdem schon A. VAN DEN BROEK (1913) chemische Belege dafür angeführt hatte, daß mit der Ordnungszahl im Periodensystem der Elemente die Kernladungszahl und die Elektronenzahl fortschreitet, und H. G. J. MOSELEY (1913) bei den Linien der *charakteristischen Röntgen-Strahlung* der Elemente (vgl. Ende von 3.4.2.3) eine Wellenlängenverkürzung mit wachsender Ordnungszahl dem Gesetz $\lambda^{-1} \sim (Z-B)^2$ entsprechend (mit $B$ als Konstante) erkannt hatte (Abb. 3.9), bestätigten die Chadwickschen Messungen endgültig $Z$ als Ordnungszahl. Die *Ordnungszahl Z* stellte sich, verglichen mit der Atommasse, als die fundamentalere Eigenschaft einer Atomart heraus.

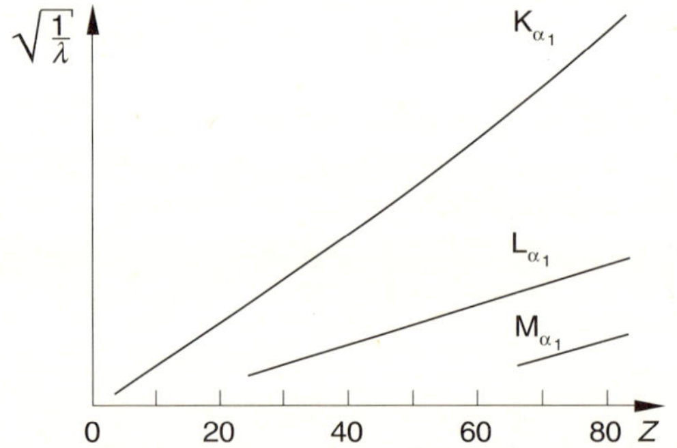


**Abb. 3.9**
Moseley-Geraden der charakteristischen Röntgenlinien $K_{\alpha_1}$, $L_{\alpha_1}$, $M_{\alpha_1}$

Für schwere Kerne (großes $Z$) und nicht sehr große $v_0$, so daß sich $r > 10^{-14}$ m ergibt, wurde die Gültigkeit der Rutherfordschen Streuformel (3.35) bestätigt, woraus geschlossen werden kann, daß bis zu so kleinen Abständen das Coulombsche Kraftgesetz richtig ist; dies war deshalb von besonderer Bedeutung, weil bis dahin das Coulomb-Gesetz nur an makroskopischen geladenen Körpern bei relativ großen Abständen überprüft worden war.

Bei $r \lesssim 10^{-14}$ m (kleine $Z$, großes $v_0$) treten bedeutsame Abweichungen auf, die auf dann wirksam werdende zusätzliche Anziehungskräfte neben der Coulombschen Abstoßung zurückzuführen sind (Kernkräfte).

### 3.1.3.3 *Rutherfordsches Atommodell*

Die Lenardschen und Rutherfordschen Streuversuche haben zu einem auf den Prinzipien der klassischen theoretischen Physik (klassische Mechanik und Elektrodynamik) beruhenden Modell der Struktur des Atoms geführt:

Um einen sehr kleinen (Radius $\lesssim 10^{-14}$ m), fast die gesamte Masse des Atoms in sich vereinigenden, die Ladung $(+Ze)$ tragenden Kern bewegen sich in einem relativ großen Abstand ($\approx 10^{-10}$ m) $Z$ Elektronen so ähnlich wie die Planeten um die Sonne. Auf Grund der Bewegungsgleichung (3.29) der klassischen Mechanik (mit $z_\alpha \longrightarrow (-1)$, $m_\alpha \longrightarrow m$ (Elektronenmasse)) und in dem in seinem Aufbau dem Gravitationsgesetz analogen Coulombschen Kraftgesetz (3.30) der klassischen Elektrodynamik ergeben sich in erster Näherung (ohne Berücksichtigung der abstoßenden gegenseitigen Wechselwirkung der Elektronen) Ellipsen als Bahnkurven der Elektronen um den Kern.

Dieses recht anschauliche klassische, *Rutherfordsche Atommodell* führt zu widersprüchlichen Schlußfolgerungen. Wie die Lösung der Bewegungsgleichung (3.29) zeigt, sind dabei die Parameter der Ellipse durch an sich willkürliche Anfangsbedingungen (Anfangsort und Anfangsimpuls) festgelegt. Insbesondere könnte man sich Ellipsenbahnen jeder beliebigen Energie (und damit beliebiger Länge der großen Halbachse bzw. beliebiger Größe des Atoms) vorstellen und man sollte eigentlich erwarten, daß je nach den zufälligen Bedingungen beim Entstehen eines Atoms die Energie der Elektronenhülle von Atom zu Atom recht unterschiedlich sein müßte. Dies wiederum müßte sich in unterschiedlichem Verhalten von Atomen der gleichen Ordnungszahl $Z$ äußern, wofür es keine Hinweise gab und gibt.

Eine noch schwerwiegendere Diskrepanz, die die Existenz stabiler Atome überhaupt in Frage stellt, ergibt sich aus der folgenden Konsequenz dieses Atommodells. Die Elektronen auf ihren Ellipsenbahnen sind beschleunigt bewegte Ladungen. In 1.2 wurde für beschleunigt bewegte Ladungen bewiesen, daß sie elektromagnetische Energie abstrahlen, deren Betrag man nach (1.73) abschätzen kann. Abstrahlung von Energie muß aber eine fortwährende Abnahme der Elektronenenergie zur Folge haben, was nur dadurch geschehen kann, daß die Elektronen sich immer mehr dem Kern nähern; d.h., der effektive Atomradius müßte im Laufe der Zeit immer kleiner werden.

Nehmen wir zur Vereinfachung der größenordnungsmäßigen Abschätzung der Zeitdauer $\Delta\tau$, während der ein Elektron seinen Abstand vom Atomzentrum von $10^{-10}$ m auf $10^{-14}$ m verringern würde, an, daß die Elektronen auf Kreisbahnen vom Radius $a$ statt Ellipsenbahnen umlaufen, dann ergibt sich aus der Abnahme der mittleren Energie

$$\frac{\mathrm{d}\bar{E}}{\mathrm{d}\tau} = -\bar{E}_a, \tag{3.36}$$

wobei $\bar{E}_a$ nach (1.73) zu berechnen und dort $\overline{(\ddot{\boldsymbol{d}})^2}$ über die Bewegungsgleichung

$$m\ddot{\boldsymbol{r}} = -\frac{Ze^2}{4\pi\varepsilon_0}\frac{\boldsymbol{r}}{r^3} \quad \text{durch} \quad e^2\overline{(\ddot{\boldsymbol{r}})^2} = e^2\left(\frac{Ze^2}{4\pi\varepsilon_0 m}\right)^2\frac{1}{a^4}$$

zu ersetzen ist, und mit Hilfe des Zusammenhangs zwischen mittlerer Energie und mittlerer potentieller Energie $\bar{E} = \frac{1}{2}\bar{U} = -\frac{1}{2}\frac{Ze^2}{4\pi\varepsilon_0}\frac{1}{a}$ ergibt sich die Differentialgleichung für die

Abnahme von $a$

$$\frac{\mathrm{d}a}{\mathrm{d}\tau} = -\frac{4Z}{3c^3}\left(\frac{e^2}{4\pi\varepsilon_0 m}\right)^2 \frac{1}{a^2}.$$

Durch Integration erhalten wir

$$\Delta\tau = \frac{3c^3}{4Z}\left(\frac{4\pi\varepsilon_0 m}{e^2}\right)^2 \int\limits_{a_2}^{a_1} a^2\,\mathrm{d}a. \tag{3.37}$$

Mit den numerischen Werten $\left(Z=1,\, a_1 = 10^{-10}\,\mathrm{m},\, a_2 = 10^{-14}\,\mathrm{m},\, \frac{e}{m} = 1{,}7588\cdot 10^{11}\,\mathrm{As\,kg^{-1}},\right.$ $\left. e = 1{,}6022\cdot 10^{-19}\,\mathrm{As},\; c = 2{,}9979\cdot 10^8\,\mathrm{m\,s^{-1}},\; \varepsilon_0 = 8{,}8542\cdot 10^{-12}\,\frac{\mathrm{As}}{\mathrm{Vm}}\right)$ findet man schließlich $\Delta\tau \approx 1{,}1\cdot 10^{-10}\,\mathrm{s}$. Die Atome würden demnach eine äußerst kurze Lebensdauer besitzen.

Diese Überlegungen bringen die Vorstellung vom stabilen Atom in außerordentlich große Schwierigkeiten. Die Möglichkeit, daß das Atom so rasch in sich zusammenfällt, ist unvereinbar mit den Erfahrungen der Chemie, nach denen das Atom bei bestimmten Energien einen stabilen Zustand, feste Größe, d.h. einen festen Radius in der Größenordnung von $10^{-10}\,\mathrm{m}$ besitzt. Weiterhin sollten nach dem Rutherford-Modell Änderungen der Elektronenenergien im Atom immer kontinuierlich möglich sein unter Ausstrahlung von elektromagnetischer Energie mit einer kontinuierlichen Frequenzverteilung. Mit dieser Feststellung befanden sich die Ergebnisse der Atomspektroskopie, wie sie am Ende des 19. Jahrhunderts in großer Vielfalt verfügbar waren, in krassem Widerspruch. Beispielsweise hatte J. Balmer (1885) aus *empirischen* Daten des diskreten Linienspektrums von Wasserstoff-Atomen für eine *Serie von Linien* die Formel

$$\nu = \mathrm{const}\cdot\left(\frac{1}{4} - \frac{1}{n^2}\right) \quad \text{mit} \quad n = 3, 4, 5, \ldots \tag{3.38}$$

für die ausgestrahlten Frequenzen $\nu$ ermittelt. Die klassische theoretische Physik behauptet, daß bei einem angenommenen anharmonischen Schwingungsvorgang ein Spektrum mit einer Grundfrequenz und Oberfrequenzen, die Vielfache der Grundfrequenz sind, auftreten müßte. Die Gesetzmäßigkeit der Balmer-Serie ist jedoch von ganz anderer Art. Man kann auch nicht so argumentieren, daß alle Frequenzen nach (3.38) Grundfrequenzen seien, weil man dann die Linien, die zu den Oberfrequenzen gehören, vermißt.

Die Auseinandersetzungen mit diesen Schwierigkeiten des klassischen Atommodells waren es, die der theoretischen Physik den Weg über die klassischen Vorstellungen hinaus aufgezeigt haben. Wir werden uns mit dieser Problematik im übernächsten Abschnitt, 3.3, ausführlicher befassen.

### 3.1.4 Kontinuierliche und diskrete Struktur der elektromagnetischen Strahlung

Die Vorstellungen über die Natur des Lichtes waren im Verlaufe der Geschichte wechselhaft, und es gab Perioden, in denen widersprüchliche Auffassungen nebeneinander bestanden. Ch. Huygens hatte 1678 eine *Wellentheorie* aufgestellt. 1704 kam von den Erfolgen der Teilchenmechanik geprägt die *Lichtteilchenvorstellung* I. Newtons hinzu, die bedingt durch Newtons Autorität im 18. Jahrhundert vorherrschend war. Die zwanglose Erklärung von Interferenzerscheinungen durch Th. Young (1801) und der Ausbau des Huygensschen Prinzips zu einer verbesserten Beugungstheorie durch J. A. Fresnel (1819) verschafften dem Wellenbild im 19. Jahrhundert einen nachhaltigen Vorteil. Ihren Höhepunkt erlangte die Wellenvorstellung des Lichts in der *elektromagnetischen Lichttheorie* von J. C. Maxwell (1862) und deren experimentelle Bestätigung durch H. Hertz (1888). Zu Beginn des 20. Jahrhunderts war es den Physikern allgemein geläufig, daß elektromagnetische Wellenerscheinungen in einem Wellenlängenbereich von einigen $10^3$ m (elektrische Wellen) bis hin zu $10^{-13}$ m ($\gamma$-Strahlung) auftreten.

Der Beweis wird über die Interferenzfähigkeit geführt, die als entscheidendes Kriterium für den Wellenbegriff angesehen wird.

In gewisser Weise ist mit dem Begriff „Welle“ auch der Begriff „Kontinuität“ verknüpft. Die Wellen der elektromagnetischen Lichttheorie (vgl. 1.2) können stetig Energie aufnehmen oder abgeben, d. h., ihre Intensität ist stetig erhöhbar oder verringerbar.

Um die Jahrhundertwende wurden aber bei der Wechselwirkung von elektromagnetischer Strahlung mit Substanzen unter bestimmten Bedingungen auch Meßresultate erzielt, die auf eine diskrete Struktur dieser Strahlung hinwiesen. Man gelangte somit zu der zwiespältigen Situation, daß manche elektromagnetischen Erscheinungen am besten in einem *Wellenbild* zu verstehen waren und andere sich einem *Teilchenbild* der Strahlung besser einordnen ließen. Die Lösung dieses Widerspruchs wurde schließlich durch Abkehr von der klassischen Physik und Entwicklung der Quantentheorie des elektromagnetischen Feldes (1927–1929) erreicht; die moderne Quantenoptik (siehe Kapitel 16) zeigt die Vereinheitlichung klar auf.

#### 3.1.4.1 *Elektromagnetische Wellen*

Zunächst nehmen wir eine Verdeutlichung des Wellenaspekts vor, um danach den Teilchenaspekt auszubauen.

Eine durchgängig anwendbare Methode zum Nachweis des Wellencharakters mittels einer *Interferenzerscheinung* ist das *Beugungsexperiment*.

Die einfachste Beugungserscheinung ergibt sich bei einem mit vorgebbarer Gitterkonstante $d$ künstlich herstellbaren, ebenen Strichgitter. Nimmt man an, daß eine ebene Welle der Wellenlänge $\lambda$ unter dem Richtungskosinus $\alpha_0$ einfällt, dann kann man Beugungsmaxima der Ordnung $m$ unter dem Richtungskosinus $\alpha$ beobachten, wenn die Bedingung

$$d(\alpha - \alpha_0) = m\lambda, \qquad m = 0, \pm 1, \pm 2, \ldots \tag{3.39}$$

erfüllt ist ((3.39) ist *eine* der drei Laueschen Fundamentalgleichungen der Lichtstreuung; vgl. (1.139)). Ein deutliches Beugungsbild ist nur zu erwarten, wenn die Gitterkonstante $d$ und die Wellenlänge $\lambda$ von gleicher Größenordnung sind ($d \gtrsim \lambda$); man muß also das Gitter der Wellenlänge der zu untersuchenden Strahlung anpassen.

Im Bereich der *elektrischen Wellen* (Radiowellen) und des *langwelligerem Infrarot* werden Drahtgitter verwendet.

Für das *kurzwellige Infrarot*, das *sichtbare Licht* und das *Ultraviolett* werden Transmissionsgitter (Glasplatten, in die parallele Striche eingeritzt sind, oder auch Kollodiumabdrucke solcher Glasgitter) und Reflexionsgitter (reflektierende Metallflächen, in die parallele Striche eingeritzt sind) benutzt. Die Rowlandschen Präzisionsreflexionsgitter enthalten bis zu 1800 Striche pro mm, im ganzen einige 100000 Striche, was für das Auflösungsvermögen $\lambda/\Delta\lambda = mN$ (mit $N$ als Gesamtstrichzahl) wesentlich ist.

Bei *Röntgenstrahlung* versagt die „normale" Anwendung von Strichgittern für Beugungsexperimente. Beugung gelingt dann nur unter streifendem Einfall, wie wir weiter unten noch erläutern werden. Durch M. v. LAUE, W. FRIEDRICH und P. KNIPPING wurde erstmalig 1912 die *Beugung von Röntgenstrahlen* an Kristallgittern nachgewiesen. Die Atome, Molekeln oder Ionen sind in Kristallen in Form von Raumgittern angeordnet, deren Gitterkonstanten die Größenordnung $10^{-10}$ m besitzen, so daß für die Beugung von Röntgenwellen günstige Bedingungen bestehen.

Bei der *Laue-Interferenzmethode* wird Röntgenstrahlung mit kontinuierlicher Wellenlängenabhängigkeit (Röntgen-Bremsstrahlung, die durch das Abbremsen beschleunigter Elektronen beim Aufprallen auf eine Antikatode in einer Röntgenröhre entsteht; vgl. auch die Bemerkung im Anschluß an den Photoeffekt in 3.1.4.2) auf einen Kristall geschickt. Für ein rhombisches Gitter mit den Gitterkonstanten $d_1, d_2, d_3$ (Kantenlängen des rhombischen Grundbereiches) wird das Auftreten eines Interferenzfleckes durch die Laueschen Fundamentalgleichungen (vgl. (1.139))

$$d_1(\alpha - \alpha_0) = m_1\lambda, \qquad d_2(\beta - \beta_0) = m_2\lambda, \qquad d_3(\gamma - \gamma_0) = m_3\lambda \tag{3.40}$$

($m_1, m_2, m_3 = 0, \pm 1, \pm 2, \ldots$) bestimmt. Da die Richtungskosinus des einfallenden ($\alpha_0, \beta_0, \gamma_0$) und des ausfallenden ($\alpha, \beta, \gamma$) Strahls die Bedingung

$$\alpha_0{}^2 + \beta_0{}^2 + \gamma_0{}^2 = \alpha^2 + \beta^2 + \gamma^2 = 1$$

erfüllen, werden die Fundamentalgleichungen bei vorgegebenen Werten von ($d_1, d_2, d_3$) und ($\alpha_0, \beta_0, \gamma_0$) mit einem Tripel ganzer Zahlen ($m_1, m_2, m_3$) nur für *eine* Wellenlänge

$$\lambda = -2\,\frac{\dfrac{m_1}{d_1}\alpha_0 + \dfrac{m_2}{d_2}\beta_0 + \dfrac{m_3}{d_3}\gamma_0}{\left(\dfrac{m_1}{d_1}\right)^2 + \left(\dfrac{m_2}{d_2}\right)^2 + \left(\dfrac{m_3}{d_3}\right)^2} \tag{3.41}$$

befriedigt. Jeder Interferenzfleck des Laueschen Beugungsdiagramms (Abb. 3.10) ist durch ein Zahlentripel ($m_1, m_2, m_3$) charakterisiert, und abgesehen von Punkten, die aus Symmetriegründen gleiches $\lambda$ haben, gehört zu jedem Beugungsmaximum ein bestimmtes, eigenes $\lambda$. Eine Berechnung der Wellenlänge $\lambda$ nach (3.41) kann erst erfolgen, wenn die Indizierung der Interferenzflecke ($m_1, m_2, m_3$) vorgenommen wurde und die Gitterkonstanten ($d_1, d_2, d_3$) anderweitig bestimmt wurden.

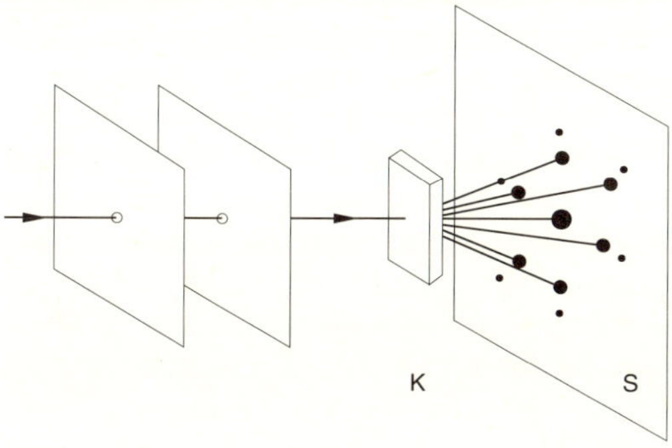


**Abb. 3.10**
Laue-Röntgenstrahlinterferenz-Anordnung (schematisch)

Wie man an Kristallen eine Beugungserscheinung mit monochromatischer Röntgenstrahlung (charakteristische Röntgenstrahlung, vgl. Ende von 3.4.2.3) erhalten kann, erkennt man durch folgende Kombination der Gleichungen (3.40); mit $\alpha\alpha_0 + \beta\beta_0 + \gamma\gamma_0 = \cos 2\vartheta$, wobei $2\vartheta$ der von den Richtungen der einfallenden und der gebeugten Wellen eingeschlossene Winkel ist, ergibt sich nach einigen Umformungen

$$2 \sin\vartheta = \lambda \sqrt{\left(\frac{m_1}{d_1}\right)^2 + \left(\frac{m_2}{d_2}\right)^2 + \left(\frac{m_3}{d_3}\right)^2}\,. \tag{3.42}$$

Mittels (3.42) kann die Beugung von Röntgenwellen als Reflexion an bestimmten Symmetrieebenenscharen des Raumgitters interpretiert werden, die man *Netzebenen* nennt (Abb. 3.11). Die Lage der Netzebenen im Kristall wird durch die in der Kristallographie zur Kennzeichnung der Kristallgrenzflächen verwendeten sogenannten *Millerschen Indizes* ($h_1, h_2, h_3$) festgelegt. Durch ($h_1/d_1, h_2/d_2, h_3/d_3$) wird die Normalenrichtung einer Netzebenenschar bestimmt, und zwischen dem Zahlentripel ($m_1, m_2, m_3$) und den Millerschen Indizes bestehen die Teilerrelationen $m_1 = nh_1, m_2 = nh_2, m_3 = nh_3$ ($n$ ganzzahlig). Eine Netzebenenschar wird durch die Gleichungen $(h_1/d_1)x + (h_2/d_2)y + (h_3/d_3)z = p$ mit $p$ als Netzebenennummer beschrieben. Als Abstand $d$ benachbarter Netzebenen in einer Schar ergibt sich daraus

$$d = \{(h_1/d_1)^2 + (h_2/d_2)^2 + (h_3/d_3)^2\}^{-1/2}.$$

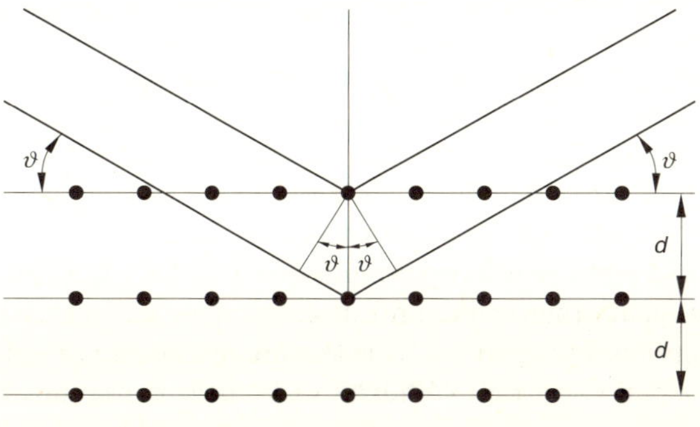


**Abb. 3.11**
Bragg-Reflexion an Netzebenen

Auf Grund dieser Überlegungen kann man (3.42) die Form

$$2d \sin \vartheta = n \lambda \tag{3.43}$$

geben. Diese grundlegende Formel für das *Braggsche Drehkristall-Verfahren* ist mit der Auffassung im Einklang, daß die Röntgenstrahlung an einer Schar paralleler Netzebenen reflektiert wird, wobei $2d \sin \vartheta$ der Gangunterschied bei Reflexion an benachbarten Netzebenen der Schar ist.

Beim Drehkristall-Verfahren läßt man ein monochromatisches Röntgenstrahlbündel auf die ebene Oberfläche eines Kristalls einfallen, der um eine in der Oberfläche liegende, zur einfallenden Strahlrichtung senkrechte Achse gedreht werden kann. An der Kristalloberfläche und den zu ihr parallelen Netzebenen erfolgt die „Reflexion" nach Formel (3.43). Aus der Lage der Beugungsmaxima der verschiedenen Ordnungen $n$ folgt nach (3.43) bei Kenntnis des Netzebenenabstands $d$ die Wellenlänge $\lambda$. Ist die Wellenlänge bekannt, so kann man die Abstände $d$ der zu verschiedenen Kristallflächen gehörenden Netzebenenscharen ermitteln, woraus man wiederum Aufschluß über den Kristallaufbau erhält.

Auf dem Braggschen Grundgedanken der „Reflexion" an Netzebenenscharen beruht auch das *Kristallpulver-Verfahren* von P. Debye und P. H. Scherrer (1915), eine weitere Hauptmethode der Röntgenwellen-Interferenzen.

Wie bereits bemerkt wurde, erfordert die Wellenlängenbestimmung der Röntgenstrahlung durch Beugung an Kristallgittern eine unabhängige Bestimmung der Kristallgrößen ($d_1$, $d_2$, $d_3$ oder $d$), wobei sich meist relativ große Ungenauigkeiten ergeben. Einen entscheidenden Fortschritt brachte die Methode der *absoluten Wellenlängenmessung der Röntgenwellen* von A. H. Compton und R. L. Doan (1925), bei der durch streifenden Einfall (sehr kleine Winkel $\vartheta$) der Röntgenstrahlung auf ein künstlich geritztes Strichgitter die benötigte Verringerung der effektiven Gitterkonstante erreicht wird. Dabei wirkt sich für die Intensität und die Schärfe der Interferenzlinien günstig aus, daß die Brechungszahlen von Gläsern für Röntgenstrahlung um einen sehr kleinen Betrag kleiner als 1 sind und man sich bei streifendem Einfall im Totalreflexionsbereich befindet. Diese Methode ist besonders von E. Bäcklin (1928) und J. A. Bearden (1929) vervollkommnet worden; die erreichbare beträchtliche Genauigkeit mag durch Angabe des Zahlenwertes der Wellenlänge der charakterisitschen Cu-$K_\alpha$-Linie $\lambda = 0{,}15422$ nm zum Ausdruck kommen.

*$\gamma$-Strahlen-Interferenzen* wurden durch E. N. da C. Andrade und E. Rutherford bereits 1914 durch Beugung an den Netzebenen gekrümmter Kristalle unter streifendem Einfall nachgewiesen.

Die Vielfalt der für den Wellencharakter der elektromagnetischen Strahlung sprechenden Beugungsexperimente lassen sich auf der Basis der elektromagnetischen Maxwell-Theorie beschreiben, deren Grundgleichungen (ohne Wechselwirkung) die in 1.2 angegebenen Wellengleichungen (1.54a) und (1.54b) für $\boldsymbol{E}$ und $\boldsymbol{H}$ sind. Wenn man die durch die Polarisation bedingten Feinheiten der Wellenausbreitung außer acht lassen kann, dann genügt auch eine analoge Wellengleichung für eine skalare Wellenfunktion. Die Wellen breiten sich in Medien mit der Phasengeschwindigkeit $v = (\varepsilon \varepsilon_0 \mu \mu_0)^{-1/2}$ aus. Beim Übergang von einer Substanz in eine andere sind die elektromagnetischen Übergangsbedingungen zu berücksichtigen. Beugungsphänomene können, wie es in 1.3.2 für skalare Wellen dargelegt wurde, beschrieben werden, was zu den Formeln (3.40) bzw. (3.39) des vorliegenden

Abschnitts geführt hat. Die Intensität eines Beugungsfleckes ist der einfallenden Intensität proportional, der man wiederum stetig jeden beliebigen Wert im Experiment geben kann. Das Wellenbild der elektromagnetischen Strahlung dokumentiert also einen Kontinuitätscharakter.

#### 3.1.4.2 *Diskrete Struktur der elektromagnetischen Strahlung*

Unstimmigkeiten bei der Anwendung des Wellenbildes der elektromagnetischen Strahlung ergaben sich zuerst bei dem Versuch einer konsequenten Erklärung des Phänomens „*äußerer lichtelektrischer Effekt*", das von 1887 bis etwa 1900 von H. Hertz und W. Hallwachs, Ph. Lenard sowie A. G. Stoletow experimentell erforscht wurde. Wird eine Metallplatte mit UV-Licht bestrahlt, so werden oberhalb einer Grenzfrequenz $\nu_0$ sofort (ohne meßbare zeitliche Verzögerung) Elektronen (Photoelektronen) freigesetzt, wobei die kinetische Energie der abgelösten Elektronen nur eine Funktion der Frequenz $\nu$ der Einstrahlung ist und durch Steigerung der Intensität der Einstrahlung zwar die Zahl der Photoelektronen erhöht wird, aber nicht deren kinetische Energie.

Im Wellenbild sollte eine Freisetzung von Elektronen bei jeder Frequenz (auch bei $\nu < \nu_0$) erfolgen, wenn nur die Intensität hoch genug ist, um durch die damit verknüpfte elektrische Feldstärke die im Metall an Gleichgewichtslagen gebundenen Elektronen so stark zum „Mitschwingen" anzuregen, daß ihre Ablösung ermöglicht wird. Ob Photoelektronen entstehen, sollte von der Intensität und nicht von der Frequenz des UV-Lichts abhängen. Diese Aussage der Wellentheorie steht im Widerspruch zu den experimentellen Fakten.

Eine konsequente Erklärung dieses Phänomens gelang A. Einstein (1905) in seiner berühmten Arbeit zur Erzeugung und Umwandlung des Lichtes mit Hilfe des Begriffes *Lichtquanten (Photonen)*. Er knüpfte an die 5 Jahre vorher von M. Planck eingeführte Quantenhypothese (vgl. 3.2.2) an und beschrieb die Einstrahlung als einen Lichtquantenstrom. Wenn $n$ Photonen pro s und pro $m^2$ einfallen, dann ergibt sich mit der Energie $h\nu$ eines Photons, wobei $h$ das Plancksche Wirkungsquantum ist (vgl. (3.68) und (3.71)), die Intensität $I$ der Einstrahlung zu

$$I = nh\nu. \tag{3.44}$$

In diesem Lichtquanten-Bild erfolgt die Freisetzung eines Photoelektrons in einem einmaligen Stoßprozeß zwischen einem Photon der Energie $h\nu$ und einem Elektron, das mit der Energie $P$ (Ablösearbeit) an das Metall gebunden ist. Aus der Energiebilanz ergibt sich dann die quantitative Beziehung

$$h\nu = P + \frac{m}{2}v^2, \tag{3.45}$$

d.h., die verfügbare Energie eines Photons teilt sich auf Ablösearbeit $P$ und kinetische Energie $(m/2)v^2$ des Photoelektrons auf. Die Interpretation der Energiebilanz (3.45) geschieht unter der Annahme der Gleichzeitigkeit bei der Absorption des Photons und Ablösung des Photoelektrons. Experimentell wurde dieser Sachverhalt mit einer Akkumulationszeit kleiner als $10^{-10}$ s bestätigt; siehe Darstellung in

[B-3] sowie auch 24.3.3. Wenn $h\nu < P$ ist, können keine Elektronen aus der Metalloberfläche austreten. Die Grenzfrequenz $\nu_0$ ist durch $h\nu_0 = P$ gegeben, d.h., $h\nu_0$ ist direkt ein Maß für die Ablösearbeit $P$, die einen substanzspezifischen Parameter darstellt. Nach (3.44) bedeutet eine Erhöhung der Strahlungsintensität eine Vermehrung der Zahl der einfallenden Photonen, so daß entsprechend mehr Elektronen durch Stoßprozesse abgelöst werden können.

In der experimentellen Anordnung (Abb. 3.12) wird die kinetische Energie der Photoelektronen durch Abbremsen in einem elektrischen Gegenfeld bestimmt, dessen Potentialdifferenz $V_g$ leicht meßbar ist. Ersetzt man in (3.45) $(m/2)v^2$ durch die potentielle Energie $(-e)\,V_g$, bei der gerade keine Elektronen mehr das Gegenfeld durchlaufen können, dann erhält man

$$(-V_g) = \frac{h}{e}\nu - \frac{P}{e}. \tag{3.46}$$

$(-V_g)$ ist eine lineare Funktion von $\nu$.

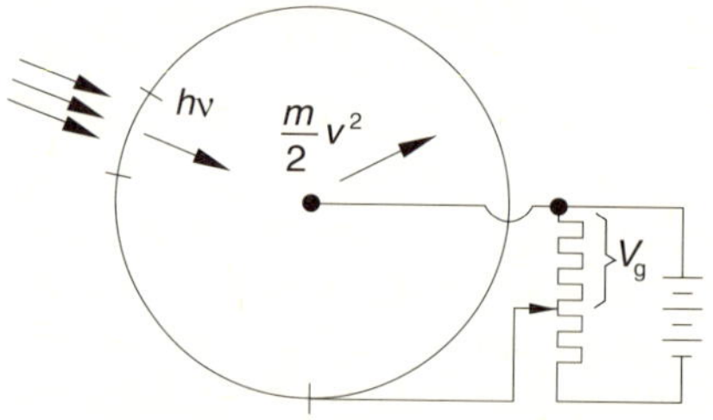


**Abb. 3.12**
Experimentelle Anordnung zum äußeren lichtelektrischen Effekt (schematisch)

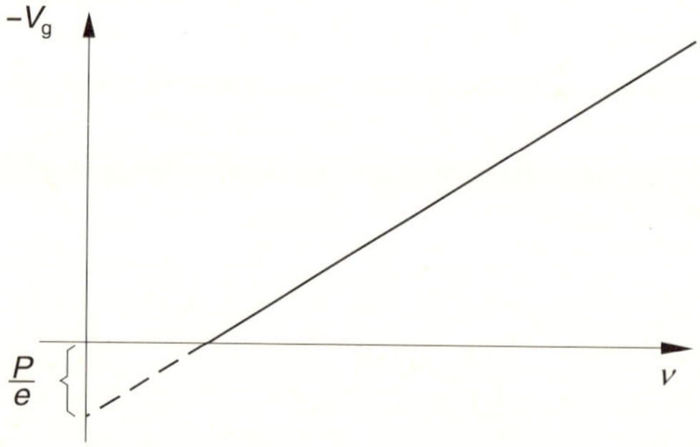


**Abb. 3.13**
Frequenz-Gegenpotential-Diagramm des Photoeffekts

Aus der Steigung der Geraden im $(\nu, -V_g)$-Diagramm kann man unmittelbar das Verhältnis der universellen Konstanten $(h/e)$ gewinnen (Abb. 3.13). Somit stellt der äußere Photoeffekt eine Methode zur $(h/e)$-Bestimmung dar. Bei Kenntnis von $e$ ergibt sich aus dem Achsenabschnitt $P/e$ die Austrittsarbeit $P$ des jeweiligen Metalls. $P$ liegt in der Größenordnung von eV und ist für die Alkali-Metalle am niedrigsten.

Je kurzwelliger eine Strahlung ist, eine um so größere Wirkung kann mit ihr beim Auftreffen auf Substanzen erzielt werden, weil eben die stoßenden Photonen eine höhere Energie $h\nu$ mitbringen. Deshalb beziehen sich auch die meisten Versuche zum Nachweis des Korpuskelcharakters der elektromagnetischen Strahlung auf den Röntgen- und $\gamma$-Bereich.

Die Erzeugung der in 3.1.4.1 erwähnten *Röntgen-Bremsstrahlung* (kontinuierliche Röntgenstrahlung) ist quasi als Umkehrung des Photoeffektes zu verstehen. Wenn Elektronen mit der kinetischen Energie $(m/2)v^2 = -eV$ (Katodenstrahlen) beim Aufprall auf die Antikatode in einer Röntgenröhre abgebremst werden, tritt als Äquivalent für die Abnahme der kinetischen Energie eine Abstrahlung mit Photonen der Energie $h\nu$ auf. Die Frequenzverteilung im Röntgenbremsspektrum reicht bis zu einer Maximalfrequenz $\nu_{max}$, die durch $h\nu_{max} = (m/2)v^2$ bestimmt ist.

Der Korpuskelcharakter der Strahlung tritt auch um so deutlicher hervor, je geringer die Intensität, d.h. je niedriger die Photonenzahl pro Zeit- und Flächeneinheit ist, weil bei geringer Teilchenzahl sich die statistischen Schwankungen mehr bemerkbar machen und mehr und mehr Einzelergebnisse anstelle von komplizierten Überlagerungen beobachtbar werden.

Solche Versuche wurden insbesondere von A. F. Joffé und N. Dobronrawow (1925) sowie von E. Brumberg und S. I. Wawilow (1933) durchgeführt.

**Versuch von Joffé und Dobronrawow.** Es werden durch Einstrahlung erzeugte Ladungsänderungen an einem in einem Millikanschen Kondensator (vgl. 3.1.2.1) schwebenden Bi-Teilchen von etwa $10^{-7}$ m Durchmesser beobachtet. Die Einstrahlung wird mit Röntgenstrahlung von äußerst geringer Intensität vorgenommen, die in einer Miniaturröntgenröhre durch Abbremsen von Photoelektronen in einer dünnen Al-Folie ($5 \cdot 10^{-8}$ m) erzeugt wird, die gleichzeitig eine der Belegungen des Kondensators bildet. Diese Photoelektronen beschafft man sich durch Beleuchtung eines Al-Drähtchens mit UV-Licht und beschleunigt sie in einer Potentialdifferenz von 12000 V. Eine sehr geringe Röntgenstrahlen-Intensität läßt sich nun dadurch einstellen, daß man das Al-Drähtchen mit genügend schwachem UV-Licht bestrahlt; so wird die Photoelektronenzahl niedrig und damit auch die Zahl der erzeugten Röntgenimpulse ($1000\,s^{-1}$). Ladungsänderungen an dem Bi-Teilchen werden dann im Mittel nur alle 30 min beobachtet.

Nimmt man zur Interpretation des Versuchsergebnisses im Wellenbild an, daß sich die in 30 min erzeugten $1{,}8 \cdot 10^6$ Röntgenimpulse in Form von Kugelwellen von der Al-Folie aus ausbreiten, so überstreicht nur ein ganz kleiner Bereich des Wellenfeldes eines jeden Impulses das Bi-Teilchen, und es kann jeweils nur wenig Energie auf das Teilchen und noch weniger auf ein Elektron in diesem übertragen werden. Es ist schwer verständlich, daß die in einem Zeitintervall von 30 min auf das Bi-Teilchen gelangende elektromagnetische Energie sich gerade bei einem einzigen Elektron ansammeln sollte, so daß es dessen Bindung aufheben und die Ladungsänderung des Bi-Teilchens durch Ionisation eintreten kann.

Viel verständlicher sind die Versuchsergebnisse im Teilchenbild interpretierbar, wobei man annimmt, daß die Röntgenimpulse Photonen darstellen, die im Raum nach allen Richtungen mit gleicher Wahrscheinlichkeit fliegen. Eine statistische Überschlagsrechnung zeigt, daß im Mittel nach jeweils 30 min das Bi-Teilchen von einem der $1{,}8 \cdot 10^6$ Röntgen-Photonen getroffen wird und die Energie dieses Photons in einem direkten Stoßakt einem Elektron zur Ionisation übertragen werden kann.

**Versuch von Brumberg und Wawilow.** Eine sehr kleine Öffnung in einem undurchlässigen Schirm wird von hinten mit Licht im sichtbaren Spektralbereich beleuchtet. Zwischen dieser Öffnung und dem beobachtenden Auge wird eine rotierende Sektorblende eingesetzt, die den Strahlengang zum Auge jeweils nur für $10^{-1}$ s freigibt. Die Beleuchtungsstärke wird so gewählt, daß sie in der Nähe der Reizschwelle des Auges liegt. Man stellt nun fest, daß die Öffnung *nicht* bei jedem Umlauf gleichmäßig schwach sichtbar wird. Im Teilchenbild versteht man diese zeitlich ungleichmäßige Reizung als statistische Schwankungen der Photonenzahlen. Die Reizschwelle des Auges beträgt $2 \cdot 10^{-16}$ W bei einer Wellenlänge von $\lambda = 505$ nm. Die von der Sektorenscheibe jeweils durchgelassene Energie $\Delta E$ an der Reizschwelle des Auges hat also den Wert $2 \cdot 10^{-17}$ Ws; d.h., es fallen $n = \Delta E(\lambda/hc) = 50$ Photonen jeweils auf das Auge. Bei dieser mittleren Photonenzahl $n = 50$ ist die Öffnung in der Hälfte der Fälle sichtbar. Bei $n > 50$ wächst die Zahl der Sichtbarkeitsfälle über die Hälfte an, und bei großer Intensität wird die Öffnung praktisch stets sichtbar, d.h., es kommt dann $n < 50$ nicht vor. Daß die Reizschwelle bei $n = 50$ Photonen liegt, hängt damit zusammen, daß unter Berücksichtigung bestimmter Absorptionsvorgänge im Auge nur einige wenige Photonen zum Auslösen eines Lichtreizes genügen. Wahrscheinlichkeitstheoretische Überlegungen dazu bestätigen, daß sich auch im sichtbaren Spektralbereich die elektromagnetische Strahlung so verhält wie eine Strömung von unabhängigen Partikeln.

Durch folgende Erweiterung des Versuchsaufbaus wurde die Photonenvorstellung von einem Lichtstrahl noch wesentlich verstärkt. Schaltet man zwischen Sektorblende und Auge noch ein Biprisma ein, dann ergeben sich dem Beobachter zwei Bilder der beleuchteten Öffnung wie bei der klassischen Fresnelschen Interferenzanordnung. Im Einklang mit den obigen Darlegungen stellt man zunächst eine Schwankungserscheinung bei beiden Bildern der Öffnung fest. Der Vergleich beider Schwankungserscheinungen liefert nun als weiteres Resultat, daß die Schwankungen beider Bilder voneinander unabhängig sind. Man muß also überraschenderweise feststellen, daß bei einer Versuchsanordnung zur Erzeugung einer Interferenzerscheinung, mit der man feste Phasenbeziehungen (d.h. Abhängigkeiten) zwischen den von beiden Teilbildern ausgehenden Wellen nachweisen möchte, sich für das Wellenbild unverständliche, unabhängige Schwankungserscheinungen zeigen. Man darf die Meinung von Brumberg und Wawilow sicher mit Berechtigung teilen, daß für den Fall, daß Fresnel (der wesentlich die Grundlagen für die klassische Wellenauffassung mit geschaffen hat) diese so leicht reproduzierbare Erscheinung hätte beobachten können, das Schicksal der Lichttheorie eine ganz andere Wendung genommen hätte.

**Versuch von W. Bothe.** In einem weiteren interessanten Versuch zeigte W. Bothe (1926) die Quantenhaftigkeit der *Röntgenstrahlen-Emission.* Wird eine Cu-Folie durch Röntgenstrahlung zur charakteristischen Fluoreszenzemission angeregt und die Abstrahlung nach beiden Seiten mit zwei Spitzenzählern in einer Koinzidenzschaltung registriert, so stellt man keine echten (höchstens wahrscheinlichkeitstheoretisch zulässige zufällige) Koinzidenzen fest. Das klassische Wellenbild der Strahlungsemission würde verlangen, daß dauernd echte Koinzidenzen auftreten. Nur die Photonenvorstellung ist mit dem Versuchsergebnis ohne weiteres im Einklang; auch die emittierte Röntgenfluoreszenzstrahlung besteht aus unabhängigen

Photonen, von denen jedes nur immer einen der Spitzenzähler zum Ansprechen bringt.

**Compton-Streuung.** Einen ganz entscheidenden Beitrag zum Verständnis der unter bestimmten Bedingungen in Erscheinung tretenden diskreten Struktur der elektromagnetischen Strahlung lieferte das Streuexperiment von A. H. COMPTON (1923) in Zusammenhang mit der theoretischen Erklärung durch COMPTON selbst sowie unabhängig von ihm durch P. DEBYE.

Beim *Compton-Effekt* handelt es sich um die Wellenlängenänderung $\Delta\lambda$, die bei der Streuung von elektromagnetischer Strahlung an freien Elektronen (bzw. im Experiment selbst an schwach gebundenen Elektronen in Stoffen niedriger atomarer Massenzahl) auftritt. COMPTON ließ ein in definierter Richtung scharf ausgeblendetes Röntgenstrahlenbündel der charakteristischen K-Serie des Molybdäns auf einen Paraffinblock (d.h. im wesentlichen auf Elektronen in Kohlenstoffatomen) auftreffen und beobachtete die spektrale Abhängigkeit der Streustrahlung. Das Maximum der Streustrahlung unter dem Streuwinkel $\vartheta$ liegt, verglichen mit dem der einfallenden Röntgenstrahlung, bei längeren Wellen. Zwischen dieser Wellenlängenverschiebung $\Delta\lambda$ und dem Streuwinkel $\vartheta$ ergab sich die Beziehung

$$\Delta\lambda = \Lambda(1-\cos\vartheta), \tag{3.47}$$

wobei die sogenannte *Compton-Wellenlänge* $\Lambda$ sich als eine Konstante herausstellte (unabhängig von der Art der Streusubstanz und der Wellenänge $\lambda_0$ der Primärstrahlung), deren Zahlenwert sich im Experiment zu $2{,}4\cdot 10^{-12}$ m ergab. Somit wird die relative Wellenlängenänderung $\Delta\lambda/\lambda_0$ um so größer, je kleiner $\lambda_0$ selbst ist. Bei harter $\gamma$-Strahlung, wo $\lambda_0$ von der Größenordnung $\Lambda$ ist, wird $\Delta\lambda$ sogar mit $\lambda_0$ vergleichbar und damit besonders deutlich beobachtbar. Eine Deutung des $\Delta\lambda$ als Doppler-Effekt der klassischen Wellentheorie wird durch die Unabhängigkeit des $\Lambda$ von $\lambda_0$ ausgeschlossen.

Eine zwanglose Erklärung des Effektes gaben COMPTON sowie DEBYE auf der Basis einer konsequenten Photonenvorstellung, indem sie den Streuprozeß als einen elastischen Stoß zwischen einem Photon und einem Elektron ansahen und, wie es in der Stoßmechanik üblich ist, ihre Theorie auf den Energie- und den Impulserhaltungssatz begründeten. Da sowohl die nicht-relativistische als auch die speziell-relativistische Formulierung dieser Erhaltungssätze zum selben Resultat (3.47) führen, sei der folgenden Darlegung die relativistische Rechnung zugrunde gelegt. Wie von EINSTEIN eingeführt, wird dem Photon vor dem Stoß die Energie $h\nu_0$ und dem Photon nach dem Stoß die Energie $h\nu$ zugeordnet. Zur Aufstellung der Impulserhaltungsrelation benötigt man die Beträge der Photonenimpulse. Dazu hatte M. PLANCK (1908) festgestellt, daß einem Photon der Energie $h\nu$ der Impulsbetrag $h\nu/c$ mit $c$ als Phasengeschwindigkeit der Lichtwelle zukommt. Als Impulsbeträge der Photonen vor und nach dem Stoß hat man also $h\nu_0/c$ bzw. $h\nu/c$ in die Rechnung einzusetzen. Rechnet man in dem Bezugssystem, in dem das Elektron vor dem Stoß ruht (*Laboratoriumssystem*), so hat das Elektron vor dem Stoß den Impulsbetrag Null und die Energie $m_0c^2$ (*Ruhenergie* der Masse $m_0$). Energie und Impulsbetrag des sich mit der Geschwindigkeit $v$ bewegenden Elektrons nach dem Stoß sind $mc^2 = m_0c^2/\sqrt{1-v^2/c^2}$ bzw. $mv = m_0v/\sqrt{1-v^2/c^2}$.

Der *Impulserhaltungssatz* verlangt, daß die drei Impulsvektoren ein Dreieck bilden (Abb. 3.14). Durch Anwendung des Kosinussatzes der Trigonometrie folgt daraus die Gleichung

$$\frac{m_0{}^2 v^2}{1-v^2/c^2} = \frac{h^2}{c^2}(\nu_0{}^2 + \nu^2 - 2\nu_0 \nu \cos\vartheta). \tag{3.48}$$

Der *Energieerhaltungssatz* ergibt die Gleichung

$$\frac{m_0 c^2}{\sqrt{1-v^2/c^2}} = m_0 c^2 + h(\nu_0 - \nu). \tag{3.49}$$

Durch Kombination von (3.48) und (3.49) (d.h. Quadrieren von (3.49) und Subtrahieren des mit $c^2$ multiplizierten Ausdrucks (3.48)) erhält man zunächst

$$(\nu_0 - \nu)/\nu_0 \nu = (h/m_0 c^2)(1-\cos\vartheta),$$

woraus sich unter Verwendung von $\lambda\nu = c$ und $\lambda - \lambda_0 \equiv \Delta\lambda$ die gesuchte Endformel

$$\Delta\lambda = \frac{h}{m_0 c}(1-\cos\vartheta) \tag{3.50}$$

ergibt.

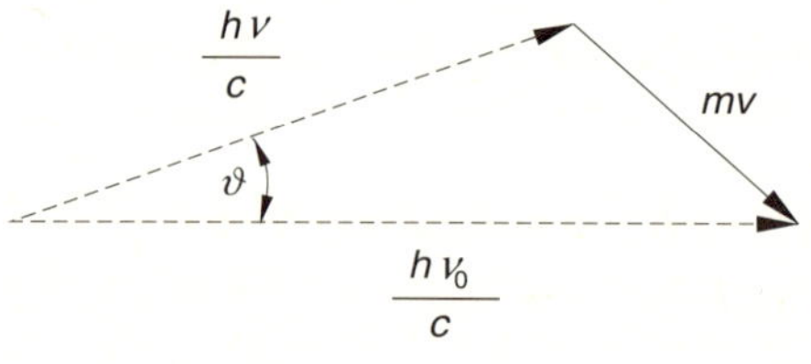


**Abb. 3.14**
Impulserhaltung beim Compton-Streuprozeß

Durch Vergleich mit (3.47) erhält man für die *Compton-Wellenlänge* $\Lambda = h/m_0 c$, und man sieht, daß der oben angegebene Meßwert erhalten wird, wenn für $m_0$ die Elektron-Ruhmasse eingesetzt wird. Dies besagt, daß eben im Experiment der Stoß zwischen einem Photon und einem fast freien Elektron erfolgt. Würde bei der Streuung das gesamte Atom mitwirken, müßte man $m_0$ durch die Atommasse ersetzen, und dann würde sich ein viel zu kleines $\Delta\lambda$ ergeben. Zur guten Beobachtbarkeit des Compton-Effektes ist Voraussetzung, daß die Bindungsenergie der Elektronen in der Streusubstanz klein im Vergleich zur Photonenenergie $h\nu_0$ ist.

Die theoretischen Überlegungen zum Comptonschen Streuprozeß, die streng vom Korpuskelbild Gebrauch machen, erlauben noch ein paar weitere, experimentell überprüfbare Schlußfolgerungen: Zunächst kann man, wie es H. A. Compton und A. W. Simon (1925) taten, den gesamten *Streuprozeß in einer Wilsonschen Nebelkammer* als Streuung von Röntgenstrahlen an den Elektronen der Gasfüllung der Nebelkammer durchführen und beobachten. Hierbei ist die Flugrichtung der Primärphotonen vorgegeben. Aus dem Anfangsstück der durch das gestoßene Elektron erzeugten Nebelspur bekommt man ungefähr dessen Flugrichtung, und aus der Gesamtlänge dieser durch Ionisation bedingten Nebelspur des Elektrons läßt sich die Energie ermitteln. Die Bewegungsrichtung des Streuphotons läßt sich schließlich durch den Beginn einer weiteren Elektronenspur fixieren, welche von einem erneuten Compton-Prozeß stammt. Auf diese Weise läßt sich in der Nebelkammer die bei der Formulierung des *Impulserhaltungssatzes* vorausgesetzte Richtungsbeziehung zwischen den drei Impulsvektoren nachmessen.

Die auf der einfachen Anwendung der beiden Erhaltungssätze beruhende Theorie des Compton-Effektes setzt weiterhin implizit voraus, daß es zwischen dem Auftreten des Streuphotons und dem Wegfliegen des Elektrons *keine* zeitliche Verzögerung gibt, daß also der *Stoßprozeß ein momentaner Akt* ist. Um dies nachzuweisen, verwendeten W. Bothe und H. Geiger (1925) eine Koinzidenzschaltung zwischen einem auf Elektronen und einem auf Photonen ansprechenden Geigerschen Spitzenzähler. Sie fanden mehr Koinzidenzen zwischen dem Photon- und dem Elektron-Ereignis als nur zufällige. Wird diese Gleichzeitigkeit als Kriterium für die strenge Gültigkeit der beiden Erhaltungssätze angesehen, so wurde mit dem Bothe-Geiger-Versuch ein Erklärungsversuch zum Compton-Effekt aus dem Jahre 1924 durch N. Bohr, H. A. Kramers und J. C. Slater widerlegt, der auf dem klassischen Wellenbild beruhte, aber die strenge Gültigkeit des Energie- und des Impulserhaltungssatzes negierte. Während bei Bothe und Geiger das zeitliche Auflösungsvermögen der Koinzidenzschaltung nur $10^{-3}$ s betrug, wurde von R. Hofstadter und J. A. McIntyre (1949) unter Anwendung von Stilben-Szintillationszählern das Zeitintervall der Gleichzeitigkeit wesentlich weiter (auf $1{,}5 \cdot 10^{-8}$ s) eingeengt. Damit ist man zwar noch erheblich von der theoretischen Grenze $\Lambda/c = 10^{-20}$ s entfernt; man ist aber davon überzeugt, daß wohl kein Grund vorhanden ist, beim Compton-Streuprozeß die Gültigkeit von Energie- und Impulserhaltungssatz aufgeben zu müssen.

In 1.2 haben wir mit Formel (1.57) auf die *Dispersionsbeziehung* $\boldsymbol{q}^2 = \omega^2/c^2$ der elektromagnetischen Wellen hingewiesen, die den Wellenzahlvektor $\boldsymbol{q}$ mit der Kreisfrequenz $\omega$ und der Lichtgeschwindigkeit $c$ verknüpft.

Durch Vergleich der Ausdrücke $p = h\nu/c = \hbar\omega/c$ für den Photonenimpulsbetrag und $\varepsilon = h\nu = \hbar\omega$ für die Photonenenergie, wie sie in der Theorie zur Erklärung des Compton-Effektes verwendet wurden, sieht man sofort, daß $p = \varepsilon/c$ und damit

$$p^2 = \varepsilon^2/c^2 \tag{3.51}$$

gilt. Spaltet man nun $p^2$ in $p^2 = \hbar^2 \boldsymbol{q}^2$ auf, indem man den *Impulsvektor* $\boldsymbol{p}$ des Photons in Verbindung zum Wellenzahlvektor $\boldsymbol{q}$ einführt,

$$\boldsymbol{p} = \hbar \boldsymbol{q}, \tag{3.52}$$

so ergibt sich aus der Photonen-Relation (3.51) unmittelbar die Dispersionsrelation der Wellentheorie wieder.

Diese interessante Erkenntnis über den Zusammenhang zwischen Teilchenbild- und Wellenbild-Größen war ein wesentlicher Anknüpfungspunkt für die Entwicklung einer Wellentheorie der stofflichen Materie (Materie mit Ruhmasse ungleich Null; vgl. 3.5.1) und für den Aufbau der wellenmechanischen Form der Quantenmechanik, womit wir uns im Kapitel 5 ausführlich befassen werden.

*Kontrollfragen*

1. Welches sind die wichtigsten Kenngrößen des Atoms und wie können sie gemessen werden?
2. Welche Methoden zur Bestimmung der Elementarladung kennen Sie?
3. Welche Aussagen des Rutherfordschen Atommodells sind zutreffend, welche nicht?
4. Bei welchen Experimenten wird der Wellenaspekt der elektromagnetischen Strahlung nachgewiesen?
5. Welche Experimente kennen Sie zum Photonennachweis?
6. Welche Experimente machen die Einführung des Elektronenspins erforderlich?

## 3.2 Theorie der Wärmestrahlung und die Entdeckung des universellen Wirkungsquantums

In 3.1.4 konzentrierten wir uns darauf, Fakten darzulegen und zu erklären, die unmittelbar und direkt die beiden Erscheinungsformen der elektromagnetischen Strahlung – Wellen und Teilchen – widerspiegeln.

Bei der Ableitung seiner Formel für die spektrale Verteilung der Intensität der Strahlung eines *„schwarzen Körpers"* (*Wärmestrahlung, Hohlraum-Strahlung*) hat M. Planck 1900 in allerdings nicht so offensichtlicher Weise bereits das Wellen- und Teilchenbild vereint angewendet. Hierbei wurde insbesondere das universelle Wirkungsquantum (das Plancksche Wirkungsquantum $h$) entdeckt, das als Schlüsselgröße für die widerspruchsfreie Vereinigung beider klassisch anschaulicher Bilder fungiert. Wir haben der Entdeckung von $h$ im Zusammenhang mit der Erklärung der Wärmestrahlungsgesetze deshalb einen gesonderten Abschnitt gewidmet und sie nicht mit in 3.1.4 abgehandelt, wo sie sachlich mit einzuordnen wäre, da sie doch eine ganz erhebliche fundamentale Bedeutung beanspruchen kann. Dies betrifft speziell das Verständnis elektromagnetischer Vorgänge und zum anderen die gesamte Entwicklung der Quantenphysik – der Quantenmechanik und der Quantenfeldtheorie –, indem sowohl die Bohrsche Atomtheorie, von der dann der direkte Weg zur Quantenmechanik führte, als auch die Einsteinsche Photonenhypothese, die den Anstoß zur Quantisierung von Wellenfeldern gab, wesentlich auf der Planckschen Entdeckung des Wirkungsquantums beruhten. Der Tag (14. 12. 1900), an dem von Planck über die Entdeckung des Wirkungsquantums berichtet wurde, ist somit mit voller Berechtigung als der Geburtstag der Quantentheorie zu betrachten.

### 3.2.1 Wärmestrahlungsgesetze von Stefan, Boltzmann und Wien

Vor 1900 waren über die Wärmestrahlung folgende experimentelle Tatsachen und theoretische Deutungen bzw. Deutungsversuche bekannt:

Seit 1859 gab es eine *thermodynamische Theorie der Wärmestrahlung* von G. Kirchhoff, deren wesentlichste Aussage es war, daß ein sogenannter *„schwarzer Körper"*, d.h. ein solcher Körper, der alle auf ihn treffende Strahlung absorbiert, eine Strahlung emittiert, deren *spektrale Energiedichte* $w(\nu, T)$ durch eine *universelle Funktion* der Frequenz $\nu$ und der absoluten Temperatur $T$ bestimmt wird.

Von J. Stefan war 1879 experimentell festgestellt worden, daß die *gesamte räumliche Energiedichte* $W(T)$ zu $T^4$ proportional ist, wozu 1884 L. Boltzmann die theoretische Erläuterung gab:

$$W(T) = \int_0^\infty \mathrm{d}\nu\, w(\nu, T) \sim T^4 \tag{3.53}$$

(*Stefan-Boltzmann-Gesetz*).

Ebenfalls auf Grund thermodynamischer Überlegungen nahm W. Wien 1893 eine Aufspaltung von $w(\nu, T)$ in der Form

$$w(\nu, T) = \nu^3 f\left(\frac{\nu}{T}\right) \quad \text{bzw.} \quad T^3 F\left(\frac{\nu}{T}\right) \tag{3.54}$$

vor. An Hand der zweiten Aufspaltungsform erkennt man nach der Variablensubstitution $\xi = \nu/T$ sofort die Verträglichkeit mit dem Stefan-Boltzmann-Gesetz (3.53):

$$W(T) = T^4 \int_0^\infty F(\xi)\, \mathrm{d}\xi. \tag{3.55}$$

Aus (3.54) leitete Wien aber auch das sogenannte *Verschiebungsgesetz* ab. Wenn die spektrale Energiedichte $w(\nu, T)$ bei fester Temperatur als Funktion der Frequenz bei einem bestimmten $\nu_{\text{max}}$ ein Maximum besitzt, das durch

$$\frac{\partial w}{\partial \nu} = T^2 F'\left(\frac{\nu}{T}\right) = 0$$

bestimmt ist, dann gilt $\nu_{\text{max}} \sim T$ oder

$$\frac{\nu_{\text{max}}}{T} = \text{const.} \tag{3.56}$$

Das Maximum der Funktion der spektralen Energiedichte verschiebt sich mit wachsendem $T$ zu höheren Frequenzen.

Weiterhin gab Wien im Jahr 1896 die Formel

$$w(\nu, T) \sim \nu^3 \exp\left(-a\frac{\nu}{T}\right) \tag{3.57}$$

an, die mit (3.54) in Einklang war und die bis dahin bekannt gewordenen Meßergebnisse in guter Näherung erklärte.

### 3.2.2 Plancksches Strahlungsgesetz

Die Bestimmung der universellen Kirchhoffschen Funktion $w(\nu, T)$ erwies sich als *der historische Einstieg in die Quantentheorie* – und damit in den Gegenstand unseres Buches; deshalb wollen wir hier die seinerzeit dramatisch verlaufende Entwicklung etwas näher beleuchten. In einer Reihe von Veröffentlichungen [B-4], zuletzt in der am 22. 3. 1900 eingereichten Arbeit [B-5], hat M. Planck der Meinung Ausdruck gegeben, daß es sich bei der Wienschen Beziehung um die allgemeingültige Strahlungsformel handelt, wobei er sich auf den Gültigkeitsbereich des zweiten Hauptsatzes der Wärmelehre und auf Berechnungen der Änderungsgeschwindigkeit der Gesamtentropie bezog. Diese Aussage von PLANCK stand im Gegensatz zu experimentellen Resultaten von O. LUMMER und E. PRINGSHEIM, die mit wachsender Sicherheit ab Anfang 1899 systematische Abweichungen von der Wienschen Formel für kleine Frequenzen publizierten, was von ihnen insbesondere in der Mitteilung [B-6] vom 2. 2. 1900 klar herausgestellt wurde. In der durch diese empirischen Befunde bedingten, weiterdrängenden Situation begann PLANCK über „eine Verbesserung der Wienschen Spektralgleichung" zu arbeiten. Im Anschluß an einen Vortrag von F. KURLBAUM und H. RUBENS am 19. 10. 1900, in dem das Versagen der Wienschen Strahlungsformel bei der Erklärung von Meßresultaten im Reststrahlungsgebiet deutlich wurde, gab er eine neue Strahlungsformel bekannt [B-7a], die unter allen diskutierten Ausdrücken „dem Wienschen an Einfachheit am nächsten kommt" und die empirischen Befunde richtig wiedergibt.

Bei der Ableitung seiner Strahlungsformel ließ sich PLANCK von der Überzeugung leiten, daß jede mit den thermodynamischen Grundgesetzen verträgliche Modellvorstellung über die aus einem Hohlraum austretende Wärmestrahlung dieselbe Funktion $f(\nu/T)$ der Formel (3.54) ergeben müßte. Deshalb wählte er ein möglichst einfaches Modell aus:

Ein System von Strahlung aufnehmenden und abgebenden Resonatoren (konkretisiert durch eindimensionale harmonische Oszillatoren der Frequenz $\nu$) sollte sich mit dem Strahlungsfeld im Hohlraum im thermodynamischen Gleichgewichtszustand (bei der Temperatur $T$) befinden. So konnte er $w(\nu, T)$ in der Form

$$w(\nu, T) = \frac{8\pi\nu^2}{c^3}\bar{\varepsilon}(\nu, T) \tag{3.58}$$

zerlegen, wobei $\bar{\varepsilon}(\nu, T)$ die mittlere Energie bedeutet, die ein Resonator des Systems im zeitlichen Mittel besitzt und die es nun zu berechnen galt. Der Faktor $(8\pi/c^3)\nu^2$ stellt die Anzahl von Oszillatoren pro Volumeneinheit und pro Frequenzintervall $\mathrm{d}\nu$ dar, wie sie sich aus der Modenzerlegung eines Strahlungsfeldes ergibt (vgl. auch (1.63)).

Hinweise, wie $\bar{\varepsilon}$ zu bestimmen sei, erwartete PLANCK durch ein Studium des Zusammenhangs zwischen der mittleren Energie $\bar{\varepsilon}$ und der auf einen Resonator bezogenen Entropie $s$. Auf Grund der für das Gleichgewicht gültigen thermodynamischen Gesetze mußte gelten

$$\frac{\mathrm{d}^2 s}{\mathrm{d}\bar{\varepsilon}^2} = -\varphi(\bar{\varepsilon}), \tag{3.59}$$

wobei die Funktion $\varphi(\bar{\varepsilon})$ die Bedingungen $\varphi(\bar{\varepsilon}) > 0$, $\varphi(\infty) = 0$ erfüllen mußte. Nachdem er erkannt hatte, daß die Ansätze $\varphi_1(\bar{\varepsilon}) = (a\nu\bar{\varepsilon})^{-1}$ bzw. $\varphi_2(\bar{\varepsilon}) = C\bar{\varepsilon}^{-2}$ zu den ihm bekannten Grenzgesetzen führten, setzte er eine Kombination

$$\varphi(\bar{\varepsilon}) = [a\nu\bar{\varepsilon} + \bar{\varepsilon}^2/C]^{-1} \tag{3.60}$$

an und gelangte damit zu

$$w(\nu, T) = \frac{8\pi}{c^3} \frac{a' \nu^3}{\exp(a\nu/T) - 1} \tag{3.61}$$

mit $a' = aC$.

Dieses Gesetz war nun in seiner $\nu$- und $T$-Abhängigkeit für die spektrale Energieverteilung der Hohlraumstrahlung vollständig zutreffend. Die skizzierten Planckschen Überlegungen kann man aber nicht als eine Ableitung des Strahlungsgesetzes ansprechen, da die Kombination (3.60) angesetzt und nicht aus dem gewählten Modell hergeleitet worden ist.

Daher arbeitete PLANCK im weiteren an einer direkten, *statistisch-thermodynamischen Ableitung* des aus (3.58) und (3.61) sich ergebenden $\bar{\varepsilon}(\nu, T)$,

$$\bar{\varepsilon}(\nu, T) = \frac{a' \nu}{\exp(a\nu/T) - 1}, \tag{3.62}$$

auf der Basis des oben schon erwähnten Modells für die Hohlraumstrahlung (Resonator-Ensemble im thermodynamischen Gleichgewichtszustand mit der Strahlung).

Er knüpfte an das *Boltzmannsche Prinzip* zur statistischen Ableitung der Entropie im thermodynamischen Gleichgewicht $s = k_B \ln \sqrt[N]{W_{max}}$ an (vgl. (1.168)), in dem die Entropie $s$ mit der thermodynamischen Wahrscheinlichkeit $W_{max}$ desjenigen Makrozustands des Systems verknüpft wird, für den es unter bestimmten vorgegebenen Bedingungen die größte Zahl von Realisierungsmöglichkeiten (Komplexionen) durch Mikrozustände gibt. Zur Berechnung der Komplexionen konnte PLANCK nicht das in der Theorie idealer Gase bewährte Boltzmannsche Abzählverfahren anwenden, denn dann wäre für $\bar{\varepsilon}$ das bekannte Resultat des Gleichverteilungssatzes herausgekommen, wonach die mittlere Energie eines harmonischen Oszillators bei der Temperatur $T$ im thermodynamischen Gleichgewichtszustand $\bar{\varepsilon} = k_B T$ (unabhängig von der Frequenz $\nu$) beträgt (vgl. 1.4.2). Nach (3.59) folgt nämlich damit das für $a\nu/T \ll 1$ gültige Grenzgesetz, das man als *Rayleigh-Jeanssche Näherungsformel* bezeichnet.

PLANCK orientierte sich an der Entropieformel, die er mit dem Ansatz (3.60) nach zweimaliger Integration aus (3.59) ableiten konnte,

$$s = (a'/a)\{[(\bar{\varepsilon}/a'\nu) + 1] \ln [(\bar{\varepsilon}/a'\nu) + 1] - (\bar{\varepsilon}/a'\nu) \ln (\bar{\varepsilon}/a'\nu)\}, \tag{3.63}$$

und er bestimmte ein $W_{max}$ so, daß sich nach (1.168) eine Formel von analoger Struktur ergab. Dazu mußte er sein Modell über die in Wechselwirkung mit einem Oszillatorsystem stehende elektromagnetische Strahlung weiter präzisieren und zwar in einer Weise, die dem Strahlungsfeld eine ganz neuartige Eigenschaft zuwies, eben die *diskrete Struktur*. Das Strahlungsfeld sollte ein Energievorrat sein, der für jede Frequenz aus einer sehr großen Zahl $P$ voneinander unabhängigen, völlig gleichartigen Energieelementen (Quanten) $u$ zusammengesetzt ist. Wenn nun die ebenfalls sehr große Zahl $N$ völlig gleichartiger Oszillatoren im thermodynamischen Gleichgewicht bei der Temperatur $T$ mit der Strahlung in Wechselwirkung steht, sollte jeder Oszillator die mittlere Energie $\bar{\varepsilon}$ entsprechend (3.62) besitzen und die Energiebilanz

$$N\bar{\varepsilon} = Pu \tag{3.64}$$

gelten.

Die gesuchte Entropieformel von der Struktur der Gleichung (3.63) war zu erhalten, wenn anstelle des maximalen Boltzmannschen Ausdruckes (1.167) für $W_{\max}$

$$W_{\max} = \frac{(N+P-1)!}{(N-1)!\,P!} \approx \frac{(N+P)!}{N!\,P!} \tag{3.65}$$

angesetzt wurde; denn dann läßt sich mit näherungsweiser Anwendung der Stirling-Formel $\ln N! \approx N \ln N - N$ (und analog für $\ln P!$ und $\ln (N+P)!$) aus (1.168) der Ausdruck

$$s = k_B\{[(P/N)+1]\ln[(P/N)+1] - (P/N)\ln(P/N)\} \tag{3.66}$$

ableiten. Der Vergleich der Formeln (3.63) und (3.66) führte unmittelbar auf

$$k_B = a'/a, \qquad P/N = \bar{\varepsilon}/a'\nu \tag{3.67}$$

und schließlich über (3.64) auf $u = a'\nu$.

PLANCK bezeichnete die von der Natur der angenommenen Oszillatoren unabhängige Konstante $a'$ danach mit einem neuen Buchstaben $h$, der ihr bis heute erhalten geblieben ist. $h$ ist das berühmte *universelle Wirkungsquantum*, das – wie wir noch ausführlich verdeutlichen werden – die Quantenphysik als die ihr spezifische *Universalkonstante* beherrscht.

Auf Grund des Planckschen Modells ist die Strahlung bei der Frequenz $\nu$ aus *Energieelementen* (*Quanten*) der Größe

$$u = h\nu \tag{3.68}$$

zusammengesetzt.

Mit $a' = h$ und $a = h/k_B$ erhält man aus (3.62) und (3.58) die endgültige Form des *Planckschen Strahlungsgesetzes* (d.h. die *universelle Kirchhoffsche Funktion* für die *spektrale Energiedichte eines „schwarzen" Körpers*)

$$w(\nu, T) = \frac{8\pi}{c^3} \frac{h\nu^3}{\exp(h\nu/k_B T) - 1}, \tag{3.69}$$

das in Abb. 3.15 veranschaulicht ist.

Die skizzierten Überlegungen hat MAX PLANCK in geraffter Weise am 14.12.1900 auf einer Sitzung der Deutschen Physikalischen Gesellschaft in Berlin vorgetragen [B-7b].

Unter Ausnützung der verfügbaren Meßwerte hat PLANCK schon damals eine Abschätzung der Zahlenwerte von $k_B$ und $h$ vorgenommen, die mit den heutigen neuesten Werten

$$k_B = 1{,}38054 \cdot 10^{-23}\,\mathrm{J\,K^{-1}} \tag{3.70}$$

und

$$h = 6{,}6256 \cdot 10^{-34}\,\mathrm{J\,s}, \tag{3.71}$$

die auf genaueren und auch andersartigen Messungen beruhen, doch schon recht gut übereinstimmten.

Wie schon erwähnt wurde, erhält man durch Integration über $\nu$ aus (3.69) das *Stefan-Boltzmann-Gesetz*

$$\int_0^\infty d\nu\, w(\nu, T) = W(T) = \sigma T^4 \tag{3.72}$$

mit

$$\sigma = 8\pi^5 k_B{}^4/15c^3h^3 = 7{,}5648 \cdot 10^{-16}\ \mathrm{J\,m^{-3}\,K^{-4}}, \tag{3.73}$$

während die Differentiation nach $\nu$ zum *Wienschen Verschiebungsgesetz*

$$\nu_{max}/T = b \tag{3.74}$$

mit

$$b = 2{,}821 \cdot k_B/h$$

führt, wobei $x = 2{,}821$ die Lösung der transzendenten Gleichung $e^x(3-x) = 3$ ist [B-1b]. Aus Messungen von $\sigma$ und $b$ sind also $h$ und $k_B$ einzeln berechenbar.

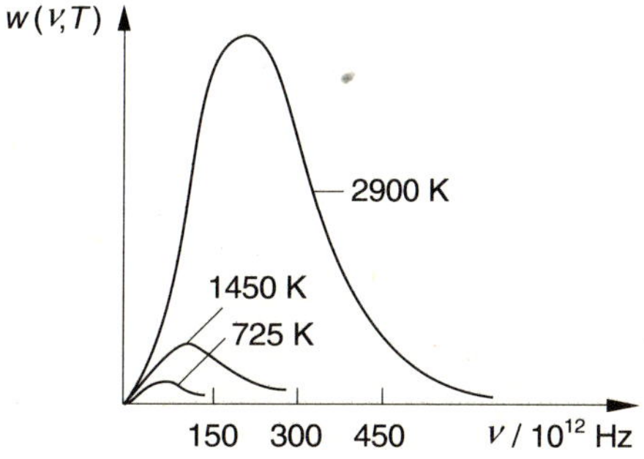


**Abb. 3.15**
Spektrale Verteilung der Energiedichte nach dem Planckschen Strahlungsgesetz

Die Wärmestrahlung wird in 18.6.1 als Spezialfall der chaotischen Strahlung diskutiert.

Es sei noch einmal darauf hingewiesen, in welcher Weise das *Plancksche Gesetz* die beiden für die historische Entwicklung so wesentlichen *Näherungsformeln* von RAYLEIGH und JEANS einerseits und von WIEN andererseits umfaßt:

$$w(\nu, T) = \frac{8\pi}{c^3}\,\frac{h\nu^3}{\exp(h\nu/k_B T) - 1} \to \begin{cases} \dfrac{8\pi}{c^3}\,\nu^2 k_B T & \text{für } \dfrac{h\nu}{k_B T} \ll 1, \\[2ex] \dfrac{8\pi}{c^3}\,h\nu^3\, e^{-\frac{h\nu}{k_B T}} & \text{für } \dfrac{h\nu}{k_B T} \gg 1. \end{cases} \tag{3.75}$$

PLANCKS Ideen über die diskrete Struktur der Wärmestrahlungsenergie und über das mit dieser Diskretheit verbundene besondere Verhalten der mit der Strahlung wechselwirkenden Resonatoren (eindimensionale harmonische Oszillatoren, die nur zur Aufnahme und Abgabe bestimmter, diskreter Energiebeiträge fähig sind) fanden in der physikalischen Fachwelt nur sehr zögernd Verbreitung und Beachtung. A. EINSTEIN bezog sich zuerst darauf bei der Einführung des *Photon*-Begriffs (1905; vgl. 3.1.4.2) und bei seinem Versuch, die Abweichungen von der Dulong-Petit-Regel bei den spezifischen Wärmen fester Körper zu erklären (1907). EINSTEIN hat 1905 ähnliche thermodynamische Überlegungen wie PLANCK angestellt. Unter Verwendung der für $a\nu/T \gg 1$ aus (3.62) sich ergebenden Wienschen Näherung $\bar{\varepsilon} = a'\nu \exp(-a\nu/T)$ berechnete er die Entropiedifferenz $S - S_0 = \ln(V_0/V)^{Ek_B/h\nu}$ der Strahlung mit der Energie im Frequenzintervall $(\nu, \nu + \mathrm{d}\nu)$ in Abhängigkeit vom eingenommenen Volumen $V$ und $V_0$. (Zum Beweis dieser Formel für $S$ braucht man nur die Wiensche Näherung für $\bar{\varepsilon} = E/V$ in (3.63) einzusetzen.) Zu der mit der Strahlungsenergie $E$ verknüpften Photonenzahl $N$ gelangte er durch Vergleich dieser Entropiedifferenzformel mit der analogen Formel $S - S_0 = \ln(V_0/V)^{Nk_B}$ für ein ideales Gas bei gleicher Temperatur und mit der gegebenen Teilchenzahl $N$, wie man sofort aus (1.183) ableiten kann. Der Vergleich ergibt $N = E/h\nu$, und EINSTEIN schloß daraus auf die Energie $h\nu$ eines Photons bei der Frequenz $\nu$. Diese Überlegung EINSTEINS beweist auch, daß im Gültigkeitsbereich der Wienschen Näherungsformel für die Wärmestrahlung ein Teilchenbild im Sinne der klassischen statistischen Thermodynamik angewendet werden kann.

Von entscheidender Bedeutung war schließlich die Plancksche Entdeckung für die Aufstellung der korrespondenzmäßigen Quantenmechanik durch N. BOHR (1913).

Wenn man sich an der Boltzmannschen Statistik für ideale Gase orientierte, mag PLANCKS Formel (3.65) für die Zahl der Komplexionen eines Makrozustands des Systems aus Resonatoren und Strahlungsquanten bei fester Frequenz $\nu$ merkwürdig erschienen sein. Erst 1911 wurde von L. NATANSON – siehe [B-11] – erkannt, daß sie sich als Lösung der folgenden Aufgabe der Kombinatorik ergibt: Es ist die Anzahl der unterscheidbaren Anordnungen bei der Verteilung von $P$ gleichartigen, *ununterscheidbaren* Quanten auf $N$ numerierte (also *unterscheidbare*) Zellen (Resonatoren) gleicher A-priori-Wahrscheinlichkeit zu berechnen. Man erhält nämlich das Plancksche Strahlungsgesetz auch in folgender Weise: Man mache in Analogie zur Ableitung der Boltzmann-Verteilung (vgl. (1.171)) $\ln\{[(N+P)!]/N!\,P!\}$ bezüglich $P$ unter Berücksichtigung der Nebenbedingung $N\bar{\varepsilon} = Pu$ mit dem Lagrange-Multiplikator $(-\beta = -(k_B T)^{-1})$ maximal, dann ergibt sich

$$P = \frac{N}{\exp(u/k_B T) - 1}. \tag{3.76}$$

(Man beachte, daß nur eine die Energie betreffende Nebenbedingung berücksichtigt und eine Gesamtzahl der Quanten mit fester Frequenz *nicht* festgelegt wurde.) Identifiziert man die Zahl $N$ der Resonatoren mit der Zahl $z(\nu)$ der Eigenschwingungen im Hohlraum pro Volumeneinheit und pro Frequenzintervall, die sich aus der Modenzahl (1.63) ergibt, und setzt $u = h\nu$ ein, dann ist

$$P\,\mathrm{d}\nu = \frac{8\pi}{c^3}\,\nu^2\,\frac{1}{\exp(h\nu/k_B T) - 1}\,\mathrm{d}\nu \tag{3.77}$$

die Zahl der im thermodynamischen Gleichgewicht im Frequenzintervall $(\nu, \nu + \mathrm{d}\nu)$ pro Volumeneinheit angeregten Eigenschwingungen. Da jeder angeregten Eigenschwingung die Energie $u = h\nu$ zukommt, ist das Plancksche Gesetz

$$w(\nu, T) = P \cdot h\nu \tag{3.78}$$

zu schreiben, in Übereinstimmung mit (3.69).

Die auf der Abzählvorschrift von PLANCK und NATANSON beruhende Statistik, deren wesentliches Charakteristikum die Ununterscheidbarkeit der statistischen Elemente (Quanten oder Teilchen) ist, wird heute *Bose-Einstein-Statistik* genannt, im Unterschied zu der auf (1.171) führenden *Boltzmann-Statistik*. Die Namensgebung kommt daher, daß 1924 N. S. BOSE sie erstmals auf ein Photonen-Ensemble anwendete und A. EINSTEIN zeigte, welche neuartigen Eigenschaften sich dadurch für ein Molekül-Ensemble (Gas) – bei tiefen Temperaturen – ergeben.

Betrachtet man die Hohlraumstrahlung als ein Photonen-Gas mit nicht fixierter Gesamtpartikelzahl, aber fester Gesamtenergie $E$, so ergibt sich das *Bose-Einstein-Verteilungsgesetz* für die Photonen, die *spektrale Photonenzahl-Dichte*, zu

$$n(\nu) = \frac{z(\nu)}{\exp(h\nu/k_B T) - 1} = z(\nu)\, n_0(\nu). \tag{3.79}$$

Zur Ableitung von (3.79) denken wir uns den gesamten Frequenzbereich von 0 bis $\infty$ in Zellen der Größe $\Delta\nu$ eingeteilt, die wir mit dem Index $s$ durchnumerieren. $P_s$ sei die Zahl der Photonen im $s$-ten Intervall, in dem $N_s$ Zustände (Moden) vorhanden sind. Dann hat man nach NATANSON oder auch nach BOSE und EINSTEIN $\ln \prod_s [(N_s + P_s - 1)!/(N_s - 1)!\, P_s!]$ unter der Nebenbedingung $E = \sum_s P_s u_s$ maximal zu machen, wobei $u_s$ die Photonenenergie ist. Man erhält als Resultat

$$P_s = \frac{N_s}{\exp(\beta u_s) - 1} \tag{3.80}$$

mit $\beta = (k_B T)^{-1}$. Im Grenzübergang $\Delta\nu \to 0$ kommen wir zu den spektralen Dichten $P_s \to n(\nu)$, $N_s \to z(\nu)$, und mit $u_s \to u(\nu) = h\nu$ ergibt sich (3.79). $z(\nu)$ als Zahl der pro Volumeneinheit und Frequenzintervall zur Verfügung stehenden Zustände (Moden-Zahl) ergibt sich aus (1.63). Die *Photonenzahl-Dichte* in jeder Mode bei der Temperatur $T$ ist

$$n_0(\nu) = [\exp(h\nu/k_B T) - 1]^{-1}. \tag{3.81}$$

Multipliziert man $n(\nu)$ mit $h\nu$, so ergibt sich wieder das Plancksche Gesetz.

Interessant ist auch die Frage der *Energieschwankungen* in einer Mode der Wärmestrahlung. Wir betrachten das *mittlere Energieschwankungsquadrat* in einer Mode und erhalten dafür bei Anwendung von (1.180) mit $\bar{\varepsilon} = n_0 u = u/[\exp(\beta u) - 1]$

$$\overline{(\Delta\varepsilon)^2} = -u \frac{\mathrm{d}n_0}{\mathrm{d}\beta} = u^2(n_0 + n_0^2). \tag{3.82}$$

Dividieren wir (3.82) durch das Quadrat der Energie $u = h\nu$ eines Photons, dann ergibt sich das *mittlere Schwankungsquadrat der Photonenzahl-Dichte* in einer

Mode zu

$$\frac{\overline{(\Delta\varepsilon)^2}}{u^2}=\overline{(n-n_0)^2}=n_0+n_0{}^2. \tag{3.83}$$

Im Falle eines Gases, das der Boltzmann-Statistik genügt, tritt nur das erste Glied auf. Das Glied $n_0{}^2$ charakterisiert die Photonen als Teilchen, die der Bose-Einstein-Statistik gehorchen – also als *Bosonen*, wie solche Teilchen allgemein genannt werden.

Wir wollen diesen Abschnitt beschließen mit einer sehr bemerkenswerten Überlegung von A. EINSTEIN aus dem Jahre 1917 zur *Emission* und *Absorption* von Strahlung durch Atome. Dabei wird es gelingen, mit wenigen Voraussetzungen wesentliche Zusammenhänge herzustellen. Vorgegeben sei ein Ensemble von Atomen, die sich mit einem Strahlungsfeld im Hohlraum bei der Temperatur $T$ im thermodynamischen Gleichgewicht befinden. Wir greifen zwei (nicht-entartete) Energieniveaus $E_1$ und $E_2$ eines Atoms ($E_2>E_1$) heraus und nehmen an, daß bezüglich dieser Energieniveaus die Wechselwirkung des Atoms mit dem Strahlungsfeld in der Absorption und der Emission von Photonen entsprechend dem *zweiten Bohrschen Postulat* (vgl. (3.105)) besteht:

$$h\nu_{21}=E_2-E_1 \tag{3.84}$$

(Emission von $E_2$ und Absorption von $E_1$ aus). Für das Verhältnis $N_2/N_1$ der Anzahl der Atome im Niveau 2 bzw. 1 erhält man auf Grund der statistischen Thermodynamik (vgl. dazu (1.131))

$$N_2/N_1=\exp[-(E_2-E_1)/k_B T]=\exp(-h\nu_{21}/k_B T). \tag{3.85}$$

Wenn zwischen den emittierenden und absorbierenden Atomen und dem Strahlungsfeld ein *kinetisches Gleichgewicht* herrscht (man spricht oft auch vom *detaillierten Gleichgewicht* oder von *mikroskopischer Reversibilität*), dann muß in jedem Zeitintervall $\Delta t$ die Zahl $Z_{12}$ der Absorptionsprozesse gleich der Zahl $Z_{21}$ der Emissionsprozesse sein. Bedeutet $B_{12}\cdot\Delta t$ die Wahrscheinlichkeit für einen *Absorptionsprozeß*, dann ist $Z_{12}$ durch

$$Z_{12}=N_1\, w(\nu_{21}, T)\, B_{12}\,\Delta t \tag{3.86}$$

gegeben, wobei $w(\nu_{21}, T)$ die Plancksche spektrale Energiedichte der Hohlraumstrahlung (3.69) ist, in der wir $\nu$ gleich der Resonanzfrequenz $\nu_{21}$ des atomaren Übergangs gesetzt haben.

Im Falle der *Emission* haben wir zwei Anteile zu berücksichtigen: die *spontane* (von der vorhandenen Strahlungsdichte unabhängige) *Emission*, die mit der Wahrscheinlichkeit $A_{21}\cdot\Delta t$ erfolgen möge, und die *induzierte Emission*, deren Wahrscheinlichkeit $B_{21}\cdot\Delta t$ sei; dann ergibt sich für $Z_{21}$

$$Z_{21}=N_2[A_{21}+w(\nu_{21}, T)\, B_{21}]\,\Delta t. \tag{3.87}$$

Aus der Bilanz des kinetischen Gleichgewichts ($Z_{12}=Z_{21}$) folgt somit die wichtige Relation

$$N_1\, w(\nu_{21}, T)\, B_{12}=N_2[A_{21}+w(\nu_{21}, T)\, B_{21}]. \tag{3.88}$$

Nun lösen wir (3.88) nach $w(\nu_{21}, T)$ auf,

$$w(\nu_{21}, T) = \frac{A_{21}/B_{21}}{(B_{12}/B_{21})\exp(h\nu_{21}/k_B T) - 1}, \tag{3.89}$$

und vergleichen den entstehenden Ausdruck mit dem Planckschen Strahlungsgesetz (3.69), dann ergeben sich die Einsteinschen Relationen

$$B_{12} = B_{21} \tag{3.90}$$

und

$$A_{21} = \frac{8\pi}{c^3} h\nu_{21}^3 B_{21}. \tag{3.91}$$

Zum Auffinden der Relationen (3.90) und (3.91) für die Einstein-Übergangskoeffizienten $B_{21}$, $A_{21}$ haben wir hier speziell das thermische Strahlungsfeld im detaillierten Gleichgewicht mit einem Atom-Ensemble vorausgesetzt. Bei der Berechnung der Übergangsraten für Absorption und stimulierte sowie spontane Emission elektromagnetischer Strahlung durch Atome mit Hilfe der zeitabhängigen Störungstheorie werden wir in 22.4.1 unter allgemeineren Bedingungen darauf geführt.

Das Plancksche Strahlungsgesetz kann auch dazu dienen, das experimentell gut bekannte, temperaturabhängige *Nyquist-Rauschen* zu erklären. Bei der Temperatur $T$ tritt an einem Leiter mit dem Widerstand $R$ im Frequenzintervall zwischen $\nu$ und $\nu + \Delta\nu$ das *mittlere Rauschspannungsquadrat*

$$\overline{U^2} = 4k_B TR \frac{h\nu/k_B T}{\exp(h\nu/k_B T) - 1} \tag{3.92}$$

auf. In der „klassischen" Näherung kleiner Frequenzen und großer Temperaturen, nämlich für $h\nu/k_B T \ll 1$, ergibt sich

$$\overline{U^2} = 4k_B TR\,\Delta\nu. \tag{3.93}$$

Zur Begründung von (3.92) führen wir eine thermodynamische Überlegung durch. Wir denken uns ein physikalisches System bestehend aus einem *Strahlungsfeld eines schwarzen Körpers* (vgl. 3.2.1) und einer mit diesem im thermischen Gleichgewicht sich befindenden *Dipolantenne.* Im thermischen Gleichgewicht muß wegen des 2. Hauptsatzes von der Antenne aus dem Strahlungsfeld die gleiche Leistung aufgenommen werden, wie sie als Rauschleistung im Antennenabschlußwiderstand, der gleich dem Strahlungswiderstand der Antenne ist, dem Strahlungsfeld zur Verfügung gestellt wird. Im Sinne der in 1.2 dargelegten Modenzerlegung eines Strahlungsfeldes greifen wir uns nun die von einer Mode im Frequenzbereich $\nu, \nu + \Delta\nu$ stammende Feldstärke $\boldsymbol{E}$ heraus und berechnen die zugehörige, in der Dipolantenne der Länge $l$ induzierte Spannung $\tilde{u}_{\text{ind}} = l|\boldsymbol{E}|\sin\vartheta$, wobei $\vartheta$ der Winkel zwischen der Antennenrichtung und der Strahlrichtung ist. Zur Berechnung der mittleren Leistung müssen wir $\tilde{u}_{\text{ind}}^2$ über eine Schwingungsperiode mitteln und über alle gleichberechtigten Richtungen von $\boldsymbol{E}$ (die Strahlung ist isotrop) summieren, dann erhalten wir

$$\overline{U_{\text{ind}}^2} = l^2 \overline{\boldsymbol{E}^2} \int_0^{2\pi} d\varphi \int_0^{\pi} \sin\vartheta \, d\vartheta \sin^2\vartheta = \frac{8\pi}{3} l^2 \overline{\boldsymbol{E}^2}. \tag{3.94}$$

Die nach der klassischen Elektrodynamik zu berechnende Energiedichte bei der Feldstärke $\boldsymbol{E}$, bezogen auf den Frequenzbereich $(\nu, \nu + \Delta\nu)$, ist

$$\bar{u} = 2\left(\frac{\varepsilon_0}{2}\overline{\boldsymbol{E}^2}\right) \tag{3.95}$$

(vgl. (1.50), wobei $(\varepsilon_0/2)\,\overline{\boldsymbol{E}^2} = (\mu_0/2)\,\overline{\boldsymbol{H}^2}$ gilt).

Nach dem Planckschen Strahlungsgesetz ergibt sich für eine Mode mit fester Polarisationsrichtung im Mittel die Energie $\bar{\varepsilon} = h\nu/[\exp(h\nu/k_{\mathrm{B}}T) - 1]$, und aus den Überlegungen zur Modenzerlegung des Strahlungsfeldes in 1.2 folgt, daß $(\nu^2/c^3)\,\Delta\nu$ solcher Moden pro Volumeneinheit existieren (vgl. (1.63)). Damit ist $\bar{u}$ auch als

$$\bar{u} = \frac{\nu^2}{c^3}\,\frac{h\nu}{\exp(h\nu/k_{\mathrm{B}}T) - 1}\,\Delta\nu \tag{3.96}$$

auszudrücken. Aus der Übereinstimmung von (3.95) und (3.96) ergibt sich

$$\overline{\boldsymbol{E}^2} = \frac{\nu^2 k_{\mathrm{B}}T}{\varepsilon_0 c^3}\,\frac{h\nu/k_{\mathrm{B}}T}{\exp(h\nu/k_{\mathrm{B}}T) - 1} \tag{3.97}$$

und damit nach (3.94)

$$\overline{U_{\mathrm{ind}}^2} = \frac{8\pi}{3}\,l^2\,\frac{\nu^2 k_{\mathrm{B}}T}{\varepsilon_0 c^3}\,\frac{h\nu/k_{\mathrm{B}}T}{\exp(h\nu/k_{\mathrm{B}}T) - 1}\,\Delta\nu\,. \tag{3.98}$$

Auf der rechten Seite von (3.98) kann ein Faktor $R_s = (2\pi/3\varepsilon_0 c)(l/\lambda)^2$, der *Strahlungswiderstand der Dipolantenne*, abgetrennt werden. ($R_s$ läßt sich ausgehend von (1.73) definieren, indem man $\dot{d} = l I_0 \sin(2\pi\nu t)$ dort einsetzt, über eine Periode mittelt und die mittlere Abstrahlungsleistung mit $I_0{}^2 = 2I_{\mathrm{eff}}^2$ als $\bar{E}_{\mathrm{a}} = (2\pi/3\varepsilon_0 c)(l/\lambda)^2\,I_{\mathrm{eff}}^2 = R_s\,I_{\mathrm{eff}}^2$ schreibt.) Mittels eines Verstärkers, dessen Innenwiderstand sehr groß gegenüber $R_s$ ist, kann man eine Spannungsverstärkung mit dem Verstärkungsfaktor $V$ zu $U = VU_{\mathrm{ind}}$ vornehmen, und dann gilt für die verstärkte Rauschspannung des Strahlungswiderstands $R_s$ der Dipolantenne

$$\frac{\overline{U^2}}{V^2} = 4k_{\mathrm{B}}TR_s\,\frac{h\nu/k_{\mathrm{B}}T}{\exp(h\nu/k_{\mathrm{B}}T) - 1}\,\Delta\nu\,, \tag{3.99}$$

was für $V = 1$ auf (3.92) führt.

*Kontrollfragen*

1. Was besagen das Stefan-Boltzmann-Gesetz und das Wiensche Verschiebungsgesetz?
2. Auf welchen thermodynamischen Überlegungen beruht die Plancksche Bestimmung des Strahlungsgesetzes für die Hohlraumstrahlung?
3. Welches ist die entscheidende Stelle der Einführung des Wirkungsquantums?
4. Warum ergibt sich auf der strengen Basis der klassischen Physik nur die Rayleigh-Jeans-Näherung?
5. Leiten Sie aus dem Planckschen Strahlungsgesetz das Stefan-Boltzmann-Gesetz und das Wiensche Verschiebungsgesetz ab!
6. Welche Bedeutung haben die Einsteinschen Übergangskoeffizienten $A$ und $B$?

## 3.3 Verfeinerte Vorstellungen über die Struktur der Atome

Am Ende des Abschnitts 3.1.3.3 hatten wir kurz erwähnt, welche Diskrepanzen sich beim Versuch, die Bewegung der Elektronen im Atom nach den Gesetzen der klassischen Physik zu beschreiben, einstellten. Nunmehr wollen wir genauer darlegen, welche experimentellen Fakten über den inneren Atomaufbau es zu verstehen galt, welche neuartigen Überlegungen dazu angestellt und welche Hypothesen oder Postulate zuerst zur Überwindung der Schwierigkeiten verwendet wurden.

### 3.3.1 Serienspektren der Atome

Das Ringen um das Verständnis der in den Spektren einatomiger Gase beobachteten Gesetzmäßigkeiten gab der Atomtheorie und damit der Entstehung einer Quantenmechanik die stärksten Impulse. Am bemerkenswertesten war in diesem Zusammenhang das Auftreten von *Serien von Spektrallinien*, die qualitativ von gleicher Struktur sind. Sie beginnen mit einer Linie von niedrigster Frequenz; die folgenden diskret liegenden Linien haben einen immer kleiner werdenden Abstand, und die Folge dieser Linien besitzt einen bestimmten Häufungspunkt (*Seriengrenze*), von wo aus sich ein *kontinuierliches Spektrum* zu noch höheren Frequenzen hin erstreckt (Abb. 3.16).

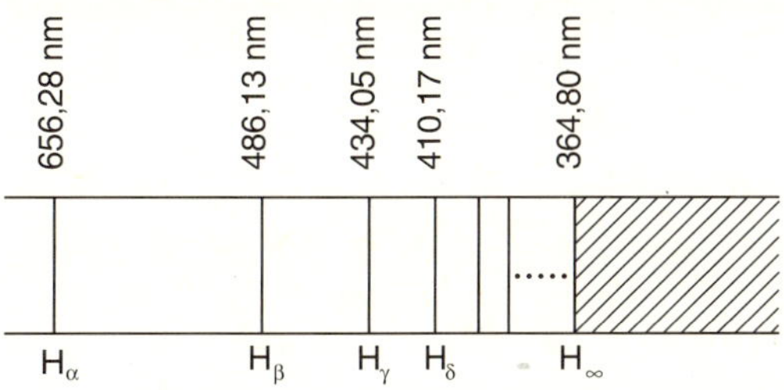


**Abb. 3.16**
Balmer-Linienspektrum des H-Atoms (schematisch)

J. J. Balmer (1885) hat aus den Meßwerten der ersten 4 Spektrallinien des *Wasserstoffatoms* im sichtbaren Spektralbereich ($H_\alpha$ bis $H_\delta$) auf eine Serienformel der Struktur

$$\lambda = C\frac{n^2}{n^2-4} \quad \text{bzw.} \quad \frac{1}{\lambda} = R\left(\frac{1}{4}-\frac{1}{n^2}\right) \quad \text{mit} \quad C = 4/R \tag{3.100}$$

und $n = 3, 4, 5, \ldots$ geschlossen. Die von dieser Formel erfaßte Linienfolge nennt man heute *Balmer-Serie*. $R$ ist eine Konstante, die auch die anderen Serien des Wasserstoff-Spektrums bestimmt und als *Rydberg-Konstante* bezeichnet wird; ihr experimenteller Wert ist $R = 109\,677{,}585\,\text{cm}^{-1}$. Balmer selbst gab auch noch eine bedeutsame Verallgemeinerung seiner Formel an, die in Wellenzahl-Form

$$\frac{1}{\lambda} = R\left(\frac{1}{m^2}-\frac{1}{n^2}\right) \tag{3.101}$$

lautet und in der $n$ und $m$ ganze Zahlen sind. Von (3.101) werden folgende bekannten Spektral-Serien des H-Atoms erfaßt: $m = 1$, $n \geqq 2$ (Lyman); $m = 2$, $n \geqq 3$ (Balmer); $m = 3$, $n \geqq 4$ (Paschen); $m = 4$, $n \geqq 5$ (Brackett); $m = 5$, $n \geqq 6$ (Pfund).

Die Lyman-Serie findet man im UV- und die Balmer-Serie im sichtbaren Spektralbereich; die anderen Serien erscheinen im IR-Bereich. Ohne gesonderte Anregung wird in Absorption nur die Lyman-Serie beobachtet.

Auch für *wasserstoffähnliche Ionen* erwies sich (3.101) bei entsprechender Abänderung der Konstanten als anwendbar. So wird durch $1/\lambda = 4R(m^{-2} - n^{-2})$ mit $m = 4$, $n \geqq 5$ die Pickering-Serie beschrieben.

Bei den Spektrallinien anderer Elemente, insbesondere in den *Alkali-* und *Erdalkalimetall-Spektren*, lassen sich auch relativ leicht Seriengesetze nachweisen. Solche Seriengesetze stellte J. R. RYDBERG (1889) auf,

$$\left(\frac{1}{\lambda}\right)_n = \left(\frac{1}{\lambda}\right)_\infty - \frac{R}{(n+\sigma)^2}, \tag{3.102}$$

wobei $(1/\lambda)_\infty$ die Seriengrenze bedeutet und $\sigma$ eine von der Serie abhängige Konstante (*Rydberg-Korrektur*) ist.

RYDBERG erkannte bereits ein weiteres Charakterisierungsmerkmal der Spektralserien. Der qualitativen Erscheinung nach unterschied er zwischen der *„scharfen Serie“* (weil die damaligen Untersuchungen scharfe Linien zeigten, s), der Haupt- oder *Prinzipalserie* (intensive Linien, p) und der *diffusen Serie* (relativ breite Linien, d) und führte die Indizes s, p, d ein (später wurde noch die Bergmann- oder *Fundamental-Serie* gefunden, der der Buchstabe f zugeordnet wurde, und weitere, auf die wir nicht eingehen wollen). Man konnte also schreiben

$$\left(\frac{1}{\lambda}\right)_n^{(i)} = \left(\frac{1}{\lambda}\right)_\infty^{(i)} - \frac{R}{(n+\sigma^{(i)})^2} \quad \text{mit} \quad i = \text{s, p, d, f};$$

dabei beginnen die scharfe und die diffuse Serie mit $n = 2$, die Prinzipalserie mit $n = 1$ und die Fundamentalserie mit $n = 3$.

Durch Vergleich der aus den Meßergebnissen erschlossenen Zahlenwerte für $(1/\lambda)_n^{(i)}$, $(1/\lambda)_\infty^{(i)}$, $\sigma^{(i)}$ und $R$ bemerkte er auch einige Relationen zwischen den Serien eines Elementes, u.a. $(1/\lambda)_\infty^{(s)} = (1/\lambda)_\infty^{(d)}$, also die Übereinstimmung der Seriengrenzen der scharfen und der diffusen Serie.

Von RYDBERG stammt auch die gebräuchliche Bezeichnung *„Term“* für mathematische Ausdrücke, die die Spektralserien festlegten und bei ihm die Form $R/(n+\sigma)^2$ hatten.

Die reziproken Wellenlängen bzw. die Frequenzen konnten somit als Differenzen von Termen geschrieben werden,

$$1/\lambda = R/(n+\sigma)^2 - R/(n'+\sigma')^2. \tag{3.103}$$

Die Prinzipalserie versteht sich dann als Kombination von s- und p-Termen, die scharfe Serie als Kombination von p- und s-Termen sowie die diffuse Serie als Kombination von p- und d-Termen.

Nach (3.103) waren damit von RYDBERG Spektralserien durch Anwendung eines Kombinationsprinzips auf spezielle Termformen erklärt worden. 1908 führte W. RITZ das *Kombinationsprinzip* als das fundamentale Prinzip der Spektroskopie in ganz allgemeiner Form ein. Die Wellenzahl $(1/\lambda)$ einer Spektrallinie ist immer als Differenz zweier Terme darstellbar, die bestimmte Atomzustände repräsentieren; dabei müssen verschiedene Wellenzahlen einer Serie zu gleichen Termen führen. Manche Termkombinationen ergeben jedoch keine beobachtbaren Spektrallinien, d.h., manche Linien sind verboten. Es bestehen für die Kombinationsmöglichkeiten *Auswahlregeln.* Als Ziel der Spektroskopie kann somit angesehen werden, das Termsystem eines physikalischen Systems (Atom, Molekül oder Festkörper) und die Kombinationsauswahlregeln zu ermitteln. Das Kombinationsprinzip als Grundprinzip der Spektroskopie hat sich in allen Frequenzbereichen – vom IR- bis Röntgen- und $\gamma$-Gebiet – ausnahmslos bewährt.

### 3.3.2 Bohrsches Atommodell

Im Rutherfordschen Institut arbeitend stellte sich N. Bohr (1913) die Aufgabe, das Rutherfordsche Atommodell derart zu modifizieren, daß die Instabilität der Elektronenhülle beseitigt wird. Er war davon überzeugt, daß es nur gelingen konnte, wenn man die klassische Theorie durch Einbeziehung des Planckschen Wirkungsquantums derart abänderte, daß man vom energetisch kontinuierlichen Verhalten zu einer diskreten Energieabhängigkeit gelangt, wie es Planck bei der Erklärung der Wärmestrahlungsgesetze (vgl. 3.2.2) und Einstein bei der Theorie des Photoeffekts (vgl. 3.1.4.2) und der spezifischen Wärme fester Körper erfolgreich praktiziert hatten. Diese Überzeugung begründete Bohr darauf, daß das Plancksche Wirkungsquantum und die für die Atommechanik im Rutherford-Modell wesentlichen Bestimmungsgrößen – Masse $m$ und Ladung $(-e)$ der Elektronen sowie Kernladungen als Vielfache von $(+e)$ – zu einem Längenparameter $a_0$ kombiniert werden können, der von der Größenordnung der gemessenen Atomausdehnung ($\approx 10^{-10}$ m) ist, nämlich

$$a_0 = (\hbar^2/m)\,(4\pi\varepsilon_0/e^2)\,. \tag{3.104}$$

Die Diskretheit der Energie bei der Elektronenbewegung im Atom sollte dann auch eine einfache Erklärung der Gesetze der Serienspektren erlauben.

N. Bohr gelangte vom instabilen Rutherfordschen Atommodell zu seinem Modell stabiler Atome mit Hilfe von zwei wesentlichen Grundannahmen, durch die postuliert wurde (daher auch *Bohrsche Postulate* genannt), daß

1. periodische Bewegungen ausführende physikalische Systeme (z.B. Elektronen im Atom) diskrete stationäre Zustände mit fester Energie besitzen, in denen keine Energieabstrahlung erfolgt und Energieabstrahlung bzw. Energieabsorption stets mit Übergängen zu solchen energetisch tieferen bzw. höheren stationären Zuständen gekoppelt sind und
2. Übergänge zwischen den stationären Zuständen – im Einklang mit den Planckschen Annahmen über die Energieaufnahme und -abgabe bei einem harmonischen Oszillator – mit einer elektromagnetischen Strahlung verknüpft sind, deren Frequenz $\nu_{n_1 n_2}$ sich nach

$$h\nu_{n_1 n_2} = E(n_1) - E(n_2) \tag{3.105}$$

berechnet, wobei $E(n_1)$ und $E(n_2)$ die Energiewerte der stationären Zustände vor und nach dem Übergang bedeuten, die durch die Indizes $n_1$ und $n_2$ bestimmt sind (Abb. 3.17).

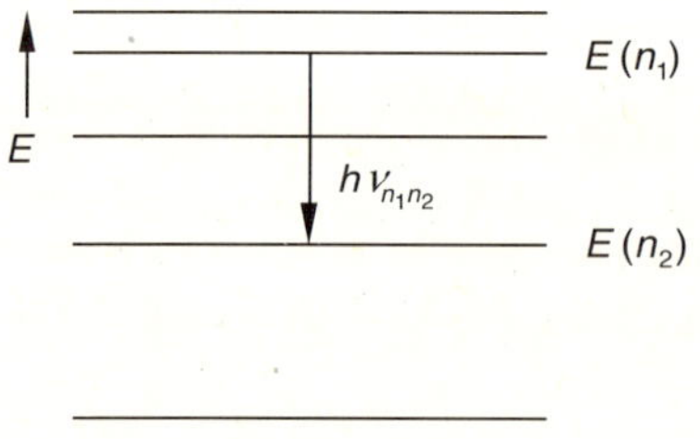


**Abb. 3.17**
Veranschaulichung der Bohrschen Postulate

Die Folge der diskreten stationären Zustände sollte einen energetisch tiefsten Zustand besitzen, den man den *Grundzustand* nennen kann, in dem sich das System ohne Einwirkung völlig *stabil* verhält, da es dann keine weitere Energie verlieren kann.

Recht bemerkenswert ist der Vergleich der Bohrschen Frequenzformel (3.105) mit der Term-Kombinationsformel (3.104). Man erkennt, daß den Rydbergschen spektroskopischen Termen die Energien der Bohrschen stationären Zustände entsprechen und daß erstere damit eine wichtige physikalische Bedeutung erhalten. Die Spektroskopie vermittelt also einen Zugang zu den Energieniveaus der stationären Zustände der atomaren Systeme; umgekehrt können bei Kenntnis der Energieniveaus die Frequenzen des Spektrums nach (3.105) berechnet werden, wobei allerdings gewisse Bedingungen (Auswahlregeln) beachtet werden müssen, auf die später eingegangen werden soll (ausführlich in 22.4.1).

Bohr hat in seiner Arbeit 1913 auch ein Verfahren angegeben, wie man aus der kontinuierlichen Energieverteilung der klassischen Theorie die diskreten Energiewerte der stationären Zustände auswählen sollte. Da dieses Verfahren von einer Korrespondenz der diskreten Energieniveaus unter solchen Bedingungen, wo diese sehr dicht liegen, mit den kontinuierlichen Energiewerten der klassischen Theorie Gebrauch macht, wird es als *Korrespondenzprinzip* bezeichnet. Auf dem Korrespondenzprinzip beruht die *ältere Quantentheorie*, die über ein Jahrzehnt (von 1913 bis 1924) die Basis der Atomphysik war; mit ihr beschäftigen wir uns genauer im nächsten Abschnitt 3.4.

### 3.3.3 Direkter Nachweis der diskreten Energieniveaus von Atomen (Franck-Hertz-Versuch)

Die Bohrschen Grundannahmen – Existenz diskreter Energiestufen im Atom und Gültigkeit der Frequenzbeziehung (3.105) – haben im Jahre 1914 durch die Elektronenstoß-Versuche von J. Franck und G. Hertz eine unmittelbare experimentelle Bestätigung erfahren.

Im ersten Teil des Versuchs wiesen sie zunächst einmal nach, daß Elektronen bestimmter kinetischer Energie beim Durchgang durch ein Gas (im Versuch Quecksilber-Dampf) dann am leichtesten Energie verlieren, indem sie diese bei einem unelastischen Stoß auf ein im Atom gebundenes Elektron übertragen, wenn ihre kinetische Energie mit der ersten Anregungsenergie für Elektronen im Atom übereinstimmt, d.h., wenn das im Atom gebundene Elektron beim Stoß so viel Energie aufnehmen kann, wie es benötigt, um vom Bohrschen Grundzustandsniveau $E(n_0)$ zum Niveau $E(n_1)$ des ersten angeregten Zustands zu gelangen. Dies trat im Versuch mit Hg-Dampf dann ein, wenn die Elektronen ihre kinetische Energie $E_{\text{kin}}$ mittels einer Beschleunigungsspannung von ungefähr 4,9 V erhielten. Registriert wurde die Anzahl $N(E_{\text{kin}})$ der Elektronen, die nach Durchgang durch den Hg-Dampf noch eine vorgegebene Energie mitbrachten, in Abhängigkeit von $E_{\text{kin}}$ (Abb. 3.18). $N(E_{\text{kin}})$ nahm mit wachsendem $E_{\text{kin}}$ zu und fiel bei $E_{\text{kin}} \approx 4{,}9\,\text{eV}$ plötzlich stark ab.

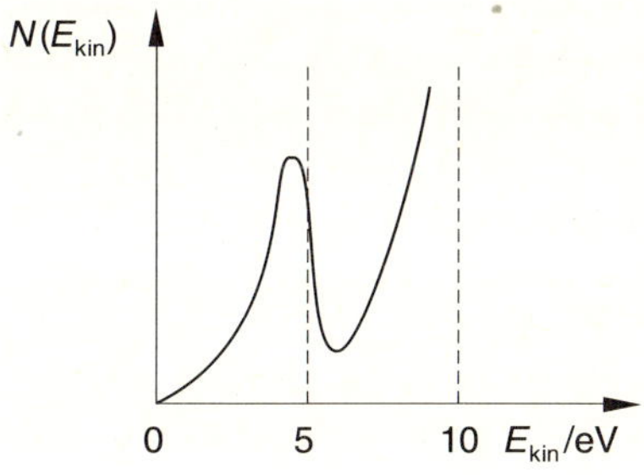


**Abb. 3.18**
Registrierung der Elektronenzahl in Abhängigkeit von der kinetischen Energie beim Elektronenstoßversuch von FRANCK und HERTZ

In Übereinstimmung mit der Auffassung, daß durch Elektronenstöße bei $E_{\text{kin}} \approx 4{,}9\,\text{eV}$ zahlreiche Atome mit jeweils einem Elektron im Anregungszustand $E(n_1)$ existieren müßten, konnten FRANCK und HERTZ aber auch gleichzeitig die mit $h\nu = E(n_1) - E(n_0)$ übereinstimmende elektromagnetische Abstrahlung bei $\lambda = 253{,}6\,\text{nm}$ beobachten, da die angeregten Atome in den Grundzustand $E(n_0)$ unter Strahlungsemission zurückkehren.

*Kontrollfragen*

1. Was versteht man unter Serienspektren?
2. Wodurch unterscheiden sich das Rutherfordsche und das Bohrsche Atommodell?
3. Was wird durch den Franck-Hertz-Versuch bewiesen?

## 3.4 Quantentheorie auf der Basis des Korrespondenzprinzips

Auf Grund der Bohrschen Theorie und der ihre Grundannahmen unwiderlegbar bestätigenden, experimentellen Aussagen von FRANCK und HERTZ war um 1914 herum die Aufgabe der theoretischen Atomphysik eigentlich klar vorgezeichnet: Es galt, eine für die Bewegung der Elektronen in der Atomhülle gültige Mechanik zu finden, die auf stabile, stationäre Elektronenzustände mit diskreten Energiewerten – anstelle des klassischen Energiekontinuums – führt. So grundsätzlich wurde jedoch das Problem vorerst nicht angegangen. Man begnügte sich mit dem Ausbau der von BOHR (1913) dargelegten, die Entdeckung des universellen Planckschen Wirkungsquantums berücksichtigenden, korrespondenzmäßigen quantentheoretischen Mechanik. Bei dieser wurden die diskreten Energiewerte der stationären Zustände nicht direkt berechnet, sondern aus dem von der klassischen Mechanik gelieferten Energiekontinuum in der Weise ausgewählt, daß in solchen Fällen, wo eine sehr dichte Folge diskreter Niveaus vorliegt, eine Korrespondenz mit dem klassischen Kontinuum besteht. Bei einigen der grundlegenden Ein-Teilchen-Probleme, wie eindimensionaler harmonischer Oszillator und Wasserstoff-Atom, war man mit dieser Methode erfolgreich, wenn man eine dabei auftretende willkürliche Konstante experimentellen Resultaten entsprechend fixierte, obwohl diese teilweise halbempirische Verfahrensweise natürlich nicht voll befriedigen konnte. Schon bei den einfachsten Mehr-Elektronen-Systemen – dem He-Atom und dem $H_2$-Molekül – kam man jedoch mit dieser korrespondenzmäßigen (älteren) Quantentheorie überhaupt nicht zurecht. Anfang der zwanziger Jahre verstärkte sich zunehmend die Überzeugung, daß eine Quantenmechanik aufgebaut werden mußte, in der das Wirkungsquantum von vornherein seinen Platz hat und nicht erst später ins Spiel gebracht wird.

### 3.4.1 Grundlagen des Korrespondenzprinzips

Die korrespondenzmäßige Theorie zur Bestimmung der diskreten Energieniveaus eines periodische Bewegungen ausführenden physikalischen Systems stellt eine Verallgemeinerung des Verfahrens dar, das Bohr (1913) zur Berechnung der Energieniveaus des H-Atoms und zur Erklärung der zugehörigen Serienspektren anwendete.

Bringt man nach Bohr beim H-Atom die Energiewerte $E(n)$ mit den spektroskopischen Termen $(-R/n^2)$ in der Form

$$h\nu_{mn} = E(m) - E(n) = chR(n^{-2} - m^{-2}) = chR\,\frac{(m-n)(m+n)}{m^2 n^2} \tag{3.106}$$

in Beziehung und setzt zur Korrespondenz mit der klassischen Theorie für die ganzen Zahlen $n, m \gg 1$ sowie $m - n \equiv \Delta n \ll n, m$ voraus, dann erhält man in erster Näherung in $\Delta n$

$$h\nu_{(n+\Delta n)n} \approx 2chR\,\frac{\Delta n}{n^3}. \tag{3.107}$$

Als kleinste Übergangsfrequenz von $E(n)$ aus ergibt sich nach (3.107) $h\nu_{(n+1)n} \approx 2chR/n^3$; diese Beziehung lösen wir nun nach $n$ auf und gehen damit in $E(n) = -chR/n^2$ ein, wodurch wir die für $n \gg 1$ gültige Formel

$$E(n) = -chR(h\nu_{(n+1)n}/2chR)^{2/3} \tag{3.108}$$

erhalten.

Andererseits kann man auf der Basis der klassischen Theorie die Energie eines Elektrons (Masse $m$, Ladung $-e$) bei seiner Bewegung im festen Zentralkraftfeld $(-(e^2/4\pi\varepsilon_0)(\boldsymbol{r}/r^3))$ berechnen und durch die reziproke Umlaufszeit $(1/\tau = \nu_{\text{klass}})$ auf der zugehörigen Ellipsenbahn, d.h. durch die Grundfrequenz der Ellipsenbewegung, ausdrücken:

$$|E| = \left[ \frac{\pi e^2 \sqrt{m}}{\sqrt{2}\, 4\pi\varepsilon_0} \nu_{\text{klass}} \right]^{2/3}. \tag{3.109}$$

($|E|$ wurde geschrieben, da man üblicherweise den Energienullpunkt so wählt, daß den Ellipsenbahnen negative Energiewerte entsprechen.)

*Korrespondenzmäßig* wird nun im Falle von $n \gg 1$ die klassische Energie $|E|$ mit $|E(n)|$ und $\nu_{\text{klass}}$ mit $\nu_{(n+1)n}$ identifiziert, und man erhält

$$chR = (m/2\hbar^2)\,(e^2/4\pi\varepsilon_0)^2 \tag{3.110}$$

und

$$E(n) = -(m/2\hbar^2)\,(e^2/4\pi\varepsilon_0)^2 \frac{1}{n^2} = -\frac{1}{2} \frac{e^2}{4\pi\varepsilon_0 a_0} \frac{1}{n^2}, \tag{3.111}$$

wobei (3.104) entsprechend der *Bohrsche Radius* $a_0$ des Wasserstoffatom-Grundzustands eingesetzt wurde.

Zur Formulierung des Korrespondenzprinzips kann man *allgemein* an die bei der Verknüpfung von (3.108) und (3.109) angewendete Relation zwischen der klassischen Grundfrequenz $\nu_{\text{klass}}$ und der Frequenz $\nu_{(n+1)n}$ anschließen, die $\nu_{(n+1)n} = 1 \cdot \nu_{\text{klass}}$ lautete. Man nimmt nun an, daß eine analoge Relation im Korrespondenzfall ($n \gg 1$) auch zwischen den höheren Harmonischen $\Delta n \cdot \nu_{\text{klass}}$ und $\nu_{(n+\Delta n)n}$ besteht, also für $\Delta n > 1$

$$\nu_{(n+\Delta n)n} = \Delta n \cdot \nu_{\text{klass}} \tag{3.112}$$

gilt; d.h., die bei Änderung von $n$ um $\Delta n$ auftretende quantentheoretische Frequenz $\nu_{(n+\Delta n)n}$ korrespondiert mit der $\Delta n$-ten Oberschwingung der klassischen Bewegung. In Verbindung mit dem zweiten Bohrschen Postulat (vgl. (3.105)), das sich angewendet für $n_1 = n + \Delta n$ und $n_2 = n$ sowie unter der Voraussetzung $n \gg \Delta n$ in der Form

$$\nu_{(n+\Delta n)n} = \frac{1}{h} [E(n+\Delta n) - E(n)] \approx \frac{1}{h} \frac{\mathrm{d}E(n)}{\mathrm{d}n} \Delta n \tag{3.113}$$

schreiben läßt, ergibt sich die *Grundgleichung der korrespondenzmäßigen Quantentheorie*

$$\nu_{\text{klass}}(E) = \frac{1}{h} \frac{\mathrm{d}E}{\mathrm{d}n}. \tag{3.114}$$

(Die Korrespondenz ist nicht eindeutig; man hätte genau so gut von $\nu_{n(n-\Delta n)} = [E(n) - E(n-\Delta n)]/h$ ausgehen und daraus (3.114) ableiten können.)

Die korrespondenzmäßige Berechnung der diskreten Energiewerte für die stationären Zustände bei periodischer Bewegung geschieht also in folgender Weise: Zuerst berechnet man die Grundfrequenz $\nu_{\text{klass}}(E)$ als Funktion der Energie nach der klassischen Mechanik. Damit geht man in (3.114) ein und löst die Differentialgleichung durch Trennung der Variablen, dann folgt die sogenannte *Hasenöhrlsche*

*Quantenbedingung*

$$h(n+\alpha)=\int \frac{\mathrm{d}E}{\nu_{\text{klass}}(E)}. \tag{3.115}$$

Die Integrationskonstante $\alpha$ bleibt im Rahmen dieser Theorie unbestimmt. Sie stellt einen ihrer „Schönheitsfehler" dar. Man muß sie bei jeder Aufgabe gesondert den experimentellen Erfordernissen anpassen. Das in (3.114) als stetige Variable auftretende $n$ wird nun schließlich als *ganzzahlige Quantenzahl* angenommen. Daran sieht man noch einmal sehr deutlich, wie aus dem klassischen Energiekontinuum die zu den ganzzahligen $n$-Werten gehörige diskrete Folge von Energieniveaus erst hinterher ausgewählt wird.

A. Sommerfeld hat 1916 eine mit (3.114) und (3.115) völlig äquivalente Form der korrespondenzmäßigen Quantentheorie angegeben, die sogenannte *Phasenintegral-Quantisierung*, die eine sehr beliebte Methode in der Periode der älteren Quantentheorie war. Den Begriff *Phasenintegral* haben wir in 1.1.1 im Rahmen der kanonischen Mechanik bereits eingeführt (vgl. (1.23)). Zur Erläuterung des Prinzips der Phasenintegral-Quantisierungsmethode betrachten wir der Einfachheit halber eine eindimensionale periodische Bewegung eines Teilchens der Masse $m$ in einem Kraftfeld mit der potentiellen Energie $U(q)$ (vgl. Abb. 3.19). Dann lautet das Phasenintegral

$$\Phi(E)=\oint p\,\mathrm{d}q=2\int_{q_2(E)}^{q_1(E)} p\,\mathrm{d}q \tag{3.116}$$

mit

$$p=\sqrt{2m[E-U(q)]}\,.$$

Ein voller Zyklus der periodischen Bewegung hat die Dauer

$$\frac{1}{\nu_{\text{klass}}}=\oint \mathrm{d}t=\oint \frac{m}{p}\,\mathrm{d}q=2\int_{q_2}^{q_1}\frac{m}{p}\,\mathrm{d}q, \tag{3.117}$$

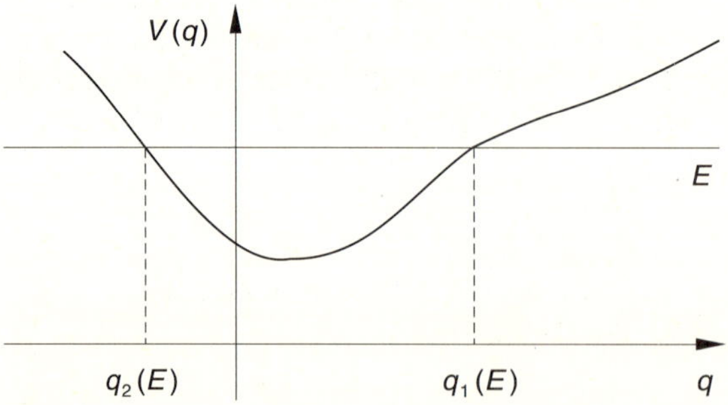


**Abb. 3.19** Schematische Erläuterung zum Phasenintegral

da $p = m\,\mathrm{d}q/\mathrm{d}t$ gilt. (3.117) ist aber auch gleich der Ableitung von $\Phi$ nach $E$, wie man anhand von (3.116) sofort sieht (man beachte dabei, daß der Integrand von (3.116) an den Integrationsgrenzen – den Umkehrpunkten der periodischen Bewegung – Null ist).

Es liegt also der Zusammenhang

$$\frac{1}{\nu_{\mathrm{klass}}} = \frac{\mathrm{d}\Phi}{\mathrm{d}E} \tag{3.118}$$

vor. Nunmehr erhalten wir sofort die Grundformel der Phasenintegral-Quantisierungsmethode, indem wir in (3.118) $\nu_{\mathrm{klass}}$ aus (3.114) einsetzen und $\mathrm{d}E$ beiderseits herauskürzen,

$$h\,\mathrm{d}n = \mathrm{d}\Phi, \tag{3.119}$$

und anschließend integrieren:

$$\Phi = h(n + \alpha). \tag{3.120}$$

Die Äquivalenz der Quantisierungsvorschrift (3.120) mit (3.114) oder (3.115) erhellt natürlich unmittelbar aus der Art des Beweises von (3.120). $n$ ist wie in (3.115) ganzzahlig zu nehmen. Um $E(n)$ zu bestimmen, muß man (3.120) nach dem in $\Phi$ enthaltenen $E$ auflösen.

Man sieht an der Grundgleichung (3.120) der Phasenintegral-Methode erneut, daß die Theorie eine unbestimmt bleibende Integrationskonstante $\alpha$ enthält, worauf oben schon hingewiesen wurde.

Wissenschaftshistorisch ist die von $\alpha$ unabhängige Relation

$$\frac{1}{2\pi} \frac{\mathrm{d}}{\mathrm{d}n} \Phi = \hbar, \tag{3.121}$$

die man aus (3.120) durch Differentiation erhält, von großem Interesse. An sie knüpfte nämlich W. Heisenberg (1924) beim entscheidenden Schritt zur Formulierung der ersten, speziellen Form der konsequenten Quantenmechanik, der Matrizenmechanik, an – vgl. (4.14).

Weiterhin stützte er sich auf die *korrespondenzmäßige Dispersionstheorie*, in der neben der Frequenz-Korrespondenz (3.112) eine Korrespondenz zwischen den Fourier-Amplituden einer periodischen Bewegung, die zu den Oberschwingungen $\Delta n \cdot \nu_{\mathrm{klass}}$ gehören, und gewissen „Übergangsamplituden", die den quantentheoretischen Frequenzen $\nu_{(n+\Delta n)n}$ zuzuordnen sind, erscheint. Setzt man in die Formel (1.73) für die Energieabstrahlung eines Dipols im Falle einer vorausgesetzten eindimensionalen periodischen Bewegung einer Ladung $e$ das Dipolmoment

$$d(t) = ex(t) = e \sum_{\tau=-\infty}^{+\infty} x_\tau e^{\mathrm{i}\tau\omega t}$$

in Fourier-Zerlegung ein, so ergibt sich für die im Mittel pro Zeiteinheit abgestrahlte elektromagnetische Energie der Ausdruck

$$A = \sum_{\tau=1}^{\infty} A_\tau, \tag{3.122}$$

der eine Summe der einzelnen Anteile $A_\tau$ der Fourier-Komponenten $x_\tau$ von $x(t)$ darstellt, wobei

$$A_\tau = \frac{4}{3c^3} \frac{e^2}{4\pi\varepsilon_0} (\tau\omega)^4 \, |x_\tau|^2 \tag{3.123}$$

gilt. Eine zu (3.123) gehörige korrespondenzmäßige, quantentheoretische Formel für die Abstrahlungsintensität erhält man durch Ersetzung der Fourier-Amplituden $x_\tau$ durch die Übergangsamplituden $x_{(n+\tau)n}$ oder $x_{n(n-\tau)}$ in analoger Weise wie oben die Ersetzung von $\tau\omega$ durch

$$\omega_{(n+\tau)n} = [E(n+\tau) - E(n)]/\hbar$$

oder

$$\omega_{n(n-\tau)} = [E(n) - E(n-\tau)]/\hbar$$

unter der Voraussetzung $n \gg 1$ und $\tau \ll n$ vorgenommen wurde:

$$A_\tau \rightarrow A_{(n+\tau)n} = \frac{4}{3c^3} \frac{e^2}{4\pi\varepsilon_0} \omega^4_{(n+\tau)n} \, |x_{(n+\tau)n}|^2 . \tag{3.124}$$

(3.124) ist so zu interpretieren, daß von einer Gesamtheit von Atomen, die sich im angeregten Zustand $(n+\tau)$ befinden, pro Atom in der Zeiteinheit die elektromagnetische Energie $A_{(n+\tau)n}$ mit der Frequenz $\omega_{(n+\tau)n}$ abgestrahlt wird, wobei jedes einzelne Atom die Energie $\hbar\omega_{(n+\tau)n}$ emittiert. Die korrespondenzmäßige Strahlungs- und Dispersionstheorie erklärt durch (3.124) bzw. durch die auf allgemeine Lage des Dipolmoments erweiterte Formel

$$A_{(n+\tau)n} = \frac{4}{3c^3} \frac{e^2}{4\pi\varepsilon_0} \omega^4_{(n+\tau)n} \left(|x_{(n+\tau)n}|^2 + |y_{(n+\tau)n}|^2 + |z_{(n+\tau)n}|^2\right) \tag{3.125}$$

die *Intensität von Spektrallinien*. Durch diese Formeln wird auch verständlich, daß bei Anwendung des Ritzschen Kombinationsprinzips *Auswahlregeln* zu beachten sind; denn korrespondenzmäßig ergibt sich ja sofort aus dem Verschwinden einer Fourier-Amplitude $x_\tau$ in der Fourier-Zerlegung des klassischen Bewegungsablaufs $x(t)$ auch das Nullwerden der entsprechenden Übergangsamplitude $x_{(n+\tau)n}$ bzw. $x_{n(n-\tau)}$ (entsprechendes gilt für $y$ und $z$, so daß sich mit den Auswahlregeln Beziehungen zur *Polarisation der Strahlung* ergeben).

In 4.1 werden wir erläutern, wie Heisenberg von (3.121) über das Korrespondenzprinzip zur strengen Matrizenmechanik gelangte und dabei auch Bewegungsgleichungen für die Gesamtheit aller Größen $x_{nk}(t) = x_{nk} \, e^{i\omega_{nk}t}$ formulierte.

### 3.4.2 Beispiele zur Handhabung des Korrespondenzprinzips

#### 3.4.2.1 *Eindimensionaler harmonischer Oszillator*

Die Energieniveaus des Oszillators sollen zur Veranschaulichung des prinzipiellen Vorgehens in der korrespondenzmäßigen Quantentheorie sowohl nach der Bohrschen Grundgleichung (3.115) als auch nach der Sommerfeldschen Phasenintegralmethode (3.116) und (3.120) berechnet werden.

Auf Grund der klassischen Mechanik (vgl. 1.1.2.1) hat man

$$\nu_{\text{klass}} = \frac{1}{2\pi}\sqrt{\frac{K}{m}} = \text{const} \equiv \frac{\omega}{2\pi}, \tag{3.126}$$

und aus (3.115) folgt

$$E(n) = \hbar\omega(n+\alpha). \tag{3.127}$$

Mit experimentellen Resultaten, die man z. B. durch die Analyse der Schwingungsspektren von Molekülen erhält, ist man im Einklang, wenn man $\alpha = 1/2$ setzt. Für den harmonischen Oszillator ergibt sich also eine äquidistante Folge von Energieniveaus

$$E(n) = \hbar\omega\left(n+\frac{1}{2}\right) \tag{3.128}$$

mit $n = 0, 1, 2, 3, \ldots$ (Abb. 3.20). Das niedrigste Niveau ($n=0$) liegt um die sogenannte Nullpunktsenergie $(1/2)\,\hbar\omega$ über dem Minimum der potentiellen Energie.

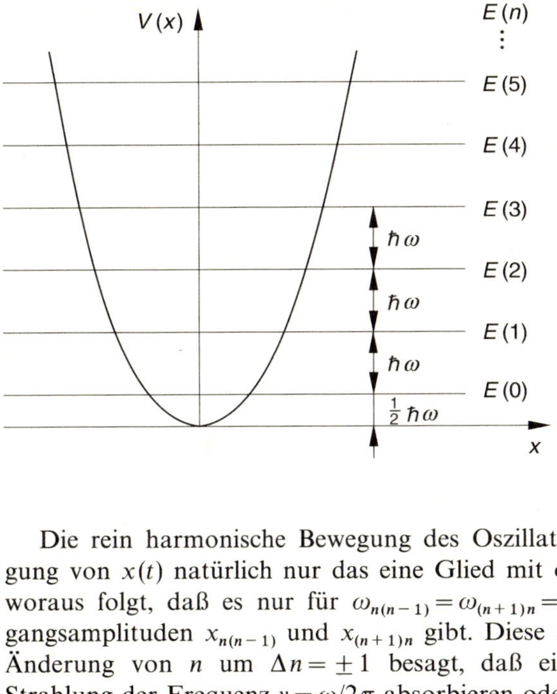


**Abb. 3.20**
Energieniveau-Schema eines eindimensionalen harmonischen Oszillators

Die rein harmonische Bewegung des Oszillators ergibt in der Fourier-Zerlegung von $x(t)$ natürlich nur das eine Glied mit der Grundfrequenz $\nu_{\text{klass}} = \omega/2\pi$, woraus folgt, daß es nur für $\omega_{n(n-1)} = \omega_{(n+1)n} = \omega$ nicht verschwindende Übergangsamplituden $x_{n(n-1)}$ und $x_{(n+1)n}$ gibt. Diese Auswahlregel über die mögliche Änderung von $n$ um $\Delta n = \pm 1$ besagt, daß ein harmonischer Oszillator nur Strahlung der Frequenz $\nu = \omega/2\pi$ absorbieren oder emittieren kann. Dieses Resultat stimmt mit der Planckschen Hypothese überein (vgl. (3.76)), nach der ein harmonischer Oszillator der Frequenz $\nu = \omega/2\pi$ nur Energiequanten der Größe $h\nu$ aufnehmen oder abgeben kann.

Nach der Phasenintegralmethode erhält man das Ergebnis (3.127) bzw. mit $\alpha = 1/2$ die Niveauformel (3.128), indem man das Phasenintegral (1.28) des eindimensionalen harmonischen Oszillators in (3.120) einsetzt.

### 3.4.2.2 *Starrer Rotator*

Für einen Körper mit dem Trägheitsmoment $\Theta$, bezogen auf eine fest vorgegebene Rotationsachse, ist bei kräftefreier Rotation die Energie klassisch-mechanisch durch

$$E = (\Theta/2)\,(2\pi\,\nu_{\text{klass}})^2 \tag{3.129}$$

gegeben. Setzt man das aus (3.129) sich ergebende $\nu_{\text{klass}}$ in (3.115) ein und löst nach $E$ auf, dann erhält man als Energiestufen des starren Rotators

$$E(m) = \frac{\hbar^2 (m+\alpha)^2}{2\Theta} \tag{3.130}$$

mit $m = 0, 1, 2, \ldots$ Die Energieniveaus des starren Rotators rücken mit wachsendem $m$ quadratisch auseinander. Zur Anregung höherer benachbarter Niveaus werden also immer größere Energiequanten benötigt. Die Rotationsspektren von Molekeln legen $\alpha = 0$ nahe.

Im Zähler von Formel (3.130) steht das Quadrat eines Ausdruckes der Dimension *Drehimpuls*. Wir können (3.130) daher auch in der Weise interpretieren, daß wir sagen, bei einer Rotation um eine feste Achse ($z$ genannt) treten nur quantisierte Werte der Drehimpulskomponente $M_z$ auf,

$$M_z = \pm m\hbar, \tag{3.131}$$

oder der *Bahn-Drehimpuls* $M_z$, bezogen auf die feste $z$-Achse, kann nur ganzzahlige Vielfache von $\hbar$ betragen.

Da die kräftefreie Rotation auch ein rein harmonischer Vorgang ist, d.h. nur eine Grundfrequenz der Bewegung existiert, ergibt sich dieselbe Auswahlregel wie beim harmonischen Oszillator; nämlich nur die Änderung von $m$ um $\Delta m = \pm 1$ ist zulässig.

### 3.4.2.3 *Elektron im Coulomb-Potential*

Durch Umbenennung der Konstanten $\gamma M m$ im Kraftgesetz des Kepler-Problems (vgl. 1.1.2.2) in $Ze^2/4\pi\varepsilon_0$ und Identifizierung von $m$ mit der Elektronenmasse erhält man aus (1.41) sofort die Energie, ausgedrückt durch die Phasen-Integrale $\Phi_r$, $\Phi_\vartheta$, $\Phi_\varphi$,

$$E = H = -[(2\pi)^2/2]\,[mZ^2e^4/(4\pi\varepsilon_0)^2]\,(\Phi_r + \Phi_\vartheta + \Phi_\varphi)^{-2}. \tag{3.132}$$

Wenden wir nun die Phasenintegral-Methode an und setzen nach (3.120)

$$\Phi_r = h(n_r + \alpha_r), \qquad \Phi_\vartheta = h(n_\vartheta + \alpha_\vartheta), \qquad \Phi_\varphi = h(n_\varphi + \alpha_\varphi),$$

dann ergibt sich beim Einsetzen in (3.132) die ganze Zahl $n \equiv n_r + n_\vartheta + n_\varphi$ und die gemeinsame Konstante $\alpha \equiv \alpha_r + \alpha_\vartheta + \alpha_\varphi$ und damit die Energieniveaufolge

$$E(n) = -(1/2)\,(mZ^2/\hbar^2)\,(e^2/4\pi\varepsilon_0)^2\,(n+\alpha)^{-2} \tag{3.133}$$

mit $n = 1, 2, 3, \ldots$; experimentelle H-Spektren (3.101) liefern $\alpha = 0$.

Die die stationären Zustände $E(n)$ festlegende Quantenzahl $n$ wird *Hauptquantenzahl* genannt. Die Spektralserienbezeichnung s, p, d, f, ... hängt mit der *Nebenquantenzahl* $l = n_\vartheta + n_\varphi - 1 = 0, 1, 2, \ldots$ zusammen. $m_l = n_\varphi$ ist die *magnetische Quantenzahl*, die z.B. die Niveauaufspaltungen erfaßt, die auftreten, wenn auf das Atom ein homogenes Magnetfeld einwirkt (Zeeman-Effekt). Zwischen den Quantenzahlen $n, l, m_l$ wurden die Relationen $l \leqq n-1$ und $-l \leqq m_l \leqq +l$ gefunden.

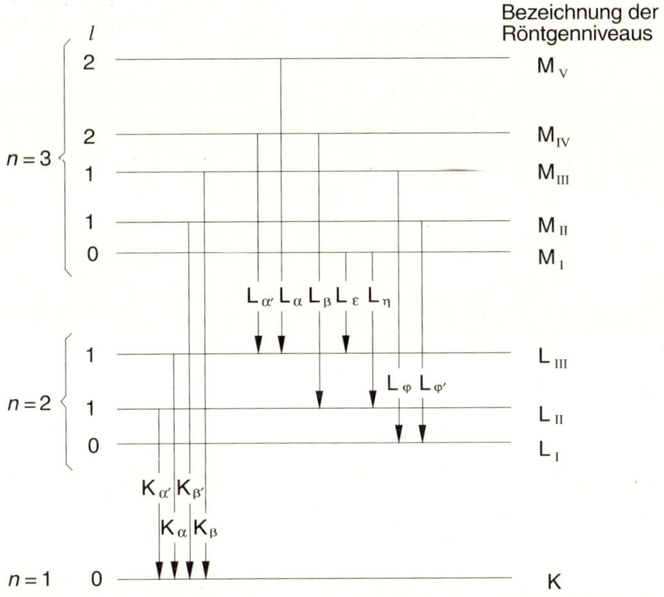


**Abb. 3.21** Termschema und Übergänge des charakteristischen Röntgenspektrums

Die Kennzeichnung der Elektronenzustände in den Atomen durch $n$, $l$, $m_l$ ist die Grundlage des *Bohrschen Aufbauprinzips der Elektronenhülle* der Atome: Die Elektronen besetzen normalerweise die energetisch günstigsten Zustände. Unter Hinzunahme des von W. PAULI (1925) entdeckten Besetzungsverbots, nach dem jeder durch die Quantenzahlen $n$, $l$, $m_l$ festgelegte Zustand höchstens von 2 Elektronen besetzt werden kann, konnte schließlich eine Beziehung zwischen dem *Periodensystem der Elemente* und einem *Schalen-Aufbau der Elektronenhülle* der Atome hergestellt werden. Auf dieser Basis wurde auch ein weitgehendes Verständnis der *Serienspektren* (vgl. 3.3.1) und der *charakteristischen Röntgenspektren* der Atome erzielt. Die Serienspektren ergeben sich bei Elektronenanregungen in *äußeren* Schalen der Elektronenhülle (Anregung von Leuchtelektronen). Die charakteristische Röntgenstrahlung tritt auf, wenn durch Anregung von Elektronen in *inneren* Schalen frei gewordene Plätze wieder mit Elektronen, die aus äußeren Schalen stammen, besetzt werden (vgl. Abb. 3.21).

### 3.4.3 Unzulänglichkeiten der korrespondenzmäßigen (älteren) Quantentheorie

Die auf dem Korrespondenzprinzip beruhende ältere Quantentheorie weist einige ihr innewohnende Schwierigkeiten auf, die deutlich machen, daß sie noch keine ausgereifte Theorie war, sondern nur ein Zwischenstadium darstellte.

Wie aus unseren Darlegungen erkennbar ist, können korrespondenzmäßig nur periodische und mehrfach periodische Vorgänge quantisiert werden. Man mußte sich daher die Frage vorlegen, wie eine Theorie mit Berücksichtigung des universellen Wirkungsquantums für nichtperiodische Probleme formuliert werden müßte.

Eine wesentliche Inkonsequenz enthält das Korrespondenzprinzip an sich, indem es der für eine Bewegung mit *fester* Energie zu berechnenden klassischen Frequenz $\nu_{\text{klass}}(E)$ (bzw. deren höheren Harmonischen) eine quantentheoretische Frequenz $\nu_{n(n-\tau)}$ zuordnet, die durch *zwei* der diskreten Energiewerte bestimmt wird.

Auf das Auftreten der theoretisch unbestimmbaren Integrationskonstanten $\alpha$ haben wir oben schon mehrfach hingewiesen.

Die Gleichungen (3.113) und (3.114) zeigen, daß die Korrespondenz-Methode die Ersetzung eines Differenzenquotienten durch einen Differentialquotienten bedeutet. Daraus ist zu folgern, daß sie nur für glatte Kurvenverläufe der potentiellen Energie oder für nicht zu starke Veränderlichkeit des $\nu_{\text{klass}}$ mit $E$ gute Ergebnisse erwarten läßt. Besondere Schwierigkeiten sind zu erwarten, wenn Sprungstellen der potentiellen Energie vorliegen (wie z. B. bei einer Potentialschwelle), was sich später, als sich Vergleichsmöglichkeiten mit der strengen Quantenmechanik ergaben, auch bestätigte.

In der Atom- und Molekültheorie wurden nach der korrespondenzmäßigen Quantentheorie eigentlich nur im Falle der beiden Ein-Elektronen-Probleme H-Atome und $He^+$-Ion befriedigende Resultate erzielt. Jedoch schon Ergebnisse der Theorie für das Wasserstoff-Molekülion ($H_2^+$) durch W. PAULI (1922) waren zweifelhaft wie auch solche zum He-Atom von H. A. KRAMERS (1922); speziell die Ionisierungsenergien (von $H_2$ zu $H_2^+$ bzw. von He zu $He^+$) kamen falsch heraus.

Trotz der zahlreichen offengebliebenen Probleme hat die korrespondenzmäßige Quantentheorie über ein Jahrzehnt der Atomphysik immer wieder Impulse zur weiteren und tiefergehenden Erforschung der Struktur der Elektronenhülle verliehen und den Boden bereitet für eine entscheidende Weiterentwicklung der Physik, wie sie mit der Schaffung der konsequenten Quantentheorie 1925/26 begann.

*Kontrollfragen*

1. Welche Quantisierungsvorschrift beinhaltet das Korrespondenzprinzip?
2. Welcher Zusammenhang besteht zwischen Phasenintegral-Quantisierungsmethode und Korrespondenzprinzip?
3. In welcher Hinsicht ist die korrespondenzmäßige Quantentheorie inkonsequent?

## 3.5 Wellenaspekt der stofflichen Materie

Noch bevor der Schritt von der korrespondenzmäßigen zur konsequenten Quantenmechanik vollzogen wurde, bahnte sich ab 1924 eine andere Entwicklungsrichtung an. Sie wurde 1924 von L. DE BROGLIE in seiner Dissertation durch eine kühne, spekulativ anmutende *Wellentheorie der stofflichen Materie* initiiert und von E. SCHRÖDINGER 1925/26 zur *wellenmechanischen Form der Quantenmechanik* ausgebaut, noch bevor es stützende, experimentelle Belege für den von DE BROGLIE eingeführten Wellenaspekt gab. (Stoffliche Materie besteht aus Korpuskeln mit einer von Null verschiedenen Ruhmasse; für den Gegenstand der Wellentheorie der stofflichen Materie hat sich als Bezeichnung „Materiewellen“ eingebürgert.) Beugungsexperimente mit Korpuskularstrahlen (Elektronenstrahlen) an Kristallen (in analoger Weise wie die Röntgenwellen-Beugung) wurden erst 1927 von C. J. DAVISSON und L. H. GERMER durchgeführt, und es wurden dabei die theoretischen Vorhersagen von DE BROGLIE glänzend bestätigt gefunden.

Wir wollen in 3.5.1 mit experimentellen Fakten beginnen und daran in 3.5.2 eine klassische Theorie der Materiewellen anschließen; damit entsprechen wir allerdings nicht dem historischen Ablauf.

### 3.5.1 Nachweis der Materiewellen durch Beugungsexperimente

Der erste Nachweis des Wellenaspekts der Elektronenstrahlen durch DAVISSON und GERMER beruhte auf der Beobachtung von selektiven Elektronenreflexionen bei Einstrahlung mit einer kinetischen Energie von einigen 100 eV an der (111)-Fläche eines Ni-Einkristalls. Die Verteilung der Intensitätsmaxima der rückgestreuten Elektronen entsprach einem *Laue-Rückstrahl-Diagramm* für Röntgenstrahlenexperimente.

Wie bei Röntgenstrahlen werden die Beugungsmaxima auch bei den Elektronenstrahlen durch die Laueschen Fundamentalgleichungen (vgl. (1.139) bzw. (3.40)) bestimmt, die aus der Grundgleichung (1.131) für die Streuung an einem Raumgitter folgen. Für Elektronenstrahlen gilt eine Gleichung mit im Grundsätzlichen analoger Struktur. Unterschiede bestehen natürlich in der *Bedeutung* der eingehenden Größen. Der für die Röntgenwellen-Streuung verantwortlichen periodischen Ladungsdichte $n(\boldsymbol{r})$ des Kristalls entspricht bei der Elektronen-Streuung das periodische Kristallpotential $V(\boldsymbol{r})$ der Kerne und der Elektronen, wodurch sich Unterschiede in den Feinheiten beider Beugungserscheinungen ergeben. Während es bei Röntgenstrahlen durchaus gerechtfertigt ist, außerhalb der stark lokalisiert angenommenen Streuzentren mit der Vakuumwellenlänge zu rechnen, wird im Falle der Elektronenstrahlen durch $V(\boldsymbol{r})$ die Geschwindigkeit der Elektronen in größeren Bereichen beeinflußt, was sich auf die Wellenlänge auswirkt (Ortsabhängigkeit der Wellenlänge).

Entscheidend für den Aufbau der Materiewellentheorie ist, daß zwischen dem in (1.131) stehenden Quadrant des Wellenzahlvektors $\boldsymbol{q}^2$, aus dessen Betrag sich über $\lambda = 2\pi/|\boldsymbol{q}|$ die Wellenlänge ergibt, und der Frequenz $\omega$ der Materiewellen ein ganz anderer Zusammenhang (Dispersionsrelation) angenommen werden muß als bei elektromagnetischen Wellen ($\boldsymbol{q}^2 \sim \omega^2$), worauf wir noch ausführlich zu sprechen kommen werden.

Die im Falle der Röntgenstrahlung aus den Laueschen Fundamentalgleichungen in 3.1.4.1 hinsichtlich verschiedener Beugungsexperimente gezogenen Schlußfolgerungen lassen sich auf die Beugung von Korpuskularstrahlen direkt übertragen, worüber wir eine Zusammenstellung geben wollen.

Ebenfalls von DAVISSON und GERMER wurden 1928 *Bragg-Reflexe* mit Elektronenstrahlen beobachtet, deren Richtungen (Winkel $\vartheta$) durch den Netzebenenabstand $d$ des Kristalls und die den Elektronenstrahlen zuzuordnende Wellenlänge $\lambda$ festgelegt waren, wie es in (3.43) zum Ausdruck kommt.

Noch im Jahre 1928 wurden von G. P. THOMSON und A. REID beim Durchgang von Elektronen mit einer kinetischen Energie von einigen $10^4$ eV durch Zelluloid-Folien auch *Debye-Scherrer-Ringe* wie beim Kristallpulver-Verfahren mit Röntgenstrahlen beobachtet; dasselbe gelang auch an Metallfolien.

Später nahm man auch „echte *Laue-Diagramme*" beim Durchstrahlen dünner Einkristallschichten (z. B. NaCl-Einkristallschichten), die die Elektronen noch zu durchdringen vermögen, auf.

Aus allen Elektronenbeugungsexperimenten war zu schlußfolgern, daß den Elektronenstrahlen mit konstanter Geschwindigkeit eine Wellenlänge $\lambda$ zuzuordnen ist, die reziprok zur Elektronengeschwindigkeit $v$ ist. Wenn die Elektronen ihre Geschwindigkeit $v$ beim Durchlaufen einer Potentialdifferenz $V$ erhalten $\left(\frac{m}{2} v^2 = eV\right)$, so ist die Wellenlänge proportional zu $V^{-1/2}$. Für eine experimentell bequem realisierbare Potentialdifferenz $V = 150$ Volt findet man $\lambda = 10^{-10}$ m, d.h. also die Größenordnung der Röntgenwellenlängen, womit es verständlich wird, daß die Elektronenbeugung bevorzugt an Kristallgittern nachgewiesen werden kann.

Beugungsexperimente ließen sich aber auch mit anderen Korpuskularstrahlen durchführen:

*Protonenstrahlen-Interferenzen* bei thermischen Geschwindigkeiten (Temperatur 300 K) wies TH. H. JOHNSON (1931) an LiF-Kristallen nach, wobei die mittlere Wellenlänge $1{,}58 \cdot 10^{-10}$ m betrug.

I. ESTERMANN und O. STERN unternahmen 1929–32 Versuche mit neutralen *He-Atomen* und *$H_2$-Molekeln*. Die Atom- bzw. Molekülstrahlen, in denen thermische Geschwindigkeitsverteilungen vorlagen, „monochromatisierten" sie mittels zweier synchronlaufender, in bestimmtem Abstand voneinander stehender Zahnräder; nur Teilchen in einem sehr engen Geschwindigkeitsbereich wurden dabei durchgelassen, da nur die Teilchen, die in einer definierten Zeit die Strecke zwischen den beiden Zahnrädern zurücklegen, durch die Zahnzwischenräume beider Räder hindurchschlüpfen können. Als maximale Wellenlänge bei der Temperatur von 580 K zur Erzeugung der Atom- bzw. Molekülstrahlen wurde bei der Beugung an LiF-Kristallen für He-Atomstrahlen $4{,}0 \cdot 10^{-11}$ m und für $H_2$-Molekülstrahlen $5{,}7 \cdot 10^{-11}$ m festgestellt.

Besondere Aufmerksamkeit beanspruchen die *Neutronenbeugungsexperimente*. Erste solche Versuche wurden 1936 von W. ELSASSER, H. v. HALBAN und P. PREIS-

WERK mit polykristallinem Eisen als Streukörper durchgeführt und ebenfalls 1936 von D. P. MITCHELL und P. N. POWERS verbessert. Um die zur Beugung an Kristallen benötigte Wellenlänge von $10^{-10}$ m zu erreichen, war es nötig – wie bei den Protronenstreuexperimenten –, Geschwindigkeiten im thermischen Bereich zu haben; dies erreichte man z.B., indem man die von einem Radium-Beryllium-Präparat gelieferten Neutronen in Paraffin abbremste und so ein mittleres $\lambda$ von $1{,}58 \cdot 10^{-10}$ m gewann. Heute hat man intensive Neutronenströme mit thermischen Geschwindigkeiten aus den Atom-Reaktoren zur Verfügung, und die Neutronenbeugungsmethode ist ein ganz wichtiges Hilfsmittel der Festkörperuntersuchung geworden. Neutronen besitzen einen Eigendrehimpuls (Spin), der mit einem magnetischen Moment verknüpft ist; dadurch ist die Neutronenbeugungsmethode besonders zur Aufklärung magnetischer Strukturen in Festkörpern geeignet. Die die Streuung bestimmende potentielle Energie bedeutet dann die Wechselwirkung des magnetischen Moments des Neutrons mit der Verteilung der magnetischen Momente der Streuzentren des Festkörpers.

*Elektronenstrahlen* haben in zweierlei Hinsicht wissenschaftlich-technische Bedeutung erlangt.

Die Elektronenstrahlen-Beugung wurde zu einer wertvollen Materialuntersuchungsmethode als Ergänzung der Röntgenstrahlen-Beugungsmethode entwickelt; sie hat gegenüber letzterer teilweise Vorteile, da man Elektronenstrahlen mit viel höherer Intensität herstellen und damit die Bestrahlungszeiten um mehrere Größenordnungen (von Stunden auf Sekunden) reduzieren kann. Durch Wahl der beschleunigenden Spannungsdifferenz kann man auch die Wellenlänge der Elektronen leichter variieren, als es bei der Röntgenstrahlung möglich ist.

Die zweite Entwicklungsrichtung betrifft die direkte Sichtbarmachung feinster Strukturen. Dringen Elektronenstrahlen durch ein Objekt oder werden sie an der Oberfläche reflektiert, so tritt je nach Beschaffenheit des Objektes eine unterschiedliche Schwächung auf, die zu einer vergrößerten Abbildung der Struktur des Objektes genutzt werden kann wie beim Lichtmikroskop. Daher wird eine solche Anordnung auch *Elektronenmikroskop* genannt. Bei den üblichen Beschleunigungsspannungen sind die Wellenlängen der Elektronenstrahlen etwa um den Faktor $10^{-4}$ kleiner als die Wellenlängen des sichtbaren Lichtes. Dies hat zur Folge, daß das Auflösungsvermögen des Elektronenmikroskops erheblich größer ist; man ist bis zur Sichtbarmachung größerer Molekeln gelangt.

Die Übersicht über die Materiewellen-Beugungsexperimente wollen wir zur Vorbereitung auf die im folgenden zu entwickelnde klassische Materiewellentheorie mit einer Zusammenfassung der wichtigsten Fakten beschließen. Die Auswertung aller Elektronenbeugungsexperimente beweist, daß zwischen der Elektronengeschwindigkeit $v$ und der Wellenzahl $|\boldsymbol{q}|$ bzw. der Wellenlänge $\lambda$ (genannt De-Broglie-Wellenlänge) die Beziehung

$$|\boldsymbol{q}| = 2\pi/\lambda \sim v \tag{3.134}$$

besteht. Die Experimente mit schweren Partikeln (Protonen, Neutronen, He-Atome, $H_2$-Molekeln) bewiesen, daß die Wellenlänge zur reziproken Masse der Teilchen proportional ist. Insgesamt wurde die von L. DE BROGLIE 1924 durch theoretische

Überlegungen eingeführte Relation

$$|\boldsymbol{p}| = mv = h/\lambda = \hbar\,|\boldsymbol{q}| \tag{3.135}$$

zwischen Teilchenimpuls $mv$ und Wellenzahl $|\boldsymbol{q}|$ sowie dem Planckschen Wirkungsquantum $h = 2\pi\hbar$ bestätigt, die der Photonenrelation (3.52) entspricht und mit der DE BROGLIE versuchte, den beim Elektromagnetismus damals bereits vielfältig nachgewiesenen Dualismus zwischen Wellen- und Teilchenaspekt auch auf die stoffliche Materie zu übertragen.

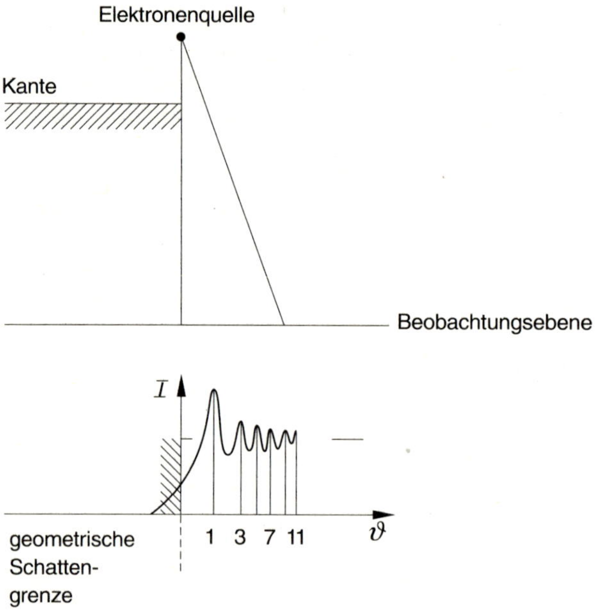


**Abb. 3.22**
Schema der Versuchsanordnung und der Intensitätsverteilung bei der Elektronenbeugung nach BOERSCH

Für die Bestätigung der De-Broglie-Beziehung (3.135) ist ein Elektronenstrahl-Beugungsversuch von H. BOERSCH aus dem Jahre 1940 noch von besonderem Interesse, bei dem die Elektronen an einer geraden, scharfen Trennlinie zwischen Vakuum und einer für Elektronen undurchlässigen Metallschicht gebeugt werden. In der Nähe der Kante wird ein „Einpendeln" der Intensität $I(\vartheta)$ beobachtet, wie es in Abb. 3.22 schematisch dargelegt ist. Die Auswertung dieses Versuches auf der Basis der zugehörigen Fresnelschen Beugungstheorie erlaubt die Berechnung von $\lambda$ aus rein makroskopisch meßbaren Größen (ohne mikroskopische Kristallbau-Konstanten heranziehen zu müssen).

### 3.5.2 Klassische Wellentheorie der stofflichen Materie

Eine Wellengleichung für die Materiewellen hat DE BROGLIE 1924 noch nicht angegeben; eine solche hat erst E. SCHRÖDINGER 1926 aufgestellt, jedoch verfolgte er dabei ein anderes Anliegen (vgl. Kapitel 5). Um die im Kapitel 5 darzulegende Wellenmechanik als spezielle Form der konsequenten Quantenmechanik besser herausstellen zu können, wollen wir hier noch die wesentlichsten Gesichtspunkte einer klassischen Materiewellentheorie vorstellen. Zur Gewinnung der Wellengleichung schlagen wir einen heute üblichen Weg ein, indem wir (3.135) mit einer Dispersionsrelation der Form (1.142) in Verbindung bringen und dabei die Teilchengeschwindigkeit $v$ mit der auf gleiche Art meßbaren Gruppengeschwindigkeit $v_{gr} = (d\omega/dq)_0$ eines Wellenpaketes identifizieren (vgl. 1.3.4). Damit hier stets explizit erkennbar wird, daß es sich um eine klassische Wellentheorie handeln soll, benutzen wir noch nicht den Faktor $\hbar$, wie es DE BROGLIE tat, sondern schreiben anstelle von (3.135)

$$\mu v = \mu v_{gr} = \mu (d\omega/dq)_0 = q_0, \tag{3.136}$$

wobei hinsichtlich ihrer Masse die stoffliche Materie durch den Parameter $\mu$ charakterisiert wird (der Einfachheit halber wollen wir zuerst eindimensional rechnen). Den in Gleichung (3.136) zum Ausdruck kommenden Zusammenhang zwischen $q_0$ und $(d\omega/dq)_0$ im Maximum der Wellenzahlverteilung des Wellenpaketes setzen wir nun als allgemein gültig voraus, d.h., wir nehmen

$$\mu \frac{d\omega}{dq} = q \tag{3.137}$$

an. Durch Integration von (3.137) erhält man dann die Dispersionsrelation

$$\omega(q) = \frac{1}{2\mu} q^2 + \text{const}, \tag{3.138a}$$

der man auch die an (1.142) anknüpfende Form

$$\omega(q) = \omega_0 + \frac{q_0}{\mu}(q - q_0) + \frac{1}{2\mu}(q - q_0)^2 \tag{3.138b}$$

geben kann, wobei die Zusammenhänge

$$\omega_0 = q_0{}^2/2\mu, \quad (d\omega/dq)_0 = q_0/\mu, \quad (d^2\omega/dq^2)_0 = 1/\mu \tag{3.139}$$

bestehen müssen.

Wir suchen nun eine Wellengleichung als lineare, raum-zeitliche partielle Differentialgleichung derart, daß für jede Teilwelle in einem Wellenpaket $\psi(x, t)$ (vgl. (1.140)) die Dispersionsbeziehung (3.138) gilt. Diese Forderung erfüllt die Differentialgleichung

$$i \frac{\partial}{\partial t} \psi(x, t) = -\frac{1}{2\mu} \frac{\partial^2}{\partial x^2} \psi(x, t), \tag{3.140}$$

wie man durch Einsetzen von (1.140) in Verbindung mit (3.138) leicht verifiziert. (3.140) ist die Wellengleichung für eine durch den Parameter $\mu$ charakterisierte, kräftefrei bewegte stoffliche Materie.

Ein Gaußsches Wellenpaket (1.143) als Lösung von (3.140) hat die Eigenschaft, daß es sich mit der Gruppengeschwindigkeit $v_{\mathrm{gr}} = q_0/\mu$ bewegt und dabei im Laufe der Zeit, bedingt durch $(\mathrm{d}^2\omega/\mathrm{d}q^2)_0 = 1/\mu \neq 0$, zerfließt.

Um zu einer Wellengleichung für die stoffliche Materie unter einer äußeren Einwirkung zu gelangen, müssen wir die Dispersionsrelation (3.138a) so abändern, daß der experimentellen Erfahrung Rechnung getragen wird, nach der in einem Bereich mit niedriger potentieller Energie Korpuskularstrahlen eine höhere Geschwindigkeit und damit eine höhere Wellenzahl besitzen und umgekehrt. Beschreiben wir die Ladungseigenschaft einer solchen stofflichen Materie durch den Parameter $\eta$ und die äußere Einwirkung durch das Potential $V$, so haben wir anstelle von Gleichung (3.138a)

$$\omega - \eta V = \frac{1}{2\mu} q^2 \tag{3.141}$$

anzunehmen. Aus (3.141) erhalten wir für jeden Bereich $x_j - \Delta x_j/2 \leqq x \leqq x_j + \Delta x_j/2$, in dem $V$ den mittleren, konstanten Wert $V(x_j)$ hat, auf Grund derselben Schlußweise, wie sie zu (3.140) führte, die Wellengleichung

$$\mathrm{i}\frac{\partial}{\partial t}\psi(x,t) - \eta V(x_j)\,\psi(x,t) = -\frac{1}{2\mu}\frac{\partial^2}{\partial x^2}\psi(x,t). \tag{3.142}$$

Die Gesamtheit der Wellengleichungen (3.142) für alle $x_j$-Bereiche wird im Grenzfall einer beliebig feinen Unterteilung (d.h. $\Delta x_j \to 0$) von der für ein ortsabhängiges $V(x)$ geltenden Wellengleichung

$$\mathrm{i}\frac{\partial}{\partial t}\psi(x,t) = \left[-\frac{1}{2\mu}\frac{\partial^2}{\partial x^2} + \eta V(x)\right]\psi(x,t) \tag{3.142a}$$

erfaßt. Diese Ableitung erlaubt die Folgerung, daß die allgemeine, dreidimensionale *Grundgleichung für die Wellentheorie der stofflichen Materie*, die durch zwei Parameter $\mu$ und $\eta$ charakterisiert wird, bei einer Wechselwirkung mit einem äußeren nicht-konservativen Feld (Potential $V(\boldsymbol{r}, t)$)

$$\mathrm{i}\frac{\partial}{\partial t}\psi(\boldsymbol{r},t) = \left[-\frac{1}{2\mu}\Delta + \eta V(\boldsymbol{r},t)\right]\psi(\boldsymbol{r},t) \tag{3.143}$$

lautet.

Im konservativen Fall ($V = V(\boldsymbol{r})$) folgt aus (3.143) mit $\psi(\boldsymbol{r},t) = \varphi(\boldsymbol{r}) \cdot \exp(-\mathrm{i}\omega t)$ die stationäre Gleichung, die (1.131) entspricht und auf deren Basis in 3.5.1 die Materiewellenstreuexperimente in Analogie zur Röntgenstreuung interpretiert wurden.

In der klassischen Materiewellentheorie wird

$$\varrho(\boldsymbol{r},t) = \psi^*(\boldsymbol{r},t)\,\psi(\boldsymbol{r},t) \tag{3.144}$$

als *Dichte der stofflichen Materie* am Ort $\boldsymbol{r}$ zur Zeit $t$ interpretiert. Durch Differentiation von (3.144) nach $t$ und Ausnützung der Grundgleichung (3.143) für $\psi$ und der konjugiert-komplexen Gleichung für $\psi^*$ kann man sofort die *Bilanzgleichung* für die stoffliche Materie (differentieller Erhaltungssatz)

$$\frac{\partial}{\partial t}\,\varrho(\boldsymbol{r},t)+\nabla_{\boldsymbol{r}}\,\boldsymbol{j}(\boldsymbol{r},t)=0 \tag{3.145}$$

ableiten, wobei die *Stromdichte der stofflichen Materie* $\boldsymbol{j}(\boldsymbol{r},t)$ durch

$$\boldsymbol{j}(\boldsymbol{r},t)=\frac{1}{2\mathrm{i}\eta}\,[\psi^*(\nabla_{\boldsymbol{r}}\psi)-(\nabla_{\boldsymbol{r}}\psi^*)\,\psi] \tag{3.146}$$

definiert ist. (Man beachte die völlige Analogie zwischen (3.145) und der Ladungsbilanzgleichung (1.48) der klassischen Elektrodynamik.)

Die Integration von (3.144) über den gesamten, von stofflicher Materie erfüllten Raum ergibt die Gesamtmenge $M$ der stofflichen Materie

$$M=\int\psi^*(\boldsymbol{r},t)\,\psi(\boldsymbol{r},t)\,\mathrm{d}^3\boldsymbol{r}, \tag{3.147}$$

für die ein *integraler Erhaltungssatz*

$$\frac{\mathrm{d}}{\mathrm{d}t}\,M=0 \tag{3.148}$$

gilt, wenn $M$ über einen endlichen Raumbereich verteilt ist. Wenn die Materieverteilung bis ins Unendliche reicht, müssen $\psi$ und $\nabla_{\boldsymbol{r}}\psi$ im Unendlichen genügend rasch gegen Null streben, wenn (3.148) gelten soll; denn beim Beweis von (3.148) ergibt sich nach Anwendung des Gaußschen Integralsatzes auf die rechte Seite von $\mathrm{d}M/\mathrm{d}t=\int\nabla_{\boldsymbol{r}}\boldsymbol{j}(\boldsymbol{r},t)\,\mathrm{d}^3\boldsymbol{r}$ *nur unter diesen Voraussetzungen* die Null.

Mit Hilfe der Materiedichte (3.144) könnn wir den *Massenmittelpunkt* $\bar{\boldsymbol{r}}$ einer Materieverteilung,

$$\bar{\boldsymbol{r}}=\frac{1}{M}\int\boldsymbol{r}\,\varrho\,\mathrm{d}^3\boldsymbol{r}=\frac{1}{M}\int\psi^*(\boldsymbol{r},t)\,\boldsymbol{r}\,\psi(\boldsymbol{r},t)\,\mathrm{d}^3\boldsymbol{r}, \tag{3.149}$$

einführen und dann durch Berechnung von $\dot{\bar{\boldsymbol{r}}}$ und $\ddot{\bar{\boldsymbol{r}}}$ Bewegungsgleichungen für diesen ableiten. Unter den in Zusammenhang mit dem Erhaltungssatz (3.148) formulierten Voraussetzungen findet man leicht

$$\begin{aligned}\dot{\bar{\boldsymbol{r}}}&=\frac{1}{M}\int\boldsymbol{j}\,\mathrm{d}^3\boldsymbol{r}=\frac{1}{M}\int\frac{1}{2\mathrm{i}\mu}\,[\psi^*(\nabla_{\boldsymbol{r}}\psi)-(\nabla_{\boldsymbol{r}}\psi^*)\,\psi]\,\mathrm{d}^3\boldsymbol{r}\\&=\frac{1}{M}\frac{1}{\mu}\int\psi^*\left(\frac{1}{\mathrm{i}}\,\nabla_{\boldsymbol{r}}\right)\psi\,\mathrm{d}^3\boldsymbol{r},\end{aligned} \tag{3.150}$$

und bei nochmaliger zeitlicher Differentiation erhält man

$$\mu\ddot{\bar{\boldsymbol{r}}}=\frac{1}{M}\int\psi^*(-\eta\nabla_{\boldsymbol{r}}V)\,\psi\,\mathrm{d}^3\boldsymbol{r}=\frac{1}{M}\int\varrho(-\eta\nabla_{\boldsymbol{r}}V)\,\mathrm{d}^3\boldsymbol{r}. \tag{3.151}$$

Gleichung (3.151) heißt *Ehrenfestsches Theorem*; es besagt, daß sich der Massenmittelpunkt $\bar{\boldsymbol{r}}$ eines Wellenpaketes (einer genügend lokalisierten Materieverteilung) nach einer Newtonschen Bewegungsgleichung bewegt, da man die rechte Seite von (3.151) als die über die Materieverteilung gemittelte äußere Kraft verstehen kann.

Abschließend wollen wir noch ein paar, die klassische Materiewellentheorie kennzeichnende Fakten herausstellen.

Für ein kräftefreies Wellenpaket $\psi(x, t)$ treffen alle in 1.3.4 und 1.3.5 gemachten Voraussetzungen zu, und wir dürfen die dort gewonnenen Resultate auf die Materiewellen anwenden. Aus der Unschärferelation (1.153) können wir unter Beachtung der De-Broglie-Beziehung (3.136) die Ungleichung

$$\left[\overline{(\Delta x)^2} \cdot \overline{(\Delta v)^2}\right]^{1/2} \geqq 1/2\mu \tag{3.152}$$

gewinnen, die eine *Unschärfebeziehung* zwischen Ort und Geschwindigkeit einer kräftefreien Materieanhäufung zum Ausdruck bringt.

Speziell für ein Gaußsches Wellenpaket können wir aus (1.144) mit $(\mathrm{d}^2\omega/\mathrm{d}q^2)_0 = 1/\mu$ nach (3.139) auf die Breite (definiert durch den Abstand des Wendepunkts der $(\psi^*\psi)$-Kurve vom Maximum auf der $x$-Achse)

$$\Delta x = (1/2\,\Delta q)\,[1 + 4(\Delta q)^4\, t^2/\mu^2]^{1/2} \tag{3.153}$$

schließen. Wir erkennen, daß $\Delta x \cdot \Delta q$ für $t = 0$ seinen Minimalwert 1/2 im Einklang mit (1.153) besitzt, dann aber mit wachsendem $t$ zunimmt.

Um besser beurteilen zu können, unter welchen Bedingungen sich das „Zerfließen" eines Wellenpaketes besonders deutlich auswirkt, wollen wir eine numerische Abschätzung einfügen. Wir führen $\Delta x_0 \equiv 1/2\,\Delta q$ ein, dann folgt aus (3.153)

$$\Delta x = \Delta x_0 \{1 + [t/2\mu(\Delta x_0)^2]^2\}^{1/2}. \tag{3.154}$$

Man erkennt, daß ein großes $\mu$ das „Zerfließen" erschwert und eine kleine Anfangsausdehnung $\Delta x_0$ es begünstigt. Für ein anfangs auf eine atomare Längendimension ($\Delta x_0 \approx 10^{-10}$ m) lokalisiertes Elektron ($\hbar\mu = m = 9{,}11 \cdot 10^{-31}$ kg) ergibt sich $2\mu(\Delta x_0) \approx 2 \cdot 10^{-16}$ s und damit eine Verdoppelung der Ausdehnung bereits nach $t \approx 3{,}4 \cdot 10^{-16}$ s, d.h. ein äußerst rasches „Zerfließen".

Bei makroskopischen Körpern ($\hbar\mu = m \approx 1$ kg und $\Delta x_0 \approx 10^{-1}$ m) ergibt sich dagegen in kosmologisch großen Zeiten keine spürbare Ausdehnungsveränderung, da der Faktor $2\mu(\Delta x_0)^2$ die Größenordnung $10^{32}$ s bekommt.

Das eigentliche de-Brogliesche Anliegen, Bausteine des Atoms (z.B. ein Elektron) durch ein Wellenpaket im anschaulich klassischen Sinne darzustellen, stößt also auf eine unüberwindliche Schwierigkeit, da eine partikelartige Lokalisierung sich in ungeheuer kurzen Fristen auflöst.

Zur Grundgleichung (3.143) ist noch die folgende Bemerkung sehr wichtig, die auch verdeutlicht, daß eine anschauliche, klassische Interpretation der Theorie der Materiewellen nicht konsequent möglich ist: Von einer kontinuierlich verteilten stofflichen Materie – insbesondere wenn sie elektrisch geladen ist – erwartet man, daß zwischen ihren Teilen eine Wechselwirkung besteht, oder anders ausgedrückt, daß das Potential $V$ einen Anteil umfassen muß, der immer vorhanden ist (auch ohne äußeren Einfluß) und von der Materieverteilung selbst noch abhängt, so daß (3.143) eigentlich als eine nichtlineare Gleichung in $\psi$ aufgefaßt werden müßte. Nur wenn die Materieverteilung eine sehr geringe Dichte $\varrho$ besitzt, so daß die innere Wechselwirkung gegenüber einem von außen eingeprägten Einfluß (äußeres Potential) vernachlässigt werden kann, dürften wir $V$ als *vorgegebene* Funktion von $\boldsymbol{r}$ ansehen, wie wir es bisher getan haben. Am unbefriedigsten ist die Situation, wenn eine im klassischen Teilchenbild als ein einzelner Massenpunkt vorausgesetzte stoffliche Materie wellentheoretisch beschrieben werden soll. Für ein *punktförmiges Teilchen* sind innere Wechselwirkungen (Raumladungseffekte) unvorstellbar; es kann nur Kraftwirkungen, die von einem äußeren Potential herrühren, unterliegen. Daher müßte man im Ein-Teilchen-Fall der Wellentheorie strenggenommen stets die inneren Wechselwirkungen negieren, obgleich sich im Laufe der Zeit immer eine kontinuierliche Materieverteilung herausbildet.

Die Behebung der aufgezeigten Komplikationen war es, die die von DE BROGLIE und SCHRÖDINGER im klassischen Sinne konzipierte Wellentheorie der stofflichen Materie in eine Quantentheorie verwandelte, worauf wir noch ausführlich im Kapitel 5 zu sprechen kommen werden. Der Formalismus der klassischen Materiewellen-Theorie ist schon weitgehend der der Wellenmechanik, nur seine Interpretation wird unter Einbeziehung des Planckschen Wirkungsquantums entscheidend abzuändern sein.

*Kontrollfragen*

1. Welche Nachweisexperimente für Materiewellen kennen Sie?
2. Wodurch ist die De-Broglie-Wellenlänge bestimmt?
3. Welcher Zusammenhang besteht zwischen Teilchengeschwindigkeit und Dispersionsrelation der Materiewellen?
4. Wie lautet die Grundgleichung für die Materiewellentheorie?
5. Wie lautet die Bilanzgleichung für die Dichte der stofflichen Materie?
6. Leiten Sie den Erhaltungssatz für die Gesamtmenge der stofflichen Materie ab!
7. Was besagt der Ehrenfestsche Satz?
8. Wie lautet die Unschärfebeziehung zwischen Ort und Geschwindigkeit einer Materieanhäufung?
9. Warum kann man ein lokalisiertes Teilchen nicht durch ein Materie-Wellenpaket beschreiben?

# 4 Heisenbergsche Matrizenmechanik

Die mit der Bohrschen korrespondenzmäßigen Atommechanik begonnene Entwicklung wurde 1925 von W. Heisenberg, M. Born und P. Jordan durch den Aufbau einer im atomaren Bereich gültigen Mechanik, der Matrizenmechanik, folgerichtig zu Ende geführt – vgl. [B-10, 11, 12, 13]. Heisenbergs Überlegungen dazu lag das heuristische Prinzip zugrunde, daß sich die Aussagen einer konsequenten physikalischen Theorie nur auf solche Begriffe und Größen beziehen sollten, die Messungen prinzipiell zugänglich sind. In dieser Hinsicht hegte er bezüglich klassisch geprägter Begriffe wie „Bahnkurve eines Elektrons im Atom" oder „Ort" und „Geschwindigkeit" sowie „Umlaufzeit" eines Elektrons im Atom Zweifel. Als geeignete atomare Meßgrößen erschienen dagegen die energetischen Anregungsstufen beim Elektronenstoß (vgl. 3.3.3 – Franck-Hertz-Versuch), die mit den Übergängen zwischen den Anregungsstufen verknüpften Frequenzen der elektromagnetischen Ausstrahlung und die zugehörigen Strahlungsintensitäten samt Polarisationen (vgl. 3.3.1 – Serienspektren der Atome).

Wir beginnen in 4.1 mit der Einführung von Matrizen für die physikalischen Größen nach Heisenberg, Born und Jordan und schließen daran in 4.2 die dynamischen Grundgleichungen an. Abschließend betrachten wir in 4.3 als Beispiel für das matrizenmechanische Vorgehen den eindimensionalen harmonischen Oszillator.

## 4.1 Einführung in die Matrizenmechanik

Wie bereits in 3.4.1 bei der quantitativ-formelmäßigen Fassung des Korrespondenzprinzips angedeutet wurde, kann man bei einem periodischen Vorgang $x(t)$ nach einer Fourier-Zerlegung in der Form $x(t) = \sum_{\tau} x_{\tau}\, \mathrm{e}^{\mathrm{i}\tau\omega t}$ den Grund- und Oberfrequenzen $\tau\omega$ *Übergangsfrequenzen*

$$\omega_{(n+\tau)n} = \frac{1}{\hbar}\left[E(n+\tau) - E(n)\right], \tag{4.1}$$

wobei $E(n)$ die Energiestufen des Systems beschreiben, und den entsprechenden Amplituden $x_{\tau}$ der Fourier-Reihe von $x(t)$ komplexe *Übergangsamplituden*

$$x_{(n+\tau)n} = |x_{(n+\tau)n}|\, \mathrm{e}^{\mathrm{i}\delta_{(n+\tau)n}} \tag{4.2}$$

zuordnen, die ebenfalls zum Übergang von $E(n+\tau)$ nach $E(n)$ gehören sollen. Heisenberg vermutete, daß mit der Gesamtheit aller $x_{nk}\, \mathrm{e}^{\mathrm{i}\omega_{nk}t}$ alle Erscheinungen beschreibbar sein müßten, die bei einem physikalischen System, das eindimensionale periodische Bewegungen ausführen kann, von Interesse sind. Bei Durchnumerierung der Energiestufen mit $E_0$, $E_1$, $E_2$, ... ergibt sich unmittelbar, daß eine gute Übersicht erreicht wird, wenn man die $x_{nk}\,e^{i\omega_{nk}t}$ in einem quadratischen Schema

$$\begin{pmatrix} x_{00} & x_{01}\,e^{i\omega_{01}t} & x_{02}\,e^{i\omega_{02}t} & \dots \\ x_{10}\,e^{i\omega_{10}t} & x_{11} & x_{12}\,e^{i\omega_{12}t} & \dots \\ x_{20}\,e^{i\omega_{20}t} & x_{21}\,e^{i\omega_{21}t} & x_{22} & \dots \\ \cdot & \cdot & \cdot & \dots \\ \cdot & \cdot & \cdot & \dots \\ \cdot & \cdot & \cdot & \dots \end{pmatrix} \tag{4.3}$$

anordnet, was wir abgekürzt

$$\mathbf{x} = \{x_{nk}\,e^{i\omega_{nk}t}\} \tag{4.4}$$

schreiben wollen.

Aus der Verknüpfung zwischen der Fourier-Reihe für $x(t)$ und der Gesamtheit $\mathbf{x}(t)$ ergeben sich auch Rechenregeln für die Elemente $x_{nk}\,e^{i\omega_{nk}t}$ von $\mathbf{x}$. Wir möchten nochmals deutlich hervorheben, daß dem Index $\tau$ bei $x_\tau$ und $\tau\omega$ in der Fourier-Reihe zwei Indizes $n$ und $k$ des quadratischen Schemas zugeordnet sind. Um eindeutige Rechnungen durchführen zu können, legen wir uns auf folgende Übertragungsvorschrift fest:

$$x_\tau = x_{n-k} \longrightarrow x_{nk}, \qquad \tau\omega = (n-k)\,\omega \longrightarrow \omega_{nk}, \tag{4.5}$$

wobei $\tau = n - k$ gilt, d.h., die Differenz von erstem und zweitem Index in $x_{nk}$ bzw. $\omega_{nk}$ ergibt den Index $\tau$ der Fourier-Glieder.

Aus der für reelles $x(t)$ notwendig folgenden Relation $x_{-\tau} = x_\tau^*$ können wir nun über $x_{-\tau} \longrightarrow x_{kn}$ und $x_\tau \longrightarrow x_{nk}$ sofort auf die Reellitätsrelation für die Elemente von $\mathbf{x}$ schließen:

$$x_{kn} = x_{nk}^*. \tag{4.6}$$

Im Einklang mit dem mathematischen Sprachgebrauch bezeichnen wir das quadratische Schema (4.3) als *Matrix*. Die Relation (4.6) besagt dann, daß der Fourier-Reihe für das *reelle* $x(t)$ eine *hermitesche Matrix* zugeordnet wird.

Die Übersetzung eines Produktes zweier Fourier-Reihen

$$x = \sum_\sigma x_\sigma\,e^{i\sigma\omega t} \quad \text{und} \quad y = \sum_\varrho y_\varrho\,e^{i\varrho\omega t}$$

in den entsprechenden Matrizen-Ausdruck lehrt, daß die eingeführten Matrizen auch den Rechenregeln eines Matrizenringes gehorchen, denn es gilt für das Fourier-Reihen-Produkt

$$z = xy = \sum_\sigma \sum_\varrho x_\sigma y_\varrho\,e^{i(\sigma+\varrho)\omega t}, \tag{4.7}$$

woraus sich nach Einführung von $\sigma + \varrho = \tau$ und Ersetzung von $\sum_\varrho$ durch $\sum_\tau$

$$\sum_\tau z_\tau\,e^{i\tau\omega t} = \sum_\tau \Big(\sum_\sigma x_\sigma y_{\tau-\sigma}\Big)\,e^{i\tau\omega t}$$

und damit

$$z_\tau = \sum_\sigma x_\sigma y_{\tau-\sigma} \tag{4.8}$$

ergibt. Gehen wir nun mit $\sigma = n - l$, $\tau - \sigma = l - k$ und $\tau = n - k$ zu den Matrizen über, so bekommen wir aus (4.8) das Matrizenprodukt der zeitunabhängigen Elemente

$$z_{nk} = \sum_l x_{nl} y_{lk} \tag{4.9}$$

und finden an Stelle von (4.7) das Matrizenprodukt

$$\mathbf{z} = \mathbf{x}\mathbf{y}, \tag{4.10}$$

was für die Elemente

$$\{z_{nk}\, \mathrm{e}^{\mathrm{i}\omega_{nk}t}\} = \{\sum_l x_{nl} y_{lk}\, \mathrm{e}^{\mathrm{i}(\omega_{nl} + \omega_{lk})t}\} \tag{4.11}$$

bedeutet, wobei sich $\omega_{nk} = \omega_{nl} + \omega_{lk}$ unmittelbar aus der Übertragung von $\tau\omega = (\sigma + \varrho)\,\omega = \sigma\omega + (\tau - \sigma)\,\omega$ nach (4.5) ergibt.

Zur Ableitung eines quantentheoretischen Grundgesetzes für die Amplituden $x_{nk}$ und die Frequenzen $\omega_{nk}$ ließ sich HEISENBERG in seinen Überlegungen von der Bohrschen Frequenzbedingung (3.105) leiten. Ausgehend von der dazu gehörenden speziellen Korrespondenzrelation für $E(n)$

$$\tau\omega = \tau \frac{1}{\hbar} \frac{\mathrm{d}E}{\mathrm{d}n} \longrightarrow \omega_{(n+\tau)n} = \frac{1}{\hbar}\,[E(n+\tau) - E(n)] \tag{4.12}$$

schloß er auf die Gültigkeit einer allgemeinen Korrespondenzrelation für eine beliebige Größe $f(n)$,

$$\tau \frac{\mathrm{d}}{\mathrm{d}n} f(n) \longrightarrow f(n+\tau) - f(n), \tag{4.13}$$

und benutzte dann diese als Vorschrift für die Übertragung von Ausdrücken der klassischen Mechanik in die Quantenmechanik. Sein Ziel bestand nun darin, aus der Phasenintegral-Quantisierung eine strenge quantenmechanische Grundformel zu gewinnen. Für einen eindimensionalen periodischen Vorgang $x(t)$ bekommt (3.121) die Form

$$\frac{1}{2\pi} \frac{\mathrm{d}}{\mathrm{d}n} \oint m\dot{x}^2\, \mathrm{d}t = \hbar. \tag{4.14}$$

Führen wir hier zunächst die Fourier-Reihe $x(t) = \sum_\sigma x_\sigma\, \mathrm{e}^{\mathrm{i}\sigma\omega t}$ ein, so haben wir

$$\begin{aligned} \dot{x}^2 &= -\sum_\varrho \sum_\tau \mathrm{e}^{\mathrm{i}(\tau+\varrho)\omega t}\, \omega^2 \varrho\tau x_\varrho x_\tau \\ &= -\sum_\varkappa \mathrm{e}^{\mathrm{i}\varkappa\omega t} \sum_\tau \tau\omega(\varkappa - \tau)\,\omega x_\tau x_{\varkappa-\tau} \end{aligned}$$

einzusetzen; dann kann die Zeitintegration über eine Periode ausgeführt werden, wobei nur das Glied mit $\varkappa = 0$ einen Beitrag liefert und sich mit $\oint \mathrm{d}t = 2\pi/\omega$ aus (4.14)

$$\frac{m}{2\pi}\frac{\mathrm{d}}{\mathrm{d}n}\oint \dot{x}^2\,\mathrm{d}t = \frac{\mathrm{d}}{\mathrm{d}n}\left(-m\sum_\tau \tau(-\tau)\,\omega x_\tau x_{-\tau}\right)$$

$$= m\sum_\tau \tau\frac{\mathrm{d}}{\mathrm{d}n}(\tau\omega\,|x_\tau|^2) = \hbar \tag{4.15}$$

ergibt. Die Abhängigkeit des $\tau\omega\,|x_\tau|^2$ von $n$ bekommt man durch die Übertragung auf die Matrizenelemente nach

$$\tau\omega\,|x_\tau|^2 \to \omega_{(n+\tau)n}\,|x_{(n+\tau)n}|^2 . \tag{4.16}$$

Zur Anwendung von (4.13) haben wir $f(n+\tau)$ mit $\omega_{(n+\tau)n}\,|x_{(n+\tau)n}|^2$ zu identifizieren und gelangen zu folgendem Zusammenhang:

$$\sum_\tau \tau\frac{\mathrm{d}}{\mathrm{d}n}(\tau\omega\,|x_\tau|^2) \to \sum_\tau \{\omega_{(n+\tau)n}\,|x_{(n+\tau)n}|^2 - \omega_{n(n-\tau)}\,|x_{n(n-\tau)}|^2\} . \tag{4.17}$$

(4.17) können wir noch vereinfachen, indem wir beachten, daß die Summation über alle positiven und negativen Zahlen $\tau$ läuft; deshalb können wir im zweiten Glied auf der rechten Seite von (4.17) $\tau$ durch $(-\tau)$ ersetzen und erhalten wegen (4.6) und $\omega_{nk} = -\omega_{kn}$ das erste Glied noch einmal; also gilt

$$\sum_\tau \tau\frac{\mathrm{d}}{\mathrm{d}n}(\tau\omega\,|x_\tau|^2) \to 2\sum_\tau \omega_{(n+\tau)n}\,|x_{(n+\tau)n}|^2 . \tag{4.18}$$

Insgesamt ergibt also die Übertragung der Phasenintegral-Beziehung (3.121) bzw. (4.14) in die Heisenbergsche quantenmechanische Matrizendarstellung bei Einführung von $n+\tau = k$ und Ersetzung von $\sum_\tau$ durch $\sum_k$ das Grundgesetz

$$2m\sum_k \omega_{kn}\,|x_{kn}|^2 = \hbar . \tag{4.19}$$

Das Resultat (4.19) können wir in Worten so aussprechen: Der Ableitung des Phasenintegrals $\left(\frac{\mathrm{d}}{\mathrm{d}n}\frac{1}{2\pi}\Phi\right)$ ist in der Quantenmechanik ein Matrixelement $2m\sum_k \omega_{kn}\,|x_{kn}|^2$ zuzuordnen, das nur zu *einem* herausgegriffenen Zustand $(n)$ gehört, also ein Diagonalelement ist; eine Verschärfung des Korrespondenzprinzips wird dadurch erfüllt, daß dieses Diagonalelement gleich $\hbar$ (dem durch $2\pi$ dividierten Planckschen Wirkungsquantum) gesetzt wird.

Aufbauend auf Heisenbergs Überlegungen, die in der Aussage der Formel (4.19) gipfelten, entwickelten Born und Jordan (1925) eine *quantenmechanische Dynamik*. Für die ein dynamisches System beschreibenden Größen – generalisierte Koordinate $q$ und kanonischer Impuls $p$ im eindimensionalen Falle – sind hermitesche Matrizen $\mathbf{q}$ und $\mathbf{p}$ in der Form

$$\mathbf{q} = \{q_{nk}\,\mathrm{e}^{\mathrm{i}\omega_{nk}t}\}, \qquad \mathbf{p} = \{p_{nk}\,\mathrm{e}^{\mathrm{i}\omega_{nk}t}\} \tag{4.20}$$

anzusetzen, wobei die Indizes der Matrixelemente mit der Numerierung der Energieniveaus des Systems zusammenhängen sollen. Da Matrizen im allgemeinen nichtkommutative mathematische Gebilde sind, liegt es nahe, in der Nichtkommutativität von $\mathbf{q}$ und $\mathbf{p}$ gerade den Unterschied zwischen quantentheoretischer und klassischer Mechanik zu sehen und diese Nicht-Kommutativität der $\mathbf{q}$ und $\mathbf{p}$, deren Produkt die Dimension Wirkung hat, mit dem Planckschen Wirkungsquantum in Verbindung zu bringen. Geht man in Analogie zur fundamentalen Poisson-Klammer (1.9) von der aus dem Kommutator

$$[\mathbf{q}, \mathbf{p}] \equiv \mathbf{q}\mathbf{p} - \mathbf{p}\mathbf{q} \tag{4.21}$$

aufgebauten hermiteschen Matrix

$$\mathrm{i}[\mathbf{q}, \mathbf{p}] \tag{4.22}$$

aus und setzt $\mathbf{q} = \mathbf{x}$ und $\mathbf{p} = m\dot{\mathbf{x}}$ nach (4.4) ein, so erhält man das allgemeine $(n, l)$-Element

$$(\mathrm{i}m[\mathbf{x}, \dot{\mathbf{x}}])_{nl} = m\, \mathrm{e}^{\mathrm{i}\omega_{nl}t} \sum_k (\omega_{nk} - \omega_{kl})\, x_{nk} x_{kl}. \tag{4.23}$$

Aus (4.23) ergibt sich das $(n, n)$-Diagonalelement als

$$(\mathrm{i}m[\mathbf{x}, \dot{\mathbf{x}}])_{nn} = -2m \sum_k \omega_{kn}\, |x_{nk}|^2, \tag{4.24}$$

d.h. das Negative des Heisenbergschen Ausdrucks (4.19).

Nun liegt der das Heisenbergsche Resultat verallgemeinernde Schluß nahe, als den Übergang von der klassischen Mechanik zur Quantenmechanik die Einführung der hermiteschen Matrizen $\mathbf{q}$ und $\mathbf{p}$ anzusehen, deren Nicht-Kommutativität durch die für die Diagonalelemente geltende Vertauschungsregel

$$([\mathbf{q}, \mathbf{p}])_{nn} = (\mathbf{q}\mathbf{p} - \mathbf{p}\mathbf{q})_{nn} = \mathrm{i}\hbar \tag{4.25}$$

festgelegt wird. Für die Nichtdiagonalelemente von (4.23) hat man keine korrespondenzmäßige Festlegung. Von Born wurde daher aus heuristischen Überlegungen, daß man der Kommutativität der Klassik noch so nahe als möglich bleiben sollte, vorgeschlagen, sie Null zu setzen. Unter Verwendung der Einheitsmatrix $\mathbf{I}$ schreibt sich daher die *fundamentale Vertauschungsregel der Quantenmechanik* (in der Form der Matrizenmechanik)

$$[\mathbf{q}, \mathbf{p}] = \mathrm{i}\hbar\mathbf{I}. \tag{4.26}$$

## 4.2 Matrizenmechanische Dynamik

Für den Aufbau einer quantenmechanischen Dynamik ist nun die Bestimmung der zeitlichen Ableitung der einer physikalischen Größe $G$ zugeordneten Matrix $\mathbf{G}$ von Interesse. Der formale Zusammenhang zwischen der Poisson-Klammer-Relation (1.9) und der Kommutator-Relation (4.26) läßt die Vermutung aufkommen, daß es ein allgemeines Prinzip ist, daß beim Übergang von der klassischen Mechanik zur Matrizenmechanik Poisson-Klammern von Größen $A(q,p)$ und $B(q,p)$ durch

Kommutatoren aus Matrizen **A** und **B** zu ersetzen sind unter Hinzufügung des Faktors $i\hbar$ an passender Stelle. Eine Stützung erfährt diese Vermutung durch folgende Überlegung: Einer Größe $G$ sei die Matrix

$$\mathbf{G} = \{G_{nk}\, e^{i\omega_{nk}t}\} \tag{4.27}$$

zugeordnet. Dann ist folglich $\dot{\mathbf{G}}$ die Matrix

$$\dot{\mathbf{G}} = \{i\,\omega_{nk}\, G_{nk}\, e^{i\omega_{nk}t}\}. \tag{4.28}$$

Mit Hilfe der Diagonalmatrix

$$\mathbf{E} = [E_n\, \delta_{nk}\}, \tag{4.29}$$

deren Elemente $E_n\,\delta_{nk}$ zu $\omega_{nk}$ in der Beziehung

$$\omega_{nk} = \frac{1}{\hbar}\,(E_n - E_k) \tag{4.30}$$

stehen sollen, ergibt sich die Kommutator-Relation

$$[\mathbf{E}, \mathbf{G}] = \mathbf{EG} - \mathbf{GE} = \{\hbar\,\omega_{nk}\, G_{nk}\, e^{i\omega_{nk}t}\}. \tag{4.31}$$

Vergleicht man nun (4.28) mit (4.31) Element für Element, dann findet man zwischen $\dot{\mathbf{G}}$ und $[\mathbf{E}, \mathbf{G}]$ den Zusammenhang

$$i\hbar\dot{\mathbf{G}} = [\mathbf{G}, \mathbf{E}]. \tag{4.32}$$

Dies bedeutet aber mit $H = E$ die Matrizenübertragung von (1.11), wenn $\partial G/\partial t = 0$ ist, in völlig der gleichen Weise, wie wir die Übertragung von (1.9) zu (4.26) gefunden haben. Die Voraussetzung von $\mathbf{H} = \mathbf{E}$ als Diagonalmatrix war notwendig, da wir von (4.29) Gebrauch machen wollten, wonach die Indizierung der Matrixelemente durch die Energieniveau-Numerierung bestimmt wird. (4.27) wird deshalb auch *Energie-Darstellung* von **G** genannt.

Die Möglichkeit zur korrespondenzmäßigen Übertragung der kanonischen Gleichung (1.6) bzw. (1.10) erkennt man nun leicht daraus, daß man für eine *Hamilton-Matrix* **H**, die eine ganze rationale Funktion der Matrizen **q** und **p** ist, mittels der Vertauschungsrelation (4.26) durch Induktionsschluß direkt

$$i\hbar\,\frac{\partial \mathbf{H}}{\partial \mathbf{p}} = [\mathbf{q}, \mathbf{H}] \quad \text{und} \quad (-i)\hbar\,\frac{\partial \mathbf{H}}{\partial \mathbf{q}} = [\mathbf{p}, \mathbf{H}] \tag{4.33}$$

beweisen kann. Daher sind als *kanonische Gleichungen der Matrizenmechanik*

$$\begin{aligned} i\hbar\dot{\mathbf{q}} &= [\mathbf{q}, \mathbf{H}] = i\hbar\,\frac{\partial \mathbf{H}}{\partial \mathbf{p}} \\ i\hbar\dot{\mathbf{p}} &= [\mathbf{p}, \mathbf{H}] = -i\hbar\,\frac{\partial \mathbf{H}}{\partial \mathbf{q}} \end{aligned} \tag{4.34}$$

anzusetzen.

Die bereits angedeutete formale Analogie zwischen der klassischen kanonischen Mechanik (vgl. 1.1.1) und der Matrizenmechanik ist sehr eng. Da wir im Komplex C in deduktiver Weise darauf zurückkommen werden, möchten wir uns hier nur noch mit ein paar wichtigen Hinweisen begnügen. Den kanonischen Transformationen entsprechen *unitäre Transformationen* der Matrizen $\mathbf{G}$,

$$\mathbf{G}' = \mathbf{U}^+ \mathbf{G} \mathbf{U} \tag{4.35}$$

mit

$$\mathbf{U}^+ = \mathbf{U}^{-1} \tag{4.36}$$

($\mathbf{U}^+$ hermitesch-adjungierte und $\mathbf{U}^{-1}$ reziproke Matrix zur Transformationsmatrix $\mathbf{U}$). Durch sie werden Kommutatorrelationen nicht verändert, und der Hermitezitätscharakter der Matrizen bleibt bei ihnen erhalten.

Von Interesse sind insbesondere solche unitären Transformationen, bei denen die Matrizen physikalischer Größen diagonalisiert werden, da die dann vorliegenden Eigenwerte dieser Matrizen die möglichen Meßwerte repräsentieren, so wie wir es in (4.29) für die Energie angenommen haben.

Wie in der klassischen Mechanik die zeitliche Entwicklung als kanonische Transformation zu beschreiben ist, so ist das in der Matrizenmechanik mit Hilfe unitärer Transformationen möglich:

$$\mathbf{G}(t) = \mathbf{U}^+(t-t_0)\, \mathbf{G}(t_0)\, \mathbf{U}(t-t_0). \tag{4.37}$$

Mit $\mathbf{G}(t_0) = \mathbf{q}(t_0)$ oder $\mathbf{p}(t_0)$ erhält man aus (4.37) in Verbindung mit (4.34) für $\mathbf{U}$ die Bestimmungsgleichung

$$\mathrm{i}\hbar \frac{\mathrm{d}\mathbf{U}}{\mathrm{d}t} = \mathbf{H}(t_0)\, \mathbf{U}. \tag{4.38}$$

Im konservativen Falle hat (4.38) die Lösung

$$\mathbf{U}(t-t_0) = \exp\left\{-\frac{\mathrm{i}}{\hbar}(t-t_0)\, \mathbf{H}(t_0)\right\}, \tag{4.39}$$

und für $\mathbf{G}$ ergibt sich aus (4.37) und (4.39) die Bewegungsgleichung

$$\mathrm{i}\hbar \frac{\mathrm{d}\mathbf{G}(t)}{\mathrm{d}t} = [\mathbf{G}(t), \mathbf{H}(t_0)]. \tag{4.40}$$

Wenn es gelingt, eine unitäre Transformation $\mathbf{S}$ zu finden, die $\mathbf{H}(t_0)$ diagonalisiert (diese Aufgabe entspricht der Lösung der Hamilton-Jacobi-Gleichung (1.22)), dann gelangt man von (4.40) zu (4.32) für $\mathbf{G}' = \mathbf{S}^+ \mathbf{G} \mathbf{S}$ und damit zur Lösung

$$\mathbf{G}'(t) = \{\mathrm{e}^{\mathrm{i}\omega_{nk}(t-t_0)}\, G'_{nk}(t_0)\}, \tag{4.41}$$

d.h., man erhält $\mathbf{G}'$ in der E-Darstellung. Dies bedeutet, daß in einem konservativen System alle physikalischen Größen $G$ in der E-Darstellung die Matrizenform (4.41) besitzen, wie sie Heisenberg ursprünglich für $\mathbf{x}$ bzw. $\mathbf{q}$ angesetzt hat, d.h., der Heisenbergsche Zugang zur Matrizenmechanik bezog sich auf die E-Darstellung, in der die Hamilton-Matrix Diagonalform hat.

Die Aufstellung der Matrizen $\mathbf{q}$ und $\mathbf{p}$ orientierte sich zwar an Fourier-Reihen, die $q_{nk}$, $p_{nk}$, $\omega_{nk}$ sind aber auf allgemeinere atomare Systeme übertragbar.

## 4.3 Matrizenmechanische Berechnung der Energieniveaus des harmonischen Oszillators

Als repräsentatives Beispiel zur Handhabung des Formalismus der Matrizenmechanik wollen wir nun die Energiestufen des eindimensionalen harmonischen Oszillators berechnen. Dieses Beispiel hat sowohl in der historischen Entwicklung eine ganz wichtige Rolle gespielt als auch später beim Ausbau der Quantentheorie und seiner Anwendung in den verschiedenen Gebieten der Physik. Wir wählten es einmal wegen dieser großen Bedeutung und zum anderen aus didaktischen Gründen aus, da es recht übersichtlich und trotzdem nicht trivial ist.

Wir gehen von der Hamilton-Funktion (1.27) aus und erhalten dann die Hamilton-Matrix

$$\mathbf{H} = \frac{1}{2m}\mathbf{p}^2 + \frac{K}{2}\mathbf{x}^2, \tag{4.42}$$

wobei die Matrizen $\mathbf{x}$ und $\mathbf{p}$ für Ort und Impuls nach (4.26) der Vertauschungsregel

$$[\mathbf{x}, \mathbf{p}] = \mathrm{i}\hbar\mathbf{I} \tag{4.43}$$

genügen müssen. (4.34) entsprechend ergeben sich die kanonischen Gleichungen

$$\dot{\mathbf{x}} = \frac{1}{m}\mathbf{p}, \tag{4.44}$$

$$\dot{\mathbf{p}} = -K\mathbf{x}, \tag{4.45}$$

die formal vollkommen mit den klassischen kanonischen Gleichungen übereinstimmen. Auch die durch Kombination von (4.44) und (4.45) entstehende Bewegungsgleichung für $\mathbf{x}$

$$\ddot{\mathbf{x}} = -\omega_0^2\mathbf{x}, \qquad \omega_0^2 \equiv \frac{K}{m} \tag{4.46}$$

hat dieselbe Form wie die klassische Bewegungsgleichung. Da unser Ziel die Berechnung der Energieniveaus ist, ist es sinnvoll, in der Energie-Darstellung zu rechnen und im Einklang mit (4.27) vom Ansatz

$$\mathbf{x}(t) = \{\mathrm{e}^{\mathrm{i}\omega_{nk}t}\, x_{nk}(0)\} \tag{4.47}$$

für die Elemente von $\mathbf{x}$ auszugehen. Für die $x_{nk}(0)$ erhalten wir aus (4.46)

$$(\omega_{nk}^2 - \omega_0^2)\, x_{nk}(0) = 0 \tag{4.48}$$

und aus (4.43) mit $p_{nk}(t) = \mathrm{i}m\omega_{nk}x_{nk}(t)$

$$\sum_l (\omega_{nl} - \omega_{lk})\, x_{nl}(0)\, x_{lk}(0) = -\frac{\hbar}{m}\,\delta_{nk}. \tag{4.49}$$

(4.48) besagt, daß nur die $x_{nk}(0)$ ungleich Null sind, wenn $\omega_{nk} = (E_n - E_k)/\hbar = \pm\omega_0$ gilt. Für festes $n$ gibt es nur die nichtverschwindenden Elemente $x_{n(n+1)}(0)$ und

$x_{n(n-1)}(0)$. Benachbarte Energieniveaus haben also den Abstand $\hbar\omega_0$, und beginnend mit einem Wert $E_0$ können wir alle anderen Energieniveaus durch die Reihe

$$E_n = E_0 \pm n\hbar\omega_0 \tag{4.50}$$

erfassen. $E_0$ und die zulässigen $n$-Werte müssen noch bestimmt werden. Dazu können wir (4.49) ausnützen. Für $k=n$ folgt aus (4.49)

$$\frac{\hbar}{2m} = \sum_l \omega_{ln}\,|x_{nl}(0)|^2 = \omega_0^2(|x_{(n+1)n}(0)|^2 - |x_{n(n-1)}(0)|^2), \tag{4.51}$$

und damit ergibt sich unter der Voraussetzung, daß ein Zustand mit niedrigster Energie existiert, den wir mit $n=0$ numerieren, für die Amplitudenquadrate die Folge

$$|x_{(n+1)n}(0)|^2 = (n+1)\frac{\hbar}{2m\omega_0} \tag{4.52}$$

mit $n = 0, 1, 2, \ldots$

Nach (4.42) bilden wir nun $H_{nk}(t) = \mathrm{e}^{\mathrm{i}\omega_{nk}t} H_{nk}(0)$ und finden, daß nur die zeitunabhängigen Diagonalelemente von Null verschieden sind,

$$\begin{aligned} H_{nn} &= m\omega_0^2(|x_{(n+1)n}(0)|^2 + |x_{n(n-1)}(0)|^2) \\ &= m\omega_0^2[(n+1)\,\hbar/2m\omega_0 + n\hbar/2m\omega_0] = \hbar\omega_0\left(n+\frac{1}{2}\right) \end{aligned} \tag{4.53}$$

mit $n = 0, 1, 2, \ldots$ Durch Vergleich mit (4.50) finden wir, daß die *„Nullpunktsenergie"* $E_0 = \hbar\omega_0/2$ beträgt und die Energieniveaus des eindimensionalen harmonischen Oszillators durch

$$E_n = \hbar\omega_0\left(n+\frac{1}{2}\right) \tag{4.54}$$

gegeben sind. (Für die unbestimmte Integrationskonstante $\alpha$ der älteren Quantentheorie resultiert somit willkürfrei beim Oszillator der Wert 1/2, was in 3.4.2.1 auf experimenteller Basis behauptet wurde.)

Nach der Matrizenmechanik ergeben sich also die Energiewerte als die *Eigenwerte der Hamilton-Matrix* durch Diagonalisieren von **H** willkürfrei und eindeutig.

*Kontrollfragen*

1. In welcher Weise gelangte HEISENBERG vom Korrespondenzprinzip zur Matrizenmechanik?
2. Wie lauten die fundamentalen Vertauschungsregeln der Matrizenmechanik?
3. Wie lauten die kanonischen Gleichungen der Matrizenmechanik?
4. Welche Rolle spielen unitäre Transformationen in der Matrizenmechanik?
5. Welche Aussagen vermittelt die auf Diagonalform transformierte Matrix einer physikalischen Größe?
6. Was bedeutet es, daß die Heisenbergschen Matrizen die Zeitabhängigkeit der Form $\exp\,[\mathrm{i}\omega_{nk}(t-t_0)]$ besitzen?

# 5 Schrödingersche Wellenmechanik

E. Schrödinger veröffentlichte 1926 eine Reihe von Arbeiten, in denen größtenteils die Grundlagen der wellenmechanischen Form der Quantenmechanik niedergelegt sind. Vier Mitteilungen tragen den Titel „Quantisierung als Eigenwertproblem", worin sich deutlich die Schrödingersche Absicht widerspiegelt, die quantenhaften Zustände der Elektronen im Atom als Eigenschwingungen dieser stofflichen Materie in dem Sinne zu verstehen, wie man es von Eigenschwingungen eines kontinuierlichen Mediums – wie einer schwingenden Saite oder Membran – gewöhnt war. Obwohl er in seiner vierten Mitteilung zur Charakterisierung der Bedeutung der Wellenfunktion den Begriff „Gewichtsfunktion im Konfigurationsraum des Systems" zur Erfassung „aller kinematisch möglichen punktmechanischen Konfigurationen" eingeführt hat und man darin den Ansatz zu einer statistischen Auffassung der Wellenfunktion vermuten könnte, muß man an dieser Stelle jedoch betonen, daß Schrödinger immer Anhänger einer zu klassischen Vorstellungen tendierenden Interpretation geblieben ist; die Wellenfunktion sollte anschaulich mit der Materieverteilung oder mit Fluktuationen der Raumladung zu tun haben.

Die heute allgemein anerkannte *statistische* Interpretation der Wellenfunktion als Wahrscheinlichkeitsamplitude wurde 1926 von M. Born in einer Arbeit zur Quantenmechanik der Stoßvorgänge initiiert. Teilweise wegen philosophischer Mißdeutungen hat es jedoch jahrzehntelang immer wieder Einwände dagegen gegeben; die damit verbundenen Versuche einer Rückkehr zur klassischen wellentheoretischen Auffassung, wie sie Schrödinger und auch de Broglie vorgeschwebt haben mag, haben sich aber letztendlich doch als haltlos erwiesen.

Im folgenden wollen wir kurz mit *Wellenmechanik* diejenige Theorie bezeichnen, deren Grundgleichung die *Schrödinger-Gleichung* für die – im Anschluß an Born – als Wahrscheinlichkeitsamplitude interpretierte Wellenfunktion ist.

Wohl weitgehend bedingt durch die vorzugsweise mathematische Ausbildung der Physiker in Analysis hat der wellenmechanische Formalismus der Quantentheorie gegenüber dem inhaltlich äquivalenten matrizenmechanischen eine größere Verbreitung erfahren, und wir werden uns deshalb auch ausführlicher damit befassen. In den Abschnitten 5.1 bis 5.4 legen wir die Ein-Teilchen-Wellenmechanik dar.

## 5.1 Schrödinger-Gleichung und statistische Interpretation der Wellenfunktion

Als Grundgleichung der Wellenmechanik hat die Schrödinger-Gleichung die Bedeutung eines Axioms, und sie ist daher nicht ableitbar. Ausgehend von experimentellen Fakten und bekannten Theorien kann man sich aber ihren Aufbau unter verschiedenen Gesichtspunkten plausibel machen.

Heutzutage wählt man meistens den Weg über die klassische Materiewellen-Theorie, die wir in 3.5.2 kennengelernt haben. Setzt man in die dortige Grundgleichung (3.143) $m=\hbar\mu$, $e=\hbar\eta$ und $U(\boldsymbol{r},t)=eV(\boldsymbol{r},t)$ ein, so ergibt sich die *Schrödinger-Gleichung* für ein nicht-konservatives Ein-Teilchen-Problem (Teilchen der Masse $m$ und der Ladung $e$)

$$\mathrm{i}\hbar\frac{\partial\psi(\boldsymbol{r},t)}{\partial t}=\left[-\frac{\hbar^2}{2m}\triangle+U(\boldsymbol{r},t)\right]\psi(\boldsymbol{r},t). \tag{5.1}$$

Die Funktion $U(\boldsymbol{r},t)$ soll ausschließlich durch äußere Felder gegeben sein.

Als SCHRÖDINGER diese Gleichung aufstellte, war aber der Ausbau der Materiewellen-Theorie bis hin zur Wellengleichung (3.143) noch nicht vollzogen.

SCHRÖDINGER leitete seine Gleichung in der 1. Mitteilung aus einem Variationsprinzip ab; wie er aber am Anfang der 2. Mitteilung selbst einräumt, ist die auf einer Analogiebetrachtung zwischen Hamilton-Jacobi-Theorie der Mechanik (vgl. 1.1.1) und Wellentheorie beruhende Begründung des Ansatzes für das Variationsprinzip, indem er $S=\hbar\ln\psi$ setzte und von der Gleichung (1.22) ausging, nicht stichhaltig. Das letztendlich (von SCHRÖDINGER im stationären Fall) verwendete Variationsprinzip stellt aber die Verallgemeinerung des Hamilton-Prinzips (1.2) auf ein Feld $\psi(\boldsymbol{r},t)$ dar (vgl. 1.3.1), das durch eine Lagrange-Dichtefunktion

$$\tilde{L}=\mathrm{i}\hbar\psi^*\frac{\partial\psi}{\partial t}-\frac{\hbar^2}{2m}(\nabla_{\boldsymbol{r}}\psi^*)(\nabla_{\boldsymbol{r}}\psi)-U(\boldsymbol{r},t)\,\psi^*\psi \tag{5.2}$$

beschrieben wird – siehe auch (1.114). Aus dem feldtheoretischen Hamilton-Prinzip [A-8]

$$\delta\int_{t_1}^{t_2}\left\{\int\tilde{L}\,\mathrm{d}^3\boldsymbol{r}\right\}\mathrm{d}t=0 \tag{5.3}$$

folgt nämlich mit (5.2) bei Variation von $\psi^*$ und nach einer partiellen Integration zur Beseitigung von $\nabla_{\boldsymbol{r}}$ bei $\delta\psi^*$

$$\int_{t_1}^{t_2}\left\{\int\delta\psi^*\left[\mathrm{i}\hbar\frac{\partial\psi}{\partial t}+\frac{\hbar^2}{2m}\Delta\psi-U(\boldsymbol{r},t)\,\psi\right]\mathrm{d}^3\boldsymbol{r}\right\}\mathrm{d}t=0; \tag{5.4}$$

daraus kann man, da $\delta\psi^*$ willkürlich wählbar ist, auf das Verschwinden des Integranden schließen, was (5.1) ergibt.

In seiner 2. Mitteilung hat dann SCHRÖDINGER die Gewinnung seiner Gleichung (5.1) in etwa der gleichen Weise – fußend auf der de-Broglieschen Vorarbeit – dargelegt, wie wir das in 3.5.2 getan haben.

Alle aus (3.143) gewonnenen *mathematischen* Schlußfolgerungen – wie das zeitliche Verhalten von Lösungen, die den Charakter von Wellengruppen besitzen, oder die integralen und differentiellen Erhaltungssätze sowie die Bewegungsgleichungen des Massenmittelpunkts (Mittelwert $\bar{r}$) – bleiben in der Wellenmechanik richtig, da sie sich in gleicher Weise aus (5.1) ergeben. Wie schon in 3.5.2 abschließend angedeutet wurde, ist aber eine *andere Interpretation* nötig, auf die wir jetzt eingehen wollen.

M. BORN schreibt in seiner 1926 erschienenen Arbeit über die „Quantenmechanik der Stoßvorgänge" sinngemäß, daß er zur Einführung einer neuen Interpretation der Schrödingerschen Wellentheorie an eine Bemerkung EINSTEINS über das Verhältnis von Wellenfeld und Lichtquanten anknüpfen wolle, derzufolge die Wellen nur dazu da seien, um den korpuskularen Lichtquanten den Weg zu weisen (d. h. als Führungsfeld zu wirken). In Übertragung auf die De-Broglie-Schrödingerschen Wellen schließt BORN daraus: „Das Führungsfeld, dargestellt durch eine skalare Funktion $\psi$ der Koordinaten aller beteiligten Partikeln und der Zeit, breitet sich nach der Schrödingerschen Differentialgleichung aus. Impuls und Energie aber werden so übertragen, als wenn Korpuskeln (Elektronen) tatsächlich herumfliegen. Die Bahnen dieser Korpuskeln sind nur so weit bestimmt, als Energie- und Impulssatz sie einschränken; im übrigen wird für das Einschlagen einer bestimmten Bahn nur eine Wahrscheinlichkeit durch die Werteverteilung der Funktion $\psi$ bestimmt. Man könnte das, etwas paradox, etwa so zusammenfassen: Die Bewegung der Partikeln folgt Wahrscheinlichkeitsgesetzen, die Wahrscheinlichkeit selbst aber breitet sich im Einklang mit dem Kausalgesetz (Fußnote im Original: Das heißt so, daß die Kenntnis des Zustandes in allen Punkten in einem Augenblick die Verteilung des Zustandes zu allen späteren Zeiten festlegt.) aus" – siehe [B-8]. Mit dieser von BORN sehr deutlich ausgesprochenen Wahrscheinlichkeitsinterpretation der Schrödingerschen Wellenfunktion wollen wir uns – zunächst eingeschränkt auf den Fall eines Ein-Teilchen-Systems – im folgenden in mathematischer und physikalischer Hinsicht stärker vertraut machen.

Die meisten der als Folgerungen aus (3.143) gewonnenen Beziehungen der klassischen Materiewellen-Theorie können wir hier formal übernehmen, und wir wollen das sogar tun, ohne die formelmäßige Bezeichnung zu verändern. Wir müssen ihnen aber eine *neue physikalische Bedeutung* geben:

$$\varrho(\boldsymbol{r}, t) = \psi^*(\boldsymbol{r}, t)\, \psi(\boldsymbol{r}, t) \tag{5.5}$$

wird nun zur *Wahrscheinlichkeitsdichte*. Für die Wellenfunktion $\psi(\boldsymbol{r}, t)$ benutzt man oft, wenn man von (5.5) ausgeht, die Bezeichnung (komplexe) *Wahrscheinlichkeitsamplitude* (präziser Wahrscheinlichkeitsdichte-Amplitude) oder, wenn man daran denkt, daß mit ihrer Hilfe alle möglichen Aussagen (wie Eigenwerte, Mittelwerte und Schwankungen der physikalischen Größen) über das gegebene physikalische System, d. h. über dessen Zustand, bestimmt werden können, wie wir im folgenden noch verdeutlichen werden, auch die Bezeichnung *Zustandsfunktion*.

Präziser ausgedrückt verstehen wir unter dem aus der Lösung $\psi$ der Schrödinger-Gleichung (5.1), der Lösung $\psi^*$ der zu (5.1) konjugiert-komplexen Gleichung und dem Volumenelement aufgebauten Ausdruck

$$\psi^*(\boldsymbol{r}, t)\, \psi(\boldsymbol{r}, t)\, \mathrm{d}^3\boldsymbol{r} \tag{5.6}$$

die *Wahrscheinlichkeit* dafür, ein als punktförmig vorausgesetztes Teilchen (Massenpunkt mit der Masse $m$) zur Zeit $t$ am Orte $\boldsymbol{r}$ im Volumenelement $\mathrm{d}^3\boldsymbol{r}$

anzutreffen. Zusammen mit

$$\boldsymbol{j}(\boldsymbol{r}, t) = \frac{\hbar}{2\mathrm{i}m} \left[ \psi^* (\nabla_{\boldsymbol{r}} \psi) - (\nabla_{\boldsymbol{r}} \psi^*) \psi \right], \tag{5.7}$$

das jetzt die *Wahrscheinlichkeitsstromdichte* ist, repräsentiert dann die Gleichung

$$\frac{\partial \varrho}{\partial t} + (\nabla_{\boldsymbol{r}} \boldsymbol{j}) = 0 \tag{5.8}$$

den *differentiellen Erhaltungssatz für die Wahrscheinlichkeit*.

Die Konstanz von $\int \psi^* \psi \, \mathrm{d}^3 \boldsymbol{r}$ – ausgedrückt durch $\frac{\mathrm{d}}{\mathrm{d}t} \int \psi^* \psi \, \mathrm{d}^3 \boldsymbol{r} = 0$ – bringt die *Erhaltung der Gesamtwahrscheinlichkeit* zum Ausdruck. Wenn man die Wahrscheinlichkeit auf Eins normiert, hat man

$$\int \psi^* (\boldsymbol{r}, t) \, \psi(\boldsymbol{r}, t) \, \mathrm{d}^3 \boldsymbol{r} = \int |\psi(\boldsymbol{r}, t)|^2 \, \mathrm{d}^3 \boldsymbol{r} = 1 \tag{5.9}$$

zu fordern. Die *Normierungsbedingung* (5.9) ist eine sehr wesentliche Forderung an die Lösungen der Schrödinger-Gleichung (5.1). Bedingt durch die Wahrscheinlichkeitsinterpretation sind also nur solche Lösungen $\psi(\boldsymbol{r}, t)$ von (5.1) zulässig, die *quadratisch integrabel* sind, wie (5.9) besagt.

Da $\psi^* \psi \, \mathrm{d}^3 \boldsymbol{r}$ die örtliche Aufenthaltswahrscheinlichkeit eines Massenpunktes beschreibt und nichts mit der Struktur eines ausgedehnten Teilchens (wie in der klassischen Materiewellen-Theorie) zu tun hat, bedeutet das unvermeidliche Auseinanderlaufen eines Wellenpaketes als einer möglichen, allgemeinen Lösung der Schrödinger-Gleichung (5.1), daß sich ein ursprünglich sehr eingeschränkter Aufenthaltsbereich für den Massenpunkt im Laufe der Zeit erweitert. Die Ortswahrscheinlichkeitsverteilung des Massenpunktes breitet sich im Laufe der Zeit aus, aber das Teilchen selbst bleibt dabei ein Massenpunkt.

Die in der klassischen Materiewellen-Theorie mögliche innere Selbstwechselwirkung *eines* Einzelteilchens ist bei der Wahrscheinlichkeitsinterpretation von $\psi$ naturgemäß gegenstandslos geworden. Ein entsprechender Anteil in der potentiellen Energie entfällt (siehe 3.5.2).

Die in 3.5.2 abgeleiteten Aussagen über das Verhalten des Massenmittelpunktes einer Materieverteilung werden (unter Beachtung der generellen Normierungsbedingungen ($M \equiv 1$); vgl. (3.147) und (5.9)) zu *Mittelwertsrelationen*.

Aus der Definition des Massenmittelpunktes (3.149) folgt nun – in neuer Interpretation – die Defintion des *Ortsmittelwertes* für eine durch Lösung der Schrödingergleichung (5.1) bestimmte Wahrscheinlichkeitsamplitude $\psi(\boldsymbol{r}, t)$ als

$$\bar{\boldsymbol{r}} = \int \psi^* (\boldsymbol{r}, t) \, \boldsymbol{r} \psi(\boldsymbol{r}, t) \, \mathrm{d}^3 \boldsymbol{r}. \tag{5.10}$$

(Auf die Zweckmäßigkeit der verwendeten symmetrischen Schreibweise beim Integranden von (5.10) werden wir im folgenden gleich noch zu sprechen kommen.)

Mathematisch in völlig der gleichen Weise und unter denselben Voraussetzungen für $\psi$ und $\nabla_{\boldsymbol{r}} \psi$ bezüglich ihres raschen Verschwindens im Unendlichen wie in 3.5.2 erhalten wir nach einmaliger zeitlicher Differentiation und Anwendung von (5.1) und der dazu konjugiert-komplexen Gleichung an Stelle von (3.150) eine

*Mittelwertformel für den Impuls* des Massenpunktes

$$m\dot{\bar{r}} = \int \psi^*(\boldsymbol{r}, t) \left(\frac{\hbar}{\mathrm{i}} \nabla_{\boldsymbol{r}}\right) \psi(\boldsymbol{r}, t)\, \mathrm{d}^3 \boldsymbol{r}. \tag{5.11}$$

Nochmaliges zeitliches Differenzieren ergibt die in Beziehung zu (3.151) stehende Mittelwertbeziehung

$$m\ddot{\bar{r}} = \int \psi^*(\boldsymbol{r}, t)\, (-\nabla_{\boldsymbol{r}} U(\boldsymbol{r}, t))\, \psi(\boldsymbol{r}, t)\, \mathrm{d}^3 \boldsymbol{r}. \tag{5.12}$$

Als das *Ehrenfestsche Theorem* in der Wellenmechanik haben wir (5.12) nun in folgender Weise zu interpretieren: Der Mittelwert des Ortes $\bar{r}$ eines Massenpunktes, dessen quantenmechanisch-wahrscheinlichkeitstheoretisches Verhalten im Raum durch die Schrödinger-Gleichung (5.1) und die daraus folgende $\psi$-Funktion beschrieben wird, bewegt sich dem Newtonschen Bewegungsgesetz der klassischen Mechanik entsprechend, wobei als Kraft der Mittelwert von $(-\nabla_{\boldsymbol{r}} U(\boldsymbol{r}, t))$ anzusehen ist, der in gleicher Weise durch $\psi$ festgelegt ist wie $\bar{r}$ selbst.

*Kontrollfragen*

1. Welches ist die Bewegungsgleichung der Wellenmechanik?
2. Was versteht man unter der Wahrscheinlichkeitsinterpretation der Schrödingerschen Wellenfunktion?
3. Wie sind Wahrscheinlichkeitsdichte und Wahrscheinlichkeitsstromdichte definiert, und in welcher Beziehung stehen sie zueinander?
4. Welcher Bedingung muß die Schrödingersche Wellenfunktion wegen der Wahrscheinlichkeitsdeutung genügen?

## 5.2 Wellenmechanik im Operator-Formalismus

Von der Struktur (d.h. auch der Schreibweise) der Formeln (5.10), (5.11) und (5.12) werden wir zu einer wichtigen Erkenntnis geleitet. In (5.10) und (5.12) haben wir im Integranden die symmetrische Schreibweise *gewählt*, d.h. $\boldsymbol{r}$ bzw. $(-\nabla_{\boldsymbol{r}} U(\boldsymbol{r}, t))$ *zwischen* $\psi^*$ und $\psi$ gesetzt. Damit in (5.11) eindeutig zum Ausdruckt kommt, daß die Differentiation $\nabla_{\boldsymbol{r}}$ auf $\psi(\boldsymbol{r}, t)$ wirkt und nicht auch auf $\psi^*(\boldsymbol{r}, t)$, ist man hier zu dieser symmetrischen Form des Integranden sogar *gezwungen*. In allen 3 Formeln hat der zwischen $\psi^*$ und $\psi$ stehende Ausdruck jeweils die Dimension der zu mittelnden Größe. Ausgehend von (5.11), wo ja $\left(\frac{\hbar}{\mathrm{i}} \nabla_{\boldsymbol{r}}\right)$ wegen $\nabla_{\boldsymbol{r}}$ einen auf $\psi$ wirkenden Differentialoperator darstellt, der die Dimension „Impuls" hat, führen wir nun verallgemeinernd folgenden sehr bedeutungsvollen (wie wir noch erkennen werden) Sprachgebrauch ein:

In der *Wellenmechanik* werden den physikalischen Größen (wie Ort, Impuls, Kraft, Energie, Drehimpuls usw.) *Operatoren* von besonderer Art mit bestimmter, gemeinsamer Eigenschaft zugeordnet, die auf die Wellenfunktion $\psi(\boldsymbol{r}, t)$ einwirken.

Die wellenmechanischen Operatoren sind im Zusammenhang mit $\psi(\boldsymbol{r}, t)$ insofern von besonderer Art, als z.B. der *Ortsoperator* durch die Ortskoordinate $\boldsymbol{r}$ selbst repräsentiert wird und multiplikativ auf $\psi(\boldsymbol{r}, t)$ wirkt (vgl. dazu (5.10)).

Auch der *Operator der äußeren Krafteinwirkung* $(-\nabla_{\boldsymbol{r}} U(\boldsymbol{r}, t))$ ist – wie (5.12) ausweist – ein multiplikativer Operator; denn die durch die Differentiation $(-\nabla_{\boldsymbol{r}} U(\boldsymbol{r}, t))$ entstehende Funktion wird mit $\psi(\boldsymbol{r}, t)$ multipliziert.

Der *Impulsoperator* $\left(\frac{\hbar}{\mathrm{i}} \nabla_{\boldsymbol{r}}\right)$ ist dagegen ein Differentialoperator, wie sein Auftreten in (5.11) zeigt.

In dieser Operatorsprechweise gewinnen wir nun auch eine neuartige Auffassung von der Schrödinger-Gleichung (5.1), indem wir durch Einführung des Orts- und des Impulsoperators von der Hamilton-Funktion $H(\boldsymbol{r}, \boldsymbol{p}, t) = \boldsymbol{p}^2/2m + U(\boldsymbol{r}, t)$ zum *Hamilton-Operator*

$$H\left(\boldsymbol{r}, \frac{\hbar}{\mathrm{i}} \nabla_{\boldsymbol{r}}, t\right) = \left(\frac{\hbar}{\mathrm{i}} \nabla_{\boldsymbol{r}}\right)^2 \Big/ 2m + U(\boldsymbol{r}, t) \tag{5.13}$$

übergehen. Dabei ist zu beachten, daß $(\nabla_{\boldsymbol{r}})^2$ als zweifache, aufeinander folgende Differentiation zu verstehen ist und wegen des Vektorcharakters von $\nabla_{\boldsymbol{r}}$ dann $(\nabla_{\boldsymbol{r}})^2$ gleich dem Laplace-Operator $\triangle$ ist.

Da (5.13) genau der in der eckigen Klammer von (5.1) stehende mathematische Ausdruck ist, können wir der Schrödinger-Gleichung jetzt die Kurzform

$$\mathrm{i}\hbar \frac{\partial \psi(\boldsymbol{r}, t)}{\partial t} = H\left(\boldsymbol{r}, \frac{\hbar}{\mathrm{i}} \nabla_{\boldsymbol{r}}, t\right) \psi(\boldsymbol{r}, t) \tag{5.14}$$

geben; die zeitliche Änderung $\mathrm{i}\hbar\, \partial\psi/\partial t$ ist gleich der durch die Anwendung des Operators $H\left(\boldsymbol{r}, \frac{\hbar}{\mathrm{i}} \nabla_{\boldsymbol{r}}, t\right)$ auf $\psi(\boldsymbol{r}, t)$ entstehenden Funktion. Durch (5.14) werden in der wellenmechanischen Form der Quantenmechanik zeitliche Änderungen eines physikalischen Systems beschrieben; sie repräsentiert also die *Bewegungsgleichung*.

Im Falle eines konservativen Systems, wo die potentielle Energie nur vom Ort abhängt, hat der Hamilton-Operator $H\left(\boldsymbol{r}, \frac{\hbar}{\mathrm{i}} \nabla_{\boldsymbol{r}}\right) = \left(\frac{\hbar}{\mathrm{i}} \nabla_{\boldsymbol{r}}\right)^2 \Big/ 2m + U(\boldsymbol{r})$ die Bedeutung des *Energieoperators*.

Den *Bahndrehimpulsoperator* können wir uns nach dem gleichen Prinzip verschaffen, wie wir es bei der Einführung des Hamilton-Operators angewendet haben. Wir ersetzen in dem Ausdruck $\boldsymbol{M}(\boldsymbol{r}, \boldsymbol{p}) = (\boldsymbol{r} \times \boldsymbol{p})$ der klassischen Mechanik (vgl. die in (1.19) angegebene $z$-Komponente) $\boldsymbol{r}$ und $\boldsymbol{p}$ durch die oben definierten Operatoren und erhalten

$$\boldsymbol{M}\left(\boldsymbol{r}, \frac{\hbar}{\mathrm{i}} \nabla_{\boldsymbol{r}}\right) = \left(\boldsymbol{r} \times \frac{\hbar}{\mathrm{i}} \nabla_{\boldsymbol{r}}\right) = \left\{\frac{\hbar}{\mathrm{i}}\left(y\frac{\partial}{\partial z} - z\frac{\partial}{\partial y}\right), \frac{\hbar}{\mathrm{i}}\left(z\frac{\partial}{\partial x} - x\frac{\partial}{\partial z}\right), \frac{\hbar}{\mathrm{i}}\left(x\frac{\partial}{\partial y} - y\frac{\partial}{\partial x}\right)\right\}. \tag{5.15}$$

Die eingeführten wellenmechanischen Operatoren für die physikalischen Größen Ort, Impuls, Energie, Bahndrehimpuls besitzen alle die Eigenschaft der *Überwälzbarkeit* in Integralrelationen, wie z.B. solchen, aus denen wir teilweise ihre Definition abgelesen haben (vgl. (5.10), (5.11), (5.12)). Unter Überwälzbarkeit eines Operators $F\left(\boldsymbol{r}, \frac{\hbar}{\mathrm{i}} \nabla_{\boldsymbol{r}}\right)$ versteht man allgemein die Eigenschaft, daß er in der

Integralrelation zwischen zwei Zustandsfunktionen $\chi(\boldsymbol{r}, t)$ und $\psi(\boldsymbol{r}, t)$

$$\int \chi^*(\boldsymbol{r}, t) F\left(\boldsymbol{r}, \frac{\hbar}{\mathrm{i}} \nabla_{\boldsymbol{r}}\right) \psi(\boldsymbol{r}, t)\, \mathrm{d}^3 \boldsymbol{r} = \int \left[F\left(\boldsymbol{r}, \frac{\hbar}{\mathrm{i}} \nabla_{\boldsymbol{r}}\right) \chi(\boldsymbol{r}, t)\right]^* \psi(\boldsymbol{r}, t)\, \mathrm{d}^3 \boldsymbol{r} \qquad (5.16)$$

beiderseits (unverändert) auftritt. Operatoren $F\left(\boldsymbol{r}, \frac{\hbar}{\mathrm{i}} \nabla_{\boldsymbol{r}}\right)$, die (5.16) befriedigen, werden auch *hermitesche Operatoren* genannt. (5.16) kann man bei multiplikativen Operatoren einfach durch Umstellung der Faktoren und bei Differentialoperatoren durch partielle Integrationen beweisen, wobei im letzteren Falle $\psi$ und $\psi^*$ sowie $\chi$ und $\chi^*$ wieder die schon mehrfach betonte Voraussetzung erfüllen müssen, an den Integrationsgrenzen genügend stark gegen Null zu gehen, was wir im folgenden bei entsprechenden Umformungen immer annehmen wollen (temperierte Funktion).

Im Falle eines *nicht-hermiteschen* Operators $G\left(\boldsymbol{r}, \frac{\hbar}{\mathrm{i}} \nabla_{\boldsymbol{r}}\right)$ wird durch eine zu (5.16) analoge Integralrelation

$$\int \chi^*(\boldsymbol{r}, t) G\left(\boldsymbol{r}, \frac{\hbar}{\mathrm{i}} \nabla_{\boldsymbol{r}}\right) \psi(\boldsymbol{r}, t)\, \mathrm{d}^3 \boldsymbol{r} = \int \left[G^+\left(\boldsymbol{r}, \frac{\hbar}{\mathrm{i}} \nabla_{\boldsymbol{r}}\right) \chi(\boldsymbol{r}, t)\right]^* \psi(\boldsymbol{r}, t)\, \mathrm{d}^3 \boldsymbol{r} \qquad (5.17)$$

der zu $G\left(\boldsymbol{r}, \frac{\hbar}{\mathrm{i}} \nabla_{\boldsymbol{r}}\right)$ *hermitesch-adjungierte Operator* $G^+\left(\boldsymbol{r}, \frac{\hbar}{\mathrm{i}} \nabla_{\boldsymbol{r}}\right)$ definiert. (5.16) ist ein Spezialfall von (5.17); bei einem hermiteschen Operator $F\left(\boldsymbol{r}, \frac{\hbar}{\mathrm{i}} \nabla_{\boldsymbol{r}}\right)$ stimmt der adjungierte Operator $F^+\left(\boldsymbol{r}, \frac{\hbar}{\mathrm{i}} \nabla_{\boldsymbol{r}}\right)$ mit $F\left(\boldsymbol{r}, \frac{\hbar}{\mathrm{i}} \nabla_{\boldsymbol{r}}\right)$ selbst überein.

### 5.2.1 Eigenwertproblem

Von großem Interesse sind solche Zustandsfunktionen $\psi_k(\boldsymbol{r}, t)$, die sich bei Anwendung eines Operators $F\left(\boldsymbol{r}, \frac{\hbar}{\mathrm{i}} \nabla_{\boldsymbol{r}}\right)$ bis auf einen (im allgemeinen komplexen) Faktor $f_k$ reproduzieren, so daß die Gleichung

$$F\left(\boldsymbol{r}, \frac{\hbar}{\mathrm{i}} \nabla_{\boldsymbol{r}}\right) \psi_k(\boldsymbol{r}, t) = f_k \psi_k(\boldsymbol{r}, t) \qquad (5.18)$$

gilt. (5.18) wird (rechtsseitige) *Eigenwertgleichung* für den Operator $F\left(\boldsymbol{r}, \frac{\hbar}{\mathrm{i}} \nabla_{\boldsymbol{r}}\right)$ genannt; $\psi_k(\boldsymbol{r}, t)$ heißt *Eigenfunktion* von $F\left(\boldsymbol{r}, \frac{\hbar}{\mathrm{i}} \nabla_{\boldsymbol{r}}\right)$ zum *Eigenwert* $f_k$.

Für hermitesche Operatoren $\left(F^+\left(\boldsymbol{r}, \frac{\hbar}{\mathrm{i}} \nabla_{\boldsymbol{r}}\right) = F\left(\boldsymbol{r}, \frac{\hbar}{\mathrm{i}} \nabla_{\boldsymbol{r}}\right)\right)$ kann man zeigen, daß die Eigenwerte reell sind ($f_k = f_k^*$) und die zu verschiedenen Eigenwerten

$(f_k \neq f_l)$ gehörigen Eigenfunktionen $\psi_k$ und $\psi_l$ der *Orthogonalitätsrelation*

$$\int \psi_l^*(\boldsymbol{r}, t)\, \psi_k(\boldsymbol{r}, t)\, \mathrm{d}^3 \boldsymbol{r} = 0 \quad \text{für} \quad f_k \neq f_l \tag{5.19}$$

genügen (vgl. die allgemeinere Betrachtung im erweiterten Hilbert-Raum in A 1.3.2).

Wie wir im Komplex C ausführlich darlegen werden, entsprechen den physikalischen Meßwerten die reellen Eigenwerte hermitescher Operatoren, und es erscheint deshalb vernünftig, daß die den physikalischen Größen Ort, Impuls, Bahndrehimpuls, Energie usw. zugeordneten wellenmechanischen Operatoren hermitesch sind, also die Relation (5.16) befriedigen.

Die Eigenfunktionen eines hermiteschen Operators bilden ein *orthogonales* und *normiertes Funktionensystem* (*Orthonormalsystem*). Die Orthonormalsysteme der hermiteschen Operatoren der physikalisch relevanten Größen (siehe oben) besitzen auch die Eigenschaft der *Vollständigkeit*; eine Vollständigkeitsrelation werden wir im Anschluß an spezielle Erörterungen zum Eigenwertproblem in 5.3 angeben.

### 5.2.2 Mittelwerte hermitescher Operatoren

Für ein physikalisches System im Zustand $\psi(\boldsymbol{r}, t)$ ist der *Mittelwert* (*Erwartungswert*) $\bar{F}$ eines Operators $F\left(\boldsymbol{r}, \frac{\hbar}{\mathrm{i}} \nabla_{\boldsymbol{r}}\right)$ allgemein durch

$$\bar{F} = \int \psi^*(\boldsymbol{r}, t)\, F\left(\boldsymbol{r}, \frac{\hbar}{\mathrm{i}} \nabla_{\boldsymbol{r}}\right) \psi(\boldsymbol{r}, t)\, \mathrm{d}^3 \boldsymbol{r} \tag{5.20}$$

definiert (vgl. die speziellen Mittelwertformeln (5.10), (5.11), (5.12)). $\bar{F}$ ist reell, wenn $F\left(\boldsymbol{r}, \frac{\hbar}{\mathrm{i}} \nabla_{\boldsymbol{r}}\right)$ ein hermitescher Operator ist. Wird der Zustand eines Systems durch eine Eigenfunktion $\psi_k(\boldsymbol{r}, t)$ zum Eigenwert $f_k$ des Operators $F\left(\boldsymbol{r}, \frac{\hbar}{\mathrm{i}} \nabla_{\boldsymbol{r}}\right)$ beschrieben, dann ist $\bar{F} = f_k$.

### 5.2.3 Nichtvertauschbarkeit wellenmechanischer Operatoren

Zwei Operatoren $A\left(\boldsymbol{r}, \frac{\hbar}{\mathrm{i}} \nabla_{\boldsymbol{r}}\right)$ und $B\left(\boldsymbol{r}, \frac{\hbar}{\mathrm{i}} \nabla_{\boldsymbol{r}}\right)$ sind nicht miteinander vertauschbar, wenn bei Anwendung ihres Kommutators

$$\left[A\left(\boldsymbol{r}, \frac{\hbar}{\mathrm{i}} \nabla_{\boldsymbol{r}}\right), B\left(\boldsymbol{r}, \frac{\hbar}{\mathrm{i}} \nabla_{\boldsymbol{r}}\right)\right] \equiv A\left(\boldsymbol{r}, \frac{\hbar}{\mathrm{i}} \nabla_{\boldsymbol{r}}\right) B\left(\boldsymbol{r}, \frac{\hbar}{\mathrm{i}} \nabla_{\boldsymbol{r}}\right) - B\left(\boldsymbol{r}, \frac{\hbar}{\mathrm{i}} \nabla_{\boldsymbol{r}}\right) A\left(\boldsymbol{r}, \frac{\hbar}{\mathrm{i}} \nabla_{\boldsymbol{r}}\right)$$

auf eine *beliebige* Zustandsfunktion $\psi(\boldsymbol{r}, t)$ nicht Null herauskommt:

$$\left[A\left(\boldsymbol{r}, \frac{\hbar}{\mathrm{i}} \nabla_{\boldsymbol{r}}\right), B\left(\boldsymbol{r}, \frac{\hbar}{\mathrm{i}} \nabla_{\boldsymbol{r}}\right)\right] \psi(\boldsymbol{r}, t) \neq 0. \tag{5.21}$$

Nach (5.21) ergeben sich für die Komponenten $x_k$ $(k=1,2,3)$ des Ortsoperators und die Komponenten $\frac{\hbar}{\mathrm{i}}\frac{\partial}{\partial x_j}$ $(j=1,2,3)$ des Impulsoperators unmittelbar die *fundamentalen Vertauschungsrelationen*

$$\left[x_k, \frac{\hbar}{\mathrm{i}}\frac{\partial}{\partial x_j}\right]\psi(\boldsymbol{r},t)=\mathrm{i}\hbar\,\delta_{kj}\,\psi(\boldsymbol{r},t) \tag{5.22}$$

der Wellenmechanik, die den Vertauschungsrelationen (4.26) der Matrizenmechanik vollkommen entsprechen.

### 5.2.4 Unschärferelation für Ort und Impuls

Die Unschärfebeziehung (1.153) als Relation zwischen dem Produkt der mittleren Schwankungsquadrate der Ortskoordinate und der Wellenzahl, die wir in 1.3.4 im Rahmen einer klassischen Wellentheorie schon unter Benutzung eines Operatorformalismus bewiesen und die wir zu Schlußfolgerungen in der klassischen Materiewellen-Theorie (vgl. 3.5.2) ausnützten, spielt für die wahrscheinlichkeitstheoretische Interpretation der Wellenmechanik ebenfalls eine bedeutende Rolle. Identifizieren wir in (1.152b)

$$O_1 \equiv x,\; O_2 \equiv \frac{\hbar}{\mathrm{i}}\frac{\partial}{\partial x} \quad \text{und} \quad \overline{(\Delta O_1)^2} \equiv \overline{(\Delta x)^2} = \int \psi^*(\boldsymbol{r},t)\,(x-\bar{x})^2\,\psi(\boldsymbol{r},t)\,\mathrm{d}\boldsymbol{r}^3$$

sowie

$$\overline{(\Delta O_2)^2} \equiv \overline{(\Delta p_x)^2} = \int \psi^*(\boldsymbol{r},t)\left(\frac{\hbar}{\mathrm{i}}\frac{\partial}{\partial x}-\bar{p}_x\right)^2\psi(\boldsymbol{r},t)\,\mathrm{d}^3\boldsymbol{r},$$

so erhalten wir wegen der Kommutatorrelation (5.22)

$$\left[\overline{(\Delta x)^2}\cdot\overline{(\Delta p_x)^2}\right]^{1/2} \geqq \frac{1}{2}\hbar. \tag{5.23}$$

Diese berühmte *Heisenbergsche Unschärferelation* für Ort und Impuls bringt zum Ausdruck, in welcher Weise die gemeinsame Meßbarkeit der Koordinate $x$ und des Impulses $p_x$ gegenseitig eingeschränkt ist, wobei die entscheidende Maßgröße das Plancksche Wirkungsquantum $\hbar$ ist.

Auf allgemeinere Aspekte der Meßbarkeit physikalischer Größen und die damit zusammenhängenden Beziehungen zueinander, die sich in Unschärferelationen äußern, kommen wir in 9.3.2 und 9.4 zu sprechen.

*Kontrollfragen*

1. Welche Form haben die Operatoren von Ort, Impuls, Bahndrehimpuls und Energie in der Wellenmechanik?
2. Warum sind diese Operatoren hermitesch?
3. Was bedeutet Hermitezität im wellenmechanischen Formalismus?

4. Welche Struktur hat eine Eigenwertgleichung?
5. Erläutern Sie die Begriffe Eigenfunktion und Eigenwert!
6. Was ist ein Orthonormalsystem von Funktionen?
7. Wie lauten die fundamentalen Vertauschungsregeln in der Wellenmechanik?
8. Wie sind Mittelwerte physikalischer Größen in der Wellenmechanik definiert?
9. Was bringt die Heisenbergsche Unschärferelation zum Ausdruck?

## 5.3 Stationäre Zustände und Energie-Eigenwertproblem

Eine zentrale Aufgabe der korrespondenzmäßigen Quantentheorie war die Bestimmung der von Bohr postulierten stationären, zu einer festen Energie gehörenden Zustände physikalischer Systeme. Wir wollen nun diese Aufgabe im Rahmen der Wellenmechanik erörtern.

Bei einem *konservativen System* hängt die Hamilton-Funktion $H$ nicht explizit von der Zeit ab, und sie stellt die Energie des Systems dar. In der Quantenmechanik ist dann auch der *Hamilton-Operator* $H\left(\boldsymbol{r}, \frac{\hbar}{\mathrm{i}}\nabla_{\boldsymbol{r}}\right)$ nicht explizit zeitabhängig, und er stellt den *Energieoperator* dar. Die Schrödinger-Gleichung (5.14) kann in diesem Falle durch einen *Separationsansatz*

$$\psi(\boldsymbol{r}, t) = \varphi(\boldsymbol{r})\,\tau(t) \tag{5.24}$$

bezüglich der räumlichen und zeitlichen Abhängigkeit teilweise gelöst werden. Als Zwischenschritt erhält man die Gleichung

$$\frac{\mathrm{i}\hbar}{\tau}\frac{\mathrm{d}\tau(t)}{\mathrm{d}t} = \frac{1}{\varphi}\,H\left(\boldsymbol{r}, \frac{\hbar}{\mathrm{i}}\nabla_{\boldsymbol{r}}\right)\varphi(\boldsymbol{r}),$$

die, da links eine reine Zeitabhängigkeit und rechts eine alleinige Ortsabhängigkeit steht, nur erfüllt sein kann, wenn beide Gleichungsseiten ein und derselben Konstanten gleich sind. Diese noch unbestimmte Separationskonstante bezeichnen wir mit $E$. Die Separation führt also zu den beiden Differentialgleichungen

$$\frac{\mathrm{d}\tau(t)}{\mathrm{d}t} = -\frac{\mathrm{i}}{\hbar}\,E\,\tau(t) \tag{5.25}$$

und

$$H\left(\boldsymbol{r}, \frac{\hbar}{\mathrm{i}}\nabla_{\boldsymbol{r}}\right)\varphi(\boldsymbol{r}) = E\,\varphi(\boldsymbol{r}). \tag{5.26}$$

Gleichung (5.25) können wir sofort lösen:

$$\tau(t) = \mathrm{e}^{-\frac{\mathrm{i}}{\hbar}Et}. \tag{5.27}$$

(Auf die Einführung einer Integrationskonstanten kann man hier verzichten, da sie in das $\varphi(\boldsymbol{r})$ der Gesamtlösung einbezogen werden kann und durch die Normierungsbedingung (5.9) mitbestimmt ist.)

Man sieht, daß die Zeitabhängigkeit der Separationslösung (5.24) von der Spezifik des gegebenen physikalischen Systems, die durch $H\left(\boldsymbol{r}, \frac{\hbar}{\mathrm{i}} \nabla_{\boldsymbol{r}}\right)$ festgelegt ist, unabhängig ist. *Alle diese* Lösungen repräsentieren sogenannte *stationäre Zustände* des Systems, in denen die *Wahrscheinlichkeitsdichte* (vgl. (5.5)) $\varrho = \varphi^*(\boldsymbol{r})\, \varphi(\boldsymbol{r})$, die *Wahrscheinlichkeitsstromdichte* (vgl. (5.7)) $\boldsymbol{j} = (\hbar/2\mathrm{i}m)\, [\varphi^*(\nabla_{\boldsymbol{r}} \varphi) - (\nabla_{\boldsymbol{r}} \varphi^*)\, \varphi]$ und die *Erwartungswerte* (vgl. (5.20)) aller Größen $F$, deren Operatoren $F\left(\boldsymbol{r}, \frac{\hbar}{\mathrm{i}} \nabla_{\boldsymbol{r}}\right)$ nicht explizit von der Zeit abhängen, $\bar{F} = \int \varphi^*(\boldsymbol{r})\, F\left(\boldsymbol{r}, \frac{\hbar}{\mathrm{i}} \nabla_{\boldsymbol{r}}\right) \varphi(\boldsymbol{r})\, \mathrm{d}^3 \boldsymbol{r}$ *zeitlich konstant* sind.

Gleichung (5.26) für den ortsabhängigen Anteil der Separationslösung (5.24) hat die Form einer Eigenwertgleichung (5.18). Sie wird auch *zeitfreie Schrödinger-Gleichung* genannt. In ihr fungiert die eingeführte Separationskonstante $E$ als *Eigenwert des Hamilton-Operators* $H\left(\boldsymbol{r}, \frac{\hbar}{\mathrm{i}} \nabla_{\boldsymbol{r}}\right)$. Alle diese Eigenwerte repräsentieren die erlaubten Energiewerte des vorliegenden physikalischen Systems. Diese sind durch *Randbedingungen* bestimmt, die sich aus $H\left(\boldsymbol{r}, \frac{\hbar}{\mathrm{i}} \nabla_{\boldsymbol{r}}\right)$ selbst und der Normierungsbedingung (5.9) ergeben.

### 5.3.1 Übersicht über das Energie-Eigenwertproblem

Das wichtigste Verfahren zur Lösung der zeitfreien Schrödinger-Gleichung besteht darin, weitere Separationen in den die räumliche Abhängigkeit beschreibenden Koordinaten vorzunehmen. Welche Koordinaten (wie kartesische, Zylinder-, Kugel-, elliptische, hyperbolische, parabolische Koordinaten usw.) dabei am zweckmäßigsten sind, hängt von der Art der potentiellen Energiefunktion $U(\boldsymbol{r})$ in $H\left(\boldsymbol{r}, \frac{\hbar}{\mathrm{i}} \nabla_{\boldsymbol{r}}\right)$ ab. Wenn eine solche angestrebte vollständige Separation in besonderen Koordinaten gelingt, dann hat man schließlich das Energie-Eigenwertproblem in der Form einer Eigenwertaufgabe für *gewöhnliche* Differentialgleichungen vorliegen, wie es auch bei einem eindimensionalen physikalischen System auftritt:

$$\frac{\mathrm{d}^2 \varphi}{\mathrm{d} x^2} = -\frac{2m}{\hbar^2}\, [E - U(x)]\, \varphi(x) \qquad \text{mit} \qquad \int \mathrm{d}x\, |\varphi(x)|^2 = 1 . \tag{5.28}$$

An (5.28) schließen wir einige qualitative Betrachtungen an. Die Differentialgleichung zweiter Ordnung verlangt für endliche $U(x)$ eine stetige Funktion $\mathrm{d}\varphi/\mathrm{d}x$ und $\varphi(x)$. Wir haben diese Gleichung absichtlich so geschrieben, daß links die zweite Ableitung steht, die bekanntlich für den Charakter (Vorzeichen) der Krümmung der Kurve $\varphi(x)$ bestimmend ist. Solange $E > U(x)$ *und* $\varphi(x) > 0$ oder $E < U(x)$ *und* $\varphi(x) < 0$ gilt, ist $\mathrm{d}^2\varphi/\mathrm{d}x^2 < 0$; $\mathrm{d}^2\varphi/\mathrm{d}x^2 > 0$ ergibt sich bei $E < U(x)$ oder $\varphi(x) < 0$. Der Wechsel im Vorzeichen der Krümmung von $\varphi(x)$ tritt ein, wenn $E > U(x)$ in $E < U(x)$ (und umgekehrt) oder $\varphi(x) > 0$ in $\varphi(x) < 0$ (und umgekehrt) übergeht.

Wir wollen nun die Lösung der Energie-Eigenwertaufgabe für verschiedene charakteristische Kurvenverläufe der Funktion $U(x)$ diskutieren.

**Fall:** $U(x) \to \infty$ **für** $x \to \pm\infty$. Betrachten wir erst einmal eine solche Funktion $U(x)$, die in der klassischen Mechanik zu einer periodischen Bewegung führt und für die wir in der Quantenmechanik diskret liegende Energiewerte $E_n$ erwarten (Abb. 5.1). Eine Übersicht über die Lage der erlaubten Energieniveaus $E_n$ und wesentliche Eigenschaften der zugehörigen Eigenfunktionen $\varphi_n(x)$ gewinnen wir, indem wir stetig von unten nach oben die Energie anwachsen lassen und mit Hilfe des Verhaltens von $d^2\varphi/dx^2$ jeweils den qualitativen Verlauf der Funktion $\varphi(x)$ zu erfassen suchen und dann sukzessive diejenigen $\varphi_n(x)$ auswählen, die ein endliches Integral $\int_{-\infty}^{+\infty} |\varphi_n(x)|^2 \, dx$ ergeben können, so daß die Normierungsbedingung (5.9) erfüllbar wird. Solange $E < U_{\min}$ ist, gibt es keine solche Lösung der Differentialgleichung (5.28). Für $E_a > U_{\min}$ haben wir drei $x$-Bereiche ($-\infty < x \leqq x_1$, $x_1 \leqq x \leqq x_2$, $x_2 \leqq x < +\infty$) zu unterscheiden. Entscheidend für die quadratische Integrierbarkeit ist das Verhalten von $\varphi(x)$ für $x \to \pm\infty$, d.h. im ersten und im dritten der obigen Bereiche. Bei unseren qualitativen Überlegungen gehen wir nun immer so vor, daß wir im ersten Bereich einen Kurvenverlauf $\varphi(x)$ mit genügend raschem Anschmiegen an die $x$-Achse für $x \to -\infty$ wählen, damit die Konvergenz des Integrals an der unteren Grenze gewährleistet ist, und wählen $\varphi(x) > 0$, so daß $d^2\varphi/dx^2 > 0$ wegen $E < U(x)$ vorliegt. Im zweiten Bereich zwischen $x_1$ und $x_2$ ist dann $d^2\varphi/dx^2 < 0$, und im dritten Bereich für $x > x_2$ gilt wieder $d^2\varphi/dx^2 > 0$. Solange der zweite Bereich noch eine zu geringe Ausdehnung hat, werden die Funktionen für $x \to +\infty$ im dritten Bereich nach oben „ausschlagen" und nicht normierbar sein (vgl. a)). Jedoch bei einem ganz bestimmten $E$-Wert, den wir $E_0$ nennen, wird der Krümmungsumschlag bei $x_2$ gerade so einsetzen, daß sich $\varphi(x)$ mit $d^2\varphi/dx^2 > 0$ für $x \to +\infty$ von oben wieder an die $x$-Achse anschmiegt und eine normierbare Funktion $\varphi_0(x)$ entsteht (vgl b)).

Vergrößern wir nun $E$ weiter, etwa zum Wert $E_b$, dann wird sich zwischen $x_1$ und $x_2$ eine Nullstelle von $\varphi(x)$ ergeben, wo sich ebenfalls das Vorzeichen der Krümmung ändert. Diese und die Vorzeichenänderung der Krümmung bei $x_2$ werden aber vorerst nicht ausreichen, daß sich $\varphi(x)$ für $x \to +\infty$ an die $x$-Achse anschmiegt, sondern die $\varphi$-Funktionen werden rechts zu negativen Werten hin „ausschlagen" (vgl. c)). Nur wenn die Nullstelle von $x_2$ aus weit genug nach links in den zweiten Bereich hineingewandert ist, wird sich bei einem bestimmten Wert $E_1$ eine solche gewünschte, normierbare Funktion $\varphi_1$ wieder einstellen (vgl. d)).

Man sieht nun schon, wie die Überlegungen fortgeführt werden können. Nach und nach findet man die Eigenfunktionen $\varphi_0, \varphi_1, \varphi_2, \ldots$ und die diskreten Energieniveaus $E_0, E_1, E_2, \ldots$ auf. Man beachte, daß die Numerierung 0, 1, 2, ... eine Besonderheit der Eigenfunktionen, nämlich die *Zahl ihrer Nullstellen*, die im Mittelgebiet zwischen den klassischen Umkehrpunkten $x_1$ und $x_2$ der periodischen Bewegung liegen und auch *Knoten* genannt werden, widerspiegelt; diese Aussage heißt *Knotensatz.*

Es ist bemerkenswert, daß die Wahrscheinlichkeitsdichte $\varphi_n^*(x)\,\varphi_n(x)$ auch außerhalb der klassischen Umkehrpunkte für $x < x_1$ und $x > x_2$ von Null verschieden ist. Sie strebt aber für $x \to \pm\infty$ rasch gegen Null.

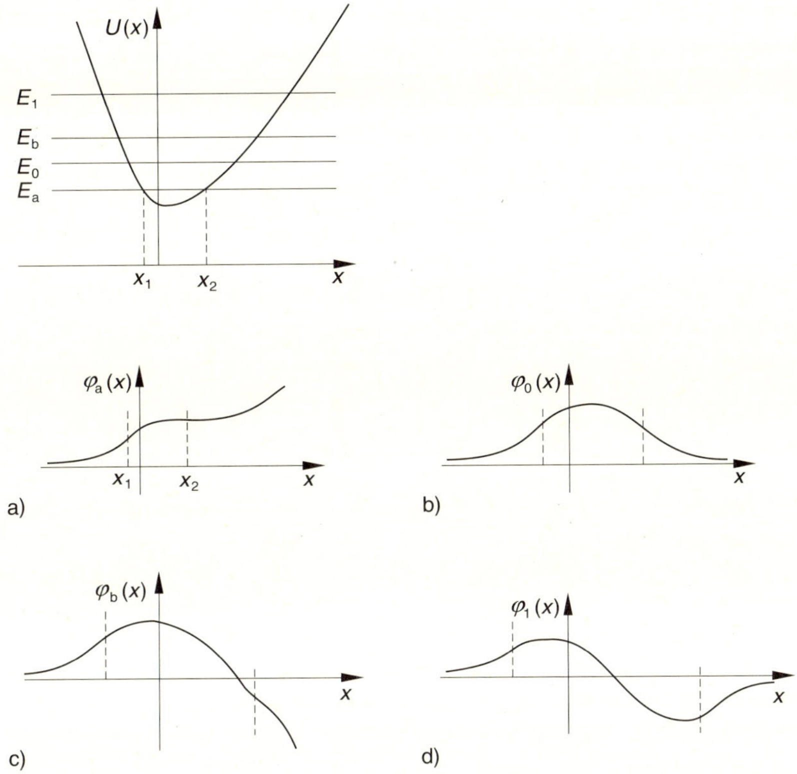


**Abb. 5.1** Graphische Erläuterung zum Energie-Eigenwertproblem (Knotensatz)

Das Eigenwertproblem ist eindeutig lösbar. $\varphi$ und $\varphi^*$ gehören zum gleichen Eigenwert, genauso wie die reellen Funktionen $(\varphi + \varphi^*)$ und $\mathrm{i}(\varphi - \varphi^*)$. Wenn keine Entartung vorliegt, können sich $\varphi$ und $\varphi^*$ nur durch einen konstanten Faktor unterscheiden, der wegen der Normierung aber belanglos ist.

**Fall:** $U(x) \rightarrow \infty$ **bei bestimmtem endlichem** $x = x_0$ **und** $x \rightarrow +\infty$. In diesem Falle muß $\varphi(x) \equiv 0$ sein für $x \leqq x_0$ (Abb. 5.2). Dieses Gebiet ist dem Teilchen völlig unzugänglich. Alle Eigenfunktionen $\varphi_n$ müssen daher die Randbedingung $\varphi_n(x_0) = 0$ erfüllen. Eine qualitative Übersicht über die $E_n$ und die $\varphi_n(x)$ ergibt sich aber in gleicher Weise, wie im vorhergehenden Fall beschrieben wurde.

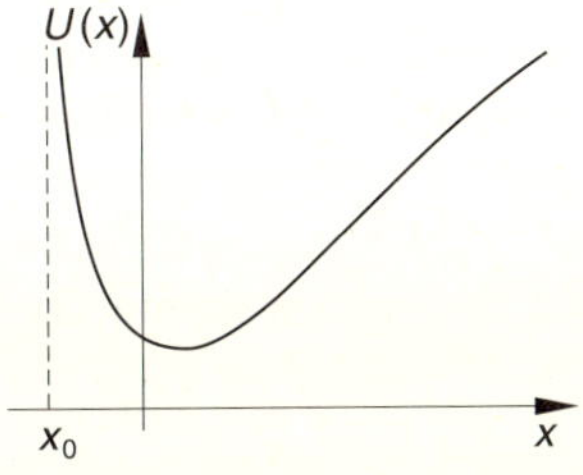


**Abb. 5.2** $U(x)$ mit Randbedingung $\varphi(x_0) = 0$

**Fall:** $U(x) \to U_{-\infty}$ **für** $x \to -\infty$ **und** $U(x) \to U_{+\infty}$ **für** $x \to +\infty$ $(U_{-\infty} > U_{+\infty})$. Unter diesen Bedingungen liegen drei charakteristische Energie-Gebiete vor (vgl. Abb. 5.3).

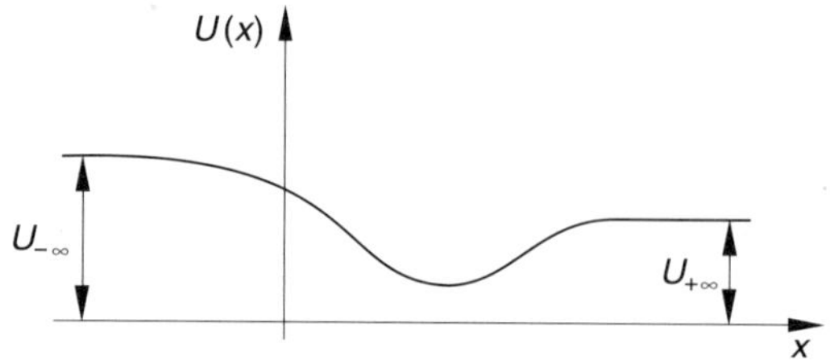


**Abb. 5.3** $U(x)$ mit kontinuierlichem Energie-Eigenwertspektrum

Für $E < U_{+\infty}$ können eine bestimmte Anzahl diskreter Energieniveaus vorhanden sein, wenn der Abstand $(U_{+\infty} - U_{\min})$ groß genug ist. $\varphi(x)$ muß für $x \to \pm\infty$ rasch genug gegen Null gehen.

Für $U_{+\infty} < E < U_{-\infty}$ existiert für *jeden beliebigen* $E$-Wert *eine* Funktion $\varphi(x)$; die Verteilung der erlaubten Energiewerte ist somit kontinuierlich. Man kann sich über die Form der $\varphi$-Funktionen wie oben Auskunft verschaffen. Beginnen wir für $x < x_1$ mit einer sich für $x \to -\infty$ an die $x$-Achse anschmiegenden Funktion $\varphi(x) > 0$. Dann haben wir an der Stelle $x = x_1$ einen Übergang von $d^2\varphi/dx^2 > 0$ zu $d^2\varphi/dx^2 < 0$. Von dort an ist jede Nullstelle von $\varphi(x)$ auch ein Wendepunkt. Die entstehende Funktion $\varphi$ hat nach rechts zu $x \to +\infty$ hin einen oszillatorischen Charakter. Obwohl sie nicht unendlich werden, sind alle diese Funktionen im üblichen Sinne nicht normierbar. Die Divergenz des Integrals hängt damit zusammen, daß $\varphi^*\varphi$ im Unendlichen nicht rasch genug gegen Null geht. In diesem Falle ist die Wahrscheinlichkeit, das Teilchen in einen beliebigen endlichen $x$-Bereich anzutreffen, unendlich klein gegenüber der Wahrscheinlichkeit, es in dem übrigen, bis ins Unendliche reichenden $x$-Bereich zu finden.

Die Verteilung der Energiewerte bleibt natürlich auch für $E > U_{-\infty}$ kontinuierlich. Zu jedem $E$-Wert gibt es jetzt *zwei* unabhängige Lösungen der Differentialgleichung (5.28). Da (5.28) von 2. Ordnung ist, kann $\varphi$ und $d\varphi/dx$ an einer bestimmten Stelle $x$ vorgegeben werden, um diese Lösungen zu spezifizieren.

Man muß sich nun die Frage vorlegen, ob die Funktionen $\varphi(x)$ im kontinuierlichen Energiebereich überhaupt sinnvoll sind, da sie keine quadratisch-integrierbaren Funktionen sind und daher die zur Wahrscheinlichkeitsinterpretation gehörige Normierungsbedingung nicht erfüllt werden kann. Zur Überwindung dieser Komplikation bieten sich verschiedene Auswege an.

Zuerst könnte man daran denken, daß ein Problem, bei dem die Potentialfunktion für $x \to \infty$ einem endlichen Wert zustrebt und bei Energien oberhalb dieses Wertes das Teilchen ohne Behinderung bis zu beliebig großen $x$-Werten gelangen kann, physikalisch bedeutungslos ist, da nur Experimente in einem endlichen Bereich interessieren. Deshalb könnte man immer annehmen, daß bei genügend großem $x$ eine undurchlässige „Wand“ – repräsentiert durch ein steiles Ansteigen der Potentialfunktion gegen Unendlich – vorhanden ist. Dann würde aus dem Energiekontinuum ein Quasikontinuum werden, d.h. eine sehr dichte Folge diskreter Energiewerte, und zu jedem gäbe es eine vernünftige, normierbare $\varphi$-Funktion. Dieses prinzipiell mögliche Vorgehen führt aber zu sehr umständlichen Theorien, und man wendet diese Methode kaum an.

Eine andere Möglichkeit besteht darin, die nichtnormierbaren Lösungen aus einem kleinen Energiebereich ($E-\Delta E/2$ bis $E+\Delta E/2$) des Kontinuums um den interessierenden $E$-Wert herum linear zu kombinieren, also ein Wellenpaket zu bilden. Diese Linearkombinationen

$$\psi(x, t; E, \Delta E) = \frac{1}{\sqrt{\Delta E}} \int_{E-\Delta E/2}^{E+\Delta E/2} \varphi(x; E')\, e^{-\frac{i}{\hbar}E't}\, dE' \tag{5.29}$$

stellen dann zwar normierbare Funktionen dar, aber sie sind nicht mehr in Strenge stationäre Lösungen. Nur für genügend kleines $\Delta E$ werden daraus die praktisch stationären Zustände

$$\psi(x, t; E, \Delta E) \approx e^{-\frac{i}{\hbar}Et}\, \varphi(x; E, \Delta E) \tag{5.30}$$

mit

$$\varphi(x; E, \Delta E) = \frac{1}{\sqrt{\Delta E}} \int_{E-\Delta E/2}^{E+\Delta E/2} \varphi(x; E')\, dE'. \tag{5.31}$$

In der Grenze kleiner $\Delta E$ werden die $\varphi(x; E, \Delta E)$ als *Eigendifferentiale* von $\varphi(x, E)$ bezeichnet (vgl. (A 1.21) zu Dirac-Vektoren). Das Rechnen mit ihnen ist aber auch recht unbequem.

Am gebräuchlichsten ist deshalb in der theoretischen Physik die auf Dirac zurückgehende Verwendung der *uneigentlichen Eigenfunktionen* $\varphi(x; E)$, die man nämlich auch als Grenzfallfunktion der normierbaren Eigendifferentiale (5.31) auffassen kann (vgl. dazu auch die Darlegungen zum erweiterten Hilbert-Raum in A 1.1.3):

$$\varphi(x; E) = \lim_{\Delta E \to 0} \frac{1}{\sqrt{\Delta E}}\, \varphi(x; E, \Delta E) = \lim_{\Delta E \to 0} \frac{1}{\Delta E} \int_{E-\Delta E/2}^{E+\Delta E/2} \varphi(x; E')\, dE'. \tag{5.32}$$

Dabei ist an Stelle der echten Normierungsbedingung

$$\int \varphi^*(x; E, \Delta E)\, \varphi(x; E, \Delta E)\, dx = 1 \tag{5.33}$$

dann auch diejenige Bedingung zu fordern die sich im Grenzfall $\Delta E \to 0$ einstellt:

$$\int \varphi^*(x; E')\, \varphi(x; E'')\, dx = \delta(E' - E'') = \begin{cases} 0 & \text{für} \quad E' \neq E'', \\ \lim\limits_{\Delta E \to 0} \dfrac{1}{\Delta E} & \text{für} \quad E' = E''. \end{cases} \tag{5.34}$$

(5.34) ist die von Dirac eingeführte Normierung auf eine δ-Distribution (Diracsche δ-Funktion, siehe A 2) für die stationären Wellenfunktionen im kontinuierlichen

Energiespektrum. Bei Voraussetzung von (5.34) kann man auch umgekehrt leicht die Gültigkeit der echten Normierungsbedingung (5.33) für die Wellenpakete (5.31) beweisen. Die uneigentlichen Eigenfunktionen sind eine mathematische Idealisierung, die die Rechnungen beträchtlich vereinfacht. Physikalisch können Zustände mit einem scharfen, im Kontinuum liegenden $E$-Wert nicht realisiert werden, sondern nur solche, die als Überlagerung aus uneigentlichen Eigenfunktionen aus der Umgebung von $E$ aufgebaut sind.

**Abhängigkeit von einer Winkelkoordinate** ($0 \leqq \alpha < 2\pi$). Bei physikalischen Problemen mit axialer Symmetrie kommt es vor, daß $\varphi$ eine Funktion des Winkels $\alpha$, bezogen auf die Symmetrieachse, ist. Die Funktion $\varphi(\alpha)$ muß dann der *Eindeutigkeitsbedingung*

$$\varphi(\alpha) = \varphi(\alpha + 2\pi) \tag{5.35}$$

genügen, die an die Stelle der oben besprochenen Randbedingungen tritt.

**Fall: $U(x)$ mit Sprungstelle**. An einer Sprungstelle $x_s$ ist $d^2\varphi/dx^2$ durch die Differentialgleichung (5.28) bestimmt. Man kann die Differentialgleichung in den Bereichen (vgl. Abb. 5.4) vor der Sprungstelle (I) und nach der Sprungstelle (II) unabhängig lösen und dann diese beiden Lösungen miteinander verknüpfen, indem über $\varphi$ und $d\varphi/dx$ an der Sprungstelle so verfügt wird, daß beide stetig übergehen, also die *Übergangsbedingungen*

$$\varphi_I(x_s) = \varphi_{II}(x_s) \quad \text{und} \quad \left.\frac{d\varphi_I}{dx}\right|_{x=x_s} = \left.\frac{d\varphi_{II}}{dx}\right|_{x=x_s} \tag{5.36}$$

erfüllt werden. Dies bedeutet natürlich auch einen stetigen Übergang der Stromdichten (vgl. (5.7))

$$j_I(x_s) = j_{II}(x_s). \tag{5.37}$$

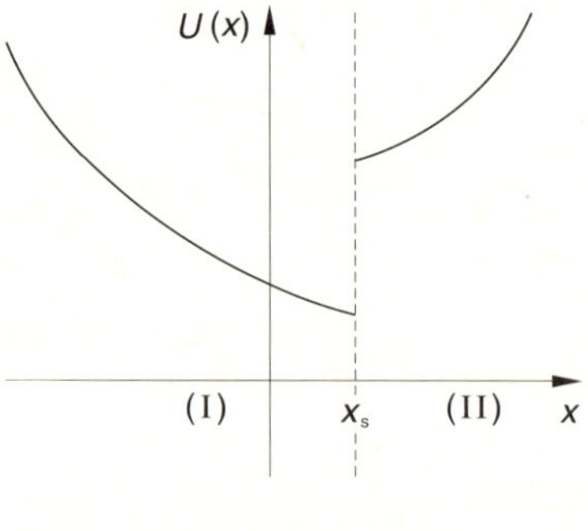


**Abb. 5.4** $U(x)$ mit Sprungstelle

**Fall: $U(x)$ periodisch in $x$.** Potentialverläufe, bei denen über eine längere Strecke eine periodische Abhängigkeit von $x$ vorliegt, ergeben eine sogenannte *Bänderstruktur* für das Energieeigenwertspektrum, worauf wir in 19.2.2 und in 20.3.7 ausführlicher eingehen.

Zum Schluß dieses Abschnitts wollen wir noch einmal auf den Ausgangspunkt zurückkehren. Wir haben die Schrödinger-Gleichung (5.14) im konservativen Fall mit Hilfe des Separationsansatzes (5.24) zu lösen versucht, was uns zur Eigenwertaufgabe (5.26) für den Hamilton-Operator führte. Jede Eigenfunktion $\varphi_n(\boldsymbol{r})$ im diskreten Energie-Spektrum oder $\varphi(\boldsymbol{r}; E')$ im kontinuierlichen Spektrum eingesetzt in (5.24) ergibt eine spezielle Lösung von (5.14), eben eine stationäre Lösung:

$$\psi_n(\boldsymbol{r}, t) = \varphi_n(\boldsymbol{r})\, \mathrm{e}^{-\frac{\mathrm{i}}{\hbar}E_n t} \quad \text{bzw.} \quad \psi(\boldsymbol{r}, t; E') = \varphi(\boldsymbol{r}; E')\, \mathrm{e}^{-\frac{\mathrm{i}}{\hbar}E' t}. \tag{5.38}$$

Da die Schrödinger-Gleichung (5.14) eine lineare Differentialgleichung ist, kann man durch Superposition aller möglichen stationären Lösungen eine allgemeine Lösung aufbauen:

$$\psi(\boldsymbol{r}, t) = \sum_n c_n \psi_n(\boldsymbol{r}, t) + \int \mathrm{d}E'\, c(E')\, \psi(\boldsymbol{r}, t; E'), \tag{5.39}$$

wobei im konservativen Falle die Koeffizienten $c_n$ bzw. $c(E')$ zeitunabhängig sind.

Im Falle eines nicht konservativen Systems, wo $U(\boldsymbol{r}, t)$ zeitabhängig ist, bildet (5.39) mit zeitabhängigen Koeffizienten $c_n(t)$ bzw. $c(E'; t)$ die allgemeine Lösung. Von ihr kann man als Ansatz ausgehen, um Lösungsverfahren für die allgemeine zeitabhängige Schrödinger-Gleichung (5.14) zu gewinnen; wir kommen darauf in 22.1 zurück.

Wegen der Orthogonalitätsrelationen

$$\begin{aligned} &\int \varphi_n^*(\boldsymbol{r})\, \varphi_{n'}(\boldsymbol{r})\, \mathrm{d}^3\boldsymbol{r} = \delta_{nn'}, \quad \int \varphi_n^*(\boldsymbol{r})\, \varphi(\boldsymbol{r}; E')\, \mathrm{d}^3\boldsymbol{r} = \delta(E' - E_n), \\ &\int \varphi^*(\boldsymbol{r}; E')\, \varphi(\boldsymbol{r}; E'')\, \mathrm{d}^3\boldsymbol{r} = \delta(E' - E'') \end{aligned} \tag{5.40}$$

ergibt sich für die Koeffizienten $c_n$ bzw. $c(E')$ aus (5.39) die Relation

$$\int |\psi(\boldsymbol{r}, t)|^2\, \mathrm{d}^3\boldsymbol{r} = \sum_n |c_n|^2 + \int \mathrm{d}E'\, |c(E')|^2 = 1, \tag{5.41}$$

die *Vollständigkeitsrelation* genannt wird.

Bei vorgegebenem $\psi(\boldsymbol{r}, t)$ können die Entwicklungskoeffizienten $c_n$ und $c(E')$ in (5.39) durch Anwendung der Orthogonalitätsrelationen als Integrale über $\psi(\boldsymbol{r}, t)$ und $\psi_n(\boldsymbol{r}, t)$ bzw. $\psi(\boldsymbol{r}, t; E')$ ausgedrückt werden:

$$c_n = \int \psi_n^*(\boldsymbol{r}, t)\, \psi(\boldsymbol{r}, t)\, \mathrm{d}^3\boldsymbol{r} \tag{5.42}$$

bzw.

$$c(E') = \int \psi^*(\boldsymbol{r}, t; E')\, \psi(\boldsymbol{r}, t)\, \mathrm{d}^3\boldsymbol{r}. \tag{5.43}$$

Eine zu (5.41) äquivalente Form der Vollständigkeitsrelation erhält man über die Entwicklung der Diracschen δ-Funktion $\delta^3(\boldsymbol{r} - \boldsymbol{r}') = \delta(x - x')\, \delta(y - y')\, \delta(z - z')$ (vgl. A 2.) nach dem Orthonormalsystem der $\varphi_n(\boldsymbol{r})$ und $\varphi(\boldsymbol{r}; E')$:

$$\delta^3(\boldsymbol{r} - \boldsymbol{r}') = \sum_n c_n \varphi_n(\boldsymbol{r}) + \int \mathrm{d}E'\, c(E')\, \varphi(\boldsymbol{r}; E'). \tag{5.44}$$

Daraus ergeben sich die Entwicklungskoeffizienten

$$c_n = \int \varphi_n^*(\boldsymbol{r})\, \delta^3(\boldsymbol{r} - \boldsymbol{r}')\, \mathrm{d}^3\boldsymbol{r} = \varphi_n^*(\boldsymbol{r}') \tag{5.45}$$

bzw.

$$c(E') = \int \varphi^*(\boldsymbol{r}; E')\, \delta^3(\boldsymbol{r}-\boldsymbol{r}')\, \mathrm{d}^3 r = \varphi^*(\boldsymbol{r}'; E'). \tag{5.46}$$

Durch Einsetzen von (5.45) und (5.46) in (5.44) bekommt man die in der Wellenmechanik viel verwendete Form der Vollständigkeitsrelation

$$\delta^3(\boldsymbol{r}-\boldsymbol{r}') = \sum_n \varphi_n^*(\boldsymbol{r}')\, \varphi_n(\boldsymbol{r}) + \int \mathrm{d}E'\, \varphi^*(\boldsymbol{r}'; E')\, \varphi(\boldsymbol{r}; E'). \tag{5.47}$$

*Kontrollfragen*

1. Was sind stationäre Zustände?
2. Welche Beziehung besteht zwischen stationären Zuständen und Energie-Eigenwertproblem?
3. Was versteht man unter der zeitfreien Schrödinger-Gleichung?
4. Was heißt „Knotensatz"?
5. Was sind uneigentliche Eigenfunktionen?
6. Was sind Übergangsbedingungen?
7. Was ist eine Vollständigkeitsrelation?

## 5.4 Lösung des Energie-Eigenwertproblems ausgewählter physikalischer Systeme

Die (qualitative) Übersicht des vorhergehenden Abschnitts soll nun durch Lösung der zeitfreien Schrödinger-Gleichung für wichtige Beispiele quantitativ untermauert werden.

Am einfachsten sind Beispiele mit stückweise konstantem $U(x)$, womit wir beginnen wollen; dann befassen wir uns mit dem eindimensionalen harmonischen Oszillator und dem Ein-Teilchen-Problem im Zentralkraftfeld (speziell: Coulomb-Feld).

### 5.4.1 Eindimensionales Kastenpotential

Zur Bestimmung der Energieniveaus eines Teilchens der Masse $m$ in einem Kraftfeld mit der potentiellen Energie

$$U(x) = \begin{cases} \infty & \text{für} \quad x \leqq 0 \\ 0 & \text{für} \quad 0 < x < a \\ \infty & \text{für} \quad x \geqq a \end{cases} \tag{5.48}$$

(vgl. Abb. 5.5) ist die zeitfreie Schrödinger-Gleichung

$$-\frac{\hbar^2}{2m}\frac{\mathrm{d}^2\varphi}{\mathrm{d}x^2} = E\varphi \tag{5.49}$$

unter den Randbedingungen

$$\varphi(x) = 0 \quad \text{für} \quad x \leqq 0 \quad \text{und} \quad x \geqq a \tag{5.50}$$

zu lösen. Mit der Abkürzung $\alpha^2 \equiv 2mE/\hbar^2$ ergibt sich als allgemeine Lösung von (5.49) für $0 \leqq x \leqq a$

$$\varphi(x) = A \sin(\alpha x) + B \cos(\alpha x), \tag{5.51}$$

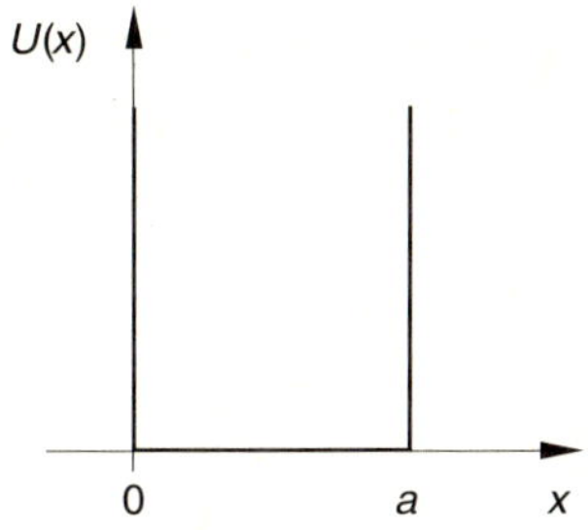


**Abb. 5.5**
Eindimensionaler Potentialkasten mit unendlich hohen Wänden

die nun noch den Randbedingungen zu unterwerfen ist, durch die zusammen mit der Normierungsbedingung die Konstanten $A$, $B$ sowie $\alpha$, das mit $E$ verknüpft ist, festgelegt werden. Aus $\varphi(0) = 0$ folgt sofort $B = 0$, während $\varphi(a) = 0$ auf $A \sin(\alpha a) = 0$ führt. $A = 0$ wäre sinnlos, also muß $\sin(\alpha a) = 0$ gelten, was $\alpha a = n_x \pi$ mit $n_x = 1, 2, \ldots$ bedeutet. Die diskreten Energieniveaus für das eindimensionale Kastenpotential sind durch

$$E_{n_x} = \frac{\hbar^2 \pi^2}{2ma^2} n_x{}^2 \quad \text{mit} \quad n_x = 1, 2, 3, \ldots \tag{5.52}$$

und die Eigenfunktionen durch $\varphi_{n_x}(x) = A \sin[(n_x \pi/a)x]$ gegeben. $A$ muß noch über die Normierungsbedingung

$$\int_0^a \varphi_{n_x}^*(x)\, \varphi_{n_x}(x)\, \mathrm{d}x = A^* A \int_0^a \sin^2[(n_x \pi/a)x] = |A|^2 \frac{a}{2} = 1$$

bestimmt werden. Es ergibt sich bis auf einen konstanten, komplexen Faktor vom Betrag Eins, der unwesentlich ist, $A = \sqrt{2/a}$, so daß die normierten Eigenfunktionen

$$\varphi_{n_x}(x) = \sqrt{\frac{2}{a}} \sin[(n_x \pi/a)x] \tag{5.53}$$

lauten. Man rechnet auch leicht nach, daß die Orthonormierungsrelation (vgl. (5.19)) $\int_0^a \varphi_{n_x}^*(x)\, \varphi_{n_x'}(x)\, \mathrm{d}x = \delta_{n_x n_x'}$ erfüllt ist.

### 5.4.2 Eindimensionaler rechteckiger Potentialwall und Potentialtopf

In einem Kraftfeld mit der potentiellen Energie

$$U(x)=\begin{cases}0 & \text{für} \quad x<-a \quad (\mathrm{I}),\\ U_0>0 & \text{für} \quad -a\leqq x\leqq +a \quad (\mathrm{II}),\\ 0 & \text{für} \quad x>a \quad (\mathrm{III})\end{cases} \tag{5.54}$$

(vgl. Abb. 5.6) existiert naturgemäß nur eine durchgängige kontinuierliche Verteilung der Energiewerte, wie durch die Überlegungen in 5.3.1 nahegelegt wird. Es liegt also ein Fall vor, wo man zweckmäßigerweise die Diracsche Normierung (5.34) anwendet. Wir werden jedoch aus den Rechenresultaten solche Schlußfolgerungen ziehen, die ein Eingehen auf das Normierungsproblem erübrigen.

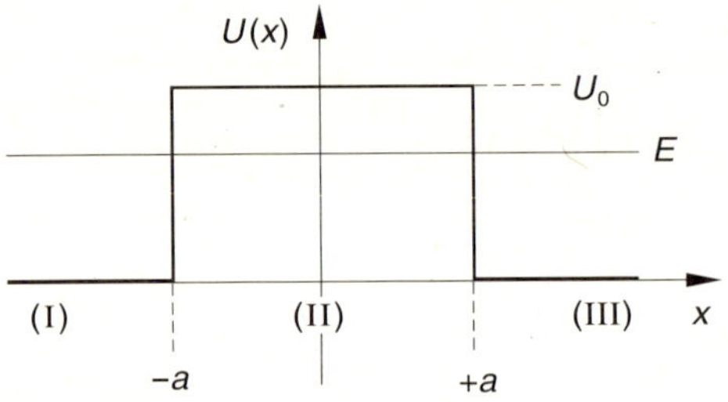


**Abb. 5.6**
Eindimensionaler, rechteckiger Potentialwall

In den drei Bereichen (I, II, III) ist die potentielle Energie konstant, und wir können leicht in jedem eine allgemeine Lösung der Differentialgleichung (5.28) angeben, die wir dann an den Sprungstellen $x=\pm a$ mit Hilfe der Übergangsbedingungen (vgl. (5.36)) verknüpfen müssen:

$$\begin{aligned}\varphi_{\mathrm{I}}(x) &= A\,\mathrm{e}^{\mathrm{i}\alpha x}+B\,\mathrm{e}^{-\mathrm{i}\alpha x} & \alpha &\equiv \sqrt{2mE}/\hbar,\\ \varphi_{\mathrm{II}}(x) &= C\,\mathrm{e}^{\beta x}+\tilde{D}\,\mathrm{e}^{-\beta x}, & \beta &\equiv \sqrt{2m(U_0-E)}/\hbar,\\ \varphi_{\mathrm{III}}(x) &= F\,\mathrm{e}^{\mathrm{i}\alpha x}+G\,\mathrm{e}^{-\mathrm{i}\alpha x}. & &\end{aligned} \tag{5.55}$$

Wir setzen $0<E<U_0$ voraus, so daß $\beta$ reell ist. Aus den Übergangsbedingungen folgt das Gleichungssystem

$$\begin{aligned}&A\,\mathrm{e}^{-\mathrm{i}\alpha a}+B\,\mathrm{e}^{\mathrm{i}\alpha a}=C\,\mathrm{e}^{-\beta a}+\tilde{D}\,\mathrm{e}^{\beta a},\\ &\mathrm{i}\alpha(A\,\mathrm{e}^{-\mathrm{i}\alpha a}-B\,\mathrm{e}^{\mathrm{i}\alpha a})=\beta(C\,\mathrm{e}^{-\beta a}-\tilde{D}\,\mathrm{e}^{\beta a}),\\ &C\,\mathrm{e}^{\beta a}+\tilde{D}\,\mathrm{e}^{-\beta a}=F\,\mathrm{e}^{\mathrm{i}\alpha a}+G\,\mathrm{e}^{-\mathrm{i}\alpha a},\\ &\beta(C\,\mathrm{e}^{\beta a}-\tilde{D}\,\mathrm{e}^{-\beta a})=\mathrm{i}\alpha(F\,\mathrm{e}^{\mathrm{i}\alpha a}-G\,\mathrm{e}^{-\mathrm{i}\alpha a}).\end{aligned} \tag{5.56}$$

Schon im Hinblick auf die später vorzunehmende Diskussion des sogenannten *Tunneleffektes* (Durchdringen einer Potentialschwelle) machen wir jetzt die Voraussetzung $G\equiv 0$. Dann haben wir in (5.56) ein Gleichungssystem von 4 Gleichungen für 5 Unbekannte vorliegen, aus dem wir die Verhältnisse $B/A$, $C/A$, $\tilde{D}/A$ und $F/A$ berechnen können, wenn $A\neq 0$ vorausgesetzt wird. Da wir nur $B/A$ und $F/A$ zu weiteren Schlußfolgerungen benötigen, geben wir das Resultat der Berechnung nur dafür an:

$$\left|\frac{B}{A}\right|^2 = \frac{\frac{1}{4}\left(\frac{\alpha}{\beta}+\frac{\beta}{\alpha}\right)^2 \sinh^2(2\beta a)}{1+\frac{1}{4}\left(\frac{\alpha}{\beta}+\frac{\beta}{\alpha}\right)^2 \sinh^2(2\beta a)},$$

$$\left|\frac{F}{A}\right|^2 = \frac{1}{1+\frac{1}{4}\left(\frac{\alpha}{\beta}+\frac{\beta}{\alpha}\right)^2 \sinh^2(2\beta a)}. \tag{5.57}$$

Man erkennt sofort die Relation

$$\left|\frac{B}{A}\right|^2 + \left|\frac{F}{A}\right|^2 = 1. \tag{5.58}$$

Interessante Schlußfolgerungen kann man anhand der zu den Zustandsfunktionen (5.55) gehörigen Wahrscheinlichkeitsstromdichten ziehen, die nach Formel (5.7) zu berechnen sind. Für die 3 Bereiche ergeben sich folgende zeitunabhängige Ausdrücke:

$$j_{\rm I} = \frac{\hbar\alpha}{m}\,[A^*A - B^*B] = j_{\rm I}^{(e)} - j_{\rm I}^{(r)},$$

$$j_{\rm II} = \frac{\hbar\beta}{i m}\,[\tilde{D}^*C - \tilde{D}C^*], \qquad j_{\rm III} = \frac{\hbar\alpha}{m}\,F^*F. \tag{5.59}$$

Wegen der Übergangsbedingungen gilt natürlich $j_{\rm I} = j_{\rm II} = j_{\rm III}$, woraus sich im Einklang mit (5.58) wiederum die Relation

$$j_{\rm I}^{(e)} = j_{\rm I}^{(r)} + j_{\rm III} \tag{5.60}$$

ergibt. $j_{\rm I}^{(e)}$ bezeichnen wir als Stromdichte der von links her auf den Wall *einlaufenden* Welle $\varphi_{\rm I}^{(e)}(x) = A\,e^{i\alpha x}$, welche zusammen mit dem Zeitfaktor $\exp(-iEt/\hbar)$ eine in positiver $x$-Richtung fortschreitende, ebene Welle repräsentiert. In entsprechender Weise kommen wir dazu, unter $j_{\rm I}^{(r)}$ die Stromdichte der am Wall *reflektierten* Welle $\varphi_{\rm I}^{(r)}(x) = B\,e^{-i\alpha x}$ und unter $j_{\rm III}$ die Stromdichte der durch den Wall *hindurchgedrungenen* Welle $\varphi_{\rm III}(x) = F\,e^{i\alpha x}$ zu verstehen. Zu dieser Interpretation der durchgeführten *stationären* Theorie berechtigt uns die Tatsache, daß $B$ und $F$ entsprechend (5.57) eindeutig mit der willkürlich wählbaren Stärke $A$ der einlaufenden Welle zusammenhängen und (5.60) als Erhaltungssatz für die stationären Stromdichten aufgefaßt werden kann. Durch die Voraussetzung $G \equiv 0$ haben wir ausgeschlossen, daß auch im Bereich III eine zum Wall hin gerichtete Stromdichte existiert.

Mit Hilfe der Stromdichten $j_{\rm I}^{(e)}$, $j_{\rm I}^{(r)}$ und $j_{\rm III}$ können wir zwei von der Normierung völlig unabhängige Größen, den *Reflexionskoeffizienten*

$$R = \frac{j_{\rm I}^{(r)}}{j_{\rm I}^{(e)}} = \left|\frac{B}{A}\right|^2 \tag{5.61}$$

und den *Durchlaßkoeffizienten*

$$D = \frac{j_{\mathrm{III}}}{j_{\mathrm{I}}^{(\mathrm{e})}} = \left|\frac{F}{A}\right|^2 = \frac{j_{\mathrm{II}}}{j_{\mathrm{I}}^{(\mathrm{e})}} \tag{5.62}$$

einführen, und die Relation (5.58) bedeutet dann einfach

$$R + D = 1\,. \tag{5.63}$$

$D \neq 0$ heißt, daß bei Auftreten eines Teilchens mit der Stromdichte $j_{\mathrm{I}}^{(\mathrm{e})}$ vor dem Wall auch immer ein Auftreten mit der Stromdichte $j_{\mathrm{III}}$ hinter dem Wall verknüpft ist, auch wenn die Energie niedriger als die Wallhöhe ist (klassisch-mechanisch würde man in diesem Falle $R = 1$ und $D = 0$ erhalten). Man spricht davon, daß das Teilchen den Wall zu durchtunneln vermag (*Tunneleffekt*).

Diese einfache Modellrechnung zum Tunneleffekt macht zahlreiche physikalische Effekte prinzipiell verständlich, bei denen eine Teilchenbewegung nur bei Durchtunnelung einer Potentialbarriere möglich erscheint. Dazu gehören die enorm wichtigen Probleme wie das Austreten von Nukleonen und Nukleonenkomplexen aus einem Atomkern im radioaktiven Zerfall, die kalte Elektronenemission von Metallen in starken elektrischen Feldern oder der Durchtritt von Elektronen durch Oxidschichten auf Metallkontakten.

(5.61) und (5.62) zusammen mit (5.57) zeigen, daß mit wachsender Überhöhung $\beta$ des Walles und bzw. oder Vergrößerung seiner Dicke $2a$ die Größe $R$ gegen Eins und $D$ exponentiell gegen Null streben.

Wenn man eine feste endliche Dicke ($2a$) des Walls voraussetzt und seine Höhe extrem anwachsen läßt ($\beta \to \infty$, $\alpha \ll \beta$), dann findet man aus diesen modellmäßigen Überlegungen auch eine Bestätigung der Randbedingung von 5.3.1: Wenn bei $x_0$ eine unendlich hohe Potentialwand vorhanden ist, muß dort $\varphi(x)$ verschwinden.

Bei vorgegebenem $A$ ist die Eindringstärke in den Potentialwall durch die Koeffizienten

$$\frac{C}{A} = \frac{1}{2}\, \mathrm{e}^{\mathrm{i}\alpha a}\, \mathrm{e}^{-\beta a} \left(1 + \mathrm{i}\frac{\alpha}{\beta}\right) \frac{F}{A}$$

und

$$\frac{\tilde{D}}{A} = \frac{1}{2}\, \mathrm{e}^{\mathrm{i}\alpha a}\, \mathrm{e}^{\beta a} \left(1 - \mathrm{i}\frac{\alpha}{\beta}\right) \frac{F}{A}$$

bestimmt. Im Grenzfall extrem großer $\beta$-Werte erhält man daraus zusammen mit dem aus (5.55) folgenden Grenzergebnis $F/A \to -4\mathrm{i}\,\dfrac{\alpha}{\beta}\,\mathrm{e}^{-2\mathrm{i}\alpha a}\,\mathrm{e}^{-2\beta a}$ die Grenzwerte

$$C/A \to -2\mathrm{i}\,\frac{\alpha}{\beta}\,\mathrm{e}^{-\mathrm{i}\alpha a}\,\mathrm{e}^{-3\beta a} \quad \text{und} \quad \tilde{D}/A \to -2\mathrm{i}\,\frac{\alpha}{\beta}\,\mathrm{e}^{-\mathrm{i}\alpha a}\,\mathrm{e}^{-\beta a}.$$

Die Eindringstärke nimmt also mit wachsender Wallhöhe exponentiell ab. Im Grenzfall $\beta \to \infty$ wird $C/A = \tilde{D}/A = 0$; die im Gebiet $x < x_0 = -a$ nicht identisch verschwindende Funktion $\varphi_{\mathrm{I}}(x)$ wird für $x \geqq x_0$ identisch Null, wenn die Wallhöhe unendlich wird.

Ausgehend von (5.56) können wir durch die Ersetzung von $\beta$ durch $\mathrm{i}\beta'$ mit

$$\beta' \equiv \sqrt{2m(E - U_0)}/\hbar$$

auch $D$ und $R$ für den Fall $E > U_0$ leicht erfassen. Nun haben die Funktionen $\varphi_{\mathrm{II}}(x)$ ebenfalls oszillatorischen Charakter. Es ergibt sich

$$R = \frac{\frac{1}{4}\left(\frac{\beta'}{\alpha} - \frac{\alpha}{\beta'}\right)^2 \sin^2(2\beta' a)}{1 + \frac{1}{4}\left(\frac{\beta'}{\alpha} - \frac{\alpha}{\beta'}\right)^2 \sin^2(2\beta' a)} \tag{5.64}$$

und

$$D = \frac{1}{1 + \frac{1}{4}\left(\frac{\beta'}{\alpha} - \frac{\alpha}{\beta'}\right)^2 \sin^2(2\beta' a)}. \tag{5.65}$$

$R$ ist von Null verschieden außer bei ganz bestimmten Energiewerten innerhalb des Kontinuums, die durch $2\beta' a = n\pi$ $(n = 0, \pm 1, \pm 2, \ldots)$ festgelegt sind; für diese $(2\beta' a)$-Werte erreicht $D$ jedesmal seinen Maximalwert 1. Die Maximalwerte von $R$ bzw. die Minimalwerte von $D$ ergeben sich für $2\beta' a = (2n+1)\,\pi/2$. Bei den zugehörigen speziellen $E_n$-Werten hat $D$ die Minima

$$D_{\min} = \frac{4E_n(E_n - U_0)}{(2E_n - U_0)^2}, \tag{5.66}$$

die sich mit wachsendem $E_n$ der Eins nähern, so wie die Maxima von $R$ gegen Null gehen.

Die Rechnung für den Potentialwall im Falle von $E > U_0$ kann durch Übergang von $U_0$ zu $-U_0$ sehr leicht zu einer stationären Theorie für den *Potentialtopf* (Abb. 5.7) im Falle $E > 0$ genutzt werden. Man braucht nur $\beta'$ durch $\beta'' = \sqrt{2m(E + U_0)}/\hbar$ zu ersetzen. Auch jetzt gilt natürlich wieder die Stromdichtenbilanz $j_{\mathrm{I}} = j_{\mathrm{II}} = j_{\mathrm{III}}$ und die daraus folgende Relation $j_{\mathrm{II}}/j_{\mathrm{I}}^{(e)} = j_{\mathrm{III}}/j_{\mathrm{I}}^{(e)} = D$, aus der wieder geschlossen werden kann, daß es im Kontinuum der Energiewerte $E > 0$ spezielle Werte $E_n$ gibt, für die $j_{\mathrm{II}}/j_{\mathrm{I}}^{(e)}$ maximal bzw. minimal wird. Maxima treten für $2\beta'' a = n\pi$ und Minima für $2\beta'' a = (2n+1)\,\pi/2$ auf mit $n = 0, \pm 1, \pm 2, \ldots$

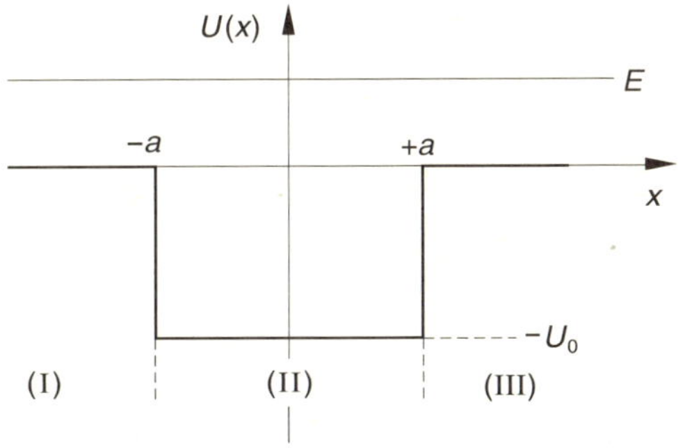


**Abb. 5.7**
Eindimensionaler, rechteckiger Potentialtopf

Im Falle von $0 > E > -U_0$ haben wir Bedingungen vorliegen, unter denen diskret liegende Energieniveaus existieren. Bei fester Breite $2a$ des Potentialtopfes hängt es von der Tiefe $(-U_0)$ ab, wieviele diskrete Energieniveaus mit $E < 0$ auftreten können; wie wir sehen werden, kommt es genau genommen auf den Parameter $\gamma^2 = 2mU_0 a^2/\hbar^2$ an. Im Gebiet I und III lauten jetzt die allgemeinen Lösungen der stationären Schrödinger-Gleichung (5.28)

$$\begin{aligned} \varphi_{\mathrm{I}}(x) &= A\,\mathrm{e}^{\alpha' x} + B\,\mathrm{e}^{-\alpha' x}, \\ \varphi_{\mathrm{III}}(x) &= F\,\mathrm{e}^{\alpha' x} + G\,\mathrm{e}^{-\alpha' x}; \end{aligned} \tag{5.67}$$

sie gehen aus (5.55) durch Ersetzen von $\alpha$ durch $-\mathrm{i}\alpha'$ mit $\alpha' = \sqrt{2m|E|}/\hbar$ hervor. Im Gebiet II haben wir die oszillierende Lösung

$$\varphi_{\mathrm{II}}(x) = C\,\mathrm{e}^{\mathrm{i}\beta''' x} + \tilde{D}\,\mathrm{e}^{-\mathrm{i}\beta''' x}, \tag{5.68}$$

die aus (5.55) für $\beta = \mathrm{i}\beta'''$ mit $\beta''' = \sqrt{2m(U_0 - |E|)}/\hbar$ entsteht. $\varphi_{\mathrm{I}}$ und $\varphi_{\mathrm{III}}$ erfüllen nur die Randbedingung $\varphi_{\mathrm{I}} \to 0$ für $x \to -\infty$ und $\varphi_{\mathrm{III}} \to 0$ für $x \to +\infty$, wodurch die quadratische Integrierbarkeit garantiert wird, wenn $B \equiv 0$ und $F \equiv 0$ gilt. Die bei $x = \pm a$ zu befriedigenden Übergangsbedingungen der Form (5.36) führen nun auf das homogene lineare Gleichungssystem

$$\begin{aligned} &A\,e^{-\alpha' a} = C\,\mathrm{e}^{-\mathrm{i}\beta''' a} + \tilde{D}\,\mathrm{e}^{\mathrm{i}\beta''' a}, \\ &\alpha' A\,\mathrm{e}^{-\alpha' a} = \mathrm{i}\beta'''(C\,\mathrm{e}^{-\mathrm{i}\beta''' a} - \tilde{D}\,\mathrm{e}^{\mathrm{i}\beta''' a}), \\ &C\,\mathrm{e}^{\mathrm{i}\beta''' a} + \tilde{D}\,\mathrm{e}^{-\mathrm{i}\beta''' a} = G\,\mathrm{e}^{-\alpha' a}, \\ &\mathrm{i}\beta'''(C\,\mathrm{e}^{\mathrm{i}\beta''' a} - \tilde{D}\,\mathrm{e}^{-\mathrm{i}\beta''' a}) = -\alpha' G\,\mathrm{e}^{-\alpha' a} \end{aligned} \tag{5.69}$$

für die vier Unbekannten $A$, $C$, $\tilde{D}$, $G$. (5.69) hat nur dann eine nicht-triviale Lösung, wenn seine Koeffizientendeterminante gleich Null ist. Dies ergibt eine Beziehung zwischen $\alpha'$, $\beta'''$ und $a$, die die Eigenwertbedingung für $E$ darstellt, das als $|E|$ in $\alpha'$ und $\beta'''$ steht. Für jeden Eigenwert $E = -|E|$ können wir dann aus dem Gleichungssystem (5.69) die Verhältnisse der Unbekannten zu einer, z. B. $C/A$, $\tilde{D}/A$, $G/A$ ermitteln, während sich schließlich $A$ aus der Normierungsbedingung

$$\int_{-\infty}^{+\infty} |\varphi(x)|^2\,\mathrm{d}x = \int_{-\infty}^{-a} |\varphi_{\mathrm{I}}|^2\,\mathrm{d}x + \int_{-a}^{+a} |\varphi_{\mathrm{II}}|^2\,\mathrm{d}x + \int_{+a}^{+\infty} |\varphi_{\mathrm{III}}|^2\,\mathrm{d}x = 1 \tag{5.70}$$

bestimmt.

Befassen wir uns nun mit der Eigenwertbedingung, die

$$\alpha'^2 - \beta'''^2 + 2\alpha'\beta'''\cot(2\beta''' a) = 0 \tag{5.71}$$

lautet und sich in 2 Bedingungen aufspalten läßt.

$$\alpha' = \beta''' \tan(\beta''' a), \qquad \alpha' = -\beta''' \cot(\beta''' a). \tag{5.72}$$

Geht man mit der ersten der Bedingungen (5.72) in (5.69) ein, so findet man zusammen mit (5.67) und (5.68) die Lösung

$$\left.\begin{aligned} \varphi_{\mathrm{I}}(x) &= A\,\mathrm{e}^{\alpha' x} \\ \varphi_{\mathrm{II}}(x) &= A\,\mathrm{e}^{-\alpha' a}\frac{\cos(\beta''' x)}{\cos(\beta''' a)} \\ \varphi_{\mathrm{III}}(x) &= A\,\mathrm{e}^{-\alpha' x} \end{aligned}\right\} \quad \text{für} \quad \alpha' = \beta''' \tan(\beta''' a); \tag{5.73}$$

in analoger Weise ergibt sich für die zweite der Bedingungen (5.72) die Lösung

$$\left.\begin{aligned} \varphi_{\mathrm{I}}(x) &= A\, \mathrm{e}^{\alpha' x} \\ \varphi_{\mathrm{II}}(x) &= -A\, \mathrm{e}^{-\alpha' a} \frac{\sin(\beta''' x)}{\sin(\beta''' a)} \\ \varphi_{\mathrm{III}}(x) &= -A\, \mathrm{e}^{-\alpha' x} \end{aligned}\right\} \quad \text{für} \quad \alpha' = -\beta''' \cot(\beta''' a). \tag{5.74}$$

Man erkennt, daß das getrennte Auftreten der beiden Eigenwertbedingungen eine Einteilung der Eigenfunktionen in symmetrische und antisymmetrische bezüglich der *Spiegelung am Koordinatenursprung* $x=0$ bedeutet. (5.73) erfaßt die *symmetrischen* und (5.74) die *antisymmetrischen Eigenfunktionen.*

Die aus (5.70) folgende Amplitude $A$ ist für symmetrische und antisymmetrische Eigenfunktionen in gleicher Weise aus $a$, $\alpha'$ und $\beta'''$ aufgebaut.

Die Eigenwertbedingungen (5.72) sind transzendente Gleichungen für $E = -|E|$. Aus ihnen kann man mit Hilfe von

$$(\alpha'^2 + \beta'''^2)\, a = \frac{2m}{\hbar^2}\, U_0 a^2 \equiv \gamma^2 \tag{5.75}$$

die Größe $\alpha'$ eliminieren, so daß die $E$-Abhängigkeit nur noch über die Variable $(\beta''' a) \equiv \varepsilon$ eingeht und die charakteristischen Konstanten $U_0$ und $a$ des Topfes sich in der Kombination $U_0 a^2$ zusammengefaßt im Parameter $\gamma^2$ äußern:

$$\frac{\sqrt{\gamma^2 - \varepsilon^2}}{\varepsilon} = \tan\varepsilon, \qquad \frac{\varepsilon}{\sqrt{\gamma^2 - \varepsilon^2}} = -\tan\varepsilon. \tag{5.76}$$

(5.76) löst man am besten graphisch, indem man beide Seiten der Gleichungen für gewählte Parameter $\gamma^2$ als Funktion von $\varepsilon$ aufträgt und die Abzissenwerte der Schnittpunkte bestimmt, die die diskreten Energiewerte dann ergeben (vgl. Abb. 5.8).

Solange $\gamma < \pi/2$ ist, kann nur die erste der Bedingungen (5.76) erfüllt werden; dann gibt es nur ein Energieniveau, zu dem eine symmetrische Eigenfunktion gehört. Ab $\gamma > \pi/2$ kommt

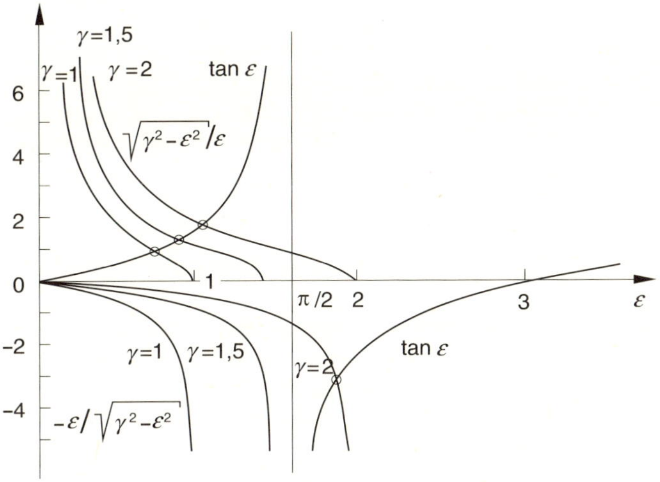


**Abb. 5.8**
Diagramm zur graphischen Lösung der transzendenten Gleichung für die Energie-Eigenwerte des Potentialtopf-Problems

zunächst *ein* weiteres Niveau hinzu, in dem die zweite Bedingung (5.76) erfüllt wird und zu dem eine antisymmetrische Eigenfunktion gehört. Mit wachsendem $\gamma$ kommen immer mehr diskrete Energieniveaus mit abwechselnd symmetrischen und antisymmetrischen Eigenfunktionen hinzu.

Es sei noch angemerkt, daß die *Symmetrieeigenschaft der Eigenfunktionen*, symmetrisch und antisymmetrisch zu sein, eine Folge der Symmetrie des physikalischen Systems ist, die sich als Symmetrieeigenschaft der potentiellen Energie $U(x)=U(-x)$ und damit auch als Symmetrieeigenschaft des Hamilton-Operators $H\left(x, \frac{\hbar}{\mathrm{i}} \frac{\mathrm{d}}{\mathrm{d}x}\right) = -\frac{\hbar^2}{2m} \frac{\mathrm{d}^2}{\mathrm{d}x^2} + U(x)$ dokumentiert. Wir werden auf solche Symmetrieprobleme im Kapitel 19 umfassender eingehen.

### 5.4.3 Kräftefreie Rotation um eine feste Achse (starrer eindimensionaler Rotator)

Dies ist ein weiteres wichtiges, elementares Beispiel. Wir verwenden zur Beschreibung Zylinder-Koordinaten ($\varrho$, $\varphi$, $z$), jedoch mit festem Abstand $\varrho = a$ und fester Koordinate $z=0$ und setzen die konstante potentielle Energie Null. Dann haben wir die zeitfreie Schrödinger-Gleichung in der Form

$$-\frac{\hbar^2}{2m_0 a^2} \frac{\mathrm{d}^2 \chi(\varphi)}{\mathrm{d}\varphi^2} = E\chi(\varphi) \qquad (5.77)$$

vorliegen, die in ihrer Struktur mit (5.49) übereinstimmt. Da aber jetzt die Variable $\varphi$ ein Winkel ist, müssen wir die Randbedingung (5.50) durch die Eindeutigkeitsbedingung (5.35) ersetzen:

$$\chi(\varphi) = \chi(\varphi + 2\pi).$$

Die Differentialgleichung $\mathrm{d}^2\chi/\mathrm{d}\varphi^2 = -\lambda^2 \chi$ mit $\lambda^2 \equiv 2m_0 E/\hbar^2$ hat die Lösung $A\,\mathrm{e}^{\mathrm{i}\lambda\varphi}$. Wegen der Eindeutigkeitsbedingung muß $\mathrm{e}^{\mathrm{i}\lambda 2\pi} = 1$ gelten, woraus

$$\lambda = m = 0,\ \pm 1,\ \pm 2,\ \ldots \qquad (5.78)$$

folgt. Für die diskreten Energiewerte erhalten wir

$$E_m = \frac{\hbar^2 m^2}{2m_0 a^2}, \qquad m = 0,\ \pm 1,\ \pm 2,\ \ldots \qquad (5.79)$$

$m_0 a^2 = \theta$ ist das Trägheitsmoment des Systems, wenn die Masse $m_0$ im Abstand $a$ umläuft; damit stimmt (5.79) mit der Formel (3.130) der korrespondenzmäßigen Theorie überein, wenn die dort unbestimmte Integrationskonstante $\alpha$ gleich Null gesetzt wird. Die in 3.4.2.2 angefügten Überlegungen zur Quantisierung des Drehimpulses $M_z$ bleiben auch hier gültig. Die (normierten) Eigenfunktionen

$$\chi_m(\varphi) = \frac{1}{\sqrt{2\pi}}\,\mathrm{e}^{\mathrm{i}m\varphi} \qquad (5.80)$$

des Hamilton-Operators $H\left(\varphi, \frac{\hbar}{\mathrm{i}} \frac{\mathrm{d}}{\mathrm{d}\varphi}\right) = -\frac{\hbar^2}{2\theta} \frac{\mathrm{d}^2}{\mathrm{d}\varphi^2}$ zu den Eigenwerten $E_m = \hbar^2 m^2/2\theta$ sind auch Eigenfunktionen der Komponente

$$M_z\left(\boldsymbol{r}, \frac{\hbar}{\mathrm{i}} \nabla_{\boldsymbol{r}}\right) = \frac{\hbar}{\mathrm{i}}\left(x \frac{\partial}{\partial y} - y \frac{\partial}{\partial x}\right) = \frac{\hbar}{\mathrm{i}} \frac{\partial}{\partial \varphi} \tag{5.81}$$

des Bahndrehimpuls-Operators $\boldsymbol{M}\left(\boldsymbol{r}, \frac{\hbar}{\mathrm{i}} \nabla_{\boldsymbol{r}}\right)$ (vgl. (5.15)); denn in Übereinstimmung mit der allgemeinen Eigenwertgleichung (5.18) gilt ja bei Anwendung von $\frac{\hbar}{\mathrm{i}} \frac{\mathrm{d}}{\mathrm{d}\varphi}$ auf $\chi(\varphi)$ nach (5.80)

$$\frac{\hbar}{\mathrm{i}} \frac{\mathrm{d}\chi(\varphi)}{\mathrm{d}\varphi} = m\hbar\, \chi(\varphi), \tag{5.82}$$

d.h., die Eigenwerte des Drehimpulsoperators $M_z\left(\boldsymbol{r}, \frac{\hbar}{\mathrm{i}} \nabla_{\boldsymbol{r}}\right)$ sind $m\hbar$ mit $m = 0$, $\pm 1$, $\pm 2$, ..., also die bereits in (3.131) angegebenen quantisierten Bahndrehimpulswerte.

### 5.4.4 Eindimensionaler harmonischer Oszillator

Als Beispiel für eine durchweg stetige Funktion der potentiellen Energie $U(x)$ mit $U(x) \to \infty$ für $x \to \pm\infty$, womit wir in 5.3.1 die qualitativen Erörterungen zum Energie-Eigenwertproblem begonnen hatten, wollen wir nun den eindimensionalen harmonischen Oszillator ansehen. Die Funktion $U(x)$ ist

$$U(x) = \frac{K}{2} x^2 = \frac{m\omega^2}{2} x^2 \quad \text{mit} \quad \omega^2 \equiv K/m, \tag{5.83}$$

und der Hamilton-Operator lautet (vgl. die Hamilton-Funktion (1.27))

$$H\left(x, \frac{\hbar}{\mathrm{i}} \frac{\mathrm{d}}{\mathrm{d}x}\right) = -\frac{\hbar^2}{2m} \frac{\mathrm{d}^2}{\mathrm{d}x^2} + \frac{m\omega^2}{2} x^2. \tag{5.84}$$

Unsere Aufgabe besteht nun darin, Lösungen $\varphi(x)$ der zeitfreien Schrödinger-Gleichung

$$\frac{\mathrm{d}^2\varphi(x)}{\mathrm{d}x^2} + \frac{2m}{\hbar^2}\left[E - \frac{m\omega^2}{2} x^2\right] \varphi(x) = 0 \tag{5.85}$$

zu suchen, die quadratisch integrierbar sind, also der Normierungsbedingung

$$\int_{-\infty}^{+\infty} |\varphi(x)|^2\, \mathrm{d}x = 1 \tag{5.86}$$

genügen.

Zur Vereinfachung der Differentialgleichung (5.85) nehmen wir die Variablensubstitution $\xi^2 = m\omega x^2/\hbar$, woraus sich $\dfrac{\mathrm{d}^2}{\mathrm{d}x^2} = (m\omega/\hbar)\dfrac{\mathrm{d}^2}{\mathrm{d}\xi^2}$ ergibt, und die Zusammenfassung von Konstanten zu $b = 2E/\hbar\omega$ vor, wodurch

$$\frac{\mathrm{d}^2\varphi(\xi)}{\mathrm{d}\xi^2} + (b - \xi^2)\,\varphi(\xi) = 0 \tag{5.87}$$

folgt. Damit (5.86) erfüllt werden kann, muß $\varphi(\xi)$ für $\xi \to \pm\infty$ genügend rasch gegen Null streben. Um einen Lösungsansatz zu finden, der dieses Grenzverhalten in geeigneter Weise berücksichtigt, suchen wir vorerst einmal eine asymptotische Lösung der Differentialgleichung (5.87) oder, anders ausgedrückt, eine Lösung der *asymptotischen Differentialgleichung*

$$\frac{\mathrm{d}^2\varphi}{\mathrm{d}\xi^2} = \xi^2\varphi, \tag{5.88}$$

die sich aus (5.87) unter der Voraussetzung $\xi^2 \gg b$ ergibt. Lösungen von (5.88) sind $\mathrm{e}^{\pm\xi^2/2}$, wenn $\xi^2 \gg 1$ gilt. $\mathrm{e}^{+\xi^2/2}$ hat das falsche Grenzverhalten für $\xi \to \pm\infty$. $\mathrm{e}^{-\xi^2/2}$ dagegen können wir als Vorfaktor zum Aufbau eines *Lösungsansatzes* für (5.87) gebrauchen:

$$\varphi(\xi) = \mathrm{e}^{-\xi^2/2}\,v(\xi). \tag{5.89}$$

Gehen wir mit diesem Ansatz aus asymptotischer Lösung und $v(\xi)$ in (5.87) ein, so bekommen wir für $v(\xi)$ die Differentialgleichung

$$\frac{\mathrm{d}^2 v}{\mathrm{d}\xi^2} - 2\xi\frac{\mathrm{d}v}{\mathrm{d}\xi} + (b-1)\,v = 0. \tag{5.90}$$

Zu ihrer Lösung bietet sich auf Grund der allgemeinen Theorie solcher Differentialgleichungen ein Potenzreihenansatz der Form

$$v(\xi) = \sum_{\nu=0}^{\infty} c_\nu \xi^\nu \tag{5.91}$$

an, womit man aus (5.90) die Gleichung

$$\sum_{\nu=0}^{\infty} [c_{\nu+2}(\nu+2)(\nu+1) + c_\nu(-2\nu+b-1)]\,\xi^\nu = 0 \tag{5.92}$$

erhält, die nur erfüllt sein kann, wenn der Koeffizient vor jeder Potenz von $\xi$ verschwindet, d.h., wenn

$$\frac{c_{\nu+2}}{c_\nu} = \frac{2\nu+1-b}{(\nu+1)(\nu+2)} \tag{5.93}$$

für jedes $\nu$ gilt.

Mit Hilfe dieser Rekursionsformel lassen sich bei Vorgabe von $c_0$ bzw. $c_1$ sämtliche Koeffizienten der Potenzreihe bestimmen. Von $c_0$ aus entsteht eine Lösung $\varphi(\xi)$, die nur gerade Potenzen in der Reihe enthält und, da der Exponentialfaktor von $\xi^2$ abhängt, symmetrisch gegenüber der Spiegelung $\xi \to -\xi$ bzw.

$x \rightarrow -x$ ist. Diejenigen Lösungen, die von $c_1$ ausgehen, enthalten eine Reihe mit ungeraden Potenzen und sind daher antisymmetrisch. Auch beim harmonischen Oszillator bestätigt sich also das schon oben beim Potentialtopf erwähnte Prinzip, daß die Eigenfunktionen eines Systems mit spiegelungsinvariantem Hamilton-Operator in zwei Kategorien zerfallen, in symmetrische und antisymmetrische Eigenfunktionen.

Besonders wichtig ist nun zu überprüfen, ob die aus Exponentialfaktor $\exp(-\xi^2/2)$ und Potenzreihe bestehende Lösung auch wirklich die Normierungsbedingung (5.86) erfüllt, denn nur dann ist sie als Eigenfunktion anzusehen. Da für die Normierbarkeit das Verhalten im Unendlichen (bei $\xi \rightarrow \pm\infty$) ausschlaggebend ist, müssen wir das asymptotische Verhalten der Potenzreihe, das heißt für hohe Potenzen $\xi^\nu$, studieren. Für große $\nu$-Werte geht die Rekursionsformel (5.93) in

$$c_{\nu+2}/c_\nu \rightarrow 2/\nu$$

über. Dieses asymptotische Verhalten hat nun aber gerade die Rekursionsformel der Koeffizienten von

$$e^{\xi^2} = \sum_{\mu=0}^{\infty} \xi^{2\mu}/\mu!;$$

nämlich für $2\mu = \nu$ und $2(\mu+1) = \nu+2$ gilt $a_{\nu+2}/a_\nu = 1/[(\nu/2)+1] \rightarrow 2/\nu$. Die Reihe $\sum_{\nu=0}^{\infty} c_\nu \xi^\nu$ verhält sich demnach asymptotisch wie $\exp(+\xi^2)$, und die durch den Faktor $\exp(-\xi^2/2)$ erhoffte quadratische Integrierbarkeit von $\varphi(\xi)$ ist nicht gegeben, wenn $\nu \rightarrow \infty$ geht und die volle Potenzreihe vorliegt. Man kann jedoch noch über die in $b = 2E/\hbar\omega$ enthaltene Separationskonstante, die Energie $E$, so verfügen, daß die Reihe bei einem bestimmten $\nu = n$ abbricht und somit ein *Polynom* $n$-ter Ordnung repräsentiert; dann bleibt $\exp(-\xi^2/2)$ für die quadratische Integrierbarkeit ausschlaggebend, wie es die Absicht des Ansatzes war. Abbrechen der Reihe bei $\nu = n$ bedeutet, daß der Zähler in (5.93) für $\nu = n$ Null wird:

$$b = 2n + 1. \tag{5.94}$$

Die erlaubten Energieniveaus des harmonischen Oszillators sind also, wie sich nach (5.94) ergibt, die äquidistante Folge

$$E_n = \hbar\omega\left(n + \frac{1}{2}\right) \tag{5.95}$$

mit $n = 0, 1, 2, \ldots$ Dies stimmt völlig mit dem Ergebnis der Matrizenmechanik (4.54) und für $\alpha = 1/2$ auch mit dem der korrespondenzmäßigen älteren Quantentheorie (3.127) überein. Wir wollen hier schon anmerken, daß wir in 12.1 das Energie-Eigenwertproblem auf alleiniger Basis der Beziehungen von Dirac-Operatoren lösen werden, woraus eine deutliche Verallgemeinerungsfähigkeit resultiert.

Die zu $E_n$ gehörige Eigenfunktion ist

$$\varphi_n(x) = A_n\, e^{-\frac{m\omega x^2}{2\hbar}} H_n(x), \tag{5.96}$$

wobei die Polynome $n$-ten Grades $H_n(x)$ die sogenannten *Hermiteschen Polynome*

$$H_n(x) = (-1)^n \, e^{x^2} \frac{d^n \, e^{-x^2}}{d x^n} \tag{5.97}$$

sind. Der Normierungsfaktor $A_n$ ergibt sich mit (5.86) zu

$$A_n^2 = \frac{1}{2^n n!} \sqrt{m\omega/\pi\hbar}\,. \tag{5.98}$$

Das Ergebnis (5.96) bestätigt die qualitativen Ausführungen in 5.3.1 zum *Knotensatz*; das Hermitesche Polynom $n$-ten Grades hat $n$ Nullstellen. An Abb. 5.9 erkennt man unmittelbar, daß im Grundzustand ($n=0$) die größte Aufenthaltswahrscheinlichkeit in der Umgebung von $x=0$ vorliegt; während sie für die angeregten Zustände $n>0$ im klassisch zulässigen Gebiet in der Nähe der „Umkehrpunkte" relativ groß ist und sonst in diesem Gebiet oszillatorischen Charakter hat und an den Stellen der $n$ Knoten exakt Null ist. Im klassisch unzugänglichen Gebiet (außerhalb der Umkehrpunkte) geht die Aufenthaltswahrscheinlichkeitsdichte exponentiell gegen Null. Im Grundzustand ($n=0$) beträgt die Aufenthaltswahrscheinlichkeit in diesem Gebiet aber noch nahezu 0,16.

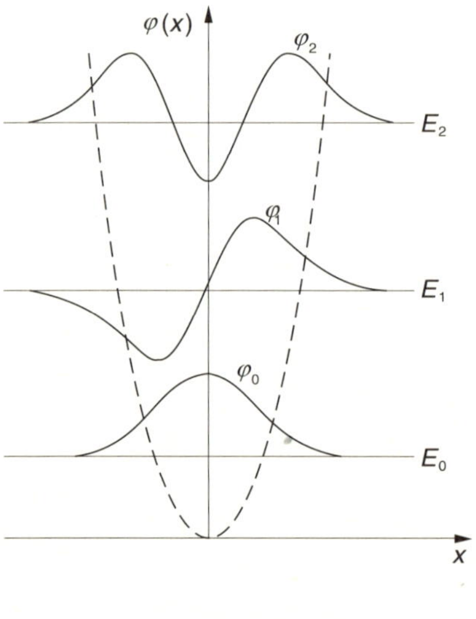


**Abb. 5.9**
Eigenfunktionen des eindimensionalen harmonischen Oszillators für $n=0,1,2$ (schematisch)

Das hier am Beispiel des harmonischen Oszillators erläuterte Verfahren zur Lösung des Energie-Eigenwertproblems ist auch auf andere Fälle in der Wellenmechanik übertragbar und wird als *Sommerfeldsche Polynommethode* bezeichnet. Es ist immer anwendbar, wenn für die Koeffizienten des Potenzreihenansatzes eine zweigliedrige Rekursionsformel, wie es (5.93) darstellt, resultiert.

A. Sommerfeld weist in seinem Buch „Atombau und Spektrallinien" [B-14] auf die engen Beziehungen zwischen dem wellenmechanischen Formalismus und dem Formalismus der klassischen Hamilton-Jacobi-Theorie hin. Wenn für ein Problem die Hamilton-Jacobi-

Gleichung in bestimmten Koordinaten separiert werden kann, dann trifft das in denselben Koordinaten auch für die Schrödinger-Gleichung zu. Dem Auftreten der zweigliedrigen Rekursionsformel bei der Lösung der Schrödinger-Gleichung entspricht in der Hamilton-Jacobi-Theorie eine Integrationsmöglichkeit mit Hilfe von elementaren Funktionen. Wenn die Integration der Hamilton-Jacobi-Gleichung elliptische Funktionen erfordert, wird die Rekursionsformel der Potenzreihe der Lösung der Schrödinger-Gleichung dreigliedrig.

### 5.4.5 Kugelsymmetrisches Ein-Teilchen-Problem und Wasserstoff-Atom

In der Entwicklung der Quantentheorie hat die Theorie des Wasserstoff-Atoms stets als ein entscheidender Prüfstein gedient; denn die für dieses physikalische System gewonnenen spektroskopischen Aussagen waren so eindeutig und überzeugend und dabei auf der Basis der klassischen Theorie unerklärlich, daß jede neue Theorie nur dann Gültigkeit beanspruchen konnte, wenn sie die diskreten Energieniveaus des H-Atoms und die daraus folgenden spektroskopischen Seriengesetze zu berechnen bzw. zu erklären vermochte. Auch E. SCHRÖDINGER sah in dieser Aufgabe bei seiner ersten Mitteilung (1926) zur Quantisierung als Eigenwertproblem sein wesentlichstes Anliegen. Die Wechselwirkung zwischen Kern und Elektron wird in erster Linie durch das Coulomb-Gesetz der Elektrostatik beschrieben, und dieses ist ein kugelsymmetrisches Kraftfeld. (Auf darüber hinausgehende Feinheiten in der Wechselwirkung zwischen Elektron und Kern, die vor allem mit dem Elektronen-Spin zu tun haben, gehen wir erst im Komplex D ein.) Es ist zweckmäßig, sich zuerst mit der zeitfreien Schrödinger-Gleichung für die Energie-Eigenwerte im Falle einer *allgemeinen kugelsymmetrischen potentiellen Energie* eines Teilchens der Masse $m$ zu befassen und erst später als Beispiel das H-Atom zu betrachten.

#### 5.4.5.1 *Kugelsymmetrisches Potential*

Die zeitfreie Ein-Teilchen-Schrödinger-Gleichung für eine kugelsymmetrische potentielle Energie $U(\boldsymbol{r}) = U(r)$ mit $r = |\boldsymbol{r}|$ lautet

$$\left[-\frac{\hbar^2}{2m}\,\triangle + U(r)\right]\chi(\boldsymbol{r}) = E\,\chi(\boldsymbol{r}). \tag{5.99}$$

Die Kugelsymmetrie von $U(r)$ läßt es vorteilhaft erscheinen, den gesamten Hamilton-Operator in Kugelkoordinaten (räumlichen Polarkoordinaten) $r$, $\vartheta$, $\varphi$ darzustellen, d.h. den Laplace-Operator

$$\triangle = \frac{1}{r^2}\,\frac{\partial}{\partial r}\left(r^2\,\frac{\partial}{\partial r}\right) + \frac{1}{r^2}\,\Lambda \tag{5.100}$$

einzusetzen, wobei der winkelabhängige Anteil mit

$$\Lambda = \frac{1}{\sin\vartheta}\,\frac{\partial}{\partial\vartheta}\left(\sin\vartheta\,\frac{\partial}{\partial\vartheta}\right) + \frac{1}{\sin^2\vartheta}\,\frac{\partial^2}{\partial\varphi^2} \tag{5.101}$$

abgekürzt wurde, was sich gleich als zweckmäßig erweisen wird. Mit dem Ansatz

$$\chi(r, \vartheta, \varphi) = R(r)\ Y(\vartheta, \varphi) \tag{5.102}$$

können wir in einem ersten Schritt die Winkelabhängigkeit von der $r$-Abhängigkeit separieren, wobei wir die Separationskonstante $\tilde{\lambda}$ einführen:

$$\Lambda Y(\vartheta, \varphi) = -\tilde{\lambda}\, Y(\vartheta, \varphi), \tag{5.103}$$

$$\frac{1}{r^2}\frac{\mathrm{d}}{\mathrm{d}r}\left(r^2\frac{\mathrm{d}}{\mathrm{d}r}\right)R(r) + \frac{2m}{\hbar^2}\,[E - U(r)]\,R(r) - \frac{\tilde{\lambda}}{r^2}\,R(r) = 0. \tag{5.104}$$

Da $U(r)$ nur in (5.104) eingeht, ist die Eigenwertgleichung (5.103) für den winkelabhängigen Operator $\Lambda$ bei *allen* kugelsymmetrischen Problemen gleich. Mit (5.103) werden wir uns deshalb zuerst weiter befassen. Wir unternehmen einen erneuten Separationsversuch mit

$$Y(\vartheta, \varphi) = \Theta(\vartheta) \cdot \Phi(\varphi). \tag{5.105}$$

Die auch hier einzuführende Separationskonstante bezeichnen wir mit $m_l^2$; dann erhalten wir anstelle von (5.103) die zwei Differentialgleichungen

$$\frac{\mathrm{d}^2\Phi}{\mathrm{d}\varphi^2} = -m_l^2\,\Phi, \tag{5.106}$$

$$\frac{1}{\sin\vartheta}\frac{\mathrm{d}}{\mathrm{d}\vartheta}\left(\sin\vartheta\,\frac{\mathrm{d}\Theta}{\mathrm{d}\vartheta}\right) + \left[\tilde{\lambda} - \frac{m_l^2}{\sin^2\vartheta}\right]\Theta = 0. \tag{5.107}$$

Damit haben wir das wichtige Ziel einer vollständigen Separation erreicht.

Zur Lösung von (5.106) können wir die Resultate vom Beispiel der kräftefreien Rotation aus 5.4.3 übernehmen:

$$\Phi_{m_l}(\varphi) = \frac{1}{\sqrt{2\pi}}\,\mathrm{e}^{\mathrm{i}m_l\varphi}, \tag{5.108}$$

und da bei einem Umlauf der zyklischen Variablen sich $\Phi_{m_l}(\varphi)$ nicht ändern darf, $\Phi_{m_l}(\varphi) = \Phi_{m_l}(\varphi + 2\pi)$, muß wieder gelten

$$m_l = 0,\ \pm 1,\ \pm 2,\ \ldots \tag{5.109}$$

(5.108) ist Eigenfunktion des Operators $\dfrac{\hbar}{\mathrm{i}}\dfrac{\mathrm{d}}{\mathrm{d}\varphi}$ der Drehimpuls-Komponente $M_z$, bezogen auf die gewählte Achse ($z$-Achse genannt) des eingeführten Polarkoordinatensystems, denn es gilt

$$\frac{\hbar}{\mathrm{i}}\frac{\mathrm{d}}{\mathrm{d}\varphi}\,\Phi_{m_l}(\varphi) = m_l\hbar\,\Phi_{m_l}(\varphi). \tag{5.110}$$

Die Differentialgleichung (5.107) bringen wir durch die Substitution $\xi = \cos\vartheta$, woraus $\sin\vartheta = \sqrt{1-\xi^2}$ und $\sin\vartheta\,\dfrac{\mathrm{d}}{\mathrm{d}\vartheta} = -(1-\xi^2)\,\dfrac{\mathrm{d}}{\mathrm{d}\xi}$ folgen, auf die übersichtliche

Form

$$\frac{d}{d\xi}\left[(1-\xi^2)\frac{d\Theta}{d\xi}\right]+\left[\tilde{\lambda}-\frac{m_l^2}{1-\xi^2}\right]\Theta(\xi)=0. \qquad (5.111)$$

Man sieht, daß (5.111) außerwesentliche Singularitäten bei $\xi = \pm 1$ besitzt ($\xi = \pm 1$ sind Stellen der Bestimmtheit der Fuchsschen Differentialgleichungstheorie). Man hat nun Lösungen von (5.111) derart zu bestimmen, daß sich $\Theta(\xi)$ bei $\xi = \pm 1$ regulär verhält. Dies erreicht man mit Hilfe des Lösungsansatzes

$$\Theta(\xi)=(1-\xi^2)^{m_l/2}\, v_{m_l}(\xi), \qquad (5.112)$$

für den wir hier keine Begründung geben wollen. Für $v_{m_l}(\xi)$ ergibt sich nun eine Differentialgleichung, der man ansieht, daß die $v_{m_l}(\xi)$ durch $m_l$-fache Differentiation aus einem bestimmten $v_0(\xi)$ zu gewinnen sind:

$$v_{m_l}(\xi)=\frac{d^{m_l}}{d\xi^{m_l}}\, v_0(\xi), \qquad (5.113)$$

wobei $v_0$ der Differentialgleichung

$$(1-\xi^2)\frac{d^2 v_0}{d\xi^2}-2\xi\frac{d v_0}{d\xi}+\tilde{\lambda} v_0=0 \qquad (5.114)$$

genügen muß. Für $v_0$ machen wir den Potenzreihenansatz

$$v_0=\sum_{\nu=0}^{\infty} a_\nu \xi^\nu \qquad (5.115)$$

und bekommen durch Einsetzen in (5.115) und Nullsetzen des Koeffizienten bei jeder Potenz $\xi^\nu$ die zweigliedrige Rekursionsformel

$$\frac{a_{\nu+2}}{a_\nu}=\frac{\nu(\nu+1)-\tilde{\lambda}}{(\nu+2)(\nu+1)}. \qquad (5.116)$$

Wir können die Separationskonstante $\tilde{\lambda}$, deren negativer Wert den Eigenwert des Operators $\Lambda$ darstellt, dadurch bestimmen, daß wir die Potenzreihe bei einem festen $\nu = l$ abbrechen lassen, also ein Polynom entstehen lassen. Eine genauere Untersuchung der durch (5.115) und (5.116) gegebenen Potenzreihe zeigt auch, daß das sogar notwendig ist, um der oben schon erwähnten Regularität von $\Theta(\xi)$ bei $\xi = \pm 1$ Genüge zu tun. Die Potenzreihen, die durch (5.115) und (5.116) definiert werden, verhalten sich nämlich wie $(1/2)\ln[(1+\xi)/(1-\xi)]$; sie sind also bei $\xi = \pm 1$ logarithmisch singulär. Wenn man

$$\tilde{\lambda}=l(l+1) \qquad (5.117)$$

setzt, kann man $v_0(\xi)$ als Polynom $l$-ten Grades erhalten, und zwar ergeben sich dann die auf $a_0$ aufbauenden geraden Polynome für $a_1 = 0$ und die auf $a_1$ aufbauenden ungeraden Polynome für $a_0 = 0$.

Für $m_l = 0$ ergeben sich nach (5.112) die *Legendre-Polynome* (oder *zonalen Kugelfunktionen*)

$$\theta_l(\vartheta)=P_l(\cos\vartheta), \qquad (5.118)$$

die mit der Festlegung $P_l(1)=1$

$$P_0=1, \qquad P_1=\cos\vartheta, \quad P_2=\frac{3}{2}\cos^2\vartheta-\frac{1}{2}, \ldots \tag{5.119}$$

oder zusammengefaßt

$$P_l(\xi)=\frac{1}{2^l l!}\frac{\mathrm{d}^l}{\mathrm{d}\xi^l}(\xi^2-1)^l \tag{5.120}$$

lauten.

Für $m_l>0$ entstehen nach (5.112) mit (5.120) die *zugeordneten Legendre-Funktionen*

$$P_l^{m_l}(\xi)=(1-\xi^2)^{m_l/2}\frac{\mathrm{d}^{l+m_l}}{\mathrm{d}\xi^{l+m_l}}\frac{(\xi^2-1)^l}{2^l l!}. \tag{5.121}$$

Für negative $m_l$-Werte hat man die Relation

$$P_l^{m_l}(\xi)=(-1)^{m_l}P_l^{-m_l}(\xi) \tag{5.122}$$

zu beachten.

(5.105) entsprechend ergeben sich als winkelabhängiger Anteil der Energie-Eigenfunktionen *aller* kugelsymmetrischen Ein-Teilchen-Probleme die *Kugelflächenfunktionen*

$$Y_l^{m_l}(\vartheta,\varphi)=\frac{1}{\sqrt{2\pi}}N_{l,m_l}P_l^{|m_l|}(\cos\vartheta)\,\mathrm{e}^{\mathrm{i}m_l\varphi} \tag{5.123}$$

mit dem aus $N_{l,m_l}^2\int\limits_0^\pi \sin\vartheta\,\mathrm{d}\vartheta[P_l^{|m_l|}(\cos\vartheta)]^2=1$ folgenden Normierungsfaktor

$$N_{l,m_l}=\sqrt{\frac{2l+1}{2}}\sqrt{\frac{(l-|m_l|)!}{(l+|m_l|)!}}. \tag{5.124}$$

Damit erfüllen die Kugelflächenfunktionen die *Orthonormierungsbedingung*

$$\int\limits_0^\pi \sin\vartheta\,\mathrm{d}\vartheta\int\limits_0^{2\pi}\mathrm{d}\varphi\; Y_{l'}^{m_l'}(\vartheta,\varphi)^*\,Y_l^{m_l}(\vartheta,\varphi)=\delta_{l'l}\delta_{m_l'm_l}. \tag{5.125}$$

Mittels (5.122) ergibt sich der Zusammenhang

$$Y_l^{-m_l}=\frac{1}{\sqrt{2\pi}}(-1)^{m_l}N_{l,m_l}P_l^{|ml|}\,\mathrm{e}^{-\mathrm{i}m_l\varphi}. \tag{5.126}$$

Wenn $P_l(\xi)$ ein Polynom $l$-ten Grades ist, dann ist nach (5.121) $P_l^{|m_l|}$ ein solches $(l-|m_l|)$-ten Grades multipliziert mit $(1-\xi^2)^{m_l/2}$. Daraus folgt, daß $m_l$ bei vorgegebenen $l=0,1,2,\ldots$ einer Beschränkung auf die $(2l+1)$ Werte

$$m_l=-l,\ -(l-1),\ \ldots,\ -2,\ -1,\ 0,\ 1,\ 2,\ \ldots,\ (l-1),\ l \tag{5.127}$$

unterliegt. $l$ ist die *Drehimpulsquantenzahl* (*Nebenquantenzahl*) und $m_l$ die *magnetische Quantenzahl*, wie sie schon in 3.4.2.3 eingeführt wurden.

Ausgehend von dem mit (5.15) eingeführten Bahndrehimpuls-Operator $\boldsymbol{M}\left(\boldsymbol{r}, \frac{\hbar}{\mathrm{i}} \nabla_{\boldsymbol{r}}\right)$ kann man durch Bildung von

$$
\begin{aligned}
Q\left(\boldsymbol{r}, \frac{\hbar}{\mathrm{i}} \nabla_{\boldsymbol{r}}\right) &\equiv M_x^2\left(\boldsymbol{r}, \frac{\hbar}{\mathrm{i}} \nabla_{\boldsymbol{r}}\right)+M_y^2\left(\boldsymbol{r}, \frac{\hbar}{\mathrm{i}} \nabla_{\boldsymbol{r}}\right)+M_z^2\left(\boldsymbol{r}, \frac{\hbar}{\mathrm{i}} \nabla_{\boldsymbol{r}}\right) \\
&=\left[\frac{\hbar}{\mathrm{i}}\left(y \frac{\partial}{\partial z}-z \frac{\partial}{\partial y}\right)\right]^2+\left[\frac{\hbar}{\mathrm{i}}\left(z \frac{\partial}{\partial x}-x \frac{\partial}{\partial z}\right)\right]^2 \\
&\quad+\left[\frac{\hbar}{\mathrm{i}}\left(x \frac{\partial}{\partial y}-y \frac{\partial}{\partial x}\right)\right]^2,
\end{aligned}
\tag{5.128}
$$

wobei das Quadrieren der Differentialoperatoren natürlich wieder als zweifaches, aufeinander folgendes Anwenden zu verstehen ist, und durch Übergang zu den räumlichen Polarkoordinaten dem Operator $\Lambda$ die folgende physikalische Bedeutung zuordnen:

$$
-\hbar^2 \Lambda=Q\left(\boldsymbol{r}, \frac{\hbar}{\mathrm{i}} \nabla_{\boldsymbol{r}}\right). \tag{5.129}
$$

Dann bedeutet (5.103) zusammen mit (5.117) und (5.123) die Eigenwertgleichung für das Quadrat $Q\left(\boldsymbol{r}, \frac{\hbar}{\mathrm{i}} \nabla_{\boldsymbol{r}}\right)$ des Bahndrehimpuls-Operators

$$
Q\left(\boldsymbol{r}, \frac{\hbar}{\mathrm{i}} \nabla_{\boldsymbol{r}}\right) Y_l^{m_l}(\vartheta, \varphi)=l(l+1)\, \hbar^2\, Y_l^{m_l}(\vartheta, \varphi). \tag{5.130}
$$

Die Kugelflächenfunktionen $Y_l^{m_l}(\vartheta, \varphi)$ sind also gemeinsame Eigenfunktionen der Bahndrehimpuls-Operatoren $Q\left(\boldsymbol{r}, \frac{\hbar}{\mathrm{i}} \nabla_{\boldsymbol{r}}\right)$ (des Quadrates) und $M_z\left(\boldsymbol{r}, \frac{\hbar}{\mathrm{i}} \nabla_{\boldsymbol{r}}\right)$ (der Komponente in Richtung der gewählten Polarachse). Die Beziehung (5.127) zwischen $m_l$ und $l$ überträgt sich natürlich auf die Eigenwerte $\hbar^2 l(l+1)$ von $Q\left(\boldsymbol{r}, \frac{\hbar}{\mathrm{i}} \nabla_{\boldsymbol{r}}\right)$ und $\hbar m_l$ von $M_z\left(\boldsymbol{r}, \frac{\hbar}{\mathrm{i}} \nabla_{\boldsymbol{r}}\right)$. Bei Vorgabe eines Wertes $\hbar^2 l(l+1)$ kann die Projektion in eine als Polarachse gewählte Vorzugsrichtung nur die Werte $l\hbar$ bis $-l\hbar$ mit Abständen von $\hbar$ betragen. Dieser Zusammenhang wird als *Richtungsquantelung* des Drehimpulses bezeichnet. Es liegt deutlich ein anderes Verhalten als bei einem *klassischen* Bahndrehimpuls vor; bei einem *solchen* wäre nämlich die maximal mögliche Länge der Komponente $M_z$ gleich dem Betrag $|\boldsymbol{M}|=\sqrt{\boldsymbol{M}^2}$, während quantentheoretisch $(M_z)_{\max}=l\hbar$ und dieses kleiner als $|\boldsymbol{M}|=\hbar\sqrt{l(l+1)}$ ist.

Daß die $Y_l^{m_l}$ gemeinsame Eigenfunktionen von $Q\left(\boldsymbol{r}, \frac{\hbar}{\mathrm{i}} \nabla_{\boldsymbol{r}}\right)$ und $M_z\left(\boldsymbol{r}, \frac{\hbar}{\mathrm{i}} \nabla_{\boldsymbol{r}}\right)$ sind, ist kein Zufall, sondern Ausdruck eines allgemeinen Prinzips, auf das wir in 9.3.1 ausführlich und systematisch eingehen. Dieses Prinzip besagt, daß ein Satz untereinander vertauschbarer Operatoren ein gemeinsames Eigenfunktionensystem besitzt. Unter Anwendung der fundamentalen Vertauschungsregeln (5.22) kann man nämlich für die Bahndrehimpulskomponenten-Operatoren (5.15) sehr leicht folgende Kommutator-Relationen beweisen:

$$\left[M_x\left(\boldsymbol{r}, \frac{\hbar}{\mathrm{i}} \nabla_{\boldsymbol{r}}\right), M_y\left(\boldsymbol{r}, \frac{\hbar}{\mathrm{i}} \nabla_{\boldsymbol{r}}\right)\right] \psi = \mathrm{i}\hbar\, M_z\left(\boldsymbol{r}, \frac{\hbar}{\mathrm{i}} \nabla_{\boldsymbol{r}}\right) \psi \tag{5.131}$$

und alle weiteren Relationen, die bei zyklischer Verschiebung der Indizes $x$, $y$, $z$ entstehen, sowie

$$\left[Q\left(\boldsymbol{r}, \frac{\hbar}{\mathrm{i}} \nabla_{\boldsymbol{r}}\right), M_k\left(\boldsymbol{r}, \frac{\hbar}{\mathrm{i}} \nabla_{\boldsymbol{r}}\right)\right] \psi = 0 \quad \text{für} \quad k = x, y, z. \tag{5.132}$$

Da die Komponenten von $\boldsymbol{M}\left(\boldsymbol{r}, \frac{\hbar}{\mathrm{i}} \nabla_{\boldsymbol{r}}\right)$ (5.131) zufolge unter sich nicht kommutieren, bilden nur $Q\left(\boldsymbol{r}, \frac{\hbar}{\mathrm{i}} \nabla_{\boldsymbol{r}}\right)$ und eine der Komponenten $M_k\left(\boldsymbol{r}, \frac{\hbar}{\mathrm{i}} \nabla_{\boldsymbol{r}}\right)$, wie (5.132) besagt, einen solchen Satz kommutierender Operatoren.

Dazu gehört noch der Hamilton-Operator des kugelsymmetrischen Problems, der sich in Kugelkoordinaten ausgedrückt mit Hilfe von $Q\left(\boldsymbol{r}, \frac{\hbar}{\mathrm{i}} \nabla_{\boldsymbol{r}}\right)$ als

$$H\left(\boldsymbol{r}, \frac{\hbar}{\mathrm{i}} \nabla_{\boldsymbol{r}}\right) = -\frac{\hbar^2}{2m} \frac{1}{r^2} \frac{\partial}{\partial r}\left(r^2 \frac{\partial}{\partial r}\right) + \frac{1}{2mr^2} Q\left(\boldsymbol{r}, \frac{\hbar}{\mathrm{i}} \nabla_{\boldsymbol{r}}\right) + U(r) \tag{5.133}$$

schreiben läßt, wobei man ohne weiteres die Kommutator-Relationen

$$\begin{aligned} &\left[H\left(\boldsymbol{r}, \frac{\hbar}{\mathrm{i}} \nabla_{\boldsymbol{r}}\right), Q\left(\boldsymbol{r}, \frac{\hbar}{\mathrm{i}} \nabla_{\boldsymbol{r}}\right)\right] \psi = 0, \\ &\left[H\left(\boldsymbol{r}, \frac{\hbar}{\mathrm{i}} \nabla_{\boldsymbol{r}}\right), M_k\left(\boldsymbol{r}, \frac{\hbar}{\mathrm{i}} \nabla_{\boldsymbol{r}}\right)\right] \psi = 0 \quad \text{für} \quad k = x, y, z \end{aligned} \tag{5.134}$$

als erfüllt erkennen kann.

Auf Grund der Vertauschbarkeit von $H\left(\boldsymbol{r}, \frac{\hbar}{\mathrm{i}} \nabla_{\boldsymbol{r}}\right)$, $Q\left(\boldsymbol{r}, \frac{\hbar}{\mathrm{i}} \nabla_{\boldsymbol{r}}\right)$ und z. B. $M_z\left(\boldsymbol{r}, \frac{\hbar}{\mathrm{i}} \nabla_{\boldsymbol{r}}\right)$ sowie des oben (ohne Beweis) erwähnten Prinzips wird es nun auch verständlich, daß die Eigenfunktionen $\chi(r, \vartheta, \varphi)$ von $H\left(\boldsymbol{r}, \frac{\hbar}{\mathrm{i}} \nabla_{\boldsymbol{r}}\right)$ als gemeinsamen Faktor die $Y_l^{m_l}(\vartheta, \varphi)$ enthalten.

Setzt man $U(r) = 0$ und $r = a = \text{const}$, dann erhält man aus (5.133) den Hamilton-Operator für den *räumlichen starren Rotator* (Massenpunkt $m$, der sich auf der Oberfläche einer Kugel vom Radius $a$ kräftefrei bewegen kann)

$$H\left(\boldsymbol{r}, \frac{\hbar}{\mathrm{i}} \nabla_{\boldsymbol{r}}\right) = \frac{1}{2ma^2} Q\left(\boldsymbol{r}, \frac{\hbar}{\mathrm{i}} \nabla_{\boldsymbol{r}}\right), \tag{5.135}$$

dessen Eigenfunktionen durch die $Y_l^{m_l}$ der Formel (5.123) mit den Energiewerten

$$E_l = \frac{\hbar^2 l(l+1)}{2ma^2} \tag{5.136}$$

gegeben sind.

Einen Überblick über die mit den Eigenfunktionen (5.123) verknüpfte Wahrscheinlichkeitsverteilung kann man durch verschiedene Veranschaulichungen gewinnen.

Man kann z. B. auf der Einheitskugel die Nullstellen der durch die Kombinationen

$$Y_l^{m_l}(\vartheta, \varphi) \pm Y_l^{-m_l}(\vartheta, \varphi) \to P_l^{|m_l|}(\vartheta) \begin{cases} \cos m_l \varphi \\ \sin m_l \varphi \end{cases} \tag{5.137}$$

entstehenden reellen Funktionen einzeichnen (siehe Abb. 5.10). Es gibt $l$ Knotenlinien auf der Kugel, und zwar $|m_l|$ Knotenmeridiane (Nullstellen von $\cos m_l \varphi$ bzw. $\sin m_l \varphi$) und $l-|m_l|$ Knotenbreitenkreise (Nullstellen von $P_l^{|m_l|}(\vartheta)$).

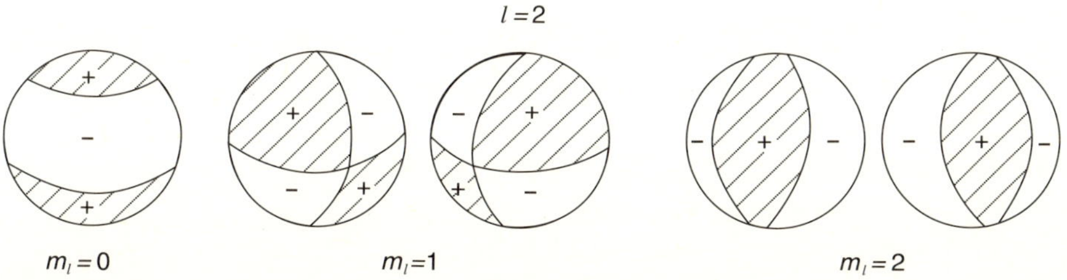


**Abb. 5.10**
Knotenlinien von $P_l^{|m_l|}(\cos\vartheta)\cos m_l\varphi$ bzw. $P_l^{|m_l|}(\cos\vartheta)\sin m_l\varphi$ auf der Einheitskugel (schematisch)

Eine andere Veranschaulichung besteht in der Darstellung von $|P_l^{|m_l|}(\vartheta)|^2 \cdot \begin{cases}\cos^2 m_l\varphi \\ \sin^2 m_l\varphi\end{cases}$ in einem Polardiagramm, wodurch besonders die räumliche Richtungsverteilung der Wahrscheinlichkeitsdichte gut zum Ausdruck gebracht wird (siehe Abb. 5.11, Seite 176).

5.4.5.2 *Coulomb-Potential*

Nach der Übersicht über die allen kugelsymmetrischen Problemen gemeinsame Winkelabhängigkeit der stationären Zustände wollen wir nun im konkreten Falle die stationären Zustände eines Elektrons in einem *Coulomb-Feld* untersuchen. Wir setzen in den Hamilton-Operator (5.133) oder in den radialen Anteil (5.104) der Schrödinger-Gleichung die potentielle Energie

$$U(r) = -\frac{Ze^2}{4\pi\varepsilon_0}\frac{1}{r} \tag{5.138}$$

ein; für $Z=1$ ergibt sich dann das Wasserstoffatom, und mit $Z>1$ (ganzzahlig) erfaßt man die wasserstoff-ähnlichen Ionen jeweils mit im Koordinatenursprung ruhend angenommenem Atomkern.

Zu lösen ist somit die aus (5.104) folgende Differentialgleichung (mit $\tilde{\lambda}=l(l+1)$)

$$\frac{d^2R}{dr^2}+\frac{2}{r}\frac{dR}{dr}+\frac{2m}{\hbar^2}\left[E+\frac{Ze^2}{4\pi\varepsilon_0}\frac{1}{r}-\frac{\hbar^2 l(l+1)}{2mr^2}\right]R(r)=0 \tag{5.139}$$

für den Radialanteil $R(r)$ der Zustandsfunktion (5.102), die mit den Abkürzungen

$$A \equiv \frac{2mE}{\hbar^2} \quad \text{und} \quad 2B \equiv \frac{2m}{\hbar^2}\frac{Ze^2}{4\pi\varepsilon_0} \tag{5.140}$$

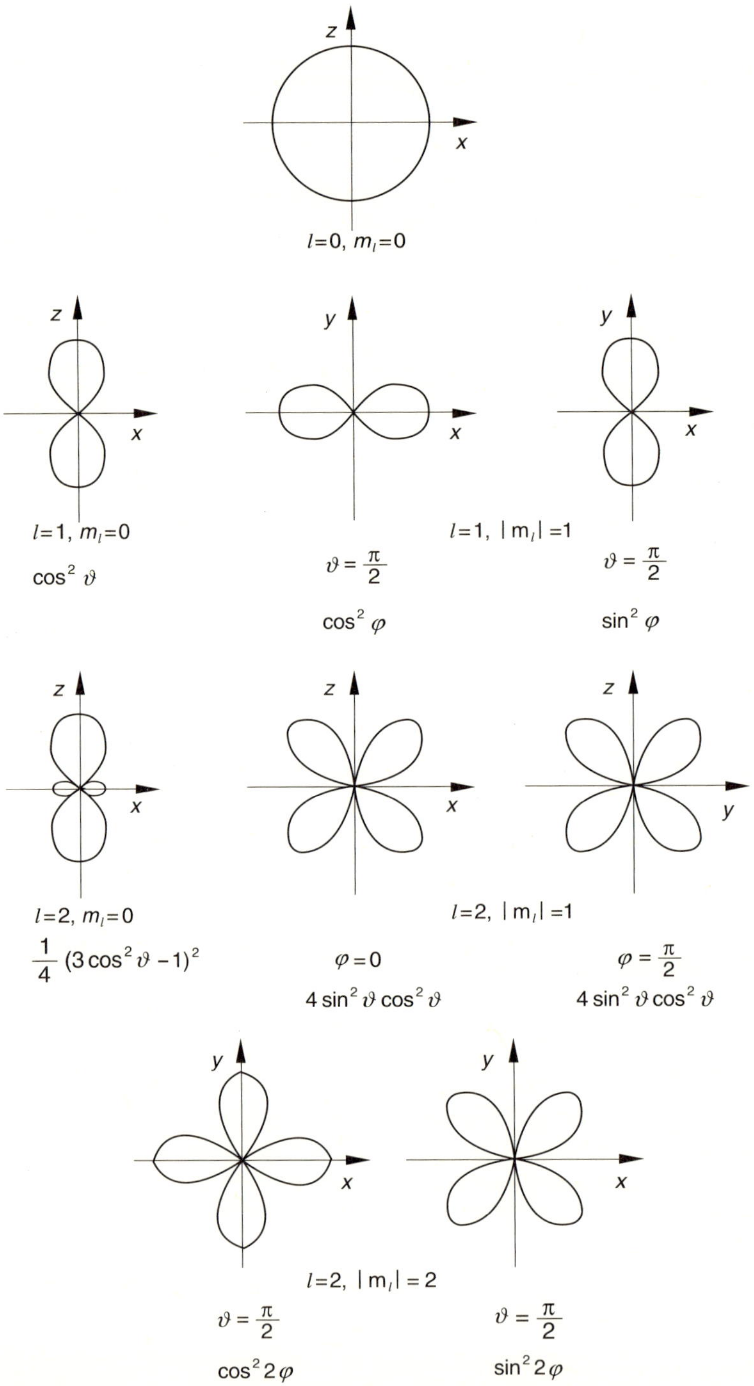


**Abb. 5.11**
Polardiagramm von $|P_l^{|m_l|}(\vartheta)|^2 \cdot \cos^2 m_l\varphi$ bzw. $|P_l^{|m_l|}(\vartheta)|^2 \cdot \sin^2 m_l\varphi$ für $l=0$, $m_l=0$; $l=1$, $m_l=0, \pm 1$; $l=2$, $m_l=0, \pm 1, \pm 2$ (schematisch)

die übersichtlichere Form

$$\frac{d^2R}{dr^2}+\frac{2}{r}\frac{dR}{dr}+\left(A+\frac{2B}{r}-\frac{l(l+1)}{r^2}\right)R(r)=0 \tag{5.141}$$

erhält.

Wir versuchen, dieses Eigenwertproblem (Eigenwert $E$ in der Konstante $A$) wieder unter Anwendung der Sommerfeldschen Polynom-Methode zu lösen. Durch die Einführung des $U(r)$ nach (5.138) wurde in üblicher Weise (wie in der klassischen Mechanik) der Energienullpunkt auf den Wert $\lim_{r\to\infty} U(r)$ festgelegt; damit ist für $E>0$ ein kontinuierliches Eigenwertspektrum (ungebundenes Elektron im Coulomb-Feld) und für $E<0$ ein diskretes Eigenwertspektrum (gebundenes Elektron im Coulomb-Feld) zu erwarten.

Zuerst befassen wir uns mit dem Fall $E<0$. Vorübergehend benutzen wir die Abkürzung $A=-1/r_0^2$ und betrachten zur Auffindung eines geeigneten Ansatzes für $R(r)$ die asymptotische Gleichung

$$\frac{d^2R}{dr^2}\approx\frac{R}{r_0^2}, \tag{5.142}$$

die wir für $r\gg r_0$ aus (5.139) erhalten. Ihre Lösungen sind

$$R(r)\approx e^{\pm r/r_0}. \tag{5.143}$$

Eine quadratisch integrierbare Funktion $R(r)$ kann man nur im Falle der asymptotischen Lösung (5.143) mit dem negativen Exponenten erwarten. Deshalb machen wir den Ansatz

$$R(r)=e^{-r/r_0}\,v(r), \tag{5.144}$$

womit wir nach der Variablensubstitution $\varrho=2r/r_0=2r\sqrt{-A}$ aus (5.141) für $v(\varrho)$ die Differentialgleichung

$$\frac{d^2v}{d\varrho^2}+\left(\frac{2}{\varrho}-1\right)\frac{dv}{d\varrho}+\left[\left(\frac{B}{\sqrt{-A}}-1\right)\frac{1}{\varrho}-\frac{l(l+1)}{\varrho^2}\right]v(\varrho)=0 \tag{5.145}$$

gewinnen. (5.145) ist eine Differentialgleichung mit einer außerwesentlichen Singularität an der Stelle $\varrho=0$. Auf Grund der Theorie dieser Differentialgleichungsart ist ein Potenzreihenansatz der Form

$$v(\varrho)=\varrho^\beta\sum_{\nu=0}^{\infty}a_\nu\varrho^\nu \tag{5.146}$$

angezeigt, wobei $\beta$ und die $a_\nu$ nach Einsetzen in (5.145) durch Koeffizientenvergleich zu bestimmen sind. Der Koeffizient der niedrigsten Potenz ($\varrho^{\beta-2}$) Null gesetzt ergibt $a_0[\beta(\beta+1)-l(l+1)]=0$, woraus für $a_0\neq 0$ auf $\beta=l$ oder $\beta=-(l+1)$ geschlossen werden kann. Für $\beta=-(l+1)$ würde $v(\varrho)$ bei $\varrho=0$ singulär sein; daher müssen wir diesen Fall ausschließen. Mit $\beta=l$ führt das Nullsetzen des

Koeffizienten der Potenz $\varrho^{v+l+1}$ auf die zweigliedrige Rekursionsformel für die $a_v$

$$\frac{a_{v+1}}{a_v} = \frac{v+l+1-B/\sqrt{-A}}{(v+l+1)(v+l)+2(v+l+1)-l(l+1)}. \tag{5.147}$$

Wie beim harmonischen Oszillator überprüfen wir auch hier das Verhalten der Potenzreihe im Unendlichen, d.h. für hohe Potenzen $\varrho^v$. Asymptotisch (für $v \gg l, 1$) ist (5.147) von der Form $a_{v+1}/a_v \to 1/v$, was sich auch als asymptotisches Koeffizientenverhältnis bei der Potenzreihenentwicklung der Funktion $e^{+\varrho}$ ergibt. Daraus müssen wir entnehmen, daß (5.144) nur dann eine quadratisch integrierbare Funktion repräsentiert, wenn die Potenzreihe (5.146) für $v(\varrho)$ in ein Polynom übergeht, d.h. bei einem bestimmten $v = n_r$ abbricht (Sommerfeldsche Polynommethode), so daß die höchste Potenz $\varrho^{l+n_r}$ ist. Aus der Abbruchbedingung (Verschwinden des Zählers der rechten Seite von (5.147) für $v = n_r$: $n_r + l + 1 - B/\sqrt{-A} = 0$) leiten sich bestimmte Werte der in $\sqrt{-A}$ enthaltenen Energie $E$ (des früheren Separationsparameters beim Übergang zur zeitfreien Schrödinger-Gleichung) ab; durch Auflösen nach $E$ ergibt sich

$$E = -\frac{mZ^2e^4}{2\hbar^2(4\pi\varepsilon_0)^2}\,\frac{1}{(n_r+l+1)^2}. \tag{5.148}$$

Wegen $l = 0, 1, 2, \ldots$ und $n_r = 0, 1, 2, \ldots$ wird natürlich auch $n_r + l + 1 = n$ ganzzahlig mit den Werten $n = l+1, l+2, l+3, \ldots$

Es ist üblich, bei der Zählung der verschiedenen Zustände die Energie in der Weise zu bevorzugen, daß man von fixierten Werten

$$n = 1, 2, 3, \ldots \tag{5.149}$$

ausgeht; dann sind für $l$ die Werte

$$l = 0, 1, 2, \ldots, (n-1) \tag{5.150}$$

erlaubt, wobei die Beziehung (5.127) zwischen $l$ und $m_l$ unverändert bleibt; insgesamt besteht also der Zusammenhang

$$n - 1 = n_r + l \geqq l \geqq |m_l|. \tag{5.151}$$

Die stationären Zustände für ein Elektron im Coulomb-Feld (5.138) sind also durch folgende Quantenzahlen charakterisiert:

Die *Hauptquantenzahl* $n = 1, 2, 3, \ldots$ bestimmt als Eigenwerte des Hamilton-Operators (5.133) mit (5.138) die diskreten Energieniveaus

$$E_n = -\frac{mZ^2e^4}{2\hbar^2(4\pi\varepsilon_0)^2}\,\frac{1}{n^2} = -\frac{Ze^2}{2(4\pi\varepsilon_0)}\cdot\frac{1}{a_0}\cdot\frac{1}{n^2} \tag{5.152}$$

in Übereinstimmung mit (3.111). ((5.152) stimmt mit der korrespondenzmäßig gewonnenen Energieformel (3.133) überein, wenn dort $\alpha = 0$ gesetzt wird.)

Die *Nebenquantenzahl* (Bahndrehimpuls-Quantenzahl) $l = 0, 1, 2, \ldots, (n-1)$ legt die Eigenwerte $l(l+1)\hbar^2$ des Bahndrehimpuls-Quadrates $Q\left(\boldsymbol{r}, \frac{\hbar}{\mathrm{i}}\nabla_{\boldsymbol{r}}\right)$ und die *magnetische Quantenzahl* $m_l = l, l-1, \ldots, (-l)$ die Eigenwerte $m_l \hbar$ der Bahndrehimpuls-Komponente $M_z\left(\boldsymbol{r}, \frac{\hbar}{\mathrm{i}} \nabla_{\boldsymbol{r}}\right)$ fest. So wie man mit Hilfe der Knotenlinien auf der Einheitskugel eine anschauliche Übersicht über die $Y_l^{m_l}(\vartheta, \varphi)$ erhält (vgl. Abb. 5.10), so kann man sich einen guten Überblick über das räumliche Verhalten von $\chi(r, \vartheta, \varphi) = R_{nl}(r)\, Y_l^{m_l}(\vartheta, \varphi)$ insgesamt durch die Betrachtung aller Knotenflächen (mit verschwindender Aufenthaltswahrscheinlichkeit) verschaffen. $n_r$ gibt die Zahl $k_r$ der Knotenflächen bezüglich der Koordinate $r$, $l-|m_l|$ ihre Zahl $k_\vartheta$ bezüglich $\vartheta$ und $|m_l|$ ihre Zahl $k_\varphi$ bezüglich $\varphi$ an. Da $n = k_r + k_\vartheta + k_\varphi + 1$ gilt, hängen die Energie-Eigenwerte genau von der Summe der Knotenflächen ab (vgl. auch die Ausführungen zum Knotensatz in 5.3.1).

Da sich bei einem festen $n$ insgesamt $\sum_{l=0}^{n-1} (2l+1) = n^2$ Zustände, die sich durch verschiedene zulässige $l$ und $m_l$ unterscheiden, ergeben, gehören zu einem Eigenwert $E_n$ des Hamilton-Operators (5.133) mit (strengem) Coulomb-Feld $U(r)$ nach (5.138) $n^2$ linear unabhängige Eigenfunktionen (5.102) $\chi(r, \vartheta, \varphi) = R_{nl}(r)\, Y_l^{m_l}(\vartheta, \varphi)$; die $E_n$ sind *entartet* ($n^2$-fach). Diese Entartung tritt aber nur bei einem strengen Coulomb-Feld auf.

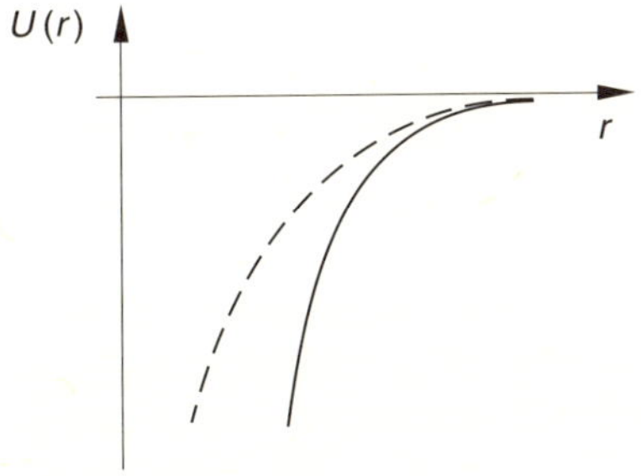


**Abb. 5.12**
Verlauf der potentiellen Energie des Leuchtelektrons bei Alkaliatomen

Für das Leuchtelektron in einem *Alkali-Atom* ist anstelle von (5.138)

$$U(r) = -\frac{(Z-N)\, e^2}{4\pi\varepsilon_0} \frac{1}{r}\, g(r) \tag{5.153}$$

anzusetzen, wobei $Z$ die Kernladungszahl und $N$ die Zahl der Elektronen ist, aus denen der Atomrumpf (vollbesetzte innere Schalen der Elektronenhülle) besteht. Die Funktion $g(r)$ ist für große $r$ – außerhalb des Rumpfes – gleich Eins. Für kleiner werdendes $r$ steigt $g(r)$ über Eins an, da dann die Abschirmung der Kernladung durch die Rumpfelektronen teilweise wegfällt (vgl. Abb. 5.12). Das Energieniveau-Schema des Leuchtelektrons ist zwar wasserstoff-ähnlich, doch ist die Entartung bezüglich $n_r$ und $l$ aufgehoben; die Energie-Eigenwerte hängen nicht mehr von der Kombination $(n_r + l)$, sondern von $n_r$ und $l$ getrennt ab; solange das Feld kugelsymmetrisch bleibt, liegt aber noch die $(2l+1)$-fache $m_l$-Entartung weiter vor.

Die Aufhebung der an das Coulomb-Feld geknüpften $l$-Entartung wird bei folgender Modellrechnung durch Anfügen eines Zusatzgliedes $C/r^2$ an (5.138) demonstriert. Dann erhält man nämlich anstelle von (5.148)

$$E = -\frac{mZ^2e^4}{2\hbar^2(4\pi\varepsilon_0)^2}\frac{1}{(n_r+\beta+1)^2},$$

wobei $\beta$ die positive Wurzel der quadratischen Gleichung

$$\beta(\beta+1) - l(l+1) + 2mC/\hbar^2 = 0$$

ist. Für $2mC/\hbar^2(l+1/2)^2 \ll 1$ ergibt sich $\beta \approx l + 2mC/\hbar^2(2l+1)$ und damit

$$E \approx -\frac{mZ^2e^4}{2\hbar^2(4\pi\varepsilon_0)^2}\frac{1}{[n+2mC/\hbar^2(2l+1)]^2},$$

was die $l$-abhängige Modifikation gegenüber (5.152) verdeutlicht.

Der am Ende des Abschnitts 3.4.2.3 erwähnte Zusammenhang zwischen der Charakterisierung der Elektronenzustände durch die Quantenzahl $n$, $l$, $m_l$ und dem Schalenaufbau der Elektronenhülle der Atome kann nun etwas präziser gefaßt werden. Entscheidend für die Elektronen in einem Atom ist ihre Wechselwirkung mit dem Kern, die in erster Näherung (wie bei dem oben betrachteten Ein-Elektronen-Problem) Coulomb-artig ist; deshalb werden die Energieniveaus der Elektronen auch in erster Näherung durch (5.152) und die Hauptquantenzahl $n$ bestimmt. Durch die schwächere Wechselwirkung der Elektronen untereinander wird – von einem Elektron aus gesehen – durch eine $r$-abhängige Abschirmung der Kernladung das Coulomb-Feld modifiziert (vgl. (5.153)) und – wie oben erwähnt – die $l$-Entartung aufgehoben; dabei bleiben die Niveaus $E_{nl}$ in der Nähe von $E_n$.

Man kann nun durch $n = 1, 2, 3, 4, 5, \ldots$ die – insbesondere in der Röntgenspektroskopie – mit K, L, M, O, P, ... bezeichneten *Schalen* charakterisieren; dann kann man sofort angeben, wieviel Zustände (gegeben durch die zulässigen $l$, $m_l$ bei festem $n$) zu einer Schale gehören, nämlich $n^2$. In 3.1.2.2 hatten wir schon einmal vermerkt, daß es nicht immer ausreicht, beim Elektron nur die Eigenschaften Masse $m$ und Ladung $(-e)$ zu berücksichtigen, sondern daß auch der *Spin* (Eigendrehimpuls) wesentlich ist. Bei der Abzählung der möglichen Elektronenzustände muß man das unbedingt tun. Wie wir in 13.3 begründen werden, kommt vom Spin her noch eine weitere 2fache Entartung hinzu, so daß also zu einer Elektronenschale der Hauptquantenzahl $n$ insgesamt $2n^2$ Zustände gehören. Diese Zahl $2n^2$ ist aber auch genau die Anzahl der Elemente in einer Periode des Periodensystems. Man wird daher unter Berücksichtigung der Identität von Kernladungszahl (gleich Elektronenzahl im neutralen Atom) und Ordnungszahl zu dem Schluß geführt, daß eine Schale nur $2n^2$ Elektronen aufnehmen kann, d.h., daß jeder der $2n^2$ Zustände nur von *einem* Elektron eingenommen werden kann (*Pauli-Prinzip*; Verbot der Mehrfachbesetzung; vgl. ausführliche Begründung in 21.3).

Abgesehen von der durch den Elektronenspin bedingten *Feinstruktur*, die mit obiger Theorie nicht erfaßt werden kann, und einer leichten Modifizierung, die von der endlichen Masse des Kerns herrührt (siehe 15.1.1), hat sich die Energie-Formel (5.152) bei der Beschreibung der Serienspektren ausgezeichnet bewährt.

Auch der Energieabstand $\Delta E = \dfrac{m Z^2 e^4}{2\hbar^2 (4\pi\varepsilon_0)^2}$ des Grundniveaus $n=1$ vom Niveau $E=0$ ($n \to \infty$) wurde als *Ionisierungsenergie* (13,605 eV für $Z=1$) experimentell gut bestätigt, des weiteren kann der *Bohrsche Radius* $a_0 = (\hbar^2/m)(4\pi\varepsilon_0/e^2)$ – vgl. (3.104) – als Größenordnung für den Atomradius gewertet werden.

Die auf Grund der Abbruchbedingung in (5.146) auftretenden Polynome vom Grade $n_r = n - l - 1$ sind die sogenannten *zugeordneten Laguerre-Polynome*

$$L_{n+l}^{(2l+1)}(\varrho) = \frac{\mathrm{d}^{2l+1}}{\mathrm{d}\varrho^{2l+1}} L_{n+l}(\varrho), \qquad (5.154)$$

die, wie in (5.154) angegeben ist, durch Differentiation aus den *Laguerre-Polynomen*

$$L_{n+l}(\varrho) = \mathrm{e}^{\varrho} \frac{\mathrm{d}^{n+l}}{\mathrm{d}\varrho^{n+l}} (\varrho^{n+l}\, \mathrm{e}^{-\varrho}) \qquad (5.155)$$

hervorgehen.

Die Energie-Eigenfunktionen (5.102) für ein Elektron im Coulomb-Feld (5.138) lauten also

$$\chi(r, \vartheta, \varphi) = (-1)\, N_{n,l}\, \mathrm{e}^{-\varrho/2} \varrho^l L_{n+l}^{(2l+1)}(\varrho)\, Y_l^{m_l}(\vartheta, \varphi), \qquad (5.156)$$

wobei auf Grund der früheren Substitution $\varrho = 2r/r_0 = 2rZ/a_0 n$ einzusetzen ist und der Normierungsfaktor $N_{n,l}$ sich aus

$$\int_0^\infty R(r)^2 r^2\, \mathrm{d}r = N_{n,l}^2 \left(\frac{a_0 n}{2Z}\right)^3 \int_0^\infty \mathrm{e}^{-\varrho} \varrho^{2(l+1)} [L_{n+l}^{(2l+1)}(\varrho)]^2\, \mathrm{d}\varrho = 1 \qquad (5.157)$$

zu $N_{n,l}^2 = (2Z/a_0 n)^3 \dfrac{(n-l-1)!}{2n[(n+l)!]^3}$ ergibt; der Faktor $(-1)$ wurde zugefügt, damit

$$R_{nl}(r) = (-1)\, N_{n,l}\, \mathrm{e}^{-rZ/a_0 n} (2Zr/a_0 n)^l L_{n+l}^{(2l+1)}(2Zr/a_0 n) \qquad (5.158)$$

positiv bei $r=0$ beginnt.

Für $n = 1, 2, 3$ und $Z = 1$ ist $R_{nl}$ als Funktion von $r/a_0$ in Abb. 5.13 dargestellt; dabei ist bemerkenswert, daß die $R_{nl}$ mit $l=0$ ($s$-Zustände entsprechend der spektroskopischen Bezeichnung; vgl. 3.3.1 und 3.4.2.3) bei $r=0$ von Null verschieden sind, während alle $R_{nl}$ mit $l>0$ dort Null sind. Die Nullstellen der $R_{nl}$ ergeben Kugelflächen mit bestimmten Radien, auf denen die Aufenthaltswahrscheinlichkeit Null ist; das sind die sogenannten Knotenflächen bezüglich der Koordinate $r$.

Die Darstellung von $R_{nl}^2 r^2 a_0$ in Abb. 5.14 zeigt, wie sich die Wahrscheinlichkeitsverteilung des Elektrons im Wasserstoffatom mit wachsendem $n$ zu größeren $r$-Werten ausdehnt.

Zur Beurteilung der Abhängigkeit der Aufenthaltswahrscheinlichkeit von $Z$, $n$ und $l$ eignet sich auch der durch

$$\bar{r} = \int_0^\infty r [R_{nl}(r)]^2 r^2\, \mathrm{d}r \qquad (5.159)$$

gegebene mittlere Abstand $r$ des Elektrons vom Kern, für den man mit Hilfe von (5.158)

$$\bar{r} = a_0 \frac{1}{2Z} [3n^2 - l(l+1)] \tag{5.160}$$

erhält. Wie erwartet, wächst $\bar{r}$ stark mit $n$ an und nimmt wie $Z^{-1}$ ab. Die Abnahme von $\bar{r}$ mit $l$ deutet sich auch in Abb. 5.14 beim Übergang von der $2s$- zur $2p$-Wahrscheinlichkeitsdichte an.

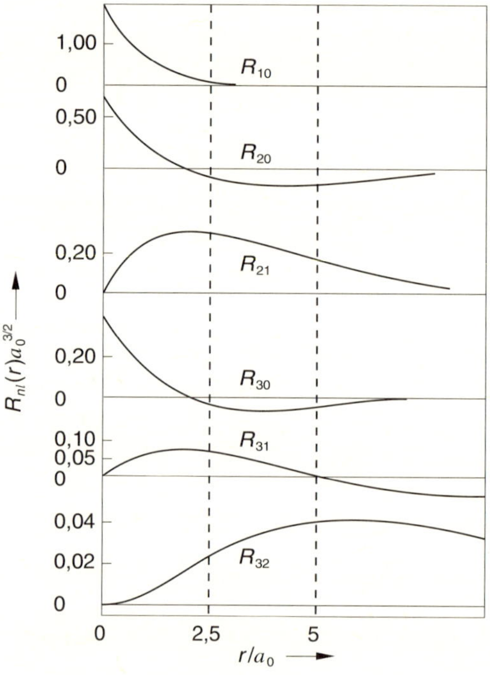


**Abb. 5.13**
$R_{nl}(r)$ als Funktion von $r$ für $n=1$, $l=0$; $n=2$, $l=0, 1$; $n=3$, $l=0, 1, 2$

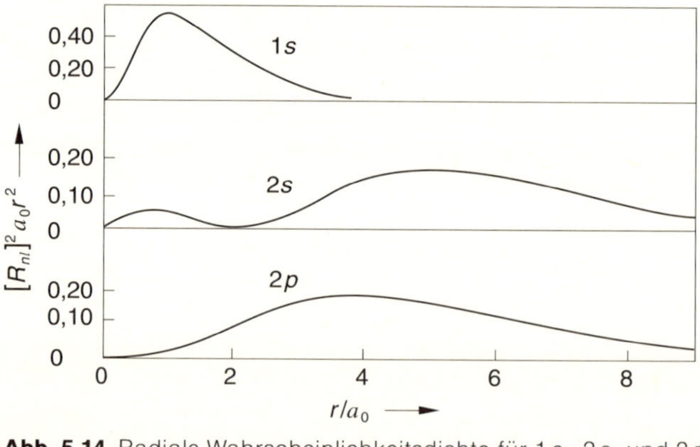


**Abb. 5.14** Radiale Wahrscheinlichkeitsdichte für $1s$-, $2s$- und $2p$-Zustände des H-Atoms

Mit Hilfe des Mittelwertes $\overline{r^{-1}}$ erhält man einen interessanten Zusammenhang zwischen der gemittelten potentiellen Energie $\bar{U}$ und der Energie $E_n$ des betreffenden stationären Zustands. Für $\overline{r^{-1}}$ berechnet man

$$\overline{r^{-1}} = \int_0^\infty r^{-1} [R_{nl}(r)]^2 \, r^2 \, \mathrm{d}r = \frac{Z}{a_0} \frac{1}{n^2}, \tag{5.161}$$

woraus sich

$$\bar{U} = -\frac{Z e^2}{4\pi\varepsilon_0} \overline{r^{-1}} = -\frac{Z^2}{a_0} \frac{e^2}{4\pi\varepsilon_0} \frac{1}{n^2} \tag{5.162}$$

und durch Vergleich mit $E_n = -(Z^2/2a_0)(e^2/4\pi\varepsilon_0)\, n^{-2}$ (siehe (5.152))

$$E_n = \frac{1}{2} \bar{U} \tag{5.163}$$

ergibt. Für alle stationären Zustände im Coulomb-Feld ist also die Energie gleich dem halben Mittelwert der potentiellen Energie. Eine analoge Relation haben wir in 3.1.3.3 für die über eine klassische Bahn im Coulomb-Feld *zeitlich* gemittelten Größen Energie und potentielle Energie angegeben und verwendet.

Zum Fall $E > 0$ im Coulomb-Feld (5.138) wollen wir nun noch ein paar Bemerkungen machen. Ausgehend von den qualitativen Überlegungen zum Energie-Eigenwertproblem im 5.3.1 erwarten wir für $E > 0$ eine kontinuierliche Energieverteilung (*kontinuierliches Eigenwert-Spektrum*). Diese Vermutung ist durch Betrachtung der aus (5.139) mit $2mE/\hbar^2 = 1/r_0{}^2$ für $r \gg r_0$ erhältlichen asymptotischen Gleichung

$$\frac{\mathrm{d}^2 R}{\mathrm{d}r^2} \approx -\frac{R}{r_0{}^2} \tag{5.164}$$

zu bestätigen. Die Lösungen von (5.164)

$$R(r) \approx \mathrm{e}^{\pm \mathrm{i} r/r_0} \tag{5.165}$$

haben beide oszillatorischen Charakter. Eine quadratische Integrierbarkeit kann daher nicht vorliegen, und es gibt für die $E$-Werte keine Auswahlbedingung. Man kann von (5.144) an den für $E < 0$ eingeschlagenen Lösungsweg für $E > 0$ jetzt auch verfolgen; mit dem imaginären $\varrho = \mathrm{i}2r\sqrt{2mE/\hbar^2}$ ergibt sich wieder (5.146) als Lösungsansatz für (5.145). Die Polynommethode zur Auswahl von bestimmten $E$-Werten versagt jedoch, weil die Abbruchbedingung nach (5.147) *jetzt* zu einem imaginären $B/\sqrt{A}$ und somit zu imaginärem $E$ führen würde; dies ist erneut ein Beweis dafür, daß keine solche Auswahlbedingung für $E$ existiert.

Anstelle der zugeordneten Laguerre-Polynome steht jetzt in

$$R = \mathrm{e}^{-\varrho/2} \varrho^l \sum_{\nu=0}^{\infty} a_\nu \varrho^\nu \tag{5.166}$$

eine transzendente Funktion (nicht abbrechende Potenzreihe) mit imaginärem Argument $\varrho$, die transzendente Laguerre-Funktion, die natürlich mit den Polynomen analytisch verwandt ist, da sie derselben Differentialgleichung genügt. Eine ausführliche mathematische Erörterung wird von A. Sommerfeld in „Atombau und Spektrallinien“ [B-14] vorgenommen. Wir wollen darauf verzichten und hier nur noch angeben, daß man aus diesen weitergehenden Untersuchungen eine genauere asymptotische Form von $R$ als (5.165) gewinnen kann:

$$R(r) \approx \frac{e^{\pm \mathrm{i} r/r_0}}{(\mp \mathrm{i} r/r_0)}. \tag{5.167}$$

*Kontrollfragen*

1. Was versteht man unter der Sommerfeldschen Polynommethode bei der Lösung von Eigenwertproblemen?
2. Welche Bedeutung haben Haupt-, Neben- und magnetische Quantenzahl?
3. Welche vollständigen Orthonormalsysteme von Eigenfunktionen treten bei den Beispielen harmonischer Oszillator und Wasserstoff-Atom auf?

# 6 Zusammenhang zwischen Matrizen- und Wellenmechanik und Näherungsbeziehungen zur klassischen Mechanik

Zur Abrundung der induktiven Darstellung der Quantentheorie halten wir es für angezeigt, die beiden relativ getrennten, historischen Entwicklungslinien der konsequenten Quantentheorie zusammenzuführen und die Äquivalenz von Wellen- und Matrizenmechanik zu beweisen. Außerdem möchten wir eine zum Korrespondenzprinzip zurückführende Näherungsmethode (WBK-Methode) der Wellenmechanik besprechen, die den Näherungscharakter der Phasenintegralmethode gegenüber der konsequenten Wellenmechanik besser verdeutlicht, die aber auch als Näherungsmethode für die Wellenmechanik an sich von Bedeutung ist.

Die konsequente Quantentheorie zeigt in ihren Grundlagen eine radikale Abkehr von dem klassischen Vorgehen zur Beschreibung mechanischer Phänomene: Es werden Grundannahmen wie der klassische Bahnbegriff der Partikeln, die Annahme der Determiniertheit im Laplaceschen Sinn, die gleichzeitige ungestörte Meßbarkeit der Orts- und Impulskoordinate aufgegeben. Als charakteristisch für die Quantenmechanik haben sich insbesondere die Wahrscheinlichkeitsangaben für den Ort und den Impuls der Teilchen sowie ein Unschärfeprodukt erwiesen, das eine bestimmte positive Grenze nicht unterschreiten kann. Die Quantenmechanik verlangt eine qualitativ neue Fassung der *Grundlagen* und hebt damit diejenigen der klassischen Mechanik auf. Die Quantenmechanik stellt eine höhere Stufe unserer Erkenntnis dar, was zum Beispiel dadurch ausgewiesen wird, daß sie die wichtige Tatsache der Stabilität der Atome im Gegensatz zur klassischen Mechanik zu erklären gestattet. Zugleich enthält sie die klassische Mechanik als Grenzfall; dieser Zusammenhang wird quantitativ und qualitativ im Korrespondenzprinzip (vgl. 3.4) und in der WBK-Methode (vgl. 6.2) ausgedrückt. Das Auftreten einer für die Quantenmechanik typischen Naturkonstanten (des Planckschen Wirkungsquantums) kennzeichnet den Übergang zu einer qualitativ neuen Theorie. Besonders deutlich wird das bei der Unschärferelation (5.23): Während im klassischen Fall keine prinzipielle Grenze für die Unschärfe von Ort und Impuls besteht (was den klassischen Bahnbegriff ermöglicht), ergibt sich im quantenmechanischen Fall eine durch $h$ bestimmte untere Grenze des Unschärfeproduktes.

## 6.1 Zusammenhang zwischen Wellen- und Matrizenmechanik

E. Schrödinger hat schon 1926 in einer Arbeit (siehe [B-12]) zusätzlich zu seinen vier „Mitteilungen" über die Wellenmechanik die Äquivalenz seiner Theorie mit der auf dem Matrizenformalismus beruhenden Heisenberg-Born-Jordanschen Quantenmechanik nachgewiesen. Er zeigte, daß man wellenmechanischen Operatoren mit Hilfe eines vollständigen Orthonormalsystems von Eigenfunktionen durch gewisse Integralbildungen bestimmte mathematische Ausdrücke zuordnen kann, die man als Matrixelemente ansprechen kann, da sie sich in ein geordnetes Schema bringen lassen und den Rechenregeln der Matrizenalgebra genügen. Er betonte, daß wirklich eine Äquivalenz besteht, da mit einem gewählten Eigenfunktionensystem zu den Operatoren gehörige Matrizen konstruiert werden können und auch umgekehrt aus gegebenen Matrizen auf die Eigenfunktion geschlossen werden kann. Die wichtigsten Fakten dieser Äquivalenz wollen wir im folgenden zusammenstellen und damit eine Brücke zum Komplex C schlagen, in dem wir uns mit einer deduktiven Darstellung der Quantentheorie auf der Basis des Dirac-Formalismus befassen, der dem wellenmechanischen und dem matrizenmechanischen Formalismus übergeordnet ist.

Es sei ein vollständiges orthonormiertes Funktionensystem $\{u_k(\boldsymbol{r})\}$ vorgegeben, das also die Bedingungen

$$\int u_k^*(\boldsymbol{r})\, u_l(\boldsymbol{r})\, \mathrm{d}^3\boldsymbol{r} = \delta_{kl} \tag{6.1}$$

$$\sum_k u_k^*(\boldsymbol{r})\, u_k(\boldsymbol{r}') = \delta^3(\boldsymbol{r}-\boldsymbol{r}') \tag{6.2}$$

erfüllen soll (vgl. (5.40) bzw. (5.47)) und dessen Funktionen mit dem Kennzeichnungsindex $k$ in fixierter Weise numeriert sind ($k$ kann wie im Falle der in 5.4.5 betrachteten kugelsymmetrischen Probleme auch repräsentativ für mehrere kennzeichnende Quantenzahlen stehen).

Als *Matrixelement* $F_{kl}$ eines Operators $F\left(\boldsymbol{r}, \frac{\hbar}{\mathrm{i}}\nabla_{\boldsymbol{r}}\right)$ definiert man das Integral

$$F_{kl} = \int u_k^*(\boldsymbol{r})\, F\left(\boldsymbol{r}, \frac{\hbar}{\mathrm{i}}\nabla_{\boldsymbol{r}}\right) u_l(\boldsymbol{r})\, \mathrm{d}^3\boldsymbol{r}\,. \tag{6.3}$$

Die Gesamtheit der $F_{kl}$, gebildet mit allen $\{u_{kl}(\boldsymbol{r})\}$ des vollständigen Orthonormalsystems, können wir in einem quadratischen Schema – einer im allgemeinen *unendlich-dimensionalen Matrix* – anordnen. Auf den Nachweis der Gültigkeit der Matrizenrechenregeln soll verzichtet werden. Sie folgen ohne weiteres aus der Definition (6.3) und der Entwickelbarkeit von Wellenfunktionen nach dem gewählten Orthonormalsystem $\{u_j(\boldsymbol{r})\}$.

Als wesentlich für den Zusammenhang zwischen den durch (6.3) definierten Matrixelementen als wellenmechanischen Gebilden und den Matrixelementen der Heisenberg-Born-Jordan-Theorie sollen noch folgende Relationen angeführt werden:

Für einen hermiteschen Operator $F\left(\boldsymbol{r}, \frac{\hbar}{\mathrm{i}}\nabla_{\boldsymbol{r}}\right)$ ergibt sich nach (6.3) ebenfalls eine hermitesche Matrix, denn es gilt für alle Elemente

$$\begin{aligned} F_{kl} &= \int u_k^*(\boldsymbol{r})\, F\left(\boldsymbol{r}, \frac{\hbar}{\mathrm{i}}\nabla_{\boldsymbol{r}}\right) u_l(\boldsymbol{r})\, \mathrm{d}^3\boldsymbol{r} \\ &= \left(\int u_l^*(\boldsymbol{r})\, F\left(\boldsymbol{r}, \frac{\hbar}{\mathrm{i}}\nabla_{\boldsymbol{r}}\right) u_k(\boldsymbol{r})\, \mathrm{d}^3\boldsymbol{r}\right)^* = (F_{lk})^*\,. \end{aligned} \tag{6.4}$$

Verwendet man als vollständiges Orthonormalsystem zur Matrizendarstellung eines Operators $G\left(\boldsymbol{r}, \frac{\hbar}{\mathrm{i}} \nabla_{\boldsymbol{r}}\right)$, die aus den Eigenfunktionen $[\varphi_n(\boldsymbol{r})]$ des Hamilton-Operators $H\left(\boldsymbol{r}, \frac{\hbar}{\mathrm{i}} \nabla_{\boldsymbol{r}}\right)$ (vgl. (5.26)) aufgebauten Funktionen

$$\left\{\psi_n(\boldsymbol{r}, t) = \varphi_n(\boldsymbol{r}) \exp\left[-\frac{\mathrm{i}}{\hbar} E_n t\right]\right\}$$

stationärer Zustände, so erhält man

$$G_{nk}(t) = \mathrm{e}^{\frac{\mathrm{i}}{\hbar}(E_n - E_k)t} \int \varphi_n{}^*(\boldsymbol{r})\, G\left(\boldsymbol{r}, \frac{\hbar}{\mathrm{i}} \nabla_{\boldsymbol{r}}\right) \varphi_k(\boldsymbol{r})\, \mathrm{d}^3\boldsymbol{r} = \mathrm{e}^{\mathrm{i}\omega_{nk}t}\, G_{nk}(0), \tag{6.5}$$

was mit den Elementen der Heisenberg-Matrizen (vgl. (4.27) und (4.41)) übereinstimmt. Die Matrizen der *Energie-Darstellung* ergeben sich also bei Verwendung des Eigenfunktionensystems des *Energieoperators* $H\left(\boldsymbol{r}, \frac{\hbar}{\mathrm{i}} \nabla_{\boldsymbol{r}}\right)$, der dann als Diagonalmatrix erscheint.

### 6.1.1 Energie-Darstellung von Orts-, Impuls- und Energie-Matrix beim harmonischen Oszillator

Die Verbindung zwischen Wellen- und Matrizenmechanik wollen wir abschließend noch konkret exemplifizieren, indem wir die von Heisenberg 1925 schon bestimmten Orts- und Impulsmatrizen nach (6.3) mit dem Orthonormalsystem der Energie-Eigenfunktionen (5.96) des harmonischen Oszillators berechnen. Die Ortsmatrixelemente

$$x_{kl} = \int_{-\infty}^{+\infty} \varphi_k{}^*(x)\, x\, \varphi_l(x)\, \mathrm{d}x \tag{6.6}$$

bekommen nach der Substitution $x = (\hbar/m\omega)^{1/2}\, \xi$ die Gestalt

$$x_{kl} = [\hbar/2^{(k+l)} k!\, l!\, \pi m\omega]^{1/2} \int_{-\infty}^{+\infty} \mathrm{e}^{-\xi^2} H_k(\xi)\, \xi H_l(\xi)\, \mathrm{d}\xi, \tag{6.7}$$

woraus sich mit Hilfe der Rekursionsformel für die Hermiteschen Polynome

$$\xi H_l(\xi) = \frac{1}{2} H_{l+1}(\xi) + l H_{l-1}(\xi) \tag{6.8}$$

unter Ausnützung der Orthogonalitätsrelationen der Ausdruck

$$x_{kl} = [\hbar/2^{(k+l)} k!\, l!\, m\omega]^{1/2}\, [2^{(k-1)} k!\, \delta_{k(l+1)} + l 2^k k!\, \delta_{k(l-1)}] \tag{6.9}$$

ergibt. Für ein festes $l=0, 1, 2, \ldots$ sind nur die beiden Matrixelemente

$$\begin{aligned} x_{(l+1)l} &= \sqrt{\hbar/2m\omega}\,\sqrt{l+1}, \\ x_{(l-1)l} &= \sqrt{\hbar/2m\omega}\,\sqrt{l} \end{aligned} \tag{6.10}$$

ungleich Null.

Für die Impulsmatrixelemente

$$p_{kl} = \mathrm{i}\,[m\omega\hbar/2^{(k+l)}k!\,l!\,\pi]^{1/2} \int\limits_{-\infty}^{+\infty} \mathrm{e}^{-\xi^2} H_k(\xi)\left(\xi + \frac{\mathrm{d}}{\mathrm{d}\xi}\right) H_l(\xi)\,\mathrm{d}\xi \tag{6.11}$$

erhält man mit (6.8) und der weiteren Rekursionsformel

$$\frac{\mathrm{d}H_l(\xi)}{\mathrm{d}\xi} = 2l H_{l-1}(\xi) \tag{6.12}$$

den Ausdruck

$$p_{kl} = \mathrm{i}\,[m\omega\hbar/2^{(k+l)}k!\,l!]^{1/2}\,[2^{(k-1)}\,k!\,\delta_{k(l+1)} - l2^k k!\,\delta_{k(l-1)}]\,. \tag{6.13}$$

Von Null verschieden sind für ein festes $l=0, 1, 2, \ldots$ also nur die Matrixelemente

$$\begin{aligned} p_{(l+1)l} &= \mathrm{i}\,\sqrt{m\omega\hbar/2}\,\sqrt{l+1}, \\ p_{(l-1)l} &= -\mathrm{i}\,\sqrt{m\omega\hbar/2}\,\sqrt{l}\,. \end{aligned} \tag{6.14}$$

Für die Hamilton-Matrix $\mathbf{H} = \frac{1}{2m}\mathbf{p}^2 + \frac{m\omega^2}{2}\mathbf{x}^2$ erhält man dann eine Diagonalmatrix mit den Elementen

$$H_{nn} = E_n = \hbar\omega\left(n + \frac{1}{2}\right) \quad (n = 0, 1, 2, \ldots) \tag{6.15}$$

in Übereinstimmung mit (4.53) und (5.95).

## 6.2 Wentzel-Brillouin-Kramers-Näherung und Phasenintegralmethode

Im Kapitel 4 haben wir schon einmal darauf hingewiesen, daß sich klassische Mechanik und Quantenmechanik insbesondere dadurch unterscheiden, daß aus letzterer der Begriff „Bahn eines Teilchens", der die gleichzeitige genaue Festlegung von Ort und Geschwindigkeit voraussetzt, eliminiert ist. Der näherungsweise Zusammenhang zwischen beiden Theorien ist dem zwischen Strahlenoptik und Wellenoptik analog. Der Übergang von der Wellenoptik zur Strahlenoptik läßt sich dann vollziehen, wenn die räumliche Änderung $|\nabla_{\boldsymbol{r}} n(\boldsymbol{r})|$ des Brechungsindex $n(\boldsymbol{r})$ in einem inhomogenen Medium klein gegen $n/\lambda$ ist, wobei $\lambda$ die Vakuumwellenlänge des

Lichtes bedeutet. Übertragen auf die Wellenmechanik bedeutet diese Forderung eine schwache Ortsabhängigkeit der potentiellen Energie $U(\boldsymbol{r})$ in der Schrödinger-Gleichung über eine Entfernung von $2\pi/[2m(E-U(\boldsymbol{r})/\hbar^2]^{1/2}$.

Anknüpfend an (5.28) wollen wir nun ein auf diese Annahme über $U(x)$ zugeschnittenes Verfahren zur näherungsweisen Lösung der Schrödinger-Gleichung im eindimensionalen Fall skizzieren. Seinen voneinander unabhängigen Erfindern G. Wentzel, L. Brillouin und H. A. Kramers nach spricht man kurz vom *WBK-Verfahren*. Geht man mit dem Ansatz

$$\varphi(x) = \exp\left[\frac{\mathrm{i}}{\hbar} S(x)\right] \tag{6.16}$$

in (5.28) ein, so erhält man für $S(x)$ die Differentialgleichung

$$-\left(\frac{\mathrm{d}S}{\mathrm{d}x}\right)^2 + \mathrm{i}\hbar \frac{\mathrm{d}^2 S}{\mathrm{d}x^2} + 2m[E - U(x)] = 0. \tag{6.17}$$

An (6.17) erkennt man direkt, daß sich für $\hbar \to 0$ bei Identifizierung von $S(x)$ als Wirkungsfunktion (vgl. (1.21)) und Einführung des Impulses $p = \frac{\mathrm{d}S}{\mathrm{d}x}$ die Bewegungsgleichung der klassischen Mechanik ergibt; denn die stationäre Gleichung geht dann in die zeitfreie Hamilton-Jacobi-Gleichung (1.22) über.

Zur weiteren Durchführung des WBK-Verfahrens für $\hbar \neq 0$ setzen wir nun $S(x)$ in (6.16) als eine Potenzreihe in $\hbar/\mathrm{i}$ an:

$$S(x) = S_0(x) + \frac{\hbar}{\mathrm{i}} S_1(x) + \cdots. \tag{6.18}$$

Die sich dann aus (6.17) ergebende Gleichung sehen wir als ein Gleichungssystem an, indem wir sie für die Glieder von jeder Potenz in $\hbar$ getrennt befriedigen. Für die nullte und erste Näherung erhält man dann die Resultate

$$S_0(x) = \pm\sqrt{2m} \int \sqrt{E - U(x)}\, \mathrm{d}x \tag{6.19}$$

bzw.

$$S_1(x) = -\frac{1}{2} \ln \frac{\mathrm{d}S_0}{\mathrm{d}x}. \tag{6.20}$$

Die *WBK-Näherung* besteht darin, daß man nur $S_0(x)$ und $S_1(x)$ berücksichtigt. Sie ist dann angemessen, wenn

$$2\pi\hbar m(\mathrm{d}U/\mathrm{d}x)/[2m(E-U(x)]^{3/2} \ll 1 \tag{6.21}$$

gilt, was bedeutet, daß die Änderung $\mathrm{d}\lambda/\mathrm{d}x$ der Wellenlänge $\lambda$ der De-Broglie-Welle (vgl. (3.135)) im inhomogenen Medium klein gegen Eins ist. In WBK-

Näherung ergibt sich für $\varphi(x)$ die Linearkombination

$$\varphi(x)=\frac{A}{[2m(E-U(x))]^{1/4}}\exp\left[\frac{\mathrm{i}}{\hbar}\int_{x_0}^{x}\sqrt{2m(E-U(x'))}\,\mathrm{d}x'\right]$$

$$+\frac{B}{[2m(E-U(x))]^{1/4}}\exp\left[-\frac{\mathrm{i}}{\hbar}\int_{x_0}^{x}\sqrt{2m(E-U(x'))}\,\mathrm{d}x'\right] \tag{6.22}$$

zweier linearunabhängiger Lösungen nach (6.16).

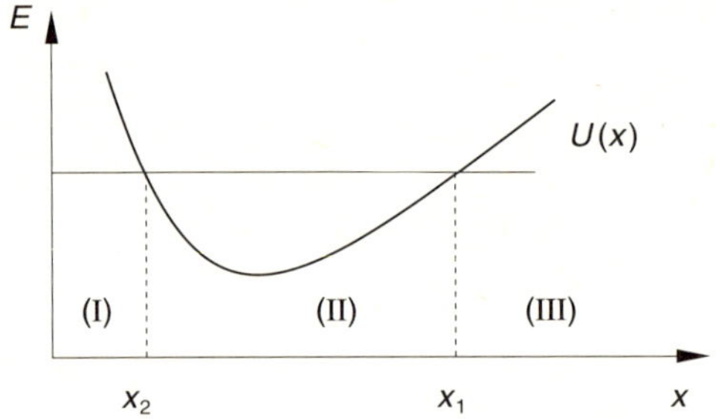


**Abb. 6.1**
Schematische Darstellung zum Übergang in die Phasenintegralquantisierung mittels WBK-Verfahren

Im Falle einer wie in Abb. 6.1 skizzierten potentiellen Energie $U(x)$ hat man die für die Bereiche (I), (II), (III) ermittelten WBK-Lösungen $\varphi(x)$ stetig und mit stetiger ersten Ableitung aneinander zu fügen (siehe [B-10], [C-10]).

Daraus folgt, daß

$$\int_{x_2}^{x_1}\sqrt{2m(E-U(x))}\,\mathrm{d}x=\hbar\left(n+\frac{1}{2}\right)\pi \tag{6.23}$$

gelten muß. Da aber

$$\int_{x_2}^{x_1}\sqrt{2m(E-U(x))}\,\mathrm{d}x=\frac{1}{2}\oint\sqrt{2m(E-U(x))}\,\mathrm{d}x=\frac{1}{2}\boldsymbol{\Phi},$$

also gleich dem halben Phasenintegral ist (vgl. (3.116)), bedeutet (6.23) genau die *Phasenintegral-Quantisierungsbedingung* (vgl. (3.120))

$$\boldsymbol{\Phi}=\oint\sqrt{2m(E-U(x))}\,\mathrm{d}x=h\left(n+\frac{1}{2}\right). \tag{6.24}$$

Man beachte, daß die in (3.120) unbestimmte Konstante $\alpha$ hier nach der WBK-Näherung eindeutig zu $\alpha=1/2$ herauskommt, wobei der Zahlenwert 1/2 damit zusammenhängt, daß der Verlauf von $U(x)$ bei den klassischen Umkehrpunkten $x_1$, $x_2$ durch eine Gerade anzunähern sein sollte.

Die WBK-Methode hat nicht nur Bedeutung zur Begründung des Näherungscharakters der Phasenintegralquantisierung und damit des Korrespondenzprinzips, wozu wir sie ausgenutzt haben, sie spielt auch sonst als Näherungsmethode der Wellenmechanik eine Rolle, z.B. bei allen möglichen Problemen des Durchtritts von Teilchen durch Potentialschwellen von komplizierterer, realistischerer Gestalt, als wir sie in 5.4.2 angenommen haben (siehe z.B. [C-10]).

*Kontrollfragen*

1. Wie können im Rahmen der Wellenmechanik Matrixelemente definiert werden?
2. Wie gewinnt man eine Matrix für eine physikalische Größe mit Hilfe des zugehörigen Operators und eines vollständigen Orthonormalsystems?
3. In welcher Beziehung stehen Wellen- und Matrizenmechanik?
4. Wie gelangt man auf Grund des WBK-Verfahrens von der Wellenmechanik zur Phasenintegralmethode und zur klassischen Mechanik?

# C Deduktiver Aufbau der Quantentheorie. Dirac-Formulierung

Im Komplex B haben wir auf *induktivem* Weg grundlegende Begriffe und Gesetzmäßigkeiten der Quantentheorie gewonnen; die konsequente Ausdeutung empirischer Befunde aus dem atomaren Bereich führte zu theoretischen Vorstellungen, die qualitativ andere Merkmale als die klassische Theorie haben. Je nach der experimentellen Grundlage – Wellenerscheinungen oder Teilcheneigenschaften – verwendeten die darauf aufbauenden Theorien unterschiedliche Begriffssysteme und traten in verschiedenen mathematischen Einkleidungen auf: als Wellenmechanik oder als Matrizenmechanik. Trotz dieser Unterschiede der beiden quantenmechanischen Theorien lassen sich doch andererseits bedeutsame Gemeinsamkeiten feststellen. Beide Theorien liefern exakt die gleichen der Messung zugänglichen Resultate; dies ist aus den Ausführungen über den harmonischen Oszillator in 4.3 und 5.4.4 exemplarisch ersichtlich. In beiden Theorien lassen sich Größen finden, die – obwohl sie von ganz anderer mathematischer Qualität sind – bestimmten Größen der klassischen Theorie (z.B. Ort, Impuls, Energie) willkürfrei zugeordnet werden können; dasselbe gilt auch für die Zuordnung dieser Größen zu denen der jeweils anderen quantenmechanischen Theorie (vgl. 6.1). In analoger Weise kann man auch von einer strukturellen Gleichheit gewisser Gesetzmäßigkeiten dieser Größen in beiden Theorien sprechen; das gilt insbesondere von den die nichtkommutierbaren Größen betreffenden Vertauschungsrelationen, die den quantentheoretischen Kern dieser Theorien ausmachen.

Die genannten gemeinsamen Aspekte der Wellen- und Matrizenmechanik wurden in die einheitlich *axiomatische* Grundlegung – die *Dirac-Formulierung der Quantentheorie* – eingebracht [C-1]. Aus diesen axiomatischen Festlegungen können die physikalischen Aussagen *deduziert* werden. Die Schrödingersche und die Heisenbergsche Theorie lassen sich aus der Dirac-Formulierung ableiten. Sie erweisen sich als spezielle mathematische Einkleidungen ein und desselben physikalischen Sachverhaltes; daneben existieren gleichberechtigt noch weitere mathematische Einkleidungen. In diesem Sinn stellt die Dirac-Formulierung eine Verallgemeinerung dar. Als *physikalische* Theorie ist die Quantentheorie prinzipiell einer empirischen Nachprüfung ihrer Folgerungen bedürftig und muß den Bezug zu den der Messung zugänglichen Größen – den sogenannten physikalisch-relevanten Größen – angeben. Dazu bietet die Dirac-Formulierung gute Voraussetzungen: In ihr wird in stärkerem Maße als in der klassischen Theorie und auch als in der Wellen- und Matrizenmechanik eine Klärung des Zusammenhanges der abstrakten (mathematischen) Begriffe mit den physikalisch-relevanten Größen offensichtlich. Die obengenannten, verschiedenen mathematischen Einkleidungen berühren die meßbaren Größen nicht. In der Dirac-Formulierung wird auch die Bevorzugung bestimmter Koordinaten (beispielsweise der Ortskoordinate in der Schrödinger-Gleichung (5.1)) vermieden und eine umfassende Verwendung ermöglicht.

Zur Dirac-Formulierung der Quantentheorie werden in mathematischer Hinsicht die Begriffe und Gesetzmäßigkeiten über Vektoren und Operatoren in einem linearen, metrisierten, komplexen Vektor-Raum mit unendlich vielen Dimensionen gebraucht. Eine Zusammenstellung dieser Hilfsmittel ist im Anhang A 1. gegeben, so daß auf diese verwiesen werden kann, ohne die Diskussion physikalischer Sachverhalte durch Einschaltungen über mathematische Begriffe und Sätze unterbrechen zu müssen.

Im Kapitel 7 werden wir die grundlegenden Begriffe (Zustand, dynamische Variable, Observable) erläutern; die Verwendung dieser Begriffe bei der quantentheoretischen Beschreibung des Meßprozesses werden wir im Kapitel 9 kennenlernen. Das Kapitel 8 ist den grundlegenden Beziehungen zwischen den dynamischen Variablen bzw. Observablen und den Schlußfolgerungen für Eigenlösungen der zugehörigen Operatoren gewidmet. Jedem konkreten physikalischen System läßt sich ein Vektor-Raum zuordnen, in welchem Zustände, dynamische Variable und Observable dargestellt werden können; die Struktur dieses Raumes wird im Kapitel 10 behandelt. Auf die Grundgleichungen für das zeitliche Verhalten der Zustandsvektoren, Variablen und Observablen wird im Kapitel 11 eingegangen.

# 7 Grundlegende Begriffe

In Zusammenhang mit der im Komplex C darzulegenden axiomatischen Formulierung der Quantentheorie erfolgt im vorliegenden Kapitel eine *definitorische* Einführung der grundlegenden Begriffe: *Zustand, dynamische Variable, Observable.* Wir werden diese Begriffe interpretieren und mit Begriffen der klassischen Theorie und der Wellen- und Matrizenmechanik in Bezug setzen. Die volle Bedeutung der im Kapitel 7. gegebenen Definitionen und Begriffe kann aber erst sichtbar werden, wenn in den nachfolgenden Kapiteln ihre Verknüpfungen in den grundlegenden quantentheoretischen Gesetzen und insbesondere ihre Verwendung zur Beschreibung von Meßgrößen (siehe Kapitel 9) behandelt wird; deshalb müssen wir bei den Interpretationen im Kapitel 7 gelegentlich vorgreifend Festsetzungen verwenden, die erst in späteren Kapiteln ausführlich begründet werden. Dort wird sich auch zeigen, daß diese Begriffe eine entscheidende Rolle bei der Widerspiegelung der physikalischen Realität spielen, obwohl sie in abstrakter Form in die Theorie eingeführt werden.

## 7.1 Zustand

Ein physikalisches System wird durch einen Zustand charakterisiert, in den es durch bestimmte experimentelle Präparation – gegebenenfalls im Rahmen eines Gedankenexperiments – gebracht worden ist. Ein Zustand wird durch einen *normierbaren* Vektor $|\psi\rangle$ aus dem Vektor-Raum $\mathscr{H}$ repräsentiert, der dem vorliegenden physikalischen System zuzuordnen ist. Es handelt sich bei $\mathscr{H}$ um einen linearen, komplexen, metrisierten Vektor-Raum mit den mathematischen Eigenschaften des erweiterten Hilbert-Raumes. Darunter wird ein Vektor-Raum verstanden, der sowohl eigentliche als auch bestimmte uneigentliche Elemente des Hilbert-Raumes umfaßt. Die mathematischen Eigenschaften des erweiterten Hilbert-Raumes sind ausführlich im Anhang A 1.1 erläutert; ein solcher Vektor-Raum wird zur adäquaten Beschreibung quantentheoretischer Probleme benötigt.

Der Zustandsvektor $|\psi\rangle$ hat keine unmittelbare reale Bedeutung; er erlaubt aber in Verbindung mit den bestimmten Meßverfahren zuzuordnenden Observablen (vgl. 7.3) die Beschreibung von Meßresultaten. Es wird *postuliert*, daß durch $|\psi\rangle$ das physikalische System für *alle* erzielbaren Meßresultate hinreichend vollständig beschrieben wird. Die Beziehungen, mit denen unter Verwendung von $|\psi\rangle$ auf meßbare Größen geschlossen wird (vgl. Kapitel 9), sind so beschaffen, daß sich die Meßresultate beim Übergang $|\psi\rangle \to c\,|\psi\rangle$ nicht ändern, wobei $c$ eine beliebige, nichtverschwindende komplexe Zahl ist, d.h., daß $|\psi\rangle$ und $c\,|\psi\rangle$ den gleichen *physikalischen* Zustand repräsentieren. Im allgemeinen ist der Zustandsvektor $|\psi(t)\rangle$ als eine Funktion der Zeit $t$ zu betrachten; es können stetige und unstetige Änderungen des Zustandes durch äußere Einflüsse – einschließlich der Wechselwirkung mit Meßapparaturen – auftreten. Die Charakterisierung eines Zustandes kann äquivalent durch einen ket-Vektor $|\psi\rangle$ oder einen bra-Vektor $\langle\psi|$ erfolgen.

Diese definitorischen Darlegungen sollen nun interpretiert werden. In 5.2 war das Problem eines einzelnen Elektrons in einem äußeren Kraftfeld im Rahmen der Wellenmechanik behandelt worden; durch die Schrödinger-Gleichung (5.1) ist die Zustandsfunktion $\psi(\boldsymbol{r}, t)$ bestimmt. Die Funktion $\psi(\boldsymbol{r}, t)$ ist als eine spezielle Darstellung $\langle\boldsymbol{r}|\psi(t)\rangle$ des Zustandsvektors aufzufassen. Während die Charakterisierung durch die Zustandsfunktion $\psi(\boldsymbol{r}, t)$ mit einer Bevorzugung einer bestimmten Koordinate (der Ortskoordinate $\boldsymbol{r}$) verbunden ist, läßt der abstrakte Zustandsvektor $|\psi(t)\rangle$ ohne weiteres die Abhängigkeit von einer beliebigen Größe (Impuls, Energie oder anderes) zu. Mit einem Zustandsvektor $|\psi\rangle$ können nicht nur die Zustände einzelner Elektronen in einem gegebenen Kraftfeld, sondern auch die von Atomen, Molekülen, Festkörpern, Strahlungsfeldern beschrieben werden; dabei umfaßt $|\psi\rangle$ dann Elemente aus dem Vektor-Raum aller Elektronen, Photonen und Kerne (also insbesondere auch diejenigen Angaben, die zur Charakterisierung der Translations-, Rotations- und Schwingungsbewegung der Kerne dienen). Wenn atomare Systeme in Wechselwirkung mit anderen Systemen (z. B. einem Strahlungsfeld) stehen, so wird dem Gesamtsystem (atomares System + Strahlungsfeld) ein Zustandsvektor zugeordnet.

Die eingangs postulierte Gültigkeit der Eigenschaften des erweiterten Hilbert-Raumes schließt insbesondere auch die lineare Superponierbarkeit von Zuständen (Zustandsvektoren) ein. Wir hatten in 5.3.1 bereits gesehen, daß diese Eigenschaft auch für die Zustandsfunktionen, wie sie sich aus der Schrödingerschen Theorie ergaben, zutraf; eine spezielle Anwendung war die Superponierbarkeit von $\psi(x, t)$ aus Eigenfunktionen.

Die eingangs dieses Abschnittes gegebene Definition bezüglich $|\psi\rangle$ führt auf die Frage nach der Struktur des erweiterten Hilbert-Raumes $\mathscr{H}$ für ein gegebenes physikalisches System, insbesondere nach der Konstruktion einer vollständigen, orthonormierten Basis, die $\mathscr{H}$ aufspannt. Eine allgemeine Beantwortung dieser Frage kann erst nach der Einführung weiterer Begriffe und Gesetze im Kapitel 10 vorgenommen werden. Bis dahin werden wir als das entsprechende Basissystem eine eindimensionale Mannigfaltigkeit $\{|\beta_j\rangle\}$ voraussetzen, wobei $j$ diskrete oder kontinuierliche Werte annehmen kann. Dann ist der Zustandsvektor $|\psi\rangle$ in der Form

$$|\psi\rangle = \sum_j |\beta_j\rangle\langle\beta_j|\psi\rangle \quad \text{oder} \quad |\psi\rangle = \int \mathrm{d}j\, |\beta_j\rangle\langle\beta_j|\psi\rangle \tag{7.1}$$

darstellbar (vgl. (A 1.22)).

Wir wollen 7.1 mit einem Vergleich zwischen dem Zustandsbegriff der klassischen Theorie und dem der Quantentheorie abschließen. In der klassischen Theorie wird bei einem (eindimensionalen) Problem der Zustand zur Zeit $t$ durch $\{x(t), p(t)\}$, also durch Angabe der dynamischen Variablen des Ortes und des Impulses erfaßt. Dabei haben Ort und Impuls als meßbare Größen unmittelbare reale Bedeutung. Bei der quantentheoretischen Beschreibung ist durchaus zwischen Zustand und Meßgröße zu unterscheiden; aus dem Zustandsvektor $|\psi\rangle$ lassen sich erst in Verbindung mit den Observablen Aussagen über Meßresultate gewinnen – darauf wird im Kapitel 9 eingegangen. Man nennt den in 7.1 eingeführten Zustand, repräsentiert durch $|\psi\rangle$, auch *reinen Zustand.* (Der Sinn des Zusatzes „rein" kann erst im Kapitel 18 verdeutlicht werden.)

## 7.2 Dynamische Variable

In vielen Fällen werden quantentheoretische dynamische Variable in Analogie zu klassischen dynamischen Variablen eingeführt, wenn diese auch einen ganz anderen mathematischen Charakter haben. Wir rufen uns deshalb zunächst nochmals die Haupteigenschaften der klassischen dynamischen Variablen ins Gedächtnis zurück, wobei wir auf 1.1.1 verweisen.

Im Fall der *klassischen Theorie* stellen die dynamischen Variablen eindeutige (normale) Punktfunktionen dar, die von den Zustandsvariablen abhängen. Im eindimensionalen Fall ist eine dynamische Variable $G$ eine Funktion $G[x(t), p(t)]$ des Ortes und des Impulses; aus den Werten $x(t)$ und $p(t)$ folgt der Wert von $G$. Wichtige Beispiele sind der Ort $x$, der Impuls $p_x$, die kinetische Energie $T = p_x{}^2/2m$, die potentielle Energie $U(x)$, die Gesamtenergie $H = T + U$, die Drehimpulskomponente $M_x = y p_z - p_y z$, die komplexe Normalamplitude (vgl. 1.1.2.1) des harmonischen Oszillators

$$a = \frac{1}{\sqrt{2\hbar}}\left(\sqrt{m\omega}\, x + \mathrm{i}\frac{p_x}{\sqrt{m\omega}}\right), \qquad a^* = \frac{1}{\sqrt{2\hbar}}\left(\sqrt{m\omega}\, x - \mathrm{i}\frac{p_x}{\sqrt{m\omega}}\right).$$

Die dynamischen Variablen sind selbst reelle Meßgrößen oder lassen sich – wie die komplexe Normalamplitude – mit reellen Meßgrößen in Verbindung bringen. Sie sind im Prinzip ohne Einfluß auf den Bewegungsablauf beliebig genau meßbar. Für die dynamischen Variablen lassen sich mit Hilfe der Poisson-Klammern Bewegungsgleichungen angeben (vgl. 1.1.1).

*Quantentheoretische dynamische Variable* werden durch lineare Operatoren repräsentiert, die auf Vektoren aus dem Vektor-Raum $\mathscr{H}$ des gegebenen physikalischen Systems wirken; die Eigenschaften solcher Operatoren sind in A 1.2 und A 1.3 ausführlich erläutert. Man muß bedenken, daß im Prinzip verschiedene Symbole für eine dynamische Variable und ihren quantentheoretischen Repräsentanten zu verwenden wären. Praktisch genügt es, wenn man eine quantentheoretische dynamische Variable mit ihrem Operator (Buchstabensymbol mit Zirkumflex) kennzeichnet.

Es gibt quantentheoretische dynamische Variable mit klassischem Analogon; zum Beispiel haben die oben genannten klassischen dynamischen Variablen alle ein quantentheoretisches Pendant:

$$\hat{x},\ \hat{p}_x;\ \hat{T},\ \hat{U},\ \hat{H},\ \hat{M}_x,\ \hat{a},\ \hat{a}^+ . \tag{7.2}$$

Der Aufbau der Variablen rechts vom Semikolon in (7.2) aus den „Grundvariablen" des Ortes und Impulses erfolgt der Struktur nach entsprechend der klassischen Theorie. Also gilt

$$U(x) \to \hat{U} = U(\hat{x}),$$

$$M_x = y p_z - p_y z \to \hat{M}_x = \hat{y}\hat{p}_z - \hat{p}_y \hat{z},$$

$$a^* = \frac{1}{\sqrt{2\hbar}}\left(\sqrt{m\omega}\, x - \mathrm{i}\frac{p_x}{\sqrt{m\omega}}\right) \to \hat{a}^+ = \frac{1}{\sqrt{2\hbar}}\left(\sqrt{m\omega}\,\hat{x} - \mathrm{i}\frac{\hat{p}_x}{\sqrt{m\omega}}\right).$$

In ähnlicher Weise lassen sich andere quantentheoretische dynamische Variable aus Grundvariablen aufbauen. Man muß sich aber darüber im klaren sein, daß die Analogie zur klassischen Struktur mindestens dort Grenzen hat, wo Operatorprodukte ins Spiel kommen; im Gegensatz zu den klassischen c-Zahlen sind ja die Operatoren im allgemeinen nicht vertauschbar. Obwohl dort Produkte auftreten, ist für die Drehimpulskomponente $\hat{M}_x$ aus Gründen, die wir später erörtern werden, die direkte Übernahme der klassischen Struktur möglich.

Zur Interpretation von Experimenten im atomaren Bereich müssen auch quantentheoretische dynamische Variable eingeführt werden, die kein klassisches Analogon haben. Beispiele dafür sind der Spinoperator $\hat{\boldsymbol{S}}$ (Näheres in 13.3), die Teilchenzahloperatoren $\hat{N}$ für Bosonen und Fermionen (Näheres in 16.2 und 21.5), der Projektionsoperator $\hat{P}_{\mathscr{S}}$ (vgl. A 1.2.2) und die Parität $\hat{P}$, die mit einer räumlichen Symmetrieoperation zusammenhängt (Näheres in 19.2).

Für quantentheoretische dynamische Variable lassen sich Bewegungsgleichungen aufstellen, die eine analoge Struktur wie die der klassischen dynamischen Variablen haben; wir werden darauf im Kapitel 11 bei der allgemeinen Besprechung des zeitlichen Verhaltens eingehen.

Ein Vergleich der hier genannten, aus den Grundvariablen abgeleiteten Variablen, wie der kinetischen Energie $\hat{T}$ der Gesamtenergie $\hat{H}$, der Drehimpulskomponente $\hat{M}_x$, mit den entsprechenden Größen der Wellen- und Matrizenmechanik (vgl. 5.2 und 4.3) zeigt, daß die Schrödinger- und Heisenberg-Größen genau so aus den Grundgrößen des Ortes und Impulses aufgebaut sind, wie das für die Operatoren in der Dirac-Formulierung der Fall ist. Beispielsweise gilt

$$\hat{T} = \frac{(\hat{p}_x)^2}{2m}; \quad T_{\text{Schröd}} = \frac{\left(\frac{\hbar}{\mathrm{i}}\frac{\partial}{\partial x}\right)^2}{2m} \quad \text{mit} \quad (p_x)_{\text{Schröd}} = \frac{\hbar}{\mathrm{i}}\frac{\partial}{\partial x}; \quad \mathbf{T}_{\text{Heis}} = \frac{[(\mathbf{p}_x)_{\text{Heis}}]^2}{2m}.$$

Analog zu den Zustandsvektoren lassen sich auch dynamische Variable in Komponentendarstellung angeben. Verwendet man dasselbe Basissystem wie für die Zustandsvektoren in (7.1), so erhält man

$$\hat{G} = \mathop{\mathrlap{\sum}\int}_{j,j'} |\beta_j\rangle \langle\beta_{j'}| \langle\beta_j| \hat{G} |\beta_{j'}\rangle, \tag{7.3}$$

was in (A 1.49) ausgewiesen ist. Die $\langle\beta_j|\,\hat{G}\,|\beta_{j'}\rangle$ werden als *Matrixelemente* des Operators $\hat{G}$ bezeichnet.

## 7.3 Observable

Observable sind solche quantentheoretische dynamische Variable, die im folgenden Sinn meßbar (also „beobachtbar“) sind: Nach Wechselwirkung einer für die jeweilige Observable charakteristischen Meßapparatur mit dem gegebenen physikalischen System kann ein reeller Meßwert bestimmt werden. Das Meßwertspektrum und die nach der Messung am System vorliegenden physikalischen Zustände bestimmen die Observable. (Es sei hier darauf hingewiesen, daß diese Sachverhalte ausführlich in Kapitel 9 diskutiert und exemplifiziert werden.) Ein Operator $\hat{L}$ repräsentiert nach VON NEUMANN genau dann eine Observable, wenn gilt

$$\hat{L} = \hat{L}^{+}, \tag{7.4a}$$

$$\langle l | l' \rangle = \delta(l, l'), \tag{7.4b}$$

$$\sum\!\!\!\!\!\!\int_{l} |l\rangle \langle l| = \hat{I}, \tag{7.4c}$$

wobei für die Vektoren $|l\rangle$ die *Eigenwertgleichung*

$$\hat{L}|l\rangle = l\,|l\rangle \tag{7.4d}$$

erfüllt sein muß; $|l\rangle$ wird als Eigenket von $\hat{L}$ bezeichnet. Die Beziehungen (7.4b) und (7.4c) weisen aus, daß die Eigenvektoren ein *orthonormiertes, vollständiges Basissystem* bilden, also jeder Vektor $|\psi\rangle$ in $\mathscr{H}$ durch sie dargestellt werden kann. Die Beziehung (7.4a) der *Hermitezität* führt auf *reelle Eigenwerte* $l$ (vgl. A 1.3.2), die ihrerseits die Rolle reeller Meßwerte spielen können.

Die *Orthogonalität* (7.4b) steht in Übereinstimmung mit leicht beweisbaren, allgemeinen Eigenschaften hermitescher Operatoren (vgl. A 1.3.2). Dagegen ist in den meisten Fällen der mathematische Nachweis der *Vollständigkeit* (7.4c) schwierig. Andererseits muß die Messung in jedem Zustand $|\psi\rangle$ möglich sein (vgl. die Festlegungen für die Zustandsvektoren in 7.1). Deshalb wird bei Übereinstimmung mit der Erfahrung und innerer Widerspruchsfreiheit angenommen, daß die Eigenvektoren einer Größe, die prinzipiell gemessen werden kann, einen vollständigen Satz von Eigenvektoren bilden.

Zur Lösung des Eigenwertproblems einer Observablen $\hat{L}$ muß man die Operatoren-Gleichung bzw. die Operatoren-Gleichungen heranziehen, denen $\hat{L}$ genügt.

In besonders einfacher Weise läßt sich der *Projektionsoperator* $\hat{P}_{\mathscr{S}}$ behandeln, durch den ein allgemeiner Zustandsvektor $|\psi\rangle$ auf den Unterraum $\mathscr{S} \subseteq \mathscr{H}$ projiziert werden kann. Dessen Definition und Eigenschaften sind aus (A 1.67) und A 1.3.2 ersichtlich. Als wesentliche Operatorbeziehung erfüllt $\hat{P}_{\mathscr{S}}$ die Gleichung

$$\hat{P}_{\mathscr{S}}^2 = \hat{P}_{\mathscr{S}}. \tag{7.5}$$

Es sei angemerkt, daß der Projektionsoperator $\hat{P}(l) = |l\rangle \langle l|$ ein wichtiger Spezialfall von $\hat{P}_{\mathscr{S}}$ ist. Wie in A 1.3.2 ausgewiesen ist, stellt $\hat{P}_{\mathscr{S}}$ eine Observable mit einem vollständigen und orthogonalen Eigenvektorsystem mit den Eigenwerten 0 und 1 dar. Für einen *beliebigen* Zustandsvektor $|\psi\rangle$ in $\mathscr{H}$ lauten die Eigenvektoren zu 0 und 1 in normierter Form

$$\|(\hat{I} - \hat{P}_{\mathscr{S}})\,|\psi\rangle\|^{-1}\,(\hat{I} - \hat{P}_{\mathscr{S}})\,|\psi\rangle \quad \text{und} \quad \|\hat{P}_{\mathscr{S}}\,|\psi\rangle\|^{-1}\,\hat{P}_{\mathscr{S}}\,|\psi\rangle. \tag{7.6}$$

Der explizite Zusammenhang der Eigenwerte $l$ und der Eigenvektoren $|l\rangle$ mit der Observablen $\hat{L}$ wird durch die *Spektraldarstellung*

$$\hat{L} = \oint_l l\,|l\rangle\,\langle l| \tag{7.7}$$

geliefert; wenn man diesen Ausdruck in die Eigenwertgleichung (7.4d) für $\hat{L}$ einführt, sieht man unter Berücksichtigung der Orthonormiertheit und Vollständigkeit sofort, daß für alle $l$ die Gleichung erfüllt ist.

Bei *Entartung*, wobei $\Lambda_l$ orthonormierte Eigenvektoren $|l_\lambda\rangle$ zu *einem* Eigenwert $l$ gehören mögen (vgl. A. 1.3.1), kann man für (7.4c) die Schreibweise

$$\hat{I} = \oint_l \sum_{\lambda=1}^{\Lambda_l} |l_\lambda\rangle\,\langle l_\lambda| \tag{7.8}$$

und für (7.7) die Schreibweise

$$\hat{L} = \oint_l \sum_{\lambda=1}^{\Lambda_l} l\,|l_\lambda\rangle\,\langle l_\lambda| \tag{7.9}$$

benutzen.

Von den in 7.2 als Beispiele angegebenen quantentheoretischen dynamischen Variablen sind

$$\hat{x},\ \hat{p}_x,\ \hat{T},\ \hat{U},\ \hat{H},\ \hat{M}_x,\ \hat{N},\ \hat{P}_{\mathscr{S}},\ \hat{P} \tag{7.10}$$

Observable. Dagegen sind $\hat{a}$ und $\hat{a}^+$ nicht hermitesch und können infolgedessen keine Observablen sein. Weitere wichtige Observable sind $\hat{y}$, $\hat{z}$, $\hat{p}_y$, $\hat{p}_z$, $\hat{M}_y$, $\hat{M}_z$, wobei die beiden letztgenannten aus $\hat{x}$, $\hat{y}$, $\hat{z}$ und $\hat{p}_x$, $\hat{p}_y$, $\hat{p}_z$ in der gleichen Weise gebildet werden, wie die entsprechenden klassischen Drehimpulskomponenten.

Ein Operator mit Vektorcharakter (gemeint ist hier ein Vektor der normalen Vektoralgebra im dreidimensionalen euklidischen Raum) ist im allgemeinen keine echte Observable, auch wenn es die einzelnen Komponenten sind. Das liegt daran, daß im Prinzip von vektoriellen Observablen eine gleichzeitige Meßbarkeit aller Komponenten gefordert werden muß; auf diesen Sachverhalt kommen wir ausführlich in 9.3 zurück. In diesem Sinne sind der Ortsvektor und der Linearimpuls als echte Observable aufzufassen,

$$\hat{\boldsymbol{r}} = \hat{x}\,\boldsymbol{e}_x + \hat{y}\,\boldsymbol{e}_y + \hat{z}\,\boldsymbol{e}_z, \tag{7.11}$$

$$\hat{\boldsymbol{p}} = \hat{p}_x\boldsymbol{e}_x + \hat{p}_y\boldsymbol{e}_y + \hat{p}_z\boldsymbol{e}_z. \tag{7.12}$$

Aus Gründen, die in 9.3.2 ersichtlich werden, gilt das aber nicht für die Vektoren des Bahndrehimpulses $\hat{\boldsymbol{M}}$ und des Spins $\hat{\boldsymbol{S}}$.

Am Ende dieses Abschnittes wollen wir die Möglichkeiten der Einführung von dynamischen Variablen und Observablen zusammenfassen. Zur Bildung von Operatoren, die dynamische Variable oder Observable repräsentieren sollen, werden in der Regel ein oder mehrere von den folgenden Aspekten zur Anwendung gebracht. Erstens kann die Bildung der quantentheoretischen Größen in Analogie zu klassischen Größen erfolgen (z. B. kann man sich beim Aufbau aus „Grundoperatoren“ (Ort, Impuls) hinsichtlich der mathematischen Struktur an der klassischen Funktion orientieren). Da die verwendeten Operatoren nicht in allen Fällen kommutieren, führt dieses Verfahren bei Operatorprodukten nicht eindeutig zum Ziel. Häufig erweist sich dann die Verwendung einer symmetrisierten Schreibweise als zweckentsprechend, z. B. die „Übersetzung“ des Produktes $AB$ der klassischen Variablen $A$ und $B$ gemäß

$$AB \to \frac{1}{2}(\hat{A}\hat{B} + \hat{B}\hat{A}) \tag{7.13}$$

anstatt durch $\hat{A}\hat{B}$ oder $\hat{B}\hat{A}$. Zweitens läßt sich die Einführung von Operatoren in Zusammenhang mit der direkten Interpretation mikrophysikalischer Experimente vornehmen. Drittens werden Operatoren eingeführt, die durch die Anwendung grundlegender Transformations- und Symmetriebeziehungen nahegelegt werden. In Hinsicht auf diese drei Aspekte waren in 7.2 und 7.3 einige Beispiele für Operatoren genannt worden. Generell muß die Einführung dynamischer Variabler und Observabler so geschehen, daß innere Widerspruchsfreiheit der theoretischen Beziehungen besteht und die richtige Wiedergabe der empirischen Befunde erfolgt.

*Kontrollfragen*

1. Wozu dient ein Zustandsvektor?
2. Was versteht man unter einer dynamischen Variablen?
3. Wodurch ist eine Observable definiert?
4. Was versteht man unter einer vollständigen, orthonormierten Basis von Eigenvektoren?
5. Was sind Projektionsoperatoren?
6. Wie lautet die Spektraldarstellung einer Observablen?

# 8 Vertauschungsrelationen

Die Eigenschaften der die Variablen und Observablen repräsentierenden Operatoren bestimmen sich – worauf bereits im Kapitel 7 hingewiesen wurde – aus der Gesamtheit aller Beziehungen, denen die Operatoren genügen müssen. Einige Beziehungen hatten wir bereits in 7.2 kennengelernt, so den Zusammenhang abgeleiteter Operatoren $\hat{A}$ mit den „Grundobservablen" $\hat{x}$, $\hat{y}$, $\hat{z}$, $\hat{p}_x$, $\hat{p}_y$, $\hat{p}_z$ gemäß $\hat{A} = A(\hat{x}, \hat{y}, \hat{z}, \hat{p}_x, \hat{p}_y, \hat{p}_z)$, wobei die funktionelle Abhängigkeit dort von den klassischen Beziehungen her gegeben war. Unter den Operatorbeziehungen drücken insbesondere die Vertauschungsrelationen die spezifisch quantentheoretischen Sachverhalte aus. Bei der Aufstellung von *Vertauschungsrelationen* werden im allgemeinen dieselben Aspekte (Berücksichtigung klassischer Beziehungen bei Variablen mit klassischem Analogon, direkte Interpretation mikrophysikalischer Experimente, Symmetrieeigenschaften) beachtet, wie sie am Ende von 7.3 für die Einführung von dynamischen Variablen und Observablen aufgezählt worden sind. Grundsätzlich müssen die Vertauschungsrelationen so beschaffen sein, daß die mit ihrer Hilfe errechneten physikalisch-relevanten Größen mit den empirischen Befunden übereinstimmen.

Wir beginnen unsere Darlegungen mit den Vertauschungsrelationen für die Grundobservablen Ort und Impuls und können aus diesen Resultaten auch Vertauschungsrelationen für abgeleitete Operatoren gewinnen. Es sei angemerkt, daß wir im Kapitel 8 ausschließlich Kommutator-Vertauschungsrelationen behandeln; im Kapitel 21 werden wir auch Antikommutator-Vertauschungsrelationen kennenlernen.

## 8.1 Vertauschungsrelationen der Grundobservablen des Ortes und des Impulses

In 4.1 wurde gezeigt, daß im Rahmen der Heisenbergschen Matrizenmechanik die Vorschrift für die Quantisierung – und damit insbesondere auch die Einführung des Planckschen Wirkungsquantums – aus einer Verschärfung des induktiv gewonnenen Korrespondenzprinzips zustande gekommen ist; mathematisch wird das durch die Vertauschungsrelation (4.26) der Heisenberg-Matrizen des Ortes und des Impulses ausgedrückt. Auch für die in 5.1 und 5.2 induktiv begründete Schrödingersche Wellenmechanik ließ sich unter Verwendung von Differentialoperatoren eine Orts-Impuls-Vertauschungsrelation (5.22) angeben. In der Dirac-Formulierung der Quantentheorie werden für ein (punktförmiges) Teilchen die folgenden Vertauschungsrelationen für Ort und Impuls axiomatisch an die Spitze gestellt:

$$[\hat{x}_j, \hat{p}_k] = \mathrm{i}\hbar \hat{I}\, \delta_{jk}, \quad [\hat{x}_j, \hat{x}_k] = \hat{0}, \quad [\hat{p}_j, \hat{p}_k] = \hat{0} \quad \text{mit} \quad j, k = 1, 2, 3, \tag{8.1}$$

wobei $\hat{x}_1, \hat{x}_2, \hat{x}_3$ gleich $\hat{x}, \hat{y}, \hat{z}$ sein soll und $\hat{p}_1, \hat{p}_2, \hat{p}_3$ entsprechend $\hat{p}_x, \hat{p}_y, \hat{p}_z$. Bei dem weiteren Ausbau der Dirac-Formulierung wird explizit gezeigt werden, daß die Vertauschungsrelationen der Heisenberg- und der Schrödinger-Theorie spezielle mathematische Einkleidungen von (8.1) darstellen, also ihrem Inhalt nach in der Dirac-Formulierung enthalten sind. Bei einem *mechanischen System aus mehreren Teilchen* gelten für jedes einzelne Teilchen die Vertauschungsrelationen (8.1); die Orts- und Impulskoordinaten-Operatoren verschiedener Teilchen sind *sämtlich vertauschbar.*

Die Operatoren $\hat{x}$ und $\hat{p}_x$ stellen nach 7.2 quantentheoretische Variable mit klassischem Analogon dar. In der klassischen Theorie besteht in der Poisson-Klammer-Relation (vgl. auch (1.8))

$$\{A(x_j, p_k), B(x_j, p_k)\}_{\mathrm{PK}} = C \tag{8.2}$$

im allgemeinen eine Beziehung zwischen den Variablen $A$ und $B$. Angewendet auf $x$ und $p_x$ selbst gilt (vgl. (1.9))

$$\{x, p_x\}_{\mathrm{PK}} = 1, \quad \{x, x\}_{\mathrm{PK}} = 0, \quad \{p_x, p_x\}_{\mathrm{PK}} = 0. \tag{8.3}$$

Man kann die Vertauschungsrelationen (8.1) als „Übersetzung“ der in (8.3) niedergelegten Aussagen in die Quantentheorie auffassen, wobei man die Poisson-Klammer durch die Kommutator-Klammer und $C$ durch $\mathrm{i}\hbar\hat{C}$ zu ersetzen hat (die Zahl 1 geht dabei in den Einheitsoperator $\hat{I}$ über). Damit hat sich der erste der eingangs im Kapitel 8 genannten Aspekte hinsichtlich der Einführung von Vertauschungsrelationen als zutreffend erwiesen.

Auch der dritte Aspekt läßt sich aufzeigen. Man kann nämlich nachweisen – was wir aber erst im Rahmen allgemeiner Symmetriebetrachtungen in 19.1 tun wollen –, daß die in (8.1) angegebenen Vertauschungsrelationen mit der Voraussetzung der Homogenität des Ortsraumes in unmittelbarem Zusammenhang stehen.

## 8.2 Vertauschungsrelationen von abgeleiteten Variablen

Wir wollen annehmen, daß $\hat{A} = A(\hat{x}_1, \ldots, \hat{x}_\lambda, \ldots, \hat{x}_n, \hat{p}_1, \ldots, \hat{p}_\mu, \ldots, \hat{p}_m)$ eine Variable sei, die von den Orts- und Impulskomponenten $\hat{x}_\lambda$, $\hat{p}_\mu$ verschiedener Teilchen abhängt. Wenn die Funktion $A$ ein Polynom oder eine Potenzreihe mit hinreichendem Konvergenzverhalten darstellt, dann gilt

$$[\hat{x}_\lambda, \hat{A}] = \mathrm{i}\hbar \frac{\partial \hat{A}}{\partial \hat{p}_\lambda}, \quad [\hat{p}_\lambda, \hat{A}] = -\mathrm{i}\hbar \frac{\partial \hat{A}}{\partial \hat{x}_\lambda}. \tag{8.4}$$

Wir wollen die erste der beiden Relationen explizit beweisen (der Beweis der zweiten verläuft analog). Wegen der *partiellen* Ableitung nach $\hat{p}_\lambda$ auf der rechten Seite interessieren nur die $\hat{p}_\lambda$-abhängigen Terme in $\hat{A}$. Unter Berücksichtigung der Rechenregeln

$$[\hat{x}_\lambda, \hat{A}_1 + \hat{A}_2] = [\hat{x}_\lambda, \hat{A}_1] + [\hat{x}_\lambda, \hat{A}_2] \quad \text{und} \quad [\hat{x}_\lambda, c\hat{A}] = c[\hat{x}_\lambda, \hat{A}]$$

für Kommutatoren und der Vertauschbarkeit aller Ortskoordinaten untereinander kann der Beweis auf das Problem $[\hat{x}, \hat{p}^n] = \mathrm{i}\hbar \frac{\partial}{\partial \hat{p}} \hat{p}^n$ zurückgeführt werden. Der Beweis wird mittels vollständiger Induktion geführt. Aus der Induktionsvoraussetzung

$$[\hat{x}, \hat{p}^n] = \mathrm{i}\hbar \frac{\partial}{\partial \hat{p}} \hat{p}^n = \mathrm{i}\hbar n \hat{p}^{n-1}$$

folgen

$$\hat{x}\hat{p}^{n+1} = \mathrm{i}\hbar n \hat{p}^n + \hat{p}^n(\mathrm{i}\hbar \hat{I} + \hat{p}x) \quad \text{und}$$

$$-\hat{p}^{n+1}x = \mathrm{i}\hbar n \hat{p}^n - (\hat{x}\hat{p} - \mathrm{i}\hbar \hat{I})\,\hat{p}^n$$

und daraus

$$[\hat{x}, \hat{p}^{n+1}] = \mathrm{i}\hbar(n+1)\,\hat{p}^n = \mathrm{i}\hbar \frac{\partial}{\partial \hat{p}} \hat{p}^{n+1}.$$

Da die Induktionsvoraussetzung gemäß (8.1) für $n = 1$ erfüllt ist, ist somit der Induktionsbeweis erbracht.

Unter der Annahme, daß die Variablen $A$, $B$, $C$ als klassische Analoga der quantentheoretischen Variablen $\hat{A}$, $\hat{B}$, $\hat{C}$ bezeichnet werden können, lassen sich Vertauschungsrelationen durch „Übersetzung" der Poisson-Klammern gemäß

$$\{A, B\}_{\mathrm{PK}} = C \rightarrow [\hat{A}, \hat{B}] = \mathrm{i}\hbar \hat{C} \tag{8.5}$$

gewinnen. Ein repräsentatives Beispiel hierfür ist bereits in 8.1 aufgezeigt worden.

Da vorausgesetzt werden kann, daß die Drehimpulskomponenten $\hat{M}_x$, $\hat{M}_y$, $\hat{M}_z$ eines punktförmigen Teilchens ohne inneren Freiheitsgrad in der gleichen Weise von den Grundobservablen des Ortes und des Impulses abhängen, wie in der klassischen Theorie (vgl. 7.2), folgt mit (8.4)

$$[\hat{M}_j, \hat{M}_{j+1}] = \mathrm{i}\hbar \hat{M}_{j+2}, \tag{8.6}$$

wobei $x$, $y$, $z$ durch $j = 1, 2, 3$ unter Berücksichtigung einer zyklischen Vertauschung bezeichnet werden. In der gleichen Weise lassen sich auch für die der komplexen Normalamplitude zuzuordnenden Variabeln $\hat{a}$ und $\hat{a}^+$ (siehe 7.2) die Vertauschungsrelationen

$$[\hat{a}, \hat{a}^+] = \hat{I}, \quad [\hat{a}, \hat{a}] = \hat{0}, \quad [\hat{a}^+, \hat{a}^+] = \hat{0} \tag{8.7}$$

ableiten; diese Operatoren werden insbesondere bei der Beschreibung des Verhaltens von Bosonen (Teilchen mit ganzzahligem Spin) ihre Wichtigkeit erweisen. Die Durchführung des Beweises für (8.6) und (8.7) sei dem Leser zur Übung des Rechnens mit Vertauschungsrelationen (8.1) empfohlen.

## 8.3 Observable ohne klassisches Analogon

Auf der Basis einer konsequenten Interpretation empirischer Befunde können Observable samt den entsprechenden Operatorbeziehungen axiomatisch eingeführt werden. Als Beispiel sei der innere Drehimpuls (der Spin) zur Erklärung der spektroskopischen Feinstrukturaufspaltung, des anomalen Zeeman-Effektes, des Stern-Gerlach-Effektes (vgl. 3.1.2.2) erwähnt. Die von W. PAULI eingeführten Spinoperatoren wirken auf Zustände im Spinraum $\mathscr{H}_S$ des Elektrons oder anderer Teilchen. Für die Operatoren der Vektorkomponenten des inneren Drehimpulses gilt die Vertauschungsrelation

$$[\hat{S}_j, \hat{S}_{j+1}] = \mathrm{i}\hbar \hat{S}_{j+2}, \tag{8.8}$$

wobei die Indizes $j$ dieselbe Bedeutung wie in (8.6) haben. Genaueres über das Zustandekommen dieser Beziehung und ihre Auswertung wird in 13.3 dargelegt werden.

## 8.4 Folgerungen für die Grundobservablen des Ortes und des Impulses

### 8.4.1 Eigenwertproblem der Grundobservablen

Die Vertauschungsrelationen (8.1) stellen die maßgeblichen Operatorbeziehungen für die Gewinnung der Eigenlösungen der Orts- und Impulskoordinaten dar. Es genügt, wenn wir das eindimensionale Problem (Ortskoordinate $x$ und Impulskoordinate $p$) behandeln. In 7.3 wurden $\hat{x}$ und $\hat{p}$ als Observable eingeführt; das heißt, wir können voraussetzen, daß $\hat{x} = \hat{x}^+$ und $\hat{p} = \hat{p}^+$ gilt und mindestens ein Eigenwert $x$ und ein Eigenwert $p$ vorhanden sind. Eigenvektoren zu diesen Eigenwerten seien $|x\rangle$ bzw. $|p\rangle$.

Für das weitere Vorgehen führen wir den Operator

$$\hat{X}(\alpha) \equiv \mathrm{e}^{-\frac{\mathrm{i}}{\hbar}\alpha\hat{p}} \tag{8.9}$$

ein, wobei $\alpha$ eine beliebige reelle Größe von der Dimension der Ortskoordinate sein soll. (Es sei angemerkt, daß $\hat{X}(\alpha)$ hier die Rolle eines Hilfsoperators spielt; seine grundsätzliche Bedeutung wird im Zusammenhang mit der Betrachtung der Translationsgruppe in 19.1.1 klargestellt.) Man kann folgendes zeigen: Wenn $|x\rangle$ ein Eigenvektor zum Eigenwert $x$ ist, dann ist $\hat{X}(\alpha)\,|x\rangle$ für beliebiges $\alpha$ ein Eigenvektor zum Eigenwert $(x+\alpha)$.

Zum Beweis berechnen wir den Kommutator $[\hat{x}, \hat{X}(\alpha)]$; er ergibt sich mittels (8.4) zu $\alpha \cdot \hat{X}(\alpha)$. Daraus folgt

$$\hat{x}\hat{X}(\alpha)\,|x\rangle - \hat{X}(\alpha)\,\hat{x}\,|x\rangle = \alpha\hat{X}(\alpha)\,|x\rangle.$$

Mit der Eigenwertgleichung $\hat{x}\,|x\rangle = x\,|x\rangle$ (vgl. (7.4d)) folgt

$$\hat{x}[\hat{X}(\alpha)\,|x\rangle] = (x+\alpha)\,[\hat{X}(\alpha)\,|x\rangle], \quad \text{q.e.d.}$$

Wir können $\hat{X}(\alpha)\,|x\rangle$ also in der Form $|x+\alpha\rangle$ schreiben. Wegen der Eigenschaften von $\alpha$ hat der Operator $\hat{x}$ ein kontinuierliches Eigenwertspektrum, das sich über die ganze reelle $x$-Achse erstreckt. Einen beliebigen Eigenvektor $|x\rangle$ kann man durch

Anwendung von $\hat{X}(x)$ auf den speziellen Eigenvektor $|x=0\rangle$ erzeugen; es gilt

$$|x\rangle = \hat{X}(x)\,|x=0\rangle. \tag{8.10}$$

Da $\hat{X}^{-1}(x) = \hat{X}^{+}(x)$ ist, gilt für den entsprechenden Eigenbra

$$\langle x| = \langle x=0|\,\hat{X}^{-1}(x).$$

In analoger Weise läßt sich durch Verwendung des Hilfsoperators $\hat{P}(\beta) \equiv e^{\frac{i}{\hbar}\beta\hat{x}}$ zeigen, daß $\hat{p}$ ein kontinuierliches Eigenwertspektrum mit $-\infty < p < +\infty$ hat und ein beliebiger Eigenvektor $|p\rangle$ mittels

$$|p\rangle = \hat{P}(p)\,|p=0\rangle \tag{8.11}$$

aus dem Eigenvektor zu $p=0$ erzeugt werden kann. Die Vollständigkeit (vgl. (7.4c)) wird durch

$$\hat{I} = \int \mathrm{d}x\,|x\rangle\langle x| \quad \text{und} \quad \hat{I} = \int \mathrm{d}p\,|p\rangle\langle p| \tag{8.12}$$

ausgedrückt.

Wir wollen uns nun mit dem Übergang zwischen den $|x\rangle$- und $|p\rangle$-Vektoren beschäftigen. Dazu benötigen wir das Matrixelement $\langle x|p\rangle$. Es gilt

$$\langle x|p\rangle = e^{\frac{i}{\hbar}xp}\,\langle x=0|p=0\rangle. \tag{8.13}$$

Zum Beweis schreiben wir unter Verwendung von (8.10)

$$\langle x|p\rangle = \langle x=0|\,\hat{X}^{-1}(x)\,|p\rangle.$$

Wegen $\hat{X}^{-1}(x)\,|p\rangle = e^{ixp/\hbar}\,|p\rangle$ (vgl. (A 1.78)) folgt

$$\langle x|p\rangle = e^{ixp/\hbar}\langle x=0|p\rangle = e^{ixp/\hbar}(\langle x=0|\,\hat{P}(p))\,|p=0\rangle.$$

Der bra-Vektor in der runden Klammer ist gleich $e^0\langle x=0|$, also gleich $\langle x=0|$; das führt auf (8.13), q.e.d.

Die Orthogonalität (vgl. (7.4b)) wird wegen des kontinuierlichen Eigenwertspektrums durch

$$\delta(x'-x'') = \langle x'|x''\rangle \quad \text{und} \quad \delta(p'-p'') = \langle p'|p''\rangle \tag{8.14}$$

erfaßt. Mit Hilfe der zweiten Beziehung wollen wir das Matrixelement $\langle x=0|p=0\rangle$ ermitteln, so daß die rechte Seite von (8.13) explizit berechenbar wird. Es gilt $\langle x=0|p=0\rangle = (2\pi\hbar)^{-1/2}$, womit (8.13) übergeht in

$$\langle x|p\rangle = \frac{1}{\sqrt{2\pi\hbar}}\,e^{ixp/\hbar} \tag{8.15}$$

Um das zu beweisen, gehen wir von

$$\langle p'|p''\rangle = \langle p'|\hat{I}|p''\rangle = \int \mathrm{d}x\,\langle p'|x\rangle\,\langle x|p''\rangle$$

aus. Daraus folgt

$$\begin{aligned}\langle p'|p''\rangle &= \int \mathrm{d}x\,\exp[ix(p'-p'')/\hbar]\cdot|\langle x=0|p=0\rangle|^2 \\ &= |\langle x=0|p=0\rangle|^2\,\delta[(p'-p'')/h] = |\langle x=0|p=0\rangle|^2\,h\,\delta(p'-p'').\end{aligned}$$

Wegen $\langle p'|p''\rangle = \delta(p'-p'')$ ist $\langle x=0|p=0\rangle$ bis auf einen Zahlenfaktor vom Betrag 1 gleich $h^{-1/2}$, q.e.d.

### 8.4.2 Darstellungen mit Hilfe von Eigenlösungen

Mit den Resultaten aus 8.4.1 können wir die Transformation der Komponenten von Zustandsvektoren und Operatoren für Variable und Observable vornehmen. Nach (A 1.26a) gilt für einen beliebigen Zustandsvektor $|\psi\rangle$

$$\langle x|\psi\rangle = \int \mathrm{d}p \langle x|p\rangle \langle p|\psi\rangle .$$

Mit dem Ausdruck (8.15) für $\langle x|p\rangle$ folgt daraus

$$\langle x|\psi\rangle = \int \mathrm{d}(p h^{-1/2}) \langle p|\psi\rangle \exp[\mathrm{i}2\pi(x h^{-1/2})(p h^{-1/2})]. \tag{8.16a}$$

Man sieht, daß der Übergang von den Komponenten $\langle p|\psi\rangle$ zu den $\langle x|\psi\rangle$ für beliebiges $|\psi\rangle$ durch die *Fourier-Transformation* vollzogen wird; dabei ist es günstig, als Variablenpaar $x h^{-1/2}$ und $p h^{-1/2}$ zu wählen. Entsprechend gilt für die Rücktransformation

$$\langle p|\psi\rangle = \int \mathrm{d}(x h^{-1/2}) \langle x|\psi\rangle \exp[-\mathrm{i}2\pi(x h^{-1/2})(p h^{-1/2})]. \tag{8.16b}$$

Das Vorgehen bei der Ableitung der Beziehungen (8.16) weist aus, daß die Vertauschungsrelation für die Orts- und Impulsobservable schließlich auf das Bestehen einer Fourier-Transformation zwischen den entsprechenden Komponenten eines beliebigen Zustandsvektors $|\psi\rangle$ führt. Für den Übergang zwischen den Komponenten eines beliebigen Operators $\hat{A}$ in Orts- und Impulsdarstellung gilt

$$\begin{aligned}\langle x'|\hat{A}|x''\rangle = \int \mathrm{d}(p' h^{-1/2}) \int \mathrm{d}(p'' h^{-1/2}) \langle p'|\hat{A}|p''\rangle \exp[\mathrm{i}2\pi\{(x' h^{-1/2})(p' h^{-1/2}) \\ -(x'' h^{-1/2})(p'' h^{-1/2})\}],\end{aligned} \tag{8.17a}$$

$$\begin{aligned}\langle p'|\hat{A}|p''\rangle = \int \mathrm{d}(x' h^{-1/2}) \int \mathrm{d}(x'' h^{-1/2}) \langle x'|\hat{A}|x''\rangle \exp[-\mathrm{i}2\pi\{(x' h^{-1/2})(p' h^{-1/2}) \\ -(x'' h^{-1/2})(p'' h^{-1/2})\}].\end{aligned} \tag{8.17b}$$

Die Ableitung dieser Beziehungen erfolgt analog zu (8.16).

Nachdem wir in (8.17) die Beziehung zwischen den Komponenten $\langle x'|\hat{A}|x''\rangle$ und $\langle p'|\hat{A}|p''\rangle$ ausgerechnet haben, wollen wir nun diese Komponenten selbst berechnen; dabei wird vorausgesetzt, daß $\hat{A} = A(\hat{x}, \hat{p})$ ein Polynom oder eine konvergente Potenzreihe ist.

Zur Vorbereitung eines allgemeinen Beweises berechnen wir zunächst den Spezialfall $\hat{A} = \hat{p}^n$. Mit (A 1.76) ergibt sich sofort

$$\langle p'|\hat{p}^n|p''\rangle = (p')^n \langle p'|p''\rangle = (p')^n \,\delta(p'-p'').$$

Durch Verwendung von (8.17a) erhält man daraus

$$\langle x'|\hat{p}^n|x''\rangle = h^{-1} \int \mathrm{d}p' \int \mathrm{d}p'' (p')^n \,\delta(p'-p'') \exp[\mathrm{i}\hbar^{-1}(x'p' - x''p'')].$$

Die Integration über $p''$ führt auf

$$\langle x'|\hat{p}^n|x''\rangle = h^{-1} \int \mathrm{d}p' (p')^n \exp[\mathrm{i}\hbar^{-1} p'(x'-x'')].$$

Der Integrand ist gleich

$$\left(\frac{\hbar}{\mathrm{i}}\right)^n \left(\frac{\partial}{\partial x'}\right)^n \exp[\mathrm{i}\hbar^{-1} p'(x'-x'')].$$

Da allgemein

$$\int \mathrm{d}\xi\, \xi^n\, \mathrm{e}^{a\xi\eta} = \left(\frac{\partial}{\partial\eta}\right)^n \int \mathrm{d}\xi\, a^{-n}\, \mathrm{e}^{a\xi\eta}$$

gilt, ergibt sich

$$\langle x'|\,\hat{p}^n\,|x''\rangle = \left(\frac{\hbar}{\mathrm{i}}\frac{\partial}{\partial x'}\right)^n \int \mathrm{d}(p'h^{-1})\exp[\mathrm{i}\,2\pi(p'h^{-1})(x'-x'')].$$

Das Integral stellt $\delta(x'-x'')$, also $\langle x'|x''\rangle$ dar. Damit erhalten wir

$$\langle x'|\,\hat{p}^n\,|x''\rangle = \left(\frac{\hbar}{\mathrm{i}}\frac{\partial}{\partial x'}\right)^n \langle x'|x''\rangle.$$

Eine analoge Rechnung führt für den Spezialfall $\hat{A}=\hat{x}^n$ auf

$$\langle x'|\,\hat{x}^n\,|x''\rangle = (x')^n\,\langle x'|x''\rangle \quad \text{und}$$

$$\langle p'|\,\hat{x}^n\,|p''\rangle = \left(-\frac{\hbar}{\mathrm{i}}\frac{\partial}{\partial p'}\right)^n \langle p'|p''\rangle.$$

Hinsichtlich des Rechnens mit Ableitungen der $\delta$-Funktion sei auf (A 2.29) verwiesen. Wir betrachten jetzt den Spezialfall $\hat{A}=\hat{x}^m\hat{p}^n$. Es ergibt sich

$$\langle x'|\,\hat{x}^m\hat{p}^n\,|x''\rangle = (x')^m\,\langle x'|\,\hat{p}^n\,|x''\rangle = (x')^m \left(\frac{\hbar}{\mathrm{i}}\frac{\partial}{\partial x'}\right)^n \langle x'|x''\rangle.$$

Nach unseren Voraussetzungen können wir $A(\hat{x},\hat{p})$ so in eine Summe zerlegen, daß in jedem Summanden Operatorprodukte der Form $\hat{x}^m\hat{p}^n$ auftreten. Mit dem obigen Resultat für $\langle x'|\,\hat{x}^m\hat{p}^n\,|x''\rangle$ führt das auf

$$\langle x'|\,A(\hat{x},\hat{p})\,|x''\rangle = A\left(x', \frac{\hbar}{\mathrm{i}}\frac{\partial}{\partial x'}\right)\langle x'|x''\rangle; \tag{8.18a}$$

entsprechend gilt

$$\langle p'|\,A(\hat{x},\hat{p})\,|p''\rangle = A\left(-\frac{\hbar}{\mathrm{i}}\frac{\partial}{\partial p'}, p'\right)\langle p'|p''\rangle. \tag{8.18b}$$

Mit diesen Resultaten kann man auch den Vektor $\hat{A}\,|\psi\rangle$, wobei $|\psi\rangle$ ein beliebiger Zustandsvektor ist, in der Orts- und Impulsdarstellung angeben:

$$\langle x|\,\hat{A}\,|\psi\rangle = \langle x|\,\hat{A}\hat{I}\,|\psi\rangle = \int \mathrm{d}x'\,\langle x|\,\hat{A}\,|x'\rangle\,\langle x'|\psi\rangle.$$

Nach Ausführung der Integration ergibt sich unter Verwendung von (8.18a)

$$\langle x|\,A(\hat{x},\hat{p})\,|\psi\rangle = A\left(x, \frac{\hbar}{\mathrm{i}}\frac{\mathrm{d}}{\mathrm{d}x}\right)\langle x|\psi\rangle. \tag{8.19a}$$

(In den Ableitungen können jetzt steile d verwendet werden, weil die zu differenzierende Funktion nur von $x$ abhängt.) Entsprechend ergibt sich

$$\langle p|\,A(\hat{x},\hat{p})\,|\psi\rangle = A\left(-\frac{\hbar}{\mathrm{i}}\frac{\mathrm{d}}{\mathrm{d}p}, p\right)\langle p|\psi\rangle. \tag{8.19b}$$

An einer wichtigen Beziehung werden wir jetzt zeigen, in welcher Weise die induktiv erarbeitete Quantentheorie in der Dirac-Formulierung enthalten ist. Dazu verwenden wir die in (8.19) niedergelegten Resultate und betrachten die Eigenwertgleichung

$$\hat{H}\,|E\rangle = E\,|E\rangle \tag{8.20}$$

des Hamilton-Operators $\hat{H}$, der gemäß $\hat{H} = H(\hat{x}, \hat{p})$ von den Grundobservablen $\hat{x}$ und $\hat{p}$ abhängen soll. Überführen wir diese Gleichung speziell in die Ortsdarstellung – indem wir beide Seiten mit $\langle x|$ multiplizieren –, so ergibt sich

$$\langle x|\,\hat{H}\,|E\rangle = E\langle x|E\rangle .$$

Mit (8.19 a) folgt

$$H\left(x, \frac{\hbar}{\mathrm{i}}\frac{\mathrm{d}}{\mathrm{d}x}\right)\langle x|E\rangle = E\langle x|E\rangle . \tag{8.21 a}$$

Ein Vergleich mit (5.26) zeigt, daß es sich bei (8.21 a) um die Eigenwertgleichung des Hamilton-Operators handelt, die in 5.3 im stationären Fall aus der Schrödinger-Gleichung gewonnen wurde; wir werden in 9.1.2 sehen, daß $\langle x|E\rangle$ die Wahrscheinlichkeitsamplitude für eine Ortsmessung im Energiezustand $|E\rangle$ darstellt, die mit der Zustandsfunktion $\psi(x; E)$ identisch ist (vgl. (5.38)). Die zeitfreie Schrödinger-Gleichung (5.26) erweist sich also als spezielle mathematische Einkleidung der allgemeinen Energie-Eigenwertgleichung. Ebenso wie in die Ortsdarstellung kann man (8.20) auch in die Impulsdarstellung

$$H\left(-\frac{\hbar}{\mathrm{i}}\frac{\mathrm{d}}{\mathrm{d}p}, p\right)\langle p|E\rangle = E\langle p|E\rangle \tag{8.21 b}$$

oder in die Darstellung nach einer anderen Observablen bringen.

Analoges wie für die Energie-Eigenwertgleichung (8.20) gilt auch für die Vertauschungsrelation (8.1)

$$\hat{x}\hat{p} - \hat{p}\hat{x} = \mathrm{i}\hbar\hat{I} .$$

Man kann aus dieser Beziehung der Dirac-Formulierung die Vertauschungsrelation (5.22) der Schrödingerschen Wellenmechanik ableiten. Man geht von der Operatorgleichung (8.1) zu einer Gleichung für die Komponenten von Vektoren über; dazu wird von rechts mit einem beliebigen Zustandsvektor $|\psi\rangle$ multipliziert, danach werden von den resultierenden Vektoren die Komponenten der Ortsdarstellung gebildet; es entsteht

$$\langle x|\,(\hat{x}\hat{p} - \hat{p}\hat{x})\,|\psi\rangle = \mathrm{i}\hbar\langle x|\psi\rangle .$$

Unter Verwendung von (8.19 a) ergibt sich

$$\left[x\left(\frac{\hbar}{\mathrm{i}}\frac{\mathrm{d}}{\mathrm{d}x}\right) - \left(\frac{\hbar}{\mathrm{i}}\frac{\mathrm{d}}{\mathrm{d}x}\right)x\right]\langle x|\psi\rangle = \mathrm{i}\hbar\langle x|\psi\rangle , \tag{8.22}$$

was genau der Vertauschungsrelation (5.22) für Ortskoordinate und Impuls in der Schrödinger-Theorie entspricht.

*Kontrollfragen*

1. Warum sind Vertauschungsregeln fundamentale Relationen der Quantentheorie?
2. Welche Beziehung besteht zwischen Orts- und Impulseigenvektoren?
3. Was versteht man unter Orts- und Impulsdarstellung?
4. Wie lautet die Eigenwertgleichung der Energie in Orts- und Impulsdarstellung?

# 9 Quantentheoretische Beschreibung des Meßprozesses

Nachdem wir im Kapitel 7 die grundlegenden Begriffe der Dirac-Formulierung der Quantentheorie definitorisch eingeführt haben, wollen wir nun ihre Verbindung mit den Meßwerten oder allgemeiner mit einem Meßprozeß formulieren. Damit wird der Anschluß der Theorie an die empirischen Befunde vollzogen. Anders als bei der klassischen Theorie müssen im quantenphysikalischen Fall sowohl die Gewinnung der makrophysikalischen Meßanzeige als auch die Veränderung des Zustandes des Mikroobjekts durch die Messung in Betracht gezogen werden. In 9.1 werden wir zunächst die Messung an einem Einzelobjekt betrachten, um uns dann in 9.2 der Messung an einer Gesamtheit gleichartiger, unabhängiger Einzelobjekte zuzuwenden. Die besonderen Aspekte der Messung von verschiedenen Observablen am Einzelsystem werden in 9.3 behandelt. Die Ergebnisse von Kapitel 8 setzen uns in die Lage, die allgemeinen Gesetzmäßigkeiten für konkrete Meßverfahren zu veranschaulichen.

## 9.1 Messung einer Observablen am Einzelsystem

Eine Meßapparatur, die charakteristisch für die Observable $\hat{L}$ sei, trete mit einem physikalischen System in Wechselwirkung, das sich unmittelbar vor der Messung im Zustand $|\psi\rangle$ befinden soll. Die Eigenwerte von $\hat{L}$ seien $l$, die orthonormierten Eigenvektoren $|l\rangle$. Zunächst wollen wir ein diskretes Spektrum ohne Entartung und dann ein kontinuierliches betrachten. Es schließt sich der allgemeine Fall (diskrete und kontinuierliche Anteile, Entartung) an.

### 9.1.1 Diskretes Spektrum

Bei der Messung tritt eine unstetige Zustandsänderung vom Zustand $|\psi\rangle$ in einen der Eigenzustände $|l\rangle$ auf; als (makrophysikalische) Meßanzeige erhält man den zu $|l\rangle$ gehörigen Eigenwert $l$. In welchen Zustand $|l\rangle$ das System „springt", kann im allgemeinen nicht mit Sicherheit vorhergesagt werden. Der Eigenwert $l$ ergibt sich als Meßwert mit der *Wahrscheinlichkeit*

$$w_l = \frac{\langle\psi|l\rangle\,\langle l|\psi\rangle}{\langle\psi|\psi\rangle}. \tag{9.1}$$

Wegen der Vollständigkeitsrelation (7.4c) folgt

$$\sum_l w_l = 1 \,. \tag{9.2}$$

Das bedeutet unter anderem, daß bei der Messung *auf jeden Fall* ein Eigenwert von $\hat{L}$ als Meßwert auftreten muß. Im Spezialfall $|\psi\rangle = |l\rangle$ ergibt sich $w_l = 1$. Befindet sich also das System unmittelbar vor der Messung im Eigenzustand $|l\rangle$, so wird mit Sicherheit der Meßwert $l$ gemessen. Dies bedeutet unter anderem das folgende: Wird mit einer ersten Meßapparatur der Meßwert $l$ gemessen, so ergibt eine unmittelbar danach vorgenommene Messung mit der gleichen Meßapparatur das gleiche Ergebnis. Das Auftreten verschiedener Meßergebnisse repräsentiert disjunkte Ereignisse. Das sieht man bei Einsetzen von $|\psi\rangle = |l'\rangle$ mit $l' \neq l$. Es ergibt sich $w_l = 0$.

Im Rahmen der Schrödingerschen Wellenmechanik hatten wir mit der zeitfreien Schrödinger-Gleichung eine Reihe eindimensionaler Probleme behandelt, bei denen sich ein nichtentartetes Energiespektrum ergeben hatte (beispielsweise beim harmonischen Oszillator und beim Kastenpotential). Aus 8.4.2 wissen wir, daß die dort gewonnenen Eigenfunktionen $\psi(x; E)$ spezielle Darstellungen der Energie-Eigenkets $|E\rangle$ sind. Der linearen Überlagerung der Eigenfunktionen $\psi(x) = \displaystyle\sum\!\!\!\!\!\!\int_E c_E\, \psi(x; E)$ zu einer allgemeinen Zustandsfunktion $\psi(x)$ (vgl. das Ende von 5.3.1) entspricht die Überlagerung der Eigenkets

$$|\psi\rangle = \sum\!\!\!\!\!\!\int_E c_E\, |E\rangle$$

zu einem allgemeinen Zustand $|\psi\rangle$. Wenn man $|\psi\rangle$ in (9.1) einsetzt, so erhält man für die Wahrscheinlichkeit, bei einer Energiemessung den Meßwert $E$ zu bekommen, den Ausdruck

$$w_E = \frac{|c_E|^2}{\sum_{E'} |c_{E'}|^2} \,;$$

wenn $|\psi\rangle$ normiert ist, erhält man $w_E = |c_E|^2$.

### 9.1.2 Kontinuierliches Spektrum

Im Prinzip erhält man die gleichen Resultate wie im Fall des diskreten Spektrums, allerdings muß man beachten, daß im Falle des kontinuierlichen Spektrums die Meßapparatur im allgemeinen einen Meßwert liefert, der bis auf eine bestimmte Apparatebreite $\Delta l$ (= Intervallbreite auf der Meßwertskala) festgelegt ist. In diesem Fall geht bei der Messung der Zustand $|\psi\rangle$ unstetig in den Zustand $\int_{l-\Delta l/2}^{l+\Delta l/2} \mathrm{d}l'\, \langle l'|\psi\rangle\, |l'\rangle$ über, der hinsichtlich der Meßwertskala das Intervall $(l \pm \Delta l/2)$

betrifft; es ergibt sich mit der *Wahrscheinlichkeit*

$$w_{(l\pm\Delta l/2)} = \frac{1}{\langle\psi|\psi\rangle} \int\limits_{l-\Delta l/2}^{l+\Delta l/2} \mathrm{d}l' \, \langle\psi|l'\rangle \, \langle l'|\psi\rangle \tag{9.3}$$

ein Meßwert aus diesem Intervall. Für ein infinitesimales Intervall der Breite $\mathrm{d}l$ ist die Wahrscheinlichkeit

$$w_{(l\pm \mathrm{d}l/2)} = \frac{\langle\psi|l\rangle \, \langle l|\psi\rangle}{\langle\psi|\psi\rangle} \, \mathrm{d}l. \tag{9.4}$$

Man erkennt, daß

$$\tilde{w}_l = \frac{\langle\psi|l\rangle \, \langle l|\psi\rangle}{\langle\psi|\psi\rangle} \tag{9.5}$$

die Bedeutung einer *Wahrscheinlichkeitsdichte* hat.

Zur Exemplifizierung identifizieren wir die allgemeine Observable $\hat{L}$ mit der Observablen $\hat{x}$ der Ortskoordinate, von der wir aus 8.4.1 wissen, daß sie ein kontinuierliches Eigenwertspektrum hat. Die Wahrscheinlichkeitsdichte $|\langle\psi|x\rangle|^2/\langle\psi|\psi\rangle$, das Teilchen in einem infinitesimalen Intervall beim Wert $x$ anzutreffen, ist identisch mit dem in 5.1 bzw. 5.3 angegebenen Betragsquadrat der normierten Zustandsfunktion $|\psi(x)|^2$. In Abb. 9.1 ist ein Schema für die Ortsmessung von Elektronen bei einem Beugungsexperiment angegeben. Elektronen gleicher Geschwindigkeit sollen in der skizzierten Weise den Spalt passieren. Durch diese experimentellen Bedingungen gelangt jedes Elektron in einen Zustand $|\psi\rangle$, der in der Ebene des Schirmes (Linearkoordinate $x$) die Aufenthalts-Wahrscheinlichkeitsdichte

$$\tilde{w}_x = |\langle x|\psi\rangle|^2/\langle\psi|\psi\rangle \quad \text{mit} \quad \int\limits_{-\infty}^{+\infty} \mathrm{d}x \, \tilde{w}_x = 1$$

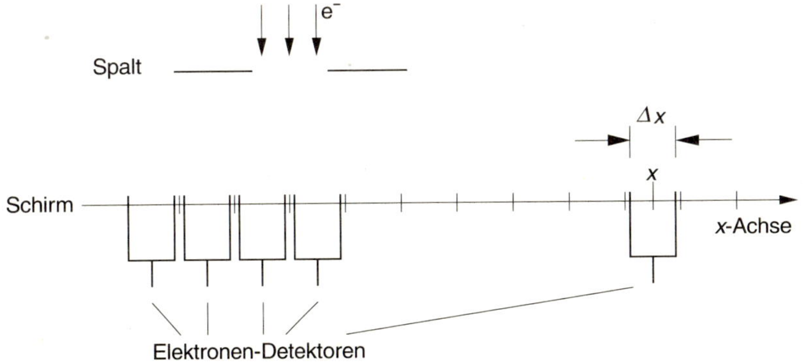


**Abb. 9.1** Schema zur Ortsmessung von Elektronen

hervorruft; der Elektronenzustand selbst ist durch

$$|\psi\rangle = \int_{-\infty}^{+\infty} \mathrm{d}x\, |x\rangle \langle x|\psi\rangle$$

gegeben. Die Funktion $\tilde{w}_x$ stellt in unserem Fall die typische Intensitätsverteilung über $x$ der Interferenz an einem Spalt dar (zur Berechnung der Verteilungen bei der Beugung von Elektronen vgl. 3.5 und 20.3.7). Zum Elektronennachweis kann man im Prinzip – und auch praktisch – so vorgehen, daß man den Schirm mit Elektronendetektoren vollständig belegt, von denen jeder ein Intervall $\Delta x$ erfassen möge. (Die Ausdehnung des Elektrons kann als klein gegen die Spaltbreite und $\Delta x$ angenommen werden.) Nach dem Durchtritt eines Elektrons durch den Spalt spricht einer der Detektoren an. Wiederholt man dieses Experiment mit hinreichend vielen Elektronen, so kann man die Ansprechwahrscheinlichkeit des Detektors am Orte $x$ zu

$$w_{(x \pm \Delta x/2)} = \int_{x-\Delta x/2}^{x+\Delta x/2} \mathrm{d}x'\, \tilde{w}_{x'}$$

bestätigen. Während sich das Elektron unmittelbar vor der Messung im Zustand $|\psi\rangle$ befindet, ist es unmittelbar nach der Messung mit dem Detektor am Orte $x$ (die ja mit der Feststellung des Elektrons im Intervall $(x \pm \Delta x/2)$ verbunden ist!) im Zustand

$$|\psi'\rangle = \int_{x-\Delta x/2}^{x+\Delta x/2} \mathrm{d}x'\, |x'\rangle \langle x'|\psi\rangle .$$

Wie die rechte Seite erkennen läßt, bedeutet der Übergang von $|\psi\rangle$ nach $|\psi'\rangle$ eine Beschränkung hinsichtlich der Menge der mitwirkenden Eigenzustände $|x\rangle$ auf ein endliches Intervall der Breite $\Delta x$. Man nennt das „Zustandsreduktion". Die Aufenthaltswahrscheinlichkeit des sich im Zustand $|\psi'\rangle$ befindenden Elektrons beträgt im Intervall $(x \pm \Delta x/2)$ Eins, was man leicht durch Berechnung des Ausdruckes

$$\int_{x-\Delta x/2}^{x+\Delta x/2} \mathrm{d}x'\, |\langle x'|\psi'\rangle|^2 / \langle\psi'|\psi'\rangle$$

verifizieren kann.

### 9.1.3 Allgemeines Spektralverhalten

$\mathscr{S}$ sei ein im Vektor-Raum $\mathscr{H}$ des physikalischen Systems enthaltener Raum ($\mathscr{S} \subseteqq \mathscr{H}$), der Bereiche $\mathscr{S}_\mathrm{d}$ umfasse, bei denen die Eigenvektoren zu diskreten Eigenwerten gehören, und andere Bereiche $\mathscr{S}_\mathrm{k}$, bei denen die Eigenvektoren zu einem kontinuierlichen Eigenwertspektrum gehören. Dem Unterraum $\mathscr{S}$ sei ein Projektionsoperator $\hat{P}_\mathscr{S}$ zugeordnet (vgl. (A 1.67)). Mit Hilfe von $\hat{P}_\mathscr{S}$ lassen sich die Ergebnisse von 9.1.1 und 9.1.2 in einheitlicher Form darstellen.

Die Wahrscheinlichkeit, daß bei einer Messung der Observablen $\hat{L}$ ein Meßwert aus dem zu $\mathscr{S}$ gehörigen Eigenwertspektrum auftritt und sich das System unmittelbar nach der Messung im Zustand $\hat{P}_{\mathscr{S}}\,|\psi\rangle$ befindet, ist

$$w_{\mathscr{S}} = \frac{\langle\psi|\,\hat{P}_{\mathscr{S}}\,|\psi\rangle}{\langle\psi|\psi\rangle}. \tag{9.6}$$

Offensichtlich steht diese Beschreibung des Meßprozesses im vollkommenen Gegensatz zur klassischen Betrachtung, wo ja prinzipiell von einer Veränderung des Zustandes des Meßobjektes durch die Messung abgesehen wird. Den Übergang vom Zustand $|\psi\rangle$ in den Zustand $\hat{P}_{\mathscr{S}}\,|\psi\rangle$ bei der Messung bezeichnet man als *Zustandsreduktion* (vgl. 9.1.2): $|\psi\rangle$ wird auf die Komponenten reduziert, die in $\mathscr{S}$ liegen. Einen weiteren gravierenden Unterschied zur klassischen Theorie stellt die Wahrscheinlichkeitsaussage für das Meßergebnis dar.

Die Formel (9.6) gilt auch bei Entartung. Es sei $\mathscr{S}(l)$ der Unterraum, der durch die orthonormierten Eigenvektoren zum Eigenwert $l$ gebildet wird. Dann ist die Wahrscheinlichkeit, diesen Eigenwert zu messen,

$$w_l = \frac{\langle\psi|\,\hat{P}_{\mathscr{S}(l)}\,|\psi\rangle}{\langle\psi|\psi\rangle}. \tag{9.7}$$

Man kann leicht sehen, daß in (9.6) die Aussagen von (9.1) und (9.4) als Spezialfälle enthalten sind. Im ersten Fall ist $\hat{P}_{\mathscr{S}} = |l\rangle\langle l|$ zu setzen, im zweiten Fall $\hat{P}_{\mathscr{S}} = \int\limits_{l-\Delta l/2}^{l+\Delta l/2} \mathrm{d}l'\,|l'\rangle\langle l'|$. Die Beziehung (9.7) besagt für den Fall, daß alle Eigenvektoren aus $\mathscr{S}(l)$ in $|\psi\rangle$ mit gleicher Wahrscheinlichkeit vertreten sind, daß die Wahrscheinlichkeit für das Auftreten des Meßwertes $l$ proportional dem Entartungsgrad $\Lambda_l$ ansteigt. Da nach (7.4c) für *disjunkte* Unterräume $\mathscr{S}$

$$\sum_{\text{alle } \mathscr{S} \text{ aus } \mathscr{H}} \hat{P}_{\mathscr{S}} = \hat{I} \tag{9.8}$$

gilt, folgt aus (9.6)

$$\sum_{\text{alle } \mathscr{S} \text{ aus } \mathscr{H}} w_{\mathscr{S}} = 1.$$

Wenn die vorstehend genannten Aussagen für eine Messung genau zutreffen, spricht man von einer „idealen Messung“. Diese ist als Grenzfall einer „realen Messung“ anzusehen, bei der der Meßwert durch die Spezifik der Meßapparatur modifiziert werden kann (vgl. [C-12]). Dies kann durch systematische (im Prinzip berechenbare) Störungen oder durch statistische Störungen geschehen. Zur Erläuterung ist es günstig, eine gedankliche Zerlegung der Meßapparatur in zwei hintereinander geschaltete Teile (T1, T2) vorzunehmen, wobei T2 nicht auf T1 zurückwirken möge. T1 soll direkt am Mikroobjekt angreifen und an seinem Ausgang die aus der Theorie folgenden Meßwerte (Meßanzeige aus dem Eigenwertspektrum von $\mathscr{S}$) mit der in (9.6) angegebenen Wahrscheinlichkeit liefern. T2 habe die Aufgabe, diese Angaben in eine für den Beobachter makrophysikalisch gut zugängliche Form zu bringen (etwa mittels einer Verstärkung), wobei Verfälschungen der von T1 gelieferten Resultate durch systematische oder statistische Störungen auftreten können.

Es ist offensichtlich, daß die für eine ideale Messung einer Observablen $\hat{L}$ gemachten Aussagen entscheidend auf den Gleichungen (7.4a, b, c, d) basieren. In diesem Sinne bilden diese Gleichungen eine notwendige Bedingung für den Charakter von $\hat{L}$ als Observable („meßbare", „beobachtbare" Größe). Daß die Gültigkeit dieser Gleichungen – wie eingangs von 7.3 behauptet – dafür auch eine hinreichende Bedingung darstellt, gründet sich auf die Annahme der Quantentheorie, daß im Prinzip jedem mit den Eigenschaften von $\hat{L}$ behafteten Operator eine den allgemeinen physikalischen Grundlagen nicht widersprechende Meßapparatur zugeordnet werden kann.

## 9.2 Messung einer Observablen an einer Gesamtheit von Einzelsystemen

Es soll sich um eine Gesamtheit von $N$ gleichartigen, nicht miteinander in Wechselwirkung stehenden Einzelsystemen handeln, die sich unmittelbar vor der Messung alle im gleichen Zustand $|\psi\rangle$ befinden sollen. Die Messung einer Observablen $\hat{L}$ kann so erfolgen, daß man entweder alle Einzelsysteme der Gesamtheit einer Messung unterwirft oder ein und dasselbe Einzelsystem hintereinander in den gleichen Zustand bringt und Messungen durchführt; beide Verfahren führen auf die gleichen Mittelwerte. Als Beispiel für den erstgenannten Fall nehmen wir die Möglichkeit an, daß einem Ensemble von Atomen in einem Kasten so weit Energie entzogen wird, daß nach der Boltzmann-Statistik die Wahrscheinlichkeit des Auftretens angeregter Zustände vernachlässigbar wird. Alle Atome befinden sich dann im Elektronengrundzustand (von der Translationsbewegung wird hier abgesehen). Da man nach (9.1) die Wahrscheinlichkeit für das Auftreten eines Meßwertes für ein Einzelsystem kennt, kann man statistische Maßzahlen für die Grundgesamtheit ($N \longrightarrow \infty$) bilden. Wir betrachten den arithmetischen Mittelwert $\bar{l}$ und die mittlere quadratische Streuung $\overline{(l-\bar{l})^2}$.

Der *arithmetische Mittelwert* $\bar{l}$ ergibt sich nach (9.1) für ein diskretes Spektrum zu

$$\bar{l} = \sum_l l w_l = \sum_l l \frac{\langle\psi|l\rangle\,\langle l|\psi\rangle}{\langle\psi|\psi\rangle} = \frac{1}{\langle\psi|\psi\rangle}\,\langle\psi|\,(\sum_l l\,|l\rangle\,\langle l|)\,|\psi\rangle. \tag{9.9}$$

Unter der Verwendung der Spektraldarstellung (7.7) von $\hat{L}$ folgt

$$\bar{l} = \frac{\langle\psi|\,\hat{L}\,|\psi\rangle}{\langle\psi|\psi\rangle}. \tag{9.10}$$

Nach dem Schema von (9.9) ergibt sich bei kontinuierlichem Spektrum

$$\bar{l} = \int \mathrm{d}l\, l\, \tilde{w}_l = \frac{\langle\psi|\,\hat{L}\,|\psi\rangle}{\langle\psi|\psi\rangle}. \tag{9.11}$$

Im Zusammenhang mit der Spektraldarstellung (7.9) bei Entartung läßt sich auch für diesen allgemeinen Fall

$$\bar{l} = \frac{\langle\psi|\,\hat{L}\,|\psi\rangle}{\langle\psi|\psi\rangle} \equiv \langle\hat{L}\rangle \tag{9.12}$$

gewinnen. Man nennt $\langle\hat{L}\rangle$ den *Erwartungswert* oder auch die *quantentheoretische Erwartung* der Observablen $\hat{L}$. Im Falle eines normierten Ausgangszustandes $|\psi\rangle$ nimmt $\langle\hat{L}\rangle$ die einfache Form $\langle\psi|\,\hat{L}\,|\psi\rangle$ an. Wenn sich alle Einzelsysteme vor der Messung im Eigenzustand $|l\rangle$ befinden, ist $\langle\hat{L}\rangle = l$.

Die *mittlere quadratische Streuung*

$$\overline{(l-\bar{l})^2} = \frac{\langle\psi|\,(\hat{L}-\langle\hat{L}\rangle\,\hat{I})^2\,|\psi\rangle}{\langle\psi|\psi\rangle} \equiv \langle(\widehat{\Delta L})^2\rangle \tag{9.13}$$

mit $\widehat{\Delta L} \equiv \hat{L} - \langle\hat{L}\rangle\,\hat{I}$ zeigt die mittlere quadratische Abweichung vom Erwartungswert an. Der Operator $\widehat{\Delta L}$ ist hermitesch, wenn $\hat{L}$ hermitesch ist. Man kann zeigen, daß $\langle\psi|\,(\widehat{\Delta L})^2\,|\psi\rangle$ genau dann sein Minimum, nämlich den Wert Null annimmt, wenn $|\psi\rangle$ ein Eigenzustand $|l\rangle$ von $\hat{L}$ ist.

Zum Beweis können wir von einem normierten Vektor $|\psi\rangle$ ausgehen. Mittels der Projektionsoperatoren $\hat{P}(l') = |l'\rangle\,\langle l'|$ wird der Operator $\hat{L}$ gemäß (7.7) in die Spektraldarstellung $\hat{L} = \sum_{l'} l'\,\hat{P}(l')$ gebracht. Damit ergibt sich der Erwartungswert des Schwankungsquadrates zu

$$\langle\psi|\,(\widehat{\Delta L})^2\,|\psi\rangle = \sum_{l'} \langle\psi|\,\hat{P}(l')|\psi\rangle\,[l' - \langle\psi|\,\hat{L}\,|\psi\rangle]^2. \tag{9.13a}$$

Wenn $|\psi\rangle = |l\rangle$ ist, wird $\langle\psi|\,\hat{L}\,|\psi\rangle$ zu $l$ und $\langle\psi|\,\hat{P}(l')\,|\psi\rangle$ zu $\delta_{ll'}$. Damit wird offensichtlich, daß dann die rechte Seite von (9.13a) verschwindet. Wenn wir $\langle\psi|\,(\widehat{\Delta L})^2\,|\psi\rangle = 0$ voraussetzen, muß

$$\langle\psi|\,\hat{P}(l')\,|\psi\rangle\,[l' - \langle\psi|\,\hat{L}\,|\psi\rangle]^2 = 0 \quad \text{für alle } l' \tag{9.13b}$$

gelten, weil die Summanden in $\sum_{l'} \ldots$ sämtlich nichtnegativ sind. Da die Gesamtheit $\{|l'\rangle\}$ ein vollständiges System ist, muß mindestens eines der Matrixelemente $\langle\psi|\,\hat{P}(l')\,|\psi\rangle$ ungleich Null sein, sagen wir $\langle\psi|\,\hat{P}(l)|\psi\rangle \neq 0$. Wegen (9.13b) muß dann $[l - \langle\psi|\,\hat{L}\,|\psi\rangle] = 0$ sein. Das heißt aber auch, daß für $l' \neq l$ der Ausdruck $[l' - \langle\psi|\,\hat{L}\,|\psi\rangle]$ ungleich Null ist. Daraus folgt nach (9.13b), daß für $l' \neq l$ das Matrixelement $\langle\psi|\,\hat{P}(l')\,|\psi\rangle$ verschwinden muß. Das bedeutet $|\psi\rangle = |l\rangle$, q.e.d. Analoge Betrachtungen können zum entarteten Fall angestellt werden (vgl. (9.7)).

Zur Exemplifizierung betrachten wir wieder wie in 9.1.2 die Verteilung über die Ortskoordinate $x$. Der arithmetische Mittelwert für die Ortskoordinate ist

$$\bar{x} = \frac{1}{\langle\psi|\psi\rangle} \int \mathrm{d}x\, x\, |\langle\psi|x\rangle|^2,$$

die mittlere quadratische Streuung ist

$$\langle(\widehat{\Delta x})^2\rangle = \overline{(x-\bar{x})^2} = \overline{x^2} - (\bar{x})^2 = \int \mathrm{d}x\, x^2\, \frac{|\langle\psi|x\rangle|^2}{\langle\psi|\psi\rangle} - \left[\int \mathrm{d}x\, x\, \frac{|\langle\psi|x\rangle|^2}{\langle\psi|\psi\rangle}\right]^2.$$

Die Größe $\sqrt{\langle(\widehat{\Delta x})^2\rangle}$ wird gelegentlich auch als Orts-Unschärfe eines Teilchens bezeichnet.

Ein Vergleich der Gleichungen (9.6) und (9.12) weist aus, daß auch der Projektionsoperator $\hat{P}_{\mathscr{S}}$ als eine Observable anzusehen ist. Der Erwartungswert $\langle\hat{P}_{\mathscr{S}}\rangle$ ist gleich der Wahrscheinlichkeit $w_{\mathscr{S}}$, einen Meßwert aus dem zu $\mathscr{S}$ gehörigen

Eigenwertspektrum zu erhalten:

$$w_{\mathscr{S}} = \langle \hat{P}_{\mathscr{S}} \rangle . \tag{9.14}$$

Der Erwartungswert $\langle \hat{P}_{\mathscr{S}} \rangle$ nimmt den Eigenwert Null an, wenn sich das System vor der Messung im Zustand $(\hat{I} - \hat{P}_{\mathscr{S}})\,|\psi\rangle$, der nur Komponenten außerhalb von $\mathscr{S}$ enthält, befindet. Wenn sich das System im Zustand $\hat{P}_{\mathscr{S}}\,|\psi\rangle$ befindet, der nur Komponenten aus $\mathscr{S}$ enthält, dann ist $\langle \hat{P}_{\mathscr{S}} \rangle = 1$. Im allgemeinen gilt $0 \leqq \langle \hat{P}_{\mathscr{S}} \rangle \leqq 1$.

Im Sinne der Statistik sind die oben eingeführten statistischen Größen $w_{\mathscr{S}}$, arithmetischer Mittelwert $\bar{l}$ und mittlere quadratische Schwankung $\overline{(l-\bar{l})^2}$ auf eine Grundgesamtheit von unendlich vielen Einzelsystemen (Anzahl $N \to \infty$) zu beziehen. Die Wahrscheinlichkeit $w_{\mathscr{S}}$ ist als Grenzwert der relativen Häufigkeit

$$w_{\mathscr{S}} = \lim_{N \to \infty} \frac{N_{\mathscr{S}}}{N} \qquad \text{mit } N_{\mathscr{S}} = \text{Anzahl der Meßresultate aus } \mathscr{S}$$

definiert. Real wird man immer nur eine Stichprobe von endlichem Umfang $(N < \infty)$ vermessen, so daß die tatsächlich gewonnenen Werte für den arithmetischen Mittelwert und die mittlere quadratische Streuung mehr oder weniger von den in (9.12) und (9.13) angegebenen Werten abweichen. Nach Ausweis der Statistik kommt dem arithmetischen Mittelwert und der mittleren quadratischen Streuung eine besondere Qualität zu; es handelt sich um passende, wirksame und erschöpfende statistische Maßzahlen. Das heißt unter anderem auch, daß sie bei Vermessung einer endlichen Stichprobe im Mittel die kleinstmögliche Abweichung von den Maßzahlen der Grundgesamtheit haben. Bei der überwiegenden Zahl der Experimentierbedingungen gilt für die Anzahl der zu vermessenden Einzelsysteme $N \gg 1$. Seit den 50er Jahren werden aber auch in zunehmendem Maße Experimente mit kleinen $N$-Werten durchgeführt (als Beispiel seien Beugungs- und Interferenzexperimente bei geringen Intensitäten sowie Mikrolaser [C-13] angeführt).

## 9.3 Messung verschiedener Observabler

Durch die Betrachtung der Messung zweier Observabler werden wir weitere grundsätzliche Einsichten über die Verschiedenheit der quantentheoretischen und klassischen Beschreibung des Meßprozesses gewinnen. $\hat{L}_1$ und $\hat{L}_2$ seien zwei verschiedene Observable. Am gegebenen System, das sich unmittelbar vor der Messung im Zustand $|\psi\rangle$ befinde, möge zuerst die Observable $\hat{L}_1$ gemessen werden. Bei dieser ersten Messung gehe das System unstetig in den Zustand $|\psi'\rangle$ über. *Unmittelbar* nach der ersten Messung werde am System die Observable $\hat{L}_2$ gemessen, wobei das System in den Zustand $|\psi''\rangle$ übergehe. Bei der ersten Messung möge eine Meßanzeige aus dem zu einem Unterraum $\mathscr{S}_1$ gehörigen Eigenwertspektrum von $\hat{L}_1$ auftreten, bei der zweiten Messung eine Meßanzeige aus dem zu einem Unterraum $\mathscr{S}_2$ gehörigen Eigenwertspektrum von $\hat{L}_2$. In Übereinstimmung mit den Aussagen von 9.1.3 erhält man die folgenden Resultate für die Zustände des Systems

$$|\psi\rangle \xrightarrow[\text{1. Messung}]{\hat{L}_1} |\psi'\rangle = \hat{P}_{\mathscr{S}_1}\,|\psi\rangle \xrightarrow[\text{2. Messung}]{\hat{L}_2} |\psi''\rangle = \hat{P}_{\mathscr{S}_2}\,|\psi'\rangle . \tag{9.15}$$

Man sagt, daß die Observablen $\hat{L}_1$, $\hat{L}_2$ *verträgliche Observable* seien, wenn für alle Unterräume $\mathscr{S}_1$, $\mathscr{S}_2$ der physikalische Zustand nach der zweiten Messung zum gleichen Unterraum $\mathscr{S}_1$ gehört wie nach der ersten Messung. Das bedeutet, daß das Meßresultat der ersten Messung auch nach der zweiten Messung dem Zustand des Systems zugeordnet werden kann, also die zweite Messung die erste nicht stört. Ist das Gegenteil der Fall, spricht man von *nichtverträglichen Observablen.*

### 9.3.1 Verträgliche Observable

Die Verträglichkeit der Observablen $\hat{L}_1$ und $\hat{L}_2$ kann man empirisch dadurch nachprüfen, daß man unmittelbar nach der zweiten Messung mit einer dritten Messung nochmals $\hat{L}_1$ mißt. Dabei muß sich mit Sicherheit wieder dasselbe Meßresultat wie bei der ersten Messung einstellen. Das bedeutet, daß der Zustand $|\psi''\rangle$ keine Anteile aus dem Komplementärraum von $\mathscr{S}_1$ enthält, was nach A 1.3.2 mathematisch durch $(\hat{I}-\hat{P}_{\mathscr{S}_1})\,|\psi''\rangle = |0_V\rangle$ ausgedrückt werden kann. Die Voraussetzung der Verträglichkeit der beiden Observablen $\hat{L}_1$ und $\hat{L}_2$ wird ausgewertet, um Schlußfolgerungen für die Operatoren zu ziehen. Man erhält für $\hat{L}_1$ und $\hat{L}_2$ bei Verträglichkeit der beiden Observablen die wichtige Beziehung

$$\hat{L}_1\hat{L}_2 - \hat{L}_2\hat{L}_1 = \hat{0}. \tag{9.16}$$

Zum Beweis gehen wir von (9.15) aus. Wegen der vorausgesetzten Verträglichkeit muß

$$(\hat{I}-\hat{P}_{\mathscr{S}_1})\,|\psi''\rangle = (\hat{I}-\hat{P}_{\mathscr{S}_1})\,\hat{P}_{\mathscr{S}_2}\,\hat{P}_{\mathscr{S}_1}\,|\psi\rangle = |0_V\rangle \tag{9.17}$$

gelten. In analoger Weise läßt sich auch der Fall formulieren, daß bei der ersten Messung eine Meßanzeige aus dem Komplementärraum von $\mathscr{S}_1$, der gemeinsam mit $\mathscr{S}_1$ den ganzen Vektor-Raum $\mathscr{H}$ bildet, auftritt. Dann tritt an die Stelle von (9.15) das Schema

$$|\psi\rangle \xrightarrow[\text{1. Messung}]{\hat{L}_1} |\psi'\rangle = (\hat{I}-\hat{P}_{\mathscr{S}_1})\,|\psi\rangle \xrightarrow[\text{2. Messung}]{\hat{L}_2} |\psi''\rangle = \hat{P}_{\mathscr{S}_2}\,|\psi'\rangle. \tag{9.18}$$

Bei verträglichen Observablen darf $|\psi''\rangle$ nach Obigem keine Anteile aus $\mathscr{S}_1$ enthalten. Das bedeutet nach A 1.3.2, daß $\hat{P}_{\mathscr{S}_1}\,|\psi''\rangle = |0_V\rangle$ sein muß, also

$$\hat{P}_{\mathscr{S}_1}\,|\psi''\rangle = \hat{P}_{\mathscr{S}_1}\,\hat{P}_{\mathscr{S}_2}(\hat{I}-\hat{P}_{\mathscr{S}_1})\,|\psi\rangle = |0_V\rangle \tag{9.19}$$

gilt. Aus den beiden Gleichungen (9.17) und (9.19) folgt direkt

$$(\hat{P}_{\mathscr{S}_1}\hat{P}_{\mathscr{S}_2} - \hat{P}_{\mathscr{S}_2}\hat{P}_{\mathscr{S}_1})\,|\psi\rangle = |0_V\rangle.$$

Da diese Beziehung für einen beliebigen Zustand $|\psi\rangle$ vor der ersten Messung erfüllt sein muß, gilt also für verträgliche Observable $\hat{L}_1$, $\hat{L}_2$ die Beziehung

$$\hat{P}_{\mathscr{S}_1}\hat{P}_{\mathscr{S}_2} - \hat{P}_{\mathscr{S}_2}\hat{P}_{\mathscr{S}_1} = \hat{0} \quad \text{für alle } \mathscr{S}_1, \mathscr{S}_2. \tag{9.20}$$

Es sind also die Projektionsoperatoren beider Observablen vertauschbar. Das gilt auch für die Observablen selbst. Mittels der Spektraldarstellungen der beiden Operatoren (vgl. 7.3) erhält man nämlich für den Kommutator $[\hat{L}_1, \hat{L}_2]$ die Beziehung

$$[\hat{L}_1, \hat{L}_2] = \mathop{\sum\!\!\!\!\!\!\int}_{l_1}\mathop{\sum\!\!\!\!\!\!\int}_{l_2} l_1 l_2 \{\hat{P}(l_1)\,\hat{P}(l_2) - \hat{P}(l_2)\,\hat{P}(l_1)\}. \tag{9.21}$$

Da die Operatoren $\hat{P}(l_1)$ bzw. $\hat{P}(l_2)$ Spezialfälle von $\hat{P}_{\mathscr{S}_1}$ bzw. $\hat{P}_{\mathscr{S}_2}$ sind, verschwindet nach (9.20) die geschweifte Klammer für alle $l_1$, $l_2$. Es folgt also (9.16).

Bei verträglichen Observablen sind die entsprechenden Operatoren also vertauschbar. Man erkennt aus (9.16), daß die Verträglichkeit eine symmetrische Eigenschaft beider Observablen ist.

Wir wollen jetzt Folgerungen für den Fall diskutieren, daß bei der Messung von $\hat{L}_1$ und $\hat{L}_2$ nach dem Schema (9.15) der Operator $\hat{P}_{\mathscr{S}_1}$ mit $\hat{P}(l_1)=|l_1\rangle\langle l_1|$ und der Operator $\hat{P}_{\mathscr{S}_2}$ mit $\hat{P}(l_2)=|l_2\rangle\langle l_2|$ zu identifizieren sei. Nach der ersten Messung liege also der Eigenket $|l_1\rangle$, nach der zweiten Messung der Eigenket $|l_2\rangle$ vor. Da bei Verträglichkeit von $\hat{L}_1$ und $\hat{L}_2$ eine sich anschließende Messung von $\hat{L}_1$ mit Sicherheit wieder $l_1$ als Meßwert ergibt, muß also $|l_2\rangle$ auch ein Eigenket von $\hat{L}_1$ sein. Allgemein läßt sich aus $[\hat{L}_1, \hat{L}_2]=\hat{0}$ die wichtige Aussage ableiten, daß die Operatoren zweier verträglicher Observablen einen vollständigen, orthonormierbaren *Satz gemeinsamer Eigenzustände* besitzen (auch die Umkehrung dieser Aussage ist richtig).

Zum Beweis gehen wir von der Darstellung des Eigenvektors $|l_1\rangle$ mittels der Eigenvektoren von $\hat{L}_2$ aus:

$$|l_1\rangle = \mathop{\mathclap{\textstyle\sum}\!\!\!\int}_{l_2'} |l_2'\rangle\langle l_2'|l_1\rangle .$$

Wir bilden den Vektor

$$|\psi(l_2', l_1)\rangle \equiv (\hat{L}_1 - l_1\hat{I})\,|l_2'\rangle\,\langle l_2'|l_1\rangle ,$$

indem wir auf einen Summanden von $|l_1\rangle$ den Operator $(\hat{L}_1 - l_1\hat{I})$ anwenden. Nun wird $\hat{L}_2$ auf $|\psi(l_2', l_1)\rangle$ angewendet; den resultierenden Vektor können wir wegen $[\hat{L}_1, \hat{L}_2]=\hat{0}$ in der Form

$$\hat{L}_2\,|\psi(l_2', l_1)\rangle = (\hat{L}_1 - l_1\hat{I})\,\hat{L}_2\,|l_2'\rangle\,\langle l_2'|l_1\rangle = l_2'\,|\psi(l_2', l_1)\rangle$$

darstellen. Das bedeutet, daß $|\psi(l_2', l_1)\rangle$ ein Eigenvektor von $\hat{L}_2$ zum Eigenwert $l_2'$ ist. Weiterhin verschwindet

$$\mathop{\mathclap{\textstyle\sum}\!\!\!\int}_{l_2'} |\psi(l_2', l_1)\rangle = (\hat{L}_1 - l_1\hat{I}) \mathop{\mathclap{\textstyle\sum}\!\!\!\int}_{l_2'} |l_2'\rangle\,\langle l_2'|l_1\rangle ,$$

weil die auf der rechten Seite stehende Summe gerade $|l_1\rangle$ ist. Wegen der linearen Unabhängigkeit der $|\psi(l_2', l_1)\rangle$ – sie sind Eigenzustände von $\hat{L}_2$ – kann aber $\mathop{\mathclap{\textstyle\sum}\!\!\!\int}_{l_2'} |\psi(l_2', l_1)\rangle$ nur verschwinden, wenn jeder Summand einzeln verschwindet, also

$$(\hat{L}_1 - l_1\hat{I})\,\langle l_2'|l_1\rangle\,|l_2'\rangle = |0_V\rangle$$

ist. Das bedeutet aber, daß $|l_2'\rangle$ auch ein Eigenket von $\hat{L}_1$ ist, q.e.d. Die Gültigkeit der Umkehrung obiger Aussage, also der Schluß von den gemeinsamen Eigenzuständen auf die Vertauschbarkeit von $\hat{L}_1$ und $\hat{L}_2$ ist aus (9.21) direkt ersichtlich.

Nach der klassischen Theorie des Meßprozesses beeinflußt im Prinzip eine Messung den Zustand überhaupt nicht (vgl. Kapitel 2); es stören sich also auch zwei Variable (Observable) bei der Messung gegenseitig nicht. Diesem Verhalten entsprechen in der Quantentheorie nur verträgliche Observable, man kann sie unmittelbar hintereinander messen, ohne daß sie sich gegenseitig stören. Man nennt verträgliche Observable auch *gleichzeitig meßbare*. Aus (8.1) geht hervor, daß die Operatoren der Vektorkomponenten der Ortskoordinaten untereinander vertauschbar sind (wie auch die Vektorkomponenten des Impulses untereinander). Die Messungen der Observablen $\hat{x}$ und $\hat{y}$ stören sich also gegenseitig nicht. Demgegenüber sind $\hat{x}$ und $\hat{p}_x$ zwei nichtverträgliche Observable; auf die allgemeinen Eigenschaften nichtverträglicher Observabler wollen wir jetzt in 9.3.2 eingehen.

### 9.3.2 Nichtverträgliche Observable

Bei (im strengen Sinne) nichtverträglichen Observablen gibt es keinen gemeinsamen Eigenzustand. Nach der ersten Messung (vgl. Schema (9.15)) möge eine Meßanzeige $l_1$ auftreten. Man weiß dann also, daß sich das System im Zustand $|\psi'\rangle = |l_1\rangle$ befindet. Wenn die zweite Messung den Meßwert $l_2$ ergibt, weiß man, daß $|\psi''\rangle = |l_2\rangle$ ist. Da bei nichtverträglichen Observablen die Zustände $|\psi'\rangle$ und $|\psi''\rangle$ verschieden voneinander sind, würde eine sich anschließende Messung der Observablen $\hat{L}_1$ nicht mehr den Meßwert $l_1$ ergeben; das Resultat der ersten Messung stellt nach der zweiten Messung keine sinnvolle Größe zur Charakterisierung des Zustandes mehr dar.

Wir wollen jetzt die Beziehung der Operatoren $\hat{L}_1$ und $\hat{L}_2$ von zwei als nichtverträglich vorausgesetzten Observablen näher charakterisieren. Dazu können wir uns mit Vorteil des folgenden Satzes bedienen. Die Aussage, daß es keinen Zustand $|\varphi\rangle$ gibt, der gleichzeitig Eigenzustand der nichtverträglichen Observablen $\hat{L}_1$ und $\hat{L}_2$ ist, ist mathematisch äquivalent der folgenden Aussage: es gibt keinen physikalischen Zustand $|\varphi\rangle$, für den die Größen

$$\frac{\langle\varphi|\,(\widehat{\Delta L_1})^2\,|\varphi\rangle}{\langle\varphi|\varphi\rangle} \quad \text{und} \quad \frac{\langle\varphi|\,(\widehat{\Delta L_2})^2\,|\varphi\rangle}{\langle\varphi|\varphi\rangle} \tag{9.22}$$

gleichzeitig Null sind. Die mathematische Äquivalenz beider Aussagen ergibt sich daraus, daß $\langle\varphi|\varphi\rangle^{-1}\,\langle\varphi|\,(\widehat{\Delta L})^2\,|\varphi\rangle$ genau dann verschwindet, wenn $|\varphi\rangle$ ein Eigenzustand von $\hat{L}$ ist, was im Anschluß an (9.13) gezeigt worden war. Die Betrachtung des Produktes

$$R = \frac{\langle\varphi|\,(\widehat{\Delta L_1})^2\,|\varphi\rangle}{\langle\varphi|\varphi\rangle} \cdot \frac{\langle\varphi|\,(\widehat{\Delta L_2})^2\,|\varphi\rangle}{\langle\varphi|\varphi\rangle} \tag{9.22a}$$

der beiden in (9.22) angegebenen Größen läßt eine Aussage darüber zu, ob beide Faktoren gleichzeitig verschwinden: wenn $R > 0$ ist, kann das nicht der Fall sein. Von Interesse ist deshalb die Angabe einer unteren Schranke von $R$. Es gilt dafür die überaus wichtige Beziehung

$$R = \frac{\langle\varphi|\,(\widehat{\Delta L_1})^2\,|\varphi\rangle}{\langle\varphi|\varphi\rangle} \cdot \frac{\langle\varphi|\,(\widehat{\Delta L_2})^2\,|\varphi\rangle}{\langle\varphi|\varphi\rangle} \geqq \frac{1}{\langle\varphi|\varphi\rangle^2}\,\langle\varphi|\,\frac{[\hat{L}_1, \hat{L}_2]}{2\mathrm{i}}\,|\varphi\rangle^2. \tag{9.23}$$

Der Beweis benutzt die Schwarzsche Ungleichung (vgl. (A 1.12a)), die auf die beiden Vektoren $\widehat{\Delta L_1}\,|\varphi\rangle$ und $\widehat{\Delta L_2}\,|\varphi\rangle$ angewendet wird. Unter Berücksichtigung der Hermitezität von $\widehat{\Delta L_1}$ und $\widehat{\Delta L_2}$ folgt

$$\langle\varphi|\,(\widehat{\Delta L_1})^2|\varphi\rangle\,\langle\varphi|\,(\widehat{\Delta L_2})^2|\varphi\rangle \geqq \langle\varphi|\,\widehat{\Delta L_1}\,\widehat{\Delta L_2}|\varphi\rangle\,\langle\varphi|\,\widehat{\Delta L_2}\,\widehat{\Delta L_1}\,|\varphi\rangle \equiv \tilde{R}, \tag{9.24}$$

wobei wir die rechte Seite mit $\tilde{R}$ bezeichnen. $(\widehat{\Delta L_1}\,\widehat{\Delta L_2})$ und $(\widehat{\Delta L_2}\,\widehat{\Delta L_1})$ sind als Operatorprodukt im allgemeinen nicht hermitesch, deshalb stellen die Bildungen $\langle\varphi|\,\widehat{\Delta L_1}\,\widehat{\Delta L_2}\,|\varphi\rangle$ und $\langle\varphi|\,\widehat{\Delta L_2}\,\widehat{\Delta L_1}\,|\varphi\rangle$ im allgemeinen auch keine physikalisch deutbaren Erwartungswerte dar. Man kann aber solche auf der rechten Seite der Ungleichung (9.24) einführen, wenn man die Operatorprodukte durch hermitesche Operatoren ausdrückt; so ist

$$(\widehat{\Delta L}_1\, \widehat{\Delta L}_2) = \frac{\widehat{\Delta L}_1\, \widehat{\Delta L}_2 + \widehat{\Delta L}_2\, \widehat{\Delta L}_1}{2} + \mathrm{i}\, \frac{[\widehat{\Delta L}_1, \widehat{\Delta L}_2]}{2\mathrm{i}}.$$

(Man prüft leicht nach, daß die beiden Brüche jeweils hermitesche Operatoren sind.) Entsprechend kann auch $(\widehat{\Delta L}_2\, \widehat{\Delta L}_1)$ zerlegt werden. Damit ergibt sich für $\tilde{R}$ in (9.24)

$$\tilde{R} = \langle\varphi|\, \frac{\widehat{\Delta L}_1\, \widehat{\Delta L}_2 + \widehat{\Delta L}_2\, \widehat{\Delta L}_1}{2}\, |\varphi\rangle^2 + \langle\varphi|\, \frac{[\widehat{\Delta L}_1, \widehat{\Delta L}_2]}{2\mathrm{i}}\, |\varphi\rangle^2. \tag{9.25}$$

Da der erste Summand auf der rechten Seite von (9.25) wegen der Hermitezität des Operators größer oder gleich Null ist, folgt

$$\tilde{R} \geqq \langle\varphi|\, \frac{[\widehat{\Delta L}_1, \widehat{\Delta L}_2]}{2\mathrm{i}}\, |\varphi\rangle^2. \tag{9.26}$$

Aus der Definition des Operators $\widehat{\Delta L}$ folgt direkt $[\widehat{\Delta L}_1, \widehat{\Delta L}_2] = [\hat{L}_1, \hat{L}_2]$. Setzt man diese Beziehung in die rechte Seite von (9.26) ein und berücksichtigt (9.24), so erhält man (9.23), q.e.d.

Wenn die rechte Seite der Ungleichung (9.23) stets größer als Null ist, gibt es keinen Zustand, der zugleich Eigenzustand von $\hat{L}_1$ und $\hat{L}_2$ ist. Dann sind $\hat{L}_1, \hat{L}_2$ nichtverträgliche Observable im strengen Sinne. Das ist insbesondere der Fall, wenn $[\hat{L}_1, \hat{L}_2] = \mathrm{i}\alpha\hat{I}$ ist, wobei $\alpha$ eine nichtverschwindende reelle Größe sein soll. Dann gilt für jeden beliebigen Zustand $|\varphi\rangle$ die Ungleichung $R \geqq \alpha^2/4$. Für nichtverträgliche Observable im weiteren Sinne ist im allgemeinen die rechte Seite der Ungleichung (9.23) größer als Null, aber für bestimmte Zustände (ausnahmsweise) gleich Null. Für verträgliche Observable ist nach (9.16) die rechte Seite stets gleich Null.

Nichtverträgliche Observable im strengen Sinne sind die Ortskoordinate $\hat{x}$ und die zugehörige Impulskomponente $\hat{p}_x$. Nach den Vertauschungsrelationen (8.1) ist $R$ für alle Zustände größer gleich $\hbar^2/4$. Als nichtverträgliche Observable im weiteren Sinne können die Komponenten des Drehimpulses, die den Vertauschungsrelationen (8.6) gehorchen, gelten; dies wird bei der Behandlung des Eigenwertproblems für Drehimpulse im Kapitel 13 nochmals diskutiert werden.

Die Ungleichung (9.23) kann noch in anderer Weise interpretiert werden. Die beiden Faktoren auf der linken Seite haben als Erwartungswerte der mittleren quadratischen Streuung eine selbständige physikalische Bedeutung. Wenn man an einer Gesamtheit von Systemen, die sich alle im Zustand $|\psi\rangle$ befinden, $\hat{L}_1$ und $\hat{L}_2$ mißt, so ist das Produkt der zugehörigen Streuungen

$$R \geqq \langle\psi|\psi\rangle^{-2}\, \langle\psi|\, \frac{[\hat{L}_1, \hat{L}_2]}{2\mathrm{i}}\, |\psi\rangle^2.$$

In diesem Sinne wird die Ungleichung (9.23) als *Unschärferelation* bezeichnet. Die „Unschärfe“ (Streuung) bei der $\hat{L}_1$-Messung ist mit derjenigen bei der $\hat{L}_2$-Messung verknüpft. Verträgliche Observable sind gleichzeitig scharf meßbar, nichtverträgliche Observable sind es nicht.

Wenn man speziell $\hat{L}_1 = \hat{x}$ und $\hat{L}_2 = \hat{p}_x$ setzt, so ergibt sich die *Heisenbergsche Unschärferelation*

$$\langle(\widehat{\Delta x})^2\rangle \cdot \langle(\widehat{\Delta p_x})^2\rangle \geqq \hbar^2/4. \tag{9.27}$$

An ihrem Beispiel wollen wir zeigen, wie man mit Unschärferelationen einfache Beurteilungen oder Abschätzungen von Zuständen vornehmen kann. Die Beziehung (9.27) sagt aus, daß kleine Streuungen bei einer Ortsmessung immer mit einer großen Streuung bei der Impulsmessung einhergehen und umgekehrt. Wenn sich ein Teilchen in einem Zustand mit scharfem Ort befindet, ist der Impuls unscharf. Bei scharfem Impuls ist der Ort unscharf; bei Wellenpaketen sind im allgemeinen beide Größen mehr oder weniger unscharf. Man kann zeigen, daß das Gleichheitszeichen genau dann gilt, wenn $\langle x|\psi\rangle = \psi(x)$ die Form einer Gaußschen Glockenkurve hat, was für den Grundzustand des harmonischen Oszillators (vgl. 5.4.4 und (12.20)) zutrifft. Wenn man beim betrachteten Zustand annehmen kann, daß das Unschärfeprodukt in (9.27) nicht zu sehr von $\hbar^2/4$ abweicht, so kann man mittels der Beziehung

$$\langle(\widehat{\Delta p_x})^2\rangle \cong (\hbar^2/4)/\langle(\widehat{\Delta x})^2\rangle$$

die mittlere Impulsstreuung aus $\langle(\widehat{\Delta x})^2\rangle$ ausrechnen. Unter der Voraussetzung, daß die Mittelwerte des Ortes und Impulses Null seien (beispielsweise ein Elektron in einem Atom), bekommt man daraus für den $x$-Anteil der mittleren kinetischen Energie

$$\langle\hat{T}\rangle \cong \frac{\hbar^2}{8m\langle\hat{x}^2\rangle}, \tag{9.28}$$

wobei $m$ die Masse des Teilchens ist. Für ein Elektron in einem Atom ($m \approx 10^{-30}$ kg, $\langle\hat{x}^2\rangle \approx 10^{-21}\,\mathrm{m}^2$) folgt eine Energie von $\cong 10^{-18}$ Ws (einige Elektronenvolt), was mit den Ergebnissen in 5.4.5 übereinstimmt. Dazu beachten wir, daß bei solchen Problemen die mittlere kinetische Energie und die Gesamtenergie größenordnungsmäßig gleich sind (vgl. (5.163)). Betrachten wir anstelle dieses Mikroobjektes ein typisches Makroobjekt mit $m = 1$ kg und $\langle\hat{x}^2\rangle = 1\,\mathrm{m}^2$, so führt die Unschärferelation auf kinetische Energien von größenordnungsmäßig $10^{-68}$ Ws. Dies ist ein sehr kleiner Wert, der die mittlere thermische Energie eines einzigen atomaren Bausteins unserer makroskopischen Masse (die selbst aus mindestens $10^{24}$ Bausteinen besteht) bei Zimmertemperatur noch um viele Größenordnungen unterschreitet. Für die Masse von einem Kilogramm ist diese kinetische Energie mit dem „unmeßbar" kleinen mittleren Geschwindigkeits-Betrag von $\cong 10^{-34}$ m/s verbunden. Diese Abschätzungen weisen aus, daß die Unschärferelation nur für Mikroobjekte, nicht aber für Makroobjekte von Bedeutung ist; der Übergang zwischen diesen Bereichen wird durch das Plancksche Wirkungsquantum $h = 2\pi\hbar$ bestimmt.

## 9.4 Zusammenfassung

Erst im Zusammenhang mit den im Kapitel 9 angegebenen Sachverhalten und Gesetzmäßigkeiten erweist sich die Bedeutung der im Kapitel 7 genannten grundlegenden Begriffe und der im Kapitel 8 betrachteten Vertauschungsrelationen. Deshalb wollen wir in diesem Abschnitt die wichtigsten Aspekte nochmals zusammenfassend betrachten.

In der Quantentheorie wird eine klare Unterscheidung getroffen zwischen Größen, die selbst keine unmittelbare reale Bedeutung haben, und solchen Größen und Beziehungen, die direkt durch Messungen nachgeprüft werden können – den „physikalisch-relevanten" Größen und Beziehungen. Zu den ersteren gehören der Zustandsvektor $|\psi\rangle$ und der lineare Operator $\hat{L}$ für eine Observable (bzw. eine dynamische Variable). Physikalisch-relevante Größen und Beziehungen sind:

- die als Meßanzeige erscheinenden Werte, also die Eigenwerte $l$ einer zu vermessenden Observablen $\hat{L}$,
- der Erwartungswert $\langle\hat{L}\rangle = \langle\psi|\psi\rangle^{-1}\,\langle\psi|\,\hat{L}\,|\psi\rangle$ einer Observablen. Dazu gehört speziell auch die Wahrscheinlichkeit $w_{\mathscr{S}} = \langle\hat{P}_{\mathscr{S}}\rangle$, das System nach der Messung im Unterraum $\mathscr{S}$ zu finden (vgl. (9.14)), sowie die Wahrscheinlichkeit $|\langle\varphi|\psi\rangle|^2/\langle\varphi|\varphi\rangle\,\langle\psi|\psi\rangle$, nach der Messung einen Zustand $|\varphi\rangle$ zu finden, wenn unmittelbar vor der Messung das System im Zustand $|\psi\rangle$ war. Da $\langle\psi|\psi\rangle^{-1}\,|\langle l|\psi\rangle|^2$ eine physikalisch-relevante Größe, nämlich die Wahrscheinlichkeit $w_l$, charakterisiert, muß $\langle l|\psi\rangle$ (bis auf einen Normierungsfaktor) einen *eindeutigen* Wert annehmen; mehrdeutige Komponentenwerte oder Komponentenfunktionen sind nicht zugelassen.
- diejenigen Beziehungen zwischen Observablen, die eine Aussage über ihre Verträglichkeit oder Nichtverträglichkeit bei der Messung machen. In diesem Sinn ist die Vertauschungsrelation $[\hat{L}_1, \hat{L}_2] = \mathrm{i}\hat{C}$ empirisch überprüfbar, während die einzelnen Operatoren $\hat{L}_1$, $\hat{L}_2$ keine unmittelbare reale Bedeutung haben.

Es sei darauf hingewiesen, daß sich die physikalisch-relevanten Größen und Beziehungen nicht verändern, wenn man den Zustandsvektor $|\psi\rangle$ durch $c\,|\psi\rangle$ ersetzt, wobei $c$ eine beliebige (nichtverschwindende) komplexe Zahl ist. Damit ist dargetan, daß für die Beschreibung eines physikalischen Zustandes *nur die Richtung* des Vektors im Vektor-Raum $\mathscr{H}$ maßgeblich ist. Außerdem ändern sich die physikalisch-relevanten Größen und Beziehungen nicht, wenn man sämtliche Operatoren $\hat{A}$ und Vektoren $|\psi\rangle$ gemäß

$$\hat{A}' = \hat{U}\,\hat{A}\,\hat{U}^{-1}, \qquad |\psi'\rangle = \hat{U}\,|\psi\rangle \tag{9.29}$$

einer *Unitärtransformation* $\hat{U}$ unterwirft (vgl. (A 1.64) und die dieser Gleichung folgenden Ausführungen hinsichtlich der Invarianz der Skalarprodukte, die ja die physikalisch-relevanten Größen bestimmen).

Die im Kapitel 9 erläuterten quantentheoretischen Begriffe, Gesetzmäßigkeiten und Interpretationen sind eng mit philosophischen Grundfragen verbunden. Es nimmt deshalb nicht wunder, daß sich gerade mit ihrer Herausbildung eine starke Belebung der Wechselbeziehungen Philosophie–Physik vollzog. Betrachten wir zunächst einen wissenschaftstheoretischen Aspekt. In Kapitel 2 war als ein wesentlicher Zug der klassischen Theorie die Tatsache genannt worden, daß die Repräsentanten der physikalischen Begriffe in den Grundgleichungen im Prinzip der direkten Messung zugänglich sind. In der Quantentheorie finden wir wichtige Größen (Zustand, Observable), für deren Repräsentanten das nicht gilt. Das Vorgehen in der Quantentheorie stellt eine qualitative Erweiterung der klassischen Vorstellungen dar. Es werden Größen verwendet, die selbst zwar keine reale Bedeutung haben, aber bei der Beschreibung realer Vorgänge eine wichtige Rolle spielen. Dies zeigt sich bei der Charakterisierung des Zustandes eines Systems durch einen Zustandsvektor und der Bildung des der Messung zugänglichen Erwartungswertes aus Zustandsvektor und Operator, der die Observable (und damit auch Charakteristika der Meßapparatur) repräsentiert. Große Schwierigkeiten erkenntnistheoretischer Art waren zu überwinden, bevor die quantentheoretische Auffassung vom Meßprozeß und die statistischen Grundzüge der Quantentheorie allgemein anerkannt waren. Wie wir gesehen hatten, erfolgt ja im allgemeinen bei der Messung eine unstetige Zustandsveränderung des zu untersuchenden Meßobjektes; für das Meßresultat kann im allgemeinen nur eine Wahrscheinlichkeitsvorhersage gemacht werden. Dieser Sachverhalt steht im deutlichen Gegensatz zur klassischen Theorie, wonach das zu untersuchende System bei der Messung eine im Prinzip vernachlässigbare Beeinflussung erfährt und Verfälschungen der Meßresultate auf systematischen und statistischen Störungen durch die Meßapparatur beruhen (vgl. Kapitel 2). Die genannten Schwierigkeiten betrafen insbesondere die Interpretation des Meßprozesses am Einzelsystem unter Verwendung einer Wahrscheinlichkeitsaussage. Die Richtigkeit der quantentheoretischen Aussagen für Gesamtheiten ist in einem sehr weiten Bereich experimentell bestätigt worden. Allerdings erlaubt das noch keinen eindeutigen Schluß darauf, ob die zur theoretischen Erklärung für Gesamtheiten benutzte Auffassung vom Meßprozeß auch beim Einzelsystem richtig sei. Zusätzlich zur experimentellen Überprüfung an Gesamtheiten – wozu das experimentelle Material der klassischen Mechanik und Elektrodynamik gehört – wurden ab den 50er Jahren verstärkt Experimente durchgeführt, in denen nur eine kleine Anzahl von Systemen oder Teilchen untersucht werden (Beugungs- und Interferenzexperimente, Emission und Absorption – [C-13]); auch dabei wurde eine Bestätigung der quantentheoretischen Auffassungen gefunden. Demnach sind die wahrscheinlichkeitstheoretischen Gesetze der Quantentheorie nicht durch unvollständiges subjektives Wissen bedingt. W. A. Fock hat dargelegt, daß bei gegebenen äußeren Bedingungen das Resultat der Wechselwirkung vom Objekt und Meßgerät im allgemeinen nicht eindeutig vorherbestimmt ist und eine Serie solcher Wechselwirkungen zu einer Statistik führt, der eine bestimmte Wahrscheinlichkeit entspricht (wie wir sie in 9.1 bei gegebenem Zustand $|\psi\rangle$ durch Messung mit der durch die Observable $\hat{L}$ charakterisierten Meßapparatur angegeben haben). Im Gegensatz zur klassischen Physik ist die Wechselwirkung zwischen Meßobjekt und Meßgerät nicht als eine einseitige Einwirkung des Objektes auf das Gerät, sondern als eine wechselseitige Beeinflussung zu verstehen (vgl. explizites Beispiel in 24.3.3). Auch die im Zusammenhang mit der Messung von nicht verträglichen Observablen auftretende Unschärferelation bringt die Spezifik des Meßprozesses im mikrophysikalischen Bereich zum Ausdruck.

*Kontrollfragen*

1. Wie lauten bei einem vorgegebenen Zustand die Wahrscheinlichkeiten für das Auftreten eines bestimmten Meßwertes einer Observablen im diskreten und im kontinuierlichen Eigenwertspektrum?
2. Welche Beziehung besteht zwischen Projektionsoperatoren und Wahrscheinlichkeiten?
3. Wie ist der Erwartungswert einer Observablen zu berechnen?
4. Was versteht man unter der mittleren quadratischen Streuung?
5. Wodurch sind miteinander verträgliche bzw. unverträgliche Observablen gekennzeichnet?
6. Welche Relation besteht zwischen den mittleren quadratischen Streuungen nichtverträglicher Observabler?
7. Wie folgt aus der Relation der Frage 6 die Heisenbergsche Unschärferelation?

# 10 Vektor-Raum $\mathscr{H}$ eines gegebenen physikalischen Systems

Eingangs 7.1 war festgestellt worden, daß ein physikalischer Zustand durch einen normierbaren Vektor aus dem dem jeweiligen physikalischen System zuzuordnenden Vektor-Raum $\mathscr{H}$ repräsentiert wird. Wir konnten in 7.1 die Frage nach der Struktur dieses Raumes noch nicht beantworten, haben uns aber mit Kapitel 8 und Kapitel 9 hinreichende Kenntnisse erarbeitet, um dies jetzt durchführen zu können. Die Lösung dieser Aufgabe wird uns in die Lage versetzen, die Zustände und dynamischen Variablen sowie deren Beziehungen untereinander in einem dem physikalischen System entsprechenden Raum beschreiben zu können. Um den Grundgedanken an einfachen Verhältnissen herauszustellen und zugleich einen Vergleich mit der klassischen Theorie zu haben, beschäftigen wir uns zunächst in 10.1 mit dem leicht überschaubaren System von $N$ punktförmigen Teilchen ohne innere Freiheitsgrade. Danach werden wir uns in 10.2 allgemeinen physikalischen Systemen zuwenden und zum Schluß in 10.3 solche Systeme behandeln, die aus unabhängigen Teilsystemen bestehen.

## 10.1 *N* punktförmige Teilchen ohne innere Freiheitsgrade

In der klassischen Physik wird der Zustand durch alle unabhängigen Orts- und Impulskoordinaten bestimmt. Wenn keine Nebenbedingungen vorhanden sind, sind das also die $6N$ in

$$\{x_1, \ldots, x_j, \ldots, x_{3N}; p_1, \ldots, p_k, \ldots, p_{3N}\}$$

angegebenen reellen Größen der Orts- und Impulskomponenten. Entsprechend den Ausführungen von 7.3 werden diesen im klassischen Sinn unabhängigen Orts- und Impulskomponenten in der Quantentheorie die $6N$ Observablen $\hat{x}_1, \ldots, \hat{x}_j, \ldots, \hat{x}_{3N}$; $\hat{p}_1, \ldots, \hat{p}_k, \ldots, \hat{p}_{3N}$ zugeordnet. Gemäß den quantentheoretischen Grundlagen müssen diese Observablen allerdings die Vertauschungsrelationen (8.1) erfüllen und stehen so grundsätzlich in bestimmten Beziehungen zueinander. Wir wissen, daß alle Ortskoordinaten paarweise vertauschbar sind. Also gibt es (nach 9.3.1) Zustände, die durch gleichzeitig meßbare, scharfe Ortswerte gekennzeichnet werden können. Diese Zustände bezeichnen wir mit $|x_1, \ldots, x_j, \ldots, x_{3N}\rangle$; die Werte der Impulskomponenten in solchen Zuständen sind nach (9.27) unscharf. Im quantentheoretischen Fall wird also ein Zustand durch $3N$ reelle, unabhängige Größen $x_1, \ldots, x_j, \ldots, x_{3N}$ bestimmt. Die $|x_1, \ldots, x_{3N}\rangle$ sind Basisvektoren im Vektor-Raum $\mathscr{H}$ des gegebenen physikalischen Systems. Die Orthonormierung und Vollständigkeit drückt sich durch

$$\langle x_1', \ldots, x_{3N}' | x_1'', \ldots, x_{3N}'' \rangle = \delta(x_1', x_1'') \ldots \delta(x_{3N}', x_{3N}'') \tag{10.1}$$

(vgl. (A 1.23)) und

$$\int \mathrm{d}x_1 \ldots \int \mathrm{d}x_{3N} \, |x_1, \ldots, x_{3N}\rangle \langle x_1, \ldots, x_{3N}| = \hat{I} \tag{10.2}$$

aus. Der Vektor-Raum des betrachteten physikalischen Systems wird also durch eine Basis aufgespannt, deren Vektoren durch Eigenwerte derjenigen unabhängigen Observablen bestimmt werden, die gleichzeitig scharf meßbare Werte haben können; die Anzahl dieser Werte wird die *Zahl der quantentheoretischen Freiheitsgrade* genannt – im vorliegenden Fall sind es $3N$. Dieser Sachverhalt stellt eine deutliche Abweichung von der klassischen Theorie dar, weil dort *alle* Orts- *und* Impulskoordinaten zur Kennzeichnung eines Zustandes herangezogen werden.

Ein allgemeiner physikalischer Zustand $|\psi\rangle$ in diesem Vektor-Raum ergibt sich in Komponentendarstellung zu

$$|\psi\rangle = \int \mathrm{d}x_1 \ldots \int \mathrm{d}x_{3N} \, |x_1, \ldots, x_{3N}\rangle \langle x_1, \ldots, x_{3N}|\psi\rangle . \tag{10.3}$$

Bis jetzt hatten wir die Ortskoordinate bevorzugt. Man kann natürlich analog von Zuständen $|p_1, \ldots, p_{3N}\rangle$ mit scharfen Impulswerten als einer möglichen Basis ausgehen.

Da in dem betrachteten Fall alle Operatoren mit verschiedenen Indizes vertauschbar sind, kann man den Vektor-Raum $\mathscr{H}$ des gegebenen physikalischen Systems als Produktraum unabhängiger Teilräume (vgl. A 1.4) auffassen:

$$\mathscr{H} = \mathscr{H}_1 \times \cdots \times \mathscr{H}_j \times \cdots \times \mathscr{H}_{3N} . \tag{10.4}$$

Die einzelnen $\mathscr{H}_j$ beschreiben eindimensionale Probleme $(\hat{x}_j, \hat{p}_j)$ und haben nach 8.4.1 die Basis $\{|x_j\rangle\}$ mit

$$\langle x_j' | x_j'' \rangle = \delta(x_j'; x_j'') \qquad \text{und} \qquad \int \mathrm{d}x_j \, |x_j\rangle \langle x_j| = \hat{I} .$$

Der Vektor $|x_1, \ldots, x_j, \ldots, x_{3N}\rangle$ kann dargestellt werden durch das direkte Produkt $|x_1\rangle \ldots |x_j\rangle \ldots |x_{3N}\rangle$. Natürlich kann auch hier wieder analog von einer Basis $\{|p_j\rangle\}$ anstelle von $\{|x_j\rangle\}$ ausgegangen werden.

Da man alle Ortskoordinaten gleichzeitig scharf messen kann, lassen sich die *Ortsvektoren* der $N$ Teilchen als Observable auffassen: $\hat{\boldsymbol{r}}_1, \ldots, \hat{\boldsymbol{r}}_N$ (vgl. dazu die Bemerkungen zur Gleichung (7.11)). Die zugehörigen Basisvektoren schreibt man in der Form $|\boldsymbol{r}_1, \ldots, \boldsymbol{r}_N\rangle$, was gleichbedeutend mit $|x_1, \ldots, x_{3N}\rangle$ ist.

Hat man speziell *ein* Teilchen im 3-dimensionalen Raum, so ist die Gesamtheit der $|\boldsymbol{r}\rangle$ das maßgebliche Basissystem.

$$\tilde{w}_{\boldsymbol{r}} = \frac{|\langle \boldsymbol{r} | \psi \rangle|^2}{\langle \psi | \psi \rangle} \tag{10.5}$$

ist die Dichte der Wahrscheinlichkeit, das Teilchen am Orte $\boldsymbol{r}$ anzutreffen. Die Gleichung (8.19a) stellt sich bei 3 Dimensionen in der Form

$$\langle \boldsymbol{r}| \, A(\hat{\boldsymbol{r}}, \hat{\boldsymbol{p}}) \, |\psi\rangle = A\left(\boldsymbol{r}, \frac{\hbar}{\mathrm{i}} \nabla_{\boldsymbol{r}}\right) \langle \boldsymbol{r} | \psi \rangle \tag{10.6}$$

dar.

## 10.2 Allgemeines physikalisches System

In Erweiterung des in 10.1 erläuterten speziellen Systems führen wir jetzt die Betrachtungen an einem allgemeinen physikalischen System durch. Für das gegebene physikalische System seien *alle* Operatorbeziehungen zwischen den auftretenden dynamischen Variablen $\{\hat{A}_\alpha\}$ bekannt; zu diesen Beziehungen gehören insbesondere die Vertauschungsrelationen, denen die Operatoren genügen. Man greift aus den Operatoren $\{\hat{A}_\alpha\}$ einen *vollständigen Satz verträglicher Observabler* heraus, das seien die Operatoren $\{\hat{L}_1, \ldots, \hat{L}_j, \ldots, \hat{L}_n\}$. Die Eigenschaft der Verträglichkeit bedeutet

$$[\hat{L}_j, \hat{L}_k] = \hat{0} \quad \text{für alle } j, k, \tag{10.7}$$

also paarweise Vertauschbarkeit. Die Eigenschaft eines vollständigen Satzes bedeutet: Gibt es außerhalb der $\{\hat{L}_j\}$ eine Observable $\hat{A}$, die mit allen $\hat{L}_j$ vertauschbar ist, dann darf $\hat{A}$ nicht unabhängig von den $\{\hat{L}_j\}$ sein, d.h., es muß eine Funktion $\hat{A} = A(\hat{L}_1, \ldots, \hat{L}_n)$ geben. Die $\{\hat{L}_j\}$ können im Sinne von 9.3 als gleichzeitig meßbar gelten. Jeder Satz von Eigenwerten $\{l_1, \ldots, l_j, \ldots, l_n\}$ definiert einen Eigenvektor $|l_1, \ldots, l_j, \ldots, l_n\rangle$ im Vektor-Raum $\mathscr{H}$ des physikalischen Systems. Das Ensemble $\{|l_1, \ldots, l_n\rangle\}$ derjenigen Vektoren, die man erhält, wenn man die $l_1, \ldots, l_n$ über den gesamten Bereich der Eigenwerte von $\hat{L}_1, \ldots, \hat{L}_n$ variieren läßt, stellt die Gesamtheit der Basisvektoren dar, von denen der Vektor-Raum $\mathscr{H}$ des vorliegenden physikalischen Systems aufgespannt wird. Die Orthogonalität und Normierung der Basisvektoren wird durch

$$\langle l_1', \ldots, l_n' | l_1'', \ldots, l_n'' \rangle = \delta(l_1', l_1'') \cdots \delta(l_n', l_n''), \tag{10.8}$$

ihre Vollständigkeit durch

$$\mathop{\not{\int}\!\!\!\!\sum}_{l_1, \ldots, l_n} |l_1, \ldots, l_n\rangle \langle l_1, \ldots, l_n| = \hat{I} \tag{10.9}$$

ausgedrückt. $n$ ist die *Zahl der quantentheoretischen Freiheitsgrade.* Ein beliebiger Zustand $|\psi\rangle$ kann durch

$$|\psi\rangle = \mathop{\not{\int}\!\!\!\!\sum}_{l_1, \ldots, l_n} |l_1, \ldots, l_n\rangle \langle l_1, \ldots, l_n | \psi\rangle \tag{10.10}$$

dargestellt werden. Die in 9.4 zusammengefaßten Aussagen über die physikalisch-relevanten Größen erwiesen sich als unabhängig davon, ob $|\psi\rangle$ nach einer ein- oder mehrdimensionalen Mannigfaltigkeit von Basisvektoren zerlegt wird; damit kann dieses aus 7.1 restierende Problem (vgl. (7.1)) als erledigt gelten.

Die gleichzeitige Messung aller $\{\hat{L}_j\}$ an dem System ergibt die *maximale Information,* die man über einen Zustand des Systems gewinnen kann. Die Wahrscheinlichkeit (bzw. Wahrscheinlichkeitsdichte), daß ein im Zustand $|\psi\rangle$ befindliches System nach gleichzeitiger Messung aller $\{\hat{L}_j\}$ im Zustand $|l_1, \ldots, l_n\rangle$ anzutreffen ist, ist

$$w_{l_1, \ldots, l_n} = \frac{1}{\langle\psi|\psi\rangle} |\langle l_1, \ldots, l_n | \psi\rangle|^2. \tag{10.11}$$

Für die konkrete Behandlung von Problemen – beispielsweise die Berechnung von Erwartungswerten – muß definiert sein, wie die $\hat{L}_j$ bzw. allgemein die $\hat{A}_\alpha$ auf einen beliebigen Zustand $|\psi\rangle$ aus $\mathscr{H}$ wirken. Unter Berücksichtigung von (10.10) heißt das, daß für jeden Basisvektor $|l_1, \ldots, l_n\rangle$ der Vektor $\hat{A}_\alpha\,|l_1, \ldots, l_n\rangle$ definiert sein muß.

Ingesamt haben wir in diesem Abschnitt gesehen, daß die algebraischen Beziehungen für die Variablen – wobei insbesondere ein vollständiger Satz vertauschbarer Observabler die entscheidende Rolle spielt – den Vektorraum $\mathscr{H}$ bestimmen, der dem betrachteten physikalischen System zuzuordnen ist. An dieser Stelle sei nochmals an das in 7.3 und Kapitel 9 Gesagte erinnert: Die Einführung derjenigen Operatoren, die Observable repräsentieren, geschieht in enger Anlehnung an die empirischen Befunde; die Observablen sind im Prinzip durch ein bestimmtes Meßverfahren definiert. Das bedeutet nach den Ausführungen des vorliegenden Abschnittes, daß die gesamte Konstruktion des Raumes $\mathscr{H}$ für ein gegebenes physikalisches System letztlich durch die Möglichkeit des Anschlusses der theoretischen Beziehungen an die experimentell nachprüfbaren Befunde bestimmt wird.

Es sei hier noch angemerkt, daß die Vielfalt derjenigen physikalischen Systeme, die sich mit den in diesem Abschnitt dargelegten Begriffen und Gesetzmäßigkeiten behandeln lassen, sehr groß ist. Es kann sich um physikalische Systeme mit Teilchen verschiedener Art (beispielsweise Elektronen und Kerne und Photonen), verschiedener Anzahl und verschiedener Wechselwirkungsmechanismen handeln. Hierfür seien die folgenden Beispiele angegeben: die Wechselwirkung von Elektronen untereinander und mit dem Atomkern(en) in Atomen und Molekülen, die Wechselwirkung von Strahlung (Photonen) mit Elektronen und Kernen, die Wechselwirkung von Atomen und Molekülen mit magnetischen Feldern, die Streuung von Teilchen an gleich- oder andersartigen Teilchen. Diese (und andere) Systeme werden wir explizit in den Komplexen D und E behandeln.

## 10.3 Unabhängige Teilräume

Eine Spezifizierung der Aussagen von 10.2 ist möglich, wenn das zu betrachtende physikalische System, das wir in diesem Fall das Gesamtsystem nennen wollen (Index: ges), in unabhängige Teilsysteme zerlegt werden kann. Dies trifft unter folgenden Bedingungen zu:

- Dem $a$-ten Teilsystem lassen sich Observable $\hat{L}_{a,1}, \ldots, \hat{L}_{a,\alpha}, \ldots, \hat{L}_{a,n}$ zuordnen, die für sich im Unterraum $\mathscr{H}_a(\mathscr{H}_a \subseteqq \mathscr{H}_{\text{ges}})$ nach den Vorschriften von 10.2 eine eigene Eigenwertbasis definieren.
- Alle Operatoren des $a$-ten Teilsystems kommutieren mit allen Operatoren der anderen Teilsysteme, d.h., es gilt $[\hat{L}_{a,\alpha}, \hat{L}_{a',\alpha'}] = \hat{0}$ für $a \neq a'$.

Wir wollen eine Exemplifizierung für den sehr wichtigen Energie-Operator vornehmen. Für das Gesamtsystem gelte

$$\hat{H}_{\text{ges}} = \sum_a \hat{H}_a \tag{10.12}$$

mit

$$[\hat{H}_a, \hat{H}_{a'}] = \hat{0} \quad \text{für alle } a, a'. \tag{10.13}$$

Wir setzen voraus, daß $\hat{H}_a|E_a\rangle = E_a|E_a\rangle$ die Eigenwertgleichung für das $a$-te Teilsystem sei und alle Eigenlösungen $(E_a, |E_a\rangle)$ bekannt seien. Man kann dann leicht zeigen, daß

$$E_{\text{ges}} = \sum_a E_a, \quad |E_{\text{ges}}\rangle = \prod_a |E_a\rangle \tag{10.14}$$

die Eigenwerte bzw. Eigenvektoren des Hamilton-Operators $\hat{H}_{\text{ges}}$ für das Gesamtsystem sind, indem man die Beziehungen (10.14) in die Eigenwertgleichung

$$\hat{H}_{\text{ges}}|E_{\text{ges}}\rangle = E_{\text{ges}}|E_{\text{ges}}\rangle \tag{10.15}$$

einsetzt und dabei die Regeln für Produkträume (vgl. A 1.4) beachtet. (Das Produkt in der zweiten Beziehung von (10.14) stellt ein direktes Produkt von Zustandsvektoren im Sinne von A 1.4 dar.)

Inhaltlich bedeutet die Zerlegung in unabhängige Teilräume, daß das Gesamtsystem – mindestens gedanklich – aus Teilsystemen mit verschwindender oder vernachlässigbarer Wechselwirkung besteht. Diese Konzeption bietet, wie im Kapitel 22 näher ausgeführt wird, für solche Probleme einen günstigen Ansatzpunkt zur praktischen Berechnung, bei denen relativ selbständige Untersysteme (mit relativ kleiner, aber nicht vernachlässigbarer Wechselwirkung) aufeinander wirken und dadurch ihre Eigenschaften in gewissem Umfang verändern.

*Kontrollfragen*

1. Wie sind die Basisvektoren für ein gegebenes physikalisches System zu bestimmen?
2. Wie lautet die Komponentendarstellung eines Zustandsvektors?
3. Was versteht man unter maximaler Information über einen Zustand eines Systems?
4. Wie ist der Zustandsvektor eines Gesamtsystems aus den Zustandsvektoren von Teilsystemen aufgebaut, wenn letztere unabhängig voneinander sind?

# 11 Zeitliches Verhalten

In den Kapiteln 7 bis 10 wurden Beziehungen zwischen Zuständen, Variablen und Observablen diskutiert, bei denen alle Größen – Zustände, Variable, Observable – zum gleichen, festen Zeitpunkt betrachtet wurden. Dies gilt auch für die im Kapitel 9 durchgeführten Betrachtungen zum Meßprozeß: hier hatten wir Zustände unmittelbar vor und nach der Messung verglichen bzw. angenommen, daß Messungen unmittelbar hintereinander durchgeführt werden; die auftretenden Zeitdifferenzen wurden dabei als *infinitesimal* angesehen. Um eine Theorie zu erhalten, die alle vernünftigerweise an sie zu stellenden Anforderungen erfüllen kann, müssen auch Beziehungen zwischen Zuständen, Observablen, Meßwerten zu verschiedenen Zeitpunkten erörtert werden; wir müssen zeitabhängige Größen, wie $|\psi(t)\rangle$, $\hat{L}(t)$, $\langle \hat{L}(t)\rangle$, betrachten. Der Erwartungswert $\langle \hat{L}(t)\rangle$ kann zu verschiedenen Zeiten durch eine makroskopische Meßapparatur gemessen werden; $t$ kennzeichnet – als Parameter – die Zeigerstellung der makrophysikalischen Uhr.

Methodisch gehen wir wie in den Kapiteln 7 bis 10 vor: Die grundlegende Beziehung zur Beschreibung des zeitlichen Verhaltens wird axiomatisch eingeführt. Es wird dann aber gezeigt, daß sie durch allgemeine Eigenschaften der Quantentheorie gestützt – ja gefordert – wird und die richtige Deutung der empirischen Befunde enthält.

## 11.1 Bewegungsgleichung des Zustandsvektors

Axiomatische Grundlage: Für ein physikalisches System sei der Hamilton-Operator $\hat{H}$ gegeben. $\hat{H}$ ist zeitunabhängig ($\partial \hat{H}/\partial t = 0$), wenn es sich um ein konservatives System handelt. $\hat{H}$ kann explizit von der Zeit abhängen ($\partial \hat{H}/\partial t \neq 0$), wenn das System unter dem Einfluß zeitabhängiger äußerer Kräfte steht. Wenn im Zeitintervall $(t_0, t)$ keine Messung am System vorgenommen wird, so wird sein Zustand in diesem Zeitintervall durch den Zustandsvektor $|\psi(t)\rangle$ beschrieben, der der Bewegungsgleichung

$$i\hbar \frac{d}{dt} |\psi(t)\rangle = \hat{H}(t)\, |\psi(t)\rangle \tag{11.1}$$

genügt (vgl. (A 1.27) hinsichtlich des Differentialquotienten).

Mit dem Lösungsansatz

$$|\psi(t)\rangle = \hat{U}(t, t_0)|\psi(t_0)\rangle \quad \text{mit} \quad \hat{U}(t_0, t_0) = \hat{I} \tag{11.2}$$

können wir den Zustand $|\psi(t)\rangle$ zu einer Zeit $t \geqq t_0$ mit Hilfe des Zustandes $|\psi(t_0)\rangle$ zur Zeit $t_0$ – dem Anfangszustand – beschreiben. Dazu muß die zeitliche Abhängigkeit des Operators $\hat{U}(t, t_0)$ bestimmt werden. Wenn man (11.2) in (11.1) einsetzt und beachtet, daß (11.2) für jeden beliebigen Anfangszustand gelten soll, so ergibt sich als Differentialgleichung für $\hat{U}(t, t_0)$

$$i\hbar \frac{d}{dt} \hat{U}(t, t_0) = \hat{H}(t)\, \hat{U}(t, t_0). \tag{11.3a}$$

Man nennt $\hat{U}(t, t_0)$ aus Gründen, die sich aus dem Ansatz (11.2) leicht erkennen lassen, den *Zeitentwicklungsoperator*. Die Differentialgleichung (11.3a) geht durch Integration bei Berücksichtigung der Anfangsbedingung $\hat{U}(t_0, t_0) = \hat{I}$ in die Integralgleichung

$$\hat{U}(t, t_0) = \hat{I} + \frac{1}{i\hbar} \int_{t_0}^{t} dt_1\, \hat{H}(t_1)\, \hat{U}(t_1, t_0) \tag{11.3b}$$

über; beide Beziehungen können als äquivalent gelten.

Der Operator $\hat{U}(t, t_0)$ soll jetzt explizit angegeben werden. Aus (11.3a) folgt für $t_1 \leqq t$:

$$\hat{U}(t_1, t_0) = \hat{I} + \frac{1}{i\hbar} \int_{t_0}^{t_1} dt_2\, \hat{H}(t_2)\, \hat{U}(t_2, t_0).$$

Wenn dieser Ausdruck in den zweiten Summanden der rechten Seite von (11.3b) eingeführt wird, erhält man

$$\hat{U}(t, t_0) = \hat{I} + \frac{1}{i\hbar} \int_{t_0}^{t} dt_1\, \hat{H}(t_1) + \frac{1}{(i\hbar)^2} \int_{t_0}^{t} dt_1 \int_{t_0}^{t_1} dt_2\, \hat{H}(t_1)\, \hat{H}(t_2)\, \hat{U}(t_2, t_0).$$

Setzt man dieses Verfahren der sukzessiven Approximation fort, so erhält man als eine Lösung der Beziehungen (11.3) die *von-Neumannsche Reihe*

$$\hat{U}(t, t_0) = I + \frac{1}{i\hbar} \int_{t_0}^{t} dt_1\, \hat{H}(t_1) + \cdots + \frac{1}{(i\hbar)^n} \int_{t_0}^{t} dt_1 \ldots \int_{t_0}^{t_{n-1}} dt_n\, \hat{H}(t_1) \ldots \hat{H}(t_n) + \ldots. \tag{11.4}$$

Es ist darauf hinzuweisen, daß durch die rechte Seite dieser Gleichung eine Zeitordnung zum Ausdruck kommt. Betrachten wir dazu den Summand mit dem Index $n$. Wegen $t \geqq t_1 \geqq \cdots \geqq t_n$ steht der Hamilton-Operator mit dem kleinsten Zeitinkrement am weitesten rechts, wirkt also als erster auf den Zustand $|\psi(t_0)\rangle$ (vgl. (11.2)). Dann folgt der mit der zweitkleinsten Zeit usw. Das ist deshalb von physikalischer Relevanz, weil die Hamilton-Operatoren $\hat{H}(t)$ für verschiedene Zeiten nicht vertauschbar sein müssen. Es sei hier angemerkt, daß man die von-Neumannsche Reihe formal als

$$\mathrm{Dy}\exp\left[-\frac{\mathrm{i}}{\hbar}\int\limits_{t_0}^{t}\mathrm{d}t'\,\hat{H}(t')\right]$$

schreiben kann, wobei Dy der *Dysonsche Zeitordnungsoperator* ist; die Exponentialfunktion ist dabei als Potenzreihe zu verstehen. Wenn es sich um ein konservatives System handelt (also $\hat{H}$ nicht explizit von der Zeit abhängt), dann kann man die Operatoren des $n$-ten Summanden in (11.4) aus dem $n$-fachen Integral herausziehen und zu $(\hat{H})^n$ zusammenfassen. Wie man leicht (durch Induktionsbeweis) zeigen kann, gilt für das Mehrfachintegral

$$\int\limits_{t_0}^{t}\mathrm{d}t_1\ldots\int\limits_{t_0}^{t_{n-1}}\mathrm{d}t_n=\frac{(t-t_0)^n}{n!}.$$

Somit ergibt sich für ein *konservatives* System als Zeitentwicklungsoperator

$$\begin{aligned}\hat{U}(t,t_0)&=\hat{I}+\frac{\hat{H}}{\mathrm{i}\hbar}(t-t_0)+\cdots+\frac{(\hat{H})^n}{(\mathrm{i}\hbar)^n}\frac{(t-t_0)^n}{n!}+\cdots\\&\equiv\exp\left[-\frac{\mathrm{i}}{\hbar}\hat{H}\cdot(t-t_0)\right].\end{aligned}\tag{11.5}$$

Aus dieser Lösung kann man folgern, daß Zustände fester Energie, wie sie durch

$$\hat{H}|E,t_0\rangle=E|E,t_0\rangle$$

gegeben sind, auf zeitlich periodische Zustände führen; die Zustände $|E,t_0\rangle$ werden als *stationäre* bezeichnet. Wegen

$$|E,t\rangle=\exp\left[-\frac{\mathrm{i}}{\hbar}\hat{H}\cdot(t-t_0)\right]|E,t_0\rangle=\exp\left[-\frac{\mathrm{i}}{\hbar}E\cdot(t-t_0)\right]|E,t_0\rangle\tag{11.5a}$$

stellt $|E,t\rangle$ einen Zustand dar, bei dem sich lediglich der Phasenfaktor periodisch mit der Frequenz $E/\hbar$ ändert, wohingegen die Norm zeitlich ungeändert bleibt.

Man kann zeigen, daß der Zeitentwicklungsoperator unitär ist. Für ein infinitesimales Zeitintervall mit $t\geqq t''>t'\geqq t_0$ und $(t''-t')\to\mathrm{d}t$ folgt aus (11.3b)

$$\hat{U}(t'+\mathrm{d}t,t')=\hat{I}-\frac{\mathrm{i}}{\hbar}\hat{H}(t')\,\mathrm{d}t.\tag{11.6}$$

Da der Hamilton-Operator $\hat{H}(t')$ hermitesch ist, folgt aus (A 1.66), daß eine infinitesimale unitäre Transformation vorliegt. Durch aufeinanderfolgende infinitesimale unitäre Transformationen (man beginnt mit $t'=t_0$) kann man den Übergang von $t_0$ nach $t$ auch für endliche Zeitdifferenzen $(t-t_0)$ gewinnen (vgl. die entsprechende Aussage in der klassischen Mechanik in 1.1.1). Die Gesamttransformation $\hat{U}(t,t_0)$ ergibt sich durch Produktbildung der einzelnen (infinitesimalen) unitären Transformationen. Das bedeutet nach (A 1.65), daß $\hat{U}(t,t_0)$ selbst eine unitäre Transformation ist. Das hat wegen $\hat{U}^+(t,t_0)\,\hat{U}(t,t_0)=\hat{I}$ zur Folge, daß $|\psi(t)\rangle=\hat{U}(t,t_0)\,|\psi(t_0)\rangle$

und $|\psi(t_0)\rangle$ die gleiche Norm haben, welche also bei der Zeitentwicklung für Zustandsvektoren generell invariant bleibt. Weiterhin folgt, daß während des zeitlichen Ablaufs die lineare Überlagerung von Zuständen erhalten bleibt. Mit (11.2) gilt

$$|\psi(t_0)\rangle = c_1\,|\varphi(t_0)\rangle + c_2\,|\chi(t_0)\rangle \leftrightarrow |\psi(t)\rangle = c_1\,|\varphi(t)\rangle + c_2\,|\chi(t)\rangle, \tag{11.7}$$

was man durch Multiplikation mit $\hat{U}(t, t_0)$ bzw. $\hat{U}^+(t, t_0)$ leicht zeigen kann.

Die Eigenschaft der linearen Superponierbarkeit von Zuständen kann nach 7.1 in der Quantentheorie als fundamentale Eigenschaft gelten; man kann sie an die Spitze stellen und aus ihr Schlußfolgerungen, auch für die Zeitentwicklung, ziehen – wie das Dirac getan hat. Diese Überlegungen seien im folgenden skizziert: Wenn postuliert wird, daß die lineare Superposition von Zuständen – wie sie in (11.7) ausgedrückt ist – und die Norm eines Zustandsvektors während des zeitlichen Ablaufs erhalten bleiben, dann erhält man als *Folgerung*, daß sich die Zeitentwicklung für ein infinitesimales Zeitintervall in der Form

$$\hat{U}(t'+\mathrm{d}t, t') = \hat{I} + \mathrm{i}\hat{G}\,\mathrm{d}t \tag{11.7a}$$

ausdrücken lassen muß, also nach (A 1.66) als eine infinitesimale, unitäre Transformation. Es bleibt noch die Bestimmung von $\hat{G}$. Wenn man

$$\hat{G} = -\frac{1}{\hbar}\,\hat{H}(t') \tag{11.7b}$$

setzt, wird die Zeitänderung $\mathrm{d}t$ mit der Energie gerade in die analoge Beziehung gebracht, wie sie zwischen Ortsverrückung $\mathrm{d}x$ und Impuls besteht, was wir in 19.1.1 und 19.1.2 näher ausführen werden. Dort wird die Rolle von $\hat{G}$ durch den Operator $\hat{F} = -\hat{p}_x/\hbar$ übernommen. Es sei angemerkt, daß dieser Konnex in der Quantenfeldtheorie (vgl. (26.22)) deutlich wird, wo die Feldoperatoren gleichartig von Ort und Zeit im Minkowski-Raum abhängen; damit wird auch eine Grundforderung der speziellen Relativitätstheorie erfüllt. Die beiden Beziehungen (11.7a) und (11.7b) sind offensichtlich äquivalent dem durch (11.6) festgelegten unitären Operator, aus dem der Operator $\hat{U}(t, t_0)$ für endliche Zeitdifferenz $(t-t_0)$ gebildet werden kann. Da $\hat{U}(t, t_0)$ zu richtigen Folgerungen hinsichtlich der Erklärung der Zeitabhängigkeit physikalisch-relevanter Größen führt, kann man letztlich sagen, daß der Ansatz (11.7b) durch die richtige Wiedergabe der empirischen Befunde gerechtfertigt ist.

Es soll noch einmal auf den bei der axiomatischen Grundlegung erwähnten Sachverhalt hingewiesen werden, daß der Zustand $|\psi(t)\rangle$ nur so lange durch die Differentialgleichung (11.1) streng vorhersagbar ist, solange keine Messung an dem System erfolgt. Ausgehend von einem Anfangszustand $|\psi(t_0)\rangle$ ist nach (11.2) der Zustandsvektor $|\psi(t)\rangle$ zu einem späteren Zeitpunkt exakt angebbar. Damit wird auch die Wahrscheinlichkeitsverteilung im Fall einer Messung zum Zeitpunkt $t$ streng vorhersagbar. Wird eine Messung zu einem bestimmten Zeitpunkt $t_0'$ durchgeführt, so findet eine unstetige Zustandsänderung in einen neuen Zustand $|\psi(t_0')\rangle$ statt, der für die späteren Zeiten als Anfangszustand fungiert.

Am Schluß dieses Abschnittes wollen wir zeigen, daß die zeitabhängige Schrödinger-Gleichung (5.14), die sich als Grundlage der Schrödingerschen Wellenmechanik erwiesen hat, aus der Bewegungsgleichung (11.1) für Zustandsvektoren abgeleitet werden kann. Wir setzen voraus, daß der Hamilton-Operator $\hat{H}$ gemäß $\hat{H}=H(\hat{\boldsymbol{r}}, \hat{\boldsymbol{p}})$ eine Funktion der Orts- und Impulsobservablen eines Teilchens sei. Wir bringen die Bewegungsgleichung (11.1) in die Ortsdarstellung, d.h. multiplizieren von links mit $\langle \boldsymbol{r}|$. Die linke Seite der Bewegungsgleichung geht in

$$\mathrm{i}\hbar \cdot \langle \boldsymbol{r}| \left( \frac{\mathrm{d}}{\mathrm{d}t} |\psi(t)\rangle \right) = \mathrm{i}\hbar \lim_{\varepsilon \to 0} \frac{\langle \boldsymbol{r}|\, \psi(t+\varepsilon)\rangle - \langle \boldsymbol{r}|\psi(t)\rangle}{\varepsilon} = \mathrm{i}\hbar \frac{\partial}{\partial t}\, \psi(\boldsymbol{r}, t) \qquad (11.8)$$

mit $\psi(\boldsymbol{r}, t) \equiv \langle \boldsymbol{r}|\psi(t)\rangle$ über. Die rechte Seite der Bewegungsgleichung führt nach (10.6) auf $H\left(\boldsymbol{r}, \frac{\hbar}{\mathrm{i}} \nabla_{\boldsymbol{r}}\right) \psi(\boldsymbol{r}, t)$. Insgesamt ergibt sich aus (11.1)

$$\mathrm{i}\hbar \frac{\partial}{\partial t}\, \psi(\boldsymbol{r}, t) = H\left(\boldsymbol{r}, \frac{\hbar}{\mathrm{i}} \nabla_{\boldsymbol{r}}\right) \psi(\boldsymbol{r}, t). \qquad (11.8\,\mathrm{a})$$

Die auf induktivem Weg gewonnene zeitabhängige Schrödinger-Gleichung (5.14) erweist sich somit als spezielle mathematische Einkleidung der Bewegungsgleichung (11.1) für Zustandsvektoren.

## 11.2 Bestimmung der physikalisch-relevanten Größen

### 11.2.1 Schrödinger-Bild

Schrödinger zufolge ergibt sich die folgende Vorstellung vom zeitlichen Verhalten im Vektor-Raum $\mathscr{H}$ des physikalischen Systems. Wenn wir eine zeitunabhängige Basis $\{|\beta_j\rangle\}$ in $\mathscr{H}$ voraussetzen, so ändern sich die Komponenten $c_j$ eines Zustandes $|\psi(t)\rangle$ bezüglich dieser Basis gemäß

$$|\psi(t)\rangle = \sum_j c_j(t)\, |\beta_j\rangle \quad \text{mit} \quad \begin{aligned} c_j(t) &= \langle \beta_j|\, \hat{U}(t, t_0)\, |\psi(t_0)\rangle \\ &= \sum_k \langle \beta_j|\, \hat{U}(t, t_0)\, |\beta_k\rangle \langle \beta_k|\psi(t_0)\rangle . \end{aligned} \qquad (11.9)$$

Da die Norm von $|\psi(t)\rangle$ gleich der Norm von $|\psi(t_0)\rangle$ ist, verändert also $\hat{U}(t, t_0)$ die Richtung des Zustandsvektors in $\mathscr{H}$, wobei seine Länge erhalten bleibt.

Die Matrixelemente $\langle \beta_j|\, \hat{A}\, |\beta_{j'}\rangle$ des Operators einer Variablen $\hat{A}$ sind nur dann zeitabhängig, wenn eine explizite Zeitabhängigkeit im Operator $\hat{A}$ auftritt. In diesem Fall wird die Zeitabhängigkeit der Komponenten durch die explizite Zeitabhängigkeit des Operators und nicht durch die dynamische Zeitabhängigkeit des Systems bestimmt.

Man nennt diese Betrachtungsweise das *Schrödinger-Bild*: In ihm wird die durch $\hat{U}(t, t_0)$ vermittelte dynamische Zeitabhängigkeit vom Zustand getragen, wohingegen die dynamische Zeitabhängigkeit nicht in die Operatoren eingeht. Wenn wir die entsprechenden Größen von anderen Bildern unterscheiden wollen, kennzeichnen wir sie im Schrödinger-Bild mit dem Index S (ansonsten unterbleibt die Kennzeichnung im Schrödinger-Bild): $|\psi\rangle_S = \hat{U}(t, t_0)\, |\psi(t_0)\rangle$, $\hat{A}_S$. Die physikalisch-relevante Größe des Erwartungswertes $\langle \hat{L}(t) \rangle$ einer Observablen wird in der Form

$$\langle \hat{L}(t) \rangle = \frac{{}_S\langle \psi | \hat{L}_S | \psi \rangle_S}{{}_S\langle \psi | \psi \rangle_S} \tag{11.10}$$

gebildet. Demnach kann sich auch bei einer zeitunabhängigen Observablen der Erwartungswert zeitlich verändern, wenn sich der Zustand zeitlich ändert. Es sei noch angemerkt, daß die bisher in 11.1 und 11.2 verwendeten Zustandsvektoren und Variablen-Operatoren, insbesondere der Hamilton-Operator, sämtlich als Größen in Schrödinger-Bild angesehen werden müssen.

### 11.2.2 Heisenberg-Bild

In 9.4 war darauf hingewiesen worden, daß sich die physikalisch-relevanten Größen und Beziehungen nicht ändern, wenn man alle Observablen und Vektoren einer Unitärtransformation unterwirft. Das muß auch für die unitäre Transformation der zeitlichen Entwicklung gelten. Wenn man alle Operatoren $\hat{A}_S$ und Vektoren $|\psi\rangle_S$ im Schrödinger-Bild der Unitärtransformation $\hat{U}^{-1}(t, t_0)$ unterwirft, so gelangt man zu den Operatoren und Vektoren des *Heisenberg-Bildes*, die wir mit dem Bildindex H versehen:

$$|\psi\rangle_H = \hat{U}^{-1}(t, t_0)\, |\psi\rangle_S, \qquad \hat{A}_H = \hat{U}^{-1}(t, t_0)\, \hat{A}_S\, \hat{U}(t, t_0). \tag{11.11 a}$$

Die Rücktransformation wird durch

$$|\psi\rangle_S = \hat{U}(t, t_0)\, |\psi\rangle_H, \qquad \hat{A}_S = \hat{U}(t, t_0)\, \hat{A}_H\, \hat{U}^{-1}(t, t_0) \tag{11.11 b}$$

geleistet. Dabei ist vorausgesetzt, daß zur Zeit $t = t_0$ die Größen im Heisenberg- und Schrödinger-Bild übereinstimmen.

Wir wollen die Bedeutung dieser Transformation am Erwartungswert $\langle \hat{L}(t) \rangle$ erörtern. Wenn in (11.10) die Beziehung $|\psi\rangle_S = \hat{U}(t, t_0)\, |\psi(t_0)\rangle$ eingesetzt wird, folgt

$$\langle \hat{L}(t) \rangle = \frac{\langle \psi(t_0) | \, \hat{U}^{-1}(t, t_0)\, \hat{L}_S\, \hat{U}(t, t_0)\, | \psi(t_0) \rangle}{\langle \psi(t_0) | \psi(t_0) \rangle}.$$

Man kann die rechte Seite des Ausdrucks so interpretieren, daß der Erwartungswert mit dem zeitlich festen Zustand $|\psi(t_0)\rangle$ und der zeitlich veränderlichen Observablen $\hat{U}^{-1}(t, t_0)\, \hat{L}_S\, \hat{U}(t, t_0)$ gebildet wird. Wie man durch Vergleich mit (11.11 a) sieht, entspricht das gerade der Auffassung des Heisenberg-Bildes: In ihm sind die Komponenten des Zustandsvektors bezüglich der zeitunabhängigen Basis zeitlich fest, wohingegen die Komponenten des Operators – der ja die dynamische Zeitabhängigkeit trägt – zeitlich veränderlich sind. Durch Anwendung der Transformationsgleichungen (11.11 b) kann man leicht explizit dartun, daß der quantentheoretische Erwartungswert mit den Heisenberg-Größen in der gleichen Form gebildet wird wie mit den Schrödinger-Größen, nämlich

$$\langle \hat{L}(t) \rangle = \frac{{}_H\langle \psi | \hat{L}_H | \psi \rangle_H}{{}_H\langle \psi | \psi \rangle_H}.$$

In Kapitel 9 und Kapitel 10 hatten wir gesehen, daß die Vertauschungsrelationen von physikalischer Relevanz sind. Diese Beziehungen bleiben beim Übergang vom Schrödinger- ins Heisenberg-Bild forminvariant. Wenn man $[\hat{A}_S, \hat{B}_S]$ von links mit $\hat{U}^{-1}$ und von rechts mit $\hat{U}$ multipliziert, erhält man unter Berücksichtigung von $\hat{U}\hat{U}^{-1} = \hat{U}^{-1}\hat{U} = \hat{I}$

$$\hat{U}^{-1}(t, t_0)\,[\hat{A}_S, \hat{B}_S]\,\hat{U}(t, t_0) = [\hat{A}_H, \hat{B}_H].$$

Es gilt also

$$[\hat{A}_S, \hat{B}_S] = \hat{C}_S \leftrightarrow [\hat{A}_H, \hat{B}_H] = \hat{C}_H. \tag{11.12}$$

Aus den Transformationsbeziehungen zwischen Schrödinger- und Heisenberg-Bild folgt die Bewegungsgleichung für den Operator einer dynamischen Variablen im Heisenberg-Bild:

$$\frac{\mathrm{d}}{\mathrm{d}t}\hat{A}_H = \frac{1}{\mathrm{i}\hbar}[\hat{A}_H, \hat{H}_H] + \frac{\partial}{\partial t}\hat{A}_H \quad \text{mit} \quad \frac{\partial}{\partial t}\hat{A}_H \equiv \hat{U}^{-1}\left(\frac{\partial}{\partial t}\hat{A}_S\right)\hat{U}. \tag{11.13}$$

Dabei ist $\hat{H}_H$ der Hamilton-Operator des Systems im Heisenberg-Bild.

Zum Beweis vollziehen wir die zeiliche Differentiation von $\hat{A}_H$:

$$\begin{aligned}\frac{\mathrm{d}}{\mathrm{d}t}(\hat{U}^{-1}\hat{A}_S\hat{U}) &= \frac{\mathrm{d}\hat{U}^{-1}}{\mathrm{d}t}(\hat{A}_S\hat{U}) + \hat{U}^{-1}\frac{\mathrm{d}}{\mathrm{d}t}(\hat{A}_S\hat{U})\\ &= \frac{\mathrm{d}\hat{U}^{-1}}{\mathrm{d}t}(\hat{A}_S\hat{U}) + \hat{U}^{-1}\left(\frac{\partial\hat{A}_S}{\partial t}\hat{U} + \hat{A}_S\frac{\mathrm{d}\hat{U}}{\mathrm{d}t}\right).\end{aligned}$$

Mit der Differentialgleichung (11.3a) für $\hat{U}$ folgt

$$\frac{\mathrm{d}}{\mathrm{d}t}\hat{A}_H = \left(-\frac{1}{\mathrm{i}\hbar}\hat{U}^{-1}\hat{H}_S\right)(\hat{A}_S\hat{U}) + \hat{U}^{-1}\hat{A}_S\left(\frac{1}{\mathrm{i}\hbar}\hat{H}_S\hat{U}\right) + \frac{\partial}{\partial t}\hat{A}_H,$$

woraus nach Übergang von $\hat{H}_S\hat{A}_S$ und $\hat{A}_S\hat{H}_S$ zu den entsprechenden Produkten der Heisenberg-Größen die Differential-Gleichung (11.13) resultiert.

Der zweite Term auf der rechten Seite von (11.13) verschwindet, wenn der Operator $\hat{A}_S$ im Schrödinger-Bild keine explizite Zeitabhängigkeit zeigt. Aus dem Vorgehen bei der Herleitung ist ersichtlich, daß die Übernahme der dynamischen Zeitabhängigkeit durch die Operatoren im Heisenberg-Bild allein durch den ersten Summanden auf der rechten Seite von (11.13) zum Ausdruck kommt.

Wenn es sich um ein konservatives System handelt ($\partial\hat{H}_S/\partial t = 0$), dann ist $\hat{U} = \exp\left[-\frac{\mathrm{i}}{\hbar}\hat{H}_S\cdot(t - t_0)\right]$ mit $\hat{H}_S$ vertauschbar. Das bedeutet aber nach (11.11a), daß $\hat{H}_H = \hat{H}_S$ ist.

Wenn eine Observable $\hat{L}$ nicht explizit von der Zeit abhängt und mit dem Hamilton-Operator vertauschbar ist, dann folgt aus (11.13)

$$\frac{\mathrm{d}}{\mathrm{d}t}\hat{L}_H = \hat{0}. \tag{11.14}$$

Man sagt in diesem Fall, die Observable $\hat{L}$ sei eine *Konstante der Bewegung*. Dies hat unter anderem zur Folge – was wir in 19.1 näher erläutern werden –, daß die einmal angenommenen Quantenzahlen bzw. Symmetrieeigenschaften zeitlich erhalten bleiben, solange keine äußere Störung auftritt. Wenn der Hamilton-Operator nicht explizit von der Zeit abhängt, ist er eine Konstante der Bewegung, d.h., daß die Gesamtenergie zeitlich konstant bleibt.

## 11.3 Allgemeines zu den Bildern der Quantentheorie

Im Schrödinger-Bild wird die dynamische Zeitabhängigkeit voll vom Zustand, im Heisenberg-Bild voll von den Variablen getragen. Diese beiden sind nicht die einzigen möglichen Bilder; man kann auf die Größen im Heisenberg-Bild auch eine andere unitäre Transformation als (11.4) anwenden und gelangt damit zu einem *intermediären Bild*, bei dem die dynamische Zeitabhängigkeit teils vom Zustand und teils von den Variablen getragen wird. Als ein wichtiges Beispiel hierfür ist das Dirac- oder auch Wechselwirkungs-Bild zu nennen, das wir im Kapitel 22 kennenlernen werden. Welches Bild man wählt, hängt davon ab, wie man das jeweils vorliegende Problem am durchsichtigsten darstellen kann. Die Äquivalenz der verschiedenen Bilder im Hinblick auf die Beschreibung der physikalisch-relevanten Größen und Beziehungen weist aus, daß es sich bei den verschiedenen Bildern nur um verschiedene Interpretationen handelt, zwischen denen prinzipiell nicht zugunsten eines Bildes durch experimentelle Verfahren eine Entscheidung getroffen werden kann.

Wir hatten gesehen, daß beim Schrödinger- und beim Heisenberg-Bild die *geometrisch-kinematischen Vorgänge* im Vektor-Raum $\mathscr{H}$ des physikalischen Systems ganz verschieden ablaufen. Während beim ersteren die Operatoren (im allgemeinen) ruhen und die Vektoren sich bewegen, ist beim letzteren eine Bewegung der Operatoren (samt deren Eigenvektoren) und ein Ruhen der Zustandsvektoren zu konstatieren. Das Schrödinger-Bild wird – mit Sicht auf den geometrisch-kinematischen Ablauf in $\mathscr{H}$ – als anschaulicher empfunden, weil die Bewegung eines Vektors leichter zu veranschaulichen ist als die eines Operators. Unbeschadet dieses Sachverhaltes sind die der Messung zugänglichen Werte, wie die Erwartungswerte der Observablen, exakt gleich. Da die Erwartungswerte aus Vektoren und Operatoren gebildet werden, kann man sagen, daß für die physikalisch-relevanten Werte nur die „relative Lage“ von Operatoren und Vektoren im Raum $\mathscr{H}$ von Interesse ist, und nicht, ob die Operatoren oder die Vektoren in $\mathscr{H}$ ruhen.

Das Heisenberg-Bild läßt sich *begrifflich* einfacher in Beziehung zur klassischen Physik setzen als das Schrödinger-Bild. Dem quantentheoretischen Zustand $|\psi\rangle_H = |\psi(t_0)\rangle$ entspricht klassisch – wenn keine Störung von außen auftritt – die „zeitlose“ Bahn des Teilchens in der Phasenebene $\{x = x(t), p = p(t)\}$; diese ist durch einen Anfangspunkt $\{x(t_0), p(t_0)\}$ *und* die Bewegungsgleichungen $\mathrm{d}p/\mathrm{d}t = -\partial H/\partial x$, $\mathrm{d}x/\mathrm{d}t = \partial H/\partial p$ festgelegt. So wie in der klassischen Theorie eine Variable $L[x(t), p(t)]$ auf der zeitlosen Phasenbahn zu verschiedenen Zeiten $t$ verschiedene Werte annimmt, so ergibt sich im Heisenberg-Bild ein zeitabhängiger Erwartungswert $\langle\psi(t_0)|\, L_{\mathrm{H}}(t)\, |\psi(t_0)\rangle$ bei einem zeitlich konstanten Zustand $|\psi\rangle_{\mathrm{H}} = |\psi(t_0)\rangle$. In diesem Sinne hat es nichts Befremdliches, daß $|\psi\rangle_{\mathrm{H}}$ zeitlich konstant ist; bei gegebenen Bewegungsgleichungen (11.13) für die Observablen kommt bis zur nächsten Messung – mit ihrer unstetigen Zustandsänderung – keine neue Information hinzu.

Daß sich das Heisenberg-Bild in relativ einfache Beziehung zur klassischen Beschreibung setzen läßt, weist sich auch an den Bewegungsgleichungen direkt aus. Für eine klassische dynamische Variable $A$ gilt nach (1.11)

$$\frac{\mathrm{d}A}{\mathrm{d}t} = \{A, H\}_{\mathrm{PK}} + \frac{\partial A}{\partial t},$$

wobei $H$ die Hamilton-Funktion des Systems ist. Ein Vergleich mit der Bewegungsgleichung (11.11) für Variable im Heisenberg-Bild weist aus, daß die klassische Gleichung analog zur quantentheoretischen gebaut ist, wenn man die bereits in (8.5) eingeführte „Übersetzung" der Poisson-Klammer benutzt. Damit ergeben sich – bei Vorhandensein eines klassischen Analogons – quantentheoretische Bewegungsgleichungen analog zur klassischen Theorie. Als ein praktisch sehr wichtiges Beispiel hierfür seien mit $\hat{H} = H(\hat{x}, \hat{p})$ die Gleichungen

$$\frac{\mathrm{d}\hat{x}_{\mathrm{H}}}{\mathrm{d}t} = \frac{1}{\mathrm{i}\hbar}[\hat{x}_{\mathrm{H}}, \hat{H}_{\mathrm{H}}] = \frac{\partial \hat{H}_{\mathrm{H}}}{\partial \hat{p}_{\mathrm{H}}}, \qquad \frac{\mathrm{d}\hat{p}_{\mathrm{H}}}{\mathrm{d}t} = \frac{1}{\mathrm{i}\hbar}[\hat{p}_{\mathrm{H}}, \hat{H}_{\mathrm{H}}] = -\frac{\partial \hat{H}_{\mathrm{H}}}{\partial \hat{x}_{\mathrm{H}}} \tag{11.15}$$

genannt, die sich aus (11.13) unter Benutzung von (8.4) ergeben. Die Gleichungen (11.15) entsprechen den Bewegungsgleichungen (1.6) und (1.10) der klassischen Theorie.

Wir wollen am Schluß dieses Kapitels zeigen, daß die in 4.2 behandelte, auf induktivem Wege gewonnene Heisenbergsche Matrizenmechanik aus der Dirac-Formulierung der Quantentheorie *abgeleitet* werden kann. Unter Hinzunahme der entsprechenden Vertauschungsrelation zu (11.15) hat man für ein Teilchen ohne inneren Freiheitsgrad bei eindimensionaler Bewegung und ohne explizite Zeitabhängigkeit in $\hat{H}_{\mathrm{S}}$ die Gleichungen

$$\begin{aligned} &\frac{\mathrm{d}\hat{x}_{\mathrm{H}}}{\mathrm{d}t} = \frac{\partial \hat{H}}{\partial \hat{p}_{\mathrm{H}}}, \qquad \frac{\mathrm{d}\hat{p}_{\mathrm{H}}}{\mathrm{d}t} = -\frac{\partial \hat{H}}{\partial \hat{x}_{\mathrm{H}}}, \\ &[\hat{x}_{\mathrm{H}}, \hat{p}_{\mathrm{H}}] = \mathrm{i}\hbar\hat{I} \quad \text{mit} \quad \hat{H} = \hat{H}_{\mathrm{S}} = \hat{H}_{\mathrm{H}}. \end{aligned} \tag{11.16}$$

Diese 3 Gleichungen für die Operatoren $\hat{x}_{\mathrm{H}}, \hat{p}_{\mathrm{H}}$ stimmen in der Form exakt mit den entsprechenden Grundgleichungen in (4.34) für die Heisenberg-Matrizen $\mathbf{q} = \mathbf{x}$, $\mathbf{p}$ überein. Die Heisenberg-Matrizen sind die Komponenten-Matrizen der Operatoren $\hat{x}_{\mathrm{H}}, \hat{p}_{\mathrm{H}}$ bezüglich der Eigenvektor-Basis des Hamilton-Operators $\hat{H}$. Diese Basis wollen wir mit $\{|E_j\rangle\}$ bezeichnen. Es gilt

$$\begin{aligned} \langle E_j|\, \hat{x}_{\mathrm{H}}\, |E_k\rangle &= \langle E_j|\, \hat{U}^{-1}\hat{x}_{\mathrm{S}}\hat{U}\, |E_k\rangle \\ &= \exp\left[\frac{\mathrm{i}}{\hbar}(E_j - E_k)(t - t_0)\right] \langle E_j|\, \hat{x}_{\mathrm{S}}\, |E_k\rangle . \end{aligned}$$

Ein Vergleich mit (4.27) bzw. (4.41) zeigt, daß das Matrixelement $\langle E_j | \hat{x}_S | E_k \rangle$ tatsächlich gleich dem entsprechenden Element $x_{jk}(t_0)$ der Heisenberg-Matrix $\mathbf{x}$ ist. Da die mathematischen Beziehungen zwischen den Matrizen dieselben wie die zwischen den Operatoren sind, ist somit gezeigt, daß die Heisenbergsche Matrizenmechanik als eine spezielle mathematische Einkleidung der Dirac-Theorie gelten kann.

Zusammen mit den Ausführungen am Ende von 11.1 ist damit bewiesen, daß die gesamte im Komplex B induktiv gewonnene Quantenmechanik aus der Dirac-Formulierung *abgeleitet* werden kann.

*Kontrollfragen*

1. Was versteht man unter der Bewegungsgleichung für einen Zustandsvektor?
2. Wie kann man die zeitliche Veränderung eines Zustandsvektors mit Hilfe des Zeitentwicklungsoperators beschreiben?
3. Welche Eigenschaft besitzt der Zeitentwicklungsoperator?
4. Wie ergibt sich aus der Bewegungsgleichung für einen Zustandsvektor die Schrödinger-Gleichung?
5. Wodurch sind das Schrödinger-Bild und das Heisenberg-Bild charakterisiert?
6. Was versteht man allgemein unter einem Bild in der Quantentheorie?
7. Wie gelangt man von der Dirac-Formulierung im Heisenberg-Bild zur Matrizenmechanik?

# D Quantentheoretische Behandlung konkreter physikalischer Systeme

Nachdem der induktive und deduktive Aufbau der Grundlagen der Quantentheorie in den Komplexen B und C vollzogen worden ist, wollen wir nun die dabei gewonnenen Resultate auf konkrete physikalische Systeme anwenden. Entsprechend dem breiten Anwendungsbereich, den die Quantentheorie in der Physik hat, werden wir eine große Mannigfaltigkeit von Teilchensystemen zu betrachten haben. Dabei spielen Systeme, die Elektronen und Atomkerne enthalten, eine bedeutsame Rolle; sie werden als Probleme der Quantenmechanik behandelt. Eine bedeutsame Rolle spielen auch Photonensysteme, die als Probleme der Quantenoptik behandelt werden. Es gehören aber auch Systeme mit instabilen Teilchen, wie Müonen, sowie solche mit Quasiteilchen von der Art der Phononen dazu.

Unter Berücksichtigung der spezifischen Eigenschaften der Teilchen und ihrer Wechselwirkungsmechanismen werden bei Atomen, Molekülen, Festkörpern, Strahlungsfeldern und Atomkernen die grundlegenden Beziehungen *formuliert*, aus denen sich die physikalisch-relevanten Größen gewinnen lassen. Es handelt sich insbesondere um die Aufstellung des Hamilton-Operators des jeweiligen Systems sowie um die Eigenwert- und Bewegungsgleichungen für signifikante Observable; darin besteht das allgemeine Anliegen des Komplexes D. Von diesen grundlegenden Beziehungen aus kann man bei einer *ersten Art* von Problemen mit gängigen mathematischen Methoden ohne weiteres zu einer vollständigen Lösung oder mindestens zu quantitativen Einsichten in deren Charakter gelangen. Soweit dieses Vorgehen trägt, werden wir den harmonischen Oszillator mit seinen Anwendungsmöglichkeiten im Kapitel 12, die allgemeinen Drehimpulseigenschaften im Kapitel 13, die Ein-Elektronen-Systeme im Kapitel 14, die atomaren Systeme (Atome, Moleküle, Festkörper) im Kapitel 15, das elektromagnetische Strahlungsfeld im Kapitel 16 und Atomkerne im Kapitel 17 behandeln. Eine *zweite Art* von Problemen kann man erst dann einer Lösung zuführen, wenn man bestimmte quantentheoretische Näherungsverfahren (wie die zeitunabhängige und die zeitabhängige Störungsrechnung) oder bestimmte quantentheoretische Konzeptionen (beispielsweise zur Behandlung von Streuproblemen oder zur Wechselwirkung mit dissipativen Systemen) zur Verfügung hat; diese werden wir uns – unter anderem – im Komplex E erarbeiten.

# 12 Der harmonische Oszillator und seine Anwendungsmöglichkeiten

Das Energie-Eigenwertproblem des eindimensionalen harmonischen Oszillators wurde in 4.3 auf der Basis der *Heisenbergschen Matrizenmechanik* und in 5.4.4 auf der Basis der *Schrödingerschen Wellenmechanik* gelöst. Wegen der grundsätzlichen Wichtigkeit und den damit erzielbaren vielfältigen Anwendungsmöglichkeiten der Resultate wollen wir dieses Problem aber auch mit den im Komplex C beschriebenen quantentheoretischen Grundlagen in *Dirac-Formulierung* behandeln.

Nach 7.2 haben wir den harmonischen Oszillator in Dirac-Formulierung durch den Hamilton-Operator

$$\hat{H}=\frac{\hat{p}^2}{2m}+\frac{m\omega^2}{2}\hat{x}^2 \tag{12.1}$$

zu beschreiben, wobei $\hat{x}$ und $\hat{p}$ die Orts- und die Impulsobservable des punktförmigen Teilchens mit der Masse $m$ sind; $\omega$ ist die Oszillatorfrequenz. Durch die Transformationsgleichungen

$$\hat{a}=\frac{1}{\sqrt{2\hbar}}\left(\sqrt{m\omega}\,\hat{x}+\mathrm{i}\frac{\hat{p}}{\sqrt{m\omega}}\right),\qquad \hat{a}^+=\frac{1}{\sqrt{2\hbar}}\left(\sqrt{m\omega}\,\hat{x}-\mathrm{i}\frac{\hat{p}}{\sqrt{m\omega}}\right) \tag{12.2a}$$

kann man von $\hat{x}$, $\hat{p}$ zu den Operatoren $\hat{a}$, $\hat{a}^+$ für die komplexe Normalamplitude übergehen – vgl. 7.2. Die entsprechende Rücktransformation ist

$$\hat{x}=\sqrt{\frac{\hbar}{2m\omega}}(\hat{a}^++\hat{a}),\qquad \hat{p}=\mathrm{i}\sqrt{\frac{\hbar m\omega}{2}}(\hat{a}^+-\hat{a}). \tag{12.2b}$$

Unter Berücksichtigung der Vertauschungsrelationen (8.1) für $\hat{x}$ und $\hat{p}$ ergeben sich mit (12.2a) direkt die Vertauschungsrelationen für $\hat{a}^+$ und $\hat{a}$ zu

$$[\hat{a},\hat{a}^+]=\hat{I},\qquad [\hat{a},\hat{a}]=\hat{0},\qquad [\hat{a}^+,\hat{a}^+]=\hat{0}. \tag{12.3}$$

Mit Hilfe von (12.2b) ergibt sich – wie man leicht nachrechnen kann – aus (12.1) der Hamilton-Operator zu

$$\hat{H}=\hbar\omega\left(\hat{a}^+\hat{a}+\frac{1}{2}\hat{I}\right). \tag{12.4}$$

Es erweist sich, daß der harmonische Oszillator allein durch die Operatorbeziehungen (12.3) und (12.4) hinreichend charakterisiert ist, wobei von der Herkunft der $\hat{a}^+$, $\hat{a}$, also ihrem Zusammenhang mit $\hat{x}$, $\hat{p}$, abgesehen werden kann.

Bei der Diskussion der quantentheoretischen Grundlagen war in 10.2 festgestellt worden, daß die Eigenschaften eines physikalischen Systems durch die Beziehungen zwischen den Operatoren der Variablen bzw. Observablen festgelegt sind. Dies muß insbesondere auch für die Eigenwerte gelten. Wir wollen in 12.1 die Lösung des Eigenwertproblems des Hamilton-Operators $\hat{H}$ allein mit Hilfe der Beziehungen (12.3) und (12.4) für die Operatoren $\hat{a}$, $\hat{a}^+$ und $\hat{H}$ vornehmen, ohne dabei von vornherein in eine spezielle Darstellung zu gehen. Es sei daran erinnert, daß wir in 5.4.4 das *Energie*-Eigenwertproblem des harmonischen Oszillators bereits gelöst haben, indem wir von der entsprechenden Eigenwertgleichung in einer speziellen Darstellung – der *Orts*darstellung – ausgegangen sind. Deshalb könnte man die nochmalige Behandlung auf der alleinigen Basis der Operatorbeziehungen für überflüssig halten. Diese gestattet aber allgemeinere Einsichten und erleichtert es, die Resultate auf verschiedene physikalische Systeme zu übertragen. Sie gelten, was wir insbesondere in 12.2 erläutern werden, nicht nur für die Beschreibung der eindimensionalen Bewegung eines Teilchens im harmonischen Potential, sondern auch für die Beschreibung der Schwingungsbewegung der Molekül- und Gitterbausteine sowie auch für die Erzeugung und Vernichtung von Photonen. Bei der Beschreibung der Photonen erweist sich eine Verwendung der Ortsdarstellung ohnehin als nicht dem Problem angepaßt.

## 12.1 Behandlung des Nummernoperator-Eigenwertproblems auf der Basis von Operatorbeziehungen

Es wird die Gültigkeit der Beziehungen (12.3) und (12.4) vorausgesetzt. Man beherrscht das Eigenwertproblem des in (12.4) angegebenen Hamilton-Operators $\hat{H}$, wenn man das des Operators

$$\hat{N} = \frac{\hat{H}}{\hbar\omega} - \frac{1}{2}\hat{I} = \hat{a}^+ \hat{a} \tag{12.5}$$

beherrscht. Offensichtlich ist $\hat{N} = \hat{N}^+$; der Operator $\hat{N}$ kann als Repräsentant einer Observablen angesehen werden, da er bis auf eine additive Konstante und einen reellen, konstanten Zahlenfaktor gleich dem Energieoperator ist. Das impliziert die Existenz eines Eigenvektorsystems $\{|n\rangle\}$ für $\hat{N}$; die Eigenwertgleichung für $\hat{N}$ lautet

$$\hat{N}\,|n\rangle = n\,|n\rangle . \tag{12.6}$$

Es gilt: $\hat{N}$ hat ein diskretes Eigenwertspektrum mit den Eigenwerten

$$n = 0, 1, 2, 3, \ldots, \tag{12.6a}$$

also allen nichtnegativen ganzen Zahlen; in diesem Zusammenhang nennt man $\hat{N}$ den *Nummernoperator*.

Zum Beweis von (12.6a) gehen wir von den Vertauschungsrelationen

$$[\hat{N}, \hat{a}] = -\hat{a}, \qquad [\hat{N}, \hat{a}^+] = \hat{a}^+$$

aus, die sich aus (12.3) ableiten lassen; mit $[\hat{a}, \hat{a}^+] = \hat{I}$ folgt nämlich

$$\hat{N}\hat{a} = \hat{a}^+ \hat{a}\hat{a} = (\hat{a}\hat{a}^+ - \hat{I})\,\hat{a} = \hat{a}\hat{N} - \hat{a}$$

und

$$\hat{N}\hat{a}^{+} = \hat{a}^{+}(\hat{a}^{+}\hat{a} + \hat{I}) = \hat{a}^{+}\hat{N} + \hat{a}^{+}.$$

Daran anschließend lassen sich durch vollständige Induktion für ganze, nichtnegative $q$, $p$ die allgemeineren Vertauschungsrelationen

$$[\hat{N}, \hat{a}^{q}] = -q\hat{a}^{q}, \tag{12.7a}$$

$$[\hat{N}, (\hat{a}^{+})^{p}] = p(\hat{a}^{+})^{p} \tag{12.7b}$$

gewinnen, von denen im folgenden ausgegangen wird.

Wir multiplizieren (12.7a) von rechts mit einem Eigenket $|n\rangle$ und erhalten

$$\hat{N}[\hat{a}^{q}|n\rangle] = [\hat{a}^{q}\hat{N} - q\hat{a}^{q}]|n\rangle = (n-q)[\hat{a}^{q}|n\rangle]; \tag{12.8a}$$

entsprechend ergibt sich aus (12.7b)

$$\hat{N}[(\hat{a}^{+})^{p}|n\rangle] = (n+p)[(\hat{a}^{+})^{p}|n\rangle]. \tag{12.8b}$$

Das bedeutet, daß die Vektoren

$$\ldots, \hat{a}^{q}|n\rangle, \ldots, \hat{a}|n\rangle, |n\rangle, \hat{a}^{+}|n\rangle, \ldots, (\hat{a}^{+})^{p}|n\rangle, \ldots \tag{12.9a}$$

Eigenkets von $\hat{N}$ zu den Eigenwerten

$$\ldots, n-q, \ldots, n-1, n, n+1, \ldots, n+p, \ldots \tag{12.9b}$$

sind – natürlich nur insoweit sie die notwendige Bedingung für Eigenvektoren, keine Nullvektoren zu sein, erfüllen. Wir müssen also untersuchen, unter welchen Umständen die Norm dieser Vektoren nicht verschwindet. Dazu multiplizieren wir (12.8a) von links mit $[\hat{a}^{q}|n\rangle]^{+}$ und erhalten

$$\langle n|(\hat{a}^{+})^{q+1}\hat{a}^{q+1}|n\rangle = \langle n|(\hat{a}^{+})^{q}\hat{N}\hat{a}^{q}|n\rangle = (n-q)\langle n|(\hat{a}^{+})^{q}\hat{a}^{q}|n\rangle.$$

Das ist gleichbedeutend mit der folgenden Beziehung zwischen der Norm der Vektoren $\hat{a}^{q+1}|n\rangle$ und $\hat{a}^{q}|n\rangle$:

$$\|\hat{a}^{q+1}|n\rangle\|^{2} = (n-q)\cdot\|\hat{a}^{q}|n\rangle\|^{2}. \tag{12.10}$$

Betrachten wir diese Gleichung zunächst für den Fall $q=0$. Dann steht auf der rechten Seite als Faktor bei $n$ die Norm $\||n\rangle\|^{2}$. Da $|n\rangle$ als Eigenket vorausgesetzt war, ist $\||n\rangle\|^{2}>0$. Auf der linken Seite steht die Norm des Vektors $\hat{a}|n\rangle$, der nach 10.2 im erweiterten Hilbert-Raum $\mathscr{H}$ des physikalischen Systems erklärt sein muß; nach (A 1.9) darf die Norm eines solchen Vektors generell nicht negativ werden. Daraus folgt

$$n \geqq 0. \tag{12.11}$$

Für $n=0$ verschwindet die Norm von $\hat{a}|n\rangle$; $\hat{a}|n=0\rangle$ kann also kein Eigenvektor sein.

Betrachten wir nun (12.10) für positive $q$. Wenn $n$ nicht ganzzahlig wäre und im Intervall $q>n>q-1$ läge, würden unter den in (12.9a) aufgeführten Vektoren solche mit negativer Norm auftreten. Es führt nämlich die Anwendung von (12.10) zu dem Resultat, daß die Vektoren

$$|n\rangle, \hat{a}|n\rangle, \ldots, \hat{a}^{q}|n\rangle$$

alle eine positive Norm haben, wohingegen die Norm von $\hat{a}^{q+1}|n\rangle$ *negativ* ist. Nach 10.2 müssen aber die in (12.9a) vorkommenden Vektoren sämtlich in $\mathscr{H}$ erklärt sein, weshalb nichtganzzahlige $n$ auszuschließen sind. $n$ kann also nur ganzzahlige Werte annehmen; in diesem Fall lassen sich negative Werte für Vektornormen vermeiden. Wenn im Falle $q>n$ für $n=0, 1, 2\ldots$

$$\hat{a}^{q}|n\rangle = |0_{V}\rangle \tag{12.12}$$

gilt, können sämtliche Vektoren in (12.9a) als Vektoren im erweiterten Hilbert-Raum $\mathscr{H}$ angesehen werden, deren Norm der Beziehung (12.10) genügt. Die Folge von Eigenkets in (12.9a) bricht nach links bei $q=n$ ab; die Vektoren mit höheren Potenzen in $q$ haben sämtlich die Norm Null und können keine Eigenkets sein. Insgesamt resultiert (12.6a).

Als Eigenvektoren der Observablen $\hat{N}$ erfüllen die $|n\rangle$ die Orthonormierungsrelation

$$\langle n'|n''\rangle = \delta_{n'n''} \tag{12.13}$$

und die Vollständigkeitsrelation

$$\sum_{n=0}^{\infty} |n\rangle\langle n| = \hat{I}. \tag{12.14}$$

Ein Vergleich von (12.9a) und (12.9b) zeigt, daß $\hat{a}^+|n\rangle$ den Eigenzustand mit der Nummer $(n+1)$ charakterisiert und $\hat{a}|n\rangle$ denjenigen mit der Nummer $(n-1)$ (wenn $n>0$ ist). Es gilt also

$$\hat{a}^+|n\rangle = c_+|n+1\rangle, \qquad \hat{a}|n\rangle = c_-|n-1\rangle.$$

Durch jeweiliges Bilden der Norm folgen die Beziehungen

$$\langle n|\hat{a}\hat{a}^+|n\rangle = n+1 = |c_+|^2, \qquad \langle n|\hat{a}^+\hat{a}|n\rangle = n = |c_-|^2.$$

Demnach kann die Wirkung der Operatoren $\hat{a}^+$ und $\hat{a}$ auf den Eigenket $|n\rangle$ durch

$$\hat{a}^+|n\rangle = \sqrt{n+1}\,|n+1\rangle \quad \text{für} \quad n=0,1,2,\ldots \tag{12.15a}$$

und

$$\hat{a}|n\rangle = \begin{cases} \sqrt{n}\,|n-1\rangle & \text{für} \quad n=1,2,3,\ldots \\ |0_V\rangle & \text{für} \quad n=0 \end{cases} \tag{12.15b}$$

ausgedrückt werden; daraus folgt auch die mehrfache Anwendung von $\hat{a}^+$ und $\hat{a}$ auf $|n\rangle$, also die Bildung von $(\hat{a}^+)^p|n\rangle$ und $\hat{a}^q|n\rangle$. Durch sukzessive Anwendung des Operators $\hat{a}^+$ auf den Eigenket $|n=0\rangle$ des Zustandes mit dem niedrigsten Eigenwert kann jeder beliebige Eigenket in der Form

$$|n\rangle = \frac{1}{\sqrt{n!}}(\hat{a}^+)^n|n=0\rangle \tag{12.16}$$

gewonnen werden, was man leicht durch vollständige Induktion zeigen kann. Bei Betrachtung von (12.4) sieht man, daß die Eigenzustände von $\hat{N}$ zugleich auch die von $\hat{H}$ sind; es gilt

$$\hat{H}|n\rangle = \hbar\omega\left(\hat{N}+\frac{1}{2}\hat{I}\right)|n\rangle = \hbar\omega\left(n+\frac{1}{2}\right)|n\rangle.$$

Der Energieeigenwert zum Zustand $|n\rangle$ ist demnach

$$E_n = \hbar\omega\left(n+\frac{1}{2}\right). \tag{12.17}$$

Die Beziehungen (12.6), (12.13), (12.15) gestatten es ohne weiteres, die Komponentenmatrizen von $\hat{N}$, $\hat{a}$, $\hat{a}^+$ bezüglich des Basissystems $\{|n\rangle\}$ anzugeben:

$$\{(\hat{N})_{n'n''}\} = \begin{pmatrix} 0 & 0 & 0 & 0 & \\ 0 & 1 & 0 & 0 & \\ 0 & 0 & 2 & 0 & \\ 0 & 0 & 0 & 3 & \\ & & & & \ddots \end{pmatrix}, \tag{12.18}$$

$$\{(\hat{a})_{n'n''}\} = \begin{pmatrix} 0 & \sqrt{1} & 0 & 0 & \\ 0 & 0 & \sqrt{2} & 0 & \\ 0 & 0 & 0 & \sqrt{3} & \\ 0 & 0 & 0 & 0 & \\ & & & & \ddots \end{pmatrix},$$

$$\{(\hat{a}^+)_{n'n''}\} = \begin{pmatrix} 0 & 0 & 0 & 0 & \\ \sqrt{1} & 0 & 0 & 0 & \\ 0 & \sqrt{2} & 0 & 0 & \\ 0 & 0 & \sqrt{3} & 0 & \\ & & & & \ddots \end{pmatrix}. \tag{12.19}$$

Hierbei tritt deutlich hervor, daß die Komponentenmatrix von $\hat{N}$ hermitesch ist, während dies für die von $\hat{a}$ und $\hat{a}^+$ nicht gilt.

## 12.2 Interpretationen. Besetzungszahldarstellung

Nachdem wir in 12.1 die Behandlung des Eigenwertproblems unter alleiniger Berücksichtigung der Operatorbeziehungen zwischen $\hat{a}$, $\hat{a}^+$ und $\hat{H}$ bzw. $\hat{N}$ abgeschlossen haben, wollen wir uns nun der Interpretation der Ergebnisse zuwenden.

Zunächst betrachten wir wieder den Fall der eindimensionalen Bewegung eines Teilchens (etwa eines Elektrons) in einem Potential mit harmonischer Ortsabhängigkeit. Das Ergebnis für die Energieeigenwerte (12.17) stimmt mit dem in der Ortsdarstellung gefundenen überein – vgl. (5.95). Mit Hilfe der Beziehungen (12.2b) lassen sich für die Eigenzustände des Nummernoperators (die ja mit denen des Energieoperators übereinstimmen) auch die Erwartungswerte der Orts- und Impulsobservablen in einfacher Weise gewinnen. Der Mittelwert der Ortskoordinaten $\langle n|\,\hat{x}\,|n\rangle$ ist eine Linearkombination der Matrixelemente $\langle n|\,\hat{a}^+\,|n\rangle$ und $\langle n|\,\hat{a}\,|n\rangle$; da diese nach (12.15) verschwinden, ergibt sich $\langle n|\,\hat{x}\,|n\rangle = 0$. Entsprechend gilt $\langle n|\,\hat{p}\,|n\rangle = 0$. Die Observable $\hat{x}^2$ ergibt sich aus (12.2b) zu

$$\hat{x}^2 = \frac{\hbar}{m\omega}\left[\frac{1}{2}(\hat{a}^+)^2 + \frac{1}{2}\hat{a}^2 + \hat{a}^+\hat{a} + \frac{1}{2}\hat{I}\right].$$

Bildet man $\langle n|\,\hat{x}^2\,|n\rangle$, so liefern die ersten beiden Summanden wegen (12.15) keinen Beitrag. Es folgt

$$\langle n|\,\hat{x}^2\,|n\rangle = \frac{\hbar}{m\omega}\left[n+\frac{1}{2}\right].$$

Dieses Ergebnis stellt – weil $\langle n|\,\hat{x}\,|n\rangle$ gleich Null ist – zugleich die mittlere quadratische Ortsunschärfe $\langle(\widehat{\Delta x})^2\rangle$ dar; auf die analoge Weise errechnet man $\langle(\widehat{\Delta p})^2\rangle$. Für den Energieeigenzustand $|n\rangle$ ergibt sich die Unschärferelation

$$\langle(\widehat{\Delta x})^2\rangle \cdot \langle(\widehat{\Delta p})^2\rangle = (4n^2+4n+1)\cdot\frac{\hbar^2}{4} \geqq \frac{\hbar^2}{4}. \qquad (12.20)$$

Man sieht, daß die rechte Seite für $n=0$ das aus den quantentheoretischen Grundlagen resultierende Minimum $\hbar^2/4$ annimmt – vgl. 9.3. Mit wachsender Energie, also wachsender Quantenzahl $n$, nimmt das Unschärfeprodukt zu.

Das Teilchen führt nach klassischer Auffassung im harmonischen Potential eine Schwingungsbewegung mit der Frequenz $\omega$ aus. Quantentheoretisch ergeben sich Eigenwerte im äquidistanten Abstand $\hbar\omega$. Man kann das Ergebnis so interpretieren: Wenn sich das System im Zustand $|n\rangle$ befindet, sagt man, daß $n$ (gleichartige) *Schwingungsquanten*, von denen jedes die Energie $\hbar\omega$ hat, angeregt seien. In dieser Auffassung ist $\hat{N}$ der *Teilchenzahl-Operator* für die Schwingungsquanten im System, dessen Eigenzustände $|n\rangle$ die sogenannte *Besetzungszahldarstellung* eines beliebigen Zustandes ermöglichen (mit Wahrscheinlichkeitsamplituden für die Besetzung des $n$-ten Schwingungszustandes bzw. der Existenz von $n$ Schwingungsquanten). Hierbei ergibt sich willkürfrei auch für die Operatoren $\hat{a}^+$ und $\hat{a}$ eine wichtige, eigenständige Deutung. Nach (12.15) wird durch $\hat{a}^+$ das System vom Zustand $|n\rangle$ in $|n+1\rangle$ übergeführt, durch $\hat{a}$ von $|n\rangle$ nach $|n-1\rangle$. Das bedeutet, daß durch $\hat{a}^+$ die Erzeugung eines Schwingungsquantes im System, durch $\hat{a}$ die Vernichtung eines Schwingungsquantes im System beschrieben wird. Man spricht deshalb von $\hat{a}^+$ und $\hat{a}$ als *Erzeugungs-* bzw. *Vernichtungsoperator*. Die Erzeugung oder Vernichtung von Schwingungsquanten – also Übergangsprozesse – können durch die Wechselwirkung des Oszillatorsystems mit einem anderen System herbeigeführt werden, worauf wir weiter unten zurückkommen werden.

Die eben vorgestellte Interpretation wird benutzt zur quantentheoretischen Beschreibung der Schwingungsbewegung der atomaren Bausteine in Molekülen, zur quantentheoretischen Beschreibung der Schwingungsbewegung von Gitterbausteinen in Kristallen, zur Quantisierung des elektromagnetischen Strahlungsfeldes. In allen drei Fällen basiert die Beschreibung auf Systemen ungekoppelter, eindimensionaler harmonischer Oszillatoren, die im allgemeinen verschiedene Oszillatorfrequenzen haben. Die Anwendung des obigen Formalismus führt beim Molekül zu *Molekül-Schwingungsquanten* und beim Kristall zu den *Phononen* (Näheres in 15.1.3 und 26.3), beim Strahlungsfeld zu den *Photonen* (Näheres im Kapitel 16). Es sei schon hier angemerkt, daß im Fall der Phononen und Photonen durch $\hat{a}^+$ und $\hat{a}$ nicht nur die Änderung der Anzahl der Energiequanten im System ausgedrückt wird, sondern auch die von Impulsquanten, so daß wir von Teilchen (bzw. Quasiteilchen) mit der Eigenschaft der Energie und des Impulses sprechen können. Durch die Wechselwirkung von Molekülen oder

Kristallen mit einem Strahlungsfeld können durch Absorptions- oder Emissionsprozesse Molekül-Schwingungsquanten, Phononen, Photonen erzeugt oder vernichtet werden; darauf wird in 22.4.1 eingegangen werden. Zum Schluß sei noch auf folgenden Umstand hingewiesen: Aus (12.17) geht hervor, daß die Systeme auch in dem Fall, daß kein Schwingungsquant vorhanden ist, eine endliche Energie (nämlich $\hbar\omega/2$ pro Oszillator) haben müssen. Auf die physikalische Bedeutung dieser „Nullpunkts-Energie" der nicht schwingungsangeregten Moleküle und Kristalle sowie des Strahlungsfeldes im Zustand des „Photonen-Vakuums" (Abwesenheit von Photonen) werden wir an geeigneter Stelle zurückkommen – vgl. beispielsweise 16.2.

*Kontrollfragen:*

1. Wie lauten die Vertauschungsrelationen für die den komplexen Normalamplituden zuzuordnenden Operatoren?
2. Wie ist der Nummernoperator definiert und welches Eigenwertspektrum hat er?
3. Wie wirken Erzeugungs- und Vernichtungsoperator auf Zustände mit einer festen Anzahl von Schwingungsquanten?

# 13 Äußerer und innerer Drehimpuls eines Teilchens

Nach 7.3 kann man den Vektorkomponenten des äußeren Drehimpulses (des Bahndrehimpulses), der durch den Ort und den Linearimpuls eines als punktförmig angenommenen Teilchens bestimmt wird, folgende Operatoren zuordnen:

$$\begin{aligned} \hat{M}_x &= \hat{y}\hat{p}_z - \hat{z}\hat{p}_y, \\ \hat{M}_y &= \hat{z}\hat{p}_x - \hat{x}\hat{p}_z, \\ \hat{M}_z &= \hat{x}\hat{p}_y - \hat{y}\hat{p}_x. \end{aligned} \tag{13.1}$$

Die Größen $\hat{M}_x$, $\hat{M}_y$, $\hat{M}_z$ stellen Observable dar. Beim Rechnen mit diesen Operatoren – etwa ihrer Produktbildung – hat man die Vertauschungsrelationen (8.1) für die Komponenten des Orts- und Impulsvektors zu berücksichtigen. Aus (13.1) ergibt sich die Beziehung

$$[\hat{M}_j, \hat{M}_{j+1}] = i\hbar\hat{M}_{j+2} \tag{13.2a}$$

zwischen den drei Vektor-Komponenten des Drehimpulses ($x$, $y$, $z$ entsprechen $j = 1, 2, 3$ bei zyklischer Vertauschung) sowie die Beziehung

$$[\hat{M}_j, \hat{Q}] = \hat{0} \quad \text{mit} \quad \hat{Q} = \hat{M}_x{}^2 + \hat{M}_y{}^2 + \hat{M}_z{}^2. \tag{13.2b}$$

Auf die erste Gleichung war schon durch (8.6) hingewiesen worden. Gleichung (13.2a) bedeutet, daß man nicht alle 3 Komponenten gleichzeitig scharf messen kann; deshalb sprechen wir von einem Operator $\hat{\boldsymbol{M}}$ des Vektors des äußeren Drehimpulses, der im strengen Sinn keine Observable ist – vgl. 9.3, wohingegen das für jede seiner Komponenten $\hat{M}_x$, $\hat{M}_y$, $\hat{M}_z$ gilt. Die zweite Gleichung bedeutet die Vertauschbarkeit aller Komponenten mit dem Operator $\hat{Q}$, welcher die Observable des Drehimpulsquadrates repräsentiert; man kann also irgendeine Komponente – der Konvention entsprechend wird $\hat{M}_z$ gewählt – gemeinsam mit dem Drehimpulsquadrat gleichzeitig scharf messen.

## 13.1 Behandlung des Drehimpuls-Eigenwertproblems auf der Basis von Operatorbeziehungen

Wir wollen in diesem Abschnitt das Problem in der Weise behandeln, daß wir die Abhängigkeit des Drehimpulses von Bahnobservablen $\hat{x}$, $\hat{y}$, $\hat{z}$, $\hat{p}_x$, $\hat{p}_y$, $\hat{p}_z$ – wie sie in (13.1) ausgedrückt ist – außer acht lassen und das Drehimpuls-Eigenwertproblem ausschließlich auf der Basis von Operatorbeziehungen behandeln. Diese sollen vom Typ (13.2a) und (13.2b) sein. Um daran zu erinnern, daß wir jetzt einen Drehimpuls betrachten, der – im Gegensatz zum Bahndrehimpuls ($\hat{M}_x$, $\hat{M}_y$, $\hat{M}_z$) – nicht durch Bahnobservable bestimmt ist, wählen wir ein neues Symbol: die Vektorkomponenten werden mit $\hat{J}_x$, $\hat{J}_y$, $\hat{J}_z$ und das Drehimpulsquadrat mit $\hat{Q}_J$ bezeichnet. Im folgenden wird nur vorausgesetzt, daß die Operatoren $\hat{J}_x$, $\hat{J}_y$, $\hat{J}_z$, $\hat{Q}_J$ Observable repräsentieren und die Beziehungen

$$[\hat{J}_j, \hat{J}_{j+1}] = i\hbar \hat{J}_{j+2} \quad \text{mit} \quad j = 1, 2, 3 \mathrel{\hat{=}} x, y, z \tag{13.3a}$$

und

$$[\hat{J}_j, \hat{Q}_J] = \hat{0} \quad \text{mit} \quad \hat{Q}_J = \hat{J}_x{}^2 + \hat{J}_y{}^2 + \hat{J}_z{}^2 \tag{13.3b}$$

gültig sind. Dieses Vorgehen ist in methodischer Hinsicht dem beim harmonischen Oszillator in 12.1 angewandten analog. Durch Einführung eines nur durch die Vertauschungsrelationen charakterisierten Drehimpulsoperators (bei dem von speziellen Realisierungen abgesehen wird) werden dieselben Vorteile erreicht, wie sie schon in den Bemerkungen zu 12.1 ausgedrückt wurden; insbesondere sind die Resultate für eine größere Vielfalt von Problemen verwendbar als die in der (speziellen) Ortsdarstellung – vgl. 5.4.5.1 – gewonnenen. In 19.1.3 wird darauf hingewiesen, daß die Form der Vertauschungsrelation mit der Isotropie für den betrachteten Ortsraum zusammenhängt.

Nach 9.3.1 muß es einen vollständigen Satz gemeinsamer Eigenzustände zu den wegen (13.3b) vertauschbaren Observablen $\hat{J}_z$ und $\hat{Q}_J$ geben; diese Zustände wollen wir mit $|\tilde{m}, \tilde{q}\rangle$ bezeichnen. Die $|\tilde{m}, \tilde{q}\rangle$ haben die Eigenschaften

$$\hat{J}_z\, |\tilde{m}, \tilde{q}\rangle = \tilde{m}\hbar\, |\tilde{m}, \tilde{q}\rangle, \tag{13.4a}$$

$$\hat{Q}_J\, |\tilde{m}, \tilde{q}\rangle = \tilde{q}\hbar^2\, |\tilde{m}, \tilde{q}\rangle; \tag{13.4b}$$

für die Eigenwerte $\tilde{q}\hbar^2$ und $\tilde{m}\hbar$ ergibt sich

$$\tilde{q} = \tilde{l}(\tilde{l}+1) \quad \text{mit} \quad \tilde{l} = 0, \frac{1}{2}, 1, \frac{3}{2}, \dots \tag{13.5}$$

und

$$\tilde{m} = -\tilde{l}, -\tilde{l}+1, \dots, +\tilde{l}. \tag{13.6}$$

Für den Beweis der Beziehungen (13.5) und (13.6) ist es günstig, zu den dimensionslosen Operatoren

$$\hat{J}_z{}' = \frac{1}{\hbar}\hat{J}_z \quad \text{und} \quad \hat{Q}_J{}' = \frac{1}{\hbar^2}\hat{Q}_J$$

überzugehen; weiterhin führen wir den Operator

$$\hat{J}' = \frac{1}{\hbar}(\hat{J}_x - \mathrm{i}\hat{J}_y) \tag{13.7a}$$

ein, der die Operatoren $\hat{J}_x$, $\hat{J}_y$ folgendermaßen auszudrücken gestattet:

$$\hat{J}_x = \frac{\hbar}{2}[\hat{J}' + \hat{J}'^+], \quad \hat{J}_y = \frac{\hbar}{2\mathrm{i}}[\hat{J}'^+ - \hat{J}']. \tag{13.7b}$$

(Im mathematischen Beweisgang spielen die Operatoren $\hat{J}'$, $\hat{J}'^+$ eine ähnliche Rolle wie $\hat{a}$, $\hat{a}^+$ in 12.1.) Mit Hilfe der Vertauschungsrelationen (13.3a), (13.3b) und der Definitionen für $\hat{J}_z'$, $\hat{J}'$, $\hat{Q}_J'$ lassen sich – gegebenenfalls mittels vollständiger Induktion – die Operatorbeziehungen

$$[\hat{J}_z', (\hat{J}')^p] = -p(\hat{J}')^p \quad \text{für} \quad p = 0, 1, 2, 3, \ldots, \tag{13.8a}$$

$$[\hat{J}_z'^+, (\hat{J}'^+)^u] = u(\hat{J}'^+)^u \quad \text{für} \quad u = 0, 1, 2, 3, \ldots, \tag{13.8b}$$

$$[\hat{Q}_J', (\hat{J}')^p] = \hat{0}, \tag{13.8c}$$

$$\hat{J}'^+ \hat{J}' = \hat{Q}_J' - (\hat{J}_z')^2 + \hat{J}_z' \tag{13.8d}$$

ableiten, die wir im folgenden benutzen.

Wir multiplizieren (13.8a) und (13.8b) von rechts mit einem Eigenket $|\tilde{m}, \tilde{q}\rangle$ und erhalten

$$\hat{J}_z'[(\hat{J}')^p |\tilde{m}, \tilde{q}\rangle] = [(\hat{J}')^p \hat{J}_z' - p(\hat{J}')^p] |\tilde{m}, \tilde{q}\rangle = (\tilde{m} - p) [(\hat{J}')^p |\tilde{m}, \tilde{q}\rangle], \tag{13.9a}$$

$$\hat{Q}_J'[(\hat{J}')^p |\tilde{m}, \tilde{q}\rangle] = \tilde{q}[(\hat{J}')^p |\tilde{m}, \tilde{q}\rangle]. \tag{13.9b}$$

Wenn $|\tilde{m}, \tilde{q}\rangle$ ein Eigenket von $\hat{J}_z'$ und $\hat{Q}_J'$ ist, dann ist das auch $(\hat{J}')^p |\tilde{m}, \tilde{q}\rangle$, sofern er die allgemeine Bedingung der positiven Norm für Eigenkets erfüllt. Wir prüfen dies, indem wir (13.8c) von rechts mit $(\hat{J}')^p |\tilde{m}, \tilde{q}\rangle$ und von links mit $\langle\tilde{m}, \tilde{q}| (\hat{J}'^+)^p$ multiplizieren. Es folgt

$$\|(\hat{J}')^{p+1} |\tilde{m}, \tilde{q}\rangle\|^2 = \{\tilde{q} - (\tilde{m} - p)^2 + (\tilde{m} - p)\} \|(\hat{J}')^p |\tilde{m}, \tilde{q}\rangle\|^2. \tag{13.10}$$

Diese Gleichung diskutieren wir in Analogie zu (12.10). Unter der Voraussetzung, daß $(\hat{J}')^p |\tilde{m}, \tilde{q}\rangle$ ein „echter" Eigenvektor ist – also eine positive Norm hat –, ist $(\hat{J}')^{p+1} |\tilde{m}, \tilde{q}\rangle$ nur dann im erweiterten Hilbert-Raum $\mathscr{H}$ des physikalischen Systems erklärt, wenn die geschweifte Klammer einen nichtnegativen Wert annimmt. Bei gegebenen $\tilde{q}$, $\tilde{m}$ wird für großes $p$ die geschweifte Klammer wegen des Gliedes $(-p^2)$ auf jeden Fall negativ. Es sind alle Vektoren $(\hat{J}')^p |\tilde{m}, \tilde{q}\rangle$ Eigenvektoren von $\hat{J}_z'$ und $\hat{Q}_J'$, wenn $p \leqq p'$ gilt, wobei sich der maximale Wert $p'$ aus

$$\{\tilde{q} - (\tilde{m} - p')^2 + (\tilde{m} - p')\} = 0 \tag{13.10a}$$

bestimmt. Mit (13.8b) kann man auf die gleiche Weise zeigen, daß für $u = 0, 1, 2, 3, \ldots$ und $u \leqq u'$ mit

$$\{\tilde{q} - (\tilde{m} + u')^2 - (\tilde{m} + u')\} = 0 \tag{13.10b}$$

die Vektoren $(\hat{J}'^+)^u |\tilde{m}, \tilde{q}\rangle$ Eigenvektoren von $\hat{J}_z'$ und $\hat{Q}_J'$ sind. Die Beziehungen (13.10) stellen zwei quadratische Gleichungen für $\tilde{m} - p'$ und $\tilde{m} + u'$ dar, welche die Lösungen

$$\tilde{m} - p' = \frac{1}{2} - \frac{1}{2}\sqrt{4\tilde{q} + 1},$$

$$\tilde{m} + u' = -\frac{1}{2} + \frac{1}{2}\sqrt{4\tilde{q} + 1}$$

haben; da $p', u' \geqq 0$ sind, wurde die Vorzeichenfixierung so vorgenommen, daß $\tilde{m} + u' \geqq \tilde{m} - p'$ ist. Es folgt

$$p' + u' = \sqrt{4\tilde{q} + 1} - 1.$$

Da $p' + u'$ eine ganze Zahl ist, kann diese stets in der Form

$$p' + u' = 2\tilde{l} \quad \text{mit} \quad \tilde{l} = 0, \frac{1}{2}, 1, \frac{3}{2}, \ldots$$

dargestellt werden.

$$2\tilde{l} = \sqrt{4\tilde{q} + 1} - 1$$

führt auf

$$\tilde{q} = \tilde{l}(\tilde{l} + 1).$$

(13.9 a) weist aus, daß $\hat{J}_z{}'$ äquidistant liegende Eigenwerte mit der Differenz Eins hat; der kleinste Eigenwert ist

$$\tilde{m} - p' = \frac{1}{2} - \frac{1}{2}(2\tilde{l} + 1) = -\tilde{l},$$

der größte ist

$$\tilde{m} + u' = -\frac{1}{2} + \frac{1}{2}(2\tilde{l} + 1) = +\tilde{l}.$$

Damit sind die Aussagen (13.5) und (13.6) bewiesen.

Auf Grund dieses Ergebnisses sind die Quantenzahlen $\tilde{m}$ und $\tilde{l}$ als geeignete Größen für die Kennzeichnung eines Eigenzustandes anzusehen; wir gehen deshalb von $|\tilde{m}, \tilde{q}\rangle$ zur Bezeichnung $|\tilde{m}, \tilde{l}\rangle$ über. Zu jedem $\tilde{l}$ – und damit zu jedem Eigenwert $\tilde{l}(\tilde{l}+1)\,\hbar^2$ von $\hat{Q}_J$ – gehören $(2\tilde{l}+1)$ Eigenwerte $\tilde{m}\hbar$ von $\hat{J}_z$; ein Eigenwert von $\hat{Q}_J$ ist also $(2\tilde{l}+1)$-fach entartet. Die Orthonormierung der Eigenzustände der Observablen $\hat{Q}_J$ und $\hat{J}_z$ wird durch

$$\langle \tilde{m}, \tilde{l} | \tilde{m}', \tilde{l}' \rangle = \delta_{\tilde{m}\tilde{m}'} \cdot \delta_{\tilde{l}\tilde{l}'}, \tag{13.11}$$

die Vollständigkeit durch

$$\sum_{\tilde{l}=0,(1/2),1,\ldots} \; \sum_{\tilde{m}=-\tilde{l}}^{+\tilde{l}} |\tilde{m}, \tilde{l}\rangle \langle \tilde{m}, \tilde{l}| = \hat{I} \tag{13.12}$$

ausgedrückt. Die Wirkung der Operatoren $\hat{J}_x$ und $\hat{J}_y$ auf $|\tilde{m}, \tilde{l}\rangle$ kann wegen (13.7 b) durch die von $\hat{J}'$ und $(\hat{J}')^+$ auf $|\tilde{m}, \tilde{l}\rangle$ erklärt werden. Aus (13.9 a) folgt, daß $\hat{J}'\,|\tilde{m}, \tilde{l}\rangle$ den Eigenzustand $|\tilde{m}-1, \tilde{l}\rangle$ charakterisiert. Unter Berücksichtigung von (13.8 c) gilt

$$\hat{J}'\,|\tilde{m}, \tilde{l}\rangle = \sqrt{(\tilde{l}+\tilde{m})(\tilde{l}-\tilde{m}+1)}\;|\tilde{m}-1, \tilde{l}\rangle. \tag{13.13 a}$$

Entsprechend gilt

$$(\hat{J}')^+\,|\tilde{m}, \tilde{l}\rangle = \sqrt{(\tilde{l}-\tilde{m})(\tilde{l}+\tilde{m}+1)}\;|\tilde{m}+1, \tilde{l}\rangle. \tag{13.13 b}$$

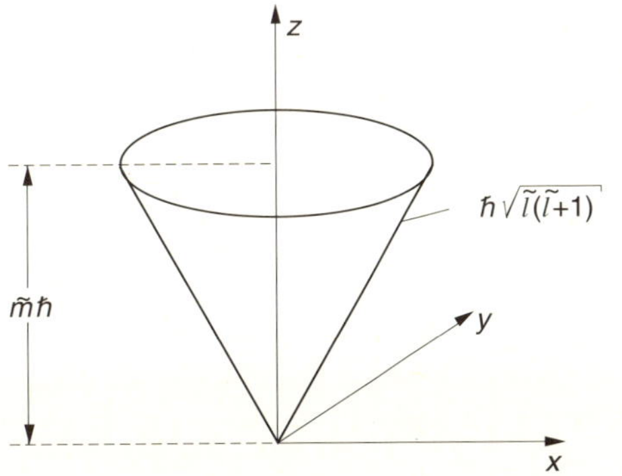


**Abb. 13.1**
Richtungsquantisierung des Drehimpulses

Die physikalische Interpretation dieser Resultate geht davon aus, daß bei einem Zustand $|\tilde{m}, \tilde{l}\rangle$ als Meßwert die Wurzel aus dem Drehimpulsquadrat

$$\sqrt{\langle \tilde{m}, \tilde{l}|\, \hat{Q}_J \,|\tilde{m}, \tilde{l}\rangle} = \hbar \sqrt{\tilde{l}(\tilde{l}+1)} \tag{13.14}$$

gefunden wird, während $(2\tilde{l}+1)$ mögliche Meßwerte für die $z$-Komponente des Drehimpulses auftreten können. Für den 3-dimensionalen euklidischen Raum ist der Sachverhalt schematisch in Abb. 13.1 dargestellt. Ein Vektor mit der Wurzel aus dem Drehimpulsquadrat $\hbar\sqrt{\tilde{l}(\tilde{l}+1)}$, dessen $x$- und $y$-Koordinaten nicht festliegen, hat als Meßwert der $z$-Komponente $\tilde{m}\hbar$. Das bedeutet eine *Richtungsquantelung* bezüglich der $z$-Achse. Man muß sich bei der Wertung der Zeichnung natürlich im klaren sein, daß die Wurzel aus dem quantentheoretischen Meßwert des Drehimpulsquadrates nicht mit dem klassischen Betrag des Drehimpulsvektors identisch ist. Es sind – wegen der Vertauschungsrelation (13.3a) – die Komponenten nicht gleichzeitig meßbar.

## 13.2 Bahndrehimpuls

Bei der Behandlung des durch die Bahnbewegung eines punktförmigen Teilchens bedingten Drehimpulses können wir von den in 13.1 erzielten Ergebnissen ausgehen, da ja die Struktur der Operatorbeziehungen (13.3a) und (13.3b) für $\hat{\boldsymbol{J}}$ und $\hat{Q}_J$ genau die gleiche wie die von (13.2a) und (13.2b) für den Bahndrehimpuls-Operator $\hat{\boldsymbol{M}}$ und sein Quadrat $\hat{Q}$ ist. Allerdings müssen wir jetzt zusätzlich die Beziehungen (13.1), die die Abhängigkeit des Bahndrehimpulses von den Bahnobservablen ausdrücken, berücksichtigen. Bei diesem Problem ist es sinnvoll, nach der räumlichen Aufenthaltswahrscheinlichkeit zu fragen; wir werden deshalb in die Ortsdarstellung gehen. Bei Ersetzung von $\hat{J}_z$ durch $\hat{M}_z$ geht die Eigenwertgleichung (13.4a) über in

$$\langle \boldsymbol{r}|\, \hat{M}_z \,|\tilde{m}, \tilde{l}\rangle = \langle \boldsymbol{r}|\, \hat{x}\hat{p}_y - \hat{y}\hat{p}_x \,|\tilde{m}, \tilde{l}\rangle = \tilde{m}\hbar\, \langle \boldsymbol{r}|\tilde{m}, \tilde{l}\rangle .$$

Mit (10.6) folgt

$$\frac{\hbar}{\mathrm{i}}\left(x\frac{\partial}{\partial y} - y\frac{\partial}{\partial x}\right)\langle \boldsymbol{r}|\tilde{m}, \tilde{l}\rangle = \tilde{m}\hbar\, \langle \boldsymbol{r}|\tilde{m}, \tilde{l}\rangle . \tag{13.15a}$$

$\langle \boldsymbol{r}|\tilde{m}, \tilde{l}\rangle$ kann als Funktion beliebiger Koordinaten im dreidimensionalen Ortsraum aufgefaßt werden; es ist allerdings günstig, Kugelkoordinaten $(r, \vartheta, \varphi)$ zu verwenden. Dann schreibt sich (13.15a) in der Form

$$\frac{\hbar}{\mathrm{i}}\frac{\partial}{\partial\varphi}\langle \boldsymbol{r}|\tilde{m}, \tilde{l}\rangle = \tilde{m}\hbar\, \langle \boldsymbol{r}|\tilde{m}, \tilde{l}\rangle . \tag{13.15b}$$

$\langle \boldsymbol{r}|\tilde{m}, \tilde{l}\rangle$ ist eine Funktion von $r, \vartheta, \varphi$; da der $\hat{M}_z$ zuzuordnende Differentialoperator $\frac{\hbar}{\mathrm{i}}\frac{\partial}{\partial\varphi}$ aber nicht auf $\vartheta$ und $r$ wirkt, bleibt die Eigenfunktion zu diesem

Operator bezüglich $(r, \vartheta)$ unbestimmt:

$$\langle \boldsymbol{r} | \tilde{m}, \tilde{l} \rangle = F(r, \vartheta) \cdot \Phi(\varphi). \tag{13.16}$$

Als Lösung von (13.15 b) erhalten wir für den Anteil

$$\Phi(\varphi) = c\, \mathrm{e}^{\mathrm{i}\tilde{m}\varphi}, \tag{13.17}$$

wobei $c$ eine Normierungskonstante ist.

Nun betrachten wir die Eigenwertgleichung des Drehimpulsquadrates

$$\langle \boldsymbol{r} | \, \hat{Q} \, | \tilde{m}, \tilde{l} \rangle = \tilde{l}(\tilde{l}+1)\, \hbar^2 \langle \boldsymbol{r} | \tilde{m}, \tilde{l} \rangle .$$

$\hat{Q}$ hängt gemäß der in (13.2 b) angegebenen Weise von $\hat{x}$, $\hat{y}$, $\hat{z}$, $\hat{p}_x$, $\hat{p}_y$, $\hat{p}_z$ ab. Wenn wir wieder (10.6) verwenden und von den kartesischen zu den Kugelkoordinaten übergehen, erhalten wir

$$\hbar^2 \left\{ -\frac{1}{\sin\vartheta} \frac{\partial}{\partial\vartheta} \left( \sin\vartheta \frac{\partial}{\partial\vartheta} \right) - \frac{1}{\sin^2\vartheta} \frac{\partial^2}{\partial\varphi^2} \right\} \langle \boldsymbol{r} | \tilde{m}, \tilde{l} \rangle = \tilde{l}(\tilde{l}+1)\, \hbar^2 \, \langle \boldsymbol{r} | \tilde{m}, \tilde{l} \rangle . \tag{13.18}$$

Der $\hat{Q}$ zuzuordnende Operator wirkt nicht auf die Koordinate $r$, deshalb bleibt die Eigenfunktion bezüglich $r$ unbestimmt. Mit (13.16) kann $\langle \boldsymbol{r} | \tilde{m}, \tilde{l} \rangle$ also in der Form

$$\langle \boldsymbol{r} | \tilde{m}, \tilde{l} \rangle = R(r)\, \Theta(\vartheta)\, \Phi(\varphi)$$

geschrieben werden. Diejenigen Funktionen $\langle \boldsymbol{r} | \tilde{m}, \tilde{l} \rangle$, die den Differentialgleichungen (13.15 b) und (13.18) unter Beachtung der Normierungsbedingung

$$\int \mathrm{d}^3 \boldsymbol{r} \, |\langle \boldsymbol{r} | \tilde{m}, \tilde{l} \rangle|^2 = 1 \tag{13.19}$$

genügen, sind die *Kugelflächenfunktionen* $Y(\vartheta, \varphi)$. Es sei daran erinnert, daß wir diese bei der Behandlung des Energie-Eigenwertproblems für ein kugelsymmetrisches Potential bereits in 5.4.5.1 kennengelernt haben.

Wir müssen nach dieser mathematischen Betrachtung überprüfen, ob die Lösungen alle Anforderungen erfüllen, die von den quantentheoretischen Grundlagen her an sie gestellt werden müssen. Insbesondere geht es hierbei um die Beschreibung der physikalisch-relevanten Größen; nach 9.4 muß die von $r$, $\vartheta$, $\varphi$ abhängige Funktion $\langle \boldsymbol{r} | \tilde{m}, \tilde{l} \rangle$ so beschaffen sein, daß sie überall eindeutig ist und die Normierungsbedingung (13.19) erfüllt. Betrachten wir zunächst die Eindeutigkeits-Forderung; sie besagt bezüglich $\Phi(\varphi)$, daß

$$\Phi(\varphi) = \Phi(\varphi + 2\pi) \tag{13.20}$$

sein muß. Aus (13.17) folgt, daß

$$\Phi(\varphi + 2\pi) = c\, \mathrm{e}^{\mathrm{i}\tilde{m}\varphi}\, \mathrm{e}^{\mathrm{i}\tilde{m}2\pi} \tag{13.21}$$

ist. Wie wir aus (13.6) wissen, nimmt $\tilde{m}$ ganzzahlige Werte an, wenn $\tilde{l}$ ganzzahlig ist. Dann ist $\Phi(\varphi) = \Phi(\varphi + 2\pi)$. Wenn $\tilde{l}$ halbzahlig ist, nimmt auch $\tilde{m}$ halbzahlige Werte an; in diesem Fall ist $\Phi(\varphi) \neq \Phi(\varphi + 2\pi)$ und somit die Forderung der Eindeutigkeit verletzt. In diesem Fall erfüllen die Lösungen nicht die Anforderungen, die von den quantentheoretischen Fundamenten her an sie gestellt werden müssen; diejenigen Lösungen aus 13.1 mit halbzahligen Werten der Quantenzahl $\tilde{l}$ und damit auch der Quantenzahl $\tilde{m}$ sind beim Bahndrehimpuls *nicht* zugelassen.

Die Erfüllung der Forderung der Normierbarkeit (13.19) führt zu keiner weiteren Modifikation des Eigenwertspektrums.

Hinsichtlich des Bahndrehimpulses eines Teilchens treten somit folgende Eigenwerte auf: Das Quadrat des Drehimpulses nimmt die Werte

$$l(l+1)\,\hbar^2 \quad \text{mit} \quad l=0,1,2,\ldots \tag{13.22}$$

an, die $z$-Komponente des Drehimpulses die Werte

$$m_l\hbar \quad \text{mit} \quad m_l=-l,\,-l+1,\,\ldots,\,+l. \tag{13.23}$$

Man nennt $l$ die Quantenzahl des Bahndrehimpulses, $m_l$ die magnetische Quantenzahl des Bahndrehimpulses. Die hier direkt aus den Grundlagen gewonnenen Resultate für den Bahndrehimpuls stimmen mit denjenigen überein, wie sie bei der Behandlung des kugelsymmetrischen Potentials in 5.4.5.1 gewonnen wurden.

Der Bahndrehimpuls $\boldsymbol{M}$ eines geladenen Teilchens (Ladung $q$) ist bei klassischer Beschreibung nach 1.2 mit dem von der Bahnbewegung herrührenden magnetischen Moment

$$\boldsymbol{N}_B=\frac{\mu_0 q}{2m}\boldsymbol{M}$$

verknüpft. In Übertragung dieser Beziehung wird der Operator des magnetischen Momentes gebildet; er ist für das Elektron ($q=-e$)

$$\hat{\boldsymbol{N}}_B=-\frac{\mu_B}{\hbar}\hat{\boldsymbol{M}}, \tag{13.24}$$

wobei $\mu_B=\dfrac{\mu_0\,\hbar e}{2m}$ das Bohrsche Magneton bedeutet (siehe auch 26.4.2).

## 13.3 Innerer Drehimpuls

Die empirischen Befunde zwangen dazu, vielen Partikeln neben dem Bahndrehimpuls einen inneren Drehimpuls („Spin", „Eigendrehimpuls") zuzuordnen. Insbesondere spektroskopische Erfahrungen führten S. GOUDSMIT und G. E. UHLENBECK 1925 zu der Hypothese, daß das Elektron einen mechanischen Eigendrehimpuls besitzen müsse, dessen Komponente bezüglich einer ausgezeichneten Richtung im 3-dimensionalen euklidischen Raum nur zweier Werte $\left(\pm\dfrac{\hbar}{2}\right)$ fähig sei – vgl. 3.1.2.2. Mit dem Vektor $\boldsymbol{S}$ dieses inneren Drehimpulses ist ein inneres magnetisches Moment $\boldsymbol{N}_S=-\dfrac{g\mu_B}{\hbar}\boldsymbol{S}$ verbunden, wobei $g$ der in 3.1.2.2 eingeführte gyromagnetische Faktor (oder Landé-Faktor) des Elektrons ist. Die Größen $\boldsymbol{S}$ und $\boldsymbol{N}_S$ rühren nicht von der Bahnbewegung her, sondern sind auch Eigenschaften der ruhenden Partikel. Diese auf induktivem Weg gewonnene Konzeption hat sich glänzend bewährt. W. PAULI hat durch Einführung von Spinmatrizen bzw. Spinoperatoren

$\hat{S}_x$, $\hat{S}_y$, $\hat{S}_z$, die mit den Komponenten des Drehimpuls-Vektors $\boldsymbol{S}$ korrespondieren, diese Konzeption in umfassender Weise mathematisch fundiert, so daß sie in einem weiten Bereich anwendungsfähig wurde. Neben dem Elektron kann man mit ihr auch die inneren Drehimpulse von anderen Elementarteilchen (z.B. Proton und Neutron) und von Elementarteilchen-Verbänden (z.B. die aus Nukleonen zusammengesetzten Atomkerne mit Werten $0, \frac{\hbar}{2}, \hbar, \ldots, \frac{9}{2}\hbar$ und die Elektronenhülle von Atomen und Molekülen) beschreiben. Es sei angemerkt, daß es bei den zugrunde liegenden Sachverhalten günstig ist, nur den inneren Drehimpuls einzelner Elementarteilchen mit „Spin" zu bezeichnen; der (gesamte) innere Drehimpuls von Elementarteilchen-Verbänden setzt sich aus den Spins der einzelnen Elementarteilchen und aus Anteilen zusammen, die von deren Bahnbewegung innerhalb des Verbandes herrühren (wir werden darauf in 15.2 zurückkommen). Allerdings wird in der physikalischen Literatur im allgemeinen nicht derart scharf distinguiert, so daß auch die Ausdrücke „Kernspin", „Spin der Atomhülle" gängig sind.

Wegen des experimentell gesicherten Auftretens von ganzzahligen *und* halbzahligen Werten des inneren Drehimpulses (wenn man diesen in Einheiten $\hbar$ mißt) und wegen der Resultate (13.5) und (13.6) von (13.3a) und (13.3b) stellte PAULI seine Theorie auf die Basis der Vertauschungsrelationen

$$[\hat{S}_j, \hat{S}_{j+1}] = \mathrm{i}\hbar\hat{S}_{j+2} \tag{13.25a}$$

und

$$[\hat{S}_j, \hat{Q}_S] = 0 \quad \text{mit} \quad \hat{Q}_S = \hat{S}_x^{\,2} + \hat{S}_y^{\,2} + \hat{S}_z^{\,2}, \tag{13.25b}$$

wobei die $\hat{S}_j$ die Vektorkomponenten des Operators $\hat{\boldsymbol{S}}$ des inneren Drehimpulses und $\hat{Q}_S$ das entsprechende Drehimpulsquadrat sind. $\hat{S}_x$, $\hat{S}_y$, $\hat{S}_z$, $\hat{Q}_S$ sind Observable, während das für $\hat{\boldsymbol{S}}$ nicht im strengen Sinne gilt – vgl. einleitende Bemerkungen zu Kapitel 13. Die Operatoren $\hat{S}_x$, $\hat{S}_y$, $\hat{S}_z$, $\hat{Q}_S$ wirken *nicht* im Hilbert-Raum der Ortsvektoren $|\boldsymbol{r}\rangle$, sondern in einem Spinraum $\mathscr{H}_S$. Die Kommutator-Relationen (13.25) stimmen formal exakt mit den Beziehungen (13.3a) und (13.3b) überein und müssen infolgedessen auch exakt zu den in 13.1 angegebenen Eigenlösungen führen. Wenn wir $\tilde{m}$ mit $m_s$ (der magnetischen Quantenzahl des Spins) und $\tilde{l}$ mit $s$ (der Drehimpulsquantenzahl des Spins) identifizieren, ergibt sich: Es existieren gemeinsame Eigenzustände $|m_s, s\rangle$ zu den Observablen $\hat{S}_z$ und $\hat{Q}_S$. Die Eigenwerte von $\hat{Q}_S$ sind

$$s(s+1)\,\hbar^2 \quad \text{mit} \quad s = 0, \frac{1}{2}, 1, \frac{3}{2}, \ldots \,. \tag{13.26}$$

Zu einem gegebenen $s$ gibt es $(2s+1)$ Werte $m_s$; die Eigenwerte von $\hat{S}_z$ sind

$$m_s\hbar \quad \text{mit} \quad m_s = -s, -s+1, \ldots, +s. \tag{13.27}$$

Wir halten fest: diese Resultate folgen allein aus den Operatorbeziehungen (13.25a) und (13.25b) – vgl. auch 13.1, wenn weiter keine Voraussetzungen über die Drehimpulskomponenten gemacht werden. Zusätzliche Voraussetzungen können jedoch zu Modifikationen des Eigenwertspektrums führen; in 13.2 hatten wir gesehen, daß bei Bildung der Drehimpulskomponenten aus Ortskoordinaten und

Linearimpuls nach Berechnung in der Ortsdarstellung eine Modifikation des Eigenwertspektrums auftrat. Es sei angemerkt, daß in bezug auf die Spinkomponenten des Elektrons zahlreiche Versuche gemacht wurden, sie mit dem Bewegungszustand der als im Ortsraum strukturiert angenommenen Partikel in Verbindung zu bringen. Diese Versuche scheiterten; die Behandlung hat allein auf der Basis (13.25) unter Verwendung der quantentheoretischen Grundlagen zu erfolgen; die Behandlung des Eigenwertproblems in einer speziellen Darstellung – wie mit dem Vektorsystem $\{|\boldsymbol{r}\rangle\}$ – ist dem Problem nicht angemessen.

Die mit einem inneren Drehimpuls behafteten Teilchen sind durch die Quantenzahl des inneren Drehimpulses $s$ charakterisiert – beispielsweise das Elektron mit $s=1/2$ oder der Kern des Li-Isotopes der Massenzahl 7 mit $s=3/2$. Für ein

**Tabelle 13.1**
Anwendung von Spin-Operatoren $\hat{C}$ auf Eigenzustände der Observablen $\hat{S}_z$ und $\hat{Q}_S$

$\hat{C}\left|m_s, \frac{1}{2}\right\rangle$

| $\hat{C}$ \ $\left\|m_s, \frac{1}{2}\right\rangle$ | $\left\|-\frac{1}{2}, \frac{1}{2}\right\rangle$ | $\left\|+\frac{1}{2}, \frac{1}{2}\right\rangle$ |
|---|---|---|
| $\hat{S}_x$ | $\frac{\hbar}{2}\left\|+\frac{1}{2}, \frac{1}{2}\right\rangle$ | $\frac{\hbar}{2}\left\|-\frac{1}{2}, \frac{1}{2}\right\rangle$ |
| $\hat{S}_y$ | $\frac{\hbar}{i \cdot 2}\left\|+\frac{1}{2}, \frac{1}{2}\right\rangle$ | $-\frac{\hbar}{i \cdot 2}\left\|-\frac{1}{2}, \frac{1}{2}\right\rangle$ |
| $\hat{S}_z$ | $-\frac{\hbar}{2}\left\|-\frac{1}{2}, \frac{1}{2}\right\rangle$ | $\frac{\hbar}{2}\left\|+\frac{1}{2}, \frac{1}{2}\right\rangle$ |
| $\hat{Q}_S$ | $\frac{3}{4}\hbar^2\left\|-\frac{1}{2}, \frac{1}{2}\right\rangle$ | $\frac{3}{4}\hbar^2\left\|+\frac{1}{2}, \frac{1}{2}\right\rangle$ |

$\hat{C}\,|m_s, 1\rangle$

| $\hat{C}$ \ $\|m_s, 1\rangle$ | $\|-1, 1\rangle$ | $\|0, 1\rangle$ | $\|+1, 1\rangle$ |
|---|---|---|---|
| $\hat{S}_x$ | $\frac{\hbar}{\sqrt{2}}\|0, 1\rangle$ | $\frac{\hbar}{\sqrt{2}}(\|-1, 1\rangle + \|+1, 1\rangle)$ | $\frac{\hbar}{\sqrt{2}}\|0, 1\rangle$ |
| $\hat{S}_y$ | $\frac{\hbar}{i\sqrt{2}}\|0, 1\rangle$ | $\frac{\hbar}{i\sqrt{2}}(\|-1, 1\rangle - \|+1, 1\rangle)$ | $-\frac{\hbar}{i\sqrt{2}}\|0, 1\rangle$ |
| $\hat{S}_z$ | $-\hbar\,\|-1, 1\rangle$ | $0 \cdot \|0, 1\rangle$ | $\hbar\,\|+1, 1\rangle$ |
| $\hat{Q}_S$ | $2\hbar^2\,\|-1, 1\rangle$ | $2\hbar^2\,\|0, 1\rangle$ | $2\hbar^2\,\|+1, 1\rangle$ |

normierten Eigenzustände von $\hat{S}_z$

$$|m_s = -s, s\rangle, \quad |m_s = -s+1, s\rangle, \ldots, |m_s = +s, s\rangle \tag{13.28}$$

aufgespannt. Ein beliebiger Zustand $|\psi_s\rangle$ in $\mathscr{H}_S$ läßt sich durch

$$|\psi_s\rangle = \sum_{m_s=-s}^{s} \langle m_s, s|\psi_s\rangle\, |m_s, s\rangle \tag{13.29}$$

darstellen. Die Größe $|\langle m_s, s|\psi_s\rangle|^2$ ist (bei $\langle\psi_s|\psi_s\rangle = 1$) die Wahrscheinlichkeit, das Teilchen im Zustand $|m_s, s\rangle$ anzutreffen. Das Resultat der Wirkung von $\hat{S}_x$, $\hat{S}_y$, $\hat{S}_z$, $\hat{Q}_S$ auf einen Zustand $|m_s, s\rangle$ ist für beliebiges $s$ aus 13.1 zu entnehmen; für $s = {}^1/_2$ und $s = 1$ sind die Resultatvektoren in der Tabelle 13.1 explizit angegeben.

Abschließend sei darauf hingewiesen, daß die dargestellte Konzeption der Beschreibung des inneren Drehimpulses die empirischen Befunde richtig zu deuten gestattet; Beispiele dafür werden in 14.3, 15.2, 20.3.4 und 20.3.5 gegeben. Das gilt auch für solche Effekte, bei denen das mit dem inneren Drehimpuls verbundene magnetische Moment mitspielt, das wir durch den Operator $\hat{N}_S$ beschreiben wollen. Korrespondierend zu der eingangs 13.3 genannten klassischen Beziehung zwischen magnetischem Moment und Spin gilt für das Elektron die Operatorbeziehung

$$\hat{N}_S = -\frac{g\mu_B}{\hbar}\hat{S}. \tag{13.30}$$

Diese Relation finden wir in (26.141a) bei der Behandlung des quantisierten Dirac-Feldes, wobei sich dort $g = 2$ ergibt; dieses Resultat werden wir im folgenden verwenden. Eine weiterführende Theorie liefert eine quantenelektrodynamische Korrektur (Strahlungskorrektur) zum Wert 2, die etwa $+0{,}12\%$ beträgt – vgl. (26.161).

*Kontrollfragen:*

1. Welche Operatorbeziehungen bilden die Grundlage für die Lösung des Eigenwertproblems des äußeren und des inneren Drehimpulses?
2. Welche Eigenzustände gehören zu einem Eigenwert des Quadrates des inneren Drehimpulses?
3. Was versteht man unter Richtungsquantelung?
4. Welche Beziehungen bestehen zwischen den Operatoren des äußeren bzw. inneren Drehimpulses und dem jeweils zugehörigen magnetischen Moment?

# 14 Ein-Elektronen-Systeme

In 5.4 hatten wir bereits Ein-Elektronen-Systeme kennengelernt, die zur Erklärung wichtiger Erscheinungen herangezogen werden können; als Beispiele seien das freie Elektron und das Elektron im Coulomb-Feld genannt. Bei Problemen dieser Art ist von einer Beschreibung mit den Observablen $\hat{\boldsymbol{r}}$ und $\hat{\boldsymbol{p}}$ der Bahnbewegung auszugehen; der entsprechende Vektorraum $\mathscr{H}_{\mathrm{B}}$ wird nach 10.1 durch die Eigenvektoren $|\boldsymbol{r}\rangle$ des Operators $\hat{\boldsymbol{r}}$ aufgespannt. Weitergehende Einsichten kann man gewinnen, wenn man zusätzlich die mit dem Spin verbundenen Eigenschaften des Elektrons berücksichtigt, also die Spin-Observablen $\hat{S}_x$, $\hat{S}_y$, $\hat{S}_z$, $\hat{Q}_S$ ins Spiel bringt; nach 13.3 wird der entsprechende Spinraum $\mathscr{H}_S$ des Elektrons durch die gemeinsamen Eigenzustände $|m_s, s=1/2\rangle$ von $\hat{S}_z$ und $\hat{Q}_S$ aufgespannt. Die Observablen der Bahnbewegung sind mit den Spin-Observablen vertauschbar, deshalb wird nach 10.3 der Gesamt-Vektorraum $\mathscr{H}_{\mathrm{G}}$ des Elektrons als Produktraum gemäß

$$\mathscr{H}_{\mathrm{G}} = \mathscr{H}_{\mathrm{B}} \times \mathscr{H}_S \tag{14.1}$$

gebildet. Damit ergeben sich die Basisvektoren von $\mathscr{H}_{\mathrm{G}}$ als direkte Produkte $|\boldsymbol{r}\rangle \times |m_s, s=1/2\rangle$. Ein beliebiger Zustand eines Elektrons läßt sich als Überlagerung dieser Vektoren darstellen; die Betragsquadrate der jeweiligen Entwicklungskoeffizienten beinhalten die Dichte der Wahrscheinlichkeit, das Elektron am Orte $\boldsymbol{r}$ anzutreffen, sowie die Wahrscheinlichkeit, daß das Elektron in bezug auf die $z$-Richtung die Spindrehimpulskomponente $-\hbar/2$ oder $+\hbar/2$ hat.

## 14.1 Elektron im vorgegebenen Potential

Wir nehmen an, daß sich das Elektron in einem Gebiet befindet, wo das zeitunabhängige elektrische Potential $V(\boldsymbol{r})$ herrscht. Der Operator $\hat{U}$ der potentiellen Energie ist dann

$$\hat{U} = (-e)\, V(\hat{\boldsymbol{r}})$$

mit $(-e)$ als Ladung des Elektrons. Als Hamilton-Operator wird

$$\hat{H} = \frac{1}{2m}\hat{\boldsymbol{p}}^2 + U(\hat{\boldsymbol{r}}) \tag{14.2}$$

angesetzt, wobei $m$ die Masse des Elektrons ist, von weiteren Anteilen von $\hat{H}$ wird hier abgesehen.

Zur Bestimmung der Energieeigenwerte $E$ und der Energieeigenzustände $|E\rangle$ ist die Gleichung

$$H(\hat{\boldsymbol{p}}, \hat{\boldsymbol{r}})|E\rangle = E\,|E\rangle \tag{14.3a}$$

unter der Bedingung der Normierung

$$\langle E|E\rangle = 1 \tag{14.3b}$$

zu lösen. Die $|E\rangle$ sind Zustandsvektoren im Raum $\mathscr{H}_\mathrm{B}$. Beim Übergang zur Ortsdarstellung, also bei ihrer Darstellung mittels der Eigenkets $|\boldsymbol{r}\rangle$ des Ortsoperators $\hat{\boldsymbol{r}}$, werden die Beziehungen (14.3a) und (14.3b) in

$$H\left(\frac{\hbar}{\mathrm{i}}\,\nabla_{\boldsymbol{r}}, \boldsymbol{r}\right)\langle \boldsymbol{r}|E\rangle = E\langle \boldsymbol{r}|E\rangle \tag{14.4a}$$

und in

$$\int \mathrm{d}^3 \boldsymbol{r}\, |\langle \boldsymbol{r}|E\rangle|^2 = 1 \tag{14.4b}$$

übergeführt – vgl. (10.6).

Wir wollen nun die Verhältnisse im Gesamt-Vektorraum $\mathscr{H}_\mathrm{G}$ betrachten. Da $\hat{H}$ als von den Spin-Variablen unabhängig angenommen wurde, kann ein beliebiger Zustandsvektor $|\psi_s\rangle$ aus dem Spinraum $\mathscr{H}_S$ – vgl. (13.29) – durch $\hat{H}$ „durchgezogen" werden; nach (14.3) bedeutet das, daß als Energieeigenzustand im Raum $\mathscr{H}_\mathrm{G}$ der Vektor

$$|E_\mathrm{G}\rangle = |E\rangle\,|\psi_s\rangle \tag{14.5}$$

anzusehen ist. Da beim vorliegenden Problem eine nähere Festlegung des Spinanteils $|\psi_s\rangle$ nicht getroffen werden kann und die Energieeigenwerte nicht berührt werden, wollen wir hier nur die Verhältnisse in $\mathscr{H}_\mathrm{B}$ betrachten.

Das praktische Vorgehen bei der Lösung von (14.3) bzw. (14.4) bestimmt sich aus der funktionellen Abhängigkeit $U(\hat{\boldsymbol{r}})$. Wir wollen einige typische Potentialformen betrachten; dabei kann angenommen werden, daß die potentielle Energie durch das Coulomb-Feld aller Atomkerne und der übrigen Elektronen in Atomen, Molekülen, Festkörpern für das herausgegriffene Elektron bestimmt sei.

### 14.1.1 Zentralkraftfeld

Bedeutsame Anwendungen bestehen beim Wasserstoff-Atom und für das Leuchtelektron in den Alkali-Atomen, wo das Coulomb-Potential oder ein modifiziertes Coulomb-Potential herrscht. Andere Modelle – wie der (isotrope) dreidimensionale harmonische Oszillator oder der (isotrope) dreidimensionale Potentialtopf – besagen, daß sich das Elektron in einem kugelsymmetrischen Bereich mit endlichem (effektivem) Durchmesser aufhält.

Bei der klassischen Beschreibung ergibt sich im Falle des Zentralkraftfeldes die potentielle Energie $U$ als Funktion des Radiusbetrages $r = |\boldsymbol{r}| = \sqrt{x^2 + y^2 + z^2}$. Wir müssen uns fragen, ob wir der klassischen Größe $r$ eine quantentheoretische Observable $\hat{r}$ zuordnen können. Das ist auf folgende Weise möglich: $\{f_n(x^2+y^2+z^2)\}$ sei eine gegen $r$ konvergierende Folge von Polynomen. Wir ordnen dieser Folge eine Operatorfolge $\{\hat{f}_n = f_n(\hat{x}^2+\hat{y}^2+\hat{z}^2)\}$ zu; als deren Grenzwert wird der Operator $\hat{r}$ definiert. Wegen der Hermitezität von $\hat{x}$, $\hat{y}$, $\hat{z}$ und der Möglichkeit der Darstellung der Polynome mit reellen Koeffizienten wird auch $\hat{r}$ ein hermitescher Operator. Auch $\hat{U}=U(\hat{r})$ soll gegebenenfalls als Grenzwert einer Operatorfolge aufgefaßt werden, um Ausdrücke von der Form $\hat{U}\sim(1/\hat{r})$ (Coulomb-Potential!) in die Betrachtungen einbeziehen zu können.

Eine wichtige Eigenschaft des Zentralkraftfeldes ist es, daß die Operatoren $\hat{M}_x$, $\hat{M}_y$, $\hat{M}_z$ der Komponenten des Bahndrehimpulses sowie der Operator $\hat{Q}=\hat{M}_x{}^2+\hat{M}_y{}^2+\hat{M}_z{}^2$ des Bahndrehimpulsquadrates mit dem Hamilton-Operator $\hat{H}$ vertauschbar sind.

Wir beweisen zunächst, daß $\hat{M}_x$ mit der kinetischen Energie $\hat{W}=\dfrac{1}{2m}\hat{\boldsymbol{p}}^2$ vertauschbar ist. Aus der Definition (13.1) für $\hat{M}_x$ und den Vertauschungsrelationen (8.1) folgt

$$[\hat{M}_x, \hat{p}_x]=\hat{0}, \tag{14.6a}$$

$$[\hat{M}_x, \hat{p}_y]=\mathrm{i}\hbar\hat{p}_z, \tag{14.6b}$$

$$[\hat{M}_x, \hat{p}_z]=-\mathrm{i}\hbar\hat{p}_y. \tag{14.6c}$$

Wir multiplizieren (14.6a) einmal von links mit $\hat{p}_x$ und einmal von rechts mit $\hat{p}_x$; die Addition der beiden resultierenden Gleichungen führt auf

$$[\hat{M}_x, \hat{p}_x{}^2]=\hat{0}. \tag{14.7a}$$

Analog ergibt die Multiplikation von (14.6b) mit $\hat{p}_y$ von rechts und von links und die von (14.6c) mit $\hat{p}_z$ von rechts und von links mit nachfolgender Addition der vier resultierenden Gleichungen

$$[\hat{M}_x, \hat{p}_y{}^2+\hat{p}_z{}^2]=\hat{0}. \tag{14.7b}$$

Aus (14.7a) und (14.7b) folgt

$$[\hat{M}_x, \hat{p}_x{}^2+\hat{p}_y{}^2+\hat{p}_z{}^2]=\hat{0}, \tag{14.8}$$

was gleichbedeutend mit $[\hat{M}_x, \hat{W}]=\hat{0}$ ist. Daraus folgt

$$\hat{M}_x{}^2\hat{W}-\hat{M}_x\hat{W}\hat{M}_x=\hat{0} \quad \text{und} \quad \hat{M}_x\hat{W}\hat{M}_x-\hat{W}\hat{M}_x{}^2=\hat{0}$$

und damit

$$[\hat{M}_x{}^2, \hat{W}]=\hat{0}. \tag{14.9}$$

Analog zu (14.8) läßt sich auch

$$[\hat{M}_x, \hat{x}^2+\hat{y}^2+\hat{z}^2]=\hat{0} \tag{14.10}$$

beweisen. Dies bedeutet aber nach A 1.3.2, daß jede als Polynom von $(\hat{x}^2+\hat{y}^2+\hat{z}^2)$ darstellbare Funktion mit $\hat{M}_x$ vertauschbar ist, also auch die potentielle Energie $U(\hat{r})$. Es folgen also aus (14.10)

$$[\hat{M}_x, \hat{U}]=\hat{0} \quad \text{und} \quad [\hat{M}_x{}^2, \hat{U}]=\hat{0}. \tag{14.11}$$

Aus (14.8), (14.9), (14.11) folgen

$$[\hat{M}_x, \hat{H}]=\hat{0}, \quad [\hat{M}_x{}^2, \hat{H}]=\hat{0}. \tag{14.12}$$

Da in $\hat{H}$ keine der Koordinaten $x$, $y$, $z$ vor der anderen ausgezeichnet ist, muß auch

$$[\hat{M}_y, \hat{H}]=\hat{0}, \quad [\hat{M}_y{}^2, \hat{H}]=\hat{0}, \quad [\hat{M}_z, \hat{H}]=\hat{0}, \quad [\hat{M}_z{}^2, \hat{H}]=\hat{0} \tag{14.13}$$

gelten, womit die Behauptung bewiesen ist.

Dieser Sachverhalt ist nach 9.3.1 so zu interpretieren, daß sich Eigenzustände $|E\rangle$ von $\hat{H}$ finden lassen, die gleichzeitig auch Eigenzustände des Drehimpulsquadrates $\hat{Q}$ und des Drehimpulses $\hat{M}_z$ in einer ausgezeichneten Richtung sind. Da das Eigenwertproblem von $\hat{Q}$ bereits gelöst ist – vgl. 13.2 –, ist es lohnend, den Hamilton-Operator $\hat{H}$ explizit so darzustellen, daß ein Term mit $\hat{Q}$ abgespaltet werden kann. Wir betrachten zunächst das klassische Vorgehen; durch Einführung der Radialkomponente des Impulses

$$p_r = \frac{1}{r}\boldsymbol{r}\boldsymbol{p} = \frac{1}{r}(x p_x + y p_y + z p_z) \tag{14.14}$$

kann man das Impulsquadrat in der Form

$$\boldsymbol{p}^2 = p_r{}^2 + \frac{Q}{r^2} \tag{14.15}$$

darstellen. Bei der quantentheoretischen Beschreibung ist es aber nicht ohne weiteres möglich, durch Einsetzen von $\hat{r}, \hat{x}, \hat{p}_x, \ldots$ anstelle von $r, x, p_x, \ldots$ den Radialimpuls $p_r$ in einen Operator zu verwandeln; das liegt daran, daß wegen $\hat{x}\hat{p}_x \neq \hat{p}_x\hat{x}$ eine willkürfreie Ersetzung der Produkte nicht gegeben ist. Man erhält Hermitezität von $\hat{p}_r$ – und damit die Möglichkeit der Deutung als Observable –, wenn man $\hat{x}\hat{p}_x$ durch das hermitesierte Produkt $\frac{1}{2}(\hat{x}\hat{p}_x + \hat{p}_x\hat{x})$ ersetzt – vgl. (7.13). Mit

$$\hat{p}_r = \frac{1}{2\hat{r}}(\hat{x}\hat{p}_x + \hat{y}\hat{p}_y + \hat{z}\hat{p}_z + \hat{p}_x\hat{x} + \hat{p}_y\hat{y} + \hat{p}_z\hat{z}) \tag{14.16}$$

geht der Hamilton-Operator in

$$\hat{H} = \frac{1}{2m}\left(\hat{p}_r{}^2 + \frac{\hat{Q}}{\hat{r}^2}\right) + U(\hat{r}) \tag{14.17}$$

über. Der Vektor $|E,l\rangle$ sei ein Eigenvektor zum Hamilton-Operator $\hat{H}$ mit dem Eigenwert $E_l$ sowie zum Drehimpulsquadrat-Operator $\hat{Q}$ mit dem Eigenwert $l(l+1)\,\hbar^2$. Dann folgt aus (14.17)

$$\left\{\frac{1}{2m}\left[\hat{p}_r{}^2 + \frac{l(l+1)\,\hbar^2}{\hat{r}^2}\right] + U(\hat{r})\right\}|E,l\rangle = E_l\,|E,l\rangle, \tag{14.18a}$$

was man in einer Form

$$\left\{\frac{1}{2m}\,\hat{p}_r{}^2 + U'(\hat{r};l)\right\}|E,l\rangle = E_l\,|E,l\rangle \tag{14.18b}$$

schreiben kann, die das Problem als eindimensionales Problem bezüglich der Koordinate des Radiusbetrages erscheinen läßt.

Man kann das Eigenwertproblem (14.18b) ohne Verwendung einer speziellen Darstellung lösen, wenn es gelingt, den in der geschweiften Klammer befindlichen Operator $\hat{H}'$ als Produkt zweier adjungierter Hilfsoperatoren $\hat{A}^+$, $\hat{A}$ gemäß

$$\hat{H}' = \hat{A}^+\hat{A}$$

anzugeben. Wie das analog bereits in 12.1 vorgeführt wurde, gewinnt man durch Anwendung von $\hat{A}^+$ und $\hat{A}$ auf $|E, l\rangle$ eine Rekursionsformel für die Eigenwerte und durch Betrachtung der Norm eine Aussage über die Eigenvektoren. Beim Coulomb-Problem $\hat{U} \sim (1/\hat{r})$ gelingt auf diese Weise die Lösung des Energie-Eigenwertproblems, ohne in eine spezielle Darstellung gehen zu müssen. Dieser Weg wird aber im folgenden nicht weiter begangen, weil er beim vorliegenden Problem nicht direkt zu verallgemeinerungsfähigen Resultaten führt, wie das beim harmonischen Oszillator und beim Drehimpuls der Fall war – vgl. 12.1 und 13.1.

Überführt man (14.18a) in die Ortsdarstellung, dann gelangt man mit dem aus 5.4.5.1 bekannten Lösungsansatz

$$\langle \boldsymbol{r} | E_{n,l} \rangle = R_{n,l}(r)\, Y_l^{m_l}(\vartheta, \varphi) \tag{14.19}$$

(mit $Y_l^{m_l}$ als auf Eins normierte Kugelflächenfunktionen) zu der Differentialgleichung

$$\left\{ -\frac{\hbar^2}{2m} \frac{1}{r^2} \frac{\mathrm{d}}{\mathrm{d}r} \left( r^2 \frac{\mathrm{d}}{\mathrm{d}r} \right) + \frac{l(l+1)\,\hbar^2}{2mr^2} + U(r) \right\} R_{n,l}(r) = E_{n,l}\, R_{n,l}(r) \tag{14.20}$$

für $R_{n,l}(r)$, die im Falle des Coulomb-Problems mit (5.139) identisch ist und in 5.4.5.2 ausführlich untersucht wurde.

### 14.1.2 Zwei-Zentren-Problem

Wir wollen jetzt das Verhalten eines Elektrons besprechen, das sich im Feld zweier raumfester Protonen mit dem Abstand $R$ befindet. Die Resultate über die Elektronenzustände dieses $H_2{}^+$-Molekülions können allgemein für die Betrachtung zweiatomiger Moleküle herangezogen werden.

Es wird die Ortsdarstellung – vgl. (14.4) – benutzt; die Eigenwertgleichung für das vorliegende Problem ist

$$\left\{ -\frac{\hbar^2}{2m} \triangle_{\boldsymbol{r}} - \frac{e^2}{4\pi\varepsilon_0 r_\mathrm{a}} - \frac{e^2}{4\pi\varepsilon_0 r_\mathrm{b}} \right\} \langle \boldsymbol{r} | E \rangle = E \langle \boldsymbol{r} | E \rangle, \tag{14.21}$$

wobei $r_\mathrm{a}$ der Abstand des Elektrons vom Proton a am Ort $\left( x = 0, y = 0, z = -\frac{R}{2} \right)$ und $r_\mathrm{b}$ der Abstand vom Proton b am Ort $\left( 0, 0, +\frac{R}{2} \right)$ ist. Beim Coulomb-Potential konnte durch Einführung problemangepaßter Koordinaten – der Kugelkoordinaten – eine Lösung der Differentialgleichung mittels eines Separationsansatzes gewonnen werden. Das analoge Vorgehen ist auch beim Zwei-Zentren-Problem möglich; problemangepaßt sind hierbei die elliptischen Koordinaten

$$\begin{aligned} &\mu = \frac{r_\mathrm{a} + r_\mathrm{b}}{R} && \text{mit} \quad 1 \leqq \mu < \infty, \\ &\nu = \frac{r_\mathrm{a} - r_\mathrm{b}}{R} && \text{mit} \quad -1 \leqq \nu = +1, \\ &\varphi && \text{(wie bei Kugelkoordinaten).} \end{aligned} \tag{14.22}$$

Bei der Behandlung von (14.21) wird der Laplace-Operator in elliptischen Koordinaten dargestellt und $r_a$, $r_b$ durch $\mu$, $\nu$ ausgedrückt. Mit dem Separationsansatz

$$\langle \boldsymbol{r} | E \rangle = M(\mu) \cdot N(\nu) \cdot \Phi(\varphi) \tag{14.23}$$

gelingt es, die partielle Differentialgleichung (14.21) für $\langle \boldsymbol{r} | E \rangle$ in drei gewöhnliche Differentialgleichungen für die Funktionen $M$, $N$, $\Phi$ zu zerlegen. Dabei treten zwei Separationskonstanten $\alpha$ und $\beta$ auf. Das System der drei Differentialgleichungen muß simultan für gemeinsame Werte $E$, $\alpha$, $\beta$ gelöst werden, wobei als Nebenbedingungen die schon früher besprochene Eindeutigkeit sowie die Normierbarkeit (14.4b) erfüllt sein müssen.

Die Differentialgleichung für $\Phi(\varphi)$ hat die Form

$$\frac{\mathrm{d}^2 \Phi}{\mathrm{d}\varphi^2} = -\alpha \Phi; \tag{14.24}$$

in ihr tritt nur eine Separationskonstante auf, die mit $\alpha$ bezeichnet sein soll. Für die Lösung gilt

$$\Phi(\varphi) \sim \mathrm{e}^{\mathrm{i}\sqrt{\alpha}\varphi}.$$

Die Forderung der Eindeutigkeit führt hier – analog zum Vorgehen bei den Kugelflächenfunktionen in (13.20) – auf

$$\sqrt{\alpha} \equiv \lambda = 0, \pm 1, \pm 2, \ldots \tag{14.25}$$

Die Angabe der Energieeigenwerte $E$ und der Funktionen $M(\mu)$ und $N(\nu)$ ist *nicht* in analytisch geschlossener Form möglich. Deshalb geben wir im folgenden einen qualitativen Überblick über das Verfahren der $E$-Bestimmung und über die allgemeine Charakterisierung der Zustandsfunktionen. Die Differentialgleichungen für $M$ und $N$ haben die Form

$$\left\{\frac{\mathrm{d}}{\mathrm{d}\mu}\left[(\mu^2-1)\frac{\mathrm{d}}{\mathrm{d}\mu}\right] - \frac{\alpha}{\mu^2-1} + \frac{\mu^2 m R^2}{2\hbar^2}\left(\frac{e^2}{\pi\varepsilon_0 R\mu} + E\right) - \beta\right\} M(\mu) = 0, \tag{14.26a}$$

$$\left\{\frac{\mathrm{d}}{\mathrm{d}\nu}\left[(1-\nu)\frac{\mathrm{d}}{\mathrm{d}\nu}\right] - \frac{\alpha}{1-\nu^2} + \frac{\nu^2 m R^2}{2\hbar^2} E + \beta\right\} N(\nu) = 0. \tag{14.26b}$$

Das bedeutet, daß ein Differentialoperator, der die Koordinate $\mu$ und den Differentialquotienten $\frac{\mathrm{d}}{\mathrm{d}\mu}$ sowie die Konstanten $E$, $\alpha$, $\beta$ enthält, auf $M(\mu)$ wirkt; analoges gilt bezüglich der Funktion $N(\nu)$. Zur Gewinnung der Eigenwerte kann man nach folgendem Schema vorgehen. Bei festem $\alpha$ und $\beta$ werden diejenigen Lösungen $M(\mu)$ von (14.26a) gesucht, die die Nebenbedingungen erfüllen; dies ist nur für bestimmte, diskrete $E$-Werte möglich, die wir, vom niedrigsten anfangend, mit $m' = 1, 2, \ldots$ durchnumerieren wollen. Variiert man die $\beta$-Werte bei festgehaltenem $\alpha$ bzw. $\lambda$, so möge sich die aus den durchgezogenen Linien bestehende Kurvenschar in Abb. 14.1 ergeben. Analog verfährt man mit (14.26b), wo die sich dabei ergebenden diskreten $E$-Werte mit $n' = 1, 2, \ldots$ gekennzeichnet werden sollen; die Resultate seien durch die Schar der gestrichelten Kurven ausgedrückt. Jeder Schnittpunkt der beiden Kurvenscharen charakterisiert einen durch die Quantenzahlen $m'$, $n'$, $\lambda$ zu indizierenden Energiewert $E_{m',n',\lambda}$, für den die Differentialgleichung (14.21) mit dem Ansatz (14.23) unter Berücksichtigung der Nebenbedingungen erfüllt ist. Die $E_{m',n',\lambda}$ sind also die gesuchten Eigenwerte; die jeweiligen Eigenzustände werden durch das Zahlentripel $(m', n', \lambda)$ eindeutig gekennzeichnet.

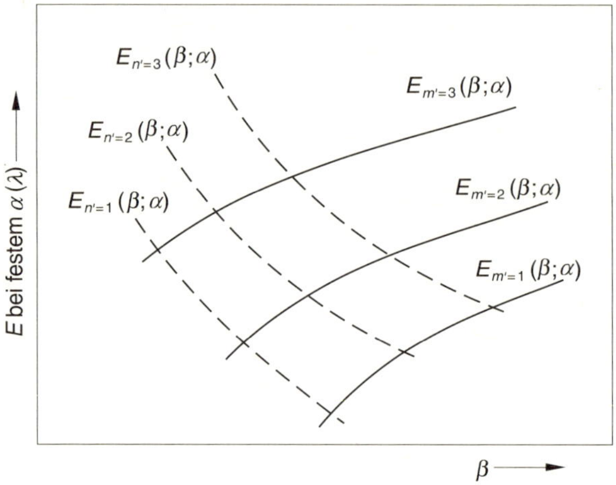


**Abb. 14.1** Schema zur Gewinnung der Energie-Eigenwerte beim $H_2^+$

Bei der Diskussion der Resultate beginnen wir mit $\lambda$. Nach den Ausführungen in 13.2 ist klar, daß $\hbar\lambda$ den Drehimpulswert um die $z$-Richtung, also um die Molekülachse bedeutet. Für die Anzahl $k_\varphi$ der Knotenflächen bezüglich der $\varphi$-Koordinate gilt $k_\varphi = |\lambda|$. Es ist günstig, anstelle von $m'$, $n'$ solche Quantenzahlen einzuführen, die mit den durch die Funktionen $M(\mu)$, $N(\nu)$ gegebenen Knotenflächen zusammenhängen. Wir werden einen Zustand durch die Hauptquantenzahl $n$, die Nebenquantenzahl $l$ und die Quantenzahl $\lambda$ charakterisieren, die über die Beziehungen

$$\begin{aligned} n &= k_\mu + k_\nu + k_\varphi + 1, \\ l &= k_\nu + k_\varphi, \\ |\lambda| &= k_\varphi \end{aligned} \tag{14.27}$$

mit den Anzahlen $k_\mu$, $k_\nu$, $k_\varphi$ der Knotenflächen bezüglich $\mu$-Koordinate (Rotationsellipsoide), $\nu$-Koordinate (einschalige Rotationshyperboloide) und $\varphi$-Koordinate (Ebenen durch die $z$-Achse) verknüpft sind. Die Beziehungen (14.27) weisen den Zusammenhang mit dem Coulomb-Problem – vgl. Erläuterungen in 5.4.5.2 – aus. Dieser Zusammenhang läßt sich auch mit den einzelnen Koordinaten für $r_a$, $r_b \gg R$ nachweisen; in diesem Bereich gilt nämlich $\mu \approx 2r/R$, $\nu \approx \cos\vartheta$ und $N(\nu)\,\Phi(\varphi) \approx Y(\vartheta, \varphi)$. Für einige Zustände sind in Abb. 14.2 die Knotenflächen vom H-Atom und $H_2{}^+$-Ion schematisch angegeben. Was die Energie betrifft, so sind die Zustände mit $\lambda \neq 0$ zweifach entartet; es gilt

$$E_{n,l,\lambda} = E_{n,l,-\lambda}.$$

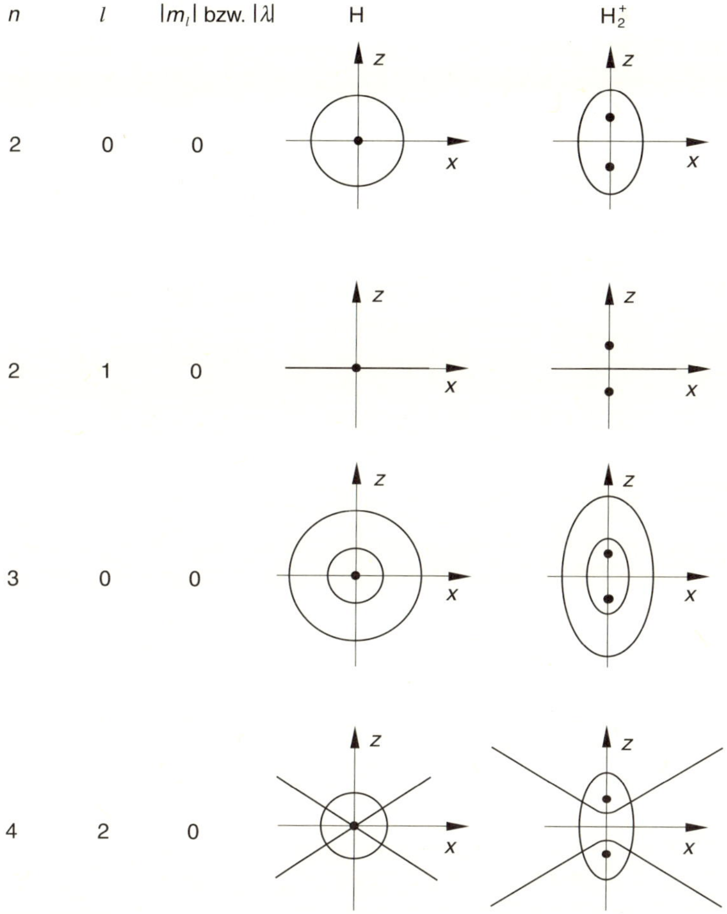


**Abb. 14.2**
Schematischer Verlauf der Schnittlinien (——) von Knotenflächen mit der $(x, z)$-Ebene bei H und $H_2^+$

**Tabelle 14.1**
Vergleich von Energie-Eigenwerten des $H_2^+$ mit denen der kugelsymmetrischen Fälle $He^+$ und H

$E_{n,l,\lambda}$/eV

| Zustand \ System | | | $He^+$ | $H_2^+$ | H |
|---|---|---|---|---|---|
| $n$ | $l$ | $\|\lambda\|$ bzw. $\|m\|$ | | | |
| 1 | 0 | 0 | −54,7 | −30,1 | −13,7 |
| 2 | 1 | 0 | | −17,1 | |
| 2 | 1 | 1 | } −13,7 | −12,1 | } − 3,4 |
| 2 | 0 | 0 | | −10,4 | |

Die Energie hängt von $k_\mu$, $k_\nu$, $k_\varphi$ einzeln ab und nicht mehr, wie beim H-Atom, von der Summe der Knotenzahlen. In der Tab. 14.1 sind die Resultate einer numerischen Rechnung für vier Zustände angegeben. Der Wert des niedrigsten Energieeigenwertes für $H_2{}^+$ liegt zwischen den entsprechenden Werten des $He^+$ und des H; dies ist damit zu erklären, daß sich ja das Elektron beim $H_2{}^+$ im Felde zweier Protonen befindet, die allerdings wegen ihrer räumlichen Trennung die Energie nicht so stark absenken wie der $He^+$-Kern. Für $n=2$ erkennt man die Aufhebung der Entartung beim $H_2{}^+$ (im Vergleich zum $He^+$ und H); der Schwerpunkt der $H_2^+$-Energiewerte liegt in der Nähe des Wertes von $He^+$; dies entspricht dem Sachverhalt, daß bei höherer Anregung des Elektrons die räumliche Trennung der beiden Kerne nicht mehr so stark ins Gewicht fällt.

### 14.1.3 Kastenpotential

In einer Reihe größerer Moleküle – insbesondere den ungesättigten Kohlenwasserstoffen – gibt es bestimmte Elektronen (die sogenannten $\pi$-Elektronen), die im Molekülbereich quasifrei sind, indem die Atomkerne und die Elektronen des Molekülrumpfes ein fast konstantes elektrisches Potential schaffen; diese Elektronen werden durch einen Potentialwall am Molekülrand am Verlassen des Moleküls gehindert. Das Verhalten eines solchen Elektrons kann näherungsweise dadurch beschrieben werden, daß man es sich in einem Potentialkasten eingeschlossen denkt, in dessen Innern ($0<x<a$, $0<y<b$, $0<z<c$) die potentielle Energie konstant sei (wir wählen den Wert Null), während außerhalb des Bereiches die potentielle Energie unendlich sei. In 5.4.1 war bereits das eindimensionale Kastenproblem behandelt worden, dessen Energieeigenwerte und Eigenfunktionen sich zu

$$E_{n_x}=\frac{h^2}{8ma^2}n_x{}^2, \qquad \psi_{n_x}(x)=\sqrt{\frac{2}{a}}\sin\left(\pi\frac{x}{a}n_x\right) \qquad \text{mit} \qquad n_x=1,2,3,\ldots$$

ergaben. Da das vorliegende dreidimensionale Problem in den Koordinaten $x$, $y$, $z$ separierbar ist, gilt nach 10.3

$$E_{n_x,n_y,n_z}=\frac{h^2}{8m}\left(\frac{n_x{}^2}{a^2}+\frac{n_y{}^2}{b^2}+\frac{n_z{}^2}{c^2}\right),$$

$$\psi_{n_x,n_y,n_z}=\frac{2^{3/2}}{\sqrt{abc}}\sin\left(\frac{\pi x n_x}{a}\right)\cdot\sin\left(\frac{\pi y n_y}{b}\right)\cdot\sin\left(\frac{\pi z n_z}{c}\right) \tag{14.28}$$

mit $n_x, n_y, n_z=1,2,3,\ldots$

Bei vielen Anwendungen ist der Potentialkasten in einer Dimension wesentlich länger als in den anderen (etwa $a \gg b, c$), so daß dann für eine Beschreibung der wichtigsten Energiezustände der eindimensionale Potentialkasten ausreicht. Zum Beispiel kann man für ein Butadien-Molekül bei der gegebenen geometrischen Struktur einen Potentialkasten mit $a=4{,}5\cdot 10^{-10}\,\mathrm{m}$ und $b=c=1\cdot 10^{-10}\,\mathrm{m}$ ansetzen. Die Energiedifferenz zwischen den Niveaus ($n_x=2$, $n_y=n_z=1$) und ($n_x=1$,

$n_y = n_z = 1$) ist dann nach (14.28) etwa 4 eV; dieser Wert entspricht den gefundenen spektroskopischen Daten für den langwelligsten Übergang, an dem ein $\pi$-Elektron beteiligt ist.

### 14.1.4 Periodisches Potential

Bei der Beschreibung von Festkörpereigenschaften spielt der Einfluß eines periodischen Potentials, das die Wechselwirkung der Atomkerne und der restlichen Elektronen mit einem herausgegriffenen Elektron bestimmt, eine bedeutsame Rolle. Die Gleichung (14.4a) stellt sich in diesem Fall für einen Kristall in der Form

$$\left\{-\frac{\hbar^2}{2m}\Delta_{\boldsymbol{r}} + U(\boldsymbol{r})\right\}\langle \boldsymbol{r}|E\rangle = E\langle \boldsymbol{r}|E\rangle \tag{14.29}$$

dar, wobei die Funktion $U(\boldsymbol{r})$ Gitterperiodizität besitzt; es gilt also

$$U(\boldsymbol{r}) = U(\boldsymbol{r}+\boldsymbol{R}), \tag{14.29a}$$

wobei $\boldsymbol{R}$ den Vektor zwischen äquivalenten Punkten zweier beliebiger Elementarzellen des Kristalls ist. Die Beziehung (14.29a) drückt eine Symmetrie der potentiellen Energie bezüglich der gitterperiodischen Translation um den Vektor $\boldsymbol{R}$ aus, die sich auf den Hamilton-Operator überträgt. Im Kapitel 19 werden allgemeine Schlußfolgerungen aus Symmetrieeigenschaften des Hamilton-Operators für die Eigenfunktionen behandelt; dort wird auch aufgezeigt werden, welche Folgerungen sich aus der Translationssymmetrie für die Form der Lösungen von (14.29) ergeben.

## 14.2 Gesamtdrehimpuls eines Elektrons

Im Kapitel 13 haben wir den Bahndrehimpuls $\hat{\boldsymbol{M}}$ und den inneren Drehimpuls $\hat{\boldsymbol{S}}$ von Teilchen und Teilchenverbänden separat besprochen. Jetzt wollen wir den *Gesamtdrehimpuls* $\hat{\boldsymbol{J}}$ eines Elektrons behandeln. Er ist die vektorielle Summe aus dem Bahndrehimpuls und dem Spin des Elektrons. Die $j$-te Komponente des Operators des Gesamtdrehimpulses ($j$ steht für $x$, $y$, $z$) setzt sich gemäß

$$\hat{J}_j = \hat{M}_j + \hat{S}_j \tag{14.30}$$

additiv aus der $j$-ten Komponente des Bahndrehimpulses und der $j$-ten Komponente des Spins zusammen. Bei der Einführung des Gesamt-Vektorraumes $\mathscr{H}_G$ für das Elektron – eingangs Kapitel 14 – konnten wir davon ausgehen, daß die Bahnobservablen $\hat{x}$, $\hat{y}$, $\hat{z}$, $\hat{p}_x$, $\hat{p}_y$, $\hat{p}_z$ mit den Spinobservablen $\hat{S}_x$, $\hat{S}_y$, $\hat{S}_z$ vertauschbar sind. Das bedeutet, daß auch

$$[\hat{M}_j, \hat{S}_{j'}] = \hat{0} \tag{14.31}$$

für beliebige $j$, $j'$ gilt. Demzufolge ist

$$[\hat{J}_x, \hat{J}_y] = [\hat{J}_x, \hat{M}_y] + [\hat{J}_x, \hat{S}_y] = [\hat{M}_x, \hat{M}_y] + [\hat{S}_x, \hat{S}_y].$$

Daraus folgt mit den Vertauschungsrelationen (13.2a) und (13.25a)

$$[\hat{J}_x, \hat{J}_y] = \mathrm{i}\hbar \hat{J}_z$$

oder allgemeiner

$$[\hat{J}_j, \hat{J}_{j+1}] = \mathrm{i}\hbar \hat{J}_{j+2} \tag{14.32a}$$

und

$$[\hat{J}_j, \hat{Q}_J] = \hat{0} \quad \text{mit} \quad \hat{Q}_J = \hat{J}_x^{\,2} + \hat{J}_y^{\,2} + \hat{J}_z^{\,2}. \tag{14.32b}$$

Das bedeutet, daß der Gesamtdrehimpuls eines Elektrons dieselben Vertauschungsrelationen erfüllt, wie wir das für den in 13.1 betrachteten Drehimpuls vorausgesetzt haben – vgl. (13.3a) und (13.3b). Nach den Überlegungen, die wir in 13.1 angestellt haben, müssen wegen (14.32b) gemeinsame Eigenzustände $|m_j, j\rangle$ zu $\hat{J}_z$ und $\hat{Q}_J$ existieren, welche die Eigenwertgleichungen

$$\hat{J}_z\,|m_j, j\rangle = \hbar m_j\,|m_j, j\rangle, \tag{14.33a}$$

$$\hat{Q}_J\,|m_j, j\rangle = \hbar^2 j(j+1)\,|m_j, j\rangle \tag{14.33b}$$

erfüllen, wobei $j$ als Quantenzahl des Quadrates des Gesamtdrehimpulses anzusehen ist und $m_j$ als Quantenzahl für dessen $z$-Komponente.

Wegen (14.30) und (14.31) liegen die Vektoren $|m_j, j\rangle$ in einem Vektorraum, der durch die Basisvektoren $\{|m_l, l\rangle\,|m_s, s\rangle\}$ aufgespannt wird. Wir wollen den Bahndrehimpuls $l$ als vorgegeben betrachten; $s$ ist beim Elektron gleich $^1/_2$. Bei Verwendung der vereinfachenden Schreibweise $|m_l, m_s\rangle$ für diese Basisvektoren ergibt sich als Entwicklung.

$$|m_j, j\rangle = \sum_{m_j, m_s} c(m_l, m_s)\,|m_l, m_s\rangle \tag{14.34}$$

mit den zu bestimmenden Koeffizienten $c(m_l, m_s)$, die *Wigner-Koeffizienten* genannt werden. Man kann zeigen, daß $|m_j, j\rangle$ in der Form

$$|m_j, j\rangle = c\left(m_j + \frac{1}{2}, -\frac{1}{2}\right)\left|m_j + \frac{1}{2}, -\frac{1}{2}\right\rangle + c\left(m_j - \frac{1}{2}, \frac{1}{2}\right)\left|m_j - \frac{1}{2}, \frac{1}{2}\right\rangle \tag{14.35}$$

dargestellt werden kann und für $l > 0$ nur die Eigenwerte

$$j = l - \frac{1}{2} \quad \text{und} \quad j = l + \frac{1}{2}. \tag{14.36}$$

auftreten können. Es gilt

$$c\left(m_j \pm \frac{1}{2}, \mp\frac{1}{2}\right) = \begin{cases} \pm\left(\dfrac{l \pm m_j + \frac{1}{2}}{2l+1}\right)^{1/2} & \text{für} \quad j = l - \dfrac{1}{2} \\[2ex] \left(\dfrac{l \mp m_j + \frac{1}{2}}{2l+1}\right)^{1/2} & \text{für} \quad j = l + \dfrac{1}{2}. \end{cases} \tag{14.36a}$$

Zum Beweis wenden wir auf beiden Seiten von (14.34) den Operator $\hat{J}_z$ an; es ergibt sich

$$\sum_{m_l, m_s} c(m_l, m_s) \cdot [m_j - m_l - m_s] \, |m_l, m_s\rangle = 0 .$$

Durch Multiplikation von links mit $\langle m_l', m_s'|$ folgt wegen der Orthonormierungsbedingungen

$$[m_j - m_l - m_s] \, c(m_l, m_s) = 0;$$

d.h., alle $c(m_l, m_s)$ verschwinden, für die $m_j \neq m_l + m_s$ gilt. Dadurch verbleiben in der Summe (14.34) nur noch Glieder, für die $m_l = m_j - m_s$ ist. Da es für $m_s$ nur die Werte $-{}^1/_2$ und $+{}^1/_2$ gibt, folgt die behauptete Gleichung (14.35). Die Anwendung von $\hat{Q}_J$ auf (14.35) und die Multiplikation der resultierenden Gleichung einmal mit $\left\langle m_j + \frac{1}{2}, -\frac{1}{2}\right|$ und zum anderen mit $\left\langle m_j - \frac{1}{2}, +\frac{1}{2}\right|$ führt auf das Gleichungssystem

$$\left[j(j+1) - l(l+1) - \frac{3}{4} - m_j + \frac{1}{2}\right] c\left(m_j - \frac{1}{2}, \frac{1}{2}\right) - \sqrt{l(l+1) - m_j^2 - \frac{1}{4}} \; c\left(m_j + \frac{1}{2}, -\frac{1}{2}\right) = 0$$

$$-\sqrt{l(l+1) - m_j^2 + \frac{1}{4}} \; c\left(m_j - \frac{1}{2}, \frac{1}{2}\right) + \left[j(j+1) - l(l+1) - \frac{3}{4} + m_j + \frac{1}{2}\right] c\left(m_j + \frac{1}{2}, -\frac{1}{2}\right) = 0. \tag{14.37}$$

Damit $|m_j, j\rangle$ als Eigenket normierbar ist, dürfen die beiden Entwicklungskoeffizienten nicht gleichzeitig verschwinden; das bedeutet, daß die Koeffizientendeterminante von (14.37) verschwinden muß, was auf

$$j(j+1) = \left(l + \frac{1}{2}\right)^2 \pm \left(l + \frac{1}{2}\right) \tag{14.38}$$

führt. Aus dieser Beziehung folgt (14.36). Wenn man die $j$-Werte aus (14.36) in das Gleichungssystem (14.37) einsetzt, kann man jeweils für die verschiedenen $m_j$-Werte $-j, -j+1, \ldots, +j$ die Entwicklungskoeffizienten ausrechnen. Es ergibt sich (14.36a).

Für $l = 0$ entspricht der Gesamtdrehimpuls dem Spin.

Entsprechend dem in (14.30) definierten Operator des Gesamtdrehimpulses $\hat{\boldsymbol{J}}$ kann unter Verwendung der Beziehungen (13.24) und (13.30) auch der Operator für das zugehörige magnetische Gesamtmoment

$$\hat{\boldsymbol{N}} = -\frac{\mu_\mathrm{B}}{\hbar} (\hat{\boldsymbol{M}} + g \hat{\boldsymbol{S}}) \tag{14.39}$$

gebildet werden.

## 14.3 Berücksichtigung von äußeren elektromagnetischen Feldern sowie relativistischen Korrekturen

In 14.1 war das Verhalten eines Elektrons im Coulomb-Feld der anderen Ladungsträger (Atomkerne, übrige Elektronen) auf der Basis des Hamilton-Operators $\hat{H}$ nach (14.2) behandelt worden. Um weitere wichtige Erscheinungen deuten zu können, ist es jedoch erforderlich, zusätzliche Einflüsse zu berücksichtigen. Dies kann durch die Mitnahme von Zusatztermen $\hat{T}_n$ zum Hamilton-Operator $\hat{H}$ aus (14.2) geschehen.

Bei der Anwesenheit *äußerer elektromagnetischer Felder* sind dem in (14.2) angegebenen Hamilton-Operator Terme hinzuzufügen, die auf der Kopplung dieser Felder mit der elektrischen Ladung des Elektrons beruhen. Wir wollen bei der in 14.3 vorzunehmenden Betrachtung annehmen, daß die äußeren Felder in ihrer raum-zeitlichen Abhängigkeit vorgegeben seien (also nicht durch das Elektron beeinflußt werden) und klassisch beschrieben werden können. Die experimentellen Bedingungen seien so beschaffen, daß diese Felder durch das skalare Potential

$$V' = -\boldsymbol{r}\boldsymbol{E}_{\text{ex}} \tag{14.40}$$

und das Vektorpotential

$$\boldsymbol{A}'(\boldsymbol{r}, t) = \boldsymbol{A}(\boldsymbol{r}, t) - \frac{1}{2}(\boldsymbol{r} \times \boldsymbol{B}_{\text{ex}}) \tag{14.41}$$

bestimmt sind. $V'$ sei das Potential eines zeitlich konstanten, homogenen elektrischen Feldes. Der erste Summand auf der rechten Seite von (14.41) charakterisiere eine elektromagnetische Welle oder allgemein ein Strahlungsfeld, der zweite Summand ein zeitlich konstantes, homogenes magnetisches Feld. Es wird die Coulomb-Eichung (vgl. (1.53)) vorausgesetzt. Die mit diesen Feldern verbundenen Zusatzterme im Gesamt-Hamilton-Operator lassen sich auf induktivem Weg aus den entsprechenden Termen der klassischen Beschreibung gewinnen; in den entsprechenden klassischen Zusatztermen in (1.71) sind die Ortskoordinate $\boldsymbol{r}$ und die Impulskoordinate $\boldsymbol{p}$ durch die Operatoren $\hat{\boldsymbol{r}}$ und $\hat{\boldsymbol{p}}$, die ja nach früheren Überlegungen als die quantentheoretischen Analoga gelten, zu ersetzen.

Wir bezeichnen mit $T_1, T_2, \ldots, T_6$ den zweiten, dritten, ... siebten Summand auf der rechten Seite von (1.71). Dann ergeben sich unter Berücksichtigung der Tatsache, daß die Ladung des Elektrons mit $-e$ anzusetzen ist, die folgenden „Übersetzungen" von den klassischen in die quantentheoretischen Zusatzterme:

$$T_1 \rightarrow \hat{T}_1 = -\{-e\hat{\boldsymbol{r}}\}\, \boldsymbol{E}_{\text{ex}}, \tag{14.42}$$

$$T_2 \rightarrow \hat{T}_2 = -\left\{-\frac{\mu_0 e}{2m}(\hat{\boldsymbol{r}} \times \hat{\boldsymbol{p}})\right\} \boldsymbol{H}_{\text{ex}} = -\left\{-\frac{\mu_0 e}{2m}\hat{\boldsymbol{M}}\right\} \boldsymbol{H}_{\text{ex}}, \tag{14.43}$$

$$T_3 \rightarrow \hat{T}_3 = -\frac{1}{2}\left\{\frac{\mu_0{}^2 e^2}{4m}[\hat{\boldsymbol{r}} \times (\hat{\boldsymbol{r}} \times \boldsymbol{H}_{\text{ex}})]\right\} \boldsymbol{H}_{\text{ex}}. \tag{14.44}$$

Die Faktoren in den geschweiften Klammern stellen bei den ersten beiden Termen ein elektrisches bzw. magnetisches Dipolmoment dar, das durch das atomare System gegeben ist; in $\hat{T}_3$ handelt es sich um ein im magnetischen Feld induziertes magnetisches Dipolmoment. Bei den Termen $\hat{T}_1$, $\hat{T}_2$, $\hat{T}_3$ konnte die Ersetzung der klassischen durch die quantentheoretischen Größen ohne Schwierigkeiten vorgenommen werden, da keine Produkte nichtvertauschbarer Operatoren auftraten. Dagegen sind bei der „Übersetzung" des Termes $T_4 = (e/m)\,\boldsymbol{A}(\boldsymbol{r}, t)\,\boldsymbol{p}$ zusätzliche Überlegungen notwendig. Um die Wirkung des Feldes auf das punktförmige Elektron beschreiben zu können, muß auch dessen Ortskoordinate $\boldsymbol{r}$ in der Feldfunktion $\boldsymbol{A}(\boldsymbol{r}, t)$ durch den Operator $\hat{\boldsymbol{r}}$ ersetzt werden. Wegen der Nichtvertauschbarkeit der Komponenten von $\hat{\boldsymbol{r}}$ und $\hat{\boldsymbol{p}}$ ist es allerdings nicht gleichgültig, ob man $T_4$ in

$$\frac{e}{m}\,\hat{\boldsymbol{p}}\,\boldsymbol{A}(\hat{\boldsymbol{r}}, t) \quad \text{oder} \quad \frac{e}{m}\,\boldsymbol{A}(\hat{\boldsymbol{r}}, t)\,\hat{\boldsymbol{p}}$$

übersetzt. Wie in ähnlich gelagerten Fällen führt die Schreibweise als hermitesiertes Produkt – vgl. (7.13) – zum Ziele:

$$T_4 \rightarrow \hat{T}_4 = \frac{e}{2m}\left[\hat{\boldsymbol{p}}\,\boldsymbol{A}(\hat{\boldsymbol{r}}, t) + \boldsymbol{A}(\hat{\boldsymbol{r}}, t)\,\hat{\boldsymbol{p}}\right].$$

Die Anwendung der Vertauschungsrelationen (8.4) überführt die rechte Seite in

$$\hat{T}_4 = \frac{e}{2m}\left[2\boldsymbol{A}(\hat{\boldsymbol{r}}, t)\,\hat{\boldsymbol{p}} - \mathrm{i}\hbar\,\nabla_{\hat{\boldsymbol{r}}}\,\boldsymbol{A}(\hat{\boldsymbol{r}}, t)\right].$$

Unter der Bedingung (1.53) der Coulomb-Eichung verschwindet der zweite Summand, und es folgt

$$\hat{T}_4 = \frac{e}{m}\,\boldsymbol{A}(\hat{\boldsymbol{r}}, t)\,\hat{\boldsymbol{p}}. \tag{14.45}$$

Weitere von $\boldsymbol{A}$ abhängige Terme sind $T_5$ und $T_6$; sie sind ohne weiteres übersetzbar, es geht nur der Ortsoperator $\hat{\boldsymbol{r}}$ ein:

$$T_5 \rightarrow \hat{T}_5 = \frac{e^2}{2m}\,\boldsymbol{A}^2(\hat{\boldsymbol{r}}, t), \tag{14.46}$$

$$T_6 \rightarrow \hat{T}_6 = -\frac{\mu_0 e^2}{2m}(\hat{\boldsymbol{r}} \times \boldsymbol{H}_{\mathrm{ex}})\,\boldsymbol{A}(\hat{\boldsymbol{r}}, t). \tag{14.47}$$

Weitere Zusatzterme werden durch *relativistische Korrekturen* bedingt. Zunächst wollen wir vom Einfluß aller äußeren elektromagnetischen Felder absehen. In nichtrelativistischer Näherung wird das Verhalten des Elektrons dann lediglich durch den Hamilton-Operator $\hat{H} = \hat{W} + \hat{U}$ von (14.2) bestimmt, wobei die potentielle Energie $\hat{U}$ durch die Coulomb-Wechselwirkung aller Atomkerne und Elektronen gegeben sein soll, in deren Feld sich das betrachtete Elektron befindet. Bei der in 26.4.2 durchgeführten Behandlung des quantisierten Dirac-Feldes wird ein Verfahren erläutert, mit dem man relativistische Korrekturen und spinabhängige Terme gewinnen kann; als Zusatzterme zum Hamilton-Operator $\hat{H}$ ergeben sich:

$$\hat{T}_7 = -\frac{\hat{p}^2}{2m}\frac{\hat{p}^2}{4m^2c^2}, \tag{14.48}$$

$$\hat{T}_8 = \frac{\hbar^2}{8m^2c^2}\nabla_{\hat{r}}^2\, U(\hat{r}), \tag{14.49}$$

$$\hat{T}_9 = \frac{1}{2m^2c^2}\hat{\boldsymbol{S}}[\nabla_{\hat{r}}\, U(\hat{r}) \times \hat{\boldsymbol{p}}]. \tag{14.50}$$

Der Operator $\hat{T}_7$ charakterisiert die (erste) *relativistische Korrektur* der kinetischen Energie; bei Ersetzung von $\hat{\boldsymbol{p}}$ durch $\boldsymbol{p}$ stimmt $\hat{T}_7$ mit dem dritten Summanden auf der rechten Seite von (1.45) überein.

Der Operator $\hat{T}_8$ liefert nur für solche $\boldsymbol{r}$ einen von Null verschiedenen Beitrag, für die $\nabla_{\boldsymbol{r}}^2\, U(\boldsymbol{r}) \neq 0$ gilt, wo also eine nichtverschwindende Ladungsdichte oder eine Punktladung anzutreffen ist. Deshalb wird $\hat{T}_8$ auch als *Kontaktterm* bezeichnet.

Zur näheren Erläuterung der Beziehung (14.50) gehen wir von der folgenden klassischen Betrachtung aus. Ein Elektron möge sich im elektrischen Feld einer ruhenden punktförmigen Ladung bewegen. Dann wird eine auf das Elektron wirkende magnetische Feldstärke $\boldsymbol{H}'$ durch die Relativbewegung des Elektrons gegen die Punktladung hervorgerufen. Von einem mit dem Elektron mitbewegten Bezugssystem aus hat die ruhende Punktladung die Geschwindigkeit $-\boldsymbol{v}$ (wenn $\boldsymbol{v}$ die Geschwindigkeit des Elektrons ist). Diese Punktladung bewirkt also für das Elektron einen Konvektionsstrom, der in den Maxwell-Gleichungen zu berücksichtigen ist. Die Lösung der Maxwell-Gleichungen unter Verwendung einer relativistischen Korrektur (Faktor $^1/_2$) führt auf

$$\boldsymbol{H}' = \frac{1}{2}\varepsilon_0[\boldsymbol{E}'(\boldsymbol{r}) \times \boldsymbol{v}],$$

wobei $\boldsymbol{E}'(\boldsymbol{r})$ die von der Punktladung herrührende elektrische Feldstärke am Ort $\boldsymbol{r}$ des Elektrons ist. Bei Annahme eines magnetischen Eigenmoments $\boldsymbol{N}_S$ für das Elektron – vgl. 13.3 – wird durch das Magnetfeld $\boldsymbol{H}'$ die Energieänderung

$$T_9' = -\boldsymbol{N}_S\boldsymbol{H}' \tag{14.51}$$

bewirkt. Unter Verwendung der zu (13.30) korrespondierenden Beziehung $\boldsymbol{N}_S = -\frac{\mu_0 e}{m}\boldsymbol{S}$ ergibt sich

$$T_9' = \frac{1}{2m^2c^2}\boldsymbol{S}[e\boldsymbol{E}'(\boldsymbol{r}) \times \boldsymbol{p}]. \tag{14.52}$$

Da unter den gegebenen Verhältnissen der Vektor $e\boldsymbol{E}'(\boldsymbol{r})$ mit dem Gradienten aus der potentiellen Energie $U$ übereinstimmt, ist (14.52) als klassisches Pendant zu (14.50) ausgewiesen. Ein wichtiger Spezialfall liegt vor, wenn sich das Elektron – wie das beim Atom angenommen werden kann – in einem kugelsymmetrischen

Potential $V(r)$ bewegt. Für diesen Fall geht $\hat{T}_9'$ in

$$\hat{T}_9'' = -\frac{1}{2}\frac{e}{m^2c^2}\left\{\frac{1}{\hat{r}}\frac{\mathrm{d}V(\hat{r})}{\mathrm{d}\hat{r}}\right\}\hat{\boldsymbol{S}}\hat{\boldsymbol{M}} \tag{14.53}$$

über. Offensichtlich wird $\hat{T}_9''$ wesentlich durch das Skalarprodukt aus Spin und Bahndrehimpuls bestimmt, was sich unter Berücksichtigung der in 13.2 und 13.3 genannten Zusammenhänge auch als energetische Wechselwirkung der vom Spin und vom Bahnmoment herrührenden magnetischen Dipolmomente deuten läßt; man spricht von *Spin-Bahn-Kopplung*. Es ist für die praktische Verwendung dieses Termes von Vorteil, sich daran zu erinnern, daß die Komponenten von $\hat{\boldsymbol{M}}$ sowohl mit denen von $\hat{\boldsymbol{S}}$ vertauschbar sind – vgl. (14.31) – als auch mit dem in der geschweiften Klammer stehenden Operator (der vom Operator $\hat{r}$ des Radiusbetrages abhängt) – vgl. (14.10) und das Folgende.

Wenn *zusätzliche äußere Felder* wirksam sind, dann ergeben sich weitere Zusatzterme im Hamilton-Operator; ein elektrisches Feld $\boldsymbol{E}_{\text{ex}}$ führt in Analogie zu (14.52) auf

$$\hat{T}_{10} = \frac{1}{2m^2c^2}\,\hat{\boldsymbol{S}}[e\boldsymbol{E}_{\text{ex}} \times \hat{\boldsymbol{p}}], \tag{14.54}$$

ein magnetisches Feld $\boldsymbol{H}_{\text{ex}}$ in Analogie zu (14.51) auf

$$\hat{T}_{11} = \frac{\mu_0 e}{m}\,\hat{\boldsymbol{S}}\boldsymbol{H}_{\text{ex}}. \tag{14.55}$$

Unter Berücksichtigung der diskutierten Einflüsse ergibt sich für das Elektron der *Gesamt-Hamilton-Operator*

$$\hat{H}_{\text{G}} = \hat{H} + \sum_{n=1}^{11} \hat{T}_n, \tag{14.56}$$

wobei die potentielle Energie in $\hat{H}$ nach Voraussetzung die Coulomb-Wechselwirkung der anderen Ladungsträger mit dem betrachteten Elektron erfassen soll. Es sei angemerkt, daß sich alle in der Summe zusammengefaßten Zusatzoperatoren genau in der angegebenen Form auch auf deduktivem Wege aus der Quantenelektrodynamik gewinnen lassen. Dabei wird vom Dirac-Feld, das in Wechselwirkung mit dem elektromagnetischen Feld steht, ausgegangen. Die genannten Terme ergeben sich beim Übergang zu einem System fester Fermionenzahl bei einer Entwicklung nach der Elementarladung und der reziproken Lichtgeschwindigkeit – vgl. 26.4.2, 26.4.3 und [D-2], [D-3].

Mit der expliziten Angabe des Hamilton-Operators $\hat{H}_{\text{G}}$ ist das Problem soweit *formuliert*, daß im Prinzip die Eigenwerte $E_{\text{G}}$ und Eigenzustände $|E_{\text{G}}\rangle$ aus der Eigenwertgleichung

$$\hat{H}_{\text{G}}|E_{\text{G}}\rangle = E_{\text{G}}|E_{\text{G}}\rangle \tag{14.57}$$

bestimmt werden können, die ja für die physikalisch-relevanten Größen gebraucht werden. Einer praktischen Durchführung dieser Aufgabe stellen sich aber große Hindernisse in den Weg. Während sich beim Hamilton-Operator $\hat{H}$ noch für praktisch wichtige Probleme exakte Lösungen in geschlossener Form angeben ließen, ist das für $\hat{H}_G$ nicht mehr der Fall. Selbstverständlich kann man die numerische Gewinnung von Lösungen mittels Computer vornehmen. Doch ist es für Einsichten in die physikalischen Zusammenhänge günstiger, plausible und praxisgeprüfte Näherungsverfahren anzuwenden; diese gestatten in einem gewissen Gültigkeitsbereich – der aber durchaus von großem Umfang sein kann – eine formelmäßige Beschreibung der Erscheinungen und damit eine direkte Übertragbarkeit der Resultate. Deshalb werden wir uns der Eigenwertgleichung (14.57) für $\hat{H}_G$ erst wieder zuwenden, wenn wir die methodischen Grundlagen für solche Näherungsverfahren erarbeitet haben. Es handelt sich insbesondere um die zeitunabhängige Störungsrechnung, die im Kapitel 20 dargestellt wird. Der Charakter der Lösungen von (14.57) wird wesentlich davon beeinflußt, welche *Symmetrie*eigenschaften der Hamilton-Operator $\hat{H}_G$ hat; deshalb werden wir uns vorher noch im Kapitel 19 mit diesen Fragen zu beschäftigen haben. Mit den Termen $\hat{T}_4, \hat{T}_5$ und $\hat{T}_6$ sind Übergangswahrscheinlichkeiten mit Hilfe der zeitabhängigen Störungstheorie zu berechnen, die in Kapitel 22 behandelt wird.

Der Gültigkeitsbereich eines Näherungsverfahrens bzw. die Anzahl der erforderlichen Näherungsschritte bei vorgegebener Genauigkeit bestimmen sich wesentlich aus den größenordnungsmäßigen Verhältnissen der Energieanteile. Den späteren Rechnungen in den Kapiteln 20 und 22 vorgreifend, wollen wir hier einige Übersichtsangaben für den repräsentativen Fall eines Elektrons auf einer äußeren Schale in einem Atom oder Molekül machen. Wir betrachten zunächst diejenigen Terme in $\hat{H}_G$, die nicht an das Vorhandensein von äußeren Feldern gebunden sind. Wie wir aus 14.1 entnehmen können, liegt der Beitrag, den $\hat{H}$ zu den Energieeigenwerten $E_G$ beisteuert, bei einigen Elektronenvolt. Der größenordnungsmäßige Beitrag von $\hat{T}_7$ ist $10^{-6}$mal kleiner, der von $\hat{T}_9$ ist $10^{-5}$ bis $10^{-2}$mal kleiner. Die Energieanteile der anderen Terme hängen natürlich von den Werten der Feldstärken ab. Bei magnetischen Feldstärken von $10^5$ A/m oder kleiner liegt der relative Beitrag von $\hat{T}_2$ und $\hat{T}_{11}$ bei $10^{-6}$ und darunter; das gleiche gilt für die Beiträge der anderen Terme, wenn die elektrische Feldstärke $10^5$ V/m oder kleiner ist.

Die Kleinheit der Energiebeiträge der Zusatzterme im Verhältnis zum Beitrag von $\hat{H}$ wirkt sich insofern günstig aus, weil dadurch ein brauchbares Näherungsresultat schon mit einem oder zwei Näherungsschritten erreicht werden kann. Andererseits darf man aus der relativen Kleinheit der Beiträge nicht den Schluß ziehen, daß es sich bei den Operatoren $\hat{T}_1, \ldots \hat{T}_{11}$ um unwichtige Zusätze handelt. Die meisten der angegebenen Zusatzoperatoren stellen die Grundlage für die Erklärung von bedeutsamen Erscheinungen und Effekten dar. So beherrscht der Term $\hat{T}_4$ (insbesondere unter Berücksichtigung der noch in 16.5 einzubauenden Quanteneigenschaften des Strahlungsfeldes) die *Emissions- und Absorptionsprozesse* von elektromagnetischer Strahlung in atomaren Systemen (einschließlich der *Streu-* und *Mehrphotoneneffekte*), der Term $\hat{T}_9$ die mit dem Spin zusammenhängenden Züge des *Energieschemas der atomaren Systeme* und damit wichtige *spektroskopische und chemische Eigenschaften*, der Term $(\hat{T}_2 + \hat{T}_{11})$ den *Paramagnetismus* und den *Zeeman-Effekt*, der Term $\hat{T}_1$ den *linearen Stark-Effekt*, der Term $\hat{T}_3$ den *Diamagnetismus*, der Term $\hat{T}_6$ die *Magnetooptik*, der Term $\hat{T}_{11}$ die Verfahren der *Elektronen-Spin-Resonanz*. Einige dieser Effekte und Verfahren werden wir im Komplex E ausführlich behandeln.

*Kontrollfragen:*

1. Welche Zustandsentwicklung ist für einen beliebigen Zustand des spinbehafteten Elektrons vorzunehmen?
2. Welche Folgerungen ergeben sich für die Eigenzustände des Hamilton-Operators beim Zentralkraftfeld infolge der Vertauschbarkeit mit Drehimpulsoperatoren?
3. Welcher qualitative Unterschied besteht zwischen den Energie-Eigenwerten des H-Atoms und des $H_2{}^+$-Molekülions?
4. Wie setzt sich der Operator des Gesamtdrehimpulses und der des magnetischen Gesamtmoments beim Elektron aus den jeweiligen Bahn- und Spinanteilen zusammen?
5. Welche Quantenzahlen des Gesamtdrehimpulses treten bei vorgegebenem Bahndrehimpuls auf?
6. Welcher Operator charakterisiert die Wechselwirkung eines Elektrons mit einem (klassisch zu beschreibenden) elektromagnetischen Strahlungsfeld?
7. Welcher Operator charakterisiert die Spin-Bahn-Kopplung?

# 15 Atomare Systeme

Die Eigenschaften atomarer Systeme – Atome, Moleküle, Festkörper im neutralen oder ionisierten Zustand – beruhen auf der Anzahl und Art ihrer Grundbausteine (den Atomkernen und den Elektronen) sowie auf den Mechanismen der Wechselwirkung zwischen diesen. Den größten Beitrag zur Energie liefert die Coulomb-Wechselwirkung, wohingegen andere Wechselwirkungsmechanismen, wie z. B. die auf Spineffekten beruhenden, in der Regel mit geringeren Energiebeiträgen verknüpft sind (die Verhältnisse sind hier ähnlich denen der Ein-Elektronen-Systeme, wo auf diese Problematik am Ende von 14.3 eingegangen wurde). Gleichwohl sind die energiemäßig schwächer ins Gewicht fallenden Wechselwirkungsmechanismen von großer Bedeutung für die innere Struktur und die charakteristischen Eigenschaften der atomaren Systeme. Um zum Verständnis des gesamten atomaren Systems zu gelangen, geht man deshalb so vor, daß man zunächst unter alleiniger Berücksichtigung der Coulomb-Wechselwirkung eine Lösung des Problems zu gewinnen sucht und diese dann als Ausgangspunkt für die Behandlung weiterer Effekte (Gesamtspin und relativistische Korrekturen von atomaren Systemen) benutzt. In entsprechender Weise ist die Gliederung dieses Kapitels gestaffelt.

## 15.1 Mehr-Teilchen-Systeme. Coulomb-Wechselwirkung zwischen den Ladungsträgern in atomaren Systemen

Ausgangspunkt ist die Betrachtung eines Systems punktförmiger Teilchen ohne innere Freiheitsgrade mit den Bahnobservablen $\hat{\boldsymbol{r}}_1$, $\hat{\boldsymbol{p}}_1$, ..., $\hat{\boldsymbol{r}}_a$, $\hat{\boldsymbol{p}}_a$, ..., deren potentielle Energie $U$ nur von den Ortsobservablen ..., $\hat{\boldsymbol{r}}_a$, ... abhängen soll. Der Hamilton-Operator dieses Systems ist nach 7.3

$$\hat{H} = \sum_a \frac{1}{2m_a} \hat{\boldsymbol{p}}_a{}^2 + U(\ldots, \hat{\boldsymbol{r}}_a, \ldots) \tag{15.1}$$

mit $m_a$ als Masse des $a$-ten Teilchens. Beim Übergang zur Ortsdarstellung gelangt man im Anschluß an die Resultate von 10.1 zur zeitfreien *Mehr-Teilchen-Schrödinger-Gleichung*

$$\left\{\sum_a \left(-\frac{\hbar^2}{2m_a}\right) \triangle_{\boldsymbol{r}_a} + U(\ldots, \boldsymbol{r}_a, \ldots)\right\} \langle \ldots, \boldsymbol{r}_a, \ldots | E \rangle = E \langle \ldots, \boldsymbol{r}_a, \ldots | E \rangle . \tag{15.2}$$

Die Dichte der Aufenthaltswahrscheinlichkeit im (normierten) Eigenzustand $|E\rangle$ für das erste Teilchen am Ort $\boldsymbol{r}_1$, das zweite am Ort $\boldsymbol{r}_2$ und so weiter ist

$$w(\ldots, \boldsymbol{r}_a, \ldots) = |\langle \ldots, \boldsymbol{r}_a, \ldots |E\rangle|^2. \tag{15.3}$$

Die Mehr-Teilchen-Gleichung (15.2) wird nun auf die Atomkerne und Elektronen in atomaren Systemen zugeschnitten, die mittels Coulomb-Feld aufeinander einwirken. Man kann die gesamte potentielle Energie additiv aus der Coulomb-Wechselwirkungsenergie je zweier Ladungen zusammensetzen. Bezeichnet man die Ortsvektoren der Atomkerne mit $\boldsymbol{R}_\alpha$ und die der Elektronen mit $\boldsymbol{r}_j$, so geht (15.2) über in

$$H\langle \ldots, \boldsymbol{R}_\alpha, \ldots, \boldsymbol{r}_j, \ldots |E\rangle = E\langle \ldots, \boldsymbol{R}_\alpha, \ldots, \boldsymbol{r}_j, \ldots |E\rangle \tag{15.4}$$

mit

$$H = W_{\mathrm{K}} + W_{\mathrm{El}} + U_{\mathrm{K\text{-}K}} + U_{\mathrm{El\text{-}El}} + U_{\mathrm{K\text{-}El}}$$

und

$$W_{\mathrm{K}} = \sum_\alpha \left(-\frac{\hbar^2}{2M_\alpha}\right) \triangle_{\boldsymbol{R}_\alpha}, \qquad W_{\mathrm{El}} = \sum_j \left(-\frac{\hbar^2}{2m}\right) \triangle_{\boldsymbol{r}_j}, \tag{15.4a}$$

$$U_{\mathrm{K\text{-}K}} = \frac{1}{2} \sum_{\substack{\alpha, \alpha' \\ \alpha \neq \alpha'}} \frac{e^2}{4\pi\varepsilon_0} \frac{Z_\alpha Z_{\alpha'}}{|\boldsymbol{R}_\alpha - \boldsymbol{R}_{\alpha'}|}, \qquad U_{\mathrm{El\text{-}El}} = \frac{1}{2} \sum_{\substack{j, j' \\ j \neq j'}} \frac{e^2}{4\pi\varepsilon_0} \frac{1}{|\boldsymbol{r}_j - \boldsymbol{r}_{j'}|},$$
$$U_{\mathrm{K\text{-}El}} = -\sum_{\alpha, j} \frac{e^2}{4\pi\varepsilon_0} \frac{Z_\alpha}{|\boldsymbol{R}_\alpha - \boldsymbol{r}_j|}. \tag{15.4b}$$

$M_\alpha$, $Z_\alpha$ sind Masse und Kernladungszahl des $\alpha$-ten Kernes. Die Größen $W_{\mathrm{K}}$ und $W_{\mathrm{El}}$ repräsentieren die kinetische Energie der Kerne und der Elektronen; die Größen$U_{\mathrm{K\text{-}K}}$ und $U_{\mathrm{El\text{-}El}}$ repräsentieren die potentielle Energie der Kerne untereinander und die der Elektronen untereinander; $U_{\mathrm{K\text{-}El}}$ repräsentiert die Wechselwirkung der Kerne und Elektronen. Die Funktion $|\langle \ldots, \boldsymbol{R}_\alpha, \ldots, \boldsymbol{r}_j, \ldots |E\rangle|^2$ ist die Dichte der Aufenthaltswahrscheinlichkeit für die Kerne und Elektronen. Die Differentialgleichung (15.4) ist unter der Nebenbedingung für die Normierung

$$\int \ldots \mathrm{d}^3\boldsymbol{R}_\alpha \ldots \mathrm{d}^3\boldsymbol{r}_j \ldots |\langle \ldots, \boldsymbol{R}_\alpha, \ldots, \boldsymbol{r}_j, \ldots |E\rangle|^2 = 1 \tag{15.4c}$$

zu lösen.

Wenn die Art und Anzahl der Atomkerne und die Anzahl der Elektronen bekannt ist, sind die Beziehungen (15.4) und (15.4c) hinreichend, um das Problem mathematisch zu formulieren. Praktisch gibt es aber ernste Schwierigkeiten bei der Gewinnung der Lösung. Schon bei 3-Teilchen-Systemen – wie dem He-Atom und dem $H_2{}^+$-Ion – müssen bestimmte einschränkende Voraussetzungen gemacht werden, um mit vertretbarem Aufwand eine Lösung zu gewinnen. Bei Systemen mit vier oder mehr Teilchen – beispielsweise dem $H_2$-Molekül – widersteht die Differentialgleichung bei Berücksichtigung aller Freiheitsgrade grundsätzlich einer geschlossenen Angabe der Lösung. Dieses Handikap ist aber nicht spezifisch für die quantentheoretische Beschreibung; bei mehr als drei wechselwirkenden Massenpunkten „versagt" in gleicher Weise auch die klassische Mechanik. Ungeachtet dieser Komplikationen werden gerade aber auch von mittleren und größeren Systemen Lösungen für die quantentheoretische Grundlegung der Atomphysik, Molekülphysik (Chemie) und Festkörperphysik gebraucht. Es sind Verfahren zur Vereinfachung von (15.4) bzw. Näherungsverfahren entwickelt worden, die weitgehende theoretische Einsichten in die Struktur der Lösungen gewähren, die für umfangreiche Problemkreise eine einheitliche formelmäßige Erfassung gestatten und die gegebenenfalls die Ansätze für eine numerische Rechnung mit vertretbarem Aufwand liefern. In dieser Richtung werden wir im folgenden wichtige Aspekte der Behandlung von (15.4) erläutern, wobei wir uns gelegentlich auf qualitative Betrachtungsweisen beschränken müssen.

### 15.1.1 Abspaltung der Translationsbewegung bei Atomen und Molekülen

Die in (15.4) verwendeten Ortsvektoren $\boldsymbol{R}_\alpha$, $\boldsymbol{r}_j$ sind auf ein raumfestes Koordinatensystem $\Sigma$ bezogen. Bei Molekülen (Atomen) ist es nützlich, die Translationsbewegung abzuspalten. Dazu wird ein Koordinatensystem $\Sigma'$ eingeführt, dessen Ursprung mit dem Massenmittelpunkt des sich bewegenden Moleküls zusammenfallen möge. Die Achsen dieses neuen Koordinatensystems $\Sigma'$ seien raumfest (und mögen sich nicht mit dem Molekül drehen). Wegen der relativen Kleinheit der Elektronenmassen gegenüber den Kernmassen wird der Massenmittelpunkt des Moleküls mit dem Massenmittelpunkt $\boldsymbol{R}$ der Atomkerne gleichgesetzt:

$$\boldsymbol{R} = \frac{1}{M} \sum_\alpha \boldsymbol{R}_\alpha M_\alpha \quad \text{mit} \quad M = \sum_\alpha M_\alpha . \tag{15.5}$$

(Bei *einem* Atom kennzeichnet $\boldsymbol{R}$ dessen Kernlage.) Bezeichnet man mit $\boldsymbol{R}_\alpha'$, $\boldsymbol{r}_j'$ die Ortsvektoren der Kerne und Elektronen bezogen auf den Massenmittelpunkt – also im System $\Sigma'$ –, so geht (15.4) über in

$$\left\{ -\frac{\hbar^2}{2M} \triangle_{\boldsymbol{R}} + H'(\boldsymbol{R}_\alpha', \boldsymbol{r}_j') \right\} \psi(\boldsymbol{R}, \boldsymbol{R}_\alpha', \boldsymbol{r}_j') = E\, \psi(\boldsymbol{R}, \boldsymbol{R}_\alpha', \boldsymbol{r}_j'), \tag{15.6}$$

wobei $H'$ nur von den Ortsvektoren der Kerne und Elektronen in $\Sigma'$ abhängt. Mit dem Ansatz

$$\psi = \varphi(\boldsymbol{R}_\alpha', \boldsymbol{r}_j')\, \chi(\boldsymbol{R})$$

kann man (15.6) in die zwei Gleichungen

$$-\frac{\hbar^2}{2M} \triangle_{\boldsymbol{R}} \chi = E_{\mathrm{tr}} \chi, \tag{15.7}$$

$$H'(\boldsymbol{R}_\alpha', \boldsymbol{r}_j')\, \varphi = (E - E_{\mathrm{tr}})\, \varphi \tag{15.8}$$

separieren. Aus (15.7) ist ersichtlich, daß die Separationskonstante $E_{\mathrm{tr}}$ die Bedeutung der Translationsenergie hat. Gleichung (15.8) enthält den auf das System $\Sigma'$ bezogenen Hamilton-Operator mit den Ortsvektoren $\boldsymbol{R}_\alpha'$, $\boldsymbol{r}_j'$. Die Größe $(E - E_{\mathrm{tr}})$ ist die Gesamtenergie, reduziert um $E_{\mathrm{tr}}$. Im folgenden sei stets angenommen, daß die Translationsbewegung abgespaltet ist. Es interessieren dann also nur die Verhältnisse in einem Koordinatensystem, dessen Ursprung im Molekülmassenmittelpunkt ruht; deshalb wollen wir des weiteren vom Unterschied der Vektoren $\boldsymbol{R}_\alpha'$, $\boldsymbol{r}_j'$ zu den raumfesten Vektoren $\boldsymbol{R}_\alpha$, $\boldsymbol{r}_j$ und dem von $(E - E_{tr})$ zu $E$ absehen, so daß wir formal wieder auf (15.4) zurückgehen können.

Bei leichten Atomen sind bei der Einführung des Massenmittelpunktes die Elektronen mit zu berücksichtigen. Insbesondere bei einem Zwei-Teilchen-System – wie dem Wasserstoffatom (Kern-Koordinaten $\boldsymbol{R}_1$; Elektron-Koordinaten $\boldsymbol{r}_1$) – mit abstandsabhängiger Wechselwirkung $U(|\boldsymbol{R}_1 - \boldsymbol{r}_1|)$ ist das aus der klassischen Mechanik der Planetenbewegung gut bekannte Verfahren der Reduzierung auf ein Ein-Teilchen-Problem durch die Einführung von Massenmittelpunktskoordinaten $\boldsymbol{R} = (M\boldsymbol{R}_1 + m\boldsymbol{r}_1)/(M+m)$ und Relativkoordinaten $\boldsymbol{r} = \boldsymbol{r}_1 - \boldsymbol{R}_1$ vorteilhaft. Die in diesen Koordinaten sich ergebende Schrödinger-Gleichung

$$\left\{-\frac{\hbar^2}{2(M+m)}\triangle_{\boldsymbol{R}} - \frac{\hbar^2}{2\mu}\triangle_{\boldsymbol{r}} + U(|\boldsymbol{r}|)\right\}\psi(\boldsymbol{R},\boldsymbol{r}) = E\,\psi(\boldsymbol{R},\boldsymbol{r}) \tag{15.6a}$$

mit der reduzierten Masse $\mu = Mm/(M+m)$ des Systems kann mit dem Ansatz

$$\psi(\boldsymbol{R},\boldsymbol{r}) = \varphi(\boldsymbol{r})\cdot\chi(\boldsymbol{R})$$

separiert werden. Analog zu (15.7) genügt $\chi(\boldsymbol{R})$ der kräftefreien Gleichung für die Translationsenergie des Massenmittelpunktes

$$-\frac{\hbar^2}{2(M+m)}\triangle_{\boldsymbol{R}}\chi = E_{tr}\,\chi, \tag{15.7a}$$

deren Lösung

$$\chi(\boldsymbol{R}) = \frac{1}{(2\pi)^{3/2}}\exp(\mathrm{i}\,\boldsymbol{K}\boldsymbol{R})$$

mit

$$E_{tr} = \frac{\hbar^2\,\boldsymbol{K}^2}{2(M+m)}$$

lautet. Die zweite Gleichung der Separation ist die Ein-Teilchen-Gleichung

$$\left\{-\frac{\hbar^2}{2\mu}\triangle_{\boldsymbol{r}} + U(|\boldsymbol{r}|)\right\}\varphi(\boldsymbol{r}) = \varepsilon\,\varphi(\boldsymbol{r}), \tag{15.8a}$$

die der Gleichung (5.99) entspricht. Zu ihrer Lösung kann man alle Resultate von 5.4.5.1 übernehmen; man hat nur in allen dortigen Formeln die Masse $m$ durch die reduzierte Masse $\mu$ zu ersetzen. Dann ergibt sich für die diskreten Energieniveaus $\varepsilon_n$ im Falle eines Elektrons (Masse $m$; Ladung $-e$) im Coulomb-Feld eines Kerns (Masse $M$; Ladung $Ze$) eine Modifizierung der Energieformel (5.152), die unter der Voraussetzung eines ortsfesten Kraftzentrums, d.h. eines unendlich schweren Kerns, abgeleitet wurde, durch einen Faktor $(1 - m/M)$, wenn $M \gg m$ angenommen und damit $\mu \approx m\,(1 - m/M)$ gesetzt wird. Dieser Korrekturfaktor ist spektroskopisch bestätigt. (Man beachte, daß für den leichtesten Kern (Wasserstoff) $m/M = 1/1836{,}1$ beträgt.)

### 15.1.2 Elektronenzustand bei fester Kernlage in Atomen, Molekülen und Festkörpern

Für die Darstellung der Gesamtlösung eines stabilen atomaren Systems ist der Elektronenzustand bei fixierter Lage der Kerne von großer Wichtigkeit. Unter der Bedingung der *fixierten Kernlagen* geht (15.4) in

$$H_{\mathrm{El}}(\boldsymbol{r}_j; \boldsymbol{R}_\alpha)\, \psi_{\mathrm{El}}(\boldsymbol{r}_j; \boldsymbol{R}_\alpha) = E_{\mathrm{El}}(\boldsymbol{R}_\alpha)\, \psi_{\mathrm{El}}(\boldsymbol{r}_j; \boldsymbol{R}_\alpha) \tag{15.9}$$

mit

$$H_{\mathrm{El}} = W_{\mathrm{El}} + U_{\mathrm{El\text{-}El}} + U_{\mathrm{K\text{-}El}} + U_{\mathrm{K\text{-}K}}$$

über. $H_{\mathrm{El}}$ ist der für die Eigenfunktion $\psi_{\mathrm{El}}$ verantwortliche Hamilton-Operator in Ortsdarstellung; $E_{\mathrm{El}}$ ist der Energieeigenwert des Elektronenzustandes. In $H_{\mathrm{El}}$ spielen die Ortsvektoren der Kerne $\{\boldsymbol{R}_\alpha\}$ nicht mehr die Rolle von Variablen, sondern sind fest vorgegebene Parameter, von denen auch $E_{\mathrm{El}}$ und $\psi_{\mathrm{El}}$ explizit abhängen. Ein Vergleich zwischen $H$ aus (15.4) und $H_{\mathrm{El}}$ zeigt, daß $W_{\mathrm{K}}$ fehlt, was durch die fixierten Kernlagen bedingt ist. Die Eigenfunktion $\psi_{\mathrm{El}}$ muß gemäß

$$\int \cdots \mathrm{d}^3\boldsymbol{r}_j \cdots |\psi_{\mathrm{El}}(\boldsymbol{r}_j; \boldsymbol{R}_\alpha)|^2 = 1 \tag{15.9a}$$

normiert sein. Deshalb ist (15.9) nur für bestimmte Energieeigenwerte lösbar; diese sollen, wie auch die zugehörigen Eigenfunktionen, durch eine verallgemeinerte Quantenzahl $n_{\mathrm{El}}$ des Elektronenzustandes gekennzeichnet werden.

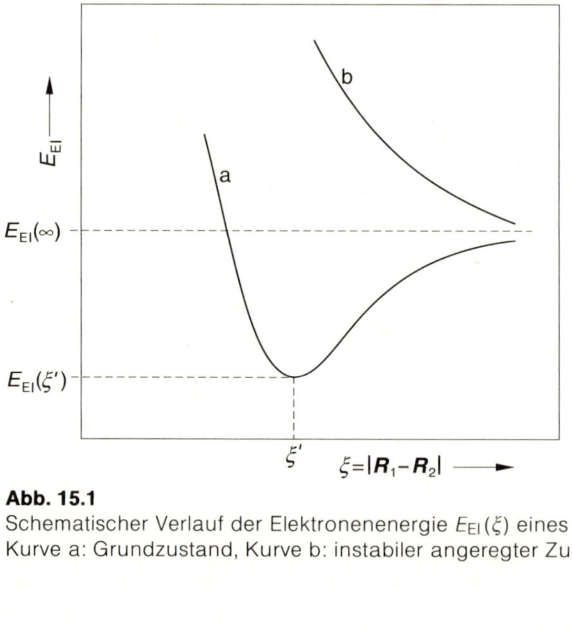


**Abb. 15.1**
Schematischer Verlauf der Elektronenenergie $E_{\mathrm{El}}(\xi)$ eines stabilen zweiatomigen Moleküls. Kurve a: Grundzustand, Kurve b: instabiler angeregter Zustand

Wir haben bereits bei der Betrachtung des $H_2^+$ – vgl. (14.21) – gesehen, welchen Aufwand die Bestimmung des Zustandes für ein Elektron erfordern kann. So ist es verständlich, daß die Komplikationen bei Vielelektronenatomen, Molekülen, Festkörpern erheblich größer sind. Als ein fruchtbares Näherungsverfahren zur Bewältigung des Problems hat es sich erwiesen, den Zustand des Gesamtelektronensystems aus *Ein-Elektronen-Zuständen* zusammenzusetzen. Der dem $j$-ten Elektron zugehörige Ein-Elektronen-Zustand $|\varphi_j\rangle$ wird als Eigenzustand aus einem dem $j$-ten Elektron zugeordneten Hamilton-Operator $\hat{H}_j(\hat{\boldsymbol{r}}_j, \hat{\boldsymbol{p}}_j)$ berechnet, der die Einflüsse aller Kerne und aller übrigen Elektronen enthält. Bei einer brauchbaren Näherung kommt es darauf an, die Ein-Elektronen-Operatoren $\hat{H}_j$ günstig auszuwählen, damit der Gesamtzustand $|\psi_{\mathrm{El}}\rangle$ in möglichst einfacher und übersichtlicher Form aus den $|\varphi_j\rangle$ dargestellt werden kann. In 20.3.2 und 21.3 werden Näherungsverfahren diskutiert, die theoretisch befriedigende Wege zur Gewinnung der $\hat{H}_j$ weisen. Zur Gewinnung numerischer Resultate für $|\psi_{\mathrm{El}}\rangle$ und $E_{\mathrm{El}}$ ist aber am Schluß auch hier eine numerische Rechnung nötig. Bei Molekülen und Festkörpern hängt die Energie $E_{\mathrm{El}}$ (in komplizierter Weise) von den Ortsvektoren $\boldsymbol{R}_\alpha$ der Kerne ab. Beim Wasserstoff-Molekül liegen die Verhältnisse noch am einfachsten; für dieses Problem wird eine (näherungsweise) analytische Berechnung in 21.4.2 durchgeführt. Hier wollen wir qualitativ die funktionelle Abhängigkeit $E_{\mathrm{El}}(\boldsymbol{R}_\alpha)$ bei den zweiatomigen Molekülen veranschaulichen. Der charakteristische Verlauf für die Energie des *Grund*zustandes eines zweiatomigen stabilen Moleküls ist schematisch aus Abb. 15.1, Kurve a, ersichtlich. Die Energie $E_{\mathrm{El}}$ ist eine eindeutige Funktion des Abstandsbetrages $\xi = |\boldsymbol{R}_1 - \boldsymbol{R}_2|$ der beiden Kerne. Beim Gleichgewichtsabstand der Atome $\xi'$ nimmt $E_{\mathrm{El}}$ ein Minimum an; für große Abstände geht $E_{\mathrm{El}}$ gegen den Wert $E_{\mathrm{El}}(\infty)$, der normalerweise der Summe der Elektronenenergien der Einzelatome des Moleküls entspricht. Folgende Werte können als charakteristisch gelten: der Gleichgewichtsabstand $\xi'$ ist $10^{-10}$ m oder größer; $E_{\mathrm{El}}(\infty) - E_{\mathrm{El}}(\xi')$ ist etwa die Dissoziationsenergie, die einige Elektronenvolt beträgt. An der Stelle $\xi = \xi'$ kann $E_{\mathrm{El}}(\xi)$ in der Form

$$E_{\mathrm{El}}(\xi) = E_{\mathrm{El}}(\xi') + \frac{1}{2}\, k(\xi - \xi')^2 + \cdots \qquad (15.10)$$

entwickelt werden. Die Konstante $k$ ist von der Größenordnung $10^2$ N/m, was entweder berechnet oder aus den empirisch bestimmbaren Übergangsfrequenzen zwischen den Energiestufen entnommen werden kann. Die Kurven für *angeregte* Elektronenzustände sind entweder vom „instabilen Typ" der Kurve b mit monoton abnehmender Energie bei wachsendem $\xi$ oder vom „stabilen Typ" der Kurve a, wobei allerdings der Wert $\xi'$ für das Energieminimum nicht mit dem Gleichgewichtsabstand der Atome übereinzustimmen braucht. Diese qualitativen Aussagen sowie die diskutierten größenordnungsmäßigen Angaben lassen sich von den zweiatomigen Molekülen in gewissem Umfang auch auf Atomverbände mit mehr als zwei Atomen übertragen.

### 15.1.3 Trennung von Elektronen- und Kernschwingungsbewegung bei Molekülen und Festkörpern. Kernschwingungsbewegung

Wir betrachten ein Molekül, von dessen Rotationsbewegung im Raum abgesehen wird. Das heißt, daß die Hauptträgheitsachsen des Moleküls im Raum festliegen. Unter den vorliegenden Voraussetzungen (keine Translations- und Rotationsbewegung des atomaren Systems) gibt es für die Kerne nur noch deren Relativbewegung gegeneinander, die man auch *Kernschwingungsbewegung* nennt. Zur Beschreibung der Elektronen- und Kernschwingungsbewegung benutzen wir die Differentialgleichung (15.4), die wir in der Form

$$[W_K + H_{El} - E]\; \Psi(\boldsymbol{r}_j, \boldsymbol{R}_\alpha) = 0 \tag{15.11}$$

schreiben wollen; $H_{El}$ ist aus (15.9) zu entnehmen; $\Psi$ ist eine Funktion aller Variablen $\boldsymbol{r}_j$ und $\boldsymbol{R}_\alpha$. Als Lösungsansatz für $\Psi$ wird

$$\Psi = \psi_{El}(\boldsymbol{r}_j; \boldsymbol{R}_\alpha)\; \zeta(\boldsymbol{R}_\alpha) \tag{15.12}$$

gewählt; $\psi_{El}$ ist die Lösungsfunktion von (15.9). Die Funktion $\zeta(\boldsymbol{R}_\alpha)$ ist die Zustandsfunktion für die Aufenthaltswahrscheinlichkeit der Kerne. Wir setzen (15.12) in (15.11) ein, um die Bestimmungsgleichung für $\zeta(\boldsymbol{R}_\alpha)$ zu gewinnen; mit der Gleichung (15.9) folgt

$$W_K\, \psi_{El}\, \zeta + \psi_{El}\, \{E_{El}(\boldsymbol{R}_\alpha) - E\}\; \zeta = 0\,. \tag{15.13}$$

$W_K$ ist nach (15.4a) ein Differentialoperator mit zweiten Ableitungen nach den Kernkoordinaten, die sowohl in $\psi_{El}$ als auch in $\zeta$ enthalten sind. Man kann deshalb den ersten Summanden in der Form

$$W_K\, \psi_{El}\, \zeta = \psi_{El}\, W_K\, \zeta + Z' + Z'' \tag{15.14}$$

darstellen. Dabei ist $Z'$ ein Summand, der proportional den ersten Ableitungen von $\psi_{El}$ nach den Kernkoordinaten ist, während $Z''$ proportional den zweiten Ableitungen von $\psi_{El}$ nach den Kernkoordinaten ist. In 20.3.6 wird ein Näherungsverfahren (das Born-Oppenheimer-Verfahren) formuliert werden, welches wesentlich darauf beruht, daß in atomaren Systemen die mittlere kinetische Energie der Elektronen in der Regel um mindestens eine Größenordnung größer ist als die mittlere kinetische Energie der Kerne. Dieses Verfahren bestätigt, daß die Änderung von $\psi_{El}$ mit der Änderung der Kernkoordinaten so geringfügig ist, daß die Glieder $Z'$ und $Z''$ neben $\psi_{El}\, W_K\, \zeta$ vernachlässigt werden können. Damit erhält man aus (15.13) folgende Differentialgleichung zur Beschreibung der Kernbewegung

$$\{W_K + E_{El}(\boldsymbol{R}_\alpha) - E\}\; \zeta(\boldsymbol{R}_\alpha) = 0\,. \tag{15.15}$$

Der Wert der Gesamtnergie $E$ wird gemäß

$$E = E_{El}(\boldsymbol{R}_\alpha{}') + E_V \tag{15.16}$$

in einen Anteil der Elektronenenergie $E_{El}(\boldsymbol{R}_\alpha{}')$ und einen der Kernschwingungsenergie $E_V$ zerlegt; dabei kennzeichnen die $\boldsymbol{R}_\alpha{}'$ die Kernlagen beim Energieminimum in dem betrachteten Elektronenzustand. Damit erhalten wir aus (15.15) die folgende *Differentialgleichung für die Kernschwingungsbewegung*:

$$\{W_K + U_V(\boldsymbol{R}_\alpha) - E_V\}\, \zeta(\boldsymbol{R}_\alpha) = 0 \quad \text{mit} \quad U_V(\boldsymbol{R}_\alpha) = E_{El}(\boldsymbol{R}_\alpha) - E_{El}(\boldsymbol{R}_\alpha'). \tag{15.17}$$

Es ist besonders darauf hinzuweisen, daß die Rolle der potentiellen Energie $U_V(\boldsymbol{R}_\alpha)$ für die *Kernschwingungsbewegung* von der *Elektronen*energie $E_{El}(\boldsymbol{R}_\alpha)$ gespielt wird, die bei jeweils fixierter Kernlage für verschiedene $\boldsymbol{R}_\alpha$ zu berechnen ist. $|\zeta(\boldsymbol{R}_\alpha)|^2$ ist die Dichte der Aufenthaltswahrscheinlichkeit für den ersten Kern bei $\boldsymbol{R}_1$, den zweiten bei $\boldsymbol{R}_2$ und so weiter. Die Zustandsfunktion zum Eigenwert (15.16) ist nach (15.12)

$$\Psi = \psi_{El}(\boldsymbol{r}_j; \boldsymbol{R}_\alpha')\, \zeta(\boldsymbol{R}_\alpha). \tag{15.18}$$

Wegen der Forderung der Normierbarkeit von $\zeta(\boldsymbol{R}_\alpha)$ ist (15.17) nur für bestimmte Energieeigenwerte lösbar; diese und die zugehörigen Eigenfunktionen wollen wir mit der verallgemeinerten Quantenzahl $n_V$ der Kernschwingungsbewegung charakterisieren.

Insgesamt ist damit die Trennung der Elektronen- und Kernschwingungsbewegung vollzogen, die Resultate (15.16), (15,17) und (15.18) lassen sich auf stabile Moleküle und Festkörper anwenden.

Es ist dem Problem angepaßt, die Lage der Kerne durch ihre Abweichung

$$\boldsymbol{q}_\alpha = \boldsymbol{R}_\alpha - \boldsymbol{R}_\alpha' \tag{15.19}$$

von den $\boldsymbol{R}_\alpha'$ zu kennzeichnen. Für $N$ Kerne ergeben sich $N$ Vektoren $\boldsymbol{q}_\alpha$ mit $3N$ kartesischen Koordinaten $\eta_n$, zwischen denen zur Gewährleistung des Ausschlusses der Translations- und Rotationsbewegung bei einem linearen Molekül 5, im allgemeinen aber 6 Beziehungen bestehen. Die Funktion $U_V$ aus (15.17) kann nach den $\eta_n$ entwickelt werden. Es gilt

$$U_V = \frac{1}{2} \sum_{n,n'} k_{n,n'} \eta_n \eta_{n'} + \{\text{Glieder höherer Ordnung in } \eta_n\}. \tag{15.20}$$

Wenn $\eta_n$ gleich Null ist, verschwinden $U_V$ sowie die Ableitungen $\partial U_V / \partial \eta_n$; dies entspricht der Einführung von $U_V$ in (15.17) als Differenz der potentiellen Energie zum Anteil $E_{El}(\boldsymbol{R}_\alpha')$ im Gleichgewicht.

Bei wichtigen grundlegenden Anwendungen ist es für die *Beschreibung der Bewegung der Kerne in Molekülen und Festkörpern* gemäß (15.17) hinreichend, nur die quadratischen Terme in $U_V$ zu berücksichtigen („*harmonische Näherung*"). In diesem Fall kann man sich die Atomkerne – oder allgemeiner die Molekül- oder Gitterbausteine – untereinander durch Federn verbunden denken, die eine *lineare* Kraft-Auslenkungs-Beziehung haben. Es handelt sich um das sogenannte Massenpunkt-Feder-Modell. Durch eine geeignete lineare Transformation, die *Normalkoordinaten-Transformation* (siehe A 4.), ist es immer möglich, von den $\eta_n$ zu neuen Koordinaten $Q_g$ überzugehen, in denen sich $H_K = W_K + U_V$ in der einfach zu behandelnden Form

$$H_K = \sum_g \left( -\frac{\hbar^2}{2} \frac{d^2}{dQ_g{}^2} + \frac{\omega_g{}^2}{2} Q_g{}^2 \right) \tag{15.21}$$

schreibt; $\omega_g$ ist eine Funktion von den Kraftkonstanten $k_{n,n'}$ und den Kernmassen. Die Eigenfunktion $\zeta(\boldsymbol{R}_\alpha)$ – vgl. (15.17) – wird bei dieser Transformation natürlich eine Funktion von den $Q_g$. Die Darstellung von $H_{\mathrm{K}}$ in (15.21) weist aus, daß das System sich bewegender Kerne als System ungekoppelter harmonischer Oszillatoren mit den Frequenzen $\omega_g$ aufgefaßt werden kann; nach (5.84) stellt jeder einzelne Summand in $\sum_g (\ldots)$ den Hamilton-Operator eines harmonischen Oszillators in Ortsdarstellung mit der „Masse“ Eins dar; Kopplungsglieder zwischen den einzelnen Summanden gibt es in (15.21) nicht. $Q_g$ hängt nach A 4. linear von den kartesischen Koordinaten der Kerne ab. Deshalb ist es nach 8.2 klar, daß der c-Zahl $Q_g$ ein entsprechender Operator $\hat{Q}_g$ zugeordnet werden kann. Das gleiche gilt auch für den zu $Q_g$ kanonisch-konjugierten Impuls $P_g$, der zu dem Operator $\hat{P}_g$ führt. Durch die Transformation

$$\hat{a}_g = \sqrt{\frac{\omega_g}{2\hbar}} \left( \hat{Q}_g + \frac{\mathrm{i}}{\omega_g} \hat{P}_g \right), \quad \hat{a}_g{}^+ = \sqrt{\frac{\omega_g}{2\hbar}} \left( \hat{Q}_g - \frac{\mathrm{i}}{\omega_g} \hat{P}_g \right), \tag{15.22}$$

die (12.2a) nachgebildet ist, gelangt man zu den Operatoren $\hat{a}_g$, $\hat{a}_g{}^+$, mit denen sich nach (12.4) der Hamilton-Operator $\hat{H}_{\mathrm{K}} = \hat{W}_{\mathrm{K}} + \hat{U}_{\mathrm{V}}$ in der Form

$$\hat{H}_{\mathrm{K}} = \sum_g \hbar \omega_g \left( \hat{a}_g{}^+ \hat{a}_g + \frac{1}{2} \hat{I} \right) \tag{15.23}$$

darstellt. In 12.2 haben wir ausführlich besprochen, daß die Verwendung dieses Formalismus zu einer Beschreibung des Problems mittels Schwingungsquanten führt. Für den mit dem Index $g$ gekennzeichneten Oszillator ist $\hat{N}_g = \hat{a}_g{}^+ \hat{a}_g$ der Teilchenzahl-Operator für Schwingungsquanten der Energie $\hbar\,\omega_g$. Die Operatoren $\hat{a}_g{}^+$ und $\hat{a}_g$ stellen für den $g$-ten Oszillator den Erzeugungs- bzw. Vernichtungsoperator für die Schwingungsquanten der Energie $\hbar\omega_g$ dar. Im Hinblick auf die Festkörper werden wir auf dieses Problem in 26.3 zu sprechen kommen; die dort behandelten Phononen sind Quasiteilchen (Anregungszustände des Mediums, die Teilchencharakter – Energie, Impuls – zeigen).

Nun wollen wir die Kernschwingungsbewegung bei einem zweiatomigen Molekül im Elektronengrundzustand betrachten. Ein zweiatomiges Molekül hat $2 \times 3$ minus 5, also *eine* unabhängige Koordinate zur Beschreibung der Kernschwingungsbewegung; wir wählen dafür die Abweichung vom Gleichgewichtsabstand

$$\sigma = |\boldsymbol{R}_1 - \boldsymbol{R}_2| - |\boldsymbol{R}_1{}' - \boldsymbol{R}_2{}'|. \tag{15.24}$$

Mit dieser Koordinate läßt sich $W_{\mathrm{K}}$ in der Form

$$-\frac{\hbar^2}{2M'} \frac{\mathrm{d}^2}{\mathrm{d}\sigma^2} \quad \text{mit} \quad M' = M_1 M_2/(M_1 + M_2)$$

schreiben. $M'$ ist die reduzierte Masse, für die größenordnungsmäßig $10^{-26}$ kg angesetzt werden kann. Somit ergibt sich aus (15.17) speziell für ein zweiatomiges Molekül in harmonischer Näherung

$$\left\{ -\frac{\hbar^2}{2M'} \frac{\mathrm{d}^2}{\mathrm{d}\sigma^2} + \frac{1}{2} k \sigma^2 - E_{\mathrm{V}} \right\} \zeta(\sigma) = 0. \tag{15.25}$$

$|\zeta(\sigma)|^2$ ist die Wahrscheinlichkeitsdichte, die beiden Kerne bei der Abweichung $\sigma$ anzutreffen. Die Beziehung (15.25) erweist sich als die Eigenwertgleichung des eindimensionalen harmonischen Oszillators; sie hat nach (5.95) die Energieeigenwerte

$$E_V = \hbar\omega_V\left(n_V + \frac{1}{2}\right) \quad \text{mit} \quad \omega_V = \sqrt{\frac{k}{M'}}. \tag{15.26}$$

Mit den Zahlenwerten für $M'$ und $k$ (vgl. (15.10)) ergibt sich für die Schwingungsfrequenz $\omega_V \simeq 10^{14}\,\mathrm{s}^{-1}$; die Energie $\hbar\omega_V \simeq 10^{-20}$ Ws entspricht also der Strahlung im IR-Bereich. Diese Zahlenangabe ist auch charakteristisch für größere Moleküle und die sogenannten optischen Zweige der Kernschwingungsbewegung in Festkörpern. Die Lösungsfunktionen $\zeta(\sigma)$ für den harmonischen Oszillator sind aus (5.96) zu entnehmen. Da beim harmonischen Oszillator der Erwartungswert der potentiellen Energie gleich dem halben Energieeigenwert ist, folgt für den Grundzustand ($n_V = 0$)

$$\frac{1}{2}\,k\langle\sigma^2\rangle = \frac{\hbar\omega_V}{4}. \tag{15.27}$$

Daraus folgt mit den angegebenen Zahlenwerten die mittlere Abweichung aus dem Gleichgewichtsabstand zu

$$\sqrt{\langle\sigma^2\rangle} \simeq 10^{-11}\,\mathrm{m}. \tag{15.27a}$$

Diese Größe ist um eine Größenordnung kleiner als der Atomabstand im Gleichgewicht.

### 15.1.4 Rotationsbewegung eines Moleküls

Wenn man die Kopplung der Rotationsbewegung eines Moleküls im Raum mit der Kernschwingungs- und Elektronenbewegung vernachlässigt, was man in vielen Fällen tun kann, läßt sich das *Modell des starren Rotators* (Kreisels) verwenden; man denkt sich die Atomkerne – allgemeiner die Molekülbausteine – in einem molekülfesten Bezugssystem in ihren Gleichgewichtslagen fixiert.

Betrachten wir zunächst ein zweiatomiges Molekül – vgl. Abb. 15.2a. Klassisch ist seine Rotationsenergie durch

$$E_R = \frac{Q_J}{2\Theta} \tag{15.28}$$

gegeben, wobei $Q_J$ das Quadrat des Drehimpulsvektors und $\Theta$ das Trägheitsmoment bezüglich der Drehachse sind. Für die Übersetzung des Drehimpulsvektors $\boldsymbol{J}$ in die Quantentheorie gelten genau die gleichen Regeln, wie wir sie in 13.2 für den Bahndrehimpuls eines punktförmigen Teilchens kennengelernt haben. Insbesondere hat die Observable $\hat{Q}_J$ die Eigenwerte (in Abhängigkeit von einer Rotationsquantenzahl $J$)

$$\hbar^2 J(J+1) \quad \text{mit} \quad J = 0, 1, 2, \ldots \tag{15.29}$$

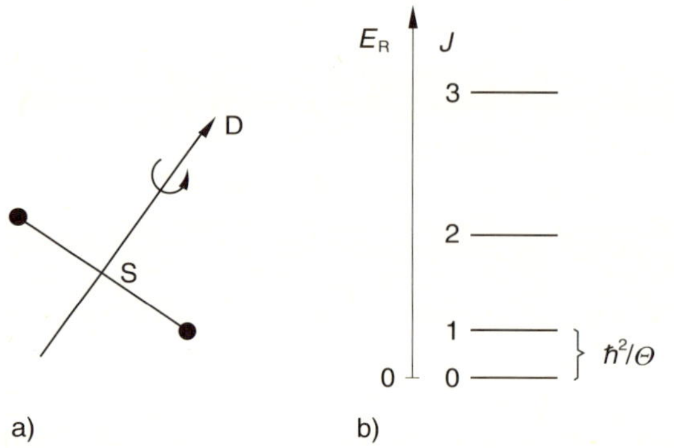


**Abb. 15.2**
Rotationsbewegung eines starren zweiatomigen Moleküls
a) „Molekülhantel": S Massenmittelpunkt, D Drehachse
b) Energie-Eigenwerte

Die zugehörigen Eigenzustände $|\varrho\rangle$ sind in Ortsdarstellung die Kugelflächenfunktionen $Y_J^{M_J}(\vartheta, \varphi)$ – vgl. (5.123). Die Winkel $\vartheta$ und $\varphi$ geben die Lage der „Molekülhantel" in einem raumfesten Koordinatensystem an, wobei $\hbar M_J$ die Drehimpulskomponente bezüglich einer ausgezeichneten Richtung ist. Mit (15.29) erhält man für den Energieoperator $\hat{H}_R = \hat{Q}_J/2\Theta$ die Eigenwerte

$$E_R(J) = \frac{\hbar^2}{2\Theta} J(J+1), \tag{15.30}$$

die in Abb. 15.2b schematisch dargestellt sind. Da $\Theta \simeq 10^{-46}\,\mathrm{kg\,m^2}$ ist, ergeben sich für kleine $J$ Übergangsenergien von der Größenordnung $10^{-22}\,\mathrm{Ws}$, die der Strahlung des fernen IR- und Mikrowellenbereiches entsprechen. Es sei angemerkt, daß dieser Sachverhalt auch für ein Molekül allgemeinerer Struktur gilt; allerdings muß dann die Formel (15.30) insofern modifiziert werden, als neben der Drehung um die raumfeste Drehimpulsachse auch noch die Drehung um andere Achsen (etwa eine Figurenachse) zu berücksichtigen ist. Die zugehörige Zustandsfunktion $\varrho$ hängt dann von 3 Rotationskoordinaten $\varkappa_m$ ab, die wiederum mit den Kernkoordinaten $\boldsymbol{R}_\alpha$ zusammenhängen. An die Stelle von $J$ treten allgemeine Rotationsquantenzahlen, die zusammengefaßt mit $n_R$ bezeichnet werden sollen.

### 15.1.5 Gesamtstruktur der Energiezustände eines Moleküls

Bei Vernachlässigung der Kopplung der drei Bewegungsformen (Elektronen-, Kernschwingungs- und Rotationsbewegung) können die Eigenwerte der Gesamtenergie $E_G$ durch Addition der Eigenwerte der einzelnen Bewegungsformen gemäß

$$E_G = E_{El}(\boldsymbol{R}_\alpha') + E_V + E_R = E_G(n_{El}, n_V, n_R) \tag{15.31}$$

angegeben werden. Die zugehörige Eigenfunktion ist

$$\Psi_G = \psi_{El}(\boldsymbol{r}_j; \boldsymbol{R}_\alpha')\, \zeta(\boldsymbol{R}_\alpha)\, \varrho(\boldsymbol{R}_\alpha) = \Psi_G(\boldsymbol{r}_j, \boldsymbol{R}_\alpha; n_{El}, n_V, n_R). \tag{15.32}$$

Aus der Diskussion der einzelnen Bewegungsformen war hervorgegangen, daß die einzelnen Energieeigenwerte und Eigenfunktionen durch die Quantenzahlen $n_{El}$, $n_V$ und $n_R$ charakterisiert werden müssen. Deshalb hängen auch $E_G$ und $\Psi_G$ von $n_{El}$, $n_V$, $n_R$ ab. Umfangreiches empirisches Material aus der Molekülspektroskopie weist die Brauchbarkeit der Resultate (15.31) und (15.32) aus.

## 15.2 Mehr-Teilchen-Spin

Nachdem wir in 15.1 einen von Spinoperatoren unabhängigen Hamilton-Operator zugrunde gelegt und nur die räumliche Abhängigkeit der Zustände atomarer Systeme betrachtet haben, wollen wir uns in diesem Abschnitt mit der reinen Spinabhängigkeit befassen; d.h., wir wollen die Eigenlösungen gewisser Operatoren bestimmen, die nicht von Bahnobservablen, sondern nur von den Spinobservablen eines Mehr-Teilchen-Systems abhängen.

Ein relativ einfacher, aber für die Anwendung wichtiger Fall liegt vor, wenn der Gesamtspin-Operator $\hat{\boldsymbol{S}}_G$ des Mehr-Teilchen-Systems additiv aus den Spinoperatoren $\hat{\boldsymbol{S}}_k$ der einzelnen Teilchen aufgebaut ist,

$$\hat{\boldsymbol{S}}_G = \sum_k \hat{\boldsymbol{S}}_k, \tag{15.33}$$

und Wechselwirkungen der Spins untereinander unberücksichtigt bleiben können. Dieser Fall ist z.B. von Bedeutung für mehrere Elektronen in äußeren Schalen der Atome. Die Spinoperatoren $\hat{\boldsymbol{S}}_k$ wirken nur auf Vektoren des Hilbert-Raumes $\mathscr{H}_{Sk}$ jedes Teilchens, und die Operatoren, die sich auf verschiedene Teilchen beziehen, kommutieren. Nach 10.3 handelt es sich also um unabhängige Teilräume, so daß der Hilbert-Raum $\mathscr{H}_{SG}$ der Spinoperatoren eines $N$-Teilchen-Systems der Produktraum aller Ein-Teilchen-Räume $\mathscr{H}_{Sk}$

$$\mathscr{H}_{SG} = \mathscr{H}_{S1} \times \mathscr{H}_{S2} \times \cdots \times \mathscr{H}_{Sk} \times \cdots \mathscr{H}_{SN} \tag{15.34}$$

ist; die Zustandsvektoren eines solchen Spinsystems sind im allgemeinen Linearkombinationen von Produkten der Spin-Zustandsvektoren der Teilchen. Die Operatoren der Gesamtspin-Komponenten (15.33) und der Operator des Gesamtspin-Quadrates

$$\hat{Q}_{SG} = \hat{S}^2_{Gx} + \hat{S}^2_{Gy} + \hat{S}^2_{Gz} \tag{15.35}$$

befriedigen dieselben Vertauschungsrelationen wie die entsprechenden Ein-Teilchen-Spinoperatoren – vgl. (13.25), und – ebenfalls wie im Ein-Teilchen-Fall – können $\hat{S}_{Gz}$ und $\hat{Q}_{SG}$ als Satz kommutierender Operatoren ausgewählt und gemeinsame Eigenvektoren $|M_S, S\rangle$ dieser Operatoren auf Grund der Eigenwertgleichungen

$$\hat{S}_{Gz}\,|M_S, S\rangle = \hbar M_S\,|M_S, S\rangle \tag{15.36a}$$

und

$$\hat{Q}_{SG}\,|M_S, S\rangle = \hbar^2 S(S+1)\,|M_S, S\rangle \tag{15.36b}$$

bestimmt werden, wobei es bei gegebenem $S$ wieder $(2S+1)$ Werte $M_S$ gibt, nämlich $M_S = -S, -S+1, \ldots, +S$.

Die wesentlichen Züge der Spintheorie eines Mehr-Teilchen-Systems werden bereits im Zwei-Elektronen-Fall sichtbar; daher wollen wir dafür die Eigenvektoren $|M_S, S\rangle$ in (15.36) durch die Ein-Teilchen-Spinzustände $|m_s, s\rangle$ – vgl. 13.3 – ausdrücken (da im Ein-Elektronen-Fall immer $s = 1/2$ gilt, können wir im folgenden diese Kennzeichnung weglassen und dafür in das ket-Symbol der Ein-Elektronen-Zustände die Nummern der Elektronen aufnehmen, z.B. $|m_s; k\rangle$). Als Eigenvektoren von $\hat{S}_{Gz}$ zu den Eigenwerten $\hbar M_S$ mit $M_S = 1, -1, 0$ erkennt man unmittelbar die Produkte

$$\left|\frac{1}{2}; 1\right\rangle \left|\frac{1}{2}; 2\right\rangle; \quad \left|-\frac{1}{2}; 1\right\rangle \left|-\frac{1}{2}; 2\right\rangle;$$

$$\left|\frac{1}{2}; 1\right\rangle \left|-\frac{1}{2}; 2\right\rangle \quad \text{und} \quad \left|-\frac{1}{2}; 1\right\rangle \left|\frac{1}{2}; 2\right\rangle.$$

Nun überprüfen wir, inwieweit diese Zustände Eigenzustände von $\hat{Q}_{SG}$ sind bzw. solche aus ihnen gebildet werden können. Dazu führt man in Anlehnung an das Vorgehen in 13.1 anstelle der Operatoren $\hat{S}_{1x}$ und $\hat{S}_{1y}$ des ersten Elektrons die Operatoren

$$\hat{S}_1 = (\hat{S}_{1x} - \mathrm{i}\hat{S}_{1y}) \quad \text{und} \quad \hat{S}_1^{\,+} = (\hat{S}_{1x} + \mathrm{i}\hat{S}_{1y})$$

(und analog für das zweite Elektron) ein, wodurch $\hat{Q}_{SG}$ die Form

$$\begin{aligned}\hat{Q}_{SG} = {} & \frac{1}{2}(\hat{S}_1^{\,+}\hat{S}_1 + \hat{S}_1\hat{S}_1^{\,+}) + \hat{S}_{1z}^2 + \frac{1}{2}(\hat{S}_2^{\,+}\hat{S}_2 + \hat{S}_2\hat{S}_2^{\,+}) + \hat{S}_{2z}^2 \\ & + (\hat{S}_1^{\,+}\hat{S}_2 + \hat{S}_1\hat{S}_2^{\,+}) + 2\hat{S}_{1z}\hat{S}_{2z}\end{aligned} \tag{15.37}$$

erhält, die das Resultat der Anwendung von $\hat{Q}_{SG}$ auf die angegebenen Produktzustände leicht anzugeben gestattet; bei der Ausrechnung beachte man, daß einfach

$$\hat{S}_1^{\,+}\left|\frac{1}{2}; 1\right\rangle = |0_V\rangle, \qquad \hat{S}_1^{\,+}\left|-\frac{1}{2}; 1\right\rangle = \left|\frac{1}{2}; 1\right\rangle,$$

$$\hat{S}_1\left|\frac{1}{2}; 1\right\rangle = \left|-\frac{1}{2}; 1\right\rangle, \quad \hat{S}_1\left|-\frac{1}{2}; 1\right\rangle = |0_V\rangle$$

gilt – vgl. dazu die analogen Formeln (13.13). Auf diese Weise erkennt man, daß folgende Vektoren $|M_S, S\rangle$ Eigenvektoren von $\hat{Q}_{SG}$ und $\hat{S}_{Gz}$ sind:

$$|0, 0\rangle = \frac{1}{\sqrt{2}}\left[\left|\frac{1}{2}; 1\right\rangle\left|-\frac{1}{2}; 2\right\rangle - \left|-\frac{1}{2}; 1\right\rangle\left|\frac{1}{2}; 2\right\rangle\right] \tag{15.38}$$

und

$$
\begin{aligned}
|1,1\rangle &= \left|\frac{1}{2};1\right\rangle \left|\frac{1}{2};2\right\rangle,\\
|0,1\rangle &= \frac{1}{\sqrt{2}}\left[\left|\frac{1}{2};1\right\rangle \left|-\frac{1}{2};2\right\rangle + \left|-\frac{1}{2};1\right\rangle \left|\frac{1}{2};2\right\rangle\right],\\
|-1,1\rangle &= \left|-\frac{1}{2};1\right\rangle \left|-\frac{1}{2};2\right\rangle.
\end{aligned} \tag{15.39}
$$

Bei (15.38) spricht man von einem Zustand $S=0$ mit antiparalleler Stellung und bei (15.39) von Zuständen $S=1$ mit paralleler Stellung der beiden Spins des Zwei-Elektronen-Systems. Von diesen Resultaten über die Spinzustände des Zwei-Elektronen-Systems werden wir in 21.4 bei der Betrachtung des Helium-Atoms und des Wasserstoff-Moleküls wieder Gebrauch machen.

Die Behandlung von Systemen mit mehr als zwei Teilchen (Elektronen) geschieht analog.

## 15.3 Über die Coulomb-Wechselwirkung hinausgehende Wechselwirkungen bei einem Atom

In 14.3 wurden im Hamilton-Operator für ein einzelnes Elektron relativistische Korrekturen berücksichtigt, die aus Bahnoperatoren ($\hat{\boldsymbol{r}}$ und $\hat{\boldsymbol{p}}$) und insbesondere auch aus Spinoperatoren $\hat{\boldsymbol{S}}$ aufgebaut sind. Diese Terme des Hamilton-Operators lassen sich ohne Schwierigkeiten auf Mehr-Elektronen-Systeme verallgemeinern. Wie bereits in 14.3 angemerkt wurde, folgen sämtliche mit der elektrischen Ladung zusammenhängenden Wechselwirkungen zwischen atomaren Bestandteilen (Elektronen und Atomkernen) aus der Quantenelektrodynamik; das Prinzip dieser Ableitung werden wir in 26.4.1 besprechen. In 15.3 wollen wir uns vorerst mit dem Fall eines $N$-Elektronen-Systems in der Umgebung eines Kerns der Ladung $Ze$ befassen.

Die in 14.3 angegebenen Terme $\hat{T}_1$, $\hat{T}_2$, $\hat{T}_3$ – vgl. (14.42), (14.43), (14.44) – für die Wechselwirkung *eines* Elektrons mit äußeren elektrischen und magnetischen Feldern lassen sich ohne weiteres auf den Mehr-Elektronen-Fall durch Ersetzen von $\hat{\boldsymbol{r}}$ durch $\hat{\boldsymbol{r}}_j$ und Summation über alle Elektronen von $j=1$ bis $N$ übertragen.

Die Wechselwirkung mehrerer Ladungsträger mit dem Strahlungsfeld bzw. mit dem Strahlungsfeld und äußerem Magnetfeld ergibt sich in gleicher Weise als Verallgemeinerung von $\hat{T}_4$ und $\hat{T}_5$ – vgl. (16.90) und (16.91) – bzw. von $\hat{T}_6$.

Des weiteren kommen wir zu den folgenden Verallgemeinerungen der relativistischen Korrekturterme:

Aus $\hat{T}_7$ – vgl. (14.48) – ergibt sich einfach

$$
\hat{H}_7^{\mathrm{w}} = \sum_{j=1}^{N} \left(-\frac{1}{2m}\hat{\boldsymbol{p}}_j^{\,2}\right)\frac{1}{4m^2c^2}\hat{\boldsymbol{p}}_j^{\,2} \tag{15.40}
$$

und analog aus $\hat{T}_8$ – vgl. (14.49) –

$$\hat{H}_8^{\mathrm{w}} = \sum_{j=1}^{N} \frac{\hbar^2}{8m^2c^2} \nabla^2_{\hat{r}_j} U(\hat{r}_j) = \sum_{j=1}^{N} \frac{\hbar^2 \pi}{2m^2c^2} \frac{Ze^2}{4\pi\varepsilon_0} \delta^3(\hat{r}_j), \tag{15.41}$$

wenn unter $U(\hat{r}_j)$ die Coulomb-Wechselwirkung $-Ze^2/4\pi\varepsilon_0\hat{r}_j$ mit dem Kern verstanden wird. Von $\hat{T}_8$ aus ergibt sich aber auch eine *Kontaktwechselwirkung* zwischen den Elektronen, wenn für $U$ die Coulomb-Wechselwirkung $e^2/4\pi\varepsilon_0\,|\hat{r}_j - \hat{r}_k|$ eingeführt und über die Elektronen paarweise summiert wird:

$$\hat{H}_8^{\mathrm{w}'} = \frac{1}{8} \sum_{j,j'}^{N} \frac{\hbar^2}{m^2c^2} \nabla^2_{\hat{r}_j} \frac{e^2}{4\pi\varepsilon_0\,|\hat{r}_j - \hat{r}_{j'}|} = -\frac{1}{2} \sum_{j,j'} \frac{\pi\hbar^2}{m^2c^2} \frac{e^2}{4\pi\varepsilon_0} \delta^3(\hat{r}_j - \hat{r}_{j'}). \tag{15.42}$$

Die Verallgemeinerung von $\hat{T}_9$ – vgl. (14.50) – führt im Elektronensystem auf drei Terme der Spin-Bahn-Wechselwirkung. Auf Grund des Coulomb-Feldes des Kerns folgt als Summe der *Spin-Bahn-Kopplungen* jedes einzelnen Elektrons

$$\hat{H}_9^{\mathrm{w}} = \sum_{j=1}^{N} \frac{1}{2m^2c^2} \hat{\boldsymbol{S}}_j \left[ \nabla_{\hat{r}_j} \left( -\frac{Ze^2}{4\pi\varepsilon_0\,\hat{r}_j} \right) \times \hat{\boldsymbol{p}}_j \right]; \tag{15.43}$$

vermittelt durch die Coulomb-Wechselwirkung zwischen den Elektronen ergeben sich weiterhin die Beiträge

$$\hat{H}_9^{\mathrm{w}'} = -\sum_{j,j'}^{N} \frac{1}{2m^2c^2} \frac{e^2}{4\pi\varepsilon_0\,|\hat{r}_j - \hat{r}_{j'}|^3} \hat{\boldsymbol{S}}_j [(\hat{r}_j - \hat{r}_{j'}) \times \hat{\boldsymbol{p}}_j] \tag{15.44}$$

aus den Spin-Bahn-Kopplungen jedes Elektrons. Daneben gibt es noch die Wechselwirkung zwischen dem Spin jedes Elektrons und der Bahnbewegung der anderen Elektronen

$$\hat{H}_9^{\mathrm{w}''} = \sum_{j,j'}^{N} \frac{1}{m^2c^2} \frac{e^2}{4\pi\varepsilon_0\,|\hat{r}_j - \hat{r}_{j'}|^3} \hat{\boldsymbol{S}}_j [(\hat{r}_j - \hat{r}_{j'}) \times \hat{\boldsymbol{p}}_{j'}]. \tag{15.45}$$

Daß sich die Übertragung von $\hat{T}_{10}$ – vgl. (14.54) – und $\hat{T}_{11}$ – vgl. (14.55) – auf das Elektronen-System als einfache Summation über die Beiträge der einzelnen Elektronen ergibt, ist unmittelbar einsichtig.

Wenn man sich in (14.55) den Spinoperator $\hat{\boldsymbol{S}}$ der Formel (13.30) entsprechend durch den Operator $\hat{\boldsymbol{N}}_{\mathrm{S}}$ des magnetischen Momentes des Spins und $\boldsymbol{H}_{\mathrm{ex}}$ durch das vom magnetischen Moment des Spins eines anderen Elektrons hervorgerufene Magnetfeld ersetzt denkt und dann paarweise über alle diese Wechselwirkungen zwischen den magnetischen Momenten summiert, erhält man die sogenannte *Dipol-Dipol-Wechselwirkung* zwischen den Elektronenspins. Als Anteil für $\boldsymbol{r}_j \neq \boldsymbol{r}_{j'}$ erhält man

$$\hat{H}_{12}^{\mathrm{w}} = -g^2 \mu_{\mathrm{B}}^2 \frac{1}{8\pi\hbar^2} \sum_{j,j'}^{N} \frac{3[\hat{\boldsymbol{S}}_j(\hat{r}_j - \hat{r}_{j'})]\,[\hat{\boldsymbol{S}}_{j'}(\hat{r}_j - \hat{r}_{j'})] - \hat{\boldsymbol{S}}_j\hat{\boldsymbol{S}}_{j'}(\hat{r}_j - \hat{r}_{j'})^2}{|\hat{r}_j - \hat{r}_{j'}|^5} \tag{15.46a}$$

Es ist üblich, den von der Singularität bei $\boldsymbol{r}_j = \boldsymbol{r}_j'$ herrührenden Anteil der Dipol-Dipol-Wechselwirkung

$$\hat{H}_{13}^{\mathrm{w}} = -\frac{8\pi}{3} g^2 \mu_{\mathrm{B}}^2 \frac{1}{8\pi\hbar^2} \sum_{j,j'}^{N} \hat{\boldsymbol{S}}_j \hat{\boldsymbol{S}}_{j'} \delta^3(\hat{r}_j - \hat{r}_{j'}) \tag{15.46b}$$

gesondert anzugeben. Diese Operatoren der Dipol-Dipol-Wechselwirkung korrespondieren mit den entsprechenden nach der klassischen Elektrodynamik sich ergebenden Ausdrücken für die Wechselwirkungsenergie von magnetischen Dipolen.

In der Reihe der hier betrachteten relativistischen Korrekturterme bis zur Ordnung $e^2$ und $c^{-2}$ gibt es schließlich noch die *Bahn-Bahn-Wechselwirkung* zwischen den Elektronen,

$$\hat{H}_{14}^{\mathrm{w}} = -\frac{1}{4m^2c^2}\frac{e^2}{4\pi\varepsilon_0}\sum_{j,j'}^{N}\frac{1}{|\hat{\boldsymbol{r}}_j-\hat{\boldsymbol{r}}_{j'}|^3}\{(\hat{\boldsymbol{r}}_j-\hat{\boldsymbol{r}}_{j'})\,[(\hat{\boldsymbol{r}}_j-\hat{\boldsymbol{r}}_{j'})\,\hat{\boldsymbol{p}}_j]\,\hat{\boldsymbol{p}}_{j'}+(\hat{\boldsymbol{r}}_j-\hat{\boldsymbol{r}}_{j'})^2\,\hat{\boldsymbol{p}}_j\hat{\boldsymbol{p}}_{j'}\}\,. \tag{15.47}$$

Diese Wechselwirkung kann man als Verallgemeinerung von $\hat{T}_4$ – vgl. (14.45) – begreifen, wobei im Sinne der Quantenelektrodynamik – vgl. 26.4 – unter $\boldsymbol{A}(\boldsymbol{r}, t)$ das Vektorpotential zu verstehen ist, das von den „Strömen" der anderen Elektronen hervorgerufen wird.

## 15.4 Relativistische Wechselwirkungen bei Atomverbänden

Zur Beschreibung von Atomverbänden – wie Moleküle und Festkörper – haben wir die in 15.3 für *ein* Atom (d.h. für die Anwesenheit *eines* Kernes) geltenden Betrachtungen auf *mehrere* Kerne zu erweitern und die Wechselwirkungen zwischen den Kernen mit zu berücksichtigen, wobei wir einem am Ort $\boldsymbol{R}_\alpha$ befindlichen Kern der Masse $M_\alpha$ und der Ladung $Z_\alpha e$ jetzt als weitere Eigenschaften einen *inneren Drehimpuls* (*Kernspinoperator* $\hat{\boldsymbol{I}}_\alpha$) und ein *elektrisches Quadrupolmoment* $Q_\alpha$, das ein tensorieller Parameter ist, zuordnen wollen. Damit haben wir die Aufgabe, über die Coulomb-Wechselwirkung hinausgehende Wechselwirkungsterme zu $U_{\text{K-K}}$ und $U_{\text{K-El}}$ in (15.4) zu bestimmen. Wir betrachten jetzt nur innere Wechselwirkungen in einem Atomverband. Anschließend an 15.1 benutzen wir bei den folgenden Formulierungen die Ortsdarstellung.

Wegen der großen Masse $M_\alpha$ der Kerne verglichen mit der Elektronenmasse $m$ berücksichtigen wir keine relativistische Korrektur zur kinetischen Energie der Kerne.

In $U_{\text{K-K}}$ nehmen wir zu der in (15.4b) angegebenen Coulomb-Wechselwirkung die *Dipol-Dipol-Wechselwirkung* der mit den Kernspins $\hat{\boldsymbol{I}}_\alpha$ verknüpften magnetischen Momente $\hat{\boldsymbol{N}}_\alpha$ der Kerne hinzu. Der Zusammenhang zwischen $\hat{\boldsymbol{N}}_\alpha$ und $\hat{\boldsymbol{I}}_\alpha$ ist dem zwischen dem magnetischen Moment eines Elektrons und dem Elektronenspin, wie ihn (13.30) zum Ausdruck bringt, analog. An die Stelle des Bohrschen Magnetons $\mu_{\mathrm{B}}$ tritt das *Kernmagneton* $\mu_{\mathrm{K}} = \dfrac{e\hbar\mu_0}{2m_p}$, wobei $m_p$ die Protonenmasse bedeutet, und anstelle des Elektron-g-Faktors ist der $g$-Faktor $g_\alpha$ des jeweiligen Kerns zu setzen. Wegen der positiven Ladung des Protons ist das Minuszeichen in (13.30) durch ein Pluszeichen zu ersetzen. Damit folgt also

$$\hat{\boldsymbol{N}}_\alpha = \frac{g_\alpha \mu_{\mathrm{K}}}{\hbar}\,\hat{\boldsymbol{I}}_\alpha, \tag{15.48}$$

und der Operator der *Dipol-Dipol-Wechselwirkungen* zwischen den Kernen bekommt die zur singularitätsfreien Elektronen-Dipol-Dipol-Wechselwirkung (15.46a) völlig analoge Struktur

$$\hat{H}_{16}^{w} = -\frac{\mu_K{}^2}{8\pi\hbar^2} \sum_{\alpha,\alpha'} g_\alpha g_{\alpha'} \frac{3[\hat{\boldsymbol{I}}_\alpha(\boldsymbol{R}_\alpha - \boldsymbol{R}_{\alpha'})]\,[\hat{\boldsymbol{I}}_{\alpha'}(\boldsymbol{R}_\alpha - \boldsymbol{R}_{\alpha'})] - \hat{\boldsymbol{I}}_\alpha \hat{\boldsymbol{I}}_{\alpha'}(\boldsymbol{R}_\alpha - \boldsymbol{R}_{\alpha'})^2}{|\boldsymbol{R}_\alpha - \boldsymbol{R}_{\alpha'}|^5}. \tag{15.49}$$

Ein Term der Struktur (15.46b) hat bei der Wechselwirkung der Kerne keine Bedeutung.

$U_{\text{K-El}}$ in (15.4) ergänzen wir durch die Wechselwirkungen zwischen den Elektronenspins bzw. den Elektronen-Bahnbewegungen und den Kernspins, durch die Kontaktwechselwirkung der Elektronenverteilung mit der Verteilung der als Punktladungen betrachteten Kerne sowie durch die Wechselwirkung zwischen einem elektrischen Quadrupolmoment der Kerne und der Elektronenverteilung. Weiterhin haben wir die Spin-Bahn-Kopplung der Elektronen – vgl. (15.43) – auf die Anwesenheit mehrerer Kerne zu verallgemeinern.

Unter Weglassen eines Faktors $^1/_2$, der bei den Elektronen eine doppelte Zählung der Paarwechselwirkungen verhindert, erhalten wir die *Dipol-Dipol-Wechselwirkung* zwischen Elektronen- und Kernspins durch die folgenden Ersetzungen: $\sum_{j'} \to \sum_{\alpha}$, $\boldsymbol{r}_{j'} \to \boldsymbol{R}_\alpha$ und jeweils eines Faktors $g \to g_\alpha$ und eines Faktors $\mu_B \to \mu_K$ sowie durch Änderung des Vorzeichens aus (15.46a) bzw. (15.46b),

$$\hat{H}_{17}^{w} = g\mu_B\mu_K \frac{1}{4\pi\hbar^2} \sum_{j,\alpha} g_\alpha \frac{3[\hat{\boldsymbol{S}}_j(\boldsymbol{r}_j - \boldsymbol{R}_\alpha)]\,[\hat{\boldsymbol{I}}_\alpha(\boldsymbol{r}_j - \boldsymbol{R}_\alpha)] - \hat{\boldsymbol{S}}_j\hat{\boldsymbol{I}}_\alpha(\boldsymbol{r}_j - \boldsymbol{R}_\alpha)^2}{|\boldsymbol{r}_j - \boldsymbol{R}_\alpha|^5} \tag{15.50a}$$

und

$$\hat{H}_{18}^{w} = \frac{8\pi}{3} g\mu_B\mu_K \frac{1}{4\pi\hbar^2} \sum_{j,\alpha} g_\alpha \hat{\boldsymbol{S}}_j \hat{\boldsymbol{I}}_\alpha\, \delta^3(\boldsymbol{r}_j - \boldsymbol{R}_\alpha). \tag{15.50b}$$

Die Kopplung zwischen der Elektronen-Bahnbewegung und den Kernspins erhält man durch eine entsprechende Übertragung der Formel (15.45) für die Wechselwirkung zwischen jedem Elektronenspin und der Bahnbewegung jeweils der anderen Elektronen zu

$$\hat{H}_{19}^{w} = -\sum_{j,\alpha} \frac{1}{2mm_pc^2}\frac{e^2}{4\pi\varepsilon_0}\frac{g_\alpha}{|\boldsymbol{r}_j - \boldsymbol{R}_\alpha|^3}\hat{\boldsymbol{I}}_\alpha\left[(\boldsymbol{r}_j - \boldsymbol{R}_\alpha) \times \frac{\hbar}{\mathrm{i}}\nabla_{\boldsymbol{r}_j}\right]. \tag{15.51}$$

Die *Kontaktwechselwirkung* zwischen Elektronen und Kernen ergibt sich durch Verallgemeinerung von (15.41) zu

$$\hat{H}_{20}^{w} = \frac{e^2}{4\pi\varepsilon_0}\frac{\pi\hbar^2}{2m^2c^2}\sum_\alpha\sum_j Z_\alpha \delta^3(\boldsymbol{r}_j - \boldsymbol{R}_\alpha). \tag{15.52}$$

Kerne mit Kernspin $I > \frac{1}{2}$ können ein *elektrisches Quadrupolmoment*

$$eQ_{kl} = e\int \mathrm{d}^3\boldsymbol{r}'\,\eta(\boldsymbol{r}')\,[3x_k'x_l' - r'^2\delta_{kl}] \qquad (k, l = x, y, z) \tag{15.53}$$

besitzen, wobei $e\eta(\boldsymbol{r}')$ die elektrische Ladungsdichte im Kern beschreibt; die Ladungsverteilung im Kern ist rotationssymmetrisch, wenn ein Quadrupolmoment existiert. Bezogen auf die Symmetrieachse gilt

$$eQ \equiv eQ_{zz} = e \int d^3 r' \eta(r') \left[3r'^2 \cos^2 \vartheta' - r'^2\right]. \tag{15.53a}$$

Die Wechselwirkung zwischen den Elektronen und Kernen vermittels des Quadrupolmoments $eQ_\alpha$ lautet dann

$$\hat{H}^{\mathrm{w}}_{21} = -\frac{1}{4} \sum_{j,\alpha} \frac{e^2 Q_\alpha}{4\pi\varepsilon_0} \frac{\partial^2}{\partial z_j^2} \frac{1}{|\boldsymbol{r}_j - \boldsymbol{R}_\alpha|}. \tag{15.54}$$

$\hat{H}^{\mathrm{w}}_{21}$ macht deutlich, daß für die Wechselwirkung zwischen dem Quadrupolmoment eines Kernes und den Elektronen der Feldgradient $\dfrac{\partial^2}{\partial z_j^2} \dfrac{1}{|\boldsymbol{r}_j - \boldsymbol{R}_\alpha|}$ maßgebend ist.

Weiterhin haben wir noch die *Spin-Bahn-Wechselwirkung* der einzelnen Elektronen im Feld aller Kerne zu berücksichtigen, die aus (15.43) durch die Ersetzung von $\boldsymbol{r}_j$ durch $\boldsymbol{r}_j - \boldsymbol{R}_\alpha$ und Summation über alle Kerne hervorgeht:

$$\hat{H}^{\mathrm{w}}_{22} = \sum_{j,\alpha} \frac{1}{2m^2c^2} \hat{\boldsymbol{S}}_j \left[ \nabla_{\boldsymbol{r}_j} \left( -\frac{Z_\alpha e^2}{4\pi\varepsilon_0 |\boldsymbol{r}_j - \boldsymbol{R}_\alpha|} \right) \times \frac{\hbar}{\mathrm{i}} \nabla_{\boldsymbol{r}_j} \right]. \tag{15.55}$$

## 15.5 Zusammenfassende Betrachtungen im gesamten Hilbert-Raum atomarer Systeme

Die in den Abschnitten 15.1, 15.3 und 15.4 besprochenen Wechselwirkungen zwischen Elektronen und Kernen sowie den Elektronen und den Kernen untereinander müssen im Prinzip alle berücksichtigt werden – vorausgesetzt, daß die Kerne die entsprechenden Eigenschaften wie magnetisches Moment und elektrisches Quadrupolmoment besitzen. In den angegebenen Anteilen des Gesamt-Hamilton-Operators atomarer Systeme treten die Operatoren des Ortes und des Impulses aller Elektronen und Kerne als „Bahnoperatoren“, die Elektronen-Spinoperatoren und die Kern-Spinoperatoren auf. Daher ist einem solchen System ein Zustandsvektorraum $\mathcal{H}$ zuzuordnen, der in entsprechender Weise ein Produkt aus drei Teilräumen

$$\mathcal{H} = \mathcal{H}_{\mathrm{B}} \times \mathcal{H}_S \times \mathcal{H}_I \tag{15.56}$$

ist (in entsprechender Erweiterung von (14.1)). Der Bahnanteil $\mathcal{H}_{\mathrm{B}}$ des Hilbert-Raumes wird durch die Basis

$$|\boldsymbol{R}_1\rangle \cdots |\boldsymbol{R}_\alpha\rangle \cdots |\boldsymbol{r}_1\rangle \cdots |\boldsymbol{r}_j\rangle \cdots \tag{15.57a}$$

aufgespannt, wobei die $\{|\boldsymbol{R}_\alpha\rangle\}$ die Ortsdarstellung der Kerne, die $\{|\boldsymbol{r}_j\rangle\}$ die der Elektronen ist. Der Anteil der Elektronenspins $\mathcal{H}_S$ wird durch die Basis

$$|m_{s1}\rangle \cdots |m_{sj}\rangle \cdots \tag{15.57b}$$

– mit $|m_{sj}\rangle \equiv \left| m_{sj}, s = \frac{1}{2} \right\rangle$ als Spinzustand des $j$-ten Elektrons in der Schreibweise von 13.3 – aufgespannt. Das Analoge gilt für den Anteil $\mathscr{H}_I$ der Kernspins

$$|m_{I1}\rangle \cdots |m_{I\alpha}\rangle \cdots \tag{15.57c}$$

mit $|m_{I\alpha}\rangle \equiv |m_{I\alpha}, I_\alpha\rangle$ als Spinzustand des $\alpha$-ten Kernes. Da die Bahnobservablen und die Spinobservablen verschiedener Teilchen miteinander kommutieren, ergibt sich die Basis von $\mathscr{H}$ durch Bildung des *direkten Produktes* der in (15.57a), (15.57b), (15,57c) angegebenen Ausdrücke und ein beliebiger Vektor von $\mathscr{H}$ als Überlagerung derartiger Produkte.

Häufig liegen in atomaren Systemen besondere Bedingungen dergestalt vor, daß bestimmte der angegebenen Anteile des Gesamt-Hamilton-Operators vorherrschen und die anderen in abgestufter Größenordnungsreihenfolge nacheinander als Störungen Berücksichtigung finden oder in oft guter Näherung sogar ganz weggelassen werden können – vgl. Kapitel 20.

Bei Atomen mit nicht zu hoher Ordnungszahl oder bei nicht zu starker Wirkung äußerer Felder herrscht die Coulomb-Wechselwirkung zwischen den Ladungsträgern vor. Dies hat zur Folge, daß bei den für die Spektroskopie wesentlichen Elektronen in *äußeren* Schalen der Hülle die Bahndrehimpulse für sich zu einem Gesamtbahndrehimpuls (Operator $\hat{\boldsymbol{M}}_G = \sum_k \hat{\boldsymbol{M}}_k$) und die Spins für sich zu einem Gesamtspin (Operator $\hat{\boldsymbol{S}}_G = \sum_k \hat{\boldsymbol{S}}_k$) verknüpft sind; die Eigenlösung dieser Verknüpfung der Spins wurde in 15.2 behandelt. Durch diejenigen Anteile des Gesamt-Hamilton-Operators, in denen Bahn- und Spin-Operatoren, wie z.B. in der Spin-Bahn-Wechselwirkung (15.43), auftreten, werden Gesamtbahndrehimpuls und Gesamtspin zu einem Gesamtdrehimpuls (Operator $\hat{\boldsymbol{J}}_G$) verkoppelt:

$$\hat{\boldsymbol{J}}_G = \hat{\boldsymbol{M}}_G + \hat{\boldsymbol{S}}_G. \tag{15.58}$$

Die Quantenzahl $J$ des Gesamtdrehimpulsquadrat-Operators $\hat{Q}_{JG}$ hängt dann mit denen des Bahndrehimpulses und des Spins ($L$ bzw. $S$) in der Beziehung $J = L + S$, $L + S - 1, \ldots, |L - S|$ zusammen. Dieses Ergebnis ist eine Verallgemeinerung des Ein-Elektronen-Falles, wie er in (14.36) angegeben ist; vgl. dazu die gruppentheoretischen Überlegungen über die Kopplung von Systemen in 19.2.6. Diese Art der Verknüpfung (15.58) der Bahndrehimpulse und der Spins zum Gesamtdrehimpuls wird *Russell-Saunders-Kopplung* genannt. Die durch $L$ und $S$ zu kennzeichnenden Energieniveaus erfahren durch die Russell-Saunders-Kopplung eine Aufspaltung in Niveaus, die sich durch die möglichen $J$-Werte unterscheiden; diese Aufspaltung wird als *Feinstruktur* des Energieniveauschemas bezeichnet. Für die Größenordnung der Feinstruktur-Niveauaufspaltung gelten die am Ende von 14.3 im Ein-Elektronen-System für den Term $T_9$ angegebenen Zahlenwerte (bis zu einigen $10^{-2}$ eV).

Die Wechselwirkungen zwischen den Elektronen und den magnetischen Momenten (Drehimpulsen) bzw. elektrischen Quadrupolmomenten der Kerne führt zur weiteren Niveauaufspaltung, der sogenannten *Hyperfeinstruktur*, die einige $10^{-5}$ eV (also etwa das $10^{-3}$fache der Feinstruktur-Aufspaltung, was wesentlich durch das Verhältnis des Kernmagnetons $\mu_K$ zum Bohrschen Magneton $\mu_B$ bedingt ist) beträgt. Der Gesamtdrehimpuls-Operator $\hat{\boldsymbol{J}}$ der Elektronenhülle und der

Kernspin-Operator $\hat{I}$ koppeln zum gesamten Drehimpuls-Operator

$$\hat{F} = \hat{J} + \hat{I} \qquad (15.59)$$

des Atoms, und der Operator $\hat{Q}_F$ des zugehörigen Drehimpulsquadrates besitzt die Eigenwerte $\hbar^2 F(F+1)$, wobei sich die $F$-Werte aus den Quantenzahlen $J$ und $I$ der Eigenwerte von $\hat{Q}_{JG}$ und $\hat{Q}_I$ zu $F = J + I,\ J + I - 1,\ \ldots,\ |J - I|$ ergeben (diese Folgerung aus (15.59) ergibt sich analog wie diejenige aus (15.58)). Die Energieniveaus der magnetischen Hyperfeinstruktur sind durch $F$ zu kennzeichnen. Wenn ein elektrisches Quadrupolmoment des Kerns vorhanden ist, wird die magnetische Hyperfeinstruktur etwas modifiziert, doch darauf wollen wir nicht näher eingehen. Die Hyperfeinstruktur macht sich besonders in der Kernresonanz- und Elektronenresonanz-Spektroskopie und beim Mössbauer-Effekt, aber auch als feinste Strukturierung der Spektrallinien für Elektronenübergänge bemerkbar. Die Kern-Kern-Dipolwechselwirkung (15.49) ist eine wesentliche Ursache für die Linienbreite der Kernresonanz-Spektren. Aus Messungen der Hyperfeinstrukturaufspaltung können die magnetischen Momente der Kerne und damit die Kern-$g$-Faktoren bestimmt werden.

Bei Atomen höherer Ordnungszahl kann für die spektroskopisch wirksamen Elektronen der Fall vorliegen, daß die Spin-Bahn-Kopplung eines jeden Elektrons (15.43) stärker als die gegenseitige Coulomb-Wechselwirkung mit den anderen Elektronen (15.4b) ist. Dann koppeln Bahn- und Spindrehimpuls eines jeden Elektrons zuerst einmal zu einem Gesamtdrehimpuls $\hat{J}_k$ mit der Quantenzahl $j = l \pm \frac{1}{2}$ bezüglich des Eigenwerts von $\hat{Q}_{Jk}$ – vgl. 14.2, und die Coulomb-Wechselwirkung verknüpft diese schließlich zum Gesamtdrehimpuls $\hat{J}_G = \sum_k \hat{J}_k$. Dieser *$(j-j)$-Kopplung* genannte Fall ist auch für die Zustände von Elektronen in *inneren* Schalen der Hülle zutreffend, die bei den Röntgenspektren in Erscheinung treten.

*Kontrollfragen:*

1. Durch welche Gleichung wird die Massenmittelpunktsbewegung eines atomaren Systems beschrieben?
2. Welcher physikalische Sachverhalt gestattet die Trennung von Elektronen- und Kernschwingungsbewegung?
3. Welche Anteile des Hamilton-Operators umfassen die Gesamtbewegung von Molekülen (ohne Berücksichtigung von Spineffekten)?
4. Durch welche Quantenzahlen können die Zustände eines Mehr-Teilchen-Spinsystems gekennzeichnet werden?
5. Welche Wechselwirkungen zwischen Elektronen sind durch den Spin bedingt?
6. Was bedeuten Feinstruktur und Hyperfeinstruktur?
7. Was versteht man unter Russell-Saunders-Kopplung?

# 16 Das quantisierte elektromagnetische Strahlungsfeld und seine Wechselwirkung mit Ladungsträgern

Während in den vorhergehenden Kapiteln von Komplex D Grund- und Anwendungsprobleme der Quanten*mechanik* diskutiert wurden, werden in diesem Kapitel Probleme der Quanten*optik* behandelt. Zunächst wollen wir das Maxwell-Feld bei Abwesenheit von Ladungsträgern und Leitungsströmen, also das *isolierte Strahlungsfeld*, quantisieren. Wir werden daran anschließend wichtige Eigenschaften des isolierten quantisierten Strahlungsfeldes – wie charakteristische Zustände, physikalisch-relevante Größen zur Beschreibung der Felder, Energie und Kohärenzeigenschaften – behandeln. Weiterhin wird auf die Wechselwirkung des quantisierten Strahlungsfeldes mit Trägern elektrischer Ladung eingegangen. Ein Teil der Behandlung dieser Fragen kann unter den notwendigen allgemeinen Voraussetzungen erst später erfolgreich vorgenommen werden, wenn im Komplex E die erforderlichen methodischen Erweiterungen erfolgten, insbesondere die Einführung des Dichteoperators im Kapitel 18.

Wie bauen auf den wichtigsten Aspekten des *klassischen Maxwell-Feldes im Vakuum* auf. Dieses kann allein durch das Vektorpotential $\boldsymbol{A}(\boldsymbol{r}, t)$ beschrieben werden, weil aus diesem die Feldgrößen $\boldsymbol{E}$, $\boldsymbol{B}$, $\boldsymbol{D}$, $\boldsymbol{H}$ – vgl. (1.52 a) und (1.52 b) – eindeutig ableitbar sind. Als allgemeine Lösung der Wellengleichung (1.55) für $\boldsymbol{A}(\boldsymbol{r}, t)$ in einem Periodizitätsvolumen (Würfel mit Kantenlänge $L$ und Volumen $V = L^3$) betrachten wir eine Entwicklung des Vektorpotentials nach ebenen, fortschreitenden Wellen (*Modenzerlegung*) – vgl. (1.59). Da wir das Volumen des Würfels beliebig groß wählen können, kann jede reale oder gedachte Anordnung eines Experimentes innerhalb des Würfels untergebracht werden und es ist hinreichende Allgemeinheit für alle Anwendungen gesichert. Jede Mode (Modenindex $\mu$) ist durch einen Wellenzahlvektor $\boldsymbol{q}_\mu$, einen Polarisationsvektor $\boldsymbol{e}_\mu$ und einen dimensionslosen komplexen Amplitudenfaktor $a_\mu$ charakterisiert; die Größe $a_\mu$ ist als Integrationskonstante der Lösungen der Wellengleichung (1.55) für $\boldsymbol{A}(\boldsymbol{r}, t)$ frei wählbar. Die Modenfrequenz $\omega_\mu$ ist gleich $c \cdot |\boldsymbol{q}_\mu|$. Die betrachtete Modenzerlegung bringt den Vorteil, daß die Felder in einem nichtverschwindenden Raumbereich (also mit einer nichtabzählbaren Menge von $\boldsymbol{r}$-Werten) durch eine *abzählbare* Menge von Zahlenwerten, nämlich die $a_\mu$, beschrieben werden können. Neben dem zeitlich konstanten Amplitudenfaktor $a_\mu$ führen wir einen zeitabhängigen Amplitudenfaktor $a_\mu(t)$ ein, indem wir $a_\mu$ mit $\exp[-\mathrm{i}\omega_\mu t]$ zusammenziehen:

$$a_\mu(t) = a_\mu \, \mathrm{e}^{-\mathrm{i}\omega_\mu t}. \tag{16.1}$$

Für die folgenden Betrachtungen stellen wir die wichtigsten Beziehungen zusammen, in denen die Größe $a_\mu(t)$ eine Rolle spielt. Die *Hamilton-Funktion* des

Strahlungsfeldes im Periodizitätsvolumen ist gemäß (1.62)

$$H = \sum_{\mu} H_{\mu}, \tag{16.2a}$$

wobei der Energiebeitrag der $\mu$-ten Mode durch

$$H_{\mu} = \frac{\hbar\omega_{\mu}}{2} [a_{\mu}(t)\, a_{\mu}{}^*(t) + a_{\mu}{}^*(t)\, a_{\mu}(t)] \tag{16.2b}$$

gegeben ist; die hier benutzte symmetrische Schreibweise des Produktes, die für die klassische Beschreibung irrelevant ist, ist in Hinblick auf die später vorzunehmende Quantisierung gewählt – vgl. (7.13). Die Bewegungsgleichung von $a_{\mu}(t)$ ist nach (1.11)

$$\frac{\mathrm{d}}{\mathrm{d}t} a_{\mu}(t) = \{a_{\mu}(t), H\}_{\mathrm{PK}} = -i\omega_{\mu} a_{\mu}(t); \tag{16.2c}$$

dabei ist für das Bilden der Poisson-Klammern der Zusammenhang $a_{\mu}(Q_{\mu}, P_{\mu})$ von den reellen Größen $Q_{\mu}$ und $P_{\mu}$, wie er in (1.32) dargestellt ist, heranzuziehen. Als wichtige Beziehungen sind auch die Poisson-Klammern

$$\begin{aligned} &\{a_{\mu}(t), a^*_{\mu'}(t)\}_{\mathrm{PK}} = (\mathrm{i}\hbar)^{-1}\, \delta_{\mu\mu'}, \quad \{a_{\mu}(t), a_{\mu'}(t)\}_{\mathrm{PK}} = 0, \\ &\{a_{\mu}{}^*(t), a^*_{\mu'}(t)\}_{\mathrm{PK}} = 0 \end{aligned} \tag{16.2d}$$

anzusehen. Die Beziehungen (16.2) weisen aus, daß sich der Amplitudenfaktor $a_{\mu}(t)$ der $\mu$-ten Mode des Strahlungsfeldes *formal* wie die komplexe Normalamplitude eines eindimensionalen harmonischen Oszillators der *Mechanik* verhält – vgl. 1.1.2.1. Deshalb kann das gesamte Strahlungsfeld *formal* als ein System *ungekoppelter* harmonischer Oszillatoren (die sogenannten *Strahlungsozillatoren*) aufgefaßt werden. Jeder Strahlungsoszillator wird einer Mode zugeordnet. Daß die Strahlungsoszillatoren ungekoppelt sind, wird durch (16.2a) und (16.2d) ausgewiesen.

## 16.1 Quantisierung des isolierten Strahlungsfeldes und resultierende Grundeigenschaften

Die bekannte Vorschrift für die Quantisierung des mechanischen Oszillators in 12.1 hat sich vielfach bewährt; deshalb liegt es nahe zu fragen, ob man auf die gleiche Art auch den Strahlungsoszillator quantisieren kann. Selbstverständlich rechtfertigt die eben aufgezeigte *formale Analogie* zwischen mechanischem und Strahlungsoszillator für sich allein genommen ein solches Vorgehen noch nicht. Es gibt aber weitere Argumente mit großem Gewicht, die dafür sprechen. *Erstens* führen die Ergebnisse einer solchen analogen Quantisierung des Strahlungsfeldes zu einer richtigen Deutung der empirischen Befunde; die Energie und der Impuls von Photonen, die Kohärenzeigenschaften des Strahlungsfeldes, die statistischen Eigenschaften der Photonen und auch die Mono- und Multiphotonenprozesse bei der Wechselwirkung mit atomaren Systemen werden richtig wiedergegeben (auf diese Punkte werden wir in folgenden Abschnitten und Kapiteln eingehen). *Zweitens* ergeben sich bei einer solchen analogen Quantisierung genau die gleichen Resultate wie mit dem in 26.1 dargestellten *Formalismus der Feldquantisierung,* sofern man die gleichen Randbedingungen wählt (ausführliche Darstellung in Sect. 2 von [D-5]).

In der klassischen Beschreibung erwies sich die Größe $a_\mu(t)$ des $\mu$-ten Strahlungsoszillators als formal äquivalent zur zeitabhängigen komplexen Normalamplitude des mechanischen Oszillators. Deshalb wird die Quantisierung so vollzogen, daß der klassischen Größe $a_\mu(t)$ ein Operator $\hat{a}_{\mu,\mathrm{H}}(t)$ zugeordnet wird, der die gleichen Eigenschaften wie der Operator der zeitabhängigen komplexen Normalamplitude des mechanischen Oszillators hat. Dieses Ziel wird erreicht, wenn man die Beziehungen (16.2) „übersetzt". Dazu muß für jede Mode $a_\mu(t)$ durch $\hat{a}_{\mu,\mathrm{H}}(t)$ ersetzt werden; da es sich bei $a_\mu(t)$ um eine Größe handelt, die die dynamische Zeitabhängigkeit trägt, ist der zuzuordnende Operator $\hat{a}_{\mu,\mathrm{H}}(t)$ im Heisenberg-Bild – vgl. 11.2.2 – zu verstehen. Weiterhin sind die Poisson-Klammern gemäß (8.5) in Kommutator-Klammern überzuführen. Die „Übersetzung" der Beziehungen (16.2a–d) führt auf den Hamilton-Operator des Feldes

$$\hat{H} = \sum_\mu \hat{H}_\mu, \tag{16.3a}$$

wobei weiterhin gilt:

$$\hat{H}_\mu = \frac{\hbar\omega_\mu}{2}\left[\hat{a}_{\mu,\mathrm{H}}(t)\,\hat{a}^+_{\mu,\mathrm{H}}(t) + \hat{a}^+_{\mu,\mathrm{H}}(t)\,\hat{a}_{\mu,\mathrm{H}}(t)\right], \tag{16.3b}$$

$$\frac{\mathrm{d}}{\mathrm{d}t}\,\hat{a}_{\mu,\mathrm{H}}(t) = \frac{1}{i\hbar}\left[\hat{a}_{\mu,\mathrm{H}}(t), \hat{H}\right], \tag{16.3c}$$

$$\begin{gathered}[\hat{a}_{\mu,\mathrm{H}}(t), \hat{a}^+_{\mu',\mathrm{H}}(t)] = \hat{I}\cdot\delta_{\mu\mu'}, \qquad [\hat{a}_{\mu,\mathrm{H}}(t), \hat{a}_{\mu',\mathrm{H}}(t)] = \hat{0},\\ [\hat{a}^+_{\mu,\mathrm{H}}(t), \hat{a}^+_{\mu',\mathrm{H}}(t)] = \hat{0}.\end{gathered} \tag{16.3d}$$

Der Kommutator in (16.3c) ergibt unter Verwendung der Beziehungen (16.3a, b) den Ausdruck $-\mathrm{i}\omega_\mu \hat{a}_{\mu,\mathrm{H}}(t)$. Daraus folgt die Lösung von (16.3c)

$$\hat{a}_{\mu,\mathrm{H}}(t) = \hat{a}_\mu\,\mathrm{e}^{-\mathrm{i}\omega_\mu t}. \tag{16.4}$$

Offensichtlich stellt diese Beziehung das quantentheoretische Pendant zu (16.1) dar. Die Gleichung (16.4) enthält die Verabredung, daß die Größen im Heisenberg-Bild für $t=0$ mit denen im Schrödinger-Bild ($\hat{a}_\mu$) übereinstimmen. Aus (16.4) folgt.

$$\hat{a}_{\mu,\mathrm{H}}(t)\,\hat{a}^+_{\mu,\mathrm{H}}(t) = \hat{a}_\mu \hat{a}_\mu{}^+ \quad \text{und} \quad \hat{a}^+_{\mu,\mathrm{H}}(t)\,\hat{a}_{\mu,\mathrm{H}}(t) = \hat{a}_\mu{}^+\,\hat{a}_\mu.$$

Das bedeutet, daß man in (16.3b) und (16.3d) alle Größen im Heisenberg-Bild durch solche im Schrödinger-Bild ersetzen kann. Die rechte Seite von (16.3b) wird unter Berücksichtigung von (16.3d) in der Form

$$\hat{H}_\mu = \hbar\omega_\mu\left(\hat{a}_\mu{}^+\,\hat{a}_\mu + \frac{1}{2}\,\hat{I}\right) \tag{16.5}$$

schreibbar. Die Beziehungen (16.3), (16.4) und (16.5) sind Grundgleichungen für das quantisierte Strahlungsfeld.

Analog zur klassischen Beziehung (1.59) ist der Operator für das Vektorpotential:

$$\hat{A}_{\mathrm{H}}(\boldsymbol{r}, t)=\sum_{\mu}\left(\frac{\hbar}{2 V \varepsilon_0 \omega_\mu}\right)^{1/2} \boldsymbol{e}_\mu\{\hat{a}_\mu \, \mathrm{e}^{\mathrm{i}(\boldsymbol{q}_\mu \boldsymbol{r}-\omega_\mu t)}+\{\mathrm{HA}\}\}. \tag{16.6}$$

Auch die quantisierte Form zeigt mit $\boldsymbol{q}_\mu \boldsymbol{e}_\mu=0$ die Transversalität des $\hat{A}$-Feldes. Man bezeichnet $\hat{a}_\mu$ als den *modalen Operator* der $\mu$-ten Mode. Aus (16.6) kann man den Operator der elektrischen Feldstärke $\hat{E}_{\mathrm{H}}(\boldsymbol{r}, t)$ und den der magnetischen Feldstärke $\hat{H}_{\mathrm{H}}(\boldsymbol{r}, t)$ folgendermaßen ableiten:

$$\hat{E}_{\mathrm{H}}(\boldsymbol{r}, t)=-\frac{\partial \hat{A}_{\mathrm{H}}}{\partial t}=\sum_{\mu}\left(\frac{\hbar \omega_\mu}{2 V \varepsilon_0}\right)^{1/2} \boldsymbol{e}_\mu\{\mathrm{i} \hat{a}_\mu \, \mathrm{e}^{\mathrm{i}(\boldsymbol{q}_\mu \boldsymbol{r}-\omega_\mu t)}+\{\mathrm{HA}\}\}, \tag{16.7}$$

$$\begin{aligned} \hat{H}_{\mathrm{H}}(\boldsymbol{r}, t) &= \frac{1}{\mu_0} \nabla_{\boldsymbol{r}} \times \hat{A}_{\mathrm{H}} \\ &= \sqrt{\frac{\varepsilon_0}{\mu_0}} \sum_{\mu}\left(\frac{\hbar \omega_\mu}{2 V \varepsilon_0}\right)^{1/2}\left(\frac{\boldsymbol{q}_\mu}{|\boldsymbol{q}_\mu|} \times \boldsymbol{e}_\mu\right)\{\mathrm{i} a_\mu \, \mathrm{e}^{\mathrm{i}(\boldsymbol{q}_\mu \boldsymbol{r}-\omega_\mu t)}+\{\mathrm{HA}\}\}. \end{aligned} \tag{16.7a}$$

Der Operator des *Gesamtimpulses* des Strahlungsfeldes ist analog zur klassischen Beziehung (1.51) durch

$$\hat{G}=\frac{1}{c^2} \int_V \mathrm{d}^3 \boldsymbol{r} \, \hat{E} \times \hat{H}=\sum_{\mu} \hbar \boldsymbol{q}_\mu\left(\hat{a}_\mu^{+} \hat{a}_\mu+\frac{1}{2} \hat{I}\right) \tag{16.8}$$

gegeben; wegen $\sum_{\mu} \boldsymbol{q}_\mu=0$ kann der Term mit dem Identitätsoperator weggelassen werden. Der Operator des *Gesamtdrehimpulses* des Strahlungsfeldes ist analog zur klassischen Beziehung (1.51 a) bzw. (1.112 b)

$$\hat{J}=\int \mathrm{d}^3 \boldsymbol{r} \, \frac{\boldsymbol{r} \times (\hat{E} \times \hat{H})}{c^2}. \tag{16.9}$$

Das Auftreten des Ortsvektors zeigt, daß $\hat{J}$ von der Wahl des Koordinatenursprungspunktes abhängt. Unter Berücksichtigung der Eigenschaften des $\hat{A}$-Feldes, insbesondere seiner Transversalität, ergibt sich aus (16.9), daß $\hat{J}$ gemäß

$$\hat{J}=\hat{L}+\hat{S} \tag{16.10}$$

zerlegt werden kann in einen Anteil $\hat{L}$, der vom Koordinatenursprungspunkt abhängt, und in einen Anteil $\hat{S}$, der davon unabhängig ist. (Die in 1.3 angegebenen antisymmetrischen Tensoren $J_{mn}=L_{mn}+S_{mn}$ wurden hier als axiale Vektoren geschrieben.) Der letztere „innere Anteil des Drehimpulses" $\hat{S}$ ist von besonderem Interesse, weil man daraus eine Aussage über die wichtige Eigenschaft des *Photonenspins* gewinnen kann. Für den inneren Anteil des Drehimpulses des Strahlungsfeldes gilt

$$\hat{S}=\int \mathrm{d}^3 \boldsymbol{r} \, (\hat{D} \times \hat{A}). \tag{16.11}$$

Wir betrachten jetzt wichtige Eigenschaften, die sich allein aus den Charakteristika einer Mode ableiten lassen. Da der Operator $\hat{a}_\mu$ des $\mu$-ten Strahlungsoszillators formal die gleichen Eigenschaften wie der Operator $\hat{a}$ des mechanischen Oszillators hat, können wir ohne weiteres die *mathematischen* Resultate aus 12.1 übernehmen. Die Eigenlösungen des Operators $\hat{N}_\mu = \hat{a}_\mu{}^+ \hat{a}_\mu$ ergeben sich wie beim Nummernoperator in (12.6) aus

$$\hat{N}_\mu |n_\mu\rangle = n_\mu |n_\mu\rangle \tag{16.12}$$

zu

$$n_\mu = 0, 1, 2, \ldots \tag{16.13}$$

und

$$\langle n_\mu | n_{\mu'}\rangle = \delta_{n_\mu n_{\mu'}}, \quad \sum_{n_\mu} |n_\mu\rangle \langle n_\mu| = \hat{I}. \tag{16.14}$$

Der Eigenzustand $|n_\mu\rangle$ kann als ein Zustand interpretiert werden, in dem $n_\mu$ Teilchen des quantisierten Strahlungsfeldes – *Lichtquanten, Photonen* – vorhanden sind. Die Größe $n_\mu$ stellt die Photonenzahl in der $\mu$-ten Mode dar; $\hat{N}_\mu$ ist der *Photonen-Teilchenzahloperator* der Mode. Die wichtige Beziehung (16.13) weist aus, daß sich beliebig viele Lichtteilchen im gleichen dynamischen Zustand $(\hbar\omega_\mu, \hbar \boldsymbol{q}_\mu, \boldsymbol{e}_\mu)$ befinden können; das widerspiegelt den Charakter der Photonen als Bosonen, was auf bedeutsame statistische Eigenschaften für Photonensysteme (ausführlicher in 18.6) führt. Der Eigenket $|n_\mu\rangle$ von $\hat{N}_\mu$ ist auch Eigenket zu $\hat{H}_\mu$; deshalb ist der Beitrag dieser Mode zum Eigenwert der Gesamtenergie

$$E_\mu = \hbar\omega_\mu \left(n_\mu + \frac{1}{2}\right) \tag{16.15}$$

und der zum Gesamtimpuls nach (16.8)

$$\boldsymbol{G}_\mu = \hbar \boldsymbol{q}_\mu \left(n_\mu + \frac{1}{2}\right). \tag{16.16}$$

Demnach ist jedem Photon die Energie $\hbar\omega_\mu$ und der Impuls $\hbar \boldsymbol{q}_\mu$ zuzuordnen. Der Anteil 1/2 in der runden Klammer rührt vom Photonenvakuum her, worüber noch zu reden sein wird. Die Erläuterungen zu (12.15) führen zur Interpretation von $\hat{a}_\mu{}^+$ als *Photonen-Erzeugungsoperator* und $\hat{a}_\mu$ als *Photonen-Vernichtungsoperator*. Gemäß den Beziehungen

$$\hat{a}_\mu{}^+ |n_\mu\rangle = \sqrt{n_\mu + 1}\, |n_\mu + 1\rangle \quad \text{für } n_\mu = 0, 1, 2, \ldots \tag{16.17a}$$

$$\hat{a}_\mu |n_\mu\rangle = \begin{cases} \sqrt{n_\mu}\, |n_\mu - 1\rangle & \text{für } n_\mu = 1, 2, 3, \ldots \\ |0_V\rangle & \text{für } n_\mu = 0 \end{cases} \tag{16.17b}$$

beschreibt $\hat{a}_\mu{}^+$ die Erzeugung eines Photons ($|n_\mu\rangle \to |n_\mu + 1\rangle$) und $\hat{a}_\mu$ die Vernichtung eines Photons ($|n_\mu\rangle \to |n_\mu - 1\rangle$) in der $\mu$-ten Mode.

Aussagen über den *Photonenspin* kann man durch Betrachtung zweier Moden mit gleicher Wellenzahl $\boldsymbol{q}_\mu$ und zwei verschiedenen Polarisationsrichtungen $\boldsymbol{e}_{1\mu}$

und $\boldsymbol{e}_{2\mu}$ erhalten, wobei $\hat{a}_{1\mu}$ und $\hat{a}_{2\mu}$ die beiden Vernichtungsoperatoren sind. Es gilt

$$\boldsymbol{e}_{1\mu} \times \boldsymbol{e}_{2\mu} = \boldsymbol{q}_\mu / |\boldsymbol{q}_\mu| . \tag{16.18}$$

Lassen wir jetzt den Index $\mu$ weg, so schreibt sich der Beitrag beider Moden zum Vektorpotential im Schrödinger-Bild

$$\hat{\boldsymbol{A}}(\boldsymbol{r}) = \hat{a}_1 \boldsymbol{e}_1 v + \hat{a}_1^+ \boldsymbol{e}_1 v^* + \hat{a}_2 \boldsymbol{e}_2 v + \hat{a}_2^+ \boldsymbol{e}_2 v^* \tag{16.19}$$

und zur elektrischen Verschiebung

$$\hat{\boldsymbol{D}}(\boldsymbol{r})/\mathrm{i}\omega\varepsilon_0 = \hat{a}_1 \boldsymbol{e}_1 v - \hat{a}_1^+ \boldsymbol{e}_1 v^* + \hat{a}_2 \boldsymbol{e}_2 v - \hat{a}_2^+ \boldsymbol{e}_2 v^* \tag{16.20}$$

mit $v = v(\boldsymbol{r}) = (\hbar/2\varepsilon_0 V\omega)^{1/2} \exp(\mathrm{i}\boldsymbol{q}\boldsymbol{r})$. Setzt man $\hat{\boldsymbol{A}}$ und $\hat{\boldsymbol{D}}$ in (16.11) ein, so erhält man

$$\hat{\boldsymbol{S}} = \mathrm{i}\hbar(\hat{a}_2^+ \hat{a}_1 - \hat{a}_1^+ \hat{a}_2)\boldsymbol{q}/|\boldsymbol{q}| . \tag{16.21}$$

Die rechte Seite kann so transformiert werden, daß sich eine durchsichtige physikalische Deutung ergibt. Dazu führen wir anstelle der Vernichtungsoperatoren $\hat{a}_1, \hat{a}_2$ die Operatoren $\hat{a}_+, \hat{a}_-$ gemäß

$$\hat{a}_\pm = \frac{1}{\sqrt{2}}(\hat{a}_1 \mp \mathrm{i}\hat{a}_2) \tag{16.22}$$

ein. Die aus (16.3d) erkennbaren Vertauschungsrelationen für $\hat{a}_1$ und $\hat{a}_2$ führen zu folgenden Vertauschungsrelationen für $\hat{a}_+$ und $\hat{a}_-$:

$$[\hat{a}_\pm, \hat{a}_\pm^+] = \hat{I}, \quad [\hat{a}_\pm, \hat{a}_\pm] = [\hat{a}_\pm^+, \hat{a}_\pm^+] = \hat{0} . \tag{16.23}$$

Weiterhin ergibt sich, daß die Operatoren $\hat{a}_+$ und $\hat{a}_+^+$ mit den Operatoren $\hat{a}_-$ und $\hat{a}_-^+$ vertauschbar und damit ungekoppelt sind. Aus den Vertauschungsrelationen (16.23) resultiert die Möglichkeit der Einführung der Teilchenzahl-Operatoren $\hat{N}_\pm = \hat{a}_\pm^+ \hat{a}_\pm$, die aus dem gleichen Grund, der zu dem Resultat (16.13) geführt hat, nichtnegative ganze Zahlen $n_+$ und $n_-$ zu Eigenwerten haben. Mit der Transformation (16.22) ergibt sich für die Beziehung (16.21) des inneren Drehimpulses

$$\hat{\boldsymbol{S}} = \hbar(\hat{N}_+ - \hat{N}_-)\boldsymbol{q}/|\boldsymbol{q}| \tag{16.24}$$

und für die Beziehung (16.19) des Vektorpotentials

$$\hat{\boldsymbol{A}}(\boldsymbol{r}) = \hat{a}_+ \boldsymbol{g}_+ + \hat{a}_+^+ \boldsymbol{g}_+^* + \hat{a}_- \boldsymbol{g}_- + \hat{a}_-^+ \boldsymbol{g}_-^* \tag{16.25}$$

mit $\boldsymbol{g}_\pm = \boldsymbol{g}_\pm(\boldsymbol{r}) = (1/\sqrt{2})\,(\boldsymbol{e}_1 \pm \mathrm{i}\boldsymbol{e}_2) \cdot v(\boldsymbol{r})$. Das bedeutet, daß an die Stelle der zwei senkrecht zueinander linear polarisierten Wellen zwei zirkular polarisierte Wellen mit positivem und negativem Drehsinn mit den Teilchenzahlenoperatoren $\hat{N}_+$ und $\hat{N}_-$ getreten sind. Aus den Eigenschaften von $\hat{N}_+$ und $\hat{N}_-$ ergeben sich direkt die Eigenwerte von $\hat{\boldsymbol{S}}\boldsymbol{q}/|\boldsymbol{q}|$ zu $\hbar(n_+ - n_-)$ mit $n_\pm = 0, 1, 2, \ldots$. Ein Eigenwert von $\hat{\boldsymbol{S}}\boldsymbol{q}/|\boldsymbol{q}|$ beträgt also ein ganzzahliges Vielfaches von $\hbar$ und ist proportional zur Differenz der Zahl der rechts- und linkszirkularen Photonen. Das heißt, daß der Eigendrehimpuls *eines* Photons in Bezug auf seine Bewegungsrichtung dem Betrag nach gleich $\hbar$ ist. Auch der in Einheiten $\hbar$ ganzzahlige Spin weist das Photon als Boson aus (diese Eigenschaft und die Besetzungszahlen von (16.13) gehören zusammen – vgl. 21.2).

Wir kehren nun zur *Betrachtung des Gesamtsystems* zurück. Die Beziehungen (16.3a) und (16.3d) weisen aus, daß die einzelnen Moden im Gesamt-Vektorraum $\mathscr{H}_R$ des Strahlungsfeldes unabhängigen Teilräumen zuzuordnen sind – vgl. 10.3. Deshalb lassen sich die Verhältnisse des Gesamtsystems mit Hilfe der Resultate der Einmodenbetrachtung inhaltlich in einfacher Weise darstellen, obschon naturgemäß die dafür im folgenden der Vollständigkeit halber angegebenen Formeln etwas voluminös wirken. Eigenket zum Gesamt-Hamilton-Operator $\hat{H}$ ist das direkte Produkt

$$|n_1\rangle \cdots |n_\mu\rangle \cdots \equiv |n_1, \ldots, n_\mu, \ldots\rangle; \tag{16.26}$$

der zugehörige Eigenwert ist

$$E_{n_1,\ldots n_\mu\ldots} = \sum_\mu \hbar\omega_\mu \left(n_\mu + \frac{1}{2}\right). \tag{16.27}$$

Für die Eigenzustände $|n_1, \ldots, n_\mu, \ldots\rangle$ folgen aus der obigen Einmodenbetrachtung unmittelbar folgende Beziehungen:

$$\hat{N}_\mu |n_1, \ldots, n_\mu, \ldots\rangle = n_\mu |n_1, \ldots, n_\mu, \ldots\rangle, \tag{16.28a}$$

$$\hat{a}_\mu{}^+ |n_1, \ldots, n_\mu, \ldots\rangle = \sqrt{n_\mu + 1}\, |n_1, \ldots, n_\mu + 1, \ldots\rangle, \tag{16.28b}$$

$$\hat{a}_\mu |n_1, \ldots, n_\mu, \ldots\rangle = \sqrt{n_\mu}\, |n_1, \ldots, n_\mu - 1, \ldots\rangle, \tag{16.28c}$$

$$\langle n_1, \ldots, n_\mu, \ldots | n_1', \ldots, n_\mu', \ldots\rangle = \delta_{n_1 n_1'} \ldots \delta_{n_\mu n_\mu'} \ldots, \tag{16.28d}$$

$$\sum_{n_1,\ldots n_\mu,\ldots} |n_1, \ldots, n_\mu, \ldots\rangle \langle n_1, \ldots, n_\mu, \ldots| = \hat{I}. \tag{16.28e}$$

Während ein allgemeiner Photonenzustand $|\psi_\mu\rangle$ in der $\mu$-ten Mode durch

$$|\psi_\mu\rangle = \sum_{n_\mu} c(n_\mu)\, |n_\mu\rangle \tag{16.29a}$$

dargestellt werden kann, gilt für den des Gesamtsystems

$$|\psi\rangle = \sum_{n_1,\ldots,n_\mu,\ldots} c(n_1, \ldots, n_\mu, \ldots)\, |n_1, \ldots, n_\mu, \ldots\rangle. \tag{16.29b}$$

Aus den Operatoren der elektrischen und magnetischen Feldstärke – vgl. (16.7) und (16.7a) – gewinnt man durch die Beziehungen

$$\hat{\boldsymbol{D}}_{\mathrm{H}}(\boldsymbol{r}, t) = \varepsilon_0\, \hat{\boldsymbol{E}}_{\mathrm{H}}(\boldsymbol{r}, t), \qquad \hat{\boldsymbol{B}}_{\mathrm{H}}(\boldsymbol{r}, t) = \mu_0\, \hat{\boldsymbol{H}}_{\mathrm{H}}(\boldsymbol{r}, t) \tag{16.30}$$

den Operator der *elektrischen Verschiebung* und den der *magnetischen Induktion.*

Physikalisch wichtig sind die *raum-zeitlichen Beziehungen* der Operatoren des Vektorpotentials und der Feldgrößen. Betrachten wir zunächst die Bildung $\nabla_{\boldsymbol{r}}{}^2\, \hat{\boldsymbol{A}}_{\mathrm{H}}(\boldsymbol{r}, t)$; mit (16.6) ergibt sich

$$\nabla_{\boldsymbol{r}}{}^2\, \hat{\boldsymbol{A}}_{\mathrm{H}}(\boldsymbol{r}, t) = -\sum_\mu \left(\frac{\hbar}{2V\varepsilon_0\omega_\mu}\right)^{1/2} \boldsymbol{e}_\mu \boldsymbol{q}_\mu{}^2 \left\{\hat{a}_\mu\, \mathrm{e}^{\mathrm{i}(\boldsymbol{q}_\mu \boldsymbol{r} - \omega_\mu t)} + \{\mathrm{HA}\}\right\}. \tag{16.31}$$

Andererseits gilt nach (16.6)

$$\frac{\partial^2}{\partial t^2}\hat{A}_{\mathrm{H}}(\boldsymbol{r},t) = -\sum_{\mu}\left(\frac{\hbar}{2V\varepsilon_0\omega_\mu}\right)^{1/2} \boldsymbol{e}_\mu \omega_\mu^{\,2}\{\hat{a}_\mu\, \mathrm{e}^{\mathrm{i}(\boldsymbol{q}_\mu \boldsymbol{r} - \omega_\mu t)} + \{\mathrm{HA}\}\}. \tag{16.32}$$

Unter Berücksichtigung der Dispersionsrelation $\omega_\mu^{\,2} = \boldsymbol{q}_\mu^{\,2} c^2$ folgt aus (16.31) und (16.32) die Beziehung

$$\nabla_{\boldsymbol{r}}^{\,2}\,\hat{A}_{\mathrm{H}}(\boldsymbol{r},t) = \frac{1}{c^2}\frac{\partial^2}{\partial t^2}\,\hat{A}_{\mathrm{H}}(\boldsymbol{r},t). \tag{16.33}$$

Das ist die *Wellengleichung* für den Operator des Vektorpotentials, die in der klassischen Beziehung (1.55) ihr Analogon hat. Da die Differentialoperatoren $\nabla_{\boldsymbol{r}}^{\,2}$ und $(-\partial/\partial t)$ vertauschbar sind, gilt die gleiche Wellengleichung auch für die elektrische Feldstärke $\hat{E}_{\mathrm{H}}(\boldsymbol{r},t) = -\partial/\partial t\,\hat{A}_{\mathrm{H}}(\boldsymbol{r},t)$. Daß die Wellengleichung für den Feldstärkeoperator $\hat{E}_{\mathrm{H}}(\boldsymbol{r},t)$ dieselbe Struktur wie die entsprechende Wellengleichung für die klassische Größe $\boldsymbol{E}(\boldsymbol{r},t)$ der Feldstärke hat, führt dazu, daß sich gewisse Züge der quantentheoretischen Behandlung der Lichtausbreitung durch optische Anordnungen (Abbildungsanordnungen, Spektralapparate) analog zur klassischen Kirchhoff-Theorie behandeln lassen. Andererseits gibt es Einflüsse, die bei quantentheoretischer Behandlung des Zusammenhangs zwischen Eingangs- und Ausgangsstrahlung einer optischen Anordnung qualitativ andere Resultate als bei klassischer Behandlung bewirken. Darauf gehen wir in 18.6.4 ein.

Im Zusammenhang mit der Coulomb-Eichung gilt $\nabla_{\boldsymbol{r}}\,\hat{A}_{\mathrm{H}}(\boldsymbol{r},t) = 0$; damit ergibt sich aus allgemeinen Regeln der Vektoranalysis:

$$\nabla_{\boldsymbol{r}}^{\,2}\,\hat{A}_{\mathrm{H}} = -\nabla_{\boldsymbol{r}} \times (\nabla_{\boldsymbol{r}} \times \hat{A}_{\mathrm{H}}). \tag{16.34}$$

Aus (16.33) und (16.34) folgt unmittelbar

$$\frac{\partial}{\partial t}\varepsilon_0\left(-\frac{\partial}{\partial t}\hat{A}_{\mathrm{H}}\right) = \nabla_{\boldsymbol{r}} \times \left(\frac{1}{\mu_0}\nabla_{\boldsymbol{r}} \times \hat{A}_{\mathrm{H}}\right)$$

und somit

$$\frac{\partial}{\partial t}\hat{D}_{\mathrm{H}}(\boldsymbol{r},t) = \nabla_{\boldsymbol{r}} \times \hat{H}_{\mathrm{H}}(\boldsymbol{r},t). \tag{16.35a}$$

Auf analoge Weise gewinnt man

$$\frac{\partial}{\partial t}\hat{B}_{\mathrm{H}}(\boldsymbol{r},t) = -\nabla_{\boldsymbol{r}} \times \hat{E}_{\mathrm{H}}(\boldsymbol{r},t). \tag{16.35b}$$

Die quantentheoretischen Beziehungen (16.35a) und (16.35b) stellen das Pendant zu den klassischen Maxwell-Gleichungen dar.

Zur Gewinnung weitergehender Einsichten werden wir in den folgenden Abschnitten Anwendungen des in 16.1 entwickelten Formalismus auf konkrete Probleme behandeln. Dabei kommt man häufig mit der einfachen Betrachtung des Einmodenfalles aus.

## 16.2 Eigenschaften von Zuständen fester Photonenzahl

Einsichten über die Eigenschaften eines Zustandes fester Photonenzahl, des sogenannten *Fock-Zustandes*, wollen wir gewinnen, indem wir die Erwartungswerte wichtiger Operatoren bilden und diese diskutieren.

Wir berechnen zunächst von dem Operator $\hat{\boldsymbol{E}}_{\mu,\mathrm{H}}(\boldsymbol{r}, t)$, der den Anteil der $\mu$-ten Mode an der Gesamtfeldstärke (16.7) darstellt, den Erwartungswert mit dem Zustand $|n_\mu\rangle$ einer festen Photonenzahl in der $\mu$-ten Mode. Da $\hat{\boldsymbol{E}}_{\mu,\mathrm{H}}$ von $\hat{a}_\mu$ und $\hat{a}_\mu{}^+$ linear abhängt, gilt wegen den Beziehungen (16.14), (16.17) für einen Zustand fester Photonenzahl

$$\langle n_\mu| \hat{\boldsymbol{E}}_{\mu,\mathrm{H}}(\boldsymbol{r}, t) |n_\mu\rangle = 0, \tag{16.36a}$$

Da der Erwartungswert der Feldstärke für alle $\boldsymbol{r}$ und $t$ verschwindet, kann also ein Zustand fester Photonenzahl *nicht* zur Beschreibung eines wellenähnlichen Vorganges herangezogen werden. Wegen der Additivität der einzelnen Modenanteile zur Gesamtfeldstärke gemäß (16.7) und wegen des Charakters des Eigenzustandes $|n_1, \ldots, n_\mu, \ldots\rangle$ mit festen Photonenzahlen in allen Moden gilt auch

$$\langle n_1, \ldots, n_\mu, \ldots| \hat{\boldsymbol{E}}_{\mathrm{H}}(\boldsymbol{r}, t)|n_1, \ldots, n_\mu, \ldots\rangle = 0. \tag{16.36b}$$

Das heißt, daß mit Zuständen der Form (16.26) keine Überlagerung von Wellen beschrieben werden kann.

Nun wollen wir die mittlere Feldstärkeschwankung berechnen. Wir beginnen wieder mit der Betrachtung einer Mode. Da nach (16.36a) der Mittelwert Null ist, gilt

$$\langle n_\mu| [\hat{\boldsymbol{E}}_{\mu,\mathrm{H}}(\boldsymbol{r}, t) - \langle n_\mu| \hat{\boldsymbol{E}}_{\mu,\mathrm{H}}(\boldsymbol{r}, t) |n_\mu\rangle]^2 |n_\mu\rangle = \langle n_\mu| \hat{\boldsymbol{E}}^2_{\mu,\mathrm{H}}(\boldsymbol{r}, t) |n_\mu\rangle. \tag{16.37}$$

Nach (16.7) besteht $\hat{\boldsymbol{E}}^2_{\mu,\mathrm{H}}$ aus vier Summanden, die hinsichtlich der Operatoren die Produkte $\hat{a}_\mu{}^+ \hat{a}_\mu$, $\hat{a}_\mu \hat{a}_\mu{}^+$, $\hat{a}_\mu{}^2$, $(\hat{a}_\mu{}^+)^2$ enthalten. Bei Bildung des Erwartungswertes mit $|n_\mu\rangle$ führen die ersten beiden Produkte nach (16.9) auf $n_\mu$ und $n_\mu + 1$, wohingegen die letzten beiden wegen (16.17) auf Null führen. Damit ergibt sich für das mittlere Schwankungsquadrat

$$\langle [\widehat{\Delta \boldsymbol{E}}_\mu(\boldsymbol{r}, t)]^2\rangle = \frac{\hbar\omega_\mu}{\varepsilon_0 V}\left(n_\mu + \frac{1}{2}\right). \tag{16.38}$$

Wir stellen fest, daß für Zustände fester Photonenzahl die Feldstärke zwar für alle $\boldsymbol{r}$, $t$ den Mittelwert Null hat, aber eine nichtverschwindende mittlere Schwankungsbreite

$$\sqrt{\langle [\widehat{\Delta \boldsymbol{E}}_\mu(\boldsymbol{r}, t)]^2\rangle} = \sqrt{\frac{\hbar\omega_\mu}{\varepsilon_0 V}\left(n_\mu + \frac{1}{2}\right)} \tag{16.39}$$

vorhanden ist. Diese Feldstärkeschwankungen sind als eine wesentliche Eigenschaft des *quantisierten* Strahlungsfeldes anzusehen. Es ist besonders darauf hinzuweisen, daß auch für $n_\mu = 0$ (wenn also gar kein Photon in der $\mu$-ten Mode vorhanden ist) Schwankungen auftreten.

Wir können (16.38) in einen durchsichtigen Zusammenhang mit der Energiedichte bringen. Nach (1.50) sollte der Operator $(\varepsilon_0/2)\hat{\boldsymbol{E}}_\mu{}^2$ mit dem elektrischen Anteil der klassischen Energiedichte korrespondieren und $\varepsilon_0 \hat{\boldsymbol{E}}_\mu{}^2$ mit der gesamten Energiedichte für eine Mode, weil doch beim Strahlungsfeld im zeitlichen Mittel der elektrische und magnetische Anteil gleich sind. Nach (16.38) ist

$$\langle n_\mu | \, \varepsilon_0 \hat{\boldsymbol{E}}_\mu{}^2 \, | n_\mu \rangle = \frac{1}{V} \left[ \hbar \omega_\mu \left( n_\mu + \frac{1}{2} \right) \right]. \tag{16.40}$$

Ein Vergleich mit (16.15) zeigt, daß der Ausdruck auf der rechten Seite tatsächlich als räumliche Energiedichte zu deuten ist.

Wie nicht anders zu erwarten, ist die mittlere Schwankung der Teilchenzahl bei Zuständen fester Photonenzahl Null:

$$\langle [\widehat{\Delta N_\mu}]^2 \rangle = \langle n_\mu | \, [\hat{N}_\mu - \langle n_\mu | \, \hat{N}_\mu \, | n_\mu \rangle]^2 \, | n_\mu \rangle = 0. \tag{16.41}$$

Beim mittleren Schwankungsquadrat der Gesamt-Feldstärke addieren sich die Beiträge der einzelnen Moden wegen ihrer Unabhängigkeit voneinander. Für einen Zustand (16.26) mit festen Photonenzahlen in allen Moden gilt

$$\langle [\widehat{\Delta \boldsymbol{E}}(\boldsymbol{r}, t)]^2 \rangle = \frac{1}{\varepsilon_0 V} \sum_\mu \hbar \omega_\mu \left( n_\mu + \frac{1}{2} \right). \tag{16.42}$$

Wir wollen besonders auf die Verhältnisse bei Vorliegen des Photonenvakuums hinweisen, das durch $n_\mu = 0$ für alle $\mu$ charakterisiert ist. Wie man leicht sieht, liefert jede Mode zwar zum mittleren Schwankungsquadrat der Feldstärke den (endlichen) Beitrag $\hbar \omega_\mu / 2 \varepsilon_0 V$; insgesamt divergiert aber unter Beachtung von (1.63) der Ausdruck

$$\frac{1}{\varepsilon_0 V} \sum_\mu \frac{\hbar \omega_\mu}{2}.$$

Wie genauere Überlegungen (als wir sie hier anstellen wollen) zeigen, hängt diese Divergenz damit zusammen, daß $\langle [\widehat{\Delta \boldsymbol{E}}(\boldsymbol{r}, t)]^2 \rangle$ für einen *punkt*förmigen Raum-Zeit-Bereich berechnet worden ist. Dieses Vorgehen führt auch bei anderen Systemen als denen der Photonen auf analoge Resultate; so sagt die Unschärferelation (9.27) ja unter anderem aus, daß die mittlere Impulsschwankung eines Teilchens bei exakt scharfen Ortswerten divergiert. In der Realität müssen Meßwerte auf ein ausgedehntes Raumgebiet und ein nichtverschwindendes Zeitintervall bezogen werden. Es sei angemerkt, daß ein Formalismus für Feldoperatoren entwickelt wurde, der einer solchen raum-zeitlichen Mittelwertbildung Rechnung trägt; dann tritt die erwähnte Divergenz nicht auf.

Die Zustände fester Photonenzahl wurden von Fock [D-7] bereits 1932 bei frühen theoretischen Untersuchungen der Quantenoptik rein rechnerisch eingeführt, konnten aber wegen der großen experimentellen Schwierigkeiten erst 1986 [D-8] näherungsweise verifiziert werden.

## 16.3 Eigenschaften von Glauber-Zuständen

Im Gegensatz zu den im vorhergehenden Abschnitt betrachteten Zuständen mit fester Photonenzahl können Glauber-Zustände für die Beschreibung wellenähnlicher Vorgänge herangezogen werden. Die nach R. J. GLAUBER [D-6] benannten Zustände sind in der *Quantenoptik* von großer Bedeutung.

Wir betrachten zunächst nur die Verhältnisse in einer Mode (Modenindex $\mu$). Bei einer definitorischen Einführung des Glauber-Zustandes ist von der Festlegung der Entwicklungskoeffizienten $c(n_\mu)$ im allgemeinen Photonenzustand (16.18a) auszugehen; ein *Glauber-Zustand* soll vorliegen, wenn die Beziehung

$$|\psi_\mu\rangle = \sum_{n_\mu} \mathrm{e}^{-\frac{1}{2}|\alpha_\mu|^2} (n_\mu!)^{-\frac{1}{2}} \alpha_\mu^{\,n_\mu} |n_\mu\rangle \tag{16.43}$$

gilt, wobei $\alpha_\mu$ eine nichtverschwindende, ansonsten beliebige komplexe Zahl sein soll. Da der Zustand $|\psi_\mu\rangle$ in (16.43) durch $\alpha_\mu$ festgelegt ist, schreibt man auch $|\psi_\mu\rangle \equiv |\alpha_\mu\rangle$. Aus der Definition (16.43) ergeben sich für $|\alpha_\mu\rangle$ die folgenden Eigenschaften. Es gilt

$$\hat{a}_\mu |\alpha_\mu\rangle = \alpha_\mu |\alpha_\mu\rangle \leftrightarrow \langle\alpha_\mu| \hat{a}_\mu^{\,+} = \alpha_\mu^* \langle\alpha_\mu| . \tag{16.44}$$

Die Richtigkeit dieser Aussage wird unmittelbar durch Anwendung von (16.17b) auf (16.43) bewiesen. Weiterhin gilt für zwei Glauber-Zustände $|\alpha_\mu\rangle$, $|\alpha_\mu{}'\rangle$

$$|\langle\alpha_\mu|\alpha_\mu{}'\rangle|^2 = \exp[-|\alpha_\mu - \alpha_\mu{}'|^2] . \tag{16.45a}$$

Dies kann man leicht durch Einsetzen von (16.43) zeigen. Die Beziehung (16.45a) sagt aus, daß Glauber-Zustände zwar auf Eins normiert sind (für $\alpha_\mu = \alpha_\mu{}'$ wird die rechte Seite gleich Eins), aber für $\alpha_\mu \neq \alpha_\mu{}'$ nicht orthogonal sind; die rechte Seite von (16.45a) strebt allerdings für große $|\alpha_\mu - \alpha_\mu{}'|$ gegen Null. Da $\hat{a}_\mu$ nichthermitesch ist, ergibt sich $|\alpha_\mu\rangle$ als ein *rechts*seitiger Eigenwert des Vernichtungsoperators $\hat{a}_\mu$. An die Stelle der Vollständigkeitsrelation (16.14) tritt jetzt

$$\hat{I} = 1/\pi \int \mathrm{d}^2\alpha_\mu |\alpha_\mu\rangle\langle\alpha_\mu| \quad \text{mit} \quad \int \mathrm{d}^2\alpha_\mu \equiv \int_{-\infty}^{+\infty} \mathrm{d}\,\mathrm{Re}\{\alpha_\mu\} \int_{-\infty}^{+\infty} \mathrm{d}\,\mathrm{Im}\{\alpha_\mu\} . \tag{16.45b}$$

Es sei angemerkt, daß sich für den Multimoden-Fall in Erweiterung von (16.43) ein sogenannter globaler Glauber-Zustand definieren läßt, auf dessen allgemeine Eigenschaften wir hier aber nicht einzugehen brauchen. Gelegentlich wird ein Multimoden-Photonenzustand zu betrachten sein, bei dem in der $\mu$-ten Mode ein Glauber-Zustand $|\alpha_\mu\rangle$ vorliegt und sich alle anderen Moden im Zustand des Photonenvakuums ($n_{\mu'} = 0$ für alle $\mu' \neq \mu$) befinden; ein solcher Zustand wird zur Betonung seines Multimoden-Charakters mit $|0, \ldots, 0, \alpha_\mu, 0, \ldots\rangle$ gekennzeichnet.

Wir wollen jetzt wichtige physikalisch-relevante Größen für den Glauber-Zustand $|\alpha_\mu\rangle$ berechnen. Die mittlere Teilchenzahl ist

$$\langle\alpha_\mu| \hat{N}_\mu |\alpha_\mu\rangle = (\langle\alpha_\mu| \hat{a}_\mu^{\,+})(\hat{a}_\mu |\alpha_\mu\rangle) = \alpha_\mu^* \alpha_\mu \langle\alpha_\mu|\alpha_\mu\rangle = |\alpha_\mu|^2 . \tag{16.46}$$

Die Wahrscheinlichkeit, die Photonenzahl $n_\mu$ zu messen, ist

$$W_{n_\mu} = \langle\alpha_\mu| (|n_\mu\rangle\langle n_\mu|) |\alpha_\mu\rangle = (n_\mu!)^{-1} \mathrm{e}^{-\langle\hat{N}_\mu\rangle} \langle\hat{N}_\mu\rangle^{n_\mu} , \tag{16.47}$$

was exakt die *Poissonsche Wahrscheinlichkeits-Verteilung* darstellt. Als Erwartungswert der Feldstärke ergibt sich unter Verwendung von (16.44)

$$\langle\alpha_\mu|\,\hat{\boldsymbol{E}}_{\mu,\mathrm{H}}(\boldsymbol{r},t)\,|\alpha_\mu\rangle=\left(\frac{\hbar\omega_\mu}{2\varepsilon_0 V}\right)^{1/2}\boldsymbol{e}_\mu\{\mathrm{i}\,\alpha_\mu\,\mathrm{e}^{\mathrm{i}(\boldsymbol{q}_\mu\boldsymbol{r}-\omega_\mu t)}+\{\mathrm{K\,K}\}\}\tag{16.48}$$

Der Ausdruck auf der rechten Seite dieser Gleichung stellt eine fortschreitende ebene Welle mit dem komplexen Amplitudenfaktor $\alpha_\mu$ dar, der die Phase und den Amplitudenbetrag der Welle bestimmt. Der Betrag der Wellenamplitude ist durch

$$|\boldsymbol{E}_\mu|=\left(\frac{2\hbar\omega_\mu}{\varepsilon_0 V}\right)^{1/2}|\alpha_\mu|=\left(\frac{2\hbar\omega_\mu}{\varepsilon_0 V}\right)^{1/2}\langle\hat{N}_\mu\rangle^{1/2}\tag{16.49}$$

gegeben. Wegen (16.46) ist die Wellenamplitude proportional der Wurzel aus der mittleren Photonenzahl. Die rechte Seite von (16.48) deutet die Möglichkeit einer Korrespondenz zur klassischen Beschreibung von Wellen an. Man darf aber nicht übersehen, daß mit dem quantentheoretischen Erwartungswert (16.48) nur der arithmetische *Mittelwert* der Meßwerte bestimmt ist. Bei *einzelnen* Feldstärkemessungen sind nach den in 9.1 erläuterten quantentheoretischen Grundlagen unvermeidlich Abweichungen von diesem Mittelwert zu erwarten. Erst wenn diese Abweichungen hinreichend klein sind, kann man von einer Annäherung an die klassischen Verhältnisse sprechen.

Auf die gleiche Weise, wie wir das bereits in 16.2 für die Zustände fester Photonenzahl getan haben, läßt sich auch für einen Glauber-Zustand die mittlere Schwankungsbreite der Feldstärke berechnen. Es gilt

$$\sqrt{\langle[\widehat{\Delta\boldsymbol{E}}_\mu(\boldsymbol{r},t)]^2\rangle}=\sqrt{\frac{\hbar\omega_\mu}{2\varepsilon_0 V}}\,.\tag{16.50}$$

Die mittlere Schwankungsbreite bei Feldstärkemessungen ist also bei einem Glauber-Zustand von der (mittleren) Photonenzahl in der Mode unabhängig. Dieses Resultat steht im Gegensatz zu dem bei einem Zustand mit fester Photonenzahl, wo ja die Schwankungsbreite mit wachsender Photonenzahl ansteigt – vgl. (16.39). Der Wert für die Schwankungsbreite beim Glauber-Zustand ist genau gleich dem der Vakuum-Schwankungen. In Abb. 16.1 sind die Verhältnisse für einen Zustand fester Photonenzahl $|n_\mu\rangle$ und einen Glauber-Zustand $|\alpha_\mu\rangle$ bei festem Zeitpunkt $t$ veranschaulicht.

Die mittlere relative Schwankung der Feldstärke im Glauber-Zustand, wobei auf den über $\boldsymbol{r}$ gemittelten Erwartungswert $\langle\alpha_\mu|\,\hat{\boldsymbol{E}}_\mu(\boldsymbol{r})\,|\alpha_\mu\rangle^2$ bezogen wird, läßt sich durch den Quotienten

$$\frac{\langle[\widehat{\Delta\boldsymbol{E}}_\mu]^2\rangle}{\underbrace{\langle\hat{\boldsymbol{E}}_\mu\rangle^2}_{|\boldsymbol{r}|}}=\frac{1}{2\langle\hat{N}_\mu\rangle}\tag{16.51}$$

ausdrücken. Diese Gleichung zeigt, daß beim Glauber-Zustand die relativen Schwankungen mit wachsender mittlerer Photonenzahl $\langle\hat{N}_\mu\rangle$ gegen Null gehen. Das heißt, beim Glauber-Zustand ergibt sich mit wachsender mittlerer Photonenzahl eine immer bessere Annäherung an eine klassische Welle mit ihren wohldefinierten Feldstärkewerten an jedem Raum-Zeit-Punkt.

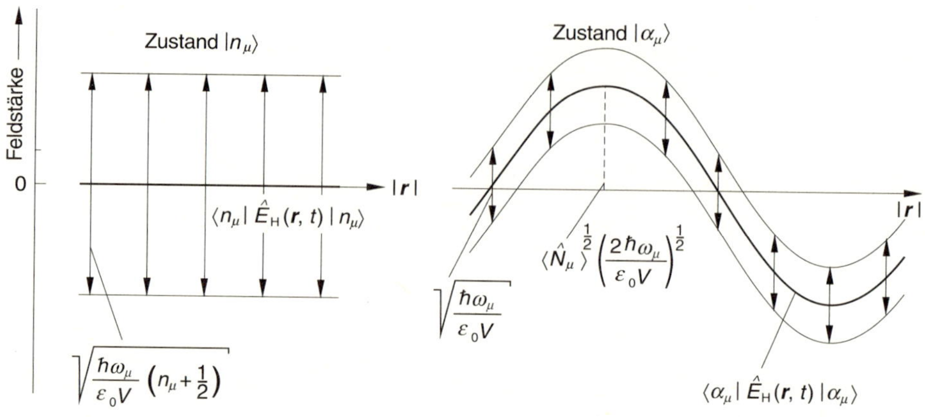


**Abb. 16.1**
Erwartungswert der Feldstärke (——) und deren Schwankungsbreite (↕) bei fester Zeit $t$ für Zustand fester Photonenzahl $|n_\mu\rangle$ und Glauber-Zustand $|\alpha_\mu\rangle$

Wir wollen einen qualitativen Vergleich mit den Zuständen fester Photonenzahl anschließen. Dazu betrachten wir die Teilchenzahlunschärfe $\langle[\widehat{\Delta N_\mu}]^2\rangle$. Sie ist für $|n_\mu\rangle$ gleich Null (da $|n_\mu\rangle$ ja Eigenket zu $\hat{N}_\mu$ ist) und für $|\alpha_\mu\rangle$ gleich $\langle\hat{N}_\mu\rangle$, was man mit Hilfe von (16.44) und (16.46) leicht ausrechnen kann. In Verallgemeinerung der Ergebnisse (16.39) und (16.51) läßt sich also sagen: Photonenzustände, die mit dem klassischen Wellenbild korrespondieren, haben eine große Teilchenzahlunschärfe. Andererseits führen Zustände mit kleiner Teilchenzahlunschärfe, also solche, die mit dem klassischen Teilchenbild korrespondieren, zu unscharfen Feldgrößen (wie der Feldstärke), mit denen die Welle zu beschreiben ist. Dieser Sachverhalt ist Ausdruck der *Komplementarität zwischen Wellen- und Teilchenbild*, die eine große Rolle in der Diskussion der philosophischen Probleme der Quantenphysik gespielt hat. Wie hier am Beispiel der Photonen deutlich wurde, liefert die quantentheoretische Beschreibung von Mikroobjekten von *einheitlichen* Grundlagen her sowohl Wellen- als auch Teilcheneigenschaften, die jeweils unter bestimmten experimentellen Bedingungen (Meßbedingungen) hervortreten.

*Einmoden-Laser* zeigen hinreichend weit oberhalb der Schwelle (bei der die Oszillation einsetzt) in guter Näherung eine Strahlung mit den Eigenschaften des Glauber-Zustandes. Dies wird insbesondere bei der Betrachtung der statistischen Eigenschaften (Nachweis der Poisson-Verteilung) und der Kohärenzeigenschaften deutlich, auf die im nächsten Abschnitt eingegangen wird. Solche Laser wurden Anfang der 60er Jahre erstmals realisiert; etwa zu gleicher Zeit erfolgte 1963 die Einführung der Glauber-Zustände (die in amerikanischer Originalliteratur coherent states genannt wurden).

## 16.4 Kohärenzeigenschaften. Quantentheoretische Korrelationsfunktionen

Die klassische Maxwell-Theorie des elektromagnetischen Feldes wurde in großem Umfang zur Deutung von Interferenz- und Kohärenzexperimenten ausgenutzt, von denen ein Teil als Grundlagenexperimente der Physik gelten. Das Vorgehen orientierte sich an Vorstellungen, die schon vor langer Zeit von HUYGHENS, FRAUNHOFER, FRESNEL gelegt worden waren. Alle Experimente, die bis in die 50er Jahre dieses Jahrhunderts durchgeführt worden sind, ließen sich mit dieser traditionellen Konzeption erklären; als repräsentatives Beispiel sei das Youngsche Interferenzexperiment genannt. Seit den 50er Jahren sind in zunehmendem Maße Experimente durchgeführt worden – z.B. die zur Intensitätskorrelation von Licht –, zu deren Erklärung eine qualitativ neue Konzeption zur Beschreibung der Kohärenzeigenschaften benötigt wurde; diese mußte selbstverständlich neben der Erklärung der neuen empirischen Befunde auch die Deutung der zahlreichen traditionellen Experimente leisten. Eine quantentheoretische Beschreibung all dieser Phänomene ist mit einem Begriffssystem möglich, das einmal an die moderne klassische Konzeption der Beschreibung von Kohärenzeigenschaften anschließt und zum anderen die bisher im Kapitel 16 dargestellten Gesetzmäßigkeiten des quantisierten Strahlungsfeldes berücksichtigt. Naturgemäß muß eine quantentheoretische Beschreibung der Kohärenz neben den Welleneffekten – über die klassische Beschreibung hinausgehend – die Existenz von Lichtquanten und die Gewinnung der Meßwerte mit einschließen.

Wir geben zunächst einen kurzen Abriß der *modernen klassischen Kohärenz-Konzeption* (wegen einer ausführlichen Darlegung siehe [D-9]). Ausgangspunkt ist die *stochastische* Beschreibung des elektromagnetischen Feldes. Diesen Aspekt wollen wir besonders deutlich herausstellen und sehen deshalb von den räumlichen Transformationseigenschaften, also dem Vektorcharakter des Feldes, ab; die entsprechenden elektrischen Feldstärken mit einheitlicher Polarisationsrichtung bezeichnen wir mit dem Symbol $\mathscr{E}(\boldsymbol{r}, t)$.

Die Feldstärke sei in zwei zueinander konjugiert-komplexe Summanden gemäß

$$\mathscr{E}(\boldsymbol{r}, t) = \mathscr{E}^{(-)}(\boldsymbol{r}, t) + \mathscr{E}^{(+)}(\boldsymbol{r}, t) \quad \text{mit} \quad \mathscr{E}^{(+)} = (\mathscr{E}^{(-)})^* \tag{16.52}$$

aufgespaltet. $\mathscr{E}^{(-)}$ ist der negative Frequenzanteil der Fourier-Transformierten und hat bei Modenzerlegung des Feldes – vgl. (1.59) – die Form

$$\mathscr{E}^{(-)}(\boldsymbol{r}, t) = \sum_{\mu} \left( \frac{\hbar \omega_\mu}{2 \varepsilon_0 V} \right)^{1/2} \mathrm{i}\, a_\mu\, \mathrm{e}^{\mathrm{i}(\boldsymbol{q}_\mu \boldsymbol{r} - \omega_\mu t)}. \tag{16.52a}$$

Selbstverständlich enthält bereits $\mathscr{E}^{(-)}(\boldsymbol{r}, t)$ allein die gesamte Information über die Feldstärke, weshalb diese Größe als das *komplexe analytische Signal des Feldes* bezeichnet wird. Wir betrachten das analytische Signal an verschiedenen Raum-Zeit-Punkten $x_j \equiv (\boldsymbol{r}_j, t_j)$. Die stochastischen Feldeigenschaften werden durch eine $g$-fache differentielle Verbundwahrscheinlichkeit

$$\mathrm{d}W = w[\mathscr{E}^{(-)}(x_1), \ldots, \mathscr{E}^{(-)}(x_j), \ldots, \mathscr{E}^{(-)}(x_g)]\, \mathrm{d}^2\mathscr{E}^{(-)}(x_1) \cdots \mathrm{d}^2\mathscr{E}^{(-)}(x_g) \tag{16.53}$$

erfaßt. Diese ist proportional dem infinitesimalen Gebiet $d^2\mathcal{E}^{(-)}(x_1)\cdots d^2\mathcal{E}^{(-)}(x_g)$ und der Wahrscheinlichkeitsdichte $w$, bei $x_1$ das Signal $\mathcal{E}^{(-)}(x_1)$ *und* bei $x_2$ das Signal $\mathcal{E}^{(-)}(x_2)$ *und* ... bei $x_g$ das Signal $\mathcal{E}^{(-)}(x_g)$ anzutreffen. Mit Hilfe von $dW$ kann man von Funktionen $F$, die von den Werten des analytischen Signals an $g$ Raum-Zeit-Punkten abhängen, den Ensemble-Mittel-Wert bilden. Von besonderer Bedeutung sind Funktionen $F$, die gemäß

$$F = \prod_{l=1}^{m} \mathcal{E}^{+}(x_l) \prod_{l=m+1}^{m+m'} \mathcal{E}^{-}(x_l) \quad \text{mit} \quad m + m' = g \tag{16.54}$$

aus $g$ Faktoren des analytischen Signals bzw. seines Konjugiert-Komplexen bestehen. Der Ensemble-Mittelwert

$$\Gamma^{m,m'}(x_1, \ldots, x_j, \ldots, x_g) = \int dW\, F = \widetilde{\widetilde{F}} \tag{16.55}$$

wird als *Korrelationsfunktion* $(m+m')$*-ter Ordnung* bezeichnet. Bei Voraussetzung der Stationarität kann der Ensemble-Mittelwert $\widetilde{\widetilde{F}}$ durch den Zeitmittelwert ersetzt werden. Die mathematische Statistik sagt aus, daß man bei Kenntnis der $\Gamma^{m,m'}$ über die statistischen Momente die Dichte $w$ der zugrunde gelegten Wahrscheinlichkeitsverteilung bestimmen kann.

Ein weiterer Grund für die Bedeutung dieser Korrelationsfunktionen ist der, daß sich mit ihrer Hilfe die folgende logisch befriedigende und brauchbare Kohärenzdefinition vornehmen läßt. *Kohärenz K-ter Ordnung* liegt vor, wenn für alle $\Gamma^{m,m'}$ mit $m, m' \leqq K$

$$\Gamma^{m,m'}(x_1, \ldots, x_j, \ldots, x_g) = \prod_{l=1}^{m} V^*(x_l) \prod_{l=m+1}^{m+m'} V(x_l) \tag{16.56}$$

gilt. Dabei soll es sich unabhängig vom Inkrement $x_l$ bei jedem Faktor auf der rechten Seite um die gleiche Funktion $V(x)$ handeln; $V(x)$ muß die Maxwell-Gleichungen mit den gegebenen Randbedingungen erfüllen, entspricht also $\mathcal{E}^{(-)}(x)$. Aus naheliegenden Gründen wird (16.56) auch die *Faktorisierbarkeitsbedingung* genannt. Die Anzahl der faktorisierbaren Korrelationsfunktionen wird desto größer, je größer die Ordnung der Kohärenz ist. Man spricht von einem *vollständig kohärenten Strahlungsfeld*, wenn $K$ nach Unendlich geht. Die Kohärenz in einer bestimmten Ordnung liegt, je nach den experimentellen Bedingungen, real nur in einem begrenzten $x$-Bereich vor, man spricht von dem *Kohärenzvolumen*.

Die innere Logik dieser Kohärenzdefinition erhellt unter anderem aus folgendem. Wenn *keine* Feldschwankungen angenommen werden, dann ist für alle $g$ die Wahrscheinlichkeitsdichte $w$ als ein Produkt zweidimensionaler Deltafunktionen gemäß

$$w = \prod_{j=1}^{g} \delta^2[\mathcal{E}^{(-)}(x_j) - V(x_j)]$$

anzusetzen, wobei $\mathcal{E}^{(-)}(x_j)$ die statistische Variable und $V(x_j)$ eine vorgegebene Funktion ist. Mit diesem Ansatz für die Wahrscheinlichkeitsdichte wird jede Funktion $\Gamma^{m,m'}$ faktorisiert, d.h., ein Feld ohne Schwankungen ist vollständig kohärent.

Die *quantentheoretische Kohärenz-Konzeption* schließt – was zunächst das Formale betrifft – weitgehend an das moderne klassische Begriffssystem an. An die Stelle des klassischen analytischen Signals $\mathscr{E}^{(-)}(x)$ in (16.52a) tritt der Operator

$$\hat{\mathscr{E}}_{\mathrm{H}}^{(-)}(x)=\sum_{\mu}\left(\frac{\hbar\omega_{\mu}}{2\varepsilon_0 V}\right)^{1/2} \mathrm{i}\hat{a}_{\mu}\,\mathrm{e}^{\mathrm{i}(\boldsymbol{q}_{\mu}\boldsymbol{r}-\omega_{\mu}t)} \tag{16.57}$$

– vgl. (16.7) und (16.52a); $\mathscr{E}^{(+)}(x)$ soll mit dem Operator $\hat{\mathscr{E}}_{\mathrm{H}}^{(+)}(x)=(\hat{\mathscr{E}}_{\mathrm{H}}^{(-)}(x))^{+}$ korrespondieren. An die Stelle der klassischen Korrelationsfunktion tritt die *quantentheoretische Korrelationsfunktion* (mit dem Index qu) als der quantentheoretische Mittelwert des entsprechenden Produkts – vgl. (16.54) – von Operatoren:

$$\Gamma_{\mathrm{qu}}^{m,m'}(x_1,\dots x_j,\dots x_{m+m'})=\left\langle\prod_{l=1}^{m}\hat{\mathscr{E}}_{\mathrm{H}}^{(+)}(x_l)\prod_{l=m+1}^{m+m'}\hat{\mathscr{E}}_{\mathrm{H}}^{(-)}(x_l)\right\rangle \tag{16.58}$$

Dieser Mittelwert kann der in (9.12) eingeführte übliche Erwartungswert sein, der mit dem Operatorprodukt und dem in (16.29b) gegebenen Photonenzustand zu bilden ist. Es sei aber darauf hingewiesen, daß es wichtige Typen von Strahlungsfeldern gibt (z.B. die sogenannte chaotische Strahlung, zu der auch die Wärmestrahlung gehört), die nicht mit einem Photonenzustand (16.29b), sondern mit dem Dichteoperator – der im Kapitel 18 eingeführt wird – beschrieben werden müssen; dann ist der Mittelwert mit dem Operatorprodukt und dem Dichteoperator zu bilden – vgl. (18.10). Auf Beispiele dazu gehen wir in 18.6, 24.3 und 25.4 ein. Wir wollen anmerken, daß es sich in (16.58) um sogenannte „normalgeordnete" Korrelationsfunktionen handelt; die Operatorfaktoren $\hat{\mathscr{E}}^{(+)}$, die Photonen-Erzeugungsoperatoren enthalten, stehen links von den $\hat{\mathscr{E}}^{(-)}$ mit Photonen-Vernichtungsoperatoren. Dieser Anordnungsaspekt spielt im klassischen Fall keine Rolle – vgl. (16.55), führt aber im quantentheoretischen Fall zu Konsequenzen wegen der Nichtvertauschbarkeit von $\hat{a}_{\mu}^{+}$ und $\hat{a}_{\mu}$.

Die Definition der Kohärenz erfolgt analog zum klassischen Vorgehen. *Kohärenz K-ter Ordnung* liegt im quantentheoretischen Fall vor, wenn $\Gamma_{\mathrm{qu}}^{m,m'}$ aus (16.58) für alle $m, m' \leqq K$ gemäß

$$\Gamma_{\mathrm{qu}}^{m,m'}(x_1,\dots,x_{m+m'})=\prod_{l=1}^{m}V^*(x_l)\prod_{l=m+1}^{m+m'}V(x_l) \tag{16.59}$$

faktorisierbar ist; die $V(x)$ sind komplexe Zahlen und haben die gleichen Eigenschaften wie im klassischen Fall – vgl. die Bemerkungen zu (16.56). Ohne große Rechnungen können die im folgenden gegebenen Interpretationen einiger repräsentativer Anwendungen weitere Einsichten vermitteln.

Um im klassischen Fall alle Korrelationsfunktionen bilden zu können, muß man die $g$-fache Verbundwahrscheinlichkeit für beliebige $g$ kennen; bei einem konkreten Problem übersteigt das in der Regel diejenige Information, die man willkürfrei angeben kann. Im quantentheoretischen Fall sind die Verhältnisse günstiger; dort steht mit dem Photonenzustand (oder dem Dichteoperator) eine Größe zur Verfügung, die das Strahlungsfeld in adäquater Weise charakterisiert, wodurch alle $\Gamma_{\mathrm{qu}}^{m,m'}$ ohne Willkür berechenbar werden.

Wir wollen jetzt das Kohärenzverhalten von Glauber-Zuständen untersuchen. Dazu werden zunächst nur die Verhältnisse in einer Mode (Modenindex $\mu$) betrachtet. Nach den Gesetzmäßigkeiten, die wir in 16.3 kennengelert haben, gilt für alle $m, m'$

$$\langle\alpha_\mu| \prod_{l=1}^{m} \hat{\mathscr{E}}^{(+)}_{\mu,\mathrm{H}}(x_l) \prod_{l=m+1}^{m+m'} \hat{\mathscr{E}}^{(-)}_{\mu,\mathrm{H}}(x_l) |\alpha_\mu\rangle = \prod_{l=1}^{m} \mathscr{E}_\mu{}^{(+)}(x_l; \alpha_\mu) \prod_{l=m+1}^{m+m'} \mathscr{E}_\mu{}^{(-)}(x_l; \alpha_\mu). \tag{16.60}$$

Dabei ist $\hat{\mathscr{E}}^{(-)}_{\mu,\mathrm{H}}$ wieder der Anteil der $\mu$-ten Mode an $\hat{\mathscr{E}}^{(-)}_{\mathrm{H}}$; ferner ist

$$\mathscr{E}_\mu{}^{(-)}(x_l; \alpha_\mu) = \left(\frac{\hbar\omega_\mu}{2\varepsilon_0 V}\right)^{1/2} \mathrm{i}\,\alpha_\mu\, \mathrm{e}^{\mathrm{i}(\boldsymbol{q}_\mu \boldsymbol{r}_l - \omega_\mu t_l)};$$

die Größen $\hat{\mathscr{E}}^{(+)}_{\mu,\mathrm{H}}$ und $\mathscr{E}_\mu{}^{(+)}(x_l; \alpha_\mu)$ sind die Hermitesch-Adjungierten bzw. Konjugiert-Komplexen. Das Zustandekommen des durch (16.60) ausgedrückten Resultates kann man leicht erklären, wenn man auf der linken Seite einmal von allen komplexen Zahlen absieht und nur Operatoren betrachtet; dann bleibt der Ausdruck

$$\langle\alpha_\mu| (\hat{a}_\mu{}^+)^m (\hat{a}_\mu)^{m'} |\alpha_\mu\rangle,$$

der nach (16.44) in

$$(\alpha_\mu{}^*)^m (\alpha_\mu)^{m'}$$

übergeht. Das gleiche Resultat wie in (16.60) ergibt sich auch für den eingangs 16.3 eingeführten Glauber-Zustand $|0, \ldots, 0, \alpha_\mu, 0, \ldots\rangle$ mit Multimodencharakter:

$$\langle 0, \ldots 0, \alpha_\mu, 0, \ldots| \prod_{l=1}^{m} \hat{\mathscr{E}}^{(+)}_{\mathrm{H}}(x_l) \prod_{l=m+1}^{m+m'} \hat{\mathscr{E}}^{(-)}_{\mathrm{H}}(x_l) |0, \ldots, 0, \alpha_\mu, 0, \ldots\rangle$$

$$= \prod_{l=1}^{m} \mathscr{E}^{(+)}(x_l; \alpha_\mu) \prod_{l=m+1}^{m+m'} \mathscr{E}^{(-)}(x_l; \alpha_\mu). \tag{16.60a}$$

Da (16.60a) für alle $m, m'$ gilt, ist gezeigt, daß der betrachtete *Glauber-Zustand vollständig kohärent* ist. Nach den Erläuterungen zu (16.51) heißt das, daß die Kohärenz-Definition (16.59) denjenigen Zuständen vollständige Kohärenz zuordnet, die – abgesehen von den unvermeidlichen Vakuum-Schwankungen – am besten einer Welle mit räumlich und zeitlich fest vorgegebenen Feldstärkewerten entsprechen.

In der traditionellen Betrachtungsweise waren die Begriffe „quasimonochromatisch" und „von hoher Kohärenz" nahezu Synonyme. Bei der hier behandelten modernen Konzeption drücken die Begriffe Monochromasie und Kohärenz qualitativ ganz verschiedene Sachverhalte aus, und man darf sie nicht verwechseln. Das ist unter anderem daran zu erkennen, daß monochromatische Strahlung stets in erster Ordnung kohärent ist, während die Monochromasie nicht ausreicht, um auch die Kohärenz *höherer* Ordnung zu garantieren. Um das zu demonstrieren, wird ein Zustand $|0, \ldots, 0, \psi_\mu, 0, \ldots\rangle$ betrachtet, bei dem in der $\mu$-ten Mode ein beliebiger Photonenzustand $|\psi_\mu\rangle$, in allen anderen Moden Photonenvakuum vorliegt. Damit ergibt sich die Korrelationsfunktion $\Gamma_{\text{qu}}^{1,1}(x_1, x_2)$ unmittelbar zu

$$\begin{aligned} &\Gamma_{\text{qu}}^{1,1}(x_1, x_2) = V^*(x_1)\, V(x_2) \\ &\text{mit} \quad V(x) = \mathrm{i}\left(\frac{\hbar\omega_\mu}{2\varepsilon_0 V}\right)^{1/2} \langle \hat{N}_\mu \rangle^{1/2}\, \mathrm{e}^{\mathrm{i}(\boldsymbol{q}_\mu \boldsymbol{r} - \omega_\mu t)}. \end{aligned} \tag{16.61}$$

Der monochromatische Zustand $|0, \ldots, 0, \psi_\mu, 0, \ldots\rangle$ ist also sicher *kohärent in erster Ordnung*. Wird zusätzlich vorausgesetzt, daß bei einer Messung der Photonenzahl im Zustand $|\psi_\mu\rangle$ maximal der Wert $n_{\max}$ auftreten kann, so ist anzusetzen

$$|\psi_\mu\rangle = \sum_{n_\mu = 0}^{n_{\max}} c(n_\mu)\, |n_\mu\rangle;$$

dann gilt

$$\Gamma_{\text{qu}}^{m,m'} \equiv 0 \quad \text{für} \quad m' > n_{\max},$$

weil die $m'$-fache Anwendung eines Photonen-Vernichtungsoperators $\hat{a}_\mu$ auf $|\psi_\mu\rangle$ Null ergibt. Es kann also keine Kohärenz höherer Ordnung als $n_{\max}$ vorhanden sein.

Nun wollen wir besprechen, wie die quantentheoretischen Korrelationsfunktionen mit *experimentell meßbaren Größen* verknüpft werden können. Da zur detaillierten Darlegung noch die Kenntnis weiterer methodischer Grundlagen des Komplexes E nötig ist, können wir in diesem Abschnitt von gewissen Resultaten nur eine Interpretation geben, die zugehörige Rechnung erfolgt an späterer Stelle.

Wir beginnen mit der Korrelationsfunktion für $m=1$, $m'=1$ bei *gleichen* Argumenten $x_1 = x_2 = x$, also mit $\Gamma_{\text{qu}}^{1,1}(x, x)$. Diese Funktion ist der *Strahlungsintensität* am Raum-Zeit-Punkt $x = (\boldsymbol{r}, t)$ zuzuordnen. Dies resultiert aus der voll quantentheoretischen Betrachtung der Funktionsweise eines Strahlungsempfängers auf der Basis des äußeren Photoeffektes, was in 24.3.3 ausführlich dargelegt ist. $\Gamma_{\text{qu}}^{1,1}(x, x)$ ist der Erwartungswert des Operatorproduktes $\hat{\mathscr{E}}_{\text{H}}^{+}(x)\, \hat{\mathscr{E}}_{\text{H}}^{+}(x)$, so daß man dieses als *Intensitätsoperator* $\hat{S}_{\text{H}}$ definieren kann. Die Intensität kann in Verbindung gebracht werden mit der Strahlungsenergiedichte $\zeta$ (minus der Vakuumenergiedichte) oder mit der senkrecht auf den Empfänger einfallenden Energiestromdichte $\tilde{\zeta}$ durch die Beziehung

$$\langle \hat{S}_{\text{H}} \rangle \equiv \langle \hat{\mathscr{E}}_{\text{H}}^{+}(x)\, \hat{\mathscr{E}}_{\text{H}}^{-}(x) \rangle = \zeta / 2\varepsilon_0 = \tilde{\zeta} / 2\varepsilon_0 c. \tag{16.62}$$

Es sei angemerkt, daß der Intensitätsoperator *nicht* mit dem Operator $\hat{\mathscr{E}}_{\text{H}}\, \hat{\mathscr{E}}_{\text{H}}/2$ übereinstimmt, der formal als die direkte Analogie der entsprechenden klassischen Größe anzusehen ist. Der Erwartungswert von $\hat{\mathscr{E}}_{\text{H}}\, \hat{\mathscr{E}}_{\text{H}}/2$ enthält gemäß (16.40) die Nullpunktsschwankungen mit, während das bei einer Messung auf der Basis von Photonenabsorption nicht zutreffen kann, wofür das Produkt $\langle \hat{\mathscr{E}}_{\text{H}}^{+}(x)\, \hat{\mathscr{E}}_{\text{H}}^{-}(x) \rangle$ die richtige Beschreibung ist.

Wenn man Ein-Moden-Strahlung der Frequenz $\omega_\mu$ betrachtet, ist $\hat{\mathscr{E}}_{\text{H}}^{+}(x)\, \hat{\mathscr{E}}_{\text{H}}^{-}(x)$ proportional $\hat{a}_\mu^{+} \hat{a}_\mu$, also proportional dem Teilchenzahloperator $\hat{N}_\mu$. Dessen Mittelwert ist mit der Strahlungsenergiedichte durch

$$\zeta = \langle \hat{N}_\mu \rangle\, (\hbar\omega_\mu / V) \tag{16.63}$$

verknüpft, wobei $V$ ein Normierungsvolumen ist. Diesem können wir einen physikalisch durchsichtigen Sinn geben, indem wir es auffassen als das Volumen $F \cdot (cT)$ vor der Empfängerfläche (Größe $F$), auf die die Photonen senkrecht auffallen. Die Strecke $cT$ legen die Photonen in der Zeit $T$ zurück, wenn $T$ als Meßzeit des Experimentes angesehen wird. Es gelangen alle Photonen aus dem Volumen $V = F \cdot (cT)$ während der Meßzeit auf den Empfänger; $\hat{N}_\mu$ ist der zugehörige Photonenzahloperator.

Nun betrachten wir die Korrelationsfunktion für $m=1$, $m'=1$ bei *ungleichen* Argumenten, also $\Gamma^{1,1}_{\text{qu}}(x_1, x_2)$ mit $x_1 \neq x_2$. Diese Größe wird *wechselseitige Kohärenzfunktion* genannt und kann angeschlossen werden an das *Youngsche Interferenzexperiment* – vgl. Abb. 16.2. Man kann dieses Experiment, das schon vor langer Zeit mit dem Huyghensschen Prinzip gedeutet wurde, mit der modernen Konzeption der Kohärenz in Verbindung bringen. Es werden hierbei der Einfachheit halber Stationarität und einfache geometrische Verhältnisse vorausgesetzt.

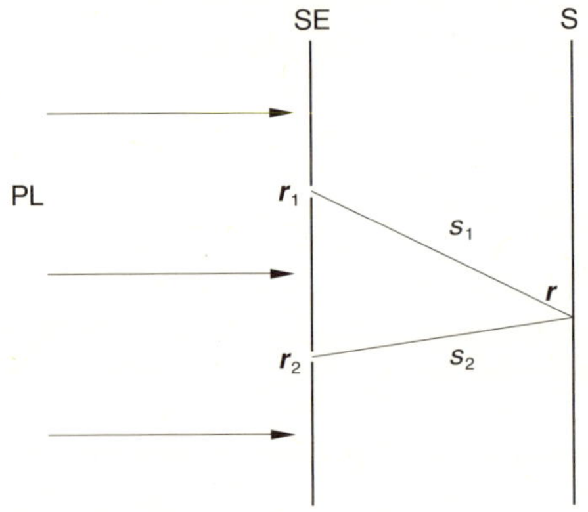


**Abb. 16.2**
Schema zum Youngschen Interferenzversuch (PL paralleles Lichtbündel, SE Ebene des Doppelspaltes, S Schirm)

*Klassisch* ergibt sich die Feldstärke an einem Punkt des Schirmes als Überlagerung der beiden von den Spalten herrührenden Feldstärkewerten (wobei die Laufzeiten berücksichtigt werden):

$$\mathscr{E}(\boldsymbol{r}, t) = \mathscr{E}\left(\boldsymbol{r}_1, t - \frac{s_1}{c}\right) + \mathscr{E}\left(\boldsymbol{r}_2, t - \frac{s_2}{c}\right). \tag{16.64}$$

Mit $x = (\boldsymbol{r}, t)$ und $x_j = \left(\boldsymbol{r}_j, t - \frac{s_j}{c}\right)$ folgt

$$\mathscr{E}^{(\pm)}(x) = \mathscr{E}^{(\pm)}(x_1) + \mathscr{E}^{(\pm)}(x_2). \tag{16.65}$$

Es soll sich um optische Strahlung handeln; der Strahlungsnachweis soll so erfolgen, daß eine zeitlich gemittelte Intensität mit hinreichend großer Mittelungszeit gemessen wird. Damit folgt aus (16.64) für die Intensität $I(x)$ auf dem Schirm

$$\begin{aligned} I(\mathrm{x}) &= \widetilde{\mathscr{E}^{(+)}(x)\, \mathscr{E}^{(-)}(x)} = \Gamma^{1,1}(x, x) \\ &= \Gamma^{1,1}(x_1, x_1) + \Gamma^{1,1}(x_2, x_2) + 2\,\mathrm{Re}\{\Gamma^{1,1}(x_1, x_2)\}. \end{aligned} \tag{16.66}$$

Die ersten beiden Summanden stellen die Intensitäten am Ort der beiden Spalte dar, die bei den angenommenen einfachen geometrischen Verhältnissen gleich sein sollen. Der dritte Summand ist das Interferenzglied, das die Korrelationsfunktion $\Gamma^{1,1}(x_1, x_2)$ mit zwei verschiedenen Raum-Zeit-Punkten enthält. Die Phase von $\Gamma^{1,1}(x_1, x_2)$ bestimmt die Lage der Intensitätsmaxima ($I_{\max}$) und Intensitätsminima ($I_{\min}$) auf dem Schirm. Der Betrag von $\Gamma^{1,1}(x_1, x_2)$ hängt mit der experimentell bestimmbaren, von MICHELSON eingeführten Sichtbarkeit $M$ für die Interferenzfigur zusammen. Es gilt

$$M \equiv \frac{I_{\max} - I_{\min}}{I_{\max} + I_{\min}} = \frac{|\Gamma^{1,1}(x_1, x_2)|}{\sqrt{\Gamma^{1,1}(x_1, x_1)\,\Gamma^{1,1}(x_2, x_2)}}. \tag{16.67}$$

Wenn $\Gamma^{1,1}(x_1, x_2)$ verschwindet, dann wird keine Interferenzstruktur wahrgenommen; maximales $|\Gamma^{1,1}(x_1, x_2)|$ gibt deren maximale Sichtbarkeit $M = 1$.

*Bei der quantentheoretischen Beschreibung* des Experimentes kann man in gewissem Umfang von einer Analogie zur klassischen Beschreibung ausgehen, weil aus (16.33) hervorgeht, daß für Feldoperatoren im Heisenberg-Bild die zeitliche Änderung nur aus der dynamischen Zeitabhängigkeit resultiert und die Raum-Zeit-Beziehungen zwischen den Feldoperatoren formal die gleichen sind wie zwischen korrespondierenden klassischen Größen. Es treten also auch bei der quantentheoretischen Beschreibung in dem Ausdruck für die Intensität auf dem Schirm Interferenzterme auf, die durch $\Gamma_{\text{qu}}^{1,1}(x_1, x_2)$ bestimmt sind. Einfluß auf die Interferenzstruktur hat die normierte Größe

$$M' = \frac{|\Gamma_{\text{qu}}^{1,1}(x_1, x_2)|}{[\Gamma_{\text{qu}}^{1,1}(x_1, x_1)\,\Gamma_{\text{qu}}^{1,1}(x_2, x_2)]^{1/2}}, \tag{16.67a}$$

die als *Kohärenzgrad* betrachtet werden kann. Welche Werte $M'$ annimmt, hängt von $\Gamma_{\text{qu}}^{1,1}(x_1, x_2)$ – also von dem quantentheoretischen Zustand des Strahlungsfeldes *und* von den Koordinaten $x_1$ und $x_2$ – ab. Für einen beliebigen Einmoden-Photonenzustand $|0, \ldots, 0, \psi_\mu, 0, \ldots\rangle$ ergibt sich – wie aus (16.61) leicht zu sehen ist –

$$M'_{|0,\ldots,0,\psi_\mu,0,\ldots\rangle}(\tau) = |e^{i\omega_\mu \tau}| \quad \text{mit} \quad \tau = \left(\frac{s_1}{c} - \frac{s_2}{c}\right) + \frac{\boldsymbol{q}_\mu}{\omega_\mu}(\boldsymbol{r}_2 - \boldsymbol{r}_1) \tag{16.67b}$$

als verallgemeinerter Laufzeitdifferenz, wobei wegen der geometrischen Bedingungen (siehe Abb. 16.2) der letzte Summand in $\tau$ verschwindet. $M'$ nimmt also für einen Ein-Moden-Zustand unabhängig von $\tau$ den Wert 1 an. Auf andere Photonenzustände – wie chaotisches Licht – können wir erst in 18.6.1 eingehen.

Ein weiterer wichtiger Typ ist die Korrelationsfunktion $2m$-ter Ordnung $\Gamma_{\text{qu}}^{m,m}(x_1, x_2, \ldots, x_m, x_m, \ldots, x_2, x_1)$ mit $m > 1$. Während $\Gamma_{\text{qu}}^{1,1}(x, x)$ die Vermessung der Strahlungsintensität durch *einen* Detektor beschreibt, hängt

$$\Gamma_{\text{qu}}^{m,m}(x_1, x_2, \ldots, x_m, x_m, \ldots, x_2, x_1)$$

mit der Vermessung der Strahlungsintensität durch *mehrere* Detektoren, nämlich $m$, auf der Basis des äußeren Photoeffektes an $m$ Punkten zusammen. Die quantentheoretische Analyse eines solchen Meßsystems führt darauf – was in

24.3.3 erläutert werden wird –, daß $\Gamma_{\text{qu}}^{m,m}(x_1, x_2, \ldots, x_m, x_m, \ldots, x_2, x_1)$ bis auf eine Apparatekonstante gleich der Wahrscheinlichkeit ist, mit einem Photodetektor am Orte $\boldsymbol{r}_1$ zur Zeit $t_1$ die Intensität $\Gamma_{\text{qu}}^{1,1}(x_1, x_1)$ zu messen *und* am Raum-Zeit-Punkt $x_2$ die Intensität $\Gamma_{\text{qu}}^{1,1}(x_2, x_2)$ zu messen ... *und* am Raum-Zeit-Punkt $x_m$ die Intensität $\Gamma_{\text{qu}}^{1,1}(x_m, x_m)$ zu messen, wobei die Zeitordnung $t_1 \leqq t_2 \leqq \cdots \leqq t_m$ angenommen ist. Es handelt sich bei $\Gamma_{\text{qu}}^{m,m}(x_1, \ldots, x_m, x_m, \ldots, x_1)$ um eine Verbundwahrscheinlichkeit, weil im allgemeinen die Intensitäten an den $m$ Detektoren nicht unabhängig voneinander sind. Man kann zeigen, daß Unabhängigkeit nur für Strahlungsfelder vollständiger Kohärenz vorliegt. Die $m$-fache *Intensitätskorrelation* wird also durch

$$\Gamma_{\text{qu}}^{m,m}(x_1, x_2, \ldots, x_m, x_m, \ldots, x_2, x_1) \tag{16.68}$$

wiedergegeben; nur im Fall vollständiger Kohärenz des Strahlungsfeldes faktorisiert dieser Ausdruck in das Produkt $\langle \hat{S}_{\text{H}}(x_1) \rangle \langle \hat{S}_{\text{H}}(x_2) \rangle \cdots \langle \hat{S}_{\text{H}}(x_m) \rangle$.

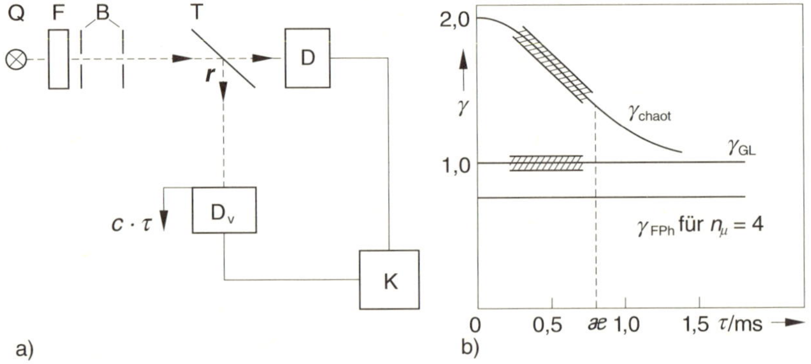


**Abb. 16.3**
Vermessung der Intensitätskorrelation
a) Schema des Experimentes von Hanbury Brown und Twiss
(Q Lichtquelle, F Filter, B Blenden, T Teilerplatte, D, $D_v$ fester bzw. verschiebbarer Detektor, K Korrelator)
b) Theoretische Kurven (——) $\gamma_{\text{chaot}}$, $\gamma_{\text{GL}}$, $\gamma_{\text{FPh}}$ zur Intensitätskorrelation und experimentelle Resultate (im schraffierten Bereich) nach [D-11]

Die Bedeutung der Intensitätskorrelation kann schon für den Fall $m=2$ aufgezeigt werden, wo eine enge Verbindung mit dem Experiment nach Hanbury Brown und Twiss [D-10] besteht. Das experimentelle Schema ist aus Abb. 16.3a ersichtlich; es handelt sich um die Vermessung der *Intensitäts*korrelation mittels zweier Detektoren. Die Strahlung fällt auf einen halbdurchlässigen Spiegel T; dort ist der gemeinsame (fiktive) Ort $\boldsymbol{r}$ der beiden Empfänger. Die beiden Teilstrahlen werden auf die Detektoren D und $D_V$ gelenkt, von denen der eine verschiebbar ist, so daß eine definierte Zeitdifferenz $\tau = t_2 - t_1$ eingestellt werden kann. Die Meßergebnisse (die pro Zeiteinheit gezählten Photonen $n_1$ und $n_2$) gelangen zu einem

Korrelator K, wo der Quotient

$$\frac{\widetilde{(\tilde{n}_1 \cdot \tilde{n}_2)}}{\widetilde{\tilde{n}_1} \cdot \widetilde{\tilde{n}_2}} = \gamma(\tau) = \frac{\Gamma_{\text{qu}}^{2,2}(x_1, x_2, x_2, x_1)}{\Gamma_{\text{qu}}^{1,1}(x_1, x_1)\, \Gamma_{\text{qu}}^{1,1}(x_2, x_2)} \quad \text{mit} \quad x_1 \equiv (\boldsymbol{r}, t_1),\ x_2 \equiv (\boldsymbol{r}, t_2) \quad (16.69)$$

experimentell bestimmt wird. $\gamma(\tau)$ hat eine anschauliche Bedeutung. Der Ausdruck $\Gamma_{\text{qu}}^{2,2}(x_1, x_2, x_2, x_1)$ auf der rechten Seite ist nach den Erläuterungen zu (16.68) bis auf eine Apparatekonstante gleich der Verbundwahrscheinlichkeit $W(t_2, t_1)$ für eine Zählung zur Zeit $t_1$ *und* eine Zählung zur Zeit $t_2$. Die Wahrscheinlichkeit $W(t_1)$ für eine zufällige Zählung zur Zeit $t_1$ ist bis auf eine Apparatekonstante gleich $\Gamma_{\text{qu}}^{1,1}(x_1, x_1)$, entsprechend ist $W(t_2)$ bis auf eine Apparatekonstante gleich $\Gamma_{\text{qu}}^{1,1}(x_2, x_2)$. Die bedingte Wahrscheinlichkeit $W_{\text{b}}(t_2 | t_1)$ für eine Zählung zur Zeit $t_2$, wenn zur Zeit $t_1 = t_2 - \tau$ eine Zählung registriert wurde, ergibt sich nach dem Multiplikationssatz der Wahrscheinlichkeitsrechnung zu

$$W_{\text{b}}(t_2 | t_1) = W(t_2, t_1) / W(t_1).$$

Das führt bei Verwendung von $\gamma(\tau)$ auf

$$W_{\text{b}}(t_2 | t_2 - \tau) = \gamma(\tau) \cdot W(t_2). \quad (16.69\text{a})$$

Für $\gamma(\tau) = 1$ ist $W_{\text{b}}(t_2 | t_2 - \tau) = W(t_2)$, was Unabhängigkeit der Zählungen bedeutet. Für $\gamma > 1$ überschreitet die bedingte Wahrscheinlichkeit $W_{\text{b}}$ den Wert für eine zufällige Zählung, für $\gamma < 1$ unterschreitet sie ihn.

Unter Verwendung von (16.60a) führt die Rechnung für einen Glauber-Zustand $|0, \ldots, 0, \alpha_\mu, 0, \ldots\rangle$ auf

$$\gamma_{\text{Gl}}(\tau) = \frac{\langle \alpha_\mu | (\hat{a}_\mu{}^+)^2 (\hat{a}_\mu)^2 | \alpha_\mu \rangle}{\langle \alpha_\mu | \hat{a}_\mu{}^+ \hat{a}_\mu | \alpha_\mu \rangle^2} = \frac{(\alpha_\mu{}^*)^2 (\alpha_\mu)^2}{(\alpha_\mu{}^* \alpha_\mu)^2} = 1. \quad (16.70)$$

Entsprechend gilt für einen Zustand $|0, \ldots, 0, n_\mu, 0, \ldots\rangle$ mit der festen Photonenzahl $n_\mu \geqq 2$ in der $\mu$-ten Mode und Photonenvakuum in allen anderen Moden (das ist ein spezieller Fock-Zustand)

$$\gamma_{\text{FPh}}(\tau) = \frac{\langle n_\mu | (\hat{a}_\mu{}^+)^2 (\hat{a}_\mu)^2 | n_\mu \rangle}{\langle n_\mu | \hat{a}_\mu{}^+ \hat{a}_\mu | n_\mu \rangle^2} = \frac{n_\mu (n_\mu - 1)}{n_\mu{}^2} = 1 - \frac{1}{n_\mu}. \quad (16.71)$$

In beiden Fällen ist $\gamma$ unabhängig von $\tau$. Der Wert $\gamma_{\text{Gl}} = 1$ weist aus, daß für vollständig kohärente Strahlung die Zählung des zweiten Photons unabhängig von der des ersten Photons ist. In Abb. 16.3b sind die theoretische Kurve $\gamma_{\text{Gl}}(\tau)$ eingetragen und die experimentellen Ergebnisse veranschaulicht, wie sie für einen (quasiidealen) Einmoden-Laser erhalten wurden. Die Meßergebnisse [D-11] weisen aus, daß die verwendete Strahlungsquelle den Eigenschaften der vollständig kohärenten Strahlung in dem betrachteten $\tau$-Bereich sehr nahe kommt. Weiterhin ist in Abb. 16.3b eine Kurve $\gamma_{\text{chaot}}(\tau)$ eingezeichnet, die chaotischem Licht entspricht, auf das erst später in 18.6.1 und 18.6.2 eingegangen werden kann. Daß $\gamma_{\text{chaot}}(\tau)$ für kleine $\tau$ nahe Zwei liegt, heißt, daß dort die bedingte Wahrscheinlichkeit $W_{\text{b}}(t_2 | t_2 - \tau)$ den Wert zufälliger Zählungen *übersteigt*; die Photonen der chaotischen Strahlung zeigen also in diesem $\tau$-Bereich (im Gegensatz zur quasiidealen Laserstrahlung) die Tendenz zur „Klumpung" hinsichtlich des zeitlichen Auftretens. Die eingezeichneten Meßergebnisse weisen aus, daß auch dieser

*Klumpungs-Effekt* experimentell bestätigt wurde. Weiterhin ist die Kurve für $|0, \ldots, 0, n_\mu, 0, \ldots\rangle$ eingezeichnet. Da $\gamma_{\mathrm{FPh}}$ kleiner Eins ist, liefert also die Theorie in diesem Fall einen *Antiklumpungs-Effekt*. Die Antiklumpung ist ein Attribut des sogenannten Nichtklassischen Lichtes, auf das in 18.6.3 näher eingegangen werden wird; antigeklumptes (antibunched) Licht wurde bereits experimentell verifiziert (in [D-12] mit Resonanz-Fluoreszenz sowie auch durch neuere Verfahren).

Noch detailliertere Kenntnis über das Korrelationsverhalten von Strahlung konnte durch Vermessung der Korrelationsfunktion 6-ter Ordnung

$$\Gamma_{\mathrm{qu}}^{3,3}(x_1, x_2, x_3, x_3, x_2, x_1)$$

gewonnen werden.

In Bezug auf spezielle Effekte der Nichtlinearen Optik spielen weitere Korrelationsfunktionen höherer Ordnung eine wichtige Rolle.

## 16.5 Wechselwirkung des quantisierten Strahlungsfeldes mit Ladungsträgern

In 14.3 war die Wechselwirkung des Strahlungsfeldes mit einem Elektron *halbklassisch* beschrieben worden: während in den Termen $\hat{T}_4$ und $\hat{T}_5$ der Wechselwirkungsenergie die Feldgröße mittels einer vorgegebenen Funktion entsprechend der klassischen Beschreibung charakterisiert wurde, waren für die Bahnbewegung des Elektrons entsprechend der quantentheoretischen Beschreibung die Operatoren $\hat{\boldsymbol{r}}$ und $\hat{\boldsymbol{p}}$ verwendet worden. Eine adäquate Beschreibung der Wechselwirkung verlangt die Berücksichtigung folgender Aspekte: die Existenz von Photonen sowie die gegenseitige Beeinflussung von Strahlungsfeld und Elektronensystem infolge der Wechselwirkung. Damit wird es erforderlich, von dem klassisch beschriebenen Strahlungsfeld zum quantisierten überzugehen.

Bei der Diskussion gehen wir von einem Hamilton-Operator $\hat{H}$ aus, der das *Gesamtsystem* Einelektronensystem–Strahlungsfeld repräsentiert. $\hat{H}$ setzt sich gemäß

$$\hat{H} = \hat{H}_{\mathrm{A}} + \hat{H}_{\mathrm{R}} + \hat{H}_{\mathrm{A\text{-}R}} \tag{16.72}$$

aus folgenden Anteilen zusammen: $\hat{H}_{\mathrm{A}}$ repräsentiert den Hamilton-Operator des freien – das heißt vom Strahlungsfeld entkoppelten – atomaren Systems mit einem Elektron; $\hat{H}_{\mathrm{R}}$ repräsentiert den Hamilton-Operator (16.3a) des isolierten Strahlungsfeldes; $\hat{H}_{\mathrm{A\text{-}R}}$ die Wechselwirkungsenergie zwischen beiden freien Systemen. Man gelangt zu dem richtigen Wechselwirkungsoperator, wenn man den in die halbklassischen Terme $\hat{T}_4$ und $\hat{T}_5$ – vgl. (14.45), (14.46) – eingehenden klassischen Ausdruck für das Vektorpotential durch den quantentheoretischen – vgl. (16.6) – ersetzt. Damit ergibt sich

$$\hat{H}_{\mathrm{A\text{-}R}} = \hat{H}'_{\mathrm{A\text{-}R}} + \hat{H}''_{\mathrm{A\text{-}R}}, \tag{16.73}$$

wobei

$$\hat{H}'_{\text{A-R}} = \frac{e}{m}\,\hat{\boldsymbol{A}}(\hat{\boldsymbol{r}})\,\hat{\boldsymbol{p}} \equiv \hat{H}^{\text{W}}$$

$$\text{mit} \quad \hat{\boldsymbol{A}}(\hat{\boldsymbol{r}}) = \sum_{\mu}\left(\frac{\hbar}{2\varepsilon_0 V \omega_\mu}\right)^{1/2} \boldsymbol{e}_\mu \{\hat{a}_\mu\, \mathrm{e}^{\mathrm{i}\boldsymbol{q}_\mu \hat{\boldsymbol{r}}} + \{\text{HA}\}\} \tag{16.74}$$

und

$$\hat{H}''_{\text{A-R}} = \frac{e^2}{2m}\,\hat{\boldsymbol{A}}^2(\hat{\boldsymbol{r}}) \tag{16.75}$$

ist. Die Operatoren $\hat{H}'_{\text{A-R}}$ und $\hat{H}''_{\text{A-R}}$ verstehen sich im Schrödinger-Bild. Das System, das durch den Hamilton-Operator

$$\hat{H}^0 = \hat{H}_{\text{A}} + \hat{H}_{\text{R}} \tag{16.76}$$

charakterisiert wird, bezeichnet man als das *freie System*. Die Eigenwerte von $\hat{H}^0$ setzen sich additiv aus denen der unabhängigen Teilsysteme ($\hat{H}_{\text{A}}$, $\hat{H}_{\text{R}}$) zusammen, der entsprechende Eigenket ist das direkte Produkt der Eigenkets von $\hat{H}_{\text{A}}$ und $\hat{H}_{\text{R}}$:

$$\hat{H}^0\,|E\rangle = E\,|E\rangle \tag{16.77}$$

mit

$$E = E_{\text{A}} + E_{\text{R}} \quad \text{und} \quad |E\rangle = |E_{\text{A}}\rangle\,|E_{\text{R}}\rangle, \tag{16.78}$$

wobei $E_{\text{A}}$, $|E_{\text{A}}\rangle$ die Eigenlösungen von $\hat{H}_{\text{A}}$ und $E_{\text{R}}$, $|E_{\text{R}}\rangle$ die Eigenlösungen von $\hat{H}_{\text{R}}$ kennzeichnen.

Wegen seiner besonderen Wichtigkeit wollen wir uns im folgenden nur noch dem Operator $\hat{H}'_{\text{A-R}}$ zuwenden, der die Feldgröße linear enthält; wir geben ihm die Bezeichnung $\hat{H}^{\text{W}}$, was auf seine Bedeutung als den hier wichtigsten Wechselwirkungsoperator hinweisen soll. (16.74) weist aus, daß $\hat{H}^{\text{W}}$ die Operatoren $\hat{a}_\mu$, $\hat{a}_\mu{}^+$ (von allen Moden) sowie die Bahnobservablen $\hat{\boldsymbol{r}}$ und $\hat{\boldsymbol{p}}$ des Elektrons enthält. Zur Darstellung physikalisch relevanter Größen – insbesondere für die Aussagen der in Kapitel 22 behandelten zeitabhängigen Störungsrechnung – werden die Matrixelemente mit den Eigenkets von $\hat{H}^0$ gebraucht. Wenn

$$|E\rangle = |E_{\text{A}}\rangle\,|E_{\text{R}}\rangle \quad \text{und} \quad |E'\rangle = |E_{\text{A}}'\rangle\,|E_{\text{R}}'\rangle$$

zwei Eigenkets von $\hat{H}^0$ sind, dann gilt

$$\langle E|\,\hat{H}^{\text{W}}\,|E'\rangle = \sum_{\mu}\left[\frac{e}{m}\left(\frac{\hbar}{2\varepsilon_0 V\omega_\mu}\right)^{1/2} \boldsymbol{e}_\mu \langle E_{\text{R}}|\,\hat{a}_\mu\,|E_{\text{R}}'\rangle \langle E_{\text{A}}|\,\mathrm{e}^{\mathrm{i}\boldsymbol{q}_\mu\hat{\boldsymbol{r}}}\hat{\boldsymbol{p}}\,|E_{\text{A}}'\rangle + \{\text{KK}\}\right]. \tag{16.79}$$

Das Matrixelement $\langle E|\,\hat{H}^{\text{W}}\,|E'\rangle$ enthält also Matrixelemente der Form

$$\langle E_{\text{R}}|\,\hat{a}_\mu\,|E_{\text{R}}'\rangle, \quad \langle E_{\text{R}}|\,\hat{a}_\mu{}^+\,|E_{\text{R}}'\rangle, \tag{16.80a}$$

$$\langle E_{\text{A}}|\,\mathrm{e}^{\mathrm{i}\boldsymbol{q}_\mu\hat{\boldsymbol{r}}}\hat{\boldsymbol{p}}\,|E_{\text{A}}'\rangle, \quad \langle E_{\text{A}}|\,\mathrm{e}^{-\mathrm{i}\boldsymbol{q}_\mu\hat{\boldsymbol{r}}}\hat{\boldsymbol{p}}\,|E_{\text{A}}'\rangle. \tag{16.80b}$$

Die in (16.80a) angegebenen Matrixelemente sind mit den Beziehungen (16.28b) und (16.28c) für das quantisierte Strahlungsfeld leicht zu berechnen. Die Matrixelemente (16.80 b) hängen von den Operatoren und Eigenkets des Ein-Elektronen-Systems ab.

Wir wollen die Entwicklung

$$e^{i\boldsymbol{q}_\mu \hat{\boldsymbol{r}}}\hat{\boldsymbol{p}} = (\hat{I} + i\boldsymbol{q}_\mu \hat{\boldsymbol{r}} + \cdots)\,\hat{\boldsymbol{p}} \tag{16.81}$$

der Operatoren in (16.80 b) betrachten, deren einzelne Glieder einer anschaulichen physikalischen Interpretation zugänglich sind. Wenn der Operator $[\exp i\boldsymbol{q}_\mu \hat{\boldsymbol{r}}]\,\hat{\boldsymbol{p}}$ durch das erste Glied, also durch $\hat{\boldsymbol{p}}$ angenähert werden kann, so spricht man von *Dipolnäherung*. Die Matrixelemente (16.80 b) werden in diesem Fall zu

$$\langle E_A|\,\hat{\boldsymbol{p}}\,|E_A'\rangle . \tag{16.82}$$

Die Dipolnäherung bedeutet, daß die Wirkung des Vektorpotentials auf das Elektron als räumlich konstant angenommen werden kann. Damit ein solcher Fall eintritt, ist es erforderlich, daß die Aufenthaltswahrscheinlichkeit des Elektrons nur in einem endlichen Raumbereich (dessen Durchmesser mit $L$ bezeichnet sei) wesentlich von Null verschieden ist. Aus (16.81) ersieht man, daß es bei dieser Näherung darauf ankommt, daß $|\boldsymbol{q}_\mu| \cdot L$ klein gegen Eins ist. Diese Bedingung ist beispielsweise für die Wechselwirkung eines Elektrons in einem Atom oder kleinen Molekül erfüllt, wenn es sich in Strahlung aus dem UV-, VIS- oder IR-Bereich befindet; $|\boldsymbol{q}_\mu| \cdot L$ ist dann kleiner als $\frac{2\pi}{10^{-7}\,\mathrm{m}} \cdot 10^{-9}\,\mathrm{m} < 10^{-1}$. Das Matrixelement aus (16.82) kann durch Umformung von $\hat{\boldsymbol{p}}$ eine anschauliche Deutung erhalten. Nach (8.4) ergibt sich

$$\hat{\boldsymbol{p}} = \frac{m}{i\hbar}\,[\hat{\boldsymbol{r}}, \hat{H}_A], \tag{16.83}$$

wenn angenommen werden kann, daß der Hamilton-Operator des Ein-Elektronen-Systems den Operator $\hat{\boldsymbol{p}}$ nur in dem (nichtrelativistischen) Ausdruck für die kinetische Energie $\hat{\boldsymbol{p}}^2/2m$ enthält; die Verwendung dieser Annahme erscheint insofern sinnvoll, als andersartiges Verhalten mit sehr kleinen Energieänderungen verbunden ist, wie wir aus der Diskussion des Operators $\hat{T}_7$ in 14.3 wissen. Aus (16.83) folgt unmittelbar

$$\langle E_A|\,\hat{\boldsymbol{p}}\,|E_A'\rangle = \frac{im}{\hbar}\,(E_A - E_A')\,\langle E_A|\,\hat{\boldsymbol{r}}\,|E_A'\rangle .$$

Wir wollen annehmen, daß sich im Koordinatenursprung, der ebenfalls im Aufenthaltsbereich des Elektrons liegen soll, eine ruhende positive Ladung $e$ befindet. Dann darf $\hat{\boldsymbol{d}}' = -e\hat{\boldsymbol{r}}$ als Operator des elektrischen Dipolmoments betrachtet werden. Damit kann das Matrixelement des Impulses gemäß

$$\langle E_A|\,\hat{\boldsymbol{p}}\,|E_A'\rangle = -i\,\frac{m}{e}\,\omega\,\langle E_A|\,\hat{\boldsymbol{d}}'\,|E_A'\rangle \tag{16.84}$$

auf das Matrixelement des elektrischen Dipolmoments zurückgeführt werden; $\omega$ ist die atomare Übergangsfrequenz $(E_A - E_A')/\hbar$.

Wir waren von der Berechnung des Matrixelementes $\langle E|\,\hat{H}^W\,|E'\rangle$ des Wechselwirkungsoperators $\hat{H}^W$ ausgegangen und kehren jetzt dorthin zurück. Setzt man das Ergebnis (16.84) der Dipolnäherung an die Stelle von $\langle E_A| e^{i q_\mu \hat{r}} \hat{p} |E_A'\rangle$ in (16.79), so erhält man

$$\langle E| \hat{H}^W |E'\rangle \approx \sum_\mu \frac{\omega}{\omega_\mu} \langle E| -\hat{d}' \left[ \left( \frac{\hbar\omega_\mu}{2\varepsilon_0 V} \right)^{1/2} e_\mu \, i \hat{a}_\mu + \{HA\} \right] |E'\rangle. \qquad (16.85)$$

Der Ausdruck in der eckigen Klammer ist der Operator $\hat{E}_\mu$ der elektrischen Feldstärke für die $\mu$-te Mode; wegen der im Anschluß an (16.81) und (16.82) erläuterten Voraussetzungen über die Dipolnäherung ist $\hat{E}_\mu$ als räumlich konstant im Aufenthaltsbereich des Elektrons anzusehen.

Das Matrixelement $\langle E| \hat{H}^W |E'\rangle$ spielt bei der Beschreibung der Emissions- und Absorptionsprozesse eine Schlüsselrolle. Bei diesen in 22.4.1 anzustellenden Betrachtungen stellt sich heraus, daß nur diejenigen Moden bei den genannten Prozessen einen maßgeblichen Beitrag liefern, deren Frequenzen $\omega_\mu$ in der Nachbarschaft der Frequenz eines atomaren Übergangs liegen; das bedeutet, daß eine Resonanzbedingung der Form $\omega_\mu \approx \omega$ erfüllt sein muß. Unter Berücksichtigung dieses Sachverhaltes kann (16.85) als

$$\langle E| \hat{H}^W |E'\rangle \approx \langle E| -\hat{d}' \hat{E} |E'\rangle \qquad (16.86)$$

geschrieben werden. Dadurch wird der Gedanke nahegelegt, den Operator $-\hat{d}' \hat{E}$ anstelle des exakten Wechselwirkungstermes $\hat{H}^W = \frac{e}{m} \hat{A} \hat{p}$ zu verwenden. In diesem Sinne spricht man von dem Wechselwirkungsoperator in Dipolnäherung

$$\hat{H}^W_{di} = -\hat{d}' \hat{E}, \qquad (16.87)$$

der die Energie eines Dipolmomentes im elektrischen Feld repräsentiert. Der Wechselwirkungsoperator $\hat{H}^W_{di}$ ist insofern mathematisch einfacher zu handhaben als $\hat{H}^W$ aus (16.74), da die beiden Faktoren $\hat{d}'$ und $\hat{E}$ vertauschbar sind. Es sei angemerkt, daß $\hat{H}^W_{di}$ denjenigen Wechselwirkungsprozeß beschreibt, der mit Dipolstrahlung verbunden ist. Die bei der Dipolnäherung vernachlässigten Glieder der Entwicklung auf der rechten Seite von (16.81) sind mit Multipolstrahlung höherer Ordnung verbunden.

Jetzt soll ein in Wechselwirkung mit Strahlung stehendes atomares System beschrieben werden, das aus mehreren und gegebenenfalls verschiedenen Ladungsträgern besteht. Dieser allgemeine Fall läßt sich nach dem vorstehend beschriebenen Schema des Ein-Elektronen-Systems behandeln. Der Hamilton-Operator $\hat{H}$ des aus dem Strahlungsfeld und dem atomaren System bestehenden Gesamtsystems ist

$$\hat{H} = \hat{H}_A + \hat{H}_R + \hat{H}_{A\text{-}R}, \qquad (16.88)$$

wobei $\hat{H}_A$ jetzt das atomare System – anstelle des spezielleren Ein-Elektronen-Systems – beschreiben soll. Der Operator der Wechselwirkungsenergie kann in der Form

$$\hat{H}_{A\text{-}R} = \hat{H}'_{A\text{-}R} + \hat{H}''_{A\text{-}R} \qquad (16.89)$$

mit

$$\hat{H}'_{\text{A-R}} = \sum_{\beta} \left( -\frac{q_\beta}{m_\beta} \right) \hat{A}(\hat{\boldsymbol{r}}_\beta)\, \hat{\boldsymbol{p}}_\beta \equiv \hat{H}^{\text{W}} \tag{16.90}$$

und

$$\hat{H}''_{\text{A-R}} = \sum_{\beta} \frac{q_\beta^{\;2}}{2m_\beta} \hat{A}^2(\hat{\boldsymbol{r}}_\beta) \tag{16.91}$$

geschrieben werden. Die Größen $q_\beta$, $m_\beta$, $\hat{\boldsymbol{r}}_\beta$, $\hat{\boldsymbol{p}}_\beta$ bezeichnen Ladung, Masse und Bahnobservablen des $\beta$-ten Teilchens. Analog zu dem entsprechenden klassischen Vorgehen setzt sich der gesamte Wechselwirkungsoperator additiv aus den Wechselwirkungsoperatoren der einzelnen Ladungsträger zusammen. Es sei angemerkt, daß man die Wechselwirkungsoperatoren (16.90) und (16.91) auch deduktiv aus quantenelektrodynamischen Betrachtungen gewinnen kann; es gilt hier das Analoge, wie es bereits im Anschluß an die Gleichung (14.56) erläutert wurde.

Befinden sich alle Ladungsträger in einem räumlich abgegrenzten Bereich, so daß für jeden einzelnen die Bedingungen der Dipolnäherung erfüllt sind, so kann $\hat{H}^{\text{W}}$ durch den entsprechenden Wechselwirkungsoperator der Dipolnäherung ersetzt werden:

$$\hat{H}^{\text{W}}_{\text{di}} = -\hat{\boldsymbol{d}}\hat{\boldsymbol{E}} \quad \text{mit} \quad \hat{\boldsymbol{d}} = \sum_{\beta} \hat{\boldsymbol{d}}_\beta{}'. \tag{16.92}$$

$\hat{\boldsymbol{E}}$ ist wieder der im Aufenthaltsbereich der Ladungsträger räumlich konstante Feldstärkeoperator; $\hat{\boldsymbol{d}}$ ist der Operator des gesamten Dipolmomentes der Ladungsträger. Der Operator $\hat{H}^{\text{W}}_{\text{di}}$ ist wegen der Vertauschbarkeit von $\hat{\boldsymbol{d}}$ und $\hat{\boldsymbol{E}}$ nicht nur mathematisch einfacher als der in (16.90) angegebene Ausdruck, er ist auch bei der Interpretation wichtiger Experimente anschaulicher. So repräsentiert beispielsweise bei einem Atom der Operator $\hat{\boldsymbol{d}}$ das gesamte Dipolmoment der Elektronenhülle. Die Matrixelemente von $\hat{\boldsymbol{d}} = \sum_{\beta} \hat{\boldsymbol{d}}_\beta{}'$ beschreiben maßgeblich die quantitative Seite der Emissions- und Absorptionsprozesse, während die Verwendung des Operators $\sum_{\beta} \hat{\boldsymbol{p}}_\beta$ (der sich unter gleichen Bedingungen aus (16.90) ergeben würde) nicht derart physikalisch anschauliche Resultate ergibt.

Es sei angemerkt, daß durch Zusammensetzung von linearen Wechselwirkungsoperatoren der Form (16.92) effektive Wechselwirkungsoperatoren aufgebaut werden können, die auf spezifische Prozesse der Nichtlinearen Optik zugeschnitten sind [D-13].

## 16.6 Gequetschtes Licht. Yuen-Zustand

Die eigenartige Bezeichnungsweise „gequetschtes Licht" (squeezed light) wird später erläutert; physikalisches Charakteristikum dieser Strahlung sind relativ geringe Quanten-Fluktuationen der Feldstärke. Wir betrachten eine einzige Strahlungsmode, wobei wir den Modenindex weglassen. Das mittlere Schwankungsquadrat der Feldstärke ist im *Zustand des Photonenvakuums* nach (16.42) durch $g^2 = \hbar\omega/2\varepsilon_0 V$ gegeben. In Fock-Zuständen mit $n > 0$ ist gemäß (16.42) die Varianz größer als $g^2$; im Glauber-Zustand ist sie gleich $g^2$. Es sei daran erinnert (Abschnitt 16.3), daß sich der Glauber-Zustand in sehr guter Näherung durch Ein-Moden-Laser kleiner Leistung, sogenannte ideale Laser, realisieren läßt. Da es schwer vorstellbar war, daß Strahlungsquellen mit kleineren Schwankungen als denen des Photonenvakuums existieren, wurde der ideale Laser häufig für diejenige Strahlungsquelle gehalten, bei der die untere physikalische Grenze der Schwankungen realisiert sei (noch bis einschließlich 1985 wurden solche Aussagen veröffentlicht). Nichtsdestoweniger haben etwa seit Mitte der 70er Jahre Forscher darüber nachgedacht, ob man vielleicht doch Strahlung mit kleineren Schwankungen erzeugen könne. Solche Strahlungszustände sind einmal von außerordentlichem theoretischen Interesse, zum anderen versprachen die verringerten Schwankungen eine qualitative Erhöhung der Genauigkeit der optischen Meß- und Kommunikationstechnik. In Erweiterung des Konzepts des Glauber-Zustandes führte H. P. Yuen 1976 [D-14] theoretisch einen Zustand mit Varianzwerten kleiner als $g^2$ ein. Yuen nahm an, daß ein solcher Zustand näherungsweise durch einen Zwei-Photonen-Laser realisiert werden könne. Wenn auch später nachgewiesen wurde [D-15], daß diese Realisierung wegen der Mitwirkung der atomaren Fluktuationen nicht zutreffen kann, so bietet doch der Yuen-Zustand immerhin die Möglichkeit, theoretische Untersuchungen des sogenannten idealen gequetschten Lichtes und Vergleiche mit dem ab Ende 1985 experimentell verifizierten gequetschten Licht durchführen zu können.

Während der Glauber-Zustand $|\alpha\rangle$ nach (16.44) ein rechtsseitiger Eigenzustand des Vernichtungsoperators $\hat{a}$ ist, führte Yuen einen Zustand $|\beta; \mu, \nu\rangle$ ein, der rechtsseitiger Eigenzustand eines Operators $\hat{b}$ ist, welcher aus einer linearen Kombination von $\hat{a}$ und $\hat{a}^+$ besteht. Es gilt

$$\hat{b}\,|\beta; \mu, \nu\rangle = \beta\,|\beta; \mu, \nu\rangle \quad \text{mit} \quad \hat{b} = \mu\hat{a} + \nu\hat{a}^+, \tag{16.93}$$

wobei $\beta$ der komplexe Eigenwert ist und die komplexen Zahlen $\mu$ und $\nu$ die Beziehung $|\mu|^2 = 1 + |\nu|^2$ erfüllen sollen. Es folgt die Vertauschungsrelation $[\hat{b}, \hat{b}^+] = \hat{I}$. Wichtige Einsichten in den Yuen-Zustand kann man gewinnen, wenn man den Feldstärkeoperator so in Komponenten zerlegt, daß zwei Anteile mit einer Phasendifferenz von $\pi/2$ vorliegen. Mit der Transformation

$$\hat{a}_1 = (1/2)(\hat{a} + \hat{a}^+), \qquad \hat{a}_2 = (\mathrm{i}/2)(\hat{a}^+ - \hat{a}) \tag{16.94}$$

geht der aus 16.1 zu entnehmende Feldstärkeoperator für die betrachtete Mode über in

$$\hat{E}(\Phi) = -2g\,\hat{a}_1 \sin\Phi - 2g\,\hat{a}_2 \sin(\Phi + \pi/2), \tag{16.95}$$

wobei die Phase $\Phi = qr - \omega t$ ist. $\hat{a}_1$ wird „in-Phase"-Operator, $\hat{a}_2$ wird „außer-Phase"-Operator genannt; die Varianzen dieser Operatoren im Glauber-Zustand sind

$$\langle[\Delta a_1]^2\rangle_{\mathrm{Gl}} = \langle[\Delta a_2]^2\rangle_{\mathrm{Gl}} = 1/4, \tag{16.96}$$

also gleich groß. Wenn man zur vereinfachenden Betrachtung die Phasen von $\mu$

und $\nu$ gleichsetzt, erhält man dagegen für den Yuen-Zustand

$$\begin{aligned} \langle[\Delta\hat{a}_1]^2\rangle_Y &= (1/4)\cdot[1-2\,|\nu|(|\mu|-|\nu|)],\\ \langle[\Delta\hat{a}_2]^2\rangle_Y &= (1/4)\cdot[1+2\,|\nu|(|\mu|-|\nu|)]. \end{aligned} \tag{16.97}$$

Wenn $|\nu|>0$ ist, gibt es kleinere „in-Phase"-Schwankungen als beim Glauber-Zustand auf Kosten von größeren „außer-Phase"-Schwankungen als beim Glauber-Zustand. Diese Eigenschaft führt zur Benennung „gequetschtes Licht". Es sei angemerkt, daß mittels phasenempfindlicher Verstärkungs- und Abschwächungseffekte der Nichtlinearen Optik eine Trennung der „in-Phase"-Komponente von der „außer-Phase"-Komponente relativ einfach zu bewerkstelligen ist, so daß man die Komponente mit der kleinen Feldstärkeschwankung hervorheben kann.

Die volle Ausnutzung der spezifischen Eigenschaften des gequetschten Lichtes verlangt die Kenntnis seines räumlich-zeitlichen Verhaltens [D-16]. Für einen Yuen-Zustand ergibt sich die Varianz der Feldstärke zu

$$\langle[\Delta\hat{E}(\Phi)]^2\rangle_Y = g^2\{1+2\,|\nu|^2+2\,|\nu|\,|\mu|\cos[2\Phi+\varphi_\nu-\varphi_\mu]\}. \tag{16.98}$$

Wichtige Züge des gequetschten Lichtes können durch Betrachtung des räumlichen Verhaltens zu einem festen Zeitpunkt, etwa $t=0$, herausgestellt werden – siehe Abb. 16.4. $\langle[\Delta\hat{E}(r)]^2\rangle$ ist kleiner als $g^2$, wenn $|\nu|+|\mu|\cos[2qr+\varphi_\nu-\varphi_\mu]$ kleiner als Null ist. Bei $[2qr+\varphi_\nu-\varphi_\mu]=\pi$ liegt das Minimum $g^2(|\mu|-|\nu|)^2$ der Varianz der Feldstärke. Dieser Ausdruck nimmt gemäß $g^2/4\,|\nu|^2$ mit wachsendem „Quetschungsparameter" $|\nu|$ asymptotisch gegen Null ab. Gleichzeitig mit dieser *Abnahme* des Minimalwertes der Varianz $\langle[\Delta\hat{E}(\Phi)]^2\rangle_Y$ nimmt auch die Breite desjenigen $r$-Intervalls ab, in dem ein Quetschungseffekt (Varianz $<g^2$) stattfindet (siehe Abb. 16.4).

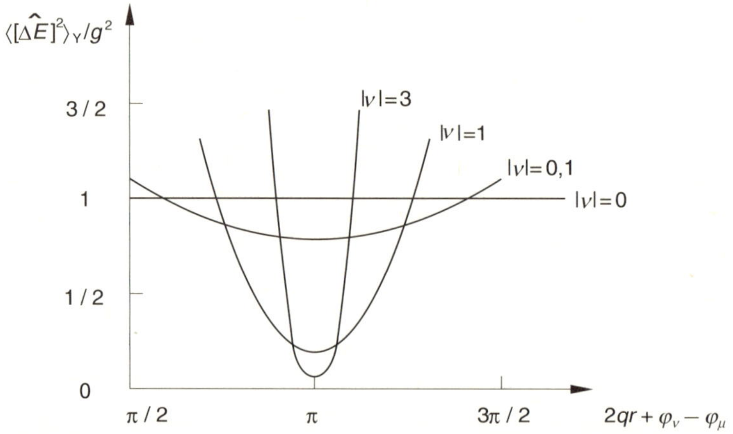


**Abb. 16.4**
Reduzierte Feldstärkevarianz in Abhängigkeit von der Ortskoordinate bei verschiedenen Quetschungsparametern $|\nu|$

Das Charakteristikum des gequetschten Lichtes, $\langle[\widehat{\Delta E}]^2\rangle < g^2$, ist eines von den Attributen des Nichtklassischen Lichtes; auf dieses werden wir erst in 18.6.3 näher eingehen können.

Von der erfolgreichen Erzeugung gequetschten Lichtes wurde erstmals von SLUSHER und Mitarbeitern [D-17] Ende 1985 berichtet; sie erfolgte auf der Basis nichtentarteter Vier-Wellen-Mischung. Auf weitere Aspekte dazu wird im Abschnitt 18.6.3 bei Nichtklassischem Licht eingegangen.

*Kontrollfragen:*

1. Wie lautet der Hamilton-Operator des isolierten Strahlungsfeldes bei einer Zerlegung nach fortschreitenden ebenen Wellen?
2. Welchen Vertauschungsrelationen gehorchen die Erzeugungs- und Vernichtungsoperatoren für Photonen?
3. Wie läßt sich ein allgemeiner Zustand des Strahlungsfeldes darstellen?
4. Wie ist das mittlere Schwankungsquadrat der Feldstärke bei einem Zustand fester Photonenzahl zu interpretieren?
5. Welche raum-zeitlichen Verknüpfungen bestehen zwischen den Feldoperatoren?
6. Wie sind normalgeordnete quantentheoretische Korrelationsfunktionen definiert, welche Rolle spielen sie bei der Definition der Kohärenz?
7. Welche Eigenschaften hat das Strahlungsfeld im Glauber-Zustand?
8. Wie lautet der Wechselwirkungsoperator in Dipolnäherung, unter welchen Bedingungen kann er verwendet werden?
9. Welchen Spin hat das Photon?
10. Wodurch ist gequetschtes Licht definiert?

# 17 Systeme mit Positronen, Müonen und Nukleonen

In den bisherigen Kapiteln des vorliegenden Komplexes D wurden die Grundlagen der Quantentheorie aus den Komplexen B und C auf die Behandlungen von Einzelteilchen (insbesondere Elektronen) unter dem Einfluß äußerer Felder, auf die Wechselwirkung von Atomkernen und Elektronen in atomaren Systemen (Atomen, Molekülen, Festkörpern) sowie auf Photonen erfolgreich angewendet. Es zeigte sich, daß diese Grundlagen auch für die Beschreibung von uneigentlichen Teilchen (Quasiteilchen) – vgl. 15.1.3 – verwendet werden können. Im vorliegenden Kapitel wird gezeigt werden, daß sich die genannten Grundlagen der Quantentheorie auch auf weitere Teilchen bzw. Systeme ohne grundsätzliche Abänderungen oder Erweiterungen anwenden lassen. Dafür wollen wir im folgenden repräsentative Beispiele nennen bzw. behandeln.

Ein Elektron kann mit einem *Positron*, einem Teilchen mit gleicher Masse, gleichem Spin und entgegengesetzter Ladung, zeitweilig einen gebundenen Zustand eingehen, den man das *Positronium* nennt. Dessen Hamilton-Operator kann durch Einführung der Relativkoordinate $\boldsymbol{r}=\boldsymbol{r}_1-\boldsymbol{r}_2$ der beiden Teilchen in einen Ein-Teilchen-Hamilton-Operator, der dem des Wasserstoff-Atoms mit festgeheftetem Kern entspricht, übergeführt werden (allerdings ist die Elektronenmasse $m$ in der kinetischen Energie durch die reduzierte Masse $m^2/2m=m/2$ zu ersetzen). Deshalb liegt in der nichtrelativistischen Näherung ein wasserstoffähnliches Energieniveauschema vor: in dem Ausdruck (5.152) für die Energieeigenwerte sind $m$ durch $m/2$ und $Z$ durch 1 zu ersetzen. Die Feinstruktur der Niveaus wird durch zusätzliche relativistische und spinabhängige Terme im Hamilton-Operator gegeben, wie sie aus 15.3 hervorgehen; dazu ist allerdings zu bemerken, daß dieser Anteil der spezifischen Austauschwechselwirkung zwischen Elektron und Positron Rechnung tragen muß, die anders als die zwischen zwei Elektronen – vgl. 21.2, und 21.3 – ist [D-18]. Der Hamilton-Operator kommutiert mit dem Quadrat $\hat{Q}_S$ des Gesamtspins $\hat{\boldsymbol{S}}=\hat{\boldsymbol{S}}_1+\hat{\boldsymbol{S}}_2$. Da beide Teilchen den Spin $s=1/2$ besitzen, gibt es wie bei den 2-Elektronen-Systemen Singlett-Zustände ($S=0$) und Triplett-Zustände ($S=1$) – vgl. 15.2. Das Positronium hat nur eine endliche Lebensdauer, es zerfällt in Photonen. Wegen des Drehimpuls-Erhaltungssatzes zerfallen Zustände mit $S=0$ in 2 Photonen, Zustände mit $S=1$ in 3 Photonen (zum Photonenspin vgl. 16.1 und Erläuterungen zu (26.122)); die Größenordnung für die Lebensdauern liegen im ersteren Fall bei $10^{-10}$ s, im letzteren bei $10^{-7}$ s.

In 17.1 werden die *Müonen-Atome* (bei denen ein Elektron der Hülle durch ein Müon ersetzt wird) behandelt. Selbstverständlich müssen dabei die spezifischen Eigenschaften der mitwirkenden Teilchen sowie der spezifische Wechselwirkungsmechanismus in dem jeweils zugrunde zu legenden Hamilton-Operator einbezogen werden. Beim Müon macht sich gegenüber dem Elektron besonders die stark vergrößerte Ruhmasse bemerkbar; es wird sich zeigen, daß dadurch auch vom Modell eines punktförmigen Atomkerns abgegangen werden muß.

Wie das Positronium sind auch die Müonen-Atome instabil. Die Grundlagen aus B und C gestatten zwar innerhalb der Lebensdauer Aussagen über die Zustände der genannten Systeme; der Prozeß des Zerfalls – etwa durch Angabe von Umwandlungsraten in andere Teilchen – kann damit im einzelnen jedoch nicht beschrieben werden. Die Möglichkeiten, die hierzu die Quantenfeldtheorie bzw. die Quantenelektrodynamik bieten, werden in 26.4.3.1 skizziert.

Was die *Nukleonen-Verbände der Atomkerne* betrifft, so sollte man nach den entsprechenden Betrachtungen im atomaren Bereich erwarten, daß ein Zwei-Nukleonen-System (wie etwa das Deuteron) ein einfaches Beispiel für die Anwendung der quantentheoretischen Grundlagen sei. Dies ist aber insbesondere deshalb nicht der Fall, weil der die Anziehung repräsentierende Teil des Wechselwirkungsterms von sehr komplizierter Struktur ist und qualitativ neue Elemente gegenüber den bisher betrachteten enthält, was in 17.2 und 26.4.3.2 skizziert wird. Eine geeignete Mittelung über diese Nukleonen-Wechselwirkung bei einem *Kern mit größerer Nukleonenzahl* führt zu einem brauchbaren effektiven Kernpotential; dabei erfolgt die Mittelung im allgemeinen im Zusammenhang mit empirischen Befunden. Ein solches effektives Kernpotential kann man sowohl zur näherungsweisen Darstellung der Energiezustände eines Kerns – vgl. 17.2 – als auch zur Beschreibung der Streuung von $\alpha$-Teilchen und bestimmten Elementarteilchen an Kernen verwenden.

## 17.1 Müonen-Atome

Die Müonen $\mu^-$ und $\mu^+$ gehören wie Elektron und Positron zur Gruppe der Leptonen. Sie wurden 1937 von S. H. Neddermeyer und C. D. Anderson bei der Analyse der sogenannten kosmischen Strahlung entdeckt. Das $\mu^-$-Teilchen hat die gleiche Ladung $(-e)$ und den gleichen Spin $(s=1/2)$ wie das Elektron, aber das Verhältnis $\sigma$ von Müonen- zu Elektronenmasse ist etwa 207. Dieses Müon ist instabil, es zerfällt nach etwa $2\,\mu$s in 1 Elektron und 2 Neutrinos.

Bei der Aufstellung des Hamilton-Operators für ein Müon, das sich in Wechselwirkung mit einem Atomkern $(Ze)$ befindet, wollen wir zunächst von den relativistischen und spinabhängigen Korrekturen absehen (auf deren Beiträge werden wir weiter unten zu sprechen kommen) und nur den elektrostatischen Term mitnehmen. In Ortsdarstellung wird als Hamilton-Operator

$$H(\boldsymbol{r}) = -\frac{\hbar^2}{2m_\mu}\triangle_{\boldsymbol{r}} - f(r) \tag{17.1}$$

angesetzt, wobei $m_\mu$ die Müonenmasse ist. Für $r$-Werte, die größer als der Kernradius $R$ sind, gilt $f(r)=Ze^2/4\pi\varepsilon_0 r$, da in diesem Raumbereich das Coulomb-Potential der Elektrostatik vorliegen soll. Im Kernbereich $(r \lesssim R)$ ist infolge der Wirkung der (ausgedehnten) Ladung auf das Müon $f(r) \neq Ze^2/4\pi\varepsilon_0 r$ anzusetzen. Der Kernradius kann mit $R=R_0 \cdot A^{1/3}$ angegeben werden, wobei $A$ die Massenzahl ist; der $A$-unabhängige Faktor $R_0$ hängt von dem Bestimmungsverfahren ab – ein Wert von $1{,}3 \cdot 10^{-15}$ m ist als angemessen zu betrachten.

Wir stellen eine Abschätzung für das Verhalten des Müons auf der innersten Schale an. Wenn das „reine“ Coulomb-Problem mit $f(r)=Ze^2/4\pi\varepsilon_0 r$ für alle $r$ vorläge, wäre die radiale Dichte der Aufenthaltswahrscheinlichkeit $\varkappa(r)=4\pi r^2|\psi_{1s}(r)|^2$ für die 1s-Funktion ($n=1$) nach (5.158) durch

$$\varkappa(r)=(a_0/Z\sigma)^{-3}\cdot 4r^2\exp[-2r/(a_0/Z\sigma)] \tag{17.2}$$

gegeben. An die Stelle des Bohrschen Wasserstoffradius $a_0$ ($\approx 5{,}3\cdot 10^{-11}$ m) tritt also beim Müon-Atom als Bahnradius $a_0/Z\sigma$; schon für Kerne mit relativ niedriger Kernladungszahl ($Z\approx 20$) führt das auf einen Wert von etwa $10^{-14}$ m. Das bedeutet aber, daß ein beträchtlicher Anteil der Aufenthaltswahrscheinlichkeit innerhalb des Kernes liegt, da für $Z\approx 20$ der Kernradius $R\approx 4\cdot 10^{-15}$ m ist. Bei größeren Kernladungszahlen wird dieses Verhalten noch deutlicher. Durch spektroskopische Beobachtungen an Müonen-Atomen sollte man also Aussagen über die Funktion $f(r)$ für $r\lesssim R$ erhalten, wenn bei den Übergängen ein Müonen-Zustand der innersten Schale beteiligt ist.

Bei Übergängen des Müons zwischen dem 2p-Zustand ($n=2$, $l=1$) und dem 1s-Zustand wird Strahlung beobachtet, die größenordnungsmäßig im MeV-Bereich liegt – vgl. Tabelle 17.1, 5. Spalte [D-19, 20]. Zur Deutung dieser empirischen Befunde werden zwei verschiedene Modelle herangezogen, die dem Charakter von $f(r)$ klären sollen. Zunächst gehen wir von dem *punktförmigen* Kern aus (Modell $R=0$). Wir können dann direkt das Resultat für das Wasserstoff-Atom aus (5.152) benutzen. Für die Energie-Eigenwerte $E_{1s}$, $E_{2p}$ der Müonen-Atome ergeben sich unabhängig von $Z$ die in der ersten Zeile von Tabelle 17.1 angegebenen Resultate; dabei wurde auf die Größe $\hbar^2 Z^2\sigma/2ma_0{}^2$ bezogen, um den Vergleich mit dem zweiten Modell ($R$, real) zu erleichtern. Bei diesem wird angenommen, daß sich das Müon für $0<r<R$ in einem *elektrostatischen Potential* bewegt, das durch die von $Z$ Protonen herrührende Ladungsdichte bedingt sei, die im Kern als konstant, außerhalb als Null angenommen wird. Nach den Regeln der Elektrostatik für eine homogen geladene Kugel ist also anzusetzen

$$f(r)=\begin{cases}\dfrac{Ze^2}{8\pi\varepsilon_0 R^3}(3R^2-r^2) & \text{für } r<R\\ Ze^2/4\pi\varepsilon_0 r & \text{für } r\geqq R.\end{cases} \tag{17.3}$$

**Tabelle 17.1**
Energie-Eigenwerte und Übergangsenergien bei Müonen-Atomen ($Z$ Kernladungszahl, $R$ Kernradius, $\sigma=m_\mu/m_e$)

| $Z$ | $\dfrac{R}{10^{-15}\,\text{m}}$ | $E_{1s}\Big/\dfrac{\hbar^2 Z^2\sigma}{2ma_0^2}$ | $E_{2p}\Big/\dfrac{\hbar^2 Z^2\sigma}{2ma_0^2}$ | $\dfrac{(\Delta E_{2p-1s})_{beob}}{\text{MeV}}$ | $\dfrac{(\Delta E_{2p-1s})_{R=0}}{\text{MeV}}$ | $\dfrac{(\Delta E_{2p-1s})_{R,real}}{\text{MeV}}$ |
|---|---|---|---|---|---|---|
| beliebig | 0 | −1 | −0,25 | | | |
| 22 | 4,7 | −0,92 | −0,248 | 0,96 | 1,02 | 0,91 |
| 51 | 6,5 | −0,71 | −0,24 | 3,50 | 6,50 | 3,45 |
| 82 | 7,7 | −0,53 | −0,23 | 6,02 | 14,21 | 5,68 |

Vom Hamilton-Operator (17.1) wurden mittels numerischer Rechnungen die Energie-Eigenwerte für verschiedene $Z$ bestimmt – vgl. Tabelle 17.1, 3. und 4. Spalte. Die relativen Werte – bezogen auf $\hbar^2 Z^2 \sigma/2ma_0{}^2$ – lassen den Einfluß des ausgedehnten Kernes deutlich erkennen. Bei größerem Radius befindet sich das Müon im Mittel in einem weniger stark anziehenden Feld, was zu einer Erhöhung der relativen Energie-Eigenwerte führt. Dieser Effekt ist – wegen des Unterschiedes der Symmetrieeigenschaften vom 1s- und 2p-Zustand – beim 1s-Zustand wesentlich stärker ausgeprägt. Aus dem Resultat bei $Z=82$ kann man schließen, daß im 1s-Zustand das Müon eine beträchtliche Aufenthaltswahrscheinlichkeit im Kern hat. Weiterhin sind in Tabelle 17.1 die berechneten Übergangsenergien für die zwei Modelle $R=0$ und „reale" $R>0$ angegeben; beim Vergleich mit den beobachteten Werten wird deutlich, daß für größere $Z$ nur das zweite Modell einer für $r<R$ *verschmierten Ladungsverteilung* zutreffen kann. Eine weitere Verbesserung der Resultate würde erzielt, wenn man die in (14.48), (14.49), (14.50) angegebenen relativistischen Korrekturen in (17.1) berücksichtigen würde; man würde dann auch im 2p-Zustand zwischen den Energie-Eigenwerten für $j=3/2$ und $j=1/2$ zu unterscheiden haben. Eine theoretische Abschätzung ergibt, daß diese relativistischen Korrekturen selbst bei $Z=82$ keine größeren Beiträge als 10 % liefern. Der Einfluß der übrigen Ladungsträger des Müon-Atoms, nämlich der Elektronen, spielt eine untergeordnete Rolle.

Insgesamt ergibt sich: Die Müonen-Atome können in guter Näherung nichtrelativistisch behandelt werden; für größere $Z$ dringt das Müon insbesondere im 1s-Zustand stark in den Kern ein, in dem wegen der Protonen eine verschmierte Ladungsverteilung wirkt. Daß solche Zustände existieren und in guter Näherung allein mit einem *elektrostatischen Potentialansatz* für die Wechselwirkung zwischen geladenen Teilchen beschrieben werden können, weist aus, daß beim Müon eine andersartige Wechselwirkung mit den Nukleonen nicht ins Gewicht fallen kann (solche möglichen anderen Wechselwirkungen sind in 26.4.4 angeführt). Dieser Sachverhalt wird auch dadurch bestätigt, daß die Lebensdauer eines Müonen-Atoms ungefähr der des freien Müons entspricht.

## 17.2 Schalenmodell der Atomkerne

Wegen der Existenz *stabiler* Atomkerne müssen außer der elektrostatischen Abstoßung zwischen den positiv geladenen Nukleonen (den Protonen) noch stärkere anziehende Kräfte zwischen den Nukleonen bestehen. Experimentelle Aussagen über eine solche Nukleon-Nukleon-Kraft kann man aus der Winkelverteilung der Streuung von Protonen an Neutronen, Protonen an Protonen und Neutronen an Neutronen gewinnen. Die Funktion $U(r)$ dieser Wechselwirkungsenergie zeigt etwa folgendes Verhalten: Bei einem Abstand $r_0 \approx 0{,}6 \cdot 10^{-15}$ m liegt das Minimum von etwa $-50$ MeV. Bei größer werdendem $r$ erfolgt ein Anstieg gegen $U=0$; für $r \gtrsim 2{,}5 \times 10^{-15}$ m verschwinden die anziehenden Kräfte. Im eigentlichen Wirkungsbereich der anziehenden Kräfte spielen die abstoßenden elektrostatischen Kräfte keine merkliche Rolle, sie betragen beispielsweise bei $r \approx 1{,}4 \cdot 10^{-15}$ m weniger als 5 %. Ein steiler Anstieg der Wechselwirkungsenergie für $r<r_0$ zu positiven $U$-Wer-

ten weist auf einen „harten Kern" der Nukleonen hin; bei Beschuß von Nukleonen mit sehr energiereichen Elektronen lassen sich weitergehende Einsichten in die Struktur der Nukleonen (wie die räumliche Ladungsverteilung) gewinnen.

Auf der Basis quantenfeldtheoretischer Überlegungen – vgl. 26.4.1.1 – hat H. YUKAWA 1935 als radialsymmetrischen Anteil der Wechselwirkungsenergie zweier Nukleonen einen Ausdruck der Form

$$U_\mathrm{Y}(r) = -\frac{G_0{}^2}{4\pi}\,\frac{\mathrm{e}^{-r/b}}{r} \tag{17.4}$$

angegeben; dabei ist die „Reichweite" $b \approx 1{,}4 \cdot 10^{-15}$ m. Der Ausdruck (17.4) wurde aus theoretischen Überlegungen gewonnen, welche die räumliche Struktur der Nukleonen unberücksichtigt lassen; er ist geeignet, die anziehenden Kräfte semiquantitativ wiederzugeben. Ein Vergleich von (17.4) mit der Coulombschen Wechselwirkungsenergie

$$U_\mathrm{C}(r) = -\frac{e^2}{4\pi\varepsilon_0}\cdot\frac{1}{r} \tag{17.5}$$

zwischen einem Proton und einem Elektron (wobei auch hier die Struktur der beiden Elementarteilchen unberücksichtigt bleibt) zeigt zwei wesentliche Unterschiede: Der Exponentialfaktor in (17.4) gibt die kurze Reichweite gegenüber den elektrostatischen Kräften wieder. Der die Stärke einer Quelle widerspiegelnde Faktor $G_0$ übersteigt $e/\sqrt{\varepsilon_0}$ mindestens um eine Größenordnung – vgl. 26.4.4. In der Sprechweise von 26.4.4 heißt das, daß eine „starke Wechselwirkung" im System Nukleon–Nukleon ausgeübt wird, während die „elektromagnetische Wechselwirkung" von Proton–Elektron schwächer ist. Obwohl die adäquate Beschreibung der Nukleon-Nukleon-Kraft auch heute noch nicht als abgeschlossen gelten kann, wurde die Yukawasche Theorie doch wesentlich erweitert: so wurden ein sogenannter Isospin im Zusammenhang mit den verschiedenen Ladungszuständen des Nukleons (Proton oder Neutron), Austauschoperatoren für Spin und Ort der Nukleonen und eine Tensorkraft (Abweichung von der Zentralkraft) eingeführt. Immerhin lassen sich mit dem Ausdruck (17.4) – den man im Rahmen dieser Erweiterung als Wigner-Potentialanteil bezeichnet – semiquantitativ die *Radialanteile $R_L(r)$ der Wellenfunktion für das Deuteron* aus

$$\left\{-\frac{\hbar^2}{2(M/2)}\frac{1}{r^2}\frac{\mathrm{d}}{\mathrm{d}r}\left(r^2\frac{\mathrm{d}}{\mathrm{d}r}\right)+\frac{L(L+1)\hbar^2}{2(M/2)r^2}+U_\mathrm{Y}(r)\right\}R_L(r)=E_L R_L(r) \tag{17.6}$$

bestimmen. $M$ ist dabei die Masse eines Nukleons. Durch Einführung von Relativkoordinaten wurde das Zwei-Teilchen-Problem wie in 15.1.1 auf ein Ein-Teilchen-Problem reduziert. Unter Berücksichtigung, daß $M/2$ als reduzierte Masse anzusehen ist, entspricht (17.6) genau der Gleichung (14.20), wie wir sie für das allgemeine Zentralkraftfeld abgeleitet hatten. $L$ ist die Quantenzahl des Bahndrehimpulses. Es sei angemerkt, daß die Lösung von (17.6) zeigt, daß es nur wenige angeregte Zustände des Deuterons gibt – und nicht die langen Serien von Termen wie bei den Elektronen in der Atomhülle; dies stimmt qualitativ mit den empirischen Befunden überein.

Zur Erklärung von Kerneigenschaften hat sich als Näherung das sogenannte *Schalenmodell des Atomkerns* als sehr brauchbar erwiesen, bei dem man den Zustand des gesamten Kerns durch die Zustände der einzelnen Nukleonen beschreibt, die man sich als voneinander entkoppelt in einem *effektiven Feld* vorstellt, das jeweils von den anderen Nukleonen hervorgerufen wird. Gegenüber dem analogen Vorgehen bei der Elektronenhülle der Atome besteht beim Kern ein wesentlicher Unterschied. Das effektive Potential für ein Hüllenelektron wird entscheidend vom anziehenden Anteil des wegen der großen Masse gegenüber den Elektronen relativ trägen Kerns bzw. Atomrumpfes geprägt, und die abstoßende Wechselwirkung mit den übrigen Elektronen kann schon in guter Näherung störungsmäßig betrachtet werden. Für ein Nukleon im Kern gibt es dagegen kein solches, das Potential bestimmendes Zentrum, sondern der Hauptbestandteil des effektiven Potentials entsteht durch das gemeinsame Einwirken aller anderen Nukleonen auf das herausgegriffene Nukleon. Wie der Vergleich zwischen Theorie und experimentellen Fakten zeigt, ist das effektive Potential für ein Nukleon kugelsymmetrisch. Deshalb kann man die Ein-Nukleon-Zustände durch die Bahndrehimpulsquantenzahl $l$ bzw. bei Berücksichtigung des Spins durch die Gesamtdrehimpulsquantenzahl $j$ kennzeichnen. Für die Nukleonen im Kern spielt die Spin-Bahn-Kopplung eine wesentlich größere Rolle als für die Elektronen der Hülle. Für mittlere und schwere Kerne hat man beim Übergang von der Ein-Nukleon-Näherung zum stärker gekoppelten Nukleonensystem die $(j$-$j)$-Kopplung der Drehimpulse $j$ zum Gesamtdrehimpuls $J$ anzuwenden – vergleiche die entsprechenden Überlegungen zur Beschreibung der Zustände der Elektronenhülle in Abschnitt 15.5.

Je nach der angestrebten Genauigkeit werden verschiedene Ansätze für die Funktion der potentiellen Energie eines Nukleons im Kern verwendet, die Parameter enthalten, die auf Grund von experimentellen Daten angepaßt werden. In den meisten Fällen ist man auf Computer-Rechnungen angewiesen. Wir wollen hier nur auf einen einfachen Fall eingehen; er ist leicht behandelbar, schließt an früher schon betrachtete bzw. nachfolgende Beispiele – kugelsymmetrisches Ein-Teilchen-Problem (siehe 5.4.5.1) und Spin-Bahn-Kopplung (siehe 20.3.4) – an und läßt wesentliche Schlußfolgerungen zu. Wir betrachten das *Modell des unendlich tiefen, kugelsymmetrischen Potentialtopfes* mit der radialen Ausdehnung $a$, in dem das Nukleon der Masse $m_N$ die potentielle Energie

$$U_N(r) = \begin{cases} 0 & \text{für } r \leqq a \\ \infty & \text{für } r > a \end{cases} \tag{17.7a}$$

besitzt. Aus der Energie-Eigenwertgleichung

$$\left\{ -\frac{\hbar^2}{2m_N} \triangle_r + U_N(r) \right\} \chi(\boldsymbol{r}) = E\, \chi(\boldsymbol{r}) \tag{17.7b}$$

in Ortsdarstellung – vgl. auch 5.4.5.1 – ergeben sich nach der Separation von Radial- und Winkelanteil von $\chi(\boldsymbol{r})$ in Kugelkoordinaten gemäß

$$\chi_{k,l,m_l}(r, \vartheta, \varphi) = R_l(kr)\, Y_l^{m_l}(\vartheta, \varphi) \tag{17.8}$$

die Eigenwerte

$$E_k = \frac{\hbar^2 k^2}{2 m_N} \tag{17.9}$$

aus der Gleichung für die $R_l(kr)$

$$\left\{ -\frac{\hbar^2}{2m_N} \frac{1}{r^2} \frac{d}{dr} \left( r^2 \frac{d}{dr} \right) + U_N(r) + \frac{\hbar^2 l(l+1)}{2 m_N r^2} \right\} R_l(kr) = E_k \, R_l(kr). \tag{17.10}$$

Die Funktionen $R_l$ sind wegen (17.7a) sphärische Bessel-Funktionen $j_l(kr)$, aus deren Nullstellen $b_{nl}$ sich wegen der Randbedingung

$$j_l(ka) = 0 \tag{17.11}$$

und wegen $k = \frac{b_{nl}}{a}$ die Energie-Eigenwerte

$$E_{nl} = \frac{\hbar^2 b_{nl}^2}{2 m_N a^2} \tag{17.12}$$

ableiten, wobei $n = 1, 2, 3, \ldots$ gilt. Die Reihenfolge der Energieniveaus ist durch die Lage der Nullstellen $b_{nl}$ gegeben:

| | 1s | 1p | 1d | 2s | 1f | 2p | ... |
|---|---|---|---|---|---|---|---|
| $b_{nl}$ | 3,142 | 4,493 | 5,763 | 6,283 | 6,989 | 7,725 | ... |

Die Spin-Bahn-Kopplung eines Nukleons (Proton und Neutron besitzen beide den Spin $s = 1/2$) kann in Analogie zu (14.53), wobei

$$v(\hat{r}) \sim [1/(2 m_N{}^2 c^2)] \{(1/\hat{r}) [d\, V(\hat{r})/d\hat{r}]\}$$

zu setzen ist, durch

$$\hat{H}_{SB} = v(\hat{r}) \hat{\boldsymbol{S}} \hat{\boldsymbol{M}} \tag{17.13}$$

beschrieben werden. Bei Hinzunahme von $\hat{H}_{SB}$ zum Hamilton-Operator in (17.7a, b) spaltet, wie in 20.3.4 störungstheoretisch gezeigt wird, jedes der $[2(2l+1)]$fach entarteten Niveaus (17.12) in zwei durch $j = l \pm \frac{1}{2}$ zu kennzeichnende Niveaus auf, die jeweils noch den Entartungsgrad $(2j+1) = 2(l+1)$ bzw. $2l$ besitzen. Nach (20.76) beträgt die durch (17.13) bedingte Niveauänderung

$$\Delta E_{n,l,j} = \begin{cases} -\frac{\hbar^2}{2} \bar{v} (l+1) & \text{für } j = l - \frac{1}{2} \\ \frac{\hbar^2}{2} \bar{v}\, l & \text{für } j = l + \frac{1}{2}, \end{cases} \tag{17.14}$$

wobei $\bar{v}$ den Mittelwert von $v(\hat{r})$ im Zustand $|n, l, j, m_j = j\rangle$ – vgl. auch (14.35) – darstellt. $v(\hat{r})$ ist durch das wirkliche Wechselwirkungspotential des Nukleons mit allen anderen Nukleonen (also nicht nur durch das Potential (17.7a)) bestimmt. Daher kann man $\bar{v}$ nicht ohne weiteres berechnen und muß es als experimentell zu bestimmenden Parameter ansehen; die Erfahrung zeigt, daß $\bar{v}\hbar^2/2$ ungefähr den Wert $-0{,}25$ MeV hat (es sei noch darauf aufmerksam gemacht, daß sich die Spin-Bahn-Kopplung der Nukleonen und der Elektronen auch im Vorzeichen von $\bar{v}$ unterscheiden). Die Reihenfolge der Ein-Nukleonen-Niveaus mit Berücksichtigung der Spin-Bahn-Kopplung ist:

$$1s_{1/2};\ 1p_{3/2},\ 1p_{1/2};\ 1d_{5/2};\ 2s_{1/2},\ 1d_{3/2};\ 1f_{7/2};\ 2p_{3/2},\ 1f_{5/2},\ 2p_{1/2},\ 1g_{9/2};\ 2d_{5/2},$$

$$1g_{7/2},\ 1h_{11/2},\ 2d_{3/2},\ 3s_{1/2};\ 2f_{7/2},\ 1h_{9/2},\ 2f_{5/2},\ 3p_{3/2},\ 1i_{13/2},\ 3p_{1/2};\ 1i_{11/2},\ \ldots .$$

Die Bezeichnung der Niveaus enthält die Nummer $n$ der Bessel-Funktionsnullstellen sowie die Drehimpulsquantenzahlen $l$ und $j = l \pm \frac{1}{2}$ in der Kombination $n\,l_j$, wie es für die Bezeichnung der Elektronenniveaus im Inneren der Hülle üblich ist (wobei $n$ dort die Hauptquantenzahl ist). Die Semikolons in der Niveauaufzählung geben die Abschlüsse der Nukleonenschalen im Kern an, worauf wir noch zu sprechen kommen. Der Abstand der Niveaus mit gleichem $n$, $l$ und unterschiedlichen $j = l \pm \frac{1}{2}$ beträgt

$$\Delta E_{nl,j=l-\frac{1}{2}} - \Delta E_{nl,j=l+\frac{1}{2}} = -\bar{v}\frac{\hbar^2}{2}(2l+1); \qquad (17.15)$$

die Aufspaltung nimmt also mit $l$ zu. Das Niveau mit größerem $j$ liegt tiefer, wie die Experimente beweisen (beim Ein-Elektron-Problem ist es umgekehrt).

Da die Nukleonen ebenfalls dem *Pauli-Prinzip* unterliegen – vgl. Hinweise auf das Pauli-Prinzip in der Elektronenhülle in 21.2, können sich in jedem der $(2j+1)$-fachen Niveaus mit bestimmtem $j$ höchstens $(2j+1)$ Nukleonen einer jeden Sorte (Protonen und Neutronen) aufhalten. Man kann durch die Angabe von $(n\,l_j)$ und der Besetzungszahl $k$ die Nukleonenkonfigurationen $(n\,l_j)^k$ definieren. Die experimentelle Erfahrung zeigt, daß sich bis zu den in der folgenden Tabelle angegebenen Zuständen bei maximal möglicher Besetzung Kerne mit abgeschlossenen Nukleonenschalen ergeben:

| Zustand des Schalenabschlusses | $1s_{1/2}$ | $1p_{1/2}$ | $1d_{5/2}$ | $1d_{3/2}$ | $1f_{7/2}$ | $1g_{9/2}$ | $3s_{1/2}$ | $3p_{1/2}$ |
|---|---|---|---|---|---|---|---|---|
| Gesamtzahl von Protonen oder Neutronen bis zum Schalenabschluß | 2 | 8 | 14 | 20 | 28 | 50 | 82 | 126 |

Diese Protonengesamtzahlen ($Z$) oder Neutronengesamtzahlen ($N$) werden als magische Zahlen („magic numbers") bezeichnet. Kerne mit solchen $Z$- und/oder $N$-Werten sind sehr stabil; sie gehen nur schwer Kernreaktionen ein. Sie entsprechen den Edelgasatomen, bei denen entsprechende Schalenabschlüsse in der Elektronenhülle auftreten. Die Bedeutung der magischen Zahlen spiegelt sich u.a. in folgenden experimentellen Tatsachen wider: Relativ stabile Kerne mit $Z = N = 2$ oder 8 oder 14 sind z.B. $^4$He, $^{16}$O, $^{28}$Si. Beim $\alpha$-Teilchen-Zerfall von $^{212}$Po und $^{213}$At ist die $\alpha$-Teilchen-Energie hoch, da die folgenden Tochterkerne mit $N = 126$ magisch sind und daher recht niedrige Energie haben. $N = 126$ macht auch die

$\alpha$-Stabilität von $^{209}$Bi verständlich. Sehr große Stabilität bezeugt auch die Tatsache, daß es kein radioaktives Pb-Isotop ($Z = 82$) gibt. Kerne mit magischer Neutronenzahl $N = 50, 82, 126$ besitzen kleine Neutronen-Einfang-Wirkungsquerschnitte; auch für die magischen Protonenzahlen $Z = 50$ (Sn) und $Z = 82$ (Pb) sind diese Einfang-Wirkungsquerschnitte wesentlich niedriger als für Nachbarkerne.

*Kontrollfragen:*

1. Was versteht man unter dem Positronium?
2. Worin äußert sich bei den Müonen-Atomen die Tatsache, daß sich das Müon im 1s-Zustand wesentlich innerhalb des ausgedehnten Kerns aufhält?
3. Was versteht man unter dem Schalenmodell der Atomkerne, und welche Bedeutung haben die „magischen Zahlen"?

# E Quantentheoretische Methoden und ihre Anwendungen. Erweiterung der Grundlagen

In dem vorangehenden Komplex D hatten wir für eine große Mannigfaltigkeit von Systemen – mit verschiedenartigen Teilchen und Wechselwirkungsmechanismen – durch Angabe des Hamilton-Operators die *Grundlage gelegt*, von der aus die Eigenschaften der Energie-Eigenlösungen sowie das zeitliche Verhalten mittels der quantentheoretischen Grundlagen aus Komplex C bestimmt werden konnte. Es war deutlich geworden, daß man zahlreiche Probleme nur einer Lösung zuführen kann, wenn man bestimmte *Näherungsverfahren* oder auf die jeweiligen Bedingungen zugeschnittene, *spezifische Konzeptionen* (Ansätze) verwendet, die im Komplex E erarbeitet werden sollen. Näherungsverfahren sind die zeitunabhängige Störungsrechnung im Kapitel 20 und die zeitabhängige Störungsrechnung im Kapitel 22. Die jeweiligen Anwendungen zeigen, daß damit wichtige Probleme erfolgreich angegriffen werden können; z.B. die Bestimmung der Energie-Eigenwerte und Zustände bei Molekülen und Festkörpern, die gegenseitige Beeinflussung von elektromagnetischer Strahlung und Materie. Spezifische Konzeptionen werden gebraucht bei der Behandlung von elastischen und unelastischen Streuprozessen im Kapitel 23, wo auch in die Methode der Wegintegral-Quantisierung eingeführt wird, sowie bei der Wechselwirkung von dynamischen mit dissipativen Systemen im Kapitel 25, mit der Dämpfungs-(Reibungs-) und Fluktuationserscheinungen quantentheoretisch verstanden werden können.

Manche Probleme erfordern zu ihrer Lösung oder zu einer hinreichend tiefen Durchdringung die *Erweiterung* der im Komplex C gegebenen Grundlagen, worauf wir ebenfalls in E eingehen wollen. Dazu gehört die Behandlung von „schwach präparierten" Systemen im Kapitel 18, d.h. Systemen im gemischten Zustand; diese Betrachtung bietet zugleich einen Zugang zur Quantenstatistik. Ferner sind hier einzuordnen: der Aspekt der Ununterscheidbarkeit vonTeilchen im Kapitel 21 und die Rolle der Symmetrieeigenschaften im Kapitel 19 bei der Formulierung grundlegender Beziehungen (und zugleich deren praktischer Auswertung). Die in 21.5 (aber auch schon in den Kapiteln 16 und 12) behandelte Besetzungszahldarstellung von Bosonen- und Fermionen-Systemen, die auch auf die Besetzung von Zuständen atomarer Systeme – siehe Kapitel 24 – übertragen werden kann, bildet eine Brücke zwischen der eigentlich quanten*mechanischen* und der quanten*feldtheoretischen* Beschreibung von „echten" Teilchen und Quasiteilchen.

Die Quantenfeldtheorie, die im Kapitel 26 dargestellt ist, hat (wie allgemein die Feldtheorie) den Vorteil, daß sie konsequent speziell-relativistisch formuliert werden kann, wohingegen es keine streng speziell-relativistische Mehr-Teilchen-Mechanik gibt. Ausgehend von einer relativistischen Quantenfeldtheorie ist man in der

Lage, systematisch und willkürfrei zur entsprechenden nichtrelativistischen Mehr-Teilchen-Quantenmechanik mit Korrekturgliedern überzugehen, die die relativistischen Einflüsse in vorgebbarer Näherung berücksichtigen. Quantenfeldtheoretisch ist es auch möglich, eine in weitem Umfang zutreffende Beschreibung der fundamentalen Wechselwirkungen der Elementarteilchen vorzunehmen.

# 18 Systeme im gemischten Zustand. Dichteoperator

Die im Komplex D angestellten Betrachtungen haben ausgewiesen, daß die in den Komplexen B und C formulierten Grundlagen für ein großes Spektrum verschiedenartiger physikalischer Systeme eine umfassende quantentheoretische Beschreibung ermöglichen. Wie wir im folgenden sehen werden, gibt es aber unter gewissen Bedingungen physikalische Systeme, zu deren Beschreibung sich eine Erweiterung dieser Grundlagen erforderlich macht; es sind dies physikalische Systeme im sogenannten *gemischten Zustand*, dessen Charakter wir zunächst qualitativ erläutern wollen.

Nach den im Komplex C dargestellten Grundlagen der Quantentheorie wird ein physikalisches System durch einen Zustandsvektor $|\psi\rangle$ beschrieben, der in dem in 10.2 erläuterten Sinne die maximale Information über das System enthält; es wurde postuliert, daß durch $|\psi\rangle$ das System für alle erzielbaren Meßresultate hinreichend vollständig beschrieben wird. Es taucht die Frage auf, ob es praktisch immer *möglich* ist, beliebige Systeme so zu präparieren, daß ihr Zustand vollständig festgelegt ist. Weiterhin ist zu fragen, ob es bei der Erklärung von empirischen Befunden immer *erforderlich* ist, von einem System den Zustand $|\psi\rangle$ zu kennen.

Wir erläutern das Problem zunächst am Beispiel einer makrophysikalischen Gasmenge, die aus einer großen Zahl von Atomen bestehen möge. Wenn wir eine hinreichend kleine Dichte voraussetzen, läßt sich der Zustand $|\psi\rangle$ der Gasmenge in guter Näherung mittels der Zustandsvektoren der einzelnen Atome beschreiben. Der Zustandsvektor des $j$-ten Atoms $|\varphi_j\rangle$ enthält alle Informationen, die man durch Messung über die Translationsbewegung dieses Atoms sowie über dessen Elektronenzustand gewinnen kann. Es ist aber praktisch außerordentlich schwierig oder mit einem nicht bewältigbar großen Aufwand verbunden, jedes der zur Gasmenge gehörigen Atome durch reale experimentelle Maßnahmen so zu präparieren, daß es in einen bestimmten Zustand $|\varphi_j\rangle$ gelangt, womit dann der Zustand $|\psi\rangle$ der Gasmenge festgelegt wäre. In vielen Fällen ist das auch nicht erforderlich. Diejenigen Angaben, die man über ein solches System wie die Gasmenge gewinnen will, zielen in der Regel auf makrophysikalisch verwendbare Größen wie den Druck, die elektrische Polarisation, die Gesamtenergie ab, von denen wir zunächst den Druck betrachten. Wenn man alle $|\varphi_j\rangle$ kennt, hat man hinreichende Information über die Translationsbewegung der Atome, um die zeitliche Impulsänderung pro Flächeneinheit – also den Druck – berechnen zu können. In gewisser Hinsicht hat man aber zuviel Information; für die Größe des Druckes kommt es nicht darauf an, *welches* der Atome in einem bestimmten Zustand ist – also einen bestimmten Impulsbeitrag liefert –, sondern *wieviele* der Atome einen bestimmten Impulsbeitrag liefern. Es gibt also eine größere Anzahl möglicher Zustände $|\psi\rangle$ der Gasmenge, die zum gleichen Druckwert führen; für die Praxis heißt das, daß man mit der Angabe der *relativen Häufigkeit möglicher Zustände* $|\psi\rangle$ über die Gasmenge auskommt. Analoges gilt auch für das Gesamtdipolmoment bezogen auf das Gasvolumen (also die elektrische Polarisation) und die Gesamtenergie.

Ein anderes Beispiel ist das elektromagnetische Strahlungsfeld in einem Hohlraum. Es soll sich im Temperaturgleichgewicht mit den Wänden befinden, deren Temperatur $T$ gegeben sei. Diese Präparation reicht nicht aus, um einen bestimmten Zustand $|\psi\rangle$ des Strahlungsfeldes – vgl. (16.29 b) – festzulegen; sie gestattet aber die Angabe von Wahrscheinlichkeiten für das Auftreten möglicher Zustände. Bei vielen wichtigen Anwendungen wird aber auch weiteres nicht gebraucht – ein Beispiel hierfür ist die *Plancksche Strahlungsformel*, die in 18.6.1 berechnet werden wird.

Die genannten Sachverhalte lassen sich durch Einführung eines gemischten Zustandes adäquat beschreiben.

## 18.1 Einführung und Grundeigenschaften des Dichteoperators

Das zu betrachtende physikalische System sei in dem eben beschriebenen Sinne schwach präpariert, so daß von ihm nicht der quantentheoretische Zustand festgelegt ist, sondern nur die Wahrscheinlichkeit $w_{|\psi\rangle}$ für das Auftreten *möglicher* Zustände $|\psi\rangle$ vorausgesetzt werden kann. Man sagt, daß sich das System in einem *gemischten Zustand* befindet, wenn mindestens zwei mögliche Zustände mit nichtverschwindender Wahrscheinlichkeit auftreten. $w_{|\psi\rangle}$ hat die üblichen Eigenschaften der Wahrscheinlichkeit, nämlich

$$0 \leqq w_{|\psi\rangle} \leqq 1, \qquad \sum_{|\psi\rangle} w_{|\psi\rangle} = 1. \tag{18.1}$$

Die Wahrscheinlichkeitsverteilung $w_{|\psi\rangle}$ ist – wie wir in 18.4.2 sehen werden – mit den aus Meßresultaten hervorgehenden Kenntnissen über das System verknüpft.

Zur Beschreibung eines Systems im gemischten Zustand kann man mit Vorteil die in der Statistik übliche Methode der Konzipierung eines *Ensembles* anwenden, dessen Eigenschaften das zu betrachtende, konkrete physikalische System charakterisieren sollen. Das Ensemble bestehe aus Einzelsystemen, die alle von gleicher Art wie das zu betrachtende physikalische System sind. Die Einzelsysteme befinden sich in verschiedenen Zuständen; die Wahrscheinlichkeit, ein Einzelsystem des Ensembles im Zustand $|\psi\rangle$ anzutreffen, ist $w_{|\psi\rangle}$. Einem im normierten Zustand $|\psi\rangle$ befindlichen Einzelsystem hat man nach (9.12) bezüglich einer beliebigen Observablen $\hat{L}$ den quantentheoretischen Erwartungswert $\langle\psi|\,\hat{L}\,|\psi\rangle$ zuzuordnen. Als *Ensemblemittelwert* für die verschiedenen Erwartungswerte erhält man

$$\widehat{\langle \hat{L}\rangle} = \sum_{|\psi\rangle} w_{|\psi\rangle}\, \langle\psi|\,\hat{L}\,|\psi\rangle. \tag{18.2}$$

Diese Größe hat als der arithmetische Mittelwert der Meßwerte bei Messung der Observablen $\hat{L}$ für das im gemischten Zustand befindliche physikalische System zu gelten, wie das die in diesem Kapitel diskutierten Aspekte und Schlußfolgerungen ausweisen. Man sieht, daß es sich um zwei Mittelungsmechanismen handelt, und zwar einen quantentheoretischen, der durch den quantentheoretischen arithmetischen Mittelwert (= Erwartungswert) $\langle\psi|\,\hat{L}\,|\psi\rangle$ ausgedrückt wird, und einen mit der Wahrscheinlichkeitsverteilung $w_{|\psi\rangle}$ verbundenen, der auf schwacher Präparation und damit mangelnder Information über das System beruht.

Durch die Beziehung (18.2) wird die maßgebliche physikalisch-relevante Größe ausgedrückt. Wir wollen diese jetzt mit dem *Dichteoperator* in Verbindung bringen, der in geschlossener Form das im gemischten Zustand befindliche physikalische System zu charakterisieren gestattet. Dazu benutzen wir die mathematische Aussage zur Spurbildung – vgl. (A 1.71), daß $\langle\psi|\,\hat{L}\,|\psi\rangle$ als

$$\langle\psi|\,\hat{L}\,|\psi\rangle = \mathrm{Sp}\,([|\psi\rangle\,\langle\psi|]\,\hat{L}) \tag{18.3}$$

geschrieben werden kann und die Beziehung (18.2) demzufolge als

$$\langle\tilde{\tilde{L}}\rangle = \mathrm{Sp}\,([\sum_{|\psi\rangle} w_{|\psi\rangle}\,|\psi\rangle\,\langle\psi|]\,\hat{L}). \tag{18.4}$$

Der Ensemblemittelwert der Meßwerte bei Messung der Observablen $\hat{L}$ hängt also neben dem Operator $\hat{L}$ von dem Operator in der eckigen Klammer

$$\hat{\varrho} = \sum_{|\psi\rangle} w_{|\psi\rangle}\,|\psi\rangle\,\langle\psi| \tag{18.5}$$

ab. Der Operator $\hat{\varrho}$ wird als *Dichteoperator* (oder auch als *statistischer Operator*) bezeichnet, er charakterisiert das im gemischten Zustand befindliche physikalische System. Im Spezialfall

$$w_{|\psi'\rangle} = \begin{cases} 1 & \text{für} \quad |\psi'\rangle = |\psi\rangle \\ 0 & \text{für alle anderen } |\psi'\rangle \end{cases} \tag{18.6}$$

sagt man, daß sich das System in einem *reinen Zustand* befindet, wo speziell $\hat{\varrho} = |\psi\rangle\,\langle\psi|$ gilt; das bedeutet, daß dann das System dieselben Eigenschaften erkennen läßt, als würde es mit dem Zustandsvektor $|\psi\rangle$ beschrieben. Wie in der Literatur üblich, werden wir im folgenden $\langle\tilde{\tilde{L}}\rangle$ mit $\langle\hat{L}\rangle$ bezeichnen.

Der Dichteoperator $\hat{\varrho}$ hat die folgenden allgemeinen Eigenschaften:

$$\hat{\varrho} = \hat{\varrho}^{+}\,; \tag{18.7}$$

die Hermitezität von $\hat{\varrho}$ folgt aus der von jedem einzelnen Summanden in (18.5).

$$\langle\chi|\,\hat{\varrho}\,|\chi\rangle \geqq 0 \tag{18.8}$$

für jeden beliebigen Zustand $|\chi\rangle$, weil jeder Summand $w_{|\psi\rangle}\,|\langle\psi|\chi\rangle|^2$ in $\langle\chi|\,\hat{\varrho}\,|\chi\rangle$ größer oder gleich Null ist.

$$\mathrm{Sp}\,\hat{\varrho} = 1\,; \tag{18.9}$$

wenn wir eine beliebige orthonormierte vollständige Basis $\{|\beta_j\rangle|\}$ zur Darstellung wählen, ist

$$\mathrm{Sp}\,\hat{\varrho} = \sum_j \langle\beta_j|\,\hat{\varrho}\,|\beta_j\rangle = \sum_{|\psi\rangle} w_{|\psi\rangle} \sum_j |\langle\beta_j|\psi\rangle|^2\,.$$

Da die Summe über $|\langle\beta_j|\psi\rangle|^2$ wegen Normierung von $|\psi\rangle$ gleich Eins ist und die Summe über die Wahrscheinlichkeiten $w_{|\psi\rangle}$ auch, folgt unmittelbar (18.9). Dies bedeutet auch, daß für die Diagonalelemente der Komponentenmatrix

$$0 \leqq \langle\beta_j|\,\hat{\varrho}\,|\beta_j\rangle \leqq 1 \tag{18.9a}$$

gilt.

## 18.2 Beschreibung physikalisch-relevanter Größen mit dem Dichteoperator

Weitergehende Einsichten über die Rolle des Dichteoperators im Rahmen der Quantentheorie lassen sich durch Diskussion seines Zusammenhanges mit physikalisch-relevanten Größen gewinnen.

Wir beginnen mit dem über das Ensemble gemittelten Meßwert bei Messung der Observablen $\hat{L}$; für diesen Mittelwert gilt sowohl im gemischten als auch im reinen Zustand – vgl. (18.4) und (18.2) –

$$\langle\hat{L}\rangle = \mathrm{Sp}\,(\hat{\varrho}\,\hat{L}). \tag{18.10}$$

Wir wollen die inhaltliche Bedeutung der in (18.2) ausgedrückten Mittelungsprozesse, die zu $\langle\hat{L}\rangle = \mathrm{Sp}\,(\hat{\varrho}\,\hat{L})$ führten, an einem durchsichtigen Beispiel erläutern. Dazu wird der Einfachheit halber vorausgesetzt, daß nur zwei Eigenzustände $|g_1\rangle$, $|g_2\rangle$ einer Observablen $\hat{G}$ mitspielen. Als erstes betrachten wir den Fall, daß ein reiner Zustand vorliegt. Alle Einzelsysteme des Ensembles befinden sich dann im gleichen Zustand $|\psi\rangle = \sqrt{w_1'}\,|g_1\rangle + \sqrt{w_2'}\,|g_2\rangle$, wobei $w_j' = |\langle g_j|\psi\rangle|^2$ die *quantentheoretische* Wahrscheinlichkeit ist, ein System nach der Messung im Zustand $|g_j\rangle$ anzutreffen. Der Dichteoperator ist in diesem ersten Fall

$$\hat{\varrho} = |\psi\rangle\,\langle\psi|.$$

Nun bilden wir den Ensemblemittelwert bei Messung einer Observablen $\hat{L}$; es ergibt sich

$$\mathrm{Sp}(\hat{\varrho}\,\hat{L}) = \langle g_1|\psi\rangle\,\langle\psi|\,\hat{L}\,|g_1\rangle + \langle g_2|\psi\rangle\,\langle\psi|\,\hat{L}\,|g_2\rangle.$$

Daraus folgt

$$\mathrm{Sp}(\hat{\varrho}\hat{L}) = w_1' L_{11} + w_2' L_{22} + \sqrt{w_1'}\,\sqrt{w_2'}\,(L_{12} + L_{21}) \quad \text{mit} \quad L_{jk} = \langle g_j|\,\hat{L}\,|g_k\rangle. \tag{18.11}$$

Beim zweiten Fall setzen wir voraus, daß sich die Einzelsysteme des Ensembles entweder im Zustand $|g_1\rangle$ oder in $|g_2\rangle$ befinden; die entsprechenden Wahrscheinlichkeiten seien $w_{|g_j\rangle} = w_j$. Dann ist das System in einem gemischten Zustand mit

$$\hat{\varrho} = w_1\,|g_1\rangle\,\langle g_1| + w_2\,|g_2\rangle\,\langle g_2|.$$

Für den Ensemblemittelwert bei Messung von $\hat{L}$ ergibt sich jetzt

$$\mathrm{Sp}(\hat{\varrho}\,\hat{L}) = w_1 L_{11} + w_2 L_{22}. \tag{18.12}$$

Durch Vergleich von (18.11) und (18.12) erkennt man den grundsätzlichen Unterschied der beiden Fälle. Im ersten Fall tritt mit dem letzten Summanden ein „Interferenzglied" auf; bei passenden Werten von $L_{12}$, $L_{21}$ kann der gesamte Mittelwert verschwinden, auch wenn $L_{11}$ und $L_{22}$ größer Null sind. Im zweiten Fall des gemischten Zustandes ist das nicht möglich. Das hängt damit zusammen, daß generell beim gemischten Zustand die Mittelung über das Ensemble an den Erwartungswerten $\langle\psi|\hat{L}|\psi\rangle$ – vgl. (18.2) – und nicht an den Zuständen $|\psi\rangle$ angreift. Der gemischte Zustand stellt ein inkohärentes statistisches Gemisch reiner Zustände $|\psi\rangle$ dar, die nicht untereinander interferieren.

Als spezielle Observable kann der Projektionsoperator

$$\hat{P}(l) = |l\rangle\langle l|$$

auftreten. Die Wahrscheinlichkeit, im Ensemble bei einer Messung von $\hat{L}$ den Meßwert $l$ zu finden, ist

$$w_l = \mathrm{Sp}(\hat{\varrho}\,\hat{P}(l)), \tag{18.13}$$

was man leicht in folgende Beziehung umformen kann:

$$w_l = \langle l|\,\hat{\varrho}\,|l\rangle. \tag{18.14}$$

Wenn die $|\psi\rangle$ in der Summe (18.5) alle orthogonal sind, was bisher nicht vorausgesetzt war, ist die Wahrscheinlichkeit, ein Einzelsystem im Zustand $|\psi\rangle$ vorzufinden,

$$w_{|\psi\rangle} = \langle\psi|\,\hat{\varrho}\,|\psi\rangle. \tag{18.15}$$

Bei der quantentheoretischen Beschreibung des Meßprozesses an einem Einzelsystem – vgl. 9.1 – spielte die mit dem Meßprozeß verbundene unstetige Zustandsänderung eine bedeutsame Rolle. Wir wollen jetzt erläutern, wie sich der Dichteoperator bei einer Messung verändert. Man kann dazu die in 9.1 dargestellten Resultate verwenden. Jeder Zustandsvektor $|\psi\rangle$ wird durch Messung der Observablen $\hat{L}$ in $\hat{P}(l)\,|\psi\rangle/\|\hat{P}(l)\,|\psi\rangle\|$ übergeführt, wenn ein Meßwert $l$ auftritt. Für ein Einzelsystem im Zustand $|\psi\rangle$ erfolgt dieser Übergang mit der Wahrscheinlichkeit $v_{l,|\psi\rangle} = \langle\psi|\,\hat{P}(l)\,|\psi\rangle$. Daraus berechnet sich die nach der Messung des Meßwertes $l$ vorliegende, geänderte Verteilung $w'_{|\psi\rangle}$ über die Zustände; $w'_{|\psi\rangle}$ ist proportional $w_{|\psi\rangle}\cdot v_{l,|\psi\rangle}$. Da $\sum_{|\psi\rangle} w'_{|\psi\rangle} = 1$ sein muß, folgt

$$w'_{|\psi\rangle} = w_{|\psi\rangle}\,\frac{\langle\psi|\,\hat{P}(l)\,|\psi\rangle}{\mathrm{Sp}[\hat{P}(l)\,\hat{\varrho}\,\hat{P}(l)]}. \tag{18.16}$$

Der Dichteoperator

$$\hat{\varrho} = \sum_{|\psi\rangle} w_{|\psi\rangle}\,|\psi\rangle\langle\psi|$$

geht also unter Berücksichtigung von $|\psi'\rangle = \hat{P}(l)\,|\psi\rangle/\sqrt{\langle\psi|\,\hat{P}(l)\,|\psi\rangle}$ bei Feststellung des Meßwertes $l$ in

$$\hat{\varrho}' = \sum_{|\psi\rangle} w'_{|\psi\rangle}\,|\psi'\rangle\langle\psi'| = \frac{\hat{P}(l)\,\hat{\varrho}\,\hat{P}(l)}{\mathrm{Sp}[\hat{P}(l)\,\hat{\varrho}\,\hat{P}(l)]} \tag{18.17a}$$

über. Der Nenner stellt den Normierungsfaktor dar; man erkennt sofort, daß $\mathrm{Sp}\,\hat{\varrho}' = 1$ ist. Wenn es sich bei den Meßwerten nicht um den Eigenwert $l$, sondern allgemeiner um die Meßanzeige aus dem Unterraum $\mathcal{S}$ handelt – vgl. 9.1.3 –, so gilt

$$\hat{\varrho}' = \frac{\hat{P}_{\mathcal{S}}\, \hat{\varrho}\, \hat{P}_{\mathcal{S}}}{\mathrm{Sp}[\hat{P}_{\mathcal{S}}\, \hat{\varrho}\, \hat{P}_{\mathcal{S}}]}. \tag{18.17b}$$

## 18.3 Zeitliches Verhalten des Dichteoperators

Zur Zeit $t_0$ sei der Dichteoperator

$$\hat{\varrho}(t_0) = \sum_{|\psi\rangle} w_{|\psi\rangle}\, |\psi\rangle\, \langle\psi| \quad \text{mit} \quad |\psi\rangle = |\psi(t_0)\rangle$$

vorgegeben. Es wird vorausgesetzt, daß sich das Ensemble im Zeitintervall $(t_0, t)$ selbst überlassen bleibt, also keine Störung durch eine Messung erfährt. Damit gilt in diesem Zeitintervall

$$\frac{\mathrm{d}}{\mathrm{d}t}\, w_{|\psi\rangle} = 0. \tag{18.18}$$

Die Zustände $|\psi\rangle$ entwickeln sich zeitlich, und zwar gemäß der Zeitentwicklung (11.2) für Einzelsysteme:

$$|\psi(t)\rangle = \hat{U}(t, t_0)\, |\psi(t_0)\rangle, \tag{18.19}$$

wobei der unitäre Operator $\hat{U}(t, t_0)$ durch die Differentialgleichung (11.3a) bestimmt wird, die den Hamilton-Operator $\hat{H}(t)$ des zu betrachtenden physikalischen Systems enthält, der nach den Voraussetzungen über die Bildung des Ensembles mit dem jedes Einzelsystems übereinstimmt. Daraus folgt

$$\hat{\varrho}(t) = \sum_{|\psi\rangle} w_{|\psi\rangle}\, \hat{U}(t, t_0)\, |\psi\rangle\, \langle\psi|\, \hat{U}^{-1}(t, t_0) = \hat{U}(t, t_0)\, \hat{\varrho}(t_0)\, \hat{U}^{-1}(t, t_0). \tag{18.20}$$

Durch Differentiation von $\hat{\varrho}(t)$ nach der Zeit ergibt sich unter Berücksichtigung von $\frac{\mathrm{d}}{\mathrm{d}t}\hat{U}$ und $\frac{\mathrm{d}}{\mathrm{d}t}\hat{U}^{-1}$ aus (11.3a) die *von-Neumannsche Differentialgleichung*

$$i\hbar \frac{\mathrm{d}}{\mathrm{d}t}\, \hat{\varrho}(t) = [\hat{H}(t), \hat{\varrho}(t)] \tag{18.21}$$

für den Dichteoperator; sie tritt beim gemischten Zustand an die Stelle der entsprechenden Bewegungsgleichung (11.1) des reinen Zustands. Bei der Darstellung von $\hat{\varrho}(t)$ wurde die Zeitabhängigkeit der Zustände in der Form $|\psi(t)\rangle = \hat{U}(t, t_0)\, |\psi(t_0)\rangle$ benutzt, also wurden die Zustände im Schrödinger-Bild verwendet. Daher müssen wir auch $\hat{\varrho}(t)$ als im Schrödinger-Bild befindlich betrachten. Wir vermerken, daß wir mit $\hat{\varrho}(t)$ einen Operator im Schrödinger-Bild vor uns haben, der die dynamische Zeitabhängigkeit trägt – im Gegensatz zu den Variablen und Observablen, die wir in 11.2.1 kennengelernt haben.

Der zeitabhängige Ensemblemittelwert ist durch

$$\mathrm{Sp}(\hat{\varrho}(t)\,\hat{L}) = \langle \hat{L}(t)\rangle = \mathrm{Sp}(\hat{\varrho}(t_0)\,\hat{L}_{\mathrm{H}}(t)) \tag{18.22}$$

gegeben. $\hat{L}$ ist Observable im Schrödinger-Bild, die explizit zeitabhängig sein kann, aber nicht die dynamische Zeitabhängigkeit trägt; $\hat{L}_{\mathrm{H}}(t)$ ist Observable im Heisenberg-Bild. Nach den in 11.3 entwickelten Vorstellungen ist klar, daß $\hat{\varrho}(t_0)$ als Dichteoperator $\hat{\varrho}_{\mathrm{H}}$ im Heisenberg-Bild zu gelten hat.

In mathematischer Analogie zu (11.4) kann man aus (18.21) die Lösung

$$\hat{\varrho}(t) = \hat{\varrho}(t_0) + \frac{1}{\mathrm{i}\hbar}\int_{t_0}^{t} \mathrm{d}t_1\,[\hat{H}(t_1), \hat{\varrho}(t_0)] + \cdots$$
$$+ \frac{1}{(\mathrm{i}\hbar)^n}\int_{t_0}^{t} \mathrm{d}t_1 \cdots \int_{t_0}^{t_{n-1}} \mathrm{d}t_n [\hat{H}(t_1), [\ldots, [\hat{H}(t_n), \hat{\varrho}(t_0)]] \cdots] + \cdots \tag{18.23}$$

gewinnen.

Bei *Anwendungen* geht es in der Regel darum, bei bekanntem $\hat{\varrho}(t_0)$ für einen späteren Zeitpunkt den Dichteoperator mit der Differentialgleichung (18.21) oder durch Verwendung der in (18.23) gegebenen Reihe zu berechnen. $\hat{\varrho}(t_0)$ bestimmt sich bei einem Nichtgleichgewicht aus den konkreten, experimentellen Bedingungen, denen das System unterworfen ist; beispielsweise wird in einem Gas-Laser durch reale Pump- und Verlustprozesse für das System der Atome oder Moleküle ein bestimmter Dichteoperator eingestellt. Es sind auch Systeme im Gleichgewicht zu betrachten, bei denen sich $\hat{\varrho}(t_0)$ aus der Forderung der maximalen Entropie unter Berücksichtigung gewisser zusätzlicher Bedingungen ergibt, die mit Meßresultaten zusammenhängen. Wir müssen also den Zusammenhang des Dichteoperators mit der Entropie studieren.

## 18.4 Beziehung zwischen Dichteoperator und Entropie

### 18.4.1 Darstellung der mittleren Entropie mittels Dichteoperator

Dazu erinnern wir uns zunächst der Einführung der Entropie in der *klassischen* statistischen Thermodynamik. Es bilden $N$ gleichartige Einzelsysteme ein Ensemble. Die Einzelsysteme können mehr oder weniger kompliziert aufgebaute Teilchen (Einzelteilchen, Atome, Moleküle) sein. Die Einzelsysteme seien auf Zellen verteilt; die verschiedenen Zellen können verschiedene physikalische Zuordnungen (Zustände) wie Raumbereiche, Energiewerte u.a. zu den Teilchen bedeuten. Ein Makrozustand des Ensembles ist durch Angabe der Teilchenzahl $N_g$ in jeder Zelle $g$ gegeben; jedem Makrozustand ist eine bestimmte thermodynamische Wahrscheinlichkeit $W$ zugeordnet – vgl. (1.167). Bei Anwendbarkeit der Stirling-Formel gilt

$$\ln W \approx -N \sum_g \varrho_g \ln \varrho_g \quad \text{mit} \quad \varrho_g \equiv \frac{N_g}{N}. \tag{18.24}$$

Aus der Entropiedefinition $S = k_B \ln W$ folgt für $N \to \infty$ der mittlere Entropiebeitrag pro Einzelsystem

$$\tilde{\sigma} = \frac{S}{N} = -k_B \sum_g \varrho_g \ln \varrho_g \tag{18.25}$$

– vgl. (1.170). Wenn weiter keine Bedingungen hinzukommen, hat $\tilde{\sigma}$ sein Maximum bei vorliegender Gleichverteilung $\varrho_g = \text{const}$; das Minimum, nämlich $\tilde{\sigma} = 0$, tritt auf, wenn $\varrho_g = 1$ für ein bestimmtes $g$ ist (und $\varrho_{g'}$ für alle $g' \neq g$ gleich Null ist). Im ersten Fall sagt man, was sich mit den Begriffen der Informationstheorie näher präzisieren läßt, daß über das System ein Minimum an Information vorhanden sei, im zweiten Fall ein Maximum an Information. Man kann $\tilde{\sigma}$ als den arithmetischen Mittelwert der „Unbestimmtheit" $(-k_B \ln \varrho_g)$ für das Eintreten des Ereignisses deuten, daß ein Einzelsystem in die Zelle $g$ gelangt; im Rahmen dieser Auffassung wird (18.25) als Basis für die Definition der statistischen Entropie verwendet.

Bei der *quantentheoretischen Beschreibung* der Entropie wird an die Stelle der klassischen Größe $\tilde{\sigma}$ die Größe $\sigma$ für den mittleren Entropiebeitrag pro Einzelsystem gesetzt, die gemäß

$$\sigma \equiv \mathrm{Sp}(\hat{\varrho}[-k_B \ln \hat{\varrho}]) \tag{18.26}$$

mit dem Dichteoperator $\hat{\varrho}$ in Beziehung steht. Wir wollen zeigen, daß (18.26) eine vernünftige „Übersetzung" der klassischen Beschreibung ist. Dies wird besonders durchsichtig, wenn von einer orthonormierten, vollständigen Basis $\{|g\rangle\}$ ausgegangen wird, die den Operator $\hat{\varrho}$ diagonalisiert. Es wird also

$$\langle g| \hat{\varrho} |g'\rangle = \langle g| \hat{\varrho} |g\rangle \cdot \delta_{g,g'} \tag{18.27}$$

vorausgesetzt und – im Zusammenhang damit –

$$\hat{\varrho} |g\rangle = \langle g| \hat{\varrho} |g\rangle |g\rangle. \tag{18.28}$$

Die reale Bedeutung von $\langle g| \hat{\varrho} |g\rangle$ läßt sich aus (18.14) ablesen; es handelt sich um die Wahrscheinlichkeit, daß sich ein Einzelsystem im Zustand $|g\rangle$ – in der Sprechweise der Thermodynamik in der Zelle $g$ – befindet. Die rechte Seite von (18.26) schreibt sich in Komponentendarstellung

$$-k_B \sum_{g,g'} \langle g| \hat{\varrho} |g'\rangle \langle g'| \ln \hat{\varrho} |g\rangle;$$

unter Berücksichtigung von (18.27) ergibt sich also

$$\sigma = -k_B \sum_g \langle g| \hat{\varrho} |g\rangle \langle g| \ln \hat{\varrho} |g\rangle. \tag{18.29}$$

Wir müssen jetzt den Ausdruck $\langle g| \ln \hat{\varrho} |g\rangle$ erklären, der in $\sigma$ vorkommt. Die Logarithmusfunktion $\ln x$ einer reellen Zahl $x$ läßt sich um die Stelle $x = 1$ in eine Potenzreihe entwickeln, die für $0 < x < 2$ Konvergenz zeigt. Wegen der Definitheit des Dichteoperators und der Limitierung der Werte seiner Matrixelemente – vgl.

(18.9 a) – kann auch der Operator $\ln \hat{\varrho}$ als Funktion von $\hat{\varrho}$ aufgefaßt werden, den man im Sinne von (A 1.77) auf $|g\rangle$ anwenden kann. In Übereinstimmung mit (18.28) soll also

$$\langle g| \ln \hat{\varrho} \, |g\rangle = \ln (\langle g| \, \hat{\varrho} \, |g\rangle) \tag{18.30}$$

gelten. (Wie man aus der Summe auf der rechten Seite von (18.29) sieht, spielen – wie analog in der klassischen Beschreibung auch – Glieder mit $\langle g| \, \hat{\varrho} \, |g\rangle = 0$ keine Rolle.) Mit (18.30) geht (18.29) über in

$$\sigma = -k_B \sum_g \langle g| \, \hat{\varrho} \, |g\rangle \ln (\langle g| \, \hat{\varrho} \, |g\rangle). \tag{18.31}$$

Da $\langle g| \, \hat{\varrho} |g\rangle$ die analoge Bedeutung wie $\varrho_g$ in der klassischen Theorie hat, ist somit gezeigt, daß Korrespondenz zwischen der quantentheoretischen Beziehung (18.31) und der entsprechenden klassischen Beziehung (18.25) besteht.

Mittels Basistransformation kann man von der Basis $\{|g\rangle\}$ zu einer allgemeinen Basis $\{|\beta_j\rangle\}$ übergehen, in der $\hat{\varrho}$ nicht diagonalisiert ist. Wegen allgemeiner mathematischer Eigenschaften bleibt $\mathrm{Sp}(\hat{\varrho}[-k_B \ln \hat{\varrho}])$ bei der Basistransformation ungeändert – vgl. (A 1.69). Wenn wir die allgemeine Bildung eines Mittelwertes mit dem Dichteoperator gemäß (18.10) mit der Formel (18.26) vergleichen, so kann man $[-k_B \ln \hat{\varrho}]$ als einen mit der obenerwähnten „Unbestimmtheit" korrespondierenden Operator $\hat{\sigma}$ auffassen, dessen Ensemblemittelwert $\sigma$ ist:

$$\sigma = \langle \hat{\sigma} \rangle = \langle -k_B \ln \hat{\varrho} \rangle. \tag{18.32}$$

Auch bei dem Aspekt der Information über das Ensemble entsprechen sich die quantentheoretischen und klassischen Auffassungen [C-12]. Befinden sich alle Einzelsysteme im gleichen Zustand $|g\rangle$, dann ist $\sigma = -k_B(1 \cdot \ln 1) = 0$. Liegt also ein reiner Zustand vor, so wird maximale Information ausgewiesen. Bei Gleichverteilung auf die Zustände (Zellen) nimmt $\sigma$ seinen Maximalwert an.

Insgesamt wird deutlich, daß die quantentheoretische und die klassische Beschreibung der Entropie analoges Verhalten zeigen. Daß sich mittels der Definition (18.26) Schlußfolgerungen für die Bestimmung des Dichteoperators ergeben, die – wie wir noch sehen werden – mit den empirischen Befunden, einschließlich des Quantencharakters der betrachteten Systeme, in Einklang stehen, stützt die vorgenommene quantentheoretische Einführung der Entropie.

An mehreren Stellen dieses Kapitels war darauf hingewiesen worden, daß im allgemeinen im Dichteoperator $\hat{\varrho}$ weniger Information über das System enthalten ist als bei einer Beschreibung mit einem Zustandsvektor $|\psi\rangle$. (Eine Ausnahme tritt nur dann auf, wenn sich das System speziell in einem reinen Zustand befindet.) Man darf die unvollkommene Kenntnis, die bei einem gemischten Zustand mit dem Dichteoperator ausgedrückt wird, nicht mit dem subjektiven Eindruck des Beobachters in Verbindung bringen. Es ist gerade mit dem Dichteoperator möglich, in sehr durchsichtiger Weise die aus Meßverfahren hervorgehenden objektiven Kenntnisse zu erfassen. Das bedeutet, daß der Dichteoperator aus den real bekannten Meßresultaten bestimmt werden kann und soll – ohne daß zusätzlich ungeprüfte Hypothesen verwendet werden. Das wird besonders im Abschnitt 18.4.2 deutlich, wo allgemein der das Gleichgewicht beschreibende extremale Dichteoperator berechnet wird, aber auch bei der Anwendung auf Spin-Systeme (siehe 18.5) und Photonen-Systeme (siehe 18.6).

### 18.4.2 Systeme mit maximaler Entropie. Kanonisches Ensemble

Nun wollen wir $\hat{\varrho}$ aus der Forderung für ein im Gleichgewicht befindliches System bestimmen, daß der mittlere Entropiebeitrag $\langle\hat{\sigma}\rangle$ pro Teilchen ein Maximum annimmt. Dabei seien bestimmte zusätzliche Bedingungen erfüllt, welche die auf der Basis von realen oder gedachten Meßprozessen gewonnenen *Kenntnisse* über das Ensemble widerspiegeln. Die Forderungen an $\hat{\varrho}$ sind also:

$$-k_B \,\mathrm{Sp}(\hat{\varrho} \ln \hat{\varrho}) = \text{Maximum unter den Nebenbedingungen} \tag{18.33a}$$

$$\mathrm{Sp}(\hat{\varrho}\hat{L}_1) = \langle\hat{L}_1\rangle, \ldots, \mathrm{Sp}(\hat{\varrho}\hat{L}_j) = \langle\hat{L}_j\rangle, \ldots, \mathrm{Sp}(\hat{\varrho}\hat{L}_n) = \langle\hat{L}_n\rangle, \tag{18.33b}$$

$$\mathrm{Sp}\,\hat{\varrho} = 1. \tag{18.33c}$$

Die Beziehungen (18.33b) stellen die zusätzlichen Bedingungen dar, wobei die Ensemblemittelwerte $\langle\hat{L}_j\rangle$ durch Messung der Observablen $\hat{L}_j$ gegeben seien. (18.33c) drückt eine allgemein zu erfüllende Eigenschaft des Dichteoperators aus – vgl. (18.9). Die simultane Erfüllung der in (18.33a, b, c) ausgedrückten Forderungen für $\hat{\varrho}$ führt auf

$$\hat{\varrho} = \frac{e^{-\lambda_1\hat{L}_1 - \cdots - \lambda_n\hat{L}_n}}{\mathrm{Sp}(e^{-\lambda_1\hat{L}_1 - \cdots - \lambda_n\hat{L}_n})} \tag{18.34}$$

wobei $\lambda_1, \ldots, \lambda_n$ Lagrange-Multiplikatoren sind, die aus den Beziehungen (18.33b) bestimmt werden müssen.

Zum Beweis benutzen wir die Methoden der Variationsrechnung. Die Forderung der Extremierung der Entropie (18.33a) führt auf

$$\mathrm{Sp}([\ln\hat{\varrho} + \hat{I}]\,\delta\hat{\varrho}) = 0$$

für beliebiges $\delta\hat{\varrho}$. Dazu kommen aus (18.33b, c) die Beziehungen

$$\mathrm{Sp}(\hat{L}_j\,\delta\hat{\varrho}) = 0 \quad \text{für} \quad j = 1, \ldots, n \quad \text{und} \quad \mathrm{Sp}(\delta\hat{\varrho}) = 0.$$

Insgesamt ergibt sich

$$\mathrm{Sp}([\ln\hat{\varrho} + \hat{I} + \lambda_1\hat{L}_1 + \cdots + \lambda_n\hat{L}_n + \alpha\hat{I}]\,\delta\hat{\varrho}) = 0, \tag{18.35}$$

wobei $\lambda_j$ der zur Beziehung $\mathrm{Sp}(\hat{L}_j\,\delta\hat{\varrho}) = 0$ gehörige Lagrange-Multiplikator ist und $\alpha$ der zur Beziehung $\mathrm{Sp}(\delta\hat{\varrho}) = 0$. (18.35) muß für beliebige $\delta\hat{\varrho}$ erfüllt sein, deshalb muß die eckige Klammer selbst verschwinden, das bedeutet

$$\hat{\varrho} = e^{-\hat{I}(1+\alpha)}\, e^{-\lambda_1\hat{L}_1 - \cdots - \lambda_n\hat{L}_n}. \tag{18.35a}$$

Der Faktor $\exp[-\hat{I}(1+\alpha)]$ wird zur Erfüllung von (18.33c) benutzt; daraus ergibt sich die Beziehung (18.34), der man direkt ansieht, daß $\mathrm{Sp}\,\hat{\varrho} = 1$ ist.

An (18.34) kann man in durchsichtiger Weise erkennen, wie die als gültig angenommenen zusätzlichen Bedingungen (18.33b) den Dichteoperator bestimmen. Wenn keine Information vorhanden ist – wenn also keine Ensemblemittelwerte $\langle\hat{L}_j\rangle$ bekannt sind – dann ist $\lambda_1 = \cdots = \lambda_n = 0$ zu setzen, und es gilt

$$\hat{\varrho} = \frac{\hat{I}}{\mathrm{Sp}\,\hat{I}}. \tag{18.36}$$

Jede Zusatzbedingung aus (18.33b), d.h. jede zusätzliche Information, bringt eine Abweichung gegenüber der rechten Seite von (18.36). Die Observablen, deren Ensemblemittelwerte $\langle \hat{L}_j \rangle$ als bekannt angesehen werden, können je nach den experimentellen Bedingungen von verschiedenem Charakter sein. Die Einzelsysteme können sich bewegen, und es kann der Mittelwert ihrer Linearimpulse bekannt sein; es kann der Mittelwert des Ortes bekannt sein; es kann die mittlere Energie bekannt sein.

Von besonderer Wichtigkeit ist das *kanonische Ensemble* (auch *kanonische Gesamtheit* genannt) bei dem nur der *Energie*mittelwert vorgegeben ist; $\hat{\varrho}$ ergibt sich in diesem Fall aus (18.34) mit $\hat{L}_1 = \hat{H}$ und $\lambda_2 = \cdots \lambda_n = 0$ zu

$$\hat{\varrho} = \frac{e^{-\lambda_1 \hat{H}}}{\mathrm{Sp}(e^{-\lambda_1 \hat{H}})}, \tag{18.37}$$

wobei $\hat{H}$ der Hamilton-Operator für ein Einzelsystem ist. Die Konstante $\lambda_1$ ist der *Verteilungsmodul* über die Energie. Bei Voraussetzung des *thermischen Gleichgewichtes* bestimmt sich $\lambda_1$ aus der Forderung, daß die Wahrscheinlichkeit $w(E)$, ein Einzelsystem im Energiezustand $|E\rangle$ anzutreffen, proportional $\exp[-E/k_B T]$ sei – vgl. (1.174), (1.178). Die Observable für die Wahrscheinlichkeit ist $\hat{P}(E) = |E\rangle\langle E|$; daraus folgt

$$w(E) = \mathrm{Sp}(\hat{\varrho}\,\hat{P}(E)) \sim \langle E|\, e^{-\lambda_1 \hat{H}} |E\rangle \sim e^{-\lambda_1 E}.$$

Somit ergibt sich im thermischen Gleichgewicht $\lambda_1 = (k_B T)^{-1}$. Der auf diese Weise gewonnene Dichteoperator führt bei Systemen im thermischen Gleichgewicht zu statistischen Verteilungsfunktionen, die einer direkten Nachprüfung zugänglich sind. Bedeutsame Beispiele hierfür sind: die *Maxwellsche Geschwindigkeitsverteilung* von Partikeln eines Gases im thermischen Gleichgewicht sowie die *Energieverteilung der Wärmestrahlung*, die in 18.6.1 abgehandelt wird.

## 18.5 Anwendung auf Spin-Systeme

Gegeben sei ein Ensemble von ungekoppelten Elektronen; jedes Elektron wird als Einzelsystem angesehen. Von dem Ensemble seien die Ensemblemittelwerte für die Spinkomponenten $\langle \hat{S}_x \rangle$, $\langle \hat{S}_y \rangle$, $\langle \hat{S}_z \rangle$ bekannt, weitere Kenntnisse sollen nicht vorliegen. Es besteht die Aufgabe, unter diesen Bedingungen den Dichteoperator anzugeben. Wir stellen mit dem zweidimensionalen Vektorraum der Spineigenzustände $|m_s = +1/2, s = 1/2\rangle$, $|m_s = -1/2, s = 1/2\rangle$ des Spinoperators $\hat{S}_z$ – vgl. (13.28) – die auftretenden Operatoren in Komponentenschreibweise dar. Für den Dichteoperator gilt:

$$\{\langle m_s|\, \hat{\varrho}\, |m_s'\rangle\} = \begin{pmatrix} \varrho_{11} & \varrho_{12} \\ \varrho_{21} & \varrho_{22} \end{pmatrix},$$

wobei der Index 1 dem Zustand $|+1/2, 1/2\rangle$, der Index 2 dem Zustand $|-1/2, 1/2\rangle$ zuzuordnen ist. Die Lösung der Aufgabe lautet

$$\{\langle m_s|\,\hat{\varrho}\,|m_s'\rangle\} = \begin{pmatrix} 1/2+(1/\hbar)\langle\hat{S}_z\rangle & 1/\hbar[\langle\hat{S}_x\rangle - \mathrm{i}\langle\hat{S}_y\rangle] \\ 1/\hbar[\langle\hat{S}_x\rangle + \mathrm{i}\langle\hat{S}_y\rangle] & 1/2-(1/\hbar)\langle\hat{S}_z\rangle \end{pmatrix}. \tag{18.38}$$

Zum Beweis geben wir die Ensemblemittelwerte in Abhängigkeit von den Komponenten des Dichteoperators an; die Komponenten der Spinmatrizen entnehmen wir dazu aus 13.3. Zum Beispiel gilt

$$\{\langle m_s|\,\hat{\varrho}\hat{S}_x\,|m_s'\rangle\} = \begin{pmatrix} \varrho_{11} & \varrho_{12} \\ \varrho_{21} & \varrho_{22} \end{pmatrix} \frac{\hbar}{2} \begin{pmatrix} 0 & 1 \\ 1 & 0 \end{pmatrix} = \frac{\hbar}{2} \begin{pmatrix} \varrho_{12} & \varrho_{11} \\ \varrho_{22} & \varrho_{21} \end{pmatrix}.$$

Daraus folgt

$$\langle\hat{S}_x\rangle = \mathrm{Sp}(\hat{\varrho}\hat{S}_x) = \frac{\hbar}{2}(\varrho_{12}+\varrho_{21}). \tag{18.39a}$$

Die entsprechenden anderen Gleichungen lauten

$$\langle\hat{S}_y\rangle = \mathrm{i}\frac{\hbar}{2}(\varrho_{12}-\varrho_{21}), \tag{18.39b}$$

$$\langle\hat{S}_z\rangle = \frac{\hbar}{2}(\varrho_{11}-\varrho_{22}). \tag{18.39c}$$

Weiter gilt nach (18.9)

$$\varrho_{11}+\varrho_{22}=1. \tag{18.39d}$$

Aus den vier Beziehungen (18.39) lassen sich $\varrho_{11}$, $\varrho_{12}$, $\varrho_{21}$, $\varrho_{22}$ errechnen; es folgt die Behauptung (18.38).

Man erkennt, daß die Komponenten des Dichteoperators – und damit der Dichteoperator selbst – in der Darstellung der Spineigenzustände durch die Erwartungswerte $\langle\hat{S}_x\rangle$, $\langle\hat{S}_y\rangle$, $\langle\hat{S}_z\rangle$ vollständig bestimmt sind.

## 18.6 Anwendung auf Photonen-Systeme

### 18.6.1 Energieverteilung der Wärmestrahlung. Chaotische Strahlung

Mit dem in 18.4.2 beschriebenen Formalismus läßt sich in direkter Weise das *Plancksche Strahlungsgesetz* ableiten. In (16.3a, b) ist der Hamilton-Operator des Strahlungsfeldes gegeben; daraus ergibt sich nach (18.37) der Dichteoperator für das Strahlungsfeld im thermischen Gleichgewicht zu

$$\hat{\varrho}_W = \frac{\exp\left[-\frac{1}{k_\mathrm{B}T}\sum_\mu \hbar\omega_\mu\left(\hat{N}_\mu+\frac{1}{2}\hat{I}\right)\right]}{\mathrm{Sp}\left(\exp\left[-\frac{1}{k_\mathrm{B}T}\sum_\mu \hbar\omega_\mu\left(\hat{N}_\mu+\frac{1}{2}\hat{I}\right)\right]\right)}. \tag{18.40}$$

Damit folgt der Ensemblemittelwert für die Photonenzahl in der $\mu$-ten Mode zu

$$\langle \hat{N}_\mu \rangle = \mathrm{Sp}(\hat{\varrho}_W \hat{N}_\mu) = \frac{1}{\exp\left[\dfrac{\hbar\omega_\mu}{k_B T}\right] - 1}. \tag{18.41}$$

Zum Beweis von (18.41) ziehen wir die in 16.1 niedergelegten Resultate heran. Die Spur wird mit den Eigenkets des Gesamt-Hamilton-Operators des Strahlungsfeldes

$$|\cdots n_\mu \cdots\rangle = |n_1\rangle\,|n_2\rangle \cdots |n_\mu\rangle \cdots$$

gebildet, die ihrerseits direkte Produkte der Eigenkets $|n_\mu\rangle$ der einzelnen Moden sind. Es ergibt sich

$$\mathrm{Sp}(\hat{\varrho}_W \hat{N}_\mu) = \frac{\sum\limits_{n_\mu} \langle n_\mu|\, \hat{N}_\mu \exp\left[-\dfrac{\hbar\omega_\mu}{k_B T}\left(\hat{N}_\mu + \dfrac{1}{2}\hat{I}\right)\right] |n_\mu\rangle}{\sum\limits_{n_\mu} \langle n_\mu|\, \exp\left[-\dfrac{\hbar\omega_\mu}{k_B T}\left(\hat{N}_\mu + \dfrac{1}{2}\hat{I}\right)\right] |n_\mu\rangle}; \tag{18.42a}$$

da man die Eigenkets der verschiedenen Moden „durchziehen" kann, ließen sich die Beiträge aller Moden – mit Ausnahme der $\mu$-ten Mode – wegkürzen. In (18.42a) ist der angegebene Summand in der Summe des Zählers gleich $n_\mu \exp\left[-(\hbar w_\mu/k_B T)\left(n_\mu + \frac{1}{2}\right)\right]$, der in der Summe des Nenners gleich $\exp\left[-(\hbar\omega_\mu/k_B T)\left(n_\mu + \frac{1}{2}\right)\right]$. Daraus folgt

$$\mathrm{Sp}(\hat{\varrho}_W \hat{N}_\mu) = \frac{\sum\limits_{n_\mu} n_\mu x^{n_\mu}}{\sum\limits_{n_\mu} x^{n_\mu}} \quad \text{mit} \quad x \equiv \exp[-(\hbar\omega_\mu/k_B T)]. \tag{18.42b}$$

Die Reihen auf der rechten Seite von (18.42b) stehen mit der geometrischen Reihe oder deren Ableitung nach $x$ in Zusammenhang, sind also für $|x| < 1$ aufsummierbar; man erhält

$$\mathrm{Sp}(\hat{\varrho}_w \hat{N}_\mu) = \frac{(1-x)^{-2} - (1-x)^{-1}}{(1-x)^{-1}} = \frac{1}{x^{-1} - 1}, \quad \text{q.e.d.}$$

Der Ausdruck $\hbar\omega_\mu \langle \hat{N}_\mu \rangle$ ist die mittlere Energie in der $\mu$-ten Mode; multipliziert man diese mit der in (1.63) angegebenen Modendichte, so erhält man für die Strahlungsenergie pro Kreisfrequenzeinheit und Volumeneinheit

$$w'(\omega, T) = \frac{\hbar}{c^3\pi^2} \frac{\omega^3}{\exp\left[\dfrac{\hbar\omega}{k_B T}\right] - 1}. \tag{18.43}$$

Durch Multiplikation von $w'$ mit $c/8\pi$ erhält man die pro Flächeneinheit, Kreisfrequenzeinheit und Raumwinkeleinheit von einem *Schwarzen Körper* im Temperaturgleichgewicht ausgesandte *Strahlungsleistung*, die unmittelbar der Vermessung zugänglich ist. Die empirischen Befunde bestätigen die theoretischen Ergebnisse. Die Rolle, die diese Beziehung bei der Entwicklung der Quantentheorie spielte, und die Wege die M. Planck zu ihrer Ableitung beschritten hat, sind in 3.2.2 ausführlich beschrieben worden. Die thermische Strahlung ist als Spezialfall „chaotischer Strahlung" zu betrachten, deren Eigenschaften zusammen mit der Forderung des thermischen Gleichgewichts zu (18.43) führen.

Die *chaotische Strahlung* ist durch die Forderung des Entropiemaximums bei vorgegebener mittlerer Photonenzahl $\langle \hat{N}_\mu \rangle$ in jeder Mode charakterisiert (wenn $\langle \hat{N}_\mu \rangle$ durch (18.41) gegeben ist, liegt speziell thermische Strahlung vor). Wir wollen den Dichteoperator $\hat{\varrho}_\mu$ der chaotischen Strahlung für eine Mode explizit bestimmen. Dazu können wir von (18.34) ausgehen. Es sei $\lambda_\mu$ der aus $\langle \hat{N}_\mu \rangle$ zu bestimmende Lagrange-Multiplikator. Die Bedingung $\mathrm{Sp}\,\hat{\varrho}_\mu = 1$ führt zu

$$\exp[-(1+\alpha)] = [\mathrm{Sp}\{\mathrm{e}^{-\lambda_\mu \hat{N}_\mu}\}]^{-1},$$

wobei $(1+\alpha)$ die in Gleichung (18.35a) auftretende Konstante ist; die Beziehung $\mathrm{Sp}(\hat{\varrho}_\mu \hat{N}_\mu) = \langle \hat{N}_\mu \rangle$ führt auf

$$\mathrm{e}^{-\lambda_\mu} = \frac{\langle \hat{N}_\mu \rangle}{1 + \langle \hat{N}_\mu \rangle}.$$

Daraus folgt

$$\hat{\varrho}_\mu = \frac{\langle \hat{N}_\mu \rangle^{\hat{N}_\mu}}{(1 + \langle \hat{N}_\mu \rangle)^{\hat{N}_\mu + \hat{1}}}. \tag{18.44}$$

Mit der Kenntnis von $\hat{\varrho}_\mu$ ist es ohne weiteres möglich, quantentheoretische Mittelwerte für die chaotische Strahlung auszurechnen, insbesondere auch die in (16.58) eingeführten quantentheoretischen Korrelationsfunktionen $\Gamma_{\mathrm{qu}}^{m,m'}$.

Es werde vorausgesetzt, daß in den einzelnen Moden chaotische Strahlung vorliege; weiterhin sei die Photonenenergie $\hbar\omega_\mu \langle \hat{N}_\mu \rangle$ der verschiedenen Moden gaußisch um eine Mittelfrequenz $\omega_{\bar{m}}$ mit der Linienbreite $\varkappa^{-1}$ verteilt, wobei $\varkappa^{-1}$ groß gegen den Frequenzabstand benachbarter Moden sein soll. Dann ergibt die Rechnung für zwei wichtige Kohärenzgrößen aus 16.4:

$$M'_{\mathrm{chaot}}(\tau) = \frac{|\Gamma_{\mathrm{qu}}^{1,1}(x_1, x_2)|}{\sqrt{\Gamma_{\mathrm{qu}}^{1,1}(x_1, x_1)\, \Gamma_{\mathrm{qu}}^{1,1}(x_2, x_2)}}$$

$$= \mathrm{e}^{-\frac{1}{2}\frac{\tau^2}{\varkappa^2}} \quad \text{mit} \quad \tau = t_1 - t_2 - \frac{\boldsymbol{q}_{\bar{m}}}{\omega_{\bar{m}}}(\boldsymbol{r}_1 - \boldsymbol{r}_2), \tag{18.45}$$

$$\gamma_{\mathrm{chaot}}(\tau) = \frac{\Gamma_{\mathrm{qu}}^{2,2}(x_1, x_2, x_2, x_1)}{\Gamma_{\mathrm{qu}}^{1,1}(x_1, x_1)\, \Gamma_{\mathrm{qu}}^{1,1}(x_2, x_2)} = 1 + \mathrm{e}^{-\frac{\tau^2}{\varkappa^2}}. \tag{18.46}$$

$M'$ ist die in (16.67a) eingeführte Michelsonsche Sichtbarkeit für Interferenzstrukturen, die experimentell nachgeprüft werden kann; $\gamma$ hängt entsprechend den Erläuterungen zu (16.69) mit der Intensitätskorrelation zusammen. Die Funktion $\gamma_{\mathrm{chaot}}(\tau)$ ist, neben der von anderen Strahlungstypen, in Abb. 16.3b eingezeichnet worden. Hanbury Brown und Twiss [D-10] haben in den 50er Jahren $\gamma_{\mathrm{chaot}}(\tau)$ für thermisches Licht vermessen; da sie jedoch auch bei der relativ schmalen Linie eines Quecksilber-Isotopes bestenfalls nur $\varkappa$-Werte von einigen $10^{-9}$ s erreichen konnten, waren die Photonenzählungen sehr erschwert. Von Arecchi und Mitarbeitern [D-11] wurde chaotische Strahlung aus Laserlicht hergestellt, indem dieses durch eine rotierende Mattscheibe geschickt, also „phasenmäßig zerhackt“ wurde. Damit hat man $\varkappa$-Werte bis nahe an Millisekunden erreicht, wodurch genaue Photonenkorrelations-Messungen möglich wurden. Die Meßresultate sind in Abb. 16.3b eingetragen und weisen aus, daß zerhacktes Laserlicht sich tatsächlich wie chaotisches Licht verhält und (im Vergleich zu unzerhacktem Laserlicht) einen Klumpungs-Effekt der Photonen zeigt.

Weitere Eigenschaften des chaotischen Lichtes werden aus dem nächsten Abschnitt ersichtlich.

### 18.6.2 Die Glauber-Sudarshan-Darstellung des Dichteoperators

Wir behandeln das Problem für *eine* Strahlungsmode (deren Index weggelassen wird); eine Übertragung auf ein Vielmodensystem ist ohne weiteres möglich. Nach 16.3 und der Definition (18.5) ist der Dichteoperator eines Glauber-Zustandes

$$\hat{\varrho} = |\alpha\rangle\langle\alpha|. \tag{18.47}$$

Weil der Glauber-Zustand $|\alpha\rangle$ eng mit einer klassischen Welle verbunden ist (wobei $\alpha$ die Rolle der komplexen Amplitude spielt), liegt es nahe, den Dichteoperator eines *allgemeinen* Einmoden-Strahlungsfeldes als Überlagerung

$$\hat{\varrho} = \int d^2\alpha\, P(\alpha)\, |\alpha\rangle\langle\alpha| \tag{18.48}$$

von Operatoren $|\alpha\rangle\langle\alpha|$ darzustellen. Die Integration erfolgt über die ganze komplexe $\alpha$-Ebene. $P(\alpha)$ ist die sogenannte *Glauber-Sudarshan-Darstellung*, die den Charakter einer Gewichtsfunktion hat. Sie ergibt sich wegen $\mathrm{Sp}\,\varrho = 1$ als reell und auf Eins normiert gemäß

$$P(\alpha) = P(\alpha)^*, \qquad \int d^2\alpha\, P(\alpha) = 1. \tag{18.49}$$

Wir wollen von einigen Strahlungstypen die Funktion $P(\alpha)$ berechnen und beginnen mit dem *Glauber-Zustand.* Ein Vergleich zwischen (18.47) und (18.48) zeigt, daß sich die zweidimensionale Delta-Funktion ergibt:

$$P_{\mathrm{Gl}}(\alpha) = \delta^2(\alpha - \alpha'). \tag{18.50}$$

Nur für $\alpha = \alpha'$ verschwindet $P_{\mathrm{Gl}}(\alpha)$ nicht. Es handelt sich um Strahlung mit dem festen Amplitudenbetrag $|\alpha'|$ und der festen Phase $\arg(\alpha')$ (siehe Abb. 18.1a).

Auf der Basis von (18.44) kann die Funktion $P(\alpha)$ für *chaotisches Licht* berechnet werden. Unter Verwendung von (16.45b) gilt

$$\hat{\varrho}_{\mathrm{chaot}} = \frac{1}{\pi} \int d^2\alpha\, |\alpha\rangle\langle\alpha| \frac{\langle\hat{N}\rangle^{\hat{N}}}{(1+\langle\hat{N}\rangle)^{\hat{N}+\hat{1}}}. \tag{18.51}$$

Nach Entwicklung von $|\alpha\rangle$ und $\langle\alpha|$ nach Fock-Zuständen gemäß (16.43) ergibt sich

$$\hat{\varrho}_{\mathrm{chaot}} = \frac{1}{\pi} \int d^2\alpha \sum_n \sum_m |n\rangle\langle m| \exp[-|\alpha|^2] \frac{\alpha^n}{\sqrt{n}} \frac{\alpha^{*m}}{\sqrt{m}} \frac{\langle\hat{N}\rangle^m}{(1+\langle\hat{N}\rangle)^{m+1}}. \tag{18.51a}$$

Unter Berücksichtigung, daß Terme mit $n \neq m$ verschwinden, folgt

$$\hat{\varrho}_{\mathrm{chaot}} = \int d^2\alpha\, |\alpha\rangle\langle\alpha|\, P_{\mathrm{chaot}}(\alpha) \text{ mit } P_{\mathrm{chaot}}(\alpha) = \frac{1}{\pi\langle\hat{N}\rangle} \exp(-|\alpha|^2/\langle\hat{N}\rangle). \tag{18.52}$$

Es handelt sich bei $P_{\text{chaot}}(\alpha)$ um eine Gauß-Verteilung der Absolutbeträge der Amplituden und um eine Gleichverteilung der Phasen (siehe Abb. 18.1 b), was die Bezeichnung „chaotisches Licht" rechtfertigt. Die Amplitudenverteilungen realer Strahlungsquellen liegen häufig „zwischen" den beiden angegebenen Typen; zum Beispiel kann dann das sogenannte *„Superpositionsmodell"* mit

$$P_{\text{sup}}(\alpha) = \frac{1}{\pi \langle \hat{N} \rangle} \exp[-|\alpha-\alpha'|^2/\langle \hat{N} \rangle] \tag{18.53}$$

für die qualitative Beschreibung solcher Strahlung nützlich sein. Der Mittelwert der Amplituden ist $\alpha'$. Die exponentielle Abhängigkeit von $|\alpha-\alpha'|^2$ zeigt Amplitudenschwankungen um $\alpha'$ herum an; das bedeutet Schwankungen der Phase und des Absolutbetrages (siehe Abb. 18.1 c). Solche Schwankungen sind bei realen Strahlungsquellen immer vorhanden. Sie können allerdings bei geeigneten Anordnungen relativ sehr klein gemacht werden – siehe Sect. 7.3.1 von [D-5] –, so daß dann $P_{\text{sup}}(\alpha)$ als eine Näherungsfunktion der Grenzfunktion $P_{\text{Gl}}(\alpha) = \delta^2(\alpha-\alpha')$ des idealen Lasers betrachtet werden kann. Für $\alpha' = 0$ beschreibt $P_{\text{sup}}(\alpha)$ chaotisches Licht.

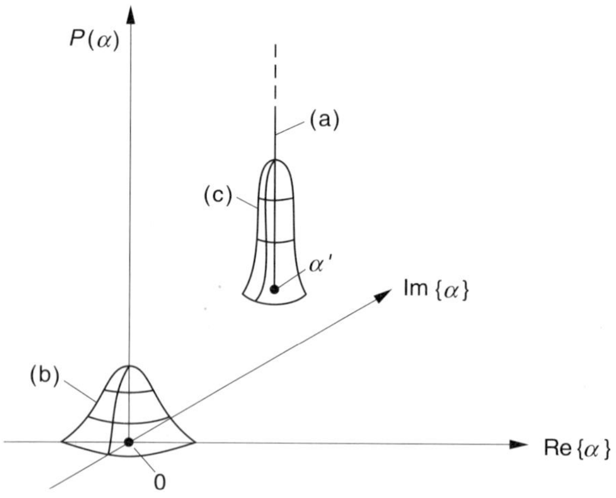


**Abb. 18.1**
Glauber-Sudarshan-Darstellung $P(\alpha)$ (schematisch) von idealem Laserlicht (a), chaotischem Licht (b), „Superpositionslicht" (c)

Es sei darauf hingewiesen, daß die Darstellung $P_{\text{sup}}(\alpha)$ der Strahlung des Superpositionsmodells eine positiv definite Funktion ist. Das bedeutet, daß wegen der Normierungsrelation in (18.49) die Funktion $P_{\text{sup}}(\alpha)$ als *Wahrscheinlichkeitsdichte* interpretiert werden kann, und zwar für den Beitrag der Welle mit der komplexen Amplitude $\alpha$ zur Strahlung. In dem nächsten Abschnitt werden Strahlungsfelder behandelt, deren $P(\alpha)$-Funktion *nicht* als Wahrscheinlichkeitsdichte gedeutet werden kann.

### 18.6.3 Das Nichtklassische Licht

Es handelt sich um Strahlung, deren Quantenfluktuationen die Standard-Grenzwerte, wie sie beim idealen Laserlicht auftreten, unterschreiten. Solche Strahlung ist uns als antigeklumptes Licht in 16.4 und als gequetschtes Licht in 16.6 schon begegnet. Mit Hilfe von bestimmten quantenstatistischen Maßzahlen (bestimmten Exzeßwerten) kann man sogenanntes *Nichtklassisches* und *Klassisches Licht* definieren. Wir gehen dabei von einer (quasi-)monochromatischen Strahlungsmode aus.

Als erstes betrachten wir den *Feldfluktuationsexzeß*

$$\bar{F}(\Phi) \equiv \langle [\widehat{\Delta E}(\Phi)]^2 \rangle - \langle [\widehat{\Delta E}(\Phi)]^2 \rangle_{\text{vac}}. \tag{18.54}$$

Er ist die Differenz zwischen der Feldstärke-Varianz des aktuellen Zustandes und der des Photonenvakuums. Entsprechend den Bezeichnungen in 16.6 ist der Vakuumterm gleich $g^2$; $\Phi$ bezeichnet wieder die orts- und zeitabhängige Phase. In Übereinstimmung mit 16.6 gilt für verschiedene Werte von $\bar{F}$

$$\bar{F}(\Phi) \begin{cases} > 0 & \text{für nichtgequetschtes Licht} \\ = 0 & \text{für ideales Laserlicht} \\ < 0 & \text{für gequetschtes Licht.} \end{cases} \tag{18.55}$$

Bei gequetschtem Licht ist die Feldstärkevarianz kleiner als die des Photonenvakuums.

Eine weitere maßgebliche Maßzahl ist der *Klumpungsexzeß*, der entsprechend 16.4 in der Form

$$\bar{B}(t+\tau) \equiv \Gamma^{2,2}(t+\tau, t, t, t+\tau) - [\Gamma^{1,1}(t,t)]^2 \tag{18.56}$$

mit $\tau \to 0$ geschrieben wird. Es gilt

$$\bar{B}(t) \begin{cases} > 0 & \text{für geklumptes Licht} \\ = 0 & \text{für ideales Laserlicht} \\ < 0 & \text{für antigeklumptes Licht.} \end{cases} \tag{18.57}$$

Wenn man Photonenzählungen vornimmt, so treten die einzelnen Zählakte auf der Zeitachse bei $\bar{B} > 0$ „in Klumpen" auf, bei $\bar{B} = 0$ in statistischer Unabhängigkeit, bei $\bar{B} < 0$ ähnelt das Verhalten einer „gegenseitigen Abstoßung" der Photonenzählakte. Das heißt, bei $\bar{B} < 0$ wird im Mittel ein größerer gegenseitiger Abstand angenommen als bei statistischer Unabhängigkeit, in der Grenze bis zum gleichmäßigem Abstand.

In Zusammenhang mit der Beziehung (16.63) wurde die Zählung der aus einem Volumen $F \cdot (cT)$ vor dem Detektor auftreffenden Photonen besprochen. Neben dem Mittelwert $\langle \hat{N} \rangle$ spielt die entsprechende Varianz $\langle [\widehat{\Delta N}]^2 \rangle$ eine Rolle. Aus beiden wird der *Poissonexzeß*

$$\bar{P} \equiv \langle [\widehat{\Delta N}]^2 \rangle - \langle \hat{N} \rangle \tag{18.58}$$

gebildet. Es gilt

$$\bar{P}\begin{cases} >0 & \text{für super-Poisson-Licht} \\ =0 & \text{für ideales Laserlicht} \\ <0 & \text{für sub-Poisson-Licht.} \end{cases} \tag{18.59}$$

Mit Hilfe der betrachteten drei statistischen Maßzahlen $\bar{F}$, $\bar{B}$, $\bar{P}$ kann die *Definition von Nichtklassischem Licht* vorgenommen werden [E-1]. *Nichtklassisches Licht* liegt vor, wenn für die Strahlung mindestens eines der drei Attribute gequetscht oder antigeklumpt oder sub-Poisson-artig zutrifft, also mindestens einer der Werte $\bar{F}$, $\bar{B}$, $\bar{P}$ negativ ist. Im anderen Fall spricht man von *Klassischem Licht.* Es sei angemerkt, daß die Bezeichnung Klassisches und Nichtklassisches Licht nicht darauf gegründet ist, ob man die Strahlungsphänomene mit dem traditionell-klassischen oder quantentheoretischen Formalismus beschreibt; die adäquate Beschreibung des elektromagnetischen Strahlungsfeldes mit der einheitlichen Erfassung der Wellen- und Teilcheneigenschaften kann sowohl für Klassisches als auch für Nichtklassisches Licht *nur* mit quantentheoretischen Mitteln erfolgen.

Wir wollen uns nun mit der Frage beschäftigen, ob es *gemeinsame Eigenschaften für die drei Attribute* des Nichtklassischen Lichtes gibt. Das kann durch Verwendung der Glauber-Sudarshan-Darstellung $P(\alpha)$ gezeigt werden [E-2]. Der Einfachheit halber gehen wir bei unseren Überlegungen von stationären Bedingungen aus.

Wir berechnen zunächst den Poissonexzeß. Dazu formen wir den Ausdruck (18.58) mit $\hat{N}=\hat{a}^+\hat{a}$ und expliziter Einführung von $\hat{\varrho}$ folgendermaßen um:

$$\begin{aligned}\bar{P} &= \langle[\widehat{\Delta N}]^2\rangle - \langle\hat{N}\rangle = \langle\hat{N}^2\rangle - \langle N\rangle^2 - \langle N\rangle \\ &= \langle\hat{a}^{+2}\hat{a}^2\rangle - \langle\hat{a}^+\hat{a}\rangle^2 = \mathrm{Sp}(\hat{\varrho}\,\hat{a}^{+2}\hat{a}^2) - [\mathrm{Sp}(\hat{\varrho}\,\hat{a}^+\hat{a})]^2.\end{aligned} \tag{18.60}$$

Ersetzen von $\hat{\varrho}$ durch $P(\alpha)$ aus (18.48) ergibt mit $\hat{a}\,|\alpha\rangle = \alpha\,|\alpha\rangle$

$$\begin{aligned}\bar{P} &= \int \mathrm{d}^2\alpha\, P(\alpha)\,\alpha^{*2}\,\alpha^2 - \left(\int \mathrm{d}^2\alpha'\, P(\alpha')\,\alpha'^*\,\alpha'\right)^2 \\ &= \int \mathrm{d}^2\alpha\, P(\alpha)\,[\alpha^*\alpha - \int \mathrm{d}^2\alpha'\, P(\alpha')\,\alpha'^*\,\alpha']^2.\end{aligned} \tag{18.61}$$

Damit haben wir $\bar{P}$ als Funktional von $P(\alpha)$ angegeben; das Auftreten der Viererprodukte in $\alpha^*$ und $\alpha$ steht in Zusammenhang damit, daß es sich bei $\bar{P}$ um eine Größe vierter Ordnung in der Feldstärke handelt. Für die andere Größe vierter Ordnung, den Klumpungsexzeß $\bar{B}$, ergibt sich durch analoge Rechnung

$$\bar{B} = \mathrm{g}^4 \int \mathrm{d}^2\alpha\, P(\alpha)[\alpha^*\alpha - \int \mathrm{d}^2\alpha'\, P(\alpha')\,\alpha'^*\,\alpha']^2 = \mathrm{g}^4\,\bar{P}. \tag{18.62}$$

Nach dem gleichen Muster ergibt sich für den Feld-Fluktuationsexzeß

$$\bar{F}(\Phi) = \mathrm{g}^2 \int \mathrm{d}^2\alpha\, P(\alpha)[\mathrm{e}^{\mathrm{i}\Phi}(\alpha - \int \mathrm{d}^2\alpha'\, P(\alpha')\alpha') + \{\mathrm{KK}\}]^2. \tag{18.63}$$

Die drei Beziehungen (18.61), (18.62), (18.63) weisen einen gemeinsamen Zug auf. Der Integrand auf der rechten Seite besteht jeweils aus zwei Faktoren, nämlich der Gewichtsfunktion $P(\alpha)$ und dem Quadrat einer reellen Zahl, also einer positiv definiten Funktion von $\alpha$. Offensichtlich bedeutet das, daß $P(\alpha)$ *nicht* positiv definit sein kann, wenn einer der Exzeßwerte $\bar{F}$, $\bar{B}$, $\bar{P}$ negativ ist; es müssen dann auch negative Werte von $P(\alpha)$ vorhanden sein. Das weist für Nichtklassisches Licht den schwerwiegenden Sachverhalt aus, daß seine Glauber-Sudarshan-Darstellung $P(\alpha)$ *nicht als Wahrscheinlichkeitsdichte* für den Beitrag von Wellen $|\alpha\rangle$ mit den Amplituden $\alpha$ interpretiert werden kann, was hingegen für Klassisches Licht der Fall ist.

Für chaotisches Licht mit seiner positiv definiten Funktion $P_{\text{chaot}}(\alpha)$ gilt $\bar{F}(\Phi) > 0$, $\bar{B} > 0$, $\bar{P} > 0$; es gehört also zum Klassischen Licht. Für ideales Laserlicht hat $P_{\text{Gl}}(\alpha)$ auch keine negativen Werte und es gehört somit ebenfalls zum Klassischen Licht; es liegt aber wegen $\bar{F}(\Phi) = \bar{B} = \bar{P} = 0$ gewissermaßen an der Übergangsstelle zum Nichtklassischen Licht.

Die *Erzeugung Nichtklassischen Lichtes* ist schwierig, weil gewährleistet werden muß, daß der hierfür stimulierende Effekt die immer vorhandenen degradierenden Effekte (wie Dämpfung, optische Verluste) hinreichend stark dominiert. Daran wird seit 1985 forciert mit verschiedenen Methoden gearbeitet. Nachdem 1985 mit Vierwellenmischung [D-17] erstmals gequetschtes Licht erzeugt worden ist, wurden dann später erfolgreich auch die Methoden der optischen Bistabilität und der parametrischen Down-Conversion eingesetzt. Auch beim antigeklumpten und Sub-Poisson-Licht, die ja in Zusammenhang mit (18.62) Parallelentwicklungen nahelegen, konnten Erfolge erzielt werden. Dabei hat insbesondere der Einsatz von „technischen Mitteln“ (wie die Einführung „künstlicher Totzeiten“, um die Signalphotonen-Zählakte in einen etwa gleichmäßigen Abstand zu bringen [E-3] und wie der Aufbau von Lasern mit negativer Rückkopplung) Fortschritte gebracht. Während Anfang 1985 für den charakteristischen Quotienten $\langle[\widehat{\Delta E}]^2\rangle/g^2$ bei gequetschtem Licht und $\langle[\widehat{\Delta N}]^2\rangle/\langle\hat{N}\rangle$ bei Sub-Poisson-Licht jeweils empirisch noch der Wert Eins galt, wurden bis 1991 schon siebenmal kleinere Werte erzielt. Das zeigt, daß die Aufklärung moderner Probleme der Quantenoptik bereits zu Fortschritten in der optischen Hochleistungsmeßtechnik beitragen kann, was beispielsweise durch den Aufbau von Interferometern ausgewiesen ist, deren Empfindlichkeit die Standardgrenze mit idealen Lasern schon um mehr als das Doppelte übersteigt. Die quantitative Einschätzung macht es allerdings erforderlich, dazu auch bei der Analyse der Lichtausbreitung durch optische Anordnungen von der traditionellen klassischen Theorie zu einer voll quantentheoretischen Beschreibung überzugehen; die Grundlagen dazu geben wir im nächsten Abschnitt.

### 18.6.4 Lichtausbreitung durch lineare optische Anordnungen

Wir wollen das Prinzip einer solchen quantentheoretischen Analyse im Folgenden unter vereinfachenden Bedingungen (wie Monochromasie, Stationarität, einheitliche Polarisationsrichtung, lineare Medien) betrachten und mit der traditionellen klassischen Kirchhoff-Konzeption vergleichen. Bei dieser Konzeption gewinnt man die Relation zwischen Strahlung auf einer Eingangsfläche $\mathscr{F}_e$ und der auf der Ausgangsfläche $\mathscr{F}_a$ folgendermaßen: Von den illuminierten (bzw. selbstleuchtenden) Flächenelementen auf $\mathscr{F}_e$ gehen Elementarwellen aus, die sich auf den Punkten von $\mathscr{F}_a$ nach Durchqueren der optischen Anordnung additiv überlagern. In der optischen Anordnung soll für die Feldstärke die Wellengleichung

$$\triangle \boldsymbol{E} = (1/\boldsymbol{v}^2)\, \partial^2 \boldsymbol{E}/\partial t^2 \tag{18.64}$$

erfüllt werden, wobei $\boldsymbol{v}$ die Phasengeschwindigkeit im jeweiligen Medium ist. Es sei hier besonders darauf hingewiesen, daß bei dieser Konzeption von den nichtilluminierten Gebieten der Eingangsfläche $\mathscr{F}_e$ kein Einfluß auf die Ausgangsstrahlung besteht.

Bei der *quantentheoretischen Beschreibung* nehmen wir an, daß die von der Eingangsfläche $\mathscr{F}_e$ in die Anordnung hineinlaufende Strahlung aus Moden mit verschiedenen Wellenzahlvektoren $\boldsymbol{q}_\alpha$ zusammengesetzt ist (vgl. das Schema in Abb. 18.2a). Den Eingangsmoden $\alpha = 1, \ldots, m$ seien die *modalen Eingangsoperatoren* $\hat{c}_\alpha$ zugeordnet; mit ihnen ist es unter den genannten Bedingungen möglich, die entsprechenden Feldstärkeoperatoren $\hat{\boldsymbol{E}}_{\alpha\text{H}}$ darzustellen. In der linearen optischen Anordnung wird die raum-zeitliche Ausbreitung des Gesamtoperators $\hat{\boldsymbol{E}}_\text{H}$ durch die Wellengleichung $\triangle \hat{\boldsymbol{E}}_\text{H} = (1/\boldsymbol{v}^2)\, \partial^2 \hat{\boldsymbol{E}}_\text{H}/\partial t^2$ beschrieben. Die Spezifik der optischen Anordnung wird durch den funktionalen Zusammenhang der *modalen Ausgangsoperatoren* $\hat{d}_\beta$ auf der Fläche $\mathscr{F}_a$ mit den modalen Eingangsoperatoren gegeben:

$$\hat{d}_\beta = d_\beta(\hat{c}_1, \ldots, \hat{c}_m) \quad \text{mit} \quad \beta = 1, \ldots, n. \tag{18.65}$$

Wir nehmen an, daß der *Strahlungszustand* auf der Eingangsfläche $\mathscr{F}_e$ durch

$$\hat{\varrho}_\text{e} = \prod_{\alpha=1}^{m} \hat{\varrho}_\alpha \tag{18.66}$$

gegeben ist; die einzelnen Moden seien also entkoppelt. Die Eingangsmoden können *angeregte Signalmoden* repräsentieren oder auch *nichtangeregte Moden* (in klassischen Sinn: nichtilluminierte Gebiete). Im letzteren Fall muß der entsprechende Dichteoperator $\hat{\varrho}_{\alpha'}$ mit $|0\rangle_{\alpha'}\,{}_{\alpha'}\langle 0|$, also dem *Photonenvakuum-Zustand* der Mode $\alpha'$, identifiziert werden. Will man physikalisch relevante Werte der Ausgangsstrahlung beschreiben, so muß der Erwartungswert

$$\langle \bar{B} \rangle = \text{Sp}(\hat{\varrho}_\text{e} \hat{B}) \quad \text{mit} \quad \hat{B} = B(\hat{d}_1, \ldots, \hat{d}_n) \tag{18.67}$$

gebildet werden; wobei $\hat{B}$ ein Funktional $B$ der modalen Ausgangsoperatoren ist. Beispiele für $\hat{B}$ sind Intensitäten, wie $\hat{d}_\beta^{\,+} \hat{d}_\beta$, statistische Maßzahlen, wie die Varianz $[\Delta(\hat{d}_\beta^{\,+} \hat{d}_\beta)]^2$ oder andere Momente wie $(\hat{d}_1^{\,+} \hat{d}_1 - \hat{d}_2^{\,+} \hat{d}_2)$. Wir wollen in der Folge die maßgeblichen Aussagen dieses allgemeinen Modells [E-4] an einem instruktiven einfachen Beispiel erläutern.

In [E-5] wurde der Einfluß von einem Strahlteiler bzw. Kombinationen von Strahlteilern *speziell* auf gequetschtes Licht mit seinen relativ geringen Fluktuationen untersucht, wobei ideales *gequetschtes* Licht als Eingangsstrahlung vorausgesetzt wurde. Es wurde gefunden, daß es einerseits optische Anordnungen gibt, die die vorteilhaften Eingangsrauscheigenschaften von gequetschtem Licht auf den Ausgang in guter Näherung übertragen, während bei anderen Anordnungen durch die Übertragung größeres Rauschen zustande kommt. Wir wollen jetzt (vgl. [E-4]) Eingangsstrahlung mit *beliebigem* Charakter untersuchen.

Ein *verlustloser Strahlteiler* (siehe Abb. 18.2b) wird durch die Eingangs-Ausgangs-Relation

$$\begin{pmatrix} \hat{d}_1 \\ \hat{d}_2 \end{pmatrix} = \begin{pmatrix} t & r \\ r & t \end{pmatrix} \begin{pmatrix} \hat{c}_1 \\ \hat{c}_2 \end{pmatrix} \quad \text{mit} \quad |t|^2 + |r|^2 = 1, \quad t r^* + r t^* = 0 \tag{18.68}$$

beschrieben, wo $t$ und $r$ der Transmissions- bzw. Reflexions-Koeffizient ist; wir merken an, daß die Gültigkeit der Bosonen-Vertauschungsrelationen für die modalen Eingangsoperatoren $\hat{c}_1$ und $\hat{c}_2$ als Folge von (18.68) auch die Gültigkeit der Vertauschungsrelationen für $\hat{d}_1$ und $\hat{d}_2$ impliziert. Hinsichtlich der Anfangsbedingungen sei jetzt speziell angenommen, daß der Eingang $\alpha = 1$ eine Signalstrahlung von beliebigem Charakter aufnimmt (Dichteoperator $\varrho_1$), während der Ein-

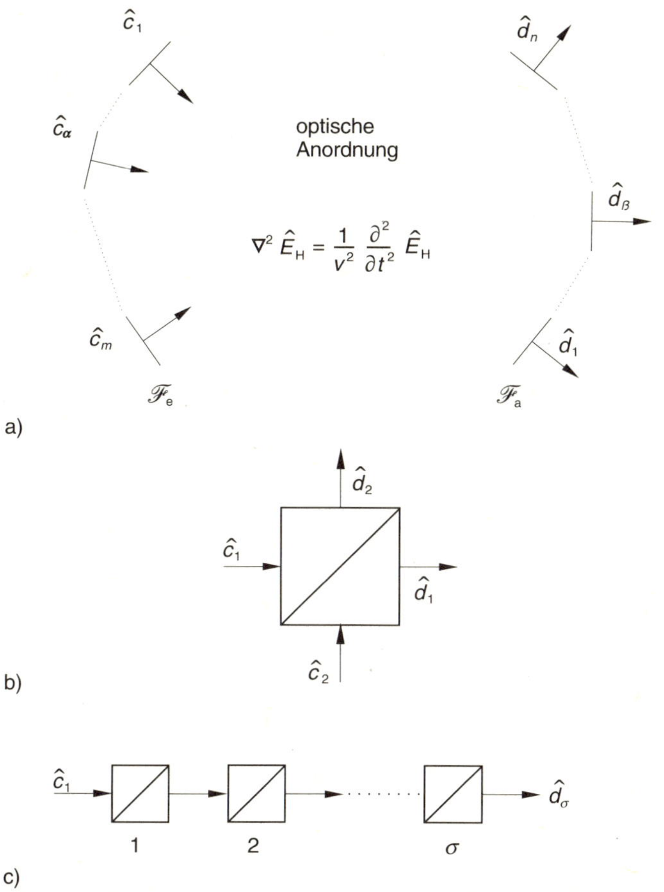


**Abb. 18.2**
Schema zur Lichtausbreitung durch optische Anordnungen: allgemeines Modell (a), ein Strahlteiler (b), eine Strahlteilerkette (c)

gang $\alpha = 2$ ein „Vakuum-Tor" (Photonenvakuum-Zustand) sein soll. Aus

$$\hat{d}_1 = t\hat{c}_1 + r\hat{c}_2 \tag{18.69}$$

lassen sich die Ausgangsgrößen $\langle \hat{N}_a \rangle = \langle \hat{d}_1{}^+ \hat{d}_1 \rangle$, $\langle [\widehat{\Delta N_a}]^2 \rangle = \langle [\Delta(\hat{d}_1{}^+ \hat{d}_1)]^2 \rangle$ in Abhängigkeit von den Eingangsgrößen $\langle \hat{N}_e \rangle = \langle \hat{c}_1{}^+ \hat{c}_1 \rangle$, $\langle [\widehat{\Delta N_e}]^2 \rangle = \langle [\Delta(\hat{c}_1{}^+ \hat{c}_1)]^2 \rangle$ errechnen:

$$\begin{aligned} &\langle \hat{N}_a \rangle = T \langle \hat{N}_e \rangle \quad \text{mit} \quad T = |t|^2, \\ &\langle [\widehat{\Delta N_a}]^2 \rangle = T^2 \langle [\widehat{\Delta N_e}]^2 \rangle + T(1-T). \end{aligned} \tag{18.70}$$

Im Falle der Photonenzählung ist das Rausch-Signal-Verhältnis

$$R \equiv \langle [\widehat{\Delta N}]^2 \rangle / \langle \hat{N} \rangle^2$$

eine wichtige Größe zur Einschätzung der Meßresultate. Aus (18.70) folgt

$$R_a = R_e + (1-T)/\langle \hat{N}_a \rangle \, T. \tag{18.71}$$

Da unter realistischen Bedingungen $T < 1$ ist, folgt stets $R_a > R_e$. Im Gegensatz zum klassischen Fall vergrößert sich bei der quantentheoretischen Analyse das Rausch-Signal-Verhältnis infolge der *Kopplung von angeregter und Vakuum-Mode*. Auch den relativen Poissonexzeß $\bar{P}' \equiv \{\langle [\widehat{\Delta N}]^2 \rangle - \langle \hat{N} \rangle\} / \langle \hat{N} \rangle$ wollen wir betrachten. Es gilt

$$\bar{P}_a{}' = \bar{P}_e{}' \, T. \tag{18.72}$$

Wenn $\bar{P}_e{}'$ kleiner als Null ist (also am Eingang Sub-Poisson-Licht vorliegt), dann ist $\bar{P}_a{}' > P_e{}'$; das drückt eine Tendenz zum Klassischen Licht hin aus. Für eine Kette von $\sigma$ gleichen Strahlteilern (Abb. 18.2c) ergibt sich

$$R_\sigma = R_e + \langle \hat{N}_e \rangle^{-1} (\mathrm{e}^{-\sigma \ln T} - 1), \tag{18.73}$$

$$\bar{P}_\sigma{}' = \bar{P}_e{}' \, \mathrm{e}^{\sigma \ln T}. \tag{18.74}$$

Unabhängig vom Charakter der Eingangszustände der Strahlung steigt das Rausch-Signal-Verhältnis mit wachsender Zahl $\sigma$ der Strahlteiler an; es kann nur dann näherungsweise erhalten bleiben, wenn $\sigma \, |\ln T|$ klein gegen Eins ist. Unter dieser Bedingung ändert sich auch der relative Poissonexzeß nur unmaßgeblich. Die Strahlteilerkette kann als Modell für die Wirkung von Rayleigh-Streuzentren (vgl. 3.1.1.2) in einer optischen Faser gelten, wo jedes Streuzentrum wegen $|r|^2 > 0$ nicht nur einen Anteil der Signalleistung herausstreut, sondern auch eine Vakuum-Mode einkoppelt.

Wir haben hier an einfachen Beispielen gesehen, daß im Gegensatz zur traditionellen klassischen Beschreibung, die raumzeitlich exakt vorherbestimmte Feldfunktionen benutzt, die adäquate quantentheoretische Analyse unter bestimmten Bedingungen starke Änderungen des Strahlungszustandes und des statistischen Verhaltens ausweisen kann. Das gilt auch für kompliziertere Anordnungen und Bedingungen, wie die in [E-4] behandelten Spektralmeßanordnungen und den Lichtdurchgang durch allgemeine passive Systeme [E-4a].

*Kontrollfragen:*

1. Wie ist der Dichteoperator definiert?
2. Welche Mittelungsmechanismen werden bei der Bildung des Ensemblemittelwertes der Meßwerte im gemischten Zustand wirksam?
3. Unter welchen Voraussetzungen und wie läßt sich aus dem Dichteoperator zu einer vorgegebenen Zeit $t_0$ der Dichteoperator zu einer späteren Zeit $t$ zeitlich determiniert gewinnen?
4. Man erläutere die Abhängigkeit des mittleren Entropiebeitrages pro Einzelsystem vom Dichteoperator!
5. Wie bestimmt sich der Dichteoperator eines Systems bei maximaler Entropie unter der Nebenbedingung vorgegebener Meßwerte?
6. Welche Interpretation kann der Glauber-Sudarshan-Darstellung im Fall Klassischen Lichtes gegeben werden?
7. Welche gemeinsame Eigenschaft weisen die Attribute des Nichtklassischen Lichtes aus?
8. Nach welchen Prinzipien ist die Ausgangs-Eingangs-Relation einer optischen Anordnung quantentheoretisch zu beschreiben?

# 19 Symmetrieeigenschaften physikalischer Systeme. Anwendung gruppentheoretischer Methoden in der Quantentheorie

Mehrfach hatten wir schon bei speziellen Problemen Gelegenheit, darauf hinzuweisen, daß Symmetrieeigenschaften eines physikalischen Systems von großer Bedeutung sind. Jetzt wollen wir uns systematisch mit der Frage beschäftigen, welche Schlußfolgerungen aus Symmetrieeigenschaften gezogen werden können.

Im Rahmen der klassischen Mechanik – vgl. 1.1.1 – fanden wir, daß die erzeugenden Funktionen infinitesimaler kanonischer Transformationen, die die Hamilton-Funktion invariant lassen, Konstanten der Bewegung – Erhaltungsgrößen – sind; z. B. folgen aus der Translationsinvarianz im Ortsraum die Impulserhaltung, aus der Invarianz gegenüber Drehungen im Ortsraum die Drehimpulserhaltung und aus der Translationsinvarianz in der Zeit die Energieerhaltung. Analoge Aussagen konnten wir in 1.3.2 in der klassischen Feldtheorie bei Invarianzen gegenüber infinitesimalen Raum-Zeit-Transformationen und Funktional-Transformationen machen.

In der Quantentheorie treten an die Stelle der infinitesimalen kanonischen Raum-Zeit- und Funktional-Transformationen *infinitesimale unitäre Transformationen*, deren erzeugende Operatoren als hermitische Operatoren Observable repräsentieren, die Erhaltungsgrößen sind. Neben diesen *kontinuierlichen* Transformationen gibt es aber auch Symmetrieeigenschaften, zu denen *diskrete unitäre Transformationen* gehören, die sich nicht auf infinitesimale Transformationen zurückführen lassen. Auch zu solchen diskreten Transformationen gehören Erhaltungsgrößen. Die Symmetrietransformationen eines physikalischen Systems lassen den Hamilton-Operator des Systems invariant. Sie bilden eine Gruppe; jeder Operator einer solchen Symmetrietransformation ist ein Element der Gruppe, alle diese Operatoren sind mit dem Hamilton-Operator vertauschbar.

Zum vollen Verständnis des Vorgehens und der Resultate von Kapitel 19 werden Kenntnisse der Gruppentheorie benötigt (Grundbegriffe und wichtige Sätze sind in A 3 – ohne Beweise – zusammengestellt). Beim ersten Durcharbeiten des Buches kann der Leser gegebenenfalls von einer genaueren Nachrechnung mit gruppentheoretischen Methoden absehen. Wichtige Einzelgebiete werden in späteren Kapiteln in der Regel ohnehin nochmals ausführlicher behandelt.

Abschnitt 19.1 soll der Untersuchung des Zusammenhanges physikalischer Eigenschaften mit wichtigen speziellen Symmetrieeigenschaften gewidmet sein. In 19.2 befassen wir uns mit allgemeinen quantentheoretischen Aussagen, die durch Anwendung der Gruppentheorie zu erlangen und von großer praktischer Bedeutung sind – wie Klassifizierung von Eigenzuständen von Operatoren (speziell des Hamilton-Operators), Zusammenhang zwischen Symmetrieverminderung und Energieniveauaufspaltungen, Untersuchung von Matrixelementen und Auswahlregeln, Addition von Drehimpulsen.

## 19.1 Symmetrieeigenschaften, Gruppen von unitären Transformationen und Erhaltungsgrößen

Symmetrietransformationen $\{\sigma\}$ sind dadurch gekennzeichnet, daß bei ihrer Anwendung alle durch Verknüpfung von Observablen und Zustandsvektoren ableitbaren physikalisch-relevanten Aussagen (Eigenwerte, Wahrscheinlichkeiten, Erwartungswerte) invariant sind. Dies bedeutet – vgl. dazu die Ausführungen in 9.4 und A 1.2.2 –, daß ihnen im Hilbert-Raum unitäre Operatoren $\{\hat{U}(\sigma)\}$ entsprechen müssen.

Wenn eine Reihe von Symmetrietransformationen $\{\sigma_j\}$ Elemente einer Gruppe (Symmetriegruppe) sind, d.h., wenn sie sich den in A 3.1.1 angegebenen Axiomen der Gruppendefinition unterordnen, dann repräsentieren auch die entsprechenden unitären Operatoren $\{\hat{U}(\sigma_j)\}$ Gruppenelemente; sie sind eine Darstellung der Symmetriegruppe im Hilbert-Raum – vgl. A 3.2.1. Man bezeichnet die Menge der Operatoren $\{\hat{U}(\sigma_j)\}$ als Symmetriegruppe bezüglich einer Observablen $\hat{L}$, wenn diese Operatoren $\{\hat{U}(\sigma_j)\}$ der Gruppe sämtlich mit $\hat{L}$ kommutieren. Am wichtigsten ist die Symmetriegruppe des Hamilton-Operatores $\hat{H}$. Da er das physikalische System in entscheidendem Maße bestimmt, insbesondere auch die Bewegungsgleichungen oder Feldgleichungen bestimmt, spricht man in diesem Falle auch von der *Symmetriegruppe* $\mathscr{G}$ *des Systems*; d.h. also, ein physikalisches System besitzt die Symmetrieeigenschaften der Gruppe $\mathscr{G}$ von Transformationen $\{\sigma_j\}$, wenn für *alle* unitären Operatoren aus $\{\hat{U}(\sigma_j)\}$

$$[\hat{U}(\sigma_j), \hat{H}] = 0 \tag{19.1}$$

gilt. Mit den $\hat{U}(\sigma_j)$ sind dann *Erhaltungsgrößen des Systems* verknüpft – siehe auch [E-6].

Wie werden also zu der wichtigen Feststellung geführt, daß es möglich sein muß, aus den Symmetrieeigenschaften eines Systems durch Anwendung mathematischer Sätze der Gruppentheorie – vgl. A 3 – quantentheoretische Schlußfolgerungen zu ziehen.

Im folgenden werden wir uns zuerst für *kontinuierliche* (unendliche) *Gruppen* interessieren, die aus einer unendlichen Anzahl von Elementen bestehen, die von einem oder mehreren reellen, stetigen Parametern abhängen. Die zugehörigen endlichen Transformationen können durch fortgesetzte Anwendung infinitesimaler Transformationen erzeugt werden – z.B. die Gruppen der räumlichen Translationen und Rotationen. Man braucht dann nur die *infinitesimalen* Transformationen der Observablen zu kennen und weiß damit auch die Transformationen für die *endlichen* Gruppenoperationen. Die Darstellung der Gruppe durch infinitesimale unitäre Operatoren

$$\hat{U}(\varepsilon) = \hat{I} + \mathrm{i}\varepsilon\hat{F} \tag{19.2}$$

wird durch die hermiteschen Operatoren $\hat{F}$, die *erzeugenden Operatoren der Gruppe*, bestimmt. Da bei Vorgabe der infinitesimalen Transformation die Änderung $\delta\hat{L}$ einer Observablen $\hat{L}$ bekannt ist, kann $\hat{F}$ aus

$$\hat{L}' = \hat{U}(\varepsilon)\,\hat{L}\,\hat{U}(\varepsilon)^+ = \hat{L} + \delta\hat{L} = \hat{L} + \mathrm{i}\varepsilon[\hat{F}, \hat{L}] \tag{19.3}$$

bestimmt werden. Dann kann auch der Transformationsoperator $\hat{U}$ für jedes *endliche* Gruppenelement, das stetig an die Identitätstransformation (Operator $\hat{I}$) anschließt, nach (19.2) ermittelt werden:

$$\hat{U} = \mathrm{e}^{\mathrm{i}\varepsilon\hat{F}}. \tag{19.4}$$

Die Verallgemeinerungen von (19.2) und (19.4) auf mehrparametrische kontinuierliche Transformationen lauten

$$\hat{U}(\varepsilon_1, \ldots, \varepsilon_n) = \hat{I} + \mathrm{i} \sum_{j=1}^{n} \varepsilon_j \hat{F}_j \tag{19.5}$$

und

$$\hat{U} = \exp\left(\mathrm{i} \sum_{j=1}^{n} \varepsilon_j \hat{F}_j\right). \tag{19.6}$$

Die hermiteschen Operatoren $\hat{F}_j$ definieren Observable – vgl. dazu die folgenden Erläuterungen zur räumlichen und zeitlichen Translationstransformation. Durch die Kommutatorrelationen (19.3) werden grundlegende Beziehungen zwischen Observablen hergestellt, die als Quantisierungsvorschriften zu gelten haben, wie wir sie früher im speziellen Fall mit (8.1) und allgemeiner mit (8.5) eingeführt haben.

In der klassischen Mechanik führen *diskrete* Transformationen, die sich nicht auf infinitesimale zurückführen lassen, nicht auf Erhaltungsgrößen. In der Quantentheorie ist dieser Unterschied zwischen kontinuierlichen und diskreten Transformationen aufgehoben, dann existieren bei Invarianz gegenüber letzteren auch Erhaltungsgrößen. Die diskreten Transformationen in endlicher Anzahl bilden sogenannte endliche Gruppen – Gruppen mit endlicher Anzahl von Elementen, z.B. die Punktgruppen, die Raumspiegelungsgruppe. Von besonderer Bedeutung sind solche *diskreten Gruppen*, die nur das Eins-Element und *ein* weiteres Element besitzen: $\hat{I}$ und $\hat{U}$. Dann muß gelten:

$$\hat{U}^2 = \hat{I}, \tag{19.7}$$

woraus wegen der Unitarität

$$\hat{U} = \hat{U}^+ \tag{19.8}$$

folgt; dies bedeutet, daß der Transformationsoperator $\hat{U}$ in diesem Falle selbst eine Observable repräsentiert, die Erhaltungsgröße sein kann.

Diese allgemeinen Erläuterungen werden wir jetzt hinsichtlich ihres physikalischen Gehaltes an speziellen Gruppen exemplifizieren.

### 19.1.1 Gruppe der räumlichen Translationen

Die Betrachtungen zu speziellen Gruppen wollen wir mit der Gruppe der kontinuierlichen *Translationen im Ortsraum* beginnen. Wir können uns auf *eine* Dimension ($x$-Achse) beschränken, da die Verallgemeinerung auf drei Dimensionen dann sofort einsichtig wird.

Wenn $\hat{U}(\xi)$ der unitäre Operator im Hilbert-Raum ist, der der Translation der Ortskoordinate $x$ im Euklidschen Raum von $x$ nach $x' = x - \xi$ entspricht, d.h., wenn

$$\hat{x}' = \hat{U}(\xi)\,\hat{x}\,\hat{U}^+(\xi) = \hat{x} - \hat{I}\xi \tag{19.9}$$

gilt, ergibt sich

$$\hat{U}(\xi)^{-1} = \hat{U}^+(\xi) = \hat{U}(-\xi). \tag{19.10}$$

Weiterhin finden wir:

$$\hat{U}(\xi_1)\,\hat{U}(\xi_2) = \hat{U}(\xi_2)\,\hat{U}(\xi_1) = \hat{U}(\xi_1 + \xi_2), \tag{19.11}$$

d.h., die Translationen bilden eine sogenannte Abelsche Gruppe. Aus (19.11) können wir durch Differentiation nach $\xi_1$ und $\xi_2$ leicht

$$\frac{\mathrm{d}\,\hat{U}(\xi_2)}{\mathrm{d}\,\xi_2}\,\hat{U}(\xi_1) = \frac{\mathrm{d}\,\hat{U}(\xi_1)}{\mathrm{d}\,\xi_1}\,\hat{U}(\xi_2)$$

ableiten, woraus sich durch Multiplikation mit $\hat{U}(-\xi_1 - \xi_2) = \hat{U}^+(\xi_1 + \xi_2)$ von rechts

$$\frac{\mathrm{d}\,\hat{U}(\xi_1)}{\mathrm{d}\,\xi_1}\,\hat{U}^+(\xi_1) = \frac{\mathrm{d}\,\hat{U}(\xi_2)}{\mathrm{d}\,\xi_2}\,U^+(\xi_2) \tag{19.12}$$

ergibt. Der Ausdruck

$$\frac{\mathrm{d}\,\hat{U}(\xi)}{\mathrm{d}\,\xi}\,\hat{U}^+(\xi) = \hat{A} \tag{19.12a}$$

ist also von $\xi$ unabhängig, und (19.12a) bedeutet die Differentialgleichung

$$(\mathrm{d}\,\hat{U}(\xi))\,\hat{U}(\xi)^{-1} = \hat{A}\,\mathrm{d}\,\xi \tag{19.13}$$

mit der Lösung

$$\hat{U}(\xi) = \mathrm{e}^{\xi\hat{A}}, \tag{19.14}$$

woraus wir unter Berücksichtigung der Unitarität von $\hat{U}$ durch Einführung des hermiteschen Operators $\hat{F}$ anstelle von $\hat{A}$ durch $\hat{A} \equiv \mathrm{i}\hat{F}$

$$\hat{U}(\xi) = \mathrm{e}^{\mathrm{i}\xi\hat{F}} \tag{19.15}$$

erhalten. Verwenden wir (19.15) im infinitesimalen Falle, dann erhalten wir für $\hat{L} \equiv \hat{x}$ aus (19.3) und (19.9)

$$\hat{x}' = \hat{x} - \hat{I}\xi = \hat{x} + \mathrm{i}\xi[\hat{F}, \hat{x}], \tag{19.16}$$

d.h.

$$[\hat{x}, (-\hbar\hat{F})] = \mathrm{i}\hbar\hat{I}. \tag{19.17}$$

Es bleibt uns nun die Aufgabe, die physikalische Bedeutung von $\hat{F}$ aufzuklären. Zunächst leuchtet sofort ein, daß die Observablen $\hat{y}$, $\hat{z}$, $\hat{p}_x$, $\hat{p}_y$, $\hat{p}_z$ bei der mit (19.9) vorausgesetzten Translation in $x$-Richtung unverändert bleiben müssen, d.h., $\hat{F}$

muß mit diesen Operatoren kommutieren. Weiterhin erkennen wir an (19.17), daß der Operator $(-\hbar\hat{F})$ dieselbe Vertauschungsregel wie $\hat{p}_x$ mit $\hat{x}$ erfüllen muß – vgl. (8.1). Mit der Identifikation $(-\hbar\hat{F})=\hat{p}_x$ bekommt der unitäre Operator $\hat{U}(\xi)$ der Translation in $x$-Richtung die Form

$$\hat{U}(\xi)=\mathrm{e}^{-\frac{\mathrm{i}}{\hbar}\xi\hat{p}_x}; \tag{19.18}$$

er entspricht vollständig dem Verschiebungsoperator (8.9).

Die Auffassung von $\hat{F}$ als $\left(-\frac{1}{\hbar}\right)\hat{p}_x$ kann auch durch folgende Überlegung gestützt werden: Der Hamilton-Operator $\hat{H}$ eines translationsinvarianten (räumlich homogenen) Systems kann nicht vom Ortsoperator, sondern nur vom Impulsoperator abhängen, so daß $[\hat{H}, \hat{p}_x]=\hat{0}$ gilt (Impulserhaltung). Andererseits folgt aus der Definitionsgleichung (19.1) für Symmetrietransformationen zusammen mit (19.15) auch $[\hat{H}, \hat{F}]=\hat{0}$, was $\hat{F}\sim\hat{p}_x$ nahelegt.

Zusammenfassend können wir somit sagen, daß unter der Voraussetzung der *Homogenität* des Raumes die physikalisch-relevanten Aussagen *bei Änderung von $x$ um beliebige Werte $\xi$ unveränderlich sein müssen.* Dies impliziert die Existenz der unitären Transformation (19.18) und die Gültigkeit der Vertauschungsrelation $[\hat{x}, \hat{p}_x]=\mathrm{i}\hbar\hat{I}$.

Beim Übergang zu drei Dimensionen ergibt sich der Translationsoperator durch einfache Verallgemeinerung von (19.18) zu

$$\hat{U}(\xi,\eta,\zeta)=\exp\left[-\frac{\mathrm{i}}{\hbar}(\xi\hat{p}_x+\eta\hat{p}_y+\zeta\hat{p}_z)\right]. \tag{19.19}$$

Wir möchten noch anmerken, daß bei einem System, das durch den Hamilton-Operator $\hat{H}=\frac{1}{2m}(\hat{\boldsymbol{p}}-q\boldsymbol{A}(\hat{\boldsymbol{r}}))^2$ beschrieben wird, in dem über $\boldsymbol{A}(\hat{\boldsymbol{r}})=\frac{1}{2}(\boldsymbol{B}\times\hat{\boldsymbol{r}})$ ein *homogenes* Magnetfeld $\boldsymbol{B}$ eingeführt ist, auch Translationsinvarianz vorliegt. Dieses $\hat{H}$ kommutiert mit $\hat{\boldsymbol{p}}-q\boldsymbol{A}(\hat{\boldsymbol{r}})$, und der zugehörige Translationsoperator ist

$$\hat{U}(\xi,\eta,\zeta)=\exp\left\{-\frac{\mathrm{i}}{\hbar}[\xi(\hat{p}_x-qA_x(\hat{\boldsymbol{r}}))+\eta(\hat{p}_y-qA_y(\hat{\boldsymbol{r}}))+\zeta(\hat{p}_z-qA_z(\hat{\boldsymbol{r}}))]\right\},$$

der auch $\hat{U}\hat{x}\hat{U}^+=\hat{x}-\xi\hat{I}$ usw. bewirkt.

### 19.1.2 Gruppe der zeitlichen Translationen

Wenn wir für den zeitlichen Ablauf Homogenität voraussetzen können, dann muß für abgeschlossene Systeme Invarianz gegenüber *Translationen der Zeit* bestehen. Zur Bestimmung der unitären Operatoren als Darstellung der zugehörigen Gruppe im Hilbert-Raum knüpfen wir an die Überlegungen zu (19.3) an. Für eine infinitesimale Translation um $\varepsilon=\delta t$ ergibt sich die Änderung einer Observablen $\hat{L}$ zu

$$\delta\hat{L}=\mathrm{i}\,\delta t[\hat{F},\hat{L}]. \tag{19.20}$$

Wenn wir beachten, daß (19.3) einer zeitlichen Rückwärtsentwicklung $\hat{U}(t_0, t_0 + \delta t)$ entspricht, dann können wir (19.20) mit der Bewegungsgleichung (11.11) im Heisenberg-Bild unter der Voraussetzung, daß nur eine *dynamische* Zeitabhängigkeit vorliegt, vergleichen. Dabei erkennen wir, daß $\hat{F}$ mit dem Hamilton-Operator $\hat{H}$ durch

$$\hbar \hat{F} = -\hat{H} \tag{19.21}$$

in Beziehung steht. Auf Grund von (19.4) erhalten wir somit den die zeitliche Entwicklung beschreibenden unitären Operator für die Zeitdifferenz $\varepsilon = t_0 - t$

$$\hat{U}(t_0, t) = \mathrm{e}^{-\frac{\mathrm{i}}{\hbar}(t_0 - t)\hat{H}}; \tag{19.22}$$

$\hat{U}(t_0, t)$ ist zu (11.5) adjungiert, wie es wegen der Ausgangsrelation (19.3) im Vergleich mit (11.11 a) sein muß.

Der erzeugende Operator der zeitlichen Translation ist also der Hamilton-Operator.

Wir erkennen, daß Energieerhaltung als Folge der zeitlichen Translationsinvarianz aufzufassen ist.

### 19.1.3 Gruppe der dreidimensionalen Drehungen im Orts- und Spinraum

Bei Voraussetzung von *Isotropie des Raumes* (Ortsraum und/oder Spinraum) kann für abgeschlossene Systeme auf Invarianz gegenüber räumlichen Drehungen geschlossen werden. Physikalisch-relevante Aussagen müssen bei beliebigen Drehungen, die man gewöhnlich mit Hilfe der Eulerschen Winkel $(\varphi, \vartheta, \psi)$ – vgl. [A-1] Seite 129 – beschreibt, ungeändert bleiben. Es muß also unitäre Operatoren $\hat{U}(\varphi, \vartheta, \psi)$ als Darstellung der *Drehgruppe* im Hilbert-Raum geben. Ausgehend von infinitesimalen Rotationen, durch die die erzeugenden Operatoren der Gruppe definiert werden, die Drehimpulsoperatoren sind, können die endlichen Drehungen als solche sukzessive infinitesimale Rotationen dargestellt werden. Man findet dann, wie hier nicht ausführlich dargelegt werden soll:

$$\hat{U}(\varphi, \vartheta, \psi) = \mathrm{e}^{-\frac{\mathrm{i}}{\hbar}\varphi \hat{J}_z} \mathrm{e}^{-\frac{\mathrm{i}}{\hbar}\vartheta \hat{J}_x} \mathrm{e}^{-\frac{\mathrm{i}}{\hbar}\psi \hat{J}_z}; \tag{19.23}$$

es wurden solche Drehimpulskomponenten-Operatoren eingeführt, die sich auf ein rechtwinkliges, *raumfestes* Achsenkreuz beziehen.

Ein wesentlicher Unterschied zwischen (19.23) und (19.19) besteht darin, daß die Impulsoperatoren $\hat{p}_x, \hat{p}_y, \hat{p}_z$ miteinander kommutieren, während für die Drehimpulsoperatoren $\hat{\boldsymbol{J}} = \hat{\boldsymbol{M}} + \hat{\boldsymbol{S}}$ (die erzeugenden Operatoren der Drehgruppe) die Vertauschungsrelationen $[\hat{J}_z, \hat{J}_x] = \mathrm{i}\hbar \hat{J}_y$ und die durch zyklische Vertauschungen von $x, y, z$ entstehenden gelten – vgl. (8.6) und (8.8). Diese Nichtkommutativität ist ein Ausdruck dafür, daß endliche Drehungen um verschiedene Achsen bei Vertauschung der Reihenfolge zu unterschiedlichen Resultaten führen. Im Gegensatz zur Translationsgruppe ist die Drehgruppe nicht Abelsch.

Die Gruppe der Drehungen mit dem Winkel $\alpha$ um *eine* feste Achse $a$ (eindimensionale Drehgruppe, Untergruppe der dreidimensionalen Drehgruppe) ist natürlich Abelsch; mit $\hat{J}_a$ bezogen auf die Achse $a$ gilt hier $\hat{U}(\alpha) = \exp\left(-\frac{\mathrm{i}}{\hbar}\alpha \hat{J}_a\right)$ als eindimensionaler Spezialfall von (19.23).

### 19.1.4 Inversionsgruppe

Ein wichtiges Beispiel *diskreter* (endlicher) Symmetriegruppen ist die abelsche Gruppe der *Spiegelung am Koordinatenursprung* (*Inversion*). Diese Gruppe umfaßt nur zwei Elemente, das Eins-Element und die Inversion $P$, die bezogen auf die Koordinaten $x$, $y$, $z$ durch $x' = -x$, $y' = -y$, $z' = -z$ bestimmt ist und durch die Matrix $\mathbf{P} = -\mathbf{I}$ ($\mathbf{I}$ = dreidimensionale Einheitsmatrix) dargestellt werden kann. Man sieht sofort, daß $\mathbf{P}^2 = \mathbf{I}$ und somit auch $\mathbf{P} = \mathbf{P}^{-1}$ gilt.

Mit den Bahnobservablen $\hat{\boldsymbol{r}}$ und $\hat{\boldsymbol{p}}$ sowie den Drehimpulsobservablen $\hat{\boldsymbol{M}}$ und $\hat{\boldsymbol{S}}$ wird der unitäre Operator $\hat{U}(P)$ im Hilbert-Raum durch die folgenden Relationen $\hat{U}(P)\,\hat{\boldsymbol{r}}\,\hat{U}(P)^+ = -\hat{\boldsymbol{r}}$, $\hat{U}(P)\,\hat{\boldsymbol{p}}\,\hat{U}(P)^+ = -\hat{\boldsymbol{p}}$, $\hat{U}(P)\,\hat{\boldsymbol{M}}\,\hat{U}(P)^+ = \hat{\boldsymbol{M}}$, $\hat{U}(P)\,\hat{\boldsymbol{S}}\,\hat{U}(P)^+ = \hat{\boldsymbol{S}}$ definiert. Vektoren, die bei der Inversion ihr Vorzeichen ändern (wie $\hat{\boldsymbol{r}}$, $\hat{\boldsymbol{p}}$), werden *polare Vektoren* und die, deren Vorzeichen erhalten bleibt (wie $\hat{\boldsymbol{M}}$, $\hat{\boldsymbol{S}}$), werden *axiale Vektoren* genannt.

Wegen $\hat{U}^{-1}(P) = \hat{U}^+(P) = \hat{U}(P)$ ist $\hat{U}(P)$ ein hermitescher Operator, der die Observable *Parität* repräsentiert, deren Eigenwerte $+1$ und $-1$ sind, wie aus $[\hat{U}(P)]^2 = \hat{I}$ folgt. Für inversionssymmetrische Systeme, deren Hamilton-Operatoren mit $\hat{U}(P)$ kommutieren, ist die Parität eine Erhaltungsgröße.

*Bemerkung zur Zeitspiegelung.* Die Gruppe der Zeitspiegelung umfaßt ebenfalls nur zwei Elemente (Eins-Element und Spiegelung $T$, die $t' = -t$ bedeutet). Sie ist auch eine abelsche Gruppe. Im Hilbert-Raum wird die Zeitspiegelung durch einen *antiunitären Operator* $\hat{U}(T)$ repräsentiert, der $\hat{U}(T)\,\hat{\boldsymbol{r}}\,\hat{U}^+(T) = \hat{\boldsymbol{r}}$, $\hat{U}(T)\,\hat{\boldsymbol{p}}\,\hat{U}^+(T) = -\hat{\boldsymbol{p}}$ bewirkt und der Relation $\hat{U}(T)\,(\hbar/\mathrm{i})\,\hat{U}^+(T) = -(\hbar/\mathrm{i})$ genügt.

### 19.1.5 Poincaré- und Lorentz-Gruppe

Die getrennte Betrachtung der Gruppen der räumlichen und zeitlichen Translationen, der räumlichen Drehungen und der räumlichen Spiegelungen in 19.1.1, 19.1.2, 19.1.3 und 19.1.4 geschah unter dem Gesichtspunkt der Anwendung in nicht-relativistischen Theorien. In relativistischen Theorien erfolgt eine Zusammenfassung dieser Gruppen in der sogenannten *Poincaré-Gruppe*, auf deren Transformationen wir im Anhang A 5 eingehen. Sie umfaßt die Raum-Zeit-Translationen und die Transformationen der vollständigen *Lorentz-Gruppe* (räumliche Drehungen und Lorentz-Transformationen zwischen Koordinatensystemen, die sich relativ zueinander mit konstanter Geschwindigkeit bewegen, sowie Raum-Spiegelungen und alle Kombinationen dieser Transformationen). Wesentliche Schlußfolgerungen, die sich aus der Invarianz gegenüber dieser Gruppe ergeben, haben wir bereits in 1.3.2 beim Noether-Theorem in der klassischen Feldtheorie gezogen. Auf solche Überlegungen werden wir im Rahmen der Quantenfeldtheorie in 26.2 zurückkommen.

### 19.1.6 Permutationsgruppen

Von besonderer Bedeutung für die Quantentheorie physikalischer Systeme, die aus $N$ identischen, ununterscheidbaren Teilchen zusammengesetzt sind, ist die symmetrische Gruppe $S_N$, deren Elemente die $N!$ Permutationen der Indizes $1, 2, \ldots, N$

sind, durch die die einzelnen Teilchen gekennzeichnet werden. Alle unitären Operatoren $\hat{P}_\varrho(\varrho = 1, 2, \ldots, N!)$ im Hilbert-Raum, die den $N!$ Permutationstransformationen entsprechen, kommutieren mit den Observablen $\hat{L}$ eines solchen Systems. Der konkreteren Darstellung willen bringen wir weitere Überlegungen zu den Permutationsgruppen in 21.1 bei den Systemen identischer Teilchen.

## 19.2 Anwendung gruppentheoretischer Methoden zur Gewinnung quantentheoretischer Resultate

Die methodische Bedeutung der Gruppentheorie für die Quantentheorie leitet sich auch daraus ab, daß die Eigenvektoren von Observablen in Systemen mit Symmetrieeigenschaften Darstellungsräume der zugehörigen Symmetriegruppe aufspannen – vgl. auch A 3.2.1. Obwohl es im allgemeinen mehrere Observablen geben kann, die bezüglich einer Symmetriegruppe invariant sind – vgl. 19.1, wollen wir uns im folgenden bei der Erörterung der verschiedenen Anwendungsmöglichkeiten der Gruppentheorie fast ausschließlich auf Symmetriegruppen des Hamilton-Operators beziehen.

### 19.2.1 Klassifizierung und Konstruktion von Eigenzuständen auf Grund der Symmetriegruppe des Hamilton-Operators

Der Hamilton-Operator $\hat{H}$ eines gegebenen physikalischen Systems sei invariant bezüglich der Gruppe $\mathscr{G}$ von unitären Operatoren $\{\hat{U}(\sigma)\}$, d.h., es gelte (19.1) für alle Elemente $\sigma$ der Gruppe. Wir fassen nun einen *entarteten* Eigenwert $E_l$ von $\hat{H}$ ins Auge. Aus der Eigenwertgleichung

$$\hat{H}\,|E_{l,\lambda}\rangle = E_l\,|E_{l,\lambda}\rangle \tag{19.24}$$

mit $\lambda = 1, 2, \ldots, \Lambda_l$ folgt dann zusammen mit (19.1), daß der Vektor $\hat{U}(\sigma)\,|E_{l,\lambda}\rangle$ ebenfalls Eigenvektor von $\hat{H}$ zum Eigenwert $E_l$ und durch eine Linearkombination aller Vektoren $\{|E_{l,\lambda}\rangle\}$ des entarteten Niveaus $E_l$ bestimmt ist – vgl. A 1.3.1:

$$\hat{U}(\sigma)\,|E_{l,\lambda}\rangle = \sum_{\lambda'=1}^{\Lambda_l} c^{(l)}(\sigma)_{\lambda'\lambda}\,|E_{l,\lambda'}\rangle\,. \tag{19.25}$$

Die Koeffizienten

$$c^{(l)}(\sigma)_{\lambda'\lambda} = \langle E_{l,\lambda'}|\,\hat{U}(\sigma)\,|E_{l,\lambda}\rangle\,, \tag{19.26}$$

die Matrixelemente der Symmetrieoperatoren $\hat{U}(\sigma)$ bezüglich der $\{|E_{l,\lambda}\rangle\}$ des entarteten Niveaus $E_l$ sind, bestimmen $\Lambda_l$-reihige, quadratische Matrizen $\{c^{(l)}(\sigma)_{\lambda'\lambda}\}$, die wie die $\{\hat{U}(\sigma)\}$ alle Gruppenrelationen erfüllen – vgl. A 3.2.1. Diese Matrizen bilden also eine *$\Lambda_l$-dimensionale Darstellung* $\Gamma^{(l)}$ der Symmetriegruppe $\mathscr{G}$, und der von den $\{|E_{l,\lambda}\rangle\}$ aufgespannte Unterraum $\mathscr{S}_l$ von $\mathscr{H}$ ist ein Darstellungsraum von $\mathscr{G}$. Die Darstellungsmatrizen sind durch (19.26) bis auf Äquivalenztransformationen festgelegt – vgl. A 3.2.1. Wie in A 3.2.2 beschrieben ist, kann durch Äquivalenztransformation unter Umständen eine Ausreduktion der Matrizendarstellung (19.26) auf eine Stufenform vorgenommen werden. Das bedeutet, daß der Darstellungsraum $\mathcal{S}_l$ weiter in invariante Unterräume $\mathcal{S}_{l,j}$ zerlegt werden kann, so daß bei vollständiger Ausreduktion jeder dieser Unterräume $\mathcal{S}_{l,j}$ zu einer irreduziblen Darstellung $\Gamma_j$ von $\mathcal{G}$ gehört – vgl. A 3.2.2.

Für die praktische Handhabung der Gruppentheorie ist von Vorteil, daß es weitgehend genügt, mit den *Charakteren der Darstellungen*, d.h. den Spuren der Darstellungsmatrizen, anstelle der Matrizen selbst zu arbeiten – vgl. A 3.3. Kennt man das Charaktersystem der Darstellung einer Symmetriegruppe $\mathcal{G}$ bezüglich eines Darstellungsraums $\mathcal{S}_l$, so kann man sich an Hand der Charaktersysteme der irreduziblen Darstellungen von $\mathcal{G}$, die für die wichtigsten Symmetriegruppen in Charakter-Tabellen nachgesehen werden können, unter Ausnutzung der gruppentheoretischen Formeln (A 3.20) und (A 3.21) zusammen mit (A 3.12) leicht davon überzeugen, ob der Darstellungsraum $\mathcal{S}_l$ reduzibel ist und in welche irreduziblen Unterräume $\mathcal{S}_{l,j}$ er symmetriebedingt noch zerlegbar ist, wobei die Charaktersysteme der irreduziblen Darstellungen $\Gamma_j$ dann diese invarianten Unterräume kennzeichnen (*Klassifizierung*). Die Vektoren $|\tilde{E}_{l,\lambda;j}\rangle$ der Unterräume $\mathcal{S}_{l,j}$, die Linearkombinationen der Eigenvektoren $\{|E_{l,\lambda}\rangle\}$ von $E_l$ sein müssen, kann man sich mit Hilfe der *Projektionsoperatoren* $\hat{P}_j$ – vgl. (A 3.28) – verschaffen. Sie werden als

$$|\tilde{E}_{l,\lambda;j}\rangle = \frac{\Lambda_j}{N} \sum_{\sigma} \chi_j{}^*(\sigma)\, \hat{U}(\sigma)\, |E_{l,\lambda}\rangle \tag{19.27}$$

herausprojiziert, wobei $\Lambda_j$ die Dimension und $\chi_j(\sigma)$ das Charaktersystem der irreduziblen Darstellung $\Gamma_j$ sind und $N$ die Ordnung und $\hat{U}(\sigma)$ die unitären Operatoren der Symmetriegruppe $\mathcal{G}$ bedeuten. Wir merken an, daß die durch Anwendung von $\hat{P}_j$ auf alle $\{|E_{l,\lambda}\rangle\}$ von $\mathcal{S}_l$ entstehenden Linearkombinationen bei mehrdimensionalen irreduziblen Darstellungen $\Gamma_j(\Lambda_j > 1)$ im allgemeinen nicht unabhängig voneinander sind. Man hat aus ihnen noch unabhängige, orthogonale Kombinationen zu bilden, die dann als Basisvektoren der irreduziblen Darstellung $\Gamma_j$ von $\mathcal{G}$ dienen können.

Die erläuterten Beziehungen zwischen der gruppentheoretischen Darstellungstheorie und Eigenwertproblemen gestatten folgende Präzisierung des Begriffs *Entartung*. Eine *natürliche*, d.h. symmetriebedingte *Entartung* ist gegeben, wenn der Unterraum $\mathcal{S}_l$ irreduzibel ist; der Entartungsgrad $\Lambda_l$ ist dann gleich der Dimension der irreduziblen Darstellung, die durch $\mathcal{S}_l$ bestimmt wird. Wenn die Darstellung $\Gamma^{(l)}$ reduzibel ist, spricht man von einer *zufälligen Entartung*; eine solche kann aufgehoben werden, wenn zum Hamilton-Operator $\hat{H}$ ein Störanteil $\hat{V}$ hinzugefügt wird, durch den die Symmetrieeigenschaften des Systems *nicht* verändert werden.

Wie mit Hilfe der Charaktersysteme der irreduziblen Darstellungen der Symmetriegruppe eine *Klassifizierung der Energie-Eigenzustände* eines Systems vorgenommen werden kann, soll nun für einige ausgewählte Symmetriegruppen exemplifiziert werden:

*Eindimensionale Spiegelung*

Das in 19.1.4 über die Inversion Gesagte kann direkt auf eindimensionale Spiegelungen übertragen werden. Ist der Hamilton-Operator bezüglich der Spiegelung $x' = -x$ invariant, wie beispielsweise beim harmonischen Oszillator – vgl. 5.4.4, dann liegt eine abelsche Symmetriegruppe mit 2 Elementen (Eins-Element $e$, Spiegelung $\sigma_x$) vor; die beiden irreduziblen Darstellungen $\Gamma_1$ und $\Gamma_2$ besitzen die Charaktersysteme (1, 1) bzw. (1, $-1$). Die Energie-Eigenwerte und -Eigenvektoren können durch die Charaktere $\chi_1(\sigma_x)=1$ und $\chi_2(\sigma_x)=-1$ gekennzeichnet werden (d.h. durch die Parität $+1$ und $-1$). Zur Parität $+1$ gehören beim harmonischen Oszillator – vgl. 5.4.4 – die symmetrischen Lösungen der Schrödinger-Gleichung (mit Quantenzahl $n=0, 2, 4, \ldots$) und zur Parität $-1$ die antisymmetrischen Lösungen (mit $n=1, 3, 5, \ldots$).

*Inversion*

Bei einem inversionssymmetrischen System (wie z.B. bei einem Elektron im Coulomb-Feld eines Kerns – vgl. 5.4.5 und 14.1.1) hat die Symmetriegruppe auch zwei Elemente (Eins-Element und Inversion $P$), und die Eigenvektoren des Hamilton-Operators können ebenfalls durch die Paritäten $\pm 1$ klassifiziert werden, die den Charakteren $\chi_1(P)=1$ und $\chi_2(P)=-1$ der beiden irreduziblen Darstellungen der Gruppe entsprechen.

Bei einem *kugelsymmetrischen* System ist die Inversion der Raumkoordinaten mit der durch die Polarkoordination ausgedrückten Drehung $r'=r$, $\vartheta'=\pi-\vartheta$, $\varphi'=\pi+\varphi$ identisch. Bei Untersuchung des winkelabhängigen Anteils $Y_l^{m_l}(\vartheta, \varphi)$ der Lösung der Schrödinger-Gleichung – vgl. (5.103) und (5.123) – erkennt man, daß bei der Inversion $Y_l^{m_l}(\pi-\vartheta, \pi+\varphi)=(-1)^l \times Y_l^{m_l}(\vartheta, \varphi)$ gilt. Die Parität der Schrödinger-Funktion für ein kugelsymmetrisches Problem ist also $(-1)^l$, d.h. $+1$ für gerade und $-1$ für ungerade $l$-Werte.

*Dreidimensionale Drehgruppe*

Bei Systemen wie einem Mehr-Elektronen-Atom mit Coulombscher Elektron-Kern- und Elektron-Elektron-Wechselwirkung sowie Spin-Bahn-Kopplung – vgl. 15.5 – spannen die Energie-Eigenvektoren $|E_{a;J,M_J}\rangle$, die durch die Quantenzahlen $J$ und $M_J$ von Gesamtdrehimpulsquadrat und Gesamtdrehimpulskomponente gekennzeichnet sind, einen durch eine irreduzible Darstellung der dreidimensionalen Drehgruppe bestimmten invarianten Unterraum $\mathscr{S}_{a;J,M_J}$ von $\mathscr{H}$ auf. Die irreduziblen Darstellungen $\Gamma_J$ der Drehgruppe sind durch die $J$-Werte $(=0, 1/2, 1, 3/2, 2, \ldots)$ bestimmt und $(2J+1)$-dimensional. Da alle Drehungen um *beliebige* Achsen, aber mit *gleichem* Drehwinkel $\varphi$ zur selben Klasse gehören, kann man die Charaktere der irreduziblen Darstellungen der Drehgruppe mit Hilfe eines möglichst bequemen Elements einer Klasse berechnen; nach (19.23) ergeben sich z.B. für eine reine Drehung um die $z$-Achse $\hat{U}_z(\varphi, 0, 0)=\exp(-\varphi \hat{J}_z/\hbar)$ die Darstellungsmatrixelemente

$$\langle E_{a;J,M_J'}|\,\hat{U}_z(\varphi, 0, 0)\,|E_{a;J,M_J}\rangle = \mathrm{e}^{-\mathrm{i}\varphi M_J}\,\delta_{M_J' M_J} \tag{19.28}$$

und somit der Charakter der irreduziblen Darstellung $\Gamma_J$ für die Klasse der Drehungen mit dem Winkel $\varphi$

$$\chi_{J,\varphi} = \sum_{M_J=-J}^{M_J=J} \mathrm{e}^{-\mathrm{i}\varphi M_J} = \frac{\sin\left[\left(J+\dfrac{1}{2}\right)\varphi\right]}{\sin(\varphi/2)}. \tag{19.29}$$

An (19.28) erkennt man, daß für ganzzahlige $J$ (Darstellungen mit ungeradzahliger Dimension) Eindeutigkeit, bei halbzahligem $J$ (geradzahlige Dimension) jedoch Zweideutigkeit besteht. Die Zweideutigkeit – wie überhaupt die Halbzahligkeit von $J$ – spielt beim Spindrehimpuls eine Rolle.

*Raumgruppen*

In 19.1.1 und 19.1.3 betrachteten wir diejenigen Transformationen (Translationen und Drehungen), die das dreidimensionale Raumkoordinaten-Kontinuum auf sich abbilden. Wenn nun ein Kristall mit seiner regelmäßigen Anordnung von Kristallbausteinen vorliegt, so können wir Transformationen betrachten, die den Kristall invariant lassen, d.h. solche Abbildungen des dreidimensionalen Raumes, die die Menge der Ruhelagen der Kristallbausteine in sich überführen. Diese *diskreten* Transformationen bilden die *Raumgruppen* des Kristalls. Wichtige Bestandteile der Raumgruppen sind die *Translationsgruppen* (die Gruppen der primitiven Translationen) und die *Punktgruppen* (die Drehanteile der Raumgruppen). Punktgruppen liegen auch bei Molekülen vor; bei ihren Transformationen wird ein Raumpunkt festgehalten. Da wir bisher explizit noch keine (quantentheoretischen) Zustände mit charakteristischen Eigenschaften der wichtigen Translations- und Punktgruppen behandelt haben, wird auf diese in selbständigen Abschnitten (19.2.2 und 19.2.3) eingegangen.

### 19.2.2 Folgerungen für Ein-Elektronen-Zustände bei Translationssymmetrie in Kristallen

Ein Kristall ist gegenüber bestimmten *Gittertranslationen*, d.h. Verschiebungen um einen Gittervektor $\boldsymbol{R}$, invariant, wobei sich jeder Gittervektor $\boldsymbol{R}$ aus drei linear unabhängigen, *primitiven Basistranslationen* $\boldsymbol{a}_j$ ($j=1, 2, 3$) aufbauen läßt:

$$\boldsymbol{R}=n_1\boldsymbol{a}_1+n_2\boldsymbol{a}_2+n_3\boldsymbol{a}_3 \quad \text{mit} \quad n_j=0, \pm 1, \pm 2, \ldots \tag{19.30}$$

Die Menge der Vektoren $\boldsymbol{R}$ bestimmt das Gitter des Kristalls, das aus Zellen besteht, die durch die $\boldsymbol{a}_j$ aufgespannt werden. Das Zellenvolumen $V$ ist gleich $\boldsymbol{a}_1(\boldsymbol{a}_2\times\boldsymbol{a}_3)$.

Wir behandeln das Eigenwertproblem für ein Elektron im periodischen Potential – vgl. 14.1.4. In Ortsdarstellung muß

$$\left(-\frac{\hbar^2}{2m}\triangle_{\boldsymbol{r}}+U(\boldsymbol{r})\right)\psi(\boldsymbol{r})=E\,\psi(\boldsymbol{r}) \tag{19.31}$$

gelten, wobei die potentielle Energie gemäß $U(\boldsymbol{r})=U(\boldsymbol{r}+\boldsymbol{R})$ gitterperiodisch sein soll. Alle Zellen des Kristalls sind äquivalent, deshalb müssen die physikalisch-relevanten Größen der Aufenthaltswahrscheinlichkeitsdichte und der Wahrscheinlichkeitsstromdichte an äquivalenten Punkten der Zellen stets den gleichen Wert haben:

$$\psi^*(\boldsymbol{r})\,\psi(\boldsymbol{r}) = \text{gitterperiodische Funktion,} \tag{19.32a}$$

$$\frac{\hbar}{2m\mathrm{i}}(\psi^*(\boldsymbol{r})\,\nabla_{\boldsymbol{r}}\,\psi(\boldsymbol{r}) - \psi(\boldsymbol{r})\,\nabla_{\boldsymbol{r}}\,\psi^*(\boldsymbol{r})) = \text{gitterperiodische Funktion.} \tag{19.32b}$$

Die Forderung (19.32a) bedeutet, daß die komplexe Funktion $\psi(\boldsymbol{r})$ dem Betrage nach gitterperiodisch sein muß, wohingegen ein Phasenfaktor unperiodisch sein kann. Dies wird mit dem Ansatz

$$\psi(\boldsymbol{r}) = \mathrm{e}^{\mathrm{i}\alpha(\boldsymbol{r})}\,u(\boldsymbol{r}) \quad \text{mit} \quad u(\boldsymbol{r}) = u(\boldsymbol{r}+\boldsymbol{R}) \tag{19.33}$$

erfüllt, wobei in dem Faktor $u(\boldsymbol{r})$ alle gitterperiodischen Anteile von $\psi(\boldsymbol{r})$ zusammengefaßt seien; $\alpha(\boldsymbol{r})$ sei eine allgemeine reelle Funktion. Mit (19.33) ergibt sich für die Stromdichte

$$\frac{\hbar}{2m\mathrm{i}}\{\mathrm{i}2u^*(\boldsymbol{r})\,u(\boldsymbol{r})\,\nabla_{\boldsymbol{r}}\,\alpha(\boldsymbol{r}) + u^*(\boldsymbol{r})\,\nabla_{\boldsymbol{r}}\,u(\boldsymbol{r}) - u(\boldsymbol{r})\,\nabla_{\boldsymbol{r}}\,u^*(\boldsymbol{r})\}\,.$$

Um zu gewährleisten, daß die Stromdichte gitterperiodisch ist, muß $\nabla_{\boldsymbol{r}}\,\alpha(\boldsymbol{r})$ gitterperiodisch oder ortsunabhängig sein. Wegen des in (19.33) vorausgesetzten Charakters von $\alpha(\boldsymbol{r})$ kommt nur letzteres in Frage; es ist also $\nabla_{\boldsymbol{r}}\,\alpha(\boldsymbol{r})$ gleich einem (ortsunabhängigen) Vektor $\boldsymbol{k}$. Damit ergibt sich die Eigenfunktion von (19.31) in der Form

$$\psi_{\boldsymbol{k}}(\boldsymbol{r}) = \mathrm{e}^{\mathrm{i}\boldsymbol{k}\boldsymbol{r}}\,u_{\boldsymbol{k}}(\boldsymbol{r}), \tag{19.34}$$

die man als *Bloch-Funktion* bezeichnet. Nach Einsetzen von $\psi_{\boldsymbol{k}}(\boldsymbol{r})$ in (19.31) ergibt sich für $u_{\boldsymbol{k}}(\boldsymbol{r})$ die Differentialgleichung

$$\left\{-\frac{\hbar^2}{2m}(\nabla_{\boldsymbol{r}} + \mathrm{i}\boldsymbol{k})^2 + U(\boldsymbol{r})\right\}u_{\boldsymbol{k}}(\boldsymbol{r}) = E_{\boldsymbol{k}}\,u_{\boldsymbol{k}}(\boldsymbol{r}). \tag{19.35}$$

Da wegen (19.34) der Vektor $\boldsymbol{k}$ in den Differentialoperator für $u_{\boldsymbol{k}}$ eingeht, wird auch die Energie von $\boldsymbol{k}$ abhängig. $\hbar\boldsymbol{k}$ wird aus später in 19.2.2 zu erörternden Gründen als *Quasiimpuls des Elektrons* bezeichnet.

Die Potentialfunktion $U(\boldsymbol{r})$ aus (19.31) charakterisiert ein unendlich ausgedehntes Gitter. Experimente an endlich ausgedehnten Kristallen zeigen, daß bereits eine endliche (wenn auch hinreichend große) Anzahl von regelmäßig angeordneten Zellen ausreicht, um die Merkmale der Translationssymmetrie empirisch auszuweisen. Es liegt deshalb nahe, auch bei der theoretischen Beschreibung von endlichen Volumina auszugehen, zumal das auch methodisch Vereinfachungen bringt. Zur besseren Veranschaulichung demonstrieren wir das Vorgehen am eindimensionalen Fall (in $x$-Richtung). Wir betrachten ein Grundgebiet der Länge $L = Na$ mit $N \gg 1$. Es wird gefordert, daß jede Eigenfunktion am linken und rechten Rand des Grundgebietes den gleichen Wert haben soll, also

$$\psi_k(x) = \psi_k(x+L) \tag{19.36}$$

ist. Das gilt dann auch für eine beliebige Zustandsfunktion (die ja als Superposition der $\psi_k(x)$ dargestellt werden kann); (19.36) bedeutet also, daß sich die physikalischen Verhältnisse im Abstand $L$ wiederholen. Das eingeführte Grundgebiet kann als Modell für einen endlich ausgedehnten Kristall angesehen werden, wobei der Einfluß der Oberflächeneffekte vernachlässigbar sein soll. Rechnerisch führt (19.36) mit (19.34) auf

$$e^{ikL} = 1, \quad \text{also} \quad k = m\frac{2\pi}{L} \quad \text{mit} \quad m = 0, \pm 1, \pm 2, \ldots \tag{19.37}$$

Die Normierung werde so ausgeführt, daß die Integration von $|\psi_k(x)|^2$ über das Grundgebiet Eins sein soll. Mit dieser Festlegung erhält man schließlich

$$\psi_k(x) = \frac{1}{\sqrt{L}} e^{ikx}\, u_k(x) = \frac{1}{\sqrt{Na}} e^{ikx}\, u_k(x), \tag{19.38}$$

wenn das Integral von $|u_k(x)|^2$ über die Länge $a$ einer „Zelle" gleich $a$ ist. Methodisch ist es von Vorteil, bei der Normierung ein endliches Intervall – anstelle der gesamten $x$-Achse – benutzen zu können. Dreidimensional ist das Grundgebiet ein Parallelepiped mit den Kantenlängen $N_1 a_1$, $N_2 a_2$, $N_3 a_3$; sein Volumen ist $G = N_1 N_2 N_3 V$. Im Falle eines Quaders führt die Periodizitätsbedingung (19.36) auf

$$k_x = m_1 \frac{2\pi}{N_1 a_1}, \quad k_y = m_2 \frac{2\pi}{N_2 a_2}, \quad k_z = m_3 \frac{2\pi}{N_3 a_3} \tag{19.39}$$

$$\text{mit} \quad m_j = 0, \pm 1, \pm 2, \ldots$$

Die über $G$ normierte Eigenfunktion ist

$$\boldsymbol{\psi_k(r) = \frac{1}{\sqrt{G}} e^{ikr}\, u_k(r)}. \tag{19.40}$$

Die vorstehend gegebenen Darlegungen zu den Ein-Elektronen-Zuständen bei Gittertranslationssymmetrie sollen nun gruppentheoretisch untermauert werden. Die Gruppen der primitiven Translationen sind an sich *unendliche* Gruppen (abzählbar unendlich viele Elemente). Führt man jedoch – wie das eben schon angewendet wurde – ein Grundgebiet und die Periodizitätsbedingungen, die sogenannten *Born-von-Kármánschen Randbedingungen*, ein, dann kann man das Problem auf viel einfacher handhabbare *endliche* Gruppen reduzieren. Dies erkennt man sofort, wenn man den zu jeder Translation (19.30) in Analogie zu (19.19) gehörigen Translationsoperator

$$\hat{U}(\boldsymbol{R}) = \exp\left[-\frac{i}{\hbar}\boldsymbol{R}\hat{\boldsymbol{p}}\right] \tag{19.41}$$

im Hilbert-Raum einführt, der als Symmetrieoperator mit dem Hamilton-Operator $\hat{H} = \frac{1}{2m}\hat{\boldsymbol{p}}^2 + \hat{U}(\boldsymbol{r})$ eines Elektrons im Kristall vertauschbar ist. Aus der Wirkungsweise von $\hat{U}(\boldsymbol{R})$ auf Eigenvektoren $|\boldsymbol{r}\rangle$ des Ortsoperators $\hat{\boldsymbol{r}}$

$$\hat{U}(\boldsymbol{R})|\boldsymbol{r}\rangle = |\boldsymbol{r}+\boldsymbol{R}\rangle,$$

die unmittelbar aus den Überlegungen in 8.4.1 folgt, ergibt sich als Resultat für die Anwendung auf eine Zustandsfunktion

$$\psi(\boldsymbol{r}) = \langle \boldsymbol{r}|\varphi\rangle$$

$$\begin{aligned}\langle \boldsymbol{r}|\,\hat{U}(\boldsymbol{R})\,|\varphi\rangle &= \int \mathrm{d}^3 r'\, \langle \boldsymbol{r}|\,\hat{U}(\boldsymbol{R})\,|\boldsymbol{r}'\rangle\, \langle \boldsymbol{r}'|\varphi\rangle \\ &= \int \mathrm{d}^3 r'\, \langle \boldsymbol{r}|\boldsymbol{r}'+\boldsymbol{R}\rangle\, \langle \boldsymbol{r}'|\varphi\rangle = \varphi(\boldsymbol{r}-\boldsymbol{R})\end{aligned}$$

oder, wenn man den Operator (19.41) in der Ortsdarstellung

$$T(\boldsymbol{R}, \nabla_{\boldsymbol{r}}) = \mathrm{e}^{-\boldsymbol{R}\nabla_{\boldsymbol{r}}} \tag{19.42}$$

schreibt,

$$T(\boldsymbol{R}, \nabla_{\boldsymbol{r}})\, \varphi(\boldsymbol{r}) = \varphi(\boldsymbol{r}-\boldsymbol{R}). \tag{19.43}$$

Auf Grund von (19.43) erkennt man, daß die Bloch-Funktionen (19.40) Eigenfunktionen von $T(\boldsymbol{R}, \nabla_{\boldsymbol{r}})$ zu den Eigenwerten $\mathrm{e}^{-\mathrm{i}\boldsymbol{k}\boldsymbol{R}}$ sind, d.h.

$$T(\boldsymbol{R}, \nabla_{\boldsymbol{r}})\, \psi_{\boldsymbol{k}}(\boldsymbol{r}) = \mathrm{e}^{-\mathrm{i}\boldsymbol{k}\boldsymbol{R}}\, \psi_{\boldsymbol{k}}(\boldsymbol{r}) \tag{19.44}$$

gilt, weil nach (19.33) $T(\boldsymbol{R}, \nabla_{\boldsymbol{r}})\, u_{\boldsymbol{k}}(\boldsymbol{r}) = u_{\boldsymbol{k}}(\boldsymbol{r}-\boldsymbol{R}) = u_{\boldsymbol{k}}(\boldsymbol{r})$ ist. Wegen der *Born-von-Kármánschen Randbedingungen*

$$\varphi(\boldsymbol{r}) = \varphi(\boldsymbol{r}-N_1\boldsymbol{a}_1) = \varphi(\boldsymbol{r}-N_2\boldsymbol{a}_2) = \varphi(\boldsymbol{r}-N_3\boldsymbol{a}_3) \tag{19.45}$$

hat die Translationsgruppe endlich viele Elemente (die Ordnung der Gruppe ist $N = N_1 N_2 N_3$). Die Verknüpfung von (19.44) und (19.45) ergibt

$$T(N_j\boldsymbol{a}_j, \nabla_{\boldsymbol{r}})\, \psi_{\boldsymbol{k}}(\boldsymbol{r}) = \mathrm{e}^{-\mathrm{i}\boldsymbol{k}N_j\boldsymbol{a}_j}\, \psi_{\boldsymbol{k}}(\boldsymbol{r}) = \psi_{\boldsymbol{k}}(\boldsymbol{r}), \tag{19.46}$$

woraus

$$\boldsymbol{k}\cdot N_j\boldsymbol{a}_j = m_j\cdot 2\pi \quad (j=1,2,3) \tag{19.47}$$

mit ganzzahligem $|m_j|$ folgt – vgl. auch (19.37). Führt man Basisvektoren $\boldsymbol{b}_j$ $(j=1,2,3)$ im sogenannten *reziproken Gitter des Kristalls* ein, die mit den primitiven Translationen $\boldsymbol{a}_j$ $(j=1,2,3)$ des Kristallgitters in der Beziehung

$$\boldsymbol{a}_j\boldsymbol{b}_l = \delta_{jl} \quad (j,l=1,2,3) \tag{19.48}$$

stehen, so sieht man, daß (19.47) erfüllt ist, wenn

$$\boldsymbol{k} = \frac{2\pi m_1}{N_1}\boldsymbol{b}_1 + \frac{2\pi m_2}{N_2}\boldsymbol{b}_2 + \frac{2\pi m_3}{N_3}\boldsymbol{b}_3 \tag{19.49}$$

gilt, d.h., wenn $\boldsymbol{k}$ ein Vektor im reziproken Gitter ist.

Wie die Gruppe der kontinuierlichen Translationen – vgl. 19.1.1 – sind auch die Translationsgruppen der Kristalle abelsch, und ihre irreduziblen Darstellungen sind alle eindimensional. Damit ergibt sich nach (19.44), daß jeder Vektor $\boldsymbol{k}$ im reziproken Gitter nach (19.49) eine irreduzible Darstellung kennzeichnet; die Charaktere der irreduziblen Darstellungen sind

$$\chi_{\boldsymbol{k}}(\boldsymbol{R}) = \exp(-\mathrm{i}\,\boldsymbol{k}\,\boldsymbol{R}) = \exp\left[-2\pi\mathrm{i}\left(\frac{m_1 n_1}{N_1} + \frac{m_2 n_2}{N_2} + \frac{m_3 n_3}{N_3}\right)\right]. \qquad (19.50)$$

Die zugehörigen eindimensionalen Darstellungsräume – vgl. 19.2.1 – werden durch die Bloch-Funktionen (19.34) bzw. (19.40) bestimmt.

(19.50) läßt erkennen, daß sich der Charakter einer durch eine Bloch-Funktion bestimmten irreduziblen Darstellung der Kristall-Translationsgruppe nicht ändert, wenn $\boldsymbol{k}$ um einen Vektor

$$\boldsymbol{K} = 2\pi l_1 \boldsymbol{b}_1 + 2\pi l_2 \boldsymbol{b}_2 + 2\pi l_3 \boldsymbol{b}_3 \qquad (19.51)$$

im reziproken Gitter mit ganzzahligem $|l_j|$ $(j = 1, 2, 3)$ auf $\boldsymbol{k} + \boldsymbol{K}$ verändert wird, weil

$$\exp(-\mathrm{i}\,\boldsymbol{K}\boldsymbol{R}) = 1 \qquad (19.52)$$

ist. Es genügt somit, $\boldsymbol{k}$ durch die Bedingung

$$-\pi \leqq \boldsymbol{k}\,\boldsymbol{a}_j < +\pi \quad (j = 1, 2, 3) \qquad (19.53)$$

einzuschränken. Durch die Grundgebietseinteilung des Gitters und die Periodizitätsbedingungen (19.45) wird auch eine Zoneneinteilung des reziproken Gitters (*Brillouin-Zonen* – siehe Abb. 19.1) induziert, in der die Unveränderlichkeit von (19.50) beim Übergang von $\boldsymbol{k}$ zur $(\boldsymbol{k} + \boldsymbol{K})$ zum Ausdruck kommt. Jede Brillouin-Zone umfaßt die gleiche Anzahl erlaubter $\boldsymbol{k}$-Vektoren. Die auf den durch (19.53) gegebenen Bereich beschränkten $\boldsymbol{k}$-Vektoren werden *reduzierte $\boldsymbol{k}$-Vektoren* genannt. Sie liegen in der sogenannten *ersten Brillouin-Zone* des reziproken Gitters. Alle physikalischen Fragestellungen sind in diesem reduzierten $\boldsymbol{k}$-Bereich der ersten Brillouin-Zone erörterbar. Geht man mit dem Ansatz $u_{\boldsymbol{k}+\boldsymbol{K}}(\boldsymbol{r}) = \mathrm{e}^{-\mathrm{i}\boldsymbol{K}\boldsymbol{r}}\, v_{\boldsymbol{k}+\boldsymbol{K}}(\boldsymbol{r})$ in die für $(\boldsymbol{k} + \boldsymbol{K})$ anstelle von $\boldsymbol{k}$ aufgeschriebene Gleichung (19.35) ein, so folgt wegen (19.52), daß die ebenfalls gitterperiodische Funktion $v_{\boldsymbol{k}+\boldsymbol{K}}(\boldsymbol{r})$ dieselbe Eigenwertgleichung (19.35) für $E_{\boldsymbol{k}+\boldsymbol{K}}$ wie $u_{\boldsymbol{k}}(\boldsymbol{r})$ für $E_{\boldsymbol{k}}$ befriedigt, d.h., daß $E_{\boldsymbol{k}+\boldsymbol{K}} = E_{\boldsymbol{k}}$ gilt, wenn $\boldsymbol{K}$ (19.52) genügt. Die Energieniveaus der Eigenwertgleichung (19.31) sind in $\boldsymbol{k}$ periodisch mit den Perioden der Grundvektoren $\boldsymbol{b}_1$, $\boldsymbol{b}_2$, $\boldsymbol{b}_3$ des reziproken Gitters. Für die Beurteilung der $\boldsymbol{k}$-Abhängigkeit der Energie genügt es somit, sich auf die erste Brillouin-Zone zu beschränken.

Für ein festes $\boldsymbol{k}$ erhält man nach (19.35) eine Energieniveau-Mannigfaltigkeit, die durch einen Index $\nu$ zu kennzeichnen ist. Für ein fixiertes $\nu$ ergibt sich eine quasikontinuierliche Abhängigkeit des $E_{\boldsymbol{k},\nu}$ von $\boldsymbol{k}$ – ein *Energieband* –, *wenn* $N_1$, $N_2$, $N_3$ hinreichend groß sind, wie es bei einem Festkörper praktisch immer angenommen werden kann. Der Index $\nu$ numeriert die einzelnen Bänder – vgl. dazu die ausführlichere Betrachtung in 20.3.7.

In 19.2.1 haben wir gezeigt, daß man sich symmetriespezifische Zustandsvektoren bzw. Zustandsfunktionen mit Hilfe von Projektionsoperatoren verschaffen kann. Die zu den möglichen $\boldsymbol{k}$-Vektoren der ersten Brillouin-Zone gehörigen Bloch-Funktionen, deren Zahl gleich der Zahl $(N_1 \cdot N_2 \cdot N_3)$ der Elementarzellen im Grundgebiet $G$ ist, werden durch die nach (19.27) konstruierten Projektionsopera-

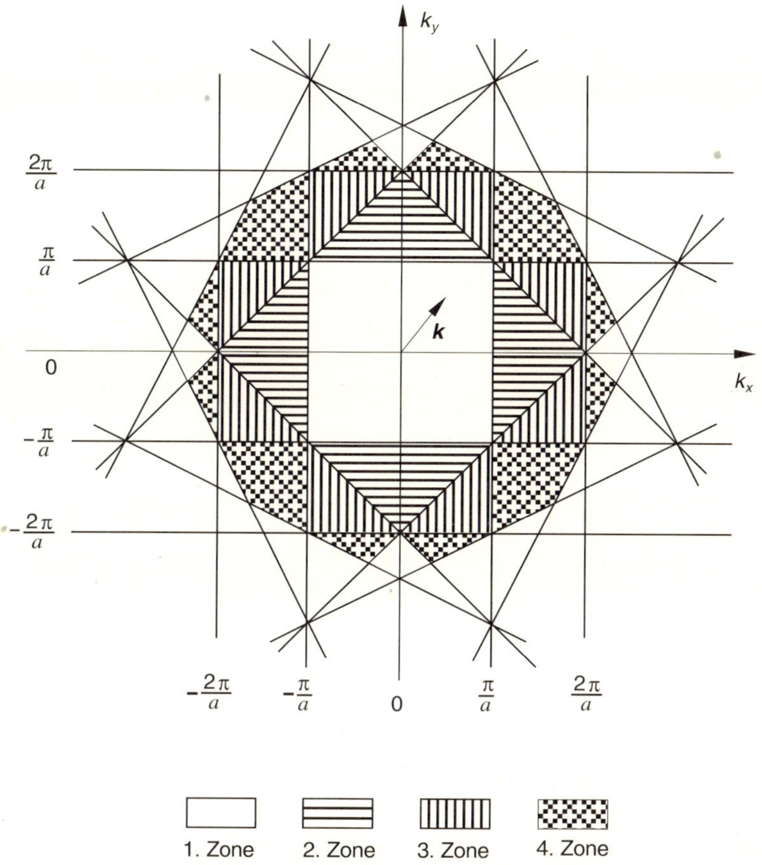


**Abb. 19.1** Verteilung der ersten vier Brillouin-Zonen beim quadratischen Flächengitter

toren in Ortsdarstellung

$$P_{\boldsymbol{k}} = \frac{1}{N_1 N_2 N_3} \sum_{\boldsymbol{R}} e^{i\boldsymbol{k}\boldsymbol{R}}\, T(\boldsymbol{R}, \nabla_{\boldsymbol{r}}) \tag{19.54}$$

mit $T(\boldsymbol{R}, \nabla_{\boldsymbol{r}})$ nach (19.42) erfaßt. Die Anwendung von $P_{\boldsymbol{k}'}$ auf (19.40) ergibt wegen der Gitterperiodizität von $u_{\boldsymbol{k}}(\boldsymbol{r})$ – vgl. (19.33) –

$$P_{\boldsymbol{k}'}\psi_{\boldsymbol{k}}(\boldsymbol{r}) = \frac{1}{\sqrt{G}}\, e^{i\boldsymbol{k}\boldsymbol{r}}\, u_{\boldsymbol{k}}(\boldsymbol{r})\, \frac{1}{N_1 N_2 N_3} \sum_{\boldsymbol{R}} e^{i(\boldsymbol{k}'-\boldsymbol{k})\boldsymbol{R}} = \psi_{\boldsymbol{k}}(\boldsymbol{r})\, \delta_{\boldsymbol{k}'\boldsymbol{k}}, \tag{19.55}$$

d.h., die Bloch-Funktion $\psi_{\boldsymbol{k}}(\boldsymbol{r})$ ist Eigenfunktion von $P_{\boldsymbol{k}'}$ zum Eigenwert Eins, wenn $\boldsymbol{k} = \boldsymbol{k}'$ ist, und sie gehört dem Unterraum von $P_{\boldsymbol{k}'}$ nicht an, wenn $\boldsymbol{k}' \neq \boldsymbol{k}$ ist.

Ausgehend von einer beliebigen Ein-Teilchen-Funktion $u(\boldsymbol{r})$ kann man sich die Bloch-Funktion (19.34) bzw. (19.40) auch durch Projektion mit Hilfe von (19.54) erzeugen

$$P_{\boldsymbol{k}}\, u(\boldsymbol{r}) = \mathrm{e}^{\mathrm{i}\boldsymbol{k}\boldsymbol{r}} \frac{1}{N_1 N_2 N_3} \sum_{\boldsymbol{R}} \mathrm{e}^{-\mathrm{i}\boldsymbol{k}(\boldsymbol{r}-\boldsymbol{R})}\, u(\boldsymbol{r}-\boldsymbol{R}) = \mathrm{e}^{\mathrm{i}\boldsymbol{k}\boldsymbol{r}}\, u_{\boldsymbol{k}}(\boldsymbol{r}), \tag{19.56}$$

da die Funktion

$$u_{\boldsymbol{k}}(\boldsymbol{r}) \equiv \frac{1}{N_1 N_2 N_3} \sum_{\boldsymbol{R}} \mathrm{e}^{-\mathrm{i}\boldsymbol{k}(\boldsymbol{r}-\boldsymbol{R})}\, u(\boldsymbol{r}-\boldsymbol{R}) \tag{19.57}$$

gitterperiodisch ist, wie man sofort durch das Ersetzen von $\boldsymbol{r}$ durch $\boldsymbol{r}-\boldsymbol{R}'$ und das Einführen von $\boldsymbol{R}'' = \boldsymbol{R} + \boldsymbol{R}'$ als neuen Summationsvektor erkennt. Daß sämtliche benötigten Bloch-Funktionen zum Bereich der ersten Brillouin-Zone gehören, folgt auch aus der Relation

$$P_{\boldsymbol{k}} = P_{\boldsymbol{k}+\boldsymbol{K}} \tag{19.58}$$

für die Projektionsoperatoren, die sich aus (19.54) und (19.52) sofort ergibt.

Zu einer vertieften Einsicht über das Verhalten eines Elektrons mit der Eigenfunktion der Form (19.40) führt die Diskussion über die Impulsmeßwerte bzw. den Erwartungswert des Impulses. Die gitterperiodische Funktion $u_{\boldsymbol{k}}(\boldsymbol{r})$ kann in eine dreidimensionale Fourier-Reihe $\sum_{\boldsymbol{K}} s_{\boldsymbol{K},\boldsymbol{k}}\, \mathrm{e}^{\mathrm{i}\boldsymbol{K}\boldsymbol{k}}$ zerlegt werden; damit wird

$$\psi_{\boldsymbol{k}}(\boldsymbol{r}) = \frac{1}{\sqrt{G}} \sum_{\boldsymbol{K}} s_{\boldsymbol{K},\boldsymbol{k}}\, \mathrm{e}^{\mathrm{i}(\boldsymbol{k}+\boldsymbol{K})\boldsymbol{r}}. \tag{19.59}$$

Diese Schreibweise läßt nach 8.4.2 sofort erkennen, daß im allgemeinen mehrere Impulsmeßwerte $\hbar(\boldsymbol{k}+\boldsymbol{K})$ möglich sind. Nur wenn $u_{\boldsymbol{k}}(\boldsymbol{r})$ ortsunabhängig ist (was bei $U(\boldsymbol{r}) = \mathrm{const}$ der Fall ist), ist $|\psi_{\boldsymbol{k}}\rangle$ ein Eigenzustand zu $\hat{\boldsymbol{p}}$ mit dem Eigenwert $\hbar\boldsymbol{k}$.

Man kann den Erwartungswert des Impulses bei Vorliegen eines allgemeinen Energie-Eigenzustandes (19.40) in einen einfachen Zusammenhang mit der $\boldsymbol{k}$-abhängigen Größe $E_{\boldsymbol{k}}$ bringen. Es gilt

$$\frac{1}{\hbar} \nabla_{\boldsymbol{k}} E_{\boldsymbol{k}} = \frac{1}{m} \langle \psi_{\boldsymbol{k}} |\, \hat{\boldsymbol{p}}\, | \psi_{\boldsymbol{k}} \rangle . \tag{19.60}$$

Zum Beweis von (19.60) gehen wir von (19.35) aus und betrachten diese Gleichung unter einer kleinen Änderung von $\boldsymbol{k}$ zu $(\boldsymbol{k} + \delta\boldsymbol{k})$, indem wir $u_{\boldsymbol{k}+\delta\boldsymbol{k}} = u_{\boldsymbol{k}} + \delta u_{\boldsymbol{k}}$ und $E_{\boldsymbol{k}+\delta\boldsymbol{k}} = E_{\boldsymbol{k}} + \delta E_{\boldsymbol{k}}$ einsetzen und nur lineare Glieder in den kleinen Größen mitnehmen; dann erhält man

$$\left\{ \triangle_{\boldsymbol{r}} + 2\mathrm{i}\boldsymbol{k}\nabla_{\boldsymbol{r}} + \left[ \frac{2m}{\hbar^2}(E_{\boldsymbol{k}} - U(\boldsymbol{r})) - \boldsymbol{k}^2 \right] \right\} \delta u_{\boldsymbol{k}} = 2(\boldsymbol{k} \cdot \delta\boldsymbol{k})\, u_{\boldsymbol{k}} - 2\mathrm{i}(\delta\boldsymbol{k} \cdot \nabla_{\boldsymbol{r}})\, u_{\boldsymbol{k}} - \frac{2m}{\hbar^2} \delta E_{\boldsymbol{k}}\, u_{\boldsymbol{k}}. \tag{19.61}$$

In (19.61) kann man die rechte Seite als Inhomogenität zur linken Seite der Gleichung auffassen. Mit Hilfe des mathematischen Satzes, daß die Inhomogenität zur Lösung der homogenen Gleichung orthogonal sein muß, ergibt sich aus (19.61), da die zu ihr homogene Gleichung mit (19.35) übereinstimmt und deshalb die Lösung der homogenen Gleichung von (19.61) $u_{\boldsymbol{k}}$ ist, die Bedingung

$$2(\boldsymbol{k} \cdot \delta\boldsymbol{k}) \int u_{\boldsymbol{k}}^*(\boldsymbol{r})\, u_{\boldsymbol{k}}(\boldsymbol{r})\, \mathrm{d}^3\boldsymbol{r} - 2\mathrm{i}\left(\delta\boldsymbol{k} \cdot \int u_{\boldsymbol{k}}^*(\boldsymbol{r})\, \nabla_{\boldsymbol{r}}\, u_{\boldsymbol{k}}(\boldsymbol{r})\, \mathrm{d}^3\boldsymbol{r}\right) = \frac{2m}{\hbar^2} \delta E_{\boldsymbol{k}} \int u_{\boldsymbol{k}}^*(\boldsymbol{r})\, u_{\boldsymbol{k}}(\boldsymbol{r})\, \mathrm{d}^3\boldsymbol{r}, \tag{19.62}$$

wobei die Integration über das Grundgebiet $G$ zu erstrecken ist. Mit $\delta E_{\boldsymbol{k}} = (\nabla_{\boldsymbol{k}} E_{\boldsymbol{k}}) \delta \boldsymbol{k}$ und wegen $\int u_{\boldsymbol{k}}{}^* u_{\boldsymbol{k}} \, \mathrm{d}^3 \boldsymbol{r} = G$ sowie wegen (19.40) folgt aus (19.62)

$$\left\{ \frac{1}{\hbar} \nabla_{\boldsymbol{k}} E_{\boldsymbol{k}} - \frac{1}{m} \int \psi_{\boldsymbol{k}}{}^*(\boldsymbol{r}) \left( \frac{\hbar}{\mathrm{i}} \nabla_{\boldsymbol{r}} \right) \psi_{\boldsymbol{k}}(\boldsymbol{r}) \, \mathrm{d}^3 \boldsymbol{r} \right\} \delta \boldsymbol{k} = 0. \tag{19.63}$$

Da $\delta \boldsymbol{k}$ willkürlich wählbar ist, erhält man aus (19.63) sofort den zu beweisenden Zusammenhang (19.60). Die Einführung von $\nabla_{\boldsymbol{k}} E_{\boldsymbol{k}}$ setzt natürlich voraus, daß für $k_j = k_1$ die beiden Grenzwerte

$$\lim_{(\tilde{k}_1 - k_1) \to +0} \left( \frac{E_{\tilde{k}_1, k_2, k_3} - E_{k_1, k_2, k_3}}{\tilde{k}_1 - k_1} \right) \quad \text{und} \quad \lim_{(\tilde{k}_1 - k_1) \to -0} \left( \frac{E_{\tilde{k}_1, k_2, k_3} - E_{k_1, k_2, k_3}}{\tilde{k}_1 - k_1} \right)$$

(und analog für $j = 2, 3$) existieren. Eine Aussage über die Existenz dieser Grenzwerte ergibt sich aus der funktionellen Abhängigkeit der Energie $E_{\boldsymbol{k}}$ vom Quasiimpuls $\hbar \boldsymbol{k}$. In 20.3.7 wird für den wichtigen Anwendungsbereich der sogenannten Brillouin-Näherung die Funktion $E_{\boldsymbol{k}}$ explizit berechnet, und man findet die Existenz der Grenzwerte bestätigt.

Die Relation (19.60) verknüpft physikalisch meßbare Größen; sie stellt eine Basisbeziehung für die Erklärung des kinematischen und dynamischen Geschehens im Kristall dar. Bei der physikalischen Deutung muß man daran denken, daß die in die rechte Seite eingehende Eigenfunktion ein Elektron beschreibt, dessen Aufenthaltswahrscheinlichkeit für alle Zellen des (großen) Grundgebietes die gleiche ist. Wir wollen (19.60) eine Beziehung für ein „lokalisiertes Elektron" (Häufung der Wahrscheinlichkeit in einem relativ kleinen Volumen) an die Seite stellen. Dazu wird durch Überlagerung aller Eigenfunktionen, deren Quasiimpulse $\hbar \tilde{\boldsymbol{k}}$ in der Nähe von $\hbar \boldsymbol{k}$ liegen, eine Wellengruppe konstruiert. Deren Zustandsfunktion ist

$$\psi(\boldsymbol{r}, t) = \sum_{\tilde{\boldsymbol{k}}} c_{\tilde{\boldsymbol{k}}} u_{\tilde{\boldsymbol{k}}}(\boldsymbol{r}) \, \mathrm{e}^{\mathrm{i}(\tilde{\boldsymbol{k}} \boldsymbol{r} - \hbar^{-1} E_{\tilde{\boldsymbol{k}}} t)} \approx \gamma \int \mathrm{d}^3 \tilde{\boldsymbol{k}} \, c_{\tilde{\boldsymbol{k}}} \, u_{\tilde{\boldsymbol{k}}}(\boldsymbol{r}) \, \mathrm{e}^{\mathrm{i}(\tilde{\boldsymbol{k}} \boldsymbol{r} - \hbar^{-1} E_{\tilde{\boldsymbol{k}}} t)}. \tag{19.64}$$

Dabei wurde dem ortsabhängigen Anteil $u_{\tilde{\boldsymbol{k}}}(\boldsymbol{r}) \exp(\mathrm{i} \tilde{\boldsymbol{k}} \boldsymbol{r})$ der Eigenfunktion noch deren zeitabhängiger Anteil $\exp[-\mathrm{i} \hbar^{-1} E_{\tilde{\boldsymbol{k}}} t]$ beigefügt. Die $c_{\tilde{\boldsymbol{k}}}$ sollen die Amplitude derjenigen Wahrscheinlichkeit wiedergeben, mit der die Eigenfunktion des Quasiimpulses $\hbar \tilde{\boldsymbol{k}}$ in der Wellengruppe enthalten ist; $|c_{\tilde{\boldsymbol{k}}}|$ soll für $\tilde{\boldsymbol{k}} = \boldsymbol{k}$ ein Maximum haben und für größere $|\tilde{\boldsymbol{k}} - \boldsymbol{k}|$ stark nach Null gehen. Unter der Annahme dichtliegender $\tilde{\boldsymbol{k}}$-Werte – vgl. (19.39) – kann man von der Summe zum Integral übergehen; $\gamma \mathrm{d}^3 \tilde{\boldsymbol{k}}$ soll die Anzahl der Eigenfunktionen sein, die im Gebiet $\mathrm{d}^3 \tilde{\boldsymbol{k}}$ des $\tilde{\boldsymbol{k}}$-Raumes liegen. Bei Entwicklung von $E_{\tilde{\boldsymbol{k}}}$ in eine Taylor-Reihe um $\boldsymbol{k}$ und Mitnahme der ersten Potenz von $\tilde{\boldsymbol{k}} - \boldsymbol{k}$ ergibt sich

$$\psi(\boldsymbol{r}, t) \approx \{ u_{\boldsymbol{k}}(\boldsymbol{r}) \, \mathrm{e}^{\mathrm{i}(\boldsymbol{k} \boldsymbol{r} - \hbar^{-1} E_{\boldsymbol{k}} t)} \} \, \gamma \int \mathrm{d}^3 \tilde{\boldsymbol{k}} \, c_{\tilde{\boldsymbol{k}}} \, \mathrm{e}^{\mathrm{i}(\boldsymbol{r} - t \hbar^{-1} \nabla_{\boldsymbol{k}} E_{\boldsymbol{k}})(\tilde{\boldsymbol{k}} - \boldsymbol{k})}, \tag{19.65}$$

wobei $u_{\tilde{\boldsymbol{k}}} = u_{\boldsymbol{k}}$ wegen der schwachen Abhängigkeit von $\tilde{\boldsymbol{k}}$ gesetzt werden konnte. Der Ausdruck in der geschweiften Klammer repräsentiert das Phasenverhalten der Wellengruppe, das Integral das Gruppenverhalten. Das Integral hat für diejenigen Raumpunkte den gleichen Wert, für die $\boldsymbol{r} - t \hbar^{-1} \nabla_{\boldsymbol{k}} E_{\boldsymbol{k}}$ konstant ist; das bedeutet, daß sich diese Punkte mit der Geschwindigkeit

$$\boldsymbol{v} = \frac{\mathrm{d}}{\mathrm{d}t} \boldsymbol{r} = \frac{1}{\hbar} \nabla_{\boldsymbol{k}} E_{\boldsymbol{k}} \tag{19.66}$$

bewegen. Dies entspricht der Geschwindigkeit des lokalisierten Elektrons.

Aus (19.60) bzw. (19.66) wird ersichtlich, daß im Kristall der mittlere Meßwert des Impulses von einem über das Grundgebiet verschmierten und auch von einem lokalisierten Elektron im allgemeinen *nicht* proportional zu $\hbar \boldsymbol{k}$, sondern proportional zu $\hbar^{-1} m \nabla_{\boldsymbol{k}} E_{\boldsymbol{k}}$ ist. Der Quasiimpuls $\hbar \boldsymbol{k}$ zeigt jedoch seine physikalische Relevanz bei der Formulierung von Erhaltungssätzen für Wechselwirkungsprozesse, an denen Kristallelektronen beteiligt sind. So entsteht beispielsweise beim Stoß eines Kristallelektrons (Quasiimpuls $\hbar \boldsymbol{k}$) mit einem – in 26.3 beschriebenen – Phonon (Quasiimpuls $\hbar \boldsymbol{k}_{\text{Phon}}$), das bei diesem Prozeß absorbiert werden soll, ein Kristallelektron mit dem Quasiimpuls $\hbar \boldsymbol{k}'$, der durch

$$\hbar \boldsymbol{k}' = \hbar \boldsymbol{k} + \hbar \boldsymbol{k}_{\text{Phon}} - \hbar \boldsymbol{K} \tag{19.67}$$

gegeben ist; $\boldsymbol{K}$ ist dabei ein beliebiger Gittervektor des reziproken Gitters. Man erkennt daran, daß der Vektor $\boldsymbol{k}$ nicht eindeutig, sondern nur bis auf $\boldsymbol{K}$ bestimmt ist.

Nun wollen wir noch untersuchen, wie sich ein Kristallelektron unter dem Einfluß einer *äußeren, konstanten Kraft* $\boldsymbol{F}$ verhält. Wir setzen den Hamilton-Operator

$$H_{\text{Ges}}\left(\boldsymbol{r}, \frac{\hbar}{\mathrm{i}} \nabla_{\boldsymbol{r}}\right) = H\left(\boldsymbol{r}, \frac{\hbar}{\mathrm{i}} \nabla_{\boldsymbol{r}}\right) - \boldsymbol{F}\boldsymbol{r} \tag{19.68}$$

in der Ortsdarstellung voraus, wobei

$$H\left(\boldsymbol{r}, \frac{\hbar}{\mathrm{i}} \nabla_{\boldsymbol{r}}\right) = -\frac{\hbar^2}{2m} \triangle_{\boldsymbol{r}} + U(\boldsymbol{r}) \tag{19.69}$$

der oben schon verwendete Hamilton-Operator des Elektrons im Kristall ohne äußere Krafteinwirkung ist. Wir interessieren uns nun dafür, welche Zustandsfunktion eines Elektrons zur Zeit $t$ vorliegt, wenn es sich zu Anfang in einem Bloch-Zustand

$$\psi_{\boldsymbol{k}',\nu'}(\boldsymbol{r}, 0) = \frac{1}{\sqrt{G}} \mathrm{e}^{\mathrm{i}\boldsymbol{k}'\boldsymbol{r}} u_{\boldsymbol{k}',\nu'}(\boldsymbol{r})$$

im $\nu'$-ten Band mit dem Quasiimpuls $\hbar \boldsymbol{k}'$ befindet. Die zeitliche Entwicklung beschreiben wir nach 19.1.2 mit Hilfe einer unitären Transformation

$$\psi(\boldsymbol{r}, t) = \mathrm{e}^{-\frac{\mathrm{i}}{\hbar} t H_{\text{Ges}}} \psi_{\boldsymbol{k}',\nu'}(\boldsymbol{r}, 0). \tag{19.70}$$

Mit (19.44) haben wir gezeigt, daß der Bloch-Zustand ein gemeinsamer Eigenzustand des Hamilton-Operators (19.69) und des Translationsoperators (19.42) ist. Durch Anwendung des Translationsoperators (19.42) auf (19.70) wollen wir feststellen, in welcher Beziehung $\psi(\boldsymbol{r}, t)$ zu diesem steht. Da der Operator (19.42) mit dem Hamilton-Operator (19.69) vertauschbar ist und

$$T(\boldsymbol{R}, \nabla_{\boldsymbol{r}})\, \mathrm{e}^{-\frac{\mathrm{i}}{\hbar} t H_{\text{Ges}}} = \mathrm{e}^{-\frac{\mathrm{i}}{\hbar} t H_{\text{Ges}}}\, \mathrm{e}^{-\frac{\mathrm{i}}{\hbar} t \boldsymbol{F}\boldsymbol{R}}\, T(\boldsymbol{R}, \nabla_{\boldsymbol{r}}) \tag{19.71}$$

gilt, ergibt sich

$$T(\boldsymbol{R}, \nabla_{\boldsymbol{r}})\, \psi(\boldsymbol{r}, t) = \mathrm{e}^{-\mathrm{i}\boldsymbol{k}\boldsymbol{R}}\, \psi(\boldsymbol{r}, t) \tag{19.72}$$

mit

$$\boldsymbol{k} = \boldsymbol{k}' + \frac{1}{\hbar} \boldsymbol{F} t. \tag{19.73}$$

Die Beziehung (19.72) mit (19.73) bringt zum Ausdruck, daß das Kristallelektron unter dem Einfluß der konstanten äußeren Kraft $\boldsymbol{F}$ aus dem Eigenzustand (Bloch-Zustand) des Translationsoperators $T(\boldsymbol{R}, \nabla_{\boldsymbol{r}})$ mit dem Eigenwert $\mathrm{e}^{-\mathrm{i}\boldsymbol{k}'\boldsymbol{R}}$ in andere Eigenzustände von $T(\boldsymbol{R}, \nabla_{\boldsymbol{r}})$ mit den Eigenwerten $\mathrm{e}^{-\mathrm{i}\boldsymbol{k}\boldsymbol{R}}$ übergeht, wobei $\boldsymbol{k}(t)$ durch (19.73) gegeben ist. Aus (19.72) folgt, daß $\psi(\boldsymbol{r}, t)$ wieder die Struktur

$$\psi(\boldsymbol{r}, t) = \mathrm{e}^{\mathrm{i}\boldsymbol{k}\boldsymbol{r}}\, u(\boldsymbol{k}', \nu'; \boldsymbol{r}, t) \tag{19.74}$$

mit einer gitterperiodischen Funktion $u(\boldsymbol{k}', \nu'; \boldsymbol{r}, t)$ besitzen muß. Da die gitterperiodischen Eigenfunktionen $u_{\boldsymbol{k},\nu}$ von (19.35) für festes $\boldsymbol{k}$ ein vollständiges System bilden, also die Relation $\sum\limits_{\nu} u^*_{\boldsymbol{k},\nu}(\boldsymbol{r}')\, u_{\boldsymbol{k},\nu}(\boldsymbol{r}) = G\, \delta^3(\boldsymbol{r}' - \boldsymbol{r})$ erfüllen – vgl. [E-7], S. 30 –, können wir $u(\boldsymbol{r}', \nu'; \boldsymbol{r}, t)$ nach ihnen entwickeln,

$$u(\boldsymbol{k}, \nu'; \boldsymbol{r}, t) = \sum_{\nu} a_{\boldsymbol{k},\nu}(\boldsymbol{k}', \nu', t)\, u_{\boldsymbol{k},\nu}(\boldsymbol{r}), \tag{19.75}$$

und erhalten somit für $\psi(\boldsymbol{r}, t)$ die Darstellung

$$\psi(\boldsymbol{r}, t) = \sum_{\nu} a_{\boldsymbol{k},\nu}(\boldsymbol{k}', \nu', t)\, \mathrm{e}^{\mathrm{i}\boldsymbol{k}\boldsymbol{r}}\, u_{\boldsymbol{k},\nu}(\boldsymbol{r}). \tag{19.76}$$

Sie besagt, daß durch die konstante äußere Kraft aus der Bloch-Funktion $\psi_{\boldsymbol{k}',\nu'}(\boldsymbol{r}, 0)$ eine Überlagerung von Bloch-Funktionen $\psi_{\boldsymbol{k},\nu}$ *aller* Bänder $\nu$ und mit $\boldsymbol{k} = \boldsymbol{k}(t)$ nach (19.73) entsteht. Die Kraft $\boldsymbol{F}$ ruft also nicht nur eine zeitliche Änderung des Quasiimpulses $\hbar\boldsymbol{k}(t)$ entsprechend (19.73) hervor, sondern bewirkt auch *Interbandübergänge*. Im folgenden wollen wir die Einwirkung von $\boldsymbol{F}$ als so schwach voraussetzen, daß alle $a_{\boldsymbol{k},\nu}$ mit $\nu \neq \nu'$ in (19.76), d. h. alle Interbandübergänge, vernachlässigt werden können. Unter dieser Voraussetzung bewirkt $\boldsymbol{F}$ nur eine Energieänderung auf Grund der Zeitabhängigkeit von $\boldsymbol{k}$:

$$\frac{\mathrm{d}}{\mathrm{d}t} E_{\boldsymbol{k},\nu'} = (\nabla_{\boldsymbol{k}} E_{\boldsymbol{k},\nu'}) \frac{\mathrm{d}\boldsymbol{k}}{\mathrm{d}t} = \frac{1}{\hbar} \boldsymbol{F}(\nabla_{\boldsymbol{k}} E_{\boldsymbol{k},\nu'}) \tag{19.77}$$

oder

$$\frac{\mathrm{d}}{\mathrm{d}t} E_{\boldsymbol{k},\nu'} = \boldsymbol{F}\boldsymbol{v}, \tag{19.78}$$

wenn wir $\boldsymbol{v} \equiv \dfrac{1}{m} \langle \psi_{\boldsymbol{k},\nu'} |\, \hat{\boldsymbol{p}}\, | \psi_{\boldsymbol{k},\nu'} \rangle$ nach (19.60) einführen. Analog ergibt sich nach (19.60) und (19.66), daß die Kraft $\boldsymbol{F}$ dem Kristallelektron im $\nu'$-Band die *Beschleunigung*

$$\frac{\mathrm{d}}{\mathrm{d}t} \boldsymbol{v} = \frac{1}{\hbar^2} (\nabla_{\boldsymbol{k}} \nabla_{\boldsymbol{k}} E_{\boldsymbol{k},\nu'})\, \boldsymbol{F} \tag{19.79}$$

erteilt. (19.79) kann im Sinne einer Newtonschen Bewegungsgleichung interpretiert werden: $\boldsymbol{F}$ ruft die Beschleunigung $\dfrac{\mathrm{d}\boldsymbol{v}}{\mathrm{d}t}$ an einem Teilchen mit der reziproken *effek-*

tiven Masse

$$\frac{1}{m^*} = \frac{1}{\hbar^2} (\nabla_k \nabla_k E_{k,\nu'}) \tag{19.80}$$

hervor. Da $\frac{1}{m^*}$ ein Tensor ist, haben Beschleunigung und äußere Kraft im allgemeinen unterschiedliche Richtungen im Kristall.

### 19.2.3 Symmetrieeigenschaften von Molekülzuständen

Die Symmetrie eines Moleküls ist durch die Anordnung der Atomkerne im sogenannten Molekülgerüst bestimmt. Ein Molekül kann eine Anzahl identischer Kerne besitzen, die sich an physikalisch äquivalenten Positionen des Gerüstes befinden. Es können dann bestimmte Symmetrietransformationen, wie Drehungen um ganz bestimmte diskrete Achsen mit bestimmten Drehwinkeln, Spiegelungen an bestimmten Ebenen, diskrete Drehspiegelungen (Kombinationen aus Drehungen und Spiegelungen) und die Inversion an einem Zentrum, existieren. Solche Symmetrietransformationen sind Elemente der *molekularen Punktgruppen.* Die *molekularen* Punktgruppen umfassen sowohl endliche als auch unendliche Gruppen; letztere treten im Falle von linearen Molekülen auf, bei denen kontinuierlich Drehungen mit *jedem* Winkel um die Molekülachse Symmetrietransformationen bedeuten. (Bei *Kristallen* gibt es 32 inäquivalente Punktgruppen, die endliche Gruppen sind.)

Unter dem Einfluß der Wechselwirkungen zwischen allen Bestandteilen einer Molekel – Kerne und Elektronen – stellt sich ein Gleichgewichtszustand mit einer bestimmten Symmetrie eines Molekülgerüsts ein. Da die Kerne wegen ihrer relativ großen Masse als langsam beweglich, verglichen mit den Elektronen, anzusehen sind, können wir annehmen, daß sich die Elektronenverteilung der Symmetrie der jeweiligen Kernanordnung anpaßt – vgl. 15.1.3. Wir dürfen daher kurz von Molekülsymmetrie sprechen und meinen damit die durch die Gleichgewichtslagen der Kerne eingeprägte Symmetrie.

Wir wollen uns hier nur mit den Symmetrieeigenschaften der Elektronenzustände von *zweiatomigen Molekülen mit gleichen Kernen* befassen und die Resultate für das *Zwei-Zentren-Problem* bzw. $H_2{}^+$-Molekülion im Anschluß an 14.1.2 gruppentheoretisch erläutern. Das System zweier gleicher Zentren bzw. die homonukleare zweiatomige Molekel (wie auch das $H_2{}^+$) besitzen die Symmetrie der Gruppe $\mathscr{D}_{\infty h}$, deren Elemente $E$ (Eins-Element), $C_\varphi$ (Drehung mit beliebigem Winkel $\varphi$ um die Kernverbindungslinie; unendlich viele Elemente dieser Art), $C_2{}'$ (Drehung mit Winkel $\pi$ um eine Achse senkrecht zur Kernverbindungslinie), $i$ (Inversion) sowie die Kombination $iC_\varphi$ und $iC_2{}'$ sind. Die irreduziblen Darstellungen von $\mathscr{D}_{\infty h}$ sind einmal durch das Verhalten bei den Drehungen $C_\varphi$ und dann durch das Verhalten bei der Inversion $i$ bestimmt. Zum Drehverhalten $C_\varphi$ gehören die Quantenzahlen $|\lambda| = 0, 1, 2, 3, \ldots$ und die Charaktere $1, 2\cos\varphi, 2\cos 2\varphi, \ldots$, von daher gesehen bezeichnet man die irreduziblen Darstellungen mit $\sigma$, $\pi$, $\delta$, ... Bei der Inversion $i$ kann der Elektronenzustand sich gerade (g) oder ungerade (u) verhalten.

Daher fügt man zur Kennzeichnung der irreduziblen Darstellungen von $\mathscr{D}_{\infty h}$ noch die Indizes g und u hinzu: $\sigma_g$, $\sigma_u$, $\pi_g$, $\pi_u$, $\delta_g$, $\delta_u$, ... (Beim Ein-Elektronen-Problem spielt das Verhalten bei den Drehungen $C_2'$ keine Rolle; im Mehr-Elektronen-Fall hat man jedoch bei den $\sigma$-Zuständen (dann mit $\Sigma$ bezeichnet) noch zwischen $\Sigma^+$ und $\Sigma^-$ zu unterscheiden.) Ausgedrückt durch die Kennzeichen der irreduziblen Darstellungen der Gruppe $\mathscr{D}_{\infty h}$ sind die in 14.1.2 in der Tabelle angegebenen Zustände (und weitere) von $H_2{}^+$ folgendermaßen zu benennen:

$$
\begin{array}{l}
1,0,0 \;-\; 1\mathrm{s}\sigma_g \\
2,1,0 \;-\; 2\mathrm{p}\sigma_u \\
2,1,1 \;-\; 2\mathrm{p}\pi_u \\
2,0,0 \;-\; 2\mathrm{s}\sigma_g \\
\quad\vdots \\
3,2,0 \;-\; 3\mathrm{d}\sigma_g \\
3,2,1 \;-\; 3\mathrm{d}\pi_g \\
3,2,2 \;-\; 3\mathrm{d}\delta_g \\
\quad\vdots
\end{array}
$$

Auf die in der Tabelle 14.1 auch angegebene Beziehung der $H_2{}^+$-Niveaus zu den $He^+$-Niveaus gehen wir im nächsten Abschnitt (19.2.4) ein.

### 19.2.4 Energieniveau-Aufspaltungen durch eine Störung mit Symmetrieverminderung

Eine typische Fragestellung der Quantenmechanik, die sehr vorteilhaft mit gruppentheoretischen Hilfsmitteln zu beantworten ist, betrifft die mögliche Aufspaltung entarteter Energieniveaus unter dem Einfluß von symmetrieerniedrigenden Störungen. Wenn vor dem Einwirken der Störung der Hamilton-Operator $\hat{H}^{(0)}$ zur Symmetriegruppe $\mathscr{G}_0$ gehört und die Störung $\hat{H}'$ nur noch die Symmetrie der Gruppe $\mathscr{G}$ besitzt, die eine Untergruppe von $\mathscr{G}_0$ ist, dann kann man sich rein gruppentheoretisch einen Überblick verschaffen, in welcher Weise der zu einem Eigenwert $E_l^{(0)}$ gehörige invariante Unterraum $\mathscr{S}_l^{(0)}$ der irreduziblen Darstellung $\Gamma_l^{(0)}$ von $\mathscr{G}_0$ in invariante Unterräume $\mathscr{S}_{l,j}$ der Gruppe $\mathscr{G}$ zerlegt werden kann, denen dann mögliche Aufspaltungsniveaus entsprechen. Man hat dazu von der Darstellung $\Gamma_l^{(0)}$ von $\mathscr{G}_0$ zur subduzierten Darstellung $\Gamma_l^{(0,s)}$ von $\mathscr{G}$ überzugehen, indem man – wie in A 3.2.2 definiert ist – nur noch die Gruppenelemente der Untergruppe $\mathscr{G}$ berücksichtigt. $\Gamma_l^{(0,s)}$ ist dann im allgemeinen eine reduzible Darstellung von $\mathscr{G}$, und durch die Ausreduktion nach den irreduziblen Darstellungen $\Gamma_k$ von $\mathscr{G}$ – mit Hilfe der Formeln (A 3.12) und (A 3.20) den Erläuterungen in 19.2.1 entsprechend – ergibt sich die Übersicht über die *möglichen* symmetriebedingten Aufspaltungen von $E_l^{(0)}$ (ausgedrückt durch die Anzahl der irreduziblen Darstellungen $\Gamma_k$, die in $\Gamma_l^{(0,s)}$ enthalten sind). Zur Konkretisierung dieser Überlegungen erläutern wir, wie der in 14.1.2 aufgezeigte Zusammenhang zwischen den Ein-Elektronen-Zuständen des $He^+$ und des $H_2{}^+$ als Energieniveauaufspaltung wegen Symmetrieverminderung verstanden werden kann. Im Falle von $He^+$ haben wir als Gruppe $\mathscr{G}_0$ die dreidimensionale Drehgruppe vorliegen, deren irreduzible Darstellung die s-, p-, d-, usw. Zustände kennzeichnen und die Charaktere $\chi_{l,\varphi} = \frac{\sin[(l+1/2)\,\varphi]}{\sin(\varphi/2)}$ mit $l = 0, 1, 2, \ldots$ besitzen – vgl. Formel (19.29) mit $J = l$. Wie in 19.2.3 besprochen wurde, gehört $H_2{}^+$ zur Gruppe $\mathscr{G} = \mathscr{D}_{\infty h}$. Bei der aus der Drehgruppe subduzierten Darstellung von $\mathscr{D}_{\infty h}$ sind die Elemente $C_\varphi$ (die Drehungen um die Kernverbindungsachse) wesentlich; für diese Elemente haben die irreduziblen Darstellungen von $\mathscr{D}_{\infty h}$ folgende Charaktere: $\sigma - 1$, $\pi - 2\cos\varphi$, $\delta - 2\cos 2\varphi$ usw. – vgl. Charaktertabelle in [F-1]. Zur Ausreduktion der subduzierten Darstellung von $\mathscr{D}_{\infty h}$ müssen wir auf Grund der Formeln (A 3.12) und (A 3.20) feststellen, in welcher Weise $\chi_{l,\varphi}$ für $l = 0, 1, 2, \ldots$ in $1$, $2\cos\varphi$, $2\cos 2\varphi$, usw. zerlegbar ist. Durch Anwendung einfacher trigonometrischer Formeln erhält man: $\chi_{0,\varphi} = 1$, $\chi_{1,\varphi} = 1 + 2\cos\varphi$, $\chi_{2,\varphi} = 1 + 2\cos\varphi + 2\cos 2\varphi$ usw. Dies bedeutet, daß bei einem gedachten Übergang von $He^+$ zu $H_2{}^+$ ein s-Zustand in einen $\sigma$-Zustand übergeht, ein p-Zustand in einen $\sigma$- und einen $\pi$-Zustand, ein d-Zustand in einen $\sigma$-, einen $\pi$- und einen $\delta$-Zustand usw. aufspaltet – vgl. Abb. 19.2 – in Übereinstimmung mit den Angaben in 14.1.2.

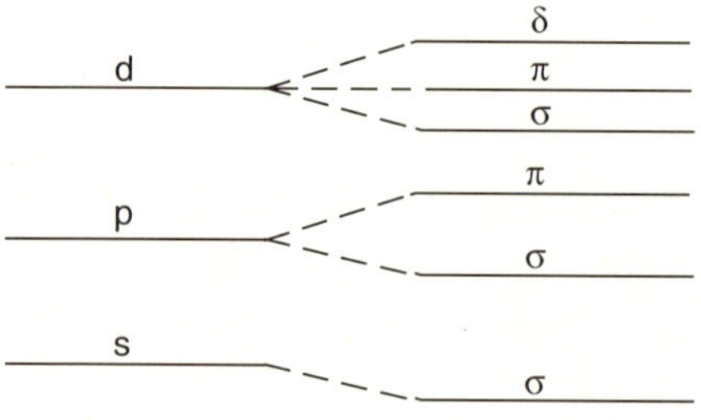


**Abb. 19.2**
Schema der Niveauaufspaltungen beim Übergang von Kugelsymmetrie zu axialer Symmetrie

Über die Größe der Aufspaltungen durch ein symmetrieminderndes $\hat{H}'$ kann gruppentheoretisch allein nichts ausgesagt werden. Dazu ist noch eine explizite Rechnung erforderlich, die in vielen Fällen die Anwendung von Näherungsmethoden verlangt, mit denen wir uns im Kapitel 20 befassen werden.

### 19.2.5 Gruppentheorie als Hilfsmittel bei der Berechnung von Matrixelementen von Operatoren

Die physikalisch-relevanten Erwartungswerte $\langle\psi|\,\hat{L}\,|\psi\rangle$ stellen sich bei Zerlegung von $|\psi\rangle$ nach Eigenzuständen als lineare Überlagerung von Matrixelementen dar – vgl. 7.2 und A 1.2.2. Die von Symmetrieeigenschaften eines Systems ausgehenden gruppentheoretischen Überlegungen erleichtern die Aussonderung solcher Matrixelemente, die Null sind. Bei vorgegebener Symmetriegruppe $\mathscr{G}$ des Systems muß man dazu wissen, zu welcher irreduziblen Darstellung der Operator und die beiden Vektoren des Matrixelements gehören. Dem Matrixelement selbst entspricht dann diejenige Darstellung von $\mathscr{G}$, die als direktes Produkt dieser 3 irreduziblen

Darstellungen entsteht – vgl. A 3.4. Nehmen wir an, daß im Matrixelement

$$M_{l(k)n} \equiv \langle \psi_{l,\varkappa} | \hat{L}_{k,\mu} | \psi_{n,\lambda} \rangle \tag{19.81}$$

der Operator $\hat{L}_{k,\mu}$ und die Vektoren $\langle \psi_{l,\varkappa}|$ und $|\psi_{n,\lambda}\rangle$ den irreduziblen Darstellungen $\Gamma_k$ bzw. $\Gamma_l$ und $\Gamma_n$ zuzuordnen sind. Für den Operator $\hat{L}_{k,\mu}$ bedeutet das, daß er zu einem Satz von Operatoren $\hat{L}_{k,\mu'}$ gehört, die sich unter sich nach $\Gamma_k$ transformieren:

$$\hat{U}(\sigma)\, \hat{L}_{k,\mu}\, \hat{U}(\sigma)^+ = \sum_{\mu'} c^{(k)}(\sigma)_{\mu'\mu}\, \hat{L}_{k,\mu'}\,. \tag{19.82}$$

Entsprechend soll $|\psi_{n,\lambda}\rangle$ zum Darstellungsraum von $\Gamma_n$ gehören, sich also nach

$$\hat{U}(\sigma)\, |\psi_{n,\lambda}\rangle = \sum_{\lambda'} c^{(n)}(\sigma)_{\lambda'\lambda}\, |\psi_{n,\lambda'}\rangle \tag{19.83}$$

transformieren (und Analoges soll für $\langle \psi_{l,\varkappa}|$ im Darstellungsraum von $\Gamma_l$ gelten). Dann kann das Matrixelement (19.81) nur von Null verschieden sein, wenn bei der Ausreduktion der Produktdarstellung $\Gamma_k \times \Gamma_n$ die irreduzible Darstellung $\Gamma_l$ vorkommt. Dies folgt sofort aus der Tatsache, daß die Darstellungsräume irreduzibler Darstellungen zueinander orthogonal sind.

Wenn die Darstellungen $\Gamma_k, \Gamma_l, \Gamma_n$ keine irreduziblen Darstellungen von $\mathcal{G}$ sind, so verschwindet das Matrixelement (19.81) nur dann nicht, wenn bei der Ausreduktion von $\Gamma_l \times \Gamma_k \times \Gamma_n$ die totalsymmetrische Darstellung $\Gamma_1$ (Eins-Darstellung) von $\mathcal{G}$ mindestens einmal vorkommt.

In der Praxis arbeitet man zweckmäßig mit den Charakterrelationen (A 3.24) bei der Produktbildung und (A 3.20) bei der Ausreduktion.

Als Beispiel wollen wir ein Matrixelement

$$M_{j'(1)j} \equiv \langle \psi_{j'} | e\hat{\boldsymbol{r}} | \psi_j \rangle \tag{19.84}$$

des Dipolmoment-Operators $e\hat{\boldsymbol{r}}$ – vgl. (16.84) – zwischen zwei Zuständen eines Ein-Elektronen-Problems, die durch die Gesamtdrehimpulsquantenzahlen $j$ und $j'$ bestimmt sind, genauer untersuchen. Matrixelemente dieser Art treten in den Ausdrücken für die Übergangsraten bei Emission oder Absorption von elektromagnetischer Strahlung in *Dipol-Näherung* als wesentliche Größen auf – vgl. 22.4.1. Aus ihnen kann man die wichtigen spektroskopischen Auswahlregeln $\Delta j \equiv j' - j = 0, \pm 1$ für erlaubte Übergänge ableiten. Als $\hat{L}_{k,\mu}$ fungieren die Komponenten $\hat{x}, \hat{y}, \hat{z}$ des Ortsvektor-Operators $\hat{\boldsymbol{r}}$, die sich nach der irreduziblen Darstellung $\Gamma_{j=1}$ der Drehgruppe transformieren (wodurch $\hat{\boldsymbol{r}}$ als *Vektor*-Operator überhaupt definiert ist). Da die Zustandsvektoren zu $\Gamma_j$ und $\Gamma_{j'}$ gehören sollen, ergibt sich nach (A 3.24b) und (19.29)

$$\chi_{(\Gamma_{j=1} \times \Gamma_j),\varphi} = \chi_{\Gamma_{j+1},\varphi} + \chi_{\Gamma_j,\varphi} + \chi_{\Gamma_{|j-1|},\varphi}, \tag{19.85}$$

was bedeutet, daß sich im Matrixelement (19.84) $\hat{\boldsymbol{r}}|\psi_j\rangle$ nach der Produktdarstellung (19.85) transformiert, die wie die Ausreduktion (19.85) auch zeigt, die irreduziblen Darstellungen $\Gamma_{j+1}, \Gamma_j, \Gamma_{|j-1|}$ enthält. Für das gesamte Dipol-Matrixelement (19.84) bedeutet das aber auf Grund der obigen allgemeinen Erörterung, daß es nur dann ungleich Null sein kann, wenn $j'$ gleich $j+1$, $j$ oder $|j-1|$ ist, womit die behaupteten Auswahlregeln bewiesen sind.

Im Rahmen der Störungstheorie für entartete Niveaus – vgl. 20.2.2 – wird gezeigt, daß die Energieänderungen in erster Ordnung durch die in der Säkulardeterminante stehenden Matrixelemente des Stör-Hamilton-Operators $\hat{H}'$, gebildet mit den zum entarteten Niveau gehörigen Energie-Eigenvektoren nullter Ordnung (von $\hat{H}^{(0)}$), bestimmt sind. Auch hier lassen sich obige gruppentheoretischen Überlegungen zum Aussondern der verschwindenden Matrixelemente anwenden.

Mittels Projektionsoperatoren (A 3.28) kann man an die Störung $\hat{H}'$ symmetrieangepaßte Linearkombinationen aus den Eigenvektoren von $\hat{H}^{(0)}$ aufbauen, wie mit (19.27) demonstriert wurde. Bildet man damit die Säkulardeterminante, so kann diese eine faktorisierte Form annehmen, wodurch die Lösung der Säkulargleichung entscheidend erleichtert wird (Zerfall in Gleichungen niedrigeren Grades).

### 19.2.6 Gruppentheoretische Überlegungen bei zusammengesetzten physikalischen Systemen

Ein physikalisches System möge aus zwei *unterscheidbaren* Teilsystemen bestehen, die einzeln durch die Hamilton-Operatoren $\hat{H}_1$ und $\hat{H}_2$ beschrieben werden. Um gleich etwas konkretere Erörterungen durchführen zu können, wollen wir voraussetzen, daß $\hat{H}_1$ und $\hat{H}_2$ je ein Teilchen in einem kugelsymmetrischen Kraftfeld (Symmetrie der dreidimensionalen Drehgruppe) beschreiben, daß sie sich aber durch individuelle Parameterwerte der Teilchen unterscheiden mögen. Die Wechselwirkung $\hat{H}_{12}$ zwischen beiden Teilchen soll auch kugelsymmetrisch sein. Bei Vernachlässigung von $\hat{H}_{12}$ ist der Zustand jedes Teilchens hinsichtlich der Symmetrie durch eine Drehimpulsquantenzahl $j_k$ mit $k=1, 2$ bestimmt, die ja die Charaktere der Drehgruppe festlegt – vgl. (19.29) bei Ersetzung von $J$ durch $j_k$. Der Zustand des Gesamtsystems ohne $\hat{H}_{12}$ ist das Produkt $|u_{j_1}(1)\rangle\,|v_{j_2}(2)\rangle$ der beiden Eigenzustände von $\hat{H}_1$ bzw. $\hat{H}_2$ (Teilchen (1) im Zustand $|u_{j_1}\rangle$, Teilchen (2) im Zustand $|v_{j_2}\rangle$), und die Energie des Systems ist $E_{j_1}^{(1)}+E_{j_2}^{(2)}$, also die Summe aus je einem Eigenwert von $\hat{H}_1$ und $\hat{H}_2$. Die Produktzustände $|u_{j_1}(1)\rangle|v_{j_2}(2)\rangle$ transformieren sich nach der reduziblen Darstellung $\Gamma_{j_1}\times\Gamma_{j_2}$ der Drehgruppe. Die Ausreduktion ist über die Charaktere nach einer zu (19.85) analogen Formel zu bewältigen,

$$\chi_{(\Gamma_{j_1}\times\Gamma_{j_2}),\varphi}=\chi_{\Gamma_{J=j_1+j_2},\varphi}+\chi_{\Gamma_{J=j_1+j_2-1},\varphi}+\cdots+\chi_{\Gamma_{J=|j_1-j_2|},\varphi}, \qquad (19.86)$$

die bezüglich der Darstellungen die Zerlegung

$$\Gamma_{j_1\times j_2}=\Gamma_{J=j_1+j_2}+\Gamma_{J=j_1+j_2-1}+\cdots+\Gamma_{J=|j_1-j_2|} \qquad (19.87)$$

beinhaltet; diese Zerlegung wird *Clebsch-Gordan-Relation* genannt. Physikalisch bedeutet (19.87), daß sich im System die Drehimpulse (Quantenzahlen: $j_1$ und $j_2$) beider Teilchen zu einem Gesamtdrehimpuls addieren, der die Quantenzahlen $J=j_1+j_2, j_1+j_2-1, \ldots, |j_1-j_2|$ haben kann. Dieses Ergebnis entspricht dem in 15.5 erwähnten Fall der ($j$-$j$)-Kopplung.

Wenn die gegenseitige Wechselwirkung $\hat{H}_{12}$ beider Teilchen hinzukommt, wobei voraussetzungsgemäß die Kugelsymmetrie des Systems nicht gestört werden soll, bietet sich nun die Möglichkeit, die aus $E_{j_1}^{(1)}+E_{j_2}^{(2)}$ hervorgehenden Energieniveaus des Systems durch die $J$-Werte zu kennzeichnen – vgl. dazu auch die Darlegungen in 19.2.1 zur Aufhebung zufälliger Entartungen.

Abschließend sei noch eine Bemerkung zu der oben ausdrücklich erhobenen Voraussetzung, daß es sich um ein System zweier unterschiedlicher Teilchen handeln soll, gemacht. Bei einem System *identischer* (ununterscheidbarer) *Teilchen* – z. B. Elektronen in atomaren Systemen – tritt die *Austauschentartung* auf, die auch symmetriebedingt ist. Der Hamilton-Operator eines solchen Systems ist gegenüber einer Vertauschung der Indizes, mit denen die zur Durchführung der Theorie benötigte Numerierung der einzelnen Teilchen des Systems vorgenommen wird, invariant, Man hat dann die Permutationsgruppen zu betrachten – vgl. 19.1.6 und den dortigen Hinweis auf Kapitel 21.

*Kontrollfragen:*

1. Welcher Zusammenhang besteht zwischen den Symmetrieeigenschaften eines physikalischen Systems und Erhaltungsgrößen?
2. Welcher Zusammenhang besteht zwischen der Homogenität des Raumes und grundlegenden Vertauschungsrelationen?
3. Welche Beziehungen bestehen zwischen den irreduziblen Darstellungen der Symmetriegruppe und der Struktur des Hilbert-Raumes eines physikalischen Systems?
4. Wie dokumentiert sich eine symmetriebedingte Entartung gruppentheoretisch?
5. Wie ergibt sich die Blochsche Form des Ein-Elektronen-Zustandes auf Grund der Translationssymmetrie eines Kristallgitters?
6. Wie kann man sich gruppentheoretisch eine Übersicht über die durch eine Störung geringerer Symmetrie bedingte Energieniveauaufspaltung verschaffen?
7. Welche Beziehung muß zwischen den den beiden Zustandsvektoren und dem Operator eines Matrixelementes zuzuordnenden irreduziblen Darstellungen der Symmetriegruppe bestehen, wenn das Matrixelement von Null verschieden sein soll?

# 20 Näherungsverfahren für die Lösung des Energie-Eigenwertproblems

Wie bei der Beschreibung konkreter physikalischer Systeme im Komplex D ersichtlich wurde, ist die Bestimmung der Energie-Eigenwerte und -Eigenvektoren von besonderem Interesse. Wir behandelten dort Probleme, die *streng* lösbar waren; daneben traten uns wichtige Ein-Teilchen-Probleme und vor allem Mehr-Teilchen-Probleme entgegen, wo wir die Aufgabenstellung nur *formulieren* konnten – ohne zur Lösung zu gelangen – und uns des weiteren auf qualitative Diskussionen zu beschränken hatten; bezüglich der Gewinnung *quantitativer Resultate* mußte auf den Einsatz von Näherungsverfahren verwiesen werden. Wichtige Näherungsverfahren für das Energie-Eigenwertproblem – das Variationsverfahren und die Schrödingersche Störungstheorie – wollen wir uns in 20.1 bzw. 20.2 erarbeiten. Anwendungen auf repräsentative, physikalisch interessierende Probleme erfolgen in 20.3, wobei gelegentlich eine Verallgemeinerung des Standard-Formalismus der Schrödingerschen Störungstheorie vorzunehmen ist (beispielsweise bei der Born-Oppenheimer-Näherung).

## 20.1 Variationsverfahren

Vorgegeben sei der Hamilton-Operator $\hat{H}$ eines physikalischen Systems. Unser Ziel ist, Informationen über seine Energie-Eigenwerte und die zugehörigen Eigenvektoren zu erhalten. $\hat{H}$ sei jedoch so kompliziert, daß keine Möglichkeit zu einer strengen Lösung der Eigenwertaufgabe $\hat{H}\,|E\rangle = E\,|E\rangle$ ersichtlich ist. Auf Grund der Ergebnisse des Abschnitts 9.2 wissen wir, daß wir den Energie-Erwartungswert berechnen können, wenn uns ein beliebiger Zustandsvektor $|\varphi\rangle$ des betreffenden physikalischen Systems zur Verfügung steht. Der Erwartungswert $\bar{E}$ ist bei gegebenem $\hat{H}$ ein Funktional $\bar{E}[|\varphi\rangle]$ des Zustandsvektors $|\varphi\rangle$:

$$\bar{E}[|\varphi\rangle] = \frac{\langle\varphi|\,\hat{H}\,|\varphi\rangle}{\langle\varphi|\varphi\rangle}. \tag{20.1}$$

Man kann nun untersuchen, wie sich $\bar{E}[|\varphi\rangle]$ bei Variation von $|\varphi\rangle$, d.h. beim Übergang von $|\varphi\rangle$ zu $|\varphi + \delta\varphi\rangle$, ändert. Aus (20.1) folgt rein mathematisch

$$\langle\varphi|\varphi\rangle\,\delta\bar{E} = \delta\langle\varphi|\,\hat{H}\,|\varphi\rangle - \bar{E}\,\delta\langle\varphi|\varphi\rangle = \langle\delta\varphi|\,\hat{H} - \hat{I}\bar{E}\,|\varphi\rangle + \{KK\}, \tag{20.2}$$

woraus wir Bedingungsgleichungen für das *Extremalverhalten* von $\bar{E}$ gewinnen können; mit $\delta\bar{E} = 0$ ergibt sich aus (20.2)

$$\langle\delta\varphi|\,\hat{H} - \hat{I}\bar{E}\,|\varphi\rangle + \langle\varphi|\,\hat{H} - \hat{I}\bar{E}\,|\delta\varphi\rangle = 0. \tag{20.3}$$

Sämtliche mit $|\delta\varphi\rangle$ gebildeten Matrixelemente enthalten (als komplexe Zahlen) *zwei* unabhängig variierbare, reelle Parameter (Real- und Imaginärteil), d.h., (20.3) besitzt zwei Variationsfreiheitsgrade. Diese zweifache Variationsmöglichkeit können wir nun dadurch berücksichtigen, daß wir $|\delta\varphi\rangle$ und $\langle\delta\varphi|$ als unabhängig behandeln. Damit ergeben sich aus dem Extremalprinzip für (20.1) die zueinander hermitesch-adjungierten Gleichungen

$$(\hat{H}-\hat{I}\bar{E})\,|\varphi\rangle=|0_V\rangle \quad \text{und} \quad \langle\varphi|\,(\hat{H}-\hat{I}\bar{E})=\langle 0_V|. \tag{20.4}$$

Beide Gleichungen (20.4) sind äquivalent. Sie besagen, daß jeder Zustandsvektor, für den der Erwartungswert $\bar{E}$ (betrachtet als Funktional der Vektoren des Zustandsvektorraums) *extremal* ist, ein Eigenvektor von $\hat{H}$ ist und umgekehrt. Die Eigenwerte von $\hat{H}$ stellen somit Extremalwerte des Funktionals $\bar{E}[|\varphi\rangle]$ dar. Auf dieses allgemein gültige Extremalprinzip lassen sich praktische Verfahren zur näherungsweisen Bestimmung von Eigenwerten und Eigenvektoren gründen.

Als Zustandsvektor des durch $\hat{H}$ bestimmten physikalischen Systems ist $|\varphi\rangle$ ein Vektor im Raum, der von den Eigenkets von $\hat{H}$ aufgespannt wird; dies bedeutet nach 9.2, daß $\bar{E}[|\varphi\rangle]$ als arithmetischer Mittelwert der Energie-Meßwerte (die ja die Eigenwerte von $\hat{H}$ sind) im Zustand $|\varphi\rangle$ anzusehen ist – vgl. (9.12). Da nun aber der arithmetische Mittelwert nicht kleiner als der kleinste Meßwert (= kleinster Eigenwert $E_0$) sein kann, folgt unmittelbar

$$\bar{E}[|\varphi\rangle]=\frac{\langle\varphi|\,\hat{H}\,|\varphi\rangle}{\langle\varphi|\varphi\rangle}\geqq E_0. \tag{20.5}$$

Wir nutzen die bisherigen allgemeinen Resultate zur praktischen Bestimmung von Näherungswerten für $E_0$ und näherungsweisen Gewinnung des zugehörigen Eigenzustands $|E_0\rangle$ aus. Beim sog. *Ritzschen Verfahren* stellt man einen Zustandsvektor $|\varphi'\rangle$, der nicht normiert zu sein braucht, als bestimmte *Funktion* eines Satzes *fest vorgegebener* (nicht notwendig orthogonaler), dem physikalischen Problem bezüglich der Randbedingungen angepaßter Zustandsvektoren $|\chi_1\rangle, |\chi_2\rangle, \dots, |\chi_q\rangle$ und als *variabel* anzusehender, reeller Parameter $\alpha_1, \alpha_2, \dots, \alpha_{q'}$ dar:

$$|\varphi'\rangle=F(|\chi_1\rangle, |\chi_2\rangle, \dots, |\chi_q\rangle;\ \alpha_1, \alpha_2, \dots, \alpha_{q'}). \tag{20.6}$$

Der Erwartungswert $\bar{E}[|\varphi'\rangle]$ wird dann eine Funktion der Parameter $\alpha_1, \alpha_2, \dots, \alpha_{q'}$, die man bezüglich dieser Parameter extremal machen kann. Dann gilt

$$\bar{E}[|\varphi'_{\text{extr}}\rangle]=\frac{\langle\varphi'_{\text{extr}}|\,\hat{H}\,|\varphi'_{\text{extr}}\rangle}{\langle\varphi'_{\text{extr}}|\varphi'_{\text{extr}}\rangle}\geqq E_0. \tag{20.7}$$

Die Parameterwerte, die bei der Bildung von $|\varphi'_{\text{extr}}\rangle$ in (20.7) einzusetzen sind, ermittelt man aus dem Gleichungssystem

$$\frac{\partial}{\partial\alpha_k}\,\bar{E}[|\varphi'\rangle]=\frac{\partial}{\partial\alpha_k}\,\frac{\langle\varphi'|\,\hat{H}\,|\varphi'\rangle}{\langle\varphi'|\varphi'\rangle}=0 \quad \text{für} \quad k=1, 2, \dots, q'. \tag{20.8}$$

Dieses Gleichungssystem kann mehrere Sätze $\{\alpha_k\}$ von Lösungen haben; wir betrachten denjenigen Satz $\{\alpha_k^{(0)}\}$, der zu dem niedrigsten Wert für $\bar{E}$ führt – den entsprechenden Zustandsvektor nennen wir $|\varphi'_{0,\text{extr}}\rangle$. Wenn man den Ansatz (20.6) günstig wählt, läßt sich erreichen, daß die nach (20.7) nichtnegative Größe

$$\mathscr{I} = \bar{E}[|\varphi'_{0,\,\mathrm{extr}}] - E_0$$

hinreichend klein wird, um $\bar{E}[|\varphi'_{0,\,\mathrm{extr}}\rangle]$ als Näherungswert von $E_0$ und $|\varphi'_{0,\,\mathrm{extr}}\rangle$ als Näherung von $|E_0\rangle$ werten zu können. Sollte $\mathscr{I}$ bei einem nach (20.6) gewählten Ansatz noch nicht die gewünschte Kleinheit haben, so werden bei praktischen Rechnungen weitere Vektoren $|\chi\rangle$ und Parameter $\alpha$ zugefügt. Auf diese Weise kann man sich Größen $\tilde{E}_0$ bzw. $|\tilde{E}_0\rangle$ verschaffen, die mit der gewünschten Genauigkeit in der Nähe des exakten Eigenwertes $E_0$ bzw. des exakten Eigenzustandes $|E_0\rangle$ liegen.

$\hat{H}$ kann man sich prinzipiell in Form einer Spektraldarstellung – vgl. (7.7) – gegeben denken; daraus erkennt man dann, daß der niedrigste Eigenwert des Operators

$$\hat{H}_1 = \hat{H} - \tilde{E}_0\, |\tilde{E}_0\rangle\, \langle\tilde{E}_0| \tag{20.9}$$

nahe bei $E_1$, also dem exakten Eigenwert des ersten angeregten Zustands von $\hat{H}$ liegen muß. Wenn man also auf $\hat{H}_1$ das eben dargestellte Verfahren anwendet, wobei der Ansatz (20.6) durchaus modifiziert werden kann, so erhält man Näherungsgrößen $\tilde{E}_1$ und $|\tilde{E}_1\rangle$ zu den exakten $E_1$ bzw. $|E_1\rangle$. Auf diese Weise kann man prinzipiell zu immer höheren Niveaus fortschreiten.

Ein häufig angewendeter Spezialfall des Ritzschen Verfahrens, bei dem sich die vorstehenden Resultate für eine Reihe unterer Niveaus gewissermaßen automatisch einstellen, ergibt sich, wenn im Ansatz (20.6) unter $F$ die Bildung einer *Linearkombination* von $q$ Vektoren $|\chi_k\rangle$ mit im allgemeinen komplexen Faktoren $\alpha_k$

$$|\varphi'\rangle = \sum_{k=1}^{q} \alpha_k\, |\chi_k\rangle \tag{20.10}$$

verstanden wird. Die Extremalbedingung (20.8) wendet man nun so an, daß man $\dfrac{\partial}{\partial \alpha_k{}^*}\,\bar{E} = 0$ oder $\dfrac{\partial}{\partial \alpha_k}\,\bar{E} = 0$ für $k = 1, 2, \ldots, q$ fordert; beide Bedingungen für das extremale $\bar{E} = E'$ sind äquivalent, und wir beziehen uns nur noch auf die erste, die

$$E'\,\frac{\partial}{\partial \alpha_k{}^*}\,\langle\varphi'|\varphi'\rangle = \frac{\partial}{\partial \alpha_k{}^*}\,\langle\varphi'|\,\hat{H}\,|\varphi'\rangle \tag{20.11 a}$$

lautet und ein homogenes, lineares Gleichungssystem

$$\sum_{j=1}^{q} \{\langle\chi_k|\,\hat{H}\,|\chi_j\rangle - E'\,\langle\chi_k|\chi_j\rangle\}\;\alpha_j = 0 \tag{20.11 b}$$

für die unbekannten Faktoren $\alpha_k$ ($k = 1, 2, \ldots, q$) in (20.10) darstellt. Die Lösbarkeitsbedingung (Verschwinden der Koeffizientendeterminante von (20.11 b))

$$\det\,\{\langle\chi_k|\,\hat{H}\,|\chi_j\rangle - E'\,\langle\chi_k|\chi_j\rangle\} = 0 \tag{20.12}$$

ist eine Gleichung $q$-ten Grades (*Säkulargleichung*) für $E'$. Die Wurzel mit dem niedrigsten $E'$ ist eine Näherung (obere Schranke) für den tiefsten Energiewert $E_0$ des Systems; die anderen Wurzeln nähern (im allgemeinen allerdings sehr viel schlechter) die $(q-1)$ höheren Niveaus des Systems von oben her an – die mathematischen Überlegungen dazu sind in [E-8] ausgeführt.

Für jede Wurzel der Säkulargleichung gibt es eine Linearkombination der Form (20.10), durch die der jeweilige, zugehörige Eigenvektor von $\hat{H}$ approximiert wird.

Eine weitere bedeutsame Verfahrensweise zur Anwendung des allgemeinen Resultats (20.5) der Variationsrechnung besteht darin, $|\varphi'\rangle$ als ein *bestimmtes Funktional* von zu *variierenden* Vektoren $|\psi_k\rangle$ anzusetzen:

$$|\varphi'\rangle = F[|\psi_1\rangle, |\psi_2\rangle, \ldots, |\psi_k\rangle, \ldots, |\psi_q\rangle]. \tag{20.13}$$

Das Extremalprinzip $\langle\varphi'|\,\hat{H}\,|\varphi'\rangle = \text{Extr}$ mit gewissen Nebenbedingungen vermittelt dann ein Gleichungssystem für die im Rahmen des vorausgesetzten Ansatzes (20.13) bestmöglichen $|\psi_k\rangle$. Diese Anwendung des Variationsprinzips hat große Bedeutung für Mehr-Teilchen-Theorien; der Zustandsvektor des Gesamtsystems wird hier in bestimmter Weise als Funktional von Zustandsvektoren der einzelnen Teilchen aufgebaut, und aus dem Variationsprinzip werden die Gleichungen abgeleitet, denen die bestmöglichen Ein-Teilchen-Zustandsvektoren genügen müssen. Das führt auf die wichtigen Hartree-Gleichungen, mit denen wir uns in 20.3.2 befassen werden. Eine physikalische Weiterführung auf der gleichen variationstheoretischen Basis stellen die Hartree-Fock-Gleichungen dar – vgl. 21.3.

## 20.2 Schrödingersche Störungstheorie

Bei demjenigen Näherungsverfahren zur Lösung des Energie-Eigenwertproblems $\hat{H}\,|E\rangle = E\,|E\rangle$, das *Schrödingersche Störungstheorie* genannt wird, geht man davon aus, daß der Hamilton-Operator $\hat{H}$ des gegebenen Systems derart aus zwei Anteilen $\hat{H}^{(0)}$ und $\hat{H}'$ gemäß

$$\hat{H} = \hat{H}^{(0)} + \hat{H}' \tag{20.14}$$

besteht, daß man das Teilproblem

$$\hat{H}^{(0)}\,|E^{(0)}\rangle = E^{(0)}\,|E^{(0)}\rangle \tag{20.15}$$

– das sogenannte ungestörte Problem – als gelöst betrachten kann. Mit der Lösung des ungestörten Problems (20.15) hat man eine vollständige, orthonormierte Basis von Eigenvektoren im Hilbert-Raum $\mathscr{H}$ des physikalischen Systems zur Verfügung, die man zur weiteren Durchführung der Theorie verwenden kann. Wie in der angewendeten Sprechweise zum Ausdruck kommt, wird $\hat{H}'$ als *Störoperator* angesehen. Er ruft gewisse Veränderungen von $E^{(0)}$ und $|E^{(0)}\rangle$ zu $E$ und $|E\rangle$ hin hervor, jedoch so, daß $E$ in der Nähe von $E^{(0)}$ und $|E\rangle$ in der Nähe von $|E^{(0)}\rangle$ bleiben. Dieses Nachbarschaftsverhältnis kann man am besten dadurch zum Ausdruck bringen, daß man von $\hat{H}'$ einen kleinen Parameter $\varepsilon$ abspaltet, der unter Umständen stetig verändert werden kann:

$$\hat{H}' = \varepsilon\hat{G}. \tag{20.16}$$

In konkreten Fällen kann $\varepsilon$ eine reale physikalische Größe wie eine (reduzierte) elektrische oder magnetische Feldstärke sein – vgl. etwa $\hat{T}_{11}$ in (14.55). Die Durchführung der Störungstheorie besteht darin, die gesuchten Eigenwerte und Eigenvektoren von $\hat{H}$ als Potenzreihen in $\varepsilon$ darzustellen, deren Koeffizienten aus den Eigenvektoren und Eigenwerten des ungestörten Problems ($\hat{H}^{(0)}$) und den Matrixelementen $\langle E_l^{(0)}|\,\hat{G}\,|E_k^{(0)}\rangle$ aufgebaut sind. Es wird vorausgesetzt, daß diese Potenzreihen in $\varepsilon$ auf die exakten Eigenvektoren und Eigenwerte von $\hat{H}$ hin konvergieren, obwohl das nicht immer explizit untersucht wird und manchmal sogar zweifelhaft ist.

### 20.2.1 Störungstheorie für einen nichtentarteten ungestörten Eigenwert

Es soll die durch $\hat{H}'$ hervorgerufene Störung von $E_l^{(0)}$ und $|E_l^{(0)}\rangle$ bestimmt werden, wobei $E_l^{(0)}$ nicht entartet sein soll (die anderen $E_k^{(0)}$ (für $k \neq l$) können entartet sein). Für den gesuchten Eigenwert $E_l$ und den Eigenvektor $|E_l\rangle$ von $\hat{H}$ machen wir Ansätze als Potenzreihen in $\varepsilon$:

$$E_l = \sum_{n=0} \varepsilon^n E_l^{(n)} = E_l^{(0)} + \sum_{n=1} \varepsilon^n E_l^{(n)} \tag{20.17}$$

und

$$|E_l\rangle = \sum_{n=0} \varepsilon^n\,|E_l^{(n)}\rangle = |E_l^{(0)}\rangle + \sum_{n=1} \varepsilon^n\,|E_l^{(n)}\rangle; \tag{20.18}$$

in diesen Reihen gibt der Index $n$ die jeweilige Ordnung der Störungstheorie an.

Mit den Ansätzen (20.17) und (20.18) geht man nun in die Eigenwertgleichung $(\hat{H}^{(0)} + \varepsilon\hat{G})\,|E_l\rangle = E_l\,|E_l\rangle$ ein, ordnet nach Potenzen von $\varepsilon$ und erfüllt die Gleichung dadurch, daß man den Koeffizienten jeder $\varepsilon$-Potenz gleich Null setzt. Damit erhält man die Gleichungshierarchie

$$\text{für } \varepsilon^0\colon\ (\hat{H}^{(0)} - \hat{I}E_l^{(0)})\,|E_l^{(0)}\rangle = |0_V\rangle \tag{20.18a}$$

$$\text{für } \varepsilon^1\colon\ (\hat{H}^{(0)} - \hat{I}E_l^{(0)})\,|E_l^{(1)}\rangle = -\hat{G}\,|E_l^{(0)}\rangle + E_l^{(1)}\,|E_l^{(0)}\rangle \equiv |\psi_1\rangle \tag{20.18b}$$

$$\vdots$$

$$\text{für } \varepsilon^n\colon\ (\hat{H}^{(0)} - \hat{I}E_l^{(0)})\,|E_l^{(n)}\rangle = -\hat{G}\,|E_l^{(n-1)}\rangle + \sum_{n'=1}^{n} E_l^{(n')}\,|E_l^{n-n'}\rangle \equiv |\psi_n\rangle \tag{20.18c}$$

$$\vdots$$

Mathematisch notwendige Bedingung für die Lösbarkeit der Gleichungshierarchie (20.18) ist, daß $|E_l^{(0)}\rangle$ orthogonal zu den Termen $|\psi_n\rangle$ ist, also

$$\langle E_l^{(0)}|\psi_n\rangle = 0; \tag{20.19}$$

das ergibt bei Einsetzen der Abkürzung $|\psi_n\rangle$

$$-\langle E_l^{(0)}|\,\hat{G}\,|E_l^{(n-1)}\rangle + \sum_{n'=1}^{n-1} E_l^{(n')}\,\langle E_l^{(0)}|E_l^{(n-n')}\rangle + E_l^{(n)}\,\langle E_l^{(0)}|E_l^{(0)}\rangle = 0. \tag{20.20}$$

Aus (20.20) erhält man für $n=1$ unmittelbar das erste wichtige Resultat der Störungstheorie

$$E_l^{(1)} = \langle E_l^{(0)}|\,\hat{G}\,|E_l^{(0)}\rangle; \tag{20.21}$$

d.h., die Störenergie erster Ordnung zum ungestörten nicht-entarteten Eigenwert $E_l^{(0)}$ beträgt

$$\varepsilon E_l^{(1)} = \varepsilon \langle E_l^{(0)} | \hat{G} | E_l^{(0)} \rangle = \langle E_l^{(0)} | \hat{H}' | E_l^{(0)} \rangle . \tag{20.22}$$

Die Störenergie erster Ordnung ist gleich dem Erwartungswert des Störoperators $\hat{H}'$ im ungestörten Zustand $|E_l^{(0)}\rangle$.

Man kann nun versuchen, auf Grund von (20.20) sämtliche $|E_l^{(n)}\rangle$ sukzessive zu berechnen. Dabei zeigt sich, daß eine Unbestimmtheit auftritt, die durch die *Forderung*

$$\langle E_l^{(0)} | E_l^{(n)} \rangle = 0 \quad \text{für sämtliche } n > 0 \tag{20.23}$$

beseitigt werden kann. Dann ergibt sich sofort aus (20.20)

$$E_l^{(n)} = \langle E_l^{(0)} | \hat{G} | E_l^{(n-1)} \rangle . \tag{20.24}$$

Zur Normierung der störungstheoretisch ermittelten Eigenvektoren $|E_l\rangle$ von $\hat{H}$ kann man folgendes bemerken. Wegen $\langle E_l^{(0)} | E_l^{(0)} \rangle = 1$ und der Forderung (20.23) folgt aus dem Ansatz (20.18) direkt die sogenannte *intermediäre Normierung*

$$\langle E_l^{(0)} | E_l \rangle = 1 . \tag{20.25}$$

Sie garantiert die Normierung von $|E_l\rangle$ bis zur ersten Ordnung einschließlich. Bei höheren Ordnungen muß nachträglich normiert werden.

Wir wollen nun die häufiger benötigten Formeln für die Störenergie zweiter Ordnung $\varepsilon^2 E_l^{(2)}$ und die Störung des Eigenvektors in erster Ordnung $\varepsilon | E_l^{(1)} \rangle$ ableiten. Wenn wir (20.18 b) mit $\langle E_k^{(0)}|$ multiplizieren, erhalten wir die Beziehung

$$(E_k^{(0)} - E_l^{(0)}) \langle E_k^{(0)} | E_l^{(1)} \rangle = - \langle E_k^{(0)} | \hat{G} | E_l^{(0)} \rangle + E_l^{(1)} \, \delta(E_k^{(0)}, E_l^{(0)}) . \tag{20.26}$$

Daraus können wir folgende Schlüsse ziehen: Unter der Voraussetzung $E_k^{(0)} \neq E_l^{(0)}$ ergibt sich

$$\langle E_k^{(0)} | E_l^{(1)} \rangle = \frac{\langle E_k^{(0)} | \hat{G} | E_l^{(0)} \rangle}{E_l^{(0)} - E_k^{(0)}} , \tag{20.27}$$

während für $E_k^{(0)} = E_l^{(0)}$ die Forderung (20.23) wirkt. Indem wir die Vollständigkeit des orthonormierten Eigenvektorsystems nullter Ordnung, $\hat{I} = \displaystyle\sum\!\!\!\!\!\!\int_{|E_k^{(0)}\rangle} |E_k^{(0)}\rangle \langle E_k^{(0)}|$, ausnützen, erhalten wir durch die Darstellung von $|E_l^{(1)}\rangle$ mittels der $\{|E_k^{(0)}\rangle\}$ und Berücksichtigung von (20.27)

$$\begin{aligned} \varepsilon \, |E_l^{(1)}\rangle &= \varepsilon \sum\!\!\!\!\!\!\!\int_{|E_k^{(0)}\rangle \neq |E_l^{(0)}\rangle} \langle E_k^{(0)} | E_l^{(1)} \rangle \, |E_k^{(0)}\rangle \\ &= \sum\!\!\!\!\!\!\!\int_{|E_k^{(0)}\rangle \neq |E_l^{(0)}\rangle} \frac{\langle E_k^{(0)} | \varepsilon \hat{G} | E_l^{(0)} \rangle}{E_l^{(0)} - E_k^{(0)}} \, |E_k^{(0)}\rangle \\ &= \sum\!\!\!\!\!\!\!\int_{|E_k^{(0)}\rangle \neq |E_l^{(0)}\rangle} \frac{\langle E_k^{(0)} | \hat{H}' | E_l^{(0)} \rangle}{E_l^{(0)} - E_k^{(0)}} \, |E_k^{(0)}\rangle . \end{aligned} \tag{20.28}$$

Bei vollständiger Kenntnis der Lösung des ungestörten Problems ist durch (20.28) der Eigenvektor von $\hat{H}$ bis zur ersten Ordnung bestimmt:

$$|E_l\rangle = |E_l^{(0)}\rangle + \sum\!\!\!\!\!\!\int_{|E_k^{(0)}\rangle \neq |E_l^{(0)}\rangle} \frac{\langle E_k^{(0)}|\,\hat{H}'\,|E_l^{(0)}\rangle}{E_l^{(0)} - E_k^{(0)}}\,|E_k^{(0)}\rangle. \tag{20.29}$$

Mit Hilfe von (20.28) erhält man aus (20.24) für $n=2$ aber auch direkt:

$$\begin{aligned} \varepsilon^2 E_l^{(2)} &= \varepsilon^2 \langle E_l^{(0)}|\,\hat{G}\,|E_l^{(1)}\rangle \\ &= \sum\!\!\!\!\!\!\int_{|E_j^{(0)}\rangle \neq |E_l^{(0)}\rangle} \langle E_l^{(0)}|\,\varepsilon\hat{G}\,|E_j^{(0)}\rangle \frac{\langle E_j^{(0)}|\,\varepsilon\hat{G}\,|E_l^{(0)}\rangle}{E_l^{(0)} - E_j^{(0)}}; \end{aligned} \tag{20.30}$$

folglich gilt für den Eigenwert $E_l$ von $\hat{H}$ bis zur zweiten Ordnung

$$E_l = E_l^{(0)} + \langle E_l^{(0)}|\,\hat{H}'\,|E_l^{(0)}\rangle + \sum\!\!\!\!\!\!\int_{|E_j^{(0)}\rangle \neq |E_l^{(0)}\rangle} \frac{|\langle E_j^{(0)}|\,\hat{H}'\,|E_l^{(0)}\rangle|^2}{E_l^{(0)} - E_j^{(0)}}. \tag{20.31}$$

Diese Formeln lassen erkennen, daß die störungstheoretischen Ergebnisse um so besser sind, je kleiner die Matrixelemente $|\langle E_j^{(0)}|\,\hat{H}'\,|E_l^{(0)}\rangle|$ verglichen mit den Niveauabständen $|E_l^{(0)} - E_j^{(0)}|$ in nullter Ordnung sind.

### 20.2.2 Störungstheorie für einen entarteten ungestörten Eigenwert

Wenn der Eigenwert $E_l^{(0)}$ des ungestörten Problems entartet ist – wir wollen annehmen, daß $\Lambda > 1$ Eigenvektoren $|E_{l,\mu}^{(0)}\rangle$ mit $\mu = 1, 2, \ldots, \Lambda$ zum gleichen Eigenwert $E_l^{(0)}$ von $\hat{H}^{(0)}$ gehören –, muß zunächst einmal festgestellt werden, wie der Übergang von der nullten zur ersten Ordnung erfolgt. Bei Entartung ist der allgemeine Eigenzustand zu $E_l^{(0)}$ als Linearkombination aus den $|E_{l,\mu}^{(0)}\rangle$ darstellbar:

$$|E_l^{(0)}\rangle = \sum_{\mu'=1}^{\Lambda} c_{\mu'}\,|E_{l,\mu'}^{(0)}\rangle. \tag{20.32}$$

Wir stellen uns nun die Aufgabe, unter Berücksichtigung der Störung $\hat{H}'$ die Störenergie $\varepsilon E_l^{(1)}$ in erster Ordnung und die Koeffizienten $c_{\mu'}$ der Linearkombination (20.32) zu berechnen, d.h. also die der Störung $\hat{H}'$ angepaßten Linearkombinationen (20.32) zu ermitteln. Wir gehen mit (20.32) in (20.18 b) ein und erhalten mit Hilfe der Lösbarkeitsbedingung (20.19) – jetzt in der Form $\langle E_{l,\mu}^{(0)}|\psi_1\rangle = 0$ für alle $\mu = 1, 2, \ldots, \Lambda$ –

$$\sum_{\mu'=1}^{\Lambda} [\langle E_{l,\mu}^{(0)}|\,\hat{G}\,|E_{l,\mu'}^{(0)}\rangle - E_l^{(1)}\delta_{\mu\mu'}]\,c_{\mu'} = 0 \tag{20.33}$$

für $\mu = 1, 2, \ldots, \Lambda$.

(20.33) ist ein homogenes, lineares Gleichungssystem für die Unbekannten $c_{\mu'}$. Die Koeffizientendeterminante (*Säkulardeterminante*) dieses Gleichungssystems muß Null sein, damit eine nichttriviale Lösung existiert:

$$\det\left[\langle E_{l,\mu}^{(0)}|\,\hat{G}\,|E_{l,\mu'}^{(0)}\rangle - E_l^{(1)}\,\delta_{\mu\mu'}\right] = 0. \tag{20.34}$$

Da $\mu$ und $\mu'$ von 1 bis $\Lambda$ laufen, ist (20.34) eine $\Lambda$-reihige Determinante, und es liegt eine Gleichung $\Lambda$-ten Grades für $E_l^{(1)}$ vor. Zu jeder der $\Lambda$ Wurzeln $E_{l(\varkappa)}^{(1)}$ der Gleichung (20.34) ($\varkappa = 1, 2, \ldots, \Lambda$) gibt es dann ein System von $c_{\mu'(\varkappa)}$ und damit eine Linearkombination

$$|E_{l(\varkappa)}^{(0)}\rangle = \sum_{\mu'=1}^{\Lambda} c_{\mu'(\varkappa)}\,|E_{l,\mu'}^{(0)}\rangle. \tag{20.35}$$

Im Falle eines entarteten ungestörten Eigenwertes nullter Ordnung erhält man somit im ersten Schritt der Störungstheorie die Energiewerte

$$E_{l(\varkappa)} = E_l^{(0)} + \varepsilon\,E_{l(\varkappa)}^{(1)} \tag{20.36}$$

und die als Linearkombinationen der Form (20.35) erscheinenden, der Störung durch den Operator $\hat{H}'$ angepaßten Eigenvektoren $|E_{l(\varkappa)}^{(0)}\rangle$ in nullter Ordnung.

Es können mehrfache Wurzeln der Gleichung (20.34) auftreten; dann ist durch die Störung die Entartung nur teilweise aufgehoben.

Wie in 19.2 dargelegt wurde, läßt sich durch gruppentheoretische Überlegungen ein Überblick darüber gewinnen, welche Aufspaltungen des entarteten Niveaus nullter Ordnung durch die Störung hervorgerufen werden und welche Entartungsgrade die neuen Niveaus noch besitzen. Wenn $\hat{H}^{(0)}$ zur Symmetriegruppe $\mathscr{G}^{(0)}$ und $\hat{H}'$ zur Untergruppe $\mathscr{G}$ von $\mathscr{G}^{(0)}$ gehören, dann ist der von den $|E_{l,\mu}^{(0)}\rangle$ mit $\mu = 1, 2, \ldots, \Lambda$ aufgespannte Unterraum $\mathscr{S}_l^{(\Lambda)}$ des Hilbert-Raumes $\mathscr{H}$ bezüglich $\mathscr{G}$ reduzibel. Zu jedem neuen Niveau $E_{l(\varkappa)}$ gehört ein irreduzibler Unterraum $\mathscr{S}_{l(\varkappa)}^{(\lambda)}$ von der Dimension $\lambda$ (Dimension der entsprechenden irreduziblen Darstellung von $\mathscr{G}$). Wie in 19.2.1 dargelegt ist, kann man sich die Linearkombinationen (20.35) durch Anwendung von Projektionsoperatoren mit gruppentheoretischen Methoden konstruieren (herausprojizieren) und dann Gleichung (20.34) sofort in teilweise faktorisierter Form aufschreiben. Der Rechenaufwand sinkt dabei eventuell erheblich (Gleichungen niedrigeren Grades für $E_{l(\varkappa)}^{(1)}$ als für $E_l^{(1)}$).

Bei der Berechnung der Korrekturen höherer Ordnung kann man berücksichtigen, daß in vorhergehender Ordnung die Entartung teilweise aufgehoben wurde, und gegebenenfalls wieder die Störungstheorie für nicht-entartete Niveaus anwenden.

### 20.2.3 Übergang zwischen Nichtentartung und Entartung. Quasientartung

Das in (20.31) niedergelegte Ergebnis der Störungsrechnung bei Nichtentartung für die Energie $E_l$ kann folgendermaßen interpretiert werden: Während der Störanteil erster Ordnung nur durch den Zustand $|E_l^{(0)}\rangle$ bestimmt wird, bestimmt sich der Störanteil zweiter Ordnung auch aus den anderen Zuständen $|E_j^{(0)}\rangle \neq |E_l^{(0)}\rangle$, und zwar additiv. Deshalb genügt es für die prinzipielle Erläuterung, wenn wir den

Einfluß von einem einzigen (benachbarten) Zustand $|E_j^{(0)}\rangle \neq |E_l^{(0)}\rangle$ auf $E_l$ betrachten. Wenn $E_j^{(0)}$ nahe bei $E_l^{(0)}$ liegt, erhält man wegen des kleinen Nenners im allgemeinen einen großen Störanteil zweiter Ordnung. Damit kann – da die Störanteile als Korrekturglieder gegenüber $E_l^{(0)}$ aufzufassen sind – die in 20.2.1 beschriebene Störungsrechnung außerhalb ihres Gültigkeitsbereiches geraten.

In diesem Fall geht man formal wie bei der entarteten Störungsrechnung vor. Aus den beiden Zuständen $|E_l^{(0)}\rangle$ und $|E_j^{(0)}\rangle$ (die zu den zwei benachbarten verschiedenen Energieniveaus $E_l^{(0)}$ und $E_j^{(0)}$ gehören sollen) wird eine Linearkombination

$$|\psi^{(0)}\rangle = c_l\,|E_l^{(0)}\rangle + c_j\,|E_j^{(0)}\rangle \tag{20.37}$$

als nullte Näherung für den Eigenzustand des Operators $\hat{H} = \hat{H}^{(0)} + \hat{H}'$ angesetzt. Aus

$$\hat{H}\,|\psi^{(0)}\rangle = E\,|\psi^{(0)}\rangle \tag{20.38}$$

ergeben sich durch Multiplikation mit $\langle E_l^{(0)}|$ und $\langle E_j^{(0)}|$ die linearen Gleichungen

$$(H_{ll} - E)\,c_l + H_{lj}c_j = 0 \quad \text{und} \quad H_{jl}c_l + (H_{jj} - E)\,c_j = 0 \tag{20.39}$$

für $c_l$ und $c_j$; dabei gilt für die Matrixelemente

$$H_{ll} = E_l^{(0)} + H'_{ll}, \quad H_{jj} = E_j^{(0)} + H'_{jj}, \quad H_{lj} = H'_{lj}. \tag{20.40}$$

Das Gleichungssystem (20.39) hat nur dann eine nichttriviale Lösung, wenn die Säkulargleichung

$$\begin{vmatrix} H_{ll} - E & H_{lj} \\ H_{jl} & H_{jj} - E \end{vmatrix} = 0 \tag{20.41}$$

erfüllt ist, also

$$E_{\pm} = \frac{1}{2}(H_{ll} + H_{jj}) \pm \left[\left(\frac{H_{ll} - H_{jj}}{2}\right)^2 + |H'_{lj}|^2\right]^{1/2} \tag{20.42}$$

gilt. Der Eigenwert $E_{\pm}$ gestattet es, mit Hilfe von (20.39) die Konstanten $c_l$ und $c_j$ und damit den Zustand $|\psi_{\pm}^{(0)}\rangle$ zu bestimmen.

Unter der Bedingung

$$\frac{1}{2}\,|H_{ll} - H_{jj}| \gg |H'_{lj}| \tag{20.43}$$

folgt aus (20.42) die an $E_l^{(0)}$ anschließende Lösung

$$E = E_l^{(0)} + H'_{ll} + \frac{|H'_{lj}|^2}{H_{ll} - H_{jj}}. \tag{20.44}$$

Dieses Resultat entspricht dem der nichtentarteten Störungsrechnung bis einschließlich zweiter Ordnung – vgl. (20.31); es ist gültig, wenn

$$|H_{ll} - H_{jj}| \approx |E_l^{(0)} - E_j^{(0)}|$$

*relativ* groß gegen $|H'_{lj}|$ ist. Der andere Grenzfall, die *Quasientartung*, ist durch

$$\frac{1}{2}\,|H_{ll}-H_{jj}| \ll |H'_{lj}| \tag{20.45}$$

charakterisiert; dann folgt genähert – oder im Fall $|H_{ll}-H_{jj}|=0$ exakt – das gleiche Ergebnis wie für die Störungsrechnung bei Entartung – vgl. (20.34).

## 20.3 Anwendungen der Variationsmethode und der Schrödingerschen Störungstheorie

Die vorstehenden allgemeinen Ausführungen zum Variationsverfahren und zur Schrödingerschen Störungstheorie exemplifizieren wir an ausgewählten wichtigen physikalischen Problemen.

### 20.3.1 Wasserstoff-Molekülion

Mit dem Ritzschen Verfahren – vgl. den Ansatz (20.10) – berechnen wir nun die Grundzustandsenergie des Wasserstoff-Molekülions $H_2{}^+$, dessen Hamilton-Operator

$$\hat{H}=\frac{1}{2m}\,\hat{\boldsymbol{p}}^2+\frac{e^2}{4\pi\varepsilon_0 R}\,\hat{I}-\frac{e^2}{4\pi\varepsilon_0\hat{r}_{\mathrm{a}}}-\frac{e^2}{4\pi\varepsilon_0\hat{r}_{\mathrm{b}}} \tag{20.46}$$

lautet; zur Bezeichnung der einzelnen Größen vgl. 14.1.2. Der Gleichung (20.10) entsprechend machen wir den Ansatz

$$|\varphi'\rangle=\alpha_1\,|u_{\mathrm{a}}\rangle+\alpha_2\,|u_{\mathrm{b}}\rangle, \tag{20.47}$$

wobei die Vektoren $|u_j\rangle$ für $j=\mathrm{a,\,b}$ in Ortsdarstellung durch die 1s-Funktion

$$\langle \boldsymbol{r}_j|u_j\rangle=\sqrt{\frac{1}{\pi a_0{}^3}}\;\mathrm{e}^{-\frac{r_j}{a_0}} \tag{20.48}$$

gegeben sein sollen (vgl. 5.4.5.2); sie bedeuten, daß das Elektron entweder an Kern a oder an Kern b gebunden ist. Bildet man $\langle\varphi'|\,\hat{H}\,|\varphi'\rangle$ und $\langle\varphi'|\varphi'\rangle$ und setzt dies in (20.11) ein, dann erhält man das Gleichungssystem

$$\begin{aligned}&\alpha_1(H_{\mathrm{aa}}-E')+\alpha_2(H_{\mathrm{ab}}-\Delta_{\mathrm{ab}}E')=0\\&\alpha_1(H_{\mathrm{ab}}-\Delta_{\mathrm{ab}}E')+\alpha_2(H_{\mathrm{bb}}-E')=0,\end{aligned} \tag{20.49}$$

dessen Lösbarkeitsbedingung die Gleichung

$$\begin{vmatrix}H_{\mathrm{aa}}-E' & H_{\mathrm{ab}}-\Delta_{\mathrm{ab}}E'\\ H_{\mathrm{ab}}-\Delta_{\mathrm{ab}}E' & H_{\mathrm{bb}}-E'\end{vmatrix}=0 \tag{20.50}$$

für $E'$ ist; dabei bedeuten $H_{aa} = H_{bb}$, $H_{ab} = H_{ba}$ die Matrixelemente von $\hat{H}$ zwischen den Zuständen $|u_a\rangle$, $|u_b\rangle$ und $\Delta_{ab} = \langle u_a | u_b \rangle$ das *Überlappungsintegral* (in Ortsdarstellung zu verstehen).

Die Auflösung von (20.50) ergibt

$$E_1' = \frac{H_{aa} + H_{ab}}{1 + \Delta_{ab}}, \tag{20.51 a}$$

$$E_2' = \frac{H_{aa} - H_{ab}}{1 - \Delta_{ab}}; \tag{20.51 b}$$

dabei gehört zu (20.51 a) die Lösung $\alpha_2 = \alpha_1$ von (20.49) und somit

$$|\varphi_1\rangle = N_1(|u_a\rangle + |u_b\rangle), \tag{20.52 a}$$

und mit (20.51 b) folgt $\alpha_2 = -\alpha_1$ und

$$|\varphi_2\rangle = N_2(|u_a\rangle - |u_b\rangle) \tag{20.52 b}$$

mit den Normierungsfaktoren $N_{1,2} = \dfrac{1}{\sqrt{2(1 \pm \Delta_{ab})}}$.

Die Energien $E_1'$ und $E_2'$ können außer durch das Überlappungsintegral noch durch die beiden Integrale der Wechselwirkung mit den Kernen

$$I \equiv -\frac{e^2}{4\pi\varepsilon_0} \langle u_a | \hat{r}_b^{-1} | u_a \rangle \tag{20.53}$$

und

$$K \equiv -\frac{e^2}{4\pi\varepsilon_0} \langle u_a | \hat{r}_a^{-1} | u_b \rangle \tag{20.54}$$

ausgedrückt werden:

$$E_1' = E_H + \frac{e^2}{4\pi\varepsilon_0} \frac{1}{R} + \frac{I + K}{1 + \Delta_{ab}} \tag{20.55 a}$$

und

$$E_2' = E_H + \frac{e^2}{4\pi\varepsilon_0} \frac{1}{R} + \frac{I - K}{1 - \Delta_{ab}} \tag{20.55 b}$$

($E_H$ bedeutet die Wasserstoffatom-Energie des 1 s-Grundzustandes).

Die Integrale $I$ und $K$ können in elliptischen Koordinaten – vgl. 14.1.2 – berechnet und als Funktionen des Kernabstandes $R$ angegeben werden. Man findet, daß $I, K < 0$ gilt. Daraus folgt, daß $E_1'$ niedriger als $E_2'$ liegt. Durch Vergleich der Struktur der Variationszustände $|\varphi_1\rangle$ (symmetrisch) und $|\varphi_2\rangle$ (antisymmetrisch) mit den in 14.1.2 gewonnenen Resultaten zeigt, daß $E_1'$ dem $E_{1,0,0}$ und $E_2'$ dem $E_{2,1,0}$ aus Tab. 14.1 zum Zwei-Zentren-Problem zuzuordnen sind; $\langle \boldsymbol{r} | \varphi_2 \rangle$ und der Zustand mit $n=2$, $l=1$, $|\lambda|=0$ besitzen eine Knotenfläche zwischen den beiden Zentren.

### 20.3.2 Gewinnung optimaler Ein-Teilchen-Zustände. Hartree-Gleichungen

Am Ende des Abschnitts 20.1 hatten wir auf die Möglichkeit hingewiesen, mit Hilfe des Variationsverfahrens die sogenannten *Hartree-Gleichungen* ableiten zu können, aus denen im Rahmen des Ansatzes (20.13) optimale Ein-Teilchen-Zustände zu gewinnen sind. Diese Gleichungen wollen wir nun für den Fall des Elektronensystems eines Atoms bestimmen, das durch den Hamilton-Operator

$$\hat{H}_{\mathrm{El}} = \sum_{j=1}^{N} \left[ \frac{1}{2m} \hat{\boldsymbol{p}}_j^{\,2} - \frac{Ze^2}{4\pi\varepsilon_0} \frac{1}{\hat{r}_j} \right] + \frac{1}{2} \sum_{\substack{j,j'=1 \\ j \neq j'}}^{N} \frac{e^2}{4\pi\varepsilon_0 \, |\hat{\boldsymbol{r}}_j - \hat{\boldsymbol{r}}_{j'}|} \tag{20.56}$$

beschrieben wird, der sich aus (15.9) ergibt, wenn dem Problem entsprechend $U_{\text{K-K}} = 0$ gesetzt wird und der Kern im Koordinatenursprung ($\boldsymbol{R} = 0$) ruht. $\hat{H}_{\mathrm{El}}$ enthält keine Spinoperatoren, und es ist zweckmäßig weiterhin die Ortsdarstellung zu verwenden. Für das Hartree-Verfahren ist charakteristisch, daß man – nahegelegt durch den additiv aufgebauten ersten Teil von (20.56) – das Funktional $\varphi'$ (vgl. (20.13)) der zu variierenden Ein-Elektronen-Zustände $\psi_j(\boldsymbol{r}_j)$ als einfaches Produkt

$$\varphi' = \psi_1(\boldsymbol{r}_1)\, \psi_2(\boldsymbol{r}_2) \ldots \psi_j(\boldsymbol{r}_j) \ldots \psi_N(\boldsymbol{r}_N) \tag{20.57}$$

ansetzt und den Spin nicht mit in die Betrachtung einbezieht. Mit dem Produktansatz (20.57) ist der Erwartungswert

$$\bar{E}[\varphi'] = \int \mathrm{d}^3\boldsymbol{r}_1 \ldots \mathrm{d}^3\boldsymbol{r}_N \, \varphi'^* \, H_{\mathrm{El}} \, \varphi' / \int \mathrm{d}^3\boldsymbol{r}_1 \ldots \mathrm{d}^3\boldsymbol{r}_N \, \varphi'^* \, \varphi' \tag{20.58a}$$

unter Berücksichtigung der Normierungsbedingungen

$$\int \mathrm{d}^3\boldsymbol{r} \, \psi_j^*(\boldsymbol{r}) \psi_j(\boldsymbol{r}) = 1 \qquad (j = 1, 2, \ldots, N) \tag{20.58b}$$

zu berechnen. Dabei ergibt sich

$$\begin{aligned} \bar{E}[\varphi'] = {} & \sum_{j=1}^{N} \int \mathrm{d}^3\boldsymbol{r} \, \psi_j^*(\boldsymbol{r}) \left[ -\frac{\hbar^2}{2m} \triangle - \frac{Ze^2}{4\pi\varepsilon_0} \frac{1}{r} \right] \psi_j(\boldsymbol{r}) \\ & + \sum_{\substack{j,j'=1 \\ j<j'}}^{N} \int\!\!\int \mathrm{d}^3\boldsymbol{r} \, \mathrm{d}^3\boldsymbol{r}' \, \psi_j^*(\boldsymbol{r}) \, \psi_{j'}^*(\boldsymbol{r}') \frac{e^2}{4\pi\varepsilon_0 \, |\boldsymbol{r} - \boldsymbol{r}'|} \psi_{j'}(\boldsymbol{r}') \, \psi_j(\boldsymbol{r}); \end{aligned} \tag{20.58c}$$

dann ist $\psi_j^*$ unter Einbeziehung von (20.58b) als Nebenbedingung (mit den Lagrange-Multiplikatoren $\varepsilon_j$) zu variieren:

$$\delta \left\{ \bar{E}[\varphi'] - \sum_{j=1}^{N} \varepsilon_j \int \mathrm{d}^3\boldsymbol{r} \, \psi_j^*(\boldsymbol{r}) \, \psi_j(\boldsymbol{r}) \right\} = 0. \tag{20.59a}$$

Dies ergibt

$$\begin{aligned} \sum_{j=1}^{N} \int \mathrm{d}^3\boldsymbol{r} \, \delta\psi_j^*(\boldsymbol{r}) \Bigg\{ & -\frac{\hbar^2}{2m} \triangle - \frac{Ze^2}{4\pi\varepsilon_0} \frac{1}{r} + \\ & + \frac{e^2}{4\pi\varepsilon_0} \sum_{j' \neq j}^{N} \int \mathrm{d}^3\boldsymbol{r}' \, \psi_{j'}^*(\boldsymbol{r}') \frac{1}{|\boldsymbol{r} - \boldsymbol{r}'|} \psi_{j'}(\boldsymbol{r}') - \varepsilon_j \Bigg\} \psi_j(\boldsymbol{r}) = 0. \end{aligned} \tag{20.59b}$$

Da die $\delta\psi_j^*(\boldsymbol{r})$ willkürlich gewählt werden dürfen, kann man $\delta\psi_l^*(\boldsymbol{r}) \neq 0$ und $\delta\psi_j^*(\boldsymbol{r}) = 0$ für alle $j$ ungleich $l$ annehmen, dann folgt aus (20.59 b) das *Hartreesche Gleichungssystem*

$$\left\{-\frac{\hbar^2}{2m}\triangle - \frac{Ze^2}{4\pi\varepsilon_0}\frac{1}{r} + \frac{e^2}{4\pi\varepsilon_0}\sum_{j' \neq l}^{N}\int \mathrm{d}^3\boldsymbol{r}'\, \psi_{j'}^*(\boldsymbol{r}')\frac{1}{|\boldsymbol{r}-\boldsymbol{r}'|}\psi_{j'}(\boldsymbol{r}') - \varepsilon_l\right\}\psi_l(\boldsymbol{r}) = 0 \quad (20.60)$$

mit $l = 1, 2, \ldots, N$.

Der Aufbau des Gleichungssystems (20.60) läßt erkennen, daß die Elektronen in den Zuständen $\psi_l$ ($l = 1, 2, \ldots, N$) einzeln unter der Einwirkung eines anziehenden Potentials des Kerns und eines effektiven, abstoßenden Potentials, das von allen anderen Elektronen in den Zuständen $\psi_{j'}$ mit $j' \neq l$ erzeugt wird, stehen.

Das Gleichungssystem (20.60) ist iterativ zu lösen. In nullter Näherung bestimmt man die Lösung des entkoppelten Systems (ohne das effektive Abstoßungspotential der übrigen Elektronen)

$$\varphi'^{(0)} = \psi_1{}^{(0)}(\boldsymbol{r}_1)\,\psi_2{}^{(0)}(\boldsymbol{r}_2)\cdots\psi_N{}^{(0)}(\boldsymbol{r}_N).$$

Damit berechnet man dann das Abstoßungspotential in nullter Näherung, geht mit diesem in (20.60) ein und bestimmt nun die Lösung

$$\varphi'^{(1)} = \psi_1{}^{(1)}(\boldsymbol{r}_1)\,\psi_2{}^{(1)}(\boldsymbol{r}_2)\cdots\psi_N{}^{(1)}(\boldsymbol{r}_N)$$

in erster Näherung. Diese Prozedur setzt man solange fort, bis man eine gewünschte, vorgegebene Genauigkeit erreicht hat. Dieses Verfahren der schrittweisen Lösung von (20.60) ist also insbesondere eine selbstkonsistente Herausbildung des auf ein ausgewähltes Elektron wirkenden Abstoßungsfeldes der übrigen Elektronen, woher die Bezeichnung *„self-consistent-field"*-Verfahren stammt.

An (20.60) erkennt man, daß die Lagrange-Multiplikatoren $\varepsilon_l$ die Rolle von Ein-Elektronen-Energien

$$\varepsilon_l = \int \mathrm{d}^3\boldsymbol{r}\,\psi_l^*(\boldsymbol{r})\left[-\frac{\hbar^2}{2m}\triangle - \frac{Ze^2}{4\pi\varepsilon_0}\frac{1}{r} + \frac{e^2}{4\pi\varepsilon_0}\sum_{j' \neq l}^{N}\int \mathrm{d}^3\boldsymbol{r}'\,\psi_{j'}^*(\boldsymbol{r}')\frac{1}{|\boldsymbol{r}-\boldsymbol{r}'|}\psi_{j'}(\boldsymbol{r}')\right]\psi_l(\boldsymbol{r}) \quad (20.61)$$

spielen. Vergleicht man (20.58 c) mit $\sum_{l=1}^{N}\varepsilon_l$ nach (20.61), so findet man wegen

$$\bar{E}[\varphi_N'] = \sum_{l=1}^{N}\left[\varepsilon_l - \frac{1}{2}\frac{e^2}{4\pi\varepsilon_0}\sum_{j \neq l}^{N}\int\int \mathrm{d}^3\boldsymbol{r}\,\mathrm{d}^3\boldsymbol{r}'\,\psi_l^*(\boldsymbol{r})\,\psi_j^*(\boldsymbol{r}')\frac{1}{|\boldsymbol{r}-\boldsymbol{r}'|}\psi_j(\boldsymbol{r}')\,\psi_l(\boldsymbol{r})\right], \quad (20.62)$$

daß $\sum_l \varepsilon_l$ die Wechselwirkungsenergie der Elektronen untereinander doppelt enthält.

Nach der Durchführung des „self-consistent-field"-Verfahrens ergibt sich $\bar{E}(\varphi_N')$ als Näherungswert für die Grundzustandsenergie des Elektronensystems, und $\varphi_N' = \psi_1(\boldsymbol{r}_1)\,\psi_2(\boldsymbol{r}_2)\cdots\psi_N(\boldsymbol{r}_N)$ stellt genähert den Grundzustand dar.

Die Ionisierungsenergie des Atoms kann näherungsweise als Differenz der Energie von $N$ und $(N-1)$ Elektronen

$$\varepsilon_j = \bar{E}[\varphi'_N] - \bar{E}[\varphi'_{N-1}] \tag{20.63}$$

angegeben werden (*Koopmans-Theorem*), wobei $\varphi'_{N-1}$ denjenigen Zustand bezeichnet, wo in dem Produkt der optimalen Ein-Teilchen-Zustände der Zustand $\psi_j$ weggelassen wurde, der dem Ionisationselektron entspricht.

Die Beziehungen dieses Abschnittes können vom Fall des Elektronensystems eines Atoms ohne weiteres auf den allgemeineren Fall eines Moleküls oder Festkörpers übertragen werden, wenn man die potentielle Energie der Elektronen im Feld des einen Kernes aus (20.56) durch die potentielle Energie $U_{\text{K-El}}$ (siehe (15.4 b)) der Elektronen im Feld aller Kerne ersetzt.

### 20.3.3 Anharmonischer Oszillator

Bei einem Molekül vollzieht sich im Elektronengrundzustand die Kernschwingungsbewegung in einem Potential, das (bei einem zweiatomigen Molekül) die aus der Abb. 15.1 ersichtliche Form der Kurve a hat – vgl. die Darlegungen in 15.1.3. Man kann nur bei kleinen Auslenkungen aus der Gleichgewichtslage von einer harmonischen Schwingung sprechen. Tatsächlich liegt eine Anharmonizität vor; der quantitative Zusammenhang des real vorliegenden Energiespektrums mit den Anharmonizitätskonstanten spielt eine wichtige Rolle bei der Aufklärung des Dissoziationsverhaltens von Molekülen und chemischen Elementarreaktionen.

Die Energieniveaus des eindimensionalen harmonischen Oszillators sind *nicht* entartet. Ein schwach anharmonischer Oszillator kann daher nach der Störungstheorie für nicht-entartete Niveaus behandelt werden. Der Hamilton-Operator ist

$$\hat{H} = \hat{H}^{(0)} + \hat{H}' \tag{20.64}$$

mit

$$\hat{H}^{(0)} = \frac{1}{2m}\,\hat{p}_x^{\,2} + \frac{m\omega^2}{2}\,\hat{x}^2 \tag{20.65 a}$$

und

$$\hat{H}' = B\hat{x}^3, \tag{20.65 b}$$

wobei der Parameter $B$ klein genug sei, damit $\hat{H}'$ als Störung anzusehen ist; $B$ muß nach (20.43) die Bedingung

$$B\,|\langle E_{n'}^{(0)}|\,\hat{x}^3\,|E_n^{(0)}\rangle| \ll \frac{1}{2}\,|E_{n'}^{(0)} - E_n^{(0)}|$$

erfüllen.

Die Lösung des ungestörten Problems $\hat{H}^{(0)}\,|E_n^{(0)}\rangle = E_n^{(0)}\,|E_n^{(0)}\rangle$ ist uns bekannt; nach (5.95) ist $E_n^{(0)} = \hbar\omega\left(n+\frac{1}{2}\right)$ mit $n = 0, 1, 2, \ldots$, und $|E_n^{(0)}\rangle$ ist (in Ortsdarstellung) nach (5.96) $\langle x | E_n^{(0)} \rangle = A_n \exp\left(-\frac{1}{2}\frac{m\omega}{\hbar}x^2\right) H_n\left(\sqrt{\frac{m\omega}{\hbar}}\,x\right)$. Bis zur zweiten Ordnung gilt für $E_n$

$$E_n = E_n^{(0)} + \langle E_n^{(0)} | B\hat{x}^3 | E_n^{(0)} \rangle + \sum_{n' \neq n} \frac{|\langle E_{n'}^{(0)} | B\hat{x}^3 | E_n^{(0)} \rangle|^2}{E_n^{(0)} - E_{n'}^{(0)}}. \tag{20.66}$$

Zur Aussonderung der nicht-verschwindenden Matrixelemente in (20.66) bedienen wir uns der Gruppentheorie nach 19.2.3. $\hat{H}^{(0)}$ ist spiegelungssymmetrisch, und die ungestörten Eigenvektoren transformieren sich für gerade $n$ nach der totalsymmetrischen Darstellung $\Gamma_1$ der Gruppe der eindimensionalen Raumspiegelung und für ungerade $n$ nach $\Gamma_2$ (Charakter des Spiegelungselements: $\chi_2(\sigma_x) = -1$). Da sich $\hat{H}'$ wegen der ungeraden Potenz von $x$ nach $\Gamma_2$ transformiert, folgt aus der Anwendung von (19.81), daß nur Matrixelemente zwischen Vektoren mit geraden und ungeraden $n$ nicht Null sind ($\Gamma_1 \times \Gamma_2 \times \Gamma_2 = \Gamma_1$). Daraus folgt, daß die Störenergie erster Ordnung verschwindet. Die zur Störenergie zweiter Ordnung beitragenden Matrixelemente berechnen wir in Ortsdarstellung,

$$\langle E_{n'}^{(0)} | B\hat{x}^3 | E_n^{(0)} \rangle = A_{n'} A_n \left(\frac{\hbar}{m\omega}\right)^2 B \int\limits_{-\infty}^{+\infty} e^{-\xi^2} H_{n'}(\xi)\, \xi^3 H_n(\xi)\, d\xi, \tag{20.67}$$

wobei wir im Integranden von (20.67) $\xi^3 H_n(\xi)$ mit Hilfe der Formel

$$\xi^3 H_n(\xi) = \frac{1}{8} H_{n+3}(\xi) + \frac{3}{4}(n+1) H_{n+1}(\xi) + \frac{3}{2} n^2 H_{n-1}(\xi) + n(n-1)(n-2) H_{n-3}(\xi) \tag{20.68}$$

ersetzen können, die unter Anwendung der Rekursionsformel (6.8) ableitbar ist. An (20.68) erkennen wir nun unmittelbar, daß bei gewähltem $n$ nur die Matrixelemente

$$\langle E_{n-3}^{(0)} | B\hat{x}^3 | E_n^{(0)} \rangle = \langle E_n^{(0)} | B\hat{x}^3 | E_{n-3}^{(0)} \rangle = B(\hbar/m\omega)^{3/2} \left[\frac{n(n-1)(n-2)}{8}\right]^{1/2} \tag{20.69 a}$$

und

$$\langle E_{n-1}^{(0)} | B\hat{x}^3 | E_n^{(0)} \rangle = \langle E_n^{(0)} | B\hat{x}^3 | E_{n-1}^{(0)} \rangle = B(\hbar/m\omega)^{3/2} [9n^3/8]^{1/2} \tag{20.69 b}$$

in der Summe über $n'$ von (20.66) auftreten können.

Die störungstheoretisch bis zur zweiten Ordnung berechneten Energieniveaus des anharmonischen Oszillators ergeben sich somit nach (20.66) zu:

$$E_n = \hbar\omega\left(n + \frac{1}{2}\right) - \frac{15}{4}\frac{B^2}{\hbar\omega}\left(\frac{\hbar}{m\omega}\right)^3\left(n^2 + n + \frac{11}{30}\right). \tag{20.70}$$

Die Energieniveaus des anharmonischen Oszillators rücken mit wachsendem $n$ immer näher zusammen, während die des harmonischen Oszillators äquidistant sind.

### 20.3.4 Spin-Bahn-Kopplung eines Elektrons in einem kugelsymmetrischen Kraftfeld

Die Spin-Bahn-Kopplung eines Elektrons, wie sie durch den Operator $\hat{T}_9''$ in (14.53) beschrieben wird, führt zu charakteristischen Aufspaltungen im Energieniveauschema, zur sogenannten *Feinstruktur*. Die Ein-Elektronen-Zustände im kugelsymmetrischen Kraftfeld sind in nullter Ordnung (ohne Spin-Bahn-Kopplung) durch die Vektoren

$$|n, l, s, m_l, m_s\rangle = |n, l, m_l\rangle\, |m_s, s\rangle$$

– vgl. dazu die in 14.2 eingeführten Basisvektoren – bestimmt, bei denen vier Quantenzahlen relevant sind, da $s=\frac{1}{2}$ fest ist. Im Spezialfall eines Coulomb-Feldes mit der Kernladung $Ze$ erhält der *Spin-Bahn-Kopplungsoperator* $\hat{H}_{\text{SB}}$ nach $\hat{T}_9''$, der entsprechend (20.14) als Störoperator $\hat{H}'$ zu betrachten ist, die Form

$$\hat{H}' = \hat{H}_{\text{SB}} = a(\hat{r})\, \hat{\boldsymbol{S}}\hat{\boldsymbol{M}} \tag{20.71 a}$$

mit

$$a(\hat{r}) = \frac{1}{2}\, \frac{Ze^2}{4\pi\varepsilon_0 m^2 c^2}\, \hat{r}^{-3}, \tag{20.71 b}$$

dessen Erwartungswert mit den Zuständen nullter Ordnung die Kopplungsstärke repräsentiert. Bei Einführung der Operatoren

$$\hat{M} \equiv \hat{M}_x - \mathrm{i}\,\hat{M}_y \quad \text{bzw.} \quad \hat{S} \equiv \hat{S}_x - \mathrm{i}\,\hat{S}_y$$

in Anlehnung an (13.7 a) geht $\hat{\boldsymbol{S}}\hat{\boldsymbol{M}}$ in

$$\hat{\boldsymbol{S}}\hat{\boldsymbol{M}} = \frac{1}{2}\,(\hat{S}^+\hat{M} + \hat{S}\hat{M}^+) + \hat{S}_z\hat{M}_z \tag{20.72}$$

über, woraus erkennbar wird, daß nur solche Zustände

$$|n, l, s, m_l, m_s\rangle \quad \text{und} \quad |n, l, s, m_l', m_s'\rangle$$

zu nichtverschwindenden Matrixelementen von $\hat{H}_{\text{SB}}$ führen, die der Bedingung $m_j = m_l + m_s = m_l' + m_s' = m_j'$ genügen. Das Energieniveau $E_{n,l}^{(0)}$ (der nullten Ordnung) besitzt den Entartungsgrad $(2l+1)\,(2s+1) = 2(2l+1)$, denn alle Zustände $|n, l, s, m_l, m_s\rangle$ mit festen $n$ und $l$, die sich durch die möglichen Werte von $m_l$ und $m_s$ unterscheiden, haben gleiche Energie. Nach (20.71) und (20.72) können mit einem vorgegebenen Zustand $\left|n, l, s, m_l, m_s = +\frac{1}{2}\right\rangle$ nur $\left|n, l, s, m_l, m_s = +\frac{1}{2}\right\rangle$ selbst und $\left|n, l, s, m_l+1, m_s = -\frac{1}{2}\right\rangle$ kombinieren. Deshalb setzen wir entsprechend (20.32) zur Durchführung der Störungsrechnung für entartete Niveaus die Linearkombination

$$|n, l, s, j, m_j\rangle = c_1 \left|n, l, s, m_l, m_s = +\frac{1}{2}\right\rangle + c_2 \left|n, l, s, m_l+1, m_s = -\frac{1}{2}\right\rangle \tag{20.73}$$

an. Dann erhalten wir nach (20.33) das Gleichungssystem

$$\begin{aligned}&\left[\left\langle n, l, s, m_l, m_s=\frac{1}{2}\right| \hat{H}_{\mathrm{SB}} \left| n, l, s, m_l, m_s=\frac{1}{2}\right\rangle - E_{n,l}^{(1)}\right] c_1 \\ &\quad + \left\langle n, l, s, m_l, m_s=\frac{1}{2}\right| \hat{H}_{\mathrm{SB}} \left| n, l, s, m_l+1, m_s=-\frac{1}{2}\right\rangle c_2 = 0, \\ &\left\langle n, l, s, m_l+1, m_s=-\frac{1}{2}\right| \hat{H}_{\mathrm{SB}} \left| n, l, s, m_l, m_s=\frac{1}{2}\right\rangle c_1 \\ &\quad + \left[\left\langle n, l, s, m_l+1, n_s=-\frac{1}{2}\right| \hat{H}_{\mathrm{SB}} \left| n, l, s, m_l+1, m_s=-\frac{1}{2}\right\rangle - E_{n,l}^{(1)}\right] c_2 = 0,\end{aligned} \tag{20.74}$$

wenn wir $\varepsilon \hat{G} \equiv \hat{H}_{\mathrm{SB}}$ und $\varepsilon E_l^{(1)} \equiv E_{n,l}^{(1)}$ einsetzen. Auf Grund der Formeln (13.13) für die Anwendung von $\hat{M}$ und $\hat{M}^+$ sowie von $\hat{S}$ und $\hat{S}^+$ (wobei man $\tilde{l}$ durch $l$ oder $s$ und $\tilde{m}$ durch $m_l$ oder $m_s$ zu ersetzen hat) ergeben sich aus (20.74) die Gleichungen

$$\begin{aligned}&\left[\frac{1}{2}\hbar^2 m_l \bar{a} - E_{n,l}^{(1)}\right] c_1 + \frac{1}{2}\hbar^2 \sqrt{(l+m_l+1)(l-m_l)}\, \bar{a} c_2 = 0 \\ &\frac{1}{2}\hbar^2 \sqrt{(l+m_l+1)(l-m_l)}\, \bar{a} c_1 + \left[-\frac{1}{2}\hbar^2 (m_l+1)\bar{a} - E_{n,l}^{(1)}\right] c_2 = 0,\end{aligned} \tag{20.75}$$

wobei $\bar{a} \equiv \langle n, l, m_l = l |\, a(\hat{r})\, | n, l, m_l = l\rangle$ eingeführt wurde. Als Störenergie erster Ordnung folgt aus der zu (20.75) gehörigen Säkulargleichung

$$E_{n,l,j}^{(1)} = \begin{cases} -\dfrac{\hbar^2}{2}\bar{a}(l+1) & \text{für } j = l - \dfrac{1}{2} \\ \dfrac{\hbar^2}{2}\bar{a} l & \text{für } j = l + \dfrac{1}{2}; \end{cases} \tag{20.76}$$

diese beiden durch Aufspaltung aus $E_{n,l}^{(0)}$ hervorgegangenen Niveaus weisen noch die Entartungsgrade $(2j+1) = 2l$ bzw $(2l+2)$ entsprechend den möglichen $m_j$-Werten auf.

Geht man mit beiden Lösungen in das Gleichungssystem (20.75) zurück, dann erhält man zusammen mit der Normierungsbedingung für (20.73) die beiden Zustände $|n, l, s, j = l + 1/2, m_j\rangle$ und $|n, l, s, j = l - 1/2, m_j\rangle$, wie sie in 14.2 mit den Formeln (14.35) und (14.36a) angegeben wurden.

Im Falle des Coulomb-Potentials ist $\bar{a}$ gleich

$$\bar{a} = \alpha^4 \frac{E_m}{2\hbar^2} \frac{Z^4}{n^3 (l+1)(l+1/2)\, l} \tag{20.77}$$

mit $\alpha \equiv e^2/4\pi\varepsilon_0 \hbar c$ als *Sommerfeldscher Feinstrukturkonstante* und $E_m = mc^2$ als Ruhenergie des Elektrons. Das Ergebnis dieser störungstheoretisch ermittelten Feinstrukturaufspaltung ist in Abb. 20.1 schematisch dargestellt worden. Beim H-Atom ist $\hbar^2 \bar{a}/2 \approx 5 \cdot 10^{-24}$ Ws $\approx 3 \cdot 10^{-5}$ eV für $n = 2$, $l = 1$, was mit dem empirischen Befund übereinstimmt. Bei größeren Atomen wird $\hbar^2 \bar{a}/2$ um einen Faktor bis zu einigen $10^2$ höher; beispielsweise beträgt der Abstand der Feinstrukturniveaus $n=3$, $l=1$, $j=\frac{3}{2}$ und $j=\frac{1}{2}$, der sich im Abstand der Na-D-Linien kund tut, ungefähr $2 \cdot 10^{-3}$ eV.

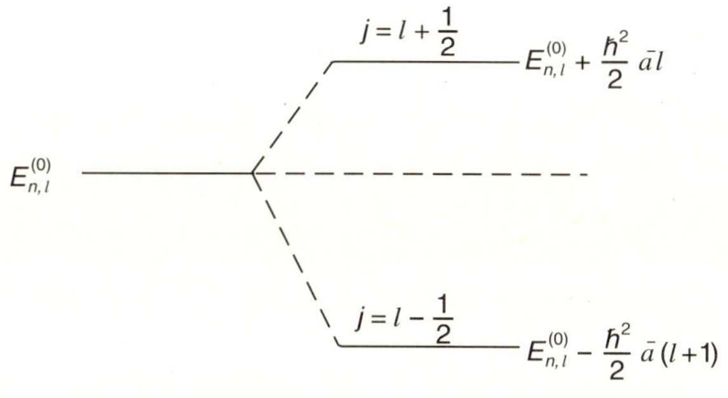


**Abb. 20.1** Niveauschema zur Feinstrukturaufspaltung

Wir haben hier bewußt den vollständigen Gang der Störungstheorie ausgeführt. Durch Anwendung gruppentheoretischer Methoden – vgl. 19.2.1 – hätten wir jedoch die Linearkombinationen (20.73), die wir endgültig erst nach der Lösung des Säkularproblems ermitteln konnten, vorher direkt konstruieren können. Wegen ihrer Abhängigkeit von $l$, $s$ und $j$ erweist sich dabei für $\hat{\boldsymbol{S}}\hat{\boldsymbol{M}}$ anstelle von (20.72) die Form

$$\hat{\boldsymbol{S}}\hat{\boldsymbol{M}} = \frac{1}{2}\,[\hat{Q}_J - \hat{Q}_M - \hat{Q}_S] \tag{20.78}$$

und damit für $\hat{H}_{\mathrm{SB}}$

$$\hat{H}_{\mathrm{SB}} = a(\hat{r})\,\frac{1}{2}\,[\hat{Q}_J - \hat{Q}_M - \hat{Q}_S] \tag{20.79}$$

als zweckmäßig, denn man erkennt daran sofort, daß die konstruierten Linearkombinationen Eigenzustände von $\hat{H}_{\mathrm{SB}}$ sind. Dies hat wiederum zur Folge, daß die Säkulardeterminante zur Bestimmung der Störenergie erster Ordnung Diagonalform besitzt und sich die $E^{(1)}_{n,l,j}$-Werte (20.76) als Erwartungswerte von $\hat{H}_{\mathrm{SB}}$ in den Zuständen $\left|n, l, s, j = l \pm \frac{1}{2}, m_j\right\rangle$ ergeben.

Die störungstheoretischen Überlegungen für das Ein-Elektronen-Problem können im Falle der in 15.5 besprochenen Russell-Saunders-Kopplung direkt auf atomare Mehr-Elektronen-Probleme übertragen werden, und damit gewinnt man auch für diese Aussagen über die Feinstruktur-Niveauverteilung. Bei Vorherrschen der Coulomb-Wechselwirkung sind die Mehr-Elektronen-Zustände durch die Quantenzahlen $n'$ sowie $L$, $M_L$, $S$, $M_S$ in analoger Weise bestimmt, wie die

Ein-Elektronen-Zustände durch $n$ sowie $l$, $m_l$, $s$, $m_s$ gekennzeichnet sind. Zu jedem Energieniveau mit festem $L$ und $S$ gibt es $(2L+1)(2S+1)$ solche Zustände, die zu den verschiedenen $M_L = L, L-1, \ldots, -L$ und $M_S = S, S-1, \ldots, -S$ gehören. Bei der Kopplung von Gesamtbahndrehimpuls und Gesamtspin zum Gesamtdrehimpuls der Elektronenhülle – vgl. (15.56) – resultiert die Feinstrukturaufspaltung eines durch $L$ und $S$ charakterisierten Niveaus in solche, die durch die Quantenzahlen $J = L+S, L+S-1, \ldots, |L-S|$ zu kennzeichnen sind und zu denen durch $n'$ sowie $L$, $S$, $J$, $M_J$ bestimmte Zustände gehören (es liegt jetzt eine $(2J+1)$fache Entartung vor, die durch die möglichen $M_J$-Werte $J, J-1, \ldots, -J$ zum Ausdruck kommt); dies entspricht im Ein-Elektronen-Problem der Aufspaltung der $(2l+1)\left(2\frac{1}{2}+1\right)$fach entarteten $E_{n,l}^{(0)}$ in die beiden durch $j = l+s$, $l-s$ mit $s = \frac{1}{2}$ bestimmten Niveaus (20.76), die die Entartungsgrade $(2j+1) = 2l+2$ oder $2l$ besitzen.

### 20.3.5 Zeeman-Effekt des Ein-Elektronen-Problems

Wenn auf das durch einen Ein-Elektronen-Zustand charakterisierbare Atom ein homogenes Magnetfeld wirkt, kommt es zur Aufspaltung der $(2j+1)$fach entarteten Feinstrukturniveaus – vgl. 20.3.4. Wir wollen dieses Problem unter der Voraussetzung betrachten, daß die durch das Magnetfeld induzierte Aufspaltung klein gegen die Feinstrukturaufspaltung ist. Man spricht dann vom sogenannten *Zeeman-Effekt* bzw. von der Zeeman-Aufspaltung. Diese Aufspaltung kann man – ohne weitere Überlegungen anstellen zu müssen – mit dem in 20.2.2 angegebenen Formalismus berechnen. Bevor wir das tun, wollen wir eine Anmerkung voranstellen, die zeigen soll, daß man sich durch gruppentheoretische Betrachtungen rasch einen Überblick über die zu erwartenden Resultate verschaffen kann. Die Einwirkung eines homogenen Magnetfeldes auf ein kugelsymmetrisches Ein-Elektronen-Problem bedeutet eine Symmetrieverminderung – vgl. 19.2.4 – von der dreidimensionalen Drehgruppe (Drehimpulsquantenzahl $j$ zur Charakterisierung der Zustände) hin zur eindimensionalen Drehgruppe (Drehimpulskomponenten-Quantenzahl $m_j$ zur Kennzeichnung der Zustände) als Untergruppe, deren irreduzible Darstellungen $\Gamma_{m_j}$ sämtlich eindimensional sind. Die angegebene Darstellung (19.28) der dreidimensionalen Drehgruppe ist direkt die benötigte subduzierte Darstellung $\Gamma_j^{(s)}$ der eindimensionalen Drehgruppe (bei Ersetzung von $J \to j$ und $M_J \to m_j$). Der Vergleich der zugehörigen Charakterformel $\chi_{j,\varphi}^{(s)} = \dfrac{\sin\left[\left(j+\frac{1}{2}\right)\varphi\right]}{\sin(\varphi/2)}$ – vgl. (19.29) – mit den Charakteren $\chi_{m_j,\varphi} = \exp(-\mathrm{i}\varphi m_j)$ von $\Gamma_{m_j}$ zeigt auf Grund der allgemeinen Reduktionsformel (A 3.20) für Charaktere, daß in $\Gamma_j^{(s)}$ jedes $\Gamma_{m_j}$ mit $m_j = j, j-1, \ldots, -j$ nur *einmal* auftreten kann, d.h., die Zeeman-Aufspaltung des durch $j$ gekennzeichneten Elektronenniveaus erfolgt in $(2j+1)$ Niveaus (dies bedeutet eine vollständige Ausreduktion auf eindimensionale Unterräume und eine vollständige Aufhebung der Entartung).

Nun führen wir – anknüpfend an 20.3.4 – die störungstheoretische Analyse auf der Basis von 20.2.2 durch. Für ein homogenes Magnetfeld $\boldsymbol{H}_{\mathrm{ex}}$ in $z$-Richtung ist der Störoperator $\hat{H}'$ im Ein-Elektronen-Fall nach $\hat{T}_2 + \hat{T}_{11}$ – vgl. (14.43) und (14.55) –

$$\hat{H}' = \hat{H}_{\boldsymbol{H}_{\mathrm{ex}}} = \frac{\mu_0 e}{2m} \, |\boldsymbol{H}_{\mathrm{ex}}| \, (\hat{M}_z + 2\hat{S}_z), \tag{20.80a}$$

was wir mit $\hat{J}_z = \hat{M}_z + \hat{S}_z$ auch

$$\hat{H}_{\boldsymbol{H}_{\mathrm{ex}}} = \frac{\mu_0 e}{2m} \, |\boldsymbol{H}_{\mathrm{ex}}| \, (\hat{J}_z + \hat{S}_z) \tag{20.80b}$$

schreiben können.

Damit wir die Eigenschaft der Zustände $|n, l, s, j, m_j\rangle$, Eigenzustände von $\hat{Q}_J$ und $\hat{J}_z$ zu sein, voll ausnützen können, versuchen wir nun erst einmal, $\hat{J}_z + S_z$ ganz durch $\hat{J}_z$ zu ersetzen unter Einbeziehung eines Operators $\hat{C}$, der aus $\hat{Q}_J$, $\hat{Q}_M$ und $\hat{Q}_S$ aufgebaut ist; d.h., wir suchen ein solches $\hat{C}$, so daß für die Zustände $|n, l, s, j, m_j\rangle$ mit festen $n, l, s, j$ und den $m_j = j, j-1, \ldots, -j$ die *Operatoräquivalenz*

$$\boldsymbol{H}_{\mathrm{ex}}(\hat{\boldsymbol{J}} + \hat{\boldsymbol{S}}) = \hat{C} \, \boldsymbol{H}_{\mathrm{ex}} \hat{\boldsymbol{J}} \tag{20.81}$$

gilt. Aus $\hat{\boldsymbol{J}} + \hat{\boldsymbol{S}} = \hat{C}\hat{\boldsymbol{J}}$ erhalten wir zunächst $\hat{Q}_J + \hat{\boldsymbol{J}}\hat{\boldsymbol{S}} = \hat{C}\hat{Q}_J$ und aus $\hat{\boldsymbol{J}}\hat{\boldsymbol{S}} = \hat{\boldsymbol{M}}\hat{\boldsymbol{S}} + \hat{Q}_S$ zusammen mit (20.78)

$$\hat{\boldsymbol{J}}\hat{\boldsymbol{S}} = \frac{1}{2} \, [\hat{Q}_J + \hat{Q}_S - \hat{Q}_M] .$$

Also ergibt sich

$$\hat{C} = \hat{I} + \frac{1}{2} \, \hat{Q}_J^{-1} \, [\hat{Q}_J + \hat{Q}_S - \hat{Q}_M] \tag{20.82}$$

und

$$\hat{H}_{\boldsymbol{H}_{\mathrm{ex}}} = \frac{\mu_0 e}{2m} \, |\boldsymbol{H}_{\mathrm{ex}}| \left\{ \hat{I} + \frac{1}{2} \, \hat{Q}_J^{-1} \, [\hat{Q}_J + \hat{Q}_S - \hat{Q}_M] \right\} \hat{J}_z . \tag{20.83}$$

Mit dieser Form des Hamilton-Operators für den Zeeman-Effekt erhalten wir für die Zeeman-Energieniveaus auf Grund der Diagonalform der Säkulardeterminante die Formel

$$E^{(1)}_{\boldsymbol{H}_{\mathrm{ex}}} = \langle n, l, s, j, m_j | \, \hat{H}_{\boldsymbol{H}_{\mathrm{ex}}} \, | n, l, s, j, m_j \rangle = \mu_{\mathrm{B}} \, g \, |\boldsymbol{H}_{\mathrm{ex}}| \, m_j , \tag{20.84}$$

in der $\mu_{\mathrm{B}} = \dfrac{e\hbar\mu_0}{2m}$ das Bohrsche Magneton und

$$g = 1 + \frac{j(j+1) + s(s+1) - l(l+1)}{2j(j+1)} \tag{20.85}$$

den sogenannten *Landé-Faktor* bedeuten.

Die Zeeman-Aufspaltung mit $g \neq 1$ wird *anomaler Zeeman-Effekt* genannt. Diese Begriffsbildung stammt aus der Zeit, als der Elektronenspin noch nicht entdeckt war und man die Aufspaltung mit $g=1$, gestützt auf klassische Überlegungen, als normal empfand; $g=1$ würde für $s=0$ eintreten, weil dann $j=l$ gilt, was im Ein-Elektronen-Fall jedoch unmöglich ist.

Nach (20.85) ergeben sich z. B. folgende $g$-Faktoren für den anomalen Zeeman-Effekt:

$$l=0, \quad j=1/2 \quad - \quad g=2$$

$$l=1, \begin{cases} j=1/2 & - \quad g=2/3 \\ j=3/2 & - \quad g=4/3 \end{cases}$$

$$l=2, \begin{cases} j=3/2 & - \quad g=4/5 \\ j=5/2 & - \quad g=6/5. \end{cases}$$

Der Fall $l=1$, $j=3/2$ entspricht dem energetisch höher liegenden Niveau des Na-D-Linien-Übergangs. Die Zeeman-Aufspaltung dieses Niveaus ist aus Abb. 20.2 ersichtlich. Setzt man zur Abschätzung $g \simeq 1$ und $|\boldsymbol{H}_{\text{ex}}| < 10^5\,\text{Am}^{-1}$, so erhält man die Aufspaltungen $\lesssim 10^{-24}\,\text{Ws} \approx 6 \cdot 10^{-6}\,\text{eV}$, also kleiner als die Feinstrukturaufspaltung – vgl. 20.3.4.

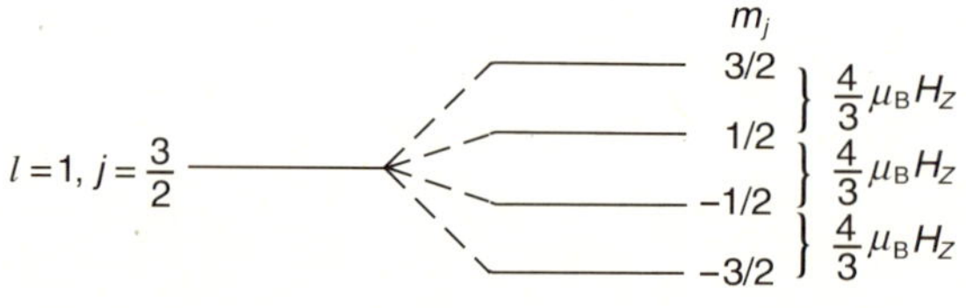


**Abb. 20.2** Schema zur Zeeman-Niveauaufspaltung

Die am Ende von 20.3.4 skizzierte Behandlung von Mehr-Elektronen-Problemen läßt sich auch auf den Zeeman-Effekt übertragen. Der entsprechende Wechselwirkungsoperator wird aus (14.43) und (14.55) einfach durch Summation über alle Elektronen erhalten. Es ergibt sich dann unter der bereits in 20.3.4 gemachten Annahme der Russell-Saunders-Kopplung, daß man im Landé-Faktor (20.85) nur $j$, $s$, $l$ durch die Quantenzahlen $J$, $S$, $L$ und im Energieausdruck (20.84) $m_j$ durch $M_J$ zu ersetzen hat. Man erkennt nun, daß der *normale Zeeman-Effekt* bei Singlettzuständen ($S=0$) von Mehr-Elektronen-Problemen in Erscheinung tritt.

Wenn die Voraussetzung zum Zeeman-Effekt (das Magnetfeld sei so schwach, daß die Zeeman-Aufspaltung im Verhältnis zur Feinstrukturaufspaltung klein ist) nicht erfüllt ist, entsteht ein sehr kompliziertes Energieniveau-Schema. Einfache Verhältnisse ergeben sich aber wieder bei einem *sehr starken* Magnetfeld. Dann ist in der störungstheoretischen Reihenfolge die Wechselwirkung mit dem Magnetfeld vor der Spin-Bahn-Kopplung zu berücksichtigen, und es kommt keine Verknüpfung des Gesamtbahndrehimpulses und des Gesamtspins zum Gesamtdrehimpuls der Elektronenhülle zustande, sondern $\boldsymbol{M}_G$ und $\boldsymbol{S}_G$ – vgl. 15.5 – stellen sich einzeln richtungsgequantelt (charakterisiert durch die Quantenzahlen $M_L$ und $M_S$) auf das Magnetfeld ein. Die durch feste Werte von $L$ und $S$ bei alleiniger Berücksichtigung der Coulomb-Wechselwirkung gegebenen Energieniveaus spalten unter der Wirkung des Magnetfeldes in Niveaus auf, die durch die möglichen Werte der Quantenzahlenkombination $(M_L + 2M_S)$ bestimmt sind. Zustände mit verschiedenen Werten von $M_L$ und $M_S$ und gleichem $(M_L + 2M_S)$ besitzen dieselbe Energie; d.h., es liegt noch eine restliche Entartung vor, die durch die schwächere Spin-Bahn-Kopplung beseitigt wird. Den Fall der Aufhebung der Russell-Saunders-Kopplung im sehr starken Magnetfeld nennt man *Paschen-Back-Effekt*.

Wenn ein Kernspin $\hat{\boldsymbol{I}}$ zu berücksichtigen ist, erfolgt beim Zeeman-Effekt die Richtungsquantelung des gesamten Drehimpulses $\hat{\boldsymbol{F}} = \hat{\boldsymbol{J}} + \hat{\boldsymbol{I}}$ des Atoms – vgl. (15.59) –, und die Zeeman-Niveaus werden durch die Quantenzahlen $M_F = F$, $F-1$, ..., $-F$ der Drehimpulskomponenten in Richtung des Magnetfeldes bestimmt. Wenn die Wechselwirkung mit dem Magnetfeld bei dessen Erhöhung die für die Kopplung von $\hat{\boldsymbol{J}}$ und $\hat{\boldsymbol{I}}$ zu $\hat{\boldsymbol{F}}$ verantwortliche Wechselwirkung zwischen Elektronenhülle und Kern – vgl. (15.50), (15.51) und (15.54) im Falle eines Kerns – überwiegt, tritt analog zum Paschen-Back-Effekt eine getrennte Richtungsquantelung von $\hat{\boldsymbol{J}}$ und $\hat{\boldsymbol{I}}$ auf.

Auf die Auswirkungen eines Magnetfeldes im Falle der $(j\text{-}j)$-Kopplung in der Elektronenhülle wollen wir nicht eingehen.

### 20.3.6 Born-Oppenheimer-Näherung der Elektronen- und Kernbewegung in Molekülen

In 15.1.3 hatten wir die Trennung der Elektronen- und Kernbewegung bei Molekülen und Festkörpern besprochen, wobei an bestimmter Stelle, nämlich bei der Ableitung von (15.15), auf ein später zu formulierendes Näherungsverfahren hingewiesen werden mußte. Dieses Näherungsverfahren wollen wir jetzt für ein Molekül formulieren. Wir verwenden den in (15.4) angegebenen Hamilton-Operator, der die kinetische Energie der Elektronen und Kerne sowie die Coulomb-Wechselwirkung der Ladungsträger beinhaltet. Alle Koordinaten seien auf den Molekülschwerpunkt bezogen. Die Kerne (Atomrümpfe) können eine Relativbewegung gegeneinander vollziehen (Kernschwingungsbewegung); weiterhin ist eine Bewegung der Hauptträgheitsachsen des Moleküls im Raum, also eine Rotation des gesamten Moleküls zugelassen. Die Lage des $\alpha$-ten Kerns wird durch $\boldsymbol{R}_\alpha$ beschrieben. Zur Unterscheidung dieser beiden Kernbewegungsformen denken wir uns anstelle der $\{\boldsymbol{R}_\alpha\}$ Koordinaten $\xi_\beta$ und $\zeta_{\beta'}$ eingeführt, von denen die $\xi_\beta$ die Relativbewegung der Kerne und die $\zeta_{\beta'}$ die Rotationsbewegung des Moleküls beschreiben sollen. Es gilt also

$$\boldsymbol{R}_\alpha = \boldsymbol{R}_\alpha(\xi_\beta, \zeta_{\beta'}). \tag{20.86}$$

Die Ortsvektoren $\boldsymbol{r}_j$ der Elektronen sollen durch kartesische (oder andere geeignete) Koordinaten gekennzeichnet werden, die wir mit $x_{\beta''}$ bezeichnen wollen:

$$\boldsymbol{r}_j = \boldsymbol{r}_j(x_{\beta''}). \tag{20.87}$$

Damit stellt sich der Molekül-Hamilton-Operator in Ortsdarstellung aus (15.4) in der Form

$$H\left(x, \frac{\partial}{\partial x}, \xi, \zeta, \frac{\partial}{\partial \xi}, \frac{\partial}{\partial \zeta}\right) \tag{20.88}$$

dar; der besseren Übersichtlichkeit wegen haben wir die Indizes $\beta$, $\beta'$, $\beta''$ an den neu eingeführten Koordinaten weggelassen: $x$, $\xi$, $\zeta$ umfassen symbolisch *alle* Elektronenkoordinaten bzw. Kernschwingungskoordinaten bzw. Rotationskoordinaten.

Wir wollen ein geeignetes Verfahren für die Gewinnung der Eigenlösungen des in (20.88) angegebenen Energieoperators aufzeigen. Das hier zu diskutierende Verfahren gilt allgemein für (stabile) Moleküle; zur Fixierung der Vorstellungen wollen wir uns aber am zweiatomigen Molekül orientieren. Denken wir etwa an das $H_2$-Molekül, so würde $x$ sechs Elektronenkoordinaten umfassen; $\xi$ könnte mit dem Abstand der Kerne identifiziert werden; $\zeta$ würde die Winkel $\vartheta$, $\varphi$ umfassen, die die Bewegung einer Hantel im Raum beschreiben.

In 20.2 war für die Störungstheorie vorausgesetzt worden, daß es zu einem (ungestörten) Operator $\hat{H}^{(0)}$ einen Zusatzoperator $\hat{H}' = \varepsilon \hat{G}$ gibt, der aus physikalisch vertretbaren Gründen als „klein“ angesehen werden kann, so daß eine Potenzreihenentwicklung nach $\varepsilon$ mit einem oder wenigen Schritten zum Ziel führt. Wir müssen untersuchen, welche physikalischen Sachverhalte ein solches Vorgehen bei dem (Differential-)Operator (20.88) gestatten. Als nützlich erweist sich hier eine vergleichende Betrachtung der Energien der einzelnen Bewegungsformen. Die Elektronen können das Molekül nicht verlassen, sitzen also in einer Art Kasten mit der Lineardimension $a \simeq 10^{-10}$ m. Größenordnungsmäßig ergibt sich demnach für die Elektronenenergie – vgl. (14.28) –

$$E_{\mathrm{El}} \simeq \frac{\hbar^2}{m a^2} \tag{20.89}$$

mit $m$ als Elektronenmasse. Bei der Rotationsbewegung wird das Trägheitsmoment beinahe ausschließlich durch die Kernmassen und deren Abstand bestimmt; deshalb ergibt sich für die Rotationsenergie nach (15.30)

$$E_{\mathrm{R}} \simeq \frac{\hbar^2}{M' a^2}, \tag{20.90}$$

wobei $M'$ die reduzierte Masse der Atome ist. Bei der Kernschwingungsbewegung ergeben sich nach (15.26) Werte der Größenordnung $\hbar(k/M')^{1/2}$. Wenn die Änderung des Kernabstandes Werte des Gleichgewichtsabstandes erreicht, dissoziiert das Molekül, d.h., seine Energie wird dann größenordnungsmäßig gleich $E_{\mathrm{El}}$, was durch $a^2 k \simeq E_{\mathrm{El}}$ ausgedrückt werden kann. Für die Schwingungsenergie gilt also

$$E_{\mathrm{V}} \simeq \frac{\hbar^2}{m a^2}\left(\frac{m}{M'}\right)^{1/2}. \tag{20.91}$$

Aus dieser Überlegung resultiert

$$E_{\mathrm{V}} \simeq \varepsilon^2 E_{\mathrm{El}}, \quad E_{\mathrm{R}} \simeq \varepsilon^4 E_{\mathrm{El}} \quad \text{mit} \quad \varepsilon = (m/M')^{1/4}. \tag{20.92}$$

Da die reduzierte Masse $M'$ wesentlich durch die kleinste Kernmasse bestimmt wird, ist es für den Regelfall richtig, $M'$ mit einigen Protonenmassen anzusetzen. Damit ergibt sich

$$\varepsilon = (m/M')^{1/4} \approx \frac{1}{10}. \tag{20.93}$$

Zur vollständigen störungstheoretischen Formulierung müssen wir noch die Voraussetzung stabiler Moleküle (bzw. stabiler Molekülzustände) ins Spiel bringen; das bedeutet ja, daß sich die Molekülbausteine nicht allzuweit aus ihren Gleichgewichtslagen entfernen. In (15.27) haben wir dafür als Mittelwert größenordnungsmäßig $(E_\mathrm{V}/k)^{1/2}$ gefunden, was nach (20.92)

$$\sqrt{\overline{(\xi - \xi')^2}} \simeq \varepsilon a \tag{20.94}$$

bedeutet; es ist also sinnvoll, die Kernschwingungskoordinaten mit

$$\xi = \xi' + \varepsilon \eta \tag{20.95}$$

anzusetzen, wobei $\varepsilon\eta$ die aktuelle Auslenkung von der Gleichgewichtslage $\xi'$ kennzeichnet.

Nun vollziehen wir die Zerlegung von $H$ aus (20.88) nach Störanteilen. Wir zerlegen $H$ gemäß

$$H = H_\mathrm{G} + W_\mathrm{K} \tag{20.96}$$

mit

$$H_\mathrm{G} = W_\mathrm{El} + U_\mathrm{K\text{-}K} + U_\mathrm{El\text{-}El} + U_\mathrm{K\text{-}El}.$$

Dabei sind die Bezeichnungen von (15.4) verwendet worden; $H_\mathrm{G}$ enthält also die kinetische Energie der Elektronen und die gesamte potentielle Energie. Explizite Berücksichtigung der Koordinatenabhängigkeit und Entwicklung nach $\varepsilon$ führt auf

$$H_\mathrm{G} = H_\mathrm{G}\left(x, \frac{\partial}{\partial x}; \xi' + \varepsilon\eta, \zeta\right) = H_\mathrm{G}{}^{(0)} + \varepsilon H_\mathrm{G}{}^{(1)} + \varepsilon^2 H_\mathrm{G}{}^{(2)} + \cdots. \tag{20.97}$$

Die kinetische Energie der Kerne $W_\mathrm{K}$ kann nach Einführung von $g_\alpha' = M'/M_\alpha$ gemäß (15.4a) in der Form

$$W_\mathrm{K} = \varepsilon^4 W_\mathrm{K}' \quad \text{mit} \quad W_\mathrm{K}' = -\frac{\hbar^2}{2m} \sum_\alpha g_\alpha' \triangle_{\boldsymbol{R}_\alpha} \tag{20.98}$$

geschrieben werden; die $g_\alpha'$ sind von der Größenordnung Eins. Die $\triangle_{\boldsymbol{R}_\alpha}$ führen wegen $\dfrac{\partial}{\partial \xi} = \dfrac{1}{\varepsilon}\dfrac{\partial}{\partial \eta}$ auf die Zerlegung

$$W_\mathrm{K}' = \varepsilon^{-2} T_{\eta\eta} + \varepsilon^{-1} T_{\eta\zeta} + T_{\zeta\zeta}, \tag{20.99}$$

also Terme mit zweifacher Ableitung nach $\eta$ und $\zeta$ sowie einem mit gemischten Ableitungen. Aus (20.97), (20.98) und (20.99) ergibt sich der gesamte Hamilton-Operator zu

$$H = H_\mathrm{G}^{(0)} + \varepsilon H_\mathrm{G}^{(1)} + \varepsilon^2 (H_\mathrm{G}^{(2)} + T_{\eta\eta}) + \varepsilon^3 (H_\mathrm{G}^{(3)} + T_{\eta\zeta}) + \varepsilon^4 (H_\mathrm{G}^{(4)} + T_{\zeta\zeta}) + \cdots. \tag{20.100}$$

Die Lösung dieses Problems, also die Gewinnung der Eigenwerte und Eigenzustände von $H$, erfolgt mit den Reihenansätzen

$$E = \sum_{n=0} \varepsilon^n E^{(n)} \quad \text{und} \quad \psi(x, \eta, \zeta) = \sum_{n=0} \varepsilon^n \psi^{(n)}(x, \eta, \zeta) \tag{20.101}$$

aus dem Koeffizientenvergleich der Gleichungsanteile von $H\psi = E\psi$ für gleiche Potenzen von $\varepsilon$. Das Vorgehen orientiert sich hierbei an dem in 20.2 dargestellten; allerdings tritt insofern eine methodische *Verallgemeinerung* auf, als der Störoperator (zu $H_G{}^{(0)}$) nicht mehr einfach proportional $\varepsilon$ ist, sondern jetzt eine Potenzreihe von $\varepsilon$ darstellt. Naturgemäß ist auch die mathematische Lösung des Problems wesentlich aufwendiger als bei den bisherigen Beispielen der Schrödingerschen Störungstheorie. Wir wollen deshalb mit einigen qualitativen Bemerkungen abschließen.

Der ungestörte Operator $H_G{}^{(0)}$ hat die Koordinatenabhängigkeit

$$H_G{}^{(0)}\left(x, \frac{\partial}{\partial x}; \xi', \zeta\right)$$

mit $\xi'$ und $\zeta$ als Parametern. Die entsprechende Schrödinger-Gleichung

$$H_G{}^{(0)}\left(x, \frac{\partial}{\partial x}; \xi', \zeta\right) \psi^{(0)}(x, \xi', \zeta) = E^{(0)} \psi^{(0)}(x, \xi', \zeta) \tag{20.102}$$

führt hinsichtlich der Energie auf die Abhängigkeit $E^{(0)} = E^{(0)}(\xi')$, weil die kinetische Energie der Elektronen und deren potentielle Energie nicht von der Rotationslage, wohl aber vom Gleichgewichtsabstand $\xi'$ abhängen. Die Zustandsfunktion stellt sich in der Form

$$\psi^{(0)} = \varphi(x, \xi', \zeta) \cdot R(\eta, \zeta)$$

dar, wobei $R(\eta, \zeta)$ eine in nullter Ordnung zunächst freibleibende Funktion von $\eta$ und $\zeta$ ist. Ausgehend von dieser Lösung nullter Ordnung werden die Lösungen in höherer Ordnung berechnet. Wie man aus dem Term von $\varepsilon^2$ in (20.100) sieht, ergibt sich daraus eine Gleichung für die Kernschwingungsbewegung, welche die Kopplung mit der Elektronenbewegung enthält; der Term von $\varepsilon^4$ in (20.100) gibt eine Gleichung für die Rotationsbewegung, in der die Kopplung mit der Elektronen- und Kernschwingungsbewegung enthalten ist.

Insgesamt hat sich die Born-Oppenheimer-Näherung – also die Entwicklung von $\xi$ gemäß (20.95) und $H$ gemäß (20.100) nach dem Entwicklungsparameter $\varepsilon = (m/M')^{1/4}$ – in weitem Umfang bewährt. Ihre Resultate sind unter anderem in 15.1.3, 15.1.4 und 15.1.5 enthalten.

### 20.3.7 Brillouin-Näherung für Elektronen im Kristall

Mit der Störungsrechnung kann man brauchbare Aussagen über das Verhalten von Elektronen im Kristall gewinnen. Die *Brillouin-Näherung* für ein Elektron erfaßt den Fall, daß dessen *kinetische* Energie den überwiegenden Anteil der

Gesamtenergie ausmacht. Dementsprechend teilen wir den Hamilton-Operator aus (19.31) in einen ungestörten Operator $\hat{H}^{(0)} = \frac{\hbar^2}{2m}\hat{\boldsymbol{p}}^2$ und einen Störoperator $\hat{H}' = U(\hat{\boldsymbol{r}})$ auf. Wir können das Wesentliche am eindimensionalen Fall ableiten und später auf den dreidimensionalen Fall übergehen; die Funktion $U(x)$ ist (in Ortsdarstellung) der Term der potentiellen Energie in (19.31). Wegen der *Gitterperiodizität* (Zellenlänge $a$) gilt die Fourier-Zerlegung

$$U(x) = \sum_K U_K \, e^{-iKx} \quad \text{mit} \quad K = m\frac{2\pi}{a} \quad \text{und} \quad m = 0, \pm 1, \pm 2, \ldots \tag{20.103}$$

Ohne Beschränkung der Allgemeinheit kann mit reellen $U_K$, für die $U_K = U_{-K}$ gilt, gerechnet werden. Die Eigenlösungen von $\hat{H}^{(0)}$ – dem Hamilton-Operator für freie Elektronen – sind

$$\psi_k{}^{(0)}(x) = \frac{1}{\sqrt{L}} e^{ikx} \quad \text{mit} \quad E_k{}^{(0)} = \frac{\hbar^2}{2m} k^2, \tag{20.104}$$

wobei $L = Na$ die Länge des Grundgebietes ist, und der Quasiimpuls $\hbar k$ nach (19.37) ganzzahlige Vielfache von $\hbar 2\pi/L$ annehmen kann.

Wir berechnen die Störenergie erster und zweiter Ordnung zunächst nach den Vorschriften der Störungsrechnung bei Nichtentartung. Nach (20.22) ergibt sich für die erste Ordnung

$$\langle E_k{}^{(0)}| \, \hat{H}' \, |E_k{}^{(0)}\rangle = \frac{1}{L}\int_L dx \, U(x) = U_0. \tag{20.105}$$

Da sich für alle $k$ der gleiche Störanteil $U_0$ ergibt, kann man diesen als additive Energiekonstante betrachten und günstig gleich Null setzen. In den Störanteil zweiter Ordnung gehen nach (20.31) Matrixelemente $\langle E_{k'}^{(0)}| \, \hat{H}' \, |E_k{}^{(0)}\rangle$ ein; es gilt nach (20.103)

$$\langle E_{k'}^{(0)}| \, \hat{H}' \, |E_k{}^{(0)}\rangle = \frac{1}{L}\sum_K U_K \int_L dx \, e^{i(k-K-k')x}. \tag{20.106}$$

Das Integral verschwindet für $k' \neq k - K$ und ist gleich $L$ für $k' = k - K$. Demzufolge gilt nach (20.31)

$$E_k = E_k{}^{(0)} + \sum_{k'=k-K} \frac{U_K{}^2}{E_k{}^{(0)} - E_{k'}^{(0)}} = E_k{}^{(0)} + \sum_K \frac{U_K{}^2}{\frac{\hbar^2}{m} K(k - K/2)}, \tag{20.107}$$

wobei $E_{k'}^{(0)} = (k-K)^2 \, \hbar^2/2m$ benutzt wurde. Solange die Nenner in den Summanden von $\sum_K \cdots$ groß gegen $|U_K|$ sind, stellt (20.107) das richtige Ergebnis für Störungsrechnung zweiter Ordnung bei Nichtentartung dar.

Wenn die Nenner kleiner als $|U_K|$ werden, was dann der Fall ist, wenn $k$ in die Nachbarschaft von $K/2$ kommt, muß nach den Ausführungen in 20.2.3 der Formalismus der Störungsrechnung bei Quasientartung benutzt werden. Wir wollen die Energie $E_k$ für $k$-Werte in der Umgebung von $K/2$ betrachten und führen deshalb statt $k$ die Koordinate $\zeta_K = k - K/2$ ein. Bei Anwendung von (20.42) müssen wir $H_{ll}$ mit $E_k^{(0)}$, $H_{jj}$ mit $E_{k'}^{(0)}$ und $H'_{lj}$ mit $U_K$ identifizieren; dann ergibt sich

$$E_k = \frac{\hbar^2}{2m}(\zeta_K{}^2 + K^2/4) \pm U_K \sqrt{1 + \left(\frac{\hbar^2}{2m}\frac{K}{U_K}\right)^2 \zeta_K{}^2}\,. \tag{20.108}$$

Für $k = K/2$ erhält man also die Energiewerte

$$\frac{\hbar^2}{2m}\left(\frac{K}{2}\right)^2 \pm U_K, \tag{20.108 a}$$

d.h., die $k$-abhängige Funktion $E_k$ hat beim Übergang von negativen zu positiven $\zeta_K$ eine Unstetigkeit (wenn $U_K \neq 0$ ist). Die quadratische Abhängigkeit von $\zeta_K$ in (20.108) weist aus, daß die Grenzwerte

$$\lim_{\zeta_K \to -0} \left\{\frac{\Delta E_k}{\Delta k}\right\} \quad \text{und} \quad \lim_{\zeta_K \to +0} \left\{\frac{\Delta E_k}{\Delta k}\right\}$$

gleich Null sind. In Abb. 20.3a ist die Abhängigkeit der Energiewerte von $k$ schematisch angegeben. An den Stellen $|k| = \frac{\pi}{a}, \frac{2\pi}{a}, \ldots$ gibt es gemäß (20.108) qualitativ wichtige Abweichungen von der gestrichelten Kurve des freien Elektrons. Die in 19.2.2 genannte Symmetrieeigenschaft $E_{k+K} = E_k$ der Funktion $E_k$ gestattet es, den Energieverlauf in einem sogenannten reduzierten Zonenschema ($k$-Werte im Intervall von $-\pi/a$ bis $+\pi/a$) darzustellen – vgl. Abb. 20.3b. Die zusammenhängenden Energiebereiche werden als Bänder bezeichnet; verschiedene Energiewerte bei gleichem $k$ unterscheidet man durch den Bandindex $\nu$. Zwischen den Bändern existieren Energielücken der Größe $2\,|U_K|$. Es sei angemerkt, daß bei den üblichen Potentialen die Werte $|U_K|$ schnell mit wachsenden $|K/2\pi a^{-1}|$ abnehmen. Qualitativ spiegelt der aus Abb. 20.3 ersichtliche Verlauf auch außerhalb der Brillouin-Näherung den richtigen Verlauf wider.

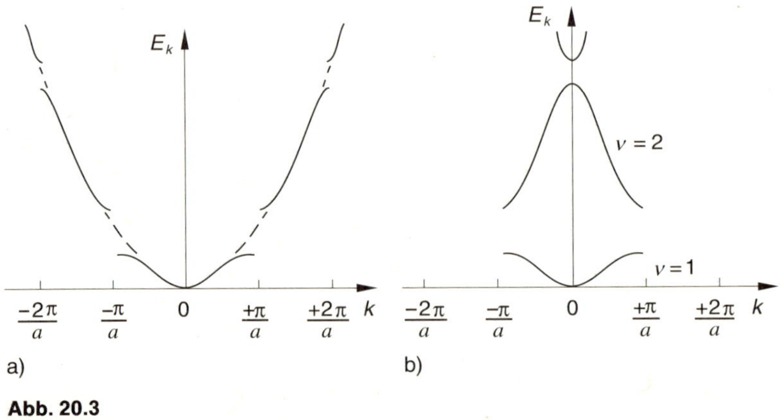


**Abb. 20.3**
Bandstruktur der Energiewerte
a) Energieverlauf im erweiterten Zonenschema
b) Energieverlauf im reduzierten Zonenschema

Für den dreidimensionalen Kristall liegen die Unstetigkeiten der Funktion $E_{\boldsymbol{k}}$ dort, wo $E_{\boldsymbol{k}}{}^{(0)} = \frac{\hbar^2}{2m}\,\boldsymbol{k}^2$ gleich $E_{\boldsymbol{k}'}^{(0)} = \frac{\hbar^2}{2m}\,\boldsymbol{k}'^2$ mit $\boldsymbol{k}' = \boldsymbol{k} - \boldsymbol{K}$ ist; an die Stelle von $k = K/2$ tritt also im dreidimensionalen Fall für $\boldsymbol{k}$ die Vektor-Beziehung

$$\boldsymbol{k}\,\boldsymbol{K} = \boldsymbol{K}^2/2 \tag{20.109}$$

bzw. für $\boldsymbol{k}'$

$$-\boldsymbol{k}'\,\boldsymbol{K} = \boldsymbol{K}^2/2\,. \tag{20.109a}$$

Die Gleichung (20.109) vermittelt eine Beziehung zwischen den auf den Netzebenen des Kristalls senkrecht stehenden Vektoren $\boldsymbol{K}$ und den Vektoren des Quasiimpulses $\hbar\boldsymbol{k}$. Bezeichnet man mit $\alpha$ den Winkel zwischen $\boldsymbol{k}$ und der zu $\boldsymbol{K}$ gehörigen Netzebene, so folgt aus (20.109) – da $2\pi/|\boldsymbol{k}|$ nach (3.135) als De-Broglie-Wellenlänge $\lambda$ des Elektrons anzusehen ist und $|\boldsymbol{K}|/2\pi$ bis auf eine ganze Zahl $m$ der reziproke Netzebenenabstand $d$ ist –

$$2\sin\alpha = m\lambda/d\,. \tag{20.110}$$

Das ist aber genau die *Braggsche Bedingung*, wie sie für die Beugung von Röntgenstrahlen an Kristallen gilt – vgl. (3.43). Daß (20.109) bzw. (20.109a) auch die *Elektronenbeugung* erklärt, wird aus folgender Betrachtung deutlich. Die zu den beiden Energiewerten (20.108a) gehörigen Eigenfunktionen ergeben sich mit dem in 20.2.3 angegebenen Formalismus zu

$$\psi_+ = \frac{1}{\sqrt{2}}\left(\psi_{\boldsymbol{k}}{}^{(0)} + \psi_{\boldsymbol{k}'}^{(0)}\right), \qquad \psi_- = \frac{1}{\sqrt{2}}\left(\psi_{\boldsymbol{k}}{}^{(0)} - \psi_{\boldsymbol{k}'}^{(0)}\right). \tag{20.111}$$

Die Elektronen-Eigenfunktionen $\psi_{\boldsymbol{k}}{}^{(0)}$ und $\psi_{\boldsymbol{k}'}^{(0)}$ können also nicht für sich allein im Kristall bestehen. Da nach (20.109a) $\psi_{\boldsymbol{k}'}^{(0)}$ die an der Netzebene reflektierte Welle bedeutet, existieren für $\boldsymbol{k}' = \boldsymbol{k} - \boldsymbol{K}$ und $\boldsymbol{k}^2 = \boldsymbol{k}'^2$ im Kristall *nebeneinander* eine einfallende und eine reflektierte Welle, die bezüglich der Netzebenen der Braggschen Bedingung genügen.

*Kontrollfragen:*

1. Auf welcher Eigenschaft der Eigenvektoren beruht die Variationsmethode, und welche Ansätze werden mit Vorteil für die zu variierenden Zustandsvektoren gewählt?
2. Wie lauten die Lösungsansätze für Energieeigenwerte und Eigenfunktionen bei der Schrödingerschen Störungsrechnung im nichtentarteten Fall, und welche Energiebeträge treten in erster und zweiter Ordnung auf?
3. Wie gewinnt man den Anschluß der gestörten Energieniveaus an das ungestörte bei Entartung (Deutung am Beispiel des Zeeman-Effektes)?
4. Welche methodische Verallgemeinerung gegenüber dem Standard-Formalismus der Schrödingerschen Störungsrechnung ist bei der Born-Oppenheimer-Näherung zu beachten?
5. Welche charakteristischen Änderungen am Energieniveau-Schema bewirkt die Quasientartung bei Kristallelektronen in der Brillouin-Näherung?

# 21 Systeme identischer Teilchen

Bei der heuristischen Betrachtung des Aufbauprinzips der Elektronenhülle nach der Bohrschen Atomtheorie in 3.4.2.3 und im Anschluß an die wellenmechanische Bestimmung der Ein-Elektronen-Zustände in einem kugelsymmetrischen Kraftfeld in 5.4.5.2 wie auch bei der Erklärung der „magic numbers“ der Nukleonen-Schalen von Atomkernen in 17.3 hatten wir Veranlassung, auf ein besonderes Verhalten dieser Systeme aus identischen Teilchen hinzuweisen. Ein-Teilchen-Zustände eines solchen Systems von Fermionen können nicht von beliebig vielen Elektronen bzw. Nukleonen (Protonen und Neutronen) eingenommen werden; es existiert ein Besetzungsverbot, das *Pauli-Prinzip*.

Im folgenden soll verdeutlicht werden, daß das besondere Verhalten von Systemen identischer Elementarteilchen (Fermionen, Bosonen) mit deren *Ununterscheidbarkeit* zusammenhängt. Es ist *physikalisch* unmöglich, Elementarteilchen eines Ensembles individuell zu kennzeichnen. Zum *formalen* Ausbau von Mehr-Teilchen-Theorien ist aber eine *Numerierung* der Teilchen unerläßlich, die jedoch *willkürlich* vorzunehmen ist; daher müssen physikalisch-relevante Aussagen von dieser Numerierung unabhängig sein.

Abschnitt 21.1 wird der Formulierung der Ununterscheidbarkeit in einem System identischer Teilchen vorbehalten sein. In Abschnitt 21.2 befassen wir uns mit Fermionen- und Bosonen-Systemen. Dann werden in 21.3 die Hartree-Fock-Gleichungen eingeführt. Als einfache Beispiele betrachten wir in 21.4 das Helium-Atom und die $H_2$-Molekel. In 21.5 führen wir eine Formulierung in Besetzungszahldarstellung ein und betrachten danach in 21.6 die Statistik der Fermionen- und Bosonen-Systeme mit einigen Anwendungsbeispielen.

## 21.1 Ununterscheidbarkeit identischer Teilchen

Zur Durchführung der Theorie für ein System identischer Teilchen ist eine Markierung der Teilchen mittels Nummern ein *rechentechnisches Hilfsmittel*. Wenn die Teilchen *ununterscheidbar* sind, müssen *alle Observablen* gegenüber Änderungen dieser Markierung invariant sein, denn Meßresultate dürfen nicht von der willkürlich möglichen Numerierung abhängen. Bei einem System von $N$ identischen Teilchen bedeutet eine Numerierungsänderung $(n \longrightarrow n')$ eine bestimmte Permutation der Kennzeichnungszahlen $1, 2, \ldots, N$. Die Invarianz der Observablen gegenüber den $N!$ möglichen Permutationen hat zur Folge, daß die Permutationsgruppe $S_N$ eine Symmetriegruppe des Systems von $N$ gleichartigen Teilchen sein muß – vgl. 19.1 im allgemeinen und 19.1.6 im speziellen. Jeder der $N!$ Permutationen $(n \longrightarrow n')$ wird ein unitärer *Permutationsoperator* $\hat{U}_\varrho(n \longrightarrow n')$ zugeordnet, der bei Anwendung auf einen von den Koordinaten der $N$ Teilchen abhängigen Operator $\hat{L}(n)$ die Numerierungsänderung gemäß

$$\hat{U}(n \to n')\,\hat{L}(n)\,\hat{U}^+(n \to n') = \hat{L}(n') \tag{21.1}$$

hervorruft. Für die Permutationsgruppe $S_N$ des Systems muß für *alle Observablen* $\hat{L}(n) = \hat{L}(n')$ gelten, und das bedeutet, daß sie mit sämtlichen Permutationsoperatoren $\hat{U}_\varrho(n \to n')$ kommutieren müssen:

$$[\hat{L}, \hat{U}_\varrho(n \to n')] = \hat{0} \tag{21.1 a}$$

Auf die Theorie der Permutationsgruppen können wir nicht näher eingehen; aus ihr wollen wir nur das für unsere quantentheoretischen Betrachtungen wichtige Resultat übernehmen, daß die Gruppen $S_N$ nur zwei eindimensionale irreduzible Darstellungen und sonst mehrdimensionale irreduzible Darstellungen $\Gamma^d$ besitzen – vgl. A 3.2 und A 3.3. Die eine der eindimensionalen Darstellungen, $\Gamma^+$, bei der alle Charaktere $+1$ sind, ist die *identische Darstellung*; bei der anderen eindimensionalen Darstellung, $\Gamma^-$, besitzen die geraden Permutationen die Charaktere $+1$ und die ungeraden Permutationen die Charaktere $-1$; deshalb nennen wir sie die *alternierende Darstellung*. (Für $N=2$ folgt aus gruppentheoretischen Überlegungen, daß es nur die identische und die alternierende Darstellung gibt, da die Zahl der irreduziblen Darstellungen gleich der Zahl der Klassen sein muß – vgl. A 3.2.2.1.)

Den Hilbert-Raum $\mathscr{H}_N$ eines $N$-Teilchensystems können wir den Darlegungen in 19.2 zufolge in orthogonale Unterräume $\mathscr{S}_N^{(+)}$, $\mathscr{S}_N^{(-)}$ und $\mathscr{S}_N^{(d)}$ zerlegen, die sich nach eindimensionalen irreduziblen Darstellungen $\Gamma^+$, $\Gamma^-$ bzw. mehrdimensionalen irreduziblen Darstellungen $\Gamma^d$ transformieren (im 2-Teilchen-System gibt es nur die Unterräume $\mathscr{S}_2^{(+)}$ und $\mathscr{S}_2^{(-)}$).

Für *Systeme mit identischen Teilchen* haben nur Zustandsvektoren $|\psi^+\rangle$ bzw. $|\psi^-\rangle$ eine Bedeutung, die sich auf die Unterräume $\mathscr{S}_N^{(+)}$ bzw. $\mathscr{S}_N^{(-)}$ beziehen. Vektoren $|\psi^d\rangle$ aus $\mathscr{S}_N^{(d)}$ widersprechen der Ununterscheidbarkeit; denn für die Observable $\hat{L}$, die durch den Projektionsoperator $|\psi^d\rangle\langle\psi^d|$ beschrieben wird, gilt (21.1 a) *nicht*, was hier allerdings nicht bewiesen werden soll. Damit widersprechen eben Zustände aus $\mathscr{S}_N^{(d)}$ der Ununterscheidbarkeitsbedingung.

Vorgänge in den Räumen $\mathscr{S}_N^{(+)}$ und $\mathscr{S}_N^{(-)}$ spielen sich völlig getrennt voneinander ab. Die Anwendung eines jeden Operators $\hat{L}$ auf $|\psi^-\rangle$ führt stets auf einen Vektor $\hat{L}|\psi^-\rangle$ aus $\mathscr{S}^{(-)}$; analog ist $\hat{L}|\psi^+\rangle$ ein Vektor aus $\mathscr{S}^{(+)}$. Deshalb gibt es keine Matrixelemente von Operatoren $\hat{L}$, die Zustände aus beiden Räumen verknüpfen:

$$\langle\psi^+|\,\hat{L}\,|\psi^-\rangle = 0. \tag{21.2}$$

Von einem beliebigen Zustandsvektor $|\psi\rangle$ aus $\mathscr{H}_N$ läßt sich mittels des *Symmetrisierungsoperators*

$$\hat{\mathscr{S}} = \frac{1}{N!}\sum_{\varrho=1}^{N!} \hat{U}_\varrho(n \to n') \tag{21.3}$$

eindeutig der in $\mathscr{S}_N^{(+)}$ liegende Anteil

$$|\psi^+\rangle = \hat{\mathscr{S}}|\psi\rangle \tag{21.4}$$

gewinnen. Analoges gilt für den *Antisymmetrisierungsoperator*

$$\hat{\mathscr{A}} = \frac{1}{N!} \sum_{\varrho=1}^{N!} (-1)^{P_\varrho} \hat{U}_\varrho(n \to n'), \tag{21.5}$$

wobei $(-1)^{P_\varrho}$ gleich $+1$ für gerade und $-1$ für ungerade Permutationen ist; er liefert eindeutig den Anteil

$$|\psi^-\rangle = \hat{\mathscr{A}}\,|\psi\rangle \tag{21.6}$$

von $|\psi\rangle$ in $\mathscr{S}_N^{(-)}$. Für $|\psi^+\rangle$ und $|\psi^-\rangle$ gilt

$$\hat{U}_\varrho(n \to n')\,|\psi^+\rangle = |\psi^+\rangle \tag{21.7a}$$

und

$$\hat{U}_\varrho(n \to n')\,|\psi^-\rangle = (-1)^{P_\varrho}\,|\psi^-\rangle. \tag{21.7b}$$

Die Operatoren $\hat{\mathscr{S}}$ und $\hat{\mathscr{A}}$ sind Projektionsoperatoren mit den Eigenschaften

$$\hat{\mathscr{S}}^2 = \hat{\mathscr{S}}, \quad \hat{\mathscr{S}}^+ = \hat{\mathscr{S}}, \tag{21.8a}$$

$$\hat{\mathscr{A}}^2 = \hat{\mathscr{A}}, \quad \hat{\mathscr{A}}^+ = \hat{\mathscr{A}} \tag{21.8b}$$

sowie

$$\hat{\mathscr{S}}\hat{\mathscr{A}} = \hat{\mathscr{A}}\hat{\mathscr{S}} = \hat{0}. \tag{21.8c}$$

Die Zugehörigkeit eines Zustandes zu $\mathscr{S}^{(+)}$ bzw. $\mathscr{S}^{(-)}$ für alle Zeiten $t$, wenn er zur Zeit $t_0$ zu $\mathscr{S}^{(+)}$ bzw. $\mathscr{S}^{(-)}$ gehörte, folgt sofort aus der Tatsache, daß der Zeitentwicklungsoperator $\hat{U}(t, t_0)$ durch den Hamilton-Operator bestimmt ist – vgl. (11.4), der bei Vorliegen der Permutationssymmetrie des Systems natürlich auch mit allen $\hat{U}_\varrho(n \to n')$ vertauschbar sein muß. Daraus ergibt sich die Kommutativität von $\hat{U}(t, t_0)$ mit $\hat{\mathscr{S}}$ und $\hat{\mathscr{A}}$ und die Behauptung

$$|\psi^+(t)\rangle = \hat{U}(t, t_0)\,|\psi^+(t_0)\rangle \quad \text{bzw.} \quad |\psi^-(t)\rangle = \hat{U}(t, t_0)\,|\psi^-(t)\rangle. \tag{21.9}$$

Beim Zwei-Teilchen-System gibt es nur die Permutationsoperatoren $\hat{U}_1$ und $\hat{U}_2$, die durch die Relationen

$$\begin{aligned} \hat{U}_1\,\hat{L}(1,2)\,\hat{U}_1{}^+ &= \hat{L}(1,2), \\ \hat{U}_2\,\hat{L}(1,2)\,\hat{U}_2{}^+ &= \hat{L}(2,1) \end{aligned} \tag{21.10}$$

gekennzeichnet sind, wobei $\hat{L}(1,2)$ ein Operator ist, der von den Koordinaten 1 und 2 der beiden Teilchen abhängt. $\hat{U}_1$ bewirkt eine gerade Permutation (und ist speziell gleich $\hat{I}$); $\hat{U}_2$ bewirkt eine ungerade Permutation. Die Operatoren $\hat{\mathscr{S}}$ und $\hat{\mathscr{A}}$ sind durch

$$\hat{\mathscr{S}} = \frac{1}{2}(\hat{U}_1 + \hat{U}_2) \tag{21.11a}$$

und

$$\hat{\mathscr{A}} = \frac{1}{2}(\hat{U}_1 - \hat{U}_2) \tag{21.11b}$$

gegeben.

## 21.2 Fermionen- und Bosonen-Systeme

Im Kapitel 26 werden wir zeigen, daß Elementarteilchen-Systeme auch quantenfeldtheoretisch beschrieben werden können. Die Methode der Quantenfeldtheorie hat den Vorteil, daß man mit ihr zwanglos auch Mehr-Teilchen-Systeme unter relativistischen Bedingungen betrachten kann. W. Pauli hat 1940 in einer grundlegenden Arbeit [E-9] zur relativistischen Invarianz von Quantenfeldtheorien der Elementarteilchen einen Zusammenhang zwischen Eigendrehimpuls (Spin) der Teilchen und der Permutationssymmetrie von Zuständen solcher Teilchensysteme aufgedeckt. Er fand:

- Teilchen mit halbzahligem Spin ($s = 1/2, 3/2, \ldots$) existieren nur in Zuständen, die zum Raum $\mathscr{S}_N^{(-)}$ gehören. Systeme solcher Teilchen genügen der *Fermi-Dirac-Statistik* – vgl. 21.6, bei der das sogenannte *Pauli-Prinzip* berücksichtigt werden muß, das besagt, daß sich die Teilchen des Systems in unterschiedlichen Ein-Teilchen-Zuständen befinden müssen – vgl. die Hinweise auf die Schalenstruktur der Elektronenhülle von Atomen und die maximale Elektronenzahl der Schalen in 3.3.2 und 5.4.5.2. Alle Elementarteilchen mit dieser Eigenschaft zählen zur Klasse der *Fermionen*; dazu gehören u.a. Elektronen, Positronen, Müonen, Protonen und Neutronen.

- Teilchen mit ganzzahligem Spin ($s = 0, 1, \ldots$) existieren nur in Zuständen des Raumes $\mathscr{S}_N^{(+)}$. Systeme solcher Teilchen gehorchen der *Bose-Einstein-Statistik* – vgl. 21.6, bei der kein Besetzungsverbot berücksichtigt zu werden braucht, d.h., daß beliebig viele Teilchen im gleichen Ein-Teilchen-Zustand vorliegen können. Alle Elementarteilchen dieser Art zählen zur Klasse der *Bosonen*; dazu gehören u.a. Photonen (vgl. 16.1), Pionen, Deuteronen (vgl. Kap. 17) und Quasiteilchen wie die in 26.3 behandelten Phononen.

Zur Beschreibung eines *N-Fermionen-Systems* (z.B. $N$ Elektronen) benötigt man ein Basisvektorsystem in $\mathscr{S}_N^{(-)}$. Ein solches kann in theoretisch besonders durchsichtiger Weise konstruiert werden, wenn man von einem Hamilton-Operator $\hat{H}^{(0)}$ ausgeht, der additiv aus $N$ gleichartigen Operatoren $\hat{H}(j)$ zusammengesetzt ist, von denen jeder von den Koordinaten (Raum- *und* Spinobservablen) eines Fermions abhängt, d.h. einen Ein-Fermionen-Zustand festlegt. Für $\hat{H}^{(0)}$ soll gelten:

$$\hat{H}^{(0)} = \hat{H}(1) + \cdots + \hat{H}(j) + \cdots + \hat{H}(N). \tag{21.12}$$

Es handelt sich also um ein System ungekoppelter Fermionen. Wenn $|k_l; j\rangle$ einen Eigenzustand (Ein-Teilchen-Zustand) von $\hat{H}(j)$ mit der verallgemeinerten Quantenzahl $k_l$ kennzeichnet, so gilt nach 10.3 für die Gesamtenergie

$$E^0_{k_1 \ldots k_l \ldots k_N} = E_{k_1} + \cdots + E_{k_l} + \cdots + E_{k_N}. \tag{21.13}$$

Der zugehörige Eigenzustand ist als Produkt von Ein-Teilchen-Zuständen $|k_l; j\rangle$ ($j = 1, 2, \ldots, N$ und $l = 1, 2, \ldots, N$) gegeben

$$|E^0_{k_1 \ldots k_l \ldots k_N}\rangle = |k_1; 1\rangle \cdots |k_l; j\rangle \cdots |k_N; N\rangle. \tag{21.14}$$

Wenn vorausgesetzt wird, daß die durch $k_1, \ldots, k_l, \ldots, k_N$ charakterisierten Zustände alle verschieden sind, dann gehören zum Energiewert (21.13) $N!$ Produktzustände der Form (21.14), die durch Vertauschung der Numerierungsindizes $j$ entstehen, weshalb man von *Austauschentartung* spricht.

Bevor wir in den allgemeinen Erörterungen fortfahren, wollen wir die vorstehenden Aussagen an einfachen Beispielen erläutern. Beschreibt $\hat{H}(j)$ z.B. ein Teilchen im Coulomb-Feld, so charakterisiert der Zustandsindex $k_l$ vier bestimmte Quantenzahlen $(n, l, m_l, m_s)$ – vgl. Kapitel 14. Bei einem Zwei-Teilchen-System ist der allgemeine Zustand zur Energie $E^{(0)}_{k_1 k_2}$ für $k_1 \neq k_2$ durch $c_1 |k_1; 1\rangle\, |k_2; 2\rangle + c_2 |k_1; 2\rangle\, |k_2; 1\rangle$ gegeben. Durch geeignete Wahl der Konstanten $c_1$, $c_2$ kann man daraus einen bezüglich einer Numerierungsvertauschung symmetrischen Zustand $(+)$ und einen antisymmetrischen $(-)$ gewinnen:

$$|E^{\pm}_{k_1 k_2}\rangle = \frac{1}{\sqrt{2}} [|k_1; 1\rangle\, |k_2; 2\rangle \pm |k_1; 2\rangle\, |k_2; 1\rangle],$$

so daß

$$\hat{U}_1 |E^{\pm}_{k_1 k_2}\rangle = |E^{\pm}_{k_1 k_2}\rangle \quad \text{und} \quad \hat{U}_2 \begin{cases} |E^{+}_{k_1 k_2}\rangle = |E^{+}_{k_1 k_2}\rangle \\ |E^{-}_{k_1 k_2}\rangle = -|E^{-}_{k_1 k_2}\rangle \end{cases}$$

gilt. Diese Zustände mit einer bestimmten Symmetrieeigenschaft bezüglich Permutationen kann man auch durch Anwendung der Operatoren $\hat{\mathscr{S}}$ und $\hat{\mathscr{A}}$ auf den Zustand $|k_1, 1\rangle\, |k_2, 2\rangle$, der kein bestimmtes Symmetrieverhalten aufweist, gewinnen:

$$\hat{\mathscr{S}} |k_1; 1\rangle\, |k_2; 2\rangle = \frac{1}{\sqrt{2}} |E^{+}_{k_1 k_2}\rangle,$$

$$\hat{\mathscr{A}} |k_1; 1\rangle\, |k_2; 2\rangle = \frac{1}{\sqrt{2}} |E^{-}_{k_1 k_2}\rangle.$$

Nun fahren wir mit Betrachtungen des allgemeinen Fermionen-Falles fort. Wenden wir $\sqrt{N!}\,\hat{\mathscr{A}}$ (mit $\hat{\mathscr{A}}$ aus (21.5)) auf (21.14) an, dann erhalten wir – wie eben beim Zwei-Teilchen-Fall – den antisymmetrischen, normierten $N$-Fermionen-Vektor

$$|E^{(0)-}_{k_1 \ldots k_l \ldots k_N}\rangle = \sqrt{N!}\, \hat{\mathscr{A}}\, |E^{(0)}_{k_1 \ldots kl \ldots k_N}\rangle = \frac{1}{\sqrt{N!}} \begin{vmatrix} |k_1; 1\rangle & \cdots & |k_1; j\rangle & \cdots & |k_1; N\rangle \\ \vdots & & \vdots & & \vdots \\ |k_l; 1\rangle & \cdots & |k_l; j\rangle & \cdots & |k_l; N\rangle \\ \vdots & & \vdots & & \vdots \\ |k_N; 1\rangle & \cdots & |k_N; j\rangle & \cdots & |k_N; N\rangle \end{vmatrix}. \tag{21.15}$$

Die Schreibweise der antisymmetrisierten Linearkombinationen von Produktzuständen als Determinante wird *Slater-Determinante* genannt. An ihr erkennt man unmittelbar, daß das Pauli-Prinzip erfüllt ist; denn jeder Ein-Teilchen-Zustand kann in der Determinante nur einmal vorkommen (d.h., jeder Zustand ist nur einmal besetzt), sonst wären – z.B. bei Doppelbesetzung – zwei Zeilen der Determinante gleich, und die Determinante wäre identisch Null. Physikalisch bedeutet das

Verschwinden von $|E^{(0)-}_{k_1\ldots k_N}\rangle$ bei Mehrfachbesetzung, daß die Wahrscheinlichkeit Null ist, einen solchen Zustand anzutreffen.

Ein Slater-Determinanten-Zustand (21.15) eines Fermionen-Systems entspricht einer *Konfiguration* dieses Systems, wie man eine bestimmte Zuordnung der Teilchen zu Ein-Teilchen-Zuständen nennt. Ein *beliebiger* Zustandsvektor $|\psi^-\rangle$ eines $N$-Fermionen-Systems kann als *Überlagerung von Determinanten-Zuständen verschiedener Konfigurationen*

$$|\psi^-\rangle = \sum\!\!\!\!\!\!\int_{k_1\ldots k_N} |E^{(0)-}_{k_1\ldots k_N}\rangle \langle E^{(0)-}_{k_1\ldots k_N}|\psi^-\rangle \tag{21.16}$$

dargestellt werden. Es sei nochmals betont, daß die Kennzeichnung $k_l$ eines Ein-Teilchen-Zustands Quantenzahlen von Bahn- *und* Spinobservablen umfassen muß.

Bei *Bosonen-Systemen* können in (21.14) auch mehrere der Zustände $k_1, \ldots, k_l, \ldots, k_N$ gleich sein; dann ist die Austauschentartung $\left(N! \middle/ \prod_{l=1}^{N} n_l!\right)$fach, wobei $n_l$ angibt, wie oft der Zustand $k_l$ vorkommt $\left(\sum_l n_l = N\right)$.

Durch Anwendung des Operators $\hat{\mathscr{S}}$ nach (21.3) auf (21.14) kann man $N$-Bosonen-Vektoren $|E^{(0)+}_{k_1\ldots k_N}\rangle$ als Basisvektoren des Raumes $\mathscr{S}_N^{(+)}$ konstruieren, mit denen sich ein beliebiger Vektor $|\psi^+\rangle$ darstellen läßt:

$$|\psi^+\rangle = \sum\!\!\!\!\!\!\int_{k_1\ldots k_N} |E^{(0)+}_{k_1\ldots k_N}\rangle \langle E^{(0)+}_{k_1\ldots k_N}|\psi^+\rangle. \tag{21.17}$$

Die Unterräume $\mathscr{S}_N^{(-)}$ bzw. $\mathscr{S}_N^{(+)}$ von $\mathscr{H}_N$ werden durch die Basisvektorsysteme $\{|E^{(0)-}_{k_1\ldots k_N}\rangle\}$ bzw. $\{|E^{(0)+}_{k_1\ldots k_N}\rangle\}$ aufgespannt, d.h., jeder beliebige $N$-Fermionen- bzw. $N$-Bosonen-Zustandsvektor (auch bei Wechselwirkung zwischen den Fermionen bzw. Bosonen) kann mit ihrer Hilfe in Komponentenschreibweise dargestellt werden.

## 21.3 Hartree-Fock-Gleichungen

Als ein Beispiel zum Variationsnäherungsverfahren betrachteten wir in 20.3.2 die Ableitung der Hartree-Gleichungen für optimale Ein-Elektronen-Zustände eines atomaren Elektronensystems, das durch den Hamilton-Operator (20.56) gegeben ist. Wir waren dabei von dem Produktansatz (20.57) für die Wellenfunktion ausgegangen, der dem Produkt (21.14) von Ein-Teilchen-Zustandsvektoren in der Ortsdarstellung ohne Berücksichtigung des Spins entspricht. Wie wir erkannt haben, besitzt (21.14) aber nicht die für ein Fermionen-System charakteristische Symmetrieeigenschaft, sondern dazu ist der Übergang zur Slater-Determinante (21.15) erforderlich; das führt zu den Hartree-Fock-Gleichungen. Diese beruhen im Grundsätzlichen auch auf der Anwendung des Variationsverfahrens; im Unterschied zur Ableitung der Hartree-Gleichungen wird jedoch als Funktional $|\varphi'\rangle$ der zu variierenden Ein-Teilchen-Zustände die Slater-Determinante (21.15) verwendet.

Die Hartree-Fock-Gleichungen sind wichtige Grundgleichungen zur Bestimmung der Elektronenverteilungen bei festen Kernpotentialen in Atomen, Molekülen und Festkörpern; sie haben sich durch die gute Übereinstimmung der mit ihnen gewonnenen Resultate mit empirischen Befunden bewährt. Der Einfachheit halber führen wir hier wieder – wie in 20.3.2 – nur die Ableitung im Falle eines Atoms durch, das durch den Hamilton-Operator beschrieben wird. Bei den Ein-Elektronen-Zuständen in der Slater-Determinante muß der Spin berücksichtigt werden. Da aber der Hamilton-Operator (20.56) keine Spinoperatoren enthalten soll, wie das bei (20.56) ist, kann eine Faktorisierung der Zustandsvektoren in Bahn- und Spinanteil $|k_l; j\rangle = |\psi_l; j\rangle\, |m_s; j\rangle$ vorgenommen werden, und es ist zweckmäßig – wie in 20.3.2 – in die Ortsdarstellung zu gehen und die zu variierenden Bahnanteile der Ein-Elektronen-Zustände $\psi_l(\boldsymbol{r}_j) = \langle \boldsymbol{r}_j | \psi_l; j\rangle$ zu schreiben. Die Spinanteile gelten für jedes Elektron in der zugrunde gelegten Konfiguration als fixiert. Der Erwartungswert $\bar{E}[|\varphi'\rangle]$ lautet

$$\begin{aligned}
\bar{E}[|\varphi'\rangle] &= \bar{E}[|E^{(0)-}_{k_1\ldots k_N}\rangle] \\
&= \sum_j \int d^3\boldsymbol{r}\, \psi_j{}^*(\boldsymbol{r}) \left[ -\frac{\hbar^2}{2m} \triangle - \frac{Ze^2}{4\pi\varepsilon_0}\frac{1}{r} \right] \psi_j(\boldsymbol{r}) \\
&\quad + \sum_{j<j'} \iint d^3\boldsymbol{r}\, d^3\boldsymbol{r}'\, \psi_j{}^*(\boldsymbol{r})\, \psi_{j'}^*(\boldsymbol{r}') \frac{e^2}{4\pi\varepsilon_0\, |\boldsymbol{r}-\boldsymbol{r}'|} \psi_{j'}(\boldsymbol{r}')\, \psi_j(\boldsymbol{r}) \\
&\quad - {\sum_{j<j'}}' \iint d^3\boldsymbol{r}\, d^3\boldsymbol{r}'\, \psi_j{}^*(\boldsymbol{r})\, \psi_{j'}^*(\boldsymbol{r}') \frac{e^2}{4\pi\varepsilon_0\, |\boldsymbol{r}-\boldsymbol{r}'|} \psi_{j'}(\boldsymbol{r})\, \psi_j(\boldsymbol{r}'). \qquad (21.18)
\end{aligned}$$

Dabei ist zu bemerken, daß die ersten beiden Summanden der rechten Seite von (21.18) mit dem Erwartungswert (20.58c) bei der Ableitung der Hartree-Gleichungen übereinstimmen. Der Strich am Summenzeichen ${\sum_{j<j'}}'$ soll hier zum Ausdruck bringen, daß in der dritten Summe nur die Wechselwirkungen derjenigen Elektronenpaare vorliegen, die parallele Spinstellung besitzen; hier treten nichtverschwindende Summanden wegen der Orthogonalität der Spinanteile $|m_{sj}; j\rangle$ für verschiedene $m_s$-Werte nur dann auf, wenn die Spinanteile des $j$-ten und des $j'$-ten Elektrons gleichen $m_s$-Wert aufweisen. Das *Hartree-Fock-Gleichungssystem* ergibt sich nun bei Variation der $\psi_j{}^*$ in (21.18) unter Berücksichtigung der Nebenbedingungen

$$\int d^3\boldsymbol{r}\, \psi_j{}^*(\boldsymbol{r})\, \psi_{j'}(\boldsymbol{r}) = \delta_{jj'}$$

für Elektronen des gleichen Spinzustands mit Lagrange-Multiplikatoren $\varepsilon_{jj'}$, wie beim Übergang von (20.58c) zu (20.60) erläutert wurde:

$$\begin{aligned}
&\left\{ -\frac{\hbar^2}{2m} \triangle - \frac{Ze^2}{4\pi\varepsilon_0}\frac{1}{r} + \frac{e^2}{4\pi\varepsilon_0} \sum_{j' \neq l}^{N} \int d^3\boldsymbol{r}'\, \psi_{j'}^*(\boldsymbol{r}') \frac{1}{|\boldsymbol{r}-\boldsymbol{r}'|} \psi_{j'}(\boldsymbol{r}') \right\} \psi_l(\boldsymbol{r}) \\
&- \frac{e^2}{4\pi\varepsilon_0} \sum_{j' \neq l} \int d^3\boldsymbol{r}\, \psi_{j'}^*(\boldsymbol{r}') \frac{1}{|\boldsymbol{r}-\boldsymbol{r}'|} \psi_l(\boldsymbol{r}')\, \psi_{j'}(\boldsymbol{r}) \\
&- \sum_{j' \neq l} \varepsilon_{lj'}\, \psi_{j'}(\boldsymbol{r}) = 0. \qquad (21.19)
\end{aligned}$$

In der Literatur ist im allgemeinen eine modifizierte Form des Gleichungssystems (21.19) angegeben, die sich ergibt, wenn die $\varepsilon_{lj'}$ und alle $\psi_{j'}(\boldsymbol{r})$ gemeinsam einer unitären Transformation unterworfen werden, bei der das Schema der $\varepsilon_{lj'}$ Diagonalform $\varepsilon_l'\delta_{lj'}$ erhält und anstelle der $\psi_{j'}$ Linearkombinationen $\psi'_{j'}$ der $\psi_k$ erscheinen, so daß der letzte Summand $-\sum_{j'}\varepsilon_{lj'}\psi_{j'}(\boldsymbol{r})$ in $-\varepsilon_l'\psi_l'(\boldsymbol{r})$ übergeht; das bedeutet formelmäßig die Transformationen

$$\psi'_{j'} = \sum_k U_{kj'}\psi_k \tag{21.20a}$$

und

$$\varepsilon'_{lj'} = \varepsilon_l'\delta_{lj'} = \sum_r \sum_s U_{lr}\varepsilon_{rs}(U^+)_{sl}. \tag{21.20b}$$

Wenn man danach die Markierungsstriche der transformierten Größen wieder wegläßt und im Wechselwirkungsglied für die Elektronenpaare mit gleichem Spin in leicht ersichtlicher Weise mit Faktoren $\psi$ und $\psi^*$ Erweiterungen vornimmt, erhält man das *Hartree-Focksche Gleichungssystem* in der gebräuchlichen Darstellung:

$$\left\{-\frac{\hbar^2}{2m}\triangle - \frac{Ze^2}{4\pi\varepsilon_0}\frac{1}{r} + \frac{e^2}{4\pi\varepsilon_0}\sum_{j'=1}^{N}\int d^3r'\,\psi_{j'}^*(\boldsymbol{r})\frac{1}{|\boldsymbol{r}-\boldsymbol{r}'|}\psi_{j'}(\boldsymbol{r}')\right.$$
$$\left.-\frac{e^2}{4\pi\varepsilon_0}\sum_{\substack{j'\\(m_{sj'}=m_{sl})}}\int d^3r'\frac{1}{|\boldsymbol{r}-\boldsymbol{r}'|}\frac{\psi_{j'}^*(\boldsymbol{r}')\,\psi_l(\boldsymbol{r}')\,\psi_{j'}(\boldsymbol{r})\,\psi_l^*(\boldsymbol{r})}{\psi_l^*(\boldsymbol{r})\,\psi_l(\boldsymbol{r})} - \varepsilon_l\right\}\psi_l(\boldsymbol{r}) = 0 \tag{21.21}$$

für $l = 1, 2, \ldots, N$.

Die Hartree-Fock-Gleichungen (21.21) unterscheiden sich von den Hartree-Gleichungen (20.60) durch den Operatoranteil

$$A = -\frac{e^2}{4\pi\varepsilon_0}\sum_{\substack{j'\\(m_{sj'}=m_{sl})}}\int d^3r'\frac{1}{|\boldsymbol{r}-\boldsymbol{r}'|}\frac{\psi_{j'}^*(\boldsymbol{r}')\,\psi_l(\boldsymbol{r}')\,\psi_{j'}(\boldsymbol{r})\,\psi_l^*(\boldsymbol{r})}{\psi_l^*(\boldsymbol{r})\,\psi_l(\boldsymbol{r})}. \tag{21.22}$$

Dieser „Austauschterm“ ist durch diejenigen Elektronen bestimmt, deren Spins parallel zum Spin des herausgegriffenen $l$-ten Elektrons im Zustand $\psi_l(\boldsymbol{r})$ stehen. $A$ wirkt als anziehendes Potential auf das $l$-te Elektron so, als würde sich stets in dessen Umgebung – also um $\boldsymbol{r}$ – eine effektive positive Ladungsdichte befinden, durch die die von allen anderen Elektronen erzeugte negative Ladungsdichte etwas reduziert wird. Diese effektive positive Ladungsdichte hat ihre Ursache darin, daß sich als Auswirkung des Pauli-Prinzips, das durch den Ansatz (21.15) Berücksichtigung fand, Elektronen mit paralleler Spinstellung gegenseitig ausweichen. Am Ort $\boldsymbol{r}$ des im Zustand $\psi_l(\boldsymbol{r})$ sich befindenden Elektrons ist nur die Wahrscheinlichkeitsdichte derjenigen Elektronen von Null verschieden, deren Spins antiparallel zum Spin des $l$-ten Elektrons stehen. Die in $A$ enthaltene effektive positive Ladungsdichte ergibt räumlich integriert die Ladung $e$; man kann also (21.21) so interpretieren, daß sich das $l$-te Elektron effektiv im Feld von $N$ negativen Elementarladungen (3. Summand in (21.21)) und einer mitgeführten positiven „verschmierten“ Elementarladung (4. Summand in (21.21)) bewegt, so daß es insgesamt – wie physikalisch zu erwarten – unter dem Einfluß von $(N-1)$ negativen Elementarladungen steht.

Dieses korrelierte Verhalten der Elektronen mit paralleler Spinstellung auf Grund der Wirkung von (21.22) erkennt man auch deutlich am Hartree-Fockschen Energieausdruck (21.18), wenn man darin die in der Slater-Determinante (21.15) festgelegte Zuordnung der Elektronen zur Spinstellung $m_s$ explizit ausweist. Bezeichnen wir die Elektronenzustände für $m_s = 1/2$ mit $j = 1, 2, \ldots, p$ und die für $m_s = -1/2$ mit $j = p+1, \ldots, N$, dann läßt sich (21.18) unter geeigneter Zusammenfassung der beiden Ausdrücke für die gegenseitige Wechselwirkung der Elektronen in

$$\begin{aligned}
\bar{E} = {} & \sum_{j=1}^{p} \int \mathrm{d}^3\boldsymbol{r}\, \psi_j^*(\boldsymbol{r}) \left[ -\frac{\hbar^2}{2m} \triangle - \frac{Ze^2}{4\pi\varepsilon_0} \frac{1}{r} \right] \psi_j(\boldsymbol{r}) \\
& + \frac{e^2}{4\pi\varepsilon_0} \int\!\!\int \mathrm{d}^3\boldsymbol{r}\, \mathrm{d}^3\boldsymbol{r}' \frac{\sum\limits_{j=1<j'}^{p} [|\psi_j(\boldsymbol{r})|^2 \, |\psi_{j'}(\boldsymbol{r}')|^2 - \psi_j^*(\boldsymbol{r})\, \psi_{j'}(\boldsymbol{r})\, \psi_{j'}^*(\boldsymbol{r}')\, \psi_j(\boldsymbol{r}')]}{|\boldsymbol{r} - \boldsymbol{r}'|} \\
& + \sum_{j=p+1}^{N} \int \mathrm{d}^3\boldsymbol{r}\, \psi_j^*(\boldsymbol{r}) \left[ -\frac{\hbar^2}{2m} \triangle - \frac{Ze^2}{4\pi\varepsilon_0} \frac{1}{r} \right] \psi_j(\boldsymbol{r}) \\
& + \frac{e^2}{4\pi\varepsilon_0} \int\!\!\int \mathrm{d}^3\boldsymbol{r}\, \mathrm{d}^3\boldsymbol{r}' \frac{\sum\limits_{j=p+1<j'}^{N} [|\psi_j(\boldsymbol{r})|^2 \, |\psi_{j'}(\boldsymbol{r}')|^2 - \psi_j^*(\boldsymbol{r})\, \psi_{j'}(\boldsymbol{r})\, \psi_{j'}^*(\boldsymbol{r}')\, \psi_j(\boldsymbol{r}')]}{|\boldsymbol{r} - \boldsymbol{r}'|}
\end{aligned} \tag{21.23}$$

umformen. Die ersten beiden Summanden von (21.23) stellen den Beitrag der Elektronen mit Spin $m_s = 1/2$ und die letzten beiden Summanden den Beitrag der Elektronen mit Spin $m_s = -1/2$ zur Energie dar. Die Summanden (2 und 4) der gegenseitigen Wechselwirkung der Elektronen sind jeweils aus *Coulomb-Integralen*

$$C_{jj'} = \frac{e^2}{4\pi\varepsilon_0} \int\!\!\int \mathrm{d}^3\boldsymbol{r}\, \mathrm{d}^3\boldsymbol{r}' \, \frac{|\psi_j(\boldsymbol{r})|^2 \, |\psi_{j'}(\boldsymbol{r}')|^2}{|\boldsymbol{r} - \boldsymbol{r}'|} \tag{21.24a}$$

und *Austauschintegralen*

$$A_{jj'} = \frac{e^2}{4\pi\varepsilon_0} \int\!\!\int \mathrm{d}^3\boldsymbol{r}\, \mathrm{d}^3\boldsymbol{r}' \, \frac{\psi_j^*(\boldsymbol{r})\, \psi_{j'}(\boldsymbol{r})\, \psi_{j'}^*(\boldsymbol{r}')\, \psi_j(\boldsymbol{r}')}{|\boldsymbol{r} - \boldsymbol{r}'|} \tag{21.24b}$$

zusammengesetzt, wobei die Austauschintegrale die Energieverminderung gegenüber dem Hartree-Fall bewirken. Das Koopmans-Theorem formuliert sich im Hartree-Fock-Fall genau wie im Hartree-Fall 20.3.2.

Zur Lösung des Hartree-Fock-Gleichungssystems (21.21), das ein nichtlineares Integro-Differential-Gleichungssystem darstellt, wird ebenfalls ein nur numerisch zu bewältigendes „self-consistent-field"-Verfahren angewendet – vgl. die Erläuterungen in 20.3.2. Auch für die Übertragung vom Einzelatom auf Moleküle und Festkörper gilt dasgleiche wie das am Ende von 20.3.2 gesagte.

## 21.4 Zwei-Elektronen-Systeme

Zur konkreten Veranschaulichung der Quantentheorie von Systemen identischer Teilchen wollen wir auf zwei wichtige Zwei-Elektronen-Probleme, das Helium-Atom und das Wasserstoff-Molekül, eingehen. Dabei werden wir im Hamilton-Operator nur die Coulomb-Wechselwirkungen mitnehmen und den Spin der Elektronen allein zur vollständigen Charakterisierung der Zustände heranziehen.

### 21.4.1 Helium-Atom

Unter den obigen Voraussetzungen lautet der Hamilton-Operator des He-Atoms bei festgehaltenem Kern

$$\begin{aligned}\hat{H} &= \frac{1}{2m}(\hat{\boldsymbol{p}}_1{}^2 + \hat{\boldsymbol{p}}_2{}^2) - \frac{2e^2}{4\pi\varepsilon_0}\left(\frac{1}{\hat{r}_1} + \frac{1}{\hat{r}_2}\right) + \frac{e^2}{4\pi\varepsilon_0}\frac{1}{\hat{r}_{12}} \\ &= \hat{H}^{(0)}(1) + \hat{H}^{(0)}(2) + \hat{H}^{\mathrm{W}}(1,2)\end{aligned} \tag{21.25}$$

mit $\hat{r}_{12} = |\hat{\boldsymbol{r}}_1 - \hat{\boldsymbol{r}}_2|$ und

$$\hat{H}^0(j) \equiv \frac{1}{2m}\hat{\boldsymbol{p}}_j{}^2 - \frac{2e^2}{4\pi\varepsilon_0}\frac{1}{\hat{r}_j} \qquad (j = 1, 2) \tag{21.26a}$$

$$\hat{H}^{\mathrm{W}}(1,2) \equiv \frac{e^2}{4\pi\varepsilon_0}\frac{1}{\hat{r}_{12}}. \tag{21.26b}$$

Der Hamilton-Operator (21.25) ist analog wie beim Ein-Elektronen-Problem in 14.1 als von den Spin-Variablen unabhängig vorausgesetzt worden, dies führt wie dort – vgl. (14.5) – dazu, daß zur Durchführung des Variationsverfahrens Zustandsvektoren $|\Psi(1,2;M_S,S)\rangle$ als Produkte aus einem Zwei-Elektronen-Bahnteil $|\Phi(1,2)\rangle$ und je einem der Zwei-Elektronen-Spinanteile angesetzt werden, die wir mit (15.38) und (15.39) bereits bestimmt haben und die durch die Spinquantenzahlen $S=0$, $M_S=0$ bzw. $S=1$ und $M_S=1, 0, -1$ charakterisiert sind:

$$|\Psi(1,2;M_S,S)\rangle = |\Phi(1,2)\rangle\,|M_S,S\rangle. \tag{21.27}$$

Wir stellen uns nun die Aufgabe, die zu (21.25) gehörigen *Fockschen Gleichungen* für Bahnteile $|\varphi_a\rangle, |\varphi_b\rangle$ optimaler Ein-Elektronen-Zustandsvektoren, aus denen $|\Phi(1,2)\rangle$ bestehen muß, aufzustellen und mit diesen den minimalen Energie-Erwartungswert zu berechnen. Auf Grund der Ergebnisse des Abschnitts 21.2 müssen sich die Zustandsvektoren (21.27) als Kombinationen von Slater-Determinanten, die aus den Ein-Elektronen-Vektoren

$$|k_a;j\rangle = |\varphi_a;j\rangle\left|\frac{1}{2};j\right\rangle, \qquad |k_b;j\rangle = |\varphi_b;j\rangle\left|\frac{1}{2};j\right\rangle$$

$$|k_a';j\rangle = |\varphi_a;j\rangle\left|-\frac{1}{2};j\right\rangle, |k_b';j\rangle = |\varphi_b;j\rangle\left|-\frac{1}{2};j\right\rangle$$

($j=1,2$) aufgebaut sind, schreiben lassen. Unter Beachtung der schon bekannten Spin-Eigenvektoren (15.38) und (15.39) erkennt man leicht, daß sich die Zustandsvektoren folgendermaßen ausdrücken lassen:

$$|\Psi(1,2;0,0)\rangle = \frac{1}{\sqrt{2}}\left\{\frac{A_+}{\sqrt{2}}\begin{vmatrix}|k_a;1\rangle & |k_a;2\rangle \\ |k_b';1\rangle & |k_b';2\rangle\end{vmatrix} - \frac{A_+}{\sqrt{2}}\begin{vmatrix}|k_a';1\rangle & |k_a';2\rangle \\ |k_b;1\rangle & |k_b;2\rangle\end{vmatrix}\right\}$$
$$= |\Phi_+(1,2)\rangle\,|0,0\rangle \tag{21.28}$$

und

$$|\Psi(1,2;1,1)\rangle = \frac{A_-}{\sqrt{2}}\begin{vmatrix}|k_a;1\rangle & |k_a;2\rangle \\ |k_b;1\rangle & |k_b;2\rangle\end{vmatrix} = |\Phi_-(1,2)\rangle\,|1,1\rangle, \tag{21.29 a}$$

$$|\Psi(1,2;0,1)\rangle = \frac{1}{\sqrt{2}}\left\{\frac{A_-}{\sqrt{2}}\begin{vmatrix}|k_a;1\rangle & |k_a;2\rangle \\ |k_b';1\rangle & |k_b';2\rangle\end{vmatrix} + \frac{A_-}{\sqrt{2}}\begin{vmatrix}|k_a';1\rangle & |k_a';2\rangle \\ |k_b;1\rangle & |k_b;2\rangle\end{vmatrix}\right\}$$
$$= |\Phi_-(1,2)\rangle\,|0,1\rangle, \tag{21.29 b}$$

$$|\Psi(1,2;-1,1)\rangle = \frac{A_-}{\sqrt{2}}\begin{vmatrix}|k_a';1\rangle & |k_a';2\rangle \\ |k_b';1\rangle & |k_b';2\rangle\end{vmatrix} = |\Phi_-(1,2)\rangle\,|-1,1\rangle, \tag{21.29 c}$$

wobei $A_+$, $A_-$ mit $|\varphi_a\rangle, |\varphi_b\rangle$ zusammenhängende Normierungsfaktoren sind, die gleich Eins werden, wenn diese Vektoren orthonormal sind. Für $|\Phi_\pm(1,2)\rangle$ erhält man die Linearkombinationen

$$|\Phi_\pm(1,2)\rangle \equiv \frac{A_\pm}{\sqrt{2}}\left[|\varphi_a;1\rangle\,|\varphi_b;2\rangle \pm |\varphi_b;1\rangle\,|\varphi_a;2\rangle\right]. \tag{21.30}$$

Da der Vektor $|\Phi_-(1,2)\rangle$ zu den drei Zuständen (21.29) mit $S=1$ (parallele Spins) gehört, wird durch ihn ein *Triplett-Zustand* des Zwei-Elektronen-Systems beschrieben (Vielfachheit: $2S+1=3$); entsprechend beschreibt $|\Phi_+(1,2)\rangle$, da er zu (21.28) mit $S=0$ (antiparallele Spins) gehört, einen *Singlett-Zustand* des Zwei-Elektronen-Systems (Vielfachheit: $2S+1=1$). Nach 20.1 haben wir nun den Erwartungswert $\bar{E}[|\Phi_\pm(1,2)\rangle] = \langle\Phi_\pm(1,2)|\,\hat{H}\,|\Phi_\pm(1,2)\rangle$ für den Singlett-Zustand $|\Phi_+\rangle$ oder die Triplett-Zustände $|\Phi_-\rangle$ zu bilden und davon durch Variation von $\langle\varphi_a|$ und $\langle\varphi_b|$ bei Berücksichtigung der Nebenbedingungen

$$\langle\Phi_\pm(1,2)\,|\,\Phi_\pm(1,2)\rangle = A_\pm^2$$

mittels der Lagrange-Methode (Multiplikator $(-E)$) das Minimum zu bestimmen. Wenn nur Normiertheit von $|\varphi_a\rangle$ und $|\varphi_b\rangle$ vorausgesetzt wird, folgt aus

$$\delta\{\bar{E}[|\Phi_\pm(1,2)\rangle] - E\langle\Phi_\pm(1,2)\,|\,\Phi_\pm(1,2)\rangle\} = 0 \tag{21.31}$$

unter Variation von $\langle\varphi_a|$

$$\{\hat{H}^{(0)} - E\hat{I} + H_{bb}^{(0)}\hat{I} + H_{bb}^{\mathrm{W}}(\hat{\boldsymbol{r}})\}\,|\varphi_a\rangle$$
$$= \mp\{(\hat{H}^{(0)} - E\hat{I})\,\langle\varphi_b|\varphi_a\rangle + H_{ba}^{(0)}\,\hat{I} + H_{ba}^{\mathrm{W}}(\hat{\boldsymbol{r}})\}\,|\varphi_b\rangle \tag{21.32 a}$$

und bei Variation von $\langle\varphi_b|$

$$\begin{aligned}&\{\hat{H}^{(0)}-E\hat{I}+H^{(0)}_{aa}\hat{I}+H^{\mathrm{W}}_{aa}(\hat{\boldsymbol{r}})\}\,|\varphi_b\rangle\\&=\mp\{(\hat{H}^{(0)}-E\hat{I})\,\langle\varphi_a|\varphi_b\rangle+H^{(0)}_{ab}\hat{I}+H^{\mathrm{W}}_{ab}(\hat{\boldsymbol{r}})\}\,|\varphi_a\rangle,\end{aligned}\tag{21.32b}$$

wobei die Abkürzungen $H^{(0)}_{aa}\equiv\langle\varphi_a|\,\hat{H}^{(0)}\,|\varphi_a\rangle$,

$$H^{(0)}_{ba}\equiv\langle\varphi_b|\,\hat{H}^{(0)}\,|\varphi_a\rangle,\qquad H^{\mathrm{W}}_{aa}(\hat{\boldsymbol{r}})\equiv\langle\varphi_a;1|\,\hat{H}^{\mathrm{W}}(1;2)\,|\varphi_a;1\rangle$$

und $H^{\mathrm{W}}_{ab}\equiv\langle\varphi_a;1|\,\hat{H}^{\mathrm{W}}(1,2)\,|\varphi_b;1\rangle$ eingeführt wurden; man beachte, daß $H^{\mathrm{W}}_{aa}$ und $H^{\mathrm{W}}_{ab}$ wegen der verbleibenden Abhängigkeit von $\hat{\boldsymbol{r}}$ Operatoren sind.

(21.32a) und (21.32b) sind die sogenannten *Fockschen Gleichungen* für das Helium-Problem. Sie entsprechen den Hartree-Fock-Gleichungen und sind wie diese durch sukzessive Approximation zu lösen. Für $a=b$ (d.h. gleiche Bahnteile der Ein-Elektronen-Vektoren) ergibt sich nur die *eine* Gleichung für die Singlett-Zustände.

Bildet man bei (21.32a) das Skalarprodukt mit $\langle\varphi_a|$ oder bei (21.32b) mit $\langle\varphi_b|$, so ergibt sich als Energie $E$ der Elektronen im Singlett- bzw. Triplett-Zustand

$$\begin{aligned}E_\pm=\frac{1}{1\pm|\langle\varphi_a|\varphi_b\rangle|^2}\,\{&H^{(0)}_{aa}+H^{(0)}_{bb}+\langle\varphi_a;1|\,\langle\varphi_b;2|\,\hat{H}^{\mathrm{W}}(1,2)\,|\varphi_b;2\rangle\,|\varphi_a;1\rangle\\&\pm\langle\varphi_a;1|\,\langle\varphi_b;2|\,\hat{H}^{\mathrm{W}}(1,2)\,|\varphi_a;2\rangle\,|\varphi_b;1\rangle\\&\pm\langle\varphi_b|\varphi_a\rangle\,H^{(0)}_{ba}\\&\pm\langle\varphi_a|\varphi_b\rangle\,H^{(0)}_{ba}\}.\end{aligned}\tag{21.33}$$

(21.33) kann man zur Berechnung von $E$ verwenden, wenn $|\varphi_a\rangle$ und $|\varphi_b\rangle$ bekannt sind.

Nehmen wir statt der aus den Fockschen Gleichungen zu bestimmenden optimalen $|\varphi_a\rangle,|\varphi_b\rangle$ näherungsweise die Eigenvektoren $|\varphi_a{}^0\rangle,|\varphi_b{}^0\rangle$ von $\hat{H}^{(0)}$, so gilt mit $H^{(0)}_{aa}=E_a{}^{(0)}$, $H^{(0)}_{bb}=E_b{}^{(0)}$ und unter der Voraussetzung $\langle\varphi_a{}^0|\varphi_b{}^0\rangle=0$:

$$\begin{aligned}E^{(0)}=E_a{}^{(0)}+E_b{}^{(0)}&+\langle\varphi_a{}^0;1|\,\langle\varphi_b{}^0;2|\,\hat{H}^{\mathrm{W}}(1,2)\,|\varphi_b{}^0;2\rangle\,|\varphi_a{}^0;1\rangle\\&\pm\langle\varphi_a{}^0;1|\,\langle\varphi_b{}^0;2|\,\hat{H}^{\mathrm{W}}(1,2)\,|\varphi_a{}^0;2\rangle\,|\varphi_b{}^0;1\rangle.\end{aligned}\tag{21.34}$$

$E^{(0)}$ setzt sich also aus der Bindungsenergie der beiden Elektronen an den Kern $(E_a{}^{(0)}+E_b{}^{(0)})$ und dem *Coulomb-Integral* $\langle\varphi_a{}^0;1|\,\langle\varphi_b{}^0;2|\,\hat{H}^{\mathrm{W}}(1,2)\,|\varphi_b{}^0;2\rangle\,|\varphi_a{}^0;1\rangle$ sowie dem *Austauschintegral* $\langle\varphi_a{}^0;1|\,\langle\varphi_b{}^0;2|\,\hat{H}^{\mathrm{W}}(1,2)\,|\varphi_a{}^0;2\rangle\,|\varphi_b{}^0;1\rangle$ der gegenseitigen Wechselwirkung zusammen – vgl. (21.24a) bzw. (21.24b). Da Coulomb- und Austauschintegral positiv sind, liegen die Niveaus der Singlett-Zustände (Pluszeichen) immer höher als die der zugehörigen Triplett-Zustände (Minuszeichen).

### 21.4.2 Wasserstoff-Molekül

Den Hamilton-Operator des Wasserstoffmoleküls gewinnen wir, indem wir den für das $H_2{}^+$-Ion – vgl. (20.46) – auf zwei Elektronen (Indizes 1 und 2) erweitern:

$$\hat{H} = \frac{1}{2m}(\hat{\boldsymbol{p}}_1{}^2 + \hat{\boldsymbol{p}}_2{}^2) + \frac{e^2}{4\pi\varepsilon_0}\frac{1}{R}\hat{I} - \frac{e^2}{4\pi\varepsilon_0}\left(\frac{1}{\hat{r}_{a1}} + \frac{1}{\hat{r}_{b1}}\right)$$
$$- \frac{e^2}{4\pi\varepsilon_0}\left(\frac{1}{\hat{r}_{a2}} + \frac{1}{\hat{r}_{b2}}\right) + \frac{e^2}{4\pi\varepsilon_0}\frac{1}{\hat{r}_{12}}; \tag{21.35}$$

dabei ist $\hat{r}_{12} \equiv |\hat{\boldsymbol{r}}_1 - \hat{\boldsymbol{r}}_2|$, und es wird angenommen, daß die beiden Kerne im Abstand $R$ fixierte Ladungszentren sind.

Bezüglich der Abhängigkeit der Zustandsvektoren dieses Zwei-Elektronen-Problems vom Spin können wir uns auf die Betrachtungen in 21.4.1 beziehen. Es gibt auch beim $H_2$-Molekül Singlett- und Triplett-Zustände, deren Bahnanteile symmetrisch bzw. antisymmetrisch bezüglich der Indizes der Elektronennumerierung sind. Überlegungen von W. Heitler und F. London folgend ersetzen wir in (21.29) jetzt $|\varphi_a\rangle$ durch einen noch zu fixierenden Ein-Elektronen-Zustandsvektor $|u_a\rangle$ für ein Wasserstoff-Atom mit dem Kern $a$ sowie $|\varphi_b\rangle$ durch einen Ein-Elektronen-Zustandsvektor $|v_b\rangle$ für ein Wasserstoff-Atom mit dem Kern $b$. Damit erhalten wir als Bahnanteile der Elektronen-Zustandsvektoren des Moleküls für den Singlett- bzw. Triplett-Zustand

$$|\Psi_\pm(1,2)\rangle = \frac{A_\pm}{\sqrt{2}}[|u_a;1\rangle\,|v_b;2\rangle \pm |u_a;2\rangle\,|v_b;1\rangle] \tag{21.36}$$

mit den Normierungsfaktoren

$$(A_\pm)^{-2} = 1 \pm S^2,$$

wobei

$$S^2 \equiv \langle u_a;1|v_b;1\rangle\,\langle v_b;2|u_a;2\rangle$$

das Quadrat von Überlappungsintegralen – vgl. 20.3.1 – ist. Die beiden Summanden in (21.36) unterscheiden sich durch den Elektronenaustausch, worin sich die Ununterscheidbarkeit der Elektronen im Molekül dokumentiert.

Für die Energie $E_\pm(R)$ des $H_2$-Moleküls als Funktion des Kernabstandes $R$ in den beiden Zuständen (21.36) erhält man als Erwartungswert $\bar{E}[|\Psi_\pm(1,2)\rangle]$ eine Formel, die die gleiche Struktur wie (20.55) besitzt:

$$E_\pm(R) = E_u{}^{(0)} + E_v{}^{(0)} + \frac{e^2}{4\pi\varepsilon_0}\frac{1}{R} + \frac{I' \pm K'}{1 \pm S^2}, \tag{21.37}$$

wobei $E_u{}^{(0)}$ bzw. $E_v{}^{(0)}$ die Energien isolierter H-Atome in den Zuständen $|u\rangle$ bzw. $|v\rangle$ bedeuten und unter $I'$ und $K'$ die 2-Elektronen-Matrixelemente

$$I' \equiv \frac{e^2}{4\pi\varepsilon_0}\langle u_a;1|\,\langle v_b;2|\left(-\frac{1}{\hat{r}_{b1}} - \frac{1}{\hat{r}_{a2}} + \frac{1}{\hat{r}_{12}}\right)|v_b;2\rangle\,|u_a;1\rangle \tag{21.38}$$

und

$$K' \equiv \frac{e^2}{4\pi\varepsilon_0} \langle u_a; 1| \langle v_b; 2| \left( -\frac{1}{\hat{r}_{a1}} - \frac{1}{\hat{r}_{b2}} + \frac{1}{\hat{r}_{12}} \right) |u_a; 2\rangle \, |v_b; 1\rangle \tag{21.39}$$

zu verstehen sind, die direkte Verallgemeinerungen von $I$ und $K$ – vgl. (20.53) und (20.54) – auf den 2-Elektronen-Fall darstellen und deren durch $\hat{r}_{12}^{-1}$ bestimmten Anteile der gegenseitigen Elektronenwechselwirkung in Ortsdarstellung Coulomb- und Austauschintegrale der Form (21.24 a) bzw. (21.24 b) sind.

Für die Diskussion der Energieformel (21.37) wollen wir zum Spezialfall $|u\rangle = |v\rangle$ übergehen und annehmen, daß der Zustandsvektor $|u\rangle$ den Grundzustand eines H-Atoms (1 s-Zustand) repräsentiert. Dann bekommen wir

$$E_{1s,\pm}(R) = 2E_{1s}^{(0)} + \frac{e^2}{4\pi\varepsilon_0}\frac{1}{R} + \frac{I'_{1s} \pm K'_{1s}}{1 \pm (S_{1s})^2}. \tag{21.40}$$

Die Integrale $(S_{1s})^2$, $I'_{1s}$ und $K'_{1s}$, die Funktionen von $R$ sind, wurden von W. Heitler und F. London und von Y. Sugiura (1927) berechnet – vgl. [E-10] und [E-11].

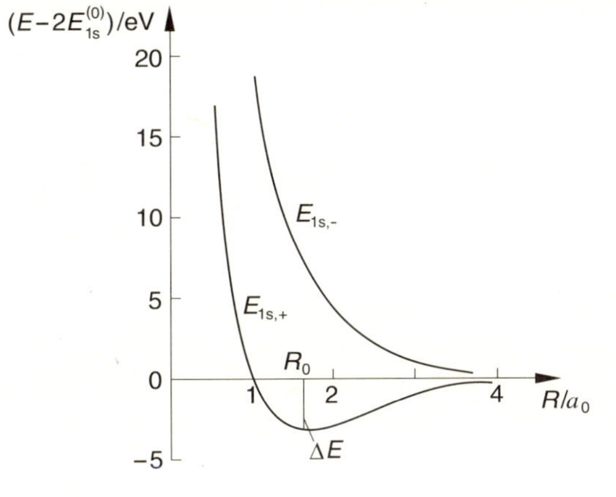


**Abb. 21.1**
Energiekurven des $H_2$-Moleküls nach Heitler, London, Sugiura in Abhängigkeit vom Kernabstand $R$ ($a_0$ Bohrscher Wasserstoffradius)

Für $R \to \infty$ ergibt sich $E_{1s,\pm}(R) \to 2E_{1s}^{(0)}$. $E_{1s,-}$ steigt mit abnehmendem $R$ monoton an, d.h., der Triplett-Zustand repräsentiert keine Molekülbindung. $E_{1s,+}$ nimmt von $E_{1s,+}(\infty) = 2E_{1s}^{(0)}$ mit abnehmendem $R$ zunächst ab, durchläuft ein Minimum bei $R = R_0$ und steigt erst dann für $R \to 0$ steil an – (siehe Abb. 21.1). Im Singlett-Zustand (antiparallele Spinstellung der Elektronen) existiert somit eine Bindung der H-Atome. In der erläuterten einfachen Heitler-Londonschen Theorie der $H_2$-Molekül ergibt sich $R_0 = 0{,}88 \cdot 10^{-10}$ m, während experimentell aus dem Rotationsspektrum über das Trägheitsmoment des $H_2$-Moleküls $R_{0,\mathrm{exp}} = 0{,}742 \cdot 10^{-10}$ m ermittelt wird. Die Tiefe des Minimums $\Delta E = |E_{1s,+}(R_0) - 2E_{1s}^{(0)}|$ beträgt nach der Heitler-London-Theorie 3,17 eV, was mit dem experimentellen Wert von 4,74 eV der Dissiziationsenergie in Anbetracht des einfachen Ansatzes (21.36) hinreichend gut übereinstimmt. Der Ansatz mit zwei 1s-Funktionen – die sich beim gebundenen Molekül überlappen – und antiparalleler Spinstellung der Elektronen stellt ein Grundschema für das Verständnis der *chemischen Bindung* dar, nämlich für die sogenannte *σ-Bindung*.

## 21.5 Besetzungszahldarstellung eines Bosonen- und eines Fermionen-Systems

In 16.1 hatten wir grundlegende Eigenschaften von Photonen-Systemen durch ihre Teilchenzahl-, Erzeugungs- und Vernichtungsoperatoren beschrieben, die die Relationen (16.3 d) und (16.9) erfüllten.

Solche Operatoren kann man allgemein zur *Beschreibung von Bosonen-Systemen* verwenden; für sie gelten die analogen Relationen, also

$$[\hat{a}_\mu, \hat{a}_{\mu'}] = \hat{0}, \quad [\hat{a}_\mu{}^+, \hat{a}_{\mu'}^+] = \hat{0}, \quad [\hat{a}_\mu, \hat{a}_{\mu'}^+] = \hat{I}\,\delta_{\mu\mu'}, \tag{21.41}$$

$$\hat{N}_\mu = \hat{a}_\mu{}^+ \hat{a}_\mu. \tag{21.41 a}$$

Der Bosonen-Teilchenzahloperator (21.41 a) hat als Eigenwerte alle nichtnegativen ganzen Zahlen, wie in 16.1 bewiesen ist. Bei Photonen charakterisierten verschiedene Indizes $\mu$ unterschiedliche Zustände (mit z. B. unterschiedlicher Energie $\hbar\omega_\mu$), die bei den Photonen Moden genannt werden. Allgemein bei Bosonen kennzeichnen verschiedene Indizes $\mu$ in den Relationen (21.41) und (21.41 a) Bosonen in unterschiedlichen Zuständen.

In 21.2 war ein atomares System betrachtet worden, dessen Energie-Eigenzustände $|E^{(0)-}_{k_1 \dots k_N}\rangle$ aus Ein-Teilchen-Zuständen $|E_j\rangle$ aufgebaut waren, die entweder durch ein Fermion besetzt oder unbesetzt sein konnten. Es zeigt sich, daß die Beschreibung solcher Systeme mit Hilfe von *Teilchenzahloperatoren* $\hat{N}_j$, welche die *Besetzung* des Zustandes $|E_j\rangle$ charakterisieren, von Vorteil ist. Einmal kann dann nämlich in gewissem Umfang ein Formalismus für Fermionen-Systeme verwendet werden, der denjenigen für Bosonen-Systeme analog ist, was für die Durchführung der Rechnung günstig ist. Zum anderen ergibt sich damit eine durchsichtige Darlegung der statistischen Grundlagen – vgl. 21.6. Bei den folgenden Darlegungen können wir zur Fixierung unserer Vorstellung die Fermionen mit Elektronen identifizieren.

Bosonen-Teilchenoperatoren $\hat{N}_\mu$ haben *alle* nichtnegativen, ganzen Zahlen zu Eigenwerten. Für die Operatoren $\hat{N}_j$, die ja die *Besetzung von Energiezuständen durch Fermionen* beschreiben sollen, kann diese Eigenschaft nicht gelten; die $N_j$ müssen wegen des bei Fermionen geltenden Pauli-Prinzips – vgl. 21.2 – die Eigenwerte 0 und 1 haben; der Zustand $|E_j\rangle$ kann höchstens durch *ein* Fermion besetzt sein. Es ist also die folgende Eigenwertbeziehung zu fordern:

$$\hat{N}_j|n_j\rangle = n_j|n_j\rangle \quad \text{mit} \quad n_j = 0, 1 \quad \text{und} \quad \langle n_j|n_{j'}\rangle = \delta_{jj'}. \tag{21.42}$$

Im Zustand $|n_j = 0\rangle$ ist der Zustand $|E_j\rangle$ nicht besetzt, im Zustand $|n_j = 1\rangle$ ist er mit einem Fermion besetzt.

Bei den Bosonen konnte der Teilchenzahloperator als *Produkt* eines Erzeugungsoperators $\hat{a}_\mu{}^+$ und Vernichtungsoperators $\hat{a}_\mu$ wiedergegeben werden; die Anwendung des Vernichtungsoperators erniedrigte die Anzahl der Bosonen um Eins. Es erweist sich eine analoge Beschreibung auch bei den Fermionen als möglich; den entsprechenden Vernichtungsoperator bezeichnen wir mit $\hat{b}_j$, den Erzeugungsoperator mit $\hat{b}_j{}^+$. Das führt zu folgender Darstellung des Teilchenzahloperators für Fermionen:

$$\hat{N}_j = \hat{b}_j{}^+ \hat{b}_j . \tag{21.43}$$

Der Operator $\hat{b}_j$ soll die Teilchenzahl im Zustand $|E_j\rangle$ um Eins verkleinern, was auf

$$\hat{b}_j |n_j = 1\rangle = |n_j = 0\rangle \tag{21.44 a}$$

führt; die Anwendung von $\hat{b}_j$ auf $|n_j = 0\rangle$ müßte dann auf einen Zustand mit $n_j = -1$ führen. Da ein solcher Zustand aus den durch die Eigenzustände von $\hat{N}_j$ aufgespannten Hilbert-Raum herausfällt – vgl. (21.42) –, gilt

$$\hat{b}_j |n_j = 0\rangle = |0_V\rangle . \tag{21.44 b}$$

Aus (21.44 a) und (21.44 b) folgt

$$\hat{b}_j = |n_j = 0\rangle \langle n_j = 1| \tag{21.45}$$

und somit

$$\hat{b}_j{}^+ = |n_j = 1\rangle \langle n_j = 0| . \tag{21.46}$$

Damit ergibt sich für die Anwendung von $\hat{b}_j{}^+$ auf die Eigenzustände von $\hat{N}_j$

$$\hat{b}_j{}^+ |n_j = 0\rangle = |n_j = 1\rangle , \quad \hat{b}_j{}^+ |n_j = 1\rangle = |0_V\rangle . \tag{21.47}$$

Man bezeichnet $\hat{b}_j{}^+$ und $\hat{b}_j$ als *Erzeugungs-* bzw. *Vernichtungsoperator eines Fermions* im Energie-Eigenzustand $|E_j\rangle$.

Aus (21.45) und (21.46) *folgen* die Relationen

$$[\hat{b}_j, \hat{b}_j]_+ = [\hat{b}_j{}^+, \hat{b}_j{}^+]_+ = \hat{0} , \quad [\hat{b}_j, \hat{b}_j{}^+]_+ = \hat{I} , \tag{21.48}$$

wobei der Ausdruck $[\hat{A}, \hat{B}]_+$ für beliebige Operatoren $\hat{A}$, $\hat{B}$ durch

$$[\hat{A}, \hat{B}]_+ \equiv \hat{A}\hat{B} + \hat{B}\hat{A} \tag{21.49}$$

erklärt sein soll. Während die Erzeugungs- und Vernichtungsoperatoren für Bosonen eines Zustandes nach (21.41) Vertauschungsrelationen mit dem Minuszeichen gehorchen, handelt es sich also für $\hat{b}_j{}^+$, $\hat{b}_j$ nach (21.48) um Vertauschungsrelationen mit dem Pluszeichen (*Antikommutatoren*).

Nun gehen wir von der Betrachtung eines einzigen Zustandes mit dem Index $j$ zu der des gesamten atomaren Systems über. Dazu ist zu klären, wie die Erzeugungs- und Vernichtungsoperatoren der *verschiedenen* Energie-Eigenzustände $|E_j\rangle$ zusammenhängen. Die richtige Wiedergabe der empirischen Befunde eines Fermionen-Systems liefern – wie aus den folgenden Ausführungen dieses Abschnittes hervorgeht – die Vertauschungsrelationen

$$[\hat{b}_j, \hat{b}_{j'}]_+ = \hat{0} , \quad [\hat{b}_j{}^+, \hat{b}_{j'}^+]_+ = \hat{0} , \quad [\hat{b}_j, \hat{b}_{j'}^+]_+ = \delta_{jj'} \hat{I} . \tag{21.50}$$

Wir wollen jetzt Zustände $|n_1, \ldots, n_j, \ldots\rangle$ des atomaren Systems betrachten, bei denen sich im $j$-ten Energiezustand $|E_j\rangle$ gerade $n_j$ Fermionen befinden. Es kann die Existenz eines Zustandes $|\psi_0\rangle$ postuliert werden, bei dem in *keinem* Energieniveau ein Fermion vorhanden ist (man spricht vom „Vakuumzustand" $|\psi_0\rangle$); der Vakuumzustand soll die Eigenschaft

$$\hat{b}_j|\psi_0\rangle = |0_V\rangle \quad \text{für alle } j \tag{21.51}$$

haben. Mit Hilfe von $|\psi_0\rangle$ kann $|n_1, \ldots, n_j, \ldots\rangle$ in der Form

$$|\{n_j\}\rangle \equiv |n_1, \ldots, n_j, \ldots\rangle = \prod_{j=1} (\hat{b}_j^{\,+})^{n_j}|\psi_0\rangle \tag{21.52}$$

dargestellt werden, wobei $(\hat{b}_j^{\,+})^0 = \hat{I}$ sein soll. Die Zustände $|\{n_j\}\rangle$ stellen die Basis für die *Besetzungszahldarstellung* eines Systems nichtwechselwirkender Fermionen dar.

Die Darstellung (21.52) gestattet es, unter Anwendung der Vertauschungsrelationen (21.50) die Wirkung der Operatoren $\hat{b}_j$ und $\hat{b}_j^{\,+}$ auf $|\{n_j\}\rangle$ zu bestimmen. Als Beispiel berechnen wir $\hat{b}_2|n_1, n_2, 0, 0, \ldots\rangle$:

$$\hat{b}_2|n_1, n_2, 0, 0, \ldots\rangle = \begin{cases} \hat{b}_2|\psi_0\rangle = |0_V\rangle & \text{für} \quad n_1 = n_2 = 0 \\ \hat{b}_2\hat{b}_2^{\,+}|\psi_0\rangle = (\hat{I} - \hat{b}_2^{\,+}\hat{b}_2)|\psi_0\rangle = |\psi_0\rangle & \text{für} \quad n_1 = 0, n_2 = 1 \\ \hat{b}_2\hat{b}_1^{\,+}|\psi_0\rangle = -\hat{b}_1^{\,+}\hat{b}_2|\psi_0\rangle = |0_V\rangle & \text{für} \quad n_1 = 1, n_2 = 0 \\ \hat{b}_2\hat{b}_1^{\,+}\hat{b}_2^{\,+}|\psi_0\rangle = -\hat{b}_1^{\,+}(\hat{I} - \hat{b}_2^{\,+}\hat{b}_2)|\psi_0\rangle = -\hat{b}_1^{\,+}|\psi_0\rangle & \text{für} \quad n_1 = n_2 = 1. \end{cases} \tag{21.53}$$

Die Ergebnisse aus (21.53) lassen sich zu

$$\hat{b}_2|n_1, n_2, 0, 0, \ldots\rangle = (-1)^{n_1}\, n_2|n_1, 1-n_2, 0, 0, \ldots\rangle \tag{21.53a}$$

zusammenfassen. Die Verallgemeinerung von (21.53a) führt auf

$$\begin{aligned} \hat{b}_j|\{n_j\}\rangle &= (-1)^{s_j}\, n_j|n_1, \ldots, n_{j-1}, 1-n_j, n_{j+1}, \ldots\rangle \\ \hat{b}_j^{\,+}|\{n_j\}\rangle &= (-1)^{s_j}\,(1-n_j)\,|n_1, \ldots, n_{j-1}, 1-n_j, n_{j+1}, \ldots\rangle \end{aligned} \tag{21.53b}$$

mit $s_j = \sum_{j'=1}^{j-1} n_{j'}$.

Hieraus kann man erkennen, daß die Wirkung von $\hat{b}_j$ nicht nur von der Besetzungszahl $n_j$, sondern wegen des Faktors $(-1)^{s_j}$ auch von den Besetzungszahlen $n_1, n_2, \ldots, n_{j-1}$ abhängt. Dies zeigt ein qualitativ anderes Verhalten der Erzeugungs- und Vernichtungsoperatoren für Fermionen an, als man es bei den Bosonen vorfindet (wie (16.28c) am Beispiel der Photonen explizit ausweist, hängt die Wirkung von $\hat{a}_\mu$ nur von der Besetzungszahl $n_\mu$ in der $\mu$-ten Mode ab).

Für die Teilchenzahloperatoren $\hat{N}_j = \hat{b}_j^{\,+}\hat{b}_j$ ergibt sich

$$\hat{b}_j^{\,+}\hat{b}_j|\{n_j\}\rangle = n_j|\{n_j\}\rangle, \tag{21.54}$$

also das formal gleiche Resultat, wie bei den Bosonen – vgl. (21.41), (21.41a) und (16.28a); aus (21.50) ist ableitbar, daß $\hat{N}_j$ mit $\hat{N}_{j'}$ vertauschbar ist, was ebenfalls mit der entsprechenden Eigenschaft der Bosonen-Teilchenzahloperatoren übereinstimmt.

Der Hamilton-Operator des gesamten atomaren Systems ist in der Besetzungszahldarstellung durch

$$\hat{H} = \sum_{j=1} E_j \hat{b}_j^+ \hat{b}_j \tag{21.55}$$

gegeben. Die $|\{n_j\}\rangle$ sind gemäß

$$\hat{H}|\{n_j\}\rangle = \sum_j E_j \hat{b}_j^+ \hat{b}_j |\{n_j\}\rangle = (\sum_j E_j n_j)|\{n_j\}\rangle \tag{21.56}$$

Eigenkets von $\hat{H}$ mit den Eigenwerten $\sum_j E_j n_j$. Der Anzahl aller Fermionen ist der Operator

$$\hat{N} = \sum_{j=1} \hat{b}_j^+ \hat{b}_j \tag{21.57}$$

mit den Eigenwerten $N = \sum_j n_j$ zugeordnet. Ein allgemeiner Zustand $|\psi_N\rangle$ für ein System wird bei festem $N$ durch Überlagerung aller Eigenzustände $|\{n_j\}\rangle$ mit $\sum_j n_j = N$ aufgebaut:

$$|\psi_N\rangle = \sum_j c\{n_j\}_N \, |\{n_j\}_N\rangle, \tag{21.58}$$

wobei $\sum_j |c\{n_j\}_N|^2 = 1$ ist.

Die Gesamtheit aller Zustände $|\{n_j\}\rangle$ mit festem $N = \sum_j n_j$ möge den Hilbert-Raum $\mathscr{H}_N$ aufspannen, weshalb wir dessen Basisvektoren mit $|\{n_j\}_N\rangle$ bezeichnen wollen. Wendet man auf einen solchen Zustand, mit $n_l = 0$ den Operator $\hat{b}_l^+$ an, so gelangt man nach (21.53 b) zu einem Zustand im Hilbert-Raum $\mathscr{H}_{N+1}$; bei Anwendung von $\hat{b}_l$ auf den Zustand $|\{n_j\}_N\rangle$ mit $n_l = 1$ gelangt man zu einem Zustand aus $\mathscr{H}_{N-1}$. Die Gesamtheit aller $\mathscr{H}_N$ für verschiedene $N$ umfaßt den sogenannten *Fock-Raum* $\mathscr{F}^-$. In diesem Raum wird ein allgemeiner Zustandsvektor durch

$$\begin{aligned} |\psi\rangle &= |\psi_0\rangle \langle\psi_0|\psi\rangle \\ &+ \sum_j |\{n_j\}_{N=1}\rangle \langle\{n_j\}_{N=1}|\psi\rangle \\ &+ \sum_j |\{n_j\}_{N=2}\rangle \langle\{n_j\}_{N=2}|\psi\rangle + \cdots \end{aligned} \tag{21.58 a}$$

dargestellt; $|\psi\rangle$ beschreibt also einen Zustand, in dem mit bestimmten Wahrscheinlichkeiten $|\langle\{n_j\}_N|\psi\rangle|^2$ verschiedene Teilchenzahlen $N$ vorliegen. In Übereinstimmung mit (21.50) und (21.52) sind Basisvektoren mit verschiedenen $N$ orthogonal. Als Zustände gleichartiger Fermionen zeigen alle Zustände im Fock-Raum Antisymmetrie-Verhalten im Sinne von 21.2; deshalb wurde dieser Fock-Raum $\mathscr{F}$ mit dem Index „minus" gekennzeichnet. Die Übertragung des in 21.2 eingeführten Zustandes $|E^{(0)-}_{k_{j_1}k_{j_2}\ldots k_{j_N}}\rangle$ in die Bezeichnungsweise dieses Abschnittes führt auf den Zustand $|\{n_j\}_N\rangle$ mit $n_j = 1$ für $j = j_1, j_2, \ldots, j_N$ und $n_j = 0$ für alle anderen $j$. Wir betrachten speziell den Zustand $|E^{(0)-}_{k_j k_{j'}}\rangle$ mit $j \neq j'$; bei Vertauschung von $j$ und $j'$

gilt nach (21.15)

$$|E^{(0)-}_{k_j k_{j'}}\rangle = -|E^{(0)-}_{k_{j'} k_j}\rangle .$$

Man kann diese beiden Zustände nach (21.52) durch Anwendung von $\hat{b}_j{}^+ \hat{b}_{j'}^+$ bzw. $\hat{b}_{j'}^+ \hat{b}_j{}^+$ auf den Vakuumzustand gewinnen, so daß also

$$\hat{b}_j{}^+ \hat{b}_{j'}^+ |\psi_0\rangle = -\hat{b}_{j'}^+ \hat{b}_j{}^+ |\psi_0\rangle \leftrightarrow [\hat{b}_j{}^+, \hat{b}_{j'}^+]_+ |\psi_0\rangle = |0_V\rangle$$

gilt. Da diese Gleichung nicht nur für $|\psi_0\rangle$, sondern auf gleichem Weg für einen beliebigen Vektor $|\{n_j\}_N\rangle$ ableitbar ist, kann die zweite Vertauschungsrelation in (21.50) als bewiesen gelten. In analoger Weise lassen sich auch die beiden anderen Vertauschungsrelationen mit dem Antisymmetrie-Verhalten der Zustände im Fock-Raum in Beziehung bringen.

In der gleichen Weise, wie wir es hier für den Fock-Raum $\mathscr{F}^-$ für Fermionen getan haben, läßt sich auch ein Fock-Raum $\mathscr{F}^+$ für Bosonen einführen. Da deren grundlegende Operatorrelationen (21.41) und (21.41 a) auf eine Zustandsbeschreibung führen, wie wir sie in 16.1 für Photonen kennengelernt haben, können wir formal von dem dort genannten allgemeinen Zustand (16.29 b) ausgehen. Die rechte Seite läßt sich in der gleichen Weise wie die rechte Seite von (21.58 a) in Summanden mit jeweils fester Bosonenzahl aufspalten. In $\mathscr{F}^+$ sind die Basisvektoren symmetrisch.

Damit hat sich gezeigt, daß ein atomares System, das durch Ein-Elektronen-Zustände charakterisiert wird, mit einem ähnlichen Formalismus beschrieben werden kann, wie wir ihn bereits in 16.1 bei den Photonen kennengelernt haben; allgemein kann man sagen, daß hier ein analoger Formalismus für Fermionen *und* Bosonen aufgezeigt wurde. Diese Gemeinsamkeit rührt letzten Endes von dem analogen Vorgehen bei der *Quantisierung von Feldern* und der Entwicklung von Feldoperatoren unter Verwendung von Erzeugungs- und Vernichtungsoperatoren her, worauf wir im Kapitel 26 zurückkommen.

Es sei angemerkt, daß der in 21.5 angegebene Formalismus zur Beschreibung von Systemen nichtwechselwirkender Fermionen auch als methodische Grundlage für solche Systeme anzusehen ist, bei denen die Fermionen untereinander (und mit äußeren Feldern) wechselwirken.

## 21.6 Bose-Einstein- und Fermi-Dirac-Statistik. Anwendungen

Die Einführung des Dichteoperators im Kapitel 18 hat uns in die Lage versetzt, physikalische Systeme, über die man nur eine beschränkte Information besitzt, d.h., die sich in einem gemischten Zustand befinden, zu beschreiben. Insbesondere betrachteten wir in 18.4.2 Systeme mit maximaler Entropie bei vorgegebenen Erwartungswerten von bestimmten Observablen und berechneten z.B. die Photonenverteilung auf die Moden des Strahlungsfeldes im thermischen Gleichgewicht. Die dortigen Überlegungen sollen nun allgemein im Falle von Bosonen- und Fermionen-Systemen fortgeführt bzw. ergänzt werden, indem die Verteilung der Teilchen in diesen Systemen auf die als bekannt angenommenen Ein-Teilchen-Zustände berechnet wird.

Vorgegeben sei ein System identischer Teilchen – zwischen Bosonen und Fermionen wird hier noch nicht unterschieden – mit hinreichend geringer Wechselwirkung, so daß der Hamilton-Operator

$$\hat{H} = \sum_{j=1} E_j \hat{N}_j \tag{21.59}$$

und der Operator der Gesamtteilchenzahl

$$\hat{N} = \sum_{j=1} \hat{N}_j \tag{21.60}$$

lauten, wobei die $\{E_j\}$ die möglichen, als bekannt vorausgesetzten Ein-Teilchen-Energiewerte und die $\hat{N}_j$ die Teilchenzahloperatoren hinsichtlich der Energie-Eigenzustände $\{|E_j\rangle\}$ bedeuten. Da $\hat{H}$ und $\hat{N}$ kommutieren (weil die $\hat{N}_j$ untereinander kommutieren, was für Bosonen aus (21.41) und für Fermionen aus (21.50) hervorgeht), besitzen $\hat{H}$ und $\hat{N}$ nach 9.3.1 ein gemeinsames Eigenvektorsystem, dessen Vektoren durch die Besetzungszahlen $n_j$ in den Zuständen $|E_j\rangle$ charakterisiert werden können:

$$|\{n_j\}\rangle = |n_1, n_2, \ldots, n_j, \ldots\rangle = |n_1\rangle\, |n_2\rangle \cdots |n_j\rangle \cdots, \tag{21.61}$$

wobei die $|n_j\rangle$ durch die Eigenwertgleichungen

$$\hat{N}_j |n_j\rangle = n_j |n_j\rangle \tag{21.62}$$

definiert sind.

Neben den möglichen Energiewerten $\{E_j\}$ seien uns von dem System die Erwartungswerte $E = \langle \hat{H} \rangle$ der Energie und $N = \langle \hat{N} \rangle$ der Gesamtteilchenzahl im thermischen Gleichgewicht bekannt; unter diesen Voraussetzungen wird das System als einem *großkanonischen Ensemble* zugehörig charakterisiert (vgl. dazu auch die zu (1.189) führende klassische Begriffsbildung). Da hinsichtlich der Teilchenzahlen nur der Mittelwert $\langle \hat{N} \rangle$ festliegt, ist das System im Fock-Raum $\mathscr{F}^+$ bzw. $\mathscr{F}^-$ zu beschreiben; sein Dichteoperator ist durch

$$\hat{\varrho} = \frac{\exp[-\hat{H}/k_B T + \nu \hat{N}]}{\mathrm{Sp}(\exp[-\hat{H}/k_B T + \nu \hat{N}])} \tag{21.63}$$

gegeben. Diese Formel ist ein Spezialfall von (18.34), der sich durch die Identifizierungen

$$\hat{L}_1 \equiv \hat{H} \text{ (Hamilton-Operator)}, \qquad \lambda_1 \equiv 1/k_B T,$$

$$\hat{L}_2 \equiv \hat{N} \text{ (Teilchenzahloperator)}, \quad \lambda_2 \equiv -\nu$$

und $\lambda_3 = \cdots = \lambda_n = 0$ ergibt. Analog zur Bestimmung von $\lambda_1$ in (18.37) kann man zeigen, daß der Lagrange-Parameter $(-\nu)$ über $\mu = k_B T \nu$ das sogenannte *chemische Potential* $\mu$ (bezogen auf ein Teilchen) bestimmt.

Die gesuchten mittleren Besetzungszahlen $\langle \hat{N}_j \rangle$ können wir nun nach (18.4) und (18.5) als Mittelwerte des großkanonischen Ensembles mit dem Dichteoperator (21.63) aus der Formel

$$\langle \hat{N}_j \rangle = \mathrm{Sp}(\hat{\varrho}\, \hat{N}_j) \tag{21.64}$$

berechnen. Mit Hilfe der Abkürzung

$$x_j \equiv \exp[-(E_j-\mu)/k_B T], \tag{21.65}$$

die eine Verallgemeinerung des in (18.42b) eingeführten $x$ darstellt, kann man für $\hat{\varrho}$ auch

$$\hat{\varrho} = \frac{\prod_j (x_j)^{\hat{N}_j}}{\mathrm{Sp}[\prod_j (x_j)^{\hat{N}_j}]} \tag{21.66}$$

schreiben. In der Darstellung des Basisvektorsystems (21.61) ergibt sich dann

$$\langle \hat{N}_j \rangle = \frac{\sum_{\{n_j\}} n_j x_1^{n_1} x_2^{n_2} \cdots x_j^{n_j} \cdots}{\sum_{\{n_j\}} x_1^{n_1} x_2^{n_2} \cdots x_j^{n_j} \cdots} = \frac{\sum_{n_j} (n_j x_j^{n_j})}{\sum_{n_j} x_j^{n_j}} \tag{21.67}$$

(diese Formel entspricht in ihrer Struktur vollkommen (18.42b)). Die weitere Auswertung von (21.67) hat für Bosonen- und für Fermionen-Systeme gesondert zu erfolgen.

Im *Bosonen-Fall*, wo $n_j = 0, 1, \ldots, \infty$ gilt, können wir an die auf (18.42b) folgende Rechnung direkt anknüpfen und erhalten

$$\langle \hat{N}_j \rangle_B = \frac{1}{x_j^{-1}-1} = \frac{1}{\exp[(E_j-\mu)/k_B T]-1}. \tag{21.68}$$

Im *Fermionen-Fall*, wo $n_j = 0, 1$ gilt, ergibt sich direkt

$$\langle \hat{N}_j \rangle_F = \frac{1}{x_j^{-1}+1} = \frac{1}{\exp[(E_j-\mu)/k_B T]+1}. \tag{21.69}$$

Der Erwartungswert $\langle \hat{N}_j \rangle_F$ stellt zugleich die Wahrscheinlichkeit dar, daß der Ein-Teilchen-Zustand $|E_j\rangle$ mit einem Fermion besetzt ist.

Die Verteilungsformeln (21.68) und (21.69) stellen die mittleren Teilchenzahlen im Zustand $|E_j\rangle$ dar; beim Übergang zur mittleren Teilchenzahl für die Energie $E_j$ ist bei Entartung mit dem Entartungsgrad $g_j$, d.h. der Anzahl der zum Energiewert $E_j$ gehörigen Ein-Teilchen-Zustände, zu multiplizieren (dies entspricht z.B. der Multiplikation mit der Modendichte beim Übergang von (18.41) zu (18.43) im Falle des Strahlungsfeldes). Zur vollständigen Bestimmung der Verteilungen $\langle \hat{N}_j \rangle_B$ und $\langle \hat{N}_j \rangle_F$ ist es erforderlich, den Lagrange-Multiplikator $(-\mu/k_B T)$ zu ermitteln. Das geschieht nach der allgemeinen Vorschrift – vgl. (18.34) – aus der Beziehung zur mittleren Gesamt-Teilchenzahl $N$:

$$\sum_{|E_j\rangle} \langle \hat{N}_j \rangle_{B,F} = \langle \hat{N} \rangle_{B,F} = N. \tag{21.70}$$

(21.68) bzw. (21.69), die die Verteilung der Teilchen auf die Ein-Teilchen-Zustände $\{|E_j\rangle\}$ im thermischen Gleichgewicht beschreiben, sind die *Verteilungsfunktionen* der *Bose-Einstein-* bzw. der *Fermi-Dirac-Statistik*. Wir möchten nochmals darauf hinweisen, daß diese grundlegenden und praktisch bewährten Verteilungsfunktionen hier (ohne andere Hypothesen oder Abzählverfahren verwenden zu müssen) allein auf der Basis des Prinzips der maximalen Entropie unter Berücksichtigung gegebener quantentheoretischer Erwartungswerte abgeleitet wurden, wobei die Darstellung der Entropie mit Hilfe des Dichteoperators die maßgebliche Grundlage war.

Beide Verteilungsfunktionen unterscheiden sich formal nur durch das Vorzeichen vor der Eins im Nenner. Dieser Unterschied erweist sich aber als schwerwiegend und ist verantwortlich für ganz verschiedenartige Phänomene. Unter der Bedingung

$$\exp[(E_j - \mu)/k_B T] \gg 1 \qquad (21.71)$$

gehen beide Verteilungen in die klassische Boltzmann-Verteilung über:

$$\langle \hat{N}_j \rangle_{B,F} \sim e^{-E_j/k_B T}.$$

Zunächst stellen wir Betrachtungen zum sogenannten idealen *Bose-Gas* an, also zu einem Bosonen-System, das den Bedingungen genügt, wie sie zur Aufstellung von (21.68) führten.

Im Falle eines *Photonen-Gases* (Strahlungsfeld im thermischen Gleichgewicht) hat man – wie aus dem Vergleich des Ausdrucks (18.41) für die mittlere Photonenzahl in einer Mode mit (21.68) hervorgeht – den Lagrange-Multiplikator $(-\nu)$ gleich Null zu setzen. Das heißt, daß man die Nebenbedingung für die vorgegebene mittlere Teilchenzahl fallen läßt.

Demgegenüber ist für Bose-Gase *mit* vorgegebener mittlerer Teilchenzahl $N$ das chemische Potential $\mu < 0$. Wenn die Bedingung (21.71) nicht erfüllt ist, kommt es zu gravierenden Abweichungen vom Verhalten des klassischen idealen Gases. Ein solches Quantenphänomen ist die sogenannte *Einstein-Kondensation*. Da bei der Bose-Einstein-Statistik ein Zustand $|E_j\rangle$ beliebig oft besetzt werden kann, können sich bei hinreichend tiefen Temperaturen fast alle Teilchen im energetisch niedrigsten Zustand befinden. Dieser Sachverhalt wird zur Deutung von solchen Erscheinungen wie der Suprafluidität und -leitfähigkeit herangezogen, die durch Teilchen bzw. Quasiteilchen mit ganzzahligem Spin getragen werden.

Nun wollen wir uns dem idealen *Fermi-Gas* zuwenden, also einem Fermionen-System, für das die Verteilung (21.69) gilt. Im Grenzfall $T = 0$ sind die $N$ energetisch niedrigsten Zustände $|E_j\rangle$ je einmal besetzt. Der höchste Energiewert wird als *Fermi-Grenzenergie* $E_G$ bezeichnet; für $E_j > E_G$ sind alle Zustände unbesetzt. Als repräsentatives Beispiel wollen wir die Anwendung der Fermi-Dirac-Statistik auf die Beschreibung der Elektronen in einem Kristall betrachten.

Die Elektronen im Leitungsband eines Metalls können als relativ unbeeinflußt von der potentiellen Energie angesehen werden – vgl. 20.3.7. Deshalb ist für sie das *Modell des freien Elektronengases* eine gute Näherung. Betrachten wir einen Würfel im Ortsraum mit der Kantenlänge $L$, so läßt sich aus (19.39) entnehmen, daß einem Volumen $\Delta V_{\boldsymbol{k}}$ im $\boldsymbol{k}$-Raum

$$\Delta N' = 2 \cdot [\Delta V_{\boldsymbol{k}}/(2\pi/L)^3] \qquad (21.72)$$

Elektronenzustände zuzuordnen sind (der Faktor 2 ist durch die zwei möglichen Spinzustände bedingt, die zu jeder räumlichen Zustandsfunktion gehören). Daraus folgt unter Berücksichtigung von $E=(\hbar^2/2m)\boldsymbol{k}^2$ für die Dichte $\zeta(E)$ der Zustände pro Energieeinheit

$$\zeta(E)=\mathrm{d}N'/\mathrm{d}E=(\sqrt{2}/\pi^2)(\sqrt{m}/\hbar)^3\, V E^{1/2} \quad \text{mit} \quad V=L^3. \tag{21.73}$$

Damit ergibt sich als Bedingungsgleichung (21.70) für $\mu$

$$N=\sum_j \langle \hat{N}_j \rangle_{\mathrm{F}}=(\sqrt{2}/\pi^2)(\sqrt{m}/\hbar)^3\, V \int_0^\infty \mathrm{d}E \frac{E^{1/2}}{\mathrm{e}^{-\mu/k_\mathrm{B}T}\,\mathrm{e}^{E/k_\mathrm{B}T}+1}. \tag{21.74}$$

Somit hängt das chemische Potential $\mu$ von der Anzahldichte $N/V$, von $T$ sowie von $m$ und den universellen Konstanten $\hbar$ und $k_\mathrm{B}$ ab. Da es eine geschlossene Lösung für $\mu$ nicht gibt, ist man auf eine Näherung oder numerische Rechnung angewiesen. Eine Entwicklung nach $T$ führt auf

$$\mu(T)=E_\mathrm{G}-\frac{(k_\mathrm{B}T)^2}{E_\mathrm{G}}\frac{\pi^2}{12} \quad \text{für kleine } k_\mathrm{B}T/E_\mathrm{G}; \tag{21.75}$$

dabei ist

$$E_\mathrm{G}=\frac{\hbar^2}{2m}k_\mathrm{G}{}^2 \quad \text{und} \quad k_\mathrm{G}=(3\pi^2\, N/V)^{1/3}. \tag{21.76}$$

Die Größe $k_\mathrm{G}$ stellt den Radius der sogenannten *Fermi-Kugel* dar; diese umfaßt im $\boldsymbol{k}$-Raum nach (21.72) genau $N$ Quantenzustände bis zur maximalen Energie $E_\mathrm{G}$. Im Grenzfall $T=0$ ergibt sich $\mu=E_\mathrm{G}$ und

$$\langle \hat{N}_j \rangle_\mathrm{F}=\begin{cases}1 & \text{für} \quad E_j<E_\mathrm{G}\\ 0 & \text{für} \quad E_j>E_\mathrm{G}\end{cases}. \tag{21.77}$$

Für $T<E_\mathrm{G}/4k_\mathrm{B}$ wird $\mu$ durch (21.75) genauer als 1% dargestellt. Bei großen $T$ ist $\mu/k_\mathrm{B}T$ so stark negativ, daß gemäß (21.71) die Fermi- in die Boltzmann-Verteilung übergeht; der Unterschied ist bei $T=4E_\mathrm{G}/k_\mathrm{B}$ bereits kleiner als 10%. Für Alkalimetalle führt die Anzahldichte der quasifreien Elektronen auf $E_\mathrm{G}$-Werte von einigen Elektronenvolt. Das bedeutet, daß für $T \leqq 1000$ K die Beziehung $T \ll \mathrm{E}_\mathrm{G}/k_\mathrm{B}$ gilt. Damit zeigt die Verteilung (21.69) für normale Temperaturen eine hochgradige Abweichung von der klassischen Boltzmann-Verteilung, an die erst bei Temperaturen angenähert wird, die über eine Größenordnung höher sind. Für $0<T\ll E_\mathrm{G}/k_\mathrm{B}$ bleibt der Charakter der in (21.77) angegebenen Sprungfunktion im wesentlichen erhalten; es bleiben im Energie-Bereich $k_\mathrm{B}T$ um $E_\mathrm{G}$ einige Zustände unterhalb $E_\mathrm{G}$ unbesetzt, und dafür werden oberhalb $E_\mathrm{G}$ entsprechend Zustände besetzt.

Die Verteilung (21.69) gestattet ohne weiteres, die mittlere Elektronenenergie in Abhängigkeit von der Temperatur zu berechnen und somit willkürfrei zu erklären, warum der Beitrag eines Leitungselektrons zur *Wärmekapazität* (bei Zimmertemperatur) nur etwa 1% von $\frac{3}{2}k_\mathrm{B}$ beträgt, was mit der klassischen Boltzmann-Statistik nicht gedeutet werden konnte.

Abschließend betrachten wir bei normalen Temperaturen die Elektronenbesetzung eines Kristalls mit Energie-Bandstruktur. Die wesentlichen Züge können wir am eindimensionalen Beispiel erkennen, wofür die Rechnungen in 20.3.7 auf das in Abb. 20.3b veranschaulichte Resultat geführt haben. Aus (19.60) entnehmen wir, daß die mittlere Geschwindigkeit der Elektronen eines Bandes im thermischen Gleichgewicht durch

$$\bar{v} = \frac{a}{2\pi\hbar} \int_{-\pi/a}^{+\pi/a} \mathrm{d}k \, \frac{\mathrm{d}E_k}{\mathrm{d}k} \, 2\langle \hat{N}_k \rangle_\mathrm{F} \tag{21.78}$$

gegeben ist (anstelle des Index $j$ aus (21.69) zur Kennzeichnung eines Zustandes wird jetzt, für dessen Raumanteil, $k$ verwendet). Da $\langle \hat{N}_k \rangle_\mathrm{F}$ eine gerade Funktion von $k$, $\frac{\mathrm{d}E_k}{\mathrm{d}k}$ aber eine ungerade ist, ergibt sich $\bar{v}=0$. Demgegenüber kann eine nichtverschwindende mittlere Beschleunigung erzielt werden. Für deren Wert $\bar{b}$ gilt nach (19.79)

$$\bar{b} = \frac{a}{2\pi\hbar^2} Q \int_{-\pi/a}^{+\pi/a} \mathrm{d}k \, \frac{\mathrm{d}^2 E_k}{\mathrm{d}k^2} \, 2\langle \hat{N}_k \rangle_\mathrm{F} \tag{21.79}$$

mit $Q$ als wirksamer äußerer Kraft. Wenn die Verteilung $\langle \hat{N}_k \rangle_\mathrm{F}$ eine solche Fermi-Grenzenergie $E_\mathrm{G}$ hat, daß sie in der Mitte des Bandes liegt, so liefert der Anteil $\int_{-\pi/2a}^{+\pi/2a} \mathrm{d}k \cdots$ des Integrals einen nichtverschwindenden Beitrag, da der Integrand in diesem Intervall einheitliches Vorzeichen hat. Die Anteile $\int_{-\pi/a}^{-\pi/2a} \mathrm{d}k \cdots$ und $\int_{+\pi/2a}^{+\pi/a} \mathrm{d}k \cdots$ können bei normalen Temperaturen gegen den erstgenannten Anteil vernachlässigt werden. Das Auftreten eines nichtverschwindenden $\bar{b}$ liegt bei Metallen im Leitungsband vor. Hat die Fermi-Grenzenergie $E_\mathrm{G}$ eine solche Lage, daß im ganzen Band $\langle \hat{N}_k \rangle_\mathrm{F} = 1$ ist, so ergibt sich

$$\bar{b} \sim \left. \frac{\mathrm{d}E_k}{\mathrm{d}k} \right|_{-\pi/a}^{\pi/a} . \tag{21.80}$$

Da an den Bandrändern nach (20.108) $\frac{\mathrm{d}E_k}{\mathrm{d}k}$ verschwindet, ist $\bar{b}$ gleich Null. Das trifft annähernd für das Valenzband eines Isolators zu. Es sei angemerkt, daß in Wirklichkeit die Einwirkung einer äußeren Kraft eine Verschiebung der Elektronen im Band bewirkt. Andererseits verlieren die energiereichen Elektronen Energie an die Gitterschwingungen (Phononen); deshalb unterscheidet sich effektiv die Verteilung der Elektronen unter dem Einfluß einer äußeren Kraft bei normalen Bedingungen nur geringfügig von der im thermischen Gleichgewicht. Ist ein Band bis auf *einen einzigen* Elektronenzustand $|E_k\rangle$ voll besetzt, so sagt man, es liege in diesem Zustand ein *Loch* vor. Wegen

$$\sum_{\text{alle } k \text{ des Bandes}} \frac{\mathrm{d}E_k}{\mathrm{d}k} = 0$$

muß dem Loch die Geschwindigkeit $\left(-\frac{1}{\hbar}\frac{\mathrm{d}E_k}{\mathrm{d}k}\right)$ zugeordnet werden. Ein analoges Verhalten gilt auch bei Einwirkung einer äußeren Kraft; das Loch hat in einem äußeren elektrischen Feld die gleiche Bewegungsgleichung wie ein positiv geladenes Teilchen. Es sei besonders darauf hingewiesen, daß sich die physikalisch-relevanten Eigenschaften eines Loches (oder mehrerer Löcher) aus der *Verteilung* aller in dem Band befindlichen Elektronen auf die Elektronenzustände ergeben.

*Kontrollfragen:*

1. Welche Bedingung müssen die Observablen eines Systems ununterscheidbarer Teilchen erfüllen?
2. Welche Aufteilung von $\mathscr{H}$ wird bei einem Mehr-Teilchen-System durch die Ununterscheidbarkeit induziert?
3. Was versteht man unter Fermionen bzw. Bosonen?
4. Was bedeutet Austauschentartung?
5. Welchen Sachverhalt charakterisiert die Slater-Determinante?
6. Welche Struktur und welche Bedeutung haben die Hartree-Fock-Gleichungen?
7. Welche Vertauschungsregeln müssen die Erzeugungs- und Vernichtungsoperatoren bei Bosonen- bzw. Fermionen-Systemen erfüllen?
8. Welche Eigenwerte besitzt der Teilchenzahloperator $\hat{N}_j$ im Bosonen- bzw. Fermionen-Fall?
9. Durch welche Relation kann ein beliebiger Fermionen-Zustand aus dem Vakuumzustand gewonnen werden?
10. Wodurch unterscheiden sich die Verteilungsfunktionen der Fermi-Dirac- und der Bose-Einstein-Statistik, und unter welcher Bedingung gehen sie in die Verteilungsfunktion der Boltzmann-Statistik über?

# 22 Dirac-Bild. Zeitabhängige Störungsrechnung

Im Kapitel 20 hatten wir die zeitunabhängige Störungsrechnung als ein Näherungsverfahren zur Lösung des Energie-Eigenwertproblems kennengelernt. Da es auch hinsichtlich der zeitlichen Abhängigkeit der Zustände und Meßwerte in vielen wichtigen Fällen nicht gelingt, geschlossene Lösungen der grundlegenden Differentialgleichung anzugeben, ist man für diese Aufgabe ebenfalls auf Näherungsverfahren angewiesen; die Grundlagen eines entsprechenden Standardverfahrens werden in 22.1 und 22.2 dargelegt. Andererseits besitzt das in 22.1 vorgestellte *Dirac-Bild* selbständige Bedeutung. Auswertungen hinsichtlich der Übergangsraten schließen sich in 22.3 an. Die Resultate dieses Kapitels können zur Beschreibung bedeutsamer physikalischer Erscheinungen benutzt werden (z. B. der Streuprozesse – vgl. Kapitel 23); wichtige Anwendungen hinsichtlich der Wechselwirkung atomarer Systeme mit dem Strahlungsfeld folgen in 22.4.

## 22.1 Grundlagen des Dirac-Bildes

Wir betrachten ein physikalisches System, dessen Hamilton-Operator $\hat{H}$ additiv in einen Term $\hat{H}^{\mathrm{F}}$, der das „freie System" (Index F) repräsentieren soll, und einen Wechselwirkungsterm $\hat{H}^{\mathrm{W}}$ zerlegbar sei:

$$\hat{H} = \hat{H}^{\mathrm{F}} + \hat{H}^{\mathrm{W}}. \tag{22.1}$$

Diese Operatoren sind im Schrödinger-Bild angegeben (bei dem entsprechend unserer allgemeinen Festlegung Operatoren und Zustandsvektoren keinen besonderen Bildindex tragen). Es werde vorausgesetzt, daß $\hat{H}^{\mathrm{F}}$ *zeitunabhängig ist*, wohingegen $\hat{H}^{\mathrm{W}}$ *zeitunabhängig oder zeitabhängig sein kann.*

Mit diesen Annahmen kann der wichtige, häufig auftretende Fall erfaßt werden, daß man sich ein Gesamtsystem aus „freien", ungekoppelten Teilsystemen zusammengesetzt denkt, deren Kopplung untereinander mittels eines additiven Terms im Hamilton-Operator repräsentiert wird. Nimmt man z. B. zwei Teilsysteme an, so gilt

$$\hat{H} = \hat{H}_1 + \hat{H}_2 + \hat{H}_{1-2}, \tag{22.2}$$

wobei $\hat{H}$ der Operator des Gesamtsystems, $\hat{H}_1$ und $\hat{H}_2$ die Operatoren der „freien" Teilsysteme und $\hat{H}_{1-2}$ der Kopplungsterm ist. Der Summenoperator $(\hat{H}_1 + \hat{H}_2)$ ist mit dem Operator $\hat{H}^{\mathrm{F}}$ des „freien" Gesamtsystems, $\hat{H}_{1-2}$ mit $\hat{H}^{\mathrm{W}}$ zu identifizieren. (Beispielsweise können wir an die Wechselwirkung zwischen einem atomaren

System und einem Strahlungsfeld denken, wo der entsprechende Hamilton-Operator in (16.72) explizit angegeben ist.) Die zunächst als unabhängig gedachten, isolierten Teilsysteme (atomares System, Strahlungsfeld) modifizieren infolge von Wechselwirkungsprozessen ihren Zustand und damit auch den Zustand des Gesamtsystems. Diese Veränderung hängt von der Stärke und der Zeitdauer der Wechselwirkung ab; man beschreibt sie mit Vorteil im *Dirac-Bild* (Index D), das man auch *Wechselwirkungs-Bild* nennt.

Aus der Sicht von 11.3 ist das Dirac-Bild ein intermediäres Bild: die dynamische Zeitabhängigkeit wird zum Teil von den Operatoren und zum Teil von den Zustandsvektoren getragen.

Die Operatoren $\hat{G}_D$ im Dirac-Bild tragen (mit Ausnahme des Dichteoperators!) die dynamische Zeitabhängigkeit des freien Gesamtsystems, wobei $\hat{G}_D$ folgendermaßen aus dem entsprechenden Operator $\hat{G}$ im Schrödinger-Bild hervorgeht:

$$\hat{G}_D(t) = [\hat{U}^F(t, t_0)]^{-1}\, \hat{G}\, \hat{U}^F(t, t_0) \tag{22.3}$$

mit

$$\hat{U}^F(t, t_0) = \exp\left[-\frac{i}{\hbar}\hat{H}^F \cdot (t - t_0)\right] \tag{22.3a}$$

und $\hat{G}_D(t = t_0) = \hat{G}$. Ein Vergleich mit (11.5) und (11.11a) zeigt, daß für $\hat{G}_D(t)$ *formal* das gleiche Zeitverhalten wie für ein konservatives System vorliegt. Die Festlegung (22.3) bietet unter anderem den großen Vorteil, daß die Matrixelemente der Operatoren $\hat{G}_D(t)$ relativ einfach mit den orthonormierten Eigenvektoren $|E^F\rangle$ von $\hat{H}^F$ – die als Eigenschaften des freien Systems meist als bekannt gelten können – zu bilden sind; unter Berücksichtigung von $\hat{U}^F\,|E^F\rangle = |E^F\rangle \exp\left[-\frac{1}{\hbar}E^F \cdot (t - t_0)\right]$ folgt

$$\langle E_j^F|\, \hat{G}_D(t)\, |E_k^F\rangle = \langle E_j^F|\, \hat{G}\, |E_k^F\rangle \exp\left[\frac{i}{\hbar}(E_j^F - E_k^F) \cdot (t - t_0)\right]. \tag{22.3b}$$

Analog zur Beziehung (11.13) im Heisenberg-Bild läßt sich auch im Dirac-Bild eine Bewegungsgleichung für den Operator $\hat{G}_D(t)$ herleiten; es gilt

$$\frac{d}{dt}\hat{G}_D(t) = \frac{1}{i\hbar}[\hat{G}_D, \hat{H}^F] + [\hat{U}^F]^{-1}\left(\frac{\partial}{\partial t}\hat{G}_S\right)\hat{U}^F, \tag{22.3c}$$

wobei zu bemerken ist, daß der Anteil von $G_D(t)$ an der dynamischen Zeitabhängigkeit von dem Hamilton-Operator $H^F$ des freien Systems bestimmt wird.

Nun wenden wir uns den Zustandsvektoren im Dirac-Bild zu. Wegen der in (22.3) getroffenen Festlegung des Zusammenhangs zwischen Operatoren im Dirac- und Schrödinger-Bild muß für die Zustandsvektoren

$$|\psi(t)\rangle_D = [\hat{U}^F(t, t_0)]^{-1}\, |\psi(t)\rangle \tag{22.4}$$

gelten, damit die physikalisch-relevanten Werte durch die Anwendung der unitären Transformation $(\hat{U}^F)^{-1}$ nicht geändert werden – vgl. (9.29). Es ist also nach

11.3 insbesondere auch der Erwartungswert ${}_{\mathrm{D}}\langle\psi(t)|\,\hat{G}_{\mathrm{D}}(t)\,|\psi(t)\rangle_{\mathrm{D}}=\langle\hat{G}(t)\rangle$ unabhängig vom Bildindex. Für den Zeitpunkt $t_0$ gilt $|\psi(t_0)\rangle_{\mathrm{D}}=|\psi(t_0)\rangle$. Um die zeitliche Abhängigkeit von $|\psi(t)\rangle_{\mathrm{D}}$ durchsichtiger werden zu lassen, gehen wir von (22.4) zu einer Differentialgleichung über. Dazu wird auf beiden Seiten nach $t$ differenziert; es folgt

$$\frac{\mathrm{d}}{\mathrm{d}t}\,|\psi(t)\rangle_{\mathrm{D}}=\left[\frac{\mathrm{d}}{\mathrm{d}t}\,(\hat{U}^{\mathrm{F}})^{-1}\right]|\psi\rangle+(\hat{U}^{\mathrm{F}})^{-1}\,\frac{\mathrm{d}}{\mathrm{d}t}\,|\psi\rangle. \tag{22.5}$$

Der erste Summand geht wegen (22.3a) und (22.4) in $-(1/\mathrm{i}\hbar)\,\hat{H}^{\mathrm{F}}\,|\psi\rangle_{\mathrm{D}}$ über, der zweite wegen (11.1) in $(1/\mathrm{i}\hbar)\,(\hat{U}^{\mathrm{F}})^{-1}\,\hat{H}\,\hat{U}^{\mathrm{F}}\,|\psi\rangle_{\mathrm{D}}$; insgesamt folgt mit (22.1)

$$\mathrm{i}\hbar\,\frac{\mathrm{d}}{\mathrm{d}t}\,|\psi(t)\rangle_{\mathrm{D}}=\hat{H}_{\mathrm{D}}^{\mathrm{W}}(t)\,|\psi(t)\rangle_{\mathrm{D}}\quad\text{mit}\quad\hat{H}_{\mathrm{D}}^{\mathrm{W}}=(\hat{U}^{\mathrm{F}})^{-1}\,\hat{H}^{\mathrm{W}}\,\hat{U}^{\mathrm{F}}. \tag{22.6}$$

Diese Gleichung weist im Vergleich mit (11.1) des Schrödinger-Bildes aus, daß die Zeitabhängigkeit der Zustandsvektoren im Dirac-Bild nicht durch den Gesamt-Hamilton-Operator, sondern durch den Wechselwirkungsoperator vermittelt wird; das ist für die Rechnung insofern von Vorteil, als für viele praktisch wichtige Fälle die Wechselwirkung (in dem in 22.2 zu erläuternden Sinn) als klein angenommen werden kann. Zur Darstellung der exakten Lösung von (22.6) können wir die eingangs 11.1 gemachten Ausführungen zur Gewinnung der Zeitabhängigkeit des Zustandsvektors im Schrödinger-Bild formal übernehmen; es gilt die Beziehung

$$|\psi(t)\rangle_{\mathrm{D}}=\hat{U}^{\mathrm{W}}(t,t_0)\,|\psi(t_0)\rangle_{\mathrm{D}}, \tag{22.7}$$

solange das System nicht durch eine Messung hinsichtlich seines Zustandes unstetig verändert wird. Der Zeitentwicklungsoperator $\hat{U}^{\mathrm{W}}(t,t_0)$ genügt der Differentialgleichung

$$\mathrm{i}\hbar\,\frac{\mathrm{d}}{\mathrm{d}t}\,\hat{U}^{\mathrm{W}}=\hat{H}_{\mathrm{D}}^{\mathrm{W}}\,\hat{U}^{\mathrm{W}} \tag{22.8}$$

und ist analog zu (11.4) folgendermaßen explizit darstellbar:

$$\hat{U}^{\mathrm{W}}(t,t_0)=\hat{I}+\sum_{n=1}(\mathrm{i}\hbar)^{-n}\int_{t_0}^{t}\mathrm{d}t_1\cdots\int_{t_0}^{t_{n-1}}\mathrm{d}t_n\,\hat{H}_{\mathrm{D}}^{\mathrm{W}}(t_1)\cdots\hat{H}_{\mathrm{D}}^{\mathrm{W}}(t_n). \tag{22.8a}$$

Für gewisse Aufgaben ist es günstig, von der Gleichung (22.6) in die Komponentenschreibweise überzugehen, wobei nach den Eigenvektoren $|E^{\mathrm{F}}\rangle$ von $\hat{H}^{\mathrm{F}}$ entwickelt wird. Durch Multiplikation mit $\langle E_j^{\mathrm{F}}|$ folgt aus (22.6) für alle $j$

$$\mathrm{i}\hbar\,\frac{\mathrm{d}}{\mathrm{d}t}\,c_j(t)=\sum_k\langle E_j^{\mathrm{F}}|\,\hat{H}^{\mathrm{W}}\,|E_k^{\mathrm{F}}\rangle\,\exp\left[\frac{\mathrm{i}}{\hbar}\,(E_j^{\mathrm{F}}-E_k^{\mathrm{F}})\,(t-t_0)\right]\cdot c_k(t), \tag{22.9}$$

wobei $c_j(t)=\langle E_j^{\mathrm{F}}|\,\psi(t)\rangle_{\mathrm{D}}$ ist. Man beachte, daß die Matrixelemente auf der rechten Seite von (22.9) den Wechselwirkungsoperator im Schrödinger-Bild enthalten.

Die *Zeitabhängigkeit des Dichteoperators* schließt – wie wir das wegen 18.3 erwarten müssen – an die Zeitabhängigkeit des Zustandes an; es gilt – vgl. (22.6) und (18.21) –

$$\mathrm{i}\hbar \frac{\mathrm{d}}{\mathrm{d}t}\hat{\varrho}_{\mathrm{D}}(t) = [\hat{H}_{\mathrm{D}}^{\mathrm{W}}(t), \hat{\varrho}_{\mathrm{D}}(t)] \tag{22.10}$$

und somit entsprechend (18.23)

$$\hat{\varrho}_{\mathrm{D}}(t) = \hat{\varrho}_{\mathrm{D}}(t_0) + \sum_{n=1} (\mathrm{i}\hbar)^{-n} \int_{t_0}^{t} \mathrm{d}t_1 \cdots \int_{t_0}^{t_{n-1}} \mathrm{d}t_n [\hat{H}_{\mathrm{D}}^{\mathrm{W}}(t_1), [\ldots, [\hat{H}_{\mathrm{D}}^{\mathrm{W}}(t_n), \hat{\varrho}_{\mathrm{D}}(t_0)] \cdots]]. \tag{22.11}$$

Bisher haben wir den Zusammenhang zwischen Operatoren und Zuständen im Dirac-Bild mit den entsprechenden Größen im Schrödinger-Bild besprochen. Nun soll auch das Heisenberg-Bild herangezogen werden. Man kann leicht zeigen, daß der unitäre Operator $\hat{U}(t, t_0)$, der gemäß (11.11) zwischen Schrödinger- und Heisenberg-Bild vermittelt, in der Form

$$\hat{U}(t, t_0) = \hat{U}^{\mathrm{F}}(t, t_0)\, \hat{U}^{\mathrm{W}}(t, t_0) \tag{22.12}$$

dargestellt werden kann; denn die rechte Seite befriedigt unter Berücksichtigung von (22.8) die Differentialgleichung (11.3a). Unter Verwendung von (22.12) lassen sich leicht auch Beziehungen zwischen Dirac- und Heisenberg-Größen angeben. So gilt beispielsweise

$$\hat{G}_{\mathrm{H}} = (\hat{U}^{\mathrm{W}})^{-1}\, \hat{G}_{\mathrm{D}}\, \hat{U}^{\mathrm{W}}. \tag{22.13}$$

## 22.2 Zeitabhängige Störungsrechnung

Aus (22.7) und (22.8a) folgt für die Zeitabhängigkeit des Zustandes

$$|\psi(t)\rangle_{\mathrm{D}} = |\psi(t_0)\rangle_{\mathrm{D}} + \frac{1}{\mathrm{i}\hbar}\int_{t_0}^{t} \mathrm{d}t_1\, \hat{H}_{\mathrm{D}}^{\mathrm{W}}(t_1)\, |\psi(t_0)\rangle_{\mathrm{D}} + \frac{1}{(\mathrm{i}\hbar)^2}\int_{t_0}^{t} \mathrm{d}t_1 \int_{t_0}^{t_1} \mathrm{d}t_2\, \hat{H}_{\mathrm{D}}^{\mathrm{W}}(t_1)\, \hat{H}_{\mathrm{D}}^{\mathrm{W}}(t_2)\, |\psi(t_0)\rangle_{\mathrm{D}} + \cdots, \tag{22.14}$$

wenn der Anfangszustand $|\psi(t_0)\rangle_{\mathrm{D}}$ vorgegeben ist. Damit ist *im Prinzip* das zeitliche Verhalten des Gesamtzustandes festgelegt; für die *praktische Berechnung* stellt sich jedoch die Frage, inwieweit die in (22.14) rechts dargestellte unendliche Reihe zu einem geschlossenen Ausdruck aufsummiert werden kann. Für wichtige reale Probleme ist das nicht möglich, und man muß sich damit begnügen, die Summation nach einer endlichen Anzahl von Schritten abzubrechen. Man spricht von *zeitabhängiger Störungsrechnung n-ter Ordnung*, wenn man bis einschließlich zum Summand mit $n$-fachem $\hat{H}_{\mathrm{D}}^{\mathrm{W}}$ aufsummiert. Zur Abschätzung des Gültigkeitsbereiches dieser Näherungsrechnung ist es günstig, die Beziehung zwischen dem $(n+1)$-ten und dem $n$-ten Summanden zu kennen. Dazu denken wir uns die

Vektoren und Operatoren in Komponentenschreibweise nach den Eigenvektoren $|E_j^{\mathrm{F}}\rangle$ dargestellt. Damit entsteht aus (22.14) eine Beziehung zwischen $c$-Zahlen, die man nach den Regeln der normalen Analysis für Reihen abschätzen kann. Offensichtlich unterscheidet sich der $(n+1)$-te vom $n$-ten Summanden durch einen Faktor der Größenordnung

$$\tilde{\varkappa} = |\hbar^{-1}(t-t_0)\,\langle E_j^{\mathrm{F}}|\,\hat{H}^{\mathrm{W}}\,|E_k^{\mathrm{F}}\rangle|\,. \tag{22.15}$$

Man kommt also bei der zeitabhängigen Störungsrechnung dann mit wenigen Schritten aus, wenn $\tilde{\varkappa} \ll 1$ ist; das bedeutet, daß das Produkt aus Wechselwirkungsstärke (ausgedrückt durch $|\langle E_j^{\mathrm{F}}|\,\hat{H}^{\mathrm{W}}\,|E_k^{\mathrm{F}}\rangle|$) und Wechselwirkungsdauer $(t-t_0)$ klein gegen $\hbar$ sein muß.

Am Schluß dieses Abschnittes sei noch darauf hingewiesen, daß sich die Summanden auf der rechten Seite von (22.14) auch iterativ aus einer Hierarchie von Differentialgleichungen gewinnen lassen. Wenn $|\psi^{(n)}(t)\rangle_{\mathrm{D}}$ der Summand mit $n$-fachem $\hat{H}_{\mathrm{D}}^{\mathrm{W}}$ ist, so gilt

$$\mathrm{i}\hbar\,\frac{\mathrm{d}}{\mathrm{d}t}\,|\psi^{(0)}(t)\rangle_{\mathrm{D}} = |0_{\mathrm{V}}\rangle,$$

$$\mathrm{i}\hbar\,\frac{\mathrm{d}}{\mathrm{d}t}\,|\psi^{(1)}(t)\rangle_{\mathrm{D}} = \hat{H}_{\mathrm{D}}^{\mathrm{W}}\,|\psi^{(0)}(t)\rangle_{\mathrm{D}},\ldots,\mathrm{i}\hbar\,\frac{\mathrm{d}}{\mathrm{d}t}\,|\psi^{(n)}(t)\rangle_{\mathrm{D}} = \hat{H}_{\mathrm{D}}^{\mathrm{W}}\,|\psi^{(n-1)}(t)\rangle_{\mathrm{D}}. \tag{22.16}$$

Beginnend mit der zeitlich konstanten Lösung der ersten Differentialgleichung $\psi^{(0)}(t)\rangle_{\mathrm{D}} = |\psi(t_0)\rangle_{\mathrm{D}}$ kann man sukzessiv bis $|\psi^{(n)}(t)\rangle_{\mathrm{D}}$ fortschreiten.

## 22.3 Übergangswahrscheinlichkeit und Übergangsrate

Die zeitliche Änderung des Zustandes des Gesamtsystems unter dem Einfluß der Wechselwirkung bedingt die zeitliche Veränderung von meßbaren Größen. Hierzu lassen sich – insbesondere zur Beschreibung von Erscheinungen mittels der oft verwendeten Bilanz- bzw. Raten-Gleichungen – mit Vorteil quantentheoretisch berechnete Änderungsraten benutzen. Diese wollen wir im folgenden unter der Voraussetzung, daß $\hat{H}^{\mathrm{W}}$ explizit *zeitunabhängig* ist, bestimmen. Dazu verwenden wir die zeitabhängige Störungsrechnung in *erster* Ordnung.

Wir setzen voraus, daß sich das Gesamtsystem zur Zeit $t_0 = 0$ in einem Eigenzustand $|E_{\mathrm{a}}^{\mathrm{F}}\rangle$ – dem Anfangszustand – befindet und fragen nach der Wahrscheinlichkeit, das Gesamtsystem zur Zeit $t$ in einem anderen Eigenzustand $|E_{\mathrm{e}}^{\mathrm{F}}\rangle$ – dem Endzustand – anzutreffen. Nach allgemeinen Festlegungen – vgl. 9.4 – ist diese Übergangswahrscheinlichkeit

$$w_{\mathrm{a}\to\mathrm{e}} = |\langle E_{\mathrm{e}}^{\mathrm{F}}|\,\psi(t)\rangle_{\mathrm{D}}|^2\,. \tag{22.17}$$

Wir setzen voraus, daß $|E_{\mathrm{e}}^{\mathrm{F}}\rangle$ von $|E_{\mathrm{a}}^{\mathrm{F}}\rangle$ verschieden sei, so daß wegen Orthonormierung $\langle E_{\mathrm{e}}^{\mathrm{F}}|E_{\mathrm{a}}^{\mathrm{F}}\rangle = 0$ gilt. Bei Anwendung der Störungsrechnung erster Ordnung

– vgl. (22.14) – folgt dann mit $t_0 = 0$

$$w_{a\to e}(t) = \left| \langle E_e^F | \left[ |E_a^F\rangle + (i\hbar)^{-1} \int_0^t dt_1\, \hat{H}_D^W(t_1)\, |E_a^F\rangle \right] \right|^2$$
$$= \hbar^{-2} t^2\, |\langle E_e^F | \hat{H}^W | E_a^F\rangle|^2 \operatorname{sinc}^2 [(E_e^F - E_a^F)\, t/2\hbar]. \qquad (22.18)$$

Die Übergangswahrscheinlichkeit $w_{a\to e}$ ist also zeitabhängig und hängt von der Übergangsenergie $(E_e^F - E_a^F)$ und dem Matrixelement $\langle E_e^F | \hat{H}^W | E_a^F\rangle$ ab. Der Maximalwert wird bei festem $t$ wegen der Eigenschaften der sinc-Funktion für $E_e^F = E_a^F$ angenommen (es sei angemerkt, daß bei entarteten Systemen die Beziehung $E_e^F = E_a^F$ durchaus mit $|E_e^F\rangle \neq |E_a^F\rangle$ verträglich sein kann). Man erkennt aus (22.18), daß es aber auch zu ungleichen Eigenwerten – wenn nämlich $|E_e^F - E_a^F|\, t/2\hbar \lesssim \frac{\pi}{2}$ ist – Übergangswahrscheinlichkeiten gibt, die von gleicher Größenordnung wie der Maximalwert sind. Zum Auftreten maßgeblicher Übergangswahrscheinlichkeiten ist also nicht $E_e^F$ exakt gleich $E_a^F$ Bedingung, sondern $E_e^F \approx E_a^F$, d.h. Quasiresonanz. Andererseits ist aus (22.18) ersichtlich, daß bei Nichtresonanz (mit großen $|E_e^F - E_a^F|$-Werten: $|E_e^F - E_a^F|\, t/2\hbar \gg \pi$) nur sehr kleine Beträge $w_{a\to e}(t)$ geliefert werden können. Den geschilderten Sachverhalt kann man als „Energieerhaltungssatz in Wahrscheinlichkeitsformulierung" deuten, was einen qualitativen Unterschied zur entsprechenden Aussage in der klassischen Physik darstellt.

Für viele Anwendungen wird die Änderung von $w_{a\to e}(t)$ pro Zeiteinheit benötigt, und zwar der mittlere Wert über ein endliches Zeitintervall. Wir bilden deshalb den Differenzenquotienten

$$\frac{\Delta w_{a\to e}}{\Delta t} = \frac{w_{a\to e}(t) - w_{a\to e}(0)}{t - 0}. \qquad (22.19)$$

Wegen $w_{a\to e}(0) = 0$ ergibt sich mit (22.18)

$$\frac{\Delta w_{a\to e}}{\Delta t} = \frac{2\pi}{\hbar^2} |\langle E_e^F | \hat{H}^W | E_a^F\rangle|^2 \frac{|\exp[i\hbar^{-1}(E_e^F - E_a^F)\, t] - 1|^2}{2\pi t (E_e^F - E_a^F)^2\, \hbar^{-2}}. \qquad (22.20)$$

Dieser Ausdruck soll für große $t$ ausgewertet werden; wegen

$$\lim_{t\to\infty} \frac{|\exp[i x t] - 1|^2}{2\pi x^2 t} = \delta(x)$$

geht (22.20) in

$$\frac{\Delta w_{a\to e}}{\Delta t} = \frac{2\pi}{\hbar^2} |\langle E_e^F | \hat{H}^W | E_a^F\rangle|^2\, \delta\!\left(\frac{E_e^F - E_a^F}{\hbar}\right) \qquad (22.21)$$

über. Das ist ein *zeitunabhängiger* Ausdruck. Er kann in der Praxis häufig unter solchen Bedingungen verwendet werden, daß das Zeitintervall $(0, t)$ – also $\Delta t$ – zwar makrophysikalisch klein, aber doch groß gegen diejenige Zeitdauer ist, in der charakteristische mikrophysikalische Einschaltvorgänge des Systems ablaufen. Man nennt diese Konzeption in der Literatur „Grobkörnung (coarse-graining) im Zeitbereich".

In anderer Weise läßt sich eine zeitunabhängige Änderungsrate aus der *totalen Übergangswahrscheinlichkeit* bilden. Dazu nehmen wir an, daß mehrere (viele) Endzustände vorhanden seien, deren Energieeigenwerte genähert mit dem Energiewert des Anfangszustandes übereinstimmen. Die Wahrscheinlichkeit dafür, daß das System von einem festen Anfangszustand $|E_a^F\rangle$ in einen der Endzustände $|E_e^F\rangle$ mit $E_e^F \approx E_a^F$ übergeht, ist die totale Übergangswahrscheinlichkeit

$$W(t) = \sum_{\substack{\text{alle } |E_e^F\rangle, \\ \text{für die } E_e^F \approx E_a^F}} w_{a\to e}(t). \tag{22.22}$$

Die Anzahl der Endzustände pro Energieeinheit auf der $E_e^F$-Skala soll sich durch die Dichtefunktion $\sigma(E_e^F)$ kennzeichnen lassen; dann kann die Summe in ein Integral übergeführt werden:

$$W(t) = \int_{E_e^F \approx E_a^F} \mathrm{d}E_e^F \, \sigma(E_e^F) \, w_{a\to e}(t). \tag{22.23}$$

Aus (22.18) ist ersichtlich, daß der die sinc-Funktion enthaltende Faktor von $w_{a\to e}(t)$ nur in einem Energieintervall der Breite $4\pi\hbar/t$ um $E_a^F$ wesentlich von Null verschieden ist. Wenn man voraussetzen kann, daß sich $\sigma(E_e^F)$ *und* $\langle E_e^F|\,\hat{H}^W\,|E_a^F\rangle$ in diesem Intervall relativ wenig ändern, lassen sich diese Funktionen vor das Integral ziehen, und es folgt

$$W(t) = \hbar^{-2} t^2 \sigma(E_e^F) \, |\langle E_e^F|\,\hat{H}^W\,|E_a^F\rangle|^2 \int \mathrm{d}E_e^F \, \mathrm{sinc}^2[(E_e^F - E_a^F)\,t/2\hbar], \tag{22.24}$$

wobei die Integralgrenzen ohne wesentlichen Fehler mit $+\infty$ und $-\infty$ identifiziert werden konnten. Nach Berechnung des Integrals ergibt sich aus (22.24)

$$\frac{\Delta W}{\Delta t} = \frac{W(t) - W(0)}{t - 0} = \frac{2\pi}{\hbar} \sigma(E_e^F) \, |\langle E_e^F|\,\hat{H}^W\,|E_a^F\rangle|^2. \tag{22.25}$$

Die rechte Seite gibt die *zeitunabhängige Änderungsrate der totalen Übergangswahrscheinlichkeit* wieder; die Beziehung (22.25) wird auch als *Fermis goldene Regel* bezeichnet. Aus der Herleitung ist ersichtlich, daß bei gegebenen Funktionen $\sigma(E_e^F)$ und $|\langle E_e^F|\,\hat{H}^W\,|E_a^F\rangle|$ der Übergang von (22.22) nach (22.25) nur möglich ist, wenn $t$ mikrophysikalisch hinreichend groß ist, z.B. größer als die Dauer von Einschaltvorgängen. Wir wollen nochmals darauf hinweisen, daß das Ergebnis (22.25) mit der Störungsrechnung erster Ordnung gewonnen wurde, wie das aus (22.18) ersichtlich ist.

Die formal gleiche Abhängigkeit der Änderungsrate $\Delta W/\Delta t$ von der Dichtefunktion und dem Matrixelement ergibt sich, wenn man Übergänge von einer Vielzahl von Anfangszuständen zu einem festen Endzustand betrachtet.

## 22.4 Anwendungen

Da die Beschreibung der Wechselwirkung zwischen dem elektromagnetischen Strahlungsfeld und atomaren Systemen theoretisch gut fundiert ist und sich mit ihr wichtige physikalische Anwendungen ergeben, wollen wir die vorstehenden allgemeinen Gesetzmäßigkeiten auf diesem Gebiet exemplifizieren.

### 22.4.1 Emission und Absorption von Photonen. Natürliche Linienbreite

Wir betrachten die Wechselwirkung eines mit seinem Massenmittelpunkt bei $\boldsymbol{r}=0$ fixierten atomaren Systems vom Charakter eines Atoms oder Moleküls (Hamilton-Operator $\hat{H}_{\mathrm{A}}$) mit einem Strahlungsfeld (Hamilton-Operator $\hat{H}_{\mathrm{R}}$). Es wird angenommen, daß für die Wechselwirkung die Bedingungen der Dipolnäherung – vgl. (16.92) – vorliegen, so daß für den Wechselwirkungsoperator

$$\hat{H}^{\mathrm{W}} = -\hat{\boldsymbol{d}}\hat{\boldsymbol{E}} \tag{22.26}$$

– mit den Operatoren $\hat{\boldsymbol{d}}$ und $\hat{\boldsymbol{E}}$ für das atomare Dipolmoment und die elektrische Feldstärke am Ort des Atoms – gilt. Das freie System (im Sinne von 22.1) wird durch

$$\hat{H}^{\mathrm{F}} = \hat{H}_{\mathrm{A}} + \hat{H}_{\mathrm{R}} \tag{22.27}$$

beschrieben und hat die folgenden Eigenwerte und Eigenzustände:

$$E^{\mathrm{F}} = E_{\mathrm{A}} + \sum_{\mu} \hbar\omega_{\mu}\left(n_{\mu} + \frac{1}{2}\right) \quad \text{und} \tag{22.28}$$

$$|E^{\mathrm{F}}\rangle = |E_{\mathrm{A}}\rangle\, |n_1, \ldots, n_{\mu}, \ldots\rangle . \tag{22.29}$$

$E_{\mathrm{A}}$, $|E_{\mathrm{A}}\rangle$ sind Eigenwert und Eigenzustand des atomaren Systems; $\omega_{\mu}$, $n_{\mu}$ sind Modenfrequenz und Photonenzahl der $\mu$-ten Mode des Strahlungsfeldes – vgl. (16.26) und (16.27).

Zunächst wollen wir den *Emissionsprozeß* diskutieren, bei dem unter Aussendung *eines* Photons der $\mu$-ten Mode das atomare System von einem energetisch höher liegenden Anfangszustand $|E_{\mathrm{A}}\rangle$ in einen energetisch tieferen Endzustand $|E_{\mathrm{A}}'\rangle$ übergehen soll. Demnach haben wir für den Anfangs- und Endzustand des Gesamtsystems anzusetzen:

$$\begin{aligned} |E_{\mathrm{a}}^{\mathrm{F}}\rangle &= |E_{\mathrm{A}}\rangle\, |n_1, \ldots, n_{\mu}, \ldots\rangle , \\ |E_{\mathrm{e}}^{\mathrm{F}}\rangle &= |E_{\mathrm{A}}'\rangle\, |n_1, \ldots, n_{\mu}+1, \ldots\rangle ; \end{aligned} \tag{22.30}$$

nur in der $\mu$-ten Mode des Strahlungsfeldes befindet sich nach dem Übergang ein Photon mehr als vorher. Wir zielen auf die Berechnung der Änderungsrate der totalen Übergangswahrscheinlichkeit ab und müssen deshalb zunächst das Matrixelement in (22.25) berechnen; da $\hat{\boldsymbol{d}}$ nur auf Eigenzustände von $\hat{H}_{\mathrm{A}}$ und $\hat{\boldsymbol{E}}$ nur auf solche von $\hat{H}_{\mathrm{R}}$ wirkt, läßt es sich in Produktform angeben:

$$\langle E_{\mathrm{e}}^{\mathrm{F}}|\, \hat{H}^{\mathrm{W}}\, |E_{\mathrm{a}}^{\mathrm{F}}\rangle = -\langle E_{\mathrm{A}}'|\, \hat{\boldsymbol{d}}\, |E_{\mathrm{A}}\rangle \cdot \langle n_1, \ldots, n_{\mu}+1, \ldots|\, \hat{\boldsymbol{E}}\, |n_1, \ldots, n_{\mu}, \ldots\rangle .$$

Den ersten Faktor, das Matrixelement des Dipolüberganges, bezeichnen wir mit $\boldsymbol{d}_{\mathrm{ea}}$. Der zweite Faktor ergibt sich nach (16.7) zu $\boldsymbol{e}_{\mu}(\hbar\omega_{\mu}/2\varepsilon_0 V)^{1/2}\, \mathrm{i}(n_{\mu}+1)^{1/2}$. Damit erhalten wir für das Betragsquadrat der Wechselwirkungs-Stärke

$$|\langle E_{\mathrm{e}}^{\mathrm{F}}|\, \hat{H}^{\mathrm{W}}\, |E_{\mathrm{a}}^{\mathrm{F}}\rangle|^2 = |\boldsymbol{d}_{\mathrm{ea}}\boldsymbol{e}_{\mu}|^2 \frac{\hbar\omega_{\mu}}{2\varepsilon_0 V} n_{\mu} + |\boldsymbol{d}_{\mathrm{ea}}\boldsymbol{e}_{\mu}|^2 \frac{\hbar\omega_{\mu}}{2\varepsilon_0 V} . \tag{22.31}$$

Der zweite Summand repräsentiert die *spontane Emission*, die der alleinige Beitrag zur Emission ist, wenn sich vor dem Übergang das Strahlungsfeld in der $\mu$-ten Mode im Zustand des Photonenvakuums ($n_\mu = 0$) befindet. Die Energie des Endzustandes ist dann

$$E_e{}^F = E_a{}^F + \hbar\omega_\mu - (E_A - E_{A'}) = E_a{}^F + \hbar\omega_\mu - \hbar\omega_{ae} \tag{22.32}$$

mit $\omega_{ae}$ als atomare Übergangsfrequenz $(E_A - E_{A'})\hbar^{-1}$. Da nach 22.3 nichtverschwindende Übergangswahrscheinlichkeiten nur für $E_e{}^F \approx E_a{}^F$ auftreten können, folgt aus (22.32) für die Energie des emittierten Photons

$$\hbar\omega_\mu \approx \hbar\omega_{ae}; \tag{22.33}$$

die Frequenz des emittierten Photons liegt in einem Bereich um einen mittleren Wert $\omega_{ae}$. Um zur totalen Übergangswahrscheinlichkeit $W$ zu gelangen, muß nach 22.3 über alle Moden summiert werden, für die (22.33) gilt; dementsprechend ist bei der Berechnung der Änderungsrate $\Delta W/\Delta t$ nach (22.25) die Modendichte $\sigma$ (bezogen auf die Energieeinheit) einzusetzen. Nach (1.63) ist diese gleich

$$\sigma(E_e{}^F) = \frac{V}{\pi^2 c^3 \hbar}\,\omega_\mu{}^2. \tag{22.34}$$

Der Faktor $|\boldsymbol{d}_{ea}\boldsymbol{e}_\mu|^2$ in (22.31) kann in der Form $|d_{ea}|^2 \cos^2\vartheta$ geschrieben werden, wobei $\vartheta$ der Winkel zwischen $\boldsymbol{d}_{ea}$ und $\boldsymbol{e}_\mu$ ist. Die Durchführung einer Orientierungsmittelung (gekennzeichnet durch $\overline{\phantom{xxxx}}^{\,\mathrm{Or}}$) führt auf

$$\overline{|\boldsymbol{d}_{ea}\boldsymbol{e}_\mu|^2}^{\,\mathrm{Or}} = \frac{1}{3}\,|d_{ea}|^2, \tag{22.35}$$

wobei man von der Vorstellung ausgehen kann, daß entweder $\boldsymbol{e}_\mu$ fest bleibt und über alle Richtungen von $\boldsymbol{d}_{ea}$ gemittelt wird oder $\boldsymbol{d}_{ea}$ fest bleibt und über alle Richtungen von $\boldsymbol{e}_\mu$ gemittelt wird (unpolarisierte Strahlung). Aus (22.25), (22.31), (22.34), (22.35) erhält man die Änderungsrate der spontanen Emission zu

$$\frac{\Delta W^{\mathrm{spE}}}{\Delta t} = \frac{1}{3\varepsilon_0 \pi c^3 \hbar}\,|d_{ea}|^2\,\omega_{ea}^3, \tag{22.36}$$

wobei in die rechte Seite ein mittlerer Wert der $\omega_\mu$, nämlich $\omega_{ae}$, eingeht. Die rechte Seite nennt man den *Einstein-Übergangskoeffizienten* $A_{ae}$ des Überganges $a \to e$; er hängt (außer von universellen Konstanten) von den atomaren Größen Übergangsmoment $|d_{ea}|$ und Übergangsfrequenz $\omega_{ae}$, wie sie im Zusammenhang mit (22.35) und (22.32) definiert sind, ab.

Der erste Summand in (22.31) beschreibt für $n_\mu > 0$ einen Beitrag zur Emission, der durch vorhandene Photonen bewirkt (stimuliert) wird, man spricht von der *stimulierten Emission.* Wir hatten zur Ableitung von (22.31) als einfallende Strahlung zunächst nur eine einzige Mode mit $n_\mu$ Photonen angenommen. Dies entspricht im allgemeinen nicht den realen Bedingungen; wir müssen die totale Übergangswahrscheinlichkeit für alle Moden der einfallenden Strahlung, die die Bedingung (22.33) erfüllen, berechnen. Die entsprechende Anzahl der Zustände des Strahlungsfeldes pro Energieeinheit sei $\sigma(\hbar\omega_\mu)$. Dann liefern (22.25), (22.31), (22.35) direkt das Resultat

$$\frac{\Delta W^{\mathrm{st\,E}}}{\Delta t} = \frac{\pi}{3\hbar\varepsilon_0}\,|d_{\mathrm{ea}}|^2 \left\{\frac{\hbar\omega_\mu n_\mu}{V}\,\sigma(\hbar\omega_\mu)\right\}$$

für die Änderungsrate der stimulierten Emission. Offensichtlich ist $\hbar\omega_\mu n_\mu/V$ die räumliche Energiedichte für eine Mode. Somit ergibt sich der Ausdruck in der geschweiften Klammer als räumliche Energiedichte der einfallenden Strahlung pro Energieeinheit; geht man zur räumlichen Energiedichte $\zeta$ pro Kreisfrequenzeinheit über, so erhält man schließlich

$$\frac{\Delta W^{\mathrm{st\,E}}}{\Delta t} = \frac{\pi}{3\hbar^2\varepsilon_0}\,|d_{\mathrm{ea}}|^2 \cdot \zeta(\omega_{\mathrm{ae}}), \tag{22.37}$$

wobei wieder die mittlere Frequenz $\omega_{\mathrm{ae}}$ verwendet wurde. Den Vorfaktor vor $\zeta$ nennt man den *Einstein-Übergangskoeffizienten* $B_{\mathrm{ae}}$ (bezogen auf die Kreisfrequenzeinheit). Es sei darauf hingewiesen, daß am Ende von 3.2 der Zusammenhang zwischen den Übergangskoeffizienten $A$ und $B$ (dort $A_{21}$ und $B_{21}$ genannt) aus einer Betrachtung gewonnen wurde, bei der das atomare System im Gleichgewicht mit einem *thermischen* Strahlungsfeld vorausgesetzt war; in dem vorliegenden Abschnitt erfolgte die Herleitung der Übergangskoeffizienten ohne diese spezielle Voraussetzung.

Der Quotient $A_{\mathrm{ae}}/B_{\mathrm{ae}}$ ist proportional $\omega_{\mathrm{ae}}^3$, d.h., die spontane Emission dominiert bei sonst gleichen Bedingungen für große $\omega_{\mathrm{ae}}$ über die stimulierte Emission. Wir wollen $A_{\mathrm{ae}}$ abschätzen. Für Strahlung in der Mitte des sichtbaren Bereiches ist $\omega_{\mathrm{ae}} \approx 4 \cdot 10^{15}\,\mathrm{s}^{-1}$, also $\omega_{\mathrm{ae}}^3 \approx 6{,}4 \cdot 10^{46}\,\mathrm{s}^{-3}$. Für das Matrixelement des Dipolmoments $|d_{\mathrm{ea}}|$ gilt in Ortsdarstellung

$$|d_{\mathrm{ea}}| = e\,|\textstyle\int \mathrm{d}^3\boldsymbol{r}\; \psi_{\mathrm{e}}^*(\boldsymbol{r})\,\boldsymbol{r}\,\psi_{\mathrm{a}}(\boldsymbol{r})| = e\,|\boldsymbol{r}_{\mathrm{ae}}|. \tag{22.38}$$

Bei einem Atom sind in der Regel die Funktionen $\psi_{\mathrm{e}}^*(\boldsymbol{r})$, $\psi_{\mathrm{a}}(\boldsymbol{r})$ nur in einem Bereich der Leardimension von $\simeq 10^{-10}\,\mathrm{m}$ wesentlich von Null verschieden, deshalb gilt im Normalfall $|\boldsymbol{r}_{\mathrm{ae}}| \lesssim 10^{-10}\,\mathrm{m}$, woraus $|d_{\mathrm{ae}}| \lesssim 10^{-29}\,\mathrm{Asm}$ folgt. Für starke Linien – große $\Delta W^{\mathrm{sp\,E}}/\Delta t$ – gilt somit nach (22.36) $A_{\mathrm{ae}} \approx 10^8\,\mathrm{s}^{-1}$. Bei Molekülschwingungen wird $|d_{\mathrm{ea}}|$ nicht größer als etwa $10^{-31}\,\mathrm{Asm}$, während die $\omega_{\mathrm{ae}}$ bei $\simeq 10^{14}\,\mathrm{s}^{-1}$ liegen; dadurch werden die $A$-Werte entsprechend niedriger.

Analog zur stimulierten Emission läßt sich auch die Änderungsrate $\Delta W^{\mathrm{Abs}}/\Delta t$ für die *Absorption* berechnen, bei der unter Einwirkung von Strahlung bei Absorption eines Photons das atomare System aus dem niedrigeren Zustand $|E_{\mathrm{A}}'\rangle$ in den höheren $|E_{\mathrm{A}}\rangle$ übergeht. Unter unseren Voraussetzungen nichtentarteter atomarer Zustände ist

$$\frac{\Delta W^{\mathrm{Abs}}}{\Delta t} = \frac{\Delta W^{\mathrm{st\,E}}}{\Delta t}. \tag{22.39}$$

Die Beziehungen (22.36), (22.37) und (22.39) finden wichtige Anwendungen in *Spektroskopie* und *Quantenelektronik* (beispielsweise bei Laser-Bilanzgleichungen – vgl. 25.4.3).

Als bedeutsam erweist sich das durch (22.33) ausgedrückte Phänomen, wonach die bei spontaner Emission emittierten Photonen *nicht* genau die Energie $(E_A - E_A')$ haben, sondern in einem Frequenzintervall um $\omega_{ae} = (E_A - E_A')\,\hbar^{-1}$ liegen. V. Weisskopf und E. Wigner [E-12] haben das Problem der Verteilung der spontan emittierten Photonen über die Frequenzen auf der Basis des in (22.9) angegebenen Differentialgleichungssystems folgendermaßen behandelt: Es wurde der Fall untersucht, daß sich im Anfangszustand $|E_a^F\rangle$ zur Zeit $t = t_0$ das atomare System im ersten angeregten Zustand $|E_{A,1}\rangle$ befindet und das Strahlungsfeld im Photonenvakuum. Es ist nach der Wahrscheinlichkeit gefragt, daß sich zu späterer Zeit $t > t_0$ das atomare System im Grundzustand $|E_{A,0}\rangle$ und ein Photon in der $\mu$-ten Mode befindet; der entsprechende Endzustand ist demnach

$$|E_e^F\rangle = |E_{A,0}\rangle\,|0, \ldots, 0, n_\mu = 1, 0, \ldots\rangle \equiv |E_\mu\rangle .$$

Mit $c_a(t) = \langle E_a^F | \psi(t)\rangle_D$ und $c_\mu(t) = \langle E_\mu | \psi(t)\rangle_D$ schreiben sich die Anfangsbedingungen

$$|c_a(t = t_0)|^2 = 1, \qquad |c_\mu(t = t_0)|^2 = 0. \tag{22.40a}$$

Es soll Dipolnäherung vorausgesetzt werden, weshalb als Wechselwirkungsoperator der Ausdruck in (22.26) benutzt werden wird. Das Differentialgleichungssystem (22.9) wird in der Form

$$\mathrm{i}\hbar \frac{\mathrm{d}}{\mathrm{d}t} c_a(t) = \sum_\mu \langle E_a^F |\, \hat{H}^W \,| E_\mu\rangle\, \mathrm{e}^{\mathrm{i}\omega_{a\mu}(t - t_0)}\, c_\mu(t), \tag{22.40b}$$

$$\mathrm{i}\hbar \frac{\mathrm{d}}{\mathrm{d}t} c_\mu(t) = \langle E_\mu |\, \hat{H}^W \,| E_a^F\rangle\, \mathrm{e}^{\mathrm{i}\omega_{\mu a}(t - t_0)}\, c_a(t) \tag{22.40c}$$

verwendet. Das bedeutet gegenüber dem exakten Gleichungssystem folgende plausible Näherung: Die zeitliche Änderung der $c_\mu(t)$ wird hinreichend durch den Zusammenhang von $|E_\mu\rangle$ mit $|E_a^F\rangle$ beschrieben, wohingegen die gegenseitige Beeinflussung der $|E_\mu\rangle$ und $|E_{\mu'}\rangle$ für $\mu \neq \mu'$ vernachlässigt werden kann. Die Berechnung der Wahrscheinlichkeit $|c_\mu(t)|^2$ kann nicht mit der in 22.2 genannten störungstheoretischen Methode erfolgen, da man die Ergebnisse für $(t - t_0) \to \infty$ braucht. Die mathematische Lösungsmethode ist speziell auf die Struktur der angegebenen Gleichungen zugeschnitten, weshalb wir sie hier nur skizzieren wollen. Auf beiden Seiten von (22.40c) wird die Integraloperation $\int_{t_0}^{t} \mathrm{d}t'$ durchgeführt. Der daraus resultierende Ausdruck für $c_\mu(t)$, der $c_a(t')$ enthält, wird in (22.40b) eingesetzt, wodurch sich für die Funktion $c_a(t)$ eine Integro-Differentialgleichung ergibt. Über eine Laplace-Transformation wird daraus die Lösung $c_a(t)$ gewonnen, mit deren Hilfe die Funktion $c_\mu(t)$ explizit berechnet wird. Daraus ergibt sich die Wahrscheinlichkeitsdichte, daß pro Zeiteinheit ein Photon der Frequenz $\omega$ in ein Intervall $\mathrm{d}\omega$ spontan emittiert wird, zu

$$\left(\frac{dW_{10}^{\mathrm{sp\,E}}}{\mathrm{d}t}\right)_\omega = A_{10}\, g_{10}^{\mathrm{sp}}(\omega) \quad \text{mit} \quad g_{10}^{\mathrm{sp}}(\omega) = \frac{A_{10}/2\pi}{(\omega - \omega_M)^2 + (A_{10}/2)^2}. \tag{22.41}$$

Die Funktion $g_{10}^{sp}(\omega)$ stellt eine *Lorentz-Verteilung* mit der Halbwertsbreite $\Delta\omega = A_{10}$ dar. Die Mittenfrequenz $\omega_M$ ist gleich $\omega_{10}$ (wobei eine als klein zu betrachtende Verschiebung, der sogenannte Lamb-Retherford-Shift, vernachlässigt wurde). Die an die Beziehung (22.38) anschließenden Betrachtungen weisen aus, daß die relative Linienbreite $\Delta\omega/\omega_{10}$ bei Atomen $\lesssim 10^{-8}$ ist. Da diese endliche Linienbreite der spontan emittierten Strahlung nicht von äußeren Bedingungen abhängt, sondern allein durch die Kopplung des atomaren Systems an das elektromagnetische Strahlungsfeld im Zustand des Photonenvakuums bewirkt wird, spricht man von der *natürlichen Linienbreite*. Im Energietermschema ist diese Erscheinung als Übergang aus einem verbreiterten Energieniveau (Lorentz-Verteilung mit der Energiehalbwertsbreite $\hbar A_{10}$, Mittenenergie $E_{A,1}$) in das (exakt) scharfe Grundniveau der Energie $E_{A,0}$ zu deuten.

Wenn man ein höher gelegenes Energieniveau ($E_{A,j}$) betrachtet, so kann ein Übergang durch spontane Emission in eines der darunterliegenden erfolgen, wenn die entsprechende Übergangsrate $A_{jj'}$ (für $j > j'$) ungleich Null ist. Die Wahrscheinlichkeit, daß das atomare System aus dem Niveau $j$ entweder in das Niveau 0 oder das Niveau 1, ... oder das Niveau $(j-1)$ übergeht, setzt sich additiv aus den Übergangswahrscheinlichkeiten in die einzelnen Niveaus zusammen. Deshalb ist die Energieverbreiterung des $j$-ten Niveaus durch eine Lorentz-Verteilung der Energiehalbwertsbreite

$$\Delta E_{A,j} = \hbar \sum_{j'<j} A_{jj'} \tag{22.42a}$$

um die Mittenenergie $E_{A,j}$ gegeben. Die (Energie-)Linienbreite des Übergangs von $j \to j'$ ergibt sich aus der Summe der beiden Einzellinienbreiten

$$\Delta E_{j,j'} = \Delta E_{A,j} + \Delta E_{A,j'}; \tag{22.42b}$$

die entsprechende Frequenzverteilung hat Lorentz-Form, die als Faltung der beiden Lorentz-Verteilungen zustande kommt. Die in (22.41) und (22.42) enthaltenen theoretischen Resultate sind in guter Übereinstimmung mit empirischen Befunden.

Mit dem vorstehenden Formalismus, der für den atomaren Übergang bei Erzeugung oder Vernichtung *eines* Photons verwendet wurde, können in analoger Weise auch atomare Übergänge beschrieben werden, die mit der simultanen Erzeugung und Vernichtung von mehreren Photonen verbunden sind. Solche *Mehr-Photonen-Prozesse* spielen in der Nichtlinearen Optik eine wichtige Rolle [D-5], [D-13].

### 22.4.2 Zusammenhang zwischen elektrischer Polarisation und Feldstärke

Bisher haben wir die in 22.1 und 22.2 dargelegten allgemeinen Gesetzmäßigkeiten nur für den Fall ausgewertet, daß der Wechselwirkungsanteil $\hat{H}^W$ im Gesamt-Hamilton-Operator $\hat{H}$ zeitunabhängig ist. Wie in 22.1 ausgedrückt ist, kann der Wechselwirkungsanteil aber auch zeitabhängig sein; wir exemplifizieren diesen Fall an einem atomaren System (Hamilton-Operator $\hat{H}_A$), das in Wechselwirkung mit einem elektrischen Feld $\mathscr{E}$ steht, welches der klassischen Beschreibung unterliegt und zu jedem Zeitpunkt gemäß der Funktion $\mathscr{E}=\mathscr{E}(t)$ einen definierten Wert annehmen soll. Der Gesamt-Hamilton-Operator ist

$$\hat{H}=\hat{H}_{\mathrm{A}}+\hat{H}^{\mathrm{W}} \quad \text{mit} \quad \hat{H}^{\mathrm{W}}=-\hat{d}\cdot\mathscr{E}(t). \tag{22.43}$$

Hinsichtlich der Wechselwirkung wird also wieder die Dipolnäherung – vgl. (16.80) – vorausgesetzt; $\hat{d}$ ist der Operator des atomaren Dipolmomentes. Das für die folgende Betrachtung Wesentliche kann an einer einkomponentigen Darstellung erklärt werden; wir sehen deshalb vom Vektorcharakter des Dipolmomentes und der Feldstärke ab und bezeichnen diese skalare Größe wie in 16.4 mit $\mathscr{E}(t)$. Die Rückwirkung des atomaren Systems auf das Strahlungsfeld sei vernachlässigbar klein, so daß wir von vornherein den Anteil des Strahlungsfeldes in $\hat{H}$ weglassen können. Da das atomare System quantentheoretisch, das Strahlungsfeld klassisch behandelt wird, spricht man von einer *halbklassischen Theorie.*

Wir wollen die verschiedenen atomaren Eigenwerte und Eigenzustände mit $E_j$ und $|E_j\rangle$ bezeichnen. Es wird angenommen, daß das elektrische Feld für Zeiten $t\geqq t_0$ am Ort des atomaren Systems wirksam werde; zum Zeitpunkt des Einschaltens der Wechselwirkung befinde sich das atomare System im Grundzustand, so daß also $|\psi(t_0)\rangle_{\mathrm{D}}=|E_0\rangle$ gilt. Damit haben wir alle Größen in der Hand, um mit Hilfe von (22.14) den Zustand $|\psi(t)\rangle_{\mathrm{D}}$ des atomaren Systems für eine spätere Zeit $t>t_0$ auszurechnen. Mit $|\psi(t)\rangle_{\mathrm{D}}$ ist es dann wiederum möglich, die zeitliche Abhängigkeit des Erwartungswertes ${}_{\mathrm{D}}\langle\psi(t)|\,\hat{d}_{\mathrm{D}}\,|\psi(t)\rangle_{\mathrm{D}}$ des atomaren Dipolmomentes zu bestimmen. Wie aus (22.14) ersichtlich ist, besteht $|\psi(t)\rangle_{\mathrm{D}}$ in unserem Fall aus Summanden, die die Feldstärke in nullter, erster, ... Ordnung enthalten. Wir bezeichnen den Summanden $n$-ter Ordnung mit $|\psi^{(n)}(t)\rangle_{\mathrm{D}}$. Es gilt $|\psi^{(0)}\rangle_{\mathrm{D}}=|E_0\rangle$. Wenn das atomare System kein permanentes Dipolmoment $d_{00}=\langle E_0|\,\hat{d}_{\mathrm{D}}\,|E_0\rangle$ besitzt, folgt

$$\begin{aligned}\langle\hat{d}(t)\rangle={}_{\mathrm{D}}\langle\psi(t)|\,\hat{d}_{\mathrm{D}}(t)\,|\psi(t)\rangle_{\mathrm{D}}&=[\langle E_0|\,\hat{d}_{\mathrm{D}}(t)\,|\psi^{(1)}(t)\rangle_{\mathrm{D}}+\{\mathrm{KK}\}]\\&\quad+[\langle E_0|\,\hat{d}_{\mathrm{D}}(t)\,|\psi^{(2)}(t)\rangle_{\mathrm{D}}+\{\mathrm{KK}\}]\\&\quad+{}_{\mathrm{D}}\langle\psi^{(1)}(t)|\,\hat{d}_{\mathrm{D}}(t)\,|\psi^{(1)}(t)\rangle_{\mathrm{D}}\\&\quad+[\langle E_0|\,\hat{d}_{\mathrm{D}}(t)\,|\psi^{(3)}(t)\rangle_{\mathrm{D}}+\{\mathrm{KK}\}]\\&\quad+\cdots.\end{aligned} \tag{22.44}$$

Der erste Summand enthält die Feldstärke $\mathscr{E}(t)$ in erster Ordnung, der zweite und der dritte Summand enthalten die Feldstärke $\mathscr{E}(t)$ in zweiter Ordnung, weitere Summanden enthalten die Feldstärke in dritter und höherer Ordnung.

Wir wollen jetzt nur den in $\mathscr{E}$ linearen Summanden betrachten und uns die Glieder höherer Ordnung in $\mathscr{E}$ vernachlässigt denken. Dann ist

$$\langle\hat{d}(t)\rangle=\frac{1}{\mathrm{i}\hbar}\int\limits_{t_0}^{t}\mathrm{d}t'\,\langle E_0|\,\hat{d}_{\mathrm{D}}(t)\,\hat{H}_{\mathrm{D}}^{\mathrm{W}}(t')\,|E_0\rangle+\{\mathrm{KK}\}. \tag{22.45}$$

Um zu Matrixelementen der einzelnen Operatoren zu gelangen, denken wir uns zwischen die beiden Faktoren des Operatorproduktes den Identitätsoperator in der Form $\hat{I} = \sum_{j=0} |E_j\rangle \langle E_j|$ eingeschoben; es folgt dann aus (22.45)

$$\langle \hat{d}(t) \rangle = \sum_{j=0} \frac{1}{\mathrm{i}\hbar} \int_{t_0}^{t} \mathrm{d}t' \, \langle E_0| \, \hat{d}_{\mathrm{D}}(t) \, |E_j\rangle \langle E_j| \, \hat{H}_{\mathrm{D}}^{\mathrm{W}}(t') \, |E_0\rangle + \{\mathrm{KK}\}. \tag{22.46}$$

Unter Verwendung von (22.3b) lassen sich die Matrixelemente der Operatoren berechnen, und es folgt – mit $d_{0j} = \langle E_0| \, \hat{d} \, |E_j\rangle$ –

$$\langle \hat{d}(t) \rangle = -\sum_{j>0} \frac{1}{\mathrm{i}\hbar} |d_{j0}|^2 \int_{t_0}^{t} \mathrm{d}t' \, \mathscr{E}(t') \, \mathrm{e}^{\mathrm{i}\omega_{j0}(t'-t)} + \{\mathrm{KK}\}. \tag{22.47}$$

Die Summation geht über $j > 0$, weil nach Voraussetzung $d_{00}$ verschwindet; $\omega_{j0}$ ist die Übergangsfrequenz zwischen dem $j$-ten Zustand und dem Grundzustand. Wir gehen von der Integrationsvariablen $t'$ zu $\tau = t - t'$ über und erhalten aus (22.47)

$$\langle \hat{d}(t) \rangle = \sum_{j>0} \frac{2}{\hbar} |d_{j0}|^2 \int_{0}^{t-t_0} \mathrm{d}\tau \, \mathscr{E}(t-\tau) \sin \omega_{j0} \tau. \tag{22.48}$$

Nun führen wir die Polarisation $P$ ein (die, wie $\mathscr{E}$ auch, als skalare Größe angesehen wird), indem wir die Summe der Dipolmomente aller in einem Volumenelement befindlichen atomaren Systeme betrachten. Unter der Annahme, daß die Systeme gleichartig sind und nicht miteinander wechselwirken, gilt $P = \gamma \langle \hat{d}(t) \rangle$, wobei $\gamma$ die Anzahldichte der Systeme ist. (Der Dipolmoment-*Vektor* der einzelnen Teilchen ist bei einem Gas statistisch über alle räumlichen Richtungen verteilt; wir müssen also eine Orientierungsmittelung vornehmen. In diesem Zusammenhang muß $|d_{j0}|^2$ aus Gründen, die aus (22.35) ersichtlich sind, durch $|d_{j0}|^2/3$ ersetzt werden.) Insgesamt erhalten wir aus (22.48) für ein isotropes Medium

$$P(t) = \gamma \sum_{j>0} \frac{2}{3\hbar} |d_{j0}|^2 \int_{0}^{t-t_0} \mathrm{d}\tau \, \mathscr{E}(t-\tau) \sin \omega_{j0} \tau. \tag{22.49}$$

Wir erinnern uns daran, daß wegen der stets vorhandenen Wechselwirkung des atomaren Systems mit dem Photonenvakuum grundsätzlich keine scharfen Übergangsfrequenzen auftreten – vgl. (22.42b). Über diese – anschließend an (22.41) abgeschätzte – natürliche Linienbreite hinaus bedingen in der Regel äußere Einflüsse eine weitere Linienverbreiterung. So haben beispielsweise die eine statistische Bewegung ausführenden Gaspartikel bei Ausstrahlung infolge des Doppler-Effektes im mitbewegten Koordinatensystem eine andere Frequenz als in bezug auf das ruhende Laborsystem (Beobachter-System); das führt bei Zimmertemperatur zu relativen Linienbreiten von $10^{-6}$. Relative Linienbreiten zwischen $10^{-5}$ und $10^{-3}$ ergeben sich für unabhängig strahlende Partikeln in Festkörpern, da lokal verschiedene Felder der Umgebung auf die einzelnen Partikeln wirken. Sämtliche Einflüsse hinsichtlich der Linienbreite können in einer Verteilungsfunktion $g_{j0}(\omega'_{j0})$ erfaßt werden, die gemäß $\int d\omega'_{j0} \, g_{j0}(\omega'_{j0}) = 1$ normiert sein soll und die Mittenfrequenz $\omega_{j0}$ hat; ihre Halbwertsbreite $\Delta\omega_{j0}$ soll als klein gegen $\omega_{j0}$ angesehen werden können. Wir müssen also in (22.49) entsprechend über $\omega'_{j0}$ mitteln, was auf

$$P(t)=\gamma\sum_{j>0}\frac{2}{3\hbar}|d_{j0}|^2\int\limits_0^{t-t_0}\mathrm{d}\tau\,\mathscr{E}(t-\tau)\int\mathrm{d}\omega'_{j0}\,g_{j0}(\omega'_{j0})\sin\omega'_{j0}\tau \tag{22.50}$$

führt. Das Integral über $\omega'_{j0}$, das mit $F_{j0}(\tau)$ bezeichnet werden soll, ist wegen der Eigenschaften der Funktion $g_{j0}(\omega'_{j0})$ für $\tau$-Werte größer als einige $(\Delta\omega_{j0})^{-1}$ vernachlässigbar klein; dieser Sachverhalt erklärt sich aus dem allgemeinen Zusammenhang zwischen Frequenzbandbreite und Zeitdauer eines Vorganges bei Fourier-Transformation. Wegen $\Delta\omega_{j0}\ll\omega_{j0}$ kann man somit

$$F_{j0}(\tau)=f_{j0}(\tau)\sin\omega_{j0}\tau$$

schreiben, wo $f_{j0}(\tau)$ eine Abklingzeit $\tau_{j0}$ der Größenordnung $(\Delta\omega_{j0})^{-1}$ hat. Unter der Voraussetzung, daß die Wechselwirkungsdauer $(t-t_0)$ zwischen den atomaren Systemen und der elektromagnetischen Strahlung größer als das Maximum der $\tau_{j0}$ ist, kann man demnach beim Integral über $\tau$ in (22.50) die obere Grenze (ohne einen wesentlichen Fehler zu begehen) gleich $+\infty$ setzen.

Damit erhalten wir schließlich

$$P(t)=\varepsilon_0\int\limits_0^{\infty}\mathrm{d}\tau\,\mathscr{E}(t-\tau)\left[\gamma\sum_{j>0}\frac{2}{3\hbar\varepsilon_0}|d_{j0}|^2 f_{j0}(\tau)\sin\omega_{j0}\tau\right]. \tag{22.51}$$

Der in der eckigen Klammer stehende Ausdruck, des weiteren als $\varkappa(\tau)$ bezeichnet, ist die elektrische *Suszeptibilität im Zeitbereich*; deren Fourier-Transformierte $\varkappa(\omega)$ ist die *Suszeptibilität im Frequenzbereich*, die den Zusammenhang zwischen Polarisation und Feldstärke im Frequenzbereich gemäß

$$P(\omega)=\varepsilon_0\varkappa(\omega)\,\mathscr{E}(\omega) \tag{22.51 a}$$

vermittelt; dabei seien $P(\omega)$, $\mathscr{E}(\omega)$ die Fourier-Transformierten von $P(t)$ bzw. $\mathscr{E}(t)$. Die Beziehung (22.51) stellt die grundlegende *Materialgleichung der linearen Optik* dar, wobei die Suszeptibilität $\varkappa(\tau)$ mit Hilfe der durchgeführten Rechnung auf quantentheoretischer Basis durch die Größen des atomaren Systems $|d_{j0}|$, $\omega_{j0}$ sowie durch die in den Abklingfunktionen $f_{j0}(\tau)$ erfaßten Dämpfungs-Mechanismen (zu deren quantentheoretischer Interpretation siehe auch 25.4.2) explizit erklärt ist. Es sei angemerkt, daß (22.51) leicht in der Weise modifiziert werden kann, daß man auch nichtverschwindende Besetzungswahrscheinlichkeiten in höheren atomaren Niveaus (die hier vernachlässigt sind) berücksichtigt. Weiter sei darauf hingewiesen, daß die hier durchgeführte skalare Betrachtung ohne Änderung der grundlegenden Struktur durch eine solche ersetzt werden kann, bei der die räumlichen Transformationseigenschaften von Polarisation, Feldstärke und Suszeptibilität berücksichtigt werden.

Das auf der Basis der quantentheoretischen Störungsrechnung gewonnene Resultat (22.51) zeigt zwei Aspekte, die (auch außerhalb der Optik) von allgemeiner Bedeutung in der Physik sind. Zur Erläuterung deuten wir das Integral in (22.51) so: zeitlich in dichter Folge wirken schmale Feldstärkeimpulse $\mathscr{E}(t-\tau)\,\Delta\tau$ auf das Medium ein; $P(t)$ setzt sich additiv aus Beiträgen $\mathscr{E}(t-\tau)\cdot\varkappa(\tau)\,\Delta\tau$ zusammen:

$$P(t)=\lim_{\Delta\tau\to 0}\sum_m \varepsilon_0\mathscr{E}(t-\tau_m)\,\varkappa(\tau_m)\,\Delta\tau. \tag{22.52}$$

Wegen der unteren Integralgrenze $\tau=0$ (also $\tau_m\geqq 0$) können nur solche Feldstärkeimpulse, die *vor* der Zeit $t$ (oder zur Zeit $t$) auf das Medium eingewirkt haben, einen Beitrag zu $P(t)$ leisten. Bei der Auffassung der Feldstärke als *Ursache*, welche die Polarisation als *Wirkung* hervorbringt, bedeutet dies die Erfüllung des *Zeitordnungsaspektes der Kausalität.* Man kann zwar *rein mathematisch* Beziehungen der Form

$$P(t)=\int_{-\infty}^{+\infty} \mathrm{d}\tau\,\varepsilon_0\mathscr{E}(t-\tau)\,\varkappa(\tau)$$

diskutieren, bei denen die Funktion $\varkappa(\tau)$ auch für negative $\tau$ nichtverschwindende Werte annimmt; jedoch liefert die quantentheoretische Rechnung für alle *physikalisch realisierbaren Systeme* Suszeptibilitätsfunktionen mit $\varkappa(\tau)=0$ für $\tau<0$, wodurch der Zeitordnungsaspekt gewährleistet ist. Daraus ergeben sich auch im Frequenzbereich – nach Fourier-Transformation von $\varkappa(\tau)$ – wichtige Beziehungen, nämlich die sogenannten *Dispersionsrelationen* (Kramers-Kronig-Relationen) zwischen dem Real- und dem Imaginärteil von $\varkappa(\omega)$ – vgl. [D-13], Teil I, S. 22.

Weiterhin ist aus (22.52) ersichtlich, daß $\varkappa(\tau)$ als ein Maß für die Stärke des „Gedächtnisses" zu interpretieren ist, mit dem sich das Medium zur Zeit $t$ an einen Feldstärkeimpuls $\mathscr{E}(t-\tau)\,\Delta\tau$ erinnert, den es zu der (vergangenen) Zeit $(t-\tau)$ empfangen hat. Wegen des Abkling-Verhaltens der Funktionen $f_{j0}(\tau)$ hat das Medium ein *Gedächtnis endlicher Dauer*. Dieser Sachverhalt hängt mit der zusätzlichen Wechselwirkung der atomaren Systeme mit dissipativen Systemen zusammen, was wir in allgemeiner Form auf quantentheoretischer Basis in 25.4 behandeln werden.

Die Beziehung (22.51) wurde mit Hilfe des ersten Summanden auf der rechten Seite von (22.44) bestimmt. Bei Mitnahme aller Summanden erhält man durch analoge – aber kompliziertere – Rechnung die gesamte Polarisation in der Form

$$P_{\text{ges}}(t)=P^{(1)}(t)+P^{(2)}(t)+P^{(3)}(t)+\cdots, \tag{22.53}$$

wobei $P^{(n)}$ die Feldstärke in $n$-ter Ordnung enthält ($P^{(1)}(t)$ ist identisch mit $P(t)$ aus (22.51)). Zum Beispiel führen der zweite und der dritte Summand aus (22.44) auf

$$P^{(2)}(t)=\varepsilon_0\int_0^\infty \mathrm{d}\tau_1\int_0^\infty \mathrm{d}\tau_2\,\mathscr{E}(t-\tau_1)\,\mathscr{E}(t-\tau_2)\,\varkappa^{(2)}(\tau_1,\tau_2),$$

wobei die Suszeptibilität zweiter Ordnung $\varkappa^{(2)}(\tau_1,\tau_2)$ wieder durch die Größen des atomaren Systems und die Dämpfungsgrößen explizit erklärt ist. Diese Beziehungen sind grundlegend für die Erscheinungen der *nichtlinearen Optik* und *Laserphysik* [D-5]. Nach dem gleichen Schema gestattet die zeitabhängige quantentheoretische Störungsrechnung die Formulierung nichtlinearer Theorien auch auf anderen Gebieten der Physik.

*Kontrollfragen:*

1. Welche Voraussetzungen sind beim Dirac-Bild an den Hamilton-Operator zu stellen?
2. Welche Zeitabhängigkeit tragen im Dirac-Bild die Operatoren und die Zustände (besonderes Verhalten des Dichteoperators)?
3. Auf welche Darstellung des Zustandsvektors führt die Anwendung der zeitabhängigen Störungsrechnung im Dirac-Bild?
4. Mit welcher Konzeption gelangt man zu zeitunabhängigen Übergangsraten?
5. Wie erklärt man Absorption, stimulierte und spontane Emission sowie die natürliche Linienbreite elektromagnetischer Strahlung?
6. Wie folgt quantentheoretisch der Zusammenhang zwischen klassischer elektrischer Feldstärke und Erwartungswert der elektrischen Polarisation?

# 23 Streuprozesse

Hinsichtlich der Beschreibung atomarer Systeme haben wir uns fast ausschließlich mit Vorgängen befaßt, bei denen Anfangs- oder Endzustand des Systems oder auch beide zum diskreten Eigenwertspektrum des Hamilton-Operators gehören, also sogenannte gebundene Zustände vorliegen.

Zur Aufklärung von Wechselwirkungen zwischen elementaren Partikeln selbst wie auch von Wechselwirkungen zwischen Verbänden elementarer Partikeln haben aber gerade die Untersuchungen von Stoßvorgängen oder Streuprozessen wesentlich beigetragen. Es sei nur an die Rutherfordschen Streuversuche mit $\alpha$-Teilchen an Atomen erinnert, die die ersten zutreffenden Vorstellungen über den Atomaufbau (Kern und Elektronenhülle) ergaben – vgl. 3.1.3.2. Für Streuprozesse ist charakteristisch, daß sowohl Anfangs- als auch Endzustand des physikalischen Systems zum *kontinuierlichen* Eigenwertspektrum des Hamilton-Operators gehören. In diesem Kapitel wollen wir darlegen, wie derartige Wechselwirkungsprozesse quantentheoretisch zu beschreiben sind. Die für die Streutheorie spezifischen Grundbegriffe führen wir in 23.1 ein. Danach geben wir in 23.2 eine Beschreibung des stationären Streuvorgangs auf der Basis der zeitabhängigen Störungsrechnung von 22.3. In 23.3 behandeln wir die Methode der Greenschen Funktion, in 23.4 die Streumatrix-Theorie und in 23.5 die Darstellung von Propagatoren und die Anwendung der Methode der Wegintegral-Quantisierung in der Streutheorie.

## 23.1 Grundbegriffe der Streutheorie

An den in 3.1.3.2 abgeleiteten Formeln erkennt man, daß in der klassischen Theorie die Bahn eines Teilchens bei der Streuung in einem festen Zentralkraftfeld vollständig durch die Anfangsgeschwindigkeit und den Stoßparameter (Abstand der Bahnasymptote vom Zentrum des Kraftfeldes) bestimmt ist.

In der Quantentheorie erfährt der Begriff „Bahn" bzw. „Weg" und damit der Stoßparameter einen Bedeutungswandel und wir können zur Einführung des Streuquerschnitts nicht mehr von (3.34) ausgehen. Wir werden im folgenden ausschließlich *stationäre* Streuprozesse betrachten. Ein Strahl monoenergetischer Teilchen, den wir durch eine stationäre Stromdichte $\boldsymbol{j}_a = n_a \boldsymbol{v}_a$ charakterisieren, wobei $n_a$ die Anzahldichte der Teilchen im Strahl und $\boldsymbol{v}_a$ deren Geschwindigkeit in einem bestimmten Bezugssystem sind, fällt auf ein Target ein, das aus $N$ streuenden Partikeln bestehen möge; dann werden Teilchen aus dem einfallenden Strahl in verschiedene Richtungen in unterschiedlicher Anzahl gelenkt, was wir wieder durch eine stationäre Stromdichte ausdrücken können. Zur Vereinfachung der Betrachtungen setzen wir voraus, daß $n_a$ so klein sei, daß die Wechselwirkung zwischen den Teilchen im einfallenden Strahl vernachlässigt werden kann. Weiterhin nehmen wir an, daß jedes Teilchen des einfallenden Strahles nur einmal an einem Targetteilchen gestreut wird, so daß sich der gesamte Streuprozeß als inkohärente Überlagerung der Resultate einzelner, unabhängiger Streuvorgänge beschreiben läßt. Auf Grund dieser Voraussetzungen hat jeder einzelne Streuakt die Bedeutung einer Zwei-Körper-Wechselwirkung.

Wenn Teilchen mit inneren Freiheitsgraden aneinander gestreut werden, kann es vorkommen, daß beim Streuprozeß innere Anregungen unter Änderung der kinetischen Energie erzeugt oder abgebaut werden, dann spricht man von *inelastischer Streuung*. Bei *elastischer Streuung* bleibt die kinetische Energie erhalten.

Als Bezugssysteme sind das Massenmittelpunkts- und das Laboratoriumssystem gebräuchlich:

Im *Massenmittelpunktssystem* dient der Massenmittelpunkt der beiden aneinander gestreuten Teilchen als Bezugspunkt. Dieser wird als ruhend angenommen, und die Geschwindigkeiten beider Teilchen werden darauf bezogen.

Als *Laboratoriumssystem* (Laborsystem) bezeichnet man das Bezugssystem, dessen Ursprung der feste Ort des streuenden Teilchens im Anfangszustand ist.

Wenn die Masse des gestreuten Teilchens ($m$) sehr viel kleiner als die des streuenden Teilchens ($M$) ist (d.h. $m \ll M$), dann ist der Massenmittelpunkt des Systems mit dem Ort der Masse $M$ praktisch identisch, und beide Bezugssysteme werden äquivalent. Spielen innere Freiheitsgrade des Teilchens der Masse $M$ keine Rolle, dann erfolgt die Streuung des Teilchens mit der Masse $m \ll M$ wie an einem festen, ruhenden Streuzentrum.

Zur Beurteilung der Effizienz eines Streuprozesses wird häufig eine Größe von der Dimension einer Fläche – der *Streuquerschnitt* – herangezogen; je größer der Streuquerschnitt, d.h. je größer diese Fläche ist, eine desto größere Wirkung ruft der betreffende Streuungsvorgang hervor.

Zur Einführung des Begriffs „Streuquerschnitt" betrachten wir den einfachsten Fall, die elastische Streuung an *einem* fixierten, unveränderlichen Kraftzentrum. Die Zahl $\mathrm{d}n$ der unter dem Streuwinkel $\vartheta$ bezogen auf die Einfallsrichtung (gegeben durch den Stromdichtevektor $\boldsymbol{j}_a$) in das Raumwinkelelement $\mathrm{d}\Omega$ ($= \sin\vartheta\,\mathrm{d}\vartheta\,\mathrm{d}\varphi$, das in Richtung der Endgeschwindigkeit $\boldsymbol{v}_e$ liegt – vgl. Abb. 23.1) pro Zeiteinheit gestreuten Teilchen ist natürlich proportional zu den vorgegebenen Größen $|\boldsymbol{j}_a|$

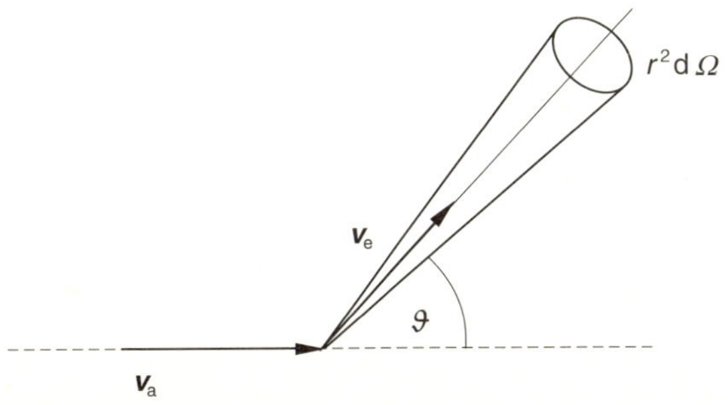


**Abb. 23.1** Schema zur Definition des differentiellen Streuquerschnitts

und $d\Omega$. Das eigentliche Charakteristikum für den Streuprozeß ist der verbleibende, winkelabhängige Faktor von der Dimension einer Fläche, bezogen auf das Raumwinkelelement, der *differentielle Streuquerschnitt* $\sigma(\vartheta, \varphi)$:

$$dn = \sigma(\vartheta, \varphi)\, |\boldsymbol{j}_a|\, d\Omega. \tag{23.1}$$

Bei inkohärenter Überlagerung der Streuprozesse von $N$ gleichen Zentren eines Targets kann man auch einen differentiellen Streuquerschnitt für die Streuung eines Teilchens am gesamten Target einführen:

$$\sigma'(\vartheta, \varphi) = N\sigma(\vartheta, \varphi); \tag{23.2}$$

dabei muß die räumliche Ausdehnung des gesamten Targets, verglichen mit dem Beobachtungsabstand, klein sein.

Die Zahl $dn$ der pro Zeiteinheit gestreuten Teilchen kann man auch durch die vom Streuzentrum ausgehende *radiale Stromdichte* $\boldsymbol{j}_r$, der gestreuten Teilchen ausdrücken,

$$dn = |\boldsymbol{j}_r|\, r^2\, d\Omega, \tag{23.3}$$

wobei $\boldsymbol{j}_r$ auf der Kugeloberfläche im Abstand $r$ vom Zentrum zu nehmen ist, wo das mit dem Raumwinkelelement $d\Omega$ verknüpfte Flächenelement $r^2\, d\Omega$ beträgt.

Somit ergibt sich für $\sigma(\vartheta, \varphi)$ die Formel

$$\sigma(\vartheta, \varphi) = \frac{|\boldsymbol{j}_r|\, r^2}{|\boldsymbol{j}_a|}. \tag{23.4}$$

Da die Stromdichten mit Hilfe von Detektoren direkt meßbar sind, ist (23.4) den experimentellen Bedingungen und der physikalischen Interpretation gut angepaßt.

Durch Integration über alle Streurichtungen $(\vartheta, \varphi)$ erhält man aus dem differentiellen den *totalen Streuquerschnitt*

$$\sigma = \int_{4\pi} d\Omega\, \sigma(\vartheta, \varphi) = \int_0^{\pi}\int_0^{2\pi} d\vartheta\, d\varphi\, \sin\vartheta\, \sigma(\vartheta, \varphi). \tag{23.5}$$

Unsere Aufgabe wird es im folgenden sein, einige gebräuchliche Methoden (mit teilweise unterschiedlicher Allgemeingültigkeit) zur Berechnung von $\sigma(\vartheta, \varphi)$ zu erörtern und einige repräsentative Streuprozesse darzustellen.

## 23.2 Methode der zeitabhängigen Störungstheorie

Zuerst befassen wir uns mit der Streuung eines Teilchens (Masse $m$) an einem festen Streuzentrum, dessen Potential nur eine *beschränkte räumliche Reichweite* besitzen soll. Als Gesamt-Hamilton-Operator hat man dann eine Summe aus zwei Anteilen, nämlich

$$\hat{H} = \hat{H}^{\mathrm{F}} + \hat{H}^{\mathrm{W}}, \tag{23.6}$$

ansetzen. Darin beschreiben

$$\hat{H}^{\mathrm{F}} = \frac{1}{2m} \hat{\boldsymbol{p}}^2 \tag{23.7}$$

die kräftefreie Bewegung des Teilchens, die in genügend großem Abstand $|\boldsymbol{r}|$ vom Streuzentrum vorliegt, und $\hat{H}^{\mathrm{W}} = H^{\mathrm{W}}(\hat{\boldsymbol{r}})$ die Einwirkung des Streuzentrums auf das Teilchen am Ort $\boldsymbol{r}$, die wegen der vorausgesetzten beschränkten Reichweite des Potentials für große $|\boldsymbol{r}|$ rasch abklingen muß.

Mit diesem einfachen Modell erfaßt man auch den Stoß zweier Teilchen (Masse $m_1$ und $m_2$), wenn ihre Wechselwirkung eine Funktion des Abstandes $|\boldsymbol{r}_1 - \boldsymbol{r}_2|$ ist; man hat dann nur unter $\boldsymbol{r}$ die Relativkoordinate $\boldsymbol{r}_2 - \boldsymbol{r}_1$ und unter $m$ die reduzierte Masse $m_1 m_2/(m_1 + m_2)$ zu verstehen – vgl. die Reduzierung des Zwei-Teilchen-Problems in 15.1.1.

Der Ansatz (23.6) kann im Sinne der zeitabhängigen Störungsrechnung – vgl. (22.1) – verwendet werden. Der Streuprozeß bedeutet nämlich einen Übergang des Teilchens vom Anfangszustand mit dem Impuls $\boldsymbol{p}_{\mathrm{a}} = \hbar \boldsymbol{k}_{\mathrm{a}}$ in einen Endzustand mit dem Impuls $\boldsymbol{p}_{\mathrm{e}} = \hbar \boldsymbol{k}_{\mathrm{e}}$. Sie sind beide Eigenzustände von $\hat{H}^{\mathrm{F}}$, und sie werden als ebene Wellen mit $\boldsymbol{k}_{\mathrm{a}}$ und $\boldsymbol{k}_{\mathrm{e}}$ dargestellt, die als Grenzfälle von real vorliegenden Wellengruppen-Funktionen mit relativ kleinen relativen Wellenzahlbereichen ($|\Delta \boldsymbol{k}|/|\boldsymbol{k}| \ll 1$) zu verstehen sind. Die Wirksamkeit von $\hat{H}^{\mathrm{W}}$ kann durch die in 22.3 störungstheoretisch berechnete zeitunabhängige Änderungsrate der Übergangswahrscheinlichkeit $\Delta W/\Delta t$ aus (22.25) dargestellt werden. $\Delta W/\Delta t$ kann mit $\mathrm{d}n$ und somit mit $\sigma(\vartheta, \varphi)$ – vgl. (23.1) – verknüpft werden, wenn der Streuprozeß den Voraussetzungen der Ableitung von (22.25) angepaßt ist. Dies ist der Fall, wenn $\boldsymbol{j}_{\mathrm{a}}$ als Ein-Teilchen-Stromdichte – vgl. (5.7) – angesehen wird. Unter dieser Annahme bedeutet $\mathrm{d}n$ die Wahrscheinlichkeit pro Zeiteinheit für das Auftreten des gestreuten Teilchens im Raumwinkelelement $\mathrm{d}\Omega$ in Richtung $(\vartheta, \varphi)$:

$$\mathrm{d}n = \left(\frac{\Delta W}{\Delta t}\right) \mathrm{d}\Omega. \tag{23.8}$$

Durch Kombination von (23.8) mit (23.1) und (22.25) erhalten wir für den differentiellen Streuquerschnitt $\sigma(\vartheta, \varphi)$ den Ausdruck

$$\sigma(\vartheta, \varphi) = \frac{(\Delta W/\Delta t)}{\hbar\, |\boldsymbol{k}_{\mathrm{a}}|/(2\pi)^3\, m}; \tag{23.9}$$

denn im Falle von *einem* Teilchen pro Volumeneinheit ist die Stromdichte $\boldsymbol{j}_{\mathrm{a}} = \dfrac{\hbar \boldsymbol{k}_{\mathrm{a}}}{(2\pi)^3\, m}$, was sich aus der Definition (5.7) der Stromdichte eines Teilchens für den Eigenzustand

$$\langle \boldsymbol{r} | E_{\mathrm{a}}{}^{\mathrm{F}} \rangle = (2\pi)^{-3/2}\, \mathrm{e}^{\mathrm{i}\boldsymbol{k}_{\mathrm{a}}\boldsymbol{r}} \tag{23.10}$$

von $\hat{H}^{\mathrm{F}}$ – vgl. (23.7) – in Ortsdarstellung sofort ergibt. Für den in (22.25) eingehenden Endzustand, der auch Eigenzustand von $\hat{H}^{\mathrm{F}}$ ist, gilt

$$\langle \boldsymbol{r} | E_{\mathrm{e}}{}^{\mathrm{F}} \rangle = (2\pi)^{-3/2}\, \mathrm{e}^{\mathrm{i}\boldsymbol{k}_{\mathrm{e}}\boldsymbol{r}}. \tag{23.11}$$

Bei der Anwendung von (22.25) muß beachtet werden, daß $E_e^F = \frac{(\hbar \boldsymbol{k}_e)^2}{2m} = E_a^F = \frac{(\hbar \boldsymbol{k}_a)^2}{2m}$ und damit $|\boldsymbol{k}_a| = |\boldsymbol{k}_e|$ gilt. Zur Bestimmung der auf die Energieskala bezogenen Zustandsdichte $\sigma(E_a^F)$ haben wir zu beachten, daß die Zustände (23.10) und (23.11) im $\boldsymbol{k}$-Raum mit der Dichte $\sigma(\boldsymbol{k})\,\mathrm{d}|\boldsymbol{k}|\,\mathrm{d}\Omega = \boldsymbol{k}^2\,\mathrm{d}|\boldsymbol{k}|\,\mathrm{d}\Omega$ verteilt sind, woraus sich wegen $E = \frac{(\hbar \boldsymbol{k})^2}{2m}$ und $\sigma(\boldsymbol{k})\,\mathrm{d}|\boldsymbol{k}|\,\mathrm{d}\Omega = \frac{m}{\hbar^2}|\boldsymbol{k}|\,\mathrm{d}E\,\mathrm{d}\Omega = \sigma(E)\,\mathrm{d}E\,\mathrm{d}\Omega$ die Zustandsdichte $\sigma(E_e^F) = \sigma(E_a^F) = \frac{m}{\hbar^2}|\boldsymbol{k}_a|$ ergibt. Für das in (22.25) stehende Matrixelement erhalten wir mit den Zuständen (23.10) und (23.11)

$$\langle E_e^F|\,\hat{H}^W\,|E_a^F\rangle = (2\pi)^{-3} \int \mathrm{d}^3\boldsymbol{r}\,\mathrm{e}^{-\mathrm{i}\boldsymbol{q}\boldsymbol{r}}\,H^W(\boldsymbol{r}), \tag{23.12}$$

wobei $\boldsymbol{q} \equiv \boldsymbol{k}_e - \boldsymbol{k}_a$ als Abkürzung eingeführt wurde. Wegen $|\boldsymbol{k}_e| = |\boldsymbol{k}_a|$ ergibt sich $q^2 = 4\boldsymbol{k}_a^2 \sin^2(\vartheta/2)$. Insgesamt erhalten wir daher für die elastische Streuung eines Teilchens der Masse $m$ an einem durch $\hat{H}^W$ beschriebenen Streuzentrum den differentiellen Streuquerschnitt $\sigma(\vartheta, \varphi)$ zu

$$\sigma(\vartheta, \varphi) = \left(\frac{m}{2\pi\hbar^2}\right)^2 \left|\int \mathrm{e}^{-\mathrm{i}\boldsymbol{q}\boldsymbol{r}}\,H^W(\boldsymbol{r})\,\mathrm{d}^3\boldsymbol{r}\right|^2. \tag{23.13}$$

Dieser auf der Störungstheorie in erster Ordnung beruhende Ausdruck (23.13) wird auch *differentieller Streuquerschnitt in erster Bornscher Näherung* $\sigma^{(B)}(\vartheta, \varphi)$ genannt.

Als Beispiel behandeln wir die Streuung eines Teilchens der Masse $m$ und der Ladung $ze$ an einem *modifizierten Coulomb-Potential* von der Form des Yukawa-Ansatzes – vgl. (17.4) –

$$V(r) = \frac{Ze}{4\pi\varepsilon_0}\,\frac{\mathrm{e}^{-\varkappa r}}{r} \tag{23.14a}$$

mit $\varkappa \geqq 0$. Dann ist in (23.13) für $H^W(\boldsymbol{r})$

$$H^W(r) = \frac{Zze^2}{4\pi\varepsilon_0}\,\frac{\mathrm{e}^{-\varkappa r}}{r} \tag{23.14b}$$

einzusetzen. Die erforderliche Integration ist elementar ausführbar:

$$\int \mathrm{d}^3\boldsymbol{r}\,\mathrm{e}^{-\mathrm{i}\boldsymbol{q}\boldsymbol{r}}\,\frac{\mathrm{e}^{-\varkappa r}}{r} = \frac{4\pi}{\varkappa^2 + \boldsymbol{q}^2}. \tag{23.15}$$

Der differentielle Streuquerschnitt in erster Bornscher Näherung lautet damit für diesen elastischen Streuprozeß

$$\sigma^{(B)}(\vartheta, \varphi) = \left\{\frac{2m}{\hbar^2}\,\frac{Zze^2}{4\pi\varepsilon_0}\,\frac{1}{\varkappa^2 + (8mE_a^F/\hbar^2)\sin^2(\vartheta/2)}\right\}^2 \tag{23.16}$$

mit $E_a^F$ als (kinetischer) Energie des Teilchens im freien Anfangszustand. Man beachte die Unabhängigkeit vom Winkel $\varphi$, die damit zusammenhängt, daß das

Kraftfeld kugelsymmetrisch vorausgesetzt wurde. Mit wachsender Energie $E_a{}^F$ des einlaufenden Teilchens wird immer mehr die Vorwärtsstreurichtung bevorzugt (klassisch betrachtet heißt das, daß die „Bahn steifer" wird).

Läßt man $\varkappa \to 0$ gehen und setzt für $m$ bzw. $z$ die Werte $m_\alpha$ bzw. $z_\alpha = 2$ für ein $\alpha$-Teilchen sowie $E_a{}^F = m_\alpha v_0{}^2/2$ ein, so folgt aus (23.16) die *Rutherfordsche Streuformel* (3.35). Sie wird – wie dort erläutert – unter bestimmten experimentellen Bedingungen empirisch gut bestätigt; die Forderung der „nicht zu schnellen $\alpha$-Teilchen" ist erfüllt, wenn $E_a{}^F$ nicht so groß ist, daß ihre Annäherung an den Kern mit dessen Radius vergleichbar wird.

Durch Integration über $\vartheta$ und $\varphi$ erhalten wir im Falle von (23.16) den totalen Streuquerschnitt nach (23.5) zu

$$\sigma^{(B)} = 4\pi \left(\frac{2m}{\hbar^2}\,\frac{Zze^2}{4\pi\varepsilon_0}\right)^2 \frac{1}{\varkappa^2(\varkappa^2 + 8mE_a{}^F/\hbar^2)}. \tag{23.17}$$

## 23.3 Methode der Greenschen Funktion

Nunmehr wollen wir eine Methode zur Berechnung des Streuquerschnittes besprechen, bei der nicht von vornherein Näherungsannahmen gemacht werden.

Wie in 23.2 beschreiben wir das gesamte System, in dem der Streuprozeß vor sich geht, durch einen Hamilton-Operator $\hat{H}$ der Struktur (23.6). Wieder seien $\hat{H}^F$ der Operator für das freie System, durch den Anfangs- und Endzustand des Streuprozesses bestimmt werden, und $\hat{H}^W$ der für die Streuung maßgebende Operator einer kurzreichweitig vorausgesetzten Wechselwirkung; weitere Spezifizierungen von $\hat{H}^F$ und $\hat{H}^W$ brauchen wir vorerst nicht vorzunehmen.

### 23.3.1 Aufstellung der Lippmann-Schwinger-Gleichung für den Streuzustand

Ein stationärer Streuzustand $|\psi\rangle$ hat der Eigenwertgleichung $\hat{H}\,|\psi\rangle = E\,|\psi\rangle$ zu genügen; diese wollen wir unter Beachtung von (23.6) in der folgenden Form benutzen:

$$\hat{C}(E)\,|\psi\rangle = \hat{H}^W\,|\psi\rangle \quad \text{mit} \quad \hat{C}(E) \equiv E\hat{I} - \hat{H}^F. \tag{23.18}$$

Für jeden Eigenzustand $|E^F\rangle$ von $\hat{H}^F$, dessen Eigenenergie gleich $E$ ist, gilt

$$|0_V\rangle = \hat{C}(E)\,|E^F\rangle \quad \text{mit} \quad E = E^F. \tag{23.19}$$

Addition von (23.19) zu Gl. (23.18) ergibt auf deren rechter Seite den Zusatzterm $\hat{C}(E)\,|E^F\rangle$. Die so modifizierte Beziehung (23.18) werde mit $\hat{C}^{-1}(E)$ multipliziert, das den zu $\hat{C}(E)$ inversen Operator repräsentieren soll. Es folgt

$$|\psi\rangle = \hat{C}^{-1}(E)\,\hat{H}^W\,|\psi\rangle + |E^F\rangle \quad \text{mit} \quad E = E^F. \tag{23.20}$$

Da $|\psi\rangle$ für $\hat{H}^W = \hat{0}$ in den Zustand $|E^F\rangle$ übergeht, ist dieser als die aufs Streuzentrum einfallende Welle zu deuten. $E = E^F$ besagt, daß die Energie auf das kontinuierliche Spektrum $E^F$ des wechselwirkungsfreien Systems bezogen werden kann.

Als Inverse von $\hat{C}(E^{\mathrm{F}})$ kann wegen seiner Singularitäten nicht der Operator $(E^{\mathrm{F}}\hat{I}-\hat{H}^{\mathrm{F}})^{-1}$, wohl aber der infinitesimal abgeänderte Operator

$$\lim_{\varepsilon\to+0}(E^{\mathrm{F}}\hat{I}-\hat{H}^{\mathrm{F}}\pm\mathrm{i}\varepsilon\hat{I})^{-1}\equiv\hat{G}^{\mathrm{F}(\pm)}(E^{\mathrm{F}}) \tag{23.21}$$

fungieren; infolge Eliminierung der Singularitäten durch $\pm\mathrm{i}\varepsilon$ ergeben sich für $\hat{G}^{\mathrm{F}(\pm)}(E^{\mathrm{F}})$ eindeutige Rechenvorschriften – siehe 23.3.2. Somit führt (23.20) auf

$$|\psi_{\mathrm{a}}{}^{\pm}\rangle=|E_{\mathrm{a}}{}^{\mathrm{F}}\rangle+\hat{G}^{\mathrm{F}(\pm)}(E_{\mathrm{a}}{}^{\mathrm{F}})\,\hat{H}^{\mathrm{W}}\,|\psi_{\mathrm{a}}{}^{\pm}\rangle; \tag{23.22}$$

der Index a soll auf den Anschluß dieser Lösung an den Anfangszustand hinweisen. Dies ist die sogenannte *Lippmann-Schwinger-Gleichung*, die für die Streutheorie eine fundamentale Rolle spielt. Sie ist in Ortsdarstellung eine Integralgleichung für $\psi_{\mathrm{a}}{}^{(\pm)}(\boldsymbol{r})=\langle\boldsymbol{r}|\psi_{\mathrm{a}}{}^{\pm}\rangle$. Die Größen $\hat{G}^{\mathrm{F}(\pm)}$ werden *Greensche Operatoren* genannt; da sie durch den Operator $\hat{H}^{\mathrm{F}}$ des wechselwirkungsfreien Systems bestimmt sind, wurde der Index F angebracht. Die hier nur mathematisch erfolgte Einführung der Vorzeichenunterscheidung $(\pm)$ wird später interpretiert.

Durch die Aufstellung der Beziehung (23.22) ist die gestellte Aufgabe der Bestimmung eines Zustandsvektors der stationären Streuung allerdings noch nicht gelöst. Man kann aber eine explizite Lösung von (23.22) nach der Methode der sukzessiven Approximation gewinnen:

$$\begin{aligned}|\psi_{\mathrm{a}}{}^{\pm}\rangle&=|E_{\mathrm{a}}{}^{\mathrm{F}}\rangle+\hat{G}^{\mathrm{F}(\pm)}\,\hat{H}^{\mathrm{W}}\,\{|E_{\mathrm{a}}{}^{\mathrm{F}}\rangle+\hat{G}^{\mathrm{F}(\pm)}\,\hat{H}^{\mathrm{W}}\,[|E_{\mathrm{a}}{}^{\mathrm{F}}\rangle+\cdots]\}\\&=\{\hat{I}+\hat{G}^{\mathrm{F}(\pm)}\,\hat{H}^{\mathrm{W}}+(\hat{G}^{\mathrm{F}(\pm)}\,\hat{H}^{\mathrm{W}})^2+\cdots\}\,|E_{\mathrm{a}}{}^{\mathrm{F}}\rangle,\end{aligned} \tag{23.23}$$

wobei die einzelnen Glieder dieser Reihe die verschiedenen, durch die Potenzen von $\hat{H}^{\mathrm{W}}$ bestimmten, *Bornschen Näherungen* repräsentieren; das zweite Glied ergibt z.B. die erste Bornsche Näherung, zu der die Formel (23.13) gehört, was wir in 23.3.3 weiter verdeutlichen werden.

### 23.3.2 Greenscher Operator und Greensche Funktion

Die Berechtigung für die Bezeichnung von

$$\hat{G}^{\mathrm{F}(\pm)}=\lim_{\varepsilon\to+0}[E_{\mathrm{a}}{}^{\mathrm{F}}\hat{I}-\hat{H}^{\mathrm{F}}\pm\mathrm{i}\varepsilon\hat{I}]^{-1} \tag{23.24}$$

als *Greensche Operatoren* leitet sich aus ihren Beziehungen zu *Greenschen Funktionen* ab, die sich ergeben, wenn man zur Ortsdarstellung übergeht.

Diesen Zusammenhang wollen wir jetzt herstellen. Zunächst benutzen wir die Vollständigkeitsrelation für das Eigenvektorsystem $\{|E_n{}^{\mathrm{F}}\rangle\}$ von $\hat{H}^{\mathrm{F}}$,

$$\hat{I}=\sum\!\!\!\!\!\!\int_n |E_n{}^{\mathrm{F}}\rangle\,\langle E_n{}^{\mathrm{F}}|, \tag{23.25}$$

und führen damit (23.24) durch Anwendung von $\hat{I}$ von rechts her in

$$\hat{G}^{\mathrm{F}(\pm)}=\sum\!\!\!\!\!\!\int_n |E_n{}^{\mathrm{F}}\rangle\,\langle E_n{}^{\mathrm{F}}|\lim_{\varepsilon\to+0}\frac{1}{E_{\mathrm{a}}{}^{\mathrm{F}}-E_n{}^{\mathrm{F}}\pm\mathrm{i}\varepsilon} \tag{23.26}$$

über.

Bevor wir zur Ortsdarstellung übergehen, ist es zweckmäßig, das physikalische System, in dem der Streuprozeß abläuft, etwas genauer zu charakterisieren. Wir betrachten folgendes Modell: An einem am Koordinatenursprung fixierten *Streuzentrum mit innerer Struktur* wird ein relativ leichtes Teilchen (Masse $m$), das selbst keine inneren Freiheitsgrade habe, gestreut. Dieses Modell erlaubt neben elastischen auch inelastische Streuprozesse zu beschreiben, die dann resultieren, wenn Freiheitsgrade der inneren Struktur des Streuzentrums angeregt werden. Zur Exemplifizierung der Vorstellung denken wir an die Streuung eines Elektrons an einem Mehr-Elektronen-Atom (ohne Berücksichtigung des Spins, d.h. auch ohne Berücksichtigung der Ununterscheidbarkeit der Elektronen). Bei inelastischer Streuung liegen am Ende des Prozesses Anregungen in der Elektronenhülle des Atoms vor. Sämtliche Koordinaten der inneren Freiheitsgrade des Atoms wollen wir vorerst mit dem Symbol $\xi$ kennzeichnen, und $\boldsymbol{r}$ sei der Ortsvektor des gestreuten Teilchens, bezogen auf den Ort des Streuzentrums. Dann lauten $\hat{H}^{\mathrm{F}}$ und die $|E_n{}^{\mathrm{F}}\rangle$ in Ortsdarstellung

$$H^{\mathrm{F}}(\boldsymbol{r},\xi)=-\frac{\hbar^2}{2m}\triangle_{\boldsymbol{r}}+H_{\mathrm{Atom}}(\xi) \tag{23.27}$$

und

$$\langle\boldsymbol{r},\xi\,|E_n{}^{\mathrm{F}}\rangle=(2\pi)^{-3/2}\,\mathrm{e}^{\mathrm{i}\boldsymbol{k}\boldsymbol{r}}\,\varphi_n(\xi), \tag{23.28}$$

womit für (23.26)

$$\begin{aligned} G^{\mathrm{F}(\pm)}(\boldsymbol{r},\xi;\boldsymbol{r}',\xi')&=\langle\boldsymbol{r},\xi|\,\hat{G}^{\mathrm{F}(\pm)}\,|\boldsymbol{r}',\xi'\rangle\\ &=\sum_n\varphi_n(\xi)\,\varphi_n{}^*(\xi')\lim_{\varepsilon\to+0}(2\pi)^{-3}\int\mathrm{d}^3\boldsymbol{k}\,\frac{\mathrm{e}^{\mathrm{i}\boldsymbol{k}(\boldsymbol{r}-\boldsymbol{r}')}}{E_{\mathrm{a}}{}^{\mathrm{F}}-E^{\mathrm{F}}_{n,\boldsymbol{k}}\pm\mathrm{i}\varepsilon} \end{aligned} \tag{23.29}$$

folgt. Mit $E_{\mathrm{a}}{}^{\mathrm{F}}=\dfrac{\hbar^2\boldsymbol{k}_{\mathrm{a}}{}^2}{2m}+\varepsilon_{\mathrm{a}}$ und $E^{\mathrm{F}}_{n,\boldsymbol{k}}=\dfrac{\hbar^2k^2}{2m}+\varepsilon_n$, wobei $\varepsilon_{\mathrm{a}}$ und $\varepsilon_n$ Eigenwerte von $H_{\mathrm{Atom}}(\xi)$ sind, und mit

$$k_n\equiv\sqrt{k_{\mathrm{a}}{}^2+\frac{2m}{\hbar^2}(\varepsilon_{\mathrm{a}}-\varepsilon_n)}$$

kann man $G^{\mathrm{F}(\pm)}(\boldsymbol{r},\xi;\boldsymbol{r}',\xi')$ auf eine Form bringen, in der die $\boldsymbol{k}$-Integration übersichtlich und leicht ausführbar wird:

$$\begin{aligned} G^{\mathrm{F}(\pm)}(\boldsymbol{r}-\boldsymbol{r}';\xi,\xi')&=\frac{m}{2\pi\hbar^2}\,\frac{1}{|\boldsymbol{r}-\boldsymbol{r}'|}\sum_n\varphi_n(\xi)\,\varphi_n{}^*(\xi')\\ &\quad\times\lim_{\varepsilon\to+0}\frac{1}{2\pi\mathrm{i}}\int_{-\infty}^{+\infty}\mathrm{d}k\,\frac{k}{k_n}\left\{\frac{\mathrm{e}^{\mathrm{i}k|\boldsymbol{r}-\boldsymbol{r}'|}}{k+k_n\pm\mathrm{i}\varepsilon}-\frac{\mathrm{e}^{\mathrm{i}k|\boldsymbol{r}-\boldsymbol{r}'|}}{k-k_n\mp\mathrm{i}\varepsilon}\right\}. \end{aligned} \tag{23.30}$$

Die $k$-Integration werten wir nun so aus, daß für $G^{\mathrm{F}(+)}$ eine Abhängigkeit von $|\boldsymbol{r}-\boldsymbol{r}'|$ in Form einer *auslaufenden* und für $G^{\mathrm{F}(-)}$ in Form einer *einlaufenden* Kugelwelle herauskommt. Dies können wir unter Anwendung des Residuen-Satzes erreichen, wenn wir in der komplexen $k$-Ebene die Integrationswege wählen, wie sie in Abb. 23.2 angegeben sind. Auf diese Weise ergibt sich

$$G^{\mathrm{F}(\pm)}(\boldsymbol{r}-\boldsymbol{r}';\xi,\xi') = -\frac{m}{2\pi\hbar^2}\sum_n \varphi_n(\xi)\,\varphi_n{}^*(\xi')\,\frac{\mathrm{e}^{\pm \mathrm{i}k_n|\boldsymbol{r}-\boldsymbol{r}'|}}{|\boldsymbol{r}-\boldsymbol{r}'|}. \tag{23.31}$$

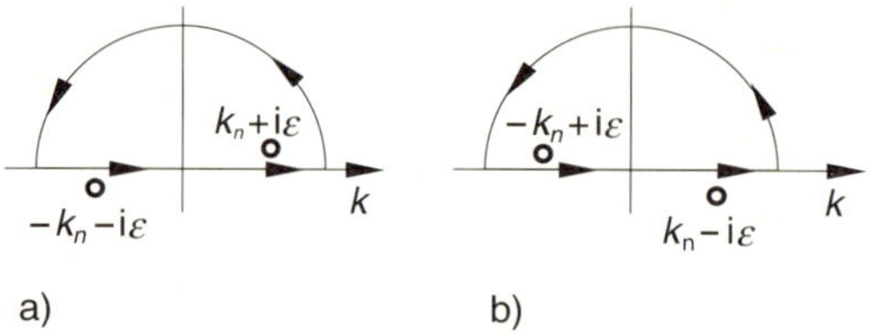


**Abb. 23.2** Integrationsweg in der komplexen $k$-Ebene a) für $G^{\mathrm{F}(+)}$, b) für $G^{\mathrm{F}(-)}$

Im Falle eines strukturlosen Streuzentrums ist $\varphi_{\mathrm{a}} \equiv 1$ und $\varphi_n \equiv 0$ für $n \neq a$ zu setzen und $\varepsilon_{\mathrm{a}} = 0$ festzulegen; dann geht (23.31) in

$$G^{\mathrm{F}(\pm)}(\boldsymbol{r}-\boldsymbol{r}') = -\frac{2m}{\hbar^2}\,\frac{\mathrm{e}^{\pm \mathrm{i}k_a|\boldsymbol{r}-\boldsymbol{r}'|}}{4\pi\,|\boldsymbol{r}-\boldsymbol{r}'|} \tag{23.32}$$

über; dies bedeutet für die Greenschen Funktionen $G^{\mathrm{F}(\pm)}$ die Form von reinen aus- bzw. einlaufenden Kugelwellen.

### 23.3.3 Streuamplitude und differentieller Streuquerschnitt

Für die Beschreibung des Streuvorgangs hat nur der Zustand $|\psi_{\mathrm{a}}{}^+\rangle$ eine Bedeutung; denn das gestreute Teilchen wird im großen Abstand vom streuenden Gebiet von einer auslaufenden Kugelwelle mit einer winkelabhängigen Amplitude (Streuamplitude) repräsentiert. Aus (23.22) ergibt sich in Ortsdarstellung

$$\psi_{\mathrm{a}}{}^{(+)}(\boldsymbol{r},\xi) = (2\pi)^{-3/2}\Big\{\mathrm{e}^{\mathrm{i}\boldsymbol{k}_a\boldsymbol{r}}\,\varphi_{\mathrm{a}}(\xi)$$
$$-(2\pi)^{3/2}\frac{m}{2\pi\hbar^2}\int \mathrm{d}^3r' \int \mathrm{d}\xi' \sum_n \varphi_n(\xi)\,\varphi_n{}^*(\xi')\,\frac{\mathrm{e}^{\mathrm{i}k_n|\boldsymbol{r}-\boldsymbol{r}'|}}{|\boldsymbol{r}-\boldsymbol{r}'|}\,H^{\mathrm{W}}(\boldsymbol{r}',\xi')\,\psi_{\mathrm{a}}{}^{(+)}(\boldsymbol{r}',\xi')\Big\}. \tag{23.33}$$

In (23.33) besitzen wir noch keine explizite Lösung für $\psi_{\mathrm{a}}{}^{(+)}(\boldsymbol{r},\xi)$, sondern wir haben eine Integralgleichung dafür erhalten. Ohne daß wir diese lösen, können wir uns daraus den für die Darstellung des Streuquerschnitts wichtigen Ausdruck für die Streuamplitude beschaffen, wenn wir zum asymptotischen Ausdruck für $r \gg r'$ übergehen. Unter dieser Bedingung ergibt sich

$$\frac{\mathrm{e}^{\mathrm{i}k_n|\boldsymbol{r}-\boldsymbol{r}'|}}{|\boldsymbol{r}-\boldsymbol{r}'|} \underset{\mathrm{as}}{=} \frac{\mathrm{e}^{\mathrm{i}k_n r}}{r}\,\mathrm{e}^{-\mathrm{i}\boldsymbol{k}_n{}'\boldsymbol{r}'} \tag{23.34}$$

mit $\boldsymbol{k}_n' \equiv k_n \frac{\boldsymbol{r}}{r}$ (Vektor in $\boldsymbol{r}$-Richtung mit Betrag $k_n$) und

$$\psi_{\mathrm{a}}^{(+)}(\boldsymbol{r},\xi) \underset{\mathrm{as}}{=} (2\pi)^{-3/2} \Bigg\{ \mathrm{e}^{\mathrm{i}\boldsymbol{k}_{\mathrm{a}}\boldsymbol{r}}\,\varphi_{\mathrm{a}}(\xi) + \sum_n \frac{\mathrm{e}^{\mathrm{i}k_n r}}{r}\,\varphi_n(\xi)\Bigg[-\frac{m}{2\pi\hbar^2}(2\pi)^{3/2}\int \mathrm{d}^3\boldsymbol{r}' \int \mathrm{d}\xi'\,\varphi_n^*(\xi')\,\mathrm{e}^{-\mathrm{i}\boldsymbol{k}_n'\boldsymbol{r}} \times H^{\mathrm{W}}(\boldsymbol{r}',\xi')\,\psi_{\mathrm{a}}^{(+)}(\boldsymbol{r}',\xi')\Bigg]\Bigg\}. \qquad (23.35)$$

Die in (23.35) stehende Summe über $n$ bedeutet, daß die Streuung sich aus Beiträgen in einzelne „Kanäle" zusammensetzt, die durch die verschiedenen Anregungen des strukturierten Zentrums (der Elektronenhülle des Atoms) bestimmt sind. Die Anregungsmöglichkeiten sind dadurch beschränkt, daß

$$k_n \equiv \left[ k_{\mathrm{a}}^2 + \frac{2m}{\hbar^2}(\varepsilon_{\mathrm{a}} - \varepsilon_n) \right]^{1/2}$$

reell bleiben muß (dadurch sind die sogenannten offenen Kanäle bestimmt).

Zur weiteren Auswertung von (23.35) wollen wir nur die Streuung in einen Kanal $n = s$ zulassen. Es folgt dann aus (23.35) der Ausdruck

$$\psi_{\mathrm{a}}^{(+)}(\boldsymbol{r},\xi) \underset{\mathrm{as}}{=} (2\pi)^{-3/2} \left\{ \mathrm{e}^{\mathrm{i}\boldsymbol{k}_{\mathrm{a}}\boldsymbol{r}}\,\varphi_{\mathrm{a}}(\xi) + \frac{\mathrm{e}^{\mathrm{i}k_s r}}{r}\,\varphi_s(\xi)\,f_{\mathrm{sa}}(\vartheta,\varphi) \right\}, \qquad (23.36)$$

in dem

$$f_{\mathrm{sa}}(\vartheta,\varphi) \equiv -\frac{m}{2\pi\hbar^2}(2\pi)^{3/2} \int \mathrm{d}^3\boldsymbol{r}' \int \mathrm{d}\xi'\,\varphi_s^*(\xi')\,\mathrm{e}^{-\mathrm{i}\boldsymbol{k}_s'\boldsymbol{r}'}\,H^{\mathrm{W}}(\boldsymbol{r}',\xi')\,\psi_{\mathrm{a}}^{(+)}(\boldsymbol{r}',\xi') \qquad (23.36\mathrm{a})$$

die *Streuamplitude* für den Kanal $s$ darstellt. Die Veranschaulichung der Beziehung (23.36) mit $\varphi_{\mathrm{a},s}(\xi) \equiv 1$ erfolgt in Abbildung 23.3. Wie unmittelbar erkennbar wird, ist die Streuamplitude nicht nur eine Funktion von $\vartheta$ und $\varphi$, sondern sie hängt auch von der Spezifik des Systems ($\hat{H}^{\mathrm{W}}$) und experimentellen Bedingungen ($|\boldsymbol{k}_s'|$) ab.

Man beachte, daß auch die Beziehung (23.36) nur eine implizite (asymptotische) Lösung des Streuproblems darstellt, da $f_{\mathrm{sa}}(\vartheta,\varphi)$ im Integranden $\psi_{\mathrm{a}}^{(+)}$ selbst noch enthält; trotzdem kann man daraus wichtige Schlußfolgerungen ziehen. Zur expliziten Lösung gelangt man mit der Methode der sukzessiven Approximation, wobei wieder die verschiedenen Bornschen Näherungen resultieren – vgl. Formel (23.23).

Die Streuamplitude $f_{\mathrm{sa}}(\vartheta,\varphi)$ zeigt sich als die für den Streuquerschnitt entscheidende Größe. Zur Anwendung von (23.4) für den differentiellen Streuquerschnitt werden die Stromdichten $|\boldsymbol{j}_r|$ und $|\boldsymbol{j}_{\mathrm{a}}|$ benötigt. Zu deren Berechnung kann man die Lösung (23.36) benutzen, wenn man vorher mit $\varphi_s^*(\xi)$ multipliziert und über $\xi$ integriert, so daß Ein-Teilchen-Funktionen für die einfallende und gestreute Welle übrigbleiben. Die *radiale Stromdichte* ergibt sich mit dem zweiten Summanden in

(23.36) zu

$$|\boldsymbol{j}_r| = \left| \frac{\hbar}{2\mathrm{i}m} (2\pi)^{-3} \left\{ \frac{\mathrm{e}^{-\mathrm{i}k_s r}}{r} \frac{\partial}{\partial r} \frac{\mathrm{e}^{\mathrm{i}k_s r}}{r} - \frac{\mathrm{e}^{\mathrm{i}k_s r}}{r} \frac{\partial}{\partial r} \frac{\mathrm{e}^{-\mathrm{i}k_s r}}{r} \right\} \right| \cdot |f_{s\mathrm{a}}(\vartheta, \varphi)|^2$$

$$= (2\pi)^{-3} \frac{\hbar k_s}{m} |f_{s\mathrm{a}}(\vartheta, \varphi)|^2 \frac{1}{r^2}. \tag{23.37}$$

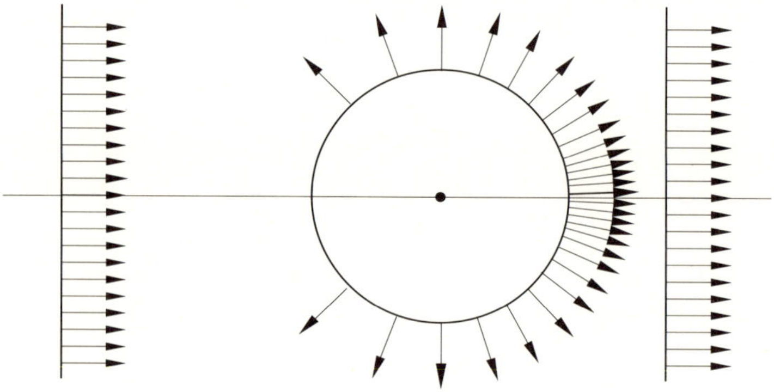


**Abb. 23.3**
Schema der Amplitudenverteilung von einlaufender, gestreuter und ungestreuter Welle

Die einfallende Stromdichte muß mit dem ersten Summanden von (23.36) berechnet werden:

$$|\boldsymbol{j}_\mathrm{a}| = \left| \frac{\hbar}{2\mathrm{i}m} (2\pi)^{-3} \{ \mathrm{e}^{-\mathrm{i}\boldsymbol{k}_\mathrm{a}\boldsymbol{r}} \nabla_{\boldsymbol{r}} \mathrm{e}^{\mathrm{i}\boldsymbol{k}_\mathrm{a}\boldsymbol{r}} - \mathrm{e}^{\mathrm{i}\boldsymbol{k}_\mathrm{a}\boldsymbol{r}} \nabla_{\boldsymbol{r}} \mathrm{e}^{-\mathrm{i}\boldsymbol{k}_\mathrm{a}\boldsymbol{r}} \} \right| = (2\pi)^{-3} \frac{\hbar k_\mathrm{a}}{m}. \tag{23.38}$$

Damit erhält man für den differentiellen Streuquerschnitt den Ausdruck

$$\sigma(\vartheta, \varphi) = \frac{k_s}{k_\mathrm{a}} |f_{s\mathrm{a}}(\vartheta, \varphi)|^2 \tag{23.39}$$

mit $f_{s\mathrm{a}}(\vartheta, \varphi)$ nach Formel (23.36a). Für eine explizite Auswertung von (23.39) beschränken wir uns auf die *erste Bornsche Näherung*. In diesem Falle haben wir in (23.36a) anstelle von $\psi_\mathrm{a}^{(+)}(\boldsymbol{r}', \xi')$ den Anfangszustand des gestreuten Teilchens und des streuenden Atoms, d.h. den ersten Summanden der rechten Seite von (23.36) einzusetzen. Dann folgt für den *differentiellen Streuquerschnitt* $\sigma^{(\mathrm{B})}(\vartheta, \varphi)$ in erster Bornscher Näherung

$$\sigma^{(\mathrm{B})}(\vartheta, \varphi) = \left( \frac{m}{2\pi\hbar^2} \right)^2 \frac{k_s}{k_\mathrm{a}} \left| \int \mathrm{d}^3 r' \int \mathrm{d}\xi' \, \varphi_s^*(\xi') \, \varphi_\mathrm{a}(\xi') \, \mathrm{e}^{-\mathrm{i}(\boldsymbol{k}_s' - \boldsymbol{k}_\mathrm{a})\boldsymbol{r}'} H^\mathrm{W}(\boldsymbol{r}', \xi') \right|^2. \tag{23.40}$$

Wenn das Streuzentrum keine innere Struktur besitzt, d.h. $H^\mathrm{W}$ von $\xi$ unabhängig ist und $k_s = k_\mathrm{a}$, $\varphi_s = \varphi_\mathrm{a}$ sowie $\int \mathrm{d}\xi' \, \varphi_\mathrm{a}^*(\xi') \, \varphi_\mathrm{a}(\xi') = 1$ gilt, geht (23.40) in die Formel (23.13) über.

### 23.3.4 Streuung schneller Elektronen an schweren Atomen

Dem in 23.3.2 und 23.3.3 gewählten Modell der Streuung eines sehr leichten Teilchens an einem Zentrum mit innerer Struktur entspricht sehr gut der Fall der Elektronenstreuung an schweren Atomen, wenn Spineffekte und die mit der Ununterscheidbarkeit der Elektronen zusammenhängende Austauschwechselwirkung – vgl. 21. – vernachlässigt werden. In dieser Näherung wollen wir, ausgehend von (23.40), die Streuung eines Elektrons betrachten. Da diese Formel nur die erste Bornsche Näherung umfaßt, müssen wir uns auf die Streuung schneller Elektronen beschränken, bei denen $H^{\mathrm{W}}$ nur einen geringen Einfluß hat. Wir wählen als $H^{\mathrm{W}}$

$$H^{\mathrm{W}}(\boldsymbol{r}_0, \xi) = -\frac{Ze^2}{4\pi\varepsilon_0}\frac{1}{r_0} + \frac{e^2}{4\pi\varepsilon_0}\sum_{j=1}^{Z}\frac{1}{r_{0j}}; \tag{23.41}$$

$\boldsymbol{r}_0$ sind die Koordinaten des gestreuten Elektrons, bezogen auf den Kern (Ladung $Ze$ am Koordinatenursprung), und $\xi$ wird mit den Koordinaten $(\boldsymbol{r}_1, \boldsymbol{r}_2, \ldots, \boldsymbol{r}_Z)$ aller Elektronen des Atoms, die über $r_{0j} = |\boldsymbol{r}_0 - \boldsymbol{r}_j|$ in $H^{\mathrm{W}}$ eingehen, identifiziert. Mit diesem $H^{\mathrm{W}}$ ergibt sich mit $\boldsymbol{r}' = \boldsymbol{r}_0$ das $\boldsymbol{r}'$-Integral in (23.40) zu

$$\int \mathrm{d}^3\boldsymbol{r}_0\, \mathrm{e}^{-\mathrm{i}\boldsymbol{q}\boldsymbol{r}_0}\left(-\frac{Z}{r_0} + \sum_{j=1}^{Z}\frac{1}{r_{0j}}\right) = \frac{4\pi}{q^2}\left[-Z + \sum_{j=1}^{Z}\mathrm{e}^{-\mathrm{i}\boldsymbol{q}\boldsymbol{r}_j}\right],$$

und $\sigma^{(\mathrm{B})}(\vartheta, \varphi)$ lautet nunmehr

$$\sigma^{(\mathrm{B})}(\vartheta, \varphi) = \left(\frac{m}{2\pi\hbar^2}\right)^2 \frac{k_s}{k_\mathrm{a}}\left(\frac{4\pi}{q^2}\frac{e^2}{4\pi\varepsilon_0}\right)^2$$
$$\times\left|\int \mathrm{d}^3\boldsymbol{r}_1 \ldots \mathrm{d}^3\boldsymbol{r}_Z\, \varphi_s{}^*(\boldsymbol{r}_1, \ldots, \boldsymbol{r}_Z)\, \varphi_\mathrm{a}(\boldsymbol{r}_1, \ldots, \boldsymbol{r}_Z)\left(Z - \sum_{j=1}^{Z}\mathrm{e}^{-\mathrm{i}\boldsymbol{q}\boldsymbol{r}_j}\right)\right|^2, \tag{23.42}$$

wobei $q$ und $k_s$ aus $q^2 = k_s{}^2 + k_\mathrm{a}{}^2 - 2k_s k_\mathrm{a}\cos\vartheta$ und $k_s{}^2 = k_\mathrm{a}{}^2 + \frac{2m}{\hbar^2}(\varepsilon_\mathrm{a} - \varepsilon_s)$ zu bestimmen sind. (23.42) umfaßt sowohl die *elastische* (für $\varphi_s = \varphi_\mathrm{a}$) als auch die *inelastische* (für $\varphi_s \neq \varphi_\mathrm{a}$) Streuung des Elektrons.

Wir wollen (23.42) aber nur noch etwas weiter im Falle der *elastischen Streuung* auswerten. Zur Umformung des zweiten Integrals in (23.42) führen wir mit

$$\varrho(\boldsymbol{r}_j) \equiv \int |\varphi_\mathrm{a}|^2 \prod_{l \neq j}^{Z} \mathrm{d}^3\boldsymbol{r}_l \tag{23.43}$$

die Wahrscheinlichkeitsdichte des Elektrons $j$ ein, womit wir dann den sogenannten *Formfaktor* $F(q)$ des Atoms durch

$$F(q) = Z\int \mathrm{d}^3\boldsymbol{r}_j\, \varrho(\boldsymbol{r}_j)\, \mathrm{e}^{-\mathrm{i}\boldsymbol{q}\boldsymbol{r}_j} \tag{23.44}$$

definieren können. Damit läßt sich der differentielle Streuquerschnitt für die elastische Elektron-Atom-Streuung schreiben:

$$\sigma^{(\mathrm{B})}_{\mathrm{elast}} = \left(\frac{2m}{\hbar^2}\right)^2\left(\frac{e^2}{4\pi\varepsilon_0}\frac{1}{4k_\mathrm{a}{}^2\sin^2(\vartheta/2)}\right)^2 |Z - F(2k_\mathrm{a}\sin(\vartheta/2))|^2, \tag{23.45}$$

wobei $q = 2k_\mathrm{a}\sin(\vartheta/2)$ eingesetzt wurde.

Für ein H-Atom im 1 s-Zustand ergibt sich der Formfaktor zu

$$F(q) = \frac{1}{[1 + (q a_0/2)^2]^2}; \qquad (23.46)$$

damit können wir sofort folgende Näherungsformeln für den Streuquerschnitt gewinnen:

$$\sigma_{\text{elast}}^{(\text{B})} \approx m^2 \left( \frac{1}{\sqrt{4\pi\varepsilon_0}} \frac{a_0}{\hbar} \right)^4 = a_0{}^2 \qquad \text{für} \quad q a_0 \ll 1 \qquad (23.47\,\text{a})$$

und

$$\sigma_{\text{elast}}^{(\text{B})} \approx \frac{m^2}{4} \left( \frac{e}{\sqrt{4\pi\varepsilon_0}} \frac{1}{\hbar k_\text{a} \sin(\vartheta/2)} \right)^4 \qquad \text{für} \quad q a_0 \gg 1; \qquad (23.47\,\text{b})$$

der Streuquerschnitt (23.47 b) hat die Struktur der Rutherfordschen Streuformel für die Streuung am Atomkern ($Z = 1$) – vgl. (23.16) für $\varkappa = 0$.

## 23.4 Streumatrix-Theorie

Ein weiterer, sehr allgemeiner Zugang zur Streutheorie ergibt sich auf der Basis der Streumatrix, deren Elemente die Übergangswahrscheinlichkeit und damit den Streuquerschnitt für Übergänge zwischen vorgegebenen Eingangs- und Ausgangszuständen bestimmen. Wir gehen vom Hamilton-Operator der Form $\hat{H} = \hat{H}^\text{F} + \hat{H}^\text{W}$ – wie in 23.3 – aus und machen von der in 22.1 dargelegten Formulierung der zeitlichen Entwicklung eines Zustandsvektors im Dirac-Bild Gebrauch – vgl. (22.7) mit (22.8 a). Nach ganz analogen Überlegungen, wie sie eingangs von 22.3 bereits vorgestellt wurden, können wir die Wahrscheinlichkeitsamplitude dafür formulieren, daß zur Zeit $t$ ein Eigenzustand $|E_\text{e}{}^\text{F}\rangle$ von $\hat{H}^\text{F}$ realisiert ist, wenn zur Zeit $t'$ vor $t$ der Zustand $|\psi(t')\rangle_\text{D}$ vorlag; diese *Wahrscheinlichkeitsamplitude* wird durch das Matrixelement

$$\langle E_\text{e}{}^\text{F} |\, \psi(t)\rangle_\text{D} = \langle E_\text{e}{}^\text{F} |\, \hat{U}^\text{W}(t, t')\, |\psi(t')\rangle_\text{D} \qquad (23.48)$$

repräsentiert. Durch Einfügen des Einheitsoperators, ausgedrückt durch die Projektionsoperatoren der Eigenzustände $|E_n{}^\text{F}\rangle$ von $\hat{H}^\text{F}$,

$$\langle E_\text{e}{}^\text{F} | \psi(t)\rangle_\text{D} = \sum\!\!\!\!\!\!\int_{|E_n{}^\text{F}\rangle} \langle E_\text{e}{}^\text{F} |\, \hat{U}^\text{W}(t, t')\, |E_n{}^\text{F}\rangle\, \langle E_n{}^\text{F} | \psi(t')\rangle_\text{D} \qquad (23.49)$$

erhalten wir eine Verknüpfungsformel zwischen allen möglichen Wahrscheinlichkeitsamplituden $\langle E_n{}^\text{F} | \psi(t')\rangle_\text{D}$ und $\langle E_\text{e}{}^\text{F} | \psi(t)\rangle_\text{D}$. Machen wir nun den Grenzübergang $t \to +\infty$ und $t' \to -\infty$ und nehmen an, daß bei $t' \to -\infty$ der Zustandsvektor $|\psi(-\infty)\rangle_\text{D}$ mit einem speziellen Eigenvektor $|E_\text{a}{}^\text{F}\rangle$ von $\hat{H}^\text{F}$ übereinstimmt, dann erhalten wir einen für die Streutheorie interessanten Zusammenhang

$$\begin{aligned}\langle E_e^{\mathrm{F}}|\psi(+\infty)\rangle_{\mathrm{D}} &= \sum\!\!\!\!\!\!\int_{|E_n^{\mathrm{F}}\rangle} \lim_{t\to+\infty}\lim_{t'\to-\infty} \langle E_e^{\mathrm{F}}|\,\hat{U}^{\mathrm{W}} t,t')\,|E_n^{\mathrm{F}}\rangle\,\langle E_n^{\mathrm{F}}|E_a^{\mathrm{F}}\rangle \\ &= \lim_{t\to+\infty}\lim_{t'\to-\infty} \langle E_e^{\mathrm{F}}|\,\hat{U}^{\mathrm{w}}(t,t')\,|E_a^{\mathrm{F}}\rangle; \qquad (23.50)\end{aligned}$$

die Wahrscheinlichkeitsamplitude für das Antreffen des freien Endzustandes $|E_e^{\mathrm{F}}\rangle$ zur Zeit $t\to+\infty$, wenn zur Zeit $t'\to-\infty$ der freie Ausgangszustand $|\mathrm{E}_a^{\mathrm{F}}\rangle$ vorlag, ist durch das Matrixelement

$$S_{sa} \equiv \lim_{t\to+\infty}\lim_{t'\to-\infty} \langle E_e^{\mathrm{F}}|\,\hat{U}^{\mathrm{W}}(t,t')\,|E_a^{\mathrm{F}}\rangle \qquad (23.51)$$

gegeben. Für nicht explizit zeitabhängiges $\hat{H}^{\mathrm{W}}$ ergibt sich als Lösung von (22.8) nach (22.12)

$$\hat{U}^{\mathrm{W}}(t,t') = \hat{U}^{\mathrm{W}}(t,t_0)(\hat{U}^{\mathrm{W}}(t',t_0))^{-1} = (\hat{U}^{\mathrm{F}}(t,t_0))^{-1}\,\hat{U}(t,t_0)\,(\hat{U}(t',t_0))^{-1}\,\hat{U}^{\mathrm{F}}(t',t_0) \quad (23.52)$$

und folglich

$$S_{ea} = \lim_{t\to+\infty}\lim_{t'\to-\infty} \langle E_e^{\mathrm{F}}|\, e^{\frac{i}{\hbar}(t-t_0)\hat{H}^{\mathrm{F}}}\, e^{-\frac{i}{\hbar}(t-t')\hat{H}}\, e^{-\frac{i}{\hbar}(t'-t_0)\hat{H}^{\mathrm{F}}}\, |E_a^{\mathrm{F}}\rangle . \qquad (23.53\,a)$$

Damit erhält man

$$S_{ea} = \lim_{t\to+\infty}\lim_{t'\to-\infty} \langle E_e^{\mathrm{F}}|\, e^{\frac{i}{\hbar}t(\hat{I}E_e^{\mathrm{F}}-\hat{H})}\, e^{-\frac{i}{\hbar}t'(\hat{I}E_a^{\mathrm{F}}-\hat{H})}\, |E_a^{\mathrm{F}}\rangle , \qquad (23.53\,b)$$

wobei der unerhebliche Phasenfaktor $\exp\left[\frac{i}{\hbar}(E_a^{\mathrm{F}}-E_e^{\mathrm{F}})t_0\right]$ weggelassen wurde. Die Matrix mit den Elementen (23.53 b) heißt *Streumatrix* (*S-Matrix*).

Die Verwendung der Grenzübergänge $t\to+\infty$, $t'\to-\infty$ setzte natürlich deren Existenz voraus. Man kann einen solchen Grenzwert mit Hilfe eines Integrals der Art

$$\lim_{t'\to-\infty}\left[e^{-\frac{i}{\hbar}t'(\hat{I}E_a^{\mathrm{F}}-\hat{H})}\,|E_a^{\mathrm{F}}\rangle\right] = \lim_{\varepsilon\to+0} \varepsilon \int_{-\infty}^{0} \mathrm{d}t'\, e^{\varepsilon t'}\, e^{-\frac{i}{\hbar}t'(\hat{I}E_a^{\mathrm{F}}-\hat{H})}\,|E_a^{\mathrm{F}}\rangle \qquad (23.54)$$

präzisieren. Substituiert man im Integral $\varepsilon t' = \xi$, so erkennt man, daß sich der auf der linken Seite von (23.54) stehende Grenzwert als

$$\lim_{t'\to-\infty}\left[e^{-\frac{i}{\hbar}t'(\hat{I}E_a^{\mathrm{F}}-\hat{H})}\,|E_a^{\mathrm{F}}\rangle\right] = \lim_{\varepsilon\to+0}\left[e^{-\frac{i}{\hbar}\frac{\xi}{\varepsilon}(\hat{I}E_a^{\mathrm{F}}-\hat{H})}\,|E_a^{\mathrm{F}}\rangle\right]$$

reproduziert. Andererseits ergibt die direkte Ausrechnung des Integrals in (23.54) den Zusammenhang

$$\begin{aligned}\lim_{t'\to-\infty}\left[e^{-\frac{i}{\hbar}t'(\hat{I}E_a^{\mathrm{F}}-\hat{H})}\,|E_a^{\mathrm{F}}\rangle\right] &= \lim_{\varepsilon\to+0} \frac{i\varepsilon}{\hat{I}E_a^{\mathrm{F}}-\hat{H}+i\varepsilon\hat{I}}\,|E_a^{\mathrm{F}}\rangle \\ &= [\hat{I}+\hat{G}^{(+)}\hat{H}^{\mathrm{W}}]\,|E_a^{\mathrm{F}}\rangle , \qquad (23.55)\end{aligned}$$

wobei in der letzten Zeile als Verallgemeinerung von (23.24) mit

$$\hat{G}^{(\pm)} \equiv \lim_{\varepsilon \to +0} [\hat{I} E_a{}^F - \hat{H} \pm i\varepsilon \hat{I}]^{-1} \tag{23.55a}$$

die zum Gesamt-Hamilton-Operator $\hat{H}$ gehörigen Greenschen Operatoren eingeführt wurden, die mit den Greenschen Operatoren $\hat{G}^{F(\pm)}$ mit $\hat{H}^F$ in der Beziehung

$$\hat{G}^{(\pm)} = [\hat{I} - \hat{G}^{F(\pm)} \hat{H}^W]^{-1} \hat{G}^{F(\pm)} \tag{23.55b}$$

stehen, wodurch dann direkt ein Vergleich mit den Resultaten von 23.3 möglich wird.

Man sieht sofort, daß folgender Zusammenhang mit (23.23) besteht:

$$\lim_{t \to \mp\infty} e^{-\frac{i}{\hbar} t (\hat{I} E_a{}^F - \hat{H})} |E_a{}^F\rangle = \{\hat{I} + \hat{G}^{(\pm)} \hat{H}^W\} |E_a{}^F\rangle = \{\hat{I} + (\hat{G}^{F(\pm)} \hat{H}^W) + (\hat{G}^{F(\pm)} \hat{H}^W)^2 + \cdots\} |E_a{}^F\rangle = |\psi_a{}^\pm\rangle. \tag{23.56}$$

Es soll $|\psi_a{}^+\rangle$ denjenigen Zustand bedeuten, der für $t \to -\infty$ in $|E_a{}^F\rangle$ übergeht, und analog $|\psi_e{}^-\rangle$ den Zustand, der für $t \to +\infty$ in $|E_e{}^F\rangle$ übergeht. Damit können wir aber die Streumatrixelemente (23.53b) kurz

$$S_{ea} = \langle \psi_e{}^- | \psi_a{}^+ \rangle \tag{23.57}$$

schreiben. Da zwischen $|\psi_e{}^\pm\rangle$ und $|E_e{}^F\rangle$ der analoge Zusammenhang wie zwischen $|\psi_a{}^\pm\rangle$ und $|E_a{}^F\rangle$ in (23.56) gilt, erhält man damit die für die physikalische Interpretation günstige Beziehung

$$|\psi_e{}^-\rangle = |\psi_e{}^+\rangle + (\hat{G}^{(-)} - \hat{G}^{(+)}) \hat{H}^W |E_e{}^F\rangle, \tag{23.58}$$

d.h. schließlich

$$S_{ea} = \langle \psi_e{}^+ | \psi_a{}^+ \rangle + \langle E_e{}^F | \hat{H}^W (\hat{G}^{(+)} - \hat{G}^{(-)}) | \psi_a{}^+ \rangle. \tag{23.59}$$

Durch Verwendung der Definitionen (23.55a) beweist man

$$(G^{(+)} - G^{(-)}) |\psi_a{}^+\rangle = -2\pi i \delta(E_e{}^F - E_a{}^F) |\psi_a{}^+\rangle; \tag{23.60}$$

dabei sind die (23.18) entsprechende und bei Anwendung von $\lim_{\varepsilon \to +\infty} [\hat{I} E_a{}^F - \hat{H} + i\varepsilon \hat{I}]$ auf (23.56) auch folgende Eigenwertgleichung

$$\hat{H} |\psi_a{}^+\rangle = E_a{}^F |\psi_a{}^+\rangle \tag{23.61}$$

und die δ-Funktionsformel (A 2.11) zu benutzen. Folgende zwei Formeln für die Streumatrixelemente, die sich damit aus (23.59) ergeben, werden als sehr allgemeine Grundformeln für die Streutheorie angesehen:

$$S_{ea} = \delta_{ea} - 2\pi i \delta(E_e{}^F - E_a{}^F) \langle E_e{}^F | \hat{H}^W | \psi_a{}^+ \rangle \tag{23.62a}$$

bzw.

$$S_{ea} = \delta_{ea} - 2\pi i \delta(E_e{}^F - E_a{}^F) \langle E_e{}^F | \hat{T} | E_a{}^F \rangle. \tag{23.62b}$$

Der in (23.62b) stehende Operator

$$\hat{T} = \hat{H}^W (\hat{I} + \hat{G}^{(+)} \hat{H}^W) = \hat{H}^W + \hat{H}^W \hat{G}^{F(+)} \hat{H}^W + \hat{H}^W \hat{G}^{F(+)} \hat{H}^W \hat{G}^{F(+)} \hat{H}^W + \cdots \tag{23.63}$$

ist der für den Streuprozeß eigentlich verantwortliche Operator. Beim Streuprozeß erfolgen aus einem Anfangszustand $|E_a{}^F\rangle$, in dem sich die Bestandteile des Systems in genügend großem Abstand voneinander befinden und $\hat{H}^W$ noch nicht wirken kann, Übergänge in bestimmte Endzustände $|E_e{}^F\rangle$, in denen die dann vorhandenen (unter Umständen neuen) Bestandteile des Systems wieder im gleichen Sinne wie beim Anfangszustand wechselwirkungsfrei sind. Das Matrixelement $\langle E_e{}^F|\hat{T}|E_a{}^F\rangle$ bestimmt die „Stärke" eines solchen Übergangsprozesses, denn es ist ein wesentlicher Anteil der Streuamplitude. Es gilt nämlich $f_{ea} \sim \langle E_e{}^F|\hat{T}|E_a{}^F\rangle$ bzw. $\sim \langle E_e{}^F|\hat{H}^W|\psi_a{}^+\rangle$. In Ortsdarstellung ist dieser Zusammenhang z.B. bei (23.36a) im Falle der Streuung an einem Zentrum mit inneren Freiheitsgraden zu erkennen. Die $\delta$-Funktion $\delta(E_e{}^F - E_a{}^F)$ in (23.62a, b) bringt die Energieerhaltung explizit zum Ausdruck.

Es sei angemerkt: Das bisherige Modell kann auf den Fall verallgemeinert werden, daß gestreutes und streuendes Teilchen vor und nach der Streuung in verschiedenen Zuständen, ja sogar – bei *Reaktionen* – von unterschiedlicher Struktur sind. Mit (23.62) kann man sowohl elastische und inelastische Streuung wie auch Reaktionen beschreiben.

Es seien abschließend noch ein paar allgemeine Eigenschaften der Streumatrix und Folgerungen aus der S-Matrix-Theorie erwähnt.

Im Anschluß an (23.57) erkennt man leicht, daß die Matrix $\mathbf{S} = \{S_{ba}\}$ *unitär* ist; denn es gilt

$$(\mathbf{S}^+\mathbf{S})_{ca} = \sum_b (\mathbf{S}^+)_{cb}(\mathbf{S})_{ba} = \sum_b \langle\psi_c{}^+|\psi_b{}^-\rangle\langle\psi_b{}^-|\psi_a{}^+\rangle = \delta_{ca}. \tag{23.64}$$

Daraus folgt aber auch

$$\sum_e (\mathbf{S}^+)_{ae}(\mathbf{S})_{ea} = \sum_e \langle\psi_a{}^+|\psi_e{}^-\rangle\langle\psi_e{}^-|\psi_a{}^+\rangle = \sum_e |S_{ea}|^2 = 1, \tag{23.65}$$

d.h., die totale Übergangswahrscheinlichkeit $\sum_e w_{ea} = \sum_e |S_{ea}|^2$ für alle Prozesse vom Anfangszustand $|E_a{}^F\rangle$ in *alle möglichen* Endzustände $|E_e{}^F\rangle$ ist gleich Eins.

Eine weitere wichtige Schlußfolgerung aus der Unitarität des Streuoperators ist das sogenannte „optische Theorem". Geht man in (23.65) mit (23.62b) ein, so ergibt sich der Zusammenhang

$$-\frac{2}{\hbar}\,\mathrm{Im}\,\langle E_a{}^F|\,\hat{T}\,|E_a{}^F\rangle = \sum_e \frac{2\pi}{\hbar}\,|\langle E_e{}^F|\,\hat{T}\,|E_a{}^F\rangle|^2\,\delta(E_e{}^F - E_a{}^F). \tag{23.66}$$

Vergleichen wir die einzelnen Glieder unter der Summe auf der rechten Seite von (23.66) im Spezialfall $\hat{T} = \hat{H}^W$ (niedrigste Näherung) mit dem Ausdruck (22.21) für die zeitunabhängige Übergangswahrscheinlichkeit pro Zeiteinheit der Störungstheorie, so können wir schließen, daß die rechte Seite von (23.66) die totale Übergangswahrscheinlichkeit pro Zeiteinheit für Streuung und Reaktionen aus dem Zustand $|E_a{}^F\rangle$ in alle möglichen Zustände $|E_e{}^F\rangle$ mit gleicher Energie bedeutet. Dividieren wir (23.66) beiderseits durch den Betrag der Stromdichte des einfallenden Teilchens $|j_a| = \dfrac{\hbar k_a}{(2\pi)^3 m}$, so entsteht rechts der *Gesamtwirkungsquerschnitt $\sigma$ für Streuung und Reaktionen*, und links bekommen wir einen Ausdruck, der proportional zum Imaginärteil der *Vorwärtsstreuamplitude* $f_{aa}$ ist; d.h., es entsteht die Formel

$$\frac{4\pi}{k_a} \operatorname{Im} f_{aa} = \sum_e \sigma_{ea} = \sigma . \tag{23.67}$$

$\sigma_{ea}$ entspricht (23.9), und die Summation über e umfaßt auch die Integration über alle Winkel mit, wie in (23.5).

Der Zusammenhang (23.67) zwischen Gesamtwirkungsquerschnitt $\sigma$ und dem Imaginärteil der Vorwärtsstreuamplitude $f_{aa}$ heißt *„optisches Theorem“*; die Bezeichnung „optisch“ leitet sich daraus ab, daß eine analoge Beziehung für Lichtstreuung und -absorption bei vollständig rotations- und spiegelsymmetrischen Objekten existiert (Bohr-Peierls-Placzek-Relation).

## 23.5 Methode der Wegintegral-Quantisierung und ihre Anwendung in der Streutheorie

Bei den in Kapitel 11 dargelegten Grundlagen der quantentheoretischen Formulierung von zeitabhängigen Prozessen nach SCHRÖDINGER, HEISENBERG und DIRAC wird von Differentialgleichungen für Zustandsvektoren und Operatoren ausgegangen, was eine Betonung des *lokalen Verhaltens* zeigt. Daraus können mit den passenden Anfangsbedingungen physikalisch verwertbare *globale Lösungen* bestimmt werden. Von R. P. FEYNMAN [E-13] wurde 1948 mit der sogenannten *Wegintegral-Formulierung* ein Zugang zur quantentheoretischen Beschreibung von Übergangsprozessen vorgestellt, der eine *global wirksame Größe*, den sogenannten *Propagator*, in den Vordergrund stellt. Es gibt Zusammenhänge zwischen diesen beiden Vorgehensweisen. Davon werden auch wir insofern Gebrauch machen, als wir für ein bestimmtes repräsentatives Problem den Propagator mittels der Schrödinger-Heisenberg-Grundlagen des Kapitels 11 berechnen werden. Für andere Problemkreise ist es günstiger bzw. notwendig, direkt die globale Integralformulierung als Ausgangspunkt zu nehmen – vgl. dazu die Bemerkungen am Ende von 23.5.1.

Basierend auf Überlegungen zur Berechnung der Wahrscheinlichkeit bei Ortsmessungen für ein Teilchen im Laufe der Zeit während seiner Bewegung im Raum gelangte FEYNMAN zu einer geschlossenen Darstellung der Übergangswahrscheinlichkeitsamplitude – auch Propagator genannt – für die Bewegung von einem Anfangs- zu einem Endzustand in einem endlichen Zeitintervall $(t_e - t_a)$. Der Propagator ergibt sich als Aufsummierung von Beiträgen der Form $\exp\{(i/\hbar)\, S[\boldsymbol{r}]\}$ über alle möglichen Wege zwischen Anfangs- und Endpunkt, wobei

$$S[\boldsymbol{r}(t)] = \int_{t_a}^{t_e} dt\, L(\boldsymbol{r}(t), \dot{\boldsymbol{r}}(t))$$

die klassische Wirkung bedeutet. Während in der klassischen Theorie nur der Beitrag mit dem Extremwert von $S$ berücksichtigt wird – siehe 1.1.1 –, muß bei der

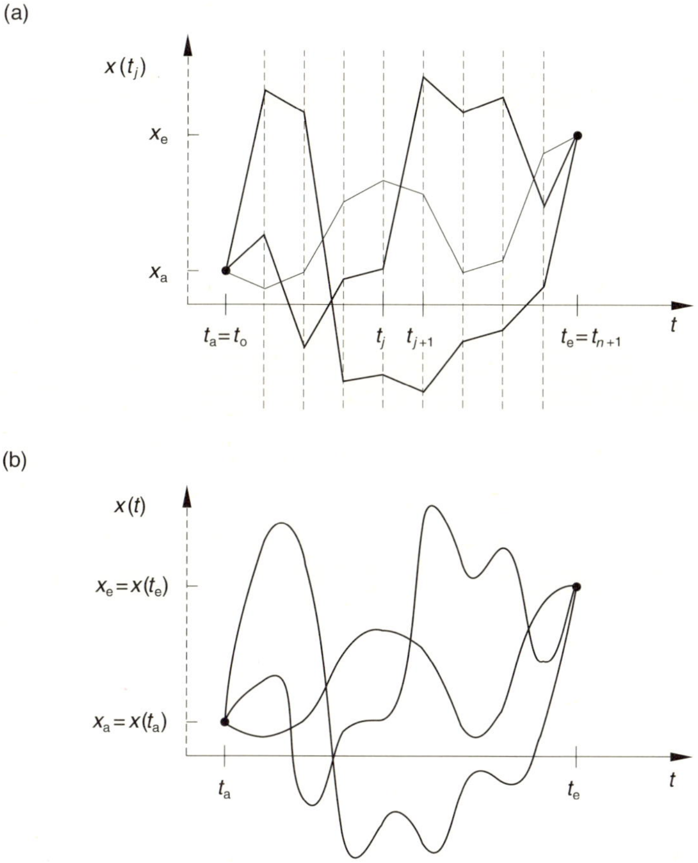


**Abb. 23.4**
Veranschaulichung von Wegen zum Wegintegral; (a) diskrete, (b) kontinuierliche Darstellung

Berechnung des Propagators in der Quantentheorie ein Funktionalintegral, das heißt ein unendlich-faches Integral, über alle Funktionen $\boldsymbol{r}(t)$ ausgeführt werden. Da jede Funktion $\boldsymbol{r}(t)$ zwischen $\boldsymbol{r}_a = \boldsymbol{r}(t_a)$ und $\boldsymbol{r}_e = \boldsymbol{r}(t_e)$ einen „Weg" definiert, wird dieses *Funktionalintegral* auch als *Wegintegral* bezeichnet, da in ihm die Beiträge aller Wege integriert werden – siehe Abb. 23.4

### 23.5.1 Darstellung eines Propagators als Wegintegral

Wir wollen nun eine direkte Berechnung des Propagators vornehmen, wobei wir zu dessen Definierung von der im Komplex C behandelten Form der Quantenmechanik ausgehen. Der einfacheren Darstellung willen legen wir ein Ein-Teilchen-System mit einem nicht explizit zeitabhängigen Hamilton-Operator $\hat{H} = H(\hat{\boldsymbol{r}}, \hat{\boldsymbol{p}})$

zugrunde. Wir gehen von einem Zustandsvektor $|\psi\rangle$ im Heisenberg-Bild aus und betrachten dessen Projektion $\langle \boldsymbol{r}_e; t_e | \psi \rangle$ auf einen – in diesem Bild – zeitabhängigen Ortseigenvektor $|\boldsymbol{r}_e; t_e\rangle$, das heißt, wir berechnen die Wahrscheinlichkeitsamplitude dafür, daß der Zustand $|\psi\rangle$ gleich dem Eigenzustand $|\boldsymbol{r}_e; t_e\rangle$ des Ortsoperators ist. (Der Index e soll dabei im Zusammenhang mit noch folgenden Überlegungen auf Endzustand hinweisen.) Durch Einfügen der Vollständigkeitsrelation $\hat{I} = \int d^3 \boldsymbol{r}_a \, |\boldsymbol{r}_a; t_a\rangle \langle \boldsymbol{r}_a; t_a|$ bringen wir nun die Wahrscheinlichkeitsamplitude des Endzustands mit den Wahrscheinlichkeitsamplituden $\langle \boldsymbol{r}_a; t_a | \psi \rangle$ für alle möglichen Ortseigenzustände $|\boldsymbol{r}_a; t_a\rangle$ am Anfang zur Zeit $t_a$ in Beziehung und erhalten somit die Relation

$$\langle \boldsymbol{r}_e; t_e | \psi \rangle = \int d^3 \boldsymbol{r}_a \langle \boldsymbol{r}_e; t_e | \boldsymbol{r}_a; t_a \rangle \langle \boldsymbol{r}_a; t_a | \psi \rangle, \tag{23.68}$$

durch die der *Propagator*

$$K(\boldsymbol{r}_e, t_e; \boldsymbol{r}_a, t_a) \equiv \langle \boldsymbol{r}_e; t_e | \boldsymbol{r}_a; t_a \rangle \tag{23.69}$$

definiert wird, der einen Integralkern darstellt, durch den die Anfangswahrscheinlichkeitsamplitude $\langle \boldsymbol{r}_a; t_a | \psi \rangle$ mit der Endwahrscheinlichkeitsamplitude $\langle \boldsymbol{r}_e; t_e | \psi \rangle$ verknüpft wird. Der Propagator (23.69) ist so eingeführt, daß er eine direkte Lösung des Problems der Verknüpfung von Wahrscheinlichkeitsamplituden über ein *endliches* Zeitintervall $(t_e - t_a)$ hinweg erlaubt.

Wie wir oben angekündigt haben, wollen wir nunmehr den Propagator als Wegintegral darstellen. Dazu unterteilen wir das Zeitintervall $(t_e - t_a)$ in $(n+1)$ gleiche Teile und führen in $\langle \boldsymbol{r}_e; t_e | \boldsymbol{r}_a; t_a \rangle$ $n$-mal die Vollständigkeitsrelation $\hat{I} = \int d^3 \boldsymbol{r}_j \, |\boldsymbol{r}_j; t_j\rangle \langle \boldsymbol{r}_j; t_j|$ ein:

$$\begin{aligned} K(\boldsymbol{r}_e, t_e; \boldsymbol{r}_a, t_a) = \int d^3 \boldsymbol{r}_1 \cdots \int d^3 \boldsymbol{r}_n \, \langle \boldsymbol{r}_e; t_e | \boldsymbol{r}_n; t_n \rangle \cdots \langle \boldsymbol{r}_{j+1}; t_{j+1} | \boldsymbol{r}_j; t_j \rangle \\ \cdots \langle \boldsymbol{r}_1; t_1 | \boldsymbol{r}_a; t_a \rangle . \end{aligned} \tag{23.70}$$

Für ein genügend großes $n$ kann in den Teilpropagatoren eines jeden der $(n+1)$ Zeitabschnitte die zeitliche Entwicklung der Ortseigenvektoren im Heisenberg-Bild nach der kleinen Zeitdifferenz $(t_{j+1} - t_j) = \tau = (t_e - t_a)/(n+1)$ bis zur ersten Ordnung entwickelt werden:

$$\begin{aligned} \langle \boldsymbol{r}_{j+1}; t_{j+1} | \boldsymbol{r}_j; t_j \rangle &= \langle \boldsymbol{r}_{j+1} | \exp\left( -\frac{i}{\hbar} \hat{H} \tau \right) | \boldsymbol{r}_j \rangle \\ &= \langle \boldsymbol{r}_{j+1} | \boldsymbol{r}_j \rangle - \frac{1}{\hbar} \tau \, \langle \boldsymbol{r}_{j+1} | \hat{H} | \boldsymbol{r}_j \rangle . \end{aligned} \tag{23.71}$$

Auf der rechten Seite von (23.71) ist der erste Summand wegen der auf $\delta$-Funktion normierten Ortseigenvektoren – vgl. auch 8.4.1 – als Fourier-Integral schreibbar. Wir wählen für die Streuung eines Teilchens an einem festen Potential den Hamilton-Operator $\hat{H} = \hat{\boldsymbol{p}}^2/2m + U(\hat{\boldsymbol{r}})$, womit sich nach 8.4.2 für das Matrixelement von $\hat{H}$ im zweiten Summanden

$$\langle \boldsymbol{r}_{j+1} | \hat{H} | \boldsymbol{r}_j \rangle = \frac{1}{h^3} \int d^3 \boldsymbol{p}_j \, H(\boldsymbol{p}_j, \bar{\boldsymbol{r}}_j) \exp\left[ \frac{i}{\hbar} \boldsymbol{p}_j (\boldsymbol{r}_{j+1} - \boldsymbol{r}_j) \right] \tag{23.71a}$$

ergibt; das heißt, es kann mit der *klassischen Hamilton-Funktion*

$$H(\boldsymbol{p}_j, \bar{\boldsymbol{r}}_j) = \boldsymbol{p}_j^2/2m + U(\bar{\boldsymbol{r}}_j)$$

ausgedrückt werden. $\bar{\boldsymbol{r}}_j$ ist der Mittelwert $(\boldsymbol{r}_{j+1} + \boldsymbol{r}_j)/2$. Der Teilpropagator (23.71) lautet somit insgesamt (wenn die Kleinheit von $\tau$ beachtet wird)

$$\langle \boldsymbol{r}_{j+1}; t_{j+1} | \boldsymbol{r}_j; t_j \rangle = h^{-3} \int \mathrm{d}^3 \boldsymbol{p}_j \exp\left\{\left(\frac{\mathrm{i}}{\hbar}\right) [\boldsymbol{p}_j(\boldsymbol{r}_{j+1} - \boldsymbol{r}_j) - \tau H(\boldsymbol{p}_j, \bar{\boldsymbol{r}}_j)]\right\}; \tag{23.72}$$

integriert wird dabei über alle zwischen $t_j$ und $t_{j+1}$ bzw. zwischen $\boldsymbol{r}_j$ und $\boldsymbol{r}_{j+1}$ möglichen Impulse $\boldsymbol{p}_j$ (in jeder Komponente von $-\infty$ bis $+\infty$). Gleichung (23.72) ergibt den Propagator über ein Segment von einem bestimmten Weg, der aus der Menge der zwischen $\boldsymbol{r}_\mathrm{a}$ und $\boldsymbol{r}_\mathrm{e}$ möglichen Wege ausgewählt ist. Nach dem Einsetzen von (23.72) in (23.70) werden durch die Integrationen über die $\boldsymbol{r}_j$ mit $j = 1, \ldots, n$ dann alle möglichen Wege berücksichtigt. Den vollen Propagator $K(\boldsymbol{r}_\mathrm{e}, t_\mathrm{e}; \boldsymbol{r}_\mathrm{a}, t_\mathrm{a})$ erhält man schließlich beim Grenzübergang $n \to \infty$, was $\tau \to 0$ bedeutet:

$$\begin{aligned} K(\boldsymbol{r}_\mathrm{e}, t_\mathrm{e}; \boldsymbol{r}_\mathrm{a}, t_\mathrm{a}) = \lim_{n\to\infty} &\int \left(\prod_{j=1}^{n} \mathrm{d}^3 \boldsymbol{r}_j\right)\left(\prod_{j=0}^{n} \mathrm{d}^3 \boldsymbol{p}_j/h^3\right) \\ &\times \exp\left\{\frac{\mathrm{i}}{\hbar} \sum_{j=0}^{n} [\boldsymbol{p}_j(\boldsymbol{r}_{j+1} - \boldsymbol{r}_j) - \tau H(\boldsymbol{p}_j, \bar{\boldsymbol{r}}_j)]\right\}, \end{aligned} \tag{23.73}$$

wobei $\boldsymbol{r}_\mathrm{a} \equiv \boldsymbol{r}_0$ und $\boldsymbol{r}_\mathrm{e} \equiv \boldsymbol{r}_{n+1}$ eingeführt ist. Denkt man sich in (23.73) den Grenzübergang $n \to \infty$ ausgeführt, so kann man mit den Symbolen $\mathscr{D}^3 \boldsymbol{r}$ und $\mathscr{D}^3 \boldsymbol{p}$ auch schreiben:

$$K(\boldsymbol{r}_\mathrm{e}, t_\mathrm{e}; \boldsymbol{r}_\mathrm{a}, t_\mathrm{a}) = \int \frac{\mathscr{D}^3 \boldsymbol{r}\, \mathscr{D}^3 \boldsymbol{p}}{h^3} \exp\left\{\frac{1}{\hbar} \int_{t_\mathrm{a}}^{t_\mathrm{e}} \mathrm{d}t\, [\boldsymbol{p}\dot{\boldsymbol{r}} - H(\boldsymbol{p}, \boldsymbol{r})]\right\}, \tag{23.74}$$

wobei $\boldsymbol{r}_\mathrm{e} \equiv \boldsymbol{r}(t_\mathrm{e})$ und $\boldsymbol{r}_\mathrm{a} \equiv \boldsymbol{r}(t_\mathrm{a})$ gilt.

Mit (23.74) ist die Darstellung des Propagators (der Übergangswahrscheinlichkeitsamplitude) als ein Wegintegral (Funktionalintegral) erreicht worden.

Im Falle des angenommenen Ein-Teilchen-Systems mit $H = \boldsymbol{p}^2/2m + U(\boldsymbol{r})$ kann die $\boldsymbol{p}$-Integration explizit ausgeführt werden, und man erhält zunächst von der diskreten Darstellung (23.73) aus

$$\begin{aligned} K(\boldsymbol{r}_\mathrm{e}, t_\mathrm{e}; \boldsymbol{r}_\mathrm{a}, t_\mathrm{a}) = \lim_{n\to\infty} &\left(\frac{m}{\mathrm{i}\hbar\tau}\right)^{3(n+1)/2} \\ &\times \int \prod_{j=1}^{n} \mathrm{d}^3 \boldsymbol{r}_j \exp\left\{\frac{\mathrm{i}\tau}{\hbar} \sum_{j=0}^{n} \left[\frac{m}{2}\left(\frac{\boldsymbol{r}_{j+1} - \boldsymbol{r}_j}{\tau}\right)^2 - U(\bar{\boldsymbol{r}}_j)\right]\right\}, \end{aligned} \tag{23.75a}$$

woraus nach Übergang zum Kontinuum die Wegintegralformel

$$\begin{aligned} K(\boldsymbol{r}_\mathrm{e}, t_\mathrm{e}; \boldsymbol{r}_\mathrm{a}, t_\mathrm{a}) &= N \int \mathscr{D}^3 \boldsymbol{r} \exp\left\{\frac{\mathrm{i}}{\hbar} \int_{t_\mathrm{a}}^{t_\mathrm{e}} \mathrm{d}t\, L(\boldsymbol{r}, \dot{\boldsymbol{r}})\right\} \\ &= N \int \mathscr{D}^3 \boldsymbol{r} \exp\left\{\frac{1}{\hbar} S[\boldsymbol{r}]\right\} \end{aligned} \tag{23.75b}$$

mit $L = T - U$ als klassischer Lagrange-Funktion und $\boldsymbol{S}[\boldsymbol{r}] = \int \mathrm{d}t\, L$ als Wirkung – vgl. 1.1.1 – für den Propagator entsteht (in $N$ sind alle Vorfaktoren zusammengefaßt). $K(\boldsymbol{r}_\mathrm{e}, t_\mathrm{e}, \boldsymbol{r}_\mathrm{a}, t_\mathrm{a})$ ist zwar aus klassischen Größen kombiniert, hat aber den Charakter einer quantentheoretischen Größe.

Bei einem System, das aus einem *kräftefrei* sich bewegenden Teilchen besteht, das heißt für $U = 0$, läßt sich die $\boldsymbol{r}$-Integration ebenfalls explizit ausführen, und man erhält als Propagator für das kräftefrei bewegte Teilchen

$$
\begin{aligned}
K_0(\boldsymbol{r}_\mathrm{e}, t_\mathrm{e}; \boldsymbol{r}_\mathrm{a}, t_\mathrm{a}) &= \lim_{n\to\infty} \left(\frac{m}{\mathrm{i}\hbar\tau}\right)^{3(n+1)/2} \int \prod_{j=1}^{n} \mathrm{d}^3\boldsymbol{r}_j \exp\left\{\frac{\mathrm{i}m}{2\hbar\tau} \sum_{j=0}^{n} (\boldsymbol{r}_{j+1} - \boldsymbol{r}_j)^2\right\} \\
&= \theta(t_\mathrm{e} - t_\mathrm{a}) \left[\frac{m}{2\pi\mathrm{i}\hbar(t_\mathrm{e} - t_\mathrm{a})}\right]^{3/2} \exp\left\{\frac{\mathrm{i}m}{\hbar 2} \frac{(\boldsymbol{r}_\mathrm{e} - \boldsymbol{r}_\mathrm{a})^2}{(t_\mathrm{e} - t_\mathrm{a})}\right\}. \qquad (23.76)
\end{aligned}
$$

($\theta(t)$ ist die Sprungfunktion gemäß (A 2.31).)

Die Wegintegralformel (23.75 a, b) für den Propagator hat den wesentlichen Vorteil, daß sie eine geschlossene Darstellung ist, also nicht *von vornherein* auf einem Näherungsausdruck beruht. Bei der expliziten Berechnung des Propagators ist man allerdings – abgesehen von günstigen Sonderfällen – häufig auf Näherungen angewiesen. Diese sind aber qualitativ von anderer Art als die sonst in der zeitabhängigen Störungsrechnung (vgl. Abschnitt 22.2) üblichen, wo eine Potenzreihenentwicklung nach einem Störparameter – vgl. (22.15) – auftritt.

Wir wollen noch folgendes anmerken. Die Wegintegral-Methode hat auch bei der Quantisierung von Feldtheorien Eingang gefunden – siehe dazu u.a. die ausführlicheren Darlegungen in [E-14]. Mit solchen oben erwähnten näherungsweisen Auswertungen von Wegintegralen hat man in der Feldtheorie der Elementarteilchenwechselwirkungen beispielsweise bei der Quantisierung von Eichfeldern, die in starker Wechselwirkung mit Masse tragenden Teilchen stehen, Fortschritte erzielt – siehe [E-15 a]. Auch in der Quantenstatistik hat die Funktionalintegral-Methode Anwendung gefunden [E-15 b].

### 23.5.2 Anwendung der Wegintegral-Methode in der Streutheorie

Als Beispiel für die Anwendung der Wegintegral-Methode in der Streutheorie betrachten wir nun die Streuung eines strukturlosen, punktförmigen Teilchens an einem festen Streuzentrum $U(\boldsymbol{r})$ – siehe auch 23.2. Die Formeln (23.68) und (23.69) für die Definition des Propagators nutzen wir zur Berechnung des in die Formel (23.57) für die Streumatrixelemente eingehenden Zustandes $|\psi_\mathrm{a}{}^+\rangle$ aus, wobei wir jetzt in die Ortsdarstellung gehen. Aus (23.68) folgt dann

$$
\psi^{(+)}(\boldsymbol{r}_\mathrm{e}, t_\mathrm{e}) = \int \mathrm{d}^3\boldsymbol{r}_\mathrm{a}\, K(\boldsymbol{r}_\mathrm{e}, t_\mathrm{e}; \boldsymbol{r}_\mathrm{a}, t_\mathrm{a})\, \psi^{(+)}(\boldsymbol{r}_\mathrm{a}, t_\mathrm{a}). \qquad (23.77)
$$

Wenn wir voraussetzen, daß $U(\boldsymbol{r})$ eine räumlich begrenzte Reichweite besitzt und das gestreute Teilchen zur Zeit $t_\mathrm{a} \to -\infty$ sich in sehr großer Entfernung vom Streuzentrum befindet, seine Wellenfunktion also eine einlaufende ebene Welle $\psi_\mathrm{ein}(\boldsymbol{r}_\mathrm{a}, t_\mathrm{a}) = (2\pi)^{-3/2} \exp\left[\frac{\mathrm{i}}{\hbar}(\boldsymbol{p}_\mathrm{a}\boldsymbol{r}_\mathrm{a} - E_\mathrm{a} t_\mathrm{a})\right]$ ist, dann beschreibt $\psi^{(+)}(\boldsymbol{r}_\mathrm{e}, t_\mathrm{e})$ denjenigen Zustand des gestreuten Teilchens, der sich aus $\psi_{\text{ein}}(\boldsymbol{r}_a, t_a)$ heraus entwickelt hat. Das Streumatrixelement $S_{ea}$ bilden wir mit dem wieder kräftefreien Zustand $\psi_{\text{aus}}(\boldsymbol{r}_e, t_e) = (2\pi)^{-3/2} \exp\left[\frac{i}{\hbar}(\boldsymbol{p}_e \boldsymbol{r}_e - E_e t_e)\right]$, der für $t_e \to +\infty$ eingenommen werden soll:

$$\begin{aligned} S_{ea} &= \lim_{\substack{t_a \to -\infty \\ t_e \to +\infty}} \int d^3 \boldsymbol{r}_e\, \psi^*_{\text{aus}}(\boldsymbol{r}_e, t_e)\, \psi^{(+)}(\boldsymbol{r}_e, t_e) \\ &= \lim_{\substack{t_a \to -\infty \\ t_e \to +\infty}} \int d^3 \boldsymbol{r}_e \int d^3 \boldsymbol{r}_a\, \psi^*_{\text{aus}}(\boldsymbol{r}_e, t_e) \cdot K(\boldsymbol{r}_e, t_e; \boldsymbol{r}_a, t_a)\, \psi_{\text{ein}}(\boldsymbol{r}_a, t_a). \end{aligned} \tag{23.78}$$

Bei der Auswertung von (23.78) wollen wir störungstheoretisch vorgehen und uns auf die erste Bornsche Näherung beschränken. Dann haben wir den Ausdruck (23.75) für den Propagator nach $U(\boldsymbol{r})$ bis zur ersten Ordnung zu entwickeln, wobei sich mit der Formel (23.76) des Propagators $K_0(\boldsymbol{r}, t; \boldsymbol{r}', t')$, der für die kräftefreie Bewegung des Teilchens gilt,

$$K(\boldsymbol{r}_e, t_e; \boldsymbol{r}_a, t_a) = K_0(\boldsymbol{r}_e, t_e; \boldsymbol{r}_a, t_a) - \left(\frac{i}{\hbar}\right) \int d^3 \boldsymbol{r} \int_{t_a}^{t_e} dt\, K_0(\boldsymbol{r}_e, t_e; \boldsymbol{r}, t)\, U(\boldsymbol{r})\, K_0(\boldsymbol{r}, t; \boldsymbol{r}_a, t_a) \tag{23.79}$$

ergibt. Damit erhält man für die Streumatrixelemente $S_{ea}$ nach (23.78) den Ausdruck

$$\begin{aligned} S_{ea} = \lim_{\substack{t_a \to -\infty \\ t_e \to +\infty}} \Bigg\{ & \int d^3 \boldsymbol{r}_e \int d^3 \boldsymbol{r}_a\, \psi^*_{\text{aus}}(\boldsymbol{r}_e, t_e)\, K_0(\boldsymbol{r}_e, t_e; \boldsymbol{r}_a, t_a) \cdot \psi_{\text{ein}}(\boldsymbol{r}_a, t_a) \\ & - \frac{i}{\hbar} \int d^3 \boldsymbol{r}_e \int d^3 \boldsymbol{r}_a \int d^3 \boldsymbol{r} \int_{t_a}^{t_e} dt\, \psi^*_{\text{aus}}(\boldsymbol{r}_e, t_e)\, K_0(\boldsymbol{r}_e, t_e; \boldsymbol{r}, t) \\ & \times U(\boldsymbol{r}) \cdot K_0(\boldsymbol{r}, t; \boldsymbol{r}_a, t_a)\, \psi_{\text{ein}}(\boldsymbol{r}_a, t_a) \Bigg\}. \end{aligned} \tag{23.80}$$

Die Ausführung der räumlichen Integrationen in (23.80) wird erleichtert, wenn man für $K_0(\boldsymbol{r}', t'; \boldsymbol{r}'', t'')$ eine Darstellung als Fourier-Integral zur Verfügung hat. Mit Hilfe der Fourier-Transformierten $\mathcal{K}_0(\boldsymbol{p}', t'; \boldsymbol{p}'', t'')$ von (23.76) bezüglich $\boldsymbol{r}'$ und $\boldsymbol{r}''$ über eine Zwischenrechnung erhält man die Fourier-Integral-Darstellung

$$K_0(\boldsymbol{r}', t'; \boldsymbol{r}'', t'') = \frac{\theta(t' - t'')}{(2\pi\hbar)^3} \int d^3 \boldsymbol{q} \exp\left\{\frac{i}{\hbar}\left[\boldsymbol{q}(\boldsymbol{r}' - \boldsymbol{r}'') - \frac{\boldsymbol{q}^2}{2m}(t' - t'')\right]\right\}. \tag{23.81}$$

Mit (23.81) eingesetzt in (23.80) findet man nach den räumlichen Integrationen und den Integrationen über die Variablen der Fourier-Darstellungen von $K_0$ sowie der zeitlichen Integration, bei der im Zeitintervall $t_a$ bis $t_e$ der Nullpunkt in die Mitte gelegt und somit über das Intervall $(-T, +T)$ integriert wurde:

$$S_{\mathrm{ea}} = \delta_{\mathrm{aus,\,ein}} - \frac{(2\pi\mathrm{i})}{\hbar} \cdot \left(\frac{1}{\pi}\right) \lim_{T\to\infty} \frac{\sin[(E_{\mathrm{e}} - E_{\mathrm{a}})\,T/\hbar]}{(E_{\mathrm{e}} - E_{\mathrm{a}})/\hbar}$$

$$\times (2\pi)^{-3} \int \mathrm{d}^3 \boldsymbol{r} \exp\left[-\frac{\mathrm{i}}{\hbar}(\boldsymbol{p}_{\mathrm{e}} - \boldsymbol{p}_{\mathrm{a}})\boldsymbol{r}\right] \cdot U(\boldsymbol{r}) \qquad (23.82\,\mathrm{a})$$

$$= \delta_{\mathrm{aus,\,ein}} - 2\pi\mathrm{i}\,\delta(E_{\mathrm{e}} - E_{\mathrm{a}}) \cdot (2\pi)^{-3} \int \mathrm{d}^3 \boldsymbol{r} \exp\left[-\frac{\mathrm{i}}{\hbar}(\boldsymbol{p}_{\mathrm{e}} - \boldsymbol{p}_{\mathrm{a}})\boldsymbol{r}\right] \cdot U(\boldsymbol{r}), \qquad (23.82\,\mathrm{b})$$

wobei der erste Summand bedeutet, daß der auslaufende gleich dem einlaufenden Zustand sein muß, wenn das Streuzentrum nicht wirkt. Die Formel (23.82 b) ist der Spezialfall von (23.62 b) für die Streuung eines Teilchens an einem festen Kraftzentrum in erster Bornscher Näherung.

Mit Hilfe des zweiten Summanden in (23.82 a) gelangt man zu der in 23.2 bei der Einführung des differentiellen Streuquerschnitts verwendeten zeitunabhängigen Änderungsrate der Übergangswahrscheinlichkeit

$$\frac{\Delta W}{\Delta t} = \lim_{T\to\infty} \frac{1}{2T} \int \mathrm{d}E_{\mathrm{e}} \frac{m\,|\boldsymbol{p}_{\mathrm{e}}|}{\hbar^3} |S_{\mathrm{ea}}|^2$$

$$= \frac{m\,|\boldsymbol{p}_{\mathrm{a}}|}{(2\pi)^5\,\hbar^4} \left| \int \mathrm{d}^3 \boldsymbol{r} \exp\left[-\frac{\mathrm{i}}{\hbar}(\boldsymbol{p}_{\mathrm{e}} - \boldsymbol{p}_{\mathrm{a}})\boldsymbol{r}\right] \cdot U(\boldsymbol{r}) \right|^2$$

und nach dem Dividieren durch die einlaufende Stromdichte wie in 23.2 zu der Formel für den differentiellen Streuquerschnitt

$$\sigma(\vartheta, \varphi) = \left(\frac{m}{2\pi\hbar^2}\right)^2 \left| \int \mathrm{d}^3 \boldsymbol{r} \exp\left[-\frac{\mathrm{i}}{\hbar}(\boldsymbol{p}_{\mathrm{e}} - \boldsymbol{p}_{\mathrm{a}})\boldsymbol{r}\right] \cdot U(\boldsymbol{r}) \right|^2,$$

die genau der Formel (23.13) entspricht.

*Kontrollfragen:*

1. Wie sind differentieller und Gesamt-Streuquerschnitt definiert?
2. Welche Bornsche Näherung der Streutheorie ergibt sich nach der Methode der zeitabhängigen Störungstheorie in erster Ordnung?
3. Wie ist die Lippmann-Schwinger-Gleichung aufgebaut, und von welcher Struktur ist sie in der Ortsdarstellung?
4. Was versteht man unter Streuamplitude?
5. Wie hängt der differentielle Streuquerschnitt von der Streuamplitude ab?
6. Was bedeuten elastische und unelastische Streuung?
7. Was versteht man unter Streumatrix?
8. Was bedeutet das Wegintegral?

# 24 Besetzungszahldarstellung von atomaren Systemen

Bei der Beschreibung der Wechselwirkung verschiedener Systeme – etwa nach dem in (22.2) ausgedrückten Schema – ist es günstig, wenn diejenigen Operatoren, mit denen die Teilsysteme (und auch der Wechselwirkungsoperator) dargestellt werden, formal von ähnlichem Charakter sind. Das erleichtert die Durchführung der Rechnung; weiterhin können damit in einfacher Weise Einsichten über die Zeitabhängigkeit sowie über die mit hinreichend großer Wahrscheinlichkeit auftretenden Übergänge zwischen den verschiedenen Zuständen gewonnen werden. Ein solcher Formalismus läßt sich für atomare Systeme aus derjenigen Besetzungszahldarstellung gewinnen, wie er für Systeme gleichartiger Fermionen in 21.5 angegeben wurde – siehe auch [E-16]. Dieser wird zunächst in 24.1 auf das Ein-Elektronen-Atom spezialisiert und dann in 24.2 auf allgemeine atomare Systeme übertragen. Eine Anwendung in Hinblick auf das atomare Zwei-Niveau-System wird in 24.3 gebracht, wobei insbesondere der Photonendetektor als Nachweisgerät, das auf der Wechselwirkung zwischen atomaren Systemen (Plusquantisierung!) und Photonen (Minusquantisierung!) beruht, behandelt wird.

## 24.1 Ein-Elektronen-Atom

Das Atom möge die Energiezustände $|E_j\rangle$ haben. Als *Ein*-Elektronen-Atom kann es dann nach (21.52) in Besetzungszahldarstellung nur die Eigenzustände

$$|1_j\rangle \equiv |0, \ldots, 0, n_j = 1, 0, \ldots\rangle = \hat{b}_j^+ |\psi_0\rangle \tag{24.1}$$

haben; dabei sei $\hat{b}_j^+$ der Erzeugungsoperator für das Elektron im $j$-ten Energiezustand und $|\psi_0\rangle$ der Vakuumzustand (alle Zustände ohne Elektron). Die Operatoren $\hat{b}_j^+$, $\hat{b}_{j'}^+$, $\hat{b}_j$, $\hat{b}_{j'}$ mögen den Vertauschungsrelationen (21.50) für Fermionen gehorchen. Der Hamilton-Operator des Systems ist

$$\hat{H} = \sum_{j=1} E_j B_{jj}, \tag{24.2}$$

wobei wir als *Besetzungszahl-Operator* $\hat{B}_{jj} \equiv \hat{b}_j^+ \hat{b}_j$ einführen. Nach (21.54) gilt

$$\hat{B}_{jj}|1_{j'}\rangle = \begin{cases} |0_v\rangle & \text{für} \quad j \neq j' \\ |1_j\rangle & \text{für} \quad j = j'. \end{cases} \tag{24.3}$$

Wie man durch Anwendung des Operators $\sum_j \hat{B}_{jj}$ auf einen beliebigen Zustand $|\psi\rangle = \sum_{j'} c_{j'} |1_{j'}\rangle$ zeigen kann, gilt

$$(\sum_j \hat{B}_{jj}) |\psi\rangle = |\psi\rangle$$

und somit

$$\sum_j \hat{B}_{jj} = \hat{I}. \tag{24.4}$$

Nun wollen wir Operatoren der Form

$$\hat{B}_{kl} \equiv \hat{b}_k{}^+ \hat{b}_l \quad \text{mit} \quad k \neq l \tag{24.5}$$

betrachten. Es sollen zunächst die resultierenden Zustände bei Einwirkung von $\hat{B}_{kl}$ auf $|1_j\rangle$ berechnet werden; unter Verwendung von (21.50) ergibt sich

$$\hat{B}_{kl}|1_j\rangle = \begin{cases} -\hat{b}_k{}^+ \hat{b}_j{}^+ \hat{b}_l |\psi_0\rangle = |0_{\mathrm{V}}\rangle & \text{für} \quad l \neq j \\ \hat{b}_k{}^+ (\hat{I} - \hat{b}_l{}^+ \hat{b}_l) |\psi_0\rangle = |1_k\rangle & \text{für} \quad l = j. \end{cases} \tag{24.6}$$

Man kann also sagen, daß $\hat{B}_{kl}$ einen Zustand $|1_l\rangle$ in einen Zustand $|1_k\rangle$ „schnellen" läßt, weshalb man die $\hat{B}_{kl}$ als *Flip-Operatoren* bezeichnet. Wir wollen im folgenden einige Eigenschaften der Flip-Operatoren diskutieren.

Das Matrixelement von $\hat{B}_{kl}$ in Besetzungszahldarstellung ergibt sich aus (24.6) zu

$$\langle 1_{j'}| \hat{B}_{kl} |1_j\rangle = \delta_{j'k} \delta_{lj}. \tag{24.7}$$

Dies bedeutet $\langle 1_{j'}| \hat{B}_{kl} |1_j\rangle = \langle 1_j| \hat{B}_{lk} |1_{j'}\rangle$ für beliebige $j, k, l, j'$: die Operatoren $\hat{B}_{kl}$ und $\hat{B}_{lk}$ sind zueinander hermitesch-adjungiert.

Produkte aus Flip-Operatoren können linear nach den $\hat{B}_{kl}$ entwickelt werden. Wir zeigen das anhand des Operators $\hat{B}_{ab}\hat{B}_{kl}$; dieser kann bei Benutzung der Eigenzustände in Besetzungszahldarstellung in der Form

$$\hat{B}_{ab}\hat{B}_{kl} = \sum_{m,n,s} \langle 1_m| \hat{B}_{ab} |1_s\rangle \langle 1_s| \hat{B}_{kl} |1_n\rangle |1_m\rangle \langle 1_n|$$

geschrieben werden. Mit (24.7) folgt

$$\hat{B}_{ab}\hat{B}_{kl} = \sum_{m,n} \delta_{ma}\delta_{ln} |1_m\rangle \langle 1_n| \sum_s \delta_{bs}\delta_{sk}.$$

Die Summe über $s$ ist gleich $\delta_{bk}$. Damit folgt wegen $\hat{B}_{al} = \sum_{m,n} \delta_{ma}\delta_{ln} |1_m\rangle \langle 1_n|$ die Beziehung

$$\hat{B}_{ab}\hat{B}_{kl} = \delta_{bk}\hat{B}_{al}. \tag{24.8}$$

Nun wollen wir die Zeitabhängigkeit der Flip-Operatoren im Heisenberg-Bild berechnen; nach (11.13) gilt

$$\mathrm{i}\hbar \frac{\mathrm{d}}{\mathrm{d}t} (\hat{B}_{kl})_{\mathrm{H}} = [(\hat{B}_{kl})_{\mathrm{H}}, \hat{H}_{\mathrm{H}}]. \tag{24.9}$$

Wir erinnern uns daran, daß die Vertauschungsrelationen für Operatoren im Schrödinger- und im Heisenberg-Bild forminvariant sind – vgl. (11.12) – und berechnen den Kommutator zunächst im Schrödinger-Bild; es gilt mit (24.8)

$$[\hat{B}_{kl}, \hat{H}] = \sum_j E_j \delta_{lj} \hat{B}_{kl} - \sum_j E_j \delta_{kj} \hat{B}_{jl} = (E_l - E_k)\, \hat{B}_{kl}.$$

Damit folgt aus (24.9)

$$\frac{\mathrm{d}}{\mathrm{d}t}(\hat{B}_{kl})_\mathrm{H} = \mathrm{i}\left(\frac{E_k - E_l}{\hbar}\right)(\hat{B}_{kl})_\mathrm{H}$$

mit der Lösung

$$(\hat{B}_{kl}(t))_\mathrm{H} = (\hat{B}_{kl}(t_0))_\mathrm{H} \exp\left[\mathrm{i}\frac{E_k - E_l}{\hbar}(t - t_0)\right]. \tag{24.10}$$

Mittels der eingeführten Flip-Operatoren und Besetzungszahl-Operatoren lassen sich auch andere Operatoren $\hat{G}$ des atomaren Systems (nicht nur der Hamilton-Operator, sondern beispielsweise auch der Operator des Dipolmomentes) beschreiben; es gilt

$$\hat{G} = \sum_{j,j'} \langle E_j | \hat{G} | E_{j'} \rangle \hat{B}_{jj'}. \tag{24.11}$$

Zum Beweis dieser Behauptung zeigen wir, daß sich bei der Anwendung der Besetzungszahldarstellung genau die gleichen physikalisch-relevanten Werte ergeben wie bei einer Entwicklung nach den Energieeigenzuständen $|E_j\rangle$. Mittels der $|E_j\rangle$ ist der atomare Operator $\hat{G}$ in der Form

$$\hat{G} = \sum_{j,j'} \langle E_j | \hat{G} | E_{j'} \rangle \, |E_j\rangle \langle E_{j'}| \tag{24.12}$$

und ein allgemeiner Zustand in der Form

$$|\psi\rangle = \sum_j c_j |E_j\rangle \quad \text{bzw.} \quad |\varphi\rangle = \sum_j d_j |E_j\rangle \tag{24.13}$$

angebbar. Es folgt

$$\langle \varphi | \hat{\mathrm{G}} | \psi \rangle = \sum_{j,j'} \langle E_j | \hat{G} | E_{j'} \rangle \, d_j^* c_{j'}. \tag{24.14}$$

Zustände und Operatoren in Besetzungszahldarstellung wollen wir bei dieser Betrachtung – zur formalen Unterscheidung – unterstreichen. Physikalisch ist der Zustand

$$|\underline{\psi}\rangle = \sum_j c_j |1_j\rangle \tag{24.15}$$

nach 21.5 äquivalent zu $|\psi\rangle$. Aus den Größen $\langle \underline{\varphi}|$, $\underline{\hat{G}}$ und $|\underline{\psi}\rangle$ berechnen wir das Matrixelement

$$\begin{aligned}\langle \underline{\varphi} | \underline{\hat{G}} | \underline{\psi} \rangle &= \sum_{j,j'} \langle E_j | \hat{G} | E_{j'} \rangle \sum_{j'',j'''} d_{j''}^* c_{j'''} \langle 1_{j''} | \hat{B}_{jj'} | 1_{j'''} \rangle \\ &= \sum_{j,j'} \langle E_j | \hat{G} | E_{j'} \rangle \sum_{j'',j'''} d_{j''}^* c_{j'''} \delta_{j''j} \delta_{j'j'''}.\end{aligned} \tag{24.16}$$

Da die Doppelsumme über $j''$, $j'''$ gleich $d_j^* c_{j'}$ ist, folgt $\langle \varphi | \hat{G} | \psi \rangle = \langle \underline{\varphi} | \underline{\hat{G}} | \underline{\psi} \rangle$, was zu beweisen war.

## 24.2 Allgemeine atomare Systeme

Die Aussagen für das Ein-Elektronen-Atom aus 24.1 lassen sich auf allgemeine atomare Systeme (Atome, Moleküle, Festkörper) übertragen. Wir gehen von einem atomaren System mit orthonormierten Energie-Eigenzuständen $|E_j\rangle$ aus, die insofern gegenüber den Annahmen in 24.1 verallgemeinert sein sollen, als es sich *nicht notwendig um Ein-Elektronen-Zustände* handeln muß. Korrespondierend zu $|E_j\rangle$ wird ein Zustand $|1_j\rangle$ für jedes $j$ eingeführt, der bedeuten soll, daß beim atomaren System *genau* der Energiezustand $|E_j\rangle$ besetzt ist. Es gelte die Orthonormierungsbedingung $\langle 1_j | 1_{j'}\rangle = \delta_{jj'}$. Für diese *atomaren Energiezustände* führen wir *Besetzungszahl-Operatoren* $\hat{B}_{kk}$ mit den Eigenschaften

$$\hat{B}_{kk}|1_j\rangle = \begin{cases} |0_V\rangle & \text{für} \quad j \neq k \\ |1_k\rangle & \text{für} \quad j = k \end{cases} \tag{24.17}$$

und

$$\sum_k \hat{B}_{kk} = \hat{I} \tag{24.18}$$

ein. Weiterhin werden *Flip-Operatoren* $\hat{B}_{kl}$ mit $k \neq l$ eingeführt, für die

$$\hat{B}_{kl}|1_j\rangle = \begin{cases} |0_V\rangle & \text{für} \quad l \neq j \\ |1_k\rangle & \text{für} \quad l = j \end{cases} \tag{24.19}$$

gelten soll; $\hat{B}_{kl}$ bewirkt also einen Übergang vom Zustand $|1_l\rangle$ in den Zustand $|1_k\rangle$. Für die Matrixelemente der $\hat{B}_{kk}$ bzw. $\hat{B}_{kl}$ mit Besetzungszahl-Eigenzuständen soll

$$\langle 1_{j'}| \hat{B}_{kl} |1_j\rangle = \delta_{j'k}\delta_{lj} \tag{24.20}$$

gelten; damit haben wir alle Eigenschaften der $\hat{B}_{kl}$ in der Hand: Es folgt $\hat{B}_{kl} = \hat{B}_{lk}^{+}$ und $\hat{B}_{ab}\hat{B}_{kl} = \delta_{bk}\hat{B}_{al}$, und für die Zeitabhängigkeit ergibt sich

$$(\hat{B}_{kl}(t))_{\mathrm{H}} = (\hat{B}_{kl}(t_0))_{\mathrm{H}} \exp[\mathrm{i}\hbar^{-1}(E_k - E_l)(t - t_0)]. \tag{24.21}$$

Obwohl sich die in 24.2 behandelten Operatoren $\hat{B}_{kk}$ und $\hat{B}_{kl}$ auf allgemeinere Systeme als in 24.1 beziehen, stimmen ihre in (24.17) bis (24.21) ausgedrückten formalen Eigenschaften mit den entsprechenden des Ein-Elektronen-Atoms überein, die durch die Beziehungen (24.3), (24.4), (24.6), (24.7) und (24.10) erläutert wurden.

Da jeder Operator $\hat{G}$ des allgemeinen atomaren Systems – in Analogie zu (24.11) – mit Hilfe der Besetzungszahl- und Flip-Operatoren gemäß

$$\hat{G} = \sum_{j,j'} \langle E_j| \hat{G} |E_{j'}\rangle \hat{B}_{jj'} \tag{24.22}$$

beschrieben werden kann und durch die Beziehungen (24.17) bis (24.21) die grundlegenden Eigenschaften der Besetzungszahl- und Flip-Operatoren bekannt sind, ist es bei der Durchführung der Rechnungen nicht erforderlich, auf die Herkunft der $\hat{B}_{kl}$ als Produkte von Erzeugungs- und Vernichtungsoperatoren Bezug zu nehmen.

## 24.3 Anwendungen

### 24.3.1 Grundsätzliches zum Zwei-Niveau-System

Bei vielen physikalischen Prozessen, an denen atomare Systeme beteiligt sind, kann sich die theoretische Behandlung auf den Übergang zwischen *zwei* atomaren Niveaus beschränken, wobei die anderen vorhandenen Niveaus nicht oder nur global berücksichtigt zu werden brauchen (Beispiele hierfür sind: Spin-Einstellung eines Elektrons oder Protons (Spin $s=1/2$) in einem Magnetfeld; Emissions-, Absorptions- und nichtresonante Streuprozesse an atomaren Systemen). Deshalb bietet es sich aus methodischen Gründen an, die Besonderheiten eines atomaren Systems zu diskutieren, das nur aus zwei Energie-Niveaus besteht.

Der Hamilton-Operator des Systems sei

$$\hat{H}=E_1\hat{B}_{11}+E_2\hat{B}_{22} \tag{24.23}$$

mit $E_2>E_1$. Als Flip-Operatoren treten $\hat{B}_{12}$ und $\hat{B}_{21}$ auf; wir bezeichnen $\hat{B}_{12}$ mit $\hat{B}$ (woraus $\hat{B}_{21}=\hat{B}^+$ folgt). Als Folgerungen aus (24.20) lassen sich die Beziehungen

$$\hat{B}\hat{B}^+=\hat{B}_{12}\hat{B}_{21}=\hat{B}_{11}, \qquad \hat{B}^+\hat{B}=\hat{B}_{21}\hat{B}_{12}=\hat{B}_{22} \tag{24.24}$$

und

$$\hat{B}\hat{B}=\hat{B}^+\hat{B}^+=\hat{0} \tag{24.25}$$

ohne weiteres angeben. Unter Verwendung von (24.18) gelten somit die Vertauschungsrelationen

$$[\hat{B},\hat{B}]_+=[\hat{B}^+,\hat{B}^+]_+=\hat{0}, \qquad [\hat{B},\hat{B}^+]_+=\hat{I}. \tag{24.26}$$

Damit geht der Hamilton-Operator (24.23) in

$$\hat{H}=E_1(\hat{I}-\hat{B}^+\hat{B})+E_2\hat{B}^+\hat{B}=(E_2-E_1)\hat{B}^+\hat{B}+E_1\hat{I}$$

über. Bei geeigneter Festlegung des Energie-Nullpunktes kann man den Summanden $E_1\hat{I}$ weglassen und den Hamilton-Operator in der verkürzten Form

$$\hat{H}=(E_2-E_1)\hat{B}^+\hat{B} \tag{24.27}$$

schreiben. Der Anteil des Dipolmoment-Operators, der den Übergang zwischen den beiden Niveaus charakterisiert, ergibt sich nach (24.22) zu

$$\hat{\boldsymbol{d}}=\boldsymbol{d}_{21}\hat{B}^++\boldsymbol{d}_{12}\hat{B} \quad \text{mit} \quad \boldsymbol{d}_{jj'}=\langle E_j|\,\hat{\boldsymbol{d}}\,|E_{j'}\rangle. \tag{24.28}$$

### 24.3.2 Wechselwirkung des Zwei-Niveau-Systems mit dem elektromagnetischen Feld

Bis jetzt hatten wir ein atomares Zwei-Niveau-System betrachtet, das von anderen Systemen isoliert war. Jetzt wollen wir seine Ankopplung an ein anderes System betrachten, wofür wir das elektromagnetische Feld wählen. Als Wechselwirkungsoperator (in Dipolnäherung) wird der in (16.92) angegebene Ausdruck benutzt. Da man die am Ort des atomaren Systems (wozu $\boldsymbol{r}=0$ gewählt wird) wirksame Feldstärke gemäß (16.7) und (16.57) additiv in zwei hermitesch-adjungierte Anteile $\hat{\boldsymbol{E}}^{(-)}$ und $\hat{\boldsymbol{E}}^{(+)}$ zerlegen kann, gilt mit (24.28)

$$\begin{aligned}\hat{H}^{\mathrm{W}} &= -\hat{\boldsymbol{d}}\cdot\hat{\boldsymbol{E}}\\ &= [-\boldsymbol{d}_{21}\hat{B}^{+}\hat{\boldsymbol{E}}^{(-)}-\boldsymbol{d}_{12}\hat{\boldsymbol{E}}^{(+)}\hat{B}]+[-\boldsymbol{d}_{21}\hat{B}^{+}\hat{\boldsymbol{E}}^{(+)}-\boldsymbol{d}_{12}\hat{\boldsymbol{E}}^{(-)}\hat{B}]; \qquad (24.29)\end{aligned}$$

dabei ist nach (16.57)

$$\hat{\boldsymbol{E}}^{(-)}=(\hat{\boldsymbol{E}}^{(+)})^{+}=\sum_{\mu}\boldsymbol{e}_{\mu}\mathrm{i}\left(\frac{\hbar\omega_{\mu}}{2\varepsilon_0 V}\right)^{1/2}\hat{a}_{\mu} \qquad (24.30)$$

mit $\hat{a}_{\mu}$ als Photonen-Vernichtungsoperator der $\mu$-ten Mode. Die in den eckigen Klammern von (24.29) stehenden Ausdrücke sind jeweils hermitesche Operatoren.

Wir wollen nun die Zeitabhängigkeit im Dirac-Bild betrachten. Von den Produkten $\hat{B}^{+}\hat{\boldsymbol{E}}^{(-)}$ und $\hat{\boldsymbol{E}}^{(+)}\hat{B}$ herrührend ergeben sich nach (22.3b), (16.57) und (24.21) Zeitabhängigkeiten der Form $\exp[\pm\mathrm{i}\{(E_2-E_1)\hbar^{-1}-\omega_{\mu}\}t]$; d.h., daß bei Quasiresonanz $(E_2-E_1)\hbar^{-1}\approx\omega_{\mu}$ eine langsame (bzw. verschwindende) Zeitabhängigkeit in der ersten eckigen Klammer auftritt. Von den Produkten $\hat{B}^{+}\hat{\boldsymbol{E}}^{(+)}$ und $\hat{\boldsymbol{E}}^{(-)}\hat{B}$ her ergeben sich Zeitabhängigkeiten der Form $\exp[\pm\mathrm{i}\{(E_2-E_1)\hbar^{-1}+\omega_{\mu}\}t]$; also treten in der zweiten eckigen Klammer nur schnelle Zeitabhängigkeiten auf. Dieses Verhalten der Zeitabhängigkeit hängt mit der Differenz zwischen den Energiewerten des Anfangszustandes $|E_{\mathrm{a}}{}^{\mathrm{F}}\rangle$ und des Endzustandes $|E_{\mathrm{e}}{}^{\mathrm{F}}\rangle$ des Gesamtsystems zusammen – vgl. 22.3. Die Operatoren in der ersten eckigen Klammer beschreiben Vorgänge, für die bei Quasiresonanz $E_{\mathrm{a}}{}^{\mathrm{F}}\approx E_{\mathrm{e}}{}^{\mathrm{F}}$ auftritt; nach (22.18) bedeutet das, daß sich beispielsweise der durch den Operator $\hat{B}^{+}\hat{\boldsymbol{E}}^{(-)}$ beschriebene Vorgang (Übergang des atomaren Systems von unten nach oben, Absorption eines Photons) mit relativ großer Wahrscheinlichkeit ereignet. Demgegenüber ergibt sich für den durch $\hat{B}^{+}\hat{\boldsymbol{E}}^{(+)}$ beschriebenen Vorgang $E_{\mathrm{e}}{}^{\mathrm{F}}\not\approx E_{\mathrm{a}}{}^{\mathrm{F}}$ und somit eine vernachlässigbar kleine Wahrscheinlichkeit. Man sieht an diesem Beispiel, daß die Besetzungszahldarstellung unter anderem den Vorzug hat, in einfacher Weise Einsichten in die Zeitabhängigkeiten und die Größe der Beiträge zu den Übergangswahrscheinlichkeiten zu geben – auch wenn die wechselwirkenden Systeme durch Operatoren verschiedenartigen Charakters beschrieben werden (solche, die der Plus- oder Minusquantisierung genügen).

### 24.3.3 Photonendetektor auf der Basis des äußeren Photoeffektes

Die am Ende von 24.3.2 diskutierten Resultate zur Kopplung eines Zwei-Niveau-Systems mit einem elektromagnetischen Feld können wir ausnutzen, um uns in übersichtlicher Weise einen Einblick in die Funktionsweise eines Photonendetektors zu verschaffen. Dafür nehmen wir modellmäßig an, daß dieser aus vielen gleichartigen Atomen besteht. Bei einem Atom am Ort $\boldsymbol{r}$ möge sich oberhalb des Energiewertes $E_{\mathrm{K}}$ das Energiekontinuum für Ein-Elektronen-Zustände befinden, in denen die Elektronen als vom Atom losgelöst zu betrachten sind – vgl. Abb. 24.1.

Sie können in diesen Zuständen, die wir mit $|e\rangle$ bezeichnen, durch ein äußeres Feld (die Anodenspannung) abgesaugt werden und so einen Beitrag zum Photonenstrom des Empfängers leisten. Die Zustandsdichte im Energiekontinuum des Atoms sei $\sigma(E_e)$. Wir betrachten zunächst den Prozeß, bei dem ein Atom durch Absorption eines Photons vom Grundzustand $|g\rangle$ in einen bestimmten Zustand $|e\rangle$ gelangt. Nach den Erläuterungen zu (24.29) ist als hermitescher Wechselwirkungsoperator

$$\hat{H}^{\mathrm{W}} = -d_{eg}\hat{B}_{eg}\hat{\mathscr{E}}^{(-)}(\boldsymbol{r}) - d_{ge}\hat{B}_{ge}\hat{\mathscr{E}}^{(+)}(\boldsymbol{r}) \tag{24.31}$$

zu wählen, weil wir nur solche Beiträge zu den Übergangswahrscheinlichkeiten berücksichtigen wollen, die sich in Zeiten größer als $\hbar/(E_e - E_g)$ maßgeblich bemerkbar machen. $\hat{B}_{eg}$ ist der dem Atom zugeordnete Flip-Operator für den Übergang von $|g\rangle$ nach $|e\rangle$; vom Vektorcharakter des Dipolmomentes und der Feldstärke kann hier abgesehen werden (weshalb wir wieder wie in 16.4 die einkomponentige Feldstärke $\hat{\mathscr{E}}$ verwenden).

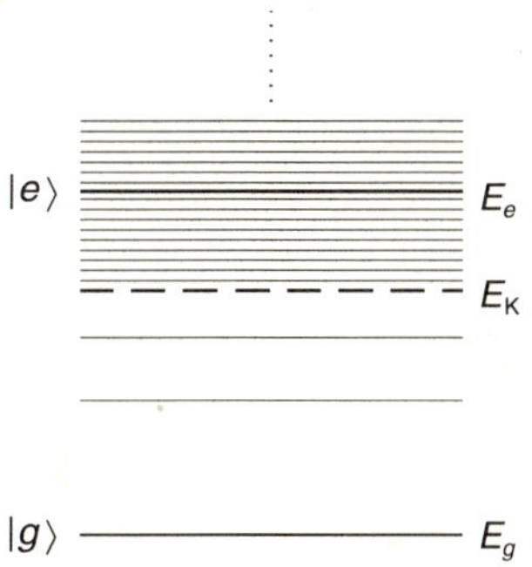


**Abb. 24.1**
Schema der Energie-Eigenwerte eines Atoms des Photonen-Detektors

Zur Zeit $t = 0$ des Einschaltens der Wechselwirkung befinde sich das Atom im Grundzustand $|g\rangle$, das Strahlungsfeld werde durch den Zustand $|\psi(0)\rangle$ beschrieben. Da beide Teilsysteme für $t = 0$ als entkoppelt betrachtet werden können, gilt für den Zustand des Gesamtsystems zu diesem Zeitpunkt

$$|\Phi(0)\rangle = |g\rangle\,|\psi(0)\rangle. \tag{24.32}$$

Es ist nach der Wahrscheinlichkeit $w(|e\rangle, t)$ gefragt, daß sich das Atom zu einer späteren Zeit $t > 0$ im Zustand $|e\rangle$ befindet; diese können wir mit Hilfe des Zustandsvektors $|\Phi(t)\rangle_{\mathrm{D}}$ zur Zeit $t$ berechnen. Die Wahrscheinlichkeit $w(|e\rangle, t)$ als Erwartungswert des zu $|e\rangle$ gehörigen Projektionsoperators ergibt sich aus 22.1 zu

$$w(|e\rangle, t) = {}_{\mathrm{D}}\langle\Phi(t)|\,\hat{P}_{\mathrm{D}}(e)\,|\Phi(t)\rangle_{\mathrm{D}},$$

wobei $\hat{P}_{\mathrm{D}}(e)$ der Projektionsoperator im Dirac-Bild ist, für den wegen (22.3) $\hat{P}_{\mathrm{D}} = \hat{P}(e) = |e\rangle\,\langle e|$ gilt. $w(|e\rangle, t)$ bedeutet die Wahrscheinlichkeit für das Auftreten des atomaren Zustandes $|e\rangle$ (unabhängig von dem Eigenzustand, in dem sich das Strahlungsfeld nach dem Absorptionsvorgang befindet). Unter Verwendung von (22.7) folgt

$$w(|e\rangle, t) = \langle\psi(0)|\,\langle g|\,[\hat{U}^{\mathrm{W}}(t, 0)]^{-1}\,|e\rangle\,\langle e|\,\hat{U}^{\mathrm{W}}(t, 0)\,|g\rangle\,|\psi(0)\rangle. \tag{24.33}$$

Dieser Ausdruck soll mit Hilfe der zeitabhängigen Störungsrechnung unter Mitnahme aller Glieder bis einschließlich zweiter Ordnung in $\hat{H}^{\mathrm{W}}$ berechnet werden; unter Beachtung von

$$\hat{H}^{\mathrm{W}}{}_{\mathrm{D}}(t') = -d_{eg}\hat{B}_{eg}\,\mathrm{e}^{\mathrm{i}\omega_{eg}t'}\,\hat{\mathscr{E}}_{\mathrm{D}}^{(-)}(\boldsymbol{r},t') - d_{ge}\hat{B}_{ge}\,\mathrm{e}^{-\mathrm{i}\omega_{eg}t'}\,\hat{\mathscr{E}}_{\mathrm{D}}^{(+)}(\boldsymbol{r},t')$$

und

$$\langle g|e\rangle = 0$$

folgt mit (22.8 a):

$$w(|e\rangle,t) = \hbar^{-2}\,|d_{eg}|^2 \int_0^t \mathrm{d}t' \int_0^t \mathrm{d}t''\, \mathrm{e}^{\mathrm{i}\omega_{eg}(t'-t'')}\,\langle\psi(0)|\,\hat{\mathscr{E}}_{\mathrm{D}}^{(+)}(\boldsymbol{r},t'')\,\hat{\mathscr{E}}_{\mathrm{D}}^{(-)}(\boldsymbol{r},t')\,|\psi(0)\rangle\,. \tag{24.34}$$

Dabei ist $\hbar\omega_{eg} = E_e - E_g$. Wenn wir beim Strahlungsfeld am Anfang nicht einen reinen Zustand $|\psi(0)\rangle$, sondern einen gemischten voraussetzen, der durch den Dichteoperator

$$\hat{\varrho}(0) = \sum_{|\psi(0)\rangle} w_{|\psi(0)\rangle}\,|\psi(0)\rangle\,\langle\psi(0)|$$

beschrieben wird, müssen wir den entsprechenden Ensemblemittelwert von $w(|e\rangle,t)$ bilden; für diesen gilt nach (18.2):

$$\begin{aligned}\widetilde{w}(|e\rangle,t) &= \sum_{|\psi(0)\rangle} w_{|\psi(0)\rangle}\,w(|e\rangle,t)\\ &= \hbar^{-2}\,|d_{eg}|^2 \int_0^t \mathrm{d}t' \int_0^t \mathrm{d}t''\, \mathrm{e}^{\mathrm{i}\omega_{eg}(t'-t'')}\,\mathrm{Sp}[\hat{\varrho}(0)\,\hat{\mathscr{E}}_{\mathrm{D}}^{(+)}(\boldsymbol{r},t'')\,\hat{\mathscr{E}}_{\mathrm{D}}^{(-)}(\boldsymbol{r},t')]\,.\end{aligned} \tag{24.35}$$

Bei der Betrachtung des Photostromes interessiert es nicht, aus welchem der Zustände $|e\rangle$ das Photoelektron herrührt. Wichtig ist die Wahrscheinlichkeit $W(t)$ für das Auftreten eines Photoelektrons schlechthin, weshalb über alle $|e\rangle$ summiert wird (wegen der dichtliegenden Niveaus im Energiekontinuum des Atoms kann man mit der Zustandsdichte $\sigma$ zum Integral übergehen):

$$W(t) = \sum_{|e\rangle} \widetilde{w}(|e\rangle,t) = \int_{E_K}^{\infty} \mathrm{d}E_e\,\sigma(E_e)\,\widetilde{w}(|e\rangle,t)\,. \tag{24.36}$$

Dieser Ausdruck kann in der Form

$$W(t) = \hbar^{-1}\,2\pi \int_0^t \mathrm{d}t' \int_0^t \mathrm{d}t''\, S(t'-t'')\,\mathrm{Sp}[\hat{\varrho}(0)\,\hat{\mathscr{E}}_{\mathrm{D}}^{(+)}(\boldsymbol{r},t'')\,\hat{\mathscr{E}}_{\mathrm{D}}^{(-)}(\boldsymbol{r},t')] \tag{24.37}$$

dargestellt werden. Dabei spielt $S(t'-t'')$ die Rolle der Systemfunktion des Empfängers im Zeitbereich (also die Fourier-Transformierte des Frequenzganges). Es ist eine wegen der vorkommenden Übergangsfrequenzen $\omega_{eg}$ gut begründete Näherung (vgl. Erläuterung zu (24.39)), den photoelektrischen Empfänger als Breitbandempfänger (gemeint ist die Frequenzbreite) zu behandeln, dessen Systemfunktion im Zeitbereich von δ-Funktionstyp ist. Wir setzen $S(t'-t'') = |d|^2\,\sigma\,\delta(t'-t'')$, wobei $|d|^2$ und $\sigma$ effektive Werte von $|d_{eg}|^2$ und $\sigma(E_e)$ sind. Die Integration über

$\mathrm{d}t''$ führt dann von (24.37) auf

$$W(t) = \hbar^{-1} 2\pi\sigma\, |d|^2 \int_0^t \mathrm{d}t'\, \mathrm{Sp}[\hat{\varrho}(0)\, \hat{\mathscr{E}}_{\mathrm{D}}^{(+)}(\boldsymbol{r}, t')\, \hat{\mathscr{E}}_{\mathrm{D}}^{(-)}(\boldsymbol{r}, t')]\,. \tag{24.38}$$

Wir erinnern uns daran, daß im Dirac-Bild nach (22.3) die Operatoren die Zeitabhängigkeit des „freien Systems" tragen. In unserem Fall bedeutet das, daß $\hat{\mathscr{E}}_{\mathrm{D}}^{(+)}$ und $\hat{\mathscr{E}}_{\mathrm{D}}^{(-)}$ die Zeitabhängigkeit des freien, von der Wechselwirkung mit dem Atom unbeeinflußten Feldes haben. Damit kann $\mathrm{Sp}[\hat{\varrho}(0)\, \hat{\mathscr{E}}_{\mathrm{D}}^{(+)}(\boldsymbol{r}, t')\, \hat{\mathscr{E}}_{\mathrm{D}}^{(-)}(\boldsymbol{r}, t')]$ als quantentheoretische Korrelationsfunktion $\Gamma_{\mathrm{qu}}^{1,1}(\boldsymbol{r}, t'; \boldsymbol{r}, t')$ aufgefaßt werden, wie sie in (16.58) definiert ist.

Als Maß für die Anzahl der Photoelektronen pro Zeiteinheit (die proportional dem Photostrom ist), ist die *Wahrscheinlichkeitsrate* anzusehen; man erhält dafür aus (24.38):

$$\frac{\Delta W}{\Delta t} = \frac{2\pi}{\hbar}\sigma\, |d|^2\, \Gamma_{\mathrm{qu}}^{1,1}(x, x) \qquad \text{mit} \qquad x \equiv (\boldsymbol{r}, t)\,. \tag{24.39}$$

Zur Herleitung von (24.39) war implizit die Konzeption der zeitlichen Grobkörnung, wie sie in 22.3 näher erläutert wurde, verwendet worden. Dies bedeutet eine Beschränkung von $\Delta t$ nach unten; in unserem Fall muß $\Delta t$ größer als die charakteristischen Übergangszeiten $\omega_{eg}^{-1}$ sein, was für $\Delta t > \hbar/(E_K - E_g)$ erfüllt ist. Da $\hbar/(E_K - E_g)$ nicht größer als $10^{-14}$ s ist, ist diese Bedingung für $\Delta t$ wegen der vorhandenen technischen Grenzen bei realen Empfängern nicht einschneidend. Die rechte Seite von (24.39) ist als zeitliche Mittelung über ein Intervall der Breite $\Delta t$ um $t$ zu verstehen. Bis jetzt wurde nur der Beitrag *eines* Atoms zum Photostrom besprochen; um die Photoeffektivität des gesamten Empfängers zu erhalten, muß man die rechte Seite von (24.39) mit einem Faktor multiplizieren, der die Anzahl und Lage (es wird ein kleiner Raumbereich angenommen) *aller* mitwirkenden Atome berücksichtigt. Also folgt mit dem Empfindlichkeitsfaktor $\eta$ des gesamten Detektors aus (24.39)

$$\Delta W = \eta\, \bar{I}(t)\, \Delta t\,, \tag{24.40}$$

wobei $\bar{I}(t)$ die über $\Delta t$ gemittelte Strahlungsintensität ist.

Der Photonennachweis basiert auf der simultanen Absorption eines Photons und Erzeugung eines Photoelektrons. Wegen der Proportionalität des Photostromes mit $\Gamma_{\mathrm{qu}}^{1,1}(x, x)$ kann diese Größe als Maß für die Strahlungsintensität angesehen werden. Wenn $\hat{\varrho}(0)$ speziell den Zustand des Photonenvakuums darstellt – vgl. Erläuterungen zu (16.42) – dann ist $\Gamma_{\mathrm{qu}}^{1,1} = 0$, und es wird kein Photostrom gemessen. Das Photonenvakuum ruft beim äußeren photoelektrischen Effekt keine Wirkung hervor; diese Eigenschaft hatten wir schon früher – vgl. Erläuterungen zu (16.61) – bei normalgeordneten Korrelationsfunktionen, wie es ja $\Gamma_{\mathrm{qu}}^{1,1}$ ist, kennengelernt. Diese Überlegungen lassen es gerechtfertigt erscheinen, $\hat{\mathscr{E}}^{(+)}\hat{\mathscr{E}}^{(-)}$ als Operator der Strahlungsintensität anzusehen. Das Resultat (24.40) kann unmittelbar zur Beschreibung der Statistik der Photonenzählung benutzt werden. Wir nehmen das Zeitintervall $\Delta t$ als so klein an, daß die Wahrscheinlichkeit vernachlässigbar wird, daß mehr als ein Atom während der Zeit $\Delta t$ ein Photoelektron emittiert (diese Forderung nach einer oberen Schranke von $\Delta t$ ist unter physikalisch sinnvollen Bedingungen mit der obenerwähnten Forderung nach einer unteren Schranke von $\Delta t$ verträglich). Dann gibt (24.40) die Wahrscheinlichkeit $\Delta W$ dafür, daß ein beliebiges Atom im Photonendetektor während des Intervalls $\Delta t$ ein Photoelektron emittiert. Insgesamt ergibt sich das Resultat, daß unter den genannten Bedingungen die statistischen Eigenschaften der Photonen direkt durch die statistischen Eigenschaften der Photoelektronen widergespiegelt werden. Insbesondere läßt sich mit den Mitteln der Statistik aus (24.40) die Wahrscheinlichkeit berechnen, daß in einem beliebigen *makrophysikalischen* Zeitintervall $(t, t+G)$ der Dauer $G$ eine bestimmte Anzahl Photonen (bzw. Photoelektronen) gezählt wird. Solche Zählungen sind in vielfältiger Form experimentell durchgeführt worden und bestätigen voll die theoretischen Resultate der Mandel-Formel.

Der von uns betrachtete Photonendetektor auf der Basis des äußeren photoelektrischen Effektes kann als eine Meßapparatur für die Observable $\hat{\mathscr{E}}^{(+)}\hat{\mathscr{E}}^{(-)}$ interpretiert werden, bei welcher der Meßprozeß auf der Wechselwirkung des Strahlungsfeldes mit Systemen von Atomen beruht, die Elektronen emittieren können. In 9.4 war auf solche Probleme hingewiesen worden, die sich bei der Diskussion des Meßprozesses, insbesondere wegen der Aspekte des statistischen Verhaltens und der gegenseitigen Beeinflussung der Systeme, ergeben. Die in 24.3.3 durchgeführten Überlegungen zeigen, daß gerade unter Berücksichtigung dieser beiden Aspekte eine voll quantentheoretische Durchrechnung des Meßprozesses die *empirisch zugänglichen Werte* liefern kann, nämlich den Mittelwert (Erwartungswert) des Photostromes und die statistische Verteilung seiner Schwankungen.

Mit dem analogen Formalismus wie für *einen* Detektor kann man, was wir aber nicht durchführen wollen, auch für $n$ Photonendetektoren, die sich an den Orten $\boldsymbol{r}_1, \dots, \boldsymbol{r}_n$ befinden mögen, die Wahrscheinlichkeitsrate berechnen, daß zur Zeit $t_1$ im Intervall $\Delta t_1$ die Intensität $\Gamma_{\text{qu}}^{1,1}(x_1, x_1)$, zur Zeit $t_2$ im Intervall $\Delta t_2$ die Intensität $\Gamma_{\text{qu}}^{1,1}(x_2, x_2)$, ..., zur Zeit $t_n$ im Intervall $\Delta t_n$ die Intensität $\Gamma_{\text{qu}}^{1,1}(x_n, x_n)$ nachgewiesen wird. Mit $x_j = (\boldsymbol{r}_j, t_j)$ ergibt sich, wenn die Messung am Empfänger $n'$ zeitlich nicht vor der am Empfänger $(n'-1)$ erfolgt, also $t_1 \leqq t_2 \leqq \dots \leqq t_n$ gilt,

$$\frac{\Delta W}{\Delta t_1 \cdots \Delta t_n} = \text{const} \cdot \Gamma_{\text{qu}}^{n,n}(x_1, x_2, \dots, x_n, x_n, \dots, x_2, x_1), \tag{24.41}$$

wobei $\Gamma_{\text{qu}}^{n,n}$ die in (16.68) erläuterte Korrelationsfunktion ist, die eine wichtige Rolle bei der Beschreibung der Intensitätskorrelation spielt – vgl. 16.4.

*Kontrollfragen:*

1. Welche Besonderheiten zeigt die Besetzungszahldarstellung eines Fermionen-Systems für ein Ein-Elektronen-System?
2. Wie stellt sich bei einem allgemeinen atomaren System eine beliebige Observable mittels Flip-Operatoren dar?
3. Wie stellt sich der Wechselwirkungsoperator eines atomaren Zwei-Niveau-Systems, das mit einem elektromagnetischen Feld gekoppelt ist, mit Flip-Operatoren dar, und welche Schlüsse kann man daraus für die Übergangswahrscheinlichkeiten ziehen?

# 25 Dissipation und Fluktuation. Wechselwirkung zwischen dynamischen und dissipativen Systemen

Wir erörtern den physikalischen Sachverhalt von Dissipation und Fluktuation zunächst an einem einfachen mechanischen Beispiel. Das Gesamtsystem bestehe aus einem mit Luft gefüllten Kasten, in dem sich ein reales Schwerependel – eine massebehaftete Scheibe an einer Stange – befindet. Wenn das Pendel aus seiner Ruhelage in einen Anfangszustand höherer potentieller Energie gebracht und dann sich selbst überlassen bleibt, so führt es bekanntlich näherungsweise die Bewegung des gedämpften harmonischen Oszillators aus, wobei die Reibung der Scheibe in der Luft die maßgebliche Dämpfungsursache sein soll. Bei einer mikrophysikalischen Betrachtung muß man beachten, daß die statistisch auf die Scheibe auftreffenden Luftpartikeln eine Kopplung der Luftmenge mit dem Pendel bewirken, durch die dem Pendel pro Zeiteinheit im Mittel eine bestimmte Energiemenge entzogen wird. Es gelangt dabei in den energetisch tieferen Zustand, in dem es verbleibt; man sagt, daß Energie durch *Dissipation* vom Pendel in die Luftmenge übergeht. Die statistische Bewegung der Luftpartikeln hat auch Einfluß auf den Bewegungsablauf; sie bewirkt eine *Fluktuationsbewegung* der Scheibe, die sich der streng determinierten Bewegung – wie sie durch die Differentialgleichung des harmonischen Oszillators mit einem phänomenologisch eingeführten Dämpfungsglied beschrieben wird – überlagert. Am Ende des Vorgangs führt das Pendel nur noch eine statistische Bewegung um den Ort kleinster potentieller Energie aus, es steht als „Riesenmolekül" mit 2 Freiheitsgraden (kinetische und potentielle Energie) im thermischen Gleichgewicht mit den Luftpartikeln.

Der gesamte Vorgang kann als charakteristisch angesehen werden für die Situation eines *dynamischen Systems* mit relativ wenigen Freiheitsgraden, das mit einem *dissipativen System* mit vielen (in der Grenze unendlich vielen) Freiheitsgraden wechselwirkt [E-17,18]. Das dynamische System ist in unserem Fall das Pendel mit 2 Freiheitsgraden; das dissipative System ist die Luftmenge. Beachten wir, daß jede Luftpartikel 3 Freiheitsgrade der (hier maßgeblichen) Translationsbewegung hat, so wird klar, daß dem Pendel ein System mit einer sehr großen Zahl von Freiheitsgraden gegenübersteht.

Weiterhin wollen wir dynamische Systeme betrachten, die selbst atomare Systeme sind. Greifen wir beispielsweise aus einer Gasmenge eine Partikel (etwa ein Molekül) heraus. Es hat – als isoliertes System betrachtet – nur eine relativ kleine Anzahl von Freiheitsgraden der Translations-, Rotations-, Schwingungs- und Elektronenbewegung. Es steht mit den Umgebungsmolekülen in einer bestimmten Wechselwirkung (Beispiele: Van-der-Waals-Wechselwirkung, Wechselwirkung über Felder, die durch permanente elektrische oder magnetische Dipole vermittelt werden). Wegen der stochastischen Bewegung der Umgebungsmoleküle unterliegt das herausgegriffene Molekül einer Störung mit stochastischem Charakter, was im allgemeinen zu Eigenschaftsänderungen eines „realen“ Moleküls gegenüber einem isolierten führt. Als Ursache der Wechselwirkungen mit stochastischem Charakter wurde bis jetzt die thermische Bewegung von Gaspartikeln genannt. Andere wichtige Beispiele sind die Einwirkung von thermischen Gitterschwingungen (Phononen) – vgl. 26.3 – und die Einwirkung einer chaotischen elektromagnetischen Strahlung – vgl. (18.44). Auch die in 22.4.1 besprochene spontane Emission kann als Wechselwirkung zwischen einem dynamischen und einem dissipativen System verstanden werden, worauf wir in 25.4 eingehen werden.

Es hieße, die Bedeutung der Wechselwirkung von dynamischen und dissipativen Systemen verkennen, wenn man diese nur unter dem Aspekt einer Dissipation in ein großes System und eines im einzelnen nicht bestimmbaren Fluktuationsablaufs sieht. Diese stochastischen Prozesse sind es letztlich, die „aus dem Rauschen (d.h. einer stochastischen Bewegung)“ heraus quasideterminierte Bewegungsabläufe „erregen“ können; Beispiele hierfür sind das Anschwingen eines Hochfrequenzsenders oder eines Lasers.

Es existiert eine große Mannigfaltigkeit von Wechselwirkungsmechanismen zwischen dynamischen und dissipativen Systemen; doch kann man die grundlegenden und allgemeinen Aspekte an *einfachen Modellen* klarmachen, die zudem den Vorteil bieten, für wichtige physikalische Erscheinungen repräsentativ zu sein [E-19]. In 25.1 werden wir das Modell eines dissipativen Systems charakterisieren und in 25.2 und 25.3 dessen Wechselwirkung mit zwei verschiedenen physikalischen (dynamischen) Systemen – harmonischer Oszillator und Zwei-Niveau-System – beschreiben. Die sich dabei ergebenden theoretischen Resultate werden in 25.4 physikalisch interpretiert und ihre Anwendbarkeit diskutiert.

## 25.1 Charakterisierung des dissipativen Systems

Das dissipative System wird als Bosonen-System vorausgesetzt; sein Hamilton-Operator sei

$$\hat{H}^{\mathrm{D}} = \sum_{\mu} \hbar\omega_{\mu}\, \hat{a}_{\mu}^{+} \hat{a}_{\mu} \quad \text{mit} \quad [\hat{a}_{\mu}, \hat{a}_{\mu'}] = [\hat{a}_{\mu}^{+}, \hat{a}_{\mu'}^{+}] = \hat{0}, \qquad [\hat{a}_{\mu}, \hat{a}_{\mu'}^{+}] = \hat{I}\,\delta_{\mu\mu'}. \tag{25.1}$$

Die Quanten des dissipativen Systems werden mit den Erzeugungsoperatoren $\hat{a}_{\mu}^{+}$ und den Vernichtungsoperatoren $\hat{a}_{\mu}$ beschrieben, welche die allgemeinen Bosonen-Vertauschungsrelationen (21.41) erfüllen sollen. Der Indes $\mu$ kennzeichnet den Zustand (bzw. die Mode) mit der Energie $\hbar\omega_{\mu}$. Das dissipative System habe ein quasikontinuierliches Energiespektrum mit der Zustandsdichte $\sigma(\omega_{\mu})$ pro Kreisfrequenzeinheit. Am Orte des dynamischen Systems herrsche vom dissipativen System herrührend eine „Treiberkraft“, die durch den Operator $\hat{M} = \sum_{\mu} g_{\mu}\hat{a}_{\mu}$ repräsentiert werden soll; diese Treiberkraft enthält die Vernichtungsoperatoren des dissipativen Systems linear, während die Ankopplung des dissipativen an das dynamische System durch die Kopplungskonstanten $g_{\mu}$ vermittelt wird. Die Wechselwirkung mit dem dynamischen System werde zur Zeit $t = 0$ eingeschaltet. Zu diesem Zeitpunkt seien die beiden Systeme entkoppelt; es gelte für den Dichteoperator des Gesamtsystems

$$\hat{\varrho} = \hat{\varrho}^{\mathrm{A}} \hat{\varrho}^{\mathrm{D}} \tag{25.2}$$

mit $\hat{\varrho}^{\mathrm{A}}$ als Anfangs-Dichteoperator des atomaren Systems. Der Anfangsdichteoperator des dissipativen Systems sei durch

$$\hat{\varrho}^{\mathrm{D}} = \prod_{\mu} \hat{\varrho}_{\mu}{}^{\mathrm{D}} \tag{25.3}$$

gegeben. Bei thermischem Gleichgewicht gilt nach (18.37)

$$\hat{\varrho}_{\mu}{}^{\mathrm{D}} = \exp[-\hbar\omega_{\mu}\hat{a}_{\mu}{}^{+}\hat{a}_{\mu}/k_{\mathrm{B}}T]/\mathrm{Sp}\{\exp[-\hbar\omega_{\mu}\hat{a}_{\mu}{}^{+}\hat{a}_{\mu}/k_{\mathrm{B}}T]\}. \tag{25.4}$$

## 25.2 Kopplung eines harmonischen Oszillators an ein dissipatives System

Das dynamische System sei ein atomares System, das durch einen eindimensionalen harmonischen Oszillator beschrieben werden kann. Damit ist für das atomare System der Hamilton-Operator

$$\hat{H}^{\mathrm{A}} = \hbar\omega\,\hat{C}^{+}\hat{C} \quad \text{mit} \quad [\hat{C},\hat{C}] = [\hat{C}^{+},\hat{C}^{+}] = \hat{0}, \quad [\hat{C},\hat{C}^{+}] = \hat{I} \tag{25.5}$$

anzusetzen, wobei geeignet über die Festlegung des Energie-Nullpunktes verfügt wurde; es sei ausdrücklich darauf hingewiesen, daß die Operatoren $\hat{a}^{+}$ und $\hat{a}$ aus den Grundbeziehungen (12.3) und (12.4) für den harmonischen Oszillator in diesem Kapitel mit $\hat{C}^{+}$ und $\hat{C}$ bezeichnet werden, um eine Verwechslung mit den Operatoren des dissipativen Systems auszuschließen. Die Kopplung des dynamischen Systems an das dissipative wird durch den Wechselwirkungsoperator

$$\hat{H}^{\mathrm{W}} = \hbar(\hat{C}^{+}\hat{M} + \hat{M}^{+}\hat{C}) \tag{25.6}$$

beschrieben, der bilinear die Operatoren des atomaren Systems und des dissipativen Systems (in $\hat{M}$ und $\hat{M}^{+}$) enthält; $\hat{H}^{\mathrm{W}}$ ist linear in den Kopplungskonstanten $g_{\mu}$ bzw. $g_{\mu}{}^{*}$. Die Operatoren des atomaren Systems seien zur Zeit $t = 0$ mit denen des dissipativen Systems vertauschbar. Der Hamilton-Operator des Gesamtsystems ist

$$\hat{H} = \hat{H}^{\mathrm{A}} + \hat{H}^{\mathrm{D}} + \hat{H}^{\mathrm{W}}. \tag{25.7}$$

Die explizite Kenntnis der zeitlichen Abhängigkeit des Operators $\hat{C}_{\mathrm{H}}(t)$ für $t \geqq 0$ würde es bei gegebenen Anfangsbedingungen (also dem Dichteoperator des Gesamtsystems zur Zeit $t = 0$) gestatten, alle wichtigen Aussagen über das atomare System (Energie, Dipolmoment, statistische Maßzahlen der Fluktuationen) zu gewinnen. Eine exakte Angabe von $\hat{C}_{\mathrm{H}}(t)$ ist in geschlossener Form nicht möglich; sie würde auch die detaillierte Kenntnis der Operatoren des dissipativen Systems $(\hat{a}_{\mu}(t))_{\mathrm{H}}$ verlangen, was physikalisch keine wesentlichen Erkenntnisse bringen kann, aber rechnerisch einen kaum bewältigbaren Aufwand bedeuten würde. Es ist aber in guter Näherung möglich, eine relativ einfache Differentialgleichung allein für die Operatoren des atomaren Systems aufzustellen und den Einfluß des dissipativen

Systems global zu erfassen. Dies stellt die Erreichung der Lösung des von uns anvisierten Zieles dar.

Die exakte Bewegungsgleichung für $\hat{C}_{\mathrm{H}}^{+}(t)$ ergibt sich aus (11.13) mit (25.7) zu

$$\frac{\mathrm{d}}{\mathrm{d}t}\hat{C}_{\mathrm{H}}^{+}=\frac{1}{\mathrm{i}\hbar}[\hat{C}_{\mathrm{H}}^{+},\hat{H}_{\mathrm{H}}^{\mathrm{A}}]+\frac{1}{\mathrm{i}\hbar}[\hat{C}_{\mathrm{H}}^{+},\hat{H}_{\mathrm{H}}^{\mathrm{D}}]+\frac{1}{\mathrm{i}\hbar}[\hat{C}_{\mathrm{H}}^{+},\hat{H}_{\mathrm{H}}^{\mathrm{W}}]. \tag{25.8}$$

Da die Vertauschungsrelationen nach (11.12) bildinvariant sind, kann man die einzelnen Summanden im Schrödinger-Bild leicht berechnen. Der erste Summand ist gleich $\mathrm{i}\omega\hat{C}_{\mathrm{H}}^{+}$, der zweite Summand verschwindet wegen der Vertauschbarkeit von $\hat{C}_{\mathrm{H}}^{+}(t=0)=\hat{C}^{+}$ mit den Operatoren des dissipativen Systems $(\hat{a}_{\mu}{}^{+}(t=0))_{\mathrm{H}}=\hat{a}_{\mu}{}^{+}$ und $\hat{a}_{\mu}$; der dritte Summand ergibt sich unter Beachtung der Vertauschungsregeln in (25.5) zu $\mathrm{i}\hat{M}_{\mathrm{H}}^{+}$. Somit folgt aus (25.8) für $t\geqq 0$

$$\frac{\mathrm{d}}{\mathrm{d}t}\hat{C}_{\mathrm{H}}^{+}(t)-\mathrm{i}\omega C_{\mathrm{H}}^{+}(t)=\mathrm{i}\hat{M}_{\mathrm{H}}^{+}(t). \tag{25.9}$$

$\hat{M}_{\mathrm{H}}^{+}(t)$ enthält die $(\hat{a}_{\mu}{}^{+}(t))_{\mathrm{H}}$. Wir bringen die rechte Seite auf eine Form, die eine durchsichtige Weiterbehandlung ermöglicht; nach (22.13) gilt

$$\hat{M}_{\mathrm{H}}^{+}(t)=[\hat{U}^{\mathrm{W}}(t,0)]^{-1}\,\hat{M}_{\mathrm{D}}^{+}(t)\,\hat{U}^{\mathrm{W}}(t,0), \tag{25.10}$$

wobei $\hat{U}^{\mathrm{W}}$ gemäß (22.8a) mit $\hat{H}_{\mathrm{D}}^{\mathrm{W}}$ zusammenhängt und sich $\hat{M}_{\mathrm{D}}^{+}(t)$ explizit in der einfachen Form $\hat{M}_{\mathrm{D}}^{+}(t)=\sum_{\mu} g_{\mu}{}^{*}\hat{a}_{\mu}{}^{+}\,\mathrm{e}^{\mathrm{i}\omega_{\mu}t}$ darstellen läßt – vgl. (22.3).

Die *exakte* Differentialgleichung für $C_{\mathrm{H}}^{+}(t)$ wird also durch die Beziehung

$$\frac{\mathrm{d}}{\mathrm{d}t}\hat{C}_{\mathrm{H}}^{+}(t)-\mathrm{i}\omega\hat{C}_{\mathrm{H}}^{+}(t)=\mathrm{i}[\hat{U}^{\mathrm{W}}(t,0)]^{-1}\,\hat{M}_{\mathrm{D}}^{+}(t)\,\hat{U}^{\mathrm{W}}(t,0) \tag{25.11}$$

repräsentiert. Würde *keine* Ankopplung des atomaren an das dissipative System erfolgen (d.h., wenn alle Kopplungskonstanten gleich Null wären), so würde die rechte Seite verschwinden.

Für das Folgende wollen wir voraussetzen, daß die rechte Seite hinreichend dadurch beschrieben wird, daß bei einer Entwicklung nach den Kopplungskonstanten $g_{\mu}$ alle Glieder bis einschließlich zweiter Ordnung explizit mitgenommen werden. Da $\hat{M}_{\mathrm{D}}^{+}(t)$ selbst schon linear von den Kopplungskonstanten abhängt, genügt es also, wenn wir $\hat{U}^{\mathrm{W}}$ in der Form

$$\hat{U}^{\mathrm{W}}=\hat{I}+\frac{1}{\mathrm{i}\hbar}\int_{0}^{t}\mathrm{d}t'\,\hat{H}_{\mathrm{D}}^{\mathrm{W}}(t')$$

verwenden; Einsetzen dieses Ausdruckes in (25.11) und Sortieren nach Potenzen von $g_{\mu}$ führt auf

$$\begin{aligned}\frac{\mathrm{d}}{\mathrm{d}t}\hat{C}_{\mathrm{H}}^{+}(t)-\mathrm{i}\omega\hat{C}_{\mathrm{H}}^{+}(t)=\mathrm{i}\hat{M}_{\mathrm{D}}^{+}(t)-\hat{C}_{\mathrm{D}}^{+}(t)\int_{0}^{t}\mathrm{d}t'\sum_{\mu}|g_{\mu}|^{2}\,\mathrm{e}^{\mathrm{i}(\omega_{\mu}-\omega)(t-t')}\\+\hat{I}\,\mathrm{O}(1)\,g^{3},\end{aligned} \tag{25.12}$$

wobei wegen der Vertauschungsrelation für die $\hat{a}_\mu{}^+$, $\hat{a}_{\mu'}$ einige vereinfachende identische Umformungen vorgenommen werden konnten. Der Summand mit dem Landau-Symbol O(1) repräsentiert die Glieder dritter und höherer Ordnung der Kopplungskonstanten. Wegen des vorausgesetzten quasikontinuierlichen Spektrums des dissipativen Systems kann die Summe im Integranden des zweiten Summanden auf der rechten Seite von (25.12) in ein Integral umgeformt werden:

$$Q \equiv \sum_\mu |g_\mu|^2 \, e^{i(\omega_\mu - \omega)(t-t')} = \int_0^\infty d\omega' \, \sigma(\omega') \, |g_{\omega'}|^2 \, e^{i(\omega' - \omega)(t-t')} \tag{25.13}$$

mit $g_{\omega'} \equiv g_\mu$. Dieses Integral werten wir nach dem Vorgehen bei der zeitlichen Grobkörnung in (22.21) aus. Wenn $\sigma(\omega')$ und $|g_{\omega'}|^2$ als relativ langsam veränderliche Funktionen vor das Integral gezogen werden können und $t \gg \omega^{-1}$ ist, gilt $Q = \sigma(\omega)\, |g_\omega|^2 \, 2\pi \, \delta(t-t')$. Damit ergibt sich aus (25.12)

$$\frac{d}{dt} \hat{C}_H^+(t) - i\omega \hat{C}_H^+(t) = i \hat{M}_D^+(t) - \beta \hat{C}_D^+(t) + \hat{I} \, O(1) \, g^3, \tag{25.14}$$

wobei $\beta$ eine Konstante ist, die durch die Eigenschaften des atomaren und dissipativen Systems sowie der Kopplung zu $\sigma(\omega)\, |g_\omega|^2 \, \pi$ bestimmt ist.

Die Beziehung (25.14) kann *nicht* als Differentialgleichung für $\hat{C}_H^+$ angesehen werden, da der Erzeugungsoperator links im Heisenberg-Bild, rechts aber im Dirac-Bild steht. Zur näheren Erläuterung dieses Sachverhaltes führen wir einen Operator $\hat{C}_L^+(t')$ ein, der durch

$$\hat{C}_L^+(t') \equiv \hat{C}_H^+(t') \, e^{-i\omega t'} \tag{25.15}$$

gegeben ist. Es wird also die Hauptzeitabhängigkeit vom Operator im Heisenberg-Bild abgespaltet, so daß $\hat{C}_L^+(t')$ ein *langsam veränderlicher* Operator ist; wenn keine Kopplung des atomaren an das dissipative System vorhanden wäre, würde $\hat{C}_L^+(t')$ zeitlich unveränderlich und gleich $\hat{C}_L^+(0) = \hat{C}^+$ sein. Mit $\hat{C}_D^+(t)$ hängt $\hat{C}_L^+(t)$ nach (22.3) durch die Beziehung $\hat{C}_D^+(t) = \hat{C}_L^+(0) \, e^{i\omega t}$ zusammen. Setzt man diese Umformungen in (25.14) ein, so erhält man

$$\frac{d}{dt} \hat{C}_L^+(t) = i e^{-i\omega t} \hat{M}_D^+(t) - \beta \hat{C}_L^+(0) + \hat{I} \, O(1) \, g^3. \tag{25.16}$$

Bis jetzt haben wir beim Übergang von (25.14) zu (25.16) nur eine rein mathematische Umformung vorgenommen. Jetzt führen wir folgende *physikalische Näherung* ein: Das Zeitintervall $(0, t)$ sei einerseits so klein, daß sich $\hat{C}_L^+(t')$ für $0 \leqq t' \leqq t$ nur relativ wenig ändert (das bedeutet, daß die Kopplungskonstanten hinreichend klein sind); andererseits sei $(0, t)$ aber hinreichend groß, so daß $\int_0^t dt' Q$ durch die Konstante $\beta$ ersetzt werden kann – wie das zum Übergang von (25.12) auf (25.14) vorausgesetzt worden war. Diese beiden Voraussetzungen erweisen sich bei repräsentativen Problemen als miteinander verträglich; bei Annahme ihrer Gültigkeit kann man $\hat{C}_L^+(0)$ in (25.16) durch $\hat{C}_L^+(t)$ ersetzen. Ihrem physikalischen Inhalt nach orientiert sich diese Näherung an der Konzeption der Grobkörnung im Zeitbereich – vgl. 22.3; weiterhin wird der Summand mit $O(1) \cdot g^3$ unter der Annahme hinreichend schwacher Kopplung weggelassen. So erhält man aus (25.16) die Differentialgleichung

$$\frac{\mathrm{d}}{\mathrm{d}t}\hat{C}_{\mathrm{L}}^{+}(t)+\beta\hat{C}_{\mathrm{L}}^{+}(t)=\mathrm{i}\,\mathrm{e}^{-\mathrm{i}\omega t}\hat{M}_{\mathrm{D}}^{+}(t). \tag{25.17}$$

Wir wollen die Eigenschaften von (25.17) diskutieren. Der Ausdruck auf der rechten Seite, den wir mit $\hat{\Gamma}^{+}(t)$ bezeichnen, hat den Charakter einer *Fluktuationskraft*; bei Mittelung bezüglich der Variablen des dissipativen Systems – also Spurbildung bezüglich $\hat{\varrho}^{\mathrm{D}}$ – ergibt sich Null:

$$\mathrm{Sp}\{\hat{\varrho}^{\mathrm{D}}\hat{\Gamma}^{+}(t)\}=0 \quad \text{wegen} \quad \mathrm{Sp}\{\hat{\varrho}^{\mathrm{D}}\hat{a}_{\mu}{}^{+}\}=0. \tag{25.18}$$

Fluktuationskräfte sind allgemein durch ihre Korrelationsfunktionen, also durch Mittelwerte ihrer Produkte, zu charakterisieren (das haben die quantentheoretischen Fluktuationskräfte mit den klassischen gemeinsam, wie sie beispielsweise zur Beschreibung der Brownschen Molekularbewegung – vgl. (3.7) – eingeführt wurden). Für Produkte ungerader Ordnung von $\hat{\Gamma}^{+}$ oder $\hat{\Gamma}=(\hat{\Gamma}^{+})^{+}$ ergibt sich Null. Die Mittelwerte zweiter Ordnung sind entweder Null (wie die von $\hat{\Gamma}^{+}(t_1)\,\hat{\Gamma}^{+}(t_2)$ oder $\hat{\Gamma}(t_1)\,\hat{\Gamma}(t_2)$) oder vom Funktionstyp $\delta(t_1-t_2)$; für den letztgenannten Fall berechnen wir folgendes Beispiel:

$$\mathrm{Sp}\{\hat{\varrho}^{\mathrm{D}}\hat{\Gamma}^{+}(t_1)\,\hat{\Gamma}(t_2)\}=\sum_{\mu,\mu'} g_{\mu}{}^{*}g_{\mu'}\,\mathrm{e}^{\mathrm{i}[\omega_{\mu}t_1-\omega_{\mu'}t_2-\omega(t_1-t_2)]}\,\mathrm{Sp}\{\hat{\varrho}^{\mathrm{D}}\hat{a}_{\mu}{}^{+}\,\hat{a}_{\mu'}\}.$$

Mit $\mathrm{Sp}\{\hat{\varrho}^{\mathrm{D}}\hat{a}_{\mu}{}^{+}\,\hat{a}_{\mu'}\}=\delta_{\mu\mu'}\zeta_{\mu}$ folgt bei einer Auswertung analog (25.13):

$$\mathrm{Sp}\{\hat{\varrho}^{\mathrm{D}}\hat{\Gamma}^{+}(t_1)\,\hat{\Gamma}(t_2)\}=2\beta\zeta_{\omega}\,\delta(t_1-t_2); \tag{25.19}$$

dabei ist $\zeta_{\omega}$ die mittlere Besetzungszahl der Quanten des dissipativen Systems in der Mode $\omega_{\mu}=\omega$. Auf die gleiche Weise erhält man

$$\mathrm{Sp}\{\hat{\varrho}^{\mathrm{D}}\hat{\Gamma}(t_1)\,\hat{\Gamma}^{+}(t_2)\}=2\beta(\zeta_{\omega}+1)\,\delta(t_1-t_2). \tag{25.20}$$

Die Mittelwerte der Produkte von mehr als zwei Faktoren ergeben sich eindeutig aus denen mit zwei Faktoren. Die dargestellten statistischen Eigenschaften lassen damit erkennen, daß $\hat{\Gamma}^{+}$ bzw. $\hat{\Gamma}$ *Langevin-Kräfte* vom *Markow-Typ* sind.

Als problemangepaßte Lösung von (25.17) ergibt sich

$$\hat{C}_{\mathrm{L}}^{+}(t)=\mathrm{e}^{-\beta t}\,\hat{C}_{\mathrm{L}}^{+}(0)+\int_0^t \mathrm{d}t'\,\mathrm{e}^{-\beta(t-t')}\,\hat{\Gamma}^{+}(t'). \tag{25.21}$$

Wenn man den Wegfall der Fluktuationskraft annimmt, würde $\hat{C}_{\mathrm{L}}^{+}(t)$ exponentiell mit der Abklingzeit $\beta^{-1}$ nach Null gehen; nur in diesem Fall hätte $\hat{C}_{\mathrm{L}}^{+}(t)$ einen *streng determinierten zeitlichen Verlauf.*

Wir wollen auch die Bewegungsgleichung für das Produkt $\hat{C}_{\mathrm{L}}^{+}(t)\,\hat{C}_{\mathrm{L}}(t)$ aufstellen (weil wir diese – wie sich in 25.4 zeigen wird – für das Zeitverhalten der Energie brauchen). Unter Verwendung von (25.17) bis (25.21) ergibt sich

$$\begin{aligned}\frac{\mathrm{d}}{\mathrm{d}t}(\hat{C}_{\mathrm{L}}^{+}\hat{C}_{\mathrm{L}})&=\left(\frac{\mathrm{d}}{\mathrm{d}t}\hat{C}_{\mathrm{L}}^{+}\right)\hat{C}_{\mathrm{L}}+\hat{C}_{\mathrm{L}}^{+}\left(\frac{\mathrm{d}}{\mathrm{d}t}\hat{C}_{\mathrm{L}}\right)\\&=-2\beta[\hat{C}_{\mathrm{L}}^{+}(t)\,\hat{C}_{\mathrm{L}}(t)-\zeta_{\omega}\hat{I}]+\hat{F}(t)\end{aligned} \tag{25.22}$$

mit

$$\hat{F}(t)=\hat{\Gamma}^{+}(t)\,\hat{C}_{\mathrm{L}}(t)+\hat{C}_{\mathrm{L}}^{+}(t)\hat{\Gamma}(t)-2\beta\zeta_{\omega}\hat{I}. \tag{25.22a}$$

$\hat{F}$ ist ein Operator vom Charakter einer Fluktuationskraft; der Beweis von $\mathrm{Sp}\{\hat{\varrho}^{\mathrm{D}}\hat{F}\}=0$ kann leicht durch die Art und Weise geführt werden, daß man die Operatoren $\hat{\Gamma}^{+}(t)\,\hat{C}_{\mathrm{L}}(t)$ und $\hat{C}_{\mathrm{L}}^{+}(t)\,\hat{\Gamma}(t)$ mit Hilfe von (25.21) explizit aufschreibt und dann die Spurbildung bezüglich $\hat{\varrho}^{\mathrm{D}}$ durchführt; die Resultate lassen sich unter Verwendung von (25.18), (25.19), (25.20) einfach gewinnen.

Man kann von den $\hat{C}_{\mathrm{L}}^{+}(t)$ in der Beziehung (25.17) durch die rein mathematische Transformation $\hat{C}_{\mathrm{L}}^{+}(t)\cdot \mathrm{e}^{\mathrm{i}\omega t}\equiv \underline{\hat{C}}_{\mathrm{H}}^{+}(t)$ zu schnell veränderlichen Operatoren $\underline{\hat{C}}_{\mathrm{H}}^{+}(t)$ übergehen und erhält dann aus (25.17) durch diese mathematische Umformung

$$\frac{\mathrm{d}}{\mathrm{d}t}\underline{\hat{C}}_{\mathrm{H}}^{+}(t)-\mathrm{i}\omega\underline{\hat{C}}_{\mathrm{H}}^{+}(t)=\mathrm{i}\hat{M}_{\mathrm{D}}^{+}(t)-\beta\underline{\hat{C}}_{\mathrm{H}}^{+}(t). \tag{25.23}$$

Die $\underline{\hat{C}}_{\mathrm{H}}^{+}(t)$ stimmen *näherungsweise* mit den exakten Operatoren im Heisenberg-Bild $\hat{C}_{\mathrm{H}}^{+}(t)$ überein (um eine Verwechslung zu vermeiden, sind die genäherten Heisenberg-Operatoren $\underline{\hat{C}}_{\mathrm{H}}^{+}$ hier durch eine Unterstreichung gekennzeichnet). Die Näherung besteht – entsprechend der Herleitung von (25.17) – in der Vernachlässigung von Gliedern höherer als zweiter Ordnung in $g_{\mu}$ und in der zeitlichen Grobkörnung. Die Differentialgleichung (25.23) hat sich bei der Bestimmung der zeitlichen Abhängigkeit von atomaren Operatoren in *makro*-physikalischen Zeitbereichen bewährt – Beispiele werden aus 25.4 ersichtlich werden. Der erste Summand auf der rechten Seite von (25.23) ist eine Fluktuationskraft, der zweite ein Dämpfungsglied.

Die Differentialgleichung (25.22) geht nach Einführung von $\underline{\hat{C}}_{\mathrm{H}}^{+}$, $\underline{\hat{C}}_{\mathrm{H}}$ in

$$\frac{\mathrm{d}}{\mathrm{d}t}(\underline{\hat{C}}_{\mathrm{H}}^{+}\underline{\hat{C}}_{\mathrm{H}})=-2\beta[\underline{\hat{C}}_{\mathrm{H}}^{+}\underline{\hat{C}}_{\mathrm{H}}-\zeta_{\omega}\hat{I}]+\hat{F} \tag{25.24}$$

über.

## 25.3 Kopplung eines Zwei-Niveau-Systems an ein dissipatives System

Mit (24.27) hatten wir gezeigt, daß ein atomares Zwei-Niveau-System durch den folgenden Hamilton-Operator beschrieben werden kann:

$$\hat{H}^{\mathrm{A}}=\hbar\omega\,\hat{B}^{+}\hat{B}, \tag{25.25}$$

wenn über den Energie-Nullpunkt geeignet verfügt wird; $\omega$ ist die Übergangsfrequenz $(E_2-E_1)\hbar^{-1}$. Die Flip-Operatoren $\hat{B}^{+}$, $\hat{B}$ gehorchen der Plusquantisierung gemäß

$$[\hat{B},\hat{B}]_{+}=[\hat{B}^{+},\hat{B}^{+}]_{+}=\hat{0},\qquad [\hat{B},\hat{B}^{+}]_{+}=\hat{I}. \tag{25.25a}$$

$\hat{B}^+\hat{B}$ ist der Besetzungszahl-Operator des oberen Niveaus 2, $\hat{B}\hat{B}^+$ der des unteren Niveaus 1.

Das dissipative System sei das in 25.1 beschriebene; die Wechselwirkung mit dem atomaren System geschehe analog zu den eingangs 25.2 angegebenen Bedingungen durch die Treiberkraft $\hat{M}$. Der Wechselwirkungsoperator sei

$$\hat{H}^{\mathrm{W}} = \hbar(\hat{B}^+\hat{M} + \hat{M}^+\hat{B}), \tag{25.26}$$

der Hamilton-Operator des Gesamtsystems

$$\hat{H} = \hat{H}^{\mathrm{A}} + \hat{H}^{\mathrm{D}} + \hat{H}^{\mathrm{W}}. \tag{25.27}$$

Ziel ist es, wie in 25.2 (näherungsweise) die Bewegungsgleichung für die atomaren Operatoren aufzustellen. Man beginnt wieder mit der exakten Differentialgleichung

$$\begin{aligned}\frac{\mathrm{d}}{\mathrm{d}t}\hat{B}_{\mathrm{H}}^+ &= \frac{1}{\mathrm{i}\hbar}[\hat{B}_{\mathrm{H}}^+, \hat{H}_{\mathrm{H}}^{\mathrm{A}}] + \frac{1}{\mathrm{i}\hbar}[\hat{B}_{\mathrm{H}}^+, \hat{H}_{\mathrm{H}}^{\mathrm{D}}] + \frac{1}{\mathrm{i}\hbar}[\hat{B}_{\mathrm{H}}^+, \hat{H}_{\mathrm{H}}^{\mathrm{W}}] \\ &= \mathrm{i}\omega\hat{B}_{\mathrm{H}}^+ + \mathrm{i}\hat{M}_{\mathrm{H}}^+(\hat{I} - 2\hat{B}_{\mathrm{H}}^+\hat{B}_{\mathrm{H}}).\end{aligned} \tag{25.28}$$

Der erste Summand in der zweiten Zeile ergibt sich aus der ersten Kommutatorklammer, der zweite Summand aus der dritten Kommutatorklammer, die zweite Kommutatorklammer verschwindet. Ein Vergleich von (25.28) mit der entsprechenden Beziehung beim harmonischen Oszillator (25.9) zeigt an, daß ein qualitativer Unterschied besteht; infolge der Plusquantisierung der Flip-Operatoren enthält die Bewegungsgleichung für $\hat{B}_{\mathrm{H}}$ nichtlineare Terme in $\hat{B}_{\mathrm{H}}$. Auf die Bewegungsgleichung (25.28) für den exakten Operator $\hat{B}_{\mathrm{H}}^+(t)$ wenden wir die beim harmonischen Oszillator in 25.2 erläuterten Näherungen an: Vernachlässigung der Kopplungsglieder dritter und höherer Ordnung, zeitliche Grobkörnung, Ausnutzung des quasikontinuierlichen Charakters des Energiespektrums des dissipativen Systems. Da wir die mathematischen Schritte bei der Einführung dieser Näherungen bereits ausführlich in 25.2 erläutert haben, brauchen wir darauf jetzt nicht nochmals einzugehen; der aus diesen Näherungen resultierende Operator $\underline{\hat{B}}_{\mathrm{H}}^+(t)$, der nur näherungsweise gleich dem exakten Operator $\hat{B}_{\mathrm{H}}^+(t)$ im Heisenberg-Bild ist, gehorcht der Bewegungsgleichung

$$\frac{\mathrm{d}}{\mathrm{d}t}\underline{\hat{B}}_{\mathrm{H}}^+(t) - \mathrm{i}\omega\underline{\hat{B}}_{\mathrm{L}}^+(t) = \mathrm{i}\hat{M}_{\mathrm{D}}^+(t)[\hat{I} - 2\underline{\hat{B}}_{\mathrm{H}}^+(t)\,\underline{\hat{B}}_{\mathrm{H}}(t)] - \beta(1 + 2\zeta_\omega)\underline{\hat{B}}_{\mathrm{H}}^+(t) + \hat{\Omega}^+. \tag{25.29}$$

Dieser Differentialgleichung kommt in 25.3 die analoge Bedeutung wie der Differentialgleichung (25.23) in 25.2 zu. Die Größen $\hat{M}_{\mathrm{D}}^+(t)$, $\beta$, $\zeta_\omega$ stimmen mit den in 25.2 eingeführten Größen überein. Der Operator $\hat{\Omega}^+$ hängt linear von $\underline{\hat{B}}_{\mathrm{H}}^+(t)$ und $\underline{\hat{B}}_{\mathrm{H}}(t)$ ab und enthält Integralausdrücke über Produkte von $\hat{M}_{\mathrm{D}}^+(t')$ und $\hat{M}_{\mathrm{D}}(t'')$; damit hängt $\hat{\Omega}^+$ in zweiter Ordnung von den Kopplungskonstanten $g_\mu$ ab. Der erste Term auf der rechten Seite ist – wie $\hat{\Omega}^+$ auch – ein Fluktuationsoperator, der bei Mittelung über die Variablen des dissipativen Systems verschwindet. Der zweite Summand ist ein Dämpfungsglied.

## 25.4 Physikalische Interpretation und Anwendung

### 25.4.1 Dynamische und dissipative Systeme. Wechselwirkungsmechanismen

Die Voraussetzungen von Quanten mit Bosonencharakter und von einem quasikontinuierlichen Energiespektrum für das *dissipative System* erlauben die Anwendung auf eine größere Anzahl von physikalischen Problemen. Zum Beispiel kann mit $\hat{H}^{\mathrm{D}}$ und $\hat{\varrho}^{\mathrm{D}}$ chaotische elektromagnetische Strahlung, insbesondere solche im thermischen Gleichgewicht, beschrieben werden. Auch ein Phononensystem (Gitterschwingungen) kann – wie es bei Festkörperuntersuchungen von Wichtigkeit ist – mit $\hat{H}^{\mathrm{D}}$ beschrieben werden, dabei ist dann die Modendichte $\sigma(\omega_\mu)$ nur unterhalb der Debye-Frequenz von Null verschieden.

Auch die Modelle der *dynamischen* (atomaren) *Systeme* sind so gewählt, daß man damit recht allgemeine physikalische Sachverhalte erfassen kann. Der harmonische Oszillator gestattet es, in guter Näherung die Schwingungsbewegung von Molekül- und Gitterbausteinen zu beschreiben – vgl. 12.2. Das in 25.3 behandelte Zwei-Niveau-System ist dann brauchbar, wenn man einen Übergang zwischen zwei atomaren Niveaus zu untersuchen hat, bei dem die anderen atomaren Niveaus nicht (oder nur global) berücksichtigt zu werden brauchen.

Die *Wechselwirkungsoperatoren* in (25.6) und (25.26) haben ebenfalls eine große Anwendungsbreite. Sie umfassen unter anderem die Dipolwechselwirkung zwischen einem atomaren System und einem elektromagnetischen Feld; wir weisen das explizit für den beim Zwei-Niveau-System benutzten Term nach. Der Wechselwirkungsoperator ist für diesen Fall nach (24.29)

$$\hat{H}^{\mathrm{W}} = -\hat{\boldsymbol{d}}\hat{\boldsymbol{E}}^{\mathrm{D}} = [-\boldsymbol{d}_{21}\hat{B}^{+}\hat{\boldsymbol{E}}^{\mathrm{D}(-)} + \{\mathrm{HA}\}] + [-\boldsymbol{d}_{21}\hat{B}^{+}\hat{\boldsymbol{E}}^{\mathrm{D}(+)} + \{\mathrm{HA}\}]. \tag{25.30}$$

Dabei ist

$$\hat{\boldsymbol{E}}^{\mathrm{D}} = \hat{\boldsymbol{E}}^{\mathrm{D}(-)} + \hat{\boldsymbol{E}}^{\mathrm{D}(+)} \tag{25.31}$$

die am Ort des atomaren Zwei-Niveau-Systems vom dissipativen System herrührende Feldstärke. Die Größen $\hat{\boldsymbol{E}}^{\mathrm{D}(-)}$ und $\hat{\boldsymbol{E}}^{\mathrm{D}(+)}$ enthalten nch (24.30) die Vernichtungs- bzw. Erzeugungsoperatoren für die Quanten (jetzt die Photonen) des dissipativen Systems. Die in den eckigen Klammern stehenden Ausdrücke sind jeweils hermitesche Operatoren. Nur die erste enthält Ausdrücke, die – bei passender Energie des Quantes des dissipativen Systems – quasiresonant sind: atomarer Übergang von unten nach oben unter Absorption eines Quantes, Übergang von oben nach unten unter Emission eines Quantes. Die Prozesse, die durch die zweite Klammer gekennzeichnet werden, sind nichtresonant; so bedeutet beispielsweise der Term mit $\hat{B}^{+}\hat{\boldsymbol{E}}^{\mathrm{D}(+)}$ einen Übergang von unten nach oben unter Emission eines Quantes. Bei unseren Überlegungen zu Übergangswahrscheinlichkeiten – vgl. (22.18) – hat sich gezeigt, daß nur unter quasiresonanten Bedingungen ein maßgeblicher Beitrag zur Übergangswahrscheinlichkeit geliefert werden kann; wir können deshalb den

Wechselwirkungsoperator in der Form

$$\hat{H}^{W} = \hbar(\hat{B}^{+}\hat{M} + \hat{M}^{+}\hat{B}) \quad \text{mit} \quad \hat{M} = \sum_{\mu} g_{\mu}\hat{a}_{\mu}$$

$$\text{und} \quad g_{\mu} = -\mathrm{i}\hbar^{-1}(\boldsymbol{d}_{21}\boldsymbol{e}_{\mu})\left(\frac{\hbar\omega_{\mu}}{2\varepsilon_0 V}\right)^{1/2} \tag{25.32}$$

schreiben, was (25.26) entspricht. Daß der Wechselwirkungsoperator – wie in (25.30) – in der Form eines Produktes aus einem Operator des atomaren Systems und einem Operator des von außen einwirkenden Systems aufgebaut ist, ist ein häufig vorkommender Fall und keineswegs auf ein Strahlungsfeld beschränkt. Wechselwirkungsoperatoren mit der in (25.6) und (25.26) angegebenen Struktur werden bei vielen Problemen verwendet, beispielsweise in der magnetischen Kernresonanz, wo es um die Wechselwirkung von kernmagnetischen Momenten mit einem durch die Umgebung erzeugten Magnetfeld stochastischen Charakters geht, dessen Ursache magnetische Momente anderer Kerne sind – vgl. die Dipol-Wechselwirkung in 15.4 und 15.5. Allgemeiner kann man sagen, daß Wechselwirkungsoperatoren solcher Struktur bei der Kopplung von zwei Elementarteilchen-Systemen vorliegen, bei denen für die eine Art ein Teilchenzahl-Erhaltungssatz gilt, so daß deren Vernichtungs- und Erzeugungsoperatoren immer in Paaren auftreten müssen, die dann jeweils zu einem Flip-Operator vereinigt werden können. Im einfachsten Falle sind die Wechselwirkungsoperatoren solcher Systeme als Produkt aus zwei Operatoren (für Vernichtung und Erzeugung) des einen Teilsystems und einem Operator (für Erzeugung oder Vernichtung) des anderen Teilsystems aufgebaut. Als fundamentale Wechselwirkungen fallen darunter die Elektronen-Positronen-Photonen- und die Nukleonen-Mesonen-Wechselwirkung – vgl. 26.4.3. Wir werden aber weiter unten noch darüber zu diskutieren haben, daß in wichtigen Fällen strukturelle Erweiterungen des Wechselwirkungsoperators vorgenommen werden müssen.

### 25.4.2 Bewegungsgleichungen. Dämpfungsglieder. Relaxationszeiten

Wir wollen jetzt die Bewegungsgleichungen (25.23) und (25.29) für die atomaren Erzeugungsoperatoren diskutieren; es soll nochmals betont werden, daß es sich bei ihnen um die *genäherten* Operatoren im Heisenberg-Bild handelt.

Wir betrachten zunächst die Struktur von (25.23) für den harmonischen Oszillator. Wäre dieser vom dissipativen System isoliert, so wäre die rechte Seite Null, und der Operator $\underline{\hat{C}}_{\mathrm{H}}^{+}$ würde mit $\hat{C}_{\mathrm{H}}^{+}$ übereinstimmen. Faßt man die linke Seite von (25.23) mit dem zweiten Summanden auf der rechten Seite – also dem Dämpfungsglied – zusammen, so ergibt sich (ohne Fluktuationskraft) eine Differentialgleichung, welche die Lösung

$$\underline{\hat{C}}_{\mathrm{H}}^{+}(t) = \underline{\hat{C}}_{\mathrm{H}}^{+}(0)\,\mathrm{e}^{-\beta t}\,\mathrm{e}^{\mathrm{i}\omega t} \tag{25.33}$$

hat, die zeitlich streng determiniert ist. Insgesamt führt (25.23) wegen der Fluktuationskraft $\mathrm{i}\hat{M}_{\mathrm{D}}^{+}$ nicht auf eine zeitlich streng determinierte Lösung. Berücksichtigt man, daß der Operator $\underline{\hat{C}}_{\mathrm{H}}$ mit der klassischen Größe der komplexen Normalamplitude eines harmonischen Oszillators korrespondiert, so wird deutlich, daß

(25.23) *der Struktur nach* das eingangs dieses Kapitels genannte mechanische Beispiel charakterisiert – wobei allerdings von der inhaltlichen Ausdeutung der Fluktuationskraft abzusehen ist.

Die Differentialgleichung für den harmonischen Oszillator enthält insofern eine besonders einfache Fluktuationskraft, als diese nicht von den atomaren Operatoren abhängt; der zeitliche Verlauf von $\mathrm{i}\hat{M}_{\mathrm{D}}^{+}(t)$ ($\hat{M}^{+}$ im Dirac-Bild!) weist aus, daß es sich um eine Kraft handelt, wie sie ein *freies* – nicht an ein atomares System gekoppeltes – dissipatives System hervorbringt. Dagegen ist die Fluktuationskraft $\mathrm{i}\hat{M}_{\mathrm{D}}^{+}[\hat{I}-2\underline{\hat{B}}_{\mathrm{H}}^{+}\underline{\hat{B}}_{\mathrm{H}}]+\hat{\Omega}^{+}$ in der Gleichung (25.29) für das Zwei-Niveau-System komplizierter. Wie bereits der erste Summand mit $\hat{M}_{\mathrm{D}}^{+}$ (der die Kopplungskonstanten in erster Ordnung enthält) explizit ausweist, sind die Fluktuationskräfte von den atomaren Operatoren abhängig; im Zwei-Niveau-Fall treten also keine Kräfte auf, die als solche eines *freien* dissipativen Systems gedeutet werden könnten.

Physikalisch bedeutsame Aussagen für die atomaren Systeme werden erhalten, wenn man die aus den Beziehungen (25.23) und (25.29) resultierenden Operatoren $\underline{\hat{C}}_{\mathrm{H}}^{+}(t)$ bzw. $\underline{\hat{B}}_{\mathrm{H}}^{+}(t)$ über die Variablen des dissipativen Systems mittelt; das gleiche gilt auch von Operatoren des Typs $\underline{\hat{C}}_{\mathrm{H}}^{+}(t')\,\underline{\hat{C}}_{\mathrm{H}}(t'')$ bzw. $\underline{\hat{B}}_{\mathrm{H}}^{+}(t')\,\underline{\hat{B}}_{\mathrm{H}}(t'')$, die zu Korrelationsfunktionen führen. Wir zeigen das zunächst für den zeitlichen Verlauf des Operators $\underline{\hat{B}}_{\mathrm{H}}^{+}(t)$ am Modell des Zwei-Niveau-Systems. Entsprechend der allgemeinen Vorschrift (18.22) zur Bildung des Erwartungswertes des Operators $\underline{\hat{B}}_{\mathrm{H}}^{+}$ zur Zeit $t$ muß die Größe $\mathrm{Sp}\{\hat{\varrho}\,\underline{\hat{B}}_{\mathrm{H}}^{+}(t)\}$ gebildet werden; $\hat{\varrho}$ charakterisiert den Anfangszustand ($t=0$) sowohl des atomaren als auch des dissipativen Systems – vgl. (25.2). Zunächst wird die Mittelung bezüglich des dissipativen Systems durch Spurbildung mit $\hat{\varrho}^{\mathrm{D}}$ vollzogen. Es muß darauf hingewiesen werden, daß die Größe $\mathrm{Sp}\{\hat{\varrho}^{\mathrm{D}}\underline{\hat{B}}_{\mathrm{H}}^{+}(t)\}$ trotz der vollzogenen Spurbildung bezüglich des dissipativen Systems noch den Charakter eines Operators im Hilbert-Raum des *atomaren* Systems hat; wir bezeichnen ihn mit $\underset{\sim}{\hat{B}}_{\mathrm{H}}^{+}$ (auch andere Operatoren wollen wir nach Spurbildung bezüglich $\hat{\varrho}^{\mathrm{D}}$ unterschlängeln). (25.29) führt auf

$$\frac{\mathrm{d}}{\mathrm{d}t}\underset{\sim}{\hat{B}}_{\mathrm{H}}^{+}(t)=[\mathrm{i}\omega-\beta(1+2\zeta_{\omega})]\,\underset{\sim}{\hat{B}}_{\mathrm{H}}^{+}(t); \tag{25.34}$$

der vom Fluktuationsoperator herrührende Anteil verschwindet. Die Lösung von (25.34) ist

$$\underset{\sim}{\hat{B}}_{\mathrm{H}}^{+}(t)=\mathrm{e}^{-\beta(1+2\zeta_{\omega})t}\,\underset{\sim}{\hat{B}}_{\mathrm{H}}^{+}(0)\,\mathrm{e}^{\mathrm{i}\omega t}. \tag{25.35}$$

Mit (24.28) und (25.35) folgt für den über die Variablen des dissipativen Systems gemittelten Operator des Dipolmomentes

$$\underset{\sim}{\hat{\boldsymbol{d}}}_{\mathrm{H}}(t)=\mathrm{e}^{-\beta(1+2\zeta_{\omega})t}\,[\boldsymbol{d}_{21}\,\underset{\sim}{\hat{B}}_{\mathrm{H}}^{+}(0)\mathrm{e}^{\mathrm{i}\omega t}+\{\mathrm{HA}\}].$$

Durch (weitere) Spurbildung mit $\hat{\varrho}^{\mathrm{A}}$ kann man daraus den Erwartungswert $\langle\hat{\boldsymbol{d}}(t)\rangle$ des Dipolmomentes bilden. Man erkennt, daß dieser für $t\lesssim\beta^{-1}(1+2\zeta_{\omega})^{-1}\equiv\tau$ bei *fester Phase* mit der Frequenz $\omega$ schwingt. Das gilt somit auch für den Erwartungswert der (makrophysikalischen) Polarisation eines Ensembles gleichartiger Teilchen (zum Übergang vom Dipolmoment zur Polarisation siehe (22.49)), wenn man annimmt, daß diese durch bestimmte experimentelle Maßnahmen zur Zeit Null alle den gleichen Dipolmoment-Wert haben. Für $t\gg\tau$ geht die Polarisation nach Null.

Dementsprechend wird $\tau$ als *Phasen-Relaxationszeit* oder *Phasen-Zerstörungszeit* bezeichnet. Die analoge Aussage läßt sich auch für den harmonischen Oszillator gewinnen. Zum Beispiel gilt für den Dipolmoment-Operator eines schwingenden zweiatomigen heteropolaren Moleküls nach (12.2b) und 16.5

$$\underset{\sim}{\hat{d}} = A_m(\underset{\sim}{\hat{C}}^+ + \underset{\sim}{\hat{C}}), \tag{25.36}$$

wobei $(\underset{\sim}{\hat{C}}^+ + \underset{\sim}{\hat{C}})$ proportional der Auslenkung der Atome aus der Gleichgewichtslage und damit proportional dem Dipolmoment-Operator ist ($A_m$ enthält molekulare und universelle Konstanten). Aus (25.23) folgt nach Mittelung über die Variablen des dissipativen Systems

$$\frac{\mathrm{d}}{\mathrm{d}t}\underset{\sim}{\hat{C}}_{\mathrm{H}}^+ = (\mathrm{i}\omega - \beta)\underset{\sim}{\hat{C}}_{\mathrm{H}}^+, \tag{25.37}$$

womit sich die Phasen-Relaxationszeit zu $\tau = \beta^{-1}$ ergibt.

In entsprechender Weise können wir auch die zeitliche Änderung der Energie betrachten. Für den harmonischen Oszillator folgt aus (25.24)

$$\frac{\mathrm{d}}{\mathrm{d}t}\underset{\sim}{\hat{H}}_{\mathrm{H}}^{\mathrm{A}} = -2\beta(\underset{\sim}{\hat{H}}_{\mathrm{H}}^{\mathrm{A}} - \hat{I}\hbar\omega\zeta_\omega). \tag{25.38}$$

Die Energie stellt sich also mit der Relaxationszeit $T = (2\beta)^{-1}$ auf den Gleichgewichtswert $\hbar\omega\zeta_\omega$ ein; $T$ ist die *Energie-Relaxationszeit.* Die entsprechende Rechnung beim Zwei-Niveau-System liefert die Relaxationszeit $T = [2\beta(1 + 2\zeta_\omega)]^{-1}$.

Phasen- und Energierelaxationszeit können in verschiedenartigen Experimenten getrennt bestimmt werden. Es sei darauf hingewiesen, daß qualitativ gleiche Betrachtungen, wie wir sie hier für die Polarisation und Energie eines Ensembles gleichartiger atomarer Systeme angestellt haben, auch für andere wichtige Sachverhalte durchgeführt werden können. Als Beispiel nennen wir die Magnetisierung und die Energie eines Systems kernmagnetischer Momente, die bestimmte Einstellungen (und damit Energiewerte) in einem magnetischen Feld einnehmen. Diese bei den Kernresonanz-Verfahren vorgenommenen Betrachtungen haben – Bezug nehmend auf die Magnetfeld-Richtung – zu den Bezeichnungen *transversale Relaxationszeit* (für $\tau$) und *longitudinale Relaxationszeit* (für $T$) geführt.

Wir wollen nun die Größen der Relaxationszeiten und die Beziehungen zwischen ihnen betrachten. Als einfaches, aber wichtiges Beispiel spezialisieren wir zunächst das dissipative System als elektromagnetisches Strahlungsfeld; dann ergibt sich mit (25.32) unter Voraussetzung unpolarisierter Strahlung (Orientierungsmittelung)

$$\beta = \frac{1}{2}\,\frac{\omega^3}{3\pi c^3\hbar\varepsilon_0}\,|d_{21}|^2 = \frac{1}{2}A_{21} \quad \text{mit} \quad \omega = (E_2 - E_1)\hbar^{-1}. \tag{25.39}$$

Die Größe $\beta$ ist also bis auf den Faktor $^1/_2$ gleich dem Einstein-Koeffizienten $A_{21}$ – vgl. (22.36). Nehmen wir an, daß das Niveau 1 das atomare Grundniveau und das Niveau 2 das erste angeregte Niveau und die Temperatur gleich Null sei (was bedeutet, daß im Gleichgewicht der obere Zustand des Zwei-Niveau-Systems nicht besetzt ist), so erhält man für die Relaxationszeiten

$$\tau = 2A_{21}^{-1}, \quad T = A_{21}^{-1}. \tag{25.40}$$

Die genannten speziellen Bedingungen sind diejenigen der spontanen Emission, wie sie in 22.4.1 behandelt wurden. Wir können also den dort angegebenen Resultaten noch hinzufügen, daß infolge der Kopplung mit dem Photonenvakuum eine Energierelaxation und eine Phasenrelaxation auftritt (die bei verschiedenen Atomarten auftretenden Werte sind $\tau$, $T \gtrsim 10^{-8}$ s).

Die aus (25.23) und (25.29) hervorgehenden Phasen- und Energie-Relaxationszeiten führen sowohl für den harmonischen Oszillator als auch für das Zwei-Niveau-System zum Resultat

$$\frac{1}{\tau} = \frac{1}{2T}. \tag{25.41}$$

Diese einfache Beziehung, die für die spontane Emission richtig ist, wird für viele andere Relaxationsmechanismen empirisch nicht bestätigt. Gründe für gewisse Abweichungen bestehen darin, daß auf reale atomare Systeme in der Regel gleichzeitig mehrere dissipative Systeme einwirken; diese müssen im Hamilton-Operator zusätzlich berücksichtigt werden. Weiterhin können neben den in (25.6) und (25.26) angegebenen einfachen Wechselwirkungsoperatoren zusätzlich weitere *Wechselwirkungsterme mit anderer Struktur* zum Tragen kommen. So können Übergänge des atomaren Systems durch mehrere Quanten des dissipativen Systems bewirkt werden; das würde die Einführung von Termen der Form $\hat{B}^+(\hat{M})^m$ und $(\hat{M}^+)^m\hat{B}$ erforderlich machen. Von großer Bedeutung erweist sich außerdem die zusätzliche Einführung von Wechselwirkungstermen der Form $P_{\mu,\mu'}\hat{B}^+\hat{B}\hat{a}_\mu{}^+\hat{a}_{\mu'}$. Man erkennt, daß dieser Term einen Prozeß charakterisiert, bei dem ein Quant der $\mu'$-ten Mode aus dem dissipativen System vernichtet und eines aus der $\mu$-ten Mode erzeugt wird, während das atomare System wegen $\hat{B}^+\hat{B}$ effektiv in seinem Niveau bleibt; $P_{\mu,\mu'}$ ist die für diesen Prozeß charakteristische Kopplungskonstante zwischen atomarem und dissipativem System. Wenn $\omega_\mu \approx \omega_{\mu'}$ ist, haben wir es mit einem quasiresonanten (und damit hinreichend wahrscheinlichen) Prozeß zu tun, der keine Energieänderung des atomaren Systems, wohl aber eine *Phasenzerstörung* bewirkt. Die genannten Zusätze im Wechselwirkungsoperator können sowohl eine beträchtliche Änderung der Absolutwerte von $\tau$ und $T$ als auch eine qualitative Änderung der Beziehung (25.41) zwischen $\tau$ und $T$ hervorrufen [E-19]. Unter Berücksichtigung des Phasenzerstörungsterms $P_{\mu,\mu'}\hat{B}^+\hat{B}\hat{a}_\mu{}^+\hat{a}_{\mu'}$ geht (25.41) in

$$\frac{1}{\tau} = \frac{1}{2T} + \varkappa \tag{25.42}$$

über; $\varkappa$ hängt von den Kopplungskonstanten $P_{\mu,\mu'}$, der Modendichte und der Temperatur ab. Mit $\varkappa$ größer Null kann es zu einer Verkleinerung von $\tau$ unter den Wert von $T$ kommen, was in vielen Fällen auch empirisch festgestellt wird (beispielsweise ist für Schwingungsübergänge in Gasen bei Normaldruck $T \gtrsim 10^{-8}$ s, während $\tau$ zwischen $10^{-11}$ s und $10^{-9}$ s liegt).

Insgesamt gestatten es die in 25.2 und 25.3 aufgezeigten Modellrechnungen, für die atomaren Operatoren Differentialgleichungen herzuleiten – vgl. insbesondere (25.23) und (25.29), *die ihrer Struktur nach* (Auftreten von Fluktuationskräften und Dämpfungsgliedern) in weitem Umfang anwendbar sind. Bei der quantitativen Berechnung der Relaxationszeiten müssen die Modelle aber in vielen Fällen wesentlich erweitert werden. Die genannten Differentialgleichungen lassen erkennen, daß unter den speziellen Bedingungen der Wechselwirkung zwischen einem dynamischen und einem dissipativen System im mikrophysikalischen Bereich irreversible Prozesse ablaufen, die auch für makrophysikalische (Erwartungs-)Werte zu irreversiblem Verhalten führen.

### 25.4.3 Simultane Wirkung stochastischer und zeitlich determinierter Kräfte beim Laser

In Erweiterung der bisherigen Betrachtungen dieses Kapitels wollen wir nun noch den allgemeineren Fall behandeln, in dem *stochastische und zeitlich determinierte Kräfte* simultan auf das dynamische System wirken. Für dieses wählen wir als repräsentatives Beispiel ein Einmoden-Feld in einem Laserresonator aus.

Das Laserfeld (F) steht einmal in Wechselwirkung mit dem gepumpten aktiven Medium (GAM), das aus einer großen Anzahl von gleichartigen atomaren Zwei-Niveau-Atomen $A_1, \ldots, A_j, \ldots, A_m$ bestehen soll, und zum anderen mit einem dissipativen System $D_F$, das die Verluste durch den Resonator charakterisiert. Jedes der atomaren Systeme $A_j$ soll mit einem dissipativen System $D_j$ gekoppelt sein, das einmal den Prozeß der spontanen Emission und zum anderen den stochastischen Umbesetzungsprozeß durch Pumpen des $j$-ten Atoms umfaßt. Das Schema der Kopplung des Laserresonators mit dem gepumpten aktiven Medium ist in Abb. 25.1 angegeben. Auf den ersten Blick scheint es ziemlich schwierig, bei der Komplexität des Systems die Bewegungsgleichungen für die relevanten Laserobservablen aufzustellen. Aber wir werden dieses Ziel ohne größeren Aufwand erreichen, weil wir frühere Resultate direkt übernehmen können.

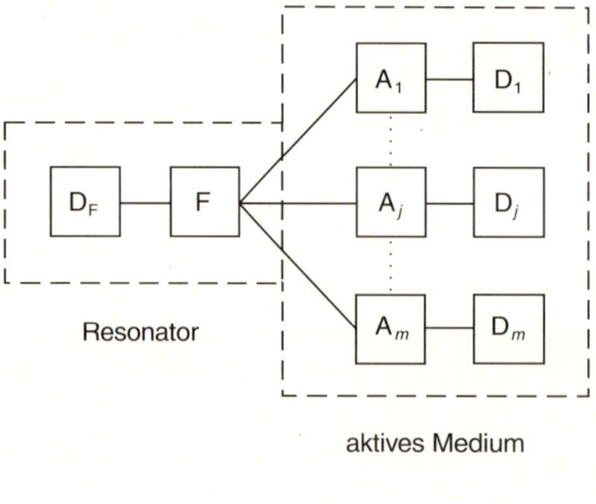


**Abb. 25.1**
Kopplungsschema des Laserfeldes ($F$, $A_j$ dynamische Systeme; $D_F$, $D_j$ dissipative Systeme)

Der Hamilton-Operator des freien Laserfeldes ist nach (16.5) gegeben durch

$$\hat{H}^{\mathrm{F}} = \hbar\omega(\hat{a}^{+}\hat{a} + \hat{I}/2), \tag{25.43}$$

wobei $\hat{a}$ der modale Operator und $\omega$ die Resonatorfrequenz ist. Der Operator der Wechselwirkung des Laserfeldes mit der Gesamtheit der atomaren Systeme ist anzusetzen als

$$\hat{H}^{\mathrm{F-GAM}} = -\mathrm{i}(\hbar\omega/2\varepsilon_0 V)^{1/2}\,\hat{a}\sum_j \hat{B}_j d + \{\mathrm{HA}\}. \tag{25.44}$$

Dabei wurde vom Dipolwechselwirkungsoperator (24.29) in Quasiresonanz-Näherung ausgegangen, wobei $\hat{B}_j$ der Flip-Operator des $j$-ten atomaren Systems ist (vgl. 24.3.1). Die atomare Übergangsfrequenz ist mit der Resonatorfrequenz gleichgesetzt; $d$ ist das (reelle) atomare Übergangsmoment. Mit $\hat{B}_j^{+}$ und $\hat{B}_j$ kann man als wichtige Laseroperatoren die Gesamtpolarisation $\hat{P}_{\mathrm{g}}$ und die Gesamtinversion $\widehat{\Delta N}$ (= Differenz zwischen oberer und unterer Besetzungszahl) bilden:

$$\hat{P}_{\mathrm{g}} = \hat{P} + \{\mathrm{HA}\} \quad \text{mit} \quad \hat{P} = \sum_j \hat{B}_j d, \tag{25.45}$$

$$\Delta N = \sum_j (\hat{B}_j^{+}\hat{B}_j - \hat{B}_j\hat{B}_j^{+}). \tag{25.46}$$

Aus 24.3.1 sind diese Operatoren jeweils für *ein* Zwei-Niveau-Atom entnehmbar. Der die Resonatorverluste betreffende Kopplungsterm mit dem Laserfeld sei $\hat{H}^{\mathrm{F-D_F}}$; er entspricht $\hat{H}^{\mathrm{W}}$ in (25.6), wobei $\hat{C}$ mit $\hat{a}$ zu identifizieren ist und $\hat{M}$ die vom dissipativen System $\mathrm{D_F}$ herrührende Treiberkraft ist. Die Resonatorverluste sollen durch den Austritt der Photonen aus dem Resonator zustande kommen, während Photonenverluste im Resonator vernachlässigt werden.

Die *Bewegungsgleichung* für den modalen Operator $\hat{a}_{\mathrm{H}}$ ergibt sich aus den $\hat{a}$-abhängigen Anteilen $\hat{\mathrm{H}}^{\mathrm{F}}$, $\hat{H}^{\mathrm{F-D_F}}$, $\hat{H}^{\mathrm{F-GAM}}$ des Gesamt-Hamilton-Operators gemäß (11.13) zu

$$\mathrm{d}\hat{a}_{\mathrm{H}}/\mathrm{d}t = (\mathrm{i}\hbar)^{-1}\,[\hat{a}_{\mathrm{H}}, \hat{H}_{\mathrm{H}}^{\mathrm{F}}] + (\mathrm{i}\hbar)^{-1}\,[\hat{a}_{\mathrm{H}}, \hat{H}_{\mathrm{H}}^{\mathrm{F-D_F}}] + (\mathrm{i}\hbar)^{-1}\,[\hat{a}_{\mathrm{H}}, \hat{H}_{\mathrm{H}}^{\mathrm{F-GAM}}]. \tag{25.47}$$

Mit den Vertauschungsrelationen für $\hat{a}$ und $\hat{a}^{+}$ gibt der erste Summand auf der rechten Seite $-\mathrm{i}\omega\hat{a}_{\mathrm{H}}$ und der dritte $-\mathrm{i}g\sum_j \hat{B}_{j\mathrm{H}}$, wobei $g = (d^2\omega/2\varepsilon_0 V\hbar)^{1/2}$ ist. Der zweite Term kann aus Gleichung (25.23) erschlossen werden; in der Folge wird dazu die Dämpfungskonstante $\beta$ mit $v'/2$ bezeichnet und die Fluktuationskraft $\mathrm{i}\hat{M}_{\mathrm{D}}^{+}$ als $\hat{\Gamma}_{\hat{a}}$ bezeichnet. Somit ergibt sich für den zweiten Term $[(-v'/2)\cdot\hat{a}_{\mathrm{H}} + \hat{\Gamma}_{\hat{a}})]$. Mit den in 25.2 und 25.3 ausführlich diskutierten Näherungen folgt demnach aus (25.47) als Bewegungsgleichung für den modalen Operator des Laserfeldes

$$\mathrm{d}\hat{a}_{\mathrm{H}}/\mathrm{d}t = -\mathrm{i}\omega\hat{a}_{\mathrm{H}} - \frac{v'}{2}\hat{a}_{\mathrm{H}} + \hat{\Gamma}_{\hat{a}} + g(-\mathrm{i})\sum_j \hat{B}_{j\mathrm{H}}. \tag{25.48}$$

Da $\hat{a}_{\mathrm{H}}$ gemäß (16.57) proportional dem Anteil $\hat{E}_{\mathrm{H}}^{(-)}$ der Feldstärke ist, kann diese Gleichung als Bewegungsgleichung für die Feldstärke des Laserfeldes verstanden werden, die wir nun interpretieren wollen. Der erste Term auf der rechten Seite beschreibt die dynamische Zeitabhängigkeit des freien Laserfeldes. Der zweite und dritte Term wird durch die Resonatorverluste impliziert; der Faktor $v'/2$ stellt die reziproke Feld-Entleerungszeit des Resonators dar (wenn von der Wechselwirkung mit dem aktiven Medium abgesehen wird). Da die Photonen stochastisch *diskontinuierlich* aus dem Resonator austreten, ist ein Anteil der Feldänderungsrate durch eine *Fluktuationskraft* $\hat{\Gamma}_{\hat{a}}$ zu beschreiben, weil $\hat{a}_H$ fluktuiert. Der letzte Term beschreibt die Wechselwirkung mit dem atomaren System. Er ist proportional dem Gesamtpolarisationsanteil $\hat{P}$; $g$ ist die Kopplungskonstante.

Methodisch in analoger Weise wie die Bewegungsgleichung (25.48) des modalen Operators des Laserfeldes kann auch die Bewegungsgleichung für die Polarisation und die Inversion abgeleitet werden, worauf wir aber im einzelnen nicht eingehen wollen. Die *drei Bewegungsgleichungen* können übersichlich in folgender Form geschrieben werden:

$$\mathrm{d}\hat{\mathfrak{a}}/\mathrm{d}t + (v'/2)\,\hat{\mathfrak{a}} = g\,\hat{\mathfrak{p}} + \hat{\Gamma}_{\hat{\mathfrak{a}}} \tag{25.49a}$$

$$\mathrm{d}\hat{\mathfrak{p}}/\mathrm{d}t + \tau^{-1}\hat{\mathfrak{p}} = g\,\hat{\mathfrak{a}}\,\widehat{\Delta N} + \hat{\Gamma}_{\hat{\mathfrak{p}}} \tag{25.49b}$$

$$\mathrm{d}\widehat{\Delta N}/\mathrm{d}t + T^{-1}(\widehat{\Delta N} - \Delta N^{\mathrm{e}}\hat{I}) = g(-2)[\hat{\mathfrak{a}}^{+}\,\hat{\mathfrak{p}} + \{\mathrm{HA}\}] + \hat{\Gamma}_{\widehat{\Delta N}}. \tag{25.49c}$$

Die Gleichung (25.49a) geht direkt aus (25.48) hervor; es entspricht $\hat{\mathfrak{a}}$ im Sinne von (25.15) dem langsam veränderlichen Anteil von $\hat{a}_H$, indem die Hauptzeitabhängigkeit abgespaltet wurde. Die Größe $\hat{\mathfrak{p}}$ ist bis auf einen Normierungsfaktor der langsam veränderliche Anteil der Polarisation. $\Delta N^{\mathrm{e}}$ ist die Gleichgewichtsinversion. Die Zeiten $\tau$ und $T$ sind die Phasen- und Energierelaxationszeit (vgl. 25.4.2) des atomaren Systems. $\hat{\Gamma}_{\hat{\mathfrak{a}}}$ kennzeichnet die mit den diskontinuierlichen Resonatorverlusten verbundenen Feldfluktuationen. $\hat{\Gamma}_{\hat{\mathfrak{p}}}$ ist die mit der stochastisch ablaufenden spontanen Emission verbundene Fluktuationskraft. Beim Übergang eines einzelnen atomaren Systems von einem Niveau in das andere ändert sich der Inversionswert sprunghaft um plus oder minus zwei; der entsprechende Fluktuationsoperator ist $\hat{\Gamma}_{\widehat{\Delta N}}$. In den vorhergehenden Abschnitten dieses Kapitels ist gezeigt, wie man die Erwartungswerte der Fluktuationsoperatoren bzw. von deren Produkten berechnet. Damit sind alle Größen bekannt, um die maßgeblichen physikalisch-relevanten Werte aus dem Gleichungssystem (25.49a, b, c) quantitativ bestimmen zu können. Mathematisch stellen die Fluktuationskräfte sogenannte Langevin-Operatoren dar, die Differentialgleichungen Langevin-Gleichungen.

Wichtige Folgerungen aus dem Gleichungssystem (25.49) können ohne Rechnung gezogen werden. Einmal weist es direkt aus, daß auf das Laserfeld sowohl zeitlich determinierte als auch stochastische Einflüsse (das sind die Terme der Fluktuationskräfte) wirken. Das führt unter anderem dazu, daß (gegebenenfalls) sehr kleine, aber doch nichtverschwindende Amplituden- und Phasenfluktuationen der Laserstrahlung auftreten (vgl. beispielsweise Sect. 7.3.1 in [D-5]), die man aus (25.49a, b, c) quantitativ ermitteln kann. Weiterhin weist das Gleichungssystem (25.49) aus, daß der Laserprozeß ein nichtlinearer optischer Prozeß ist. Das kann durch sukzessive Lösung des Gleichungssystems demonstriert werden, wenn man aus den Gleichungen (25.49b) und (25.49c) die Inversion eliminiert. Dann wird erkennbar, daß eine nichtlineare Abhängigkeit der Polarisation von $\hat{\mathfrak{a}}$, also von der Feldstärke resultiert.

Wir wollen nun noch die sogenannten *Laserbilanzgleichungen* betrachten. Es sind dies Beziehungen für quantentheoretische Mittelwerte von maßgeblichen Laservariablen, nämlich für den Erwartungswert der Photonenzahl $Q = \langle\hat{\mathfrak{a}}^{+}\,\hat{\mathfrak{a}}\rangle$

und für den Erwartungswert der Inversion $\Delta N = \langle \widehat{\Delta N} \rangle$. Im einfachen Fall des Dreiniveau-Lasers, wie er in etwa beim Rubinlaser (Schema siehe Abb. 25.2) unter der Annahme von Einmoden-Strahlung realisiert ist, lauten sie

$$\mathrm{d}Q/\mathrm{d}t = -v'Q + \kappa B(Q/V)N_2 - \kappa B(Q/V)N_1 + w(N_2/T), \tag{25.50a}$$

$$\mathrm{d}N_2/\mathrm{d}t = \frac{\mathrm{d}}{\mathrm{d}t}\Delta N/2 = \mathscr{P} - \kappa B(Q/V)N_2 + \kappa B(Q/V)N_1 - N_2/T. \tag{25.50b}$$

$N_2$, $N_1$ sind die Erwartungswerte der Besetzungszahlen im oberen (2) und unteren (1) Laserniveau. $\mathscr{P}$ ist die Pumprate vom unteren über das Pumpniveau in das obere Laserniveau. Es kann vorausgesetzt werden, daß der Übergang vom Pump- ins obere Laserniveau so schnell vor sich geht, daß die Besetzung des Pumpniveaus vernachlässigbar ist; somit kann $(N_1 + N_2)$ als konstante Gesamtzahl $N$ der atomaren Systeme gelten. $V$ ist das Resonatorvolumen. Die Größe $v'Q$ gibt die mittlere Photonenaustrittsrate an, ist also proportional der Laserintensität. Das Gleichungssystem (25.50a, b) beschreibt für die *Erwartungs*-Werte $Q$ und $\Delta N$ nur *kontinuierlich* ablaufende Laserprozesse; es läßt sich aus den Bewegungsgleichungen (25.49a, b, c), die sowohl *kontinuierlich als auch diskontinuierlich* ablaufende Laserprozesse beschreiben, ableiten. Diesen relativ komplizierten Weg wollen wir nicht gehen, sondern bei der folgenden Ableitung von (25.50a, b) an die Grundbeziehungen der Photonenemissions- und Absorptionsprozesse in 22.4.1 anschließen, womit eine einfache, durchsichtige Behandlung ermöglicht wird.

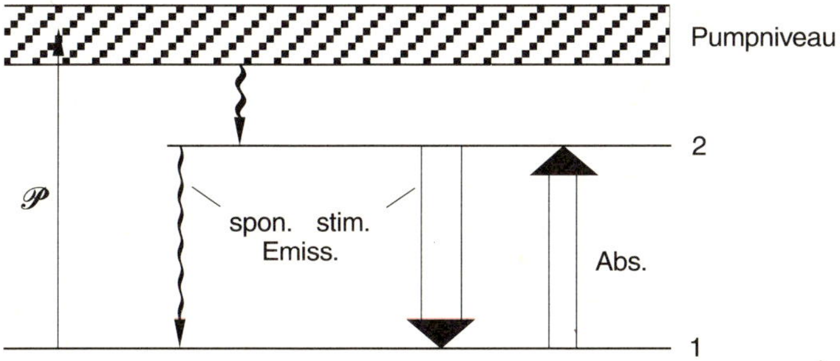


**Abb. 25.2** Schema der Energieniveaus und Übergänge beim Dreiniveau-Laser

Der zweite Term auf der rechten Seite von (25.50a) erklärt sich aus der stimulierten Emission. Nach (22.37) ist dafür die Wahrscheinlichkeitsrate für die Zuführung eines Photons von *einem* angeregten Atom proportional der Photonendichte $Q/V$ und dem Einstein-Koeffizienten $B$; die Photonenzuführungsrate für $N_2$ atomare Systeme ergibt sich daraus durch die Multiplikation mit $N_2$; $\kappa$ ist eine $Q$- und $N_2$-unabhängige Konstante, die aus (22.37) bestimmt werden kann und proportional der atomaren Übergangsfrequenz $\omega_{21}$ ist. Die entsprechende Entleerungsrate des oberen Laserniveaus durch stimulierte Emission reflektiert der zweite Term auf der rechten Seite von (25.50b). Die jeweils dritten Terme in (25.50a, b) lassen sich in analoger Weise gemäß (22.39) mit dem Prozeß der Absorption (deshalb Umkehr der Vorzeichen!) erklären. Der vierte Term $(N_2/T)$ in (25.50b) kennzeichnet die Entleerungsrate des oberen Laserniveaus durch spontane Emission. Dazu müssen wir den Einstein-Koeffizienten $A$ (vgl. (22.36)) heranziehen; dieser hängt wiederum gemäß (25.40) mit der Energierelaxationszeit $T$ zusammen. Da die spontan emittierten Photonen keine scharfen Frequenzen haben (vgl. (22.33)), fällt nur ein (kleiner) Anteil von ihnen genau in die Lasermode; deshalb ist die entsprechende Zuführungsrate in (25.50a) gegeben durch $w \cdot (N_2/T)$ mit $w < 1$. Zur Bestimmung von $w$ betrachten wir die Gleichung (22.31). Sie weist aus, daß im *Einmoden-Fall* bei Vorhandensein *eines* Photons ($Q = 1$) die Übergangsrate für stimulierte Emission genau so groß ist wie die für spontane Emission; also folgt $w/T = \kappa B/V$. Der Term $w \cdot (N_2/T)$ spielt nur bei kleinen Photonenzahlen (wie sie beispielsweise bei Anschwingvorgängen vorkommen) eine Rolle neben dem Term der stimulierten Emission in (25.50a).

Wir wollen nun die *stationären Betriebsbedingungen des Lasers* diskutieren und dabei insbesondere die wichtige Größe der Gleichgewichts-Laserintensität ableiten. Dazu müssen wir die Gleichungen (25.50a, b) für $\mathrm{d}Q/\mathrm{d}t = 0$ und $\mathrm{d}N_2/\mathrm{d}t = 0$ im eingeschwungenen Zustand mit $Q \gg 1$ betrachten. Damit folgt unmittelbar aus (25.50a) die Gleichgewichts-Inversion

$$\Delta N = v' V/\kappa B \tag{25.51a}$$

und unter Verwendung von (25.50b) die Gleichgewichts-Photonenaustrittsrate

$$v' Q = \mathscr{P} - (N + v' V/\kappa B)/2T. \tag{25.51b}$$

Im stationären Betrieb ist also die Laserintensität $\hbar\omega v' Q$ desto größer, je mehr die Pumprate $\mathscr{P}$ die Größe $(N + v' V/\kappa B)/2T$ übersteigt, die wiederum abhängt von der Menge $(N)$ und der Eigenart $(B, T, \kappa)$ des aktiven Mediums sowie von Resonatordaten $(v', V)$.

Neben dem stationären Laser-Regime können mit den Bilanzgleichungen (25.50a, b) auch kontinuierlich ablaufende *nichtstationäre* Erscheinungen des Lasers umfassend erklärt werden. Dazu gehören kleine Abweichungen von den obigen Gleichgewichtswerten, die sogenannten Relaxationsschwingungen, und spezifische Anlaufschwingungen (Serien von Lichtblitzen, „spikes“).

Aus der Herleitung und Interpretation der maßgeblichen Beziehungen (25.49) und (25.50) für einen Laser geht hervor, daß der Laser als ein physikalisches System (Gerät) anzusehen ist, dessen Funktionsweise nur auf quantentheoretischer Basis adäquat erklärt werden kann und wesentlich durch die Wechselwirkung von dynamischen und dissipativen Systemen bedingt ist.

*Kontrollfragen:*

1. Wie wird das dissipative System als Bosonen-System charakterisiert?
2. Welche Wechselwirkungsoperatoren bewirken die Erzeugung (Vernichtung) eines Quantes des dissipativen Systems bei gleichzeitiger Verringerung (Erhöhung) der atomaren Energie?
3. Mit welcher Wechselwirkung wird eine Phasenzerstörung bei gleichbleibender atomarer Energie beschrieben?
4. Was bewirken Dämpfungsglied und Fluktuationskraft in der Differentialgleichung für den atomaren zeitabhängigen Operator der komplexen Normalamplitude bzw. des Flip-Operators?
5. Durch welche dissipativen und dynamischen Systeme werden beim Drei-Niveau-Laser die Bewegungs- und Bilanzgleichungen bestimmt?

# 26 Quantenfeldtheorie

Als allgemeine Grundlagen der *Quantentheorie* hatten wir im Komplex C in Dirac-Formulierung kennengelernt: die Einführung von dynamischen Variablen und Observablen, die als lineare Operatoren und Vektoren in einem dem physikalischen System zuzuordnenden (erweiterten) Hilbert-Raum wirken; die Kennzeichnung eines physikalischen Systems durch einen Zustandsvektor $|\psi(t)\rangle$, der im Prinzip alle zur Zeit $t$ über das System erhaltbaren Meßresultate liefern kann; die Verknüpfung von Observablen und Zustandsvektoren mit den Meßresultaten sowie ihre zeitliche Entwicklung.

Einerseits hatten wir mit diesen Grundlagen in den nachfolgenden Kapiteln der Komplexe D und E das Verhalten von Teilchen mit bestimmten äußeren und inneren Freiheitsgraden behandelt, die bei gegebenem Kopplungsmechanismus mit anderen Teilchen wechselwirken; hierbei handelte es sich um die Lösung bzw. Formulierung von Problemen der Mechanik mit quantentheoretischen Mitteln (Quantenmechanik). Andererseits hatten wir am Beispiel des elektromagnetischen Strahlungsfeldes gesehen – vgl. 16.1 –, daß mit der Dirac-Formulierung der Quantentheorie auch solche Probleme erfolgreich behandelt werden können, die in den Bereich der Feldtheorie einzuordnen sind (Quantenfeldtheorie, Quantenoptik); dabei wurde eine Verknüpfung von Feld- und Teilchenaspekten erreicht, bei der die Besetzungszahldarstellung eine bedeutsame Rolle spielte. Wie im Kapitel 24 ausgewiesen ist, kann die Besetzungszahldarstellung auch bei eigentlich quantenmechanischen Problemen zur vertieften Einsicht und formalen Vereinfachung führen.

Nachdem wir wissen, daß in speziellen (aber durchaus bedeutenden) Fällen eine erfolgreiche quantentheoretische Behandlung feldtheoretischer Probleme möglich ist, stellt sich generell die Frage nach einer Konzeption für die Übertragung der Quantentheorie auf Felder [E-16, 20, 21, 22, 23]. Es wird sich zeigen, daß man die eingangs dieses Kapitels genannten allgemeinen Grundlagen der Quantentheorie nach einem einheitlichen Formalismus mit den klassischen Feldtheorien, deren Charakteristika in 1.3 zusammengestellt sind, in Zusammenhang bringen und damit den Übergang zur Quantenfeldtheorie vollziehen kann. Dieses im vorliegenden Kapitel dargestellte Vorgehen bietet folgende Vorteile: Bisherige Betrachtungen – wie beispielsweise zum elektromagnetischen Strahlungsfeld – werden theoretisch besser fundiert (wenn auch die im Kapitel 16 unter bestimmten Bedingungen angegebenen *Resultate* keine Änderung erfahren). In die Feldtheorien – auch in ihrer quantisierten Form – lassen sich die Forderungen der speziellen Relativitätstheorie organisch einbauen, während wir bisher nur Näherungsausdrücke für relativistische Korrekturen verwendet haben – vgl. 14.3. Die Quantenfeldtheorie in Besetzungszahldarstellung liefert einmal eine Fundierung der Darlegungen über identische Teilchen („echte“ und Quasiteilchen); zum anderen wird dadurch der enge Zusammenhang zwischen quantenmechanischen und quantenfeldtheoretischen Aspekten deutlich, wobei bei einer deduktiven Betrachtung die Quantenfeldtheorie als übergeordnete Theorie aufzufassen ist.

Wir werden wichtig Aspekte der Feldquantisierung in folgender Reihenfolge beschreiben: In 26.1 besprechen wir Grundsätze des Aufbaus, in 26.2 befassen wir uns allgemein mit physikalisch-relevanten Aussagen einer quantisierten Feldtheorie. Als Anwendung betrachten wir in 26.3 die Quantisierung von Gitterschwingungen, was zugleich ein Beispiel für Quasiteilchen ergibt. Weiterführende Aspekte der Quantenfeldtheorie, wie die Betrachtung anderer wichtiger isolierter Felder und auch wechselwirkender Felder, werden wir in 26.4 bringen.

## 26.1 Grundlagen des quantenfeldtheoretischen Formalismus

### 26.1.1 Operatoren der kanonischen Quantenfeldtheorie

Wir knüpfen an die Ausführungen in 1.3 über die klassischen Feldtheorien an; die dort angegebenen Größen und Gesetzmäßigkeiten werden mit den im Komplex C angegebenen allgemeinen Grundlagen der Quantentheorie in Verbindung gebracht. Bei diesem Vorgehen können wir uns formal in gewissem Umfang auf die bereits an früherer Stelle vollzogene Übertragung auf die Mechanik stützen.

Wir ordnen der eingangs von 1.3.1 eingeführten Feldfunktion $\psi(\boldsymbol{r}, t)$ einen Operator $\hat{\psi}(\boldsymbol{r}, t)$ und der kanonisch-konjugierten Impuls-Feldgröße $\pi(\boldsymbol{r}, t)$ einen Operator $\hat{\pi}(\boldsymbol{r}, t)$ zu. Die beim Aufbau der Quantentheorie festgestellte Analogie zwischen Poisson-Klammer-Relationen (1.9) der Grundvariablen der klassischen Theorie und Kommutator-Relationen (8.1) der Grundobservablen der Quantenmechanik nehmen wir nun auch für die Feldtheorie in Anspruch und fordern anstelle der Poisson-Klammer-Relationen (1.83) der Grundvariablen $\psi(\boldsymbol{r}, t)$ und $\pi(\boldsymbol{r}, t)$ der klassischen Feldtheorie für die oben eingeführten Operatoren $\hat{\psi}(\boldsymbol{r}, t)$ und $\hat{\pi}(\boldsymbol{r}, t)$ die Vertauschungsrelationen

$$[\hat{\psi}(\boldsymbol{r}', t), \hat{\pi}(\boldsymbol{r}'', t)]_{\pm} = \mathrm{i}\hbar\,\delta^3(\boldsymbol{r}' - \boldsymbol{r}'')\,\hat{I} \tag{26.1}$$

– vgl. [E-21]. Zusätzlich gilt, daß $\hat{\psi}$ und $\hat{\pi}$ mit sich selbst antikommutieren oder kommutieren. Wir haben neben Kommutatoren $[\,,\,]_-$ auch Antikommutatoren $[\,,\,]_+$ mit eingeführt, weil in der Quantenfeldtheorie beide Arten von Vertauschungsrelationen eine Rolle spielen, wie wir auf Grund der Darlegungen in 16.1 und 21.5 vemuten können. Wir werden sehen, daß Vertauschungsrelationen (26.1) mit Kommutatoren (Minusquantisierung) anzuwenden sind, wenn es sich um Bosonen-Systeme handelt, und die Antikommutatoren (Plusquantisierung) im Falle von Fermionen-Systemen genommen werden müssen. Die Theorie läßt sich für beide Systemarten ziemlich weit parallel entwickeln; daher schreiben wir $[\,,\,]_{\pm}$.

Der zum Operator $\hat{\psi}(\boldsymbol{r}, t)$ konjugierte Operator $\hat{\pi}(\boldsymbol{r}, t)$ ist über den kanonischen Formalismus einzuführen – vgl. (1.81). Dazu benötigt man einen *Lagrange-Operator* $\hat{L}$ bzw. einen *Lagrange-Dichte-Operator* $\hat{\mathcal{L}}$. Der Operator $\hat{\mathcal{L}}$ ist eine Funktion von $\hat{\psi}(\boldsymbol{r}, t)$, $\nabla_{\boldsymbol{r}}\hat{\psi}(\boldsymbol{r}, t)$ und $\frac{\partial}{\partial t}\hat{\psi}(\boldsymbol{r}, t)$, und aus ihm ergibt sich

$$\hat{L} = \int d^3\boldsymbol{r}\, \hat{\mathcal{L}}, \tag{26.2}$$

das ein Funktional von $\hat{\psi}$ und $\frac{\partial}{\partial t}\hat{\psi}$ ist. In Analogie zur klassischen Feldtheorie – vgl. (1.77) und (1.81) – ist $\hat{\pi}(\boldsymbol{r}, t)$ durch die Funktionalableitung von $\hat{L}$ nach $\frac{\partial}{\partial t}\hat{\psi}$ definiert, welche gleich der partiellen Ableitung von $\hat{\mathcal{L}}$ nach $\frac{\partial}{\partial t}\hat{\psi}$ ist:

$$\hat{\pi}(\boldsymbol{r}, t) = \frac{\partial \hat{\mathcal{L}}}{\partial\left(\frac{\partial \hat{\psi}}{\partial t}\right)}. \tag{26.3}$$

Von $\hat{\mathcal{L}}$ und $\hat{L}$ kann man durch Elimination von $\frac{\partial}{\partial t}\hat{\psi}$ zugunsten von $\hat{\pi}$ zum *Hamilton-Dichte-Operator*

$$\hat{\mathcal{H}} = \hat{\pi}\frac{\partial}{\partial t}\hat{\psi} - \hat{\mathcal{L}} \tag{26.4}$$

und zum *Hamilton-Operator*

$$\hat{H} = \int \mathrm{d}^3\boldsymbol{r}\, \hat{\mathcal{H}} = \int \mathrm{d}^3\boldsymbol{r}\left[\hat{\pi}\frac{\partial}{\partial t}\hat{\psi} - \hat{\mathcal{L}}\right] \tag{26.5}$$

übergehen. Der Kommutator von $\hat{\psi}$ bzw. $\hat{\pi}$ mit dem Hamilton-Operator bestimmt die *Bewegungsgleichungen*

$$\frac{\partial}{\partial t}\hat{\psi} = \frac{1}{\mathrm{i}\hbar}[\hat{\psi}, \hat{H}] \tag{26.6}$$

und

$$\frac{\partial}{\partial t}\hat{\pi} = \frac{1}{\mathrm{i}\hbar}[\hat{\pi}, \hat{H}], \tag{26.7}$$

die direkt die Anwendung der Heisenbergschen Bewegungsgleichungen (11.13) der allgemeinen Quantentheorie in der Quantenfeldtheorie bedeuten (und auch mit den Bewegungsgleichungen (1.84) der klassischen Feldtheorie korrespondieren). Wir werden hier die Quantenfeldtheorie ausschließlich im Heisenberg-Bild formulieren. Von äußeren zeitabhängigen Einflüssen können wir absehen, dann ist die Zeitabhängigkeit der Feldoperatoren allein dynamischer Art, und $\frac{\partial}{\partial t}$ bedeutet die Ableitung nach der auftretenden dynamischen Zeitabhängigkeit. In diesem Zusammenhang weisen wir darauf hin, daß im Kapitel 26 durchgängig vom Index H (für Heisenberg-Bild) abgesehen wird.

In den Abschnitten 1.3.1 und 1.3.2 wurden Möglichkeiten erörtert, wie klassische Feldtheorien im Rahmen des kanonischen Formalismus aufgebaut werden können. Die dort beschriebenen Vorgehensweisen lassen sich auf einen weiten Bereich der Quantenfeldtheorie übertragen. Wenn zum Beispiel die Bewegungsgleichungen (Feldgleichungen) bekannt, das heißt, vorgegeben sind, kann man so vorgehen, daß man sich durch geeignete Wahl eines Operators $\hat{\tilde{L}}$ und Bildung von $\hat{\tilde{H}}$ einen solchen Hamilton-Operator $\hat{H}$ konstruiert, daß aus (26.6) diese Feldgleichungen wieder folgen. Man hat dabei $\hat{\pi}(\boldsymbol{r}, t)$ nach (26.3) einzuführen und bei der Berechnung des Kommutators in (26.6) die Vertauschungsrelationen (26.1) zugrunde zu legen. Man kann aber auch das passende $\hat{\tilde{L}}$ anstelle des klassischen $\tilde{L}$ in (1.92) einsetzen und damit die Feldgleichungen ableiten.

Ein allgemeinerer Zugang zu einer Quantenfeldtheorie knüpft an die Symmetrieüberlegungen des Abschnitts 1.3.2 an. Anstelle der klassischen Lagrange-Dichte hat man nach den vorauszusetzenden Invarianzforderungen gegenüber Poincaré-Transformationen der Raum-Zeit-Koordinaten und den damit verknüpften Transformationen der Feldoperatoren sowie gegenüber Funktionaltransformationen der Feldoperatoren einen Lagrange-Dichte-Operator $\hat{\tilde{L}}$ zu konstruieren. Dann kann man alle in 1.3.2 aus Symmetrieüberlegungen gezogenen Schlußfolgerungen für die Quantenfeldtheorie in analoger Weise nachvollziehen, das heißt, Bilanzgleichungen für Operatoren ableiten und Operatoren konstruieren, die Erhaltungsgrößen repräsentieren. Damit werden wir uns in 26.2 etwas genauer befassen. Hier wollen wir aber erst einmal ein paar wichtige quantenfeldtheoretische Beispiele betrachten.

Die zur Einführung der grundlegenden Operatoren der Quantenfeldtheorie angewandten Analogiebetrachtungen, die von den reellen generalisierten Koordinaten der klassischen Mechanik ausgingen, mußten über die klassische Feldtheorie mit reellen Feldfunktionen zwangsläufig zur Quantenfeldtheorie hermitescher, einkomponentiger Felder ($\hat{\psi}(\boldsymbol{r}, t) = \hat{\psi}^+(\boldsymbol{r}, t)$) führen. Als Beispiel hierfür werden wir in 26.3 die Schwingungen eines isotropen kontinuierlichen Mediums quantisieren.

Zu anderen wichtigen Fällen von Quantenfeldtheorien gelangen wir durch naheliegende Verallgemeinerungen:

Im Rahmen der hermiteschen Felder stoßen wir beim Übergang zu dreikomponentigen Feldern $\hat{\psi}_k(\boldsymbol{r}, t)$ (mit $k = 1, 2, 3$) auf das Beispiel des elektromagnetischen Strahlungsfeldes, wo $\hat{\psi}_k$ mit den Komponenten $\hat{A}_k(\boldsymbol{r}, t)$ des Vektorpotentials zu identifizieren ist – vgl. 16.1. Für mehrkomponentige Felder erhalten allgemein die Vertauschungsrelationen zwischen den $\hat{\psi}_k$ und den über den kanonischen Formalismus eingeführten Operatoren $\hat{\pi}_l$ – vgl. (26.3) – die erweiterte Form

$$[\hat{\psi}_k(\boldsymbol{r}', t), \hat{\pi}_l(\boldsymbol{r}'', t)]_\pm = \mathrm{i}\hbar\, \delta_{kl}\, \delta^3(\boldsymbol{r}' - \boldsymbol{r}'')\hat{I}. \tag{26.8a}$$

Im Falle des *Strahlungsfeldes* lautet die Bewegungsgleichung

$$\left(\triangle - \varepsilon_0 \mu_0 \frac{\partial^2}{\partial t^2}\right) \hat{A}_k = 0. \tag{26.9}$$

Dazu kann man den Lagrange-Dichte-Operator

$$\hat{\tilde{L}} = \frac{\varepsilon_0}{2} \sum_{k=1}^{3} \left(\frac{\partial \hat{A}_k}{\partial t}\right)^2 - \frac{1}{2\mu_0}(\nabla_{\boldsymbol{r}} \times \hat{\boldsymbol{A}})^2 \tag{26.10}$$

einführen, woraus sich

$$\hat{\pi}_k = \frac{\partial \hat{\mathcal{L}}}{\partial \left( \frac{\partial \hat{A}_k}{\partial t} \right)} = \varepsilon_0 \frac{\partial}{\partial t} \hat{A}_k \tag{26.11}$$

und der Hamilton-Operator

$$\hat{H} = \int d^3 r \left[ \frac{\varepsilon_0}{2} \left( \frac{\partial \hat{A}}{\partial t} \right)^2 + \frac{1}{2\mu_0} (\nabla_r \times \hat{A})^2 \right] \tag{26.12}$$

ergibt – vgl. 16.1, wenn die Coulomb-Eichung $\sum_{k=1}^{3} \frac{\partial}{\partial x_k} \hat{A}_k = 0$ verwendet wird. Wegen der Coulomb-Eichung kann man (26.8 a) nicht ohne weiteres als Vertauschungsrelation übernehmen, sondern man hat $\delta_{kl} \delta^3(\boldsymbol{r}' - \boldsymbol{r}'')$ durch die transversale δ-Funktion $\delta_{kl}^{(\mathrm{tr})3}(\boldsymbol{r}' - \boldsymbol{r}'')$ zu ersetzen – vgl. A 2 –, für die $\sum_{k=1}^{3} \frac{\partial}{\partial x_k{}'} \delta_{kl}^{(\mathrm{tr})3}(\boldsymbol{r}' - \boldsymbol{r}'') = 0$ gilt. Damit lauten die Vertauschungsregeln (Kommutatorrelationen) für den Operator des Vektorpotentials

$$\left[ \hat{A}_k(\boldsymbol{r}', t), \frac{\partial}{\partial t} \hat{A}_l(\boldsymbol{r}'', t) \right] = \mathrm{i}\hbar \frac{1}{\varepsilon_0} \delta_{kl}^{(\mathrm{tr})3}(\boldsymbol{r}' - \boldsymbol{r}'') \hat{I}, \tag{26.13}$$

die mit den Poisson-Klammer-Relationen (1.68) korrespondieren.

Eine weitere Verallgemeinerung ergibt sich durch Einführung eines nicht-hermiteschen, $N$-komponentigen Feldes ($\hat{\psi}_A \neq \hat{\psi}_A{}^+$ mit $A = 1, 2, \ldots, N$). In diesem Falle lautet die Vertauschungsrelation

$$[\hat{\psi}_A(\boldsymbol{r}', t), \hat{\pi}_B(\boldsymbol{r}'', t)]_\pm = \mathrm{i}\hbar\, \delta_{AB}\, \delta^3(\boldsymbol{r}' - \boldsymbol{r}'') \hat{I}, \tag{26.8 b}$$

während die $\hat{\psi}_A$ und die $\hat{\pi}_B$ untereinander antikommutieren oder kommutieren.

Ein recht bedeutsames Beispiel ist das *Schrödinger-Feld*, mit dem wir uns im Rahmen der klassischen Feldtheorie schon in 1.3.2 mit der Einführung der Lagrange-Dichte (1.114) befaßt haben. Der nicht-hermitesche Feldoperator $\hat{\psi}(\boldsymbol{r}, t)$ des Schrödinger-Feldes hat der Feldgleichung

$$\mathrm{i}\hbar \frac{\partial \hat{\psi}}{\partial t} = H_{\mathrm{Schr}} \hat{\psi} \tag{26.14}$$

mit

$$H_{\mathrm{Schr}} \equiv -\frac{\hbar^2}{2m} \triangle_r + U(\boldsymbol{r}) \tag{26.15}$$

zu genügen. Speziell zum Aufbau des kanonischen Formalismus des Schrödinger-Feldes genügt es, von der nicht-hermiteschen Lagrange-Dichte

$$\hat{\mathcal{L}} = \mathrm{i}\hbar \hat{\psi}^+ \frac{\partial \hat{\psi}}{\partial t} - \frac{\hbar^2}{2m} \sum_{l=1}^{3} \frac{\partial \hat{\psi}^+}{\partial x_l} \frac{\partial \hat{\psi}}{\partial x_l} - U(\boldsymbol{r}) \hat{\psi}^+ \hat{\psi} \tag{26.16}$$

auszugehen. Dann ergibt sich nach (26.3)

$$\hat{\pi}(\boldsymbol{r}, t) = \mathrm{i}\hbar \hat{\psi}^+(\boldsymbol{r}, t), \tag{26.17}$$

und auf Grund von (26.4) und (26.5)

$$\hat{\bar{H}} = \hat{\psi}^+ H_{\mathrm{Schr}} \hat{\psi} \tag{26.18}$$

bzw.

$$\hat{H} = \int \mathrm{d}^3 \boldsymbol{r} \, \hat{\psi}^+ H_{\mathrm{Schr}} \hat{\psi}. \tag{26.19}$$

Bei der Einführung der Vertauschungsrelationen nach (26.1) hätten wir die Möglichkeiten der Plus- und der Minusquantisierung. Meistens denkt man aber im Zusammenhang mit dem Schrödinger-Feld an Elektronen (d.h. an ein Fermionen-System) und wählt daher Plusquantisierung aus, weil dann – wie wir sehen werden – das Paulische Besetzungsverbot automatisch erfüllt wird. Unter diesem Gesichtspunkt erhalten wir die Vertauschungsregel für das Schrödinger-Feld durch Einsetzen von $\hat{\psi}(\boldsymbol{r}', t)$ und $\hat{\pi} = \mathrm{i}\hbar\hat{\psi}^+(\boldsymbol{r}'', t)$ in (26.1) zu

$$[\hat{\psi}(\boldsymbol{r}', t), \hat{\psi}^+(\boldsymbol{r}'', t)]_+ = \delta^3(\boldsymbol{r}' - \boldsymbol{r}'')\hat{I} \tag{26.20}$$

($\hat{\psi}$ und $\hat{\psi}^+$ für sich werden als antikommutierend angenommen). Man kann nun leicht verifizieren, daß die Bewegungsgleichung (26.6) für $\hat{\psi}$ angewendet wieder (26.14) ergibt.

Das Beispiel der Quantisierung des Schrödinger-Feldes hat dazu geführt, die Feldquantisierung gelegentlich als *„zweite Quantisierung"* zu bezeichnen. Bei Verwendung dieser Bezeichnung geht man davon aus, daß das gemäß (26.20) zu quantisierende Feld der Ein-Teilchen-Schrödinger-Gleichung (26.14) zu genügen hat. Wenn man nun den Aufbau des darin auftretenden $H_{\mathrm{Schr}}$ aus der klassischen Hamilton-Funktion $H = \frac{1}{2m}\boldsymbol{p}^2 + U(\boldsymbol{r})$ durch Einführung der die Vertauschungsrelationen (8.1) erfüllenden Operatoren $\hat{\boldsymbol{p}}$ und $\hat{\boldsymbol{r}}$ (in Ortsdarstellung $\frac{\hbar}{\mathrm{i}}\nabla_{\boldsymbol{r}}$ und $\boldsymbol{r}$) als „erste Quantisierung" ansieht, bedeutet (26.20) für die Operatoren $\hat{\psi}$ und $\hat{\psi}^+$ eben die zweite Quantisierung.

### 26.1.2 Analyse von Feldern mittels vollständiger Orthonormalsysteme von Eigenfunktionen

Die in 16.1 praktizierte Modenanalyse des *elektromagnetischen Strahlungsfeldes* und die damit verbundene Einführung von Vernichtungs- und Erzeugungsoperatoren $\hat{a}_\mu$, $\hat{a}_\mu{}^+$ ist eine verallgemeinerungsfähige Methode der Quantenfeldtheorie, durch die die physikalische Interpretierbarkeit der Theorie sehr erleichtert wird.

Um das herauszustellen, schreiben wir die in (16.6) vorgenommene Entwicklung nach fortschreitenden ebenen Wellen, die auf (1.59) beruht, in allgemeinerer Form. Mit der Schreibweise

$$u_{k\mu}(\boldsymbol{r}, t) \equiv (\hbar/2\varepsilon_0\omega_\mu V)^{1/2} \, e_{k\mu} \, \mathrm{e}^{\mathrm{i}(\boldsymbol{q}_\mu \boldsymbol{r} - \omega_\mu t)} \tag{26.21}$$

läßt sich das Vektorpotential $\hat{A}_k(\boldsymbol{r}, t)$ nach dem *Funktionensystem* der Moden entwickeln:

$$\hat{A}_k(\boldsymbol{r}, t) = \sum_{\mu} (\hat{a}_\mu u_{k\mu} + \hat{a}_\mu{}^+ u_{k\mu}^*); \tag{26.22}$$

dabei wird der Operatorcharakter von $\hat{A}_k$ jetzt von den $\hat{a}_\mu$ übernommen. Die Vertauschungsregel (26.13) ist erfüllt, wenn die Operatoren $\hat{a}_\mu$ die Kommutatorrelationen

$$[\hat{a}_\mu, \hat{a}_{\mu'}^+] = \delta_{\mu\mu'} \hat{I}, \quad [\hat{a}_\mu, \hat{a}_{\mu'}] = [\hat{a}_\mu{}^+, \hat{a}_{\mu'}^+] = \hat{0} \tag{26.23}$$

befriedigen. Der Hamilton-Operator (26.12) erhält die einfache Struktur

$$\hat{H} = \sum_{\mu} \hbar \omega_\mu \left( \hat{a}_\mu{}^+ \hat{a}_\mu + \frac{1}{2} \hat{I} \right), \tag{26.24}$$

wie sie in 16.1 bereits angegeben wurde – vgl. speziell (16.5).

Dieses Analyseverfahren kann ohne Schwierigkeiten auf andere Felder übertragen werden. Im Falle des *Schrödinger-Feldes* setzt man die Entwicklung

$$\hat{\psi}(\boldsymbol{r}, t) = \sum_{\mu} \hat{b}_\mu u_\mu(\boldsymbol{r}, t) \tag{26.25}$$

nach einem beliebigen Orthonormalsystem $u_\mu$ an, das nur dadurch eingeschränkt ist, daß es die durch $U(\boldsymbol{r})$ bestimmten Randbedingungen erfüllen muß. Die Plusquantisierungsregel (26.20) wird dann befriedigt, wenn die Operatoren $\hat{b}_\mu$, $\hat{b}_\mu{}^+$ den Antikommutatorrelationen – vgl. (21.50) –

$$[\hat{b}_\mu, \hat{b}_{\mu'}^+]_+ = \delta_{\mu\mu'} \hat{I}, \quad [\hat{b}_\mu, \hat{b}_{\mu'}]_+ = [\hat{b}_\mu{}^+, \hat{b}_{\mu'}^+]_+ = \hat{0} \tag{26.26}$$

gehorchen. In den Operatoren $\hat{b}_\mu$, $\hat{b}_\mu{}^+$ dargestellt erhält der Hamilton-Operator (26.19) die Form

$$\hat{H} = \sum_{\mu,\mu'} \hat{b}_\mu{}^+ \hat{b}_{\mu'} \int \mathrm{d}^3\boldsymbol{r}\, u_\mu{}^* H_{\text{Schr}} u_{\mu'}. \tag{26.27}$$

Eine zu (26.24) analoge Struktur erhält (26.27), wenn die Funktionen $\{u_\mu\}$ des gewählten Orthonormalsystems Eigenfunktionen von $H_{\text{Schr}}$ mit den Eigenwerten $E_\mu$ sind:

$$u_\mu(\boldsymbol{r}, t) = v_\mu(\boldsymbol{r})\, \mathrm{e}^{-\frac{\mathrm{i}}{\hbar} E_\mu t} \tag{26.28a}$$

mit

$$H_{\text{Schr}} v_\mu(\boldsymbol{r}) = E_\mu v_\mu(\boldsymbol{r}). \tag{26.28b}$$

Dann folgt aus (26.27)

$$\hat{H} = \sum_{\mu} E_\mu \hat{b}_\mu{}^+ \hat{b}_\mu. \tag{26.29}$$

(26.29) stimmt mit (21.55) vollständig überein.

Von seiten der Operatoren haben wir nunmehr aus der Konzeption der Feldquantisierung heraus den Anschluß an die Erörterungen in 16.1 und 21.5 erreicht. Wir können die dort eingeführte Sprechweise übernehmen und $\hat{a}_\mu{}^+ \hat{a}_\mu$ in (26.24) sowie $\hat{b}_\mu{}^+ \hat{b}_\mu$ in (26.29) als Besetzungszahloperatoren $\hat{N}_\mu$ ansehen, auf die sich die Besetzungszahldarstellung begründet.

### 26.1.3 Quantenfeldtheorie in Besetzungszahldarstellung (Teilchenzahldarstellung)

Aus 16.1 bzw. 21.5 können wir die Erkenntnis übernehmen, daß die Besetzungszahloperatoren $\hat{N}_\mu$ Eigenvektoren $|\{n_\mu\}\rangle$ mit den Eigenwerten

$$n_\mu = \begin{cases} 0, 1 & \text{bei Plusquantisierung} \\ 0, 1, 2, \ldots & \text{bei Minusquantisierung} \end{cases} \tag{26.30}$$

besitzen, die angeben, wie häufig der Zustand mit der Funktion $u_\mu$ (des Schrödinger-Feldes) bzw. $u_{k\mu}$ (des Strahlungsfeldes) im physikalischen System besetzt ist. Aus der Ganzzahligkeit der $n_\mu$ leitet man die Berechtigung ab, auch von *Teilchenzahlen* $n_\mu$ (für $u_\mu$) zu sprechen. Ein quantisiertes Feld repräsentiert in dieser Auffassung ein *Teilchensystem* (Fermionen bei Plusquantisierung und Bosonen bei Minusquantisierung). Die Zahlen $n_\mu$ geben an, wieviel Teilchen in einem bestimmten Zustand anzutreffen sind; dies heißt bei den von uns betrachteten Spezialfällen die Angabe, wieviel Photonen in den durch (26.21) charakterisierten Moden $u_{k\mu}$ (mit bestimmter Frequenz $\omega_\mu$, Wellenzahl $\boldsymbol{q}_\mu$ und Polarisation $e_{k\mu}$) bzw. wieviel Elektronen in einem äußeren Potential $U(\boldsymbol{r})$ in den durch (26.28) charakterisierten Ein-Elektronen-Zustandsfunktionen $u_\mu$ vorhanden sind.

Durch die Art der Feldgleichungen und die darin auftretenden Parameter (z.B. Masse, Ladung, Spinmatrizen) sowie das statistische Verhalten im Ensemble (Fermionen- oder Bosonencharakter) werden die generellen, allen Teilchen des Systems zukommenden Eigenschaften festgelegt. Die $u_{k\mu}$ bzw. die $u_\mu$ geben die möglichen *individuellen* Zustände der Teilchen im System an.

Wie in 16.1 und 21.5 begründet wurde, fungieren $\hat{a}_\mu$ bzw. $\hat{b}_\mu$ als Vernichtungs- und $\hat{a}_\mu{}^+$ bzw. $\hat{b}_\mu{}^+$ als Erzeugungsoperatoren. Postuliert man wie in (21.51) einen Vakuumzustandsvektor $|\psi_0\rangle$ des Systems dadurch, daß *alle* $n_\mu$ gleich Null sind, so daß

$$\left.\begin{aligned} \hat{a}_\mu|\psi_0\rangle &= |0_V\rangle \\ \hat{b}_\mu|\psi_0\rangle &= |0_V\rangle \end{aligned}\right\} \quad \text{für alle } \mu \tag{26.31}$$

gilt, so kann man sämtliche Systemzustandsvektoren $|\{n_\mu\}\rangle$ – vgl. (21.52) beim Fermionen-System – für Zustände mit fixierten Zahlen $n_\mu$ durch entsprechend häufige Anwendung der betreffenden Erzeugungsoperatoren aus $|\psi_0\rangle$ aufbauen:

$$|\{n_\mu\}\rangle = (n_1!\, n_2! \ldots n_\mu! \ldots)^{-1/2} \prod_\mu (\hat{a}_\mu{}^+)^{n_\mu} |\psi_0\rangle \quad \text{(Bosonen-System)}, \tag{26.32a}$$

$$|\{n_\mu\}\rangle = \prod_\mu (\hat{b}_\mu{}^+)^{n_\mu} |\psi_0\rangle \quad \text{(Fermionen-System)}. \tag{26.32b}$$

(Der Faktor $(n_1!\, n_2! \ldots n_\mu! \ldots)^{-1/2}$ im Bosonen-Fall ist wegen möglicher $n_\mu > 1$ zur Normierung $\langle\{n_\mu\}|\{n_\mu\}\rangle = 1$ erforderlich.)

### 26.1.4 Hilbert-Raum für feste Gesamtteilchenzahl und Fock-Raum

Dem Aufbau aus dem Vakuumvektor $|\psi_0\rangle$ entsprechend repräsentieren die Vektoren (26.32) spezielle Zustände des Systems mit fester Gesamtteilchenzahl $N=\sum_\mu n_\mu$ und *vorgegebener* Verteilung der $n_\mu$ auf die $u_\mu$.

Der allgemeinste Zustandsvektor $|\psi_N\rangle$ des Systems für dieselbe Gesamtteilchenzahl $N$ ist eine Überlagerung aller Vektoren (26.32) mit *unterschiedlichen* Verteilungen der $n_\mu$ auf die $u_\mu$ – vgl. (21.58) im Falle von Fermionen; für Bosonen gilt Analoges.

Im folgenden wollen wir uns nur auf Fermionen beziehen und zeigen, wie man $|\psi_N\rangle$ aus $|\psi_0\rangle$ erzeugen kann. Gehen wir von (26.25) zur Entwicklung von $\psi^+(\boldsymbol{r}, t)$ über und ermitteln daraus die $\hat{b}_\mu{}^+ = \int \mathrm{d}^3\boldsymbol{r}\, u_\mu(\boldsymbol{r}, t)\, \hat{\psi}^+(\boldsymbol{r}, t)$, dann können wir diese Operatoren in

$$|\psi_N\rangle = \sum_{\substack{\{n_\mu\} \\ (\sum_\mu n_\mu = N)}} c\{n_\mu\}_N \prod_\mu (\hat{b}_\mu{}^+)^{n_\mu} |\psi_0\rangle \tag{26.33}$$

einsetzen – vgl. (21.58) – und erhalten mit der Schreibweise $c\{n_\mu\}_N \equiv c_{\mu_1\ldots\mu_N}$ den Zustandsvektor für $N$ Teilchen

$$|\psi_N\rangle = \int \mathrm{d}^3\boldsymbol{r}_1 \cdots \mathrm{d}^3\boldsymbol{r}_N \left( \sum_{\mu_1\ldots\mu_N} c_{\mu_1\ldots\mu_N} u_{\mu_1}(\boldsymbol{r}_1, t) \cdots u_{\mu_N}(\boldsymbol{r}_N, t) \right)$$
$$\times\, \hat{\psi}^+(\boldsymbol{r}_1, t) \cdots \hat{\psi}^+(\boldsymbol{r}_N, t)\, |\psi_0\rangle . \tag{26.34}$$

In (26.34) bedeutet der Ausdruck $\left( \sum_{\mu_1\ldots\mu_N} c_{\mu_1\ldots\mu_N} u_{\mu_1}(\boldsymbol{r}_1, t) \cdots u_{\mu_N}(\boldsymbol{r}_N, t) \right)$ eine Funktion von $N$ Variablen $\boldsymbol{r}_j$,

$$\chi(\boldsymbol{r}_1, \boldsymbol{r}_2, \ldots, \boldsymbol{r}_N, t) = \sum_{\mu_1\ldots\mu_N} c_{\mu_1\ldots\mu_N} u_{\mu_1}(\boldsymbol{r}_1, t) \cdots u_{\mu_N}(\boldsymbol{r}_N, t), \tag{26.35}$$

die bei Vertauschung zweier Variablenindizes antisymmetrisch sein muß. Der Beweis erfolgt durch Vertauschung der Indizes zweier Integrationsvariablen in (26.34) und Umordnung der dabei entstehenden veränderten Reihenfolge im Operatorprodukt in die ursprüngliche unter Anwendung der Antikommutatorrelationen; vgl. die Bemerkung im Anschluß an (26.20). In (26.35) ist $\chi$ eine Mehr-Teilchen-Schrödinger-Wellenfunktion für ein Fermionen-System; nach Abseparation der Zeit entspricht sie der Überlagerung aller Konfigurationen in (21.16), wenn man dort in die Ortsdarstellung übergeht. Wir werden in 26.2.2 noch zeigen, daß (26.35) der Mehr-Teilchen-Schrödinger-Gleichung genügt.

Der Zustandsvektorraum, in dem die einzelnen Feldoperatoren $(\hat{\psi}, \hat{\psi}^+)$ wie auch $(\hat{b}, \hat{b}^+)$ wirken, ist ein Raum mit variabler Teilchenzahl, denn jeder Erzeugungs- und Vernichtungsoperator erhöht bzw. erniedrigt die Gesamtteilchenzahl. Der Raum, der alle diese Zustandsvektoren in sich einschließt, ist der sogenannte *Fock-Raum* – vgl. 21.5.

## 26.2 Physikalische Aussagen

Physikalisch-relevante Aussagen der Quantenfeldtheorie beruhen auf bestimmten hermiteschen Operatoren – den Observablen des *Feldes* – und deren Verknüpfungen mit Zustandsvektoren in Form von *Eigenwerten* und *Erwartungswerten*, wie in 9.4 zusammenfassend dargelegt ist, sowie auf *Übergangswahrscheinlichkeiten* zwischen Zuständen, wie in 22.3 ausgeführt ist. Die Observablen sind hermitesche Funktionale der Feldoperatoren, wie zum Beispiel die in 26.1.1 bereits angegebenen Hamilton-Operatoren.

Indirekt gelangt man von der Feldtheorie her auch zu physikalischen Resultaten durch den Zusammenhang zwischen Quantenfeldtheorie und Mehr-Teilchen-Quantenmechanik. Dadurch kann man in begründeter Weise feldtheoretische Methoden in die Quantenmechanik einführen, wie z.B. den Besetzungszahlformalismus.

### 26.2.1 Observable

Ein systematischer Zugang zu quantenfeldtheoretischen Observablen wird durch Symmetrieeigenschaften der Feldtheorie, wie sie im Aufbau des Lagrange-Operators verankert sind, und durch die zugehörigen Transformationen vermittelt. Es gelten dieselben Prinzipien, wie sie am Ende von 7.3 dargelegt wurden.

Im folgenden wollen wir die im *Noether-Theorem* zum Ausdruck kommenden Beziehungen zwischen Symmetrieeigenschaften bei einer klassischen Feldtheorie und Erhaltungsgrößen – vgl. 1.3.2 – in die quantisierte Feldtheorie übertragen – siehe dazu u.a. auch [A-9], [E-21, 22, 23]. Die den möglichen Symmetrietransformationen zuzuordnenden Erhaltungsgrößen führen zu allgemeinen Ausdrücken für die zugehörigen Observablen, in denen der Lagrange-Dichte-Operator und dessen Ableitungen nach den Feldoperatoren und nach deren räumlichen oder zeitlichen Ableitungen als bestimmende Größen eingehen. Um die konkreten Ausdrücke für die Observablen bei einer speziellen Feldtheorie zu erhalten, muß man die Feldoperatoren $\hat{\varphi}_A$ entsprechend spezifizieren und den zugehörigen Lagrange-Dichte-Operator einführen.

Den Ausführungen in 19.1 folgend sind in der quantisierten Feldtheorie die Symmetrietransformationen durch unitäre Transformationsoperatoren $\hat{U}$ zu beschreiben, so daß die Feldgleichungen, die Vertauschungsrelationen und die physikalisch-relevanten Größen forminvariant sind. Das heißt zum Beispiel, daß für einen beliebigen Operator $\hat{F}$ und beliebige Zustandsvektoren $|\Psi\rangle$, $|\Phi\rangle$ die Relationen

$$\hat{F}' = \hat{U}\hat{F}\hat{U}^+ \tag{26.36}$$

und

$$|\Psi'\rangle = \hat{U}|\Psi\rangle, \qquad \langle\Phi'| = \langle\Phi|\hat{U}^+ \tag{26.37}$$

sowie

$$\langle\Phi|\,\hat{F}\,|\Psi\rangle = \langle\Phi'|\,\hat{F}'\,|\Psi'\rangle \tag{26.38}$$

bestehen, wobei $\hat{U}$ mit dem Hamilton-Operator $\hat{H}$ des Systems (des Feldes) kommutiert:

$$[\hat{U}, \hat{H}] = \hat{0}. \tag{26.39}$$

Für die vom Noether-Theorem erfaßten infinitesimalen Symmetrietransformationen kann man $\hat{U}$ in der Form

$$\hat{U} = e^{i\hat{R}} = \hat{I} + i\hat{R} \tag{26.40}$$

mit hermiteschem $\hat{R}$ $(\hat{R}^+ = \hat{R})$ darstellen. Im Falle der infinitesimalen Poincaré-Transformationen (1.87 a) muß $\hat{R}$ linear von den infinitesimalen Parametern ($\varepsilon^\mu$ und $\varepsilon^{\varrho\lambda}$) und bei Funktionaltransformationen beispielsweise von dem infinitesimalen Parameter $\chi$ der Phasentransformation (1.118) abhängen. Der Operator $\hat{R}$ bekommt somit die Struktur

$$\hat{R} = \varepsilon^\mu \hat{R}_\mu + \frac{1}{2} \varepsilon^{\varrho\lambda} \hat{R}_{\varrho\lambda} + \chi \hat{R}'. \tag{26.41}$$

(Der Faktor $^1/_2$ beim zweiten Summanden der rechten Seite bewirkt, daß nur über die sechs unabhängigen Parameter $\varepsilon^{\varrho\lambda}$ summiert wird. Wegen $\varepsilon^{\varrho\lambda} = -\varepsilon^{\lambda\varrho}$ muß natürlich auch $\hat{R}_{\varrho\lambda} = -\hat{R}_{\lambda\varrho}$ gelten.) Im weiteren werden wir keine Drehungen in der Raum-Zeit betrachten, die den Übergang von einem Bezugssystem zu einem anderen beschreiben, das sich gegenüber dem ersten mit konstanter Geschwindigkeit bewegt. Indem wir $\varepsilon^{mn}$ statt $\varepsilon^{\varrho\mu}$ setzen, berücksichtigen wir nur noch rein räumliche Drehungen.

Wir streben eine formale Analogie zwischen den infinitesimalen unitären Transformationen $\hat{U} = \hat{I} + i\hat{R}$ in der quantisierten Feldtheorie und den infinitesimalen Transformationen in der klassischen Feldtheorie an. Dieses erreichen wir dadurch, daß wir auf die Feldoperatoren $\hat{\psi}_A(x)$ nach (26.36) die Transformation

$$\hat{\psi}'_A(x) \equiv \hat{U}\, \hat{\psi}_A(x)\, \hat{U}^+ = \hat{\psi}_A(x) + i[\hat{R}, \hat{\psi}_A(x)] \tag{26.42}$$

anwenden. Die dabei sich ergebende Änderung der Feldoperatoren

$$\hat{\psi}'_A(x) - \hat{\psi}_A(x) = i[\hat{R}, \hat{\psi}_A(x)]$$

identifizieren wir mit der *lokalen Variation*

$$\delta_{\text{lok}}\, \hat{\psi}_A(x) \equiv \hat{\psi}'_A(x) - \hat{\psi}_A(x) = i[\hat{R}, \hat{\psi}_A(x)] \tag{26.43}$$

in Analogie zur klassischen Relation (1.90). Dabei ergibt sich $\delta_{\text{lok}}\, \hat{\psi}_A(x)$ als Summe von drei Ausdrücken, die der formalen Übertragung von (1.96 b), (1.101 b) und (1.119) in den Operatorformalismus entsprechen:

$$\delta_{\text{lok}}\, \hat{\psi}_A(x) = \varepsilon^\mu \left(-\frac{\partial \hat{\psi}_A}{\partial x^\mu}\right) + \frac{1}{2} \varepsilon^{mn} \left[\left(x_m \frac{\partial \hat{\psi}_A}{\partial x^n} - x_n \frac{\partial \hat{\psi}_A}{\partial x^m}\right) + (i I_{mn})_{AB}\, \hat{\psi}_B\right] + \chi \left(-\frac{ie}{\hbar} \hat{\psi}_A\right). \tag{26.44}$$

Durch direktes Ausrechnen des Kommutators auf der rechten Seite von (26.43) kann man ohne weiteres das Erfülltsein der Relation (26.44) nachweisen, wenn man die in (26.41) stehenden Operatoren $\hat{R}_\mu$, $\hat{R}_{\varrho\lambda}$, $\hat{R}'$ wie folgt identifiziert. $\hat{R}_\mu$ wird bis auf den Faktor $1/\hbar$ mit dem *Operator* $\hat{P}_\mu$ für den *Viererimpuls* $\left(\hat{G}_k, -\frac{1}{c}\hat{H}\right)$ mit $\hat{G}_k$ als Operator des (linearen) Impulses und $\hat{H}$ als Hamilton-Operator identifiziert:

$$\hat{R}_\mu \equiv \frac{1}{\hbar}\hat{P}_\mu = \frac{1}{\hbar}\left(-\frac{1}{c}\right)\int \mathrm{d}^3\boldsymbol{r}\,\hat{\Theta}_\mu{}^4, \tag{26.45}$$

wobei $\hat{\Theta}_\mu{}^4$ in Analogie zu (1.99) zu bilden ist. $\hat{R}_{mn}$ setzt man bis auf $1/\hbar$ mit dem *Operator* $\hat{J}_{mn}$ *des Drehimpulses* gleich, der sich additiv aus den zwei *Operatoren* $\hat{L}_{mn}$ für den *Bahndrehimpuls* und $\hat{S}_{mn}$ für den *Spindrehimpuls* zusammensetzt, die in Analogie zu den klassischen Größen (1.106) bzw. (1.107) stehen. Für $\hat{R}_{mn}$ ist damit

$$\hat{R}_{mn} \equiv \frac{1}{\hbar}\hat{J}_{mn} = \frac{1}{\hbar}\frac{1}{c}\int \mathrm{d}^3\boldsymbol{r}\,\hat{J}_{mn}{}^4 \tag{26.46}$$

zu setzen, wobei $\hat{J}_{mn}{}^4$ in Analogie zu (1.104) gebildet werden muß. $\hat{R}'$ schließlich verknüpft man mit dem *Ladungsoperator* $\hat{Q}$, der in Analogie zu der in (1.120) auftretenden klassischen Größe $Q$ eingeführt wird:

$$\hat{R}' \equiv \frac{1}{\hbar}\hat{Q} = \frac{1}{\hbar}\left(-\frac{\mathrm{i}e}{\hbar c}\right)\int \mathrm{d}^3\boldsymbol{r}\left[\frac{\partial\hat{\bar{L}}}{\partial\left(\frac{\partial\hat{\psi}_A}{\partial x^4}\right)}\hat{\psi}_A - \hat{\psi}_A^+\frac{\partial\hat{\bar{L}}}{\partial\left(\frac{\partial\hat{\psi}_A^+}{\partial x^4}\right)}\right]. \tag{26.47}$$

Der Übergang von den durch die Formeln (1.99), (1.104) und (1.120) definierten Größen der klassischen Feldtheorie zu den entsprechenden Operatoren in der Quantenfeldtheorie erfolgt also *formal* in der Weise, daß man den Operator $\hat{\bar{L}}$ der Lagrange-Dichte anstelle von $\bar{L}$ einführt und die Feldfunktionen $\psi_A$ und $\psi_A^*$ durch die Feldoperatoren $\hat{\psi}_A$ bzw. $\hat{\psi}_A^+$ ersetzt, wobei man auf eine hermitesierte Anordnung der Operatoren in $\hat{\bar{L}}$ und den Observablen zu achten hat, weil Operatoren im allgemeinen nicht vertauschbar sind.

Bei der Berechnung des Kommutators in (26.43) sind die Vertauschungsrelationen (26.8 b) anzuwenden, wobei $\hat{\pi}_B$ durch

$$\hat{\pi}_B = \frac{\partial\hat{\bar{L}}}{\partial\left(\frac{\partial\hat{\psi}_B}{\partial t}\right)} \tag{26.48}$$

definiert ist und in (26.8 b) der Kommutator bzw. Antikommutator zu nehmen ist, je nachdem ob die Feldoperatoren $\hat{\psi}_A$ ein Bosonen- oder ein Fermionen-System betreffen.

Die Operatoren $\hat{P}_\mu = (\hat{G}_k, -\frac{1}{c}\hat{H})$ nach (26.45), $\hat{J}_{mn} = \hat{L}_{mn} + \hat{S}_{mn}$ nach (26.46) und $\hat{Q}$ nach (26.47) stellen die wichtigsten Observablen der Quantenfeldtheorie dar, die bei Invarianz des Systems gegenüber den *infinitesimalen* Symmetrietransformationen (räumliche und zeitliche Translationen, räumliche Drehungen und Phasentransformationen) Erhaltungsgrößen sind.

Mit diesen Observablen wollen wir uns nun erst einmal durch die Betrachtung des *Schrödinger-Feldes* vertraut machen. Mit dem Lagrange-Dichte-Operator $\hat{\mathcal{L}}$ nach (26.16) erhalten wir auf Grund der obigen Formeln den Hamilton-Operator $\hat{H}$ wie in (26.19) angegeben, den Operator des (linearen) Impulses

$$\hat{G}_k = \int \mathrm{d}^3 \boldsymbol{r}\, \hat{\psi}^+ \left(\frac{\hbar}{\mathrm{i}} \frac{\partial}{\partial x^k}\right) \hat{\psi} \quad \text{mit} \quad \frac{\partial}{\partial x^k} = \left(\frac{\partial}{\partial x}, \frac{\partial}{\partial y}, \frac{\partial}{\partial z}\right), \tag{26.49}$$

den Operator des Bahndrehimpulses

$$\hat{L}_{mn} = \int \mathrm{d}^3 \boldsymbol{r}\, \hat{\psi}^+ \left[\frac{\hbar}{\mathrm{i}} \left(x_m \frac{\partial}{\partial x^n} - x_n \frac{\partial}{\partial x^m}\right)\right] \hat{\psi}, \tag{26.50}$$

das heißt

$$\hat{L}_z = \hat{L}_{12} = \int \mathrm{d}^3 \boldsymbol{r}\, \hat{\psi}^+ \left[\frac{\hbar}{\mathrm{i}} \left(x \frac{\partial}{\partial y} - y \frac{\partial}{\partial x}\right)\right] \hat{\psi} \tag{26.50a}$$

und $\hat{L}_x$, $\hat{L}_y$ bei zyklischer Vertauschung von $x$, $y$, $z$. (Da $(I_{mn})_{AB}$ bei einem skalaren Feld null ist – siehe A 5 – besitzt das Schrödinger-Feld keinen Spindrehimpuls.) Der Operator der Ladung ergibt sich zu

$$\hat{Q} = e \int \mathrm{d}^3 \boldsymbol{r}\, \hat{\psi}^+ \hat{\psi}. \tag{26.51}$$

Läßt man in (26.51) den Ladungsfaktor $e$ weg, so erhält man die dimensionslose Observable

$$\hat{N} = \int \mathrm{d}^3 \boldsymbol{r}\, \hat{\psi}^+ \hat{\psi}, \tag{26.52}$$

den *Operator* der *Gesamtteilchenzahl*, der unter den gleichen Voraussetzungen wie $\hat{Q}$ eine Erhaltungsgröße ist. Durch Einsetzen der Entwicklung (26.25) ergibt sich aus (26.52)

$$\hat{N} = \sum_\mu \hat{b}_\mu{}^+ \hat{b}_\mu = \sum_\mu \hat{N}_\mu, \tag{26.53}$$

d.h., die Observable $\hat{N}$ ist als Summe über alle Besetzungszahloperatoren der *Operator der Gesamtteilchenzahl.* Mit Hilfe von (26.20) rechnet man leicht nach, daß $[\hat{N}, \hat{H}] = \hat{0}$ gilt, d.h., daß die Observable $\hat{N}$ (die Gesamtteilchenzahl) eine Erhaltungsgröße des Schrödinger-Feldes ist. Wenn die individuellen Zustände der Teilchen durch (26.28) charakterisiert sind, so daß $\hat{H}$ die Form (26.29) besitzt, dann gilt auch $[\hat{N}_\mu, \hat{H}] = \hat{0}$ für alle $\mu$, was bedeutet, daß in diesem wichtigen Fall die Teilchenzahlen (Besetzungszahlen) $n_\mu$ in den individuellen Zuständen $u_\mu$ ebenfalls Erhaltungsgrößen sind.

Bezüglich des Strahlungsfeldes sei hier nur noch angemerkt, daß wegen der Hermitezität des Operators $\hat{A}_k(\boldsymbol{r}, t)$ des Vektorpotentials die durch Ableitungen nach reellen Raum- und Zeitkoordinaten damit zusammenhängenden Feldstärken $\hat{E}_k(\boldsymbol{r}, t)$ und $\hat{B}_k(\boldsymbol{r}, t)$ ebenfalls hermitesche Operatoren sind und Observable darstellen.

Zu weiteren Observablen der Quantenfeldtheorie gelangt man von den Bilanzgleichungen aus, die ebenfalls als Folge des Noether-Theorems auftreten – siehe (1.93) und (1.94). Durch Übergang von den klassischen Feldgrößen zu den

Feldoperatoren erhält man aus (1.94) den Operator $\hat{\tilde{D}}$ für die klassische physikalische Größe $\tilde{D}$ und in der Bilanzgleichung bei der räumlichen Divergenz-Ableitung den Operator der zugehörigen Stromdichte. Zum Beispiel bedeuten dann (1.100) die Bilanzgleichung zwischen Hamilton-Dichte-Operator und Energiestrom-Dichte-Operator und (1.121) die Bilanzgleichung zwischen Ladungsdichte-Operator und Ladungsstromdichte-Operator. Für das *elektromagnetische Strahlungsfeld* ergeben sich konkret nach (1.109), (1.110) und (1.111) die Energie- und Energiestrom-Dichte-Operatoren

$$\hat{\tilde{H}} = \frac{\varepsilon_0}{2}\hat{\boldsymbol{E}}^2 + \frac{1}{2\mu_0}\hat{\boldsymbol{B}}^2 \tag{26.54}$$

$$\hat{\tilde{S}}_k = (\hat{\boldsymbol{E}} \times \hat{\boldsymbol{H}})_k \tag{26.55}$$

und beispielsweise für das *Schrödinger-Feld* die Operatoren für die Ladungs- und Ladungsstromdichte aus (1.123)

$$\hat{\tilde{\sigma}} = e\hat{\psi}^+\hat{\psi} \tag{26.56}$$

$$\hat{\tilde{j}}_k = \frac{e\hbar}{2mi}\left(\hat{\psi}^+\frac{\partial\hat{\psi}}{\partial x_k} - \frac{\partial\hat{\psi}^+}{\partial x_k}\hat{\psi}\right). \tag{26.57}$$

Neben den bisher behandelten gibt es auch Observable, die man nicht mit dem Noether-Theorem in Verbindung bringen kann, da sie sich als Erhaltungsgrößen bei Invarianz gegenüber *diskreten Symmetrietransformationen* ergeben. Wenn es eine Symmetrietransformation mit einem Transformationsoperator $\hat{W}$ gibt, der nicht nur unitär ($\hat{W}^{-1} = \hat{W}^+$), sondern auch noch selbst hermitesch ($\hat{W} = \hat{W}^+$) ist, so daß

$$\hat{W} = \hat{W}^{-1}, \tag{26.58}$$

das heißt,

$$\hat{W}^2 = \hat{I} \tag{26.59}$$

gilt, dann ist $\hat{W}$ eine Observable, die wegen $[\hat{W}, \hat{H}] = \hat{0}$ eine Erhaltungsgröße darstellt und nur die beiden Eigenwerte $\pm 1$ besitzt. Eine solche Symmetrietransformation ist zum Beispiel die in 19.1.4 schon erwähnte Spiegelung der räumlichen Koordinaten ($x \to -x, y \to -y, z \to -z$); der zugehörige hermitesche unitäre Operator repräsentiert die Observable *Parität.* Bezüglich des Verhaltens bei der Transformation mit dem Paritätsoperator erfolgt zum Beispiel eine Einteilung einkomponentiger Feldoperatoren in echte *Skalare,* wenn $\hat{W}\hat{\psi}(\boldsymbol{r}, ct)\hat{W} = \hat{\psi}(-\boldsymbol{r}, ct)$ gilt, und *Pseudoskalare,* wenn $\hat{W}\hat{\psi}(\boldsymbol{r}, ct)\hat{W} = -\hat{\psi}(-\boldsymbol{r}, ct)$ gilt.

Bezüglich weiterer interessanter diskreter Transformationen wie Ladungskonjugation und Zeitumkehr möchten wir auf die Literatur [E-21, 22, 28] verweisen.

### 26.2.2 Übergang vom quantisierten Schrödinger-Feld mit innerer Wechselwirkung zur Mehr-Teilchen-Quantenmechanik mit Wechselwirkung zwischen den Teilchen

Den Hamilton-Operator (26.19) erweitern wir um ein Coulombsches Wechselwirkungsglied auf

$$\hat{H} = \int \mathrm{d}^3 r' \, \hat{\psi}^+(\boldsymbol{r}', t) \, H_{\mathrm{Schr}} \, \hat{\psi}(\boldsymbol{r}', t) + \frac{1}{2} \frac{e^2}{4\pi\varepsilon_0} \int \mathrm{d}^3 r' \, \mathrm{d}^3 r'' \frac{\hat{\psi}^+(\boldsymbol{r}', t) \, \hat{\psi}^+(\boldsymbol{r}'', t) \, \hat{\psi}(\boldsymbol{r}'', t) \, \hat{\psi}(\boldsymbol{r}', t)}{|\boldsymbol{r}' - \boldsymbol{r}''|} . \tag{26.60}$$

Für diese erweiterte Schrödinger-Feldtheorie wollen wir nun zuerst die Spezialfälle $N = 1$ und 2 für die Gesamtteilchenzahl untersuchen. (26.34) benutzend erhalten wir in diesen Fällen die Zustandsvektoren

$$|\psi_1\rangle = \int \mathrm{d}^3 \boldsymbol{r}_1 \Big( \sum_{\mu_1} c_{\mu_1} u_{\mu_1}(\boldsymbol{r}_1, t) \Big) \, \hat{\psi}^+(\boldsymbol{r}_1, t) \, |\psi_0\rangle , \tag{26.61 a}$$

$$|\psi_2\rangle = \int \mathrm{d}^3 \boldsymbol{r}_1 \, \mathrm{d}^3 \boldsymbol{r}_2 \Big( \sum_{\mu_1 \mu_2} c_{\mu_1 \mu_2} u_{\mu_1}(\boldsymbol{r}_1, t) \, u_{\mu_2}(\boldsymbol{r}_2, t) \Big) \, \hat{\psi}^+(\boldsymbol{r}_1, t) \, \hat{\psi}^+(\boldsymbol{r}_2, t) \, |\psi_0\rangle , \tag{26.61 b}$$

womit wir die Eigenwertgleichungen für $\hat{H}$ formulieren und umformen wollen. Aus

$$\hat{H} |\psi_1\rangle = E_1 |\psi_1\rangle \tag{26.62}$$

folgt mit (26.61 a) und mit Hilfe der Vertauschungsregeln (26.20)

$$\int \mathrm{d}^3 \boldsymbol{r}_1 (\hat{\psi}^+(\boldsymbol{r}_1, t) \, |\psi_0\rangle) \, \{ H_{\mathrm{Schr}} - E_1 \} \Big( \sum_{\mu_1} c_{\mu_1} u_{\mu_1}(\boldsymbol{r}_1, t) \Big) = 0 . \tag{26.63}$$

Da alle Vektoren $(\psi^+(\boldsymbol{r}, t) \, |\psi_0\rangle)$ willkürlich sind, kann man aus (26.63) auf

$$H_{\mathrm{Schr}} \, \chi(\boldsymbol{r}_1, t) = E_1 \, \chi(\boldsymbol{r}_1, t) \tag{26.64}$$

schließen, wenn man

$$\chi(\boldsymbol{r}_1, t) = \sum_{\mu_1} c_{\mu_1} u_{\mu_1}(\boldsymbol{r}_1, t) \tag{26.65}$$

einführt. (26.65) bedeutet nichts anderes als die Entwicklung einer allgemeinen Lösung $\chi(\boldsymbol{r}, t)$ der Ein-Teilchen-Schrödinger-Gleichung (26.64) nach dem vollständigen Orthonormalsystem der $\{u_\mu\}$. Man beachte, daß der Term mit der inneren Wechselwirkung des Feldes sich wegen $\hat{\psi} |\psi_0\rangle = |0_{\mathrm{V}}\rangle$ automatisch eliminiert hat; ein einzelnes Teilchen besitzt keine Wechselwirkung mit sich selbst. Dagegen mußten wir dies beim Übergang von der klassischen Wellentheorie der stofflichen Materie zur Ein-Teilchen-Wellenmechanik extra voraussetzen – siehe Erklärung im Anschluß an (5.1) zur Bedeutung der potentiellen Energie $U(\boldsymbol{r}, t)$ und der Zustandsfunktion $\psi(\boldsymbol{r}, t)$.

Um zu zeigen, wie die Coulomb-Wechselwirkung für zwei Teilchen herauskommt, wollen wir den Zwei-Teilchen-Fall noch skizzieren. Durch Einsetzen von (26.61 b) in die Eigenwertgleichung

$$\hat{H}|\psi_2\rangle = E_2|\psi_2\rangle \tag{26.66}$$

und durch Umformungen, die auf den Vertauschungsregeln (26.20) sowie der Grundrelation $\hat{\psi}|\psi_0\rangle = |0_V\rangle$ für den Vakuumvektor $|\psi_0\rangle$ beruhen, ergibt sich

$$\begin{aligned}\int \mathrm{d}^3\boldsymbol{r}_1\, \mathrm{d}^3\boldsymbol{r}_2 (\hat{\psi}^+(\boldsymbol{r}_1, t)\, \hat{\psi}^+(\boldsymbol{r}_2, t)\, |\psi_0\rangle) & \\ \times \left\{ H_{\mathrm{Schr}}(1) + H_{\mathrm{Schr}}(2) + \frac{e^2}{4\pi\varepsilon_0 |\boldsymbol{r}_1 - \boldsymbol{r}_2|} - E_2 \right\} & \\ \times \left( \sum_{\mu_1\mu_2} c_{\mu_1\mu_2} u_{\mu_1}(\boldsymbol{r}_1, t)\, u_{\mu_2}(\boldsymbol{r}_2, t) \right) = 0\,. &\end{aligned} \tag{26.67}$$

Wieder kann man wegen der Willkürlichkeit der Zwei-Teilchen-Vektoren $(\hat{\psi}^+(\boldsymbol{r}_1, t) \times \hat{\psi}^+(\boldsymbol{r}_2, t)\, |\psi_0\rangle)$ auf die Gültigkeit der Zwei-Teilchen-Schrödinger-Gleichung mit Coulombscher Teilchenwechselwirkung

$$\left\{ H_{\mathrm{Schr}}(1) + H_{\mathrm{Schr}}(2) + \frac{e^2}{4\pi\varepsilon_0 |\boldsymbol{r}_1 - \boldsymbol{r}_2|} - E_2 \right\} \chi(\boldsymbol{r}_1, \boldsymbol{r}_2, t) = 0 \tag{26.68}$$

schließen; dabei ist $H_{\mathrm{Schr}}(j)$ die Abkürzung $-\frac{\hbar^2}{2m} \triangle_{\boldsymbol{r}_j} + U(\boldsymbol{r}_j)$. Die Schrödinger-Funktion $\chi(\boldsymbol{r}_1, \boldsymbol{r}_2, t) \equiv \sum_{\mu_1\mu_2} c_{\mu_1\mu_2} u_{\mu_1}(\boldsymbol{r}_1, t)\, u_{\mu_2}(\boldsymbol{r}_2, t)$ muß, wie im Anschluß an (26.35) erörtert wurde, in der Abhängigkeit von $\boldsymbol{r}_1$ und $\boldsymbol{r}_2$ antisymmetrisch sein, da wir das Schrödinger-Feld der Plusquantisierung (26.20) unterworfen haben, also ein Fermionen-System voraussetzten. Eine Verallgemeinerung dieser Betrachtungen auf ein $N$-Fermionen-System ist nach dem gleichen Verfahren möglich, womit der angestrebte Beweis der Äquivalenz zwischen quantisierter Schrödinger-Feld-Theorie mit innerer Coulomb-Wechselwirkung und Mehr-Teilchen-Quantenmechanik mit Coulomb-Wechselwirkung vollständig erbracht werden kann [E-16].

## 26.3 Anwendung auf Quasiteilchen (Phononen)

Für die Theorie der gekoppelten Schwingungen der Atome eines Kristallgitters sind zwei Modelle gebräuchlich, die Grenzfälle darstellen: das Modell der gekoppelten Massenpunkte und das Modell des schwingenden Kontinuums. Wir stellen uns nun die Aufgabe, eine Quantentheorie der Gitterschwingungen auf der Basis beider Modelle zu entwickeln. Damit wird in diesem Abschnitt an einem repräsentativen Beispiel ein bedeutsamer Zug der Grundlagen der Quantenfeldtheorie verdeutlicht: Die *Feld*größen $\hat{\psi}$ und $\hat{\pi}$ treten als Mittelwerte in kleinen räumlichen

Gebieten auf und korrespondieren daher mit den Koordinaten $q_\alpha$ und Impulsen $p_\alpha$ diskreter Systeme. Am Beispiel der Gitterschwingungen können wir das willkürfrei sowohl für die einzelnen Beziehungen (Vertauschungsrelationen, Bewegungsgleichungen) als auch für das Endresultat nachweisen.

### 26.3.1 Massenpunktmodell der Phononen

Da es uns hier nur darauf ankommt, prinzipielle Aspekte darzulegen, betrachten wir anstelle eines dreidimensionalen Kristallgitters eine eindimensionale Kette aus $N$ gleichen Massenpunkten (Masse $M$), die im Gleichgewicht denselben Abstand $l$ voneinander haben. Um besondere Effekte, die mit dem Anfang und dem Ende der Kette zu tun haben, außer Betracht lassen zu können, führen wir – analog wie bei der Behandlung von Ein-Elektronen-Zuständen im Kristall (vgl. (19.36)) – die Born-von-Kármánsche Randbedingung ein; d.h., wir untersuchen die Schwingungen einer periodisch geschlossenen Massenpunktkette der Länge $L = N l$. Wir lassen – der Einfachheit halber – nur nächstnachbarliche Wechselwirkungen der Massenpunkte zu, wobei die Kräfte proportional zur Auslenkung aus der Gleichgewichtslage sind (Kraftkonstante $C$). Die Bewegungsgleichung des $\alpha$-ten Massenpunktes, dessen Auslenkung aus der Gleichgewichtslage in Richtung der Kette $q_\alpha(t)$ ist, lautet somit

$$M \frac{d^2 q_\alpha}{dt} = -C(q_\alpha - q_{\alpha+1}) - C(q_\alpha - q_{\alpha-1}) = C(q_{\alpha+1} - 2q_\alpha + q_{\alpha-1}). \tag{26.69}$$

Wegen der periodischen Randbedingung $q_\alpha(t) = q_{N+\alpha}(t)$ erweist sich der Lösungsansatz

$$q_\alpha(t) = \frac{1}{\sqrt{N}} e^{ik\alpha l} a_k'(t) + \{KK\} \tag{26.70}$$

als zweckmäßig. Mit ihm gelangt man von (26.69) zu einer Differentialgleichung für $a_k'(t)$, die zeitlich harmonische Lösungen

$$a_k'(t) = a_k'(0)\, e^{-i\omega(k)t} \tag{26.71}$$

besitzt, wobei sich als Zusammenhang zwischen $k$ und $\omega(k)$ die Dispersionsrelation

$$\omega(k) = 2\sqrt{\frac{C}{M}}\, |\sin(kl/2)| \tag{26.72}$$

ergibt. Aus dem wellenartigen Charakter der Lösung $q_\alpha(t)$ nach (26.70) und (26.71) leitet sich die Bedeutung von $k$ als Wellenzahl ab. Die Periodizitätsbedingung erfordert $k N l = m 2\pi$, was auf die diskreten $k$-Werte

$$k = \frac{2\pi}{L} m \quad \text{mit} \quad -\frac{N}{2} \leqq m < \frac{N}{2},\ |m| \text{ ganzzahlig} \tag{26.72a}$$

führt und $k$ als reduzierte Wellenzahl ausweist - vgl. dazu auch (19.53) und (19.67) für Elektronenzustände im Kristallgitter. Allgemeine Lösung für $q_\alpha(t)$, die den Anfangsbedingungen $q_\alpha(0)$ angepaßt werden kann, ist eine Überlagerung von Grundlösungen (26.71) mit allen möglichen $k$-Werten:

$$q_\alpha(t) = \sum_k \left[ a_k'(0) \frac{1}{\sqrt{N}} \mathrm{e}^{\mathrm{i}kl\alpha - \mathrm{i}\omega(k)t} + \{\mathrm{KK}\} \right]. \tag{26.73}$$

Zur Darstellung der Quantentheorie benötigen wir noch die Hamilton-Funktion zur Bewegungsgleichung (26.69). Mit dem kanonischen Impuls $p_\alpha = M \frac{\mathrm{d}q_\alpha}{\mathrm{d}t}$ lautet diese

$$H = \frac{1}{2M} \sum_\alpha p_\alpha{}^2 + \frac{C}{2} \sum_\alpha (q_\alpha - q_{\alpha+1})^2 ; \tag{26.74}$$

nach Einsetzen von (26.73) unter Ausnützung der Orthogonalitätsrelationen

$$\sum_\alpha \left( \frac{1}{\sqrt{N}} \mathrm{e}^{\mathrm{i}kl\alpha} \right)^* \left( \frac{1}{\sqrt{N}} \mathrm{e}^{\mathrm{i}k'l\alpha} \right) = \delta_{kk'},$$

die man mit Hilfe der Summenformel der geometrischen Reihe in Verbindung mit (26.72a) beweist, und Einführung eines dimensionslosen $a_k(t)$ mittels

$$a_k'(t) = [\hbar/2M\omega(k)]^{1/2}\, a_k(t) \tag{26.75}$$

bekommt sie die Form

$$H = \sum_k \frac{1}{2} \hbar\omega(k) \, [a_k{}^*(t)\, a_k(t) + a_k(t)\, a_k{}^*(t)] . \tag{26.76}$$

Beim Übergang zur Quantentheorie ersetzen wir die kanonischen Variablen $q_\alpha(t)$ und $p_\alpha(t)$ durch Operatoren $\hat{q}_a(t)$ und $\hat{p}_a(t)$, die den Vertauschungsrelationen

$$[\hat{q}_\alpha, \hat{p}_{\alpha'}] = \mathrm{i}\hbar\delta_{\alpha\alpha'}\hat{I}, \quad [\hat{q}_\alpha, \hat{q}_{\alpha'}] = [\hat{p}_\alpha, \hat{p}_{\alpha'}] = \hat{0} \tag{26.77}$$

genügen. Dann entsteht aus (26.77) der Hamilton-Operator $\hat{H}$, und wir sehen sofort, daß die Bewegungsgleichung für $\hat{q}_\alpha$ im Heisenberg-Bild dieselbe Struktur wie (26.69) aufweist. Übernehmen wir nun den Zusammenhang zwischen $(q_\alpha, p_\alpha)$ und $(a_k(t), a_k{}^*(t))$ aus der klassischen Theorie in die Quantentheorie, indem wir die Operatoren $\hat{a}_k(t)$, $\hat{a}_k{}^+(t)$ einführen, die dann den Vertauschungsrelationen

$$[\hat{a}_k, \hat{a}_{k'}^+] = \delta_{kk'}\hat{I}, \quad [\hat{a}_k, \hat{a}_{k'}] = [\hat{a}_k{}^+, \hat{a}_{k'}^+] = \hat{0} \tag{26.78}$$

genügen, so erhält der Hamilton-Operator die Form

$$\hat{H} = \sum_k \hbar\omega(k) \left( \hat{a}_k{}^+ \hat{a}_k + \frac{1}{2}\hat{I} \right). \tag{26.79}$$

Jeder Summand in (26.79) entspricht dem Hamilton-Operator eines harmonischen Oszillators mit der Frequenz $\omega(k)$ – vgl. (12.4). Der Gesamt-Hamilton-Operator ist also aus Beiträgen harmonischer Oszillatoren zusammengesetzt, deren Anzahl sich aus den $k$-Werten nach (26.72a) ergibt, und deren Frequenzen durch (26.72) festgelegt sind. Jeder Oszillator trägt zur Gesamtenergie der schwingenden Massenpunktkette mit

$$\varepsilon(n_k) = \hbar\omega(k)\left[n_k + \frac{1}{2}\right] \tag{26.80}$$

bei, wobei $n_k$ als Anzahl der Schwingungsquanten angesprochen werden kann, die in der Mode mit der Wellenzahl $k$ vorliegen. Jedem Schwingungsquant ist auch ein *Quasiimpuls* $\hbar k$ zuzuordnen. Daß dies kein echter Impuls ist, hängt damit zusammen, daß $k$ wegen der Gitterperiodizität nicht eindeutig bestimmt ist. Die physikalischen Gegebenheiten (z. B. $q_\alpha(t)$) bleiben nämlich erhalten, wenn man $k$ um $K = \frac{2\pi}{L} n$ mit ganzzahligem $n$ ändert – wie wir es schon im Falle des Quasiimpulses der Elektronen im periodischen Kristallgitter in 19.2.2 festgestellt haben. Die Schwingungsquanten, aus deren Energien $\hbar\omega(k)$ sich die Schwingungsenergie der Massenpunktkette additiv zusammensetzt und die die Quasiimpulse $\hbar k$ besitzen, verhalten sich wie unabhängige *Quasiteilchen*; sie werden *akustische Phononen* genannt.

Die an Hand der linearen Kette vorgenommenen Erörterungen lassen sich ohne weiters auf das *dreidimensionale Kristallgitter* übertragen. Aus der reduzierten Wellenzahl $k$ wird dann der reduzierte Wellenzahlvektor $\boldsymbol{k}$, der ein Vektor im reziproken Gitter ist und durch die Verallgemeinerung $\boldsymbol{k} N_j \boldsymbol{a}_j = m_j 2\pi$ von (26.72a) bestimmt wird, wobei $\boldsymbol{a}_j$ $(j = 1, 2, 3)$ die Basisvektoren des Gitters, $N_j \boldsymbol{a}_j$ die Kantenlängen des Periodizitätsgebiets und $|m_j|$ ganze Zahlen sind – vgl. 19.2. Die Gitterschwingungen des Kristalls können in dem hier zugrunde gelegten Modell der Wechselwirkung der Atome mit zu den Auslenkungen aus der Gleichgewichtslage proportionalen Kräften als ein System unabhängiger Quasiteilchen (akustische Phononen) interpretiert werden. Diese sind Bosonen; die Phononenzahl kann in jeder Mode $\boldsymbol{k}$ beliebig groß sein.

### 26.3.2 Kontinuumsmodell der Phononen

Von der Massenpunktkette aus kann man den Grenzübergang zu einem elastischen Faden durchführen, indem man die Abstände $l$ gegen 0 und die Massenpunktzahl $N$ gegen $\infty$ gehen läßt derart, daß $L = lN$ endlich bleibt. An die Stelle von $q_\alpha(t)$ tritt dann die Funktion $q(z, t)$ der kontinuierlichen Koordinate $z$ entlang des Fadens. Zur Durchführung dieses Grenzüberganges in der Bewegungsgleichung (26.69) schreiben wir

$$\begin{aligned} q_{\alpha+1}(t) - 2q_\alpha(t) + q_{\alpha-1}(t) &= [q(z+l, t) - q(z, t)] - [q(z, t) - q(z-l, t)] \\ &\approx l^2 \frac{\partial^2}{\partial z^2} q(z, t) \end{aligned}$$

für genügend kleines $l$ und führen die beim Grenzübergang $l$ gegen 0 endlich bleibenden Größen $\varrho = M/l$ und $\sigma = Cl$ ein; dann erhalten wir aus (26.69) die grundlegende Wellengleichung des Kontinuumsmodells (elastischer Faden)

$$\varrho \frac{\partial^2}{\partial t^2} q(z,t) = \sigma \frac{\partial^2}{\partial z^2} q(z,t). \tag{26.81}$$

(26.81) fassen wir als Bewegungsgleichung einer Feldtheorie auf und wenden auf sie den in 26.1 und 26.2 dargelegten Formalismus der *Quantenfeldtheorie* an. Da $q$ einkomponentig und reell ist, handelt es sich also um die Quantisierung eines einkomponentigen, hermiteschen Feldes. Gehen wir gleich von (26.81) zur quantenfeldtheoretischen Grundgleichung im Heisenberg-Bild durch Einführung des Operators $\hat{q}(z,t)$ über, dann können wir dazu einen Lagrange-Dichte-Operator

$$\hat{\mathcal{L}} = \frac{1}{2}\varrho\left(\frac{\partial \hat{q}}{\partial t}\right)^2 - \frac{1}{2}\sigma\left(\frac{\partial \hat{q}}{\partial z}\right)^2 \tag{26.82}$$

finden, durch den – vgl. (26.3) –

$$\hat{p}(z,t) = \varrho \frac{\partial \hat{q}}{\partial t} \tag{26.83}$$

festgelegt wird. Damit folgt aber nach (26.4) der Hamilton-Dichte-Operator

$$\hat{\mathcal{H}} = \frac{1}{2\varrho}\hat{p}(z,t)^2 + \frac{1}{2}\sigma\left(\frac{\partial \hat{q}}{\partial z}\right)^2 = \frac{1}{2}\varrho\left(\frac{\partial \hat{q}}{\partial t}\right)^2 + \frac{1}{2}\sigma\left(\frac{\partial \hat{q}}{\partial z}\right)^2 \tag{26.84}$$

und nach (26.5) der Hamilton-Operator

$$\hat{H} = \frac{1}{2}\int \mathrm{d}z \left\{\frac{1}{\varrho}\hat{p}^2 + \sigma\left(\frac{\partial \hat{q}}{\partial z}\right)^2\right\} = \frac{1}{2}\int \mathrm{d}z \left\{\varrho\left(\frac{\partial \hat{q}}{\partial t}\right)^2 + \sigma\left(\frac{\partial \hat{q}}{\partial z}\right)^2\right\}. \tag{26.85}$$

Durch Anwendung von (26.1) erhalten wir, wenn wir – im Anschluß an (26.77) – die Minusquantisierung wählen, die Vertauschungsrelation

$$\begin{gathered}[\hat{q}(z',t), \hat{p}(z'',t)] = \mathrm{i}\hbar\,\delta(z'-z'')\hat{I} \quad \text{bzw.} \\ \left[\hat{q}(z',t), \frac{\partial}{\partial t}\hat{q}(z'',t)\right] = \mathrm{i}\hbar\frac{1}{\varrho}\delta(z'-z'')\hat{I}.\end{gathered} \tag{26.86}$$

Da (26.81) das einkomponentige, eindimensionale Analogon zur Feldgleichung (26.9) des Strahlungsfeldes darstellt, entsprechen sich natürlich auch (26.85) und (26.12) für $\hat{H}$ sowie (26.86) und (26.13) für die Vertauschungsrelationen – abgesehen von der jetzt nicht zu fordernden Eichbedingung. Diese Analogie können wir auch bei der Durchführung der Modenanalyse, d. h. bei der Einführung von Erzeugungs- und Vernichtungsoperatoren $\hat{a}^+$ und $\hat{a}$, ausnutzen. Mit Hilfe des Orthonormalsystems

$$u_k(z,t) = [\hbar/2L\varrho\,\omega(k)]^{1/2}\,\mathrm{e}^{\mathrm{i}[kz-\omega(k)t]} \tag{26.87}$$

von Funktionen $u_k(z,t)$ die den Wellenlösungen (26.70) entsprechen und mit (26.21) korrespondieren, erhalten wir für $\hat{q}(z,t)$ die Darstellung

$$\hat{q}(z,t) = \sum_k (\hat{a}_k u_k + \hat{a}_k^+ u_k^*) \tag{26.88}$$

– ähnlich wie (26.22). Damit folgt aus (26.85) der Hamilton-Operator

$$\hat{H} = \sum_k \hbar\omega(k) \left[ \hat{a}_k^{+} \hat{a}_k + \frac{1}{2} \hat{I} \right], \tag{26.89}$$

wobei sich die $k$-Werte, über die zu summieren ist, erneut aus der Periodizitätsbedingung (Born-von-Kármánsche Randbedingungen) $q(z, t) = q(z + L, t)$ ergeben:

$$k = \frac{2\pi}{L} m \quad (|m| \text{ ganzzahlig}); \tag{26.90}$$

dies ist aber die gleiche Bedingung für $k$ wie (26.72a). Daraus und aus (26.89) können nun dieselben die Quasiteilchen-Konzeption betreffenden Schlußfolgerungen gezogen werden, wie es anschließend an (26.79) geschehen ist, womit die Äquivalenz des Massenpunkt- und des Fadenmodells bewiesen ist.

## 26.4 Anwendung auf ausgewählte Elementarteilchen. Aspekte der Wechselwirkung

Die Wechselwirkung zwischen elektrisch geladenen Partikeln ist auf das zwischen diesen sich ausbreitende elektromagnetische Feld (Maxwell-Feld) zurückzuführen. Durch die Quantisierung des Maxwell-Feldes gelangt man zu den Photonen – vgl. 16 und 26.1 – und damit zu einer Vorstellung über diese Wechselwirkung auf der Basis des Teilchenaspekts.

Es liegt nahe, auch andere Kraftfelder, z. B. die kurzreichweitige Wechselwirkung zwischen den Nukleonen, feldtheoretisch zu beschreiben und durch Feldquantisierung bestimmte Teilchen einzuführen, die diese Wechselwirkung vermitteln.

Andererseits können auch traditionelle Teilchensysteme quantenfeldtheoretisch behandelt werden, wie wir das oben beim Schrödinger-Feld schon gesehen haben.

Damit wird man zur Quantenfeldtheorie als prinzipieller Konzeption für elementare Partikeln und ihre Wechselwirkungen geführt, die wir in diesem Abschnitt an wichtigen Beispielen erläutern wollen.

### 26.4.1 Quantisierte Felder für ausgewählte Elementarteilchen

Die Vielfalt der Felder ist groß; daher können wir uns hier nur innerhalb einer Auswahl mit einigen, nach unserer Ansicht interessanten Problemen befassen.

#### 26.4.1.1 *Mesonenfeld (Klein-Gordon-Feld)*

Um der kurzen Reichweite der Kraftwirkungen zwischen Nukleonen Rechnung zu tragen, machte H. YUKAWA (1935) von der sich durch ein Massenglied von der Wellengleichung (26.9) des Strahlungsfeldes unterscheidenden Klein-Gordon-Gleichung für ein skalares Feld $\varphi(\boldsymbol{r}, t)$,

$$\left(\triangle - \frac{1}{c^2}\frac{\partial^2}{\partial^2 t} - \varkappa^2\right)\varphi(\boldsymbol{r}, t) = 0, \tag{26.91}$$

Gebrauch. Wenn angenommen wird, daß das Feld $\varphi(\boldsymbol{r}, t)$ von einer punktförmigen Quelle der Stärke $\gamma$ am Koordinatenursprung, die ein Nukleon repräsentieren möge, ausgeht, dann hat man – wenn man zur stationären Betrachtung übergeht – die zu (26.91) gehörige inhomogene Gleichung

$$(\triangle - \varkappa^2)\,\tilde{\varphi}(\boldsymbol{r}) = -\gamma\,\delta^3(\boldsymbol{r}) \tag{26.92}$$

zugrunde zu legen - vgl. [B-2], Seite 122 und (17.4). Als Lösung ergibt sich

$$\tilde{\varphi}(\boldsymbol{r}) = \frac{\gamma}{4\pi}\frac{\mathrm{e}^{-\varkappa r}}{r} \tag{26.93}$$

mit $r$ als Abstand von der Quelle. Die Funktion (26.93) haben wir schon in 17.2 als Potential der Wechselwirkung zwischen zwei Nukleonen verwendet. Man kann daraus eine Beziehung zwischen dem Massenglied $\varkappa^2$ in (26.91) bzw. (26.92) und der Reichweite des Feldes $\tilde{\varphi}$ herleiten. Damit das Feld nur eine Ausdehnung in der Größe der Reichweite der Kernkräfte besitzt, ist der Parameter $\varkappa$ in der Größenordnung von $10^{15}\,\mathrm{m}^{-1}$ zu wählen. YUKAWA verstand $\varkappa$ als reziproke Compton-Wellenlänge – vgl. 3.1.4.2 – einer damals noch unbekannten Teilchenart. Aus $\varkappa = \frac{m_\pi c}{\hbar}$ ergab sich für die Masse $m_\pi$ dieser Teilchen mehr als das 200fache der Elektonenmasse $m_e$, und es wurde für sie daher der Name Mesonen geprägt (Masse *zwischen* Elektronen- und Nukleonenmasse). Die die Kräfte zwischen den Nukleonen vermittelnden $\pi$-Mesonen (auch *Pionen* genannt) wurden 1947 von C. F. POWELL nachgewiesen. Man hat geladene $\pi^\pm$-Mesonen mit der Masse $273\,m_e$ und neutrale $\pi^0$-Mesonen mit der Masse $264\,m_e$ zu unterscheiden. Mit einem nichthermiteschen $\hat{\varphi}(\boldsymbol{r}, t)$ können wir geladene Pionen beschreiben; auf die sogenannte innere Parität der Pionen, die ein pseudoskalares Feld verlangt, wollen wir an dieser Stelle nicht näher eingehen.

Die Mesonentheorie der Kernkräfte hat die gesamte Theorie der Wechselwirkung von Elementarteilchen beflügelt; aber im gleichen Maße, wie man heute noch nicht von der Existenz einer endgültigen Elementarteilchentheorie sprechen kann, so ist auch die Nukleon-Nukleon-Wechselwirkung nicht vollkommen verstanden und damit auch die Theorie der Atomkerne nicht abgeschlossen. Die Yukawasche Potentialformel (26.93) ist nur zu einer semiquantitativen Interpretation der Nukleonenwechselwirkung brauchbar – vgl. (17.4).

Zur Quantisierung des Klein-Gordon-Feldes gehen wir von dem Lagrange-Dichteoperator

$$\hat{\bar{L}} = \frac{\partial\hat{\varphi}^+}{\partial t}\frac{\partial\hat{\varphi}}{\partial t} - c^2(\nabla_{\boldsymbol{r}}\hat{\varphi}^+)(\nabla_{\boldsymbol{r}}\hat{\varphi}) - c^2\varkappa^2\hat{\varphi}^+\hat{\varphi} \tag{26.94}$$

aus, womit wir zu den $\hat{\varphi}$ und $\hat{\varphi}^+$ zugeordneten Impulsoperatoren

$$\hat{\pi} = \frac{\partial \hat{\mathscr{L}}}{\partial \left(\dfrac{\partial \hat{\varphi}}{\partial t}\right)} = \frac{\partial \hat{\varphi}^+}{\partial t}, \quad \hat{\pi}^+ = \frac{\partial \hat{\mathscr{L}}}{\partial \left(\dfrac{\partial \hat{\varphi}^+}{\partial t}\right)} = \frac{\partial \hat{\varphi}}{\partial t} \tag{26.95}$$

gelangen und als entscheidende Vertauschungsregel aus

$$[\hat{\varphi}(\boldsymbol{r}', t), \hat{\pi}(\boldsymbol{r}'', t)]_- = \mathrm{i}\hbar\, \delta^3(\boldsymbol{r}' - \boldsymbol{r}'')\,\hat{I}$$

– der grundlegenden Relation (26.1) zufolge –

$$\left[\hat{\varphi}(\boldsymbol{r}', t), \frac{\partial \hat{\varphi}^+(\boldsymbol{r}'', t)}{\partial t}\right]_- = \mathrm{i}\hbar\, \delta^3(\boldsymbol{r}' - \boldsymbol{r}'')\,\hat{I} \tag{26.96}$$

erhalten. Minusquantisierung wurde hier ausgewählt, weil Pionen als Teilchen mit Spin 0 zu den Bosonen zu zählen sind. Für den *Hamilton-Operator des Pionen-Feldes* ergibt sich

$$\hat{H} = \int \mathrm{d}^3\boldsymbol{r} \left\{\frac{\partial \hat{\varphi}^+}{\partial t}\frac{\partial \hat{\varphi}}{\partial t} + c^2(\nabla_{\boldsymbol{r}}\hat{\varphi}^+)(\nabla_{\boldsymbol{r}}\hat{\varphi}) + c^2\varkappa^2\hat{\varphi}^+\hat{\varphi}\right\} \tag{26.97}$$

und für den *Operator der gesamten Ladung* – mit Hilfe von (26.47) –

$$\hat{Q} = \int \mathrm{d}^3\boldsymbol{r}\,\hat{\hat{\sigma}} = -\mathrm{i}\frac{e}{\hbar}\int \mathrm{d}^3\boldsymbol{r}\left\{\frac{\partial \hat{\varphi}^+}{\partial t}\hat{\varphi} - \hat{\varphi}^+\frac{\partial \hat{\varphi}}{\partial t}\right\}. \tag{26.98}$$

Zur Aufklärung des Teilchenaspekts analysieren wir das Feld in Analogie zu dem Vorgehen in 26.1.2 beim Strahlungsfeld durch Entwicklung nach ebenen, harmonischen Wellen

$$u_\mu(\boldsymbol{r}, t) \equiv (\hbar/2\omega_\mu V)^{1/2}\, \mathrm{e}^{\mathrm{i}(\boldsymbol{q}_\mu\boldsymbol{r} - \omega_\mu t)}, \tag{26.99}$$

wobei zwischen $\boldsymbol{q}_\mu$ und $\omega_\mu$ der aus (26.91) folgende Zusammenhang $\boldsymbol{q}_\mu{}^2 + \varkappa^2 = \omega_\mu{}^2/c^2$ besteht. $\hat{\varphi}(\boldsymbol{r}, t)$ erhält dann die Form

$$\hat{\varphi}(\boldsymbol{r}, t) = \sum_\mu [\hat{c}_\mu u_\mu(\boldsymbol{r}, t) + \hat{d}_\mu{}^+ u_\mu{}^*(\boldsymbol{r}, t)]; \tag{26.100}$$

im Unterschied zu (26.22) mußten wir in (26.100) verschiedene Operatoren $\hat{c}_\mu$ und $\hat{d}_\mu{}^+$ einführen, da es sich bei $\hat{\varphi}$ um einen nichthermiteschen Operator handelt. Die Vertauschungsregel (26.96) ist erfüllt, wenn die $\hat{c}$- und $\hat{d}$-Operatoren die Relationen

$$\begin{aligned} &[\hat{c}_\mu, \hat{c}_{\mu'}^+]_- = \delta_{\mu\mu'}\hat{I}, \quad [\hat{d}_\mu, \hat{d}_{\mu'}^+]_- = \delta_{\mu\mu'}\hat{I} \\ &[\hat{c}_\mu, \hat{c}_{\mu'}]_- = [\hat{c}_\mu{}^+, \hat{c}_{\mu'}^+]_- = [\hat{c}_\mu, \hat{d}_{\mu'}^+]_- = \text{usw.} = \hat{0} \end{aligned} \tag{26.101}$$

erfüllen. Mit (26.100) folgt aus (26.97) für den Hamilton-Operator

$$\hat{H} = \sum_\mu \hbar\omega_\mu[\hat{c}_\mu{}^+\hat{c}_\mu + \hat{d}_\mu{}^+\hat{d}_\mu + \hat{I}] \tag{26.102}$$

und aus (26.98) für den Ladungsoperator

$$\hat{Q} = e\sum_\mu (\hat{c}_\mu{}^+\hat{c}_\mu - \hat{d}_\mu{}^+\hat{d}_\mu). \tag{26.103}$$

Nach (26.103) ist die Interpretation naheliegend, daß die $\hat{c}_\mu^+ \hat{c}_\mu$ die Teilchenzahloperatoren für positive Pionen und $\hat{d}_\mu^+ \hat{d}_\mu$ die Teilchenzahloperatoren für negative Pionen darstellen, deren Eigenwerte wegen der Minusquantisierung 0, 1, 2, ... sind. Demnach setzt sich $\hat{H}$ aus den Beiträgen von positiven und negativen Pionen additiv zusammen. Die Energie, gegeben durch die Eigenwerte von $\hat{H}$, ist stets positiv, während die Eigenwerte von $\hat{Q}$ positiv oder negativ sein können, je nachdem ob die Anzahl der positiven oder der negativen Pionen überwiegt. $\hat{H}$ und $\hat{Q}$ kommutieren miteinander; d.h., es existieren gemeinsame Eigenvektoren für Energie und Ladung des freien Pionen-Feldes $|n_1, n_2, \ldots; n_1', n_2', \ldots\rangle = |n_1\rangle\, |n_2\rangle \ldots |n_1'\rangle\, |n_2'\rangle \ldots$, wobei sich die $|n_j\rangle$ auf die positiven und die $|n_j'\rangle$ auf die negativen Pionen beziehen mögen.

### 26.4.1.2 *Elektron-Positron-Feld (Dirac-Feld)*

P. A. M. Dirac formulierte 1928 eine konsequent relativistische Wellengleichung für das kräftefreie Ein-Elektronen-Problem, die an die Stelle der entsprechenden nichtrelativistischen Schrödinger-Gleichung treten sollte. Er mußte dabei drei Forderungen erfüllen. Erstens sollte die Form der am Ende von 11.1 angegebenen Schrödinger-Gleichung

$$\mathrm{i}\hbar \frac{\partial \psi(\boldsymbol{r}, t)}{\partial t} = H\left(\boldsymbol{r}, \frac{\hbar}{\mathrm{i}} \nabla_{\boldsymbol{r}}\right) \psi(\boldsymbol{r}, t) \tag{26.104a}$$

erhalten bleiben (mit $H\left(\boldsymbol{r}, \frac{\hbar}{\mathrm{i}} \nabla_{\boldsymbol{r}}\right)$ als Hamilton-Operator in Ortsdarstellung). Zweitens sollte für ein kräftefreies Teilchen in Korrespondenz mit der entsprechenden klassischen relativistischen Beziehung (1.44) für das Quadrat des Hamilton-Operators

$$\left[H\left(\boldsymbol{r}, \frac{\hbar}{\mathrm{i}} \nabla_{\boldsymbol{r}}\right)\right]^2 = c^2 \left(\frac{\hbar}{\mathrm{i}} \nabla_{\boldsymbol{r}}\right)^2 + m_e^2 c^4 \tag{26.104b}$$

gelten. Drittens sollte die aufzustellende Gleichung beim Übergang von einem Inertialsystem $(t, x, y, z)$ durch Lorentz-Transformation zu einem anderen Inertialsystem $(t', x', y', z')$ ihre Form behalten (Forderung der „Kovarianz“). Diese Forderung in Verbindung mit (26.104a) führt notwendigerweise zu dem Ansatz

$$H\left(\boldsymbol{r}, \frac{\hbar}{\mathrm{i}} \nabla_{\boldsymbol{r}}\right) = c\vec{\boldsymbol{\alpha}} \frac{\hbar}{\mathrm{i}} \nabla_{\boldsymbol{r}} + \boldsymbol{\beta} m_e c^2, \tag{26.104c}$$

d.h., daß in der Wellengleichung Ableitungen erster Ordnung in Raum und Zeit gleichermaßen auftreten. Die Forderung (26.104b) läßt sich mit dem Ansatz (26.104c) nur erfüllen, wenn $\vec{\boldsymbol{\alpha}}$ und $\boldsymbol{\beta}$ mindestens vierreihige, quadratische Matrizen sind. Die Komponenten $\boldsymbol{\alpha}_j$ $(j = 1, 2, 3)$ des Dreier-Vektors $\vec{\boldsymbol{\alpha}}$ müssen die Bedingungen $[\boldsymbol{\alpha}_j, \boldsymbol{\alpha}_{j+1}]_+ = \mathbf{0}$ und $[\boldsymbol{\alpha}_j, \boldsymbol{\beta}]_+ = \mathbf{0}$ erfüllen (außerdem muß $\boldsymbol{\alpha}_1^2 = \boldsymbol{\alpha}_2^2 = \boldsymbol{\alpha}_3^2 = \boldsymbol{\beta}^2 = \mathbf{I}$ gelten). Die Diracschen Überlegungen führen direkt auf die folgende grundlegende

Wellengleichung für die Operatoren $\hat{\psi}_A$

$$i\hbar\frac{\partial\hat{\psi}_A(\boldsymbol{r},t)}{\partial t}=\left[\sum_{j=1}^{3}c(\alpha_j)_{AB}\frac{\hbar}{i}\frac{\partial}{\partial x_j}+\beta_{AB}m_e c^2\right]\hat{\psi}_B(\boldsymbol{r},t). \tag{26.105}$$

Dabei ist $\hat{\psi}_A(\boldsymbol{r},t)$ ein vierkomponentiges, nichthermitesches Feld – ein sogenanntes *Bi-Spinorfeld* (zur Definition des Bi-Spinorfeldes und seiner Transformationseigenschaften siehe Anhang A 5 und [E-21, 27, 28]). (26.105) ist ein System von vier Differentialgleichungen für die vier Spinorkomponenten $\hat{\psi}_1, \hat{\psi}_2, \hat{\psi}_3, \hat{\psi}_4$. Für das Weitere brauchen wir die Paulischen Spinmatrizen. Diese kann man mit den Resultaten von 13.3 für $s=1/2$ und dem Zusammenhang $\mathbf{S}_j=(\hbar/2)\boldsymbol{\sigma}_j$ konstruieren; die Elemente der zweireihigen Matrix $\mathbf{S}_j$ ergeben sich durch Multiplikation der Werte in Tabelle 13.1 mit $\langle\pm 1/2, 1/2|$, was zu

$$\boldsymbol{\sigma}_1=\begin{pmatrix}0 & 1\\ 1 & 0\end{pmatrix},\quad \boldsymbol{\sigma}_2=\begin{pmatrix}0 & -i\\ i & 0\end{pmatrix},\quad \boldsymbol{\sigma}_3=\begin{pmatrix}1 & 0\\ 0 & -1\end{pmatrix} \tag{26.106a}$$

führt. Mit diesen *Paulischen Spinmatrizen* und der zweireihigen Einheitsmatrix $\mathbf{I}$ kann man die vierreihigen Matrizen $\boldsymbol{\alpha}_j$ und $\boldsymbol{\beta}$ in (26.105) folgendermaßen darstellen:

$$\boldsymbol{\alpha}_j=\begin{pmatrix}\mathbf{0} & \boldsymbol{\sigma}_j\\ \boldsymbol{\sigma}_j & \mathbf{0}\end{pmatrix}\quad \text{für } j=1,2,3,\quad \boldsymbol{\beta}=\begin{pmatrix}\mathbf{I} & \mathbf{0}\\ \mathbf{0} & -\mathbf{I}\end{pmatrix}. \tag{26.106b}$$

Kürzt man die Ausdrücke in der eckigen Klammer auf der rechten Seite von (26.105) mit

$$(H_{\text{Dirac}})_{AB}\equiv\sum_{j=1}^{3}c(\alpha_j)_{AB}\frac{\hbar}{i}\frac{\partial}{\partial x_j}+\beta_{AB}m_e c^2 \tag{26.107}$$

ab, dann kann die *Dirac-Gleichung* (26.105) auch

$$i\hbar\frac{\partial\hat{\psi}_A}{\partial t}=(H_{\text{Dirac}})_{AB}\hat{\psi}_B \tag{26.108}$$

geschrieben werden (über doppelt auftretende Indizes $A$, $B$, ... hat man im folgenden stets von 1 bis 4 zu summieren). Der Dirac-Gleichung kann man den Lagrange-Dichteoperator

$$\hat{\mathcal{L}}=i\hbar\,\hat{\psi}_A^+\frac{\partial\hat{\psi}_A}{\partial t}-\hat{\psi}_A^+(H_{\text{Dirac}})_{AB}\hat{\psi}_B \tag{26.109}$$

zuordnen. Damit ergibt sich zu $\hat{\psi}_A$ der kanonische Impulsoperator

$$\hat{\pi}_A=\frac{\partial\hat{\mathcal{L}}}{\partial\left(\dfrac{\partial\hat{\psi}_A}{\partial t}\right)}=i\hbar\,\hat{\psi}_A^+ \tag{26.110}$$

und aus der Verallgemeinerung von (26.1) auf mehrere Komponenten bei Berücksichtigung von (26.110) die Vertauschungsregel

$$[\hat{\psi}_A(\boldsymbol{r},t),\hat{\psi}_B^+(\boldsymbol{r}',t)]_+=\delta_{AB}\delta^3(\boldsymbol{r}-\boldsymbol{r}')\hat{I}, \tag{26.111}$$

wobei wir zur Erfüllung des Pauli-Prinzips die Plusquantisierung (Antikommutatorrelation) benutzt haben. Der *Hamilton-Operator des Dirac-Feldes* ergibt sich mit (26.109) analog zu (1.97) als

$$\hat{H}=\int \mathrm{d}^3\boldsymbol{r}\, \hat{\psi}_A^+ (H_{\mathrm{Dirac}})_{AB} \hat{\psi}_B, \tag{26.112}$$

und in Analogie zu der klassischen Formel (1.120) folgt der *Operator*

$$\hat{Q}=-e\int \mathrm{d}^3\boldsymbol{r}\, \hat{\psi}_A^+ \hat{\psi}_A \tag{26.113}$$

für die *gesamte Ladung* (Ladungsvorzeichen so eingeführt, daß $(-e)$ die Elektronenladung ist). Wie im Falle der Bilanzgleichung (1.121) für die klassische Ladungsdichte ist aus dem Integranden von (26.113) auf den *Ladungsdichte-Operator*

$$\hat{\hat{\sigma}}=-e\hat{\psi}_A^+ \hat{\psi}_A \tag{26.113a}$$

zu schließen, womit sich beim Einsetzen in die Bilanzgleichung

$$\frac{\partial \hat{\hat{\sigma}}}{\partial t}+\nabla_{\boldsymbol{r}}\hat{\hat{\boldsymbol{j}}}=\hat{0} \tag{26.113b}$$

für die Komponenten $\hat{\hat{j}}_k$ von $\hat{\hat{\boldsymbol{j}}}$ der Ausdruck

$$\hat{\hat{j}}_k=-ec\,\hat{\psi}_A^+ (\alpha_k)_{AB}\hat{\psi}_B \quad (k=1,2,3) \tag{26.113c}$$

ergibt. Die $\hat{\hat{j}}_k$ in (26.113c) sind die *Komponenten des Operators der Stromdichte* des Dirac-Feldes.

Im Anhang A 5 haben wir uns mit der relativistischen Invarianz von Feldtheorien befaßt und dabei nach Überführung der Dirac-Gleichung (26.105) in die sogenannte $\gamma$-Schreibweise – siehe (A 5.16) – gezeigt, wie ein Bi-Spinorfeld zu transformieren ist – siehe (A 5.23) –, damit die Forminvarianz von (A 5.17) gewährleistet ist. Nach den gemachten Ausführungen zur Bi-Spinor- und Vierervektor-Transformation kann auch einfach bewiesen werden, daß die Ladungsdichte $\hat{\hat{\sigma}}$ (26.113a) zusammen mit der Ladungsstromdichte $\hat{\hat{\boldsymbol{j}}}$ (26.113c) einen Vierervektor bilden. Der Übergang von der einkomponentigen Wellengröße der Schrödinger-Gleichung zur vierkomponentigen der Dirac-Gleichung hat damit zu tun, daß dem Dirac-Feld Teilchen zugeordnet sind, die weitere (innere) Freiheitsgrade besitzen. So werden wir sehen, daß sich der Spin und positive sowie negative Ladung ergeben.

Die Analyse des Dirac-Feldes führen wir mit den orthogonalen Funktionen

$$u_A(\boldsymbol{q},E_\pm,\lambda;\boldsymbol{r},t)=V^{-1/2}\,v_A(\boldsymbol{q},E_\pm,\lambda)\,\mathrm{e}^{\mathrm{i}(\boldsymbol{qr}-\omega_{\boldsymbol{q}}t)} \tag{26.114}$$

durch, die die gemeinsamen Eigenfunktionen von $(H_{\mathrm{Dirac}})_{AB}$, $(\hbar/\mathrm{i})\nabla_{\boldsymbol{r}}$ und vom Helizitätsoperator $(\Lambda)_{AB}=-(\mathrm{i}/|\boldsymbol{q}|)\,[(\Sigma_1)_{AB}\,\partial/\partial x+(\Sigma_2)_{AB}\,\partial/\partial y+(\Sigma_3)_{AB}\,\partial/\partial z]$ seien. (Helizität bedeutet Projektion des Spinoperators $\Sigma_j=\begin{pmatrix}\boldsymbol{\sigma}_j & \boldsymbol{0}\\ \boldsymbol{0} & \boldsymbol{\sigma}_j\end{pmatrix}$ mit $\boldsymbol{\sigma}_j$ nach (26.106a) auf die Bewegungsrichtung $(\boldsymbol{q}/|\boldsymbol{q}|)$ des Teilchens.) Die Funktionen (26.114) genügen den Gleichungen

$$(H_{\text{Dirac}})_{AB}\, u_B = E_\pm\, u_B \quad \text{mit} \quad E_\pm = \pm\hbar c\sqrt{\boldsymbol{q}^2 + (m_e c/\hbar)^2}\,, \tag{26.115a}$$

$$\frac{\hbar}{\mathrm{i}} \nabla_{\boldsymbol{r}} u_A = \hbar \boldsymbol{q}\, u_A, \tag{26.115b}$$

$$(\Lambda)_{AB} u_B = \lambda u_A \quad \text{mit} \quad \lambda = \pm 1. \tag{26.115c}$$

Mit der Entwicklung

$$\begin{aligned}\hat{\psi}_A = V^{-1/2} \sum_{\boldsymbol{q}} \sum_{\lambda=-1}^{+1} [&\hat{a}_{\boldsymbol{q},+,\lambda} v_A(\boldsymbol{q}, E_+, \lambda)\, \mathrm{e}^{\mathrm{i}(\boldsymbol{q}\boldsymbol{r} - E_+ t/\hbar)} \\ &+ \hat{b}^+_{\boldsymbol{q},+,\lambda} v_A(-\boldsymbol{q}, E_-, -\lambda)\, \mathrm{e}^{-\mathrm{i}(\boldsymbol{q}\boldsymbol{r} - E_+ t/\hbar)}]\end{aligned} \tag{26.116}$$

erhält man (nach Weglassen der Nullpunktsenergie $-\sum_{\boldsymbol{q}}\sum_{\lambda} \hbar c\sqrt{\boldsymbol{q}^2 + (m_e c/\hbar)^2}$) für den Hamilton-Operator

$$\hat{H} = \sum_{\boldsymbol{q}} \sum_{\lambda=-1}^{1} \hbar c\sqrt{\boldsymbol{q}^2 + (m_e c/\hbar)^2}\, [\hat{a}^+_{\boldsymbol{q},+,\lambda} \hat{a}_{\boldsymbol{q},+,\lambda} + \hat{b}^+_{\boldsymbol{q},+,\lambda} \hat{b}_{\boldsymbol{q},+,\lambda}] \tag{26,117}$$

sowie (nach Weglassen der Nullpunktsladung $\sum_{\boldsymbol{q}} \sum_{\lambda=-1}^{+1} e$) für den Operator der Gesamtladung

$$\hat{Q} = -e \sum_{\boldsymbol{q}} \sum_{\lambda=-1}^{+1} [\hat{a}^+_{\boldsymbol{q},+,\lambda} \hat{a}_{\boldsymbol{q},+,\lambda} - \hat{b}^+_{\boldsymbol{q},+,\lambda} \hat{b}_{\boldsymbol{q},+,\lambda}]; \tag{26.118}$$

in den Ausdrücken für Nullpunktsenergie und -ladung ist über alle möglichen $\boldsymbol{q}$ und $\lambda$ bei positiver Energie zu summieren.

An (26.118) erkennen wir, daß das Dirac-Feld – wie das Klein-Gordon-Feld auch – positiv und negativ geladene Teilchen umfaßt. Identifizieren wir die negativ geladenen Teilchen mit der Masse $m_e$ als *Elektronen*, so müssen wir die positiv geladenen Teilchen (mit derselben Masse $m_e$) als die von Dirac (1931) vorausgesagten und von P. Kunze sowie von C. D. Anderson (1932) experimentell nachgewiesenen *Positronen* ansehen. Man bezeichnet daher das Dirac-Feld auch als das *Elektron-Positron-Feld*. Die hermiteschen Operatoren $\hat{a}^+_{\boldsymbol{q},+,\lambda} \hat{a}_{\boldsymbol{q},+,\lambda}$ sind die Teilchenzahloperatoren für die Elektronenzustände mit festem $\boldsymbol{q}$, bestimmter Energie $\hbar c\sqrt{\boldsymbol{q}^2 + (m_e c/\hbar)^2} = E_+$ und bestimmter Helizität $\lambda$, und die Operatoren $\hat{b}^+_{\boldsymbol{q},+,\lambda} \hat{b}_{\boldsymbol{q},+,\lambda}$ sind die Teilchenzahloperatoren für die entsprechenden Positronenzustände.

Wegen der Plusvertauschungsregel (26.111) müssen die Operatoren $\hat{a}$, $\hat{a}^+$ bzw. $\hat{b}$, $\hat{b}^+$ ebenfalls Antikommutatorrelationen

$$\begin{aligned}[\hat{a}_{\boldsymbol{q},+,\lambda}, \hat{a}^+_{\boldsymbol{q}',+,\lambda'}]_+ &= \delta_{\boldsymbol{q}\boldsymbol{q}'} \delta_{\lambda\lambda'} \hat{I} \\ [\hat{b}_{\boldsymbol{q},+,\lambda}, \hat{b}^+_{\boldsymbol{q}',+,\lambda'}]_+ &= \delta_{\boldsymbol{q}\boldsymbol{q}'} \delta_{\lambda\lambda'} \hat{I}\end{aligned} \tag{26.119}$$

genügen. Damit folgt, daß die Eigenwerte der obigen Teilchenzahloperatoren für Elektronen und Positronen Null und Eins betragen.

Abschließend möchten wir noch anmerken, wie mit dem Spinorcharakter des vierkomponentigen Dirac-Feldes die Eigenschaft des Eigendrehimpulses, also des Spins von Elektron und Positron verknüpft ist. Wesentlich für die Forminvarianz der Dirac-Gleichung und für die Bi-Spinor-Transformationen sind die vierreihigen Matrizen $(I_{\varrho\lambda})_{AB} = \frac{\mathrm{i}}{4}[(\gamma_\varrho)_{AC}(\gamma_\lambda)_{CB} - (\gamma_\lambda)_{AC}(\gamma_\varrho)_{CB}]$ – siehe (A 5.22). Wie man am Ausdruck $\hat{S}_{mn}$ für den Spinanteil des Drehimpulses $\hat{J}_{mn}$ in (26.46) und (1.107) erkennt, sind diese Matrizen auch die für den Spindrehimpuls entscheidenden Größen. Schreibt man den Spindrehimpulstensor-Operator

$$\begin{aligned} \hat{S}_{mn} &= \mathrm{i}\hbar \int \mathrm{d}^3\boldsymbol{r}\, \hat{\psi}_A^+ (\mathrm{i}\, I_{mn})_{AB}\, \hat{\psi}_B \\ &= \int \mathrm{d}^3\boldsymbol{r}\, \hat{\psi}_A^+ \frac{\hbar}{4\mathrm{i}} (\gamma_m\gamma_n - \gamma_n\gamma_m)_{AB}\, \hat{\psi}_B \\ &= \int \mathrm{d}^3\boldsymbol{r}\, \hat{\psi}_A^+ \frac{\hbar}{4\mathrm{i}} (\alpha_m\alpha_n - \alpha_n\alpha_m)_{AB}\, \hat{\psi}_B, \end{aligned} \tag{26.120}$$

der antisymmetrisch ist, als axialen Vektor, so ergeben sich die Operatoren der Spindrehimpulskomponenten zu

$$\hat{S}_1 = \hat{S}_{23} = \int \mathrm{d}^3\boldsymbol{r}\, \hat{\psi}_A^+ \frac{\hbar}{4\mathrm{i}} (\alpha_2\alpha_3 - \alpha_3\alpha_2)_{AB}\, \hat{\psi}_B \tag{26.121}$$

und $\hat{S}_2$, $\hat{S}_3$ bei zyklischer Vertauschung der Indizes 1, 2, 3. Mit (26.116) ergibt (26.121) den Gesamtspin-Operator des Dirac-Feldes in Form einer Summe von Anteilen für einzelne Elektronen und Positronen. Alle Summanden mit *festem* Impuls $\hbar\boldsymbol{q}$ stellen den Operator $\hat{\boldsymbol{S}}(\boldsymbol{q})$ des Spins in $\boldsymbol{q}$-Richtung dar:

$$\begin{aligned} \hat{\boldsymbol{S}}(\boldsymbol{q}) = (\hbar/2)\, [&\hat{a}^+_{\boldsymbol{q},+,1}\hat{a}_{\boldsymbol{q},+,1} - \hat{a}^+_{\boldsymbol{q},+,-1}\hat{a}_{\boldsymbol{q},+,-1} \\ &+ \hat{b}^+_{\boldsymbol{q},+,1}\hat{a}_{\boldsymbol{q},+,1} - \hat{b}^+_{\boldsymbol{q},+,-1}\hat{b}_{\boldsymbol{q},+,-1}]\, (\boldsymbol{q}/|\boldsymbol{q}|). \end{aligned} \tag{26.122}$$

Bei Anwendung von $\hat{\boldsymbol{S}}(\boldsymbol{q})$ auf die Ein-Teilchen-Zustände $\hat{a}^+_{\boldsymbol{q},+,\lambda}|\psi_0\rangle$ oder $\hat{b}^+_{\boldsymbol{q},+,\lambda}|\psi_0\rangle$ sieht man, daß jedes dieser Elektronen oder Positronen mit $\pm\hbar/2$ zum Spin in $\boldsymbol{q}$-Richtung beiträgt. Es sei hervorgehoben, daß sich die Spineigenschaft der Elektronen und Positronen ohne zusätzliche Annahmen allein auf Grund des speziellen Charakters des Spinorfeldes ergibt. Auf die Spinproblematik kommen wir in 26.4.2 zurück, wo wir nach Ankopplung elektrischer und magnetischer Felder eine Näherung der Dirac-Theorie betrachten.

Wir schalten an dieser Stelle einen Vergleich mit den Spineigenschaften anderer Felder ein. Im Falle des in 26.4.1.1 besprochenen *Mesonfeldes* erhält man auf Grund des *skalaren* Charakters dieses Feldes den Spinwert Null. Die Quanten des elektromagnetischen Feldes – die Photonen – besitzen einen Spindrehimpuls der Größe $1\,\hbar$, der durch den *Vektor*charakter des Feldes $\hat{\boldsymbol{A}}(\boldsymbol{r}, t)$ bedingt ist. In 16.1 ist mit Formel (16.24) die zu (26.122) analoge Spinbeziehung für Photonen abgeleitet worden, wobei dort $\hat{N}_+$ und $\hat{N}_-$ die Photonenzahl-Operatoren für rechts- und linkszirkulare Wellen sind.

Die teilweise „gegensätzliche“ Beziehung – insbesondere hinsichtlich der elektrischen Ladung in (26.118) – zwischen Elektron und Positron hat zur Teilchen-Antiteilchen-Konzeption geführt. So wie Elektron und Positron stehen auch die Pionen $\pi^-$ und $\pi^+$ in einem Teilchen-Antiteilchen-Verhältnis.

### 26.4.1.3 *Nukleonenfeld*

Der halbzahlige Spin der Nukleonen (Proton und Neutron) veranlaßt dazu, ihnen ebenfalls je ein Spinorfeld zuzuordnen, das einer Grundgleichung von der Struktur der Dirac-Gleichung (26.105) genügt, wobei natürlich $m_e$ durch die Nukleonenmasse $M = 1836\, m_e$ zu ersetzen ist und in der ladungsunabhängigen Näherung der Nukleonentheorie $M$ für Protonen und Neutronen als gleich angenommen werden kann. Die Spezifik von Proton und Neutron muß dann in einer Theorie mit Wechselwirkung bei der Ankopplung des Pionen-Feldes Berücksichtigung finden.

Dadurch, daß Proton *und* Neutron je durch ein Spinorfeld beschrieben werden, muß zu ihnen je auch ein Antiteilchen gehören, die *Antiproton* (negativ geladen) und *Antineutron* (auch elektrisch neutral, aber mit entgegengesetzt gerichtetem magnetischem Moment, verglichen mit dem des Neutrons) genannt werden. Diese von der Theorie vorausgesetzten Antiteilchen konnten 1955 bei Experimenten mit einem (6 GeV)-Protonenbeschleuniger durch E. SEGRÈ und O. CHAMBERLAIN entdeckt werden.

### 26.4.1.4 *Neutrinofeld (Weyl-Feld)*

Aus der Vielfalt weiterer Feldtheorien für Elementarteilchen wollen wir nun noch das Feld der Neutrinos kurz erwähnen.

Das *Neutrino* wurde 1930 von W. PAULI in die Theorie des β-Zerfalls als ein elektrisch neutrales, ruhmasseloses Teilchen eingeführt, um die Gültigkeit des Energieerhaltungssatzes zu garantieren. Später stellte sich heraus, daß das *Antineutrino* $\bar{\nu}$ bei der Zerfallsreaktion

$$\mathrm{n} \rightarrow \mathrm{p} + \mathrm{e}^- + \bar{\nu}$$

und das *Neutrino* $\nu$ bei der Zerfallsreaktion

$$\mathrm{p} \rightarrow \mathrm{n} + \mathrm{e}^+ + \nu$$

auftreten muß.

Zu einer Feldtheorie des Neutrinos kann man von der von H. WEYL (1929) aufgestellten zweikomponentigen Spinorgleichung

$$\mathrm{i}\hbar \frac{\partial \hat{\chi}_\alpha}{\partial t} = -c \frac{\hbar}{\mathrm{i}} \sum_{j=1}^{3} (\sigma_j)_{\alpha\beta} \frac{\partial}{\partial x_j} \hat{\chi}_\beta \quad (\alpha = 1, 2) \tag{26.123}$$

für den Feldoperator $\hat{\chi}_\alpha$ gelangen, in der die Matrizen $(\sigma_j)_{\alpha\beta}$ mit den Paulischen Spinmatrizen (26.106a) übereinstimmen. Analysiert man zur Einführung des Teilchenaspekts $\hat{\chi}_\alpha$ mit dem Orthonormalsystem ebener Wellen, wie wir das im Falle des Elektron-Positron-Feldes angedeutet haben, so erhält man für eine feste Wellenausbreitungsrichtung $\boldsymbol{q}$ hier beim Neutrinofeld nur *zwei* Möglichkeiten bezüglich der Zuordnung zu Teilchen oder Antiteilchen und Helizität, während es dort *vier* Möglichkeiten gab (Elektron und Positron konnten jeweils positive und negative Helizität besitzen). Diese Reduzierung der Vielfalt von vier auf zwei ist eine Folge der hier zugrunde gelegten Masselosigkeit des Neutrinos, und sie führt dazu, daß das Neutrinofeld keine Inversionssymmetrie besitzt. Damit verbunden ist eine *Verletzung der Paritätserhaltung*, die 1956/57 bei Experimenten, an denen Neutrinos beteiligt sind, nachgewiesen werden konnte. Das Teilchen mit *positiver* Helizität (rechtshändiges System; Feldzustand mit negativer Energie) bezeichnet man als *Antineutrino* und das mit *negativer* Helizität (linkshändiges System; Feldzustand mit positiver Energie) als *Neutrino.*

Formelmäßig ergeben sich diese Aussagen am deutlichsten wieder in der Teilchenzahldarstellung, indem man $\hat{\chi}_\alpha$ als Entwicklung nach ebenen Wellen darstellt:

$$\hat{\chi}_\alpha(\boldsymbol{r}, t) = V^{-1/2} \sum_{\boldsymbol{q}} [\hat{a}_{\boldsymbol{q}} u_\alpha(-\boldsymbol{q}, E_-)\, e^{i(\boldsymbol{qr} - E_+ t/\hbar)} + \hat{b}_{\boldsymbol{q}}{}^+ u_\alpha(\boldsymbol{q}, E_+)\, e^{-i(\boldsymbol{qr} - E_+ t/\hbar)}] \tag{26.124}$$

mit $E_\pm = \pm c\hbar|\boldsymbol{q}|$. Der *Hamilton-Operator* lautet dann

$$\hat{H} = \sum_{\boldsymbol{q}} [\hat{a}_{\boldsymbol{q}}{}^+ \hat{a}_{\boldsymbol{q}} + \hat{b}_{\boldsymbol{q}}{}^+ \hat{b}_{\boldsymbol{q}}] E_+, \tag{26.125}$$

und für die *Spinprojektion* in $\boldsymbol{q}$-Richtung ergibt sich

$$\hat{S}(\boldsymbol{q}) = \frac{\hbar}{2} [\hat{a}_{\boldsymbol{q}}{}^+ \hat{a}_{\boldsymbol{q}} - \hat{b}_{\boldsymbol{q}}{}^+ \hat{b}_{\boldsymbol{q}}]; \tag{26.126}$$

d.h., daß $\hat{a}_{\boldsymbol{q}}{}^+ \hat{a}_{\boldsymbol{q}}$ der Teilchenzahloperator für das Antineutrino und $\hat{b}_{\boldsymbol{q}}{}^+ \hat{b}_{\boldsymbol{q}}$ der für das Neutrino ist, wobei natürlich die Plusquantisierung zugrunde zu legen ist,

$$[\hat{a}_{\boldsymbol{q}}, \hat{a}_{\boldsymbol{q}'}^+]_+ = \delta_{\boldsymbol{qq}'} \hat{I}, \quad [\hat{b}_{\boldsymbol{q}}, \hat{b}_{\boldsymbol{q}'}^+]_+ = \delta_{\boldsymbol{qq}'} \hat{I}. \tag{26.127}$$

Für die Neutrinofeldtheorie ist die Weylsche zweikomponentige Fassung im wechselwirkungsfreien Fall sehr günsig. Zur Beschreibung von z. B. der oben angeführten Zerfallsreaktion ist eine Ankopplung des Neutrinofeldes an die vierkomponentigen Felder von Elektronen und Positronen sowie Nukleonen erforderlich. Dann ist es vorteilhafter, auch die Neutrinofeldtheorie formal vierkomponentig zu haben. Man kann das erreichen, indem man das Weylsche zweikomponentige $\chi_\alpha$ ($\alpha = 1, 2$) durch ein Diracsches vierkomponentiges $\chi_A$ ($A = 1, 2, 3, 4$) ersetzt und zusätzlich in den Wechselwirkungs-Hamilton-Operator einen aus den Diracschen Matrizen $\boldsymbol{\alpha}_k$ ($k = 1, 2, 3$) und $\boldsymbol{\beta}$ aufgebauten Projektionsoperator einfügt, der dafür sorgt, das effektiv nur linkshändige Neutrinos und rechtshändige Antineutrinos Berücksichtigung finden – vgl. [E-29], Seite 382.

### 26.4.2 Nichtrelativistische Näherung des Dirac-Feldes bei Wechselwirkung mit äußeren statischen elektrischen und magnetischen Feldern

Wegen der besonderen Bedeutung für die Anwendung behandeln wir das Feldgleichungssystem für den Fall der Wechselwirkung des Dirac-Feldes mit äußeren statischen elektrischen und magnetischen Feldern; dabei zielen wir auf relativistische Korrekturen und spinabhängige Terme in einer nichtrelativistischen Näherung ab (*Paulische Theorie des Elektronenspins*). Die Ausführungen in 1.3.2 legen es nahe, den Einbau der elektrischen und magnetischen Felder in (26.105) so vorzunehmen, daß man die Ableitungen $\nabla_r \hat{\psi}$ und $\partial \hat{\psi}/\partial t$ durch die eichinvarianten Ableitungen $[\nabla_r - ie/\hbar)\boldsymbol{A}]\,\hat{\psi}$ bzw. $[\partial/\partial t + (ie/\hbar)\,V]\,\hat{\psi}$ ersetzt (Elektronenladung $-e$). Diese Ersetzung führt auf

$$
\begin{aligned}
\mathrm{i}\hbar \frac{\partial \hat{\psi}_A(\boldsymbol{r},t)}{\partial t} &= \left[\sum_{j=1}^{3} c(\alpha_j)_{AB}\left(\frac{\hbar}{\mathrm{i}}\frac{\partial}{\partial x_j} + eA_j\right) - eV\,\delta_{AB} + \beta_{AB}mc^2\right]\hat{\psi}_B(\boldsymbol{r},t) \\
&= H'_{(\mathrm{D})}\left(\boldsymbol{r}, \frac{\hbar}{\mathrm{i}}\nabla_r\right)_{AB} \hat{\psi}_B(\boldsymbol{r},t) \quad \text{mit} \quad A = 1,2,3,4, \qquad (26.128)
\end{aligned}
$$

wobei für das elektrische Feld $\boldsymbol{E} = -\nabla_r V$ und für das magnetische $\boldsymbol{B} = \nabla_r \times \boldsymbol{A}$ gilt. Vorerst sehen wir vom Operatorcharakter der $\hat{\psi}$ ab (d.h., wir denken uns $\hat{\psi}$ durch $\psi$ ersetzt) und gelangen zu einer Feldgleichung der „ersten Quantisierung" – vgl. die Erläuterungen am Ende von 26.1.1. Den Übergang zur nichtrelativistischen Näherung mit relativistischen Korrekturgliedern als Entwicklung nach der Elementarladung und der reziproken Lichtgeschwindigkeit (wie bereits in 14.3 erwähnt wurde) kann man mit Hilfe der sogenannten *Foldy-Wouthuysen-Transformation* schrittweise erreichen – vgl. [C-7]. Da die nichtrelativistische Näherung mit relativistischen Korrekturen der Paulischen Theorie für ein zweikomponentiges $\varphi_a$ mit $a = 1, 2$ entspricht, hat die Foldy-Wouthuysen-Transformation zum Ziel, die Komponenten $\psi_1(\boldsymbol{r},t)$ und $\psi_2(\boldsymbol{r},t)$ von den Komponenten $\psi_3(\boldsymbol{r},t)$ und $\psi_4(\boldsymbol{r},t)$ im Feldgleichungssystem (26.128) zu entmischen. Eine Vermischung der Komponenten $\psi_1$ und $\psi_2$ mit $\psi_3$ und $\psi_4$ erfolgt im ersten Summanden in der eckigen Klammer der rechten Seite von (26.128) durch

$$
M_{AB} \equiv \sum_{j=1}^{3} c(\alpha_j)_{AB}\left(\frac{\hbar}{\mathrm{i}}\frac{\partial}{\partial x_j} + eA_j\right). \qquad (26.129)
$$

Man nennt daher $M_{AB}$ den ungeraden Anteil von $H'_{(\mathrm{D})AB}$, während der Term $-eV\,\delta_{AB} + \beta_{AB}mc^2$ der gerade Anteil ist, der keine Vermischung bewirkt – vgl. die Struktur der vierreihigen Matrizen $(\alpha_j)_{AB}$ und $(\beta)_{AB}$ in (26.106 b). Zur Vereinfachung der Formulierungen verwenden wir jetzt (26.128) in kompakter Matrixschreibweise, indem wir die vier Komponenten $\psi_A$ mit $A = 1, 2, 3, 4$ zur Spaltenmatrix

$$
\Psi = \begin{pmatrix} \psi_1 \\ \psi_2 \\ \psi_3 \\ \psi_4 \end{pmatrix} \qquad (26.130\,\mathrm{a})
$$

zusammenfassen (in den Summanden, in denen nicht direkt eine Matrix $\boldsymbol{\alpha}_k$ oder $\boldsymbol{\beta}$ auftritt, hat man sich immer die vierreihige Einheitsmatrix als Faktor vorzustellen):

$$
\begin{aligned}
\mathrm{i}\hbar\frac{\partial}{\partial t}\Psi &= \mathbf{H}'_{(\mathrm{D})}\Psi \\
&= [\mathbf{M} - eV + \boldsymbol{\beta}mc^2]\,\Psi; \qquad (26.130\,\mathrm{b})
\end{aligned}
$$

auch die anzuwendenden Transformationen stellen wir in dieser kompakten Form dar. Um alle Korrekturglieder zur nichtrelativistischen Näherung bis $c^{-2}$ und $e^2$ einschließlich zu erfassen, haben wir *drei Transformationsschritte* durchzuführen, um die Abhängigkeiten von ungeraden Anteilen in höhere Ordnungen zu verlagern. Zur weiteren Charakterisierung dieser Transformationen möchten wir noch die Bemerkung einfügen, daß sie genäherte unitäre Transformationen darstellen, wenn man (26.128) bzw. (26.130 b) als ein gekoppeltes *wellenmechanisches* Differentialgleichungssystem für *ein* Teilchen auffassen würde.

Für das gesteckte Ziel, die nichtrelativistische Näherung mit relativistischen Korrekturen entsprechend der Paulischen Theorie zu gewinnen, reicht es aus, die folgenden drei Transformationen

$$\mathbf{U}^{(1)} = \mathbf{I} \pm (1/2mc^2)\boldsymbol{\beta}\mathbf{M} - (1/8m^2c^4)\mathbf{M}^2 \tag{26.131 a}$$

$$\mathbf{U}^{(2)} = \mathbf{I} \mp (e/4m^2c^4)(\mathbf{M}V - V\mathbf{M}) \tag{26.131 b}$$

$$\mathbf{U}^{(3)} = \mathbf{I} - (1/8m^3c^6)\boldsymbol{\beta}\left(\frac{4}{3}\mathbf{M}^3 + e^2\mathbf{M}V^2 - 2e^2V\mathbf{M}V + e^2V^2\mathbf{M}\right) \tag{26.131 c}$$

sukzessive auf $\mathbf{H}'_{(\mathrm{D})}$ und $\Psi$ anzuwenden:

$$\mathbf{H}_{(\mathrm{F})} = \mathbf{U}^{(3)+}\mathbf{U}^{(2)+}\mathbf{U}^{(1)+}\mathbf{H}'_{(\mathrm{D})}\mathbf{U}^{(1)}\mathbf{U}^{(2)}\mathbf{U}^{(3)}$$

$$\Psi_{(\mathrm{F})} = \mathbf{U}^{(3)}\mathbf{U}^{(2)}\mathbf{U}^{(1)}\Psi,$$

wobei für $\mathbf{U}^+$ die Formeln (26.131 a, b, c) mit den unteren Vorzeichen gelten und jeweils $\mathbf{U}^{(i)+}\mathbf{U}^{(i)} = \mathbf{I}$ (für $i = 1, 2, 3$) bis zu Gliedern in $(m^2c^4)^{-1}$ erfüllt wird. (Die konkreten Formen der $\mathbf{U}^{(i)}$ ergeben sich aus den ungeraden Anteilen von $\mathbf{H}'_{(\mathrm{D})}$ und den Zwischenergebnissen $\mathbf{H}^{(j)}{}_{(\mathrm{F})}$ mit $j = 1, 2$.) Für das bis zu Gliedern in $(m^2c^4)^{-1}$ nur noch Anteile von geradem Typ enthaltende $\mathbf{H}_{(\mathrm{F})}$ ergibt sich

$$\mathbf{H}_{(\mathrm{F})} = \boldsymbol{\beta}mc^2 - eV + (1/2mc^2)\boldsymbol{\beta}\mathbf{M}^2 + (e/8m^2c^4)(\mathbf{M}^2V - 2\mathbf{M}V\mathbf{M} + V\mathbf{M}^2); \tag{26.132}$$

mit diesem $\mathbf{H}_{(\mathrm{F})}$ bestimmt sich $\Psi_{(\mathrm{F})}$ aus der Gleichung

$$\mathrm{i}\hbar\frac{\partial}{\partial t}\Psi_{(\mathrm{F})} = \mathbf{H}_{(\mathrm{F})}\Psi_{(\mathrm{F})}. \tag{26.132 a}$$

Von den vier Komponenten des aus $\Psi$ hervorgehenden $\Psi_{(\mathrm{F})}$ werden nur die erste und die zweite Komponente, die wir im folgenden mit $\varphi_a{}'$ $(a = 1, 2)$ bezeichnen wollen, und die dritte und vierte Komponente $\chi_a{}'$ $(a = 1, 2)$ unter sich verknüpft, so daß die angestrebte Entmischung, die eine Entkopplung ist, vorliegt. Bevor wir (26.132) interpretieren bzw. weiter verwenden, berechnen wir $\mathbf{M}^2$ und $\mathbf{M}^2V - 2\mathbf{M}V\mathbf{M} + V\mathbf{M}^2 = \mathbf{M}[\mathbf{M}, \mathrm{V}] - [\mathbf{M}, V]\mathbf{M}$ gesondert und führen die elektrischen und magnetischen Felder ($\boldsymbol{E}$, $\boldsymbol{B}$, $\boldsymbol{H}$) ein; bei beiden Berechnungen ist folgende Hilfsformel nützlich, die sich auf Grund der Eigenschaften der Matrizen $\boldsymbol{\alpha}_j$ und $\boldsymbol{\beta}$ – vgl. (26.106 b) – ergibt:

$$\sum_{j,l=1}^{3}(\boldsymbol{\alpha}_jC_j)(\boldsymbol{\alpha}_lD_l) = \sum_{j=1}^{3}C_jD_j + \mathrm{i}\sum_{j=1}^{3}\Sigma_j(\boldsymbol{C}\times\boldsymbol{D})_j \tag{26.133 a}$$

mit den schon früher – vgl. 26.4.1.2 – verwendeten vierreihigen Matrizen

$$\Sigma_j = \begin{pmatrix}\boldsymbol{\sigma}_j & \mathbf{0}\\ \mathbf{0} & \boldsymbol{\sigma}_j\end{pmatrix}, \tag{26.133 b}$$

die aus den Paulischen Spinmatrizen (26.106a) aufgebaut sind. Damit findet man die beiden Teilergebnisse

$$\mathbf{M}^2 = c^2 \left(\frac{\hbar}{\mathrm{i}}\nabla_r + eA\right)^2 + c^2 e\hbar \sum_{j=1}^{3} \Sigma_j B_j \tag{26.134}$$

und

$$\mathbf{M}^2 V - 2\mathbf{M} V \mathbf{M} + V\mathbf{M}^2 = -c^2\frac{\hbar}{\mathrm{i}}\left[\frac{\hbar}{\mathrm{i}}(\nabla_r E) - 2\mathrm{i}\sum_{j=1}^{3}\Sigma_j\left(E \times \frac{\hbar}{\mathrm{i}}\nabla_r\right)_j\right], \tag{26.135}$$

und für $\mathbf{H}_{(F)}$ ergibt sich

$$\begin{aligned}\mathbf{H}_{(F)} = {} & \boldsymbol{\beta} mc^2 + \boldsymbol{\beta}\frac{1}{2m}\left(\frac{\hbar}{\mathrm{i}}\nabla_r + eA\right)^2 - eV + \boldsymbol{\beta}\mu_B \sum_{j=1}^{3}\Sigma_j H_j \\ & + \frac{e\hbar}{4m^2c^2}\sum_{j=1}^{3}\Sigma_j\left(E \times \frac{\hbar}{\mathrm{i}}\nabla_r\right)_j + \frac{e\hbar^2}{8m^2c^2}(\nabla_r E).\end{aligned} \tag{26.136}$$

Wenn die Paulischen Spinmatrizen (26.106a) mit $\hbar/2$ multipliziert werden, ergeben sich Größen, die – wie man leicht nachrechnet – die Vertauschungsrelationen (13.25a) der Spinoperatoren $\hat{S}_j$ erfüllen. Die Matrizen $\mathbf{S}_j = (\hbar/2)\boldsymbol{\sigma}_j$ bedeuten also eine *Darstellung der Spinoperatoren* $\hat{S}_j$ als zweireihige Matrizen.

Auf Grund der Struktur der Matrizen $\boldsymbol{\beta}$ – vgl. (26.106b) – und $\mathbf{S}_j$ ergibt sich eine Zerlegung des genäherten Foldy-Operators $\mathbf{H}_{(F)}$ in zwei, nur noch aus zweireihigen Matrizen aufgebaute *Pauli-Operatoren* ($\vec{\mathbf{S}}$ hat Vektor- und Matrizencharakter – siehe auch Abschnitt 1.3.3):

$$\begin{aligned}\mathbf{H}_{(P)1} = {} & mc^2 + \frac{1}{2m}\left(\frac{\hbar}{\mathrm{i}}\nabla_r + eA\right)^2 - eV + \mu_B\frac{2}{\hbar}\vec{\mathbf{S}}H \\ & + \frac{e\hbar}{4m^2c^2}\frac{2}{\hbar}\vec{\mathbf{S}}\left(E \times \frac{\hbar}{\mathrm{i}}\nabla_r\right) + \frac{e\hbar^2}{8m^2c^2}(\nabla_r E)\end{aligned} \tag{26.137a}$$

und

$$\begin{aligned}\mathbf{H}_{(P)2} = {} & -mc^2 - \frac{1}{2m}\left(\frac{\hbar}{\mathrm{i}}\nabla_r + eA\right)^2 - eV - \mu_B\frac{2}{\hbar}\vec{\mathbf{S}}H \\ & + \frac{e\hbar}{4m^2c^2}\frac{2}{\hbar}\vec{\mathbf{S}}\left(E \times \frac{\hbar}{\mathrm{i}}\nabla_r\right) + \frac{e\hbar^2}{8m^2c^2}(\nabla_r E).\end{aligned} \tag{26.137b}$$

Die Zerlegbarkeit von $\mathbf{H}_{(F)}$ in $\mathbf{H}_{(P)1}$ und $\mathbf{H}_{(P)2}$ überträgt sich auf die Feldgleichung (26.132a), die wir als Foldy-Näherung der Dirac-Gleichung (26.130b) ansehen können. Für die zweikomponentigen Matrix-Funktionen

$$\boldsymbol{\varphi}' \equiv \begin{pmatrix}\varphi_1{}' \\ \varphi_2{}'\end{pmatrix} \quad \text{und} \quad \boldsymbol{\chi}' \equiv \begin{pmatrix}\chi_1{}' \\ \chi_2{}'\end{pmatrix} \tag{26.138}$$

erhalten wir nun die Gleichungen

$$\mathrm{i}\hbar\frac{\partial}{\partial t}\boldsymbol{\varphi}' = \mathbf{H}_{(P)1}\boldsymbol{\varphi}' \tag{26.139a}$$

und

$$i\hbar\frac{\partial}{\partial t}\chi' = \mathbf{H}_{(P)2}\,\chi' \tag{26.139 b}$$

anstelle der Gleichung (26.132 a) für die vierkomponentige Matrix-Funktion $\Psi_{(F)}$. Mit den Ansätzen

$$\varphi' = \varphi(\boldsymbol{r})\,\mathrm{e}^{-\mathrm{i}(E+mc^2)t/\hbar}, \qquad \chi' = \chi(\boldsymbol{r})\,\mathrm{e}^{-\mathrm{i}(E-mc^2)t/\hbar} \tag{26.140}$$

kann man zu stationären Gleichungen übergehen und gleichzeitig den Energieanteil $mc^2$ (die zur Masse $m$ gehörige Ruhenergie) eliminieren:

$$E\varphi(\boldsymbol{r}) = \left\{\frac{1}{2m}\left(\frac{\hbar}{\mathrm{i}}\nabla_{\boldsymbol{r}} + e\boldsymbol{A}\right)^2 - eV + \mu_B\frac{2}{\hbar}\vec{\mathbf{S}}\boldsymbol{H} + \frac{e\hbar}{4m^2c^2}\frac{2}{\hbar}\vec{\mathbf{S}}\left(\boldsymbol{E}\times\frac{\hbar}{\mathrm{i}}\nabla_{\boldsymbol{r}}\right) + \frac{e\hbar^2}{8m^2c^2}(\nabla_{\boldsymbol{r}}\boldsymbol{E})\right\}\varphi(\boldsymbol{r}) \tag{26.141 a}$$

$$E\chi(\boldsymbol{r}) = \left\{-\frac{1}{2m}\left(\frac{\hbar}{\mathrm{i}}\nabla_{\boldsymbol{r}} + e\boldsymbol{A}\right)^2 - eV - \mu_B\frac{2}{\hbar}\vec{\mathbf{S}}\boldsymbol{H} + \frac{e\hbar}{4m^2c^2}\frac{2}{\hbar}\vec{\mathbf{S}}\left(\boldsymbol{E}\times\frac{\hbar}{\mathrm{i}}\nabla_{\boldsymbol{r}}\right) + \frac{e\hbar^2}{8m^2c^2}(\nabla_{\boldsymbol{r}}\boldsymbol{E})\right\}\chi(\boldsymbol{r}) \tag{26.141 b}$$

Zur Ableitung von (26.141 a) vgl. auch [E-30]. Wie man unmittelbar erkennt, geht (26.141 b) in (26.141 a) über, wenn man $E \longrightarrow -E$, $\frac{\hbar}{\mathrm{i}}\nabla_{\boldsymbol{r}} \longrightarrow -\frac{\hbar}{\mathrm{i}}\nabla_{\boldsymbol{r}}$, $\vec{\mathbf{S}} \longrightarrow -\vec{\mathbf{S}}$ und $e \longrightarrow -e$ ersetzt.

Gleichung (26.141 a) ist, als quantenmechanische Ein-Teilchen-Gleichung aufgefaßt, die *Pauli-Gleichung* für ein Elektron (Masse $m$, Ladung $-e$) bei Anwesenheit eines statischen Magnetfeldes (beschrieben durch $\boldsymbol{A}$ bzw. $\boldsymbol{H}$) und eines statischen elektrischen Feldes (beschrieben durch $V$ bzw. $\boldsymbol{E}$) unter Berücksichtigung des Elektronenspins – vgl. u.a. [C-3, 5, 7, 8, 9]. Im ersten Summanden der rechten Seite treten die nichtrelativistische kinetische Energie sowie bei Spezialisierung auf ein *homogenes* Magnetfeld die Terme $T_2$ (14.43) und $T_3$ (14.44) in Erscheinung. Der zweite Summand liefert die potentielle Energie, der dritte Summand den Term $\hat{T}_{11}$ (14.55), der vierte $\hat{T}_9$ (14.50) bzw. $\hat{T}_{10}$ (14.54) und der letzte Summand den Term $\hat{T}_8$ (14.49) der Ein-Elektronen-Theorie.

Von der durch die Foldy-Wouthuysen-Transformation aus der Dirac-Gleichung (26.130 b) mit äußeren statischen elektrischen und magnetischen Feldern näherungsweise gewonnenen Ein-Teilchen-Gleichung (26.141 a) kann man durch den Formalismus der Feldquantisierung zu einer Mehr-Teilchen-Theorie gelangen. Dazu hat man, wie in 26.2.2 an Hand des Schrödinger-Feldes gezeigt wurde, von der rechten Seite von (26.141 a) auszugehen, das dortige $\varphi(\boldsymbol{r})$ als zweikomponentigen Feldoperator aufzufassen und den Hamilton-Operator der *quantisierten* Feldtheorie in der Form

$$\hat{H} = \int \mathrm{d}^3 r\, \hat{\varphi}^+(r) \left\{ \frac{1}{2m} \left( \frac{\hbar}{\mathrm{i}} \nabla_r + eA \right)^2 - eV + \frac{e\mu_0}{m} \vec{\mathbf{S}} H \right.$$
$$\left. + \frac{e}{2m^2c^2} \vec{\mathbf{S}} \left( E \times \frac{\hbar}{\mathrm{i}} \nabla_r \right) + \frac{e\hbar^2}{8m^2c^2} (\nabla_r E) \right\} \hat{\varphi}(r) \qquad (26.142)$$

zu bilden. Bei Zugrundelegung der Plusquantisierung für $\hat{\varphi}(r)$ und $\hat{\varphi}^+(r)$ würden wir dann in Verfolgung der Darlegungen von 26.2.2 für eine $N$-Teilchen-Zustandsfunktion $\Phi(r_1, \xi_1; \ldots; r_N, \xi_N)$ die quantenmechanische Gleichung

$$\sum_{j=1}^{N} \left\{ \frac{1}{2m} \left( \frac{\hbar}{\mathrm{i}} \nabla_r + eA(r_j) \right)^2 - eV(r_j) \right.$$
$$+ \frac{e\mu_0}{m} \hat{S}_j H(r_j) + \frac{e}{2m^2c^2} \hat{S}_j \left( E(r_j) \times \frac{\hbar}{\mathrm{i}} \nabla_{r_j} \right)$$
$$\left. + \frac{e\hbar^2}{8m^2c^2} (\nabla_{r_j} E(r_j)) \right\} \Phi = E_N \Phi \qquad (26.143)$$

finden, wobei $\xi_j \equiv (s_j = 1/2, m_{sj} = +1/2, -1/2)$ die Spinvariable des $j$-ten Elektrons ist. Wegen der vorausgesetzten Plusquantisierung für das $\hat{\varphi}$-Feld kommt automatisch heraus, daß $\Phi$ bezüglich der Teilchen-Numerierung $(j)$ vollständig antisymmetrisch sein muß.

Der auf der linken Seite von (26.143) stehende Hamilton-Operator des $N$-Elektronen-Systems enthält folgende Anteile, die bereits in 15.3 erläutert wurden: In den ersten beiden Summanden stehen die kinetischen und potentiellen Energien sowie die Verallgemeinerungen von $\hat{T}_2$ und $\hat{T}_3$ auf $N$ Elektronen. Auch der dritte Summand stellt eine solche Verallgemeinerung von $\hat{T}_{11}$ dar. Der vierte Summand entspricht $\hat{H}_9{}^{\mathrm{W}}$ – vgl. (15.43) – und der letzte Summand $\hat{H}_8{}^{\mathrm{W}}$ – vgl. (15.41) –, wenn für $E(r_j)$ ein Coulomb-Feld $(Ze/4\pi\varepsilon_0)\,(r_j/r_j{}^3)$ angenommen wird.

Wechselwirkungen zwischen den Elektronen sind – ausgehend von (26.143) – nicht zu erwarten; dazu wäre es notwendig, in (26.128) bzw. (26.130b) das durch $A$ und $V$ repräsentierte elektromagnetische Feld nicht nur (wie hier geschehen) als vorgegeben, sondern als durch das Dirac-Feld selbst mitbestimmt (innere Wechselwirkung des Dirac-Feldes vermittelt durch das Maxwell-Feld) zu betrachten; d.h., man hat von den Grundgleichungen der Quantenelektrodynamik auszugehen – vgl. 26.4.3.1 und siehe auch [E-21, 22, 23, 24, 25, 26].

### 26.4.3 Wechselwirkung von Feldern

Geht man davon aus, daß man Elementarteilchen durch quantisierte Felder beschreiben kann, so gehören zu Elementarteilchenwechselwirkungen Kopplungen zwischen den zugeordneten Feldern.

Für die Formulierung solcher Kopplungen ist die elektromagnetische Wechselwirkung, d.h. die Kopplung von Dirac- und Maxwell-Feld oder, in der Teilchenvorstellung ausgedrückt, die Wechselwirkung zwischen Elektronen und Positronen sowie Photonen, beispielgebend gewesen. Die Theorie *dieser* Wechselwirkung wird Quantenelektrodynamik genannt. Mit ihr wollen wir uns einführend befassen, um daran weitere, nicht-elektromagnetische Wechselwirkungen im Elementarteilchenbereich anschließen zu können.

### 26.4.3.1 *Quantenelektrodynamik und Feynman-Diagrammtechnik*

Wir beginnen diesen Abschnitt mit der Einführung des Hamilton-Operators $\hat{H}_{(\mathrm{QED})}$ der Quantenelektrodynamik, erläutern dann, wie die Streumatrixelemente in dieser Theorie zu formulieren sind, und zeigen schließlich, wie diese Formulierung durch eine Diagrammtechnik übersichtlich gestaltet und formalisiert werden kann.

Den Hamilton-Operator $\hat{H}_{(\mathrm{QED})}$ schreiben wir in der Form

$$\hat{H}_{(\mathrm{QED})} = \hat{H}_{(\mathrm{D})} + \hat{H}_{(\mathrm{M})} + \hat{H}_{(\mathrm{D-M})}, \tag{26.144}$$

wobei $\hat{H}_{(\mathrm{D})}$ der Hamilton-Operator (26.112) des freien Dirac-Feldes, $\hat{H}_{(\mathrm{M})}$ der Hamilton-Operator (26.12) des freien Strahlungsfeldes (Maxwell-Feldes) und $\hat{H}_{(\mathrm{D-M})}$ der Wechselwirkungsanteil ist; auf letzteren kommt es uns jetzt vor allem an. Zum Aufbau von $\hat{H}_{(\mathrm{D-M})}$ erinnern wir an die Ausführungen am Ende des Abschnitts 1.3.2 bei der Ankopplung eines Eichfeldes an das Schrödinger-Feld im Rahmen der klassischen Feldtheorie und machen davon in analoger Weise wie in 26.4.2 beim Einbau elektrischer und magnetischer Felder in die Dirac-Gleichung (26.128) Gebrauch. Den mit dem Vektorpotential $A_j$ gebildeten eichinvarianten Ableitungen in (26.128) korrespondiert die Lagrange-Dichte $\tilde{L}_1$ (1.125). Von dieser ausgehend wird der Operator

$$\hat{H}^{(1)}_{(\mathrm{D-M})} = -\int \mathrm{d}^3 \boldsymbol{r}\, \hat{\tilde{j}}_k(\boldsymbol{r}, t)\, \hat{A}_k(\boldsymbol{r}, t) \tag{26.145}$$

als *ein* Anteil des Wechselwirkungsoperators $\hat{H}_{(\mathrm{D-M})}$ in (26.144) nahegelegt, wobei $\hat{\tilde{j}}_k = -ce\, \hat{\psi}_A^+ (\alpha_k)_{AB} \hat{\psi}_B$ die Komponenten des Operators der Stromdichte des Dirac-Feldes – siehe (26.113c) – und $\hat{A}_k$ die Komponenten des Operators des Vektorpotentials – siehe (26.22) zusammen mit (26.21) – bedeuten.

Wie ebenfalls schon in 1.3.2 und 26.4.2 angedeutet wurde, führt die Ersetzung der zeitlichen Ableitungen in den Feldgleichungen durch eichinvariante Ableitungen zu einer Ankopplung eines skalaren elektromagnetischen Potentials $V$. In der Quantenelektrodynamik nimmt man an, daß ein Operator $\hat{V}$ des skalaren elektromagnetischen Potentials über eine quellenmäßige Darstellung

$$\hat{V}(\boldsymbol{r}, t) = \frac{1}{4\pi\varepsilon_0} \int \mathrm{d}^3 \boldsymbol{r}' \frac{\hat{\tilde{\sigma}}(\boldsymbol{r}', t)}{|\boldsymbol{r} - \boldsymbol{r}'|} \tag{26.146}$$

mit dem Ladungsdichteoperator $\hat{\tilde{\sigma}}$ des Dirac-Feldes – siehe (26.113a) – gebildet werden kann, woraus als *weiterer* Anteil für den Wechselwirkungsoperator $\hat{H}_{(\mathrm{D-M})}$ in (26.144) die Coulomb-Wechselwirkung

$$\hat{H}^{(2)}_{(\mathrm{D-M})} = \frac{e^2}{4\pi\varepsilon_0} \frac{1}{2} \int \mathrm{d}^3 \boldsymbol{r}' \int \mathrm{d}^3 \boldsymbol{r}'' \frac{\hat{\psi}_A^+(\boldsymbol{r}', t)\, \hat{\psi}_B^+(\boldsymbol{r}'', t)\, \hat{\psi}_B(\boldsymbol{r}'', t)\, \hat{\psi}_A(\boldsymbol{r}', t)}{|\boldsymbol{r}' - \boldsymbol{r}''|} \tag{26.147}$$

resultiert. (Durch den Faktor $^1/_2$ wird verhindert, daß die Wechselwirkung doppelt gezählt wird, wenn über $\boldsymbol{r}'$ und $\boldsymbol{r}''$ unabhängig integriert wird.) Die Formel (26.147) stellt die Übertragung des Wechselwirkungsgliedes in (26.60) beim Schrödinger-Feld auf das Dirac-Feld dar. Das Auftreten von $\hat{H}_{(\mathrm{D-M})}$ in der Zerlegung in die beiden nicht explizit relativistisch invarianten Anteile $\hat{H}^{(1)}_{(\mathrm{D-M})}$ und $\hat{H}^{(2)}_{(\mathrm{D-M})}$ hängt mit der bisher ausschließlich verwendeten Coulomb-Eichung der elektromagnetischen Potentiale zusammen – siehe (1.53) und den zu (16.34) gemachten Hinweis. Wir werden in diesem Abschnitt noch darauf zurückkommen, daß die Berechnung von Streumatrixelementen in der Quantenelektrodynamik leichter durchzuführen ist, wenn man $\hat{H}^{(1)}_{(\mathrm{D-M})}$ und $\hat{H}^{(2)}_{(\mathrm{D-M})}$ in der sogenannten $\gamma$-Schreibweise der Dirac-Matrizen vorliegen hat. Anhang A 5 entsprechend ergeben sich aus den vier Matrizen $\boldsymbol{\alpha}_j$ mit $j=1,2,3$ und $\boldsymbol{\beta}$ die vier $\gamma$-Matrizen $(\gamma_j)_{AC} = -\mathrm{i}(\beta)_{AB}(\alpha_j)_{BC}$ und $(\gamma_4)_{AC} = \mathrm{i}(\beta)_{AC}$. Mit deren Hilfe erhält man unter weiterer Einführung von $\hat{\bar{\psi}}_A \equiv \hat{\psi}^+_B(\gamma_4)_{BA}$ die Operatoren $\hat{\bar{j}}_4 = -c\hat{\bar{\sigma}} = -ce\hat{\bar{\psi}}\gamma_4\hat{\psi}$ der Ladungsdichte und $\hat{\bar{j}}_k = -ce\hat{\bar{\psi}}\gamma_k\hat{\psi}$ der Ladungsstromdichte, die zusammen den Vierervektor $\hat{\bar{j}}_\mu = -ce\,\hat{\bar{\psi}}\gamma_\mu\hat{\psi}$ $(\mu = 1,2,3,4)$ bilden. Für die beiden Anteile des Wechselwirkungsoperators $\hat{H}_{(\mathrm{D-M})}$ ergeben sich damit in der $\gamma$-Schreibweise die Ausdrücke

$$\hat{H}^{(1)}_{(\mathrm{D-M})} = ce\int \mathrm{d}^3\boldsymbol{r}'\;\hat{\bar{\psi}}_A(\boldsymbol{r}',t)\,(\gamma_j)_{AB}\hat{\psi}_B(\boldsymbol{r}',t)\,\hat{A}_j(\boldsymbol{r}',t) \tag{26.145a}$$

und

$$\hat{H}^{(2)}_{(\mathrm{D-M})} = \frac{e^2}{4\pi\varepsilon_0}\frac{1}{2}\int \mathrm{d}^3\boldsymbol{r}'\int \mathrm{d}^3\boldsymbol{r}''\,\frac{\hat{\bar{\psi}}_A(\boldsymbol{r}',t)\,(\gamma_4)_{AB}\,\hat{\bar{\psi}}_C(\boldsymbol{r}'',t)\,(\gamma_4)_{CD}\,\hat{\psi}_D(\boldsymbol{r}'',t)\,\hat{\psi}_B(\boldsymbol{r}',t)}{|\boldsymbol{r}'-\boldsymbol{r}''|}, \tag{26.147a}$$

die wir im folgenden ausschließlich verwenden werden.

Man erkennt an den Ausdrücken für $\hat{H}_{(\mathrm{D-M})}$ bzw. $\hat{H}^{(1)}_{(\mathrm{D-M})}$ und $\hat{H}^{(2)}_{(\mathrm{D-M})}$, daß die elektrische Ladung $e$ die Rolle eines Kopplungsparameters einnimmt; denn wenn $e$ Null wird, bleiben in (26.144) die Hamilton-Operatoren $\hat{H}_{(\mathrm{D})}$ und $\hat{H}_{(\mathrm{M})}$ der freien Felder übrig.

Mit $\hat{H}_{(\mathrm{QED})}$ nach (26.144) kann man die auf die Wechselwirkung verallgemeinerte Dirac-Gleichung und die Maxwellschen Gleichungen als Heisenbergsche Operatorbewegungsgleichungen ableiten, wobei man die Kommutatorrelationen (26.13) und die Anti-Kommutatorrelationen (26.11) zu berücksichtigen und die Operatoren der Komponenten des Vektorpotentials mit den Operatoren des Dirac-Feldes als kommutierend anzunehmen hat.

In 24.3.2 haben wir die Erzeugung bzw. Vernichtung von atomaren Anregungszuständen bei simultaner Vernichtung bzw. Erzeugung von Photonen besprochen, wozu als maßgebliche Größe die in 22.3 eingeführte Übergangsrate berechnet werden konnte. Analog werden wir auch im folgenden bei Übergangs- und Umwandlungsprozessen der Quantenelektrodynamik vorgehen.

Der Hamilton-Operator $\hat{H}_{(\mathrm{QED})}$ (26.144) der Quantenelektrodynamik ist in analoger Weise additiv aufgebaut wie der Operator $\hat{H} = \hat{H}^{\mathrm{F}} + \hat{H}^{\mathrm{W}}$ (22.1), von dem wir bei der Einführung des Dirac-Bildes im Abschnitt 22.1 ausgingen. Die Operatoren $\hat{H}_{(\mathrm{D})}$, $\hat{H}_{(\mathrm{M})}$ und $\hat{H}_{(\mathrm{D-M})}$ können den Operatoren $\hat{H}^{\mathrm{F}}$ und $\hat{H}^{\mathrm{W}}$ in (22.1) in folgender

Weise zugeordnet werden:

$$\hat{H}^{\mathrm{F}} = \hat{H}_{(\mathrm{D})} + \hat{H}_{(\mathrm{M})} \text{ und } \hat{H}^{\mathrm{W}} = \hat{H}_{(\mathrm{D-M})} = \hat{H}^{(1)}_{(\mathrm{D-M})} + \hat{H}^{(2)}_{(\mathrm{D-M})}. \tag{26.148}$$

Zur Beschreibung von Wechselwirkungsprozessen zwischen dem Dirac-Feld und dem Maxwell-Feld, das heißt zwischen den diesen Feldern entsprechenden Teilchen (Elektronen und Positronen sowie Photonen), kann man somit die Überlegungen des Kapitels 22 heranziehen. Man kann ins Dirac-Bild übergehen und die Formel (22.8a) für den Zeitentwicklungsoperator $\hat{U}^{\mathrm{W}}(t, t_0)$ zugrunde legen, um die durch die Formel (23.51) definierten Streumatrixelemente $S_{\mathrm{ea}}$ zu berechnen. Durch die $S_{\mathrm{ea}}$ wird ein Zustand $|E^{\mathrm{F}}_{\mathrm{a}}\rangle$ des quantenelektrodynamischen Systems zur Zeit $t_{\mathrm{a}} \to -\infty$ (genannt Anfangszustand), in dem eine bestimmte Anzahl von Teilchen (Elektronen, Positronen und Photonen) wechselwirkungsfrei vorliegen soll, mit einem Zustand $|E^{\mathrm{F}}_{\mathrm{e}}\rangle$ zur Zeite $t_{\mathrm{e}} \to +\infty$ (genannt Endzustand) verknüpft, in dem die gleiche oder auch eine andere Anzahl von jeder Teilchensorte wieder ohne Wechselwirkung vorhanden sein möge. Man erfaßt auf diese Weise streuungsartige Übergangs- oder Umwandlungsprozesse zwischen Elektronen, Positronen und Photonen, wobei für die zugehörigen Prozeßraten die Absolutquadrate $|S_{\mathrm{ea}}|^2$ die entscheidenden Größen sind, wie im Falle einer Störungsrechnung erster Ordnung mit den Formeln (22.18) und (22.21) schon bewiesen wurde. Die wechselwirkungsfreien Teilchen im Anfangszustand und im Endzustand sind sogenannte *reale* Elektronen, Positronen oder Photonen, deren Feldoperatoren den durch $\hat{H}_{(\mathrm{D})}$ oder $\hat{H}_{(\mathrm{M})}$ bestimmten Feldgleichungen ohne Wechselwirkung genügen und damit eine Raum-Zeit-Abhängigkeit in Form ebener Wellen besitzen. Auf Grund der störungstheoretischen Entwicklung (22.8a) von $\hat{U}^{\mathrm{W}}(t, t_0)$ wird die zwischen Anfangs- und Endzustand liegende gesamte Wechselwirkung in Teilwechselwirkungen zerlegt, durch die Zwischenzustände miteinander verbunden werden und die als Austausch sogenannter *virtueller* Elektronen, Positronen oder Photonen gekennzeichnet sind. Bei der Berechnung höherer Ordnungen in der Störungstheorie zu einem gegebenen Streu- oder Umwandlungsprozeß tritt dabei eine erhebliche Schwierigkeit auf, indem die Berücksichtigung dieser virtuellen Teilchen auf divergente Integralausdrücke führt. Diese Schwierigkeit kann durch die von F. J. Dyson, R. P. Feynman, S. Tomonaga und J. Schwinger Ende der vierziger Jahre entwickelte Konzeption der *Renormierung von Masse und Ladung* überwunden werden. Den in der freien Dirac-Gleichung auftretenden Masseparameter $m$ – siehe (26.128) – und den die Kopplung zwischen Dirac- und Maxwell-Feld vermittelten Ladungsparameter $e$ – (siehe 26.145a) und (26.147a) – zu renormieren, bedeutet, daß man eine Beziehung zwischen den Parametern $m$ und $e$ und den experimentell ermittelbaren Werten der Masse $m_{\mathrm{exp}}$ und der Ladung $e_{\mathrm{exp}}$ herstellt. Man hat sich vorzustellen, daß in $m_{\mathrm{exp}}$ und $e_{\mathrm{exp}}$ im Vergleich mit $m$ und $e$ durch die Wechselwirkung bedingte Anteile (Selbstmasse und Selbstladung) eingehen, deren Existenz bei einer sorgfältigen Berechnung der höheren Näherungen der Störungstheorie eindeutig ausgewiesen werden kann, obwohl ihr Zahlenwert wegen der erwähnten Divergenzen nicht konkret berechenbar ist. Die höheren Näherungen der Störungstheorie, die man auch Strahlungskorrekturen nennt, ergeben neben den divergenten Renormierungsbeiträgen auch experimentell überprüfbare Resultate. Beispiele dafür sind zum einen die Energieniveauverschiebungen, die zu der im Zusammenhang mit der Formel (22.41) für die spontane Photonenemission erwähnten *Lamb-Retherford-Shift* der Frequenz führen, und zum anderen die Beiträge zum *gyromagnetischen Faktor g des Elektrons*, die in (26.161) für $g$ zum Summand 2 mit verschiedenen Potenzen von $\alpha$ hinzukommen.

Die Berechnung der $S$-Matrixelemente unter Anwendung des Renormierungskonzeptes wird wesentlich erleichtert durch deren Veranschaulichung in Form der sogenannten *Feynman-Diagramme* – siehe [E-22, 23, 24, 25], [F-2] –, da man darauf aufbauend einfache Regeln angeben kann, mit denen die $S$-Matrixelemente in rationeller Weise zu berechnen sind. Die verschiedenen Bestandteile dieser Diagramme sind aus den mathematischen Ausdrücken für die $S$-Matrixelemente zu erschließen, und es besteht eine eindeutige Zuordnung gewisser mathematischer Ausdrücke zu bestimmten Diagramm-Bestandteilen und umgekehrt.

Im folgenden streben wir einen heuristischen Zugang zur Feynmanschen Diagrammtechnik an. Zu diesem Zweck gehen wir von $S$-Matrixelementen zweiter Ordnung $S^{(2)}_{\text{ea}}$ aus und betrachten die speziellen Prozesse *Photon-Elektron-Streuung* (*Compton-Streuung*) und *Elektron-Elektron-Streuung* (*Møller-Streuung*).

Wir suchen deshalb zuerst aus der auf der Basis der Störungsentwicklung (22.8 a) folgenden Formel für die $S$-Matrixelemente

$$S_{\text{ea}} = \langle E^{\text{F}}_{\text{e}}| \hat{I} + \sum_{n=1}^{\infty} (\text{i}\hbar)^{-n} \int_{-\infty}^{+\infty} \text{d}t_1 \int_{-\infty}^{t_1} \text{d}t_2 \ldots \int_{-\infty}^{t_{n-1}} \text{d}t_n \times \hat{H}_{(\text{D-M})\text{D}}(t_1)\, \hat{H}_{(\text{D-M})\text{D}}(t_2) \ldots \hat{H}_{(\text{D-M})\text{D}}(t_n)\, |E^{\text{F}}_{\text{e}}\rangle, \tag{26.149}$$

die bei Einführung des Dysonschen Zeitordnungssymbols Dy in

$$S_{\text{ea}} = \langle E^{\text{F}}_{\text{e}}| \hat{I} + \sum_{n-1}^{\infty} (\text{i}\hbar)^{-n} \frac{1}{n!} \int_{-\infty}^{+\infty} \text{d}t_1 \int_{-\infty}^{+\infty} \text{d}t^2 \ldots \int_{-\infty}^{+\infty} \text{d}t_n \times \text{Dy}[\hat{H}_{(\text{D-M})\text{D}}(t_1)\, \hat{H}_{(\text{D-M})\text{D}}(t_2) \ldots \hat{H}_{(\text{D-M})\text{D}}(t_n)]\, |E^{\text{F}}_{\text{a}}\rangle \tag{26.150}$$

übergeht, alle Summanden heraus, die zu $e^2$ proportional sind. Indem wir die $e$-Abhängigkeit von $\hat{H}^{(1)}_{(\text{D-M})}$ nach (26.145 a) und von $\hat{H}^{(2)}_{(\text{D-M})}$ nach (26.147 a) beachten, erhalten wir

$$\begin{aligned} S^{(2)}_{\text{ea}} = \frac{e^2}{4\pi\varepsilon_0 \hbar c} \frac{1}{2!} \int \text{d}^4 x_1 \int \text{d}^4 x_2 \cdot \Bigg\{ & -\frac{4\pi\varepsilon_0 c}{\hbar} \\ & \times \langle E^{\text{F}}_{\text{e}}| \text{Dy}[\hat{\bar{\psi}}_A(x_1)\, \hat{\psi}_B(x_1)\, \hat{\bar{\psi}}_C(x_2)\, \hat{\psi}_D(x_2)\, \hat{A}_k(x_1)\, \hat{A}_l(x_2)]\, |E^{\text{F}}_{\text{a}}\rangle \cdot (\gamma_k)_{AB}\, (\gamma_l)_{CD} \\ & - \text{i}\delta(x^4{}_1 - x^4{}_2)\, |\boldsymbol{r}_1 - \boldsymbol{r}_2|^{-1} \\ & \times \langle E^{\text{F}}_{\text{e}}|\, [\hat{\bar{\psi}}_A(x_1)\, \hat{\bar{\psi}}_C(x_2)\, \hat{\psi}_D(x_2)\, \hat{\psi}_B(x_1)]\, |E^{\text{F}}_{\text{a}}\rangle (\gamma_4)_{AB}\, (\gamma_4)_{CD} \Bigg\}. \end{aligned} \tag{26.151}$$

In (26.151) bedeutet $\text{d}^4 x_j = \text{d}^3 \boldsymbol{r}_j \cdot \text{d}x^4_j = \text{d}^3 \boldsymbol{r}_j \cdot c\, \text{d}t_j$, und es wurde die zeitliche $\delta$-Funktion $\delta(x^4{}_1 - x^4{}_2) = \delta(t_1 - t_2)/c$ eingeführt, um auch bei dem von $\hat{H}^{(2)}_{(\text{D-M})}$ stammenden Summanden von der räumlichen Integration $\int \text{d}^3 \boldsymbol{r}_2$ zur Raum-Zeit-Integration $\int \text{d}^4 x_2$ übergehen zu können. Der Faktor $e^2/(4\pi\varepsilon_0 \hbar c) \equiv \alpha$ bedeutet die *Sommerfeldsche Feinstrukturkonstante*. Man erkennt, daß die für die Übergangsrate (oder den Streuquerschnitt) maßgebliche Größe $|S_{ea}^{(2)}|^2$ sich proportional zu $\alpha^2$ ergibt. (Allgemein stellt sich $|S_{ea}|^2$ bei Berücksichtigung aller möglichen Strahlungskorrekturen als Potenzreihe in $\alpha$ dar; unter diesem Gesichtspunkt sind beispielsweise die in (26.161) angegebenen Resultate für den gyromagnetischen Faktor $g$ zu verstehen.)

Bevor wir auf die konkreten Streuprozesse eingehen können, müssen wir zuerst noch die Bedeutung der Operatoren $\hat{\bar{\psi}}$, $\hat{\psi}$ und $\hat{A}$ deutlich herausstellen. Der Herleitung der Formel (26.150) nach sind es Operatoren im Dirac-Bild, deren zeitliche Veränderung durch $\hat{H}^F = \hat{H}_{(D)} + \hat{H}_{(M)}$, also dem freien Anteil des Hamilton-Operators der Quantenelektrodynamik, bestimmt wird. Das heißt, sie sind Lösungen der freien Dirac-Gleichung (26.108) oder (A 5.17) bzw. der homogenen Wellengleichung (26.9), und sie genügen den Vertauschungsrelationen (26.111) bzw. (26.13) der isolierten Felder. Wir können somit beispielsweise $\hat{\psi}$ durch die Entwicklung (26.116) nach ebenen Wellen darstellen, in der Vernichtungsoperatoren für kräftefrei bewegte Elektronen und Erzeugungsoperatoren für freie Positronen auftreten. Eine analoge Entwicklung gibt es für $\hat{\bar{\psi}}$, in der Elektronenerzeugungs- und Positronenvernichtungsoperatoren vorliegen. In der Entwicklung (16.6) für $\hat{A}$ traten sowohl Photonenvernichtungs- als auch Photonenerzeugungsoperatoren auf.

Diese mehrfachen Wirkungsweisen der Operatoren $\hat{\bar{\psi}}$, $\hat{\psi}$ und $\hat{A}$ müssen wir bei der Auswertung von (26.151) beachten, wenn wir nun die $S_{ea}^{(2)}$ für die konkreten Prozesse formulieren wollen.

Bei der *Compton-Streuung* (siehe auch 3.1.4.2) muß das einlaufende Elektron (mit festem Impuls und gegebener Spinstellung) durch den zugehörigen Vernichtungsoperator in der Entwicklung (26.116) von einem der beiden $\hat{\psi}$-Operatoren vernichtet werden. Analoges gilt für die Vernichtung des einlaufenden Photons (mit festem Impuls und gegebener Polarisation) durch den entsprechenden Vernichtungsoperator in der Entwicklung (16.6) für $\hat{A}$. Das im Endzustand vorhandene auslaufende Elektron bzw. auslaufende Photon kann entsprechend mit einem der Operatoren $\hat{\bar{\psi}}$ bzw. des übrig gebliebenen $\hat{A}$-Operators erzeugt werden. Treffen wir bei dem vorliegenden zeitgeordneten Operatorprodukt $\mathrm{Dy}[\hat{\bar{\psi}}_A(x_1)\, \hat{\psi}_B(x_1)\, \hat{\bar{\psi}}_C(x_2)\, \hat{\psi}_D(x_2)\, \hat{A}_k(x_1)\, \hat{A}_l(x_2)]$ in (26.151) zunächst einmal die fixierte Auswahl, daß bei $x_2$ die einlaufenden Teilchen vernichtet und bei $x_1$ die auslaufenden Teilchen erzeugt werden sollen, dann sind die Operatoren $\hat{\bar{\psi}}_A(x_1)\, \hat{\psi}_D(x_2)\, \hat{A}_k(x_2)\, \hat{A}_1(x_2)$ in sogenannter *Normalordnung* (die jeweiligen Vernichtungsoperatoren stehen rechts von den Erzeugungsoperatoren) zur Anwendung zu bringen. Es verbleibt dann noch das Operatorpaar $\hat{\psi}_B(x_1)\, \hat{\bar{\psi}}_C(x_2)$, mit dem die Verbindung zwischen $x_2$ und $x_1$ durch ein *virtuelles Elektron* bewirkt werden kann, das bei $x_2$ aus dem Vakuumzustand heraus erzeugt und bei $x_1$ wieder vernichtet wird. Das Dirac-Feld (als Feld für Elektronen und Positronen) läßt aber auch die Möglichkeit zu, daß zwischen $x_2$ und $x_1$ in entsprechender Weise ein *virtuelles Positron* ausgetauscht wird. Die Verbindung zwischen $x_2$ und $x_1$ durch den Austausch aller möglichen virtuellen Elektronen und Positronen wird konsequent erfaßt durch den Vakuumerwartungswert des zeitlich T-geordneten Produktes $\hat{\psi}_B(x_1)\, \hat{\bar{\psi}}_C(x_2)$, den man als *Kontraktion* der beiden Operatoren bezeichnet (die T-Ordnung der Operatoren des Dirac-Feldes unterscheidet sich von der Dy-Zeitordnung dadurch, daß ein Minuszeichen gesetzt werden muß, wenn die Zeitordnung eine Umstellung der beiden

Operatoren notwendig macht). Als mathematischer Ausdruck für die Kontraktion ergibt sich der Zusammenhang

$$\langle 0|\,\mathrm{T}[\hat{\bar{\psi}}_B(x_1)\,\hat{\bar{\psi}}_C(x_2)]\,|0\rangle = -\frac{1}{2}\,S^{\mathrm{F}}_{BC}(x_1 - x_2) \tag{26.152}$$

mit der sogenannten *Feynmanschen Propagatorfunktion* $S^{\mathrm{F}}_{BC}(x_1 - x_2)$, bezüglich deren expliziter Darstellung als vierdimensionales Fourier-Integral wir auf die Literatur [E-21, 22, 23] und [F-2] verweisen möchten.

Die eben getroffene Auswahl in der Wirkungsweise der Operatoren bei der Auswertung von Gleichung (26.151) ist nicht die einzig mögliche. Man kann leicht drei andere Zuordnungen der Operatoren zu den normalgeordneten Produkten für die Vernichtung der Anfangsteilchen und die Erzeugung der Endteilchen und zu den Kontraktionen für den Austausch virtueller Elektronen und Positronen gewinnen. Von diesen drei Möglichkeiten hat aber nur das normalgeordnete Produkt $\hat{\bar{\psi}}_A(x_1)\,\hat{\psi}_D(x_2)\,\hat{A}_l(x_2)\,\hat{A}_k(x_1)$ eine wesentliche Bedeutung, bei dem die Normalordnung der $\hat{A}$-Operatoren so festgelegt ist, daß mit $\hat{A}_k(x_1)$ das Anfangsphoton vernichtet und mit $\hat{A}_l(x_2)$ das Endphoton erzeugt wird. Die restlichen beiden Möglichkeiten unterscheiden sich von den schon angegebenen Normalprodukten nur dadurch, daß $x_1$ und $x_2$ vertauscht sind. Da $x_1$ und $x_2$ aber in (26.151) Integrationsvariable darstellen, können sich bei der Permutation von $x_1$ und $x_2$ keine neuen Resultate im Vergleich zu den beiden angegebenen Normalprodukten ergeben; man erkennt dabei aber, daß man diese mit einem Gewichtsfaktor zwei belegen muß.

Die in der obigen anschaulichen Weise ermittelte Zerlegung des Dy-geordneten Produktes von (26.151) in normalgeordnete Operatorprodukte und Kontraktionen bringt beispielhaft das Resultat eines Theorems von G. C. Wick zur Geltung, in dem festgestellt wird, daß im allgemeinen Dy-geordnete Produkte in den $S$-Matrizenelementen in eine Summe zerlegt werden können, deren Summanden aus allen möglichen Normalprodukten multipliziert mit der jeweils noch erlaubten Zahl von Kontraktionen bestehen – siehe dazu u.a. die ausführlichen Erörterungen in [E-21, 22, 23, 24].

Die eben bezüglich der Compton-Streuung besprochene Zerlegung des zeitgeordneten Produktes in (26.151) in zwei bestimmte Normalprodukte und Kontraktionen nehmen wir nun als Ansatzpunkt für die Veranschaulichung der zugehörigen $S$-Matrixelemente durch zwei *Feynman-Diagramme*, deren Grundstrukturen wesentlich durch die Zusammensetzung des $\hat{H}^{(1)}_{(\mathrm{D-M})}$ aus je einem Operator $\hat{\bar{\psi}}_A$, $\hat{\psi}_B$ und $\hat{A}_k$ bedingt sind. Man gewinnt beispielsweise ein Diagramm dadurch, daß man die beiden in zweiter Ordnung vorliegenden *Raum-Zeit-Punkte* $x_1$ *und* $x_2$ *markiert*, dann den vier *im Normalprodukt stehenden Operatoren* die bei $x_2$ *einlaufenden Linien* für $\hat{\psi}(x_2)$ (gerichtete glatte Linie) und für $\hat{A}_l(x_2)$ (Schlängellinie) und die bei $x_1$ *auslaufenden Linien* für $\hat{\bar{\psi}}(x_1)$ (gerichtete glatte Linie) und für $\hat{A}_k(x_1)$ (Schlängellinie) zuordnet und schließlich für die *Kontraktion* $\langle 0|\,\mathrm{T}[\hat{\psi}(x_1)\,\hat{\bar{\psi}}(x_2)]\,|0\rangle$ die Punkte $x_1$ und $x_2$ durch eine *innere Linie* (von $x_2$ nach $x_1$ gerichtete glatte Linie) verbindet. Auf diese Weise erhält man das in Abb. 26.1 dargestellte Diagramm (a). Das in Abb. 26.1 gezeichnete Diagramm (b) ergibt sich daraus, daß jeder $\hat{A}$-Operator sowohl Photonenabsorption als auch -emission bewirken kann, so daß das Endphoton auch bei $x_2$ erzeugt und das Anfangsphoton bei $x_1$ vernichtet werden kann.

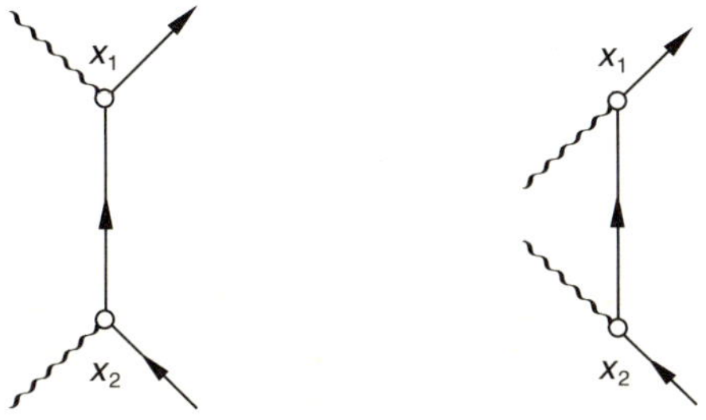


(a) (b)

**Abb. 26.1**
Diagramme zum $S$-Matrixelement in zweiter Ordnung für die Compton-Streuung

Die durchgeführte Analyse der mathematischen Ausdrücke für die $S$-Matrixelemente und die daraus erschlossene Diagrammdarstellung legt auch eine Umkehrmöglichkeit des Vorgehens nahe, bei der man mit der Konstruktion von Diagrammen beginnt und dann deren Elemente (den an bestimmten Eckpunkten ein- oder auslaufenden Elektron- oder Photon-Linien oder den inneren Elektron-Positron- oder Photon-Linien) die entsprechenden mathematischen Ausdrücke zuordnet. Bei der Konstruktion der Diagramme geht man dabei von der einfachen Struktur des Wechselwirkungsoperators $\hat{H}^{(1)}_{(\mathrm{D-M})}(t_j)$ aus, der nur das Operatorprodukt $\hat{\bar{\psi}}(x_j)\,\hat{\psi}(x_j)\,\hat{A}_k(x_j)$ enthält. Ihm kann man deshalb die

*Diagrammelemente*  und 

zuordnen. Unter Zuhilfenahme dieser Diagrammelemente läßt sich dann für einen vorgegebenen Streuprozeß relativ einfach ein mögliches Diagramm für ein Streumatrixelement konstruieren und danach dessen mathematischer Ausdruck bilden. Man gibt sich der gewählten Ordnung des Matrixelements $S^{(n)}_{\mathrm{ea}}$ entsprechend Diagramm-Eckpunkte $x_j$ mit $j=1,2,\ldots,n$ vor, wählt dann dem vorgegebenen Prozeß entsprechend gewisse der an jedem Eckpunkt verfügbaren Linien als einlaufende Linien (für den Anfangszustand) und als auslaufende Linien (für den Endzustand) aus und verknüpft alle restlichen Linien zu inneren Linien.

Diese Vorgehensweise zur Bestimmung der $S$-Matrixelemente wollen wir auch im Falle von $S^{(2)}_{\mathrm{ea}}$ für die *Elektronen-Elektronen-Streuung* (*Møller-Streuung*) exemplifizieren. Hierbei werden die zwei Elektronlinien in jedem Diagrammelement bei $x_1$ und $x_2$ als ein- und auslaufende Linien des Streuprozesses benötigt. Für die Verknüpfung durch eine innere Linie bleiben dann nur die Photonenlinien der beiden Diagrammelemente bei $x_1$ und $x_2$ übrig. Somit ergibt sich das in Abb. 26.2 dargestellte Diagramm (a). Beim Übergang zum mathematischen Ausdruck für das

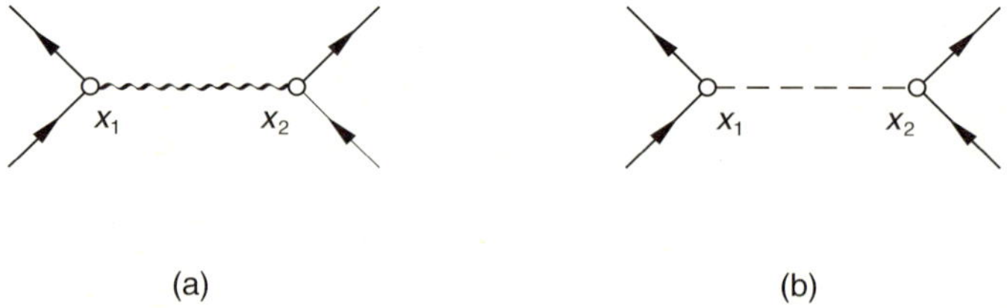


**Abb. 26.2**
Diagramme zum *S*-Matrixelement in zweiter Ordnung für die Møller-Streuung

*S*-Matrixelement $S^{(2)}_{\text{ea}}$ vom Diagramm (a) hat man für die auslaufenden Elektronenlinien $\hat{\bar{\psi}}(x_1)$ und $\hat{\bar{\psi}}(x_2)$ und für die einlaufenden Elektronenlinien $\hat{\psi}(x_1)$ und $\hat{\psi}(x_2)$ zu setzen, während die innere Photonlinie die Kontraktion

$$\langle 0|\, \mathrm{Dy}[\hat{A}_k(x_1)\, \hat{A}_l(x_2)]\, |0\rangle = \langle 0|\, \mathrm{T}[\hat{A}_k(x_1)\, \hat{A}_l(x_2)]\, |0\rangle$$

bedeutet, die sich mathematisch als *Propagatorfunktion für virtuelle transversale Photonen* darstellt. Bei der Møller-Streuung kommt neben der vorher betrachteten Wirkung von $\hat{H}^{(1)}_{(\mathrm{D-M})}$ in zweiter Ordnung nun auch die Wirkung von $\hat{H}^{(2)}_{(\mathrm{D-M})}$ – die Coulombsche Wechselwirkung – in erster Ordnung zum Tragen – siehe (26.151). Dem Wechselwirkungsoperator $\hat{H}^{(2)}_{(\mathrm{D-M})}$ muß ein besonderes *Diagrammelement* zugeordnet werden, das durch das Normalprodukt $\hat{\bar{\psi}}(x_1)\, \hat{\bar{\psi}}(x_2)\, \hat{\psi}(x_2)\, \hat{\psi}(x_1)$ und die die Punkte $x_1$ und $x_2$ verknüpfende Funktion $\delta(x^4{}_1 - x^4{}_2)/|\boldsymbol{r}_1 - \boldsymbol{r}_2|$ bestimmt wird. Dem Diagrammelement für $\hat{H}^{(2)}_{(\mathrm{D-M})}$ entspricht somit das Diagramm (b) der Abb. 26.2, dessen innere, gestrichelt dargestellte Linie die Coulomb-Wechselwirkung zum Ausdruck bringt. Zu jedem Diagramm, bei dem das Diagrammelement (b) der Coulomb-Wechselwirkung vorhanden ist, existiert immer auch ein Diagramm vom Typ (a), das die Wechselwirkung über den Austausch eines transversalen virtuellen (das heißt nur im Zwischenzustand vorliegenden) Photons beinhaltet. Diese beiden Diagramme können immer gemeinsam ausgewertet werden – siehe dazu [E-23] und [F-2], indem man vom Diagramm der Art (a) ausgeht und für die dortige innere Linie (geschlängelte Linie) die *vierdimensionale Kontraktion*

$$\begin{aligned}\langle 0|\, \mathrm{Dy}[\hat{A}_\mu(x_1)\, \hat{A}_\nu(x_2)]\, |0\rangle &= \langle 0|\, \mathrm{T}[\hat{A}_\mu(x_1)\, \hat{A}_\nu(x_2)]\, |0\rangle \\ &= \frac{1}{2}\hbar c\, g_{\mu\nu}\, D^{\mathrm{F}}(x_1 - x_2) \qquad (26.153)\end{aligned}$$

einsetzt, wobei $D^{\mathrm{F}}(x_1 - x_2)$ die *Photonen-Propagatorfunktion* ist, bezüglich deren vierdimensionalen Fourier-Darstellung wir wieder auf Literatur [E-21, 22, 23, 24] verweisen möchten. (Natürlich muß man dann auch die mit den Operatoren $\hat{A}_\mu$ und $\hat{A}_\nu$ im *S*-Matrixelement verbundenen Dirac-Matrizen $\gamma^\mu$ und $\gamma^\nu$ anstelle von $\gamma_k$ und$\gamma_l$ einführen, die dem transversalen Propagator zugeordnet waren.) Auch die in Zusammenhang mit ein- oder auslaufenden transversalen (realen) Photonen im *S*-Matrixelement bei Verwendung der Coulomb-Eichung auftretenden Produkte aus den Dirac-Matrizen $\gamma_j$ und den transversalen Photon-Polarisationseinheitsvektoren $e^{(\lambda)}_{j,\boldsymbol{k}}$, für die $k_j e^{(\lambda)}_{j,\boldsymbol{k}}$ für $\lambda = 1, 2$ gilt, können durch Viererprodukte $\gamma^\mu e^{(\lambda)}_{\mu,\boldsymbol{k}}$

ersetzt werden. Da diese realen (ein- und auslaufenden) Photonen sich wechselwirkungsfrei ausbreiten, kann man nämlich für jedes einzeln ein auf seine Ausbreitungsrichtung [Ausbreitungsvektor $k^\mu$ mit den Komponenten ($k^1=0, k^2=0, k^3=k, k^4=\omega/c$] bezogenes Polarisationsvektorsystem $e^{(1)}_{\mu,\boldsymbol{k}}$ und $e^{(2)}_{\mu,\boldsymbol{k}}$ mit den Komponenten ($e^{(1)}_{1,\boldsymbol{k}}=1, e^{(1)}_{2,\boldsymbol{k}}=0, e^{(1)}_{3,\boldsymbol{k}}=0, e^{(1)}_{4,\boldsymbol{k}}=0$) bzw. ($e^{(2)}_{1,\boldsymbol{k}}=0, e^{(2)}_{2,\boldsymbol{k}}=1, e^{(2)}_{3,\boldsymbol{k}}=0, e^{(2)}_{4,\boldsymbol{k}}=0$) einführen.

Die $S$-Matrixelemente haben nunmehr explizit eine relativistisch invariante Form, die sich in der Viererschreibweise äußert. Das ist Ausdruck dafür, daß die Quantenelektrodynamik eine speziell-relativistisch invariante Theorie ist. Es sei in diesem Zusammenhang aber hervorgehoben, daß die in den Kapiteln 16 und 18 zugrunde gelegte Coulomb-Eichung zur Beschreibung der dort betrachteten Wechselwirkung zwischen dem elektromagnetischen Feld und nichtrelativistischen atomaren Systemen angemessener ist.

Schließlich möchten wir noch anmerken, daß die Propagatorfunktionen $S^{\mathrm{F}}_{AC}(x_1-x_2)$ und $D^{\mathrm{F}}(x_1-x_2)$ quanten*feldtheoretische* Analoga der Propagatoren der quanten*mechanischen* Streutheorie sind, die im Kapitel 23 als wichtige Bestandteile der Theorie vorkamen.

Für die Auswertung von Diagrammen kann man leicht noch einen Schritt weiter vorankommen, indem man die sogenannten *Feynman-Regeln* (siehe beispielsweise [E-22, 24, 26]) zum Übergang von den Diagrammen zu den mathematischen Ausdrücken der $S$-Matrixelemente einführt. Die Feynman-Regeln ergeben das $S$-Matrixelement in der *vierdimensionalen Impulsraum*-Formulierung, während die oben erläuterten Diagrammübersetzungsvorschriften zu mathematischen Ausdrücken im *vierdimensionalen Ortsraum* führten. Der Übergang in den Impulsraum ist deshalb leicht möglich, weil die von Raum und Zeit abhängigen Diagrammelemente (ein- und auslaufende Linien für Elektronen (oder Positronen) und für Photonen sowie die Propagatoren, wenn diese – wie oben in Zusammenhang mit (26.152) bzw. (26.153) erwähnt ist – in Fourier-Darstellung gegeben sind) in der Form von Exponentialfunktionen $\exp(\mathrm{i}q_\mu x^\mu)$ von den Raum-Zeit-Koordinaten abhängen. Alle Integrationen $\int \mathrm{d}^4 x_j$, wie sie beispielsweise in (26.151) auftreten, ergeben dann für jeden Diagrammeckpunkt eine vierdimensionale $\delta$-Funktion für die Viererimpuls-Erhaltung der drei an diesem Punkt wechselwirkenden (realen oder virtuellen) Teilchen. Bei den oben als Musterbeispiele betrachteten Diagrammen in zweiter Ordnung mit jeweils nur einer inneren Linie ergibt die weiter erforderliche Integration über die Variable der Fourier-Transformierten eine Zusammenfassung der beiden $\delta$-Funktionen zu einer einzigen $\delta$-Funktion, die die Energie- und Impuls-Erhaltung für die ein- und auslaufenden Teilchen des gesamten Streuprozesses beinhaltet.

Bei Diagrammen mit mehreren inneren Linien ist die Situation komplizierter, weil dann Integrale über Viererwellenzahlen (Viererimpulse) übrig bleiben, die nicht mit $\delta$-Funktionen verbunden sind. Diese Integrale sind es, die die anfangs erwähnte Renormierungskonzeption erforderlich machen. Mit Hilfe der Diagrammtechnik war es möglich zu erkennen, welche Diagramme nur Renormierungsbeiträge liefern, so daß man die Berechnung der entsprechenden Ausdrücke nicht erst in Angriff zu nehmen braucht (wie beispielsweise Strahlungskorrekturen, die Massen- und Ladungsrenormierung bedeuten), und man erkennt auch, welche Diagramme zu Korrekturgliedern in der Übergangsrate Anlaß geben.

Die Feynman-Regeln sind der mathematischen Struktur der Streumatrixelemente in der Impulsraum-Darstellung direkt angepaßt. Man hat damit eine Methode zur Verfügung, die es ermöglicht, die Matrixelemente der quantenelektrodynamischen Streutheorie weitgehend formalisiert niederzuschreiben. Sie wird bei verschiedenen Problemen erfolgreich genutzt.

Die Feynmansche Diagrammtechnik zusammen mit der formalisierten Berechnung der Streumatrixelemente auf der Basis der Feynman-Regeln ist – historisch gesehen und so wie hier dargestellt - am Beispiel der Quantenelektrodynamik entwickelt worden. Inzwischen hat sie bei sehr vielen anderen Wechselwirkungen von Elementarteilchen in analoger Weise Anwendung gefunden. Man bedient sich ihrer mit Vorteil aber auch in der Festkörperphysik zur Beschreibung der Wechselwirkungen von Elektronen, Photonen, Phononen und anderen Quasiteilchen sowie in der Quantenstatistik von Vielteilchensystemen; dazu hat die Diagrammtechnik eine diesen Problemen adäquate starke Modifikation erfahren.

### 26.4.3.2 *Nukleonen-Mesonen-Wechselwirkung*

Wir können davon ausgehen, daß die Protonen (p) und die Neutronen (n) je durch ein Spinorfeld $\hat{\psi}_A^{(p)}$ bzw. $\hat{\psi}_A^{(n)}$ beschrieben werden, wie in 26.4.1.3 angedeutet wurde. Setzen wir, wie es die genaue Analyse der Experimente erfordert, für die Mesonen ein pseudoskalares Feld voraus, dann können wir in Analogie zu (26.145), wo im Integranden das Produkt aus den Vektoren $\hat{j}_k$ und $\hat{A}_k$ $(k = 1, 2, 3)$ steht, jetzt Wechselwirkungs-Hamilton-Operatoren in gleicher Weise als Integrale aufbauen, deren Integranden Produkte aus pseudoskalaren Operatoren $\hat{\varphi}$ (nichthermitesch) und $\hat{\varphi}_0$ (hermitesch) für positive und negative sowie neutrale Pionen und aus Nukleonenoperatoren gebildeten Pseudoskalaren darstellen. Solche Pseudoskalare sind z.B. $\hat{\psi}_A^{(p)+}(\boldsymbol{\beta}\boldsymbol{\alpha}_1\boldsymbol{\alpha}_2\boldsymbol{\alpha}_3)_{AB}\hat{\psi}_B^{(p)}$, $\hat{\psi}_B^{(n)+}(\boldsymbol{\beta}\boldsymbol{\alpha}_1\boldsymbol{\alpha}_2\boldsymbol{\alpha}_3)_{AB}\hat{\psi}_B^{(p)}$ usw. Damit erhalten wie als Wechselwirkungs-Hamilton-Operator zwischen dem Nukleonenfeld und pseudoskalaren Mesonenfeldern

$$\begin{aligned}\hat{H}_{(W)} = {} & G_0 \int d^3\boldsymbol{r}\; \hat{\psi}_A^{(p)+}(\boldsymbol{\beta}\boldsymbol{\alpha}_1\boldsymbol{\alpha}_2\boldsymbol{\alpha}_3)_{AB}\hat{\psi}_B^{(p)}\hat{\varphi}_0 \\ & - G_0 \int d^3\boldsymbol{r}\; \hat{\psi}_A^{(n)+}(\boldsymbol{\beta}\boldsymbol{\alpha}_1\boldsymbol{\alpha}_2\boldsymbol{\alpha}_3)_{AB}\hat{\psi}_B^{(n)}\hat{\varphi}_0 \\ & + G_+{}^* \int d^3\boldsymbol{r}\; \hat{\psi}_A^{(p)+}(\boldsymbol{\beta}\boldsymbol{\alpha}_1\boldsymbol{\alpha}_2\boldsymbol{\alpha}_3)_{AB}\hat{\psi}_B^{(n)}\hat{\varphi} \\ & + G_+ \int d^3\boldsymbol{r}\; \hat{\psi}_A^{(n)+}(\boldsymbol{\beta}\boldsymbol{\alpha}_1\boldsymbol{\alpha}_2\boldsymbol{\alpha}_3)_{AB}\hat{\psi}_B^{(p)}\hat{\varphi}^+ . \end{aligned} \tag{26.154}$$

Genauere Untersuchungen und Analysen von Experimenten – auf die wir nicht eingehen können - zeigen, daß nur *ein* unabhängiger Kopplungsparameter der Nukleonen-Mesonen-Wechselwirkung existiert und daß man

$$G_+ = G_+{}^* = \sqrt{2}\,G_0 \tag{26.155}$$

setzen kann. Auf der Basis von (26.154) können Streuprozesse zwischen Nukleonen beschrieben werden.

26.4.3.3 *Vier-Fermionen-Kopplung (β-Zerfall)*

Der β-Zerfall $n \rightarrow p + e^- + \bar{\nu}$ kann feldtheoretisch durch eine Kopplung von vier Spinorfeldern beschrieben werden (*Vier-Fermionen-Kopplung*), in der die Spinorfeldoperatoren $\hat{\psi}_A^{(p)+}$ das Proton erzeugen, $\hat{\psi}_B^{(n)}$ das Neutron vernichten, $\hat{\psi}_C^{(e)+}$ das Elektron erzeugen und $\hat{\chi}_D^{(\nu)}$ das Antineutrino erzeugen müssen. Wir wollen uns hier auf die Angabe der *Fermi-Wechselwirkung* in lokaler Näherung (alle Operatoren beziehen sich auf den gleichen Raum-Zeit-Punkt) beschränken:

$$\hat{H}_{(W)} = \int d^3\boldsymbol{r} \sum_{l=1}^{5} g_l \hat{\psi}_A^{(p)+} (\Gamma_l)_{AB} \hat{\psi}_B^{(n)} \hat{\psi}_C^{(e)+} (\Gamma_l)_{CF} \Pi_{FD} \hat{\chi}_D^{(\nu)}, \tag{26.156}$$

die durch das Diagramm der Abb. 26.3 repräsentiert wird. In diesem Ansatz (26.156) sind die $\Gamma_l$ aus den Dirac-Matrizen $\boldsymbol{\alpha}_k$ $(k = 1, 2, 3)$, $\boldsymbol{\beta}$ aufgebaute Ausdrücke zur Darstellung von skalaren, vektoriellen, tensoriellen, pseudovektoriellen und pseudoskalaren Größen, und $\Pi_{FD}$ repräsentiert den am Ende von 26.4.1.4 erwähnten Projektionsoperator, der nur linkshändige Neutrinos und rechtshändige Antineutrinos wirksam werden läßt; die $g_l$ sind Kopplungsparameter.

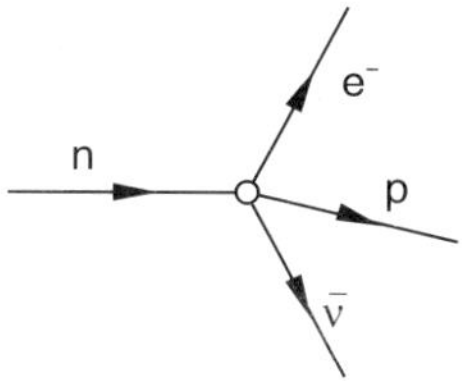


**Abb. 26.3**
Diagramm der Vier-Fermionen-Wechselwirkung beim *β*-Zerfall (*n*-Neutron; *p*-Proton; $e^-$-Elektron; $\bar{\nu}$-Antineutrino)

Winkelkorrelationsexperimente und andere Beobachtungen beim β-Zerfall wiesen aus, daß in (26.156) die Vektor- und Pseudovektorglieder wesentlich sind und daß die beiden Kopplungsparameter einander entgegengesetzt gleich sind, so daß also nur ein Kopplungsparameter für den Prozeß bestimmend ist.

## 26.4.4 Kopplungskonstanten bei starker, elektromagnetischer und schwacher Wechselwirkung

Die Auswahl der Beispiele von Wechselwirkungen im Abschnitt 26.4.3 war unter dem Gesichtspunkt erfolgt, daß jede der drei fundamentalen Elementarteilchenwechselwirkungen – die *starke*, die *elektromagnetische* und die *schwache Wechselwirkung* – vertreten ist. Die Unterscheidung dieser Wechselwirkungen basiert unter anderem auf den verschiedenen Größenordnungen der jeweiligen Kopplungskonstante. Diese kann aus Übergangswahrscheinlichkeiten, typischen Energieresonanzbreiten, Streuquerschnitten u. a. bestimmt werden [E-31, 32].

Wir beginnen mit der Diskussion der *elektromagnetischen Wechselwirkung*, weil wir hierbei an Resultate aus früheren Kapiteln des Buches anknüpfen können.

Zunächst wird der niedrigste Energie-Eigenwert eines spinbehafteten Elektrons im Felde eines (festgehefteten) Protons betrachtet; zwischen beiden Teilchen herrsche das Coulomb-Potential. Aus (5.152) ist ersichtlich, daß in nichtrelativistischer Näherung die Energie

$$E_{n=1} = -\frac{1}{2} E_{\mathrm{m}} \alpha^2 \tag{26.157}$$

vorliegt. $E_{\mathrm{m}}$ ist die Ruhenergie des Elektrons; $\alpha$ ist die Sommerfeldsche Feinstrukturkonstante

$$\alpha = \frac{e^2}{4\pi\varepsilon_0 \hbar c} \approx \frac{1}{137}. \tag{26.158}$$

Ihr waren wir bereits in (20.76) bzw. (20.77) begegnet, wo auf der Basis des Spin-Bahn-Wechselwirkungsterms (14.53) die Feinstruktur-Aufspaltung von der Ordnung $E_{\mathrm{m}}\alpha^4$ berechnet worden war. Führt man zusätzlich zu (14.53) noch mit den Termen (14.48) und (14.49) die störungstheoretische Berechnung von Energiekorrekturen durch, so erhält man anstelle von $E_{n=1}$ den verbesserten Wert

$$E_{n=1,j=1/2} = -\frac{1}{2} E_{\mathrm{m}} \alpha^2 - \frac{1}{8} E_{\mathrm{m}} \alpha^4. \tag{26.159}$$

Die Mitnahme relativistischer Korrekturen höherer Ordnung bringt Zusatzglieder mit $\alpha^6$ usw. Die Gesamtenergie $E_{\mathrm{ges}}$ des Elektrons (einschließlich seiner Ruhenergie) im Coulomb-Potential $-(e/4\pi\varepsilon_0)\cdot r^{-1}$ ergibt sich als Lösung der Dirac-Gleichung – vgl. (26.128) für $\boldsymbol{A}=0$ als Ein-Teilchen-Gleichung – zu

$$E_{\mathrm{ges}} = E_{\mathrm{m}} + E_{\mathrm{m}}(\sqrt{1-\alpha^2} - 1) = E_{\mathrm{m}} + (E_{n=1,j=1/2})_{\mathrm{exakt}}. \tag{26.160}$$

Aus (26.159) und (26.160) erkennt man, daß die dimensionslose Konstante $\alpha$ diejenige Korrektur der Energie des Elektrons bestimmt, die diese unter dem Einfluß der Coulomb-Wechselwirkung erfährt.

Die Konstante $\alpha$ ist die *Kopplungskonstante der elektromagnetischen Wechselwirkung* $K_{\mathrm{em}}$. Wenn man den Wechselwirkungsoperator $\hat{H}_{(\mathrm{D-M})}$ der Quantenelektrodynamik – vgl. (26.144) – in der Form

$$\hat{H}_{(\mathrm{D-M})} = \alpha \hat{H}'_{(\mathrm{D-M})}$$

schreibt, so geht $\alpha$ in die Bewegungsgleichungen für Observable des Dirac- oder Maxwell-Feldes als Entwicklungsparameter ein, mit dessen Hilfe im Anschluß an den ungekoppelten Fall Lösungen sukzessiv gewonnen werden können, wie schon in 26.4.3.1 näher ausgeführt wurde. Das gilt folglich auch für die physikalisch-relevanten Größen; beispielsweise wurde für den in (13.30) eingeführten gyromagnetischen Faktor $g$ des Elektrons mit spezifisch quantenelektrodynamischen Rechenverfahren (Diagrammtechnik und Renormierung) auf der Basis von (26.144) das

Resultat

$$g = 2 + \frac{\alpha}{\pi} - 0{,}66..\frac{\alpha^2}{\pi^2} + 0{,}4..\frac{\alpha^3}{\pi^3} + \cdots \tag{26.161}$$

gewonnen [E-25, 31], das experimentell mit hoher Genauigkeit bestätigt wurde; der erste Summand ist der in (26.141 a) neben $\vec{\mathbf{S}}$ stehende Faktor 2.

Besondere Bedeutung für unsere Betrachtungen haben *Streuprozesse* (wie wir sie in 23.2 behandelt haben). Bei ihnen erlaubt die charakteristische Größe – der Streuquerschnitt – nämlich bereits in niedrigster Ordnung des Effektes eine Aussage über die Kopplungskonstante. Da es uns hierbei nur auf grundsätzliche Aspekte ankommt, betrachten wir einfache Beispiele, bei denen wir auf Resultate aus früheren Rechnungen im Kapitel 23 zurückgreifen können. Für die Streuung eines mit $z$ Elementarladungen belegten Teilchens an einem (festgehefteten) Kern mit $Z$ Protonen wird die Wechselwirkungsenergie

$$H^{\mathrm{W}}(r) = \left(\frac{e^2}{4\pi\varepsilon_0}\frac{1}{r}\right)F \tag{26.162}$$

angesetzt. Der Klammerfaktor gibt die allgemeine Coulombsche potentielle Energie zwischen zwei wechselwirkenden Elementarladungen wieder, der Faktor $F$ die speziellen experimentellen Bedingungen (Vorzeichen und Zahl der Ladungsträger). In unserem Fall ist $F = Zz$. Unter Verwendung von (23.16) kann man ohne weiteres den differentiellen Streuquerschnitt für den vorliegenden Fall angeben; mit (26.162) und $\varkappa = 0$ folgt

$$\sigma(\vartheta, \varphi) = \left(\frac{e^2}{4\pi\varepsilon_0 \hbar c}\right)^2 \left[\frac{\hbar c}{E_a^{\mathrm{F}}\, 4\sin^2(\vartheta/2)} \cdot F\right]^2. \tag{26.163}$$

Hierbei bezeichnet $E_a^{\mathrm{F}}$ die kinetische Energie der einfallenden Teilchen und $\vartheta$ den Streuwinkel. Der zweite Faktor trägt die Dimension des differentiellen Streuquerschnitts; er enthält die Größen, durch welche sich die speziellen experimentellen Bedingungen manifestieren. Der erste Faktor wird nur durch die allgemeine Kopplungskonstante $K_{\mathrm{em}} (= \alpha)$ der elektromagnetischen Wechselwirkung bestimmt; es ist also die den Streuprozeß in niedrigster Ordnung charakterisierende Größe proportional $K_{\mathrm{em}}^2$. Es sei noch angemerkt: Der Ausdruck (26.163) stellt zwar nach seiner Herleitung in 23.2 den differentiellen Streuquerschnitt in erstern Bornscher Näherung dar, doch stimmt dieser unter den speziellen Bedingungen der Rutherford-Streuung mit dem exakten Wert überein.

Nach demselben Schema wollen wir jetzt die *Nukleon-Nukleon-Streuung* diskutieren, die als Experiment zur *starken Wechselwirkung* zu gelten hat. Wir gehen von der Yukawa-Wechselwirkungsenergie

$$H^{\mathrm{W}}(r) = -\frac{G_0{}^2}{4\pi}\frac{\mathrm{e}^{-r/b}}{r} \tag{26.164}$$

aus – vgl. (17.4). Mit (26.164) folgt nach (23.16) der differentielle Streuquerschnitt zu

$$\sigma(\vartheta, \varphi) = \left(\frac{G_0{}^2}{4\pi\hbar c}\right)^2 \left[\frac{\hbar c}{E' + E_a{}^{\mathrm{F}}\, 4\sin^2(\vartheta/2)}\right]^2. \tag{26.165}$$

Dabei ist $E' = \dfrac{\hbar^2}{2\bar{m}}\dfrac{1}{b^2}$ und $\bar{m}$ die reduzierte Masse der beiden Nukleonen. Der zweite Faktor trägt wieder die Dimension des differentiellen Streuquerschnitts und enthält die mit den experimentellen Bedingungen verbundenen Größen. In Analogie zu $K_{\mathrm{em}}$ in (26.163) hat als dimensionslose *Kopplungskonstante* $K_{\mathrm{st}}$ *für die starke Wechselwirkung* der Ausdruck

$$K_{\mathrm{st}} = \frac{G_0{}^2}{4\pi\hbar c} \tag{26.166}$$

zu gelten.

Wir wollen den Wert von $K_{\mathrm{st}}$ mit Hilfe von empirischen Daten abschätzen. Zunächst bestimmen wir $E'$; mit $b = 1{,}4 \cdot 10^{-15}\,\mathrm{m}$ folgt $E' \approx 3{,}4 \cdot 10^{-12}\,\mathrm{Ws} \approx 21\,\mathrm{MeV}$. Messungen zur Proton-Neutron-Streuung, bei denen $E_a{}^{\mathrm{F}}$ so klein war ($\approx 100\,\mathrm{eV}$), daß der Term $E_a{}^{\mathrm{F}}\, 4\sin^2(\vartheta/2)$ neben $E'$ vernachlässigt werden kann, ergaben differentielle Streuquerschnitte von $1{,}6 \cdot 10^{-28}\,\mathrm{m}^2/\mathrm{sterad}$; vgl. [E-33], Seite 62. Mit diesem Wert bestimmt sich aus (26.150) die Konstante $K_{\mathrm{st}}$ zu $\approx 1{,}4$. Wir wollen uns klarmachen, wie dieser Zahlenwert einzuschätzen ist. In 17.2 war bereits darauf hingewiesen worden, daß das Yukawa-Potential (26.164) nur eine semiquantitative Ausdeutung zuläßt; außerdem ist der in (26.165) angegebene Streuquerschnitt entsprechend der Herleitung in 23.2 nur als erster Näherungsschritt zu werten. Deshalb kann man aus den angestellten Überlegungen keine weiteren Schlüsse ziehen, als daß die Kopplungskonstante $K_{\mathrm{st}}$ der starken Wechselwirkung von der Größenordnung Eins ist. Somit ist $K_{\mathrm{st}}$ um mehr als zwei Größenordnungen größer als die Konstante $K_{\mathrm{em}}$ der elektromagnetischen Wechselwirkung.

Es besteht die Vorstellung, daß die elektromagnetische Wechselwirkung dadurch bewirkt wird, daß die wechselwirkenden Ladungen virtuelle Photonen emittieren und absorbieren, so daß die Photonen hier als „Quanten der Wechselwirkung“ auftreten. Bei der Nukleon-Nukleon-Wechselwirkung übernehmen diese Rolle die Pionen, deren durch $2\pi$ dividierte Compton-Wellenlänge $\hbar/m_\pi c$ die Reichweite des Nukleonpotentials zu $b \approx 1{,}4 \cdot 10^{-15}\,\mathrm{m}$ bestimmt – vgl. (17.4).

Die Vier-Fermionen-Wechselwirkung des β-Zerfalls ist den Erscheinungen der *schwachen Wechselwirkung* zuzurechnen. Für einen größenordnungsmäßigen Vergleich mit der starken und elektromagnetischen Wechselwirkung ist eine Kopplungskonstante $K_{\mathrm{schw}}$ von der Größenordnung $10^{-5}$ anzusetzen, die sich als Produkt eines in (26.156) auftretenden Fermi-Kopplungsparameters $g_l$ mit dem Quadrat der Nukleonenmasse ergibt.

Noch wesentlich schwächer ist die Wechselwirkung, die die Gravitation bedingt. Deren Beziehung zur Quantentheorie bedarf allerdings noch der Fundierung.

Bei Berechnungen werden die Kopplungskonstanten als Entwicklungsparameter im Sinne einer störungstheoretischen Entwicklung benutzt. Mit der Relation $K_{schw} \ll 1$ hängt es zusammen, daß Prozesse der schwachen Wechselwirkung bereits in erster Ordnung einer Störungstheorie zu beschreiben sind, während man sich bei elektromagnetischen Vorgängen unter Umständen auch mit höheren störungstheoretischen Näherungen befassen muß. Immerhin nähert man sich wegen $K_{em} \ll 1$ schon bei wenigen Schritten den exakten Werten gut an, wie die Beziehungen (26.161) und (26.160) explizit erkennen lassen. Für Prozesse der starken Wechselwirkung ist wegen $K_{st} \simeq 1$ die Störungstheorie ungeeignet, obwohl man zeitweilig auch versucht hat, auf diese Weise mit experimentellen Resultaten vergleichbare theoretische Aussagen abzuleiten. Andersartige Verfahren (wie die Methode der Dispersionsrelationen für die komplexen Streuamplituden – vgl. auch Ausdeutung von (22.51) hinsichtlich des Zeitordnungsaspektes), auf die wir nicht eingehen können, haben aber auch im Bereich der starken Elementarteilchenwechselwirkungen die Fundamente der Quantentheorie als gültig bestätigt.

Die oben erläuterten speziellen Formen der Wechselwirkung zwischen Elementarteilchen verknüpfen diese in vielfältiger Weise miteinander. Die Nukleonen z.B. wirken in erster Linie über die starke Wechselwirkung aufeinander; auf Grund der elektrischen Ladung des Protons sind sie aber auch über die elektromagnetische Wechselwirkung stets an Photonen gekoppelt und – wie der β-Zerfall des Neutrons beweist – auch über die schwache Wechselwirkung mit Elektronen und Positronen sowie Neutrinos verbunden. Es zeigt sich somit die Existenz von untrennbaren Beziehungen zwischen den physikalischen Objekten; zur Gewinnung von Erkenntnissen über deren Struktur war und ist die Quantentheorie ein wesentliches leitendes Hilfsmittel. Bei jedem Entdeckungsschritt präsentiert sich diese Struktur vielfältiger und komplizierter; aber gerade auf der Basis der Quantentheorie wurden bisher auch immer wieder ordnende und Übersicht vermittelnde Prinzipien gefunden.

*Kontrollfragen:*

1. Welche Analogien bestehen zwischen dem kanonischen Formalismus der Quantenfeldtheorie und der Quantenmechanik?
2. Welche Beziehung besteht zwischen Feldquantisierung und Besetzungszahldarstellung?
3. In welcher Weise ergibt sich aus der Quantentheorie des Schrödinger-Feldes mit innerer Wechselwirkung eine Mehr-Teilchen-Quantenmechanik?
4. Was versteht man unter Phononen?
5. Worin zeigt sich, daß das quantisierte Dirac-Feld Elektronen und Positronen umfaßt?
6. Welche Anteile umfaßt der Hamilton-Operator der Quantenelektrodynamik?
7. Bei welchen Elementarteilchenprozessen sind die starke, die elektromagnetische bzw. die schwache Wechselwirkung vorherrschend?

# Anhang

## A 1 Erweiterter Hilbert-Raum als mathematische Grundlage der Dirac-Formulierung

Die Dirac-Formulierung der Quantentheorie arbeitet mit eigentlichen und uneigentlichen Elementen – den Vektoren – des Hilbert-Raumes, die in A 1.1 erklärt werden. Dazu kommen die in A 1.2 zu beschreibende Wirkung von Operatoren auf die Vektoren und die in A 1.3 zu behandelnden Eigenwertprobleme linearer Operatoren. In A 1.4 wird auf die bei Anwendungen wichtigen Produkt-Vektor-Räume eingegangen. Die Begriffe und Gesetzmäßigkeiten werden hier zwar interpretiert, aber auf mathematische Beweise muß im Rahmen dieser Darlegungen verzichtet werden; dazu sei auf [F-1, 2, 3, 4] verwiesen.

## A 1.1 Zu verwendende Vektor-Räume

Ausgangspunkt ist der Hilbert-Raum; allerdings erzwingen wichtige physikalische Fragestellungen die Erweiterung auf uneigentliche Elemente, die Dirac-Vektoren.

### A 1.1.1 Hilbert-Raum

Die algebraisch-topologische Struktur des Hilbert-Raumes $\mathscr{H}$ ist durch die axiomatischen Beziehungen zwischen seinen Punkten – den Hilbert-Vektoren – gegeben. Der Vektorcharakter im Hilbert-Raum wird durch das Symbol $|\ \rangle$ ausgedrückt; $|\psi\rangle$ sei ein bestimmter Hilbert-Vektor. Die Bezeichnung „Vektor" drückt aus, daß eine Reihe von Rechenregeln (allerdings nicht alle!) der gewöhnlichen Vektoralgebra erfüllt werden. Der Hilbert-Raum ist durch die in den Abschnitten A 1.1.1.1 bis A 1.1.1.4 angegebenen Eigenschaften charakterisiert.

#### A 1.1.1.1 *Linearität und Komplexität*

Axiomatische Grundlage: Der Hilbert-Raum ist ein linearer, komplexer Raum. Die Hilbert-Vektoren können untereinander addiert und mit komplexen Zahlen multipliziert werden, es entstehen dadurch wieder Elemente aus $\mathscr{H}$. Bezüglich der Addition heißt das:

$$(|\varphi\rangle + |\psi\rangle) \in \mathscr{H}; \qquad \text{(A 1.1)}$$

dabei gilt die Kommutativität gemäß

$$|\varphi\rangle + |\psi\rangle = |\psi\rangle + |\varphi\rangle \qquad \text{(A 1.2)}$$

und die Assoziativität gemäß

$$(|\varphi\rangle + |\psi\rangle) + |\gamma\rangle = |\varphi\rangle + (|\psi\rangle + |\gamma\rangle). \tag{A 1.3}$$

Bezüglich der Multiplikation mit einer komplexen Zahl $c$ heißt das:

$$c\,|\psi\rangle \in \mathscr{H}; \tag{A 1.4}$$

dabei gilt die Distributivität gemäß

$$c(|\varphi\rangle + |\psi\rangle) = c\,|\varphi\rangle + c\,|\psi\rangle \tag{A 1.5}$$

und die Assoziativität gemäß

$$c(d\,|\psi\rangle) = (c\,d)\,|\psi\rangle. \tag{A 1.6}$$

Man sagt, die Vektoren $|\psi\rangle$ und $c\,|\psi\rangle$ seien parallel. In der gewöhnlichen Vektoralgebra haben parallele Vektoren – bei gleichem Ursprungspunkt – die gleichen Verhältnisse der Komponenten für alle Basisrichtungen. Das gilt analog auch im komplexen Vektorraum ((vgl. (A 1.4)). Der *Nullvektor* $|0_V\rangle$ (der nicht mit der c-Zahl Null verwechselt werden darf) ist durch

$$|\psi\rangle + |0_V\rangle = |\psi\rangle$$

definiert. Weiterhin gilt

$$0\,|\psi\rangle = |0_V\rangle.$$

Mit diesen Festlegungen lassen sich Aussagen über die lineare Unabhängigkeit von Vektoren und die Dimensionszahl $n$ des Raumes gewinnen. Endlich viele Vektoren $|\psi_1\rangle, \ldots, |\psi_N\rangle$ heißen *linear unabhängig*, wenn

$$\sum_{j=1}^{N} c_j|\psi_j\rangle$$

für beliebige $c_j$ ungleich dem Nullvektor ist, außer wenn $c_1 = \ldots c_j = \ldots c_N = 0$ ist. Unendlich viele Vektoren sind linear unabhängig, wenn jede ihrer Untermengen es ist. Der Hilbert-Raum ist von der Dimension $n$, wenn er $n$, aber nicht $(n+1)$ linear unabhängige Vektoren enthält. Der Raum ist $\infty$-dimensional, wenn er beliebig viele linear unabhängige Vektoren enthält.

### A 1.1.1.2 *Hermitesche Metrik*

Axiomatische Grundlage: Je zwei Vektoren $|\varphi\rangle$ und $|\psi\rangle$ ist eine komplexe Zahl $\langle\varphi|\psi\rangle$ zugeordnet, die als *Skalarprodukt* bezeichnet wird. Für diese Produktbildung gilt die Linearität gemäß

$$\langle\varphi|(|\psi\rangle + |\gamma\rangle) = \langle\varphi|\psi\rangle + \langle\varphi|\gamma\rangle \tag{A 1.7}$$

und die Konjugation gemäß

$$\langle\varphi|\psi\rangle = \langle\psi|\varphi\rangle^*. \tag{A 1.8}$$

(Die Beziehung (A 1.8) stellt insofern eine Abweichung von den Eigenschaften des Skalarproduktes der gewöhnlichen Vektoralgebra dar, als hier die Reihenfolge wichtig ist.) Nach der Beziehung (A 1.8) muß $\langle\psi|\psi\rangle$ eine reelle Zahl sein; für diese wird Positivität, d.h.

$$\langle\psi|\psi\rangle \geqq 0 \tag{A 1.9}$$

gefordert, wobei das Gleichheitszeichen nur für $|\psi\rangle = |0_V\rangle$ gelten soll. Weiterhin gelte $\langle\psi|\psi\rangle < \infty$.

Man kann zunächst mit den Regeln (A 1.7) und (A 1.8) rechnen, ohne zu wissen, *welche* komplexe Zahl den Vektoren $|\varphi\rangle$, $|\psi\rangle$ als Skalarprodukt zugeordnet ist. Auf diese Frage werden wir später nochmals eingehen (siehe A 1.1.1.4). Die Eigenschaft der Positivität erlaubt für Hilbert-Vektoren $|\psi\rangle$, die nicht gleich dem Nullvektor sind, eine positive Norm der Länge

$$\||\psi\rangle\| = \sqrt{\langle\psi|\psi\rangle}$$

einzuführen; für einen normierten Vektor soll $\langle\psi|\psi\rangle = 1$ gelten. Ein beliebiger (normierbarer) Vektor $|\psi\rangle$ kann durch Multiplikation mit einer komplexen Zahl $c$, für die $|c|^2 = \langle\psi|\psi\rangle^{-1}$ gilt, normiert werden. Es sei angemerkt, daß in der Dirac-Formulierung der Quantentheorie den physikalischen Zuständen normierbare Vektoren zugeordnet werden.

In Analogie zur gewöhnlichen Vektoralgebra gelten zwei normierbare Vektoren $|\varphi\rangle$, $|\psi\rangle$ als *orthogonal*, wenn

$$\langle\varphi|\psi\rangle = 0 \tag{A 1.10}$$

ist. Ein *orthonormiertes Vektorsystem* $|\psi_1\rangle, \ldots, |\psi_j\rangle, \ldots, |\psi_N\rangle$ ist durch

$$\langle\psi_j|\psi_{j'}\rangle = \delta_{jj'} \tag{A 1.11}$$

gekennzeichnet.

Für beliebige Vektoren $|\varphi\rangle$, $|\psi\rangle$ gilt die *Schwarzsche Ungleichung*

$$|\langle\varphi|\psi\rangle| \leqq \||\varphi\rangle\| \cdot \||\psi\rangle\|; \tag{A 1.12a}$$

aus ihr läßt sich die *Minkowskische Ungleichung*

$$\|(|\varphi\rangle - |\psi\rangle)\| \leqq \||\varphi\rangle\| + \||\psi\rangle\| \tag{A 1.12b}$$

beweisen. Diese läßt sich (wobei die Einschränkungen bei der Übertragbarkeit vom Hilbert- in den euklidischen Raum – z.B. in Hinsicht auf die Komplexität – zu beachten sind) als Beziehung zwischen den Seiten eines Dreiecks deuten (vgl. Abb. A 1.1). Aus (A 1.12b) ergibt sich die Rechtfertigung der Einführung eines Abstandes $\|(|\varphi\rangle - |\psi\rangle)\|$ zwischen den beiden durch $|\varphi\rangle$ und $|\psi\rangle$ gekennzeichneten

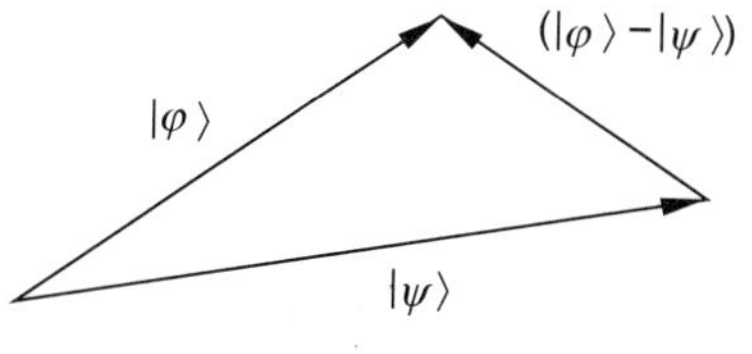


**Abb. A 1.1**
Veranschaulichung der Minkowski-Ungleichung

Punkten im Hilbert-Raum. Damit wird auch die Formulierung des Konvergenzverhaltens von Vektorfolgen möglich: Zum Beispiel konvergiert die Folge $\{|\psi_j\rangle\}$ stark nach $|\varphi\rangle$, wenn für $j \longrightarrow \infty$ der Abstand $\|(|\psi_j\rangle - |\varphi\rangle)\|$ nach Null geht.

A 1.1.1.3 *Abzählbar-unendliche Dimension. Separabilität*

Axiomatische Grundlage: Es existiert eine Folge linear unabhängier Vektoren $|\psi_1\rangle, |\psi_2\rangle, \ldots$, die den ganzen Hilbert-Raum $\mathscr{H}$ „aufspannen“, d.h. jedes Element aus $\mathscr{H}$ im Sinne der in A 1.1.1.2 genannten starken Konvergenz beliebig genau approximieren. Gleichbedeutend damit ist: Für jedes Element $|\varphi\rangle$ aus $\mathscr{H}$ existiert eine Folge mit $|\varphi\rangle$ als Grenzvektor (das ist die Eigenschaft der Separabilität).

Daraus kann man schlußfolgern, daß ein orthonormiertes Basissystem linear unabhängiger Vektoren $|\beta_1\rangle, |\beta_2\rangle, \ldots$ existiert, das den ganzen Hilbert-Raum aufspannt. Man kann einen beliebigen Vektor $|\varphi\rangle$ aus $\mathscr{H}$ durch die Linearkombination $\sum_j c_j|\beta_j\rangle$ der Vektoren des Basissystems $\{|\beta_j\rangle\}$ approximieren; dazu müssen die $c_j$ geeignet bestimmt werden. Der Abstand zwischen dem Punkt $|\varphi\rangle$ und dem Punkt $\sum_j c_j|\beta_j\rangle$ ist dann am kleinsten, wenn

$$c_j = \langle\beta_j|\varphi\rangle$$

ist. Man nennt $\langle\beta_j|\varphi\rangle$ die Komponenten von $|\varphi\rangle$ bezüglich des Basissystems $\{|\beta_j\rangle\}$ und

$$|\varphi\rangle = \sum_j |\beta_j\rangle\,\langle\beta_j|\varphi\rangle \tag{A 1.13}$$

die Komponentendarstellung des Vektors $|\varphi\rangle$. Diese Summe konvergiert nur dann (notwendige Bedingung!), wenn $\langle\varphi|\varphi\rangle = \sum_j |\langle\beta_j|\varphi\rangle|^2$ konvergiert. Unter den Bedingungen der in A 1.1.1.1, A 1.1.1.2 und A 1.1.1.3 genannten Axiome läßt sich aber nicht nachweisen, daß die Konvergenz von $\sum_j |\langle\beta_j|\varphi\rangle|^2$ – also eine endliche Norm – eine hinreichende Bedingung für die Konvergenz der in (A 1.13) angegebenen Summe ist. Man muß deshalb ein weiteres Axiom hinzunehmen.

A 1.1.1.4 *Vollständigkeit*

Axiomatische Grundlage: Der Hilbert-Raum ist in dem Sinne vollständig, daß ein Grenzvektor $|\varphi_n\rangle \xrightarrow[n\to\infty]{} |\varphi\rangle$ als Element des Hilbert-Raumes existiert, wenn für eine Folge $|\varphi_1\rangle, |\varphi_2\rangle, \ldots$ das Cauchy-Konvergenzkriterium $\|(|\varphi_m\rangle - |\varphi_n\rangle)\| < \varepsilon$ für $m, n > N$ gilt.

Als wichtige Schlußfolgerung ergibt sich: Wenn $\sum_j |\langle\beta_j|\varphi\rangle|^2$ konvergent ist, so gilt das auch für die Komponentendarstellung (A 1.13). Der Sachverhalt, daß man die Eigenschaften jedes beliebigen Vektors des Hilbert-Raumes durch Entwicklungen nach ganz verschiedenen Basissystemen erfassen kann, ist für die Grundlage der Dirac-Formulierung der Quantentheorie von großer Wichtigkeit. Zwei Vektoren sind gleich, wenn sie bezüglich *eines* orthonormierten, vollständigen Basissystems den gleichen Satz von Komponenten haben. Wenn

$$|\varphi\rangle = \sum_j c_j |\beta_j\rangle, \qquad |\psi\rangle = \sum_j d_j |\beta_j\rangle$$

gilt, so ist das Skalarprodukt aus beiden Vektoren

$$\langle\varphi|\psi\rangle = \sum_j c_j^* d_j. \tag{A 1.14}$$

### A 1.1.2 Duale Vektor-Räume

Für viele Fragestellungen erweist es sich als vorteilhaft, das Zeichen $\langle\varphi|$ im Skalarprodukt $\langle\varphi|\gamma\rangle$ mit einer selbständigen Deutung zu versehen. Dazu ordnet man jedem Vektor $|\psi\rangle$ aus dem Hilbert-Raum $\mathscr{H}$ in einem dualen Vektor-Raum $\mathscr{H}'$ den Vektor $\langle\psi|$ zu. $\mathscr{H}'$ soll die gleiche Struktur wie $\mathscr{H}$ haben. Nach DIRAC nennt man $\langle\psi|$ den bra-Vektor und $|\psi\rangle$ den ket-Vektor. Von zwei beliebigen Vektoren $\langle\varphi|$ und $|\psi\rangle$ wird das Skalarprodukt $\langle\varphi|\psi\rangle$ gebildet.

Eine analoge Zuordnung ist auch in der gewöhnlichen Vektoralgebra bekannt: Es seien $\boldsymbol{a}$, $\boldsymbol{b}$, $\boldsymbol{c}$ die Basisvektoren, mit denen im dreidimensionalen euklidischen Raum ein Kristallgitter beschrieben wird. Durch die Skalarprodukte mit diesen Vektoren kann ein beliebiger Vektor im reziproken Gitter festgelegt werden. Beispielsweise gilt für den Basisvektor $\boldsymbol{A}$ im reziproken Gitter

$$(\boldsymbol{A}\,\boldsymbol{a}) = 1, \qquad (\boldsymbol{A}\,\boldsymbol{b}) = 0, \qquad (\boldsymbol{A}\,\boldsymbol{c}) = 0.$$

Allgemein kann jeder Vektor im reziproken Gitter eindeutig durch die Angabe der Skalarprodukte mit 3 linear unabhängigen Vektoren im Originalraum festgelegt werden.

Hinsichtlich des Hilbert-Raumes gilt jeder bra-Vektor $\langle\varphi|$ durch Angabe seiner Skalarprodukte $\langle\varphi|\beta_j\rangle$ mit einem Basissystem $\{|\beta_j\rangle\}$ aus dem Raum der ket-Vektoren eindeutig definiert. Damit kann über

$$|\varphi\rangle = \sum_j |\beta_j\rangle\,\langle\varphi|\beta_j\rangle^* = \sum_j |\beta_j\rangle\,\langle\beta_j|\varphi\rangle$$

eine Zuordnung von $\langle\varphi|$ zu $|\varphi\rangle$ ausgedrückt werden.

Die eindeutige Zuordnung der zueinander dualen Räume $\mathscr{H}$ und $\mathscr{H}'$ ergibt sich aus der Darstellung der sich entsprechenden Vektoren und Rechenregeln:

$$|\varphi\rangle \leftrightarrow \langle\varphi|$$

$$|\varphi\rangle = |\psi\rangle + |\gamma\rangle \leftrightarrow \langle\varphi| = \langle\psi| + \langle\gamma| \tag{A 1.15}$$

$$|\varphi\rangle = c\,|\psi\rangle \leftrightarrow \langle\varphi| = c^*\,\langle\psi|. \tag{A 1.16}$$

### A 1.1.3 Erweiterung des Hilbert-Raumes

Wichtige physikalische Fragestellungen – wie die nach den Meßwerten bei Ortsmessungen, wobei eine kontinuierliche Eigenwertskala auftritt – erzwingen es, daß neben den in A 1.1.1 betrachteten eigentlichen Elementen auch uneigentliche

Elemente des Hilbert-Raumes in Betracht zu ziehen sind. Damit wird das System der Eigenschaften des Hilbert-Raumes modifiziert; insbesondere muß eine Verletzung der Forderung der Abzählbarkeit (siehe Axiom A 1.1.1.3) zugelassen werden. In diesem Fall wird dann in der Summe

$$|\psi\rangle = \sum_j |\beta_j\rangle \langle\beta_j|\psi\rangle$$

der diskrete Summierungsindex $j$ eine reelle, kontinuierliche Variable und die Summe in ein Integral $\int \mathrm{d}j$ übergeführt; $\langle\beta_j|\psi\rangle$ wird so eine komplexe Funktion der kontinuierlichen Variablen $j$. Das Skalarprodukt $\langle\beta_j|\beta_{j'}\rangle$ der Basisvektoren kann nicht mehr den Charakter einer gewöhnlichen Punktfunktion in Abhängigkeit von den ganzen Zahlen $j$ und $j'$ haben, sondern geht über in eine verallgemeinerte Funktion (Distribution), die von der kontinuierlichen Variablen $(j-j')$ abhängt.

Zur mathematischen Fundierung dieser Sachverhalte ist im Prinzip eine aufwendige Betrachtung erforderlich. Man kann diese vermeiden, wenn man sich – nach Dirac – die einzuführenden uneigentlichen Elemente durch Grenzübergang aus den eigentlichen Elementen des Hilbert-Raumes entstanden denkt. Wir gehen dazu bei der Indizierung der in A 1.1.1.3 benutzten Basisvektoren $|\beta_j\rangle$ von $j$ zu $(l, \Delta l)$ über. Während $j$ nur diskrete (ganze) Zahlen annehmen kann, soll $l$ alle reellen Zahlen annehmen können; $\Delta l$ charakterisiert den Abstand benachbarter $l$-Werte. Im Spezialfall $\Delta l = 1$ stimmt das Basissystem $\{|\beta_{l,\Delta l}\rangle\}$ mit $\{|\beta_j\rangle\}$ überein, wenn $l$ ganzzahlig ist; im allgemeinen Fall sollen für $\Delta l$ beliebig kleine Werte zugelassen werden. Die Verhältnisse sind schematisch aus der Abb. A 1.2 zu entnehmen. Über den Abzissenwerten ist jeweils der Zahlenwert von $\langle\beta_j|\psi\rangle$ bzw. $\langle\beta_{l,\Delta l}|\psi\rangle$ bei vorgegebenem $|\psi\rangle$ aufgetragen (wir können bei dieser schematischen Darstellung davon absehen, daß $\langle\beta_j|\psi\rangle$ und $\langle\beta_{l,\Delta l}|\psi\rangle$ in Wirklichkeit komplexe Zahlen sind). Durch den Grenzübergang $\Delta l \to 0$ wird gemäß

$$\lim_{\Delta l \to 0} \frac{\langle\beta_{l,\Delta l}|\psi\rangle}{\sqrt{\Delta l}} = \langle\tilde{\beta}_l|\psi\rangle \tag{A 1.17}$$

die von der kontinuierlichen Variablen $l$ abhängige Funktion $\langle\tilde{\beta}_l|\psi\rangle$ und der Dirac-Vektor

$$|\tilde{\beta}_l\rangle = \lim_{\Delta l \to 0} \frac{|\beta_{l,\Delta l}\rangle}{\sqrt{\Delta l}} \tag{A 1.18}$$

definiert. Für die Komponentendarstellung von $|\psi\rangle$ ergibt sich gemäß

$$\begin{aligned} |\psi\rangle &= \lim_{\Delta l \to 0} \sum_l |\beta_{l,\Delta l}\rangle \langle\beta_{l,\Delta l}|\psi\rangle \\ &= \lim_{\Delta l \to 0} \sum_l |\tilde{\beta}_l\rangle \langle\tilde{\beta}_l|\psi\rangle \, \Delta l \end{aligned}$$

$$|\psi\rangle = \int \mathrm{d}l \, |\tilde{\beta}_l\rangle \langle\tilde{\beta}_l|\psi\rangle \tag{A 1.19}$$

der Übergang zu einem Integral. Wenn man die Gleichung (A 1.19) von links mit $\langle\tilde{\beta}_{l'}|$ multipliziert, so ergibt sich

$$\langle\tilde{\beta}_{l'}|\psi\rangle = \int \mathrm{d}l \langle\tilde{\beta}_{l'}|\tilde{\beta}_l\rangle \langle\tilde{\beta}_l|\psi\rangle .$$

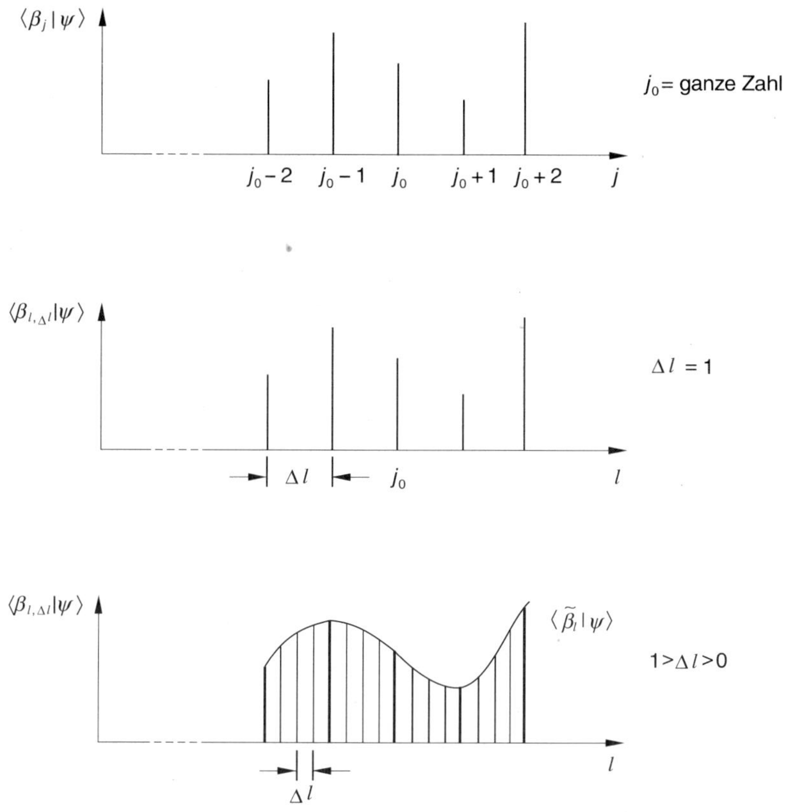


**Abb. A 1.2** Schema des Übergangs von Hilbert-Vektoren zu Dirac-Vektoren

Diese Gleichung ist für beliebiges $|\psi\rangle$ nur erfüllbar, wenn

$$\langle\tilde{\beta}_{l'}|\tilde{\beta}_l\rangle = \delta(l-l') \qquad \text{(A 1.20)}$$

gilt, d.h. das Skalarprodukt der Vektoren $|\tilde{\beta}_{l'}\rangle$ und $|\tilde{\beta}_l\rangle$ gleich der Deltafunktion $\delta(l-l')$ ist. Die Gleichung (A 1.20) tritt im vorliegenden Fall an die Stelle der Orthonormierungsbedingung (A 1.11). Es sei angemerkt, daß die Deltafunktion zu den Distributionen gehört; Rechenregeln über die „Funktion" $\delta(x)$ sind in A 2. zusammengestellt. Für $x=0$ wird $\delta(x)$ unendlich, für $x \neq 0$ ist $\delta(x)=0$. Das bedeutet, daß beliebig eng benachbarte $|\tilde{\beta}_{l'}\rangle$ und $|\tilde{\beta}_l\rangle$ orthogonal zueinander sind und die Länge der $|\tilde{\beta}_l\rangle$ unendlich ist. Demnach können die Dirac-Vektoren keine eigentlichen Elemente des Hilbert-Raumes sein.

Entsprechend der in (A 1.19) gegebenen Vorschrift kann man auch den Vektor $|\beta_{l,\Delta l}\rangle$ in einer Integraldarstellung angegeben; es ergibt sich

$$|\beta_{l,\Delta l}\rangle = \int\limits_{l-\Delta l/2}^{l+\Delta l/2} \mathrm{d}l'\, |\tilde{\beta}_{l'}\rangle\, \langle\tilde{\beta}_{l'}|\beta_{l,\Delta l}\rangle\,. \qquad \text{(A 1.21)}$$

Das Matrixelement $\langle \tilde{\beta}_{l'} | \beta_{l,\Delta l} \rangle$ wird in der Grenze kleiner $\Delta l$ zu $(\Delta l)^{-1/2}$. Somit ergibt sich aus (A 1.21) für $|\beta_{l,\Delta l}\rangle$ der Ausdruck

$$\frac{1}{\sqrt{\Delta l}} \int_{l-\Delta l/2}^{l+\Delta l/2} \mathrm{d}l' \, |\tilde{\beta}_{l'}\rangle ,$$

der auch als *Eigendifferential* von $|\tilde{\beta}_l\rangle$ bezeichnet wird. Zusammenfassend kann man sagen: Wenn auch die Dirac-Vektoren $|\tilde{\beta}_l\rangle$ selbst keine eigentlichen Elemente des Hilbert-Raumes sind, so erfüllen doch ihre Eigendifferentiale alle Axiome des Hilbert-Raumes (insbesondere das der endlichen Norm); dasselbe gilt auch von Entwicklungen nach den $|\tilde{\beta}_l\rangle$ gemäß (A 1.19). Im diesem Sinn läßt sich der durch die Mitnahme von Dirac-Vektoren entstehende Vektor-Raum als erweiterter Hilbert-Raum bezeichnen. Wenn die Unterscheidung nicht ausdrücklich hervorgehoben werden soll, wird im weiteren für eigentliche Hilbert-Vektoren und für Dirac--Vektoren das gleiche Symbol verwendet.

### A 1.1.4 Rechenregeln für den verwendeten Vektor-Raum (erweiterten Hilbert-Raum)

Die Gesamtheit $\{|\beta_j\rangle\}$ soll ein orthonormiertes, vollständiges Basissystem im erweiterten Hilbert-Raum sein, den wir, wie den eigentlichen Hilbert-Raum, im folgenden mit $\mathscr{H}$ bezeichnen wollen. Bei der Komponentendarstellung eines Vektors $|\psi\rangle$

$$\begin{aligned} |\psi\rangle &= \sum\!\!\!\!\!\!\int_j |\beta_j\rangle \langle \beta_j | \psi \rangle , \\ \langle \psi | &= \sum\!\!\!\!\!\!\int_j \langle \beta_j | \langle \psi | \beta_j \rangle \end{aligned} \qquad \text{(A 1.22)}$$

wird zusammenfassend das Symbol $\sum\!\!\!\!\!\!\int_j$ verwendet; es bedeutet $\sum_j$, wenn nur eine diskrete Basis vorliegt, $\int \mathrm{d}j$, wenn nur eine kontinuierliche Basis vorliegt, $\sum_j + \int \mathrm{d}j$, wenn beide Arten vertreten sind. Um auch in diesem Fall eine einheitliche Bezeichnungsweise für die Charaktierisierung der Orthonormierung zu haben, benutzen wir das Symbol $\delta(j, j')$, das durch

$$\delta(j, j') = \begin{cases} \delta_{jj'} \\ \delta(j - j') \end{cases} \qquad \text{(A 1.23)}$$

definiert wird; es kennzeichnet mit dem Kronecker-Symbol die Orthonormierung der Basisvektoren der diskreten Basis und mit der Deltafunktion diejenige der kontinuierlichen Basis. Im Zusammenhang mit bestimmten physikalischen Fragestellungen lassen wir bei einer diskreten Basis neben abzählbar-unendlich vielen Basisvektoren auch endlich viele Basisvektoren zu. Das bietet – abgesehen von der Dimensionszahl – keinen Unterschied zu den Eigenschaften des Hilbert-Raumes.

In Komponentendarstellung ergibt sich für das Skalarprodukt

$$\langle\varphi|\psi\rangle = \mathop{\displaystyle\sum\!\!\!\!\!\!\int}_j \langle\varphi|\beta_j\rangle\,\langle\beta_j|\psi\rangle. \tag{A 1.24}$$

Das Resultat (A 1.24) legt die Interpretation als *Matrizen* nahe. So kann

$$\langle\varphi|\psi\rangle = \sum_j \langle\varphi|\beta_j\rangle\,\langle\beta_j|\psi\rangle$$

als Matrizenprodukt der einzeiligen Matrix

$$\{\langle\varphi|\beta_1\rangle, \langle\varphi|\beta_2\rangle, \ldots\}$$

mit der einspaltigen Matrix

$$\begin{Bmatrix} \langle\beta_1|\psi\rangle \\ \langle\beta_2|\psi\rangle \\ \vdots \end{Bmatrix}$$

interpretiert werden. Die Komponenten von bra- bzw. ket-Vektoren bilden allgemein einzeilige bzw. einspaltige Matrizen. Die Rechenregeln für den erweiterten Hilbert-Raum können in die Matrizensprache übertragen werden: Addition, Multiplikation mit komplexer Zahl und Bildung des Skalarproduktes; insbesondere sind die zu $|\psi\rangle$ und $\langle\psi|$ gehörigen Matrizen als hermitesch adjungiert aufzufassen. Bei diskreter Basis handelt es sich um unendlich-abzählbare Matrizen, bei kontinuierlicher Basis um kontinuierliche Matrizen (vgl. dazu auch den Zusammenhang zwischen Wellenmechanik und Matrizenmechanik in 6.1).

Für die Anwendung in der Praxis ist der Übergang von einer Basis $\{|\beta_j\rangle\}$ zu einer anderen $\{|\alpha_k\rangle\}$, also eine *Basistransformation*, von großer Wichtigkeit. Wir gehen von der Entwicklung eines Vektors $|\psi\rangle$ in beiden Basissystemen aus:

$$|\psi\rangle = \mathop{\displaystyle\sum\!\!\!\!\!\!\int}_k |\alpha_k\rangle\,\langle\alpha_k|\psi\rangle, \tag{A 1.25a}$$

$$|\psi\rangle = \mathop{\displaystyle\sum\!\!\!\!\!\!\int}_j |\beta_j\rangle\,\langle\beta_j|\psi\rangle. \tag{A 1.25b}$$

Durch Multiplikation der ersten Gleichung mit $\langle\beta_j|$ und der zweiten mit $\langle\alpha_k|$ erhält man die Komponenten von $|\psi\rangle$ in Abhängigkeit von denen des jeweils anderen Basissystems:

$$\langle\beta_j|\psi\rangle = \mathop{\displaystyle\sum\!\!\!\!\!\!\int}_k \langle\beta_j|\alpha_k\rangle\,\langle\alpha_k|\psi\rangle, \tag{A 1.26a}$$

$$\langle\alpha_k|\psi\rangle = \mathop{\displaystyle\sum\!\!\!\!\!\!\int}_j \langle\alpha_k|\beta_j\rangle\,\langle\beta_j|\psi\rangle = \mathop{\displaystyle\sum\!\!\!\!\!\!\int}_j \langle\beta_j|\alpha_k\rangle^*\,\langle\beta_j|\psi\rangle. \tag{A 1.26b}$$

Diese Beziehungen gelten innerhalb des betrachteten Vektor-Raumes für beliebige orthonormierte, vollständige Basissysteme sowie für beliebige Vektoren $|\psi\rangle$. Es ist möglich, daß eine der beiden Variablen $j$ und $k$ nur diskrete Werte annimmt, während die andere eine kontinuierliche Werteskala durchläuft. Die erste der beiden Gleichungen bedeutet, daß die $j$-abhängige Funktion $\langle\beta_j|\psi\rangle$ nach dem vollständigen Orthonormalsystem der $j$- und $k$-abhängigen Funktionen $\langle\beta_j|\alpha_k\rangle$ entwickelt wird; $\langle\beta_j|\alpha_k\rangle$ stellt zugleich die Transformationsmatrix dar. Die $k$-abhängige Funktion $\langle\alpha_k|\psi\rangle$ gibt die „Stärke" an, mit der $\langle\beta_j|\alpha_k\rangle$ in der Summe bzw. dem Integral vertreten ist. Die zweite Gleichung stellt die Rücktransformation dar.

Entsprechend dem Charakter des zugrunde gelegten Vektor-Raumes ist klar, daß die Gleichungen (A 1.26) in gewissem Umfang *geometrisch* interpretierbare Transformations-Beziehungen darstellen. Sie enthalten aber bei kontinuierlichen Basissystemen auch Integraltransformationen. Dies sei am Beispiel der Fourier-Reihe und des Fourier-Integrals aufgezeigt. In beiden Fällen sei $j$ eine kontinuierliche Variable (die etwa als Ortskoordinate gedacht werden kann). Im Falle der Fourier-Reihe soll die darzustellende Funktion $\langle\beta_j|\psi\rangle$ periodisch in $j$ mit dem Grundgebiet $0 \leqq j \leqq \varkappa$ sein. Die Transformationsmatrix $\langle\beta_j|\alpha_k\rangle$ ist dann gleich $\exp[\mathrm{i}2\pi jk\varkappa^{-1}]$, wobei $k$ die diskreten Werte 0, $\pm 1$, $\pm 2, \ldots$ annimmt. Im Fall des Fourier-Integrals ist die Transformationsmatrix gleich $\exp[\mathrm{i}2\pi jk]$, wobei $k$ jetzt alle reellen endlichen Werte annehmen kann. (Wenn man $j$ als Ortskoordinate deutet, ist $k$ eine Ortsfrequenz.)

Wenn $|\psi\rangle$ von einem Parameter $a$ abhängt, also $|\psi(a)\rangle$ gilt, können wir gemäß

$$\frac{\mathrm{d}}{\mathrm{d}a}|\psi(a)\rangle = \lim_{\varepsilon\to 0}\frac{|\psi(a+\varepsilon)\rangle - |\psi(a)\rangle}{\varepsilon} \tag{A 1.27}$$

die Differentiation nach diesem Parameter durchführen.

## A 1.2 Operatoren

Die Verallgemeinerung der gewöhnlichen Vektoralgebra auf den linearen, komplexen, metrisierten Raum führt – wie wir gesehen haben – zu Vektoren im erweiterten Hilbert-Raum $\mathscr{H}$; die entsprechende Verallgemeinerung von Tensoren führt auf Operatoren. Dabei ist insbesondere an die Eigenschaft gedacht, daß durch einen Tensor eine *Vektorzuordnung* erfolgt. Im Raum $\mathscr{H}$ geschieht diese Zuordnung zwischen Vektoren durch Operatoren (Buchstabensymbol mit Zirkumflex). Bei der Anwendung in der Quantentheorie sind die linearen Operatoren wichtig.

### A 1.2.1 Grundlegende Eigenschaften von linearen Operatoren

Die Definition eines *allgemeinen Operators* $\hat{F}$ wird bezüglich eines im Raum $\mathscr{H}$ enthaltenen Raumes $\mathscr{D}$, der als *Definitionsbereich* bezeichnet wird, vorgenommen; es gilt $\mathscr{D} \subseteqq \mathscr{H}$. Mittels des Operators $\hat{F}$ werden alle Vektoren $|\psi\rangle \in \mathscr{D}$ eindeutig Vektoren aus $\mathscr{H}$ zugeordnet. Die Schreibweise bei *Zuordnung* eines Vektors $|\gamma\rangle$ zu

$|\psi\rangle$ ist

$$|\gamma\rangle = \hat{F}|\psi\rangle. \qquad \text{(A 1.28)}$$

Der Raum der $|\gamma\rangle$-Vektoren stellt den *Wertevorrat* $\mathscr{W}$ dar. Der Operator $\hat{F}$ ist vollständig bestimmt, wenn seine Wirkung auf alle $|\psi\rangle \in \mathscr{D}$ bekannt ist. Zwei Operatoren $\hat{F}_1$ und $\hat{F}_2$ sind gleich, wenn bei gleichem Definitionsbereich für beliebige $|\psi\rangle$ aus $\mathscr{D}$

$$\hat{F}_1|\psi\rangle = \hat{F}_2|\psi\rangle$$

gilt. Dies wird in der Form

$$\hat{F}_1 = \hat{F}_2$$

geschrieben. Die *Summen-* und *Produktbildung* von Operatoren ist durch

$$(\hat{F}+\hat{G})|\psi\rangle = \hat{F}|\psi\rangle + \hat{G}|\psi\rangle \qquad \text{(A 1.29)}$$

und

$$(\hat{F}\hat{G})|\psi\rangle = \hat{F}(\hat{G}|\psi\rangle) \qquad \text{(A 1.30)}$$

definiert. Es ist zu beachten, daß die Reihenfolge bei der Multiplikation von Wichtigkeit ist. Zuerst wirkt der am weitesten rechts stehende Operator $\hat{G}$ auf $|\psi\rangle$, dann der Operator $\hat{F}$ auf den Resultatvektor $\hat{G}|\psi\rangle$ der ersten Operation. Im allgemeinen gilt $\hat{F}\hat{G} \neq \hat{G}\hat{F}$; zwei Operatoren, für die speziell $\hat{F}\hat{G} = \hat{G}\hat{F}$ gilt, werden als miteinander *vertauschbar* bezeichnet. Für die Addition gelten Kommutativität und Assoziativität gemäß

$$\hat{F}+\hat{G} = \hat{G}+\hat{F} \quad \text{und} \quad (\hat{F}+\hat{G})+\hat{H} = \hat{F}+(\hat{G}+\hat{H}), \qquad \text{(A 1.31)}$$

für die Multiplikation die Assoziativität gemäß

$$\hat{F}(\hat{G}\hat{H}) = (\hat{F}\hat{G})\hat{H}. \qquad \text{(A 1.32)}$$

Wichtige spezielle Operatoren sind der *Nulloperator* $\hat{0}$ und der *Einheits-* oder *Identitätsoperator* $\hat{I}$, die für einen beliebigen Vektor $|\psi\rangle \in \mathscr{H}$ die folgenden Beziehungen erfüllen:

$$\hat{0}|\psi\rangle = |0_V\rangle, \qquad \text{(A 1.33)}$$

$$\hat{I}|\psi\rangle = |\psi\rangle. \qquad \text{(A 1.34)}$$

Der Identitätsoperator $\hat{I}$ ist mit jedem anderen Operator vertauschbar.

Im Hinblick auf die Verwendung bei der Dirac-Formulierung der Quantentheorie können wir uns auf *lineare Operatoren* beschränken. Für sie gelten zusätzlich zu den vorstehenden noch die folgenden Beziehungen

$$\hat{F}(|\psi_1\rangle + |\psi_2\rangle) = \hat{F}|\psi_1\rangle + \hat{F}|\psi_2\rangle \qquad \text{(A 1.35)}$$

und

$$\hat{F}(c|\psi\rangle) = c(\hat{F}|\psi\rangle). \qquad \text{(A 1.36)}$$

Lineare Operatoren sind in beiden Richtungen ausmultiplizierbar. Es gilt

$$(\hat{F}+\hat{G})\hat{H}=\hat{F}\hat{H}+\hat{G}\hat{H} \quad \text{und} \quad \hat{F}(\hat{G}+\hat{H})=\hat{F}\hat{G}+\hat{F}\hat{H}.$$

Lineare Operatoren sind mit komplexen Zahlen vertauschbar. Es gilt Assoziativität und Distributivität bezüglich der Multiplikation mit komplexen Zahlen. Ausgehend von der Definition der Wirkung eines linearen Operators auf einen ket-Vektor kann man auch die Wirkung eines linearen Operators auf einen bra-Vektor definieren. Wenn dabei dem Vektor $\langle\varphi|$ der Vektor $\langle\sigma|$ zugeordnet wird, so schreibt man

$$\langle\sigma|=\langle\varphi|\ \hat{F}, \tag{A 1.37}$$

wobei der Operator $\hat{F}$ jetzt zum Unterschied von (A 1.28) rechts vom Ausgangsvektor $\langle\varphi|$ geschrieben wird. In Übereinstimmung mit dieser Definition steht die Identität

$$\langle\varphi|(\hat{F}|\psi\rangle)=(\langle\varphi|\hat{F})|\psi\rangle. \tag{A 1.38}$$

Man kann also auf die runden Klammern verzichten und beide Ausdrücke durch $\langle\varphi|\ \hat{F}\ |\psi\rangle$ ersetzen.

### A 1.2.2 Rechenregeln und spezielle Eigenschaften von linearen Operatoren

Die Möglichkeit der *Potenzbildung* ergibt sich aus (A 1.30) gemäß

$$(\hat{F})^n=\hat{F}(\hat{F})^{n-1} \quad \text{mit } n=0,1,2,\dots \text{ und } (\hat{F})^0=\hat{I}. \tag{A 1.39}$$

*Reziproke Operatoren* $\hat{F}^{-1}$ werden gemäß

$$\hat{F}^{-1}(\hat{F}|\psi\rangle)=|\psi\rangle \tag{A 1.40}$$

definiert, was auf die Operatorgleichung $\hat{X}\hat{F}=\hat{I}$ mit $\hat{X}=\hat{F}^{-1}$ führt. Die Lösung dieser Gleichung liefert im allgemeinen mehrere „linksreziproke" Operatoren $\hat{F}^{-1}$. Wenn aber der Definitionsbereich $\mathscr{D}$ und der Wertevorrat $\mathscr{W}$ mit $\mathscr{H}$ übereinstimmen, dann ist die Lösung von $\hat{X}\hat{F}=\hat{I}$ eindeutig. In diesem Fall gilt $\hat{F}^{-1}\hat{F}=\hat{F}\hat{F}^{-1}=\hat{I}$.

Als *stetige Operatoren* bezeichnet man solche, bei denen

$$\{\hat{F}|\psi_n\rangle\} \xrightarrow[n\to\infty]{} \hat{F}|\psi\rangle \quad \text{für} \quad \{|\psi_n\rangle\} \xrightarrow[n\to\infty]{} |\psi\rangle \tag{A 1.41}$$

gilt. Das *Konvergenzverhalten* einer Operatorfolge wird ausgedrückt durch:

$$\{\hat{F}_n\} \xrightarrow[n\to\infty]{} \hat{F}, \quad \text{wenn} \quad \{\hat{F}_n|\psi\rangle\} \xrightarrow[n\to\infty]{} \hat{F}|\psi\rangle \tag{A 1.42}$$

für alle $|\psi\rangle$ gilt.

Die bisher genannten Beziehungen gestatten es, Polynome, Potenzreihen und Ableitungen von Operatoren einzuführen. Ein *Polynom* $n$-ten Grades in $\hat{F}$ ist durch

$$P_n(\hat{F})=c_0\hat{I}+c_1\hat{F}+\cdots+c_n\hat{F}^n \tag{A 1.43}$$

gegeben, wobei die $c_j$ beliebige komplexe Zahlen sind. In entsprechender Weise lassen sich bei hinreichender Konvergenz für $n \to \infty$ auch *Potenzreihen* definieren; beispielsweise gilt

$$\exp[\hat{F}] = \sum_{n=0}^{\infty} (n!)^{-1} (\hat{F})^n.$$

Analog lassen sich auch Operatorfunktionen $G(\hat{F}_1, \hat{F}_2, \hat{F}_3, \ldots)$ aus mehreren Operatoren durch Polynome und Potenzreihen bilden. Wenn $\hat{F}$ von dem reellen, kontinuierlichen Parameter $k$ abhängt, so läßt sich die *Ableitung nach einem reellen Parameter* definieren:

$$\frac{\mathrm{d}\hat{F}(k)}{\mathrm{d}k} = \lim_{\varepsilon \to 0} \frac{\hat{F}(k+\varepsilon) - \hat{F}(k)}{\varepsilon}. \tag{A 1.44}$$

Die *Ableitung einer Operatorfunktion nach einem Operator* kann folgendermaßen eingeführt werden:

$$\frac{\mathrm{d}}{\mathrm{d}\hat{F}} G(\hat{F}) = \lim_{\varepsilon \to 0} \frac{G(\hat{F} + \varepsilon \hat{I}) - G(\hat{F})}{\varepsilon}. \tag{A 1.45}$$

Speziell ist

$$\frac{\mathrm{d}}{\mathrm{d}\hat{F}} [G(\hat{F})\, M(\hat{F})] = \frac{\mathrm{d}G(\hat{F})}{\mathrm{d}\hat{F}} M(\hat{F}) + G(\hat{F}) \frac{\mathrm{d}M(\hat{F})}{\mathrm{d}\hat{F}},$$

$$\frac{\mathrm{d}}{\mathrm{d}\hat{F}} (\hat{F}^n) = n \hat{F}^{n-1}, \quad \frac{\mathrm{d}}{\mathrm{d}\hat{F}} \mathrm{e}^{\hat{F}} = \mathrm{e}^{\hat{F}}.$$

Entsprechend gilt für partielle Ableitungen

$$\frac{\partial}{\partial \hat{F}_j} [G(\hat{F}_1, \hat{F}_2, \ldots, \hat{F}_j, \ldots)] = \lim_{\varepsilon \to 0} \frac{G(\hat{F}_1, \ldots, \hat{F}_j + \varepsilon \hat{I}, \ldots) - G(\hat{F}_1, \ldots, \hat{F}_j, \ldots)}{\varepsilon}. \tag{A 1.46}$$

Operatoren können mittels des *dyadischen Produkts* aus 2 Vektoren $|\gamma_1\rangle$, $|\gamma_2\rangle$ gemäß

$$\hat{F} = |\gamma_1\rangle \langle \gamma_2| \tag{A 1.47}$$

gebildet werden; die Anwendung von $\hat{F}$ auf $|\psi\rangle$ führt auf den ket-Vektor $|\gamma_1\rangle \langle \gamma_2 | \psi\rangle$. Nach (A 1.29) sind auch Summen von dyadischen Produkten Operatoren. Eine wichtige Rolle spielt in diesem Zusammenhang die Möglichkeit der Darstellung des Identitätsoperators mittels eines vollständigen, orthonormierten Basissystems gemäß

$$\hat{I} = \sum\!\!\!\!\!\!\int_j |\beta_j\rangle \langle \beta_j|. \tag{A 1.48}$$

Man kann auf diese Weise die wichtige Eigenschaft der Vollständigkeit (vgl. A 1.1.1.4) formelmäßig erfassen und explizit bei Rechnungen verwenden. Der Komponentendarstellung von $|\psi\rangle$ und $\langle\psi|$ (vgl. (A 1.22)) die man unter Verwendung von (A 1.48) aus $|\psi\rangle = \hat{I}|\psi\rangle$ und $\langle\psi| = \langle\psi|\hat{I}$ gewinnen kann, läßt sich analog eine *Komponentendarstellung für Operatoren* an die Seite stellen:

$$\hat{F} = \hat{I}\hat{F}\hat{I} = \sum\!\!\!\!\!\!\int_j \sum\!\!\!\!\!\!\int_{j'} |\beta_j\rangle \langle\beta_{j'}| \langle\beta_j| \hat{F} |\beta_{j'}\rangle . \tag{A 1.49}$$

Man kann zeigen, daß die algebraischen Ausdrücke (A 1.22) und (A 1.49) auch als *Matrizendarstellung* gedeutet werden können und die Algebra der linearen Operatoren die gleiche wie die der Matrizen ist. Dazu geben wir das folgende Beispiel für eine diskrete Basis, wobei wir an A 1.1.4 anschließen:

$$\hat{F}|\psi\rangle = \sum_j \sum_{j'} |\beta_j\rangle \langle\beta_{j'}| \langle\beta_j| \hat{F} |\beta_{j'}\rangle \sum_{j''} |\beta_{j''}\rangle \langle\beta_{j''}|\psi\rangle$$

$$= \sum_j |\beta_j\rangle \left[ \sum_{j'} \langle\beta_j| \hat{F} |\beta_{j'}\rangle \langle\beta_{j'}|\psi\rangle \right] \quad \text{wegen } \langle\beta_{j'}|\beta_{j''}\rangle = \delta_{j'j''} .$$

Der gesamte Ausdruck entspricht als ket-Vektor einer einspaltigen Matrix; der in der eckigen Klammer stehende Ausdruck ist als Produkt der Komponentenmatrix von $\hat{F}$ mit der von $|\psi\rangle$ zu interpretieren. In diesem Zusammenhang spricht man von $\langle\beta_j| \hat{F} |\beta_{j'}\rangle$ auch als *Matrixelement.*

Als der zu dem Operator $\hat{F}$ *hermitesch-adjungierte Operator* $\hat{F}^+$ wird derjenige Operator bezeichnet, für den bei Gültigkeit von $|\psi\rangle = \hat{F}|\varphi\rangle$ die Beziehung

$$\langle\psi| = \langle\varphi|\hat{F}^+ \tag{A 1.50}$$

erfüllt ist; in Übereinstimmung damit gilt für beliebige $|\varphi\rangle$, $|\psi\rangle$

$$\langle\varphi| \hat{F}^+ |\psi\rangle = \langle\psi| \hat{F} |\varphi\rangle^* . \tag{A 1.51}$$

Weitere wichtige Beziehungen sind:

$$(\hat{F}^+)^+ = \hat{F}, \tag{A 1.52}$$

$$(\hat{F} + \hat{G})^+ = \hat{F}^+ + \hat{G}^+ , \tag{A 1.53}$$

$$(\hat{F}\hat{G})^+ = \hat{G}^+ \hat{F}^+ , \tag{A 1.54}$$

$$(c\hat{F})^+ = c^* \hat{F}^+ , \tag{A 1.55}$$

$$(\hat{F}^{-1})^+ = (\hat{F}^+)^{-1} , \tag{A 1.56}$$

$$(|\psi\rangle \langle\varphi|)^+ = |\varphi\rangle \langle\psi| . \tag{A 1.57}$$

Die Komponentenmatrix von $\hat{F}^+$ ist gleich der adjungierten Komponentenmatrix von $\hat{F}$ (Transposition und Übergang zu konjugiert-komplexen Elementen). Daß die entsprechende Beziehung auch für die Elemente der zu $|\psi\rangle$ und $\langle\psi|$ gehörigen Matrizen gilt (vgl. A 1.1.3), rechtfertigt es, $\langle\psi|$ als Hermitesch-Adjungierte von $|\psi\rangle$ mit

$$\langle\psi| = (|\psi\rangle)^+ \tag{A 1.58}$$

zu bezeichnen; entsprechend gilt

$$|\psi\rangle = (\langle\psi|)^+ . \tag{A 1.59}$$

Man nennt solche Operatoren *hermitesch*, für die

$$\hat{F} = \hat{F}^+ \tag{A 1.60}$$

gilt. (Haben $\hat{F}$ und $\hat{F}^+$ beide den Raum $\mathscr{H}$ zum Definitionsbereich, spricht man von $\hat{F}$ als *selbstadjungiertem Operator*.) Hinsichtlich der Komponentenmatrix heißt das: Elemente, die symmetrisch zur Hauptdiagonale liegen, sind zueinander konjugiert-komplex, Elemente der Hauptdiagonale sind reell. Nach der Beziehung (A 1.51) gilt für $\hat{F} = \hat{F}^+$:

$$\langle\varphi|\, \hat{F}\, |\psi\rangle = \langle\psi|\, \hat{F}\, |\varphi\rangle^*, \quad \langle\varphi|\, \hat{F}\, |\varphi\rangle = \text{reell}. \tag{A 1.61}$$

Wenn $\hat{F}$ und $\hat{G}$ hermitesch sind, so sind auch

$$(\hat{F})^n \quad \text{mit} \quad n = 0, \pm 1, \pm 2, \ldots,$$

$$\hat{F} + \hat{G},$$

$$c\hat{F} \quad (c \text{ reelle Zahl})$$

hermitesch. Der Produktoperator $\hat{F}\hat{G}$ ist im allgemeinen nichthermitesch; er ist dann hermitesch, wenn $\hat{F}$ und $\hat{G}$ vertauschbar sind.

Ein Operator ist *antihermitesch*, wenn

$$\hat{F} = -\hat{F}^+ \tag{A 1.62}$$

gilt. Man kann jeden linearen Operator $\hat{G}$ eindeutig additiv in einen hermiteschen und antihermiteschen Anteil gemäß

$$\hat{G} = \frac{\hat{G} + \hat{G}^+}{2} + \frac{\hat{G} - \hat{G}^+}{2} \tag{A 1.63}$$

zerlegen.

Man bezeichnet solche Operatoren $\hat{U}$ als *unitär*, für die

$$\hat{U}\hat{U}^+ = \hat{U}^+\hat{U} = \hat{I} \tag{A 1.64}$$

gilt; bei ihnen ist also der reziproke Operator gleich dem adjungierten. Vektoren werden durch die Bildung von $|\psi'\rangle = \hat{U}|\psi\rangle$ einer *unitären Transformation* unterworfen, Operatoren durch $\hat{G}' = \hat{U}\hat{G}\hat{U}^{-1}$. Unterwirft man alle Vektoren $|\psi\rangle$ und Operatoren $\hat{G}$ aus $\mathscr{H}$ der gleichen unitären Transformation $\hat{U}$, so bleiben alle Skalarprodukte invariant:

$$\langle\varphi'|\psi'\rangle = \langle\varphi|\psi\rangle, \quad \langle\varphi'|\, \hat{G}'\, |\psi'\rangle = \langle\varphi|\, \hat{G}\, |\psi\rangle.$$

Wenn man zunächst eine unitäre Transformation $\hat{U}_1$ durchführt und dann eine unitäre Transformation $\hat{U}_2$, so ist das äquivalent der Durchführung der unitären Transformation

$$\hat{U}_3 = \hat{U}_2\hat{U}_1. \tag{A 1.65}$$

Die Transformation

$$\hat{U}_0 = \hat{I} + \mathrm{i}\varepsilon\hat{F} \quad \text{mit} \quad \hat{F} = \hat{F}^+ \tag{A 1.66}$$

bezeichnet man als infinitesimale Transformation ($\varepsilon$ ist eine infinitesimale reelle Größe), weil gilt

$$\hat{U}_0^+ \hat{U}_0 = (\hat{I} - \mathrm{i}\varepsilon \hat{F})(\hat{I} + \mathrm{i}\varepsilon \hat{F}) = \hat{I},$$

wenn man Glieder zweiter Ordnung in $\varepsilon$ vernachlässigt.

Mittels des *Projektionsoperators* $\hat{P}_{\mathscr{S}}$ lassen sich von einem Vektor $|\psi\rangle$ diejenigen Anteile $|\psi_{\mathscr{S}}\rangle$ eindeutig gewinnen, die im Unterraum $\mathscr{S}$ liegen ($\mathscr{S} \subseteqq \mathscr{H}$). Unter Verwendung einer orthonormierten, vollständigen Basis $\{|\beta_j\rangle\}$ kann $\hat{P}_{\mathscr{S}}$ durch

$$\hat{P}_{\mathscr{S}} = \sum_{|\beta_j\rangle \in \mathscr{S}_d} |\beta_j\rangle \langle\beta_j| + \int_{|\beta_j\rangle \in \mathscr{S}_k} \mathrm{d}j\, |\beta_j\rangle \langle\beta_j| \qquad \text{(A 1.67)}$$

dargestellt werden, wobei $\mathscr{S}_d$ den Anteil von $\mathscr{S}$ mit der diskreten Basis und $\mathscr{S}_k$ denjenigen Anteil mit der kontinuierlichen Basis bedeutet. $|\psi_{\mathscr{S}}\rangle$ ergibt sich zu

$$|\psi_{\mathscr{S}}\rangle = \hat{P}_{\mathscr{S}}|\psi\rangle = \sum_{\mathscr{S}_d} |\beta_j\rangle \langle\beta_j|\psi\rangle + \int_{\mathscr{S}_k} \mathrm{d}j\, |\beta_j\rangle \langle\beta_j|\psi\rangle. \qquad \text{(A 1.67 a)}$$

Die Projektionsoperatoren $\hat{P}_{\mathscr{S}}$ sind hermitesch und erfüllen die Relation

$$(\hat{P}_{\mathscr{S}})^2 = \hat{P}_{\mathscr{S}}, \qquad \text{(A 1.68)}$$

was man mit Hilfe von (A 1.67) leicht ausrechnen kann. Die Projektion auf den Basisvektor $|\beta_j\rangle$ leistet speziell der Projektionsoperator $\hat{P}_j = |\beta_j\rangle \langle\beta_j|$; im kontinuierlichen Fall wird die Projektion auf den Vektor $|\tilde{\beta}_j\rangle$ durch den differentiellen Projektionsoperator

$$\int_{j-\mathrm{d}j/2}^{j+\mathrm{d}j/2} \mathrm{d}j'\, |\tilde{\beta}_{j'}\rangle \langle\tilde{\beta}_{j'}|$$

geleistet.

Durch *Spurbildung* von linearen Operatoren können quantentheoretische Erwartungswerte gebildet werden. Unter der Spur eines Operators $\hat{G}$ versteht man die Summe der Diagonalelemente, die mit einer beliebigen Basis $\{|\beta_j\rangle\}$ gebildet werden:

$$\mathrm{Sp}\{\hat{G}\} = \sum\!\!\!\!\!\!\int_j \langle\beta_j|\, \hat{G}\, |\beta_j\rangle. \qquad \text{(A 1.69)}$$

Man kann zeigen, daß die Zahl $\mathrm{Sp}\{\hat{G}\}$ unabhängig von der Wahl der zugrunde gelegten Basis ist. Die Spur eines Operatorproduktes ändert sich nicht, wenn man die Faktoren zyklisch vertauscht, z. B. gilt

$$\mathrm{Sp}\{\hat{G}_1 \hat{G}_2 \hat{G}_3\} = \mathrm{Sp}\{\hat{G}_3 \hat{G}_1 \hat{G}_2\} = \mathrm{Sp}\{\hat{G}_2 \hat{G}_3 \hat{G}_1\}. \qquad \text{(A 1.70)}$$

Wird die Spur von einem Operatorprodukt gebildet, bei dem ein Faktor ein dyadisches Produkt $|\psi\rangle \langle\psi|$ ist, so gilt

$$\mathrm{Sp}\{[|\psi\rangle \langle\psi|]\, \hat{G}\} = \langle\psi|\, \hat{G}\, |\psi\rangle. \qquad \text{(A 1.71)}$$

## A 1.3 Eigenwertproblem linearer Operatoren

### A 1.3.1 Allgemeine Definitionen und Aussagen

Durch einen linearen Operator $\hat{G}$ wird einem Vektor $|\psi\rangle$ ein anderer Vektor $|\varphi\rangle = \hat{G}|\psi\rangle$ zugeordnet. Von besonderem Interesse in der Quantentheorie sind bei gegebenem $\hat{G}$ diejenigen Vektoren $|g\rangle$, für die $\hat{G}|g\rangle$ parallel zu $|g\rangle$ ist, das bedeutet die Erfüllung der Forderung

$$\hat{G}|g\rangle = g|g\rangle, \tag{A 1.72}$$

wobei $g$ eine komplexe Zahl ist (vgl. (A 1.4) und Abb. A 1.3). Man nennt $|g\rangle$ einen *rechtsseitigen Eigenvektor* oder *Eigenket* von $\hat{G}$ zum *Eigenwert* $g$. Es gelten nur normierbare Vektoren (also nich der Nullvektor!) als Eigenvektoren. Die Gesamtheit der Eigenwerte nennt man das *Eigenwertspektrum*, das diskret oder kontinuierlich ist oder Anteile von beiden Arten haben kann. Wenn es zu einem Eigenwert $g$ mehrere linear unabhängige Eigenvektoren gibt, so spricht man von *Entartung*; die Zahl dieser linear unabhängigen Eigenvektoren nennt man den *Entartungsgrad* $\Lambda_g$. Jede Linearkombination dieser Eigenvektoren ist wieder ein Eigenvektor zum Eigenwert $g$. Man kann aus den ursprünglichen $\Lambda_g$ Eigenvektoren zu einem Eigenwert $g$ Linearkombinationen $|g_1\rangle, \ldots, |g_\lambda\rangle, \ldots, |g_{\Lambda_g}\rangle$ bilden, die die Eigenschaft $\langle g_\lambda | g_{\lambda'}\rangle = \delta_{\lambda\lambda'}$ haben. Das System der $|g_\lambda\rangle$ stellt also eine orthonormierte Basis für einen $\Lambda_g$-dimensionalen Unterraum aus $\mathscr{H}$ dar.

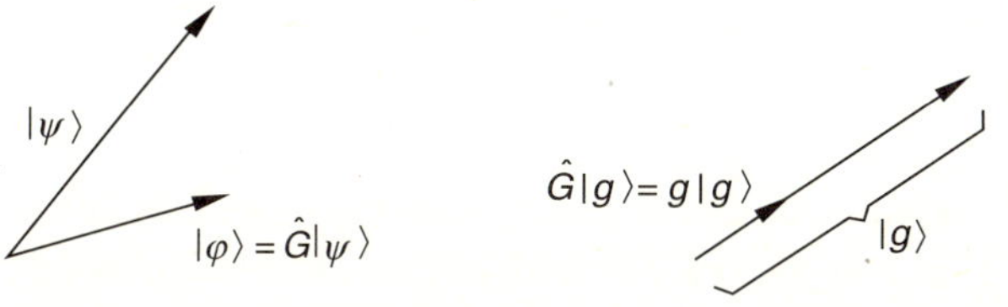


**Abb. A 1.3**
Veranschaulichung der Wirkung eines Operators $\hat{G}$ auf einen allgemeinen Zustandsvektor $|\psi\rangle$ und einen Eigenvektor $|g\rangle$

Analog kann man auch *linksseitige Eigenvektoren* oder *Eigenbras* $\langle g_l|$ durch

$$\langle g_l|\hat{G} = g_l\langle g_l| \tag{A 1.73}$$

definieren. Für einen allgemeinen linearen Operator $\hat{G}$ gibt es keine einfache Aussage über den Zusammenhang zwischen dem Eigenwertproblem der Eigenkets und dem der Eigenbras. Die Existenz von Eigenkets $|g\rangle$, die der Eigenwertgleichung $\hat{G}|g\rangle = g|g\rangle$ genügen, gewährleistet im allgemeinen nicht die Existenz von Eigenbras, die die Eigenwertgleichung $\langle g_l|\hat{G} = g_l\langle g_l|$ erfüllen.

### A 1.3.2 Eigenwertproblem hermitescher Operatoren

Eine zentrale Stellung in der Dirac-Formulierung der Quantentheorie nehmen die Eigenlösungen hermitescher Operatoren ein, weil sie sowohl die Meßwerte als auch das geeignete Basissystem für das jeweilige physikalische Problem liefern. Für hermitesche Operatoren $\hat{G}$, bei denen ja $\hat{G}=\hat{G}^+$ ist, tritt die am Ende von A 1.3.1 genannte Diskrepanz nicht auf; hier bestehen sehr einfache Beziehungen zwischen Eigenkets und Eigenbras. Durch Bildung der hermiteschen Adjungierten (vgl. (A 1.58)) geht die Gleichung $\hat{G}|g\rangle = g|g\rangle$ für die *Eigenkets* in die Gleichung

$$\langle g|\,\hat{G} = g^* \langle g|$$

für die Eigen*bras* über. Daraus kann man durch Multiplikation mit $|g\rangle$ von rechts die Gleichung

$$\langle g|\,\hat{G}|g\rangle = g^* \langle g|g\rangle$$

gewinnen. Da $\langle g|\,\hat{G}\,|g\rangle$ und $\langle g|g\rangle$ reelle Zahlen sind (vgl. (A 1.9) und (A 1.61)), folgt, daß $g^*$ reell ist und damit $g=g^*$ gilt. Die Eigenkets und Eigenbras sind also Eigenvektoren zum gleichen Eigenwert.

Eigenschaften der Eigenlösungen hermitescher Operatoren sind: Die Eigenwerte sind reell. Bei Annahme von Nichtentartung gilt für das Skalarprodukt des zum Eigenwert $g$ gehörigen Eigenvektors $|g\rangle$ und des zum Eigenwert $g'$ gehörigen Eigenvektors $|g'\rangle$

$$\langle g'|g\rangle = \begin{cases} \delta_{[g],[g']} \\ \delta(g-g') \end{cases}. \qquad \text{(A 1.74)}$$

Das Kronecker-Symbol trifft für den Fall eines diskreten Eigenwertspektrums zu, für welchen die Eigenwerte $g$ durchnumeriert werden können; $[g]$ ist die Nummer des Eigenwertes $g$. Für das kontinuierliche Eigenwertspektrum gilt die Deltafunktion, die Eigenvektoren haben den Charakter von Dirac-Vektoren. In der Folge werden wir die rechte Seite von (A 1.74) durch das Symbol $\delta(g, g')$ kennzeichnen (vgl. (A 1.23)). Daß in beiden Fällen das Skalarprodukt für $g=g'$ nicht verschwindet, steht in Übereinstimmung damit, daß als Eigenvektoren nur normierbare Vektoren zugelassen sind. Für $g \neq g'$ verschwindet das Skalarprodukt, das bedeutet Orthogonalität der Vektoren $|g\rangle$ und $|g'\rangle$. Diese Eigenschaften weisen aus, daß das System $\{|g\rangle\}$ der Eigenvektoren hermitescher Operatoren als ein orthonormiertes Vektorsystem im erweiterten Hilbert-Raum betrachtet werden kann.

Damit ist geklärt, daß das System $\{|g\rangle\}$ eine *notwendige* Bedingung für seine Verwendung als Basissystem erfüllt. Als *hinreichende* Bedingung fehlt aber noch der Nachweis der durch die Beziehung

$$\hat{I} = \mathop{\not{\int}}_{g} |g\rangle\,\langle g|$$

ausdrückbaren Vollständigkeit, die erst gewährleistet, daß jeder Vektor im erweiterten Hilbert-Raum durch das System $\{|g\rangle\}$ dargestellt werden kann. Der Nachweis, daß das zu einem gegebenen hermiteschen Operator $\hat{G}$ gehörige System von Eigenvektoren vollständig ist, stellt in den meisten Fällen ein schwieriges mathematisches Problem dar. Für die in A 1.2.2 eingeführten Projektionsoperatoren läßt sich allerdings leicht zeigen, daß sie ein vollständiges Eigenvektor-System haben. Wenn wir $p_{\mathscr{S}}$ als Eigenwert und $|p_{\mathscr{S}}\rangle$ als Eigenvektor von $\hat{P}_{\mathscr{S}}$ bezeichnen, dann gilt

$$\hat{P}_{\mathscr{S}}|p_{\mathscr{S}}\rangle = p_{\mathscr{S}}|p_{\mathscr{S}}\rangle, \quad \hat{P}^2_{\mathscr{S}}|p_{\mathscr{S}}\rangle = \hat{P}_{\mathscr{S}}|p_{\mathscr{S}}\rangle, \quad \hat{P}^2_{\mathscr{S}}|p_{\mathscr{S}}\rangle = p^2_{\mathscr{S}}|p_{\mathscr{S}}\rangle.$$

Die daraus unmittelbar folgende Gleichung $p_{\mathscr{S}}(p_{\mathscr{S}}-1)=0$ führt auf $p_{\mathscr{S}}=0$ und 1 als Eigenwerte von $\hat{P}_{\mathscr{S}}$. Für einen beliebigen Zustandsvektor $|\psi\rangle$ aus $\mathscr{H}$ gilt nach (A 1.67 a)

$$\hat{P}_{\mathscr{S}}[(\hat{I}-\hat{P}_{\mathscr{S}})|\psi\rangle] = 0[(\hat{I}-\hat{P}_{\mathscr{S}})|\psi\rangle],$$

$$\hat{P}_{\mathscr{S}}[\hat{P}_{\mathscr{S}}|\psi\rangle] = 1[\hat{P}_{\mathscr{S}}|\psi\rangle];$$

das bedeutet, daß $[(\hat{I}-\hat{P}_{\mathscr{S}})|\psi\rangle]$ und $[\hat{P}_{\mathscr{S}}|\psi\rangle]$ Eigenvektoren zu den Eigenwerten 0 und 1 sind. Da weiterhin

$$\langle\psi|(\hat{I}-\hat{P}_{\mathscr{S}})\hat{P}_{\mathscr{S}}|\psi\rangle = 0$$

und

$$|\psi\rangle = (\hat{I}-\hat{P}_{\mathscr{S}})|\psi\rangle + \hat{P}_{\mathscr{S}}|\psi\rangle$$

gilt, ist sowohl die Orthogonalität als auch die Vollständigkeit (man beachte hierbei, daß $|\psi\rangle$ ein beliebiger Zustandsvektor ist!) bewiesen.

Die sogenannte *Spektraldarstellung*

$$\hat{G} = \mathop{\mathrlap{\sum}\int} g\,\hat{P}(g) \quad \text{mit} \quad \hat{P}(g) = |g\rangle\langle g| \tag{A 1.75}$$

gestattet es, die Eigenschaften des Operators $\hat{G}$ mit denen der einfachen Projektionsoperatoren $\hat{P}(g)$ in Verbindung zu bringen.

Wenn die Eigenwerte $g$ und Eigenkets $|g\rangle$ des Operators $\hat{G}$ bekannt sind, lassen sich daraus die Eigenlösungen von wichtigen Operatoren gewinnen, die von $\hat{G}$ abgeleitet sind. Es gelten folgende Beziehungen:

$$(\hat{G})^n|g\rangle = g^n|g\rangle, \tag{A 1.76}$$

$$\hat{P}_n(\hat{G})|g\rangle = \hat{P}_n(g)|g\rangle, \tag{A 1.77}$$

wobei $\hat{P}_n(\hat{G})$ ein Polynom $n$-ten Grades (oder eine konvergente Potenzreihe) ist. Wenn $g \neq 0$ ist, gilt

$$\hat{G}^{-1}|g\rangle = g^{-1}|g\rangle. \tag{A 1.78}$$

Wenn $g > 0$ ist, gilt

$$\hat{G}^{1/2}|g\rangle = \pm g^{1/2}|g\rangle. \tag{A 1.79}$$

Zur praktischen Lösung des Eigenwertproblems eines gegebenen Operators $\hat{G}$ ist es in vielen Fällen von Vorteil, die Eigenwertgleichung mittels eines bekannten vollständigen Basissystems $\{|\beta_j\rangle\}$ in ein algebraisches Gleichungssystem oder in eine Integral- (bzw. Differential-)Gleichung umzuwandeln.

Wir betrachten zunächst den Fall, daß ein diskretes Basissystem verwendet wird. Wenn man die in der Eigenwertgleichung befindlichen Größen in Komponentendarstellung einführt, erhält man aus (A 1.72)

$$\sum_j |\beta_j\rangle \sum_{j',j''} \langle\beta_{j'}|\, \langle\beta_j|\, \hat{G}\, |\beta_{j'}\rangle\, |\beta_{j''}\rangle\, \langle\beta_{j''}|g\rangle = g \sum_j |\beta_j\rangle\, \langle\beta_j|g\rangle.$$

Da zwei Vektoren genau dann gleich sind, wenn alle ihre Komponenten gleich sind, geht die Eigenwertgleichung über in das Gleichungssystem

$$\sum_{j'} \{\langle\beta_j|\, \hat{G}\, |\beta_{j'}\rangle - g\,\delta_{jj'}\}\, \langle\beta_{j'}|g\rangle = 0 \quad \text{für alle } j. \tag{A 1.80}$$

Es handelt sich um ein lineares (unendliches) Gleichungssystem zur Auffindung der Komponenten des Eigenvektors $|g\rangle$. Da Eigenvektoren normierbar sein müssen, werden nur nichttriviale Lösungen des Gleichungssystems zugelassen. Nichttriviale Lösungen ergeben sich nur, wenn

$$\det\{\langle\beta_j|\, \hat{G}\, |\beta_j'\rangle - g\,\delta_{jj'}\} = 0 \tag{A 1.81}$$

erfüllt ist. Das ist die Säkulargleichung des Problems; man kann aus ihr bei bekanntem $\hat{G}$, also bekannten Komponenten $\langle\beta_j|\, \hat{G}\, |\beta_{j'}\rangle$, im Prinzip die Eigenwerte $g$ bestimmen. Wenn man einen von den gewonnenen Eigenwerten $g$ in (A 1.80) einsetzt, hat man ein Gleichungssystem, aus dem man bis auf einen gemeinsamen Normierungsfaktor alle Komponenten des Eigenvektors zu diesem bestimmten Eigenwert berechnen kann.

Für eine kontinuierliche Basis ergibt sich anstelle von (A 1.80) die Integralgleichung

$$\int \mathrm{d}j'\, \langle\beta_j|\, \hat{G}\, |\beta_{j'}\rangle\, \langle\beta_{j'}|g\rangle = g\langle\beta_j|g\rangle. \tag{A 1.82}$$

Es handelt sich um eine lineare Integralgleichung, aus der mit den Lösungsmethoden für Integralgleichungen zweiter Art im Prinzip die Komponenten-Funktion $\langle\beta_j|g\rangle$ und die Eigenwerte $g$ bestimmt werden können. Für repräsentative physikalische Probleme (vgl. etwa 8.4) lassen sich kontinuierliche Basissysteme finden, für die die Komponenten von $\hat{G}$ in der Form

$$\langle\beta_j|\, \hat{G}\, |\beta_{j'}\rangle = \sum_{q=0}^{N} a_q(j)\, \delta^{(q)}(j'-j) \tag{A 1.83}$$

angegeben werden können (wegen der Ableitungen der Deltafunktion $\delta^{(q)}$ vgl. A 2.3). In diesem Fall läßt sich die Integration auf der linken Seite von (A 1.82) ausführen, und die Integralgleichung geht in die Beziehung

$$\left(\sum_{q=0}^{N} a_q(j)\, (-1)^q \frac{\mathrm{d}}{\mathrm{d}j^q}\right) \langle\beta_j|g\rangle = g\langle\beta_j|g\rangle \tag{A 1.84}$$

über. Es handelt sich um eine Differentialgleichung für die Komponenten $\langle\beta_j|g\rangle$ des Eigenvektors, die wegen der Normierbarkeit unter der Bedingung

$$\int \mathrm{d}j\, |\langle\beta_j|g\rangle|^2 > 0$$

gelöst werden muß. Daraus ergeben sich das Eigenwertspektrum und die Eigenvektoren.

## A 1.4 Produkt-Räume

Besonders in Hinsicht auf solche physikalischen Probleme, bei denen man sich ein Gesamtsystem in mehrere unabhängige Teilsysteme zerlegt denkt, ist die Verwendung von Produkt-Räumen von Vorteil. Die wesentlichen Züge lassen sich an einem Produkt-Raum, der aus nur zwei Teilräumen besteht, erkennen; darauf wird in A 1.4.1 eingegangen. In A 1.4.2 wird dann die Übertragung auf den allgemeinen Fall von mehr als zwei Teilräumen vorgenommen.

### A 1.4.1 Produkt-Raum mit 2 Teilräumen

Vektoren im erweiterten Hilbert-Raum $\mathscr{H}_1$ sollen mit dem Index 1, Vektoren im erweiterten Hilbert-Raum $\mathscr{H}_2$ mit dem Index 2 bezeichnet werden. Der Vektor $|\psi_1\psi_2\rangle$ soll Vektor im Produktraum $\mathscr{H} = \mathscr{H}_1 \times \mathscr{H}_2$ sein. Die Eigenschaften von $|\psi_1\psi_2\rangle$ sind charakterisiert durch die Beziehungen

$$|\psi_1\psi_2\rangle = |\psi_1\rangle|\psi_2\rangle = |\psi_2\rangle|\psi_1\rangle, \tag{A 1.85}$$

$$|\psi_1\psi_2\rangle = |\varphi_1\psi_2\rangle + |\gamma_1\psi_2\rangle \quad \text{für} \quad |\psi_1\rangle = |\varphi_1\rangle + |\gamma_1\rangle, \tag{A 1.86}$$

$$\langle\psi_1{}'\psi_2{}'|\psi_1\psi_2\rangle = \langle\psi_1{}'|\psi_1\rangle\,\langle\psi_2{}'|\psi_2\rangle. \tag{A 1.87}$$

Man spricht von $|\psi_1\rangle|\psi_2\rangle$ als *direktem Produkt* – im Gegensatz zu den schon früher eingeführten skalaren und dyadischen Produkten. Die erste Gleichung drückt die Kommutativität, die zweite die Distributivität des direkten Produktes aus.

Wenn $\{|\beta_{1j}\rangle\}$ ein Basissystem ist, das den ganzen Raum $\mathscr{H}_1$ aufspannt, und $\{|\beta_{2k}\rangle\}$ ein solches, das den ganzen Raum $\mathscr{H}_2$ aufspannt, so spannen die Vektoren $\{|\beta_{1j}\beta_{2k}\rangle\}$ den gesamten Produkt-Raum $\mathscr{H}$ auf. Die Orthonormierung der Basisvektoren von $\mathscr{H}$ wird durch

$$\langle\beta_{1j'}\beta_{2k'}|\beta_{1j}\beta_{2k}\rangle = \delta(j,j')\cdot\delta(k,k') \tag{A 1.88}$$

ausgedrückt, die Vollständigkeit durch

$$\mathop{\Large\unicode{x2A0B}}_j \mathop{\Large\unicode{x2A0B}}_k |\beta_{1j}\beta_{2k}\rangle\,\langle\beta_{1j}\beta_{2k}| = \hat{I}. \tag{A 1.89}$$

Beliebige Vektoren $|\psi\rangle$ und Operatoren $\hat{G}$ aus $\mathscr{H}$ können gemäß

$$|\psi\rangle = \mathop{\Large\unicode{x2A0B}}_j \mathop{\Large\unicode{x2A0B}}_k |\beta_{1j}\beta_{2k}\rangle\,\langle\beta_{1j}\beta_{2k}|\psi\rangle, \tag{A 1.90}$$

$$\hat{G} = \mathop{\Large\unicode{x2A0B}}_j \mathop{\Large\unicode{x2A0B}}_k \mathop{\Large\unicode{x2A0B}}_{j'} \mathop{\Large\unicode{x2A0B}}_{k'} |\beta_{1j}\beta_{2k}\rangle\,\langle\beta_{1j'}\beta_{2k'}|\,\langle\beta_{1j}\beta_{2k}|\,\hat{G}\,|\beta_{1j'}\beta_{2k'}\rangle \tag{A 1.91}$$

in Komponentendarstellung gebracht worden.

Die Wirkung eines Operators $\hat{G}_1$, der nur auf Vektoren aus $\mathscr{H}_1$ wirkt, auf ein direktes Produkt ist durch

$$\hat{G}_1|\psi_1\psi_2\rangle = |\varphi_1\psi_2\rangle \quad \text{mit} \quad \hat{G}_1|\psi_1\rangle = |\varphi_1\rangle \tag{A 1.92}$$

gegeben. Wenn $\hat{G}_1$ nur auf Vektoren aus $\mathcal{H}_1$ und $\hat{G}_2$ nur auf Vektoren aus $\mathcal{H}_2$ wirkt, so gilt in $\mathcal{H}$

$$[\hat{G}_1, \hat{G}_2] = \hat{0}.$$

$|g_1\rangle$ seien Eigenvektoren von $\hat{G}_1$, $|g_2\rangle$ seien Eigenvektoren von $\hat{G}_2$; dann sind

$$\sum\!\!\!\!\!\!\int_{g_2} c_{g_2} |g_1 g_2\rangle \qquad \text{(A 1.93)}$$

Eigenvektoren von $\hat{G}_1$ in $\mathcal{H}$.

### A 1.4.2 Produkt-Räume mit mehr als 2 Teilräumen

Die Ergebnisse aus Abschnitt A 1.4.1 lassen sich willkürfrei auf $N$ Teilräume mit $N > 2$ erweitern. Insbesondere gilt für die Vektoren des Produkt-Raumes $\mathcal{H} = \mathcal{H}_1 \times \mathcal{H}_2 \times \cdots \times \mathcal{H}_N$

$$|\psi_1 \psi_2 \ldots \psi_N\rangle = |\psi_1\rangle\, |\psi_2\rangle \cdots |\psi_N\rangle, \qquad \text{(A 1.94)}$$

wobei die Reihenfolge der einzelnen Vektoren auf der rechten Seite beliebig vertauscht werden kann; man sagt, daß die Vektoren der Teilräume im direkten Produkt „durchziehbar“ seien.

# A 2 Diracsche Delta-Funktion

Zur Vereinfachung gewisser Formulierungen und Rechnungen hat sich die 1926 von DIRAC eingeführte (singuläre) Delta-Funktion ($\delta$-Funktion) als nützliches mathematisches Hilfsmittel erwiesen. Wegen ihres singulären Charakters ist die $\delta$-Funktion keine Punkt-Funktion im Sinne der klassischen Analysis; sie gehört zu den verallgemeinerten Funktionen, zu den sogenannten *Distributionen.* Ihre Anwendung erfolgt vorwiegend in Funktionalbeziehungen des Typs

$$\int_{-\infty}^{+\infty} \mathrm{d}x\, \delta(x-x_0) f(x) = f(x_0),$$

worin mittels der $\delta$-Funktion $\delta(x-x_0)$ einer als regulär vorausgesetzten Funktion $f(x)$ die Zahl $f(x_0)$ durch die Integration über $x$ zugeordnet wird. Man erkennt daraus die besondere Eignung der $\delta$-Funktion zur Beschreibung von scharfen Lokalisierungen und exakten Bestimmtheiten von Größen und Werten (z. B. Ort, Punktmassen, Punktladungen) oder der strengen Gültigkeit von Relationen (wie Energie-, Impuls-Erhaltungssatz usw.).

## A 2.1 Definition der $\delta$-Funktion

Wir definieren die $\delta$-Funktion – im Einklang mit obiger Integralrelation – als Kern des Einheitsintegraloperators durch

$$\int_a^b \mathrm{d}x\, \delta(x-x_0) f(x) = \begin{cases} f(x_0) & \text{für} \quad a < x_0 < b \\ \dfrac{1}{2} f(x_0) & \text{für} \quad x_0 = a \quad \text{oder} \quad x_0 = b \\ 0 & \text{für } x_0 \text{ außerhalb des Intervalls } (a, b). \end{cases} \tag{A 2.1}$$

Für $f(x) \equiv 1$ folgt aus (A 2.1)

$$\int_a^b \mathrm{d}x\, \delta(x-x_0) = \begin{cases} 1 & \text{für} \quad a < x_0 < b \\ \dfrac{1}{2} & \text{für} \quad x_0 = a \quad \text{oder} \quad x_0 = b \\ 0 & \text{sonst.} \end{cases} \tag{A 2.2}$$

Die $\delta$-Funktion hat die Dimension ihres reziproken Argumentes.

### A 2.1.1 Darstellung der δ-Funktion als Grenzfunktion von Funktionenfolgen

Man kann eine ganze Reihe von stetigen Funktionen $\varphi(x, \varepsilon)$ angeben, die für alle Werte des Parameters $\varepsilon$ die Integralrelation

$$\int_{-\infty}^{+\infty} \mathrm{d}x\, \varphi(x, \varepsilon) = 1 \tag{A 2.3}$$

befriedigen und im Grenzfall $\varepsilon \to 0$ der δ-Funktion $\delta(x)$ äquivalent sind, indem

$$\lim_{\varepsilon \to 0} \int_{-\infty}^{+\infty} \mathrm{d}x\, \varphi(x, \varepsilon) = \int_{-\infty}^{+\infty} \mathrm{d}x\, \delta(x) = 1 \tag{A 2.4}$$

gilt. Es ergibt sich z. B. für die sogenannte Gauß-Funktion

$$\varphi(x - x', \varepsilon) = \frac{1}{\sqrt{\pi}} \frac{1}{\varepsilon} \exp[-(x - x')^2/\varepsilon^2] \tag{A 2.5}$$

das Integral

$$\frac{1}{\sqrt{\pi}} \frac{1}{\varepsilon} \int_{-\infty}^{+\infty} \mathrm{d}x \exp[-(x - x')^2/\varepsilon^2] = \frac{1}{\sqrt{\pi}} \int_{-\infty}^{+\infty} \mathrm{d}\xi \exp[-\xi^2] = 1 \tag{A 2.6}$$

unabhängig von $\varepsilon$. Mit einer stetigen Funktion $f(x)$ kann man zusammen mit (A 2.5) das Integral

$$\begin{aligned} \Phi(x', \varepsilon) &= \int_{-\infty}^{+\infty} \mathrm{d}x \frac{1}{\sqrt{\pi}} \frac{1}{\varepsilon} \exp[-(x - x')^2/\varepsilon^2] \cdot f(x) \\ &= \int_{-\infty}^{+\infty} \mathrm{d}\xi \frac{1}{\sqrt{\pi}} \exp[-\xi^2] \cdot f(\varepsilon\xi + x') \end{aligned} \tag{A 2.7}$$

bilden, an dem bei gleichmäßiger Konvergenz der Grenzwert $\varepsilon \to 0$ unter dem Integralzeichen durchgeführt werden kann

$$\lim_{\varepsilon \to 0} \Phi(x', \varepsilon) = \int_{-\infty}^{+\infty} \mathrm{d}\xi \lim_{\varepsilon \to 0} \frac{1}{\sqrt{\pi}} \exp[-\xi^2] \cdot f(\varepsilon\xi + x') = f(x'), \tag{A 2.8}$$

und man erhält dasselbe Ergebnis wie bei

$$\int_{-\infty}^{+\infty} \mathrm{d}x\, \delta(x - x') f(x) = f(x'). \tag{A 2.9}$$

Durch diese Überlegungen wird begründet, daß die δ-Funktion als Grenzfall von bestimmten Funktionen darstellbar ist wie z. B. nach (A 2.5)

$$\delta(x - x') = \lim_{\varepsilon \to 0} \frac{1}{\sqrt{\pi}} \frac{1}{\varepsilon} \exp[-(x - x')^2/\varepsilon^2] \tag{A 2.10}$$

oder weiterhin

$$\delta(x-x') = \lim_{\varepsilon\to 0} \frac{1}{\pi} \frac{\varepsilon}{(x-x')^2+\varepsilon^2} \quad \text{mit} \quad \varepsilon > 0, \tag{A 2.11}$$

$$\delta(x-x') = \lim_{\varepsilon\to 0} \begin{cases} 1/\varepsilon & \text{für} \quad |x-x'| < \varepsilon/2 \\ 0 & \text{für} \quad |x-x'| > \varepsilon/2. \end{cases} \tag{A 2.12}$$

### A 2.1.2 Fourier-Darstellung, Vollständigkeitsrelationen für Orthonormalsysteme und weitere δ-Funktionsdarstellungen

Eine interessante Darstellung der δ-Funktion $\delta(x-x')$ ergibt sich durch folgenden Grenzprozeß aus der sinc-Funktion

$$\delta(x-x') = \lim_{K\to\infty} \frac{1}{2\pi} \int_{-K}^{+K} \mathrm{d}k \exp[\mathrm{i}k(x-x')]$$

$$= \lim_{K\to\infty} \frac{1}{\pi} \frac{\sin[K(x-x')]}{(x-x')}. \tag{A 2.13}$$

Das δ-funktionsartige Verhalten der rechten Seite von (A 2.13) erkennt man durch Einsetzen in (A 2.9), wobei wieder zu beachten ist, daß $\lim\limits_{K\to\infty}$ erst nach der $x$-Integration vorgenommen werden darf. Im Falle von stetigen und beschränkten Funktionen $f(x)$ darf man aber Grenzübergang und Integration auch vertauschen, und dann kann

$$\delta(x-x') = \frac{1}{2\pi} \int_{-\infty}^{+\infty} \mathrm{d}k \exp[\mathrm{i}k(x-x')] \tag{A 2.14}$$

als Fourier-Darstellung der δ-Funktion angesehen werden. (A 2.14) stellt aber auch die Vollständigkeitsrelation oder Parseval-Formel für das Orthonormalsystem $\{\chi(x,k) = (1/2\pi)^{1/2} \exp[\mathrm{i}kx]\}$ dar. Analog gilt als allgemeine Vollständigkeitsrelation für ein beliebiges Orthonormalsystem $\{\chi_n(x)\}$:

$$\delta(x-x') = \lim_{N\to\infty} \sum_{n=0}^{N} \chi_n{}^*(x)\, \chi_n(x'). \tag{A 2.15}$$

Weitere δ-Funktionsdarstellungen – von ähnlichem Typ wie (A 2.13) – sind

$$\delta(x-x') = \lim_{K\to\infty} \frac{1}{\pi} \frac{1-\cos[K(x-x')]}{K(x-x')^2}, \tag{A 2.16}$$

$$\delta(x-x') = \lim_{K\to\infty} \frac{1}{\pi} \frac{\sin^2[K(x-x')/2]}{K(x-x')^2/2}. \tag{A 2.17}$$

## A 2.2 δ-Funktions-Relationen

Alle angegebenen Definitionen und Relationen lassen erkennen, daß

$$\delta(x-x')=\delta(x'-x) \tag{A 2.18}$$

gilt. Aus (A 2.1) folgt

$$(x-x')\cdot\delta(x-x')=0. \tag{A 2.19}$$

Auf Grund der Fourier-Darstellung (A 2.14) ergibt sich

$$\delta[a(x-x')]=\frac{1}{|a|}\,\delta(x-x'). \tag{A 2.20}$$

Weiterhin gilt

$$\delta[(x-x')(x-x'')]=\frac{\delta(x-x')+\delta(x-x'')}{|x'-x''|} \tag{A 2.21}$$

sowie

$$\delta[x^2-(x')^2]=\frac{\delta(x-x')+\delta(x+x')}{2|x'|}. \tag{A 2.22}$$

(A 2.20) bis (A 2.22) sind Spezialfälle der allgemeinen Formel

$$\delta[g(x)]=\sum_n \frac{1}{|g'(x_n)|}\,\delta(x-x_n), \tag{A 2.23}$$

worin $g(x)$ eine differenzierbare Funktion mit den einfachen Nullstellen $x_n$ bedeutet ($g(x_n)=0$, $g'(x_n)\neq 0$).

Mehrdimensionale δ-Funktionen sind als Produkt definiert, z. B. in drei Dimensionen

$$\delta^3(\boldsymbol{r}-\boldsymbol{r}')=\delta(x-x',y-y',z-z')=\delta(x-x')\,\delta(y-y')\,\delta(z-z'). \tag{A 2.24}$$

Anstelle von (A 2.1) tritt

$$\int_G \mathrm{d}^3\boldsymbol{r}\,\delta^3(\boldsymbol{r}-\boldsymbol{r}_0)f(\boldsymbol{r})=f(\boldsymbol{r}_0), \tag{A 2.25}$$

wenn $\boldsymbol{r}_0$ im Integrationsgebiet $G$ liegt.

In Verallgemeinerung von (A 2.14) hat $\delta^3(\boldsymbol{r}-\boldsymbol{r}')$ die Fourier-Darstellung

$$\delta^3(\boldsymbol{r}-\boldsymbol{r}')=\frac{1}{(2\pi)^3}\int \mathrm{d}^3\boldsymbol{k}\,\exp[\mathrm{i}\boldsymbol{k}(\boldsymbol{r}-\boldsymbol{r}')]. \tag{A 2.26}$$

## A 2.3 Ableitungen der δ-Funktion und der Sprungfunktion. Transversale δ-Funktion

Die Existenz von Ableitungen der δ-Funktion folgt aus der Theorie der Distributionen. Wir wollen sie auf Grund der Grenzprozeßüberlegungen in A 2.1.1 durch die Gleichung

$$\lim_{\varepsilon\to 0}\int_{-\infty}^{+\infty} \mathrm{d}x\, f(x)\frac{\mathrm{d}}{\mathrm{d}x}\,\varphi(x-x',\varepsilon)=\int_{-\infty}^{+\infty}\mathrm{d}x\, f(x)\,\delta'(x-x') \tag{A 2.27}$$

einführen. Daraus erhalten wir durch die partielle Integration über die Zwischenstufe

$$\lim_{\varepsilon\to 0}\int_{-\infty}^{+\infty} \mathrm{d}x\, f(x)\frac{\mathrm{d}}{\mathrm{d}x}\,\varphi(x-x',\varepsilon)=\lim_{\varepsilon\to 0} f(x)\,\varphi(x-x',\varepsilon)\Big|_{-\infty}^{+\infty} -\lim_{\varepsilon\to 0}\int_{-\infty}^{+\infty}\mathrm{d}x\,\varphi(x-x',\varepsilon)\frac{\mathrm{d}f(x)}{\mathrm{d}x},$$

wenn $f(x)\,\varphi(x-x',\varepsilon)$ an den Grenzen $\pm\infty$ verschwindet und $f'(x)=\dfrac{\mathrm{d}f}{\mathrm{d}x}$ stetig ist,

$$\lim_{\varepsilon\to 0}\int_{-\infty}^{+\infty}\mathrm{d}x\, f(x)\,\varphi(x-x',\varepsilon)=-f'(x'), \tag{A 2.28}$$

d. h.

$$\int_{-\infty}^{+\infty}\mathrm{d}x\, f(x)\,\delta'(x-x')=-f'(x'). \tag{A 2.29}$$

Die Gültigkeit von (A 2.28) und (A 2.29) kann man mit Hilfe der δ-Funktionsdarstellungen (A 2.10) oder (A 2.11) direkt verifizieren.

(A 2.29) kann auf die $n$-te Ableitung verallgemeinert werden

$$\int_{-\infty}^{+\infty}\mathrm{d}x\, f(x)\,\delta^{(n)}(x-x')=(-1)^n f^{(n)}(x'). \tag{A 2.30}$$

Die δ-Funktion kann auch als Ableitung der sogenannten Sprungfunktion

$$\Theta(x)=\lim_{\varepsilon\to 0}\Theta(x,\varepsilon)=\begin{cases}1 & \text{für}\quad x>0\\ \dfrac{1}{2} & \text{für}\quad x=0\\ 0 & \text{für}\quad x<0\end{cases} \tag{A 2.31}$$

eingeführt werden, wobei

$$\Theta(x,\varepsilon)=\int_{-\infty}^{x}\mathrm{d}x'\,\varphi(x',\varepsilon) \tag{A 2.32}$$

gilt; denn es folgt aus

$$\Theta(x) = \int_{-\infty}^{x} \mathrm{d}x' \, \delta(x') \tag{A 2.33}$$

die Ableitung

$$\delta(x) = \frac{\mathrm{d}}{\mathrm{d}x} \, \Theta(x). \tag{A 2.34}$$

Unter den sogenannten transversalen δ-Funktionen $\delta_{jl}^{(\mathrm{tr})3}(\boldsymbol{r}-\boldsymbol{r}')$ mit $j, l = 1, 2, 3$ versteht man die durch das Integral

$$\delta_{jl}^{(\mathrm{tr})3}(\boldsymbol{r}-\boldsymbol{r}') = \frac{1}{(2\pi)^3} \int_{-\infty}^{+\infty} \mathrm{d}^3\boldsymbol{k} \left( \delta_{jl} - \frac{k_j k_l}{|\boldsymbol{k}|^2} \right) \exp[\mathrm{i}\boldsymbol{k}(\boldsymbol{r}-\boldsymbol{r}')] \tag{A 2.35}$$

definierten Funktionen, die der Relation

$$\sum_j \frac{\partial}{\partial x_j} \, \delta_{jl}^{(\mathrm{tr})3}(\boldsymbol{r}-\boldsymbol{r}') = 0 \tag{A 2.36}$$

genügen.

# A 3 Grundbegriffe und Sätze der Gruppentheorie[1])

## A 3.1 Allgemeine Definitionen

### A 3.1.1 Definition einer Gruppe

Eine Gesamtheit (Menge) von (mathematischen) *Elementen* $\sigma_1, \sigma_2, \ldots, \sigma_j, \ldots$ bildet eine Gruppe $\mathcal{G}$, wenn sie folgende Eigenschaften (Gruppenaxiome) besitzt:

Es existiert eine *Verknüpfung* (*Multiplikationsrelation*), die jedem geordneten Paar von Elementen eindeutig wieder ein Element zuordnet:

$$\sigma_j \sigma_k = \sigma_l. \qquad \text{(A 3.1 a)}$$

Die Verknüpfung ist *assoziativ*:

$$\sigma_j(\sigma_k \sigma_l) = (\sigma_j \sigma_k)\, \sigma_l. \qquad \text{(A 3.1 b)}$$

Es existiert ein Einheitselement (*Eins-Element*) $e$, dessen Verknüpfung mit *jedem* Element $\sigma_j$

$$e\sigma_j = \sigma_j e = \sigma_j \qquad \text{(A 3.1 c)}$$

ergibt.

Zu jedem Element $\sigma_j$ existiert ein *reziprokes* (inverses) *Element* $\sigma_j^{-1}$, so daß gilt:

$$\sigma_j^{-1}\sigma_j = \sigma_j \sigma_j^{-1} = e. \qquad \text{(A 3.1 d)}$$

Die Zahl $N$ der Elemente einer Gruppe ist die *Ordnung* der Gruppe.

Es gibt *endliche* ($N$ endlich) und *unendliche* ($N$ unendlich) *Gruppen*. Eine *kontinuierliche* Gruppe ist eine unendliche Gruppe, deren Elemente von einer Reihe stetig veränderlicher, reeller Parameter ($\alpha_1, \alpha_2, \ldots, \alpha_\varrho$; *$\varrho$-parametrische Gruppe*) abhängen:

$$\sigma = \sigma(\alpha_1, \alpha_2, \ldots, \alpha_\varrho).$$

Wenn für eine bestimmte Parameterkombination $(\alpha_1{}^0, \alpha_2{}^0, \ldots, \alpha_\varrho{}^0)$ das Eins-Element $e = \sigma(\alpha_1{}^0, \alpha_2{}^0, \ldots, \alpha_\varrho{}^0)$ vorliegt, dann sind die *infinitesimalen Gruppenelemente* durch $\sigma(\alpha_1{}^0 + \delta\alpha_1, \alpha_2{}^0 + \delta\alpha_2, \ldots, \alpha_\varrho{}^0 + \delta\alpha_\varrho)$ gegeben.

Die Verknüpfung (Multiplikation) der Gruppenelemente ist im allgemeinen *nicht kommutativ*, was dann bedeutet:

$$\sigma_j \sigma_k \neq \sigma_k \sigma_j. \qquad \text{(A 3.2)}$$

Gruppen mit kommutativen Elementen, bei denen also für alle Elemente $\sigma_j \sigma_k = \sigma_k \sigma_j$ gilt, heißen *Abelsche Gruppen*.

Die Anordnung der Verknüpfungsergebnisse aller Elemente in einem quadratischen Schema nennt man *Gruppentafel*.

Gruppen, die die gleiche Gruppentafel besitzen, sind zueinander *isomorph*.

---

[1]) Sie werden hier ohne Beweise zusammengestellt.

### A 3.1.2 Klasseneinteilung der Elemente einer Gruppe

Zwei Elemente $\sigma_j$ und $\sigma_l$ heißen zueinander *konjugierte Elemente*, wenn es ein weiteres Element $\sigma_k$ gibt, so daß

$$\sigma_l = \sigma_k{}^{-1} \sigma_j \sigma_k \tag{A 3.3}$$

gilt.

Alle verschiedenen, zueinander konjugierten Elemente bilden eine *Klasse von Elementen* der Gruppe. Jedes Element gehört genau einer Klasse an (*Klasseneinteilung*).

Die Anzahl $h_r$ von Elementen einer Klasse $r$ ist ein Teiler der Gruppenordnung $N$.

Wenn die Anzahl von Klassen einer Gruppe $c$ ist, dann ergibt sich

$$\sum_{r=1}^{c} h_r = N . \tag{A 3.4}$$

Bei einer Abelschen Gruppe bildet jedes Element für sich eine Klasse; dann ergibt sich in diesem Falle

$$\sigma_k{}^{-1} \sigma_j \sigma_k = \sigma_k{}^{-1} \sigma_k \sigma_j = \sigma_j \tag{A 3.5}$$

für alle $\sigma_k$.

### A 3.1.3 Untergruppen einer Gruppe

Eine Teilmenge von Elementen einer Gruppe $\mathcal{G}$, die unter sich alle Gruppenaxiome (A 3.1 a, b, c, d) erfüllen, heißt eine Untergruppe $\mathcal{G}'$ von $\mathcal{G}$.

## A 3.2 Darstellungen einer Gruppe

### A 3.2.1 Definition der Darstellung

Kann man jedem Element $\sigma_j$ einer Gruppe einen Operator $\check{O}(\sigma_j)$ in einem linearen Raum so zuordnen, daß dabei dem Produkt zweier beliebiger Gruppenelemente das Produkt der Operatoren entspricht also z. B.

$$\check{O}(\sigma_j)\, \check{O}(\sigma_k) = \check{O}(\sigma_j \sigma_k) = \check{O}(\sigma_l) \qquad \text{für} \qquad \sigma_j \sigma_k = \sigma_l , \tag{A 3.6}$$

so bezeichnet man die Menge dieser Operatoren $\check{O}(\sigma_j)$ als *Darstellung $\Gamma$ der Gruppe*.

Den linearen Raum, auf dessen Vektoren $|u\rangle$ die Operatoren $\check{O}(\sigma_j)$ wirken, nennt man den *Darstellungsraum*. Die Dimension $\Lambda$ dieses Raumes, d. h. die Anzahl der linear unabhängigen Vektoren $|u_\mu\rangle$, bestimmt die *Dimension $\Lambda$ der Darstellung $\Gamma$*.

Symmetrietransformationen $\sigma_j$ physikalischer Systeme entsprechen in der Quantentheorie *unitäre Operatoren* $\hat{U}(\sigma_j)$ im Hilbert-Raum – vgl. Kapitel 19.

In einem $\Lambda$-dimensionalen Darstellungsraum werden die Gruppenelemente durch $\Lambda$-reihige quadratische Matrizen dargestellt, deren Elemente aus orthonormierten Vektoren $|u_\mu)$ ($\mu = 1, 2, \ldots, \Lambda$) des Darstellungsraumes und den Operatoren $\check{O}(\sigma_j)$ gebildet sind. Aus dem linearen Zusammenhang

$$\check{O}(\sigma_j)\,|u_\mu) = \sum_{\mu'=1}^{\Lambda} |u_{\mu'})\,(u_{\mu'}|\,\check{O}(\sigma_j)\,|u_\mu) = \sum_{\mu'} |u_{\mu'})\,c(\sigma_j)_{\mu'\mu} \tag{A 3.7}$$

ergibt sich für jedes Gruppenelement $\sigma_j$ die Zuordnung zu einer Matrix $\mathbf{c}(\sigma_j)$ mit den Matrixelementen

$$c(\sigma_j)_{\mu'\mu} = (u_{\mu'}|\,\check{O}(\sigma_j)\,|u_\mu) \tag{A 3.8}$$

mit $\mu', \mu = 1, 2, \ldots, \Lambda$; diese Darstellung hat die Dimension $d = \Lambda$. Dem Eins-Element entspricht die $\Lambda$-reihige Einheitsmatrix $\mathbf{I} = \{\delta_{\mu'\mu}\}$. Die Verknüpfungsrelation besteht in der Matrizenmultiplikation

$$\begin{aligned} &\mathbf{c}(\sigma_j)\,\mathbf{c}(\sigma_k) = \mathbf{c}(\sigma_j\sigma_k) = \mathbf{c}(\sigma_l) \\ &c(\sigma_j\sigma_k)_{\mu'\mu} = \sum_{\mu''=1}^{\Lambda} c(\sigma_j)_{\mu'\mu''}\,c(\sigma_k)_{\mu''\mu}. \end{aligned} \tag{A 3.9}$$

Die Darstellungsmatrizen unitärer Symmetrieoperatoren $\hat{U}(\sigma)$ sind unitäre Matrizen: $\mathbf{c}(\sigma)^{-1} = \mathbf{c}(\sigma)^{+}$.

Die einfachsten Darstellungen sind die *ein-dimensionalen*; dann ist jedes Gruppenelement durch eine (komplexe) Zahl so repräsentiert, daß die Gruppentafel erfüllt ist.

Bei der *identischen Darstellung* ($\Gamma_1$) jeder Gruppe ist jedes Element durch die Zahl Eins repräsentiert.

*Äquivalenz von Darstellungen*: Durch eine Ähnlichkeitstransformation

$$\tilde{\mathbf{c}}(\sigma) = \mathbf{q}^{-1}\,\mathbf{c}(\sigma)\,\mathbf{q} \tag{A 3.10}$$

mit einer $\Lambda$-reihigen Matrix $\mathbf{q}$, für die die reziproke Matrix $\mathbf{q}^{-1}$ existiert, erhält man aus der durch die Matrizen $\mathbf{c}(\sigma_j)$ gegebenen Darstellung $\Gamma$ eine dazu isomorphe Darstellung $\tilde{\Gamma}$, die durch die $\tilde{\mathbf{c}}(\sigma_j)$ gegeben ist.

Alle durch Ähnlichkeitstransformationen auseinander hervorgehenden isomorphen Darstellungen sind *äquivalente Darstellungen*.

### A 3.2.2 Reduzibilität und Irreduzibilität von Darstellungen

Durch Ähnlichkeitstransformation (Äquivalenztransformation) können Darstellungsmatrizen unter Umständen auf eine Stufenform

$$\mathbf{c}(\sigma) = \begin{pmatrix} \mathbf{c}_1(\sigma) & & 0 \\ & \mathbf{c}_2(\sigma) & \\ 0 & & \ddots \end{pmatrix} \tag{A 3.11}$$

gebracht werden. Wenn dies der Fall ist, heißt die Ausgangsdarstellung *reduzibel.*

Eine reduzible Darstellung $\Gamma$ läßt sich durch Äquivalenztransformation ausreduzieren, so daß alle Darstellungsmatrizen in Stufenform vorliegen, in der nur Matrizen mit maximaler Stufenzahl vorkommen. Das heißt, die reduzible Darstellung $\Gamma$ kann in *irreduzible Darstellungen* $\Gamma_j$ zerlegt werden:

$$\Gamma = \sum_j a_j \Gamma_j; \tag{A 3.12}$$

dabei gibt $a_j$ die Anzahl an, mit der die irreduzible Darstellung $\Gamma_j$ in $\Gamma$ vorkommt.

Ausreduzieren bedeutet, den Darstellungsraum der Darstellung $\Gamma$ in invariante Teilräume, denen die irreduziblen Darstellungen $\Gamma_j$ zugeordnet sind, zu zerlegen. Die Darstellungsräume der irreduziblen Darstellungen einer Gruppe sind zueinander orthogonal.

Wenn zu einer Gruppe $\mathcal{G}$ eine Untergruppe $\mathcal{G}'$ gegeben ist, dann bilden die Darstellungsmatrizen eine Darstellung $\Gamma$ von $\mathcal{G}$ für *die* Elemente, die die Untergruppe $\mathcal{G}'$ ausmachen, eine von $\mathcal{G}$ *subduzierte Darstellung* $\Gamma^{(s)}$ der Untergruppe $\mathcal{G}'$. Die subduzierte Darstellung $\Gamma^{(s)}$ von $\mathcal{G}'$ hat die gleiche Dimension wie die Ausgangsdarstellung $\Gamma$ von $\mathcal{G}$.

Eine von einer irreduziblen Darstellung $\Gamma_j$ von $\mathcal{G}$ subduzierte Darstellung $\Gamma_j^{(s)}$ von $\mathcal{G}'$ ist nach den irreduziblen Darstellungen $\Gamma_k'$ von $\mathcal{G}'$ ausreduzierbar.

#### A 3.2.2.1 *Sätze über irreduzible Darstellungen*

Die Anzahl der nicht-äquivalenten, irreduziblen Darstellungen einer Gruppe ist gleich der Anzahl $c$ der Klassen:

$$\Gamma_1, \Gamma_2, \ldots, \Gamma_c. \tag{A 3.13}$$

Die Dimension $d_k = \Lambda_k$ einer irreduziblen Darstellung $\Gamma_k$ ist Teiler der Gruppenordnung $N$.

Für die Dimension $\Lambda_k$ gilt

$$\sum_{k=1}^{c} \Lambda_k{}^2 = N. \tag{A 3.14}$$

Weil bei Abelschen Gruppen $c = N$ ist, haben diese nur eindimensionale, irreduzible Darstellungen.

Zwischen den Matrixelementen zweier irreduzibler Darstellungen $\Gamma_k$ und $\Gamma_{k'}$ bestehen die *Orthogonalitätsrelationen*

$$\sum_{\sigma} c^{(k)}(\sigma)_{\mu\nu}\, c^{(k')}(\sigma)_{\varrho\lambda} = \frac{N}{\Lambda_k}\, \delta_{kk'}\, \delta_{\mu\varrho}\, \delta_{\nu\lambda}, \tag{A 3.15}$$

wobei über alle Gruppenelemente $\sigma$ zu summieren ist.

## A 3.3 Charaktere von Darstellungen

### A 3.3.1 Definition des Charakters

Der *Charakter* $\chi$ einer Matrix $\mathbf{c}(\sigma)$ ist die Summe der Diagonalelemente der Matrix (die Spur)

$$\chi(\sigma) = \sum_{\mu=1}^{\Lambda} c(\sigma)_{\mu\mu}. \tag{A 3.16}$$

Diese Zahl (die Spur) ist gegenüber Ähnlichkeitstransformationen invariant.

### A 3.3.2 Charaktere von Darstellungen

Das *Charaktersystem* einer Darstellung $\Gamma$ mit der Dimension $\Lambda$ ist die Angabe der Charaktere der Matrizen aller Gruppenelemente:

$$\chi(\sigma_1),\ \chi(\sigma_2),\ \chi(\sigma_3), \ldots, \chi(\sigma_j), \ldots, \chi(\sigma_N) \quad \text{mit } \chi(\sigma_1) = \Lambda \text{ für } \sigma_1 \equiv e. \tag{A 3.17}$$

Das Charaktersystem ist für alle zu $\Gamma$ äquivalenten Darstellungen gleich; d.h., eine Darstellung wird durch ihr Charaktersystem bis auf Äquivalenz bestimmt. (Das Charaktersystem „charakterisiert“ eine Darstellung.)

Für konjugierte Gruppenelemente ist der Charakter gleich. Daher genügt zur Charakterisierung einer Darstellung die Angabe der Charaktere für je ein Element einer Klasse $r$. (Ein Charaktersystem besteht daher aus $c$ Zahlen, wenn $c$ die Anzahl der Klassen ist.)

In *Charakter-Tabellen* sind die Charaktersysteme der irreduziblen Darstellungen von Gruppen zusammengefaßt.

### A 3.3.3 Relationen zwischen Charaktersystemen

Aus den Orthogonalitätsrelationen (A 3.15) folgt durch Spurbildung für zwei irreduzible Darstellungen $\Gamma_k$ und $\Gamma_{k'}$ mit den Charaktersystemen $\chi_{k,r}$ und $\chi_{k',r} (r=1, 2, \ldots, c)$

$$\sum_{r=1}^{c} h_r \, \chi_{k,r} \chi_{k',r}^* = \sum_{\sigma} \chi_k(\sigma) \, \chi_{k'}(\sigma)^* = N \, \delta_{kk'} \qquad \text{(A 3.18)}$$

und für die Charaktere zweier Klassen $r$ und $r'$ bei Summation über alle irreduziblen Darstellungen

$$h_r \sum_{k=1}^{c} \chi_{k,r} \chi_{k,r'}^* = N \, \delta_{rr'} . \qquad \text{(A 3.19)}$$

Zwischen dem Charakter $\chi_r^{\text{red}}$ einer reduziblen Darstellung für die Klasse $r$ und den Charakteren $\chi_{j,r}$ der zugehörigen irreduziblen Darstellungen $\Gamma_j$ besteht der Zusammenhang

$$\chi_r^{\text{red}} = \sum_{j=1}^{c} a_j \, \chi_{j,r} . \qquad \text{(A 3.20)}$$

Daraus folgt durch Multiplikation mit $h_r \chi_{j,r}^*$ und Summation über $r$ von 1 bis $c$

$$a_j = \frac{1}{N} \sum_{r=1}^{c} h_r \, \chi_{j,r}^* \, \chi_r^{\text{red}} . \qquad \text{(A 3.21)}$$

Als Kriterium für Reduzibilität bzw. Irreduzibilität ist anzusehen

$$\sum_{r=1}^{c} h_r \, |\chi_r|^2 = \sum_{\sigma} |\chi(\sigma)|^2 = \begin{cases} N \sum_j a_j^2 > N \text{ (Reduzibilität)} \\ N \text{ (Irreduzibilität).} \end{cases} \qquad \text{(A 3.22)}$$

## A 3.4 Direktes Produkt von Darstellungen einer Gruppe

Wenn sich die Vektoren $|u_\mu)$ $(\mu = 1, 2, \ldots, \Lambda')$ und die Vektoren $|v_\nu)$ $(\nu = 1, 2, \ldots, \Lambda'')$ zweier Darstellungsräume nach den Darstellungsmatrizen $\mathbf{c}'(\sigma) = \{c'(\sigma)_{\mu'\mu}\}$ und $\mathbf{c}''(\sigma) = \{c''(\sigma)_{\nu'\nu}\}$ einer Gruppe $\mathcal{G}$ transformieren, dann transformieren sich die Vektoren $|u_\mu v_\mu) = |u_\mu) \, |v_\nu)$ des Produktraums nach den Produktmatrizen $\mathbf{c}'(\sigma) \times \mathbf{c}''(\sigma)$ – *direktes Produkt*.

Die Produktmatrizen bilden wieder eine Darstellung $\Gamma$ der Gruppe $\mathcal{G}$:

$$\Gamma = \Gamma' \times \Gamma'' , \qquad \text{(A 3.23)}$$

die die Dimension $\Lambda = \Lambda' \cdot \Lambda''$ besitzt.

Wegen $\sum_{\mu,\nu} (\mathbf{c}'(\sigma) \times \mathbf{c}''(\sigma))_{\mu\nu,\mu\nu} = \sum_{\mu} c'(\sigma)_{\mu\mu} \cdot \sum_{\nu} c''(\sigma)_{\nu\nu}$ folgt, daß die Charaktere der Produktdarstellung $\Gamma' \times \Gamma''$ gleich dem Produkt der Charaktere von $\Gamma'$ und $\Gamma''$ sind:

$$\chi_{\Gamma' \times \Gamma''}(\sigma) = \chi_{\Gamma'}(\sigma) \cdot \chi_{\Gamma''}(\sigma) \qquad \text{(A 3.24 a)}$$

für jedes Element $\sigma$ und

$$\chi_{\Gamma' \times \Gamma'', r} = \chi_{\Gamma', r} \cdot \chi_{\Gamma'', r} \tag{A 3.24 b}$$

für jede Klasse $r$.

$\Gamma = \Gamma' \times \Gamma''$ kann reduzibel sein, auch wenn $\Gamma'$ und $\Gamma''$ selbst irreduzibel sind.

## A 3.5 Projektionsoperatoren

Für Symmetrietransformationen $\sigma$ *physikalischer* Systeme folgt bei Anwendung von (A 3.7) für den Darstellungsraum $|u_{j,1}\rangle, |u_{j,2}\rangle, \ldots, |u_{j,\Lambda_j}\rangle$ einer irreduziblen Darstellung $\Gamma_j$, der Unterraum des Hilbert-Raumes $\mathscr{H}$ ist, mit den unitären Operatoren $\hat{U}(\sigma)$ in $\mathscr{H}$

$$\hat{U}(\sigma)\,|u_{j,\alpha}\rangle = \sum_{\beta=1}^{\Lambda_j} |u_{j,\beta}\rangle\,\langle u_{j,\beta}|\,\hat{U}(\sigma)\,|u_{j,\alpha}\rangle = \sum_{\beta=1}^{\Lambda_j} c_j(\sigma)_{\beta\alpha}\,|u_{j,\beta}\rangle\,. \tag{A 3.25}$$

D. h., die Vektoren des Darstellungsraumes der irreduziblen Darstellung $\Gamma_j$ transformieren sich nach der $\alpha$-ten Spalte der zu $\Gamma_j$ gehörigen Darstellungsmatrizen. Multipliziert man (A 3.25) von links her mit $c_{j'}^*(\sigma)_{\gamma\delta}$ einer irreduziblen Darstellung $\Gamma_{j'}$, summiert über alle Gruppenelemente $\sigma$ und nützt die Orthogonalitätsrelation (A 3.15) aus, dann findet man (für $\gamma = \delta$)

$$|u_{j,\gamma}\rangle = \frac{\Lambda_j}{N} \sum_{\sigma} c_j{}^*(\sigma)_{\gamma\gamma}\,\hat{U}(\sigma)\,|u_{j,\gamma}\rangle\,. \tag{A 3.26}$$

Dies ist eine Eigenwertgleichung für den Operator

$$\hat{P}_{j(\gamma)} \equiv \frac{\Lambda_j}{N} \sum_{\sigma} c_j{}^*(\sigma)_{\gamma\gamma}\,\hat{U}(\sigma)\,; \tag{A 3.27}$$

$|u_{j,\gamma}\rangle$ ist Eigenvektor des Operators $\hat{P}_{j(\gamma)}$ zum Eigenwert Eins. Man kann zeigen, daß $\hat{P}_{j(\gamma)}$ ein *Projektionsoperator* ist (Eigenschaften: $\hat{P}_{j(\gamma)}^2 = \hat{P}_{j(\gamma)}$ und Eigenwerte 0, 1).

$\hat{P}_{j(\gamma)}$ erzeugt aus einem beliebigen Vektor $|u\rangle$ einen symmetrieangepaßten Vektor $|u_{j,\gamma}\rangle$ bezüglich der $\gamma$-ten Spalte der Darstellungsmatrizen von $\Gamma_j$. Für verschiedene Spalten $\gamma$ wird durch $\hat{P}_{j(\gamma)}$ ein orthogonaler Vektorsatz herausprojiziert.

Wenn man nur Vektoren konstruieren will, die überhaupt zu einer *irreduziblen Darstellung* gehören, aber *nicht* zu einer bestimmten Spalte der Darstellungsmatrizen, dann kann man den Projektionsoperator

$$\hat{P}_j = \frac{\Lambda_j}{N} \sum_{\sigma} \chi_j(\sigma)^*\,\hat{U}(\sigma) \tag{A 3.28}$$

verwenden (bei mehrdimensionalen irreduziblen Darstellungen hat man die mit (A 3.28) herausprojizierten, symmetrieangepaßten Vektoren erst noch zu orthogonalisieren).

# A 4 Transformation auf Normalkoordinaten

Bei der *klassischen* Behandlung eines Systems von $N$ Massenpunkten, welche beim Massenpunkt-Feder-Modell die Molekül- oder Gitterbausteine repräsentieren sollen, ist – in harmonischer Näherung – auszugehen von der potentiellen Energie

$$U_{\mathrm{V}} = \sum_{m,m'} \frac{1}{2} k_{m,m'} \eta_m \eta_{m'}; \tag{A 4.1}$$

dabei sind $\{k_{m,m'}\}$ die Kraftkonstanten und $\{\eta_m\}$ die $3N$ kartesischen Koordinaten, die die Auslenkung aus der Gleichgewichtslage anzeigen. Die kinetische Energie ergibt sich zu

$$W_{\mathrm{K}} = \sum_{\alpha=1}^{N} \frac{1}{2} M_\alpha (\dot{\boldsymbol{q}}_\alpha)^2, \tag{A 4.2}$$

wobei $M_\alpha$ die Masse und $\boldsymbol{q}_\alpha$ der Auslenkungsvektor des $\alpha$-ten Teilchens ist. Man kann (A 4.2) in der zu (A 4.1) analogen Form

$$W_{\mathrm{K}} = \sum_{m,m'} \frac{1}{2} g_{m,m'} \dot{\eta}_m \dot{\eta}_{m'} \tag{A 4.3}$$

schreiben (z.B. gilt für ein zweiatomiges Molekül $(\eta_1, \eta_2, \eta_3) = \boldsymbol{q}_1, (\eta_4, \eta_5, \eta_6) = \boldsymbol{q}_2$, $g_{11} = g_{22} = g_{33} = M_1$, $g_{44} = g_{55} = g_{66} = M_2$, $g_{m,m'} = 0$ für $m \neq m'$).

Aus (A 4.1) und (A 4.3) ergeben sich mit den Mitteln der klassischen Mechanik die Lagrange-Gleichungen

$$\sum_{m'} (g_{m,m'} \ddot{\eta}_{m'} + k_{m,m'} \eta_{m'}) = 0 \quad \text{für} \quad m = 1, 2, \ldots, 3N. \tag{A 4.4}$$

Zur Lösung dieses Differentialgleichungssystems werden Konstanten $S_m$ gesucht, die den Ausdruck

$$\sum_m S_m \sum_{m'} (g_{m,m'} \ddot{\eta}_{m'} + k_{m,m'} \eta_{m'}) \tag{A 4.5}$$

in die Form

$$\ddot{Q} + \Omega Q \tag{A 4.6}$$

mit

$$Q = \sum_{m'} \alpha_{m'} \eta_{m'} \tag{A 4.7}$$

überführen. Bedingung hierfür ist die Erfüllung der zwei Beziehungen

$$\sum_m (\Omega g_{m,m'} - k_{m,m'}) S_m = 0 \qquad \text{für} \quad m' = 1, 2, \ldots, 3N, \tag{A 4.8 a}$$

$$\sum_m S_m g_{m,m'} = \alpha_{m'} \qquad \text{für} \quad m' = 1, 2, \ldots, 3N. \tag{A 4.8 b}$$

(A 4.8 a) gestattet es, die $S_m$ zu bestimmen; es werden nichttriviale Lösungen dieses homogenen linearen Gleichungssystems gesucht, weil sonst nach (A 4.8 b) und (A 4.7) die Größe $Q$ identisch Null wäre. Notwendige Bedingung für eine nichttriviale Lösung von (A 4.8 a) ist das Verschwinden der Säkulardeterminante:

$$\det\{\Omega g_{m,m'} - k_{m,m'}\} = 0. \tag{A 4.9}$$

Das ist eine Gleichung $3N$-ter Ordnung für $\Omega$; wir wollen eine der $3N$ Wurzeln $\Omega^{(1)}$ nennen. Mit $\Omega = \Omega^{(1)}$ läßt sich aus (A 4.8 a) ein Satz von Zahlenwerten $S_1{}^{(1)}$, $S_2{}^{(1)}, \ldots, S_{3N}^{(1)}$ berechnen, der wiederum mit Hilfe von (A 4.8 b) und (A 4.7) auf

$$Q_1 = \sum_{m'} \alpha_{m'}^{(1)} \eta_{m'}$$

führt. Wegen (A 4.4) muß der in (A 4.5) angegebene Ausdruck und damit auch der in (A 4.6) gleich Null sein; $Q_1$ gehorcht also der Differentialgleichung

$$\ddot{Q}_1 + \Omega^{(1)} Q_1 = 0.$$

Die anderen $(3N-1)$ Wurzeln $\Omega^{(r)}$ von (A 4.9) führen in analoger Weise auf Koordinaten

$$Q_r = \sum_{m'} \alpha_{m'}^{(r)} \eta_{m'}. \tag{A 4.10}$$

Insgesamt entsteht aus (A 4.4) ein Differentialgleichungssystem

$$\ddot{Q}_r + \Omega^{(r)} Q_r = 0 \qquad \text{für} \quad r = 1, 2, \ldots, 3N. \tag{A 4.11}$$

Man prüft leicht nach, daß die Hamilton-Funktion

$$H_K = W_K + U_V = \sum_{r=1}^{3N} \frac{1}{2} P_r{}^2 + \frac{1}{2} \Omega^{(r)} Q_r{}^2 \tag{A 4.12}$$

mit $P_r = \dot{Q}_r$ genau das Differentialgleichungssystem (A 4.11) liefert. Es handelt sich um ein System von $3N$ ungekoppelten harmonischen Oszillatoren, die jeweils mit der Normalkoordinate $Q_r$ beschrieben werden; $\omega_r = \sqrt{\Omega^{(r)}}$ ist die jeweilige Schwingungsfrequenz.

Es sei angemerkt, daß für die praktische Berechnung der $\Omega^{(r)}$ und der Transformationsmatrix $\{\alpha_{m'}^{(r)}\}$ zwischen kartesischen und Normalkoordinaten eine Symmetriebetrachtung von großem Vorteil ist; jeder der Oszillatoren aus (A 4.12) läßt sich einer irreduziblen Darstellung der Symmetriegruppe – vgl. A 3.2 – des zu untersuchenden Systems zuordnen, wodurch sich in der Regel eine bedeutende Erniedrigung des Rechenaufwandes sowie eine dem System adäquate Übersicht über die Schwingungsformen ergibt.

Für die klassischen Variablen $Q_r$ und $P_{r'}$ ergibt sich die Poisson-Klammer-Relation

$$\{Q_r, P_{r'}\}_{\mathrm{PK}} = \delta_{rr'}, \tag{A 4.13}$$

was für die korrespondierenden quantentheoretischen Variablen $\hat{Q}_r$ und $\hat{P}_{r'}$ auf

$$[\hat{Q}_r, \hat{P}_{r'}] = \mathrm{i}\hbar\, \hat{I}\, \delta_{rr'} \tag{A 4.13a}$$

führt.

# A 5 Lorentz-Transformationen und relativistische Invarianz

## A 5.1 Lorentz-Transformationen

Die räumlichen Koordinaten $x$, $y$, $z$ und die Zeit $t$ lassen sich im vierdimensionalen Raum-Zeit-Kontinuum des Minkowski-Raumes zusammenfassen. Die kontravarianten Komponenten $x^\mu$ des vierdimensionalen Koordinatenvektors sind: $x^1 = x$, $x^2 = y$, $x^3 = z$, $x^4 = ct$ mit $c$ als Vakuumlichtgeschwindigkeit.

Bei Zugrundelegung des metrischen Tensors $g^{\mu\nu}$ mit den Komponenten $g^{\mu\nu} = 0$ für $\mu \neq \nu$, $g^{11} = g^{22} = g^{33} = 1$ und $g^{44} = -1$ ergeben sich die kovarianten Komponenten $x_\mu$ mit $x_1 = x$, $x_2 = y$, $x_3 = z$ und $x_4 = -ct$ aus der Relation $x^\mu = g^{\mu\nu} x_\nu$, wobei die Summationskonvention benutzt wird, daß über doppelt auftretende griechische Indizes von 1 bis 4 zu summieren ist. Mit Hilfe von $g^{\mu\nu} = g_{\mu\nu}$ kann man von kontravarianten zu kovarianten Komponenten und umgekehrt übergehen (d.h. Indizes ziehen oder heben); weiterhin gilt $g^{\mu\nu} g_{\nu\varrho} = \delta^\mu_\varrho$ mit $\delta^\mu_\varrho = 1$ für $\mu = \varrho$ und $\delta^\mu_\varrho = 0$ für $\mu \neq \varrho$. Für das Quadrat des Abstandes des Raum-Zeit-Punktes $x$ vom Koordinatenursprung im Minkowski-Raum ergibt sich

$$d^2 = g_{\mu\nu} x^\mu x^\nu = x^\mu x_\mu = x^2 + y^2 + z^2 - c^2 t^2 \tag{A 5.1}$$

und allgemeiner für das Abstandsquadrat zweier Raum-Zeit-Punkte $x^{(1)}$ und $x^{(2)}$

$$\begin{aligned} d'^2 &= g_{\mu\nu} (x^{(1)\mu} - x^{(2)\mu})(x^{(1)\nu} - x^{(2)\nu}) \\ &= (x^{(1)} - x^{(2)})^2 + (y^{(1)} - y^{(2)})^2 + (z^{(1)} - z^{(2)})^2 - c^2 (t^{(1)} - t^{(2)})^2 . \end{aligned} \tag{A 5.2}$$

$d'^2$ kann positiv, Null oder negativ sein; dementsprechend bezeichnet man die relative Lage zweier Raum-Zeit-Punkte als raumartig, lichtartig oder zeitartig. Durch die Hyperfläche $x^2 + y^2 + z^2 - c^2 t^2 = 0$ (genannt Lichtkegel, da sich ein Lichtsignal vom Koordinatenursprung aus wie die mit der Geschwindigkeit $c$ expandierende Kugel im dreidimensionalen Ortsraum ausbreitet) erfolgt eine Zerlegung des Minkowski-Raumes in zeitartige und raumartige Gebiete bezüglich des Koordinatenursprungs. Ereignisse an Raum-Zeit-Punkten, die raumartig zueinander liegen, können physikalisch nicht in Beziehung stehen, da dazu Überlichtgeschwindigkeit notwendig wäre. (Die Formeln (A 5.1) und (A 5.2) sind Spezialfälle für das Skalarprodukt zweier beliebiger Vierervektoren $a^\mu = (a^1, a^2, a^3, a^4)$ und $b^\nu = (b^1, b^2, b^3, b^4)$: $g_{\mu\nu} a^\mu b^\nu = a^\mu b_\mu = a_\mu b^\mu = a^1 b^1 + a^2 b^2 + a^3 b^3 - a^4 b^4$.)

Man bezeichnet Gleichungen als relativistisch invariant, wenn sie gegenüber den Koordinatentransformationen

$$x^\mu \longrightarrow x'^\mu = a^\mu{}_\nu x^\nu + b^\mu \tag{A 5.3}$$

invariant sind, wobei die Abstandsquadrate $d^2$ bzw. $d'^2$ ungeändert bleiben sollen, so daß die Koeffizienten $a^\mu{}_\nu$ der Transformation (A 5.3) die 10 Orthogonalitätsrelationen

$$a^{\mu}{}_{\nu} a^{\nu}{}_{\varrho} = \delta^{\mu}_{\varrho} \tag{A 5.4}$$

erfüllen müssen und damit die Transformationen (A 5.3) durch 10 freie Parameter bestimmt sind.

Die Transformationen (A 5.3) werden *inhomogene Lorentz-Transformationen* oder *Poincaré-Transformationen* genannt.

Wenn alle vier Parameter $b^{\mu}$ der Translationen Null sind, dann bleiben die Drehungen im Minkowski-Raum

$$x^{\mu} \longrightarrow x'^{\mu} = a^{\mu}{}_{\nu} x^{\nu} \tag{A 5.5}$$

übrig; diese Transformationen heißen *homogene Lorentz-Transformationen*.

Ein wichtiger Spezialfall für eine homogene Lorentz-Transformation ist der Übergang von einem Inertialsystem zu einem anderen, das sich z. B. mit der Geschwindigkeit $v$ gegenüber dem ersteren in $x$-Richtung bewegt; dann sind die $a^{\mu}{}_{\nu}$ durch

$$(a^{\mu}{}_{\nu}) = \begin{pmatrix} \frac{1}{\sqrt{1-v^2/c^2}} & 0 & 0 & -\frac{v/c}{\sqrt{1-v^2/c^2}} \\ 0 & 1 & 0 & 0 \\ 0 & 0 & 1 & 0 \\ -\frac{v/c}{\sqrt{1-v^2/c^2}} & 0 & 0 & \frac{1}{\sqrt{1-v^2/c^2}} \end{pmatrix} \tag{A 5.6}$$

gegeben.

Die Transformationen (A 5.3) bilden die vollständige Poincaré-Gruppe und die Transformationen (A 5.5) die vollständige Lorentz-Gruppe. Im folgenden wollen wir uns mit der Lorentz-Gruppe und ihren durch Feldgrößen als Darstellungsvektoren induzierten endlich-dimensionalen Darstellungen befassen (siehe A 3.2 bezüglich Darstellungen von Gruppen). Für ein mehrkomponentiges Feld $\psi_A$ mit $A = 1, 2, \ldots, \Lambda$ ergibt sich bei Anwendung der Formel (A 3.7)

$$\psi'_A = c_{AB}(\sigma)\, \psi_B, \tag{A 5.7}$$

wobei $\sigma$ die Gesamtheit der Parameter repräsentieren möge, die auch in $a^{\mu}{}_{\nu}$ von (A 5.5) vorkommen und die betreffende Lorentz-Transformation spezifizieren (doppelt auftretende Indizes $B$ bedeuten eine Summation über alle Komponenten des vorliegenden Feldes). Ohne nähere Erörterung möchten wir erwähnen, daß die Zuordnung der Lorentz-Transformationen zu den Darstellungsmatrizen $c(\sigma)_{AB}$ Ein- oder Zweideutigkeit zeigt. Darauf beruht eine Einteilung der Feldgrößen in zwei Klassen: Feldgrößen, die eindeutige Darstellungen der Lorentz-Gruppe induzieren, heißen *Tensoren* und diejenigen, die zweideutige Darstellungen ergeben, nennt man *Spinoren*.

## A 5.2 Infinitesimale Lorentz-Transformationen von Feldgrößen

Für die Ausführungen zum Noether-Theorem in 1.3.2 und den daraus zu gewinnenden Erkenntnissen über Invarianzen und Erhaltungsgrößen in der Feldtheorie ist es von Bedeutung, das Transformationsverhalten von Feldgrößen bei *infinitesimalen Lorentz-Transformationen* zu kennen. Dazu benötigt man die $a^{\mu}{}_{\nu}$ in (A 5.5) und die $c_{AB}(\sigma)$ in (A 5.7) als Entwicklungen nach den Parametern der Lorentz-Transformation bis zur ersten Ordnung:

$$x'^{\mu} = (\delta^{\mu}{}_{\nu} + \varepsilon^{\mu}{}_{\nu})\, x^{\nu} \equiv (S_1)^{\mu}{}_{\nu}\, x^{\nu} \qquad \text{(A 5.8)}$$

und

$$\psi'_A(x') = [\delta_{AB} + \frac{i}{2}\, \varepsilon^{\varrho\lambda} (I_{\varrho\lambda})_{AB}]\, \psi_B(x) \equiv (S_2)_{AB} \psi_B; \qquad \text{(A 5.9)}$$

dabei müssen die infinitesimalen Parameter $\varepsilon^{\mu}{}_{\nu}$ die Infinitesimalitätsbedingungen $|\varepsilon^{\mu}{}_{\nu}| \ll 1$ und die Antisymmetriebedingungen $\varepsilon^{\mu\nu} = -\varepsilon^{\nu\mu}$ erfüllen. (In (A 5.9) wurde mit $x'$ bzw. $x$ eine zusammenfassende Schreibweise für die Abhängigkeit von den vier Raum-Zeit-Koordinaten gewählt, und auf der rechten Seite sind in $\psi_B(x)$ die Komponenten $x^{\mu} = (\delta^{\mu}{}_{\nu} - \varepsilon^{\mu}{}_{\nu})\, x'^{\nu}$ eingesetzt zu denken.) Die $(I_{\varrho\lambda})_{AB}$ sind die infinitesimalen Erzeugenden der Lorentz-Gruppe, deren konkrete Matrixgestalt bezüglich der Indizes $A$, $B$ von Charakter der Feldgröße $\psi_A$ abhängt.

Im Falle eines einkomponentigen Feldes $\psi(x)$ – *skalares Feld* – sind die $(I_{\varrho\lambda})_{AB} = 0$, d. h. $(S_2)_{AB} = \delta_{AB}$.

Um die Transformationsmatrix $(S_2)_{AB}$ für ein *Vierervektor-Feld* $\psi_{\mu}(x)$ $(\mu = 1, 2, 3, 4)$ zu ermitteln, untersuchen wir die Invarianz (Kovarianz) der Wellengleichung

$$\Box_x \psi_{\mu}(x) = 0 \quad \text{bzw.} \quad \frac{\partial}{\partial x_{\varrho}} \frac{\partial}{\partial x^{\varrho}}\, \psi_{\mu}(x) = 0, \qquad \text{(A 5.10)}$$

wobei $\partial/\partial x^{\varrho} = (\partial/\partial x, \partial/\partial y, \partial/\partial z, 1/c\, \partial/\partial t)$ und $\partial/\partial x_{\varrho} = (\partial/\partial x, \partial/\partial y, \partial/\partial z, -1/c\, \partial/\partial t)$ gilt. Für den Vierervektor $\psi_{\mu}(x)$ schreibt sich (A 5.9)

$$\psi'_{\nu}(x') = (S_2)_{\nu}{}^{\mu}\, \psi_{\mu}(x) \qquad \text{(A 5.11)}$$

mit

$$(S_2)_{\nu}{}^{\mu} \equiv \delta_{\nu}{}^{\mu} + \frac{i}{2}\, \varepsilon^{\varrho\lambda} (I_{\varrho\lambda})_{\nu}{}^{\mu}.$$

Nach dem Einsetzen von

$$\psi_{\mu} = (S_2{}^{-1})_{\mu}{}^{\gamma}\, (S_2)_{\gamma}{}^{\nu}\, \psi_{\nu} = \delta_{\mu}{}^{\nu} \psi_{\nu} \qquad \text{(A 5.12)}$$

und

$$\partial/\partial x_{\varrho} = (S_1{}^{-1})^{\varrho}{}_{\alpha}\, \partial/\partial x'_{\alpha}, \qquad \partial/\partial x^{\varrho} = (S_1{}^{-1})_{\varrho}{}^{\beta}\, \partial/\partial x'^{\beta} \qquad \text{(A 5.12 a)}$$

in (A 5.10) und Multiplikation mit $(S_1)_{\varrho}{}^{\mu}$ von links erhält man

$$\Box_{x'} (S_1)_{\delta}{}^{\mu}\, (S_2{}^{-1})_{\mu}{}^{\sigma}\, \psi'_{\sigma}(x') = 0,$$

und man erkennt, daß sich die Invarianz (Kovarianz) von (A 5.10) als $\Box_{x'}\,\psi'_\delta(x')=0$ ergibt, wenn die Relation

$$\varepsilon_\delta{}^\sigma = \frac{i}{2}\,\varepsilon^{\varrho\lambda}(I_{\varrho\lambda})_\delta{}^\sigma \tag{A 5.13}$$

erfüllt ist. Für $(I_{\varrho\lambda})_\delta{}^\sigma$ ergibt sich daraus

$$(I_{\varrho\lambda})_\delta{}^\sigma = \frac{1}{i}\,(g_{\delta\varrho}\,g^\sigma{}_\lambda - g_\varrho{}^\sigma\,g_{\delta\lambda}). \tag{A 5.14}$$

Im Falle eines Vierervektor-Feldes gilt also $(S_1)_{\alpha\beta}=(S_2)_{\alpha\beta}$, d.h. ein *Vierervektor-Feld* wird bei infinitesimalen Lorentz-Transformationen wie die Raum-Zeit-Koordinaten (A 5.8) transformiert:

$$\psi'_\nu(x') = (\delta_\nu{}^\mu + \varepsilon_\nu{}^\mu)\,\psi_\mu(x). \tag{A 5.15}$$

Wir wollen uns nun noch abschließend mit der Transformation (A 5.9) bei einem *Bi-Spinor-Feld* $\psi_A(x)$ mit $A=1,2,3,4$ befassen. Dazu gehen wir von der Dirac-Gleichung (26.91) aus (hier jetzt als eine klassische Feldgleichung betrachtet). Durch Einführung der $(4\times 4)$-Matrizen

$$(\gamma_j)_{AC} \equiv -i(\beta)_{AB}\,(\alpha_j)_{BC} \quad \text{für } j=1,2,3 \tag{A 5.16a}$$

und

$$(\gamma_4)_{AC} \equiv i(\beta)_{AC}, \tag{A 5.16b}$$

die die Antikommutatorrelationen

$$[\gamma_\mu, \gamma_\nu]_+ = 2g_{\mu\nu} \tag{A 5.16c}$$

befriedigen, bringen wir die Dirac-Gleichung zunächst in die sogenannte $\gamma$-Schreibweise

$$\left[(\gamma^\mu)_{AB}\,\frac{\partial}{\partial x^\mu} + \kappa\,\delta_{AB}\right]\psi_B(x) = 0; \tag{A 5.17}$$

dabei ist die Abkürzung $\kappa = m_e c/\hbar$ eingeführt worden. Zum Beweis der Kovarianz von (A 5.17) gegenüber infinitesimalen Lorentz-Transformationen setzen wir $\psi_B = \delta_{BC}\psi_C = (S_2{}^{-1})_{BF}\,(S_2)_{FG}\,\psi_G$ und $\partial/\partial x^\mu = (S_1{}^{-1})_\mu{}^\nu\,\partial/\partial x'^\nu$ ein, wobei $S_1$ wieder durch (A 5.8) definiert ist und $(S_2)_{AB}$ jetzt durch

$$(S_2)_{AB} = \delta_{AB} + \frac{i}{2}\,\varepsilon^{\varrho\lambda}(I_{\varrho\lambda})_{AB} \tag{A 5.18}$$

gegeben ist, und wenden $(S_2)_{CA}$ von links her an. Kovarianz ergibt sich dann unter der Bedingung

$$(\gamma^\mu)_{CF}\,\varepsilon_\mu{}^\nu = \frac{i}{2}\,\varepsilon^{\varrho\lambda}\left[(\gamma^\nu)_{CA}\,(I_{\varrho\lambda})_{AF} - (I_{\varrho\lambda})_{CA}\,(\gamma^\nu)_{AF}\right]. \tag{A 5.19}$$

Mit Hilfe von

$$\varepsilon_\mu{}^\nu = \frac{1}{2}\,\varepsilon^{\varrho\lambda}(g_{\mu\varrho}\,g_\lambda{}^\nu - g_\varrho{}^\nu\,g_{\mu\lambda}), \qquad \text{(A 5.20)}$$

was direkt aus (A 5.13) und (A 5.14) folgt, kann man die Bedingung (A 5.19) auch in der Form

$$[(I_{\varrho\lambda})_{AB}\,(\gamma^\nu)_{BC} - (\gamma^\nu)_{AB}\,(I_{\varrho\lambda})_{BC}] = \mathrm{i}\,[(\gamma_\varrho)_{AC}\,g_\lambda{}^\nu - g_\varrho{}^\nu\,(\gamma_\lambda)_{AC}] \qquad \text{(A 5.21)}$$

bringen, die erkennen läßt, daß $(I_{\varrho\lambda})_{AB}$ aus Produkten von $\gamma$-Matrizen aufgebaut sein muß. Durch direktes Nachrechnen findet man, daß (A 5.21) von

$$(I_{\varrho\lambda})_{AB} = \frac{\mathrm{i}}{4}\,[(\gamma_\varrho)_{AC}\,(\gamma_\lambda)_{CB} - (\gamma_\lambda)_{AC}\,(\gamma_\varrho)_{CB}] \qquad \text{(A 5.22)}$$

befriedigt wird. Damit erhalten wir das wichtige Ergebnis, daß *Bi-Spinor-Felder* $\psi_A$ $(A = 1, 2, 3, 4)$ bei infinitesimalen Lorentz-Transformationen gemäß

$$\psi'_A(x') = \{\delta_{AB} - \frac{1}{8}\,\varepsilon^{\varrho\lambda}\,[(\gamma_\varrho)_{AC}\,(\gamma_\lambda)_{CB} - (\gamma_\lambda)_{AC}\,(\gamma_\varrho)_{CB}]\}\;\psi_B(x) \qquad \text{(A 5.23)}$$

zu transformieren sind.

# Literaturverzeichnis

Die mit A, B, C, D, E gekennzeichneten Literaturangaben gehören zu den entsprechenden Komplexen A, B, C, D, E des Buches; mit F wurden die Literaturangaben für die Anhänge gekennzeichnet.


[A-1] Stephani, H.; Kluge, G.: Grundlagen der theoretischen Mechanik. – Berlin: VEB Deutscher Verlag der Wissenschaften 1975.

[A-2] Goldstein, H.: Classical Mechanics. – Cambridge: Addison-Wesley Publ. Comp. 1953.

[A-3] Greiner, W.: Theoretische Physik. Bd. 2: Mechanik II. – Thun und Frankfurt/M.: Verlag Harri Deutsch 1982.

[A-4] Schmutzer, E.: Grundlagen der Theoretischen Physik. Teil I. – Berlin: VEB Deutscher Verlag der Wissenschaften 1989.

[A-5] Lenk, R.: Theorie elektromagnetischer Felder. – Berlin: VEB Deutscher Verlag der Wissenschaften 1976.

[A-6] Becker, R.; Sauter, F.: Theorie der Elektrizität. I. Bd.: Einführung in die Maxwellsche Theorie. Elektronentheorie. Relativitätstheorie. 19. Aufl. – Stuttgart: B. G. Teubner 1968.

[A-7] Greiner, W.: Theoretische Physik. Bd. 3: Klassische Elektrodynamik. – Thun und Frankfurt/M.: Verlag Harri Deutsch 1982.

[A-8] Schmutzer, E.: Grundprinzipien der klassischen Mechanik und der klassischen Feldtheorie. – Berlin: VEB Deutscher Verlag der Wissenschaften 1973.

[A-9] Schmutzer, E.: Symmetrien und Erhaltungssätze der Physik. – Berlin: Akademie-Verlag; Oxford: Pergamon Press; Braunschweig: Friedr. Vieweg & Sohn Verlagsgesellschaft mbH 1972 (Reihe „Wissenschaftliche Taschenbücher", Bd. 75).

[A-10] Kluge, G.; Neugebauer, G.: Grundlagen der Thermodynamik – Berlin: VEB Deutscher Verlag der Wissenschaften 1976.

[A-11] Lenk, R.: Einführung in die statistische Mechanik. – Berlin: VEB Deutscher Verlag der Wissenschaften 1978.

[B-1 a] Hänsel, H.; Neumann, W.: Physik – eine Darstellung der Grundlagen. Bd. IV: Grenzen des klassischen Begriffssystems. – Berlin: VEB Deutscher Verlag der Wissenschaften 1974.

[B-1 b] Hänsel, H.; Neumann, W.: Physik – eine Darstellung der Grundlagen. Bd. V: Elektronenhülle der Atome. – Berlin: VEB Deutscher Verlag der Wissenschaften 1975.

[B-2] Grimsehl, E.: Lehrbuch der Physik. Bd. 4: Struktur der Materie. 17. Aufl. – Leipzig: BSB B. G. Teubner Verlagsgesellschaft 1988.

[B-3] Paul, H.: Photonen. Experimente und ihre Deutung. – Berlin: Akademie-Verlag 1985 (Reihe „Wissenschaftliche Taschenbücher" Bd. 298).

[B-4] Planck, M.: Ueber irreversible Strahlungsvorgänge. Annalen der Physik (4) **1** (1900) 69.

[B-5] Planck, M.: Entropie und Temperatur strahlender Wärme. Annalen der Physik (4) **1** (1900) 719.

[B-6] Lummer, O.; Pringsheim, E.: Ueber die Strahlung des schwarzen Körpers für lange Wellen. Verhandlg. dtsch. phys. Ges. **2** (1900) 163.

[B-7a] Planck, M.: Ueber eine Verbesserung der Wien'schen Spectralgleichung. Verhandlg. dtsch. phys. Ges. **2** (1900) 202.

[B-7b] Planck, M.: Zur Theorie des Gesetzes der Energieverteilung im Normalspektrum. Verhandlg. dtsch. phys. Ges. **2** (1900) 237.

[B-8] Ter Haar, D.: Quantentheorie. Einführung und Originaltexte. 2. Aufl. – Berlin: Akademie-Verlag 1970 (Reihe „Wissenschaftliche Taschenbücher" Bd. 56).

[B-9] Sommerfeld, A.: Atombau und Spektrallinien. Bd. I. 8. Aufl. – Braunschweig: Friedr. Vieweg & Sohn GmbH 1969.

[B-10] Hund, F.: Theoretische Physik. Bd. 3.: Wärmelehre und Quantentheorie. 3. Aufl. – Stuttgart: B. G. Teubner 1966.

[B-11] Hund, F.: Geschichte der Quantentheorie. 2. Aufl. – Mannheim, Wien, Zürich: B. I. – Wissenschaftsverlag 1975.

[B-12] Ludwig, G.: Wellenmechanik. Einführung und Originaltexte. 2. Aufl. – Berlin: Akademie-Verlag 1970. (Reihe „Wissenschaftliche Taschenbücher", Bd. 55).

[B-13] Born, M.: Probleme der Atomdynamik. – Berlin: Springer-Verlag 1926.

[B-14] Sommerfeld, A.: Atombau und Spektrallinien. Bd. II, 5. Aufl. – Braunschweig: Friedr. Vieweg & Sohn GmbH 1966.

[B-15] Flügge, S.: Lehrbuch der theoretischen Physik. Bd. IV.: Quantentheorie I. – Berlin/Göttingen/Heidelberg: Springer-Verlag 1964.

[C-1] Dirac, P. A. M.: The Principles of Quantum Mechanics. 3. Aufl. – Oxford: Clarendon Press 1947.

[C-2] Fick, E.: Einführung in die Grundlagen der Quantentheorie. 2. Aufl. – Leipzig: Akademische Verlagsgesellschaft Geest & Portig K.-G. 1981.

[C-3] Dawydow. A. S.: Quantenmechanik. 7. Aufl. – Berlin: VEB Deutscher Verlag der Wissenschaften 1987.

[C-4] Greiner, W.: Theoretische Physik. Bd. 4: Quantenmechanik I. – Thun und Frankfurt/M.: Verlag Harri Deutsch 1984.

[C-5] Landau, L. D.; Lifschitz, E. M.: Lehrbuch der theoretischen Physik. Bd. III: Quantenmechanik. 6. Aufl. – Berlin: Akademie-Verlag 1977.

[C-6] Messiah, A.: Quantum Mechanics, Vol. I. – Amsterdam: North-Holland Publ. Comp. 1961.

[C-7] Messiah, A.: Quantum Mechanics, Vol. II. – Amsterdam: North-Holland Publ. Comp. 1962.

[C-8] Schmutzer, E.: Grundlagen der Theoretischen Physik. Teil II. – Berlin: VEB Deutscher Verlag der Wissenschaften 1989.

[C-9] Schiff, L. I.: Quantum Mechanics. 2. Aufl. – New York: McGraw-Hill Book Comp. 1955.

[C-10] Bohm, D.: Quantum Theory – New York: Prentice-Hall 1951.

[C-11] v. Neumann, J.: Mathematische Grundlagen der Quantenmechanik. (Nachdruck der 1. Aufl. 1932). – Berlin/Heidelberg/New York: Springer-Verlag 1968.

[C-12] Schubert, M.: Anwendung der Informationstheorie auf Meßprobleme in der Physik. In: Mathematische und physikalisch-technische Probleme der Kybernetik (Konferenz der Forschungsgemeinschaft der Deutschen Akademie der Wissenschaften zu Berlin vom 20.–23. 3. 1962 in Berlin-Adlershof). – Berlin: Akademie-Verlag 1963. Seite 62.

[C-13] Walther, H.: Nonclassical single-atom radiation generators. SPIE Vol. 1319, Optics in Complex Systems (1990) 23.

[D-1] Becker, R.; Sauter, F.: Theorie der Elektrizität. II. Bd.: Einführung in die Quantentheorie der Atome und der Strahlung. 10. Aufl. – Stuttgart: B. G. Teubner 1970.

[D-2] Itoh, T.: Derivation of Nonrelativistic Hamiltonian for Electrons from Quantum Electrodynamics. Revs. Modern Phys. **37** (1965) 159.

[D-3] Weber, G.: Beziehungen zwischen Quantenelektrodynamik und Mehrteilchen-Quantenmechanik. Wiss. Z. Univ. Jena, Math.-Naturw. Reihe **18** (1969) 213.

[D-4] Hund, F.: Theorie des Aufbaues der Materie. – Stuttgart: B. G. Teubner 1961.

[D-5] Schubert, M.; Wilhelmi, B.: Nonlinear Optics and Quantum Electronics. – New York: John Wiley and Sons 1986.

[D-6] Glauber, R. J.: The Quantum Theory of Coherence. Phys. Rev. **130** (1963) 2529.

[D-7] Fock, W. A.: Konfigurationsraum und zweite Quantelung. Zschr. für Physik **75** (1932) 622.

[D-8] Hong, C. K.; Mandel, L.: Experimental Realization of a Localized One-Photon State. Phys. Rev. Lett. **56** (1986) 58.

[D-9] Peřina, J.: Coherence of Light. – London: Van Nostrand Reinhold Comp. 1971.

[D-10] Hanbury Brown, R.; Twiss, R.: Correlation between Photons in Two Coherent Beams of Light. Nature, London **147** (1956) 27.

[D-11] Arecchi, F. T.; Gatti, E.; Sona, A.: Time Distribution of Photons from Coherent and Gaussian Sources. Phys. Lett. **20** (1966) 27.

[D-12] Kimble, H. J.; Dagenais, M.; Mandel, L.: Photon Antibunching in Resonance Fluorescence. Phys. Rev. Lett. **39** (1977) 691.

[D-13] Schubert, M.; Wilhelmi, B.: Einführung in die nichtlineare Optik, Teil I und Teil II. – Leipzig: BSB B. G. Teubner 1971 und 1978.

[D-14] Yuen, H. P.: Two-photon states of the radiation field. Phys. Rev. **A 13** (1976) 2226.

[D-15] Schubert, M.; Vogel, W.: Quantum-statistical properties of the radiation field in the degenerate two-photon emission process. Opt. Comm. **36** (1981) 164.

[D-16] Schubert, M.; Vogel, W.: Field Fluctuations of Two-Photon Coherent States. Phys. Lett. **68 A** (1978) 321.

[D-17] Slusher, R.F.; Hollberg, L.W.; Yurke, B.; Mertz, J.C.; Valley, J.F.: Observation of Squeezed States Generated by Four-Wave Mixing in an Optical Cavity. Phys. Rev. Lett. **55** (1985) 2409.

[D-18] Landau, L.D.; Lifschitz, E.M.: Lehrbuch der Theoretischen Physik. Bd.IV: Quantenelektrodynamik (von W.B. Berestetzki, E.M. Lifschitz, L.P. Pitajewski). 6. Aufl. – Berlin: Akademie-Verlag 1989.

[D-19] Fitch, V.L.; Rainwater, J.: Studies of X-Rays from Mu-Mesonic Atoms. Phys. Rev. **92** (1953) 789.

[D-20] Wheeler, J.A.: Some Consequences of the Electromagnetic Interaction between $\mu$-Mesons and Nuclei. Revs. Modern Phys. **21** (1949) 133.

[E-1] Teich, M.C.; Saleh, B.E.A.; Peřina, J.: Role of primary excitation statistics in the generation of antibunched and sub-Poisson light. J. Opt. Soc. Am. **B 1** (1984) 366.

[E-2] Schubert, M.: The Attributes of Nonclassical Light and their Mutual Relationship. Ann. d. Phys. **44** (1987) 53.

[E-3] Walker, J.G.; Jakeman, E.: Photon-antibunching by use of a photoelectron-event-triggered optical shutter. Optica Acta **32** (1985) 1303.

[E-4] Schubert, M.; Fleischhauer, M.: Optical measurement accuracy in the case of non-classical light. J. of Mod. Opt. **37** (1990) 1075.

[E-4a] Fleischhauer, M., Schubert, M.: The influence of optical processing through linear passive systems on the quantum properties of light. J. of Mod. Opt. **38** (1991) 677.

[E-5] Loudon, R.: Effects of Optical Processing on Non-Classical Properties of Light. – In: Frontiers of Quantum Optics. – London: Hilger 1986; Page 42.

[E-6] Greiner, W.; Müller, B.: Theoretische Physik. Bd. 5: Quantenmechanik II – Symmetrien. – Thun und Frankfurt/M.: Verlag Harri Deutsch 1985.

[E-7] Brauer, W.: Einführung in die Elektronentheorie der Metalle. – Leipzig: Akademische Verlagsgesellschaft Geest & Portig K.-G. 1966.

[E-8] Collatz, L.: Eigenwertprobleme und ihre numerische Behandlung. – Leipzig: Akademische Verlagsgesellschaft Becker & Erler K.-G. 1945.

[E-9] Pauli, W.: The Connection between Spin and Statistics. Phys. Rev. **58** (1940) 716.

[E-10] Heitler, W.; London, F.: Wechselwirkung neutraler Atome und homöopolare Bindung nach der Quantenmechanik. Z. Phys. **44** (1927) 455.

[E-11] Sugiura, Y.: Über die Eigenschaften des Wasserstoffmoleküls im Grundzustande. Z. Phys. **45** (1927) 484.

[E-12] Weisskopf, V.F.; Wigner, E.: Berechnung der natürlichen Linienbreite auf Grund der Diracschen Lichttheorie. Z. Phys. **63** (1930) 54.

[E-13] Feynman, R.P.: Space-Time Approach to Nonrelativistic Quantum Mechanics. Revs. Modern Phys. **20** (1948) 367.

[E-14] Ryder, L. H.: Quantum Field Theory. – Cambridge, London, New York, New Rochelle, Melbourne, Sydney: Cambridge University Press 1986.

[E-15a] Wilson, K. G.: Confinement of quarks. Phys. Rev. **D 10** (1974) 2445.

[E-15b] Popov, W. N.: Kontinuierliche Integrale in der Quantentheorie der Felder und in der statistischen Physik (russ.). – Moskau: Atomisdat 1976.

[E-16] Haken, H.: Quantenfeldtheorie des Festkörpers. – Stuttgart: B. G. Teubner 1973.

[E-17] Lax, M.: Fluctuation and Coherence Phenomena in Classical and Quantum Physics. – New York: Gordon & Breach 1968.

[E-18] Fain, W. M.; Chanin, J. J.: Kvantovaja radiofizika, 2 Bände. – Moskau: Izd. Sovetskoe radio 1972 und 1975.

[E-19] Ponath, H.; Schubert, M.: Fluctuation and Relaxation Properties of a Two-Level-System Influenced by an Nonstationary External Field. – Ann. Phys. **34** (1977) 456.

[E-20] Wentzel, G.: Einführung in die Quantentheorie der Wellenfelder. – Wien: Franz Deuticke 1943.

[E-21] Heber, G.; Weber, G.: Grundlagen der Quantenphysik. Bd. 2: Quantenfeldtheorie. – Stuttgart: B. G. Teubner 1971.

[E-22] Bogoljubov, N. N.; Širkov, D. V.: Quantenfelder. – Berlin: VEB Deutscher Verlag der Wissenschaften 1984.

[E-23] Bjørken, J. D.; Drell, S. D.: Relativistische Quantenfeldtheorie. – Mannheim: Bibliographisches Institut 1967.

[E-24] Achieser, A. I.; Berestezki, W. B.: Quantenelektrodynamik. – Leipzig: B. G. Teubner Verlagsgesellschaft 1962.

[E-25] Landau, L. D.; Lifschitz, E. M.: Lehrbuch der theoretischen Physik. Bd. IV: Quantenelektrodynamik (von W. B. Berestezki, E. M. Lifschitz, L. P. Pitajewski). – Berlin: Akademie-Verlag 1989.

[E-26] Greiner, W.; Reinhardt, J.: Theoretische Physik. Bd. 7: Quantenelektrodynamik. – Thun und Frankfurt/M.: Verlag Harri Deutsch 1984.

[E-27] Greiner, W.: Theoretische Physik. Bd. 6: Relativistische Quantenmechanik – Wellengleichungen. – Thun und Frankfurt/M.: Verlag Harri Deutsch 1981.

[E-28] Bjørken, J. D.; Drell, S. D.: Relativistische Quantenmechanik. – Mannheim: Bibliographisches Institut 1964.

[E-29] Roman, P.: Theory of Elementary Particles. – Amsterdam: North-Holland Publ. Comp. 1960.

[E-30] Sokolow, A. A.; Loskutow, J. M.; Ternow, I. M.: Quantenmechanik. – Berlin: Akademie-Verlag 1964.

[E-31] Ranft, G.; Ranft, J.: Elementarteilchen, Teil 1. – Leipzig, BSB B. G. Teubner Verlagsgesellschaft 1976.

[E-32] Lanius, K.: Physik der Elementarteilchen. – Berlin: Akademie-Verlag 1981 (Reihe: Wissenschaftliche Taschenbücher, Bd. 269).

[E-33] Blatt, H. M.; Weisskopf, V. F.: Theoretische Kernphysik. – Leipzig, B. G. Teubner Verlagsgesellschaft 1959.

[F-1] Margenau, H.; Murphy, G. M.: Die Mathematik für Physik und Chemie. Bd. I. – Leipzig: B. G. Teubner Verlagsgesellschaft 1964.

[F-2] Margenau, H.; Murphy, G. M.: Die Mathematik für Physik und Chemie, Bd. II. – Leipzig: B. G. Teubner Verlagsgesellschaft 1966.

[F-3] Achieser, N. I.; Glasmann, I. N.: Theorie der linearen Operatoren im Hilbert-Raum. 6. Aufl. – Berlin: Akademie-Verlag 1975.

[F-4] Maurin, K.: General Eigenfunction Extensions and Unitary Representation of Topological Groups. – Warszawa: PWN-Polish Scientific Publishers 1968.

# Sachverzeichnis


**A**

abelsche Gruppe 591
Ableitung, eichinvariante 49, 542
Absorption elektromagnetischer Strahlung bzw. von Photonen 104, 278, 452
Abstrahlung eines Dipols 35
Änderungsrate 447
Alkaliatome
  Potential des Leuchtelektrons 179
  Spektren 108
allgemeines physikalisches System 229
Antiklumpung der Photonen 322
Antikommutator 433, 513
Antineutrino 540
Antineutron 540
Antiproton 540
Antisymmetrisierungsoperator 420
asymptotische Differentialgleichung 166, 177
atomares System, Gesamt-Hilbert-Raum 297f
Atome
  Struktur 79
  verfeinerte Struktur 106f
Atomkern 83, 333
Atommasse 67f
  relative 68
Atommodell
  Bohrsches 109f
  Rutherfordsches 83f
Atomradius 71
Atomvolumen 71
„außer-Phase"-Operatoren des Strahlungsfeldes 327
„außer-Phase"-Schwankungen 328
Austauschintegral 426, 429
Austauschentartung 389, 423
Auswahlregeln 109, 116–118, 387
Autokorrelationsfunktion der Langevin-Kraft 70
Avogadro-Konstante 56, 68

**B**

Bahn-Bahn-Wechselwirkung 295
Bahndrehimpuls 26
  Schrödinger-Feld 46
Bahndrehimpuls-Komponente, quantisierte 118
Bahndrehimpuls-Operator 252, 256
  der Mechanik 198
  der Wellenmechanik 144, 165
Bahndrehimpuls-Operator eines Feldes 523
  des Schrödinger-Feldes 524
Bahndrehimpulsquadrat-Operator 173
Bahndrehimpuls-Quantenzahl 172, 178, 256f
Bahndrehimpuls-Tensor 44
  -Operator 523
Balmer-Serie 107
Bänderstruktur des Energie-Eigenwertspektrums 154
Basissystem, orthonormiertes, vollständiges 199
Basistransformation im Vektor-Raum $\mathscr{H}$ 571
Besetzungszahldarstellung 434, 519
  bei atomaren Systemen 483f, 486
  beim harmonischen Oszillator 249
  eines Bosonen-Systems 432
  eines Fermionen-Systems 432
Besetzungszahl-Operator 483, 486
Bewegungsgleichung
  im Poisson-Klammer-Formalismus 24
  matrizenmechanische 136
  für den Operator einer dynamischen Variablen 238
  wellenmechanische 144
  des Dichteoperators 346
  des Zustandsvektors 232f
Bewegungsgleichungen, quantenfeldtheoretische 514

Bilanzgleichung 40
für den Drehimpuls 43
für die Energie 31, 42
für den linearen Impuls 42
für die elektrische Ladung 31
für die stoffliche Materie 127
für die Wahrscheinlichkeit 142
Bild, intermediäres 239
Bilder der Quantentheorie 239f
Bi-Spinor-Feld 536, 604
Bloch-Funktion 375, 379
Bohrsche Postulate 109
Bohrscher Radius 113, 181
Bohrsches Aufbauprinzip der Elektronenhülle 119
Bohrsches Magneton 78
Boltzmann-Konstante 56, 69, 100
Boltzmann-Statistik 58, 439
Born-Oppenheimer-Näherung 411
Bornsche Näherung der Streutheorie 50, 464, 466
Born-von-Kármánsche Randbedingung 376, 528, 532
Bose-Einstein-Statistik 103, 421, 436f, 438
Bose-Einstein-Verteilungsgesetz 103, 438
Bose-Gas 439
Bosonen 421f, 519
Bragg-Reflexe bei Materiewellen 122
Braggsche Bedingung 88, 417
Braggsches Drehkristall-Verfahren der Röntgen-Spektroskopie 88
bra-Vektor 196
Brillouin-Näherung für ein Elektron im Kristall 414f
Brillouin-Zonen 378, 416
De-Broglie-Relation 124
De-Broglie-Wellenlänge 123, 415
Brownsche Molekularbewegung 69
β-Zerfall 557

C

chaotische Strahlung 354, 355
Charaktere von Darstellungen 372, 595
Charaktersystem 372, 595
chemische Bindung 432
chemisches Potential 437
Clebsch-Gordan-Relation 388
Compton-Effekt 93f
Compton-Streuung (Photon-Elektron-) 550
Compton-Wellenlänge 93
Coulomb-Eichung 31, 307, 516
Coulomb-Integral 426, 429
Coulomb-Potential, Elektron im 118, 175, 263
Coulomb-Wechselwirkung 280

D

Dampfdruckkonstante 56, 60
Dämpfungsglied 498
Darstellungen einer Gruppe 592
irreduzible, reduzible, subduzierte 594
Debye-Scherrer-Ringe bei Materiewellen 122
Debye-Scherrer-Verfahren der Röntgen-Spektroskopie 88
Definitionsbereich von Operatoren 572
Delta-Funktion 585f
Ableitungen 589
als Grenzfunktion 586
Fourier-Darstellung 587
transversale 34, 590
Delta-Funktions-Relationen 588
Determinismus 63
Deuteron 334
Diamagnetismus 278
Dichte
der stofflichen Materie 126
der Wahrscheinlichkeit 141
Dichtefunktion im Phasenraum 61
Dichteoperator 343f
und Entropie 347
zeitliches Verhalten 346f, 445
Dimension
abzählbar-unendliche, des Hilbert-Raumes 566
einer Darstellung 371, 592
Dipol-Dipol-Wechselwirkung
der Elektronen 294
der Kerne 296
zwischen Elektronen und Kernen 296
Dipolmoment
elektrisches 35, 274
magnetisches 35, 274
magnetisches induziertes 35, 274
Dipolnäherung, elektrische 324f
Dirac-Bild 443f
Dirac-Feld 535f
nichtrelativistische Näherung 541f
Dirac-Formulierung der Quantentheorie 193f
Dirac-Gleichung für Bi-Spinor-Feld 536, 604
Diracsche Delta-Funktion 585f
transversale 34, 590
Dirac-Vektor 569
direktes Produkt
von Darstellungen einer Gruppe 596
von Zustandsvektoren 583
Dispersionsrelation
allgemeine 52
der elektromagnetischen Wellen 32, 95

der Materiewellen 125
der Photonen 528
Dispersionsrelationen (Kramers-Kronig) 458, 561
Dispersionstheorie, korrespondenzmäßige 115
Dissipation 493
dissipatives System 493, 494
Distribution 585
Drehimpuls 252f
äußerer 252
der Bahnobservablen 256
innerer 258
*z*-Komponente 256
Drehimpuls-Bilanzgleichung 43
Drehimpuls-Dichte 31
Drehimpuls-Eigenwertproblem 252f
Drehimpuls-Erhaltungssatz 43
Drehimpulsquadrat-Operator 253
Eigenwerte 253
dreidimensionale Drehgruppe 373
Dreiniveau-Laser 509
Durchlaßkoeffizient 160
dyadisches Produkt 575
dynamisches System 493
Dysonscher Zeitordnungsoperator 234

E

Ehrenfestsches Theorem 127, 143
Eichtransformation 39
erster Art 48
globale 48
lokale 48
zweiter Art 49
Eichfeld 49
eichinvariante Ableitung 49, 542
Eigenbra 579
Eigendifferential 153, 570
Eigendrehimpuls 258
des Elektrons 78, 180, 258, 539, 544
von Elementarteilchen 258
Eigenfunktion 145, 150
uneigentliche 153
Eigenket 579
Eigenvektor 199, 579
Eigenvektoren, vollständiger Satz 199
Eigenwerte
des Bahndrehimpulsoperators 258
der Hamilton-Matrix 138
des Hamilton-Operators 148
des Nummernoperators 246
des Paritätsoperators 370
des Spindrehimpulsoperators 259
einer Matrix 136
eines Operators 145, 224, 579
hermitischer Operatoren 199
Eigenwertgleichung 145, 199
des Hamilton-Operators 148
einer Observablen 199
Eigenwertproblem
der Grundobservablen 205f
hermitescher Operatoren 145, 199, 580
linearer Operatoren 579
Eigenwertspektrum 579
Eigenzustände des inneren Drehimpulses 261
Eindeutigkeitsbedingung 154
Ein-Elektronen-Systeme 262f
Ein-Elektronen-Zustände in Kristallen 374f
Einheitsoperator 573
Einmoden-Laser 312, 327
Einstein-Kondensation 439
Einstein-Übergangskoeffizienten 104, 451, 452
Ein-Teilchen-Zustände, optimale 401
Einzelsystem, Mesung am 211
elektrische Feldkonstante 30
elektrische Feldstärke 30
Operator 303
elektrische Ladung 72f
elektrische Polarisation 454f
elektrische Suszeptibilität
im Frequenzbereich 457
im Zeitbereich 457
elektrische Verschiebung 30
Operator 306
elektrisches Dipolmoment 274
elektrisches Quadrupolmoment eines Kerns 296
elektromagnetisches Strahlungsfeld 31, 44f, 301f, 515, 517
Elektron
Gesamtdrehimpuls 271
Gesamt-Vektorraum 262
in äußeren elektromagnetischen Feldern 274, 277
in Wechselwirkung mit Strahlungsfeld 275
Elektronenbesetzung im Kristall 440
Elektronenbeugung 121, 124
Elektronenbewegung 286
Elektronengas, freies 439
Elektronenmikroskop 123
Elektronenschalen des Atoms 180
Elektronen-Spin-Resonanz 278
Elektronenstrahlen-Interferenzen 121
Elektronenzustand bei fester Kernlage 284
Elektron-Positron-Feld 535
Elementarladung 73
Elementarteilchen 78
quantisierte Felder für ausgewählte 532

Elementen
des Hilbert-Raumes, eigentliche 563f
des erweiterten Hilbert-Raumes, uneigentliche 563, 567f
einer Gruppe 591
$(e/m)$-Meßmethoden 75f
Emission
elektromagnetischer Strahlung bzw. von Photonen 278, 450
induzierte (stimulierte) 104, 451
spontane 104, 451
Energie
freie 55
innere 55
Energieband 378
Energie-Bilanzgleichung 31, 42
Energie-Darstellung 135, 137, 187
Energiedichte des elektromagnetischen Feldes 31, 45
gesamte räumliche 97
spektrale 96, 100
Energie-Eigenwertproblem 148
Näherungsverfahren für 390f
Übersicht 149f
Energie-Eigenwertspektrum
diskretes 155
diskretes des H-Atoms 178
kontinuierliches 155
kontinuierliches des H-Atoms 183
Energie-Eigenzustände, Klassifizierung 372
Energie-Impuls-Tensor, kanonischer 42
Energieniveau-Aufspaltung 385f
Energieoperator 144, 187
Energiequanten 100
Energie-Relaxationszeit 504
Energieschema der atomaren Systeme 278
Energieschwankungsquadrat, mittleres 103
Energiestromdichte 42
des elektromagnetischen Feldes 31
Ensemble 61
großkanonisches 62, 437
kanonisches 61, 351f
mikrokanonisches 61
stationäres 61
virtuelles 61
Entartung 179f, 200, 371, 396, 397, 579
bei strengem Coulomb-Potential 179
natürliche 372
zufällige 372
Entartungsgrad 371, 579
Enthalpie 55
freie 55
Entropie 55
eines idealen einatomigen Gases 60
maximale 350
quantentheoretische Beschreibung 348
statistisches Analogon 57f
und Dichteoperator 347f
Entropiekonstante 56, 60
Erdalkalimetalle, Spektrum 108
Ergodenhypothese 62
Erhaltungsgröße 26, 41
Drehimpuls 43
Energie 42
Impuls 42
Ladung 47
Wahrscheinlichkeit 142
Erhaltungsgrößen eines Systems 365f
Erhaltung der Gesamtwahrscheinlichkeit 142
Erhaltungssatz 41
differentieller für die Wahrscheinlichkeit 142
integraler für die stoffliche Materie 127
für Drehimpuls 43
für Energie 42
für Impuls 42
für Ladung 47
für Wahrscheinlichkeit 142
Erwartung, quantentheoretische, einer Observablen 217
Erwartungswert 146, 149, 217, 224
des Schwankungsquadrates 217
erzeugende
Operatoren einer Gruppe 365
Funktion 25
Erzeugungsoperator 250
eines Bosons 304, 433
eines Elektrons 538
eines Fermions 433
eines Phonons 531
eines Photons 304
eines Positrons 538


## F


Faktorisierbarkeitsbedingung 314
Faraday-Konstante 70
Feinstrukturaufspaltung 180, 298, 405, 406
Feinstrukturkonstante 406
Feld
einkomponentiges reelles 37
einkomponentiges komplexes 38
hermitesches 515
nichthermitesches 516
$N$-komponentiges komplexes 38
elektromagnetisches (Maxwell) 44
Elektron-Positron (Dirac) 535
Meson (Klein-Gordon) 532
Nukleonen 540

Neutrino (Weyl) 540
Schrödinger 524
Feldtheorien, Aufbau von 38f
Feld-Gleichungen, allgemein 40
Feldformalismus, kanonischer 36, 513
Feldfluktuationsexzeß 357
Feldstärke-Erwartungswert 311
Feldstärkeschwankungen 308, 311, 328
Fermi-Gas 439
Fermi-Grenzenergie 439
Fermi-Kugel 440
Fermionen 421f, 519
Fermis goldene Regel 449
Fermi-Dirac-Statistik 421, 436f, 438
Fermi-Dirac-Verteilungsgesetz 438
Feynman-Diagramme 552
Feynman-Regeln 555
Flip-Operatoren 484, 486
Fluktuation 493
Fluktuationskraft 498, 508
Fluktuationsoperator 500
Fock-Raum 435, 520
Focksche Gleichungen 427
Fock-Zustand 308
Foldy-Wouthuysen-Transformation 542
Formfaktor eines Atoms 471
Fourier-Transformation der Zustandsvektor-Komponenten 207
Franck-Hertz-Versuch 110f
Fraunhofer-Näherung 50
Freiheitsgrade, Zahl der quantentheoretischen 228f
Funktional zu variierender Vektoren 393
Funktionalintegral 477
Funktionaltransformationen 39, 47, 522


G


Gas-Konstante, molare 56, 69
Gaußsches Wellenpaket 51f, 128
Gedächtnis des Mediums 458
geometrisch-kinematische Vorgänge im Vektor-Raum $\mathscr{H}$ 239
gequetschtes Licht 326f
Gesamtbewegung eines Moleküls 290
Gesamtdrehimpuls 43
eines Elektrons 271f
des Strahlungsfeldes 45
-Operator 523
-Operator des Strahlungsfeldes 303
-Tensor 43
Gesamt-Hamilton-Operator des Elektrons im Atom 277
Gesamtheit von Einzelsystemen
Messung an 216
virtuelle 61
Gesamtimpuls des Schrödinger-Feldes, Operator 524
Gesamtimpuls des Strahlungsfeldes, Operator 303
Gesamtladung, Operator der
des Dirac-Feldes 537
des Schrödinger-Feldes 524
Gesamtspin, Operator des 539
Gesamtteilchenzahl, Operator der, des Schrödinger-Feldes 524
Gesamtwirkungsquerschnitt (für Streuung und Reaktionen) 475
Gesetze der Quantentheorie, wahrscheinlichkeitstheoretische 225
Glauber-Sudarshan-Darstellung 355
Glauber-Zustand 310f, 316, 355
Gleichgewicht
detailliertes 104
thermodynamisches 58, 351
Gleichverteilungssatz 60
gitterperiodische Funktion 375
Gittertranslation 374, 415
Greensche Funktion 466f
Greenscher Operator 466f
Grobkörnung im Zeitbereich 448
Grundobservable 202
Gruppe
Definition 591
endliche 376, 591
kontinuierliche 365, 591
mehrparametrische 591
unendliche 376, 591
der dreidimensionalen Drehungen 369
der räumlichen Translationen 366
der zeitlichen Translationen 368
der raum-zeitlichen Translationen, Drehungen und Spiegelungen 370
der räumlichen Spiegelung 370
der zeitlichen Spiegelung 370
Gruppentheorie und zusammengesetzte physikalische Systeme 388
gyromagnetischer Faktor 258
quantenelektromagnetische Korrektur 261, 559
$\Gamma$-Raum 61
$\gamma$-Strahlen-Interferenzen 88


H


Halbwertsbreite 454
Hamilton-Dichte 42
des elektromagnetischen Feldes 45
Hamilton-Dichte-Operator 514, 523
Hamilton-Formalismus 23f
Hamilton-Funktion 24, 37, 42

Hamilton-Jacobi-Gleichung 26
Hamilton-Matrix 135
Hamilton-Operator 197, 200, 209, 232, 514
der Quantenelektrodynamik 547f
des Dirac-Feldes 537
des Klein-Gordon-Feldes 534
des Maxwell-Feldes 516
des Schrödinger-Feldes 517, 524
der Wellenmechanik 144, 148, 149
des Weyl-Feldes 541
Hamilton-Prinzip 23
der Mechanik 23
der Feldtheorie 38, 40
der Schrödinger-Theorie 140
Hanbury Brown und Twiss, Experiment nach 320, 354
harmonische Näherung 287
Hartree-Gleichungen 402f
Hartree-Fock-Gleichungen 426f
Hasenöhrlsche Quantenbedingung 113
Hauptquantenzahl 119, 178
Hauptsätze der Thermodynamik 54f
Heisenberg-Bild 237f, 240, 514
Heisenbergsche Unschärferelation 223
Heliumatom 120, 427
$He^{+}$-Ion 270
Helizität 537
Helizitätsoperator 537
Hermitesche Polynome 168
Hilbert-Raum
Axiome 563f
erweiterter 195, 520, 567, 570
gesamter, atomarer Systeme 297
Hohlraumstrahlung 70, 96
Homogenität des Raumes 368
Hyperfeinstrukturaufspaltung 298


**I**


ideales Gas 56, 60
identische Teilchen 418f
Identitätsoperator 573
Impuls-Bilanzgleichung 42
Impulsdarstellung 207f
der Energie-Eigenwertgleichung 209
Impulsdichte 42
des elektromagnetischen Feldes 31, 45
des Schrödinger-Feldes 46
Impuls, linearer
eines Feldes 42
des Schrödinger-Feldes 46
Impuls-Erwartungswert eines Elektrons im Kristall 380
Impulse, generalisierte 24
Impuls des kanonischen Feldformalismus 37
Impulsoperator des kanonischen Feldformalismus 514, 523
Impulsmittelwert 143
Impulsoperator 197, 202
eines Feldes 523
der Mechanik 197
der Wellenmechanik 144
Impulsstromdichte 42
Information, maximale, über einen Zustand 229
„in-Phase"-Operatoren des Strahlungsfeldes 327
„in-Phase"-Schwankungen 328
Integrabilität, quadratische 142
Intensitätskorrelation 320
Intensitätsoperator 317
Interpretation des Meßprozesses 225
Inversion 370, 373
Inversionsgruppe 370
Ionisierungsenergie des H-Atoms 181
irreversibler Prozeß 506


**J**


(*j-j*)-Kopplung 299, 335
Joulesche Wärme 31


**K**


kanonische Gleichungen
der Feldtheorie 37, 514
der Matrizenmechanik 135
der Mechanik 24
der Quantentheorie 240
kanonische Quantenfeldtheorie 513f
kanonische Transformation 25
infinitesmale 25
kanonisches Ensemble 61, 351
Kastenpotential
eindimensionales 156
dreidimensionales 270
Kepler-Problem 29f
Kern-g-Faktor 299
Kern-Kern-Dipolwechselwirkung 299
Kernladungszahl 82
Kernmagneton 295
Kernschwingungsbewegung 286f
Kernspin 295, 411
Kernspinoperator 295
ket-Vektor 196
Kirchhoffsche Funktion, universelle 96, 100

Klasse von Gruppenelementen 592
Klassifizierung der Energie-Eigenzustände 372
klassisches Licht 358
Klein-Gordon-Feld 532
Klumpung der Photonen 322
Klumpungsexzeß 357
Knoten der Eigenfunktion 150, 168
Knotenflächen 179, 268
Knotensatz 150, 168
Kohärenz $K$-ter Ordnung 314, 315f,
 vollständige 314
Kohärenzeigenschaften des Strahlungsfeldes 313f
Kohärenz-Konzeption
 moderne klassische 313
 quantentheoretische 315
Kohärenzvolumen 314
Kombinationsprinzip, Ritzsches 108
Kommutator 134, 146, 203, 238, 246, 419, 433, 513
Komplementarität zwischen Wellen- und Teilchenbild 312
Komplexität des Hilbert-Raumes 563
Konfiguration eines Fermionen-Systems 423
Konstante der Bewegung 26, 41, 239
Kontaktterm 276, 294
Kontaktwechselwirkung zwischen Elektronen und Kernen 296
Kontraktion von Feldoperatoren 551
Koordinaten, generalisierte 23
Koopmans-Theorem 403, 426
Kopplungskonstante
 der Wechselwirkung 557
 der elektromagnetischen Wchselwirkung 558
 der schwachen und der starken Wechselwirkung 560
Korrelationsfunktion, quantentheoretische 315
Korespondenzprinzip 110, 111f, 120
 Verschärfung 133
korrespondenzmäßige Quantentheorie, Grundgleichung 113
Kovarianz 535, 604
Kräfte
 stochastische 506
 zeitlich determinierte 506
Kramers-Kronig-Relationen 458, 561
Kreisfrequenz 32
Kugelflächenfunktionen 172, 257, 266
Kugelfunktionen, zonale 171
kugelsymmetrisches System 169, 263, 373
Kugelwelle, auslaufende und einlaufende 468


L


Ladung, diskrete Struktur der elektrischen 72f
Ladungsbilanz 31
Ladungsbilanzgleichung 47
 des Dirac-Feldes 537
 des Schrödinger-Feldes 47
Ladungsdichte 47
 des Dirac-Feldes 537
 des Schrödinger-Feldes 48
Ladungsoperator 523
 des Dirac-Feldes 537
 des Klein-Gordon-Feldes 534
 des Schrödinger-Feldes 524
Ladungsstromdichte
 des Dirac-Feldes 537
 des Schrödinger-Feldes 48
Lagrange-Dichte 37
Lagrange-Dichte-Operator 513
 des Dirac-Feldes 536
 des Maxwell-Feldes 515
 des Klein-Gordon-Feldes 533
 der Phononen 531
 des Schrödinger-Feldes 516
Lagrange-Funktion 23
Lagrange-Gleichungen II. Art 23
 der Feldtheorie 40
Lagrange-Operator 513
Laguerre-Funktion 183
Laguerre-Polynome, zugeordnete 181
Lamb-Retherford-Shift 549
Landé-Faktor 78, 409
Langevin-Kraft 69, 498
Laser-Betriebsbedingungen, stationäre 510
Laser-Bilanzgleichungen 508
Laser-Intensität 509
Laser-Observable 508
Laser-Physik 458
Laue-Interferenzmethode der Röntgen-Spektroskopie 86
Laue-Rückstrahl-Verfahren bei Materiewellen 121
Lauesche Fundamentalgleichungen 51, 86
Legendre-Polynome 171
Legendre-Funktionen, zugeordnete 172
lichtelektrischer Effekt 89
Licht, gequetschtes 326f
Lichtquanten 89, 304
lineare Superponierbarkeit von Hilbert-Raum-Vektoren 235
Linearität des Hilbert-Raumes 563
Linienbreite, natürliche 454
Lippmann-Schwinger-Gleichung 466
Liouvillescher Satz 61

Loch in Elektronenbesetzung 441
Lorentz-Gruppe 370, 602
Lorentz-Transformationen 602
inhomogene 602
homogene 602
infinitesimale 603
infinitesimale, von Feldgrößen 603f
Lorentz-Verteilung 454
Loschmidtsche Zahl 68

**M**

magic numbers 337
magnetische Feldkonstante 30
magnetische Feldstärke 30
Operator 303
magnetische Induktion 30
Operator 306
magnetisches Dipolmoment (Bahn) 274
induziertes 274
magnetisches Gesamtmoment 273
magnetisches Moment (Bahn) 258
magnetisches Moment (Spin) 258, 261
Magnetooptik 278
Makrozustand 57
Masse
effektive reziproke 384
Geschwindigkeitsabhängigkeit 77
Masseneinheit, vereinheitlichte atomare 68
Massenmittelpunkt einer Materieverteilung 127
Massenpunkt-Feder-Modell (Moleküle, Kristallgitter) 528
Materialgleichung der Linearen Optik 457
Materialgleichungen 30
Materiewelle 121
Nachweis 121f
Matrix
hermitesche 131
unendlich-dimensionale 131, 186
Matrixelement eines Operators 186, 576
Matrixelementberechnung, gruppentheoretische Hilfsmittel zur 386
Matrizendarstellung 571
von Operatoren 576
Matrizenmechanik 130f, 240
Maxwell-Gleichungen 30, 307
Mechanik, statistische 57
Mehr-Photonen-Prozesse 278, 454
Mehr-Teilchen-Quantenmechanik
nach quantisiertem Schrödinger-Feld 526
Mehr-Teilchen-Schrödinger-Gleichung, allgemeine 280
Mehr-Teilchen-Spin 291
Mesonenfeld 532
Mesonentheorie der Kernkräfte 533
Meßprozeß, quantentheoretische Beschreibung 211f
Messung, ideale und reale 215
Metrik, hermitesche 564
Michelson-Sichtbarkeit 319
Mikrozustand 57
Minkowski-Raum 601
Minkowskische Ungleichung 565
Minusquantisierung 432, 519
Mittelwert 146
arithmetischer 216, 218
Mittelwertrelationen in Wellenmechanik 142
Modendichte 33
Modenzerlegung eines elektromagnetischen Feldes 32, 300
Molekülanzahl 68f
Molekülvolumen 71f
Møller-Streuung (Elektron-Elektron-) 550
Moseley-Geetz 82
Multiplikationsrelation bei Gruppenelementen 591
Müonen 331
Müonen-Atom 331f
$\mu$-Raum 57

**N**

Näherungsverfahren für Energie-Eigenwertproblem 390f
Nebenquantenzahl 119, 172, 178
Nernstscher Satz 55
von-Neumannsche Differentialgleichung 346
von-Neumannsche Reihe 233
Neutrino 540
Neutrinofeld 540
Neutronenstrahlen-Interferenzen 122
Newtonsche Axiome 23
nichtklassisches Licht 357f
Nichtkommutativität
von Gruppenelementen 591
von Operatoren 146, 573
Noether-Theorem 39f, 521
Normalamplitude, komplexe 28, 245
Normalkoordinaten 287, 598, 599
Normalordnung von Feldoperatoren 551
Normierungsbedingung 142
Nukleonenfeld 540
Nukleonen-Mesonen-Wechselwirkung 556
Nukleon-Nukleon-Streuung 559
Nulloperator 573

Nullpunktsenergie 138, 538
Nullpunktsladung 538
Nullvektor 564
Nummernoperator 246f
Nyquist-Rauschen 105

**O**

Observable 199f
gleichzeitig meßbare 220
quantenfeldtheoretische 521
unverträgliche 221f
verträgliche 219f
verträgliche, vollständiger Satz 229
Ordnung der Gruppe 591
Operator
Ableitung nach reellem Parameter 575
Ableitung nach einem 575
allgemeiner, im Hilbert-Raum 572
antihermitescher 577
einer äußeren Kraft 144
hermitescher 145, 199, 577
hermitesch-adjungierter 145, 576
linearer 224, 573
nichthermitescher 145
reziproker 574
selbstadjungierter 577
stetiger 574
unitärer 577, 593
Operatoren
der kanonischen Quantenfeldtheorie 513
in der Wellenmechanik 143f
Komponentendarstellung 576
Potenzen von 574
Rechenregeln für lineare 574f
Satz kommutativer 174
vertauschbare 573
Operatorfolge, Konvergenzverhalten 574
Operatorpolynom 574
Operatorpotenzreihe 575
Optik, nichtlineare 454, 458
optisches Theorem 476
Ordnungszahl 82
Orthogonalitätsrelation 146, 155, 199, 595
Orthonormalsystem 146, 199
Ortsdarstellung 207f
der Energie-Eigenwertgleichung 209
Ortsmittelwert 142
Ortsoperator 143
Orts-Unschärfe eines Teilchens 217
Orts-Wahrscheinlichkeitsdichte 53, 141
Orts-Wahrscheinlichkeitsstromdichte 142
Oszillator
eindimensionaler anharmonischer 403
eindimensionaler harmonischer 28f, 116, 137, 165, 187, 245
harmonischer, gekoppelt an dissipatives System 495f

**P**

Paramagnetismus 278
Parität 370, 373, 525
Paschen-Back-Effekt 411
Pauli-Gleichung 545
Pauli-Operatoren 544
Pauli-Prinzip 180, 337, 421
Paulische Spinmatrizen 536
periodisches Potential 271
Perioden-System der Elemente 68, 72, 82 119
Periodizitätsbedingung 32, 376
Permutationsgruppen 370, 389, 418
alternierende Darstellung 419
identische Darstellung 419
Permutationsoperator 418
Phasenbahn 239
Phasenintegral 27, 114
Phasenintegralquantisierung 114, 190
Phasenraum 24, 57, 61
Phasen-Relaxationszeit 504
Phasen-Zerstörungszeit 504
Phasentransformationen 39, 47
globale 47, 522
lokale 48
Phononen 250, 527f
akustische 530
Kontinuumsmodell 530
Massenpunktmodell 528
Quasiimpuls 530
Photoeffekt, äußerer 89, 488
Photon 89, 250, 304
Photonendetektor auf der Basis des äußeren Photoeffektes 488f
Photonen-Energie 89, 93, 95, 304
Photonen-Erzeugungsoperator 304
Photonen-Gas 439
Photonen-Impuls 93, 95, 304
Photonen-Spin 304
Photonen-Teilchenzahloperator 304
Photonen-Vakuum 309, 327
Photonen-Vernichtungsoperator 304
Photonenzahl-Dichte, spektrale 103
Photonen-Zustand 306
physikalisch-relevante Größen 224, 235, 236f, 344f
Pionen 533
Plancksches Strahlungsgesetz 100, 353
Plusquantisierung 433, 519, 536, 538
Poincaré-Gruppe 370, 602

Poincaré-Transformationen 39, 602
infinitesimale 39, 522
Poissonexzeß 357
Poisson-Klammer 24, 33, 37, 240
Poisson-Klammer-Formalismus 24
Poissonsche Wahrscheinlichkeitsverteilung 311
Polarisation
elektrische 50, 454f
der Strahlung 32, 116, 303
Polynommethode, Sommerfeldsche 168, 178
Positron 330, 538
Positronium 330
Potential, kugelsymmetrisches 169f
Potentiale, thermodynamische 55
Potentialtopf
eindimensionaler rechteckiger 161
kugelsymmetrischer 335
Potentialwall, eindimensionaler rechteckiger 158
primitive Basistranslation 374
Produkt-Raum 583
Projektionsoperatoren 199, 217, 219, 372, 578, 581, 597
Propagator 476, 478
als Wegintegral 477f, 479
Propagatorfunktionen
der Quantenelektrodynamik 552, 554
Protonenstrahlen-Interferenzen 122
Pseudoskalar 525
Pumpprozeß beim Laser 509
Punktgruppen
des Kristalls 374
der Moleküle 384
π-Mesonen 533

## Q

Quadrupolmoment, elektrisches, eines Kerns 296
Quantenausbeute 491
Quantenelektrodynamik 547f
Feynman-Diagramme 552
Feynman-Regeln 555
Hamilton-Operator 547, 549
Streumatrix-Elemente 550
Quantenelektronik 452
Quantenfeldtheorie 512f
Quantenoptik 310
Quantenzahl 114
magnetische 119, 172, 179
Quantisierung
erste 517
zweite 517
Quasiimpuls
eines Elektrons im Kristall 375
eines Phonons 530
Quasiteilchen (Phononen) 527f
Quetschungsparameter 328

## R

Randbedingungen 149f
Raumgruppen 374
Rayleigh-Jeanssche Näherungsformel 99, 101
Rayleigh-Streuung 70
Reaktionen 475
Reflexionskoeffizient 159
relativistische Bewegung eines Teilchens 30
Korrektur der kinetischen Energie 276
Korrekturterme beim Hamilton-Operator 275f, 293
Relaxationszeit
longitudinale 504
transversale 504
Renormierung in der Quantenelektrodynamik 549, 555
der Masse 549
der Ladung 549
Reversibilität, mikroskopische 104
reziprokes Gitter 377
Richtungsquantelung des Drehimpulses 173, 256
Ritzsches Kombinationsprinzip 108
Ritzsches Verfahren 391, 399
Spezialfall 392
Röntgen-Bremsstrahlung 91
Röntgenstrahlung
Beugung 70, 72, 86
charakteristische 82, 119
Emission von 92
Rotationsbewegung eines Moleküls 289
Rotator, starrer
eindimensionaler 118, 164
dreidimensionaler 174
Ruhmasse 77
Russell-Saunders-Kopplung 298
Rutherfordsche Streuformel 82, 465, 559
Rydberg-Konstante 107
Rydberg-Korrektur 108

## S

Säkulardeterminante 396
Säkulargleichung des Eigenwertproblems 582

Säkulargleichung, Energie-Eigenwert-
problem 392, 396
Satz gemeinsamer Eigenzustände 220
Schalenaufbau der Elektronenhülle 119, 180
Schalenmodell des Atomkerns 335f
Schrödinger-Bild 236, 239
Schrödinger-Feld 46f, 516, 518, 524
Schrödinger-Gleichung
zeitabhängige 140, 144, 148, 236
zeitfreie 148, 209
Schrödingersche Störungstheorie 393f
Schrödingersche Wellenfunktion 141
Schroteffekt 73
Schrotrauschen 74
Schwankung, mittlere quadratische 217, 218
Schwankungen der Photonenzahl 92
Schwankungsquadrat, mittleres
der Energie 59
der Photonenzahl-Dichte 103
Schwarzer Körper 96, 100, 105, 353
Schwarzsche Ungleichung 565
Schwingungsquanten, Teilchenzahl-Operator für 250
self-consistent-field 402, 426
Separabilität 566
Separation 148
Serien von Spektrallinien 107
Seriengrenze 107
Serienspektren der Atome 107f, 119
Skalar 525
Signal, komplexes analytisches, des Feldes 313
Singlett-Zustand 428, 430
Skalarprodukt von Hilbert-Raum-Vektoren 564
Slater-Determinante 422f
Sommerfeldsche Feinstrukturkonstante 406, 550, 558
Spektraldarstellung eines Operators 200, 581
Spektrallinien 107
Intensität 116
Spektralverhalten, allgemeines 214f
Spektrum
diskretes, elektromagnetisches 107
von Eigenwerten 211
kontinuierliches elektromagnetisches 107
von Eigenwerten 212
Spiegelung, eindimensionale 372
Spin
des Elektrons 78, 180, 258, 539
des Neutrino-Feldes 541
der Nukleonen 540
des Photons 303f
des Positrons 539
Spin-Bahn-Kopplung 277, 294, 297, 336, 405f
Spindrehimpuls-Operator 259f
Spindrehimpuls-Tensor 44
-Operator 523
Spin-Eigenzustände 259
Spinosen 602
Spinraum 259
Spin-Systeme 351
spontane Emission von Photonen 451
Spurbildung von linearen Operatoren 578
Stark-Effekt, linearer 278
statistischer Operator 343
Stefan-Boltzmann-Gesetz 70, 97, 101
Stern-Gerlach-Experiment 78f
stimulierte Emission von Photonen 451
Stirling-Formel 58
stochastische Beschreibung des elektromagnetischen Feldes 314
stochastische Kräfte, Einwirkung 506
Stokessches Reibungsgesetz 70
Störungstheorie
bei Entartung 396f
bei Nichtentartung 394f
bei Quasientartung 397f
Schrödingersche 393f
zeitabhängige 446f
Stoßquerschnitt 71
Stoßradius 71
Strahlteiler, verlustloser 361
Strahlung
chaotische 354
Struktur der elektromagnetischen 85
thermische 353
Strahlungsfeld
elektromagnetisches 32, 44f, 515, 517
Quantisierung des isolierten 301f
vollständig kohärentes 314
Wechselwirkung des quantisierten, mit Ladungsträgern 322f
Strahlungsintensität 317
Strahlungsleistung der Wärmestrahlung 353
Strahlungsoszillatoren 301
Strahlungswiderstand der Dipolantenne 106
Streuamplitude 469
Streumatrixelemente der Quantenelektrodynamik 550
Streumatrix-Theorie 472f
Streuprozesse 278, 460f, 559
Streuquerschnitt
differentieller 81, 462, 463, 470
in erster Bornscher Näherung 464, 470
totaler 462, 465

Streuung
elastische 471
inelastische 471
mittlere quadratische 217
schneller Elektronen 79, 471
von α-Teilchen 80
Stromdichte
des Dirac-Feldes 537
des Schrödinger-Feldes 48
der stofflichen Materie 127
der Wahrscheinlichkeit 142
radiale 462, 470
Strom-Schwankungsquadrat, mittleres 73
Superpositionsmodell der Strahlung 356
Symmetrieeigenschaften von Eigenfunktionen 163, 164
des Hamilton-Operators 163, 164, 365
von Molekülzuständen 384
Symmetriegruppe
des Hamilton-Operators 365, 371
physikalischer Systeme 365f
Symmetrietransformationen 26, 365
infinitesimale 39
diskrete 525
Symmetrieverminderung 385f
Symmetrisierungsoperator 419
Systeme
atomare 280f
identischer Teilchen 389, 418f
im gemischten Zustand 341
im reinen Zustand 197, 343
konservative 148, 234, 238

T

Teilchen-Antiteilchen-Konzeption 539
Teilchenzahldarstellung 519
Teilchenzahloperator 432
des Schrödinger-Feldes 524
für Schwingungsquanten 250
Teilchenzahlschwankung 309
Teilraum 583
Teilräume, unabhängige 230f
Temperatur, absolute 55
Tensor 602
des Bahndrehimpulses 44
des Gesamtdrehimpulses 43
des Spindrehimpulses 44
Transformation
diskrete 366
infinitesimale 365
kanonische 25
kanonische infinitesimale 25
kontinuierliche 365
unitäre 136, 224, 577
unitäre infinitesimale 235, 365, 578
Transformationsmatrix für eine Basistransformation 572
Translationsbewegung 282
Translationsgruppen des Kristalls 374
Translationsvarianz 41
Translationssymmetrie in Kristallen 374
Transversalwelle 32
Triplett-Zustand 428, 430
Tunnel-Effekt 160

U

Übergangsamplitude 130
Übergangsbedingungen 154
Übergangsfrequenz 130
Übergangsrate 448, 463
totale 449
Übergangswahrscheinlichkeit 448
totale 449
Überlappungsintegral 400
Überwälzbarkeit von Differentialoperatoren 144
Unabhängigkeit, lineare 564
unitäre Transformationen, Gruppen von 365
Unitärtransformation 224, 577
infinitesimale 365, 522, 578
Unschärferelation
für nicht-verträgliche Observable 222
für Ort und Geschwindigkeit 128
für Ort und Impuls 147, 250
für Ort und Wellenzahl 54f
Heisenbergsche 147
Untergruppe 592
Unterraum im erweiterten Hilbert-Raum 215
Ununterscheidbarkeit identischer Teilchen 418

V

Vakuumzustand 309, 310, 343, 519
Van-der-Waals-Zustandsgleichung 56, 71
Variable, quantentheoretische dynamische 197f, 224
Variation
lokale 39, 522
totale 39
Variationsprinzip, Hamiltonsches
in der Feldtheorie 38
in der Mechanik 23
in der Wellenmechanik 140
Variationsverfahren 390f
Vektorpotential 31
Vektorpotential, Operator für das 303

Vektor-Raum
dualer 567
eines gegebenen physikalischen Systems 195, 227f
Vektoren
axiale 370
polare 370
Vektorsystem, orthonormiertes 565
Verletzung der Paritätserhaltung 541
Vernichtungsoperator 250, 304, 433f, 519
eines Bosons 304, 433, 519
eines Fermions 433f, 519
eines Photons 304
Vertauschungsrelation, allgemeine 224
Vertauschungsrelationen
abgeleiteter Observablen 203
der Grundobservablen 146, 202
in der Matrizenmechanik 134
in der Wellenmechanik 146
physikalische Relevanz 238
Verteilung, kanonische 59
Verteilungsfunktion
der Boltzmann-Statistik 59, 439
der Bose-Einstein-Statistik 438
der Fermi-Dirac-Statistik 438
Viererpotential, elektromagnetisches 49
Viererimpuls-Operator 523
Vierervektor-Feld 603
Vier-Fermionen-Kopplung 557
Vollständigkeit 146, 199, 566
Vollständigkeitsrelation 155, 199, 587
Vorwärtsstreuamplitude 476

W

Wahrscheinlichkeit 141, 211, 212, 224, 229
thermodynamische 58
Wahrscheinlichkeitsamplitude 141
Wahrscheinlichkeitsdichte 213, 229
im Ortsraum 53, 141, 149
im Wellenzahlraum 53
Wahrscheinlichkeitsinterpretation
der Wellenmechanik 141
der Quantentheorie allgemein 211f
Wahrscheinlichkeitsstromdichte des Ortes 142, 149
Wärmekapazitäten 55
Wärmekapazität der Elektronen 440
Wärmestrahlung 96, 353
Wasserstoff-Atom 107, 112, 175, 270
Wasserstoff-Molekül 430
Heitler-Londonsche Theorie 430
Wasserstoff-Molekülion 120, 266f, 270, 399
Wechselwirkung
elektromagnetische 558
schwache 560
starke 559
von Feldern 546f
Wechselwirkungs-Bild 443f
Wegintegral 477
Wegintegral-Formalismus der Quantentheorie 476f
Wegintegral-Methode in der Streutheorie 480f
Wellen
elektromagnetische 85
linear polarisierte, fortschreitende 32
Wellengleichung der stofflichen Materie 126
Wellengleichung für Operator des Vektorpotentials 307
Wellengleichungen des elektromagnetischen Feldes 31
Wellengruppe 51f
Wellenlängenmessung, absolute, der Röntgenwellen 88
Wellenmechanik 139f
Wellenpaket 51f, 125, 128
Gaußsches 51, 128
Wellenstreuung an Raumgitterstruktur 49f
Wellentheorie, klassische, der stofflichen Materie 121, 125f
Wellenzahlvektor 32
Wellenzahl-Wahrscheinlichkeitsdichte 53
Wentzel-Brillouin-Kramers-Näherung 188f
Wertevorrat 573
Weyl-Feld 540
Wicksches Theorem 552
Wiensche Näherungsformel 101
Wiensches Verschiebungsgesetz 70, 97, 101
Wigner-Koeffizienten 272
Winkelvariable 27
Wirkungsquantum, universelles Plancksches 60, 100, 134, 140, 147, 193, 223
Wirkungsvariable 27

Y

Youngsches Interferenzexperiment 318f
Yuen-Zustand 327
Yukawa-Potential 334, 533

Z

Zeeman-Effekt 78, 278, 408f
Zeitabhängigkeit
dynamische 238
physikalisch-relevanter Größen 235

Zeitentwicklungsoperator 233
zeitliches Verhalten
  des Dichteoperators 346
  eines physikalischen Systems 232f
Zeitordnungsaspekt der Kausalität 458
Zeitspiegelung 370
Zentralkraftfeld 169f, 263f
Zerfließen eines Wellenpaketes 128
Zonenschema, reduziertes 416
Zustand
  antisymmetrischer 422
  gemischter 341
  quantentheoretischer 195f
  reiner 197, 343
  stationärer 149, 234
  symmetrischer 422
Zustandsfunktion der Wellenmechanik 141, 196
Zustandsgleichung des idealen Gases
  kalorische 56
  thermische 56
Zustandsintegral
  im $\Gamma$-Raum 62
  in $\mu$-Raum 60
Zustandsreduktion 215
Zustandssumme 58
Zustandsvektor 195, 224
  Ableitung nach einem Parameter 572
Zwei-Elektronen-Systeme 427f
Zwei-Niveau-System
  in Besetzungszahldarstellung 487
  gekoppelt an dissipatives System 499f
  gekoppelt an elektromagnetisches Feld 487f
Zwei-Zentren-Problem 266f, 384